现代
有机合成试剂

Reagents for
Modern Organic Synthesis

性质、制备和反应
Properties, Preparations and Reactions

第三卷

主　编　胡跃飞　王歆燕

副主编　陈　超　付　华　华瑞茂
　　　　巨　勇　席婵娟

化学工业出版社
·北京·

本书是《现代有机合成试剂：性质、制备和反应》第三卷，依据现代合成试剂的学术和使用价值，从万余种有机合成试剂中又精选出 365 种常用的、重要的和新出现的合成试剂。分别介绍了每一种试剂的理化性质、制备方法和使用中应注意的事项，并且重点讨论了各种试剂在有机合成中的应用。每种试剂精选出 10 个左右的应用实例，并附有原始的和最新的权威参考文献，以供读者快速全面地了解和掌握现代有机合成试剂的性质及应用。

本书可供大专院校化学及相关专业师生以及科研院所、工厂的科研和技术人员进行有机合成时使用。

图书在版编目 (CIP) 数据

现代有机合成试剂：性质、制备和反应. 第三卷/
胡跃飞，王歆燕主编. —北京：化学工业出版社，
2018.7
ISBN 978-7-122-32128-2

Ⅰ. ①现… Ⅱ. ①胡… ②王… Ⅲ. ①有机合成-
有机试剂 Ⅳ. ①TQ421.1

中国版本图书馆 CIP 数据核字（2018）第 096812 号

责任编辑：李晓红 装帧设计：韩 飞
责任校对：宋 夏

出版发行：化学工业出版社（北京市东城区青年湖南街 13 号 邮政编码 100011）
印 装：北京建宏印刷有限公司
787mm×1092mm 1/16 印张 34¼ 字数 971 千字 2018 年 10 月北京第 1 版第 1 次印刷

购书咨询：010-64518888 售后服务：010-64518899
网 址：http://www.cip.com.cn
凡购买本书，如有缺损质量问题，本社销售中心负责调换。

定 价：158.00 元

前　言

现代有机合成化学的进步极大地受益于现代有机合成试剂的发展和应用。现代有机合成试剂的主要特点是能够实现官能团转变的高选择性——化学选择性、区域选择性和立体选择性；能够促进化学反应的高效性——高纯度、高产率和高效益；能够加快绿色化学的进程——原子经济和环境友好。因此，研究开发和巧妙应用现代有机合成试剂已经成为 21 世纪化学科学和化学工业发展战略中优先发展的重要课题。

我们通常可以看到：在所有与有机化学学习和研究相关的地方，几乎都摆放有若干种不同版本的有关有机合成试剂的系列丛书或工具书。其中，最著名的要属有 50 多年历史的系列图书 "Reagents for Organic Synthesis" (M. Fieser)；最全面的应归大型工具书 "Encyclopedia of Reagents for Organic Synthesis" (L. A. Paquette)；最精悍的应该是仅使用反应式和参考文献组成的 "Comprehensive Organic Transformations" (R. C. Larock)。几十年来，这些工具书已经成为化学领域学术界和工业界各层次图书馆、实验室和化学家使用频率极高的工具类藏书和必备书籍。在世界范围内，一代又一代有机化学家在查阅这些著作的过程中备受恩惠。

近些年来，国内有机化学研究和有机化学工业的迅速崛起、发展和日趋现代化，对方便、快捷、全面地了解和使用现代有机合成试剂提出了新的需求。因此，组织撰写一部中文版工具书 "现代有机合成试剂——性质、制备和反应" 将有助于满足这些日益快速增长的广泛需求。

本套书的编纂思想基于 "重要而常用" 的观点，撰写重点在于试剂的 "反应" 部分。在简要介绍它们的物理性质和制备方法之后，着重描述它们在有机合成反应中正确和巧妙的运用。撰写方法着重突出表现试剂的 "现代" 含义，力图通过具有代表性的反应方程式，充分展示出每一个试剂的独特化学性质和反应能力。尽可能地选择具有权威性和新颖性的参考文献，给读者提供纵览和接近每一个试剂的机会。

本套书已经出版了第一卷 (2006) 和第二卷 (2011)。正如所期盼的那样，它们已经被广泛用作学术界和工业界有机化学教学和科研的重要参考书和工具书。经过编写组最近几年的努力，现在我们已经完成了第三卷的撰写工作。第三卷基本上沿用了第二卷的撰写方法、形式和风格，但我们依据前两卷读者的建议大幅增加了反应式和参考文献的数量。我们希望全书中 3208 个反应方程式和 4366 篇参考文献能够使本书的各层次读者从中受益。

最后，编者衷心感谢所有作者为撰写第三卷所付出的精力和时间。本书的撰写工作被列为"北京市有机化学重点学科"建设项目，并得到学科建设经费 (XK 100030514) 的支持，在此一并表示感谢。

编者

清华大学，清华园

2018 年 8 月 28 日

符号说明

Ac　乙酰基

anti　反式

aq.　水溶液

atm　非法定计量单位，1 atm = 101325 Pa

bar　非法定计量单位，1 bar = 0.1 MPa

Boc　叔丁氧羰基

bp　沸点

bph　联苯基

bpy　联吡啶

Cat. (cat.)　催化剂（催化量）

Cbz　苄氧羰基

*c*Hex　环己烷

cis　顺式

conc.　浓的

Conv.　转化率

DAST　二乙氨基三氟化硫

dba　二亚苄基丙酮

DCB　1,2-二氯苯

DCM　二氯甲烷

de　非对映体过量

DME　乙二醇二甲醚

DMAP　4-二甲氨基吡啶

dr　非对映异构体比例

DMF　N,N-二甲基甲酰胺

DMSO　二甲亚砜

ee　对映体过量

endo　内型

equiv　摩尔比值，旧称当量

er　对映异构体比例

exo　外型

Hept　庚基

Hex　己基

HMPA　六甲基磷酰三胺，六亚甲基四胺

m-　间位

m-CPBA　间氯过氧苯甲酸

Me$_2$Py　二甲基吡啶

mmHg　非法定计量单位，1 mmHg = 133.28 Pa

mol%　摩尔百分数

mp　熔点

MS　分子筛

MW　微波

Naph　萘基

neat　无溶剂

o-　邻位

Oct　辛基

p-　对位

Pent　戊基

Phen　菲啰啉

Pr　丙基

Precat.　预催化剂

psi　非法定计量单位，1 psi = 6.894757 kPa

Py　吡啶

ρ　密度

rt　室温

sat.　饱和溶液

Select.　选择性

syn　顺式

Tf　三氟甲酰基

THF　四氢呋喃

TMP　2,2,6,6-四甲基六氢吡啶

Tol　甲苯基

Torr　非法定计量单位，1 Torr = 133.322 Pa

trans　反式

Ts　对甲苯磺酰基

TTMS　三(三甲基硅)胺

Xyl　二甲苯基

试剂目录
（按汉语拼音排序）

2-氨基吡啶

【英文名称】 2-Aminopyridine

【分子式】 $C_5H_6N_2$

【分子量】 94.11

【CAS 登录号】 [504-29-0]

【缩写和别名】 2-Pyridinamine, α-Aminopyridine, α-Ayridylamine

【结构式】

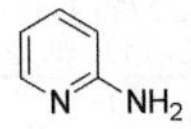

【物理性质】 白色片状或无色结晶, mp 59~60 ℃, bp 204 ℃ (升华), 溶于醇、苯、醚、热石油醚等大多数有机溶剂。

【制备和商品】 各大试剂公司均有销售。

【注意事项】 有一定刺激性, 在冰箱中保存, 通风橱中操作。

2-氨基吡啶是常用的有机合成试剂, 分子中的氨基可发生酰基化[1]、烷基化[2,3]、芳基化[4~8]等反应。吡啶环也可以发生亲电取代反应[9]。另外, 采用 2-氨基吡啶可构建氮杂环化合物。

在钌催化剂的作用下, 2-氨基吡啶的氨基与醇可发生 N-烷基化反应[2,3]。例如, 在氢氧化钌/四氧化三铁的催化下, 苄醇与 2-氨基吡啶可几乎定量地合成 N-苄基-2-氨基吡啶 (式 1)[3]。

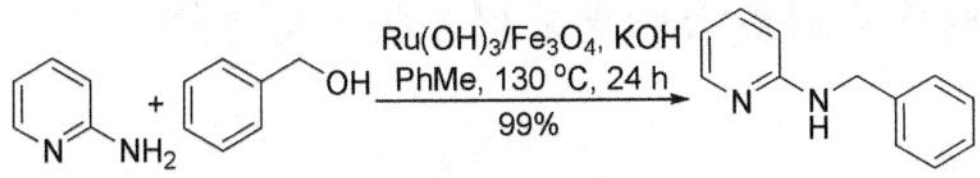

$$\text{(1)}$$

在过渡金属的催化下, 卤代芳烃与 2-氨基吡啶可发生交叉偶联反应[4~8], 其中以钯催化剂最为常用。当使用 Pd$_2$(dba)$_3$ 为催化剂, 双齿膦配体 Xantphos 为配体时, 3,5-二甲基溴苯与 2-氨基吡啶可以高产率实现交叉偶联反应 (式 2)[7]。当卤代芳烃中的芳环为杂芳环 (如吡啶环) 时, 若存在多个卤素取代, 这种交叉偶联反应还会有一定的区域选择性[8]。

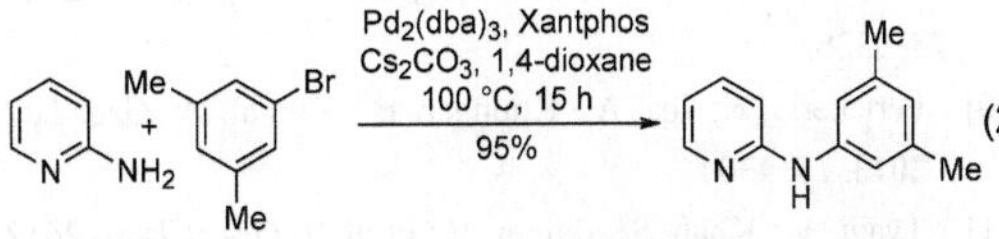

$$\text{(2)}$$

2-氨基吡啶广泛应用于氮杂环的构建。如在碱的存在下, 它与 α-卤代酮反应, 可生成咪唑并[1,2-a]吡啶衍生物 (式 3)[10]。2-氨基吡啶与异腈[11,12]或腈[13]的反应同样能够得到类似的氮杂环化合物 (式 4 和式 5)。

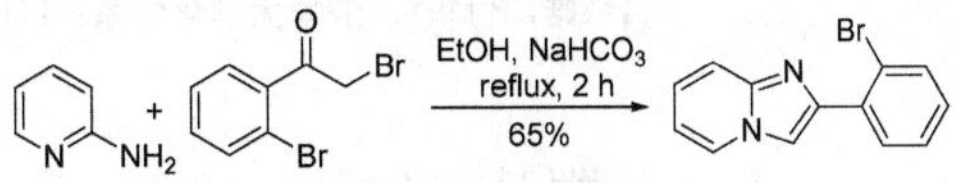

$$\text{(3)}$$

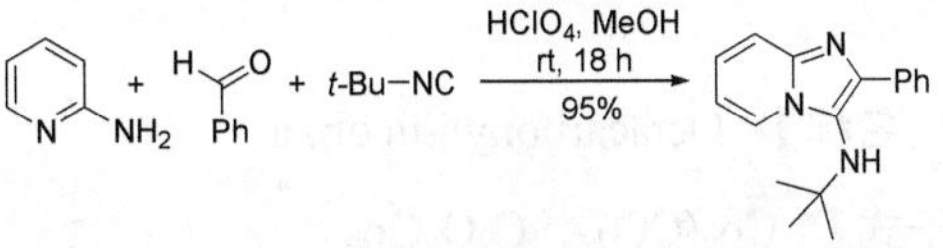

$$\text{(4)}$$

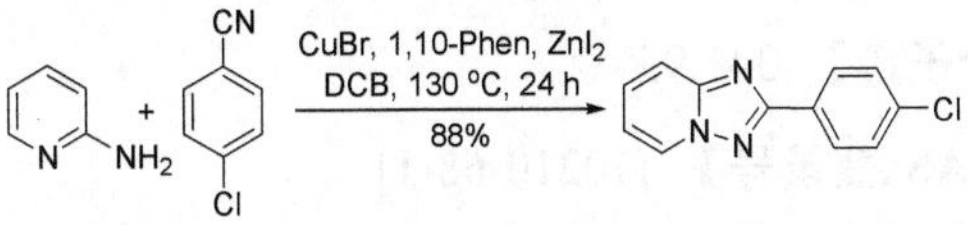

$$\text{(5)}$$

2-氨基吡啶与邻叠氮基苯甲醛反应首先形成亚胺, 然后在铜催化下可生成 2H-吲唑衍生物 (式 6)[14]。

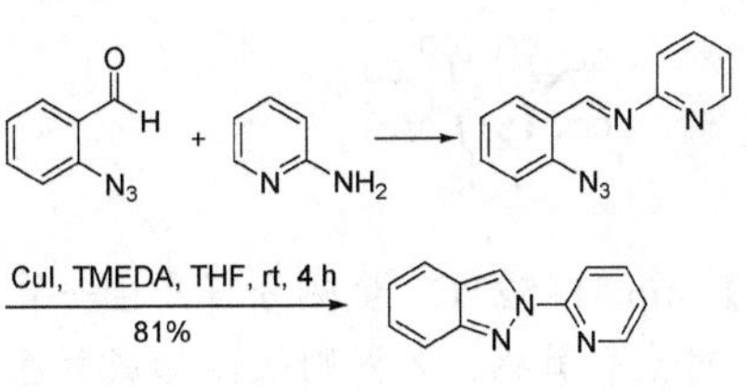

$$\text{(6)}$$

参 考 文 献

[1] Krein, D. M.; Lowary, T. L. *J. Org. Chem.* **2002**, *67*, 4965.

[2] Watanabe, Y.; Morisaki, Y.; Kondo, T.; Mitsudo, T. A. *J. Org. Chem.* **1996**, *61*, 4214.

[3] Cano, R.; Ramón, D. J.; Yus, M. *J. Org. Chem.* **2011**, *76*, 5547.

[4] Maiti, D.; Fors, B. P.; Henderson, J. L.; et al. *Chem. Sci.* **2011**, *2*, 57.

[5] Shen, Q. L.; Ogata, T.; Hartwig, J. F. *J. Am. Chem. Soc.* **2008**, *130*, 6586.

[6] Lundgren, R. J.; Sappong-Kumankumah, A.; Stradiotto, M. *Chem. Eur. J.* **2010**, *16*, 1983.

[7] Yin, J. J.; Zhao, M. M.; Huffman, M. A.; McNamara, J. M. *Org. Lett.* **2002**, *4*, 3481.

[8] Patriciu, O. I.; Fînaru, A. L.; Massip, S.; et al. *Eur. J. Org. Chem.* **2009**, 3753.

[9] Nara, S. J.; Jha, M.; Brinkhorst, J.; et al. *J. Org. Chem.* **2008**, *73*, 9326.

[10] Pericherla, K; Jha, A.; Khungar, B.; Kumar, A. *Org. Lett.* **2013**, *15*, 4304.

[11] Tyagi, V.; Khan, S.; Bajpai, V.; et al. *J. Org. Chem.* **2012**, *77*, 1414.

[12] Bienaymé, H.; Bouzid, K. *Angew. Chem. Int. Ed.* **1998**, *37*, 2234.

[13] Ueda, S.; Nagasawa, H. *J. Am. Chem. Soc.* **2009**, *131*, 15080.

[14] Hu, J. T.; Cheng, Y. F.; Yang, Y. Q.; Rao, Y. *Chem. Commun.* **2011**, *47*, 10133.

[张皓，付华*，清华大学化学系；FH]

八羰基二钴

【英文名称】 Octacarbonyl dicobalt

【分子式】 $Co_2(CO)_8$，$C_8O_8Co_2$

【分子量】 341.95

【CAS 登录号】 [10210-68-1]

【缩写和别名】 八羰基合二钴，Dicobalt octacarbonyl

【结构式】

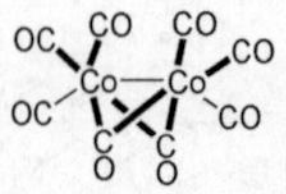

【物理性质】 mp 51~52 ℃。受热分解产生一氧化碳气体；对空气敏感，久置则缓慢形成紫色的碱式碳酸钴。不溶于水，溶于乙醇、乙醚、苯、二硫化碳等有机溶剂。

【制备和商品】 国内外化学试剂公司有销售。

【注意事项】 具有挥发性，容易自燃，在密闭和低温环境中保存。

八羰基二钴是有机合成中的重要过渡金属催化剂，主要用来催化 Pauson-Khand 反应、CO 对三元碳环和三元杂环的加成以及炔烃的聚合反应。还被用作高分子聚合的催化剂和汽油抗震剂，用于制备高纯钴盐等。

Pauson-Khand 反应是炔烃、CO 和烯烃三组分偶联反应形成环戊烯酮衍生物的反应。在 N,N,N',N'-四甲基硫脲 (TMTU) 配体的存在下，八羰基二钴不仅可以高效地催化分子间的 Pauson-Khand 反应，还能催化含烯炔分子与 CO 的环化反应 (式 1)[1]。八羰基二钴催化的 Pauson-Khand 反应与 Diels-Alder 反应串联使用，可以一锅合成复杂多环化合物 (式 2)[2]。

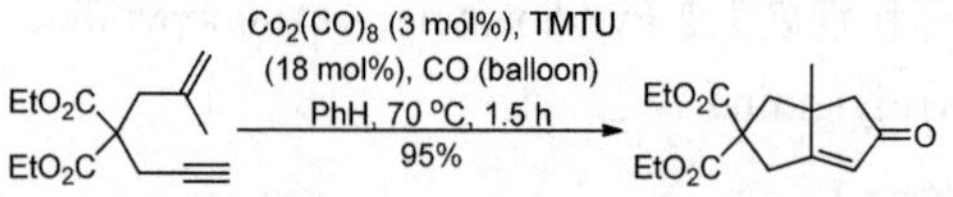

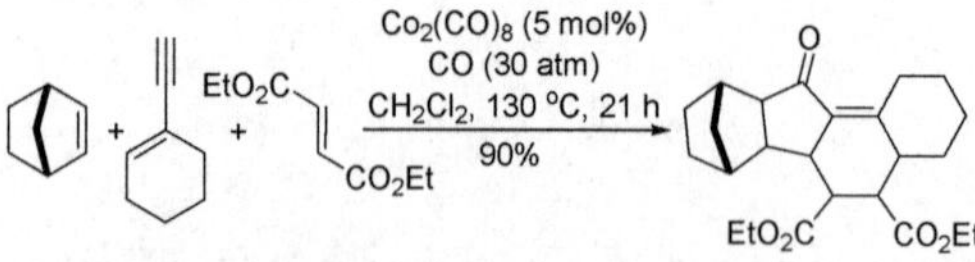

八羰基二钴催化的 CO 与三元碳环的插入反应是合成环丁酮的简单方法 (式 3)[3]。在铬催化剂的共催化下，八羰基二钴也可以催化 CO 与环氧乙烷的插入反应生成 β 内酯衍生物 (式 4)[4]。

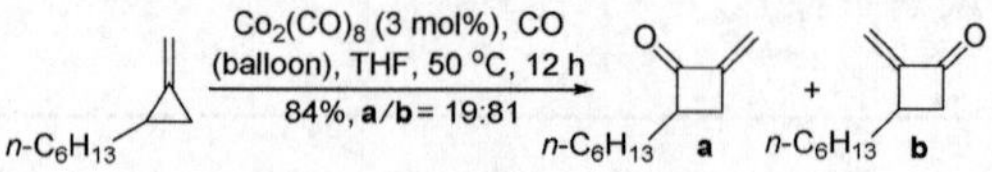

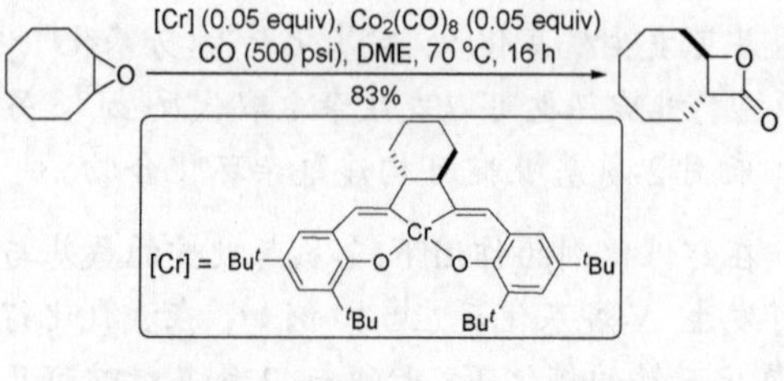

炔烃的三聚反应是构建苯环的重要方法之一，八羰基二钴能有效地催化二芳基炔烃的三聚反应形成六取代苯化合物 (式 5)[5]。

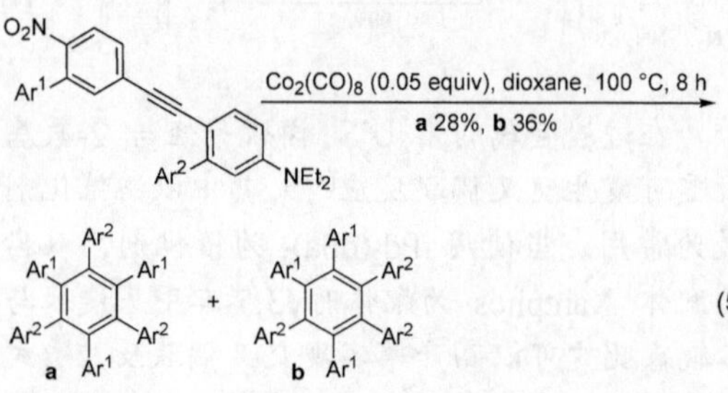

通过与烯丙基配位，该试剂可以诱导 1,7-烯炔的分子内环化反应 (式 6)[6]。

$$
\text{(6)}
$$

该试剂还可以催化炔烃、CO 和硫酚三组分的环化反应 (式 7)[7]，以及在 CO 气氛下催化双烯丙基苯胺的分子内环化反应生成喹啉衍生物 (式 8)[8]。

$$
\text{(7)}
$$

$$
\text{(8)}
$$

八羰基二钴除了作为催化剂应用以外，在有机合成中还可作为 CO 源参与羰基化反应。例如：在微波辐射条件下，$Pd(OAc)_2$ 催化溴苯与乙醇 (式 9)[9]或与吗啉 (式 10)[10]的反应中使用该试剂作为 CO 源高产率地形成羧酸酯或酰胺类化合物。

$$
\text{(9)}
$$

$$
\text{(10)}
$$

参考文献

[1] Tang, Y.; Deng, L.; Zhang, Y.; et al. *Org. Lett.* **2005**, *7*, 593.

[2] Kim, D. K.; Chung, Y. K. *Chem. Commun.* **2005**, 1634.

[3] Kurahashi, T.; Meijere, A. *Angew. Chem. Int. Ed.* **2005**, *44*, 7881.

[4] Ganji, P.; Ibrahim, H. *Chem. Commun.* **2012**, *48*, 10138.

[5] Traber, B.; Wolff, J. J.; Rominger, F.; et al. *Chem. Eur. J.* **2004**, *10*, 1227.

[6] Xing, P.; Huang, Z.; Jin, Y.; Jiang, B. *Tetrahedron Lett.* **2013**, *54*, 699.

[7] Higuchi, Y.; Higashimae, S.; Tamai, T.; Ogawa, A. *Tetrahedron* **2013**, *69*, 11197.

[8] Jacob, J.; Jones, W. D. *J. Org. Chem.* **2003**, *68*, 3563.

[9] Baburajan, P.; Senthilkumaranb, R.; Elango, K. P. *New J. Chem.* **2013**, *37*, 3050.

[10] Baburajan, P.; Elango, K. P. *Tetrahedron Lett.* **2014**, *55*, 1006.

[华瑞茂，清华大学化学系；HRM]

苯并噁唑

【英文名称】 Benzoxazole

【分子式】 C_7H_5NO

【分子量】 119.12

【CAS 登录号】 [273-53-0]

【缩写和别名】 1-Oxa-3-azaindene，1,3-Benzoxazole

【结构式】

【物理性质】 bp 182.5 ℃/760.0 mmHg，ρ (1.196 ± 0.06) g/cm³。不溶于水，溶于乙醇。通常在甲醇、乙醇、乙醚、乙腈、甲苯、二氯甲烷和四氢呋喃中使用。

【制备和商品】 国内外化学试剂公司有销售。实验室可以使用邻位取代巯基苯胺与原甲酸酯缩合来制备。

【注意事项】 在通风橱中进行操作，在冰箱中储存。

具有苯并噁唑结构单元的化合物往往具有很好的生物活性，而在反应中直接引入苯并噁唑是这类化合物合成的简单策略。苯并噁唑分子中 2-位的氢是活泼氢，可以通过氧化偶联或亲核取代反应来制备具有分子多样性的苯并噁唑衍生物。例如在强碱的条件下，钯试剂催化芳卤与苯并噁唑发生取代反应，有效地制得 2-芳基苯并噁唑化合物 (式 1)[1]。使用 $Pd(PPh_3)_4$ 和 CuI 的催化剂体系，3-溴代香豆素也能够与苯并噁唑反应，生成香豆素-3-苯并噁唑 (式 2)[2]。

$$
\text{(1)}
$$

$$
\text{(2)}
$$

在醋酸钯的催化下，使用醋酸碘苯可以对苯并噁唑的 2-位进行芳基化。该反应是制备 2-芳基苯并噁唑较好的方法之一 (式 3)[3]。也可以使用二芳基碘盐代替醋酸碘苯，同样能够得到类似的产物 (式 4)[4]。2-芳基苯并噁唑也可以由钯试剂催化苯并噁唑与芳基硼酸的偶联反应制得。该反应操作简洁，无需碱试剂和配体参与[5]。使用芳基磺酸钠代替芳基硼酸进行偶联反应同样可以得到相应的 2-芳基苯并噁唑 (式 5)[6]。

$$\text{苯并噁唑} + \text{PhI(OAc)}_2 \xrightarrow[\text{Cs}_2\text{CO}_3,\ \text{DMSO},\ 150\ ^\circ\text{C},\ 20\ \text{h}]{\text{Pd(OAc)}_2\ 1,10\text{-phen}} \underset{84\%}{\text{2-Ph-苯并噁唑}} \quad (3)$$

$$\quad (4)$$

CuBr, ^{t}BuOLi
DMSO, rt, 15 min
67%

$$\text{p-MeC}_6\text{H}_4\text{SO}_2\text{Na} + \text{苯并噁唑} \xrightarrow[\text{TFA, DMG, 120}\ ^\circ\text{C, 24 h}]{\text{Pd(OAc)}_2,\ \text{Cu(OAc)}_2} \underset{81\%}{\text{产物}} \quad (5)$$

在氟化磷腈盐 (P5F) 的催化下，苯并噁唑与二芳基酮缩合可生成具有苯并噁唑结构的叔醇 (式 6)[7]。

$$\text{苯并噁唑} + \text{Ph}_2\text{C=O} \xrightarrow[\text{PhMe, rt, 24 h}]{\text{P5F, TTMS}} \underset{97\%}{\text{产物}} \quad (6)$$

TTMS: 三(三甲基硅)胺

在碱性试剂 Cs_2CO_3 的作用下，苯并噁唑可在 2-位形成负碳离子，易与二氧化碳作用生成 2-苯并噁唑羧酸酯 (式 7)[8]。

$$\text{苯并噁唑} \xrightarrow[\text{2. MeI}]{\text{1. Cs}_2\text{CO}_3,\ \text{CO}_2,\ \text{DMF},\ 125\ ^\circ\text{C},\ 16\ \text{h}} \underset{91\%}{\text{CO}_2\text{Me}} \quad (7)$$

苯并噁唑与仲胺在三氟甲磺酸或三氟甲磺酸铈的作用下，先开环形成邻羟基芳胺中间体，随后使用醋酸碘苯或 NBS 氧化邻羟基芳亚胺成噁唑环，最终生成 2-氨基苯并噁唑 (式 8)[9]。苯并噁唑与环仲胺在无溶剂条件下发生开环反应，然后用铁粉和双氧水处理，数分钟即可几乎定量地转化为 2-氨基苯并噁唑 (式 9)[10]。此外，除了使用仲胺作为氨基化试剂外，

也可以使用取代甲酰胺作为氨基化试剂制得相应的 2-氨基苯并噁唑 (式 10)[11]。

$$\text{苯并噁唑} + \text{吗啉} \xrightarrow[\begin{array}{c}\text{2. KOAc, NBS, dioxane}\\ \text{H}_2\text{O, 0}\ ^\circ\text{C, 5 min}\\ 92\%\end{array}]{\text{1. TfOH, rt, 30 min}} \text{产物} \quad (8)$$

$$\text{苯并噁唑} + \text{吡咯烷} \xrightarrow[\begin{array}{c}\text{2. Fe, H}_2\text{O}_2,\ 5\ \text{min}\\ 94\%\end{array}]{\text{1. rt, 30 min}} \text{产物} \quad (9)$$

$$\text{苯并噁唑} + \text{HC(=O)NMe}_2 \xrightarrow[\text{130}\ ^\circ\text{C, 12 h}]{\text{FeCl}_3,\ \text{咪唑}} \underset{82\%}{\text{2-NMe}_2\text{-苯并噁唑}} \quad (10)$$

苯并噁唑可以与有机金属盐反应，生成取代的苯并噁唑硫醚 (式 11)[12]。

$$\text{苯并噁唑} + (\text{C}_{12}\text{H}_{25}\text{S})_2\text{Cu} \xrightarrow[\text{120}\ ^\circ\text{C, 8 h}]{\begin{array}{c}\text{Cu(OAc)}_2\cdot\text{H}_2\text{O}\\ \text{CuO, PhMe}\end{array}} \underset{81\%}{\text{SC}_{12}\text{H}_{25}} \quad (11)$$

苯并噁唑的 2-位可以被卤素取代生成 2-卤代苯并噁唑 (式 12)[13]。该类化合物更容易在过渡金属催化剂的作用下与端基烯、炔试剂发生偶联反应，生成具有 2-位不饱和单元的取代苯并噁唑；也能够与脂肪胺反应得到取代 2-氨基苯并噁唑[14]。

$$\text{苯并噁唑} \xrightarrow[\text{2. I}_2]{\text{1. ZnCl}_2\cdot\text{TMEDA, LiTMP, THF, rt, 2 h}} \underset{52\%}{\text{2-I-苯并噁唑}} \quad (12)$$

TMEDA: N,N,N',N'-四甲基乙二胺
LiTMP: 2,2,6,6-四甲基哌啶锂

苯并噁唑在氧化剂 (如 Oxone) 的作用下能够发生氧化裂解，接着与 α-羰基羧酸缩合生成 4-氮杂香豆素 (式 13)[15]。

$$\text{苯并噁唑} + \text{PhCOCO}_2\text{H} \xrightarrow[\text{diglyme, 120}\ ^\circ\text{C, 12 h}]{\text{Oxone, DMSO}} \underset{80\%}{\text{4-氮杂香豆素}} \quad (13)$$

参 考 文 献

[1] Yu, D. H.; Lu, L.; Shen, Q. L. *Org. Lett.* **2013**, *15*, 940.

[2] Min, M.; Kim, B.; Hong, S. *Org. Biomol. Chem.* **2012**, *10*, 2692.

[3] Yu, P.; Zhang, G. Y. *Tetrahedron Lett.* **2012**, *53*, 4588.

[4] Kumar, D.; Pilania, M.; Arun, V.; Pooniya, S. *Org. Biomol. Chem.* **2014**, *12*, 6340.

[5] Wu, X. M.; Shen, Q. X. *Lett. Org. Chem.* **2013**, *10*, 668.

[6] Wang, M.; Li, D.; Zhou, W.; Wang, L. *Tetrahedron* **2012**, *68*, 1926.

[7] Inamoto, K.; Okawa, H.; Taneda, H.; et al. *Chem. Commun.*

2012, *48*, 9771.

[8] Vechorkin, O.; Hirt, N.; Hu, X. *Org. Lett.* **2010**, *12*, 3567.

[9] Wang, X.; Xu, D.; Miao, C.; et al. *Org. Biomol. Chem.* **2014**, *12*, 3108.

[10] Xu, D.; Wang, W.; Miao, C.; et al. *Green Chem.* **2013**, *15*, 2975.

[11] Wang, J.; Hou, J. T. *Chem. Commun.* **2011**, *47*, 3652.

[12] Zhou, A. X.; Liu, X. Y. *Org. Biomol. Chem.* **2011**, *9*, 5456.

[13] Hedidi, M.; Bentabed-Ababsa, G.; Derdour, A.; et al. *Bioorg. Med. Chem.* **2014**, *22*, 3498.

[14] Lahm, G.; Opatz, T. *Org. Lett.* **2014**, *16*, 4201.

[15] Wang, H.; Yang, H.; Li, Y.; Duan, X. H. *RSC Adv.* **2014**, *4*, 8720.

[刘慧，王存德*，扬州大学化学化工学院；HYF]

苯并环丁烯酮

【**英文名称**】 Benzocyclobutenone

【**分子式**】 C_8H_6O

【**分子量**】 118.13

【**CAS 登录号**】 [3469-06-5]

【**缩写和别名**】 Bicyclo[4.2.0]octa-1,3,5-trien-7-one，1-Oxocyclobutabenzene

【**结构式**】

【**物理性质**】 液体，bp 69~71 °C/2 Torr。溶于苯、二氯甲烷等有机溶剂。

【**制备和商品**】 国内外化学试剂公司均有销售。或从溴苯出发经由苯炔中间体与乙烯酮进行环化反应合成[1]。

【**注意事项**】 该试剂有毒，对皮肤和眼睛有刺激作用。

苯并环丁烯酮是一个高反应活性的有机合成中间体。其羰基能被亲核试剂进攻，而与之相连的碳-碳键易断裂而发生扩环反应[1]。在加热的条件下，该试剂能转化为乙烯酮中间体，也能方便地转化为取代苯并环丁烯醇。因此，该试剂具有多种反应性并广泛应用于有机合成[1~3]。此外，取代的苯并环丁烯酮能

够广泛应用于合成多环化合物和一些天然产物[1,4,5]。由于该试剂反应活性较高，且常需要在原位与强碱或金属试剂首先作用后再进行转化，所以该试剂的反应一般在低温或室温下进行。

在氢化钠的作用下，该试剂能够发生二聚反应生成二苯并八元环类化合物 (式 1)[6]。该试剂首先与 *i*-Pr$_2$PLi 作用，然后经饱和氯化铵水溶液处理则得到具有独特螺环结构的二聚产物 (式 2)[7]。在该反应中，一分子试剂发生了开环，而另一分子试剂提供羰基参与环化反应。受此启发，将该试剂与 *i*-Pr$_2$PLi 作用后外加羰基物种 (例如：正丁醛)，则可得到 3-丙基异色满-1-酮 (式 3)[7]。在优化的反应条件下，该试剂也能与其它环酮 (例如：环丁酮或环己酮) 发生交叉反应，得到多样化的螺环异色满-1-酮[8]。

(1)

(2)

(3)

该试剂的羰基能够与胺化试剂反应进而发生重排反应生成含氮杂环产物。例如：该试剂肟化后经 DIBAL-H 还原可以生成二氢吲哚啉 (式 4)[9]。该试剂胺化后与羟胺-O-磺酸反应能够生成异吲哚啉-1-酮衍生物 (式 5)[10]。

(4)

(5)

该试剂也能够与复杂的金属有机化合物反应用于构建七元环体系。例如：经由锂试剂

处理后与钨的菲舍尔卡宾配合物发生扩环反应，生成带有氧桥环的七元环产物 (式 6)[11]。重氮甲烷锂试剂能与该试剂发生插入反应，历经 $4\pi\text{-}8\pi$ 串联电环化反应生成苯并二氮草产物 (式 7)[12]。

$$(6)$$

$$(7)$$

该试剂还能工业与 C_{60} 发生加成反应，这为制备 C_{60} 的衍生物提供了一个便捷的方法 (式 8)[13]。当使用侧链含有苯并环丁烯酮的高分子与 C_{60} 反应时，能够生成侧链带有多个 C_{60} 的功能高分子[14]。此外，该试剂也被用于合成一些金属有机化合物[15]。

$$(8)$$

参 考 文 献

[1] Flores-Gaspar, A.; Martin, R. Synthesis 2013, 45, 563.

[2] Ishida, N.; Sawano, S.; Masuda, Y.; Murakami, M. J. Am. Chem. Soc. 2012, 134, 17502.

[3] Xia, Y.; Liu, Z.; Liu, Z.; et al. J. Am. Chem. Soc. 2014, 136, 3013.

[4] Xu, T.; Ko, H. M.; Savage, N. A.; Dong, G. J. Am. Chem. Soc. 2012, 134, 20005.

[5] Xu, T.; Savage, N. A.; Dong, G. Angew. Chem. Int. Ed. 2014, 53, 1891.

[6] Bertelli, D. J.; Crews, P. J. Am. Chem. Soc. 1968, 90, 3889.

[7] Schnebel, M.; Weidner, I.; Wartchow, R.; Butenschön, H. Eur. J. Org. Chem. 2003, 4363.

[8] Kohser, S. C.; Dongol, K. G.; Butenschön, H. Heterocycles 2007, 74, 339.

[9] Cho, H.; Iwama, Y.; Sugimo to, K.; et al. J. Org. Chem. 2010, 75, 627.

[10] Broadus, K. M.; Kass, S. R. J. Org. Chem. 2000, 65, 6566.

[11] Garcia-Garcia, P.; Novillo, C.; Fernandez-Rodriguez, M. A.; Aguilar, E. Chem. Eur. J. 2011, 17, 564.

[12] Matsuya, Y.; Ohsawa, N.; Nemoto, H. J. Am. Chem. Soc. 2006, 128, 13072.

[13] Tomioka, H.; Yamamoto, K. J. Chem. Soc., Chem. Commun. 1995, 1961.

[14] Wang, Z. Y.; Kuang, L.; Meng, X. S.; Gao, J. P. Macromolecules 1998, 31, 5556.

[15] Masuda, Y.; Hasegawa, M.; Yamashita, M.; et al. J. Am. Chem. Soc. 2013, 135, 7142.

[华瑞茂，清华大学化学系；HRM]

1H-苯并三唑

【英文名称】 1H-Benzotriazole

【分子式】 $C_6H_5N_3$

【分子量】 119.12

【CAS 登录号】 [95-14-7]

【缩写和别名】 BtH，BTA，BZT

【结构式】

【物理性质】 白色到浅粉色针状结晶，mp 95 ~ 97 ℃。溶于醇、苯、甲苯、氯仿、二甲基甲酰胺及多数有机溶剂中；微溶于水，在水中的溶解度为 1.0 g/L (25 ℃)；易溶于热水，易溶于碱性水溶液中。

【制备和商品】 国内外化学试剂公司均有销售。其制备方法简单，向冷的亚硝酸钠溶液中加入邻苯二胺水溶液和冰醋酸即可得到该化合物 (式 1)[1]。

$$(1)$$

【注意事项】 在空气中氧化逐渐变红，对氧化、还原、酸碱均稳定，在真空蒸馏时能发生爆炸。

1H-苯并三唑 (BtH) 有很多种方式活化碳原子[2]，可以参与一系列反应，包括：BtH 诱导的 N-酰化和 C-酰化反应[3]、亚胺化反应[4]、硫代酰化和磺酰化反应[5]、插入反应[6]、酰胺烷基化反应和氨基烷基化反应[7]、合成杂环化合物的反应[8]、苯并三唑环断裂的反应[9]等。

BtH 可用于合成多取代的胺。向二级胺中加入氯化亚砜或草酰氯与 BtH 在微波下反应可以得到亚氨基苯并三唑 (式 2)[10]，进一步反应可以得到 N,N'-二取代或 N,N,N'-三取代的脒。

$$R\!-\!\underset{H}{\overset{O}{C}}\!-\!N\!-\!Ph \xrightarrow[\substack{R=Ph, 88\% \\ R=Me, 75\%}]{COCl_2, Py, BtH} R\!-\!C(=N\text{-}Ph)\!-\!Bt \tag{2}$$

BtH 可用于合成三(苯并三唑)甲烷 (式 3)[11]。该化合物是一种能释放氮气的潜能化合物。

$$BtH \xrightarrow[48\%]{NaOH (aq.), Bu_4NBr, CHCl_3, reflux, 48\ h} Bt_3CH \tag{3}$$

BtH 可以与烯烃发生氮杂迈克尔加成反应[12]。如式 4 所示[13]：BtH 与 α,β-不饱和酮在无催化剂、无溶剂、室温条件下反应得到 N-烷基化的产物。

$$\text{benzotriazole} + \text{MVK} \xrightarrow[53\%]{rt,\ 24\ h} \text{product} \tag{4}$$

BtH 与 N-取代的 1,2-乙二胺及甲醛在甲醇和水中于室温下搅拌反应，得到咪唑烷类化合物 (式 5)[14]。

$$R\!-\!NH\!-\!CH_2CH_2\!-\!NH\!-\!R \xrightarrow[\substack{R=Ph, 96\% \\ R=Et, 85\%}]{BtH, HCHO, rt} \text{imidazolidine-CH}_2\text{Bt} \tag{5}$$

参 考 文 献

[1] Joshi, A. A.; Viswanathan, C. L. *Bioorg. Med. Chem. Lett.* **2006**, *16*, 2613.

[2] (a) Katritzky, A.; Rogovoy, B. *Chem. Eur. J.* **2003**, *9*, 4586. (b) Katritzky, A.; Lan, X.; Yang, J.; Denisko, O. *Chem. Rev.* **1998**, *98*, 409.

[3] (a) Katritzky, A.; Mohapatra, P.; Fedoseyenko D.; et al. *J. Org. Chem.* **2007**, *72*, 4268. (b) Katritzky, A.; Le, K.; Khelashvili, L.; Mohapatra, P. *J. Org. Chem.* **2006**, *71*, 9861.

[4] Katritzky, A.; Rogovoy, B.; Cai, X.; et al. *J. Org. Chem.* **2004**, *69*, 309.

[5] Katritzky, A.; Abdel-Fattah, A.; Vakulenko, A.; Tao, H. *J. Org. Chem.* **2005**, *70*, 9191.

[6] (a) Katritzky, A.; Bobrov, S.; Khashab, N.; Kirichenko, K. *J. Org. Chem.* **2004**, *69*, 4269. (b) Katritzky, A.; Xie, L.; Serdyuk, L. *J. Org. Chem.* **1996**, *2*, 7564.

[7] Katritzky, A. R.; Manju, K.; Singh, S. K.; Meher, N. *Tetrahedron* **2005**, *61*, 2555.

[8] Katritzky, A.; Xu, Y.; He, H. *J. Chem. Soc., Perkin Trans. 1* **2002**, 592.

[9] Micó, X.; Bombarelli, R.; Subramanian, L.; Ziegler, T. *Tetrahedron Lett.* **2006**, *47*, 7845.

[10] Katritzky, A.; Cai, C.; Singh, S. *J. Org. Chem.* **2006**, *71*, 3375.

[11] Androsov, D.; Neckers, D. *J. Org. Chem.* **2007**, *72*, 1148.

[12] (a) Ai, X.; Wang, X.; Liu, J.-M.; et al. *Tetrahedron* **2010**, *66*, 5373. (b) Li, H.; Wang, J.; Wang, W.; Zu, L. *Org. Lett.* **2006**, *8*, 1391.

[13] Jiang, R.; Li, D.-H.; Jiang, J.; et al. *Tetrahedron* **2011**, *67*, 3631.

[14] He, H.-Y.; Katritzky, A. R.; Suzuki, K. *J. Org. Chem.* **2002**, *67*, 3109.

[刘海兰，河北师范大学化学与材料科学学院；XCJ]

3-苯基-2-苯基磺酰基-1,2-氧氮杂环丙烷

【英文名称】 2-Phenylsulfonyl-3-phenyloxaziridine

【分子式】 $C_{13}H_{11}NO_3S$

【分子量】 261.3

【CAS 登录号】 [63160-13-4]

【缩写和别名】 3-苯基-2-苯基磺酰基-1,2-吖嗪，3-苯基 2-苯磺酰胺-1,2-氧杂吖啶，Davis 试剂，Oxaziridine，N-(Phenylsulfonyl)phenyloxaziridine

【结构式】

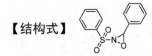

【物理性质】 无色粉末状，mp 92~94 ℃。

【制备和商品】 国内外化学试剂公司均有销售。一般由 N-苯亚甲基苯甲磺酰胺经间氯过氧苯甲酸 (m-CPBA) 或过硫酸氢钾双相氧化制备[1]。

【注意事项】 在 5 ℃ 下于棕色瓶子中储存。

Davis 试剂是 Davis 等人于 1984 年报道的 N-磺酰基氧氮环丙烷的手性衍生物[1]，可以用来转化不同类型的有机官能团。

$$R\!-\!\overset{O}{\underset{O}{S}}\!-\!N^{(R)}\text{-Ph}$$

R = 烷基，芳基

磺酰基氧氮环丙烷与二烷基双环氧乙烷

的性质相似，可以氧化多种官能团。例如，可以使硫化物 (RSR) 氧化为亚砜 (RSOR)、二硫化物 (RSSR) 氧化为硫代亚磺酰酯 (RSOSR)、硫醇 (RSH) 氧化为次磺酸 (RSOH)、硒化物 (RSeR) 氧化为氧化硒 (RSeOR)。由于 Davis 试剂具有手性，其分子中弱的 N—O 键可以发生立体选择性的断裂，因此可以应用于不对称官能团的转化。

不对称氧化　在 (+/−)-jiadife 合成的关键步骤中，使用 Davis 试剂可将其酯的烯醇钠盐选择性地进行 α-羟基化。在反应中高选择性地生成顺式构型的原因，归功于氧从最大取代基的相反一边进攻，使转移过程中立体位阻最小 (式 1)[2]。

$$(1)$$

不对称氧环化　手性氧氮环丙烷与手性过氧酸和氢过氧化物相比，是更有效的烯烃不对称环氧化试剂。氧氮环丙烷中三元环的构型控制了产物的立体化学 (式 2)[3]。

$$(2)$$

氧氮环丙烷作为氮转移试剂　N-磺酰基氧氮环丙烷能够提供亲电性氮，在 Cu(Ⅱ) 催化下和烯烃反应生成 1,3-噁唑烷 (式 3)[4]。

$$(3)$$

硫醇氧化成为砜　在相转移催化剂的作用下，N-磺酰基氧氮环丙烷能有效地氧化硫醇盐生成相应的亚磺酸离子，其进行 S-烷基化反应得到砜类化合物 (式 4)[5]。

$$(4)$$

脱硫反应　在吡啶中，反-3-苯基-2-苯磺酰基-1,2-氧氮环丙烷氧化 2-硫代腺苷发生脱硫反应，可制备得到 4-嘧啶酮 (式 5)[6]。

$$(5)$$

噻吩的羟基化反应　3-苯基-2-苯磺酰基-1,2-氧氮环丙烷也可以使三取代噻吩羟基化，接着再水解后得到硫内酯和四取代的噻吩 (式 6)[7]。

$$(6)$$

参 考 文 献

[1] (a) Davis, F. A.; Vishwakarma, L. C.; Billmers, J. M.; Finn, J. *J. Org. Chem.* **1984**, *49*, 3241. (b) Pearson, A. J.; Chang, K. *J. Org. Chem.* **1993**, *58*, 1228. (c) Mithani, S.; Drew, D. M.; Rydberg, E. H.; et al. *J. Am. Chem. Soc.* **1997**, *119*, 1159. (d) Vishwakarma, L. C.; Stringer, O. D.; Davis, F. A. *Org. Synth.* **1993**, *8*, 546.

[2] Cho, Y. S.; David, D. A.; Tian, Y.; et al. *J. Am. Chem. Soc.* **2004**, *126*, 14358.

[3] Davis, F. A.; Harakal, M. E.; Awad, S. B. *J. Am. Chem. Soc.* **1983**, *105*, 3123.

[4] (a) Michaelis, D. J.; Ischay, M. A.; Yoon, T. P. *J. Am. Chem. Soc.* **2008**, *130*, 6610. (b) DePorter, S. M.; Jacobsen, A. C.; Partridge, K. M.; et al. *Tetrahedron Lett.* **2010**, *51*, 5223.

[5] Sandrinelli, F.; Perrio, S.; Beslin, P. *Org. Lett.* **1999**, *1*, 1177.

[6] Sochacka, E.; Fratczak, I. *Tetrahedron Lett.* **2004**, *45*, 6729.

[7] Cruz-Almanza, R.; Hernández-Quiroz, T.; Breña-Valle, L. J.; Pérez-Flores, F. *Tetrahedron Lett.* **1997**, *38*, 183.

[卢金荣, 巨勇*, 清华大学化学系；JY]

3-苯基-2-丙炔-1-醇

【英文名称】　3-Phenyl-2-propyn-1-ol

【分子式】　C9H8O

【分子量】　132.16

【CAS 登录号】 [1504-58-1]

【缩写和别名】 3-Phenylpropargyl alcohol，1-羟甲基-2-苯乙炔，3-苯基炔丙醇

【结构式】

$$Ph \equiv\!\!\!-\!\!\!OH$$

【物理性质】 无色至浅黄色液体，bp 145 ℃ / 20 mmHg，ρ 1.06 g/cm³。能溶于水、乙醇等多数有机溶剂。

【制备和商品】 国内外化学试剂公司均有销售。实验室可由碘苯与丙炔醇的 Sonogashira 交叉偶联反应制得[1]。

【注意事项】 该试剂有毒、易燃、对皮肤和眼睛有刺激作用。

3-苯基-2-丙炔-1-醇由于分子内含有羟基和碳-碳三键，具有醇和炔烃的典型反应性质。羟基可以发生氧化、卤代、酯化反应或与亲核试剂进行加成反应；碳-碳三键可以发生还原、加成或环化加成等反应。

该试剂的羟基可以经 MnO₂ 氧化选择性地生成醛 (式 1)[1]。但是，在 TEMPO 催化下可以被亚氯酸钠氧化为相应的酸 (式 2)[2]。在氧化剂 TBHP 的作用下，该试剂与 NH₃ 反应直接生成酰胺 (式 3)[3]。

$$Ph \equiv\!\!\!-\!\!\!OH \xrightarrow[90\%]{\text{MnO}_2 \ (15 \ equiv) \atop \text{CH}_2\text{Cl}_2, \ rt, \ 10 \ h} Ph \equiv\!\!\!-\!\!\!CHO \quad (1)$$

$$Ph \equiv\!\!\!-\!\!\!OH \xrightarrow[90\%]{\text{TEMPO} \ (0.07 \ equiv), \ \text{NaClO}_2 \ (2 \ equiv) \atop \text{NaClO} \ (0.02 \ equiv), \ 35 \ ^\circ\text{C}, \ 2 \ h} Ph \equiv\!\!\!-\!\!\!COOH \quad (2)$$

$$Ph \equiv\!\!\!-\!\!\!OH \xrightarrow[41\%]{\text{TBHP} \ (8 \ equiv), \ \text{aq. NH}_3 \atop 100 \ ^\circ\text{C}, \ 16 \ h} Ph \equiv\!\!\!-\!\!\!CONH_2 \quad (3)$$

在咪唑和 PPh₃ 的存在下，该试剂的羟基与分子 I₂ 反应生成相应的碘化物 (式 4)[4] 或与烯丙基溴反应生成炔醚 (式 5)[5]。该试剂也可作为亲核试剂与氰基碳-氮三键进行加成反应 (式 6)[6]。

$$Ph \equiv\!\!\!-\!\!\!OH \xrightarrow[74\%]{\text{咪唑} \ (1.5 \ equiv), \ \text{PPh}_3 \ (1.5 \ equiv) \atop \text{I}_2 \ (1.5 \ equiv), \ \text{CH}_2\text{Cl}_2, \ 0 \ ^\circ\text{C}, \ 3 \ h} Ph \equiv\!\!\!-\!\!\!I \quad (4)$$

$$Ph \equiv\!\!\!-\!\!\!OH \xrightarrow[81\%]{\text{H}_2\text{C=CHCH}_2\text{Br}, \ \text{NaH} \ (1.5 \ equiv) \atop \text{THF}, \ 0 \ ^\circ\text{C}, \ 30 \ min, \ rt, \ 10 \ h} Ph \equiv\!\!\!-\!\!\!O \!\!\!\diagup\!\!\!\diagdown \quad (5)$$

$$Ph \equiv\!\!\!-\!\!\!OH \xrightarrow[78\%]{\text{CCl}_3\text{CN}, \ \text{DBU} \ (10 \ mol\%), \ \text{CH}_2\text{Cl}_2 \atop 0 \ ^\circ\text{C}, \ 60 \ min, \ rt, \ 90 \ min} Ph \equiv\!\!\!-\!\!\!O\!\!\!-\!\!\!C(\!\!=\!\!\!NH)\!\!\!-\!\!\!CCl_3 \quad (6)$$

在 1,2-乙二胺配体和 Ni(OAc)₂ 催化剂的存在下，该试剂的碳-碳三键可以高度选择性地被还原成顺式烯烃 (式 7)[7]。在 CuI 的催化下，该试剂与苯硫酚反应高产率地生成 α-苯基硫取代的醛。该反应包括 S—H 键与炔的加成和羟基氢的迁移反应 (式 8)[8]。

$$Ph \equiv\!\!\!-\!\!\!OH \xrightarrow[93\%, \ >99:1 \ dr]{\text{Ni(OAc)}_2 \ (0.4 \ equiv), \ (\text{CH}_2\text{N}_2)_2 \atop (0.6 \ equiv), \ \text{H}_2, \ 1 \ atm, \ rt, \ 6 \ h} Ph\diagdown\!\!\!=\!\!\!\diagup OH \quad (7)$$

$$Ph \equiv\!\!\!-\!\!\!OH \xrightarrow[96\%]{\text{PhSH} \ (1.5 \ equiv), \ \text{CuI} \ (2 \ mol\%) \atop (\text{CH}_2\text{N}_2)_2, \ (0.6 \ equiv), \ \text{H}_2\text{O}, \ 100 \ ^\circ\text{C}, \ 24 \ h} \quad (8)$$

该试剂也是合成环状化合物的重要原料。例如：在 Zn(OTf)₂ 的催化下，它能够与芳胺发生环化加成反应构建吲哚环 (式 9)[9]。该试剂与二炔之间的环化加成反应可以用于合成苯并菲衍生物 (式 10)[10]。

$$\xrightarrow[74\%]{\text{Zn(OTf)}_2 \ (10 \ mol\%) \atop \text{PhMe}, \ 110 \ ^\circ\text{C}, \ 10 \ h} \quad (9)$$

$$\xrightarrow[89\%]{\text{[Rh(cod)}_2\text{]BF}_4 \ (0.05 \ equiv) \atop \text{H}_8\text{-BINAP} \ (0.05 \ equiv) \atop (\text{CH}_2\text{Cl})_2, \ -80 \ ^\circ\text{C}\!\sim\!rt, \ 72 \ h} \quad (10)$$

参 考 文 献

[1] Qiu, Y. F.; Yang, F.; Qiu, Z. H.; et al. *J. Org. Chem.* **2013**, *78*, 12018.

[2] Zhao, M. M.; Li, J.; Mano, E.; et al. *Org. Synth.* **2005**, *81*, 195.

[3] Wu, X. F.; Sharif, M.; Feng, J. B.; et al. *Green Chem.* **2013**, *15*, 1956.

[4] Jammi, S.; Mouysset, D.; Siri, D.; et al. *J. Org. Chem.* **2013**, *78*, 1589.

[5] Lin, A.; Zhang, Z. W.; Yang, J. *Org. Lett.* **2014**, *16*, 386.

[6] Wong, V. H.; Hor, T.S.; Hii, K. K. *Chem. Commun.* **2013**, 49, 9272.

[7] Davies, S. G.; Fletcher, A. M.; Roberts, P. M.; et al. *Chem. Commun.* **2013**, 49, 7037.

[8] Watile, R. A.; Biswas, S.; Samec, J. S. M. *Green Chem.* **2013**, 15, 3176.

[9] Viji, M.; Nagarajan, N. *RSC Adv.* **2012**, 2, 10544.

[10] Murayama, K.; Sawada, Y.; Noguchi, K.; Tanaka, K. *J. Org. Chem.* **2013**, 78, 6202.

[华瑞茂, 清华大学化学系; HRM]

苯基重氮四氟硼酸钾

【英文名称】 Benzenediazonium tetrafluoroborate

【分子式】 $C_6H_5BF_4N_2$

【分子量】 191.92

【CAS 登录号】 [369-57-3]

【缩写和别名】 Phenyldiazonium tetrafluoroborate

【结构式】

【物理性质】 无色固体, 在 80 °C 变成粉红色, 在 114~116 °C 分解。易溶于乙腈、丙酮、DMF、DMSO 和 HMPA 等极性溶剂并分解, 微溶于水, 不溶于烃类溶剂和乙醚。在非极性溶剂中加入冠醚可增其溶解度。

【制备和商品】 该试剂最常用的制备方法是将苯胺在盐酸或硫酸水溶液中用 $NaNO_2$ 进行重氮化, 然后加入 $NaBF_4$ 或氟硼酸生成沉淀[1]。或者可在 40%~50% 的氟硼酸水溶液中直接重氮化[2]。对于不溶于无机酸水溶液的芳胺, 可在有机溶剂或液体 SO_2 中与 $NO^+BF_4^-$ 反应制得相应的重氮四氟硼酸盐[3]。在 $BF\cdot Et_2O$ 的作用下, 芳胺与 t-BuONO 可在二氯甲烷等有机溶剂中反应得到相应的重氮四氟硼酸盐[4]。4-硝基苯基重氮四氟硼酸盐在国内外试剂公司均有出售。

【注意事项】 该试剂应避免与金属接触。在室温可存放超过一个月, 在氮气保护下于 −20 °C 下避光可保存数年之久, 直接暴露在阳光下会引起分解。使用温水快速重结晶, 或使用乙腈-乙醚重结晶不会分解。虽然芳基重氮四氟硼酸盐与其氯化盐相比, 具有更高的热稳定性和对撞击不敏感, 但使用时仍需注意。3-甲氧基苯基重氮四氟硼酸盐、2-甲基苯基重氮四氟硼酸盐以及一些杂环重氮四氟硼酸盐在干燥过程中会发生分解。

芳基重氮四氟硼酸盐与其氯化盐相似, 都可以与亲核试剂发生加成反应生成偶氮化合物, 或通过置换 N_2^+ 基团得到各种官能团化的芳烃。由于芳基重氮氯化盐通常需要在酸性水溶液或乙醇溶液中原位制备, 而芳基重氮四氟硼酸盐却可以分离得到纯的化合物, 可以在多种溶剂中使用。虽然该化合物在非极性溶剂中的溶解度较低, 但这一缺点可以通过加入相转移试剂解决。

生成偶氮化合物 芳基基重氮四氟硼酸盐与氰化钾反应, 生成的偶氮化合物可以继续与二烯烃发生 Diels-Alder 反应, 得到相应的杂环化合物 (式 1)[5]。

(1)

官能团转化 Cu(I) 催化的重氮盐的亲核取代反应又称为 Sandmeyer 反应。如式 2 所示[6]: 使用卤代亚铜和卤代铜作为催化剂, 在体系中加入适量的相转移催化剂, 可以使 4-甲氧基苯基重氮四氟硼酸盐分别转化为相应的氯代芳烃和溴代芳烃。芳基重氮四氟硼酸盐还可与频哪醇硼酸酯反应, 得到相应的芳基频哪醇硼酸酯 (式 3)[7]。在该反应中, 当芳基重氮四氟硼酸盐的对位和间位上带有取代基时, 能够得到较高的产率, 而邻位取代基不利于反应。苯环上取代基的电子效应也对反应有较大的影响。苯环上带有拉电子取代基时可以得到较高的产率, 而带有给电子取代基时产率下降。

$$
\text{MeO-C}_6\text{H}_4\text{-N}_2{}^+\text{BF}_4{}^- \xrightarrow[\substack{\text{KX, MeCN, 1 h, 20 °C}}]{\substack{\text{CuX/CuX}_2\text{/TMEDA (10 mol\%)} \\ \text{二苯并-18-冠-6 (10 mol\%)}}} \text{MeO-C}_6\text{H}_4\text{-X} \quad (2)
$$

X = Cl, 81%
X = Br, 90%

$$
R\text{-C}_6\text{H}_4\text{-N}_2{}^+\text{BF}_4{}^- \xrightarrow[\substack{\text{MeCN-H}_2\text{O (2:1), rt}}]{\substack{\text{CuBr (5 mol\%), B}_2\text{pin}_2}} R\text{-C}_6\text{H}_4\text{-Bpin} \quad (3)
$$

R = H, 5 h, 70%
R = p-SO$_2$NH$_2$, 3 h, 75%
R = p-NO$_2$, 4 h, 85%
R = o-NO$_2$, 6 h, 24%
R = p-Me, 6 h, 42%

使用离子液体作为溶剂时，芳基重氮四氟硼酸盐可以在不使用金属催化剂的条件下转化为碘代芳烃和芳基叠氮化合物（式 4）[8]。在 Pd(OAc)$_4$ 的催化下，芳基重氮四氟硼酸盐与亚磷酸酯反应，可以在芳环上引入磷酸酯基（式 5）[9]。

$$
R\text{-C}_6\text{H}_4\text{-N}_2{}^+\text{BF}_4{}^- \xrightarrow[\text{TMSX, [BMIM][PF}_6\text{], rt}]{} R\text{-C}_6\text{H}_4\text{-X} \quad (4)
$$

R = H, X = I, 97%
R = H, X = N$_3$, 92%
R = Me, X = I, 93%
R = Me, X = N$_3$, 93%
R = Br, X = I, 95%
R = Br, X = N$_3$, 97%

$$
R\text{-C}_6\text{H}_4\text{-N}_2{}^+\text{BF}_4{}^- \xrightarrow[\substack{\text{KI, MeCN, 80°C}}]{\substack{\text{P(OEt)}_3\text{, Pd(OAc)}_2\text{, Cs}_2\text{CO}_3}} R\text{-C}_6\text{H}_4\text{-P(=O)(OEt)}_2 \quad (5)
$$

R = H, 22 h, 81%
R = OMe, 18 h, 84%
R = NO$_2$, 10 h, 95%
R = Br, 2.5 h, 98%

加成反应　芳基重氮四氟硼酸盐在 Cu 催化下可以与烯烃发生加成反应，被称为 Meerwein 反应（式 6）[10]。如式 7 所示[11]：芳基重氮四氟硼酸盐首先通过单电子转移得到芳环自由基，然后加成到苯乙烯的双键上。接着用 TEMPONa 捕获中间体的自由基，得到相应的产物。芳基重氮四氟硼酸盐上取代基的电子效应对反应基本没有影响，无论是带有拉电子取代基还是给电子取代基都能够得到较高的产率。如式 8 所示[12]：芳基重氮四氟硼酸盐与异腈化合物在含水溶剂中反应可以得到酰胺化合物。在该反应中，芳环上带有拉电子取代基有利于得到较高的产率，而给电子取代基则不利于反应。

$$
\text{o-(CH}_2\text{C(CH}_3\text{)=CH}_2\text{O)-C}_6\text{H}_4\text{-N}_2{}^+\text{BF}_4{}^- \xrightarrow[\substack{89\%}]{\substack{\text{CuBr}_2\text{, DMSO, rt}}} \quad (6)
$$

$$
R\text{-C}_6\text{H}_4\text{-N}_2{}^+\text{BF}_4{}^- + \text{PhCH=CH}_2 \xrightarrow[\substack{\text{rt, 3 h}}]{\substack{\text{TEMPONa, PhCF}_3}} R\text{-C}_6\text{H}_4\text{-CH}_2\text{-CH(Ph)-OTEMP} \quad (7)
$$

R = H, 89%
R = p-OMe, 81%
R = p-CO$_2$Me, 83%
R = p-Br, 82%
R = o-Br, 81%

TEMPONa

$$
R\text{-C}_6\text{H}_4\text{-N}_2{}^+\text{BF}_4{}^- \xrightarrow[\substack{\text{Me}_2\text{CO/H}_2\text{O, 0 °C, 20 min}}]{\substack{t\text{-BuNC, Cs}_2\text{CO}_3}} R\text{-C}_6\text{H}_4\text{-C(=O)-NH-}t\text{Bu} \quad (8)
$$

R = H, 48%
R = OMe, 43%
R = NO$_2$, 83%
R = Br, 65%

偶联反应　如式 9 所示[13]：芳基重氮四氟硼酸盐在 FeCl$_2$ 的作用下发生自身偶联反应，得到具有对称结构的二芳基化合物。使用 Pd(OAc)$_4$ 作为催化剂，芳基重氮四氟硼酸盐可以与 N-甲基吲哚发生交叉偶联反应，生成 2-芳基取代的吲哚衍生物（式 10）[14]。使用染料分子 Eosin Y，芳基重氮四氟硼酸盐与呋喃可以在无金属催化剂的条件下，通过光照发生偶联反应（式 11）[15]。

$$
R\text{-C}_6\text{H}_4\text{-N}_2{}^+\text{BF}_4{}^- \xrightarrow[\substack{60 \text{ °C, 3 h}}]{\substack{\text{FeCl}_2\text{, CCl}_4}} R\text{-C}_6\text{H}_4\text{-C}_6\text{H}_4\text{-R} \quad (9)
$$

R = H, 86%
R = p-Cl, 80%
R = p-NO$_2$, 82%
R = p-Me, 71%
R = m-OMe, 69%

$$
\text{MeO-C}_6\text{H}_4\text{-N}_2{}^+\text{BF}_4{}^- + \text{(N-Me-indole)} \xrightarrow[\substack{40 \text{ °C, 90 min} \\ 86\%}]{\substack{\text{Pd(OAc)}_2\text{, H}_2\text{O/IPE}}} \quad (10)
$$

$$
R\text{-C}_6\text{H}_4\text{-N}_2{}^+\text{BF}_4{}^- + \text{(furan)} \xrightarrow[\substack{530 \text{ nm LED, 20 °C, 2 h}}]{\substack{\text{Eosin Y (1 mol\%), DMSO}}} \quad (11)
$$

R = H, 60%
R = p-Me, 71%
R = p-OMe, 54%

Eosin Y

使用钯和铜催化剂，芳基重氮四氟硼酸盐与苯乙炔以高产率发生 Sonogashira 反应（式 12）[16]。此外，芳基重氮四氟硼酸盐还可以与烯烃发生 Heck-Matsuda 反应（式 13）[17]。如式 14 所示[18]：在手性配体的作用下，苯基重氮四氟硼酸盐与烯丙醇化合物发生不对称 Heck 反应，所得烯醇式中间体经过异构化，以中等产率和较高的对映选择性得到羰基化合物。

$$R = H, 1.5\ h, 91\% \qquad (12)$$
$$R = p\text{-}NO_2, 1\ h, 91\%$$
$$R = p\text{-}OMe, 1.5\ h, 78\%$$

(13)

(14)

参 考 文 献

[1] Venturello, C.; D'aloisio, R. *Synthesis* **1979**, 4607.

[2] Starkey, E. B. *Org. Synth.* **1939**, *19*, 40.

[3] Wannagat, U.; Hohlstein, G. *Chem. Ber.* **1955**, *88*, 1839.

[4] Doyle, M. P.; Bryker, W. J. *J. Org. Chem.* **1979**, *44*, 1572.

[5] Ahern, M. F.; Leopold, A.; Beadle, J. R.; Gokel. G. W. *J. Am. Soc. Chem.* **1982**, *104*, 548.

[6] Sigeev, A. S.; Beletskaya, I. P.; Petrovskii, P. V.; Peregudov, A. S. *Russ. J. Org. Chem.* **2012**, *48*, 1055.

[7] Zhang, J.; Wang, X.; Yu, H.; Ye, J. *Synlett* **2012**, *23*, 1394.

[8] Hubbard, A.; Okazaki, T.; Laali, K. K. *J. Org. Chem.* **2008**, *73*, 316.

[9] Berrino, R.; Cacchi, S.; Fabrizi, G.; et al. *Org. Biomol. Chem.* **2010**, *8*, 4518.

[10] Meijs, G. F.; Beckwith, A. L. J. *J. Am. Soc. Chem.* **1986**, *108*, 5890.

[11] Hartmann, M.; Li, Y.; Studer, A. *J. Am. Soc. Chem.* **2012**, *134*, 16516.

[12] Xia, Z.; Zhu, Q. *Org. Lett.* **2013**, *15*, 4110.

[13] Ding, Y.; Cheng, K.; Qi, C.; Song, Q. *Tetrahedron Lett.* **2012**, *53*, 6269.

[14] Biajoli, A. F. P.; da Penha, E. T.; Correia, C. R. D. *RSC Adv.* **2012**, *2*, 11930.

[15] Hari, D. P.; Schroll, P.; König, B. *J. Am. Soc. Chem.* **2012**, *134*, 2958.

[16] Fabrizi, G.; Goggiamani, A.; Sferrazza, A.; Cacchi, S. *Angew. Chem. Int. Ed.* **2010**, *49*, 4067.

[17] Barancelli, D. A.; Salles Jr. S. G.; Taylor, J. G.; Correia, C. R. D. *Org. Lett.* **2012**, *14*, 6036.

[18] Werner, E. W.; Mei, T.-S.; Burckle, A. J.; Sigman, M. S. *Science* **2012**, *338*, 1455.

[王歆燕，清华大学化学系；WXY]

4-苯基-3-丁烯-2-酮

【英文名称】 Benzylideneacetone

【分子式】 $C_{10}H_{10}O$

【分子量】 146.19

【CAS 登录号】 [122-57-6]

【缩写和别名】 4-Phenyl-3-buten-2-one

【结构式】

【物理性质】 无色或淡黄色结晶体，mp 41～42 ℃，ρ 1.0377 g/cm³。有香豆素气味，可燃，易溶于乙醇、苯、氯仿、乙醚，微溶于水、石油醚。长时间受热易分解。

【制备和商品】 国内外化学试剂公司均有销售。实验室制备一般使用不含 α-H 的芳醛 (苯甲醛) 与含 α-H 的酮 (丙酮) 发生交叉羟醛缩合反应制备 (式 1)[1]。

(1)

【注意事项】 该试剂刺激眼睛、呼吸系统和皮肤，吸入或皮肤接触可导致过敏。应用密封容器保存，在通风橱中使用，切勿吸入粉尘。

4-苯基-3-丁烯-2-酮具有 α,β 不饱和酮的结构，能够与含碳、氮、氧、硫的亲核试剂发生迈克尔加成反应[2~5]。如式 2 所示[2]：在咪唑衍生物催化下，4-苯基-3-丁烯-2-酮能与丙二酸酯发生迈克尔加成反应。

(2)

在 [Bmim]PF₆/H₂O 的体系中，硫醇也能够与 4-苯基-3-丁烯-2-酮发生迈克尔加成反应。该反应不需要催化剂，在室温下即可完成 (式 3)[3]。

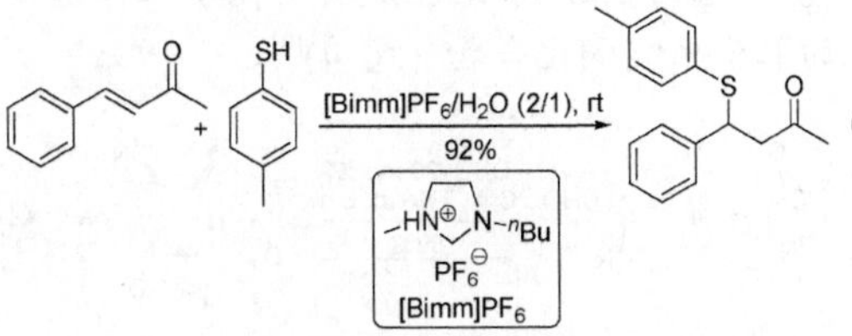

$$(3)$$

该试剂能够与 1,3-二溴-5,5-二甲基乙内酰脲发生 1,2-加成反应 (式 4)[6]。

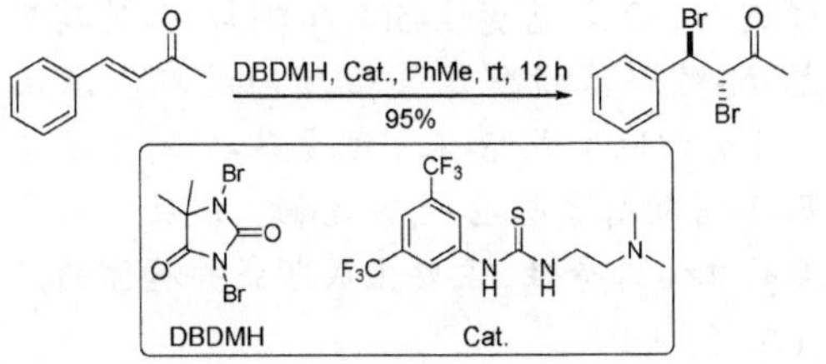

$$(4)$$

该试剂能够与烯丙基溴反应，发生碳-氧双键上的加成，得到醇的衍生物 (式 5)[7]。

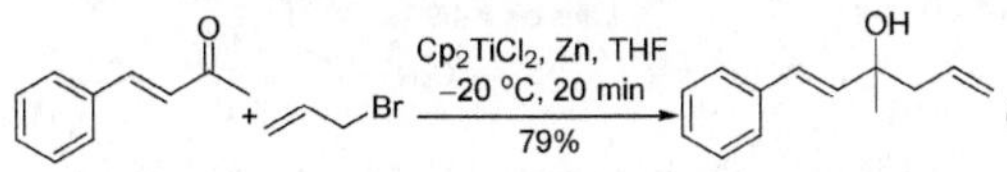

$$(5)$$

该试剂能够与甲基碘化镁格氏试剂发生加成反应。当选用一价铜配合物作为催化剂时，可以得到很好的区域选择性 (式 6)[8]。

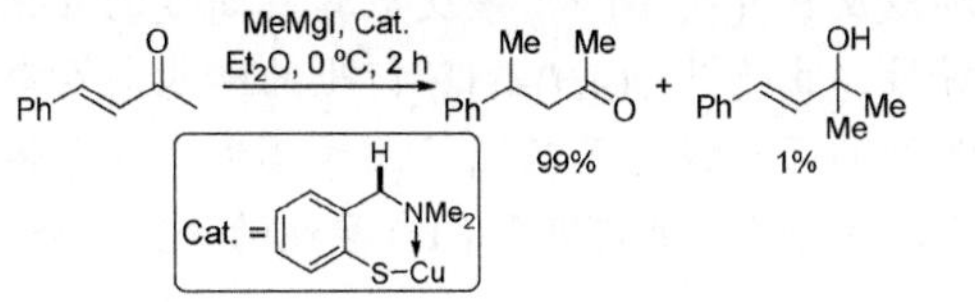

$$(6)$$

α,β 不饱和双键可以作为 Diels-Alder 反应中的亲双烯体[9]。如式 7 所示[10]：在金鸡纳生物碱的催化下，4-苯基-3-丁烯-2-酮与 3-羟基-2-吡喃酮发生 Diels-Alder 反应得到相应的产物。

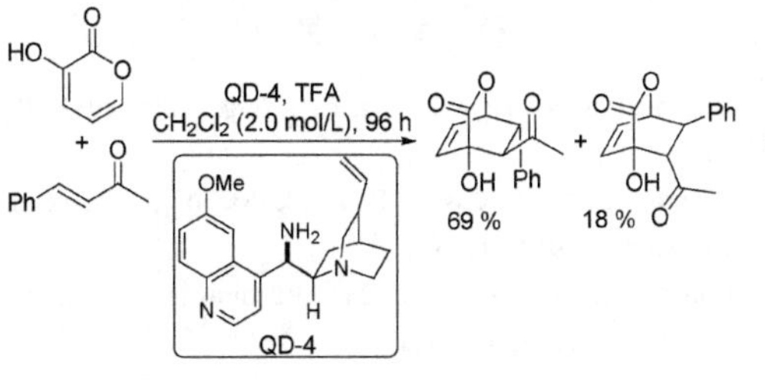

$$(7)$$

参 考 文 献

[1] Li, L.; Zhao, M.-N.; Ren, Z.-H.; et al. *Org. Lett.* **2012**, *14*, 3506.

[2] Aburel, P. S.; Halland, N.; Jorgensen, K. A. *Angew. Chem. Int. Ed.* **2003**, *42*, 661.

[3] Yadav, J. S.; Reddy; B. V. S.; Baishya, G. *J. Org. Chem.* **2003**, *68*, 7098.

[4] Liu, W. J.; Mei, D.; Wang, W.; Duan, W. *Tetrahedron Lett.* **2013**, *54*, 3791.

[5] Rogozinska, M.; Adamkiewicz, A.; Mlynarski, J. *Green Chem.* **2011**, *13*, 1155.

[6] Hernandez-Torres, G.; Tan, B.; Barbas, C. F. *Org. Lett.* **2012**, *14*, 1858.

[7] Fleury, L. M.; Ashfeld, B. L. *Org. Lett.* **2009**, *11*, 5670.

[8] Arink, A. M.; Braam, T. W.; Jastrzebski, J. T. B. H.; et al. *Org. Lett.* **2004**, *6*, 1959.

[9] (a) Asano, T.; Asao, N.; Yamamoto, Y. *Angew. Chem. Int. Ed.* **2001**, *40*, 3026. (b) Feng, X.; Lin, L.; Liu, X.; et al. *Tetrahedron* **2011**, *67*, 1781.

[10] Bartelson, K.; Deng, L.; Lu, X.; et al. *J. Am. Chem. Soc.* **2008**, *130*, 2422.

[刘海兰，河北师范大学化学与材料科学学院；XCJ]

2-苯基噁唑-5(4H)-酮

【英文名称】 2-Phenyloxazolone

【分子式】 $C_9H_7NO_2$

【分子量】 161.16

【CAS 登录号】 [1199-01-5]

【缩写和别名】 2-苯基二氢唑酮，2-Phenyl-oxazol-5(4H)-one，Azlactone

【结构式】

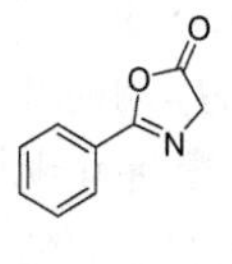

【物理性质】 bp 248 °C，mp 89~92 °C。溶于大多数有机溶剂，通常在己烷、庚烷、环己烷、甲苯、乙醚、CH_2Cl_2 和 THF 中使用。

【制备和商品】 大型跨国试剂公司均有销售，商品试剂为纯度 97% 以上的固体。该试剂可以在实验室制备，一般先由苯甲酰氯与甘氨酸反应形成苯甲酰氨基酸，也称马尿酸。然后在乙酐体系中经分子内脱水得到 2-苯基噁唑-

5(4*H*)-酮。

【注意事项】 该试剂具有强烈的吸湿性，对空气和湿气敏感，对皮肤和眼睛有轻微刺激，在干燥条件下储存。

2-苯基噁唑-5(4*H*)-酮是化学合成 β-芳基丙氨酸的重要试剂，通常使用 2-苯基噁唑-5(4*H*)-酮与合适的芳醛在醋酸钠的乙酐溶液中缩合，然后使用 Pd/C 催化加氢，噁唑环水解开环即得到相应的 β-芳基丙氨酸。

2-苯基噁唑-5(4*H*)-酮分子中的活性亚甲基在碱性试剂的作用下能够形成碳负离子，从而进攻羧基或硫羧基，有效地生成缩合产物。如在氢化钠的作用下，2-苯基噁唑-5(4*H*)-酮与二硫代对甲氧基苯甲酸甲酯缩合成 (1-甲硫基)亚苄基噁唑-5-酮 (式 1)[1]。

$$\text{(1)} \quad E/Z = 60/40$$

2-苯基噁唑-5(4*H*)-酮也是重要的有机合成砌块，通过在噁唑环的不同位置开环，能够提供多种结构单元。如在对甲基苯磺酸的催化下，脂肪醇作为亲核试剂进攻噁唑环酯羰基，生成苯甲酰氨基己酸酯 (式 2)[2]。

此外，脂肪胺也可以代替脂肪醇参与上述反应，生成二肽化合物。醇羟基或氨基作为亲核端进攻噁唑-5(4*H*)-酮的酯羰基，促进了噁唑的开环。而 3,4-二氢异喹啉通过环亚氨基作为亲核端进攻噁唑-5(4*H*)-酮的酯羰基，不仅促使噁唑开环，而且通过形成双环 β-内酰胺中间体，进一步开环转化为多取代苯并环辛内酰胺化合物 (式 3)[3]。

在含氮杂环卡宾 (NHCs) 催化剂的作用下，2-苯基噁唑-5(4*H*)-酮先经过开环，然后再与 α-氰基肉桂醛成环，生成具有高度立体选择性的取代哌啶酮化合物 (式 4)[4]。

在分子碘的催化下，使用离子液体作为绿色促进剂，2-苯基噁唑-5(4*H*)-酮与 2-对硝基苯基-*N*-对甲苯磺酰基氮杂环丙烷在室温反应，可有效地生成 3-苯甲酰氨基-*N*-对甲苯磺酰基-5-对硝基苯基-2-吡咯烷酮。该反应具有高度的立体选择性，主要生成顺式异构体的产物 (式 5)[5]。

2-苯基噁唑-5(4*H*)-酮经开环后可作为 1,3-偶极子与缺电子不饱和键发生 [3+2] 加成环合反应。在手性金试剂的催化下，2-苯基噁唑-5(4*H*)-酮与缺电子烯烃可以很好地发生 1,3-偶极加成反应 (式 6)[6,7]。该反应具有高度的立体选择性，由噁唑-5(4*H*)-酮环衍生的酯基与缺电子烯烃的两个吸电子基团呈反式构型。在手性试剂的诱导下，能够获得高光学纯的手性产物。

参 考 文 献

[1] Yugandar, S.; Acharya, A.; Ila, H. *J. Org. Chem.* **2013**, *78*, 3948.

[2] Pereira, A. A.; de Castro, P. P.; de Mello, A. C.; et al. *Tetrahedron* **2014**, *70*, 3271.

[3] Boonya-udtayan, S.; Eno, M.; Ruchirawat, S.; et al. *Tetrahedron* **2012**, *68*, 10293.

[4] Singh, A. K.; Chawla, R.; Rai, A.; Yadav, L. D. S. *Chem. Commun.* **2012**, *48*, 3766.

[5] Rai, V. K.; Sharma, N.; Kumar, A. *Synlett* **2013**, *24*, 97.

[6] Martín-Rodríguez, M.; Nájera, C.; Sansano, J. M. *Synlett* **2012**, *23*, 62.

[7] Melhado, A. D.; Amarante, G. W.; Wang, Z. J.; et al. *J. Am. Chem. Soc.* **2011**, *133*, 3517.

[王存德，扬州大学化学化工学院；HYF]

苯基硅烷

【英文名称】 Phenylsilane

【分子式】 C_6H_8Si

【分子量】 108.21

【CAS 登录号】 [694-53-1]

【缩写和别名】 Silylbenzene

【结构式】

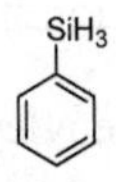

【物理性质】 无色透明易挥发的液体，bp 119~121 °C，ρ 0.878 g/cm³，易溶于有机溶剂。

【制备和商品】 试剂公司均有售。在无水乙醚中，用氢化锂或四氢铝锂还原苯基三氯硅烷可方便地制备 (式 1)[1]。

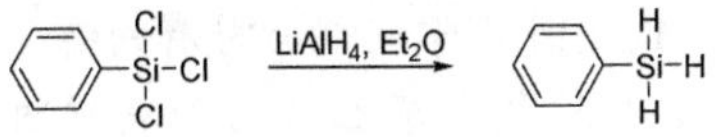

(1)

【注意事项】 加热时分解时，会产生刺鼻的浓烟和刺激性物质。遇水反应剧烈。

苯基硅烷 ($PhSiH_3$) 是一种有机硅烷。作为温和且对环境友好的还原性试剂，被广泛地应用于有机合成中。该试剂可将醛、酮经硅氢加成还原，得到相应的醇；可将喹啉选择性地还原为二氢喹啉；在 Michael 环化反应和羟醇缩合反应中，该试剂也是一种非常有效的还原剂。苯基硅烷还可以实现醛亚胺的还原偶联反应；脱除有机卤化物中的卤素；也可以作为羧酸的原位活化剂，由羧酸和胺制备甲酰胺和肽类化合物。

醛、酮、醛亚胺、酮亚胺的还原 在催化量的 Ph_3P 和 $B(C_6F_5)_3$ 的作用下，苯基硅烷可以有效地进行硅氢加成反应，将醛、酮、醛亚胺及酮亚胺还原成相应的醇或胺 (式 2)[2]。

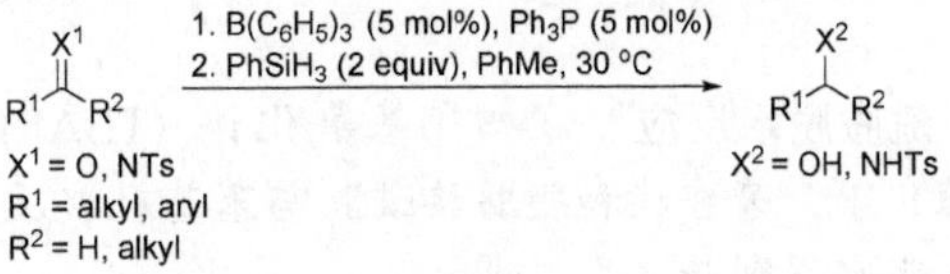

(2)

醛的直接还原胺化反应 在氧化铼配合物或 MoO_2Cl_2 的催化作用下，苯基硅烷可直接将醛还原胺化为相应的仲胺。底物分子中含有的氟、氯、碘、甲氧基、硝基、甲酯基、氰基和双键等官能团均不受影响 (式 3)[3,4]。

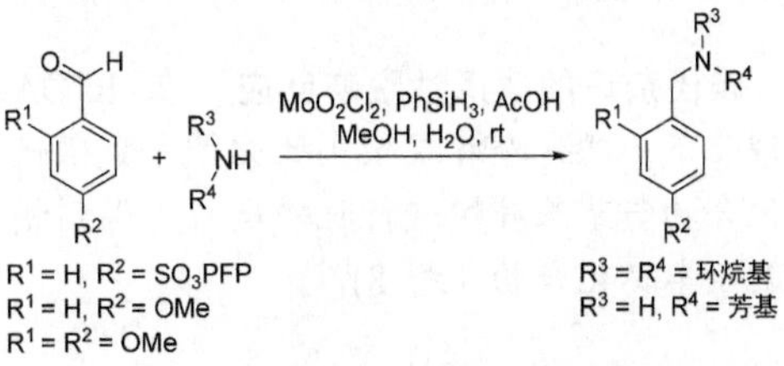

(3)

亚砜还原为硫醚反应 在 $HReO_4$ 的催化下，芳基、芳基烷基或烷基取代的亚砜与苯基硅烷在四氢呋喃溶剂中反应，可以高产率得到相应的硫醚化合物。该反应具有很高的选择性，底物分子中的氯、硝基、酯基、双键或三键等官能团均不受影响 (式 4)[5]。

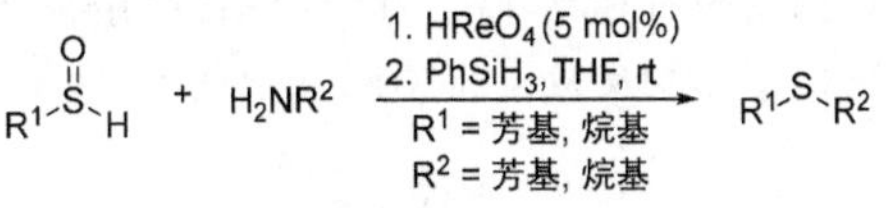

(4)

叠氮化合物的还原 在 *N,N*-二甲基二硫代氨基甲酸酯钼配合物[$MoO_2(S_2CNEt_2)_2$] 的催化下，苯基硅烷作为氢源可以与叠氮化合物发生选择性还原反应，得到相应的胺。而底物分子中其余可被还原的官能团均不受影响 (式 5)[6]。

$$RN_3 + PhSiH_3 \xrightarrow[52\%\sim94\%]{MoO_2(S_2CNEt_2)_2\ (10\ mol\%),\ PhMe,\ 100\ ^{\circ}C} RNH_2 \quad (5)$$

R = 芳基, 烷基, 乙烯基

***α*-共轭烯酮的 1,4-还原反应和羟醛缩合反应** 在 $In(OAc)_3$ 的催化下，苯基硅烷作为温

和的还原剂可以与 α-共轭烯酮反应得到相应的酮。进而与另一分子的醛再进行分子间羟醇缩合反应，得到相应的 β-羟基酮 (式 6)[7]。

$$R^1\text{—C(=O)—CH=CH—}R^2 + R^3CHO + PhSiH_3 \xrightarrow[\text{EtOH, 0 °C}]{\text{In(OAc)}_3\ (10\ \text{mol\%})} \quad (6)$$

酰胺脱水反应　在四丁基氟化铵 (TBAF) 的催化下，芳香族和脂肪族酰胺与苯基硅烷反应，脱水得到腈 (式 7)[8]。

$$\xrightarrow[\text{2. PhSiH}_3,\ \text{PhMe, 100 °C}]{\text{1. TBAF (5 mol\%)}} \quad (7)$$

$$R = C_8H_{17} \qquad 99\% \qquad R\text{—CN}$$

碘代杂环的选择性脱碘反应　在 In(OAc)$_3$ 的催化下，碘代喹啉或碘代吡啶等含氮碘代杂环化合物与苯基硅烷进行脱碘反应，得到相应的脱碘杂环化合物 (式 8)[9]。

$$\text{Het-I} \xrightarrow[\text{2. PhSiH}_3,\ \text{EtOH, rt}]{\text{1. In(OAc)}_3,\ 2,6\text{-Me}_2\text{Py}} \text{Het-H} \quad (8)$$

由醛和酮制备对称醚的反应　在 SbI$_3$ 的催化下，苯基硅烷与醛或环酮反应能够直接快速地得到相应的对称醚 (式 9)[10]。但在此条件下，用丙酮或苯乙酮反应却得不到相应的醚[10]。

$$R^1\text{—C(=O)—}R^2 \xrightarrow[\text{2. PhSiH}_3,\ \text{THF, rt}]{\text{1. SbI}_3} \quad (9)$$

参 考 文 献

[1] Finholt, A. E.; Bond, A. C.; Wilzbach, K. E.; Schlesinger, H. I. *J. Am. Chem. Soc.* **1947**, *69*, 2692.

[2] (a) Addis, D.; Zhou, S. L.; Das,S.; et al. *Chem. Asian J.* **2010**, *5*, 2341. (b) Truong, T. V.; Kastl, E. A.; Du, G. D. *Tetrahedron Lett.* **2011**, *52*, 1670. (c) Mostefai, N.; Sirol, S.; Courmarcel, J.; Riant, O. *Synthesis* **2007** (8),1265. (d) Matsuoka, H.; Kondo, K. *Chin. Chem. Lett.* **2010**, *21*, 1314

[3] Sousa, S. C. A.; Fernandes, A. C. *Adv. Synth. Catal.* **2010**, *352*, 2218.

[4] Smith, C. A.; Cross, L. E.; Hughes, K.; et al. *Tetrahedron Lett.* **2009**, *50*, 4906.

[5] Cabrita, I.; Sousa, S. C. A.; Fernandes, A. C. *Tetrahedron Lett.* **2010**, *51*, 6132.

[6] Maddani, M. R.; Moorthy, S. K.; Prabhu, K. R. *Tetrahedron* **2010**, *66*, 329.

[7] Miura, K.; Yamada, Y.; Tomita, M.; Hosomi, A. *Synlett* **2004**, 1985.

[8] Zhou, S.; Junge, K.; Addis, D.; Das, S.; Beller, M. *Org. Lett.* **2009**, *11*, 2461.

[9] Sugimoto, O.; Sugiyama, M.; Tanji, K. *Heterocycles* **2010**, *80*, 601.

[10] Baek, J. Y.; Lee, S. J.; Han, B. H. *J. Korean Chem. Soc.* **2004**, *48*, 220.

[梁云，巨勇*，清华大学化学系；JY]

3-苯基-2-环丁烯-1-酮

【英文名称】　3-Phenylcyclobut-2-en-1-one

【分子式】　$C_{10}H_8O$

【分子量】　144.17

【CAS 登录号】　[38425-47-7]

【缩写和别名】　3-Phenylcyclobutenone

【结构式】

【物理性质】　无色至浅黄色液体，bp 244.7 ℃，ρ 1.172 g/cm^3。微溶于水，溶于二氯甲烷、乙醇等多数有机溶剂。

【制备和商品】　国内外化学试剂公司有销售。实验室可由三氯乙酰氯和苯乙炔为原料通过两步反应制备[1]。

【注意事项】　该试剂对光敏感。有一定的毒性，对皮肤和眼睛有刺激作用。

3-苯基-2-环丁烯-1-酮是一个 α,β 不饱和四元环酮，其结构不稳定，通常容易发生开环反应或与亲核试剂进行加成反应。它与其它不饱和化合物的反应可用于制备碳环或杂环化合物。

在三氯化铈的存在下，该试剂的羰基可以选择性地被还原成为羟基，而它的环状结构和碳-碳双键不会受到影响 (式 1)[2]。

$$CeCl_3 \cdot 7H_2O \ (0.6 \ equiv), \ NaBH_4 \\ \underset{96\%}{\xrightarrow{(1.0 \ equiv), \ EtOH, \ 0 \ ^\circ C, \ 10 \ min}} \tag{1}$$

该试剂很容易发生开环反应，是构建芳环的重要原料之一。例如：在 Ni(cod)$_2$ 的催化下，该试剂与炔基硼酸酯发生 [4+2] 环加成反应生成苯酚类衍生物 (式 2)[3]。硼酸酯的引入为进一步的衍生化反应提供了重要的反应活性位点。

$$Ni(cod)_2 \ (0.1 \ equiv) \\ \underset{54\% \ (85:15)}{\xrightarrow{Et_2O, \ 0 \ ^\circ C \sim rt, \ 16 \ h}} \tag{2}$$

在碱性条件下，该试剂与重氮乙酸乙酯发生开环加成反应生成二氮䓬类衍生物和酮类异构化产物 (式 3)[4]。

$$EtO_2CCHN_2 \ (2 \ equiv), \ LDA \\ \underset{84\% \ (86:14)}{\xrightarrow{(2 \ equiv), \ THF, \ -78 \ ^\circ C, \ rt, \ 1 \ h}} \tag{3}$$

该试剂与烯基锂试剂的反应可以制备环己烯酮衍生物 (式 4)[5]。在加热条件下，该试剂的异构化烯醇中间体发生开环反应生成多取代 1,3-二烯类化合物 (式 5)[6]。在 n-BuLi 存在下，该试剂能够与二碘甲烷发生插入反应。二碘甲烷原位生成的亚甲基可以选择性地插入到 C1-C4 键之间，生成环戊烯酮衍生物 (式 6)[7]。

$$\underset{86\%}{\xrightarrow{THF, \ -78 \ ^\circ C \sim rt, \ 2 \ h}} \tag{4}$$

$$\text{1. } (n\text{-Bu})_2Cu(CN)Li_2, \ THF, \ -78 \ ^\circ C, \ 10 \ min \\ \underset{89\%}{\xrightarrow{\text{2. } Ac_2O, \ 0 \ ^\circ C}}$$

$$\underset{99\%}{\xrightarrow{m\text{-xylene, } 140 \ ^\circ C, \ 6 \ h}} \tag{5}$$

$$n\text{-BuLi} \ (1.5 \ equiv), \ THF \\ \underset{40\%}{\xrightarrow{-78 \ ^\circ C, \ 1 \ h, \ rt, \ 10 \ min}} \tag{6}$$

在含有 PBu$_3$ 的甲醇溶剂中，该试剂发生开环反应生成 β,γ-不饱和羧酸酯 (式 7)[8]。

$$\underset{85\%}{\xrightarrow{PBu_3 \ (5 \ mol\%), \ MeOH, \ rt, \ 24 \ h}} \tag{7}$$

参 考 文 献

[1] Frimer, A. A.; Pizem, H. *Tetrahedron* **1999**, *55*, 12175.

[2] Fattahi, A.; Lis, L.; Kass, S. R. *J. Am. Chem. Soc.* **2005**, *127*, 13065.

[3] Auvinet, A. L.; Harrity, J. P. A. *Angew. Chem. Int. Ed.* **2011**, *50*, 2769.

[4] Sugimoto, K.; Hayashi, R.; Nemoto, H.; et al. *Org. Lett.* **2012**, *14*, 3510.

[5] Magomedov, N. A.; Ruggiero, P. L.; Tang, Y. C. *J. Am. Chem. Soc.* **2004**, *126*, 1624.

[6] Murakami, M.; Miyamoto, Y.; Ito, Y. *J. Am. Chem. Soc.* **2001**, *123*, 6441.

[7] Li, Z.; Moser, W. H.; Deng, R. X.; Sun, L. D. *J. Org. Chem.* **2007**, *72*, 10254.

[8] Cammers-Goodwin, A. *J. Org. Chem.* **1993**, *58*, 7619.

[华瑞茂，清华大学化学系；HRM]

苯基腈氧化物

【英文名称】 Benzonitrile oxide

【分子式】 C$_7$H$_5$NO

【分子量】 119.12

【CAS 登录号】 [873-67-6]

【缩写和别名】 Benzenecarbonitrile oxide，1-Azonia-1-oxylato-2-phenylacetylene

【结构式】

【物理性质】 mp 18~19 ℃，bp 113 ℃/15 mmHg，ρ 1.10 g/cm^3，n_D^{22} 1.6172。溶于 THF、甲苯、乙醚、CH$_2$Cl$_2$ 和 CCl$_4$ 等大多数有机溶剂中。

【制备和商品】 可由苯甲醛肟经氯化生成氯代苯甲醛肟，然后在碱的存在下脱去 HCl 来制备[1]。由于苯基腈氧化物容易发生二聚，因此在反应体系中保持低浓度和低温有利于减少二聚体的生成。

【注意事项】 该试剂很容易发生二聚，使用时一般在反应中原位生成。

苯基腈氧化物是一个典型的 1,3-偶极体，能够与多种类型的不饱和键发生环加成反应，被用于构筑各种杂环化合物。

1,3-偶极环加成反应 苯基腈氧化物能与不饱和碳-碳键、不饱和碳-杂原子键等亲偶极体发生 1,3-偶极环加成反应。所生成产物的区域选择性与亲偶极体的结构有很大关系。如式 1 所示[2]：不饱和桥环化合物 **1** 与苯基腈氧化物的反应，所生成的异噁唑啉产物中两种异构体的比例基本相当。在一些反应中，也可完全区域选择性地生成其中一种异构体。如式 2 所示[3]：苯基腈氧化物和 α,β-不饱和砜反应，得到单一的三取代异噁唑啉产物。在多数情况下，单取代的亲偶极体与苯基腈氧化物反应表现出了较好的区域选择性[4]，甚至可以获得单一的异构体[2]；而使用二取代的亲偶极体作为反应底物时往往得到两种异构体的混合物[5]。

$$(1)$$

$$(2)$$

苯基腈氧化物与 α,β-不饱和酮、酯和酰胺发生环加成反应时，一般只与不饱和碳-碳双键进行反应。当与 α,β-不饱和醛反应时，异噁唑啉产物容易发生脱氢生成相应的异噁唑化合物。在过量的苯基腈氧化物存在下，异噁唑啉产物中的醛羰基还会与之发生第二次环加成反应[6]。对醛羰基进行保护则可避免上述情况的发生 (式 3)[7]。

$$(3)$$

苯基腈氧化物与一些含有特殊官能团的炔烃底物反应可以得到带有这些官能团的异噁唑化合物，接着可以进一步发生衍生化反应。如式 4[8]和式 5[9]所示：苯基腈氧化物分别与三丁基炔基锡或炔基硼酸酯反应，区域选择性地得到带有这些官能团的异噁唑化合物，接着可进行各种官能团转化。

$$(4)$$

$$(5)$$

如式 6 所示[10a]：烯丙基金属试剂[14]或丙二烯基金属试剂[11]能够与苯基腈氧化物进行亲核加成，然后再发生分子内的环加成反应，区域选择性地生成异噁唑啉产物。

$$(6)$$

使用手性亲偶极体作为反应底物可获得具有光学活性的产物。如式 7 所示[12]：手性烯丙基酰肼与苯基腈氧化物的反应，得到中等的非对映选择性。

$$(7)$$

在苯基腈氧化物参与的 1,3-偶极环加成反应中，使用高效的手性辅助试剂可以获得几乎光学纯的目标产物[13]。如式 8 所示[13a]：带有手性辅助官能团的化合物 **2** 与苯基腈氧化物反应，所得产物经 L-selectride 还原去除手性辅助官能团, 即可获得光学纯的 *R*-型异噁唑啉产物。

$$(8)$$

苯基腈氧化物也可以与一些不饱和碳-杂原子键发生环加成反应, 因此也被用于合成各种杂环化合物。如式 9 所示[14]: 磺酰基异硫氰酸酯与苯基腈氧化物的反应, 可以生成氧杂噻唑类衍生物。在化合物 **3** 与苯基腈氧化物的反应中, 所生成的环加成产物 **4** 很容易进一步发生重排反应 (式 10)[15]。

$$ArSO_2N=C=S + Ph-C\equiv\overset{+}{N}-\overset{-}{O} \xrightarrow{Et_2O,\ rt} \qquad (9)$$

$$(10)$$

氧化反应 在合适的氧化剂存在下, 苯基腈氧化物可以被氧化成不稳定的羰基亚硝基中间体, 然后进一步参与其它反应[16]。如式 11 所示[16a]: 苯基腈氧化物与 NMO 反应生成羰基亚硝基中间体, 该中间体可与共轭二烯 **5** 发生 Diels-Alder 反应。

$$(11)$$

亲核加成反应 苯基腈氧化物与碳、氮、氧等亲核试剂反应, 可以生成肟衍生物[17]。如式 12 所示[17a]: 苯甲腈氧化物与吗啉在室温反应, 生成氨基肟化合物。

$$(12)$$

参 考 文 献

[1] (a) Huisgen, R.; Hack, W.; Annseser, E. *Angew. Chem.* **1961**,

73, 616. (b) Armstrong, S. K.; Collington, E. W.; Knight, J. G.; et al. *J. Chem. Soc., Perkin Trans. 1* **1993**, 443. (c) Kissane, M.; Lawrence, S. E.; Maguire, A. R. *Tetrahedron* **2010**, *66*, 4564. (d) Thomsen, I.; Torssell, K. B. G. *Acta Chem. Scand., Ser. B* **1988**, *42*, 303. (e) Boa, A. N.; Dawkins, D. A.; Hergueta, A. R.; Jenkins, P. R. *J. Chem. Soc., Perkin Trans. 1* **1988**, 953.

[2] Quadrelli, P.; Piccanello, A.; Martinez, N. V.; et al. *Tetrahedron* **2006**, *62*, 7370.

[3] Bias, J. d.; Carretero, J. C.; Domínguez, E. *Tetrahedron: Asymmetry* **1995**, *6*, 1035.

[4] (a) Lee, G. A.; *Synthesis* **1982**, 508. (b) Kozikowski, A. P.; Adamczyk, M. *J. Org. Chem.* **1983**, *48*, 366. (c) Martin, S. F.; Dupre, B. *Tetrahedron Lett.* **1983**, *24*, 1337. (d) Boyd, E. C.; Paton, R. M. *Tetrahedron Lett.* **1993**, *34*, 3169. (e) Houk, K. N.; Duh, H.-Y.; Wu, Y.-D.; Moses, S. R. *J. Am. Chem. Soc.* **1986**, *108*, 2754.

[5] (a) Curran, D. P.; Heffner, T. A. *J. Org. Chem.* **1990**, *55*, 4585. (b) Kanemasa, S.; Nishiuchi, M.; Wada, E. *Tetrahedron Lett.* **1992**, *33*, 1357.

[6] Sarlo, F. D.; Guarna, A.; Brandi, A. J. *J. Heterocycl. Chem.* **1983**, *20*, 1505.

[7] Lu, T.-J.; Yang, J.-F.; Sheu, L.-J. *J. Org. Chem.* **1995**, *60*, 7701.

[8] Kondo, Y.; Uchiyama, D.; Sakamoto, T.; Yamanaka, H. *Tetrahedron Lett.* **1989**, *30*, 4249.

[9] Davies, M. W.; Wybrow, R. A. J.; Johnson, C. N.; Harrity, J. P. A. *Chem. Commun.* **2001**, 1558.

[10] (a) Qazi, N. A.; Kumar, H. M. S.; Taneja, S. C. *Tetrahedron Lett.* **2005**, *46*, 4391. (b) Sawant, S. D.; Singh, P. P.; Qazi, N. A.; Kumar, H. M. S. *Chem. Lett.* **2007**, *36*, 296.

[11] Qazi, N. A.; Singh, P. P.; Jan, S.; Kumar, H. M. S. *Synlett* **2007**, *9*, 1449.

[12] Yang, K.-S.; Lain, J.-C.; Lin, C.-H.; Chen, K. *Tetrahedron Lett.* **2000**, *41*, 1453.

[13] (a) Curran, D. P.; Kim, B. H.; Daugherty, J.; Heffner, T. A. *Tetrahedron Lett.* **1988**, *29*, 3555. (b) Oppolzer, W.; Kingma, A. J.; Pillai, S. K. *Tetrahedron Lett.* **1991**, *32*, 4893.

[14] Borsus, J.-M.; L'abbe, G.; Smets, G. *Tetrahedron* **1975**, *31*, 1537.

[15] Rees, C. W.; Somanathan, R.; Storr, R. C.; Woolhou, A. *J. Chem. Soc., Chem. Commun.* **1975**, 740.

[16] (a) Quadreili, P.; Invernizzi, A. G.; Carameila, P. *Tetrahedron Lett.* **1996**, *37*, 1909. (b) Quadrelli, P.; Mella, M.; Caramella, P. *Tetrahedron Lett.* **1998**, *39*, 3233.

[17] (a) Dignam, K. J.; Hegarty, A. F.; Quain, P. L. *J. Chem. Soc., Perkin Trans. 2* **1977**, 1457. (b) Dignam, K. J.; Hegarty, A. F.; Quain, P. L. *J. Org. Chem.* **1978**, *43*, 388. (c) Risitano, F.; Grassi, G.; Foti, F.; et al. *J. Chem. Soc., Perkin Trans. 1* **1979**, 1522.

[王波, 清华大学化学系; WXY]

苯基锂

【英文名称】 Phenyllithium

【分子式】 C_6H_5Li

【分子量】 84.05

【CAS 登录号】 [591-51-5]

【结构式】 PhLi

【物理性质】 该试剂可溶解于醚类溶剂如 THF 和 Et_2O 中, 不溶于烃类溶剂 (除非有添加剂或者共溶剂)。一般以 THF 或 Et_2O 溶液的形式存在和使用。

【制备和商品】 该试剂可使用溴苯或氯苯与锂在醚溶液中制备[1]。国内外各大化学试剂公司均有该试剂的 THF、Et_2O 或 n-Bu_2O 溶液销售。

【注意事项】 苯基锂溶液暴露于空气或湿气中时易起火, 一般在无水、惰性气体环境及低温下制备和使用。在低温下储存。

苯基锂作为苯基负离子等价物, 是合成中常用的苯基化试剂。苯基锂可与羰基化合物、环氧乙烷、腈等发生加成反应, 或在过渡金属试剂催化下与芳卤化合物发生偶联反应。与其它锂试剂一样, 苯基锂可用作含活泼氢底物的锂化试剂、发生锂-卤交换反应或者锂-金属的转移金属化反应。

加成反应 苯基锂与醛和酮加成得到醇, 与亚胺加成可以得到二级胺[2]。苯基锂与酯[3]或酰胺反应一般生成酮 (式 1)[4], 与环氧乙烷加成则生成苯乙醇衍生物 (式 2)[5]。

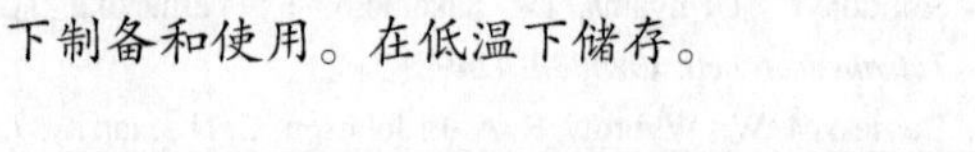

(1)

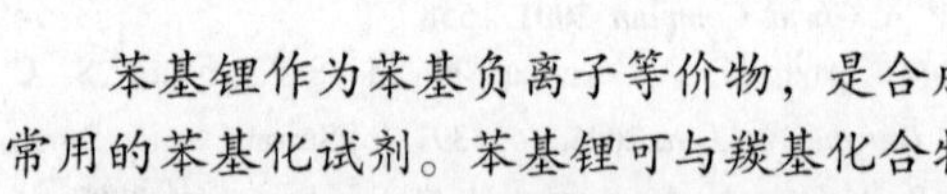

(2)

苯基锂可以与含氮芳杂环 (如吡啶、喹啉等) 的 C=N 键发生加成反应。通常在加成反应后加入氧化剂使产物芳构化, 可以得到氮原子邻位苯基取代的芳杂环化合物 (式 3)[6]。

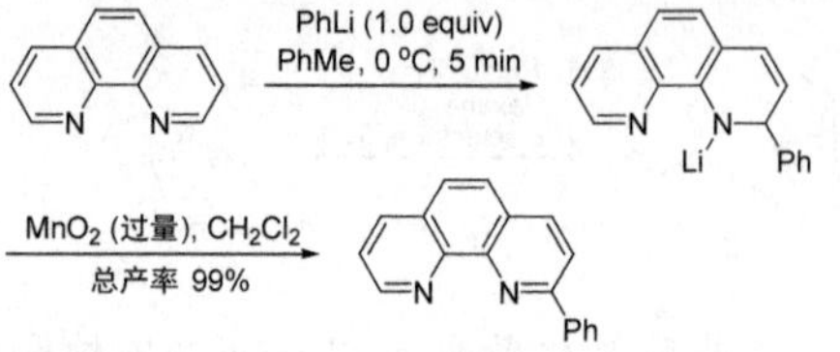

(3)

苯基锂还可以与一些特殊化合物加成。如式 4 所示[7]: 苯基锂与二氧化硫加成生成苯亚磺酸锂盐。苯基锂还可以与硒或碲单质加成得到苯硒酚锂或者苯碲酚锂, 是用于合成含芳-硒/碲化合物常用的方法 (式 5)[8]。此外, 苯基锂还可以与重氮化合物加成生成腙 (式 6)[9]。

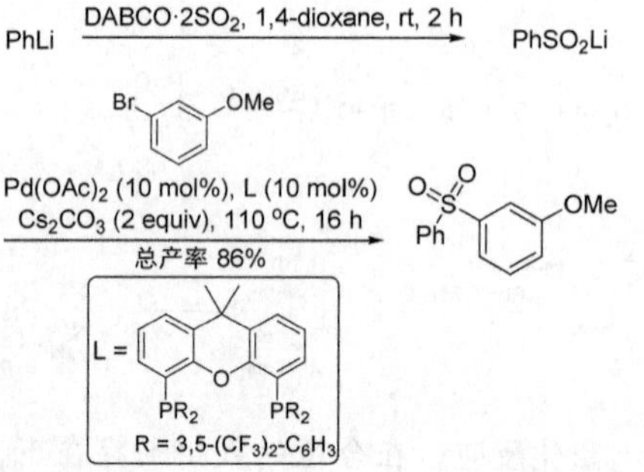

(4)

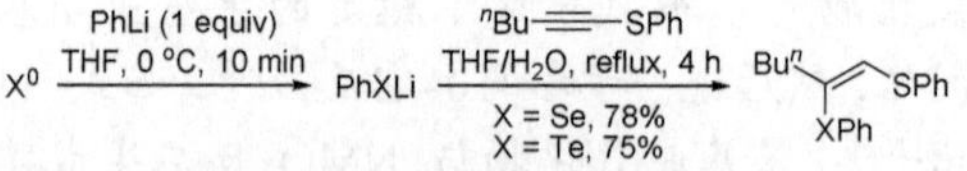

(5)

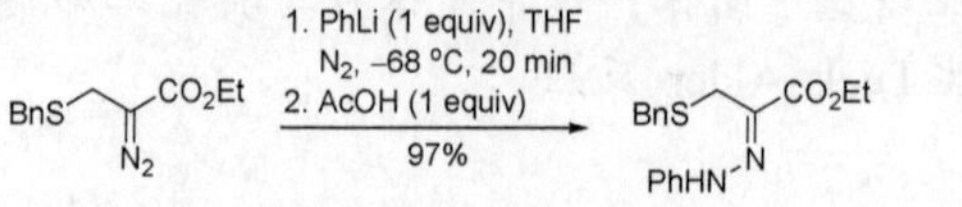

(6)

共轭加成 在亚铜盐的存在下, 苯基锂与 α,β 不饱和羰基化合物反应时主要生成 1,4-加成产物, 最常用的亚铜盐是 $CuBr \cdot SMe_2$ (式 7)[10]。反应后还可以与卤代烷发生亲核取代反应 (式 8)[11]。除了 α,β 不饱和羰基化合物外, 苯基锂与其它类型的 Michael 受体 (如硝基烯烃化合物等) 也可以发生 Michael 加成反应 (式 9)[12]。

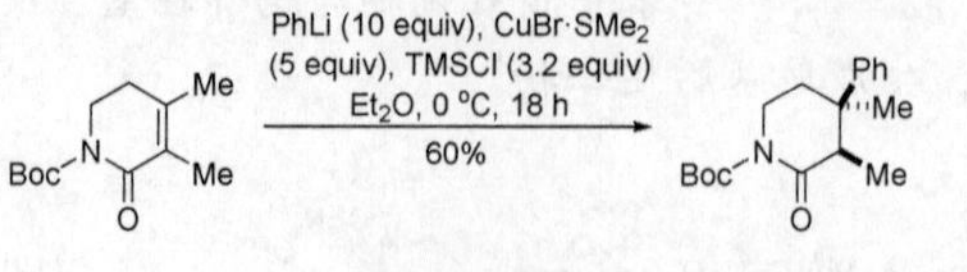

(7)

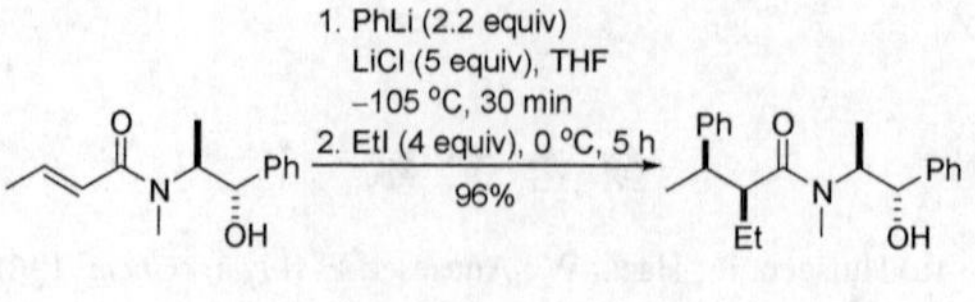

(8)

过渡金属催化的偶联反应　苯基锂能与芳基卤、芳基甲醚等化合物在过渡金属试剂催化下发生偶联反应，生成联苯类化合物。一些氟代芳烃也能给出较好的产率 (式 10)[13]。将苯基锂转化为苯基硅等试剂，可以提高偶联反应的产率[14]。

与卤素的交换反应　苯基锂可以与卤代物发生锂卤交换反应，在合成中用于原位生成锂试剂。苯基锂与芳卤进行锂卤交换时，邻位或对位带有拉电子取代基的芳卤更易发生交换反应；而与带有给电子基团的芳卤则难以发生交换[15]。如式 11 所示[16]：对硝基碘苯和对碘苯甲酸酯都能较好地转化为相应的芳基锂试剂。如果使用偕二溴化合物，当一个溴发生锂卤交换后，可以原位消去一分子溴化锂得到卡宾 (式 12)[17]。除了可以与卤素发生锂-卤交换以外，苯基锂还可以与有机锡[18]、碲[19]等化合物进行交换。

锂化反应　苯基锂可以与丁基锂一样作为强碱除去底物中的活泼氢。由于苯基锂的碱性比丁基锂弱，故而在合成中一般用于除去酸性较强的氢。如式 13 所示[20]：苯基锂可以除去吡啶-2-甲基上的氢，生成碳负离子后发生后续的亲核反应。

参 考 文 献

[1]　Esmay, D. L. Adv. Chem. Ser. **1959**, *23*, 46.

[2]　Vidal, C.; García-álvarez, J.; Hernán-Gómez, A.; et al. *Angew. Chem. Int. Ed.* **2016**, *55*, 16145.

[3]　Giacoboni, J.; Clausen, R. P.; Marigo, M. *Synlett* **2016**, *27*, 2803.

[4]　Liu, C.; Achtenhagen, M.; Szostak, M. *Org. Lett.* **2016**, *18*, 2375.

[5]　Concellón, J. M.; Bernad, P. L.; del Solar, V.; Suárez, J. R. *J. Org. Chem.* **2006**, *71*, 6420.

[6]　Jakobsen, S.; Tilset, M. *Tetrahedron Lett.* **2011**, *52*, 3072.

[7]　Emmett, E. J.; Hayter, B. R.; Willis, M. C. *Angew. Chem. Int. Ed.* **2013**, *52*, 12679.

[8]　Dabdoub, M. J.; Dabdoub, V. B.; Pereira, M. A.; et al. *Tetrahedron Lett.* **2010**, *51*, 5141.

[9]　Yasui, E.; Wada, M.; Takamura, N. *Tetrahedron Lett.* **2006**, *47*, 743.

[10]　Oueslati, F.; Perrio, C.; Dupas, G.; Barré, L. *Org. Lett.* **2007**, *9*, 153.

[11]　Reyes, E.; Vicario, J. L.; Carrillo, L.; et al. *Org. Lett.* **2006**, *8*, 2535.

[12]　Delaunay, T.; Poisson, T.; Jubault, P.; Pannecoucke, X. *Eur. J. Org. Chem.* **2014**, 3341.

[13]　Heijnen, D.; Gualtierotti, J.-B.; Hornillos, V.; Feringa, B. L. *Chem. Eur. J.* **2016**, *22*, 3991.

[14]　Martinez-Solorio, D.; Melillo, B.; Sanchez, L.; et al. *J. Am. Chem. Soc.* **2016**, *138*, 1836.

[15]　Gorecka-Kobylinska, J.; Schlosser, M. *J. Org. Chem.* **2009**, *74*, 222.

[16]　Nagaki, A.; Imai, K.; Ishiuchi, S.; Yoshida, J. *Angew. Chem. Int. Ed.* **2015**, *54*, 1914.

[17]　Eccles, W.; Jasinski, M.; Kaszynski, P.; et al. *J. Org. Chem.* **2008**, *73*, 5732.

[18]　Reich, H. J.; Phillips, N. H. *Pure Appl. Chem.* **1987**, *59*, 1021.

[19]　Hiiro, T.; Kambe, N.; Ogawa, A.; et al. *Angew. Chem. Int. Ed.* **1987**, *26*, 1187.

[20]　Lee, J.; Anderson, W. K. *Synth. Commun.* **1992**, *22*, 369.

[刘楚龙，清华大学化学系；HYF]

苯基氯化硒

【英文名称】 Phenylselenium chloride

【分子式】 C_6H_5ClSe

【分子量】 191.52

【CAS 登录号】 [5707-04-0]

【缩写和别名】 苯硒基氯，氯化苯硒

【结构式】

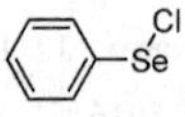

【物理性质】 本品为橙黄色结晶。mp 64~65 ℃，bp 120 ℃/2.7 kPa，95~96 ℃ /0.80 kPa。

【制备和商品】 国内外化学试剂公司均有销售。实验室常在苯基溴化镁中加入硒粉和溴生成二苯二硒化合物，然后在二苯二硒的己烷溶液中通入氯气制得 (式 1)[1,2]。

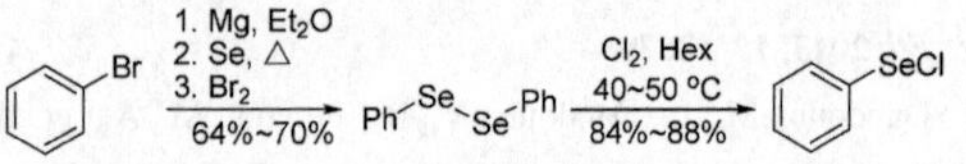

$$\text{(1)}$$

【注意事项】 该物质对环境可能有危害，对水体应给予特别注意。

苯基氯化硒 (PhSeCl) 是较强的亲电试剂，能与炔烃和烯烃加成得到多种产物，还可用于合成 α,β 不饱和羰基化合物和 α-苯硒羰基化合物等。

在不同的条件下，苯基氯化硒对烯烃的加成表现出不同的加成性质。例如：在动力学条件 (CH_2Cl_2, −78 ℃) 下，苯基氯化硒对烯丙醇进行反马氏加成；但是在热力学条件 (CH_3Cl, 20 ℃) 下则进行马氏加成 (式 2)[3]。

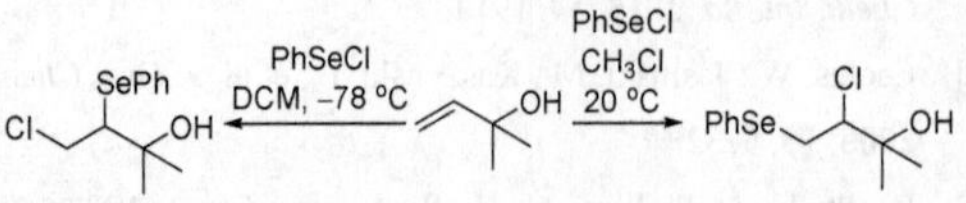

$$\text{(2)}$$

苯基氯化硒可用于与炔烃发生加成反应。在乙腈溶剂中，苯基氯化硒对 1,4-二氯-2-丁炔加成生成 (E)-2-(苯硒基)-1,3,4-三氯-2-丁烯 (式 3)[4]。

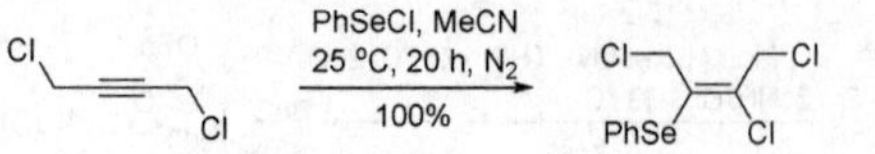

$$\text{(3)}$$

当酮或醛类化合物与苯基氯化硒反应时，首先生成 α-苯硒基醛或酮，然后再进一步被氧化为 α,β 不饱和羰基化合物 (式 4)[5,6]。

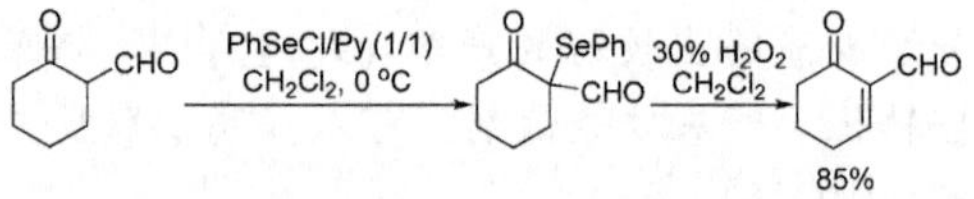

$$\text{(4)}$$

在无金属的条件下，用手性小分子胺催化酮与苯基氯化硒反应可以合成手性 α-苯硒基酮 (式 5)[7]。

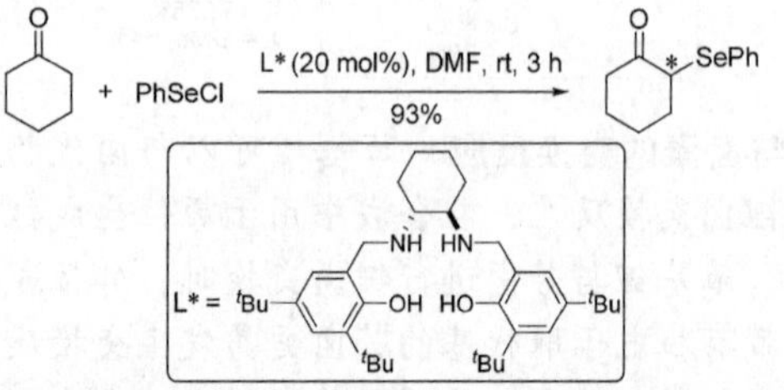

$$\text{(5)}$$

在羧酸、醇及其它烷氧基盐的存在下，苯基氯化硒可以与烯烃发生氧硒基化加成。例如：在巴豆酸银盐参与下，苯基氯化硒与环己烯反应生成氧硒基化产物 (式 6)[8]。

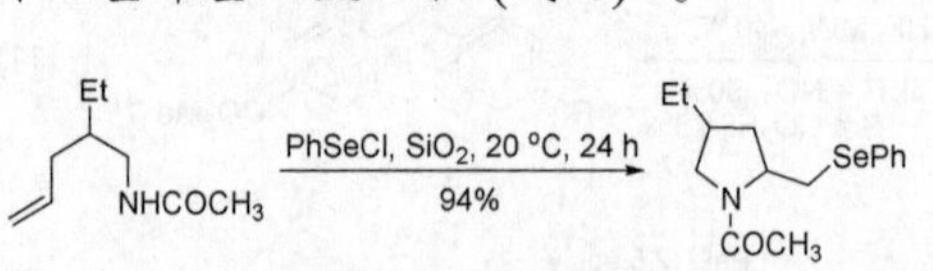

$$\text{(6)}$$

苯基氯化硒还能与 1,4-烯基乙酰胺发生分子内加成反应，高产率地生成 N-乙酰基-2-苯硒基甲基四氢吡咯 (式 7)[9]。

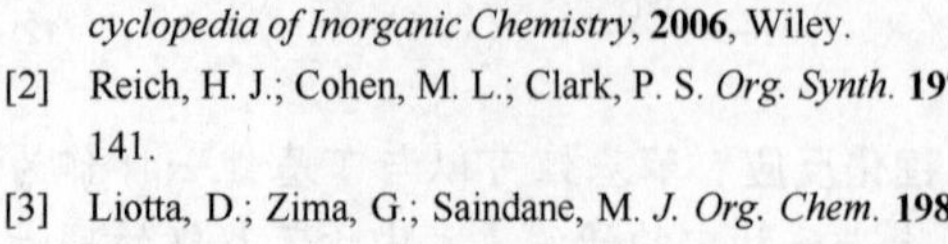

$$\text{(7)}$$

参 考 文 献

[1] Back, T. G. "Selenium: Organoselenium Chemistry" in Encyclopedia of Inorganic Chemistry, 2006, Wiley.

[2] Reich, H. J.; Cohen, M. L.; Clark, P. S. Org. Synth. 1979, 59, 141.

[3] Liotta, D.; Zima, G.; Saindane, M. J. Org. Chem. 1982, 47, 1258.

[4] Bridges, A. J.; Fischer, J. W. J. Org. Chem. 1984, 49, 2954.

[5] Liotta, D.; Barnum, C.; Puleo, R.; et al. *J. Org. Chem.* **1981**, *46*, 2920.

[6] Reich, H. J.; Renga, J. M.; Reich, I. L. *J. Am. Chem. Soc.* **1975**, *97*, 5434.

[7] 杨明华, 王红松, 郑云法, 朱成建. 有机化学, **2006**, *26*, 1268.

[8] Clive, D. L. J.; Beaulieu, P. L. *J. Chem. Soc., Chem. Commun.* **1983**, 307.

[9] Toshimitsu, A.; Terao, K.; Uemura, S. *J. Org. Chem.* **1986**, *51*, 10.

[陈俊杰，陈超*，清华大学化学系；CC]

N-苯基双(三氟甲磺酰)胺

【英文名称】 *N*-Phenyl-bis(trifluoromethane-sulfonimide)

【分子式】 $C_8H_5F_6NO_4S_2$

【分子量】 357.28

【CAS 登录号】 [37595-74-7]

【缩写和别名】 $PhNTf_2$, Hendrickson-McMurray 试剂

【结构式】

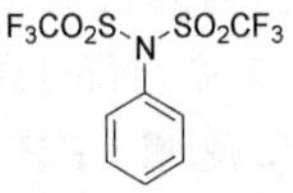

$$F_3CO_2S-N-SO_2CF_3$$

（苯基）

【物理性质】 白色非吸湿性固体, mp 101~103 °C。

【制备和商品】 国内外试剂公司均有出售。由苯胺与三氟甲磺酸酐在 THF 溶液中于 −78 °C 制备得到[1]。

【注意事项】 该试剂不吸湿,非常稳定。

$PhNTf_2$ 是一种温和的三氟甲磺酸化试剂，主要用于生成烯醇三氟甲磺酸酯和芳基三氟甲磺酸酯。与三氟甲磺酸酐相比，该试剂的反应活性较低，但也因此具有更高的选择性。同时，由于 $PhNTf_2$ 是一种稳定的固体，在使用上较三氟甲磺酸酐更为方便。

生成芳基或杂芳基三氟甲磺酸酯 芳基或杂芳基三氟甲磺酸酯是有机合成中重要的反应物，通常由酚与 $PhNTf_2$ 在 K_2CO_3、Et_3N 和 DIPEA 等的存在下反应得到 (式 1 和式 2)[2,3]。如式 3 所示[4]：吡咯化合物在 NaH 的作用下生成酚钠中间体，与 $PhNTf_2$ 反应得到相应的三氟甲磺酸酯，该化合物可进一步与芳硼酸发生 Suzuki 偶联反应。在强碱条件下，吡啶碳酰胺化合物 1 与 $PhNTf_2$ 反应可得到吡啶基三氟甲磺酸酯 (式 4)[5]。如式 5 所示[6]：芳基硅醚与 $PhNTf_2$ 反应可将硅醚转化为相应的三氟甲磺酸酯。

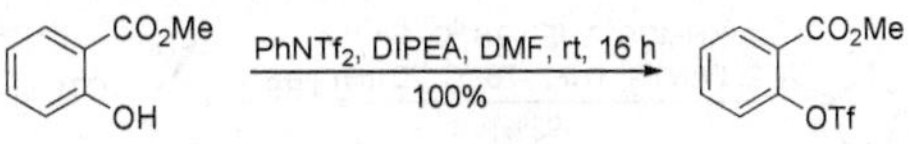

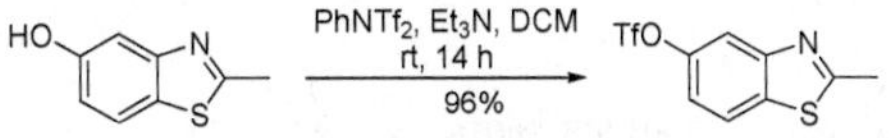

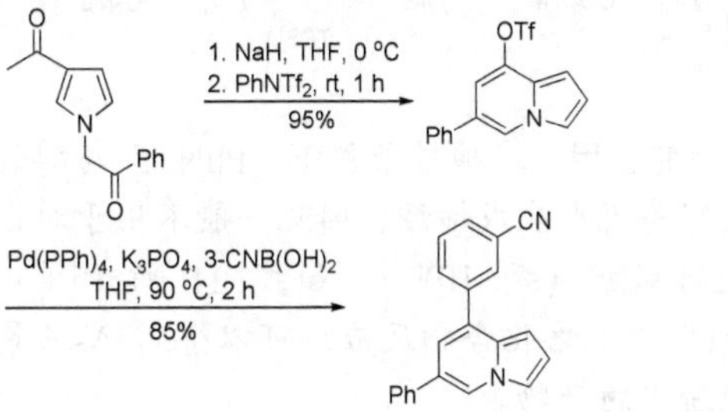

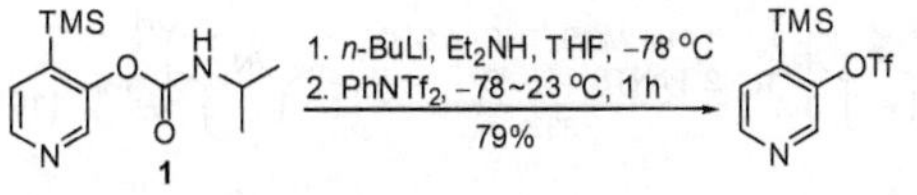

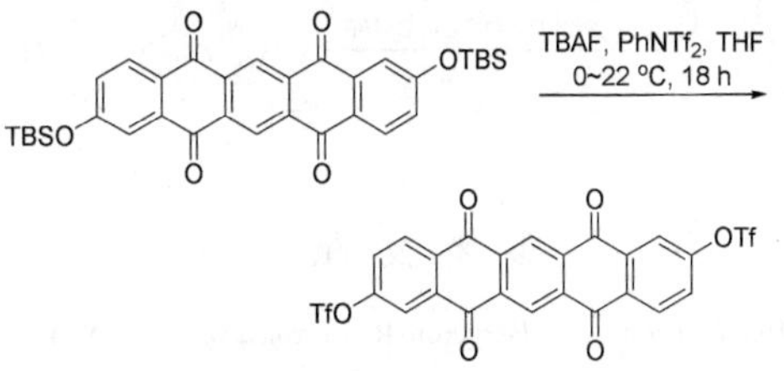

生成烯醇三氟甲磺酸酯 使用强碱对羰基化合物进行烯醇化后，再与 $PhNTf_2$ 反应即可生成烯醇三氟甲磺酸酯。如式 6 所示[7]：化合物 2 的三氟甲磺酸酯化反应只需在 Et_3N 中进行即可得到很高的产率，而对化合物 3 进行的反应则需使用 KHMDS，得到定量的产率 (式 7)[8]。化合物 4 在类似条件下也可以顺利进行反应，其中硅醚基团不受影响 (式 8)[9]。在强碱的条件下，内酯化合物 5 也可转化成相应的烯醇三氟甲磺

酸酯 (式 9)[10]。

$$\text{(6)}$$

$$\text{(7)}$$

$$\text{(8)}$$

$$\text{(9)}$$

其它应用 在碱性条件下，PhNTf$_2$ 与醇的反应容易脱水生成烯烃，因此一般不用于对羟基进行保护 (式 10)[11]。如式 11 所示[12]：PhNTf$_2$ 与吡咯化合物反应，可以得到 N-三氟甲磺酰化的产物。

$$\text{(10)}$$

$$\text{(11)}$$

参 考 文 献

[1] Hendrickson, J. B.; Bergeron, R. *Tetrahedron Lett.* **1973**, *14*, 4607.

[2] Jourden, J. L. M.; Daniel, K. B.; Cohen, S. M. *Chem. Commun.* **2011**, *47*, 7968.

[3] Vinogradova, E. V; Park, N. H.; Fors, B. P.; Buchwald, S. L. *Org. Lett.* **2013**, *15*, 1394.

[4] Lee, J. H.; Kim, I. *J. Org. Chem.* **2013**, *78*, 1283.

[5] Goetz, A. E.; Garg, N. K. *Nature Chem.* **2013**, *5*, 54.

[6] Bénard, C. P.; Geng, Z.; Heuft, M. A.; et al. *J. Org. Chem.* **2007**, *72*, 7229.

[7] Ishida, T.; Takemoto, Y. *Tetrahedron* **2013**, *69*, 4517.

[8] Xu, T.; Luo, X.-L.; Yang, Y.-R. *Tetrahedron Lett.* **2013**, *54*, 2858.

[9] Wang, J.; Sun, B.-F.; Cui, K.; Lin, G.-Q. *Org. Lett.* **2012**, *14*,

6354.

[10] Fujiwara, H.; Kurogi, T.; Okaya, S.; et al. *Angew. Chem. Int. Ed.* **2012**, *51*, 13062.

[11] Moitessier, N.; Chapleur, Y. *Tetrahedron Lett.* **2003**, *44*, 1731.

[12] Chrétien, A.; Chataigner, I.; Piettre, S. R. *Tetrahedron* **2005**, *61*, 7907.

[王歆燕，清华大学化学系；WXY]

苯基三氟硼酸钾[1]

【英文名称】 Potassium phenyl trifluoroborate

【分子式】 C$_6$H$_5$BF$_3$K

【分子量】 184.00

【CAS 登录号】 [153766-81-5]

【结构式】

【物理性质】 白色固体，mp 250 ℃ (分解)。溶于丙酮，微溶于乙腈。

【制备和商品】 国内外试剂公司均有售。可由苯硼酸与 KHF$_2$ 反应制得 (式 1)[2]。2012 年，Lloyd-Jones 等人使用 KF 和酒石酸代替 KHF$_2$，发展了一种制备该试剂的简便方法 (式 2)[3]。纯化方法：将其溶于热的丙酮，然后用乙醚沉淀得到，或用乙腈重结晶。

$$\text{(1)}$$

$$\text{(2)}$$

【注意事项】 该试剂在空气中稳定，具有腐蚀性。

苯基三氟硼酸钾是一种稳定的晶体，与苯硼酸的使用方式相似。与其它有机硼试剂相比，苯基三氟硼酸钾具有容易制备、稳定以及更高的反应性等优点。

Pd 催化的交叉偶联反应 在钯试剂催化

下，苯基三氟硼酸钾可以与许多亲电试剂发生交叉偶联反应。例如，使用 Pd(OAc)₂ 为催化剂，芳基重氮盐与苯基三氟硼酸钾在室温即可完成反应 (式 3)[4]。该反应不需加入碱，如果使用苯环上带有较大位阻的芳基三氟硼酸钾，在体系中加入膦配体有助于提高反应产率。使用氢氧化铝负载的纳米钯催化剂也可使该反应顺利进行[5]。

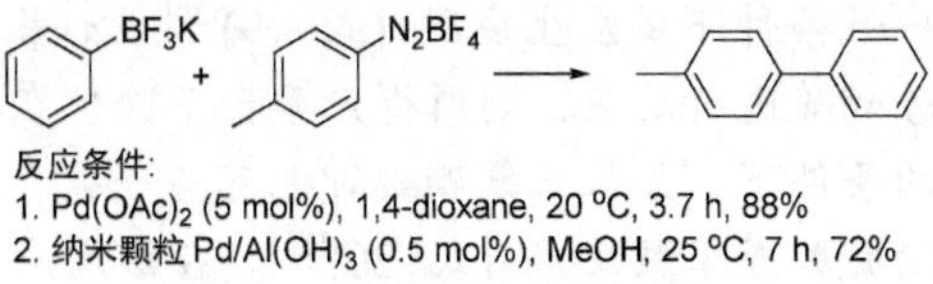

$$(3)$$

反应条件：
1. Pd(OAc)₂ (5 mol%), 1,4-dioxane, 20 ℃, 3.7 h, 88%
2. 纳米颗粒 Pd/Al(OH)₃ (0.5 mol%), MeOH, 25 ℃, 7 h, 72%

二芳基碘盐同样可以作为亲电试剂与苯基三氟硼酸钾反应。如式 4 所示[6]：在 Pd(OAc)₂ 的催化下，该反应可以得到几乎定量的产率。

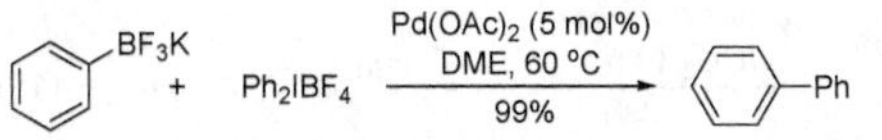

$$(4)$$

在碱的存在下，以 Pd(OAc)₂ 为催化剂，芳基溴代物、缺电子的芳基三氟磺酸酯以及活化的杂环溴代物、氯代物同样可以在不加入配体的情况下与苯基三氟硼酸钾进行偶联 (式 5)[7]。对于水溶性的卤代物，反应可以在水溶液中进行。对于位阻较大的富电子的芳基溴代物，需要在体系中加入三苯基膦。非活化的芳基和芳杂环三氟硼酸盐需要使用配合物 PdCl₂(dppf)·CH₂Cl₂ 作为催化剂 (式 6)[8]。这些反应中都不需隔绝空气。

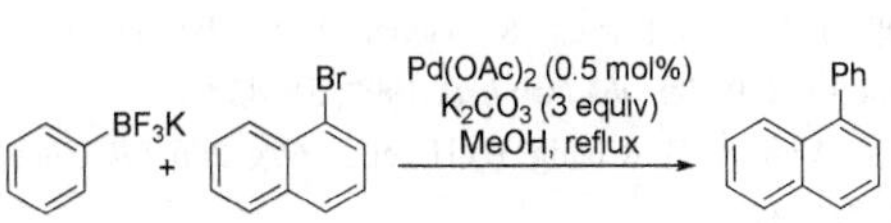

$$(5)$$

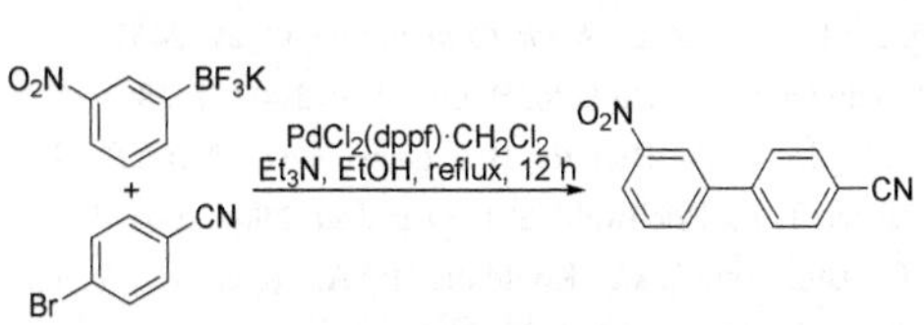

$$(6)$$

在 Buchwald's SPhos 配体的存在下，芳基氯代物也可以与芳基或杂芳环三氟硼酸盐以高产率完成偶联反应 (式 7)[9]。如式 8 所示[10]：3,5-二氯-4-氰基噻唑与苯基三氟硼酸钾的偶联反应选择性地发生在 5-位上。

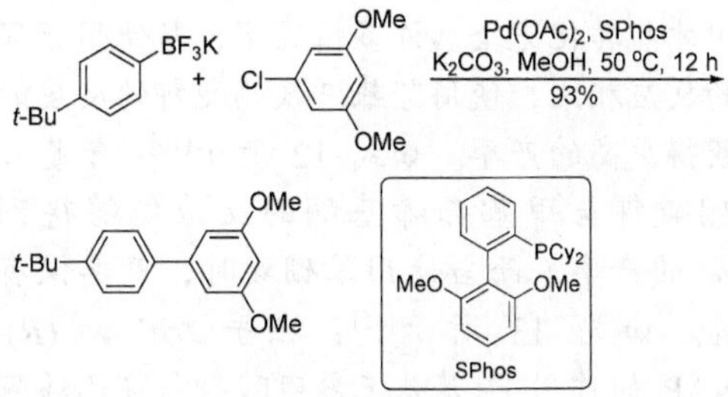

$$(7)$$

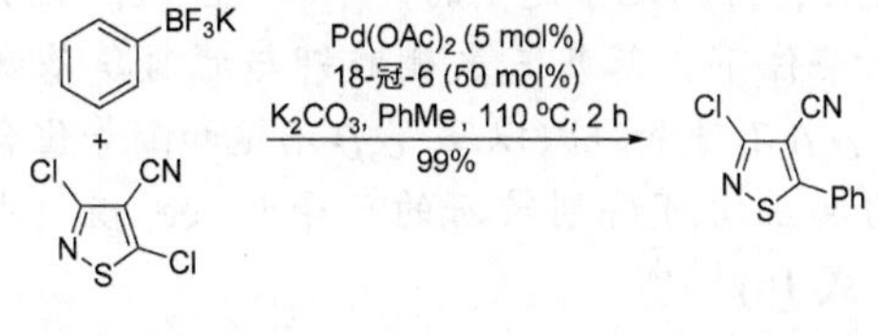

$$(8)$$

在体系中加入 Ag₂O 和配体可使亲核性较弱的芳基三氟硼酸钾与芳基碘化物反应，得到令人满意的产率 (式 9)[11]。在类似的条件下，苯基三氟硼酸钾与苯甲酰氯的反应也可顺利进行 (式 10)[12]。

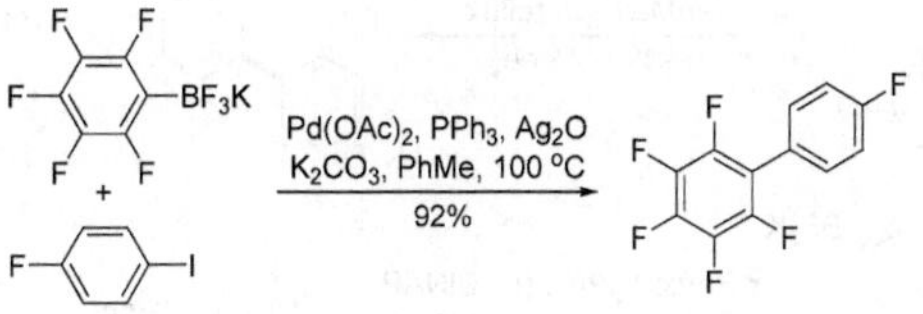

$$(9)$$

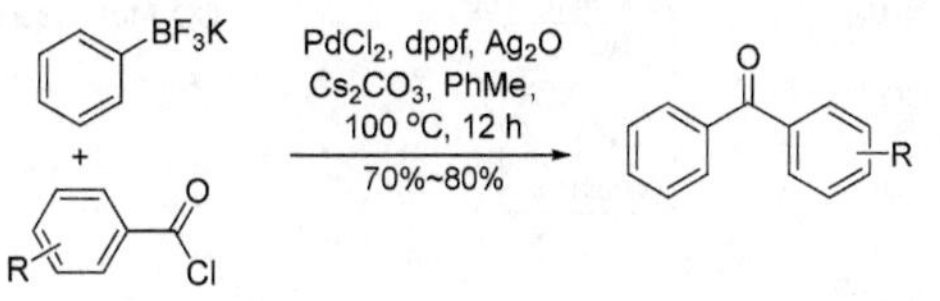

$$(10)$$

在大位阻和富电子膦配体的作用下，芳基三氟甲磺酸酯也可作为亲电试剂与苯基三氟硼酸钾反应 (式 11)[13]。

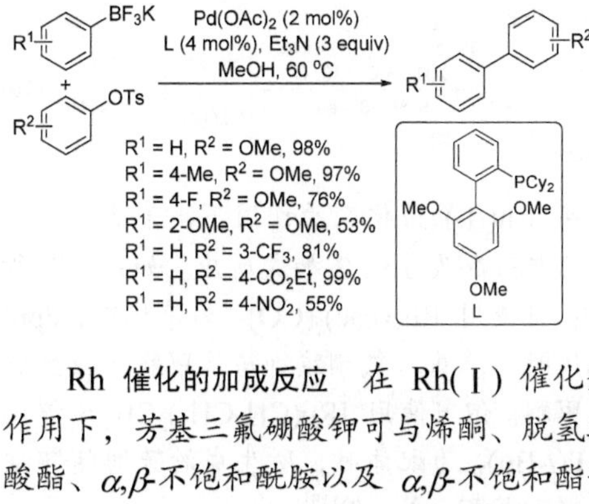

R¹ = H, R² = OMe, 98%
R¹ = 4-Me, R² = OMe, 97%
R¹ = 4-F, R² = OMe, 76%
R¹ = 2-OMe, R² = OMe, 53%
R¹ = H, R² = 3-CF₃, 81%
R¹ = H, R² = 4-CO₂Et, 99%
R¹ = H, R² = 4-NO₂, 55%

$$(11)$$

Rh 催化的加成反应　在 Rh(Ⅰ) 催化剂的作用下，芳基三氟硼酸钾可与烯酮、脱氢氨基酸酯、α,β-不饱和酰胺以及 α,β-不饱和酯等化合物发生 1,4-加成反应。该类反应需在含水体系中才能转化完全。许多情况下，与使用芳硼酸的反应相比，使用芳基三氟硼酸钾的反应能够获得更高的产率。如式 12 所示[14]：苯基三氟硼酸钾与甲基乙烯基酮的反应能够得到 91% 的产率，而当使用苯硼酸时，产率仅有 82%。如式 13 所示[15]：在手性配体 (R)-BINAP 的作用下，苯基三氟硼酸钾与环己烯酮的反应，得到几乎定量的产率和 ee 值。在类似的条件下，苯基三氟硼酸钾与脱氢氨基酸酯、α,β 不饱和酰胺以及 α,β 不饱和酯等化合物的反应均可得到较好的产率和 ee 值 (式 14 ~ 式 16)[16~18]。

$$
\begin{array}{c}
\text{BF}_3\text{K} \\
+ \\
\text{(methyl vinyl ketone)}
\end{array}
\xrightarrow[\substack{\text{MeOH/H}_2\text{O, 50 }^\circ\text{C, 16 h}\\91\%}]{\text{Rh(acac)}_2\text{(CO)}_2,\ \text{dppb}}
\quad (12)
$$

$$
\begin{array}{c}
\text{BF}_3\text{K} \\
+ \\
\text{(cyclohexenone)}
\end{array}
\xrightarrow[\substack{\text{PhMe/H}_2\text{O, reflux}\\99\%,\ 98\%\ ee}]{\text{Rh(cod)}_2\text{PF}_6,\ (R)\text{-BINAP}}
\quad (13)
$$

$$
\begin{array}{c}
\text{BF}_3\text{K} \\
+ \\
\text{NHAc} \\
\text{CO}_2\text{Me}
\end{array}
\xrightarrow[\substack{\text{PhMe, guaiacol, 110 }^\circ\text{C}\\89\%,\ 89.5\%\ ee}]{\text{Rh(cod)}_2\text{PF}_6,\ (R)\text{-BINAP}}
\quad
\begin{array}{c}
\text{Ph}\quad\text{NHAc} \\
\text{CO}_2\text{Me}
\end{array}
\quad (14)
$$

guaiacol

$$
\begin{array}{c}
\text{BF}_3\text{K} \\
+ \\
\text{N} \\
\text{H}\quad\text{Ph}
\end{array}
\xrightarrow[\substack{\text{PhMe/H}_2\text{O, 110 }^\circ\text{C}\\86\%,\ 93\%\ ee}]{\text{Rh(cod)}_2\text{PF}_6,\ (R)\text{-BINAP}}
\quad
\begin{array}{c}
\text{Ph}\quad\text{O} \\
\text{N}\quad\text{Ph} \\
\text{H}
\end{array}
\quad (15)
$$

$$
\begin{array}{c}
\text{BF}_3\text{K} \\
+ \\
\text{MeO}_2\text{C}\quad\text{CO}_2\text{Me}
\end{array}
\xrightarrow[\substack{\text{C}_6\text{H}_6\text{/H}_2\text{O, 110 }^\circ\text{C}\\51\%,\ 68\%\ ee}]{\text{Rh(cod)}_2\text{PF}_6,\ (R)\text{-BINAP}}
\quad
\begin{array}{c}
\text{Ph} \\
\text{MeO}_2\text{C}\quad\text{CO}_2\text{Me}
\end{array}
\quad (16)
$$

在 Rh(Ⅰ) 催化剂的作用下，芳基三氟硼酸钾可与芳醛发生 1,2-加成反应。如式 17 所示[14]：当使用 Rh(acac)$_2$(CO)$_2$ 为催化剂，dppf 为配体时，苯基三氟硼酸钾与苯甲醛反应生成二苯甲醇。但当使用 [Ru(CH$_2$CH$_2$)$_2$Cl]$_2$ 为催化剂，P(t-Bu)$_3$ 为配体时，所生成的芳醇随即被氧化得到芳酮 (式 18)[19]。

$$
\begin{array}{c}
\text{BF}_3\text{K} \\
+ \\
\text{CHO}
\end{array}
\xrightarrow[\substack{\text{DME/H}_2\text{O, 80 }^\circ\text{C}\\79\%}]{\text{Rh(acac)}_2\text{(CO)}_2,\ \text{dppf}}
\quad
\begin{array}{c}
\text{OH}
\end{array}
\quad (17)
$$

$$
\begin{array}{c}
\text{BF}_3\text{K} \\
+ \\
\text{OMe}\quad\text{CHO}
\end{array}
\xrightarrow[\substack{\text{PhMe/Me}_2\text{CO/H}_2\text{O, 80 }^\circ\text{C}\\93\%}]{\text{[Ru(CH}_2\text{CH}_2\text{)}_2\text{Cl]}_2,\ \text{P}(t\text{-Bu})_3}
\quad
\begin{array}{c}
\text{MeO}\quad\text{O}
\end{array}
\quad (18)
$$

Cu 催化的加成反应 在 Cu 催化剂的作用下，芳基三氟硼酸钾可与一级或二级脂肪醇在中性条件下反应生成醚 (式 19)[20]。如果换用芳硼酸进行反应，则所得产率会下降。在类似的条件下，芳基三氟硼酸钾也可与一级、二级脂肪胺或苯胺反应 (式 20)[21]。在该反应中同样不需要加入配体和碱。与醇的反应不同，在与胺的反应中，有时换用芳硼酸会提高反应的产率。

$$
\begin{array}{c}
\text{BF}_3\text{K}
\end{array}
\xrightarrow[\substack{\text{2. Ph}\quad\text{OH}\\\text{rt, O}_2,\ 24\ \text{h}\\93\%}]{\substack{\text{1. Cu(OAc)}_2\cdot\text{H}_2\text{O, DMAP}\\\text{DCM, 4A MS, rt, 5 min}}}
\quad
\text{Ph}\quad\text{O}\quad\text{Ph}
\quad (19)
$$

$$
\begin{array}{c}
\text{BF}_3\text{K}
\end{array}
\xrightarrow[\substack{\text{2. }i\text{-PrNH}_2,\ \text{reflux, O}_2,\ 24\ \text{h}\\98\%}]{\substack{\text{1. Cu(OAc)}_2\cdot\text{H}_2\text{O, DMAP}\\\text{DCM, 4A MS, rt, 5 min}}}
\quad
\begin{array}{c}
\text{H} \\
\text{N}
\end{array}
\quad (20)
$$

参 考 文 献

[1] (a) Darses, S.; Genet, J. P. *Eur. J. Org. Chem.* **2003**, 4313. (b) Molander, G. A.; Figueroa, R. *Aldrichim Acta* **2005**, *38*, 49.

[2] Vedejs, E.; Fields, S. C.; Lin, S.; Schrimpf, M. R. *J. Org. Chem.* **1995**, *60*, 3028.

[3] Lennox, A. J. J.; Lloyd-Jones, G. C. *Angew. Chem. Int. Ed.* **2012**, *51*, 9385.

[4] (a) Darses, S.; Michaud, G.; Genet, J. P. *Eur. J. Org. Chem.* **1999**, 1875. (b) Darses, S.; Genet, J. P.; Brayer, J. L.; Demoute, J. P. *Tetrahedron Lett.* **1997**, *38*, 4393.

[5] Li, X.; Yan, X.-Y.; Chang, H.-H.; et al. *Org. Biomol. Chem.* **2012**, *10*, 495.

[6] Xia, M.; Chen, Z. C. *Synth. Commun.* **1999**, *29*, 2457.

[7] Molander, G. A.; Biolatto, B. *Org. Lett.* **2002**, *4*, 1867.

[8] Molander, G. A.; Biolatto, B. *J. Org. Chem.* **2003**, *68*, 4302.

[9] Barder, T. E.; Buchwald, S. L. *Org. Lett.* **2004**, *6*, 2649.

[10] Christoforou, I. C.; Koutentis, P. A.; Rees, C. W. *Org. Biomol. Chem.* **2003**, *1*, 2900.

[11] Frohn, H. J.; Adonin, N. Y.; Bardin, V. V.; Starichenko, V. F. *Tetrahedron Lett.* **2002**, *43*, 8111.

[12] Batey, R. A.; Quach, T. D. *Tetrahedron Lett.* **2001**, *42*, 9099.

[13] Zhang, L.; Meng, T. Wu, J. *J. Org. Chem.* **2007**, *72*, 9346.

[14] Batey, R. A.; Thadani, A. N.; Smil, D. V. *Org. Lett.* **1999**,

1, 1683.

[15] Pucheault, M.; Darses, S.; Genet, J. P. *Eur. J. Org. Chem.* **2002**, 3552.

[16] Navarre, L.; Darses, S.; Genet, J. P. *Angew. Chem., Int. Ed.* **2004**, *43*, 719.

[17] Pucheault, M.; Michaut, V.; Darses, S.; Genet, J. P. *Tetrahedron Lett.* **2004**, *45*, 4729.

[18] Moss, R. J.; Wadsworth, K. J.; Chapman, C. J.; Frost, C. G. *Chem. Commun.* **2004**, 1984.

[19] Pucheault, M.; Darses, S.; Gent, J. P. *J. Am. Chem. Soc.* **2004**, *126*, 15356.

[20] Quach, T. D.; Batey, R. A. *Org. Lett.* **2003**, *5*, 1381.

[21] Quach, T. D.; Batey, R. A. *Org. Lett.* **2003**, *5*, 4397.

[王歆燕，清华大学化学系；WXY]

苯基溴化镁

【英文名称】 Phenylmagnesium bromide

【分子式】 C_6H_5BrMg

【分子量】 181.32

【CAS 登录号】 [100-58-3]

【结构式】 PhMgBr

【物理性质】 该试剂溶解于醚类溶剂如 THF 和 Et_2O，不溶于烃类溶剂。一般以 THF 或 Et_2O 溶液的形式存在及使用。

【制备和商品】该试剂可使用溴苯与镁在 Et_2O 或 THF 中制备[1]。在国内外各化学试剂公司均有该试剂的 Et_2O 或 THF 溶液销售。

【注意事项】 该试剂对空气和湿气比较敏感，一般在无水及惰性气体环境下制备和使用。在低温下储存。

苯基溴化镁在合成中通常用作苯基负离子的等价试剂，于底物中引入苯基。与其它格氏试剂一样，苯基溴化镁可与羰基化合物、腈、环氧乙烷等发生加成反应；也可以在过渡金属如钯、镍等试剂催化下发生一系列偶联反应。

加成反应 苯基溴化镁与醛酮的亲核加成反应可以在非常温和的条件下进行，一般可高产率地得到苄醇化合物。添加手性配体可以高选择地得到手性叔醇 (式 1)[2]。苯基溴化镁和腈反应生成亚胺，一般水解生成酮，但也可以利用亚胺进一步发生反应 (式 2)[3]。

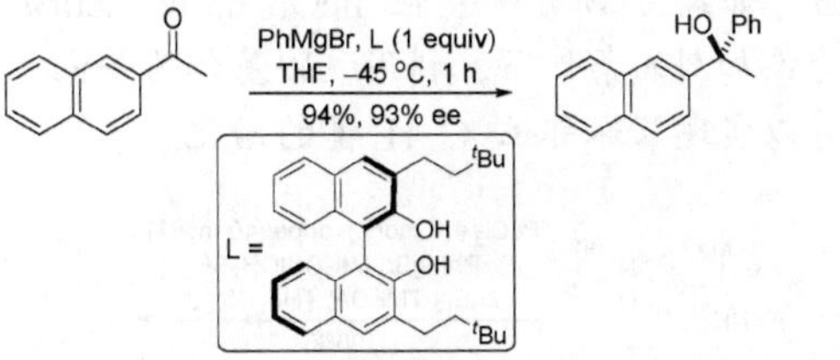

$$(1)$$

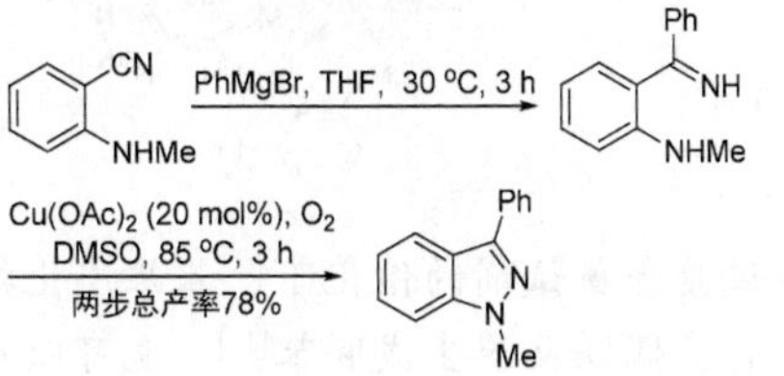

$$(2)$$

共轭加成 在亚铜盐催化剂的存在下，苯基溴化镁与 α,β 不饱和羰基化合物反应时主要生成 1,4-加成产物。最常用的亚铜盐是 $CuBr \cdot SMe_2$ (式 3)[4]。

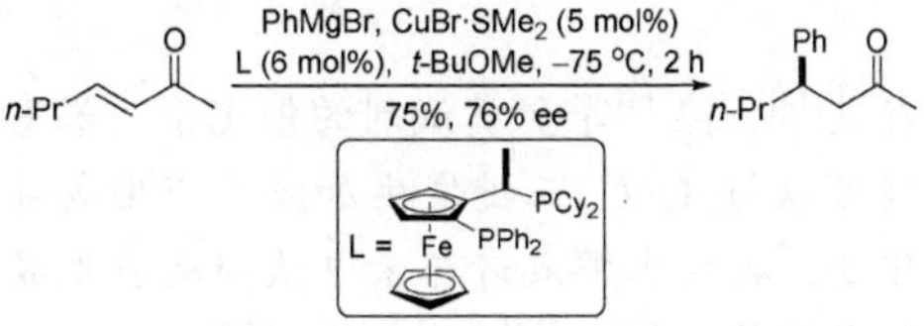

$$(3)$$

过渡金属催化的偶联反应 相比于烷基格氏试剂，苯基格氏试剂能发生的偶联反应种类更为丰富，可在多数反应中引入苯基。在钯[5]、镍[6]、铁[7]等过渡金属催化下，苯基溴化镁可以与卤代芳烃[6]、卤代烷烃 (式 4)[7]发生偶联反应。在一些偶联反应中，羰基不会受到影响 (式 5)[8]。炔卤化合物也可以与苯基溴化镁发生偶联反应，生成苯乙炔衍生物 (式 6)[9]。

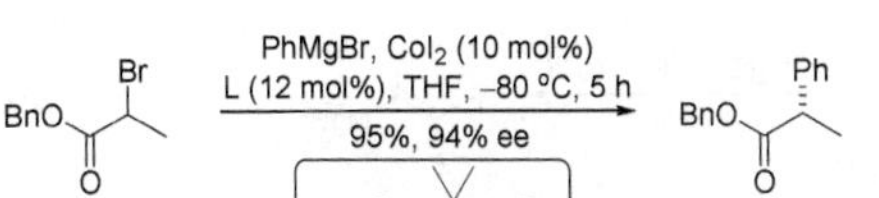

$$(4)$$

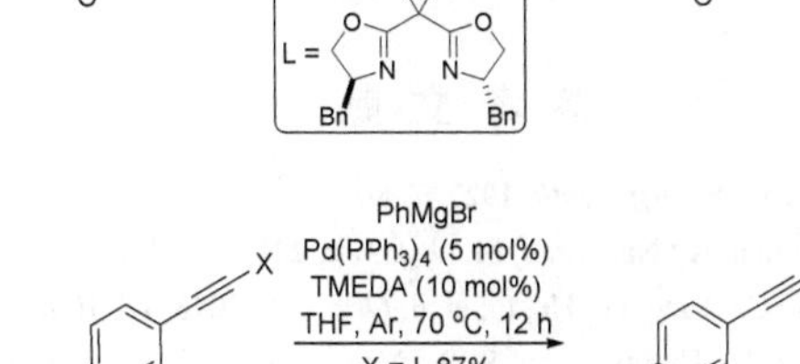

$$(5)$$

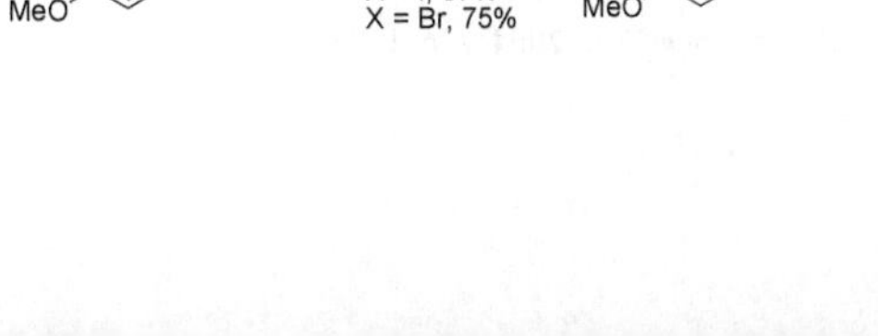

$$(6)$$

在合适的导向基团存在下，苯基溴化镁可以发生过渡金属催化的芳香 C–H 键活化偶联反应。如式 7 所示[10]：在 $FeCl_3$ 催化、$ZnBr_2$ 作为添加剂的条件下，利用酰胺基作为导向基团可以实现苯环邻位 C–H 键的活化。

$$\xrightarrow[\substack{ZnBr_2 \cdot TMEDA, THF, 55\ ^\circ C \\ 90\%}]{\substack{FeCl_3 (10\ mol\%),\ dppe (10\ mol\%) \\ PhMgBr,\ Me_2CClCH_2Cl}}$$ (7)

在过渡金属试剂的催化下，苯基溴化镁可以发生自身偶联反应生成联苯[11]，也可以与另一个格氏试剂发生交叉偶联反应得到具有不对称结构的联苯类化合物 (式 8)[12]。

$$\xrightarrow[\substack{LiCl (40\ mol\%) \\ O_2,\ THF,\ -10\ ^\circ C \\ 99\%}]{\substack{PhMgBr,\ MnCl_2 (20\ mol\%)}}$$ (8)

在铁[13]、镍[14]等金属试剂的催化下，苯基溴化镁可以与 C≡C 三键发生加成反应生成烯基溴化镁，再经水解或者与亲电试剂反应生成顺式加成产物 (式 9)[14]。

$$^nBu\text{—}\text{≡}\text{—}Ph + PhMgBr \xrightarrow[\substack{THF/PhMe,\ 40\ ^\circ C,\ 3\ h \\ 66\%,\ Z/E > 99:1}]{\substack{NiCl_2 \cdot 6H_2O (1\ mol\%)}}$$ (9)

与卤代烃的交换反应　用苯基溴化镁可以与卤代物发生交换反应，将卤化物转变为相应的格氏试剂。该方法可用于合成一些特殊的格氏试剂。如式 10 所示[15]：三氟碘乙烯可以与苯基溴化镁发生交换反应，定量转化为三氟乙烯基溴化镁。

$$\xrightarrow[\substack{99\%}]{PhMgBr,\ THF,\ -75\ ^\circ C}$$ (10)

参 考 文 献

[1] Hiers, G. S. *Org. Synth.* **1927**, 7, 80.

[2] Osakama, K.; Nakajima, M. *Org. Lett.* **2016**, 18, 236.

[3] Chen, C.; Tang, G.; He, F.; et al. *Org. Lett.* **2016**, 18, 1690.

[4] López, F.; Harutyunyan, S. R.; Minnaard, A. J.; Feringa, B. L. *J. Am. Chem. Soc.* **2004**, 126, 12784.

[5] Hua, X.; Masson-Makdissi, J.; Sullivan, R. J.; Newman, S. G. *Org. Lett.* **2016**, 18, 5312.

[6] Iglesias, M. J.; Prieto, A.; Nicasio, M. C. *Org. Lett.* **2012**, 14, 4318.

[7] Ghorai, S. K.; Jin, M.; Hatakeyama, T.; Nakamura, M. *Org. Lett.* **2012**, 14, 1066.

[8] Mao, J.; Liu, F.; Wang, M.; et al. *J. Am. Chem. Soc.* **2014**, 136, 17662.

[9] Zhang, M.-M.; Gong, J.; Song, R.-J.; Li, J.-H. *Eur. J. Org. Chem.* **2014**, 6769.

[10] Gu, Q.; Al Mamari, H. H.; Graczyk, K.; et al. *Angew. Chem. Int. Ed.* **2014**, 53, 3868.

[11] Zhu, Y.; Xiong, T.; Han, W.; Shi, Y. *Org. Lett.* **2014**, 16, 6144.

[12] Ghaleshahi, H. G.; Antonacci, G.; Madsen, R. *Eur. J. Org. Chem.* **2017**, 1331.

[13] Ilies, L.; Yoshida, T.; Nakamura, E. *Synlett* **2014**, 25, 527.

[14] Xue, F.; Zhao, J.; Hor, T. S. A.; Hayashi, T. *J. Am. Chem. Soc.* **2015**, 137, 3189.

[15] Denson, D. D.; Smith, C. F.; Tamborski, C. *J. Fluorine Chem.* **1974**, 3, 247.

[刘楚龙，清华大学化学系；HYF]

苯基溴化硒

【英文名称】　Phenylselenyl bromide

【分子式】　C_6H_5BrSe

【分子量】　235.97

【CAS 登录号】　[34837-55-3]

【缩写和别名】　Phenylselenium bromide，Bromoselenobenzene

【结构式】

【物理性质】　mp 60~62 ℃, bp 134 ℃/35 mmHg, 107~108 ℃/15 mmHg。溶于大多数有机溶剂，通常在己烷、二氯甲烷、乙醚或四氢呋喃中使用。

【制备和商品】　国内外试剂公司均有销售，商品试剂为深红色晶体。本品可通过二苯基联硒与等摩尔比的溴单质原位制得。

【注意事项】　该试剂有剧毒和刺激性气味，对湿气敏感，在 2~8 ℃ 储藏。

苯基溴化硒是一种非常有用的亲电有机硒试剂，具有与苯基氯化硒相似的性质。虽然在许多反应中可以用苯基氯化硒代替苯基溴化硒，但二者仍有许多不同之处[1]。

酮可以通过它的烯醇化锂盐或铜盐与该试剂反应，高效地转化为 α-苯硒酮中间体。然后再经氧化生成 α,β 不饱和酮 (式 1 和式 2)[2,3]。

(1)

(2)

使用三氟乙酸银处理苯基溴化硒可以原位产生苯基三氟乙酸硒。苯基三氟乙酸硒可将烯醇乙酸酯转化为 α,β 不饱和酮 (式 3)[4,5]。

(3)

甲硅烷基烯醇醚与苯基溴化硒反应也可以高产率地生成 α-苯硒酮和醛 (式 4)[6]。

(4)

烯醇醚也可以与苯基溴化硒发生选择性加成反应，生成溴硒基化中间体 (式 5)[7]。

(5)

末端炔与苯基溴化硒发生亲电取代反应，生成相应的苯基硒取代的末端炔 (式 6)[8]。

(6)

在非质子性有机试剂中，苯基溴化硒与烯烃发生溴硒基化反应[9]。该加成反应是通过一个含有硒的三元环阳离子进行的，因此专一性地生成反式加成产物。对于端烯，可以通过改变反应条件控制加成的选择性[10~12]。所得产物

很容易转化为烯基硒化物、烯基和烯丙基溴或 α-苯硒酮 (式 7)。当反应在醇或羧酸溶液中进行时，可以高产率地得到烯烃的硒氧化加成产物 (式 8)[13]。

(7)

(8)

在叔丁基四甲基脒的存在下，强碱性酮腙可以与苯基溴化硒反应得到苯烯硒化物 (式 9)[7]。

(9)

参 考 文 献

[1] Clive, D. L. *Tetrahedron* **1978**, *34*, 1049.

[2] (a) Reich, H. J.; Renga, J. M.; Reich, I. L. *J. Am. Chem. Soc.* **1975**, *97*, 5434. (b) Wilson, K. E.; Seidner, R. T.; Masamune, S. *Chem. Commun.* **1970**, 213.

[3] Reich, H. J.; Renga, J. M.; Reich, I. L. *J. Org. Chem.* **1974**, *39*, 2133.

[4] Reich, H. J. *J. Org. Chem.* **1974**, *39*, 428.

[5] Clive, D. L. *J. Chem. Commun.* **1973**, 695.

[6] Ryu, I.; Murai, S.; Niwa, I.; Sonoda, N. *Synthesis* **1977**, 874.

[7] Petrzilka, M. *Helv. Chem. Acta.* **1978**, *61*, 2286.

[8] Hayama. T.; Tomoda, S.; Takeuchi, Y.; Nomura, Y. *Chem. Lett.* **1982**, 1249.

[9] Sharpless, K. B.; Lauer, R. F. *J. Org. Chem.* **1974**, *39*, 429.

[10] Raucher, S. *J. Org. Chem.* **1977**, *42*, 2950.

[11] Raucher, S. *Tetrahedron Lett.* **1977**, 3909.

[12] Raucher, S. *Tetrahedron Lett.* **1978**, 2261.

[13] Takahashi, T.; Nagashima, H. *Tetrahedron Lett.* **1978**, 799.

[陈静，陈超*，清华大学化学系；CC]

苯基溴乙炔

【英文名称】 Phenylbromoethyne

【分子式】 C_8H_5Br

【分子量】 181.03

【CAS 登录号】 [932-87-6]

【缩写和别名】 (Bromoethynyl)benzene, Phenylacetylene bromide

【结构式】

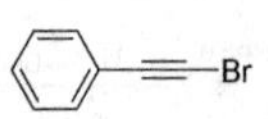

【物理性质】 无色液体，bp 217.4 ℃ / 760 mmHg，ρ 1.51 g/cm³，闪点 86℃，折射率 1.615。溶于大部分有机溶剂。

【制备和商品】 目前销售此商品的公司较少。在实验室里，一般采用苯乙炔与 NBS 反应来制备[1]。具体过程为：将苯乙炔 (10 mmol) 溶于丙酮 (50 mL) 中，加入 NBS (11 mmol) 和硝酸银 (1 mmol)，室温下搅拌约 2~3 h。加入正己烷 (100 mL) 稀释反应液，过滤析出的晶体。将滤液浓缩并用硅胶过滤，以正己烷为洗脱液，将所得滤液浓缩后得到的无色油状液体即为目标产物。

【注意事项】 本品具有刺激性，应在冰箱中保存。在通风橱中操作并佩戴相应的防护用具。

苯基溴乙炔是一种活性很高的试剂，可以发生多种交叉偶联反应，在分子中引入苯乙炔基[2~8]。其分子内的炔键也能发生催化加成[9~11]和环加成反应[12,13]，生成多取代的烯烃。该试剂也用于合成一些杂环化合物[15]。

苯基溴乙炔可与端炔发生偶联反应[2~4]。如式 1 所示[2]，在醋酸钯/碘化亚铜催化下，四丁基溴化铵为添加剂，在二异丙基乙基胺中苯基溴乙炔可与端炔发生偶联反应，生成联二炔烃。苯基溴乙炔自身也可以发生偶联反应[5,6]。在碘化钾催化和加热条件下，以 DMF 为溶剂，能以很高的收率得到二聚产物 (式 2)[5]。

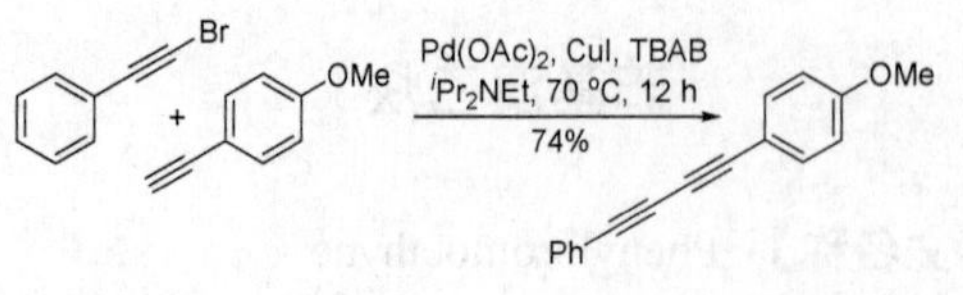

$$\text{(1)}$$

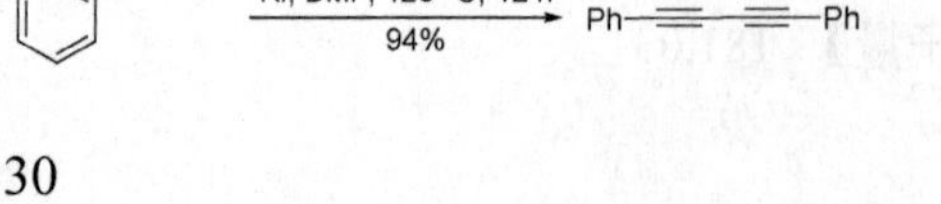

$$\text{(2)}$$

苯基溴乙炔与芳基硼酸也能发生交叉偶联反应。如式 3 所示[7]，在碘化亚铜催化下，以磷酸钠为碱，在加热条件下可几乎定量地得到偶联产物。

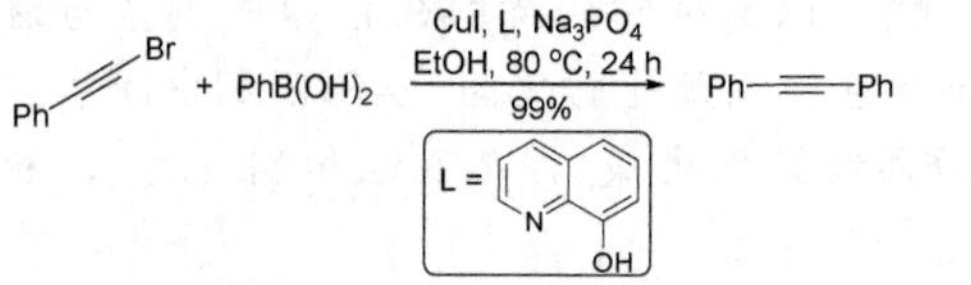

$$\text{(3)}$$

在醋酸钯的催化下，苯基溴乙炔与苯乙烯可发生交叉偶联反应，产物以 E-型为主 (式 4)[8]。

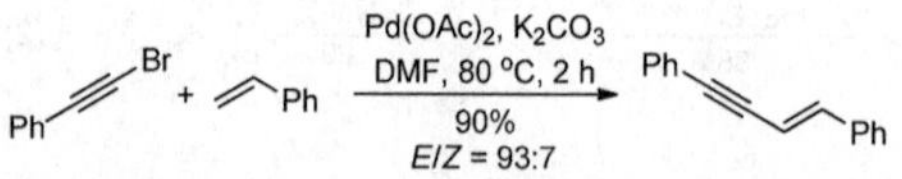

$$\text{(4)}$$

在钯催化剂的作用下，以环辛二烯为配体，氯化锂为氯源，苯基溴乙炔能发生炔键的加成反应，生成氯代烯烃 (式 5)[9]。当选择合适的卤素源时，可实现氟、溴、碘等对炔键的加成[10,11]。

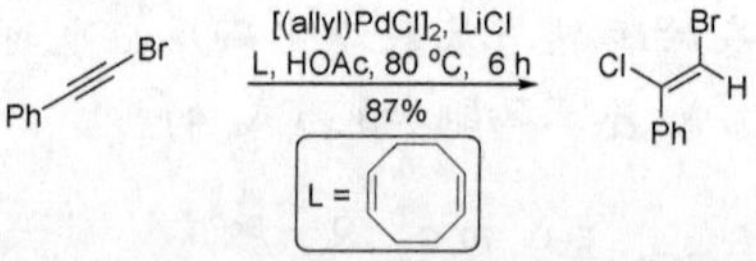

$$\text{(5)}$$

在铑催化剂的作用下，苯基溴乙炔能发生 [2+2] 环加成反应[12,13]。如式 6 所示[12]，以四氢呋喃为溶剂，2,5-降冰片二烯与苯基溴乙炔反应可得到环加成产物。

$$\text{(6)}$$

在三氯化金的催化下，以六氟锑酸银为添加剂，苯基溴乙炔与苯乙醛在二氯甲烷中回流，能够得到取代的萘衍生物 (式 7)。该反应具有良好的区域选择性[14]。

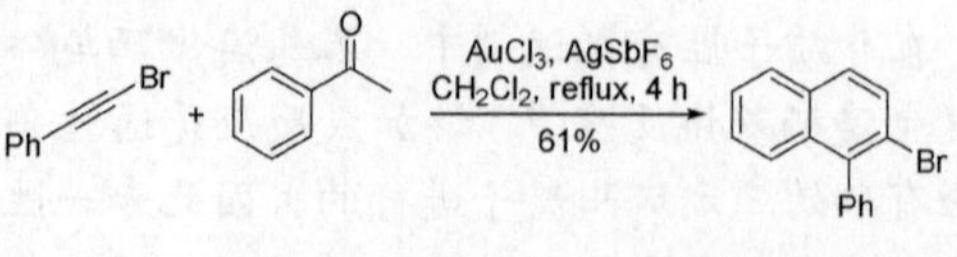

$$\text{(7)}$$

在 CuI 的催化下，以邻菲啰啉为配体，氢氧化钾为碱，水为添加剂，苯基溴乙炔在

DMSO 中反应可生成双取代的呋喃 (式 8)。当在体系中引入硫负离子源 (如硫化钠) 时，则可以生成噻吩[15]。

$$\text{Ph}\text{—}\equiv\text{—Br} \xrightarrow[\text{H}_2\text{O, DMSO, 80 °C, 6 h}]{\text{CuI, KOH, 1,10-Phen}} \underset{93\%}{\text{Ph—}\overset{O}{\diagdown}\text{—Ph}} \quad (8)$$

参 考 文 献

[1] Nie, X. P.; Wang, G. J. *J. Org. Chem.* **2006**, *71*, 4734.

[2] Weng, Y.; Cheng, B.; He, C.; Lei, A. W. *Angew. Chem. Int. Ed.* **2012**, *51*, 9547.

[3] Shi, W.; Luo, Y. D.; Luo, X. C.; et al. *J. Am. Chem. Soc.* **2008**, *130*, 14713.

[4] Wang, L. G.; Yu, X. Q.; Feng, X. J.; Bao, M. *Org. Lett.* **2012**, *14*, 2418.

[5] Chen, Z. W.; Jiang, H. F.; Wang, A. Z.; Yang, S. R. *J. Org. Chem.* **2010**, *75*, 6700

[6] Liu, J.; Chen, W.; Ji, Y.; Wang, L. *Adv. Synth. Catal.* **2012**, *354*, 1585.

[7] Wang, S. H.; Wang, M.; Wang, L.; et al. *Tetrahedron* **2011**, *67*, 4800.

[8] Wen, Y. M.; Wang, A. Z.; Jiang, H. F.; et al. *Tetrahedron Lett.* **2011**, *52*, 5736.

[9] Zhu, G. G.; Chen, D. X.; Wang, Y. Y.; Zheng, R. W. *Chem. Commun.* **2012**, *48*, 5796.

[10] Li, Y. B.; Liu, X. H.; Ma, D. Y.; et al. *Adv. Synth. Catal.* **2012**, *354*, 2683.

[11] Chen, Z. W.; Jiang, H. F.; Li, Y. B.; Qi, C. R. *Chem. Commun.* **2010**, *46*, 8049.

[12] Villeneuve, K.; Riddell, N.; Jordan, R. W.; et al. *Org. Lett.* **2004**, *6*, 4543.

[13] Kettles, T. J.; Cockburn, N.; Tam, W. *J. Org. Chem.* **2011**, *76*, 6951.

[14] Balamurugan, R.; Gudla, V. *Org. Lett.* **2009**, *11*, 3116.

[15] Jiang, H. F.; Zeng, W.; Li, Y. B.; et al. *J. Org. Chem.* **2012**, *77*, 5179.

[张皓，付华*，清华大学化学系；FH]

苯基乙烯基砜

【英文名称】 Phenyl vinyl sulfone

【分子式】 $C_8H_8O_2S$

【分子量】 168.23

【CAS 登录号】 [5535-48-8]

【结构式】

【物理性质】 白色至淡黄色结晶粉末，mp 67~69 °C。溶于常见的有机溶剂。

【制备和商品】 该试剂可由苯基乙烯基硫醚经 H_2O_2 氧化制备。而苯基乙烯基硫醚可由苯硫酚与二溴乙烷发生亲核取代反应，再消去 HBr 制备而得 (式 1)[1]。

$$\underset{BrCH_2CH_2Br}{\overset{PhSH}{+}} \xrightarrow[-2\,HBr]{\text{NaOEt, EtOH}} PhS\diagdown \xrightarrow{H_2O_2,\ HOAc} Ph\overset{O}{\underset{O}{S}}\diagdown \quad (1)$$

【注意事项】 该试剂是一种良好的烷基化试剂，具有细胞毒性。需在通风橱中使用，避免皮肤接触。常温保存。

苯基乙烯基砜具有一般缺电子烯烃的性质，可作为 Michael 受体；也具有端烯的反应性质，可参与环加成反应、Giese 自由基加成反应。但也有其自身的反应特点，如作为乙烯的等价物、合成 α-取代烯基砜的前体等。

亲核加成反应 磺酰基的强拉电子作用使得乙烯基上缺电子，具有高度活泼的亲电性质，比一般的烯烃更为活泼 (式 2)[2]，是一个很好的 Michael 受体，易与各种亲核试剂 (如胺、醇、硫醇，甚至活性亚甲基、格氏试剂、铜锂试剂等碳负离子) 发生亲核加成反应。其中通过与碳负离子反应可得到碳链增长两个碳原子的化合物 (式 3)[3]。该试剂与胺及硫醇化合物反应后，在碱的作用下容易发生消除，重新得到苯基乙烯基砜 (式 4)[4]。因此该试剂也可用作硫醇以及氨基的保护基团。

$$(2)$$

高 ————— Michael 加成反应的活性 ————— 低

$$\begin{array}{c}\text{EWG = CO}_2\text{Et, 79\%}\\ \text{EWG = SO}_2\text{Ph, 64\%}\end{array} \quad (3)$$

$$Ph\overset{O}{\underset{O}{S}}\diagdown + {}^n\text{BuSH} \xrightarrow[100\%]{\substack{\text{Et}_3\text{N (0.1 equiv)}\\ \text{THF, rt, < 1 h}}} Ph\overset{O}{\underset{O}{S}}\diagdown S{}^n\text{Bu} \quad (4)$$

$$\xrightarrow[89\%]{{}^t\text{BuOK, CH}_2\text{Cl}_2, < 1\ h}$$

苯基乙烯基砜也可以参与 Stetter 反应。与常用的拉电子烯烃不同，由于磺酰基易离去，通过该方法可合成 1,4-二羰基类化合物，在有机合成中具有重要的作用 (式 5)[5]。

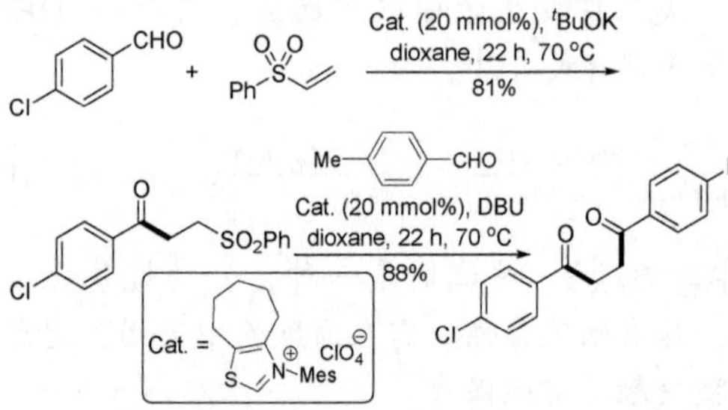

(5)

Diels-Alder 反应　苯基乙烯基砜是一个高度活泼的亲二烯体，能与双烯体发生 Diels-Alder 反应。此双烯体可以是对称的、不对称的；也可以是顺式的、反式的。带手性的、含杂原子的双二烯烃都可参与反应。苯基乙烯基砜与 Danishefsky 二烯反应，其产物结构具有高度的立体选择性 (式 6)[6]。

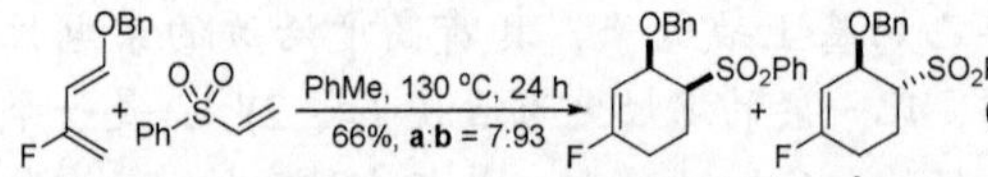

(6)

偶极环加成反应　苯基乙烯基砜可与 1,3-偶极体进行环加成反应。通过该方法可以合成多种杂环化合物，从而可构建药物分子的主要骨架。如式 7 所示[7]：吡咯里西啶类化合物的合成就可通过脯氨酸、肉桂醛与苯基乙烯基砜在"一锅法"的条件下完成。

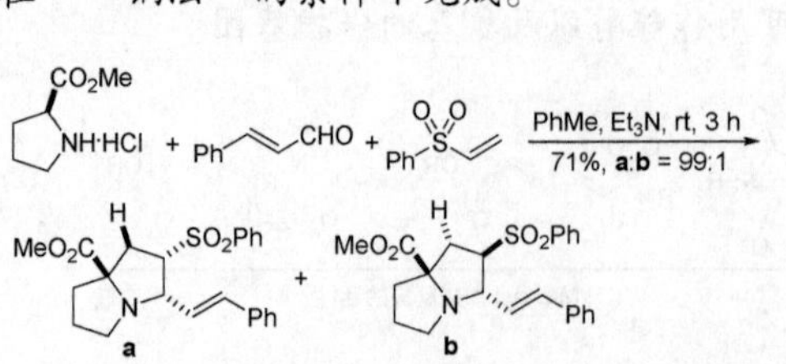

(7)

自由基加成反应　苯基乙烯基砜可与自由基发生加成反应，利用此性质可以捕捉自由基，从而对反应的机理进行研究。苯基乙烯基砜可捕捉由脱羧产生的、光照产生的、铁等金属试剂催化产生的自由基等。如式 8 所示[8]：使用苯基乙烯基砜捕捉 Fe(acac)₃ 催化烯烃产生的自由基，可得到 C—C 键偶联的产物。

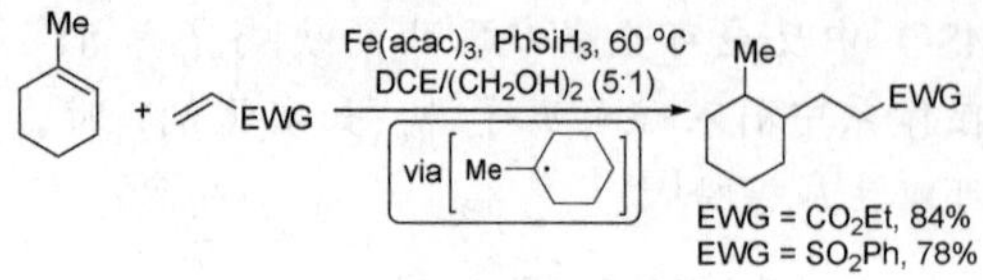

(8)

EWG = CO₂Et, 84%
EWG = SO₂Ph, 78%

合成 α-取代烯基砜的前体　通过与锂试剂反应、Baylis-Hillman 反应以及其它相关反应可以合成 α-取代烯基砜类化合物。如式 9 所示[9]：在锂试剂的作用下，苯甲醛与苯基乙烯基砜发生 Michael 加成反应，再与酰氯发生亲电取代反应，经过 H₂O₂ 氧化后可得到 MBH 类的衍生物。

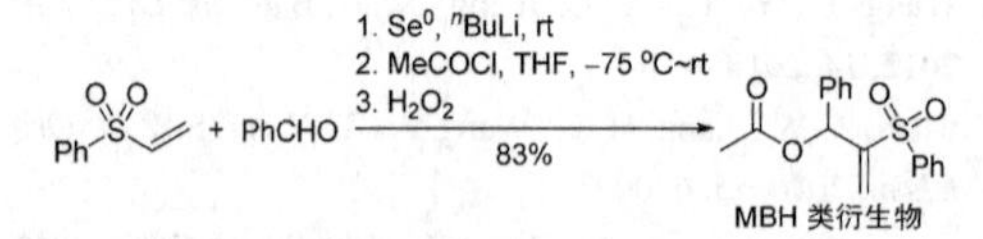

(9)

作为乙烯的等价物　以上介绍的反应都可得到磺酰基类的化合物。此类化合物的磺酰基具有强拉电子作用，使得磺酰键高度极化，不稳定而容易发生断裂。以醇为溶剂，使用钠、汞或镁试剂还原，在室温或加热条件下可脱去磺酰基，保留烷基 (式 10)[10,11]。从反应上看，苯基乙烯基砜只保留了烯烃上的碳，在许多情况下可代替乙烯使用。

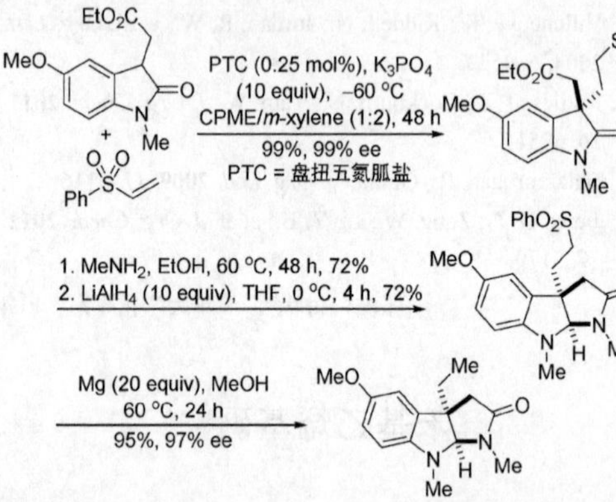

(10)

除以上介绍的反应之外，磺酰基还具有配位性，在有机金属试剂催化的反应中可起到配位导向的作用。在金属试剂催化下，苯基乙烯基砜分子中的乙烯基常发生 C—H 键活化的官能团化反应。如式 11 所示[12]：芳甲腈化合物与苯基乙烯基砜在钌和银试剂的催化下可合成异吲哚酮类化合物。随后氰基发生水解，磺酰基在反应中起配位作用，而乙烯基在反应中发生了两次加成-消除反应。

$$(11)$$

参 考 文 献

[1] Paquette, L. A.; Carr, R. V. C. *Org. Synth.* **1986**, *64*, 157.

[2] Nair, D. P.; Podgórski, M.; Chatani, S.; et al. *Chem. Mater.* **2014**, *26*, 724.

[3] Zhang, D.-H.; Knelles, J.; Plietker, B. *Adv. Synth. Catal.* **2016**, *358*, 2469.

[4] Kuroki, Y.; Lett, R. *Tetrahedron Lett.* **1984**, *25*, 197.

[5] Bhunia, A.; Yetra, S. R.; Bhojgude, S. S.; Biju, A. T. *Org. Lett.* **2012**, *14*, 2830.

[6] Usuki, Y.; Hayashi, T.; Wakamatsu, Y.; Iio, H. *Synlett* **2010**, 2843.

[7] Mancebo-Aracil, J.; Nájera, C.; Castelló, L. M.; et al. *Tetrahedron* **2015**, *71*, 9645.

[8] Lo, J. C.; Kim, D.; Pan, C. M.; et al. *J. Am. Chem. Soc.* **2017**, *139*, 2484.

[9] Sousa, B. A.; Dos Santos, A. A. *Eur. J. Org. Chem.* **2012**, 3431.

[10] Zong, L.; Du, S.; Chin, K. F.; et al. *Angew. Chem. Int. Ed.* **2015**, *54*, 9390.

[11] Zhao, M.-X.; Tang, W.-H.; Chen, M.-X.; et al. *Eur. J. Org. Chem.* **2011**, *2011*, 6078.

[12] Reddy, M. C.; Jeganmohan, M. *Org. Lett.* **2014**, *16*, 4866.

[杨渭光，清华大学化学系；HYF]

苯基乙烯基亚砜[1]

【英文名称】 Phenylsulfinylethylene

【分子式】 C_8H_8OS

【分子量】 152.23

【CAS 登录号】 [20451-53-0]

【缩写和别名】 PVSO，苯乙烯基亚砜，苯基乙烯亚砜

【结构式】

【物理性质】 无色液体，bp 93~95 °C / 0.2 mmHg，ρ 1.139 g/cm^3。溶于大多数有机溶剂。

【制备和商品】 国内外试剂公司均有销售。该试剂可由 1,2-二溴乙烷与苯硫酚盐的取代反应以及随后发生的消除反应脱去一分子 HBr，最后再发生氧化反应制得[2]。具有光学活性的苯基乙烯基亚砜可由相应的硫代物在 Sharpless 氧化剂[3]或氧化吖啶[4]的条件下发生对映选择性的氧化反应制备得到。

【注意事项】 该试剂需在通风橱中使用。具有光学活性的苯基乙烯基亚砜在酸性条件下易发生消旋化，应避免在酸性条件下使用。

苯基乙烯基亚砜是一种吸电子基团活化的烯烃化合物，可以发生烯烃参与的常见反应。与其它活化烯烃相比，该试剂具有制备简便及端位吸电子基团容易离去等特点。

环加成反应 苯基乙烯基亚砜可以作为联烯的替代物参与 Diels-Alder 反应。如式 1 所示[4]：苯基乙烯基亚砜作为亲二烯体与 1,3-环戊二烯发生 Diels-Alder 反应得到磺酰基保留的产物。该磺酰基可以在后续反应中脱除，因此苯基乙烯基亚砜在这类反应中通常被认为是联烯的替代物。如果苯基乙烯基亚砜发生 Diels-Alder 反应后得到了直接脱去苯磺酰基的产物，则可以将该试剂认为是乙炔的替代物。如式 2 所示[5]：苯基乙烯基亚砜与二烯体化合物发生 Diels-Alder 反应得到脱去苯磺酰基的产物。苯基乙烯基亚砜可以与 2,5-二甲基呋喃发生 Diels-Alder 反应以较好的产率得到桥环化合物 (式 3)[6]。该反应可以扩展到使用手性的苯基乙烯基亚砜衍生物，是使用取代呋喃化合物为双烯体的不对称 Diels-Alder 反应的首次报道。

$$(1)$$

$$(2)$$

$$(3)$$

锂烯醇化物可以与苯基乙烯基亚砜发生 [2+2] 环加成反应，然而该反应存在产率低、顺反选择性差、底物范围较窄等缺点。而使用二甲基铝烯醇化物替代锂烯醇化物时，可以得到以顺式产物为主的 [2+2] 环加成产物。如式 3 所示[7]：二甲基铝烯醇化物与苯基乙烯基亚砜并没有发生 Diels-Alder 反应，而是意外地得到了 [2+2] 环加成的产物。

$$
\text{(4)} \qquad \text{64\%, syn/anti = 67:33, Et}_2\text{O, THF, } -30\ ^\circ\text{C}
$$

Lewis 酸催化的不对称 1,3-偶极环加成反应一直是有机反应研究的热点之一。如式 5 所示[8]：以 R-对甲苯基乙烯基亚砜为亲偶极子与 1,3-偶极化合物反应，以中等产率得到相应的产物，同时还得到了部分非对映异构体的副产物。

$$
\text{(5)} \qquad \text{dioxane, reflux, } 44\%
$$

Pauson-Khand 反应是通过 $Co_2(CO)_8$ 催化烯烃、炔烃及 CO 的 [2+2+1] 环加成反应来构建环戊酮类化合物的简便高效的方法。该反应自发现至今得到了广泛的研究。然而用于不对称 Pauson-Khand 反应中的烯烃通常仅局限于环张力较大的烯烃 (如降冰片烯和降冰片二烯等[9])，而带有亚砜类手性辅基的烯烃也能够顺利地参与不对称 Pauson-Khand 反应。如式 6 所示[10]：以亚砜为手性辅基的化合物能够与末端炔烃的 Co 配合物发生不对称 Pauson-Khand 反应，具有较好的区域选择性和立体选择性。

$$
\text{(6)} \qquad \text{NMO, CH}_3\text{CN, 0 }^\circ\text{C, 4 h, } 74\%,\ \mathbf{a/b} = 93:7
$$

Ar = o-(二甲氨基)苯基

共轭加成反应 苯基乙烯基亚砜可以作为 Michael 受体与亲核试剂发生 1,4-共轭加成反应，然而相对于带有更强吸电子基团的苯基乙烯基砜来说，苯基乙烯基亚砜是一类反应活性更差的 Michael 受体。如式 7 所示[11]：2-苯基丁腈在 t-BuOK/DMSO 体系中表现出较强的亲核性，可与苯基乙烯基亚砜发生 Michael 加成反应得到相应的产物。如式 8 所示[12]：使用等摩尔的 Cs_2CO_3，膦酸酯化合物能与苯基乙烯基亚砜发生 Michael 加成反应；而对于其它更强的 Michael 受体 (如丁烯酮或苯基乙烯基砜)，仅需要催化量的 Cs_2CO_3 就可以 95% 的产率得到相应的加成产物。

$$
\text{(7)} \qquad t\text{-BuOK, DMSO, rt, 15 h, } 82\%
$$

$$
\text{(8)} \qquad \text{Cs}_2\text{CO}_3, \text{MeCN, rt, 3 h, } 56\%,\ dr = 49:51
$$

苯基乙烯基亚砜既是 Michael 受体，又含有亚砜官能团，因此该试剂通常还可以发生 Michael 加成反应与 Pummerer 重排反应的分步串联反应。如式 9 所示[13]：在碱性条件下，苯乙酰乙酸乙酯首先与苯基乙烯基亚砜发生 Michael 加成反应，随后在酸酐的作用下发生 Pummerer 重排反应，通过一锅两步法的过程得到二氢呋喃化合物。如式 10 所示[14]：苯基乙烯基亚砜首先在 EtMgBr 的作用下与 Et_2NH 发生 Michael 加成反应，随后在 EtMgBr 的诱导下发生 Pummerer 重排反应。如果不外加亲核试剂，可以被自身消除的 PhS⁻ 捕获得到对称的二硫缩醛化合物。随着不同硫酚亲核试剂的加入，该方法可以制备不对称的二硫缩醛化合物。

$$
\text{(9)} \qquad \text{1. NaOH, EtOH; 2. Cl}_3\text{COOH, Ac}_2\text{O, PhMe, reflux, } 64\%
$$

$$
\text{(10)} \qquad \text{EtMgBr, Et}_2\text{O, 0 }^\circ\text{C}\sim\text{rt, 12 h, R = Bn, 67\%; R = 4-ClC}_6\text{H}_4\text{, 63\%}
$$

苯基乙烯基亚砜与酰胺异羟肟酸可在碱性条件下发生氮杂环丙烷化反应，该反应首先由碱性条件下生成的氮负离子对缺电子的苯基乙烯基亚砜发生 Michael 加成反应，而后发生消除关环反应得到氮杂环丙烷。如式 11 所示[15]：苯基乙烯基亚砜在强碱 NaH 的作用下与酰胺异羟肟酸发生加成-消除反应，得到氮杂环丙烷类化合物。该方法还适用于其它含有吸电子基团的烯烃。

$$\text{(11)}$$

苯基乙烯基亚砜的不对称氮杂环丙烷化可以在加入手性添加剂的条件下实现。如式 12 所示[16]：苯基乙烯基亚砜与酰胺异羟肟酸在手性催化剂的作用下发生不对称氮杂环丙烷化反应，得到手性产物。

$$\text{(12)}$$

作为酸的反应　苯基乙烯基亚砜在强碱条件下可以生成 α-亚砜乙烯基负离子，并进一步与醛、酮发生加成反应。如式 13 所示[17]：苯基乙烯基亚砜在强碱 LDA 的作用下生成 α-亚砜乙烯基负离子，与苯丙醛发生加成反应得到含羟基中间体。再经过羟基的保护以及格氏试剂与亚砜的交换反应，以高产率得到联烯产物。

$$\text{(13)}$$

还原反应　苯基乙烯基亚砜可以通过过渡金属催化的还原反应脱去亚砜的氧生成硫醚化合物。如式 14 所示[18]：苯基乙烯基亚砜在 Fe(II)/AgBF$_4$ 的催化下，以 PhSiH$_3$ 为还原剂，以中等产率得到目标产物。实验证明在该反应过程中有自由基中间体的生成。

$$\text{(14)}$$

过渡金属催化的反应　在烯丙基氯化钯的催化下，苯基乙烯基亚砜可以与碘苯发生 Heck 偶联反应，得到烯烃末端苯基化的产物（式 15）[19]。除了能够作为反应物以外，苯基乙烯基亚砜还可以作为配体参与到反应中去。如式 16 所示[20]：在醋酸钯的催化下，以苯基乙烯基亚砜为配体，可实现 1-十一烯的烯丙基位氧化反应。该反应具有较好的区域选择性。

$$\text{(15)}$$

$$\text{(16)}$$

亚胺化反应　苯基乙烯基亚砜与磺酰胺高价碘代物在过渡金属催化剂的作用下可以发生氮转移，从而实现苯基乙烯基亚砜的亚胺化。通常反应中所使用的磺酰胺高价碘代物可以预先制备得到，也可以在亚胺化反应时原位生成。如式 17 所示[21]：在 Cu(OTf)$_2$ 的催化下，苯基乙烯基亚砜与预先制备的磺酰胺高价碘代物发生亚胺化反应，得到亚砜亚胺化合物。如式 18 所示[22]：磺酰胺高价碘代物可以分别由酰胺与 PhI(OAc)$_2$ 和 PhI=O 经原位反应制得，苯基乙烯基亚砜与原位制备的磺酰胺高价碘代物在 AgNO$_3$/4,4′,4″-t-Butpy 的催化下以较高的产率得到亚砜亚胺化合物[22a]；也可以在无配体的条件下，使用 Fe(acac)$_3$ 为催化剂进行[22b]。将氮源置换成 Phth-NH$_2$，苯基乙烯基亚砜的亚胺化反应也可在无金属催化的条件下得到亚胺化的产物（式 19）[23]。

$$\text{(17)}$$

$$(18)$$

1. M = AgNO$_3$/4,4',4''-t-Butpy, Oxi = PhI(OAc)$_2$, 16 h, 92%
2. M = Fe(acac)$_3$, Oxi = PhI=O, 30 min, 72%

$$(19)$$

自由基反应 如式 20 所示[24]：苯基乙烯基亚砜与烯丙基三丁基锡、叔丁基碘在三乙基硼的作用下通过自由基机理实现了 β 位的烯丙基化反应。该反应的不对称烯丙基化需要在外加 Lewis 酸的条件下进行。如式 21 所示[25]：苯基乙烯基亚砜与 4-甲氧基苯乙酮经过缩合反应/溴代反应得到溴代中间体，然后通过自由基反应消去 β 位苯亚砜基团得到联烯产物。

$$(20)$$

$$(21)$$

参 考 文 献

[1] (a) Posner, G. In *The Chemistry of Sulphones and Sulphoxides*; Patai, S.; Rappoport, Z.; Stirling, C. J. M. Eds.; Wiley: Chichester, 1988, Chap. 16, p 823. (b) Kresze, G. *Methoden Org. Chem.* Houben-Weyl, 1985, *E11*, 842.

[2] Paquette, L. A.; Carr, R. V. C. *Org. Synth.* **1985**, *64*, 157.

[3] Pitchen, P.; Dunch, E.; Deshmukh, M. N.; Kagan, H. B. *J. Am. Chem. Soc.* **1984**, *106*, 8188.

[4] Williams, R. V.; Chauhan, K. *J. Chem. Soc., Chem. Commun.* **1991**, 1672.

[5] Lin, Y.-S.; Chang, S.-Y.; Yang, M.-S.; et al. *J. Org. Chem.* **2004**, *69*, 447.

[6] Benjamin, N. M.; Martin, S. F. *Org. Lett.* **2011**, *13*, 450.

[7] Bienayme, H.; Guicher, N. *Tetrahedron Lett.* **1997**, *38*, 5511.

[8] Takahashi, T.; Kitano, K.; Hagi, T.; et al. *Chem. Lett.* **1989**, 597.

[9] Gibson, S. E.; Stevenazzi, A. *Angew. Chem. Int. Ed.* **2003**, *42*, 1800.

[10] Rivero, M. R.; Rosa, J. C. D. L.; Carretero, J. C. *J. Am. Chem. Soc.* **2003**, *125*, 14992.

[11] Bunlaksananusorn, T.; Rodriguez, A. L.; Knochel, P. *Chem. Commun.* **2001**, 745.

[12] Opekar, S.; Pohl, R.; Eigner, Va.; Beier, P. *J. Org. Chem.* **2013**, *78*, 4573.

[13] Chan, W. H.; Lee, A. W. M.; Lee, K. M.; Lee, T. Y. *J. Chem. Soc., Perkin Trans. 1* **1994**, 2355.

[14] Kawakita, M.; Yokota, K.; Akamatsu, H.; et al. *J. Org. Chem.* **1997**, *62*, 8015.

[15] Pereira, M. M.; Santos, P. P. O.; Reis, L. V.; et al. *J. Chem. Soc., Chem. commun.* **1993**, 38.

[16] Aires-de-Sousa, J.; Prabhakar, S.; Lobo, A. M.; et al. *Tetrahedron: Asymmetry* **2002**, *12*, 3349.

[17] Satoh, T.; Hanaki, N.; Kuramochi, Y.; et al. *Tetrahedron* **2002**, *58*, 2533.

[18] Cardoso, J. M. S.; Royo, B. *Chem. Commun.* **2012**, *48*, 4944.

[19] Battace, A.; Zair, T.; Doucet, H.; Santelli, M. *Synthesis* **2006**, 3495.

[20] Chen, M. S.; Prabagaran, N.; Labenz, N. A.; White, M. C. *J. Am. Chem. Soc.* **2005**, *127*, 6970.

[21] Leca, D.; Song, K.; Amatore, M.; Fensterbank, L.; et al. *Chem. Eur. J.* **2004**, *10*, 906.

[22] (a) Cho, G. Y.; Bolm, C., *Org. Lett.* **2005**, *7*, 4983. (b) Mancheno, O. G.; Bolm, C., *Org. Lett.* **2006**, *8*, 2349.

[23] Krasnova, L. B.; Hili, R. M.; Chernoloz, O. V.; Yudin, A. K. *ARKIVOC* **2005**, *(4)*, 26.

[24] Mase, N.; Watanabe, Y.; Higuchi, K.; et al. *J. Chem. Soc., Perkin Trans. 1* **2002**, 2134.

[25] Mouries, V.; Delouvrie, B.; Lacote, E.; et al. *Eur. J. Org. Chem.* **2002**, 1776.

[曾小宝，清华大学化学系；HYF]

苯甲酰甲醛水合物

【英文名称】 Phenylglyoxal monohydrate

【分子式】 $C_8H_8O_3$

【分子量】 152.15

【CAS 登录号】 [1075-06-5]

【缩写和别名】 2,2-Dihydroxyacetophenone，2,2-Dihydroxy-acetophenon，2-Dihydroxy-1-phenyl-ethanon

【结构式】

【物理性质】 白色结晶固体，mp 76~79 ℃，bp 142 ℃，ρ 1.307 g/cm^3。

【制备和商品】 国内外化学试剂公司均有销售。一般由苯乙酮经 SeO$_2$ 氧化制备 (式 1)[1]。

$$(1)$$

【注意事项】 在 2~8 ℃ 条件下储存。

苯甲酰甲醛的分子中包含醛基和羧基两个官能团，是有机和生物化学中广泛应用的试剂。它可以被用来合成多种具有生物和生理活性的 N-杂环化合物。与此同时，醛基和羧基可以转化为羟基、羧酸、酯等有机合成中有用的官能团。在温和的条件下，通过苯甲酰甲醛和精氨酸中的胍基反应，可以实现对蛋白质中精氨酸残基的化学修饰[2]。

以苯甲酰甲醛为起始原料，通过 Vilsmeier-Haack 反应，可以制备 2-芳基-4-氯-3-羟基-5,7-二甲酰基吲哚化合物 (式 2)[3]。

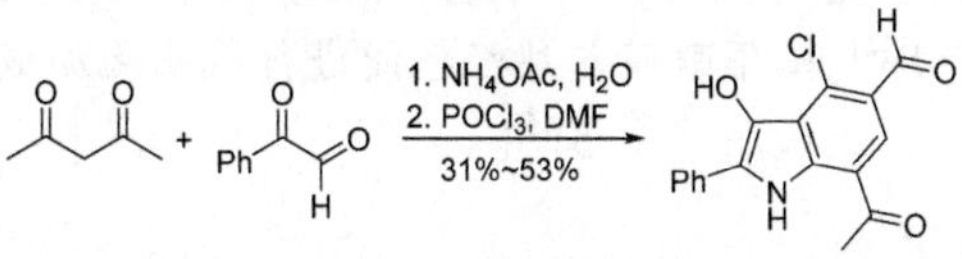

$$(2)$$

在催化量的 1,4-二氮杂二环辛烷三乙烯二胺 (DABCO) 的存在下，苯甲酰甲醛与 1-(4-甲氧基苯基)丙酮进行羟醛缩合反应。接着再与一级胺发生 Paal-Knorr 环化反应，可以得到 N-烷基/芳基-2,4-二芳基-1H-吡咯-3-醇衍生物 (式 3)[4]。

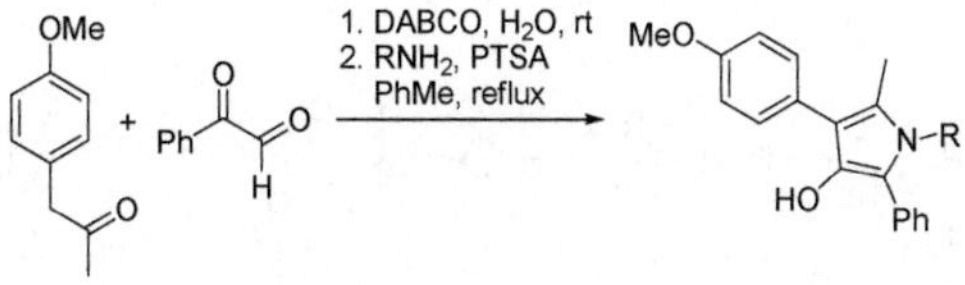

$$(3)$$

在过量水合肼的存在下，苯甲酰甲醛与 β-酮酯发生缩合反应，能够高产率地生成哒嗪类化合物 (式 4)[5]。

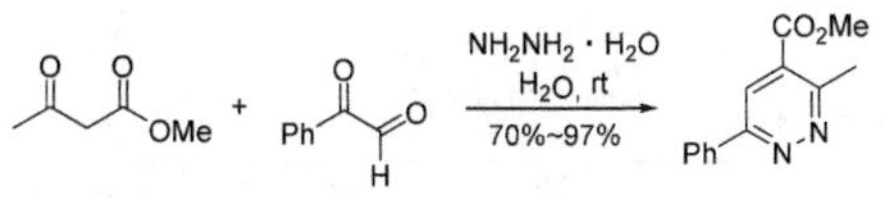

$$(4)$$

在醋酸铵的存在下，苯甲酰甲醛和芳香醛化合物反应可制备二取代的咪唑类化合物 (式 5)[6]。该类化合物具有一定的抗炎活性和较低的致溃疡活性。此外，许多这类化合物都具有显著的抗菌活性，尤其是对真菌物种。

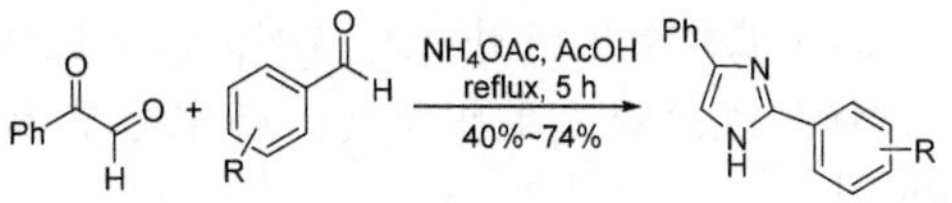

$$(5)$$

R = 2-NO$_2$, 3-NO$_2$, 4-NO$_2$, 2-OH, 3-OH

由苯甲酰甲醛参与的 Petasis 反应可以制备喹喔啉类化合物 (式 6)[7]。该类化合物具有良好的抗菌、抗疟抗真菌和抗血栓等生物活性。

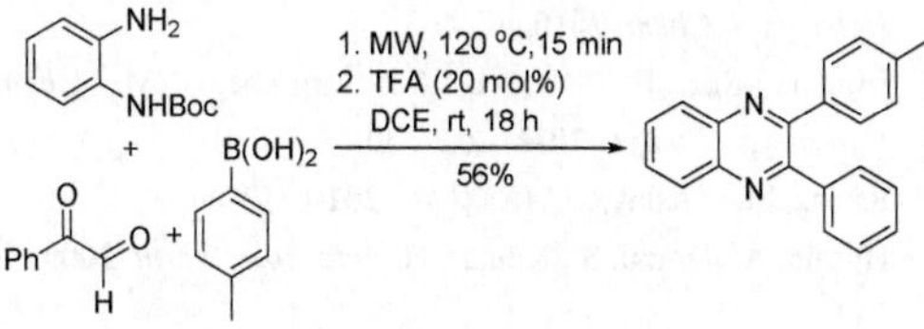

$$(6)$$

苯甲酰甲醛可与 6-氨基嘧啶及双甲酮类化合物进行反应，可以高区域选择性地制备吡咯并 [2,3-d] 嘧啶类环状体系 (式 7)[8]，该类骨架是许多天然产物和生物活性分子中常见的官能团。

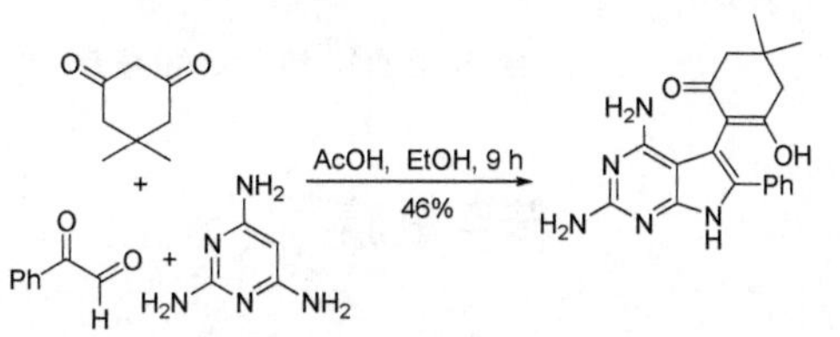

$$(7)$$

苯甲酰甲醛和 L-色氨酸进行 Pictet-Spengler 反应，能够制备 1-取代的 β-咔啉化合物 (式 8)[9]。

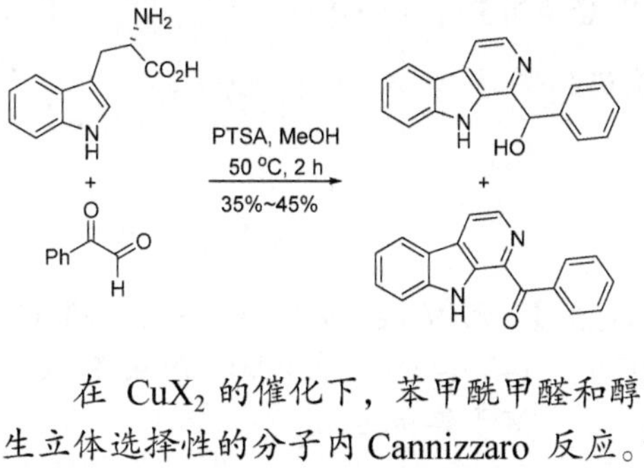

$$(8)$$

在 CuX$_2$ 的催化下，苯甲酰甲醛和醇可发生立体选择性的分子内 Cannizzaro 反应。该方法解决了与醇发生对称性分子内 Cannizzaro 反应时活性低的问题 (式 9)[10]。

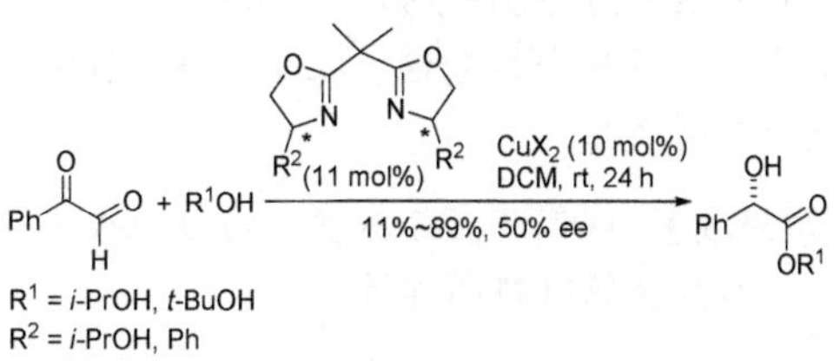

$$(9)$$

R^1 = i-PrOH, t-BuOH
R^2 = i-PrOH, Ph
X = OTf, SbF$_6$

参 考 文 献

[1] Riley, H. A.; Gray, A. R. *Org. Synth. Coll. Vol. II.* Wiley & Sons, New York, 1943.

[2] Takahashi, K. *J. Biol. Chem.* **1968**, *243*, 6171.

[3] Eftekhari-Sis, B.; Zirak, M.; Akbari, A.; Hashemi, M. M. *J. Heterocycl. Chem.* **2010**, *47*, 463.

[4] Eftekhari-Sis, B.; Akbari, A.; Amirabedi, M. *Chem. Heterocycl. Compd.* **2011**, *46*, 1330.

[5] Rimaz, M.; Khalafy, J. *ARKIVOC* **2010**, (*ii*), 110.

[6] Husain, A.; Drabu, S.; Kumar, N. *Acta Pol. Pharm.* **2009**, *66*, 243.

[7] Ayaz, M.; Dietrich, J.; Hulme, C. *Tetrahedron Lett.* **2011**, *52*, 4821.

[8] Quiroga, J.; Acosta, P. A.; Cruz, S.; et al. *Tetrahedron Lett.* **2010**, *51*, 5443.

[9] Yang, M. L.; Kuo, P. C.; Damu, A. G.; et al. *Tetrahedron* **2006**, *62*, 10900.

[10] Ishihara, K.; Yano, T.; Fushimi, M. *J. Fluorine Chem.* **2008**, *129*, 994.

[卢金荣，巨勇*，清华大学化学系；JY]

苯甲酰腈

【英文名称】 Benzoyl cyanide

【分子式】 C_8H_5NO

【分子量】 131.13

【CAS 登录号】 [613-90-1]

【结构式】

【物理性质】 无色鳞状结晶。mp $-32 \sim -33\ ^{\circ}C$，bp $207\ ^{\circ}C$，$143 \sim 146\ ^{\circ}C$ (8.0 kPa)，闪点 $84\ ^{\circ}C$。不溶于水，溶于醇和醚。

【制备和商品】 由苯甲酰氯与氰化亚铜反应制得。将氰化亚铜混入提纯的苯甲酰氯中加热反应，油浴温度为 $220 \sim 230\ ^{\circ}C$，保持 1.5 h，然后提高油浴温度进行分馏，收集 $208 \sim 209\ ^{\circ}C$ 的馏分而得成品。

【注意事项】 该试剂有毒易燃，切勿倒入下水道，对水生生物有极高毒性。

苯甲酰腈在有机合成中主要作为氰基化试剂，被用于 C=O 双键、C=N 双键和 N=N 双键的氰基化反应来合成氰基苯甲酸酯、β-氨基腈和氰基偶氮化合物。由于苯甲酰腈含有羰基和氰基两个官能团，因此还能够发生环加成反应、氰基水解反应、Wittig 反应和还原反应。此外，苯甲酰腈还能发生偶联反应和亲核取代反应。

苯甲酰腈作为氰基化试剂 可用于 C=O 双键、C=N 双键和 N=N 双键的氰基化反应来生成相应的氰基苯甲酸酯 (式 1 和式 2)[1,2]、β-氨基腈 (式 3)[3] 和氰基双酯基腙等化合物 (式 4)[4]。苯甲酰腈与炔烃也能进行氰基化加成反应合成烯腈 (式 5)[5]。

苯甲酰腈环加成反应 苯甲酰腈的分子结构中同时含有羰基和氰基两种官能团，除两分子的苯甲酰腈在三苯基膦和三乙胺的共同作用下发生相互加成，脱氧成环合成 2,3-二氰基-2,3-二苯基环氧乙烷外 (式 6)[6]，苯甲酰腈还可与烯烃或炔烃发生环加成反应 (式 7 和式 8)[7, 8]。

$$(6)$$

$$(7)$$

$$(8)$$

苯甲酰腈的亲核取代反应 硫醇酯与苯甲酰腈发生亲核取代反应，生成 1,3-二酮化合物 (式 14)[14]。

$$(14)$$

苯甲酰腈氰基水解反应 苯甲酰腈分子中的氰基在水存在的条件下可发生两种水解反应：一种生成苯甲酸和剧毒氢氰酸；另外一种生成 2-氧代苯乙酰胺，继续反应得到氰醇酰胺 (式 9)[9]。

$$(9)$$

参 考 文 献

[1] Baeza, A.; Najera, C.; Sansano, J.; Saa, J. M. *Tetrahedron: Asymmetry* **2005**, *16*, 2385.

[2] Zhang, W.; Shi, M. *Org. Biomol. Chem.* **2006**, *4*, 1671.

[3] Hu, X. C.; Ma, Y. H.; Li, Z. *J. Organomet. Chem.* **2012**, *705*, 70.

[4] Liu, X. G.; Wei, Y.; Shi, M. *Org. Biomol. Chem.* **2009**, *7*, 4708.

[5] Nozaki, K.; Sato, N.; Takaya, H. *J. Org. Chem.* **1994**, *59*, 2679.

[6] Li, Z.; Xu, J.; Niu, P. X.; et al. *Tetrahedron* **2012**, *68*, 8880.

[7] Liu, X. G.; Wei, Y.; Shi, M. *Eur. J. Org. Chem.* **2010**, 1977.

[8] Teimouri, M. B.; Shaabanib, A.; Bazhrang, R. *Tetrahedron* **2006**, *62*, 1845.

[9] Crabtree, E. V.; Poziomek, E. J. *Note*, **1967**, *32*, 1231.

[10] Zhao, Z. X.; Li, Z. *J. Braz. Chem. Soc.* **2011**, *22*, 148.

[11] James, M. P. *J. Org. Chem.* **1981**, *46*, 182.

[12] Murahashi, S. I.; Naota, T.; Nakajima, N. *J. Org. Chem.* **1986**, *51*, 898.

[13] Zhang, W.; Shi, M. *Tetrahedron* **2006**, *62*, 8715.

[14] Ikeda, Z,; Hirayama, T.; Matsubara, S. *Angew. Chem.* **2006**, *118*, 8380.

[赵宙兴，青海大学化工学院；HYF]

苯甲酰腈的 Wittig 反应 苯甲酰腈羰基与 CCl_4 (或 CBr_4) 和三苯基膦所生成的磷叶立德试剂发生 Wittig 反应，生成 2-苯基-3,3-二氯丙烯腈或 2-苯基-3,3-二溴丙烯腈 (式 10)[10]。

$$(10)$$

苯甲酰腈的羰基还原反应 在硼氢化钠的还原下，两分子苯甲酰腈可以合成苯甲酸氰基苯甲酯 (式 11)[11]。在三苯基膦钯的催化还原下，苯甲酰腈可被还原成苯腈 (式 12)[12]。

$$(11)$$

$$(12)$$

苯甲酰腈的自身偶联反应 在 Lewis 碱的存在下，两分子苯甲酰腈可通过自身偶联反应生成苯甲酸氰基苯甲酯 (式 13)[13]。

$$(13)$$

苯甲酰氯

【英文名称】 Benzoyl chloride

【分子式】 C_7H_5ClO

【分子量】 140.57

【CAS 登录号】 [98-88-4]

【缩写和别名】 氯化苯甲酰，苯酰氯，Benzenecarbonyl chloride

【结构式】

【物理性质】 无色透明易燃液体，mp $-1.0\ ^{\circ}C$，

bp 197.2 ℃，β 1.2120 g/mL。暴露在空气中即发烟，有特殊的刺激性臭味，蒸气刺激眼黏膜而催泪。溶于乙醚、氯仿、苯和二硫化碳。

【制备和商品】 国内外大型试剂公司均有销售。制备方法如下：(1) 甲苯法。甲苯与氯气在光照情况下反应，经过侧链氯化生成 α-三氯甲苯，后者在酸性介质中进行水解生成苯甲酰氯，并放出氯化氢气体 (生产中宜用水吸收放出的氯化氢气体)。(2) 由苯甲酸与光气反应而得。将苯甲酸投入光化锅，加热熔融，于 140~150 ℃ 通入光气。反应尾气含氯化氢和未反应完的光气，用碱处理后放空，反应终点时的温度为 −3 ~ −2 ℃。赶气操作后减压蒸馏，成品为微黄色透明液体，纯度≥98%。工业上普遍采用苯甲酸和苯亚甲基三氯反应制备。苯甲醛直接氯化也可得到苯甲酰氯。

【注意事项】 储存于阴凉、干燥、通风良好的库房中，远离火种、热源。库温不超过 25 ℃，相对湿度不超过 75%，保持容器密封。应与氧化剂、碱类、醇类、食用化学品分开存放，切忌混储。刺激皮肤，眼睛和黏膜，吸入和食入有毒。遇水、氨或乙醇逐渐分解，生成苯甲酸、苯甲酰胺或苯甲酸乙酯和氯化氢。

苯甲酰氯可用于有机合成、染料和医药工业，可用于制造聚合反应的引发剂过氧化二苯甲酰、过氧化苯甲酸叔丁酯和农药除草剂等。苯甲酰氯是重要的苯甲酰化和苄基化试剂，可用来形成常用的保护基团。

有机金属化合物的酰基化反应 苯甲酰氯和金属有机试剂反应可以得到芳基酮化合物，第一个该类酰基化反应是使用苯甲酰氯与甲基镉试剂和甲基锌试剂反应，得到苯乙酮 (式 1 和式 2)[1,2]。

$$\text{MeCdCl} + \text{PhCOCl} \xrightarrow[85\%]{\text{PhH, reflux}} \text{MeCOPh} \tag{1}$$

$$\text{MeZnI} + \text{PhCOCl} \xrightarrow[80\%]{\text{PhH, reflux}} \text{MeCOPh} \tag{2}$$

芳环的酰基化反应 (Friedel-Crafts 反应) 在 Lewis 酸 (如 $AlCl_3$、$TiCl_4$、BF_3、$SnCl_4$、$ZnCl_2$ 和 $FeCl_3$) 或强酸的作用下，苯甲酰氯易与芳环化合物发生酰基化反应 (式 3 和式 4)[3,4]。

$$\tag{3}$$

$$\tag{4}$$

烯醇醚[5]、烯酮缩醛[6]和烯胺[7]与苯甲酰氯反应可以得到 β 位酰基化的产物(式 5 和式 6)。其中，β 位酰基化的烯胺化合物经进一步水解之后可以得到 β 二羰基化合物[7]。

$$\tag{5}$$

$$\tag{6}$$

苯甲酰氯容易与醇或胺反应，生成相应的苯甲酸酯或苯甲酰胺[8~10]。因此苯甲酰氯也常用于醇和胺的保护 (式 7 和式 8)。该反应通常需要加入吡啶或者三乙胺等合适的碱，溶剂通常为 CH_2Cl_2 或者过量的胺。

$$\tag{7}$$

$$\tag{8}$$

参 考 文 献

[1] Gilman, H.; Nelson, J. F. *Rec. Trav. Chim.* **1936**, *55*, 518.

[2] Blaise, E. E. *Bull. Soc. Fr.* **1911**, *9*, I-XXVI.

[3] Gore, P. H.; Hoskins, J. A.; Thornburn, S. *J. Chem. Soc.(B)* **1970**, 1343.

[4] Minnis, W. *Org. Synth. Coll.* **1943**, *2*, 520.

[5] Andersson, C.; Hallberg, A. *J. Org. Chem.* **1988**, *53*, 4257.

[6] McElvain, S. M.; McKay, Jr., G. R. *J. Am. Chem. Soc.* **1956**, *78*, 6086.

[7] (a) House, H. O. *Modern Synthetic Reactions*, 2nd ed.; Benjamin: Menlo Park, CA, 1972, pp 766-772. (b) *Enamines: Synthesis, Structure and Reactions*, 2nd ed; Cook, A. G., Ed.; Dekker: New York, 1988. (c) Hünig, S.; Hoch, H. *Fortschr.*

Chem. Forsch. **1970**, *14*, 235. (d) Hickmott, P. W. *Tetrahedron* **1984**, *40*, 2989; *Tetrahedron* **1982**, *38*, 1975. (e) Campbell, R. D.; Harmer, W. L. *J. Org. Chem.* **1963**, *28*, 379.

[8] March, J. *Advanced Organic Chemistry, Reactions, Mechanisms and Structures*. 4th ed.; Wiley: New York, 1992; p 392.

[9] Seymour, F. R. *Carbohydr. Res.* **1974**, *34*, 65.

[10] Pelletier, G. Charette, A. B. *Org. Lett.* **2013**, *15*, 2290.

[蔡尚军，清华大学化学系；XCJ]

苯硒锌氯化物

【英文名称】 Phenylselenyl zinc chloride

【分子式】 C$_6$H$_5$ClSeZn

【CAS 登录号】 [5707-04-0]

【结构式】

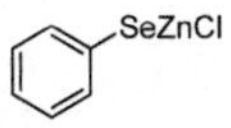

【物理性质】 白色固体，bp 107~108 °C / 1.0 mmHg。易溶于甲苯。

【制备和商品】 试剂公司均有销售。可以通过市售的苯硒氯化物在 THF 中与锌粉氧化加成得到。

【注意事项】 该试剂具有强烈的吸湿性。有毒，对环境有害，一般在通风橱中进行操作。低温储存。

苯硒锌卤化物 (苯硒锌氯化物或苯硒锌溴化物) 是一种稳定的含硒化合物[1]。作为一种用途广泛的亲核试剂，在水介质中，苯硒锌卤化物常被用来大量合成含硒有机化合物[1]。在水悬浮液中，苯硒锌卤化物可以与含有卤素、甲苯磺酸基等易离去基团的化合物发生 S$_N$2 反应，得到相应的取代产物 (式 1)[2]。

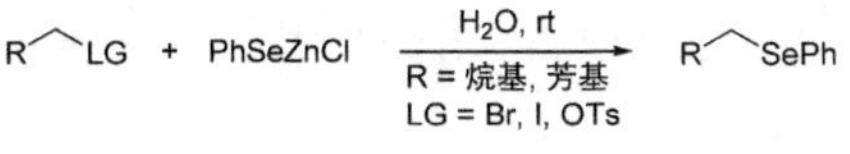

在 THF 或水溶液中，乙烯基卤化物可以与苯硒锌卤化物进行亲核取代反应，得到相应的 *E*-构型取代产物。在取代反应过程中反应物

的构型保持不变，而且在水介质中的反应效果会更好。但使用 β-卤代-α,β-不饱和酮与苯硒锌卤化物反应时，由于羰基与锌结合，得到的是 Z-构型的产物 (式 2 和式 3)[3]。

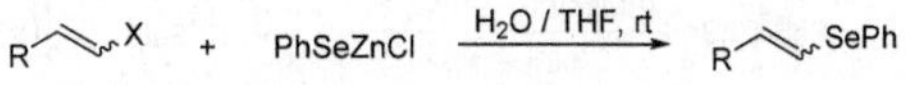

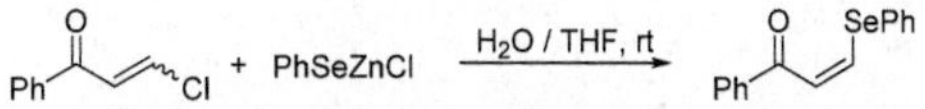

在 2,4-二氮溴苯的作用下，苯硒锌卤化物可以与含有吸电子取代基的芳香族化合物进行亲核取代，以中等产率得到硒化物。该反应在水溶剂中反应较好 (式 4)[2]。

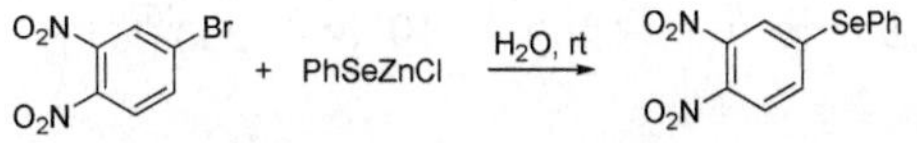

在 (BMIM)BF$_4$ 的离子液体中，苯硒锌卤化物与酰氯在 90 °C 进行取代反应，得到硒酯产物。离子液体在发展新型环保过程中得到广泛应用 (式 5)[4]。

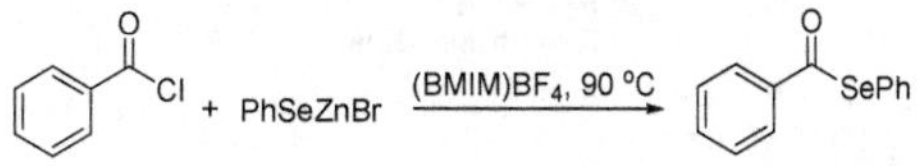

在水溶剂中，苯硒锌卤化物与酰氯反应生成硒代酯。水介质也可以被循环使用 (式 6)[5]。

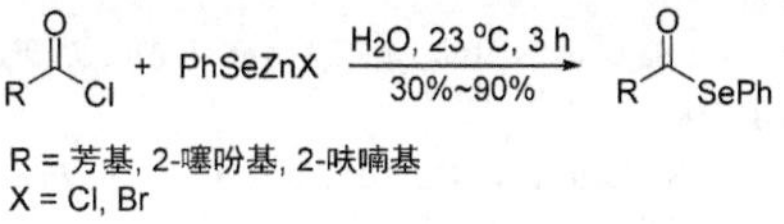

R = 芳基, 2-噻吩基, 2-呋喃基
X = Cl, Br

在水悬浮液中，苯硒锌卤化物可以与环氧化物发生开环反应，定量地得到烷基或芳基的环氧化开环产物。该反应的选择性取决于取代基的电子效应和空间位阻：烷基环氧化物的取代反应主要在位阻较少的碳上发生；而芳基环氧化物由于电子效应，取代主要发生在与苯环相连的碳上 (式 7 和式 8)[2]。

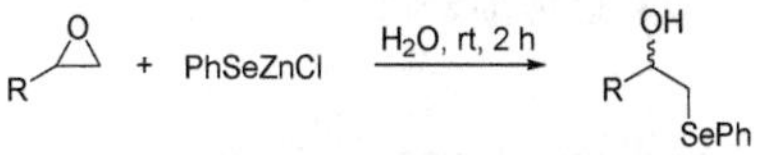

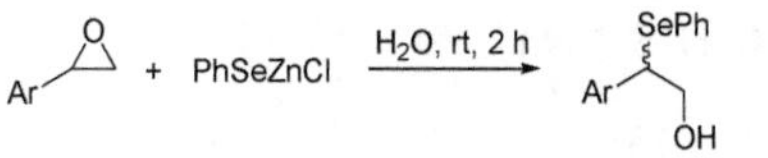

在中性 (BMIM)BF$_4$ 溶液中，苯硒锌卤化物可以与氮杂环丙烷开环得到 β-硒胺 (式 9)[4]。

$$R^1\text{—}N\text{(}R^2\text{)} + PhSeZnBr \xrightarrow[52\%\sim81\%]{(BMIM)BF_4,\ 90\ ^\circ C,\ 1\ h} R^1\text{—CH(NHR}^2\text{)—CH}_2\text{SePh} \quad (9)$$

R^1 = Bu, *i*-Pr, *i*-Bu
R^2 = Boc, Ts, H
X = Cl, Br

苯硒锌卤化物可以与 α,β-不饱和醛酮或共轭炔烃进行 Michael 加成反应，得到 β-硒基的羰基化合物或乙烯基硒化物。α,β-不饱和醛酮在 THF 溶液中反应更快，而共轭炔烃在水的条件下反应更快。该反应具有立体选择性，主产物为 Z-构型 (式 10 和式 11)[6]。

$$\text{cyclohexenone} + PhSeZnCl \xrightarrow[\text{THF, rt, 24 h, rt, 90\%}]{H_2O,\ rt,\ 24\ h,\ 52\%} \text{product} \quad (10)$$

$$R^1\text{—C≡C—C(O)—}R^2 + PhSeZnCl \xrightarrow[90\%\sim99\%]{H_2O,\ rt,\ 2\ h} \text{product} \quad (11)$$

R^1 = Ph, H
R^2 = Ph, Me, OMe

参 考 文 献

[1] Santi, C. *Phenylselenenylzinc Halides*. In *Encyclopaedia of Reagents for Organic Synthesis*. John Wiley & Sons: New York, 2001.

[2] Santi, C.; Santoro, S.; Battistelli, B.; et al. *Eur. J. Org. Chem.* **2008**, 5387.

[3] Santoro, S.; Battistelli, B.; Testaferri, L.; et al. *Eur. J. Org. Chem.* **2009**, 4921.

[4] Salman, S.M.; Schwab, R. S.; Alberto, E. E.; et al. *Synlett* **2011**, 69.

[5] Santi, C.; Battistelli, B.; Testaferri, L.; Tiecco, M. *Green Chem* **2012**, *14*, 1277.

[6] Battistelli, B.; Testaferri, L.; Tiecco, M.; Santi, C. *Eur. J. Org. Chem.* **2011**, 1848.

[梁云，巨勇*，清华大学化学系；JY]

苯亚磺酸钠[1]

【英文名称】 Sodium benzenesulfinate

【分子式】 C$_6$H$_5$SO$_2$Na

【分子量】 164.15

【CAS 登录号】 [873-55-2]

【结构式】

$$\text{Ph—S(=O)—ONa}$$

【物理性质】 白色固体，mp >300 $^\circ$C。可溶于水。

【制备和商品】 国内外试剂公司均有销售。该试剂可由苯磺酰氯经还原得到 (式 1)[2]。将苯磺酰氯与亚硫酸钠在碎冰中混合反应，直到苯磺酰氯溶解。在反应过程中要不断检测反应液的 pH 值，加入稀氢氧化钠溶液维持 pH = 3.5~8.5 以防止二氧化硫生成。反应完成后过滤除去硫酸氢钠，滤液用硫酸在 0 $^\circ$C 下酸化得到苯亚磺酸。接着使用乙醚萃取，萃取后的乙醚溶液用氢氧化钠中和析出苯亚磺酸钠。该试剂的纯化方法为将其溶于水，然后加入乙醇即可沉淀得到纯品。

$$\text{Ph—S(=O)}_2\text{—Cl} \xrightarrow{Na_2SO_3,\ H_2O,\ 0\ ^\circ C} \text{Ph—S(=O)—ONa} \quad (1)$$

【注意事项】 该试剂在常温常压下稳定，几乎无毒。应避免与氧化物接触，见光也易被氧化。

苯亚磺酸钠是有机合成中常用的一种磺酰化试剂，与苯亚磺酸具有类似的性质。与苯亚磺酸相比，苯亚磺酸钠更加稳定、腐蚀性更小且操作更加简便。

苯亚磺酸钠可以与卤代烃或二芳基碘鎓盐直接发生亲核取代反应，得到相应的砜类化合物。例如，以 BmimBF$_4$/H$_2$O 为溶剂，苯亚磺酸钠与碘甲烷在无碱的条件下就可以反应生成甲基苯基砜 (式 2)[3]。如果使用苄基卤代物、α-卤代苯乙酮和烯丙基卤代物等作为亲电试剂，提高反应温度能够促进反应的进行。

$$\text{Ph—S(=O)—ONa} \xrightarrow[88\%]{MeI,\ BmimBF_4/H_2O\ (4:1),\ rt,\ 24\ h} \text{Ph—S(=O)—Me} \quad (2)$$

在微波条件下，苄氯作为亲电试剂可以与苯亚磺酸钠快速反应 (式 3)[4]。在钠-汞齐的作用下，芳基磺酰基可以被脱除 (式 4)[5]。

$$\text{(3)} \quad \text{85\%}$$

式 (3): BnCl, MW (70~100 W), 120 °C, 30 min

$$\text{(4)} \quad \text{Na-Hg (6 mol\%), K}_2\text{HPO}_4 \quad \text{94\%}$$

二芳基碘鎓盐同样也可以作为亲电试剂与苯亚磺酸钠反应。如式 5 所示[6]：该反应不需要加入金属催化剂和碱，就能以高产率得到二苯基砜。

$$\text{(5)} \quad \text{DMF, 90 °C, 24 h} \quad \text{94\%}$$

苯亚磺酸钠 (或对甲苯亚磺酸钠) 在金属催化剂的存在下还能与卤代苯、芳基硼试剂、苄基卤代物和炔烃等化合物发生偶联反应。

钯催化的交叉偶联反应　使用 Pd$_2$(dba)$_3$ 为催化剂，Xantphos 为配体，对甲苯亚磺酸钠与碘苯可高产率地完成偶联反应 (式 6)[7]。在该条件下，使用溴苯也能发生类似的反应。

$$\text{(6)} \quad \text{PhI, Pd}_2\text{(dba)}_3\text{, Xantphos} \quad \text{Cs}_2\text{CO}_3\text{, TBAC} \quad \text{PhMe, 80 °C, 1 h} \quad \text{90\%}$$

在甲醇钠的存在下，使用 Pd(OAc)$_2$/p-Tol$_3$P 作为催化体系，苯亚磺酸钠 (或对甲苯亚磺酸钠) 可与苄氯发生偶联反应 (式 7)[8]。该反应需要较高的温度，在反应中脱除二氧化硫生成二芳基甲烷。

$$\text{(7)} \quad \text{BnCl, Pd(OAc)}_2\text{, p-Tol}_3\text{P} \quad \text{NaOMe, cHex} \quad \text{160 °C, 4 h} \quad \text{88\%}$$

在钯催化剂的作用下，苯亚磺酸钠可与苯乙炔及其衍生物发生脱二氧化硫偶联反应；而与苯丙炔酸则发生加成反应[9]。如式 8 所示：苯亚磺酸钠与 4-甲氧基苯乙炔在 PdCl$_2$ 的催化下，在无配体的条件下发生反应，以较高产率得到偶联产物。在类似的条件下，如果使用带有吸电子基团的芳基乙炔 (如 4-硝基苯乙炔) 作为底物，则发生的是炔烃的加成反应 (式 9)，且反应温度可以适当降低。当使用苯

丙炔酸为底物时也得到加成产物，但反应需在更高的温度下进行 (式 10)。

$$\text{(8)} \quad \text{PdCl}_2\text{, DMSO, 80 °C, 8 h} \quad \text{88\%}$$

$$\text{(9)} \quad \text{PdCl}_2\text{, DMSO, 50 °C, 8 h} \quad \text{93\%}$$

$$\text{(10)} \quad \text{PdCl}_2\text{, DMSO, 100 °C, 8 h} \quad \text{83\%}$$

铜催化的交叉偶联反应　在铜催化剂的作用下，苯亚磺酸钠可与卤代芳烃或芳基硼酸等化合物发生偶联反应。大多数情况下，这类反应需要在 DMSO 和 DMF 等溶剂中加热进行，且需要配体的参与。如式 11 所示[10]：使用 (CuOTf)$_2$·PhH、N,N'-二甲基乙二胺为配体，苯亚磺酸钠与碘苯在 DMSO 中反应生成二苯基砜。该反应条件也适用于烷基磺酸钠。使用壳聚糖负载的 CuSO$_4$ 也可催化该反应顺利进行[11]。

$$\text{(11)} \quad \text{PhI, (CuOTf)}_2\text{·PhH} \quad \text{DMSO, 110 °C, 20 h} \quad \text{70\%}$$

以 1,10-菲啰啉为配体，苯亚磺酸钠与苯硼酸在 CuFe$_2$O$_4$ 的催化下以 69% 的产率发生偶联反应 (式 12)[12]。而在相同条件下使用碘苯代替苯硼酸参与反应则可得到 76% 的产率。

$$\text{(12)} \quad \text{PhB(OH)}_2\text{, CuFeO}_4\text{, 1,10-Phen} \quad \text{DMSO, 110 °C, 12 h} \quad \text{69\%}$$

在 K$_2$S$_2$O$_8$ 的存在下，以 CuBr$_2$ 为催化剂，不需使用配体，对甲苯亚磺酸钠及其衍生物与喹啉氮氧化物在氩气氛中可发生偶联反应。该反应选择性地发生在喹啉的 C-2 位

（式 13）[13]。

$$\text{（13）} \quad 75\%$$

CuBr₂, K₂S₂O₈
MeNO₂, DCE, H₂O
40 °C, 15 h, Ar

在没有其它底物参与的情况下，苯亚磺酸钠可以在过量的 Cu(OAc)₂ 的作用下发生自身偶联反应，脱去 SO_2 生成二苯基砜（式 14）[14]。

$$\text{（14）}$$

Cu(OAc)₂, CH₃CN, 60 °C, 3 h
93%

在碘单质的存在下，苯亚磺酸钠可以与多种化合物发生反应。如式 15 所示[15]：苯亚磺酸钠可以与苯乙烯发生偶联反应。而苯乙炔与苯亚磺酸钠在相同条件下则发生加成反应（式 16）[16]。

$$\text{（15）}$$

I₂, H₂O, rt, 2 h
94%

$$\text{（16）}$$

I₂, H₂O, rt, 2 h
86%

在氩气氛中，苯亚磺酸钠可以与 β 萘酚在甲酸水溶液中反应生成二芳基硫醚（式 17）[17]。该反应选择性地发生在萘酚的 C-1 位。

$$\text{（17）}$$

I₂, HCO₂H, H₂O
110 °C, Ar, 24 h
80%

参 考 文 献

[1] (a) Pinnick, H. W.; Reynolds, M. A. *J. Org. Chem.* **1979**, *44*, 160. (b) Pinnick, H. W.; Reynolds, M. A.; McDonald Jr, R. T.; Brewster, W. D. *J. Org. Chem.* **1980**, *45*, 930.

[2] (a) Krishna, S.; Singh, H. *J. Am. Chem. Soc.* **1928**, *50*, 792. (b) Lindberg, B. *Acta Chern. Scand.* **1963**, *17*, 377.

[3] Hu, Y.; Chen, Z.-C.; Le, Z.-G.; Zheng, Q.-G. *J. Chem. Res.* **2004**, *2004*, 267.

[4] Ju, Y.; Kumar, D.; Varma, R. S. *J. Org. Chem.* **2006**, *71*, 6697.

[5] Sánchez, I. H.; Aguilar, M. A. *Synthesis* **1981**, *1981*, 55.

[6] Umierski, N.; Manolikakes, G. *Org. Lett.* **2013**, *15*, 188.

[7] Cacchi, S.; Fabrizi, G.; Goggiamani, A.; et al. *J. Org. Chem.* **2004**, *69*, 5608.

[8] Zhao, F.; Tan, Q.; Xiao, F.; et al. *Org. Lett.* **2013**, *15*, 1520.

[9] Xu, Y.; Zhao, J.; Tang, X.; et al. *Adv. Synth. Catal.* **2014**, *356*, 2029.

[10] Baskin, J. M.; Wang, Z. *Org. Lett.* **2002**, *4*, 4423.

[11] Shen, C.; Xu, J.; Yu, W.; Zhang, P. *Green Chem.* **2014**, *16*, 3007.

[12] Srinivas, B. T. V.; Rawat, V. S.; Konda, K.; Sreedhar, B. *Adv. Synth. Catal.* **2014**, *356*, 805.

[13] Du, B.; Qian, P.; Wang, Y.; et al. *Org. Lett.* **2016**, *18*, 4144.

[14] Peng, Y. *J. Chem. Res.* **2014**, *38*, 265.

[15] Zhang, N.; Yang, D.; Wei, W.; et al. *RSC Adv.* **2015**, *5*, 37013.

[16] Sun, Y.; Abdukader, A.; Lu, D.; et al. *Green Chem.* **2017**, *19*, 1255.

[17] Xiao, F.; Chen, S.; Tian, J.; et al. *Green Chem.* **2016**, *18*, 1538.

[骆栋平，清华大学化学系；HYF]

吡啶

【英文名称】 Pyridine

【分子式】 C₅H₅N

【分子量】 79.10

【CAS 登录号】 [110-86-1]

【缩写和别名】 氮(杂)苯

【结构式】

【物理性质】 无色或微黄色液体，bp 115.3 °C，ρ 0.983 g/cm³。溶于水、醇、醚等多数有机溶剂，与水能以任何比例互溶。

【制备和商品】 国内外化学试剂公司均有销售。

【注意事项】 该试剂易燃，具有强刺激性，在通风柜中使用。

吡啶分子中的氮原子类似于硝基苯的硝基，使吡啶的芳香性比苯差而不易发生亲电取代和氧化反应等。由于吡啶能溶解大多数极性和非极性的有机化合物，甚至可以溶解一些无机盐类，所以在有机合成化学中常被用作有机

溶剂。只有在特定的反应条件下或使用特殊的试剂，吡啶才能进行转化反应和官能团化反应。

吡啶的反应性与硝基苯类似，一般不易发生硝化、卤化、磺化等典型的芳香族亲电取代反应，若发生亲电取代反应的话则优先在 3-位上进行。首例报道吡啶硝化反应的硝化试剂是 N_2O_5/SO_3，但认为生成 3-硝基吡啶的反应机理不是传统的亲电取代反应过程，而是经由二氢吡啶中间体的 1-位硝基通过 [1,5]-σ 迁移至 3-位的反应历程 (式 1)[1-3]。进一步的研究发现，使用 $HNO_3/(CF_3CO)_2O$ 试剂原位生成 N_2O_5 也能高产率地制备 3-硝基吡啶[4]。

$$
\text{(式 1)} \qquad \xrightarrow[\text{63\%}]{\substack{1.\ N_2O_5/SO_3 \\ 2.\ H_2O}} \qquad (1)
$$

吡啶的 α-位通过金属化反应后，可与不同的亲电试剂反应引入不同的官能团。例如：在强碱 TMP-zincate (lithium di-*tert*-butyltetramethylpiperidinozincate，二叔丁基四甲基哌啶锌酸锂盐) 的存在下，与碘反应高选择性地合成 2-碘吡啶 (式 2)[5]。

$$
\xrightarrow[\text{76\%}]{\substack{1.\ TMPZn^tBu_2Li,\ THF,\ rt \\ 2.\ I_2,\ rt}} \qquad (2)
$$

吡啶与自由基的取代反应通常发生在 2-位或 4-位上。例如：吡啶与 1-金刚烷甲酸的脱酸偶联反应生成 2-位和 4-位取代的混合物 (式 3)[6]。在 Cy_3PAuCl 催化下，吡啶与溴苯的自由基发生直接芳基化反应生成中等产率的苯基化吡啶混合物 (式 4)[7]。

$$
\text{(3)} \qquad \substack{H_2SO_4,\ (NH_4)_2S_2O_8 \\ AgNO_3,\ PhCl,\ H_2O,\ \Delta \\ 53\%,\ p\text{-}:o\text{-} = 2.5:1}
$$

$$
\text{(4)} \qquad \substack{Cy_3PAuCl\ (5\ mol\%),\ t\text{-}BuOK \\ (5\ equiv),\ 100\ ^\circ C,\ 24\ h \\ 49\%,\ o\text{-}:m\text{-}:p\text{-} = 50:28:22}
$$

在低温下，吡啶与铜锂试剂和氯甲酸甲酯的反应可以高产率地制备烷基取代的二氢吡啶衍生物 (式 5)[8]。

$$
\text{(5)} \qquad \substack{1.\ Me_2CuLi\ (1.2\ equiv),\ OEt_2,\ 0\ ^\circ C \\ 2.\ ClCO_2Me\ (4\ equiv),\ 0\ ^\circ C \\ 81\%,\ 98:2}
$$

在室温下，吡啶与缺电子的丁二炔酸二甲酯发生环化加成反应生成氮杂双环化合物 (式 6)[9]。

$$
\text{(6)}
$$

吡啶与卡宾反应能形成稳定的吡啶叶立德 (pyridinium ylide)，是稳定和捕捉卡宾中间体的有效试剂之一[10,11]。

由于吡啶氮原子上有一个未参与成键的 sp^2 杂化轨道且含一对孤对电子，使吡啶具有一定的碱性而在许多反应中作为有机碱试剂被应用[12,13]。

参 考 文 献

[1] Bakke, J. M.; Hegbom, I.; Overeeide, E.; Aaby, K. *Acta Chem. Scand.* **1994**, *48*, 1001.

[2] Bakke, J. M. *Pure Appl. Chem.* **2003**, *75*, 1403.

[3] Bakke, J. M. *J. Heterocycl. Chem.* **2005**, *42*, 463.

[4] Katritzky, A. R.; Scriven, E. F. V.; Majumder, S.; et al. *Org. Biomol. Chem.* **2005**, *3*, 538.

[5] Kondo, Y.; Shilai, M.; Uchiyama, M.; Sakamoto, T. *J. Am. Chem. Soc.* **1999**, *121*, 3539.

[6] Rybakova, I. A.; Prilezhaeva, E. N.; Litvinov, V. P. *Zh. Org. Khim.* **1995**, *31*, 670.

[7] Li, M.; Hua, R. *Tetrahedron Lett.* **2009**, *50*, 1478.

[8] Piers, E.; Soucy, M. *Can. J. Chem.* **1974**, *52*, 3563.

[9] Diels, O.; Alder, K. *Liebigs Ann. Chem.* **1932**, *498*, 16.

[10] Likhotvorik, Y.; Zhu, Z.; Tae, E. L.; et al. *J. Am. Chem. Soc.* **2001**, *123*, 6061.

[11] Sun, Y.; Likhotvorik, I.; Platz, M. *Tetrahedron Lett.* **2002**, *43*, 7.

[12] Chen, B.-C.; Zhao, R.; Wang, B.; et al. *ARKIVOC* **2010**, *(vi)* 32.

[13] Wang, H.; Wen, K.; Wang, L.; et al. *Molecules* **2012**, *17*, 4533.

[华瑞茂，清华大学化学系；HRM]

2-吡啶甲醛

【英文名称】 2-Pyridine carbaldehydes

【分子式】 C_6H_5NO

【分子量】 107.11

【CAS 登录号】 [1121-60-4]

【缩写和别名】 Picolinal，2-Pyridaldehyde，2-Formylpyridine，吡啶-2-甲醛

【结构式】

【物理性质】 深色液体，bp 181 ℃，ρ 1.126 g/cm^3。溶于极性有机溶剂，能与水互溶。

【制备和商品】 国内外化学试剂公司均有销售。

【注意事项】 该试剂不稳定，在低于 10 ℃ 下保存。对空气敏感。

2-吡啶甲醛的羰基能进行芳醛的所有传统反应。但是，由于吡啶环的吸电子作用，其醛基更易发生亲核加成反应，因此在杂环合成中得到广泛的应用。此外，由于该试剂含有氮原子和醛基而成为过渡金属配合物的重要配体之一。

在碘和碳酸钾的存在下，该试剂与乙二胺经亲核加成和脱水反应高产率地生成 2-(α-吡啶基)咪唑啉 (式 1)[1]。在碘的存在下，该试剂首先与氨水反应后再在溴化锌作用下与叠氮化钠反应生成四氮唑 (式 2)[2]。在无溶剂条件下，该试剂与二(三甲基硅)胺经缩合反应高产率地生成 2,4,5-三吡啶基咪唑啉 (式 3)[3]。

在 TiCl$_4$ 催化剂的存在下，用聚苯乙烯-磺酰肼树脂作为固相合成底物与 2-吡啶甲醛反应生成中间体腙。然后，再在吗啉溶剂中加热即可生成中等产率的吡啶并三唑衍生物 (式 4)[4]。

该试剂与不同的过渡金属配合物反应表现出不同的反应性和配位能力。例如：该试剂在水相中与 trans-PtCl$_2$(NH$_3$)$_2$ 反应可以生成 PtCl(pmpa)·2H$_2$O [pmpa = N-(2-picolyl)-pico-linamide]。此配合物在空气中可被氧化生成 PtCl(bpca) [bpca = bis(2-pyridylcarbonyl)amine] (式 5)[5]。在水相中，该试剂与三(2-氨基乙基)胺和水合硫酸铁反应高产率地生成氮配位的铁配合物 (式 6)[6]。

醛的氧化还原二聚反应是原子经济性合成羧酸酯的反应，也被称为 Claisen-Tishchenko 反应。在 NaH 的催化下，该试剂高产率地生成相应的羧酸酯 (式 7)[7]。此类化合物作为配体以及在杂环合成反应中有广泛的应用价值。在 Pd(OAc)$_2$ 的催化下，该试剂可发生脱羰基反应生成吡啶 (式 8)[8]。

参 考 文 献

[1] Ishihara, M.; Togo, H. *Tetrahedron* **2007**, *63*, 1474.

[2] Shie, J.-J.; Fang, J.-M. *J. Org. Chem.* **2003**, *68*, 1158.

[3] Uchida, H.; Shimizu, T.; Reddy, P. Y.; et al. *Synthesis* **2003**,

1236.

[4] Raghavendra, M. S.; Lam, Y. *Tetrahedron Lett.* **2004**, *45*, 6129.

[5] Miguel, P. J. S.; Roitzsch, M.; Yin, L.; et al. *Dalton Trans.* **2009**, 10774.

[6] Schultz, D.; Nitschke, J. R. *Angew. Chem. Int. Ed.* **2006**, *45*, 2453.

[7] Werner, T.; Koch, J. *Eur. J. Org. Chem.* **2010**, 6904.

[8] Modak, A.; Deb, A.; Patra, T.; et al. *Chem. Commun.* **2012**, *48*, 4253.

[华瑞茂，清华大学化学系；HRM]

3-吡啶甲醛

【英文名称】 3-Pyridinecarboxaldehyde

【分子式】 C_6H_5NO

【分子量】 107.11

【CAS 登录号】 [500-22-1]

【缩写和别名】 Nicotinaldehyde，3-甲醛吡啶

【结构式】

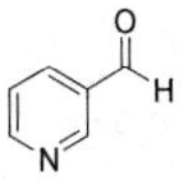

【物理性质】 无色至浅黄色液体，有刺激性气味，bp 93~95 ℃/14 Torr，ρ 1.141 g/cm^3。不溶于水，溶于二氯甲烷、乙醇等多数极性有机溶剂。

【制备和商品】 国内外化学试剂公司有销售。实验室也可由 3-碘(或 3-溴)吡啶的氢甲酰化反应制备[1]。

【注意事项】 该试剂有毒，对皮肤和眼睛有刺激作用。

3-吡啶甲醛具有醛基的基本化学性质和反应性以及吡啶的芳香性。醛基可以被氧化成酸或还原为醇，也可以进行亲核加成反应或成环反应。吡啶环的亲电取代反应虽然较难发生，但在其 5-位上仍可以进行。吡啶的氮原子带有未成键的孤对电子，因此具有一定的碱性、亲核性且容易被氧化。

该试剂的醛基容易被还原或被氧化。在高温条件下，用异丙醇作为还原剂即可将该试剂还原为 3-吡啶甲醇 (式 1)[2]。在温和条件下，也可以被氧化为 3-吡啶甲酸 (式 2)[3]。通过控制反应条件，使用环双氧乙烷为氧化剂可以选择性地实现吡啶环上氮原子的氧化反应，并且保持醛基不会受到影响 (式 3)[4]。这是由于氮原子氧化后使吡啶环的电子云密度增加，促进了吡啶环的亲电取代反应。

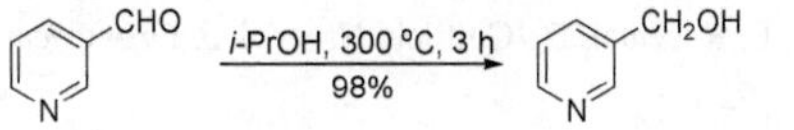

$$ (1) $$

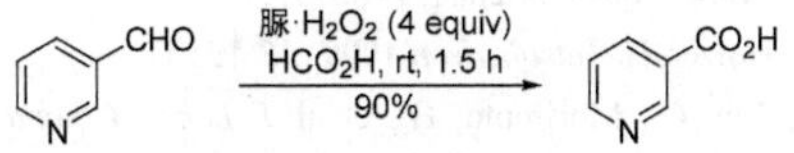

$$ (2) $$

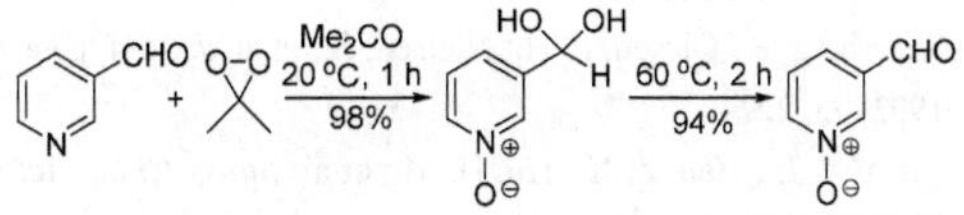

$$ (3) $$

在乙酸溶剂和加热条件下，该试剂与溴发生亲电取代反应生成 5-溴-3-甲醛吡啶，但目标产物的产率较低 (式 4)[5]。

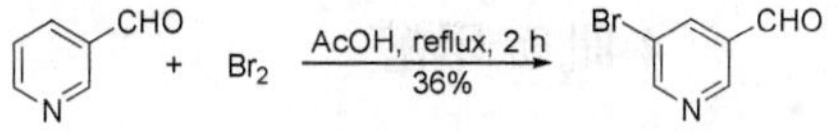

$$ (4) $$

该试剂的醛基可以与氰化钾进行亲核加成反应得到氰醇。氰醇氨解后进一步与 S$_2$Cl$_2$ 进行环化反应，可用于合成含有氮原子和硫原子的五元杂环化合物，这些产物是胆碱受体激动类药物 (式 5)[6]。

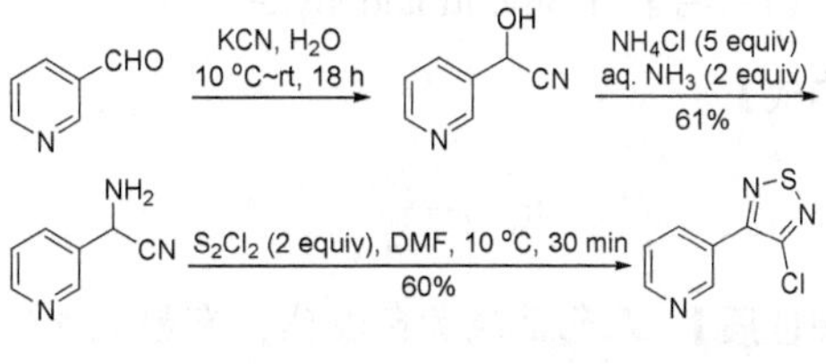

$$ (5) $$

该试剂与 1,10-菲啰啉二酮和醋酸铵的环化反应可以高收率地合成含吡啶基咪唑的菲啰啉类化合物 (式 6)[7]。合成的稠杂环共轭体系被广泛地应用于分子探针、非线性光学材料或超分子光敏识别体系。

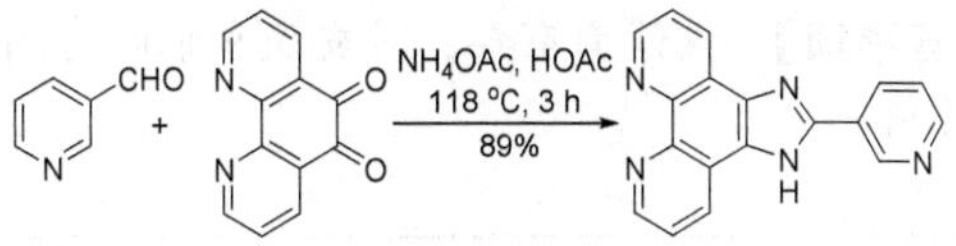

$$ (6) $$

在微波条件下,该试剂与膦叶立德反应可定量地生成含有吡啶基的 α,β-不饱和酮 (式 7)[8]。

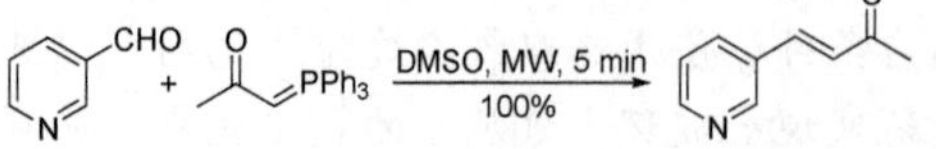

$$\text{(7)}$$

参 考 文 献

[1] Singh, A. S.; Bhanage, B. M.; Nagarkar, J. M. *Tetrahedron Lett.* **2011**, *52*, 2383.

[2] Sominsky, L; Rozental, E.; Gottlieb, H.; et al. *J. Org. Chem.* **2004**, *69*, 1492.

[3] Balicki, R. *Synth. Commun.* **2001**, *14*, 2195.

[4] Dyker, G.; Hölzer, B. *Tetrahedron* **1999**, *55*, 12557.

[5] Desai, D.; Lin, G.; Morimoto, H.; et al *J. Label. Compd. Radiopharm.* **2002**, *45*, 1133.

[6] Sauerberg, P.; Olesen, P. H.; Nielsen, S.; et al. *J. Med. Chem.* **1992**, *35*, 2274.

[7] Chen, X. L.; Han, Z. X.; Hu, H. M.; et al. *Inorg. Chim. Acta* **2009**, *362*, 3963.

[8] Frattini, S.; Quai, M.; Cereda, E. *Tetrahedron Lett.* **2001**, *42*, 6827.

[华瑞茂,清华大学化学系;HRM]

4-吡啶甲醛

【英文名称】 4-Pyridinecarboxaldehyde

【分子式】 C_6H_5NO

【分子量】 107.11

【CAS 登录号】 [872-85-5]

【缩写和别名】 Isonicotinaldehyde

【结构式】

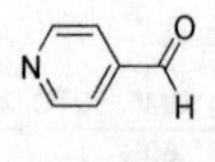

【物理性质】 无色至浅黄色液体,有刺激性气味。bp 71~73 ℃/10 mmHg, ρ 1.137 g/cm^3。不溶于水,溶于二氯甲烷、乙醇等有机溶剂。

【制备和商品】 国内外化学试剂公司均有销售。工业产品一般由 4-甲基吡啶氧化制备,实验室试剂可由 4-吡啶甲醇的氧化反应制备[1]。

【注意事项】 该试剂有毒,对皮肤和眼睛有刺激作用。

4-吡啶甲醛具有醛基的基本化学性质以及吡啶的芳香性。醛基可以被氧化成羧酸、还原为醇或进行亲核加成反应,也可以与胺或酮进行缩合反应以及经格氏反应制备相应的醇。其亲电取代反应通常发生在吡啶芳香环的 3-位上。

在温和的条件下,该试剂可以被还原成为 4-吡啶甲醇 (式 1)[2],也可以被氧化成为 4-吡啶甲酸 (式 2)[3]。

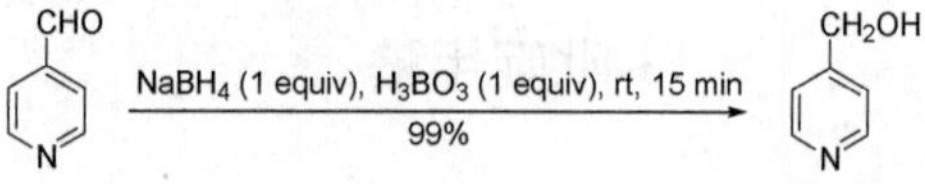

$$\text{(1)}$$

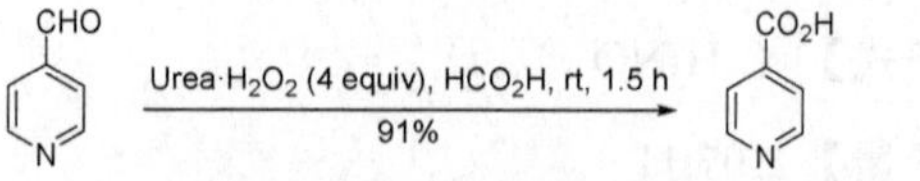

$$\text{(2)}$$

吡啶环具有芳香性,但氮原子的吸电子作用使其不易进行亲电取代反应。在硝基甲烷溶剂中,该试剂经五氧化二氮硝化生成 3-硝基产物 (式 3)[4]。

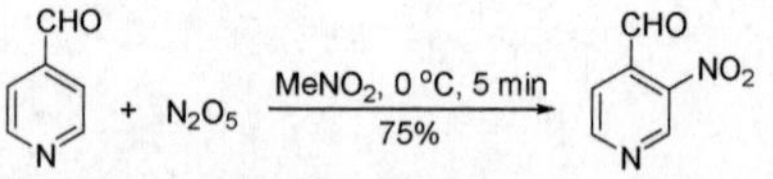

$$\text{(3)}$$

在 THF 溶剂中,该试剂能够与 α-溴代酸酯的锌试剂发生双 Reformastsky 反应。经水解后得到 δ-羟基-β-酮酸酯,该产物在天然产物合成中有着广泛的应用 (式 4)[5]。

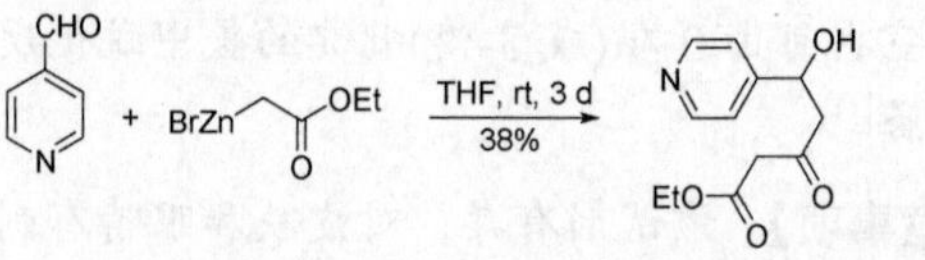

$$\text{(4)}$$

在碱性条件下,该试剂与酮经羟醛缩合反应高产率地生成 α,β-不饱和酮 (式 5)[6]。

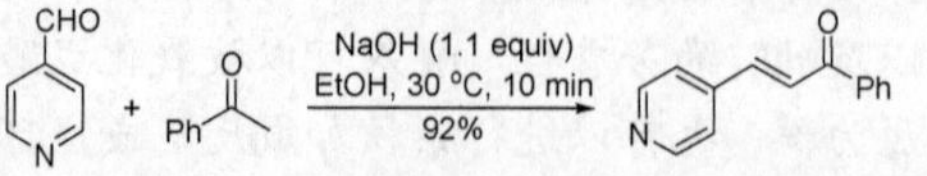

$$\text{(5)}$$

在手性试剂的诱导下,该试剂与格氏试剂的反应可以高度选择性地制备手性仲醇 (式 6)[7]。

$$（6）$$

研究金属环化物或金属胶囊的性质和应用是配位化学和超分子化学的重要研究内容之一。该试剂与 4-乙酰基吡啶缩合反应生成的 2,4,6-三吡啶基吡啶由于氮原子在吡啶基的 4-位，使其成为合成和研究金属环化合物的重要配体（式 7）[8]。

$$（7）$$

参 考 文 献

[1] Zhou, X.-T.; Ji, H.-B.; Liu, S.-G. *Tetrahedron Lett.* **2013**, *54*, 3882.

[2] Cho, B. T.; Kang, S. K.; Kim, M. S.; et al. *Tetrahedron* **2006**, *62*, 8164.

[3] Balicki, R. *Synth. Commun.* **2001**, *31*, 2195.

[4] Bakke, J. M.; Ranes, E.; Riha, J.; Svensen, H. *Acta Chem. Scand.* **1999**, *53*, 141.

[5] Mineno, M.; Sawai, Y.; Kanno, K.; et al. *J. Org. Chem.* **2013**, *78*, 5843.

[6] Attar, S.; O'Brien, Z.; Alhaddad, H.; et al. *Bioorg. Med. Chem.* **2011**, *19*, 2055.

[7] Muramatsu, Y.; Kanehira, S.; Tanigawa, M.; et al. *Bull. Chem. Soc. Jpn.* **2010**, *83*, 19.

[8] Constable, E. C.; Zhang, G.; Housecroft, C. E.; Zampese, J. A. *CrystEngComm* **2011**, *13*, 6864.

[华瑞茂，清华大学化学系；HRM]

吡咯烷

【英文名称】 Pyrrolidine

【分子式】 C_4H_9N

【分子量】 71.12

【CAS 登录号】 [123-75-1]

【缩写和别名】 四氢吡咯

【结构式】

【物理性质】 无色至微黄色液体，有刺激性的氨气味，有毒。bp 86~87 ℃，ρ 0.86 g/cm³。与水混溶，溶于乙醇、乙醚、氯仿。

【制备和商品】 国内外化学试剂公司均有销售。由吡咯加氢而制得。

【注意事项】 该试剂的蒸气与空气可形成爆炸性混合物，遇明火、高热极易燃烧爆炸。与氧化剂接触猛烈反应。高温分解，释放出剧毒的氮氧化物气体。储存于阴凉、通风的库房，远离火种、热源。

吡咯烷又名四氢吡咯，其衍生物广泛存在于许多天然产物中。例如烟草中含有的尼古丁和蛋白质中的脯氨酸就是吡咯烷的 2-取代物，因此它可以用来合成医药分子。吡咯烷也是一种二级胺，可以与酮类生成烯胺，在有机合成中具有重要的用途。由于吡咯烷分子中的氮原子有很强的亲核能力，可以直接与金属配位来催化反应；也可以与缺电子硼试剂反应；还可以与磷试剂作用生成相应的磷配体，广泛地应用于催化反应中。

如式 1 所示[1]：吡咯烷与苯乙酮在铱配合物催化下，可以与羰基发生缩合反应生成相应的胺。在无金属催化的条件下，吡咯烷与叠氮磺酰胺可发生亲核取代反应（式 2）[2]。

$$（1）$$

$$（2）$$

如果将铱催化剂换为氧化剂碘以及 TBHP，吡咯烷与苯乙酮作用则生成相应的氧化产物 α-酮酰胺 (式 3)[3]。在金作为催化剂、氧气氛围的条件下，吡咯烷可以发生自身脱氢氧化偶联反应 (式 4)[4,5]。

$$
\text{PhCOCH}_3 + \text{HN} \xrightarrow[\text{\it iPrOH, rt}]{\substack{\text{I}_2\ (50\ \text{mol\%}) \\ \text{TBHP}\ (6.0\ \text{equiv})}} \quad 73\% \tag{3}
$$

$$
\xrightarrow[93\%]{\text{Au, O}_2,\ 1\ \text{atm, PhMe, 100 °C, 24 h}} \tag{4}
$$

同时，吡咯烷还可以作为配体与铜配位，所生成的配合物与 2,6-二甲基苯酚反应生成二酮化合物 (式 5)[6]。

$$
4n\ \text{HN} + \text{O}_2 \xrightarrow[\text{Pyr}]{\text{CuCl, CH}_2\text{Cl}_2,\ 25\ ^\circ\text{C}} [(\text{Pyr})_n\text{CuCl}]_4\text{O}_2 \tag{5}
$$

$$
[(\text{Pyr})_n\text{CuCl}]_4\text{O}_2 + 2 \quad \longrightarrow [(\text{Pyr})_n\text{CuCl}]_4 + \quad + 2\text{H}_2\text{O}
$$

吡咯烷另一独特的反应特性是在低温条件下 (−30 °C) 可与硼试剂作用，生成稳定的硼氮化合物 (式 6)[7]；在低温条件下 (0 °C) 与三氯化磷作用生成相应的磷配体 (式 7)[8]。

$$
\text{HN} \xrightarrow[\text{2.BH}_3\cdot\text{THF},\ -30\ ^\circ\text{C},\ -30\sim25\ ^\circ\text{C},\ 12\ \text{h}]{\text{1. THF, rt}\sim-30\ ^\circ\text{C}} \quad 85\% \tag{6}
$$

$$
\text{HN} \xrightarrow[\text{2. PCl}_3,\ \text{MeCN, rt, 12 h}]{\text{1. MeCN, 0 °C, 30 min}} \quad 88\% \tag{7}
$$

在室温条件下，吡咯烷与亚硝酸钠作用可以得到吡咯烷亚硝化的产物 (式 8)[9,10]。

$$
\text{HN} \xrightarrow[\ ]{\text{NaNO}_2,\ p\text{-TSA, CH}_2\text{Cl}_2,\ \text{rt}} \quad 97\% \tag{8}
$$

参 考 文 献

[1] Wang, C.; Pettman, A.; Bacsa, J.; Xiao, J. *Angew. Chem. Int. Ed.* **2010**, *49*, 7548.

[2] Culhane, J. C.; Fokin, V. V. *Org. Lett.* **2011**, *13*, 4578.

[3] Wei, W.; Shao, Y.; Hu, H.; et al. *J. Org. Chem.* **2012**, *77*, 7157.

[4] Zhu, B.; Angelici, R. J. *Chem. Commun.* **2007**, *43*, 2157.

[5] Angelici, R. J. *J. Organomet. Chem.* **2008**, *693*, 847.

[6] Elsayed, M. A.; Salam, A. H. A.; Aboeldahab, H. A.; et al. *J. Coord. Chem.* **2009**, *62*, 1015.

[7] Jaska, C. A.; Temple, K.; Lough, A. J.; Manners, I. *J. Am. Chem. Soc.* **2003**, *125*, 9424.

[8] Dellinger, D. J.; Sheehan, D. M.; Christensen, N. K.; et al, *J. Am. Chem. Soc.* **2003**, *125*, 940.

[9] Borikar, S. P.; Paul V. *Synth. Commun.* **2010**, *40*, 654.

[10] Chaskar, A. C.; Langi, B. P.; Deorukhkar, A.; Deokar, H. *Synth. Commun.* **2009**, *39*, 604.

[赵鹏，清华大学化学系；XCJ]

吡嗪

【英文名称】 Pyrazine

【分子式】 $C_4H_4N_2$

【分子量】 80.09

【CAS 登录号】 [290-37-9]

【缩写和别名】 对二氮杂苯，对二嗪，1,4-二嗪

【结构式】

【物理性质】 无色晶体，mp 54 °C，ρ 1.031 g/cm³。溶于水、乙醇、乙醚等有机溶剂。

【制备和商品】 国内外化学试剂公司均有销售。

【注意事项】 该试剂高度易燃，对皮肤、眼睛和呼吸系统有刺激作用。

吡嗪的纯品在自然界中很少存在，其结构主要存在于叶酸中组成其中的蝶呤部分。在工业上，使用乙醇胺在气相催化的条件下脱氢制取吡嗪。吡嗪具有较弱的芳香性，不易发生亲电取代反应，但易和亲核试剂反应。

吡嗪最常见的反应是在金属离子作用下发生苯环碳-氢键的取代反应。例如：在室温下，该试剂经 CdCl₂·TMEDA 和 LiTMP (TMP = 2,2,6,6-tetramethylpiperidide，2,2,6,6-四甲基哌啶基) 处理后可以发生单碘代反应 (式 1)[1]。但在 [Li(TMP)Zn(t-Bu)₂] 作用下，则发生双碘代

反应 (式 2)[2]。

$$\text{(1)} \quad \begin{array}{l} \text{1. CdCl}_2\cdot\text{TMEDA (0.33 equiv)} \\ \text{LiTMP (1.5 equiv), THF, rt, 2 h} \\ \text{2. I}_2 \\ \hline 63\% \end{array}$$

$$\text{(2)} \quad \begin{array}{l} \text{1. Li(TMP)Zn(}t\text{-Bu)}_2\text{, (1.0 equiv), THF, rt, 2 h} \\ \text{2. I}_2 \\ \hline 68\% \end{array}$$

在化学计量的 CuCN·2LiCl 的存在下，吡嗪与 3-溴-2-甲基丙烯进行偶联反应形成碳-碳键，其中的烯键不发生位移或重排反应 (式 3)[3]。在 Cy$_3$PAuCl 配合物催化下，吡嗪与溴苯进行脱溴化氢偶联反应形成芳基取代的吡嗪衍生物 (式 4)[4]。

$$\text{(3)} \quad \begin{array}{l} \text{CuCN·2LiCl (1.1 equiv)} \\ \text{THF, } -40\,^\circ\text{C}\sim\text{rt, 12 h} \\ \hline 75\% \end{array}$$

$$\text{(4)} \quad \begin{array}{l} \text{Cy}_3\text{PAuCl (2.0 mol\%)} \\ t\text{-BuOK, 100 }^\circ\text{C, 12 h} \\ \hline 58\% \end{array}$$

吡嗪的氮原子具有弱亲核性，能够与缺电子的金属化合物反应生成金属配合物，成为晶体结构研究和催化剂结构研究的重要配体之一。例如：吡嗪与 AlMe$_3$ 反应得到吡嗪桥联的双铝金属配合物 (式 5)[5]。在 CH$_2$Cl$_2$ 中，[Rh(CO)$_2$Cl]$_2$ 与过量的试剂反应可以高产率地生成 [cis-Rh(CO$_2$)Cl(Pyz)] 配合物 (式 6)[6]。吡嗪与金属铱、钌、铼等配合物的反应也能得到类似结构的配合物。将吡嗪与 CuCN 的混合物在水中加热可生成 (CuCN)$_3$(Pyz)$_2$ 配合物，该配合物的重要性是被用于分子自组装行为的研究 (式 7)[7]。

$$\text{(5)} \quad \begin{array}{l} \text{AlMe}_3, n\text{-C}_6\text{H}_{12}, -78\,^\circ\text{C}\sim\text{rt, 1.5 h} \\ \hline 96\% \end{array}$$

$$\text{(6)} \quad \begin{array}{l} \text{[Rh(CO)}_2\text{Cl]}_2, \text{CH}_2\text{Cl}_2, \text{rt, 1 h} \\ \hline 96\% \end{array}$$

$$\text{(7)} \quad \begin{array}{l} \text{CuCN, KCN (2 equiv) H}_2\text{O} \\ \text{N}_2, \text{reflux, 12 h} \\ \hline 59\% \end{array}$$

吡嗪分子中的氮原子氧化后可以改变芳环的电子性质，以致改变芳环的化学反应活性。在钛硅分子筛催化剂 (TS-1) 的存在下，吡嗪在水中能被过氧化氢氧化成单氧氮化物 (式 8)[8]。在 Al$_2$O$_3$ 负载的钌配合物催化下，吡嗪的两个氮原子可以同时被氧化生成双氧氮化物 (式 9)[9]。

$$\text{(8)} \quad \begin{array}{l} \text{H}_2\text{O}_2 \text{ aq. (30\%), TS-1, H}_2\text{O, 60 }^\circ\text{C, 2.5 h} \\ \hline 93\% \end{array}$$

$$\text{(9)} \quad \begin{array}{l} \text{H}_2\text{O}_2 \text{ aq. (30\%), Ru(PVP)/}\gamma\text{-Al}_2\text{O}_3 \\ \text{(0.25 mol\%), Py, 80 }^\circ\text{C, 3 h} \\ \hline 95\% \end{array}$$

在铑配合物的催化下，吡嗪与异丙醇能进行氢转移还原反应定量地生成哌嗪 (式 10)[10]。

$$\text{(10)} \quad \begin{array}{l} \text{[Rh(cod)(PPh}_3\text{)}_2\text{]PF}_6 \text{ (1 mol\%)} \\ \text{Me}_2\text{CHOH, K}_2\text{CO}_3, 82\,^\circ\text{C, 24 h} \\ \hline 100\% \end{array}$$

参 考 文 献

[1] L'Helgoual'ch, J.-M.; Bentabed-Ababsa, G.; Chevallier, F; et al. *Chem. Commun.* 2008, 5375.

[2] Blair, V. L.; Blakemore, D. C.; Hay, D.; et al. *Tetrahedron Lett.* 2011, 52, 4590.

[3] Dong, Z.-B.; Zhu, W.-H.; Zhang, Z.-G.; Li, M.-Z. *J. Organomet. Chem.* 2010, 695, 775.

[4] Li, M; Hua, R. *Tetrahedron Lett.* 2009, 50, 1478.

[5] Ogrin, D.; Poppel, L. H.; Bott, S. G.; Barron, A. R. *Dalton Trans.* 2004, 3689.

[6] Dragonetti, C.; Pizzotti, M.; Roberto, D.; Galli, S. *Inorg. Chim. Acta* 2002, 330, 128.

[7] Tronic, T. A.;deKrafft, K. E.; Lim, M. J.; et al. *Inorg. Chem.* 2007, 46, 8897.

[8] Prasad, M. R.; Kamalakar, G.; Madhavi, G.; et al. *J. Mol. Catal. A: Chem.* 2002, 186, 109.

[9] Veerakumar, P.; Balakumar, S.; Velayudham, M.; et al. *Catal. Sci. Technol.* 2012, 2, 1140.

[10] Voutchkova, A. M.; Gnanamgari, D.; Jakobsche, C. E.; et al. *J. Organomet. Chem.* 2008, 693, 1815.

[华瑞茂，清华大学化学系；HRM]

苄胺

【英文名称】 Benzylamine

【分子式】 C$_7$H$_9$N

【分子量】 107.15

【CAS 登录号】 [100-46-9]

【缩写和别名】 (Phenylmethyl)amine，苯甲胺，辣木碱，α-氨基甲苯

【结构式】

【物理性质】 淡琥珀色液体，mp 10 ℃，bp 185 ℃，ρ 0.98 g/cm³。与水混溶，可混溶于乙醇、乙醚，溶于丙酮和苯等有机溶剂。

【制备和商品】 国内外化学试剂公司均有销售。

【注意事项】 该试剂遇明火、高热或与氧化剂接触时有引起燃烧的危险，受高热分解释放出有毒的氧化氮气体。

苄胺是廉价的常用有机化学试剂，化学反应主要表现在氨基的碱性和亲核性。该试剂可以吸收二氧化碳，能与卤代烃反应生成 N-取代苄胺。它与酰氯、酸酐、酸或酯等反应生成 N-苄基酰胺，与醛酮缩合生成 N-苄基亚胺。

苄胺作为亲核反应试剂，能够与硫反应低产率地生成 N-苄基硫代苯甲酰胺 (式 1)[1]。但是，与升华硫和邻苯二胺一锅法反应可高产率地生成 2-苯基-1H-苯并[d]咪唑 (式 2)[2]。苄胺与苹果酸反应生成 N-苄基-3-羟基吡咯烷-2,5-二酮 (式 3)[3]。在加热条件下，它能够与丁内酯反应生成 N-苄基吡咯烷-2-酮 (式 4)[4]。在离子液体中或微波辐射条件下，该反应也能够顺利地进行[5]。

$$Ph\diagdown NH_2 + S_8 \xrightarrow[29\%]{130\ ℃,\ 2\ h} \quad (1)$$

$$Ph\diagdown NH_2 + S_8 + \text{(邻苯二胺)} \xrightarrow[92\%]{130\ ℃,\ 20\ h} \quad (2)$$

$$Ph\diagdown NH_2 + \text{(苹果酸)} \xrightarrow[74\%]{xylene,\ 190\ ℃\ 24\ h} \quad (3)$$

$$Ph\diagdown NH_2 + \text{(丁内酯)} \xrightarrow[79\%]{220\ ℃,\ 24\ h} \quad (4)$$

该试剂可以被 NDC [(pyridine-3-carboxylic acid)$_2$Cr$_2$O$_7$] 氧化生成苯甲醛 (式 5)[6]。还可以被碘-吡啶-TBHP (t-butylhydroperoxide, 叔丁基氢过氧化物) 催化氧化生成苯腈 (式 6)[7]。

$$Ph\diagdown NH_2 + NDC \xrightarrow[98\%]{CH_3CN,\ rt} \quad (5)$$

$$Ph\diagdown NH_2 + \text{(peroxide)} \xrightarrow[90\%]{\substack{I_2\ (0.05\ equiv),\ Py\ (0.005\ equiv) \\ K_2CO_3\ (1\ equiv),\ 80\ ℃,\ 5\ min}} PhCN \quad (6)$$

在室温下的 DMSO 溶剂中，HABR (hexamethylenetetramine bromine, 六亚甲基四胺-溴) 可以催化该试剂氧化成为亚胺 (式 7)[8]。在光照和铱配合物催化下，两分子的苄胺也可以消除一个氨分子生成 N-苄基苄亚胺 (式 8)[9]。

$$Ph\diagdown NH_2 \xrightarrow[96\%]{HABR\ (0.1\ equiv),\ DMSO,\ rt,\ 12\ h} \quad (7)$$

$$Ph\diagdown NH_2 \xrightarrow[96\%]{\substack{[Ir(ppy)_2bpy]PF_6\ (0.01\ equiv) \\ CHCl_3,\ h\nu\ (11\ W),\ 20\ h}} Ph\diagdown N\diagdown Ph \quad (8)$$

在 BBDI (1-tert-butoxy-2-tert-butoxycarbonyl-1,2-dihydroisoquinoline, 1-叔丁氧基-2-叔丁氧酰基-1,2-二氢异喹啉) 的存在下，该试剂与羧酸可以直接发生缩合反应生成酰胺 (式 9)[10]。在路易斯酸 HfCl$_4$ 催化下，该试剂也能够与乙酰胺进行胺交换反应生成酰基苄胺 (式 10)[11]。

$$Ph\diagdown NH_2 + \text{(acid)} \xrightarrow[85\%]{BBDI\ (1.2\ equiv) \\ CH_2Cl_2,\ rt,\ 3\ h} \quad (9)$$

$$Ph\diagdown NH_2 + \text{(amide)} \xrightarrow[67\%]{\substack{HfCl_4\ (0.1\ equiv) \\ PhH,\ 100\ ℃,\ 20\ h}} \quad (10)$$

在低温下，该试剂与三氯甲基亚甲基对甲基苯磺酰肼反应生成二苄氨基三氮唑衍生物 (式 11)[12]。

$$Ph\diagdown NH_2 + \text{(hydrazide)} \xrightarrow[30\%]{MeOH,\ 0\ ℃,\ 2.5\ h} \quad (11)$$

参 考 文 献

[1] Poupaert, J. H.; Duarte, S.; Colacino, E.; et al. *Phosphorus Sulfur Silicon Relat. Elem.* **2004**, *179*, 1959.

[2] Nguyen, T. B.; Ermolenko, L.; Dean, W. A.; Al-Mourabit, A.

Org. Lett. **2012**, *14*, 5948.

[3] Kočalka, P.; Pohl, R.; Rejman, D.; Rosenberg, I. *Tetrahedron* **2006**, *62*, 5763.

[4] Decker, M.; Nguyen, T. T.; Lehmann, J. *Tetrahedron* **2004**, *60*, 4567.

[5] Orrling, K. M.; Wu, X.; Russo, F.; Larhed, M. *J. Org. Chem.* **2008**, *73*, 8627.

[6] Sobhani, S.; Aryanejad, S.; Maleki, M. F. *Helv. Chim. Acta* **2012**, *95*, 613.

[7] Zhang, J.; Wang, Z.; Wang, Y.; et al. *Green Chem.* **2009**, *11*, 1973.

[8] Dubey, R.; Kothari, S.; Banerji, K. K. *J. Phys. Org. Chem.* **2002**, *15*, 103.

[9] Rueping, M.; Vila, C.; Szadkowska, A.; et al. *ACS Catal.* **2012**, *2*, 2810.

[10] Saito, Y.; Ouchi, H.; Takahata, H. *Tetrahedron* **2008**, *64*, 11129.

[11] Shi, M.; Cui, S.-C. *Synth. Commun.* **2005**, *35*, 2847.

[12] Sakai, K.; Hida, N.; Kondo, K. *Bull. Chem. Soc. Jpn.* **1986**, *59*, 179.

[华瑞茂，清华大学化学系；HRM]

1,3-丙二醇

【英文名称】 1,3-Propanediol

【分子式】 $C_3H_8O_2$

【分子量】 76.09

【CAS 登录号】 [504-63-2]

【缩写和别名】 1,3-二羟基丙烷

【结构式】

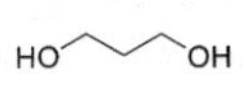

【物理性质】 mp −32 ℃, bp 214 ℃, ρ 1.053 g/cm³。外观为无色或淡黄色黏稠液体，略有刺激的咸味，有吸湿性。与水、乙醇、丙酮、三氯甲烷、醚等多种溶剂混溶，难溶于苯。

【制备和商品】 国内外化学试剂公司有销售。可由 1,3-双(叔丁基二甲基硅氧基)丙烷或罗氏菌素制备得到。

【注意事项】 该试剂遇明火、高温、强氧化剂可燃，燃烧排放刺激烟雾。应储存于通风、低温、干燥的库房，与氧化剂、食用化学品分开存放，切忌混储。

1,3-丙二醇可以发生卤化反应。如 1,3-丙二醇与 HBr 的混合物在浓硫酸的催化下反应，以高产率生成 1,3-二溴丙烷 (式 1)[1]。

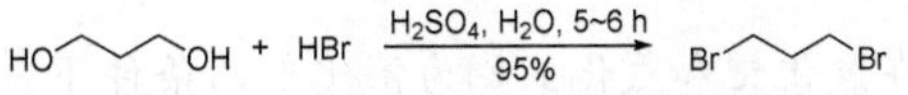

1,3-丙二醇可以与醛或酮反应，生成缩醛或缩酮[2,3]。如 1,3-丙二醇和甲醛的混合物在硫酸的催化下能发生环化反应，生成 2-甲基-1,3-二噁烷 (式 2)[4]。

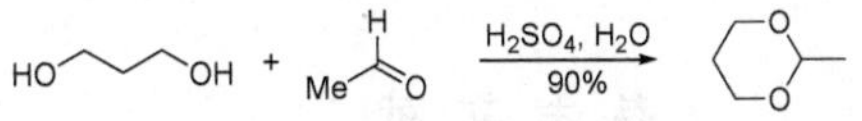

1,3-丙二醇可以在金属钠的作用下脱氢，然后与卤代烷烃发生亲核取代反应，得到产物 1,3-丙二醇单乙醚 (式 3)[5]。

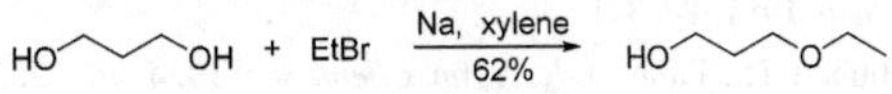

1,3-丙二醇与甲基膦酰二氯在乙醚溶剂反应，可以生成含磷的六元环化合物 (式 4)[6]。

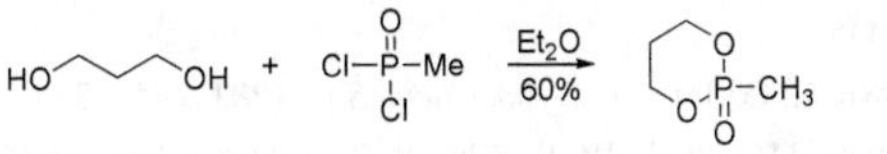

1,3-丙二醇与二氯碳亚胺在二氯甲烷和盐酸溶剂中反，取代后发生重排反应，能高产率地得到具有酰胺结构的化合物 (式 5)[7]。

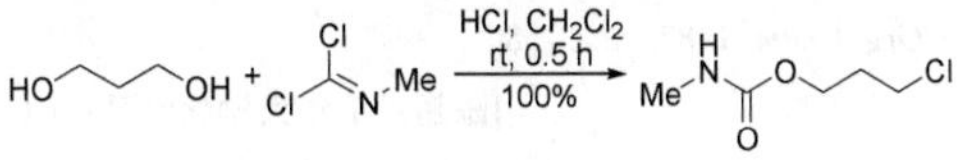

1,3-丙二醇可以与硼酸在加热的条件下反应，生成硼酯 (式 6)[8,9]，反应时可加入苯、甲苯或四氯化碳。该方法原料方便易得、操作简单、产率很高，是很好的制备硼酯的方法。

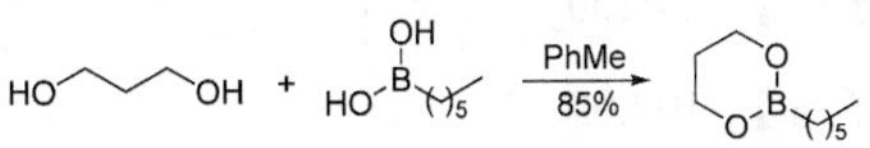

在钌催化剂的作用下，1,3-丙二醇与苯胺及硝基苯的混合物加热反应，以中等产率得到喹啉 (式 7)[10]。

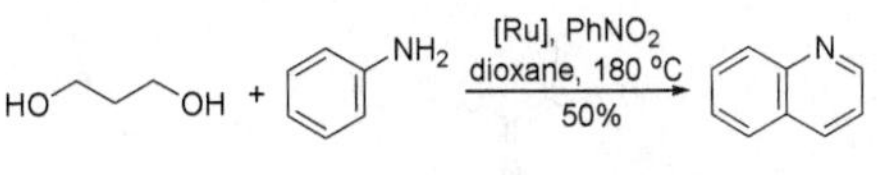

在锆催化剂的作用下，1,3-丙二醇可以被氧化为相应的醛 (式 8)[11]。

$$HO\diagdown\diagup OH \xrightarrow[84\%]{[Zr], 环己酮} HO\diagdown\diagup CHO \quad (8)$$

在氯化钯和氯化亚酮为催化剂的条件下，1,3-丙二醇可以与双键发生反应，生成含 1,5-二氧六环结构的产物 (式 9)[12]。

$$HO\diagdown\diagup OH + Ph\diagdown\diagup \xrightarrow[82\%]{PdCl_2, CuCl \atop (CH_2OMe)_2} \quad (9)$$

参 考 文 献

[1] Kamm, O.; Marvel, C. S. *Org. Synth.* **1921**, *1*, 3.

[2] Kamitori, M.; Masuda, R.; Yoshida, T. *Tetrahedron Lett.* **1985**, *26*, 4767.

[3] Lednicer, D.; Von Voigtlander, P. F.; Emmert, D. E. *J. Med. Chem.* **1981**, *24*, 341.

[4] Hibbert, H.; Timm, J. A. *J. Am. Chem. Soc.* **1924**, *46*, 1283.

[5] Smith, L. I.; Sprung, J. A. *J. Am. Chem. Soc.* **1943**, *65*, 1276.

[6] Mckay, A. F.; Braun, R. O.; Vavasour, G. R. *J. Am. Chem. Soc.* **1952**, *74*, 5540.

[7] Leclef, B.; Mommuerts, J.; Viehe, H. G. *Angew. Chem.* **1973**, *85*, 445.

[8] Brown, H. C.; Imai, T. *J. Am. Chem. Soc.* **1983**, *105*, 6285.

[9] Brown, H. C.; Park, W. S.; Cho, B. T. *J. Org. Chem.* **1986**, *51*, 337.

[10] Tsuji, Y.; Nishimura, H.; Huh, K. T.; Watanabe, Y. *J. Organomet. Chem.* **1986**, *286*, 44.

[11] Nakano, T.; Ogawa, M. *Synthesis* **1986**, *9*, 774.

[12] Hosokawa, T.; Ohta, T.; Kanayama, S.; Murahashi, S. I. *J. Org. Chem.* **1987**, *52*, 1758.

[陈超，清华大学化学系；CC]

丙酮酸甲酯

【英文名称】 Methyl 2-oxopropanoate

【分子式】 $C_4H_6O_3$

【分子量】 102.09

【CAS 登录号】 [600-22-6]

【缩写和别名】 Methyl pyruvate, 2-氧代丙酸甲酯

【结构式】

【物理性质】 无色透明液体，bp 137 °C，ρ 1.13 g/cm³。微溶于水，可混溶于乙醇、乙醚、丙酮和苯等有机溶剂。

【制备和商品】 国内外化学试剂公司均有销售。

【注意事项】 该试剂具有刺激性气味，受热或与明火接触易引起燃烧和爆炸，应在低温干燥环境下储存。

丙酮酸甲酯是一种重要的有机化学试剂，可通过乳酸甲酯氧化法、丙酮酸和甲醇的催化酯化等方法制备。由于羰基邻位有一个酯基，其羰基具有很强的亲核性。而且羰基邻位甲基的碳-氢键的反应活性也较高，易生成烯醇盐。因此，其羰基的选择性还原反应[1]、羰基的亲核反应、羰基-烯的互变异构反应在有机合成反应中得到广泛的应用。

在无溶剂条件下，两分子丙酮酸甲酯与肼的两个氨基进行缩合反应生成联二亚胺分子 (式 1)[2]。丙酮酸甲酯与苯肼缩合反应后进一步发生环化反应生成吲哚衍生物 (式 2)[3]。在室温下，丙酮酸甲酯与羟胺盐酸盐也可发生缩合反应 (式 3)[4]。

$$MeO\text{-} + NH_2NH_2 \xrightarrow[97\%]{70\ ^\circ C,\ 30\ min} \quad (1)$$

$$\xrightarrow[\text{44\%}]{1.\ NaOAc,\ MeOH,\ rt,\ 18\ h \atop 2.\ PPA,\ xylene \atop 120\ ^\circ C,\ 18\ h} \quad (2)$$

$$MeO\text{-} + NH_2OH \cdot HCl \xrightarrow[83\%]{Py,\ MeOH \atop rt,\ 4\ h} \quad (3)$$

丙酮酸甲酯的羰基可以与炔锂试剂进行选择性的亲核加成反应，生成 2-羟基-2-炔基丙酸甲酯衍生物 (式 4)[5]。在手性催化剂存在下，丙酮酸甲酯与过量的二乙基锌反应生成手性醇 (式 5)[6]，与丁基锂和一氧化碳反应生成 2-羟基-2-甲基己酸甲酯 (式 6)[7]。

$$MeO\text{-} + CO_2Me \xrightarrow[65\%]{LDA\ (1.1\ equiv),\ MgCl_2 \atop (1.1\ equiv),\ THF,\ -78\ ^\circ C,\ 1\ h} \quad (4)$$

$$MeO \overset{O}{\underset{O}{\|}} + Et_2Zn \xrightarrow[\substack{PhMe, -78\ ^{\circ}C, 20\ min \\ conv.\ 98\%, 39\%\ ee}]{\substack{氨基磷酸二乙酯 \\ (0.5\ equiv),\ Al(O^iPr)_3\ (0.15\ equiv)}} \quad (5)$$

$$MeO \overset{O}{\underset{O}{\|}} + n\text{-BuLi} \xrightarrow[\substack{65\%}]{CO,\ THF,\ -110\ ^{\circ}C,\ 2.5\ h} \quad (6)$$

在羰基钌催化剂存在下，丙酮酸甲酯与乙烯和一氧化碳发生 [2+2+1] 三组分环化反应，低产率地生成官能团化 γ-丁内酯 (式 7)[8]。在手性铜配合物催化下，丙酮酸甲酯与甲氧基丁二烯反应生成 2H-吡喃-4-酮衍生物 (式 8)[9]。

$$MeO \overset{O}{\underset{O}{\|}} + \| + CO \xrightarrow[\substack{PhMe,\ 160\ ^{\circ}C,\ 20\ h \\ 28\%}]{\substack{Ru_3(CO)_{12}\ (0.025\ equiv) \\ P(p\text{-}CF_3C_6H_4)_3\ (0.075\ equiv)}} \quad (7)$$

$$\xrightarrow[\substack{THF,\ -78\ ^{\circ}C\sim rt,\ 12\ h \\ 99\%,\ 95\%ee}]{(S)\text{-}box\cdot Cu(OTf)_2\ (0.1\ equiv)} \quad (8)$$

box =

基于羰基邻位的甲基碳-氢键具有碱性，丙酮酸甲酯与氰基乙酸乙酯和硫能够发生环化反应，生成氨基和酯基取代的噻吩衍生物 (式 9)[10]。

$$MeO \overset{O}{\underset{O}{\|}} + \underset{CO_2Et}{\overset{N}{\|}} \xrightarrow[\substack{DMF,\ 50\ ^{\circ}C,\ 1\ h \\ 58\%}]{S\ (1.2\ equiv),\ Et_3N} \quad (9)$$

在钴配合物催化剂存在和光照下，丙酮酸甲酯可发生二聚反应生成 2-羰基-4-羟基-4-甲基-戊二酸二甲酯[11]。

参 考 文 献

[1] Kitamura, M.; Ohkuma, T.; Inoue, S.; et al. J. Am. Chem. Soc. 1988, 110, 629.

[2] Lee, B.; Kang, P.; Lee, K. H.; et al. Tetrahedron Lett. 2013, 54, 1384.

[3] Tietze, L. F.; Haunert, F.; Feuerstein, T.; Herzig, T. Eur. J. Org. Chem. 2003, 562.

[4] Ritson, D. J.; Cox, R. J.; Berge, J. Org. Biomol. Chem. 2004, 2, 1921.

[5] Toscano, M.; Payne, R.; Chiba, A.; et al. ChemMedChem 2007, 2, 101.

[6] Wieland, L.; Deng, H.; Snapper, M.; Hoveyda, A. J. Am.

Chem. Soc. 2005, 127, 15453.

[7] Seyferth, D.; Weinstein, R.; Wang, W. J. Org. Chem. 1983, 48, 1144.

[8] Tobisu, M.; Chatani, N.; Asaumi, T.; et al. J. Am. Chem. Soc. 2000, 122, 12663.

[9] van Lingen, H. L.; van Delft, F. L.; Storcken, R. P. M. Eur. J. Org. Chem. 2005, 4975.

[10] Berrouard, P.; Grenier, F.; Pouliot, J.; et al. Org. Lett. 2011, 13, 38.

[11] Kijima, M.; Miyamori, K.; Sato, T. J. Org. Chem. 1988, 53, 1719.

[华瑞茂，清华大学化学系；HRM]

丙酮肟

【英文名称】 Propan-2-one oxime

【分子式】 C_3H_7NO

【分子量】 73.09

【CAS 登录号】 [127-06-0]

【缩写和别名】 2-丙酮肟，二甲基酮肟

【结构式】

【物理性质】 白色针状晶体，mp 60~63 ℃。

【制备和商品】 国内外试剂公司均有销售。由丙酮与盐酸羟胺反应制得。可通过在石油醚或正己烷中重结晶来纯化[1]。

【注意事项】 该试剂的毒性属于中级毒性，对于小鼠的口服毒性 $LD_{50} = 500$ mg/kg。

形成丙酮肟的醚或酯 丙酮肟与烷基卤代物在强碱的存在下，可以形成肟基醚 (式 1)[2]。使用碳酸钠或氢氧化钾，结合相转移催化剂的使用，也可以实现肟羟基的烷基化[3]。如式 2 所示[4]：丙酮肟脱去质子后可以与乙烯基羧酸酯发生迈克尔加成反应，生成肟基醚。在碱的存在下，丙酮肟也可以与烷基硅基醚试剂反应生成肟羟基的氧硅基醚 (式 3)[5]。

$$\overset{}{\underset{}{}}\text{N}^{OH} + \underset{}{\overset{}{\|}}\text{Br} \xrightarrow[99\%]{NaH,\ DMF} \quad (1)$$

$$\text{(2)}$$

丙酮肟与酰氯可以在有机碱 (如吡啶) 的存在下, 实现肟羟基的酰化 (式 4)[6]。如式 5 所示[7,8]: 丙酮肟与羧酸可以在偶联试剂 (如 EDCI 或 DCC) 的存在下形成肟基酯。同样地, 丙酮肟与磷酰氯反应也可以得到相应的磷酸酯 (式 6)[9]。在钯催化剂的作用下, 丙酮肟可以作为亲核试剂在一氧化碳插入作用下与丙二烯形成肟基酯 (式 7)[10]。

$$\text{(3)}$$

$$\text{(4)}$$

$$\text{(5)}$$

$$\text{(6)}$$

$$\text{(7)}$$

碳烷基化 在 2 倍量以上强碱的作用下, 丙酮肟可以生成共平面的碳氧双负离子。该双负离子可以与烷基卤代物或环氧化物发生亲核反应 (式 8 和式 9)[11, 12]。

$$\text{(8)}$$

$$\text{(9)}$$

环化反应 丙酮肟在强碱的作用下形成的碳氧双负离子也可用于形成 3-甲基取代异噁

唑。如式 10 所示[13]: 丙酮肟碳氧双负离子可以与苄基氯及酰胺反应, 生成 3-甲基-4-苄基-5-正丁基异噁唑。该双负离子还可以与羧酸酯反应生成 3-甲基取代异噁唑 (式 11)[14]。烷基羧酸酯和芳香羧酸酯都能参与该反应, 但芳香羧酸酯的反应效果更佳[15]。此外, 该双负离子还可以与酰胺[16]、酮羰基[17]、氰基[18]等反应, 生成相应的取代异噁唑产物。

$$\text{(10)}$$

$$\text{(11)}$$

环加成反应 丙酮肟与缺电子的烯烃经过迈克尔加成及 1,3-偶极环加成反应, 可以生成异噁唑啉产物, 而且通常是区域异构的异噁唑啉混合物 (式 12)[19]。

$$\text{(12)}$$

贝克曼重排反应 丙酮肟可以在温和的条件下发生贝克曼重排反应, 生成相应的酰胺 (式 13)[20]。

$$\text{(13)}$$

参 考 文 献

[1] Armarego, W. L. F.; Perrin, D. D. Purfication of Laboratory Chemicals. 4th edition, Butterworth Heinemann: 1977, p. 68.

[2] Elizabeth, S.; Christopher, T. J. Am. Chem. Soc. **2008**, 130, 12282.

[3] Alele, E.; Lukevics, E. Org. Prep. Proc. Int. **2000**, 32, 237.

[4] Maccina, B.; Balsamo, A.; Domiano, P. J. Med. Chem. **1990**, 33, 1423.

[5] Lakhtin, V. G.; Nosova, V. M.; Chernyshev, E. A. Russia. J. Gen. Chem. **2001**, 72, 1911.

[6] Samridhi, L.; Timothy, J. *J. Mol. Cat. B: Enzymatic*, **2012**, *83*, 80.

[7] Stuebs, G.; Rupp, B.; Schumann, R. R.; et al. *Chem. Eur. J.* **2010**, *16*, 3536

[8] Palomo, C.; Palomo, A. L.; Mielgo, A. *Org. Lett.* **2002**, *4*, 4005.

[9] Ludeman, S. M.; Shao, K-L.; Takagi, S. *J. Med. Chem.* **1983**, *26*, 1788.

[10] Grigg, R.; Monteith, M.; Terrier, C. *Tetrahedron* **1998**, *54*, 3885.

[11] Armstrong, A.; Shanahan, S. E. *J. Org. Chem.* **2007**, *72*, 8019.

[12] Werner, K. M.; de los Santos, J. M.; Weinreb, S. M. *J. Org. Chem.* **1999**, *64*, 4865.

[13] Nitz, T. J.; Volkots, D. L.; Aldous, D. J.; Oglesby, R. C. *J. Org. Chem.* **1994**, *59*, 5828.

[14] Pandey, G.; Sahoo, A. K.; Phalgune, U. D. *J. Org. Chem.* **1999**, *64*, 4900.

[15] Silva, N. M.; Tributino, J. L. M.; Miranda, A. L. P.; et al. *Eur. J. Med. Chem.* **2002**, *37*, 163.

[16] Nitz, T. J.; Volkots, D. L.; Oglesby, R. C. *J. Org. Chem.* **1994**, *59*, 5828.

[17] Townsend, J. D.; Kelley, W.; Beam, C. F. *Synth. Commun.* **2000**, *30*, 2175

[18] Malpass, J. R.; Patel, A. B.; Davies, J. W.; Fulford, S. Y. *J. Org. Chem.* **2003**, *68*, 9348.

[19] Saba, I. S.; Frederickson, M.; Grigg, R.; Levett, P. C. *Tetrahedron Lett.* **1997**, *38*, 6099.

[20] Sato, H.; Yoshioka, H.; Izumi, Y. *J. Mol. Cat. A: Chemical* **1999**, *149*, 25.

[鲍海林，清华大学化学系；WXY]

2-丙烯腈

【英文名称】 2-Propenenitrile

【分子式】 C_3H_3N

【分子量】 53.06

【CAS 登录号】 [107-13-1]

【缩写和别名】 氰基乙烯，丙烯腈，Acrylonitrile

【结构式】

【物理性质】 无色有刺激性气味的易燃液体，mp $-84\ ^\circ\text{C}$，bp $77\ ^\circ\text{C}$，$\rho\ 0.81\ \text{g/cm}^3$。微溶于水，易溶于常用的有机溶剂。

【制备和商品】 国内外化学试剂公司均有销售。工业上一般通过丙烯的氨氧化制取。

【注意事项】 丙烯腈高度易燃，燃烧后会释出氮氧化物和氢氰酸，需储存在具有良好通风条件的柜中，并远离明火和会与之反应的化学物质。同时丙烯腈有毒，接触皮肤或眼睛会引发剧烈的刺激，吸入或长时间的皮肤接触可能导致思维混乱、昏厥或死亡。在操作时应佩戴安全镜、手套和呼吸器。

2-丙烯腈[1]是一种共轭的不饱和腈，分子中的碳-碳双键和氰基基团可以参与各种反应，在 Michael 加成反应、Diels-Alder 反应以及其它成环反应中得到广泛应用。该试剂是重要的有机合成试剂之一。

由于氰基的 α,β 位为不饱和碳-碳双键结构，丙烯腈能和多种亲核试剂发生 Michael 加成反应，引入氰乙基 (式 1 和式 2)[2,3]。

在醋酸钯的作用下，2-丙烯腈可与炔烃发生 Michael 加成反应，用于合成吲哚衍生物 (式 3)[4]。

2-丙烯腈也能和醛酮发生 Baylis-Hillman 反应，生成氰基 α-位的加成产物 (式 4)[5]。该反应还可用来合成氰基喹啉衍生物 (式 5)[6]。

$$\text{(5)}$$

在 [4+2] 环加成反应中，2-丙烯腈作为 Diels-Alder 反应中的亲二烯体可以与多种类型的二烯体反应，得到不同结构的六元环化合物 (式 6)[7]。

$$\text{(6)}$$

在过渡金属催化下，2-丙烯腈发生 [3+2] 环加成反应，可用来合成五元环化合物 (式 7)[8]。

$$\text{(7)}$$

在 Lewis 酸催化的 [2+2] 环加成反应中，2-丙烯腈与含硅基的烯醇式缩醛反应得到环丁烷或 γ-氰基酯。该反应的产物取决于 Lewis 酸和溶剂的性质 (式 8)[9]。

$$\text{(8)}$$

参 考 文 献

[1] Brisbois, R. G.; Wanke, R A.; Stubbs, K. A.; Stick, R. V. In *Encyclopedia of Reagents for Organic Synthesis*; John Wiley & Sons: UK, West Sussex, 2004.

[2] Guo, C.; McAlpine, I. *J. Med. Chem.* **2012**, *55*, 4728.

[3] Evans, D. A.; Bilodeau, M. T.; Somers, T. C.; et al. *J. Org. Chem.* **1991**, *56*, 5750.

[4] Janreddy, D.; Kavala, V. *Tetrahedron* **2013**, *69*, 3323.

[5] Khalafi, N. A.; Mohammadi, S. *Synthesis* **2012**, *44*, 1725.

[6] Guenfoud, F.; Direm, A.; Laabassi, M.; Nourredine B. C. *J. Chem. Crystallogr.* **2012**, *42*, 989.

[7] Abele, S.; Hock, S.; Schmidt, G.; et al. *Org. Process Res. Dev.* **2012**, *5*, 1114.

[8] Shigeru,Y.; Eiichi, N. *Org. React.* **2002**, *61*, 1.

[9] Quendo, A.; Rousseau, G. *Synth. Commun.* **1989**, *19*, 1551.

[张巽，巨勇*，清华大学化学系；JY]

丙烯醛

【英文名称】 Acrolein

【分子式】 C_3H_4O

【分子量】 56.06

【CAS 登录号】 [107-02-8]

【缩写和别名】 烯丙醛，败酯醛，抗微生物剂，2-propenal

【结构式】

【物理性质】 无色或淡黄色易挥发不稳定的液体，有类似油脂烧焦的辛辣臭气。mp $-87.7\ ^\circ$C，bp 52.5 $^\circ$C，ρ 0.839 g/cm^3 (25 $^\circ$C)。易溶于水、乙醇、乙醚等大多数有机溶剂。

【制备和商品】 工业上主要通过丙烯的气相氧化制取丙烯醛。将甘油与硫酸氢钾或硼酸、硫酸钾、三氯化铝在 215～235 $^\circ$C 下共热也可以得到丙烯醛。将甘油自身加热到 280 $^\circ$C 也会分解产生丙烯醛。也可以用甲醛和乙醛在硅酸钠浸渍过的硅胶作用下缩合后再失水制备，或通过丙烷的选择性氧化制备。

【注意事项】 该化合物易燃，高毒，有强烈刺激性。吸入蒸气可损害呼吸道，出现咽喉炎、胸部压迫感、支气管炎；大量吸入可致肺炎、肺水肿，还可出现休克、肾炎及心力衰竭，可致死。液体及蒸气损害眼睛；皮肤接触可致灼伤。丙烯醛与尼古丁、一氧化碳是香烟中的三大有害成分，可以导致细胞基因突变，并降低细胞修复损伤的能力，是损害视网膜的主要因素。

通过控制条件可以选择性地转化丙烯醛的每一个官能团。在催化量 CuCl 存在下用过氧叔丁醇氧化丙烯醛可以高产率得到丙烯酸[1]。用 [(dppb)Pt(μ-OH)](BF$_4$)$_2$ 作催化剂可促使丙烯醛形成缩醛衍生物[2]。在超临界 CO$_2$ 存在下，金属镍可以选择性地还原丙烯醛的羰基从而高产率地形成丙烯醇[3]。利用

相转移催化剂可以选择性地还原 α,β 不饱和醛酮的碳-碳双键[4]。此外,利用分散在 PEG 中的钯纳米粒子也可以高效地选择性还原碳-碳双键[5]。

如式 1 所示[6]:有机锂等强亲核性金属试剂与丙烯醛在 −78 ℃ 的四氢呋喃溶剂中通常发生 1,2-加成反应。在手性催化剂 [(salen)Al^{III}Me] 存在下,丙烯醛、异腈与叠氮酸发生 Passerini 反应可以高产率和高选择性地得到 1,5-二取代四氮唑 (式 2)[7]。在有机合成中,通过 Michael 加成反应可以在羰基化合物的 α-位引入丙醛基 (式 3)[8]。如式 4 所示[9]:丙烯醛中的烯基双键与卡宾的反应是典型的合成环丙烷衍生物的方法之一。

$$ (1) $$

$$ (2) $$

$$ (3) $$

$$ (4) $$

此外,丙烯醛的烯基可以通过 Diels-Alder 反应得到六元环 (式 5)[10];通过金属催化完成 [2+2] 偶极环加成反应得到氧杂四元环 (式 6)[11]。丙烯醛还可以发生 [4+2] 环加成反应得到氧杂六元环 (式 7 和式 8)[12,13]。在手性胺有机小分子的催化下,丙烯醛可以与 2,3-二取代的吲哚发生 [3+3] 环加成反应,高选择性地合成多取代氢化咔唑 (式 9)[14]。

$$ (5) $$

$$ (6) $$

$$ (7) $$

$$ (8) $$

$$ (9) $$

丙烯醛和邻羟基苯甲醛通过类似 Baylis-Hillman 反应可得到苯并氧杂六元环,这是一系列天然产物的骨架结构 (式 10)[15]。此外,在该类反应中丙烯醛也可以被用作合成羟吲哚的重要合成子 (式 11)[16]。

$$ (10) $$

$$ (11) $$

参 考 文 献

[1] Sekar, G.; Mannam, S. *Tetrahedron Lett.* **2008**, *49*, 1083.

[2] Francesco, P.; Giorgio, S. *Tetrahedron Lett.* **1999**, *40*, 6987.

[3] Ikushima. Y. *Green Chem.* **2006**, *8*, 445.

[4] Reger, D. L.; Habib, D. J. *J. Org. Chem.* **1980**, *45*, 3860.

[5] Ma, X. *Catal. Commun.* **2008**, *9*, 70.

[6] Vittorio, P. *Tetrahedron* **2011**, *67*, 2670.

[7] Wang, D.-X.; Zhu, J. *Angew. Chem. Int. Ed.* **2008**, *47*, 9454.

[8] Boltukhina, E. V.; Sheshenev, A. E. *Tetrahedron* **2011**, *67*, 5382.

[9] Branstetter, B.; Hossain, M. M. *Tetrahedron Lett.* **2006**, *47*, 221.

[10] Sherburn, M.S.; Paddon-Row, M.N. *Angew. Chem. Int. Ed.* **2013**, *52*, 8333.

[11] Daido, H.; Sotaro, M. *Tetrahedron* **2002**, *58*, 5215.

[12] Simon, J. C.; Michael, B. H. *Tetrahedron Lett.* **2000**, *41*, 4205.

[13] Peter, C. H.; Mark, J. C. *Tetrahedron Lett.* **2011**, *52*, 1070.

[14] Wu, X.; Huang, J.; Zhao, L. *Org.Lett.* **2013**, *15*, 4338.

[15] Daniela, M.; Fabio, P. *J. Org. Chem.* **2013**, *78*, 4811.

[16] Wang, C.-C.; Wu, X.-Y. *Tetrahedron* **2011**, *67*, 2974.

[丁思懿, 李鹏飞*, 西安交通大学前沿科学技术研究院; WXY]

铂炭

【英文名称】 Platinum carbon

【分子式】 Pt/C

【分子量】 195.08

【CAS 录号】 [7440-06-4]

【缩写和别名】 Pt/C

【物理性质】 外观为黑色粉末/颗粒, 不溶于水, ρ 1.060 g/cm³ (20 ℃)。

【制备和商品】 国内外化学试剂公司均有销售。制备工艺主要有醇还原法和多元醇法两种。醇还原法是一种已知的方法, 但不能对粒度进行任何控制。而使用多元醇工艺, 在 NaOH 的存在下, 有助于控制 Pt 颗粒的大小[1]。铂含量为 0.5%~20%。

【注意事项】 存放在阴凉、干燥、通风良好的区域, 远离不相容的物质。遇明火可燃, 不要存放在阳光直射处, 不要存放在金属容器中。不要存放在易燃或氧化物质附近 (特别是硝酸或氯酸盐)。可回收提纯再加工。

铂炭是将金属铂负载到活性炭上的一种载体催化剂, 是贵金属催化剂中最常用的一种。其选择性和活性高, 寿命长, 同体系可循环几十次以上。可在较低温度和压力甚至常温常压下使反应。其在有机合成反应中有重要应用, 如可催化烯烃、炔烃、肟、腈、酚、萘、吡啶、苯、醇、芳香族和脂肪族醛、硝基芳香族化合物、芳香腈、腙、胺、酮、芳香族杂环化合物、环戊烷、氮氧化合物等的加氢还原反应, 也可用于环己烷、环己烯、环己醇、环己酮、烷烃、醇类等化合物的脱氢氧化反应。

氢化反应 Pt/C 可以用于芳香腈、腙、胺、酮及芳香族杂环化合物、烯烃[2]等的加氢反应。该反应清洁高效, 环境友好, 循环利用率高。例如在异丙醇和水的混合液体作溶剂的条件下, Pt/C 高效地对呋喃甲醛进行催化氢化反应, 生成呋喃甲醇 (式 1)[3]。

$$\tag{1}$$

使用酸性树脂, 在无液体酸和溶剂的情况下, Pt/C 对 2,5-己二酮进行催化氢化反应, 脱水生成 2,5-二甲基四氢呋喃 (式 2)[4]。

$$\tag{2}$$

Pt/C 也可以高选择性地对腈进行催化氢化反应, 并与一级胺反应生成二级胺 (式 3)[5]。

$$\tag{3}$$

Pt/C 还可以催化氢化脱卤反应。例如在水和异辛烷的两相体系下, 使用 Aliquat 336 (三辛酰甲基氯化铵) 作相转移催化剂, Pt/C 可催化各类卤代芳基烷基酮氢化脱卤成为芳基烷基醇 (式 4)[6]。

$$\tag{4}$$

脱氢氧化反应 Pt/C 可以用于环己烷、环己烯、环己醇、环己酮、烷烃、醇类等化合物的脱氢反应。例如在氧气存在下, 使用 Pt/C 为催化剂将二级醇脱氢生成相应的酮 (式 5)[7]。

$$\tag{5}$$

Pt/C 也可以催化将醛氧化成羧酸的反应。例如在碱性水溶液里，使用 Pt/C 为催化剂将 5-羟甲基糠醛氧化成 2,5-呋喃二羧酸 (式 6)[8]。

$$\text{HO} \underset{\text{HO}}{\overset{\text{air, Pt/C,100 °C}}{\xrightarrow[\ >99\%\ ]{\text{碱溶液}}}} \text{HOOC-furan-COOH} \tag{6}$$

Pt/C 还可以催化一级胺的脱氢偶联，生成二级胺 (式 7 和式 8)[9]。

$$\underset{\text{NH}_2}{\overset{\text{5\% Pt/C, H}_2\text{O}}{\xrightarrow[93\%]{\text{MW (50 W)}}}} \quad \overset{}{\underset{\text{H}}{\text{N}}} \quad 93\% \tag{7}$$

$${}^t\text{Bu}\underset{\text{NH}_2}{\overset{\text{5\% Pt/C, D}_2\text{O}}{\xrightarrow[83\%]{\text{MW (50 W)}}}} \quad {}^t\text{Bu}\overset{\text{D}}{\underset{\text{D}}{}} {}^t\text{Bu} \tag{8}$$

Pt/C 也可促进 C—C 和 C—O 键的裂解。如催化水解葡萄糖和山梨醇成乙醇和二元醇[10]；催化裂解植物油[11]。该试剂不仅在有机反应中有重要应用，也可用于电催化氧化醇 (甲醇、乙醇) 等电催化反应[12]。

参 考 文 献

[1] OH, H.-S.; OH, J.-G.; Hong, Y.-G.; et al. *Res. Chem. Intermed.* **2008**, *34*, 853.

[2] Adams, J. P.; Alder, C. M.; Andrews, I.; et al. *Green Chem.* **2013**, *15*, 1542.

[3] Vaidya, P. D.; Mahajani, V. V. *Ind. Eng. Chem. Res.* **2003**, *42*, 3881.

[4] Zhou, H.; Song, J.; Meng, Q.; et al. *Green Chem.* **2016**, *18*, 220.

[5] Sharma, S. K.; Lynch, J.; Sobolewska, A. M.; et al. *J. Catal. Sci. Technol.* **2013**, *3*, 85.

[6] Selva, M.; Tundo, P.; Perosa, A. *J. Org. Chem* **1998**, *63*, 3266.

[7] Reile, I.; Kalle, S.; Werner, F.; et al. *Tetrahedron.* **2014**, *70*, 3608.

[8] Ait Rass, H.; Essayem, N.; Besson, M. *Green Chem.* **2013**, *15*, 2240

[9] Miyazawa, A.; Saitou, K.; Tanaka, K.; et al. *Tetrahedron Lett.* **2006**, *47*, 1437.

[10] Tronci, S.; Pittaub, B. *RSC Adv.* **2015**, *5*, 23086.

[11] Baldauf, E.; Sievers, A.; Willner, T. *Int J Energy Environ Eng.* **2016**, 7273.

[12] (a) Zadick, A.; Dubau, L.; Sergent, N.; et al. *ACS Catal.* **2015**, *5*, 4819. (b) Ruan, M.; Sun, X.; Zhang, Y.; Xu, W. *ACS Catal.* **2014**, *5*, 233.

[王征，中国科学院化学研究所；XCJ]

Burgess 试剂[1]

【英文名称】 (Methoxycarbonylsulfamoyl)triethylammonium hydroxide

【分子式】 $C_8H_{18}N_2O_4S$

【分子量】 238.30

【CAS 登录号】 [29684-56-8]

【缩写和别名】伯吉斯试剂，N-(三乙基铵磺酰)氨基甲酸甲酯，Methyl N-(triethylammoniumsulfonyl) carbamate

【结构式】

$$\text{Et}_3\overset{+}{\text{N}}\overset{\text{O}\ \text{O}}{\underset{\text{O}}{\text{S}}}\overset{-}{\text{N}}\overset{\text{O}}{\underset{}{\text{C}}}\text{OMe}$$

【物理性质】 无色或淡黄色固体 (晶体粉末)，mp 76~79 ℃。可溶于多数有机试剂。

【制备和商品】 该试剂的合成分两步进行，首先由氯磺酰异氰酸酯与无水甲醇反应，所得中间体在三乙胺的作用下可高产率地获得 Burgess 试剂 (式 1)[1]。

$$\text{Cl}\overset{\text{O}\ \text{O}}{\underset{\text{O}}{\text{S}}}\text{N=C=O} \xrightarrow[\ 92\%\ ]{\overset{\text{MeOH}}{\text{PhH, 0 °C}}} \text{Cl}\overset{\text{O}\ \text{O}}{\underset{\text{O}}{\text{S}}}\overset{\text{H}}{\underset{}{\text{N}}}\overset{\text{O}}{\underset{}{\text{C}}}\text{OMe} \xrightarrow[\ 81\%\ ]{\overset{\text{Et}_3\text{N}}{\text{PhH, rt}}} \text{Et}_3\overset{+}{\text{N}}\overset{\text{O}\ \text{O}}{\underset{\text{O}}{\text{S}}}\overset{-}{\text{N}}\overset{\text{O}}{\underset{}{\text{C}}}\text{OMe} \tag{1}$$

【注意事项】 该试剂对皮肤、眼睛和呼吸道有刺激性。对水分和氧化剂敏感，应远离水和氧化剂，在 −20 ℃ 和惰性气体氛围下储存。切勿让该试剂进入排水系统及任何水源。

Burgess 试剂 (Burgess reagent) 是氨基甲酸酯类的内盐，在有机合成中常被用作脱水剂，可用于仲醇和叔醇的脱水成烯反应。而 Burgess 试剂与伯醇反应时，则发生取代反应，生成氨基甲酸酯类化合物。此外，Burgess 试剂还可用于合成腈类和异腈化合物、噁唑啉和噻唑啉化合物等。

与伯醇反应制备氨基甲酸酯 Burgess 试剂与伯醇反应，所生成的中间体经 S_N2 (或 S_N1) 反应得到氨基甲酸酯产物 (式 2 和式 3)[2]。

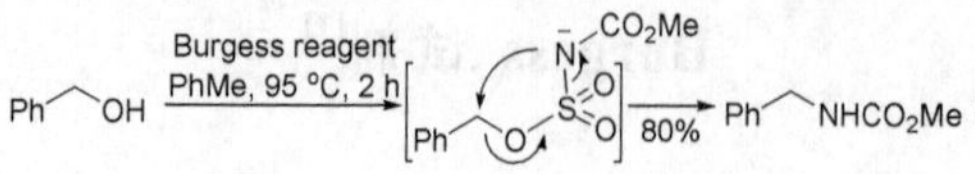

（2）

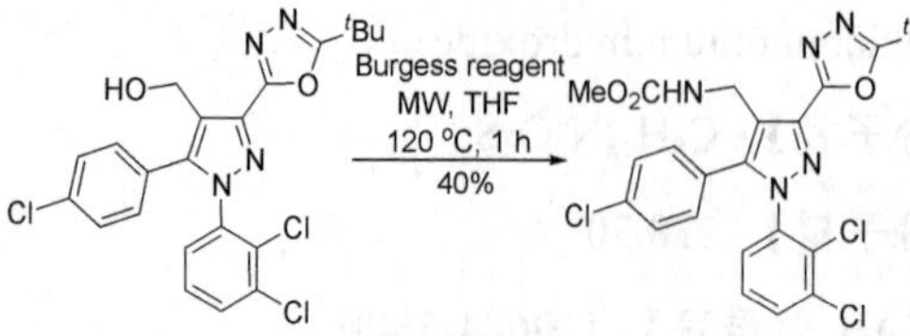

（3）

与仲醇和叔醇反应制备烯烃 Burgess 试剂与仲醇或叔醇的脱水反应经历分子内 E1 消除过程，顺式消除同侧的氢原子生成双键[1]。使用该试剂进行的脱水反应条件温和，具有一定选择性，被广泛应用于天然产物和药物的合成中。如在水仙环素（式 4）[3]和鱼藤酮（式 5）[4]的合成中都用到了该试剂。

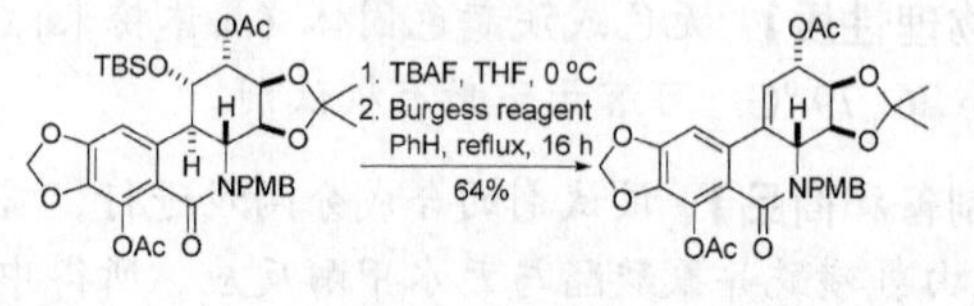

（4）

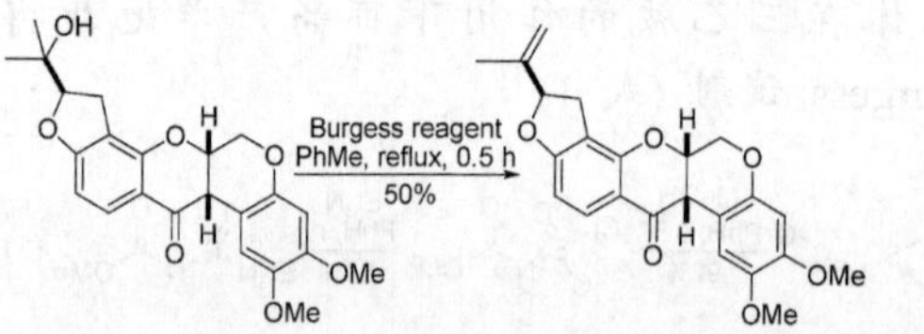

（5）

氧化醇生成醛或酮 在 DMSO 的存在下，Burgess 试剂能够快速高效地氧化伯醇和仲醇得到相应的醛和酮（式 6）[5]。该氧化反应机理与 Pfitzner-Moffatt 氧化反应和 Swern 氧化反应相似。伯醇或仲醇在 Burgess 试剂和 DMSO 的共同作用下生成硫叶立德，随之分解出二甲硫醚，得到相应的醛或酮。

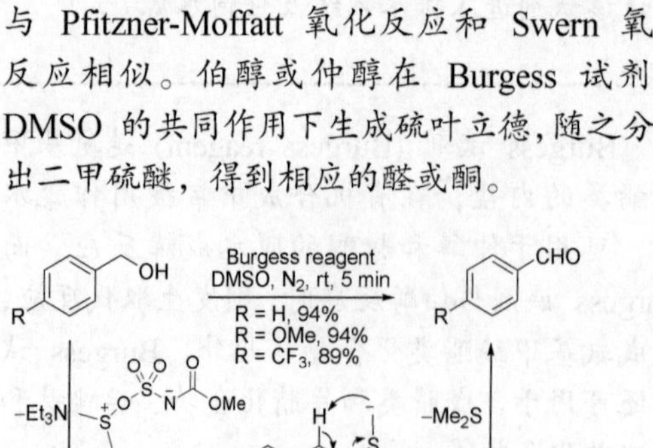

（6）

与邻二醇的反应 邻二醇与 Burgess 试剂作用不发生脱水成烯反应，而是生成五元杂环中间体。该中间体经亲核试剂进攻，得到开环

的产物。例如该中间体经酸水解可得 β-氨基醇（式 7）[6]，或与叠氮化钠作用可生成叠氮化合物（式 8）[7]。

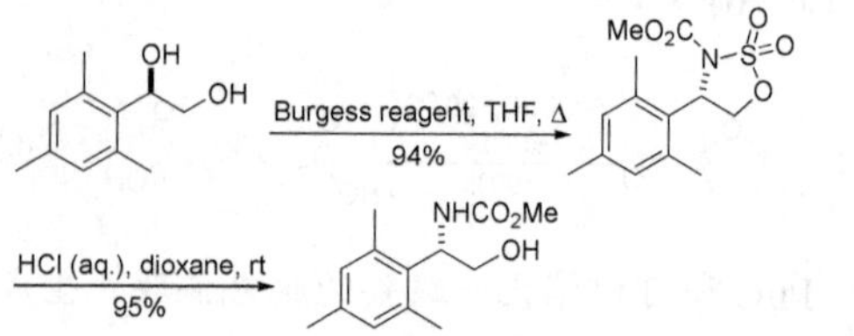

（7）

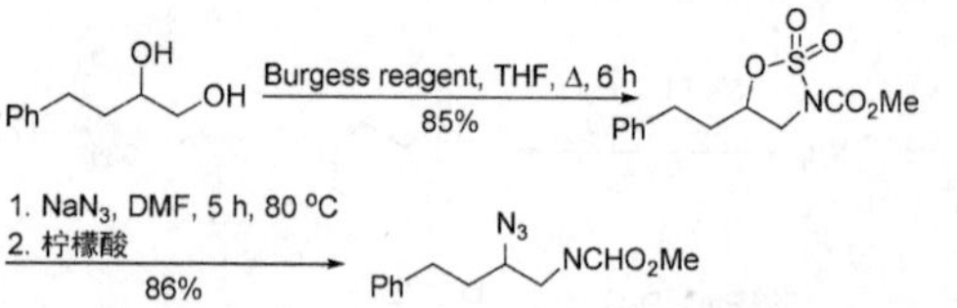

（8）

与邻二醇的反应体系相似，使用 Burgess 试剂对烷基环氧化物进行开环时，也能得到五元杂环中间体（式 9）[8]。而其与芳基环氧化物的反应则得到以七元杂环为主的产物（式 10）[9]。

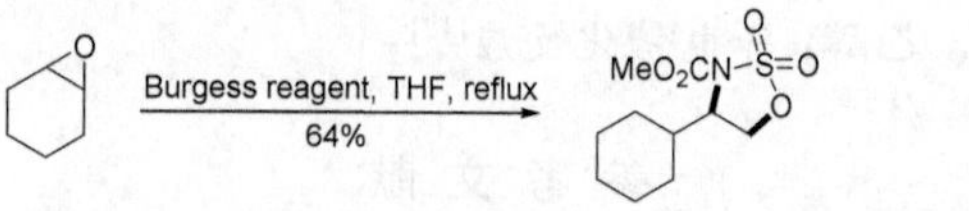

（9）

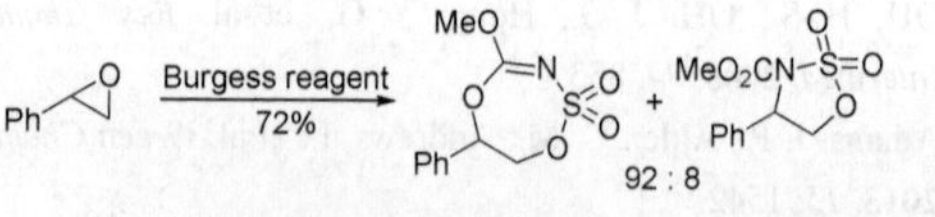

（10）

制备腈及异腈类化合物 Burgess 试剂与脂肪醛肟和芳香醛肟的脱水反应，得到相应的腈类化合物（式 11）[10a]。需要注意的是，Burgess 试剂用于醛肟的脱水反应具有立体选择性。只有当氢原子与肟羟基位于同侧时，脱水反应才会发生[10b]。此外，在 Burgess 试剂的作用下，伯酰胺也能脱水转化为氰基（式 12）[11]。

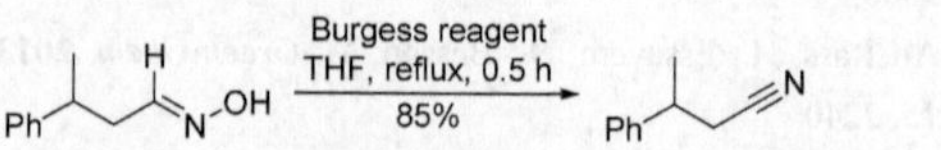

（11）

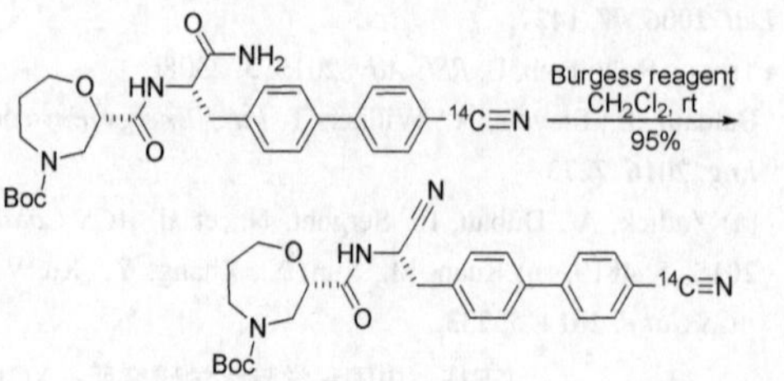

（12）

Burgess 试剂用于甲酰胺类化合物的脱水反应则可得到异腈化合物 (式 13)[12]。

$$(13)$$

与含硫化合物的反应 不同于与仲醇和叔醇的脱水成烯反应，Burgess 试剂与硫酚反应不会生成烯烃，而是得到对称取代的二硫化物 (式 14)[13]。其与烷基仲硫醇反应时，产物为二硫化物和三硫化物的混合物 (式 15)[13]。

$$(14)$$

$$(15)$$

Burgess 试剂与硫脲反应，产物为多取代脒。该反应与伯醇的反应机理类似，都发生了中间体的分子内重排 (式 16)[14]。而 Burgess 试剂与脲则发生脱水反应，得到碳化二亚胺化合物 (式 17)[15]。

$$(16)$$

$$(17)$$

合成噁唑啉和噻唑啉化合物 除用于脱水成烯反应外，Burgess 试剂还被广泛应用于合成杂环化合物，最常见的是用于合成噁唑啉 (式 18)[16]和噻唑啉化合物 (式 19)[17]。

$$(18)$$

$$(19)$$

参 考 文 献

[1] (a) Burgess, E. M.; Penton, H. R.; Taylor, E. A. *J. Org. Chem.* **1973**, *38*, 26. (b) Khapli, S.; Dey, S.; Mal, D. *J. Indian Inst. Sci.* **2001**, *81*, 461.

[2] Lee, S. H.; Seo, H. J.; Lee, S. H.; et al. *J. Med. Chem.* **2008**, *51*, 7216.

[3] Rigby, J. H.; Mateo, M. E. *J. Am. Chem. Soc.* **1997**, *119*, 12655.

[4] Nakamura, K.; Ohmori, K.; Suzuki, K. *Angew. Chem.* **2017**, *129*, 188.

[5] Sultane, P. R.; Bielawski, C. W. *J. Org. Chem.* **2017**, *82*, 1046.

[6] (a) Nicolaou, K. C.; Huang, X.; Snyder, S. A.; et al. *Angew. Chem. Int. Ed.* **2002**, *41*, 834. (b) Nicolaou, K. C.; Snyder, S. A.; Longbottom, D. A.; et al. *Chem. Eur. J.* **2004**, *10*, 5581.

[7] (a) Sudhir, V. S.; Kumar, N. Y. P.; Baig, R. B. N.; Chandrasekaran, S. *J. Org. Chem.* **2009**, *74*, 7588. (b) Chandrasekaran, S.; Ramapanicker, R. *Chem. Rec.* **2017**, *17*, 63.

[8] Leisch, H.; Sullivan, B.; Fonovic, B.; et al. *Eur. J. Org. Chem.* **2009**, 2806.

[9] Rinner, U.; Adams, D. R.; dos Santos, M. L.; et al. *Synlett* **2003**, 1247.

[10] (a) Miller, C. P.; Kaufman, D. H. *Synlett* **2000**, *2000*, 1169. (b) Jose, B.; Sulatha, M. S.; Madhavan Pillai, P.; Prathapan, S. *Synth. Commun.* **2000**, *30*, 1509.

[11] Kingston, L.; Bergare, J.; Lönn, H.; et al. *J. Label. Compd. Radiopharm.* **2017**, *60*, 294.

[12] Saarbach, J.; Masi, D.; Zambaldo, C.; Winssinger, N. *Bioorg. Med. Chem.* **2017**, *25*, 5171.

[13] Banfield, S. C.; Omori, A. T.; Leisch, H.; Hudlicky, T. *J. Org. Chem.* **2007**, *72*, 4989.

[14] Maki, T.; Tsuritani, T.; Yasukata, T. *Org. Lett.* **2014**, *16*, 1868。

[15] Barvian, M. R.; Showalter, H. D. H.; Doherty, A. M. *Tetrahedron Lett.* **1997**, *38*, 6799.

[16] Long, B.; Zhang, J.; Tang, X.; Wu, Z. *Org. Biomol. Chem.* **2016**, *14*, 9712.

[17] Wipf, P.; Venkatraman, S. *Synlett* **1997**, 1.

[翁云翔，清华大学化学系；HYF]

查耳酮

【英文名称】 Chalcone

【分子式】 $C_{15}H_{12}O$

【分子量】 208.26

【CAS 登录号】 [94-41-7]

【缩写和别名】 1,3-Diphenyl-2-propen-1-one

【结构式】

【物理性质】 淡黄色斜方或棱形结晶，mp 57~58 ℃，bp 345~348 ℃ (微分解)，ρ 1.0712 g/cm³。易溶于醚、氯仿、二硫化碳和苯，微溶于醇，难溶于冷的石油醚。

【制备和商品】 国内外化学试剂公司有销售。

【注意事项】 遇明火、热、氧化剂易燃，热分解会产生辛辣刺激的烟雾。应在低温通风干燥处存放，远离明火、高温，与氧化剂分开存放。

查耳酮具有 α,β 不饱和酮的结构，能够发生迈克尔加成反应[1]。当使用钯配合物与二氯化锡作为催化剂时，含碳、氮、氧、硫的亲核试剂都能与 α,β 不饱和醛酮类化合物发生迈克尔加成反应 (式 1)[2]。如式 2 所示[3]：查耳酮可以与苯胺发生迈克尔加成反应。

$$\text{Ph} \quad \text{Ph} + \text{PhSH} \xrightarrow[\text{MeCN, rt, 10 h}]{\text{PdCl}_2\text{(MeCN)}_2/\text{SnCl}_2} \text{Ph} \quad \text{SPh} \tag{1}$$

$$\text{Ph} \quad \text{Ph} + \text{PhNH}_2 \xrightarrow[\substack{\text{PhMe, 23 ℃} \\ 29\%}]{\text{Cat., KHMDS}} \text{Ph} \quad \text{Ph} \tag{2}$$

查耳酮含有 α,β 不饱和双键，可以与酮的碳-氧双键发生关环反应[4]。如式 2 所示[5]：查耳酮与异腈发生关环反应，以高产率得到吡咯衍生物。

$$\text{Ph} \quad \text{Ph} + \text{Ts}-\text{N}\equiv\text{C} \xrightarrow[\substack{25\ ℃,\ 2.5\ h \\ 92\%}]{\text{NaH, THF}} \tag{3}$$

查耳酮可以与含阴离子的亚砜发生锍叶立德反应，生成环丙基酮化合物 (式 4)[6]。

$$\text{Ph} \quad \text{Ph} + \text{H}_3\text{C}-\overset{+}{\underset{\text{CH}_3}{\text{S}}}-\text{CH}_3\ \text{I}^- \xrightarrow[80\%]{\text{NaH, DMSO}} \text{Ph} \quad \text{Ph} \tag{4}$$

查耳酮可以与炔在酸催化下发生环化反应，生成呋喃衍生物 (式 5)[7]。

$$\text{Ph} \quad \text{Ph} + \text{TMS} \quad \overset{-}{\text{B}}\text{O}i\text{Pr}_3\ \text{Li}^+ \xrightarrow[\substack{90\ ℃,\ 1.25\ h \\ 97\%}]{\text{H}^+,\ \text{PhMe}} \tag{5}$$

查耳酮能够与 1,3-二溴-5,5-二甲基乙内酰脲发生碳碳双键上的 1,2-加成反应 (式 6)[8]。

$$\text{Ph} \xrightarrow[\substack{\text{PhMe, rt, 12 h} \\ 95\%}]{\text{DBDMH, Cat.}} \tag{6}$$

查耳酮分子中的碳-碳双键还可以发生不对称的串联双迈克尔加成反应 (式 6)[9]。该反应还可以生成多立体选择性的手性吡咯烷衍生物，可以用于生物研究。

$$\text{Ph} \quad \text{Ph} + \text{Ph} \quad \text{NO}_2 + \text{Et}_2\text{Zn} \xrightarrow[\substack{\text{Et}_2\text{O, -20 ℃} \\ 82\%}]{\text{CuCl, L*}} \tag{7}$$

如式 8 所示[10]：查耳酮能够与有机锌试剂发生共轭加成反应。

$$\text{Ph} \quad \text{Ph} + \text{Et}_2\text{Zn} \xrightarrow[\substack{\text{CuCl}_2\text{-H}_2\text{O, L, THF, rt} \\ 96\%}]{} \text{Ph} \quad \text{Ph} \tag{8}$$

参 考 文 献

[1] (a) Morimoto, N.; Takeuchi, Y.; Nishina, Y. *J. Mol. Catal. A: Chem.* **2013**, *368*, 31. (b) Subramanian, T.; Pitchumani, K.; Kumarraja, M. *J. Mol. Catal. A: Chem.* **2012**, *363*, 115. (c) Cui, H.; Hua, M.; Ma, J.; et al. *Chem. Commun.* **2011**, *47*. 1631. (d) Li, L.; Mao, L.; Xie, Y. *J. Chem. Res.* **2013**, *37*. 476.

[2] Debjit, D.; Sanjay, P.; Sujit, R. *J. Org. Chem.* **2013**, *78*, 2430.

[3] Kang, Q.; Zhang, Y. *Org. Biomol. Chem.* **2011**, *9*, 6715.

[4] (a) Casebier, D.; Coffen, D.; Fokas, D.; et al. *Tetrahedron* **1998**, *54*, 4085. (b) Brown, C.; Chong, J.; Shen, L. *Tetrahedron* **1999**, *55*, 14233. (c) Beam, C.; Downs, J.; Greer, H.; et al. *Synth. Commun.* **2000**, *30*, 2175.

[5] Dannhardt, G.; Kiefer, W.; Kraemer, G.; et al. *Eur. J. Med. Chem.* **2000**, *35*, 499.

[6] (a) Nelson, A.; Warren, S. *J. Chem. Soc., Perkin Trans. 1* **1999**, *23*, 3425. (b) Johnson, C.; Schroeck, C. *J. Am. Chem. Soc.* **1971**, *93*, 5303.

[7] Brown, C.; Chong, J.; Shen, L. *Tetrahedron* **1999**, *55*,

14233.

[8] Hernandez-Torres, G.; Tan, B.; Barbas, C. F. *Org. Lett.* **2012**, *14*, 1858.

[9] Guo, S.; Xie, Y.; Hu, X.; Huang, H. *Org. Lett.* **2011**, *13*, 5596.

[10] Endo, K.; Ogawa, M.; Shibata, T. *Angew. Chem. Int. Ed.* **2010**, *49*, 2410.

[刘海兰，河北师范大学化学与材料科学学院；XCJ]

醋酸碘苯

【英文名称】 (Diacetoxyiodo)benzene

【分子式】 $C_{10}H_{11}IO_4$

【分子量】 322.1

【CAS 登录号】 [3240-34-4]

【缩写和别名】 DIB，Phenyliodine(III) diacetate，IBD，Iodobenzenediacetate，乙酸碘苯

【结构式】

【物理性质】 白色固体，mp 163~165 ℃。溶于醋酸、乙腈、二氯甲烷，不溶于水。

【制备和商品】 国内外试剂公司均有销售。由碘苯与过氧乙酸反应制得[1,2]。可在醋酸 (5 mol/L) 中重结晶纯化[2]。

【注意事项】 室温储存。

烯烃的氧化 $PhI(OAc)_2$ 与烯烃反应可得到双羟基化的产物，通过反应条件的不同可控制产物的构型 (式 1)[3]。在引入其它亲核试剂 [如：KSCN，Me_3SiSCN，$(PhSe)_2$，$Et_4N^+Br^-$] 时，可得到反式加成产物 (式 2)[4]。

$$\text{式 (1)}$$

$$\text{式 (2)}$$

重排反应和裂解反应 一级胺的 Hoffmann 重排反应最初是使用醋酸碘苯在 KOH 的 MeOH 溶液中实现的[5]，通过该方法可以非常简便地合成苯并噁唑啉酮 (式 3)。此外，使用 $PhI(OAc)_2$ 和催化量的 NaN_3 可在室温下将 2-芳基乙酸转化为相应的醛或酮 (式 4)[6]。

$$\text{式 (3)}$$

$$\text{式 (4)}$$

醇的氧化 1° 和 2° 醇在催化量的 TEMPO 作用下与 $PhI(OAc)_2$ 反应可以较高收率得到相应的醛或酮。该反应可在室温下顺利进行，并且对几乎所有溶剂都具有良好的兼容性 (式 5)[7]。

$$PhI(OAc)_2 + \overset{OH}{\underset{R^1}{\wedge}} \xrightarrow[55\%\sim95\%]{\substack{TEMPO\ (cat.) \\ CH_2Cl_2}} PhI + \overset{O}{\underset{R^1}{\wedge}} + AcOH \quad (5)$$

若在上述体系中加入醋酸铵 (NH_4OAc) 作为胺源，则可实现由醇羟基到氰基的一步转化。该体系反应条件温和，对苄醇、烯丙醇和脂肪醇等都具有良好的适用性 (式 6)[8]。

$$\text{式 (6)}$$

自由基反应 $PhI(OAc)_2$ 常被用作有效的自由基引发剂，在光照或加热的条件下可以产生活性自由基物种。如式 7 所示[9]：β,γ-不饱和腙可在 $PhI(OAc)_2$ 作用下产生自由基，接着该自由基被分子内的双键捕获生成吡唑啉类衍生物。

$$\text{式 (7)}$$

$PhI(OAc)_2$ 产生的活性自由基也可以引发羧酸底物的脱羧反应。如式 8 所示[10]：α,β-不饱和羧酸与苯磺酸钠在 $PhI(OAc)_2$ 的作用下可实现脱羧偶联。

$$\text{(8)}$$

烯烃的环氧化和氮杂环丙烷化反应　在手性 Ru(II) 配合物的催化下，烯烃与 PhI(OAc)$_2$ 反应以适中的 ee 值得到双键环氧化的产物 (式 9)[11]。

$$\text{(9)}$$

烯烃可在适当胺源存在的条件下与 PhI(OAc)$_2$ 反应生成氮杂环丙烷化产物，这类反应常用的催化剂包括 Ru、Rh 和 Cu 的配合物。通过手性配合物可对产物的手性进行控制。如式 10 所示[12]：苯乙烯在铜催化下与 PhI(OAc)$_2$ 反应，以芳基磺酰胺作为胺源成功实现了双键的氮杂环丙烷化。

$$\text{(10)}$$

烯烃的环丙烷化反应　烯烃或炔烃在 PhI(OAc)$_2$ 的作用下，与碳亲核试剂反应可以得到双键或三键的环丙烷化产物。该反应条件温和，对多种底物都取得了很好的收率 (式 11)[13]。

$$\text{(11)}$$

C–H 键胺化反应　许多含氮底物可在过渡金属的催化下与醋酸碘苯反应，实现选择性的碳氢键胺化。含杂原子的导向基团可通过与过渡金属配位，选择性活化杂原子 β-位的 C–H 键，通过还原消除最终实现 C–H 键的胺化 (式 12)[14]。

$$\text{(12)}$$

在 PhI(OAc)$_2$ 作氧化剂的条件下，具有给电子取代基的苯环可以与芳香胺反应实现 C–H 键的胺化。该反应条件温和且不需要过渡金属催化剂，对于多种底物都具有很好的适用性 (式 13)[15]。

$$\text{(13)}$$

C–H 键氧化反应　催化量的 Ph(OAc)$_2$ 在 PhI(OAc)$_2$ 的作用下可直接实现带有导向基团底物的碳-氢键的氧化，生成乙酰氧基化或甲氧基化的产物 (式 14)[16]。

$$\text{(14)}$$

C–C 键的形成反应　磺酰胺类底物可在醋酸碘苯的作用下与噻吩反应实现无金属催化的 C–C 键偶联 (式 15)[17]；同时，在金催化剂的作用下，醋酸碘苯可作为氧化剂实现 C–H 键活化，并形成 C–C 键 (式 16)[18]。

$$\text{(15)}$$

$$\text{(16)}$$

杂原子的氧化反应　如式 17 所示[19]：PhI(OAc)$_2$ 对硫原子的氧化可用来脱除羰基保护基，脱除的硫醇被氧化生成酮。PhI(OAc)$_2$ 还用于氧化有机铋和有机锑化合物。如式 18 所示[20]：三芳基锑化合物可在温和的条件下被氧化，得到五价的二醋酸锑化物。

$$\text{(17)}$$

$$\text{(18)}$$

参 考 文 献

[1] Lucas, H. J.; Kennedy, E. R.; Formo, M. W. *Org. Synth.* **1942**, *22*, 70.

[2] Sharefkin, J. G.; Saltzman, H. *Org. Synth.* **1963**, *43*, 62.

[3] Zhong, W.; Yang, J.; Meng, X.; Li, Z. *J. Org. Chem.* **2011**, *76*, 9997.

[4] De Mico, A.; Margarita, R.; Mariani, A.; Piancatelli, G. *Chem. Commun.* **1997**, 1237.

[5] Prakash, O.; Batra, H.; Kaur, H.; et al. *Synthesis* **2001**, 541.

[6] Telvekar, V.; Sasane, K. *Synlett* **2010**, 2778.

[7] De Mico, A.; Margarita, R.; Parlanti, L.; et al. *J. Org. Chem.* **1997**, *62*, 6974.

[8] Vatèle, J.-M. *Synlett* **2014**, *25*, 1275.

[9] Hu, X. Q.; Feng, G.; Chen, J. R.; et al. *Org. Biomol. Chem.* **2015**, *13*, 3457.

[10] Katrun, P.; Hlekhlai, S.; Meesin, J.; et al, *Org. Biomol. Chem.* **2015**, *13*, 4785.

[11] Tse, M. K.; Bhor, S.; Klawonn, M.; et al. *Tetrahedron Lett.* **2003**, *44*, 7479.

[12] Han, H.; Park, S. B.; Kim, S. K.; Chang, S. *J. Org. Chem.* **2008**, *73*, 2862.

[13] Lin, S.; Li, M.; Dong, Z.; Liang, F.; Zhang, *J. Org. Biomol. Chem.* **2014**, *12*, 1341.

[14] McNally, A.; Haffemayer, B.; Collins, B. S. L.; Gaunt, M. J. *Nature* **2014**, *510*, 129.

[15] Manna, S.; Serebrennikova, P. O.; Utepova, I. A.; et al. *Org. Lett.* **2015**, *17*, 4588.

[16] Reddy, B. V. S.; Revathi, G.; Reddy, A. S.; Yadav, J. S. *Tetrahedron Lett.* **2011**, *52*, 5926.

[17] Jean, A.; Cantat, J.; Bérard, D.; Bouchu, D.; Canesi, S. *Org. Lett.* **2007**, *9*, 2553.

[18] Ball, L. T.; Lloyd-Jones, G. C.; Russell, C. A. *Science* **2012**, *337*, 1644.

[19] Shi, X.-X.; Wu, Q.-Q. *Synth. Commun.* **2000**, *30*, 4081.

[20] Kang, S.-K.; Ryu, H.-C.; Lee, S.-W. *J. Organomet. Chem.* **2000**, *610*, 38.

[李明睿，王东辉*，中国科学院上海有机化学研究所；WXY]

碘化钾

【英文名称】 Potassium iodide

【分子式】 KI

【分子量】 160.00

【CAS 登录号】 [7681-11-0]

【结构式】 KI

【物理性质】白色粉末，mp 680 ℃，bp 1330 ℃，ρ 3.130 g/cm³ (20 ℃)。在水中的溶解度为 1430 g/L

(20 ℃)，在乙醇中的溶解度为 20 g/L (20 ℃)。可溶于丙酮，微溶于乙醚、氨。

【制备和商品】 各试剂公司均有销售。一般不在实验室制备。

【注意事项】 在潮湿空气中微有吸湿性。久置因析出游离碘而变成黄色，并能形成微量碘酸盐。光及潮湿能加速其分解，需避光防潮保存。

卤代烃 (氯、溴) 在进行亲核取代反应时，若有碘化钾或其它碘离子的参与，则可以加快反应速度。反应过程中碘离子与氯(溴)代烃首先发生卤素交换，生成高活性的碘代烃 (式 1)，再与底物进行亲核取代反应。同时碘离子作为离去基团，一旦完成亲核取代反应，从产物中离去后，又可进一步活化体系中尚未参与反应的卤代烃。作为常见的亲核试剂，KI 常出现在亲核取代反应中，而且其亲核性比氯、溴更强[1]。卤素相同，烃基结构不同的卤代烷，其活性顺序为 1° > 2° > 3°。

$$RX + KI \xrightarrow[X=Cl, Br]{CH_3COCH_3} RI + NaX \qquad (1)$$

通过芳香重氮盐来制备碘代芳烃是有机合成中非常重要的一个亲核取代反应 (式 2)[2]。

$$\qquad (2)$$

另一种由 KI 制备碘代芳烃的方法如式 3 所示[3,4]：先用三氧化二铊与含水三氟乙酸加热反应制取三氟乙酸铊，然后在三氟乙酸存在的情况下加入芳烃，生成 (三氟乙酸)芳基铊。最后将 (三氟乙酸)芳基铊与碘化钾水溶液反应，便可得到碘代芳烃。

$$\qquad (3)$$

在碘化钾和三氯化铝 (或四氯化钛) 的作用下，一些 α-卤代酮与羰基化合物在无水四氢呋喃中发生缩合反应，选择性地生成了 (E)-α,β 不饱和酮 (式 4)[5]。其中 α-溴代苯乙酮和苯甲醛及其衍生物的反应产率较好，苯基取代的 α,β 不饱和醛也能得到相应的反应产物，脂肪族 α,β 不饱和醛的反应结果较差。芳香族酮或脂肪族酮与 α-溴代苯乙酮不能发生该类反应。

$$(4)$$

3,4-双(二溴甲基)苯甲酸苯酯与反式丁烯二腈在 DMF 及碘化钾存在下发生反应[6,7]，可得到相应的萘二腈衍生物 (式 5)[7]。

$$(5)$$

此外，KI 在甲酸或乙酸存在的条件下可以使芳基甲基醚发生高效的裂解反应[8]，KI/H_3PO_4 可以使四氢呋喃转变为 1,4-二碘丁烷[9]，KI/三氟化硼醚化物可以裂解甲基醚、烯丙基醚、苄基醚，并能使环烷基醚开环生成相应的碘代醇[10]。

参 考 文 献

[1] Rong, G.-B. Fundamentals of University Organic Chemistry (Second), *ECUST Press, Shanghai*, **2006**, p268.

[2] 徐克勋. 精细有机化工原料及中间体手册[M]. 北京：化学工业出版社，**1998**，3-259.

[3] Braun, S. L.; Duermeyer, E.; Jacob, K.; Vogt, W. *Z. Naturforsch., Tell B* **1983**, *38B*, 696

[4] Taylor, E. C.; Kienzle, F.; McKillop, A. *Org. Synth., Coll.* **1988**, *6*, 709.

[5] Lin, R. G; Chen, L.Y; Zhang, Y. M. *Chin. J. Org. Chem.* **1990**, *10*, 454.

[6] Chen, L. Y; Chen, X. J; Zhang, Q. S; Shen, Y. J; *Chin. J. Org. Chem.* **2014**, *34*, 220.

[7] Plater, M. J.; Jeremiah, A.; Bourhill, G . *J. Chem. Soc. Perkin Trans. 1*, **2002**, 91.

[8] Mustafa, A.; Sidky, M. M.; Mahran, M. R. *Ann. Chem.* **1967**, *704*, 182.

[9] Stone. H.; Shechter, H. *Org. Synth., Coll.* **1963**.*4*, 543.

[10] Mandal, A. K.; Soni, N. R.; Ratnam, K. R. *Synthesis* **1985**, 274.

[杜世振，中国科学院化学研究所；XCJ]

靛红酸酐

【英文名称】 Isatoic anhydride

【分子式】 $C_8H_5NO_3$

【分子量】 163.13

【CAS 登录号】 [118-48-9]

【缩写和别名】 衣托酸酐，4H-3,1-苯并噁嗪-2,4(1H)-二酮

【结构式】

【物理性质】 白色棱状结晶，mp 233 $^\circ$C，ρ 1.52 g/cm^3。溶于乙醇、1,4-二氧六环。

【制备和商品】 国内外化学试剂公司均有销售。也可由以下不同途径合成[1]：

【注意事项】 对眼睛有刺激性，与皮肤接触可能导致过敏。

靛红酸酐是一种多用途的中间体，可用作合成染料、颜料、化妆品添加剂、聚合物添加剂、农用化学品、纺织和造纸化学品、润滑油添加剂和腐蚀抑制剂等。

在水溶液和 Fe_3O_4 纳米颗粒或离子液体存在下，靛红酸酐、胺与醛进行环化缩合反应，生成 2,3-二氢喹唑啉-4(1H)-酮衍生物。这类化合物是许多药物 (如避孕药、抗细菌药和抗真菌药等) 的基本骨架 (式 1)[2]。

$$(1)$$

R^1 = Ar, alkyl
R^2 = Ar, H

I = nano-Fe_3O_4 (15 mol%), H_2O, 100 $^\circ$C
II = [bmim][BF_4]-H_2O (3:2), 80 $^\circ$C

在硫酸铝钾的存在下，靛红酸酐与吲哚二酮和胺可发生串联反应，生成 1'H-螺 (异吲哚-1,2'-喹唑啉)-3,4'(3'H)-二酮 (式 2)[3]。

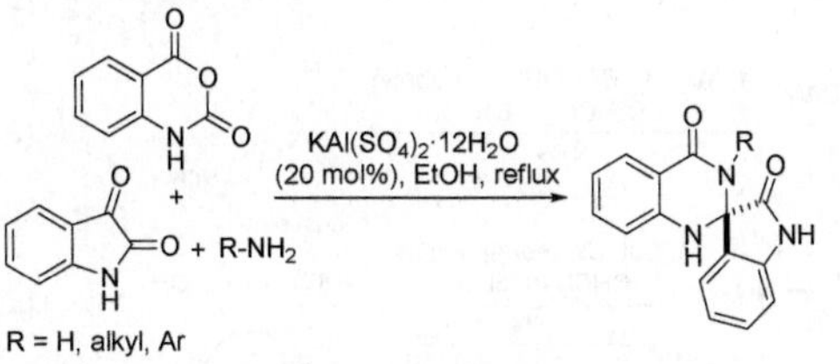

$$
(2)
$$

R = H, alkyl, Ar

在 Ni(cod)$_2$ 的催化下，靛红酸酐和炔烃反应得到喹唑啉-4-酮 (式 3)[4]。

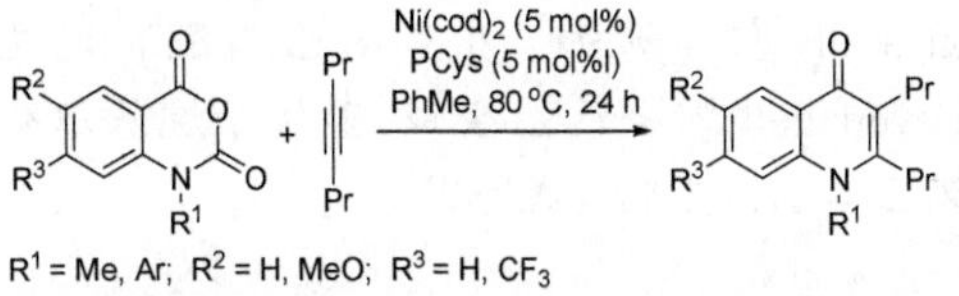

$$
(3)
$$

R^1 = Me, Ar；R^2 = H, MeO；R^3 = H, CF$_3$

靛红酸酐可用于合成具有微管蛋白聚合抑制作用的化合物 2-苯乙烯喹唑啉-4-酮。在 1-甲基咪唑和三氟乙酸的双催化作用下，与有机胺、三乙基原乙酸酯反应，首先生成 2-甲基喹唑啉-4-酮，然后再与醛发生 Knoevenagel 缩合反应生成 2-苯乙烯喹唑啉-4-酮 (式 4)[5]。

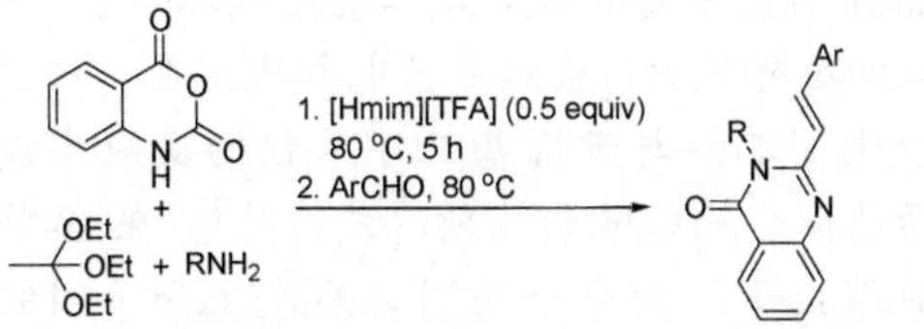

$$
(4)
$$

靛红酸酐和氨基酸反应生成的酰胺在三氯氧磷作用下发生环化反应，可以生成 2,3-二氢喹唑啉-4(1H)-酮 (式 5)[6]。

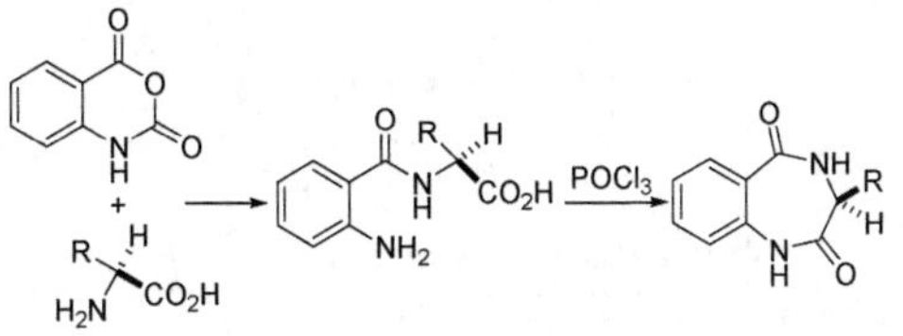

$$
(5)
$$

靛红酸酐与 2-氨基硫酚或 2-氨基苯酚的环化缩合反应，可用于合成 2-芳基苯并噁唑或 2-芳基苯并噻唑 (式 6)[7]。

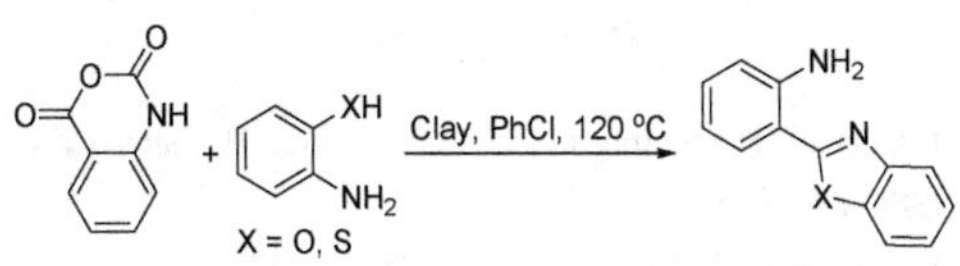

$$
(6)
$$

X = O, S

通过二胺、醛和靛红酸酐制备的 Schiff 型多齿配体，广泛应用于超分子化学领域 (式 7)[8]。

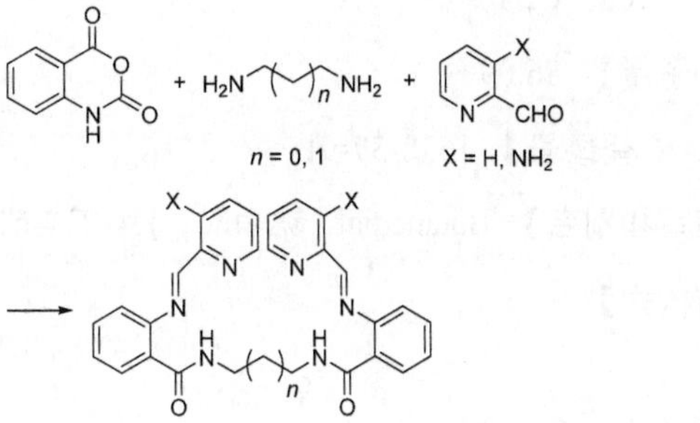

$$
(7)
$$

n = 0, 1

X = H, NH$_2$

靛红酸酐可用于制备天然产物 Fuligocandines A 和 B。其中 Eschenmoser 环硫收缩 (Eschenmoser episulfide contraction) 反应是合成具有生物活性的 Cycloanthranilylproline 衍生物的关键步骤 (式 8)[9]。

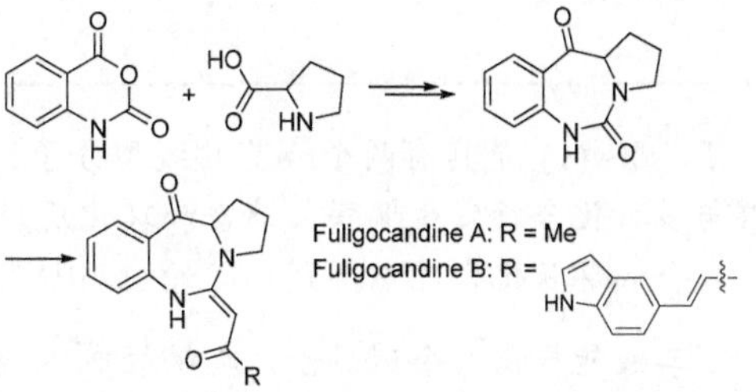

Fuligocandine A: R = Me
Fuligocandine B: R =

$$
(8)
$$

参 考 文 献

[1] Deligeorgiev, T.; Vasilev, A.; Vaquero, J. J.; Alvarez-Builla, J. *Ultrason. Sonochem.* 2007, 14, 497.

[2] Zhang, Z. H.; Lu, H. Y.; Yang, S. H.; Gao, J. W. *J. Comb. Chem.* 2010, 12, 643.

[3] Mohammadi A. A.; Dabiri, M.; Qaraat, H. *Tetrahedron* 2009, 65, 3804.

[4] Yoshino, Y.; Kurahashi, T.; Matsubara, S. *J. Am. Chem. Soc.* 2009, 131, 7494 .

[5] Dabiri, M.; Baghbanzadeh, M.; Delbari, A. S. *J. Comb. Chem.* 2008, 10, 700.

[6] Bakavoli, M.; Davoodnia, A.; Shahnaee, R. *Chin. Chem. Lett.* 2008, 19, 12.

[7] Gajare, A. S.; Shaikh, N. S.; Jnaneshwara, G. K.; et al. *J. Chem. Soc., Perkin Trans. 1* 2000, 999.

[8] Swamy, S. J.; Suresh, K.; Someshwar, P.; Nagaraju, D. *Synth. Commun.* 2004, 34, 1847.

[9] Pettersson, B.; Hasimbegovic, V.; Bergman, J. *Tetrahedron Lett.* 2010, 51, 238.

[张巽，巨勇*，清华大学化学系；JY]

丁二醛

【英文名称】 Succinaldehyde

【分子式】 $C_4H_6O_2$

【分子量】 86.09

【CAS 登录号】 [638-37-9]

【缩写和别名】 Butanedial，琥珀醛，1,4-丁二醛

【结构式】

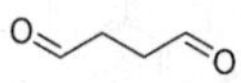

$$O=\!\!\!\!\diagup\!\!\!\!\diagdown\!\!\!\!\diagup\!\!\!\!=\!O$$

【物理性质】 无色液体，mp 169 °C (分解)，ρ 1.064 g/cm³。溶于水、乙醇、乙醚、乙酸等有机溶剂。

【制备和商品】 国内外化学试剂公司均有销售。

【注意事项】 该试剂高度易燃，对皮肤和眼睛有较强的刺激性。

丁二醛 (1) 是具有两个醛基的线型分子，能够与多种化合物发生偶联、缩合和环化反应等，在合成环状化合物中得到广泛的应用[1~3]。

丁二醛能提供四个碳原子，与烯烃等不饱和化合物可以进行环化加成反应。例如：在铂催化剂存在下，三烯化合物的共轭 1,3-二烯首先与硼酸酯进行选择性的双硼化反应生成手性的烯丙基硼化物。然后，再与丁二醛进行环化反应生成手性的烯基和烷基取代的 1,4-环己二醇衍生物 (式 1)[4]。在 L-脯氨酸催化下，丁二醛与亚胺发生 [3+2] 环加成反应得到手性吡咯烷 (式 2)[5]。在三氟化硼催化下，丁二醛与烯烃和甲胺发生 [3+2+1] 环加成反应，以中等产率生成氮杂环[3.2.1]辛烷酮化合物 (式 3)[6]。在有机催化剂存在下，丁二醛作为 1,3-偶极子与 β 硝基苯乙烯发生 Michael-Henry 环化反应生成多取代环戊烷 (式 4)[7]。

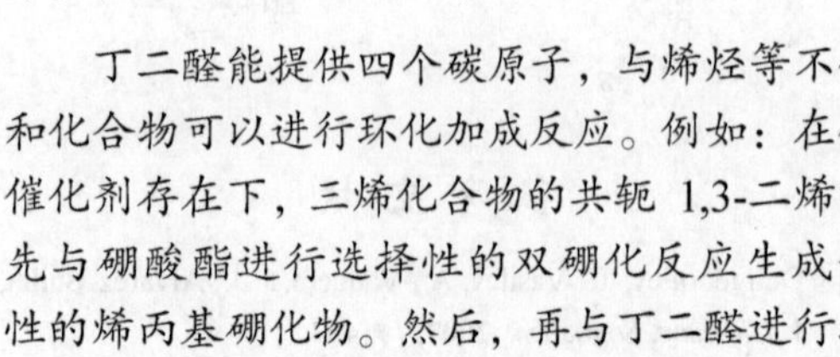

$$(1)$$

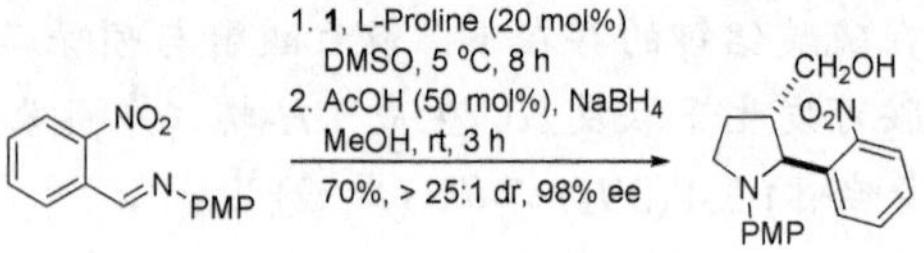

与一般的醛基一样，该试剂的醛基可以与活泼亚甲基 (例如：1,3-环己二酮) 发生 Knoevenagel 缩合反应生成 2-位亚烷基取代的环己二酮衍生物 (式 5)[8]。

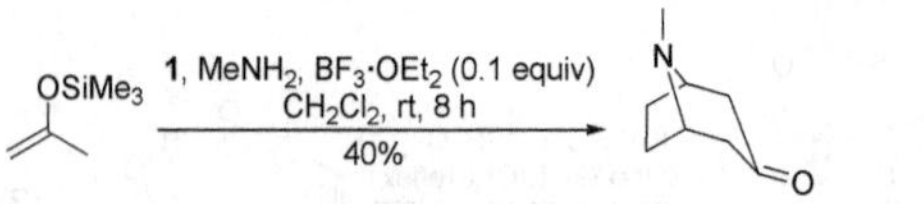

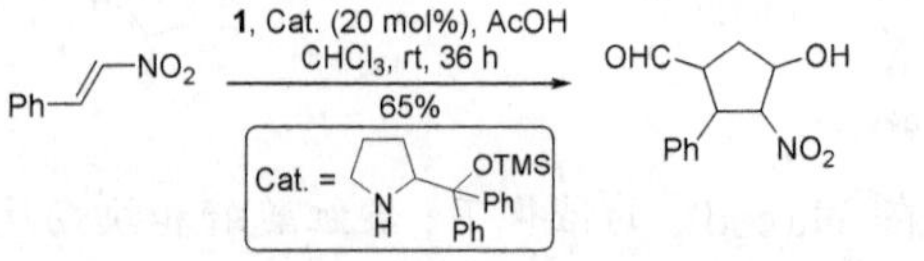

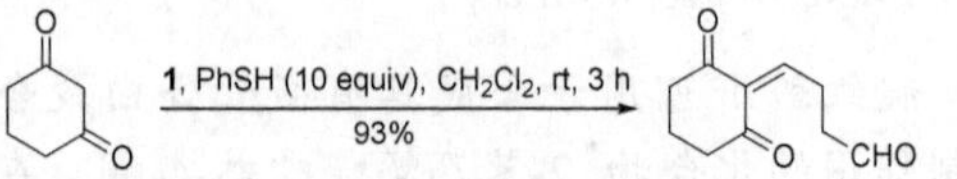

$$(2)$$

$$(3)$$

$$(4)$$

$$(5)$$

在钌的氢化物催化下，丁二醛能够发生分子内的异构环化内酯化反应生成 γ-丁内酯 (式 6)[9]。Selectfluor™ [1-chloromethyl-4-fluoro-1,4-diazoniabicyclo[2.2.2]octane bis(tetrafluoroborate), 1-氯甲基-4-氟-1,4-二叠氮双环[2.2.2]辛烷双四氟硼酸盐] 虽然是亲电氟化试剂，但能够催化丁二醛与烯丙基三丁基锡的反应生成烯丙基取代的呋喃衍生物 (式 7)[10]。在 S-脯氨酸催化下，两分子的丁二醛发生分子间的 Aldol 反应以及分子内的 Aldol 反应和脱水反应二聚环化反应，最终生成并五元双环类化合物。这些化合物可以作为合成前列腺素 $PGF_{2\alpha}$ 的中间体 (式 8)[11]。

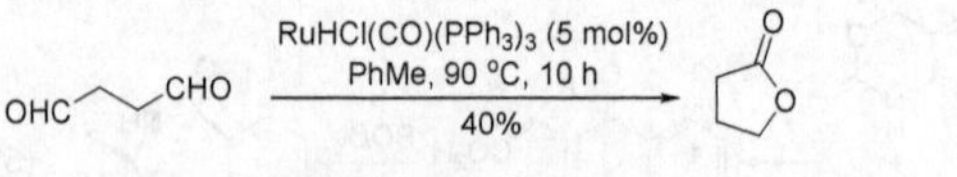

$$(6)$$

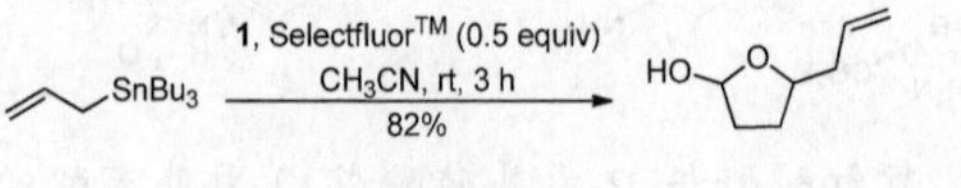

$$(7)$$

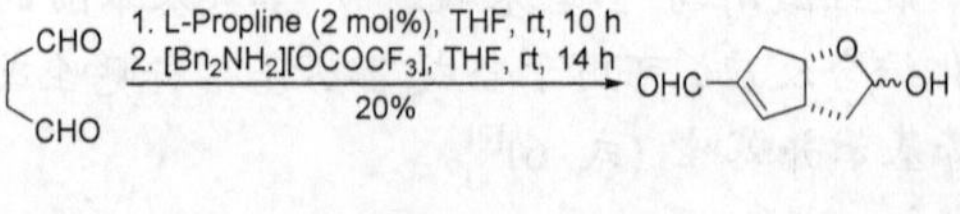

$$(8)$$

参考文献

[1] Takahashi, K.; Saiton, H.; Ogura, K.; Iida, H. *Heterocycles* **1986**, *24*, 2905.

[2] McIntosh, J. M. *J. Org. Chem.* **1988**, *53*, 447.

[3] Okamara, T.; Okamoto, Y.; Ehara, S.; et al. *Heteorcycles* **1996**, *43*, 2487.

[4] Ferris, G. E.; Hong, K.; Roundtree, I. A.; Morken, J. P. *J. Am. Chem. Soc.* **2013**, *135*, 2501.

[5] Kumar, I.; Mir, N. A.; Gupta, V. K.; Rajnikant. *Chem. Commun.* **2012**, *48*, 6975.

[6] Mikami, K.; Ohmura, H. *Chem. Commun.* **2002**, 2626.

[7] Hong, B.; Chen, P.; Kotame, P.; et al. *Chem. Commun.* **2012**, *48*, 7790.

[8] Fuchs, K.; Paquette, L. A. *J. Org. Chem.* **1994**, *59*, 528.

[9] Omura, S.; Fukuyama, T.; Murakami, Y.; et al. *Chem. Commun.* **2009**, 6741.

[10] Liu, J.; Wong, C.-H. *Tetrahedron Lett.* **2002**, *43*, 3915.

[11] Coulthard, G.; Erb, W.; Aggarwal, V. K. *Nature* **2012**, *489*, 281.

[华瑞茂，清华大学化学系；HRM]

2,3-丁二酮

【英文名称】 2,3-Butanedione

【分子式】 $C_4H_6O_2$

【分子量】 86.09

【CAS 登录号】 [431-03-8]

【缩写和别名】 Biacetyl，双乙酰

【结构式】

【物理性质】 有强烈气味的黄绿色油状液体，bp 88 ℃，ρ 0.98 g/cm^3 (15 ℃)。与醇和醚互溶，溶于大多数有机溶剂，在水中有一定的溶解度。

【制备和商品】 国内外化学试剂公司均有销售。实验室也可由丁酮的二氧化硒氧化反应制取。

【注意事项】 该试剂有害、易燃。

2,3-丁二酮是具有多种反应性的有机酮试剂，除了可以被还原成为二醇[1]、与伯胺反应生成亚胺[2]、亲核加成[3]等酮的典型反应以外，基于其邻二酮结构的性质和高反应活性，在杂环合成反应中也得到了广泛的应用。

在四氯化钛的存在下，2,3-丁二酮与丙二酸发生环化反应可生成 3-羧基-4,5-二甲基-5-羟基-呋喃-2(5H)-酮。此化合物是合成天然产物 Eudesmane 和 Elemane Sesquiterpenes 的重要前体 (式 1)[4]。

$$\text{(1)}$$

邻二酮化合物是构建多原子杂环的重要原料。在盐酸的存在下，2,3-丁二酮与肼基甲酸乙酯发生脱水反应生成亚胺衍生物。然后，再与 $SOCl_2$ 发生环化反应高产率地生成双(1,2,3-噻二唑) (式 2)[5]。

$$\text{(2)}$$

在杂多酸的存在下，2,3-丁二酮在室温与尿素发生缩合反应，定量地生成甘脲衍生物 (式 3)[6]。在微波条件下，2,3-丁二酮与乙醛和醋酸铵 (氮源) 在乙酸中反应生成 2,4,5-三甲基咪唑。该产物可简单地进一步转化为天然产物 Lepidiline B (式 4)[7]。

$$\text{(3)}$$

$$\text{(4)}$$

在微波条件下，2,3-丁二酮与酰胺与和合肼在叔丁醇钠的作用下发生环化反应则生成 1,2,4-三嗪衍生物 (式 5)[8]。

$$\text{(5)}$$

在碱或酸的存在下，2,3-丁二酮容易发生二聚或三聚等反应，不同的反应条件下生成低聚物的结构也不同。例如：该试剂在 NaOH 处理过的粉末玻璃中放置数天后，可选择性地分离得到并双氧杂五元环化合物 (式 6)[9]。在低温和浓盐酸存在下，该试剂发生的三聚反应则以较高的产率生成复杂的氧杂多环化合物 (式 7)[10]。

(6)

(7)

参 考 文 献

[1] Kitamura, M.; Ohkuma, T.; Inoue, S.; et al. Ohta, T.; Takaya, H.; Noycri, R. *J. Am. Chem. Soc.* **1988**, *110*, 629.

[2] Prasad, R. N.; Parihar, D. S. *Monatsh. Chem.* **1991**, *122*, 683.

[3] Lee, P. H.; Seomoon, D.; Lee, K. *Bull. Korean Chem. Soc.* **2001**, *22*, 1380.

[4] Schultz, A. G.; Godfrey, J. D. *J. Org. Chem.* **1976**, *41*, 3494.

[5] Cerrada, E.; Laguna, M.; Lardies, N. *Eur. J. Inorg. Chem.* **2009**, 137.

[6] Rezaei-Seresht, E.; Tayebee, R. *J. Chem. Pharm. Res.* **2011**, *3*, 103.

[7] Wolkenberg, S. E.; Wisnoski, D. D.; Leister, W. H.; et al. *Org. Lett.* **2004**, *6*, 1453.

[8] Phucho, T.; Nongpiur, A.; Tumtin, S.; et al. *ARKIVOC*, **2008** (*xv*), 79.

[9] Yankeelov, J. A., Jr.; Mitchell, C. D.; Crawford, T. H. *J. Am. Chem. Soc.* **1968**, *90*, 1664.

[10] Alexandropouiou, I.; Crabb, T. A.; Patel, A. V.; Hudec, J. *Tetrahedron* **1999**, *55*, 5867.

[华瑞茂，清华大学化学系；HRM]

丁二烯砜

【英文名称】 Butadiene sulfone

【分子式】 $C_4H_6O_2S$

【分子量】 118.15

【CAS 登录号】 [77-79-2]

【缩写和别名】 环丁烯砜，3-环丁烯砜，3-Sulfolene

【结构式】

【物理性质】 熔点 $63 \sim 66\ ^\circ C$，β 1.314，闪点 $112\ ^\circ C$，摩尔折射率 27.24，无色结晶体，易溶

于水和常用有机溶剂。

【制备和商品】 国内外化学试剂公司均有销售。市售产品如果纯度不够，可在其甲醇溶液中用活性炭处理 (每 100 g 粗品用 250 mL 甲醇和 2 g 活性炭)，过滤，即得无色、无臭的晶体。实验室制备方法：将丁二烯、二氧化硫与适量的对苯二酚在反应釜中于 100 ℃ 下反应 12 h，粗品用 50 ℃ 热水重结晶即可得到环丁烯砜 (式 1)。

(1)

【注意事项】 该试剂在阴凉干燥处保存。切勿让未稀释或大量的产品接触地下水、水道或污水系统。对眼睛、皮肤和呼吸系统有刺激性。

丁二烯砜在 $110 \sim 130\ ^\circ C$ 下失去 SO_2 可得到丁二烯，因此丁二烯砜可作为顺式丁二烯的前体化合物用于 Diels-Alder 等反应中。

得益于丁二烯砜的特殊结构，其与 NBS 发生加成反应，所得加成产物与二甲胺反应最终可生成二胺化合物 (式 2)[1,2]。

(2)

丁二烯砜可以与 α,β 不饱和酮发生亲核加成反应，经过一系列转化得到刚性环化物 (式 3)[3]。该环化产物在药物化学和材料化学领域均有广泛的应用。

(3)

丁二烯砜具有碳-碳双键，可与多卤代甲烷在光照或者过氧化物的条件下进行加成反应。所得产物在 KOH 的条件下发生两步消除反应，得到相应的不饱和杂环化合物 (式 4)[4]。

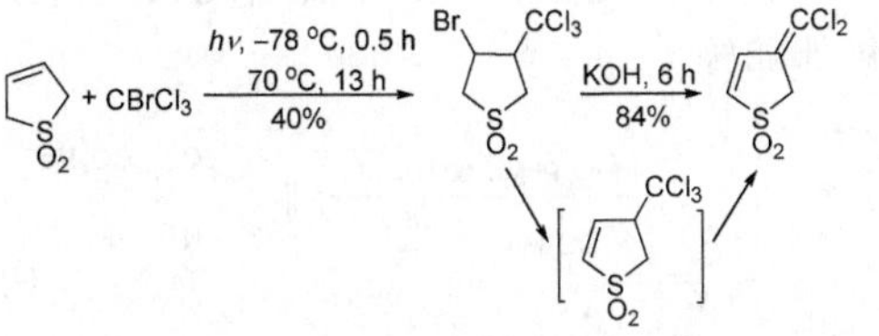

(4)

丁二烯砜同样可以与甲酸和过氧化氢作用生成相应的环氧化产物。所得的环氧化物可以发生开环反应，然后再发生取代和消除反应 (式 5)[5]。

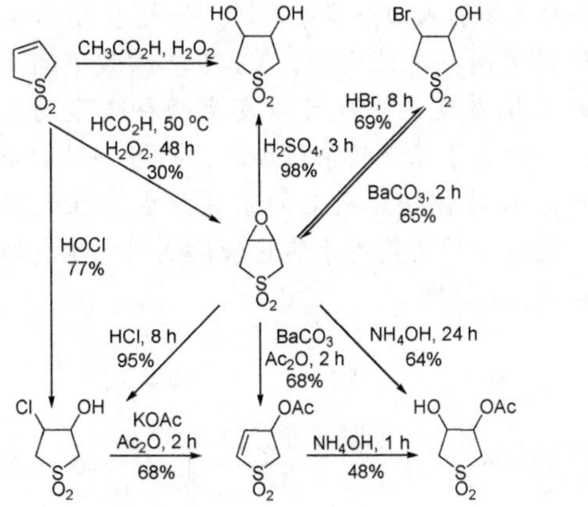

(5)

丁二烯砜与氯气在光照条件下可以生成四氯取代丁烷砜，所得衍生物发生消除反应，生成 3,4-二氯丁二烯砜 (式 6)。该化合物是很好的双烯体，可用于 Diels-Alder 反应 (式 7)[6]。

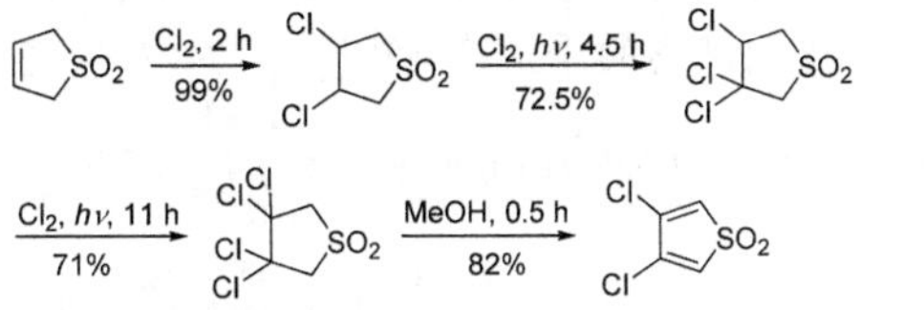

(6)

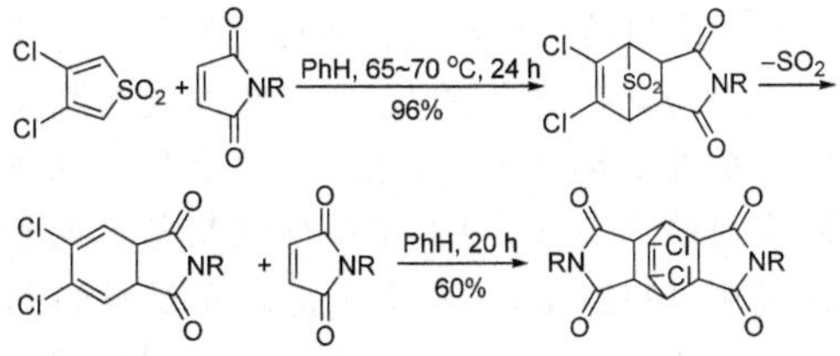

(7)

丁二烯砜的多取代产物也可以直接与炔烃发生反应，生成相应的 1,4-环己二烯衍生物 (式 8)[7]。

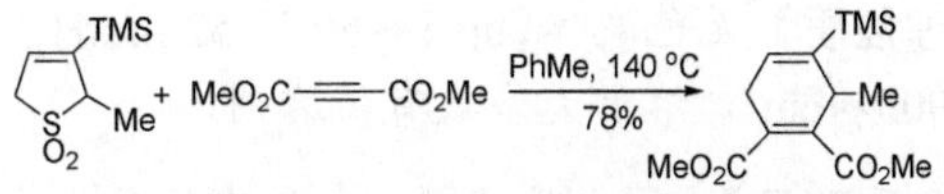

(8)

丁二烯砜可以作为丁二烯源。丁二烯及其取代产物在加热或光照条件下脱去 SO_2 生成相应的 1,3-丁二烯 (式 9)。由于取代基的立体位阻效应，使用丁二烯砜的取代物可以得到不同的顺反产物 (式 10)[8,9]。

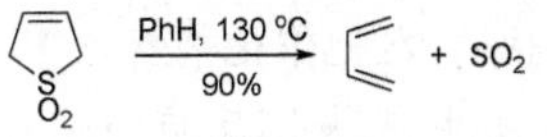

(9)

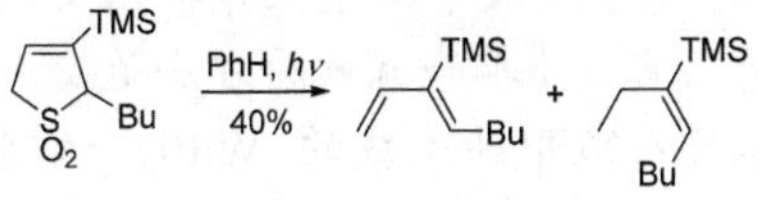

(10)

<h2>参 考 文 献</h2>

[1] Landesberg, J. M.; Siegel, M. J. Org. Chem. 1970, 35, 1674.

[2] Chou, T. S.; Chen, H. C.; Tsai, C. Y. J. Org. Chem. 1994, 59, 2241.

[3] Brant, M. G.; Bromba, C. M.; Wulff, J. E. J. Org. Chem. 2010, 75, 6312.

[4] Kharasch, M. S.; Freiman, M.; Urry, W. H. J. Am. Chem. Soc. 1948, 68, 570.

[5] Sorenson, W. R. J. Am. Chem. Soc. 1959, 24, 1796.

[6] Bluestone, H.; Bimber, R.; Berkey, R.; Mandel, Z. J. Am. Chem. Soc. 1961, 26, 346.

[7] Chou, T. S.; Tsai, C. Y.; Huang, L. J. J. Org. Chem. 1990, 55, 5410.

[8] Tao, Y. T.; Chen, M. L. J. Org. Chem. 1988, 53, 69.

[9] Chou, S. S. P.; Wey, S. J. J. Org. Chem. 1990, 55, 1270.

[林恒，崔秀灵*，郑州大学化学与分子学院；XCJ]

<h1>2,3-丁二烯酸甲酯</h1>

【英文名称】 Methyl 2,3-butadienoate

【分子式】 $C_5H_6O_2$

【分子量】 98.10

【CAS 登录号】 [18913-35-4]

【缩写和别名】 丙二烯基甲酸甲酯

【结构式】

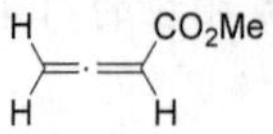

$$\text{H---C=C=C---CO}_2\text{Me (H, H)}$$

【物理性质】 无色液体，bp 59~60 °C/52 mmHg，ρ 0.905 g/cm^3。溶于大多数有机溶剂。

【制备和商品】 国内外试剂公司均有销售。

【注意事项】 该试剂在室温放置时会引起聚合生成高分子，加入阻聚剂可以延长储存时间。最好是在经蒸馏或柱色谱纯化后随即使用。

文献中已经报道的关于 2,3-丁二烯酸甲酯的制备方法有很多，例如：在钯催化剂存在下，丙炔酸酯与一氧化碳发生羰基化反应[1]或在碱性条件下使 3-丁炔酸甲酯发生异构化反应[2]等。相比较而言，简单而有效的方法是使用乙酰氯与 α-溴乙酸甲酯生成的 Wittig 试剂进行反应来制备。如式 1 所示：在室温下，使用 Et$_3$N 作为碱试剂就可以使该反应顺利地进行。

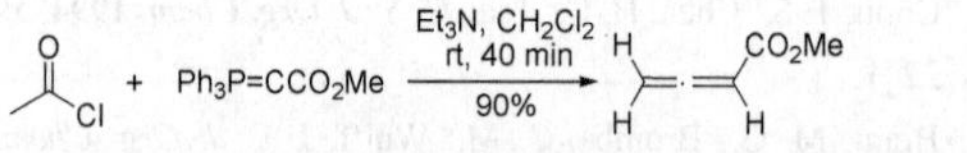

$$\text{(1)}$$

虽然 2,3-丁二烯酸甲酯中也包含有羧酸酯结构，但其反应的重要性主要来自于其丙二烯结构。丙二烯中的 sp-碳原子具有较高的电正性，因此可以与许多亲核试剂发生相应的亲核加成反应、Michael 加成反应以及环加成反应。如式 2 所示[4]：在温和条件下，2,3-丁二烯酸甲酯可以与邻羟基苯甲醛中的羟基发生亲核加成反应生成相应的烯基醚化合物。如式 3 所示[5]：如果邻位有合适的基团存在的话，生成的中间可以进一步发生分子内环化反应生成含氧杂环化合物。

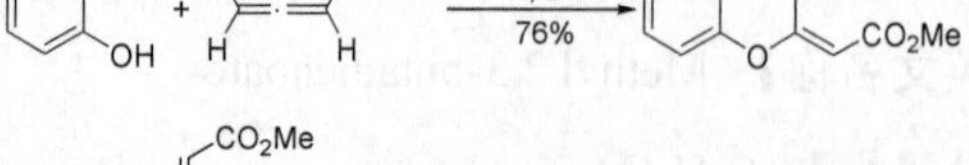

$$\text{(2)}$$

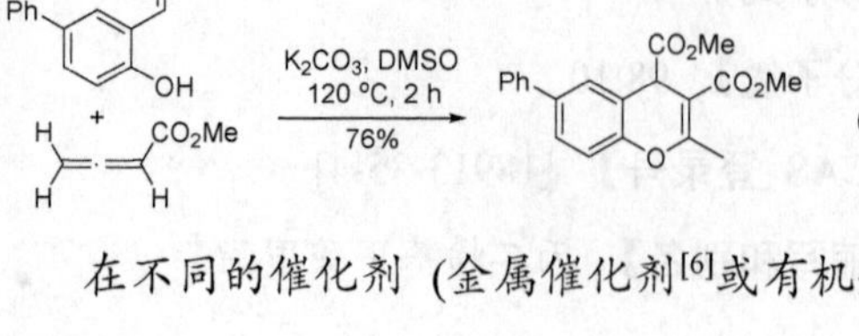

$$\text{(3)}$$

在不同的催化剂 (金属催化剂[6]或有机分子催化剂[7]) 的存在下，2,3-丁二烯酸甲酯的亲核加成反应中可以表现出很高的区域选择性。如式 4 所示[7]：邻位氨基苯酚与 2,3-丁二烯酸甲酯反应可以得到两种产物，其选择性主要决定于膦催化剂是否在反应中会引起丙二烯发生极性翻转。

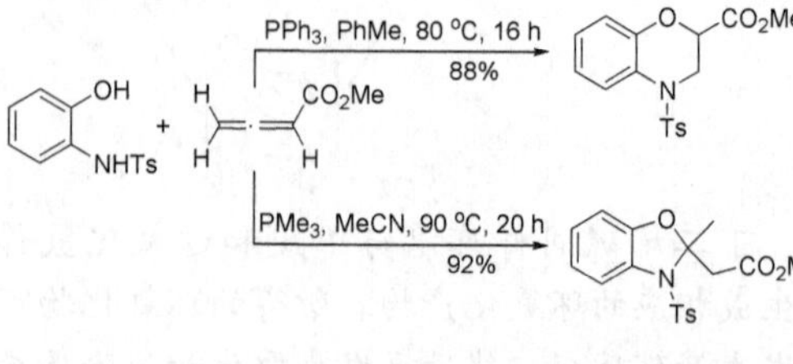

$$\text{(4)}$$

2,3-丁二烯酸甲酯也可以与活性甲基或亚甲基发生亲核加成反应，通过生成 C–C 键在底物分子中引入四个碳原子[3,8]。如式 5 所示[3]：即使使用同一种催化剂，2,3-丁二烯酸甲酯中的丙二烯在反应中也可以发生两种类型的反应：一种属于正常的亲核加成，而另一种则是经历了极性翻转后引起的亲核加成。在文献中，也有个别几篇关于其它亲核试剂发生类似反应的报道[9,10]。

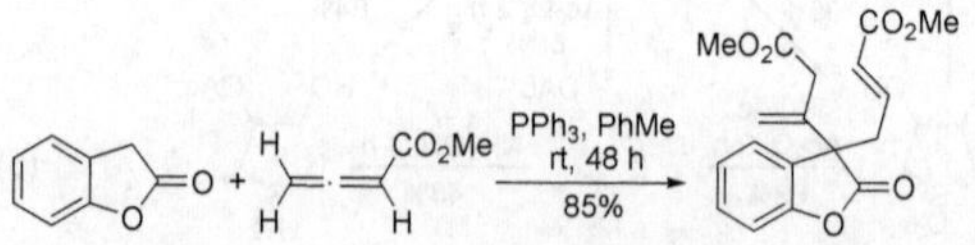

$$\text{(5)}$$

早在 1980 年[2]，就有人报道了 2,3-丁二烯酸甲酯与烯烃之间的 [2+2] 环加成反应，但该类反应的效率一直较低。最近，有人发现该反应的效率受到酯基结构的影响很大。如式 6 所示：简单地将底物分子中的甲酯替换成为苯酯就可以得到满意的结果[11]。使用手性催化剂时可以得到满意的手性产物[12]。

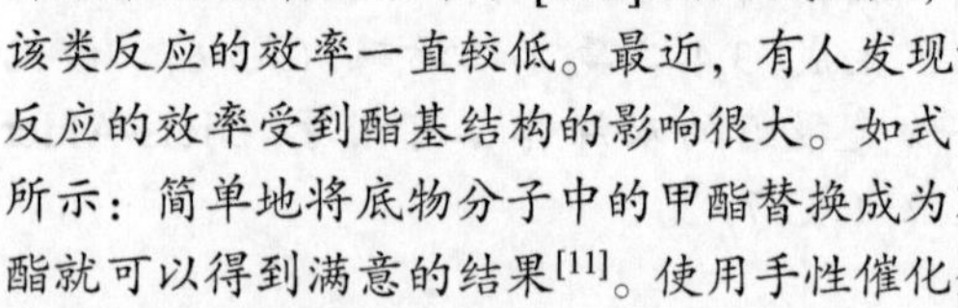

$$\text{(6)}$$

R = Ph, 6 h, 29%~98%
R = Me, 48~144 h, 35%~45%

根据使用的底物结构，利用它们与 2,3-丁二烯酸酯与烯烃之间的 [3+2] 环加成反应得到杂环或者多环产物。如图 7 所示[13]：在手性膦试剂的存在下，2,3-丁二烯酸酯与拉电子亚胺发生 [3+2] 环加成反应得到手性吡咯衍生物。如图 8 所示[14]：在手性膦试剂的存在下，2,3-丁二烯酸酯与拉电子烯烃发生分子内的 [3+2] 环加成反应，在一次反应中可以同时生成具有两个五元并环的产物。关于其它类型的环加成反应在文献中也有报道。

(7)

(8)

参 考 文 献

[1] Tsuji, J.; Sugiuha, T.; Minami, I. *Tetrahedron Lett.* **1986**, *27*, 731.

[2] Snider, B. B.; Spindell, D. K. *J. Org. Chem.* **1980**, *45*, 5017.

[3] Huang, Z.; Yang, X.; Yang, F.; Lu, T.; Zhou, Q. *Org. Lett.* **2017**, *19*, 3524.

[4] Shi, Y.-L.; Shi, M. *Org. Lett.* **2005**, *7*, 3057.

[5] Das, S. G.; Srinivasan, B.; Hermanson, D. L.; Bleeker, N. P.; Doshi, J. M.; Tang, R.; Beck, W. T.; Xing, C. *J. Med. Chem.* **2011**, *54*, 5937.

[6] Zhang, Z.; Widenhoefer, R. A. *Org. Lett.* **2011**, *13*, 5420.

[7] Szeto, J.; Sriramurthy, V.; Kwon, O. *Org. Lett.* **2011**, *13*, 5420.

[8] Bhat, B.A.; Maki, S. L.; St. Germain, E. J.; Maity, P.; Lepore, S. D. *J. Org. Chem.* **2014**, *79*, 9402.

[9] Rodríguez, A.; Albert, J.; Ariza, X.; Garcia, J.; Granell, J.; Farràs, J.; La Mela, L.; Nicolás, E. *J. Org. Chem.* **2014**, *79*, 9578-9585.

[10] Huang, Z.; Lu, Q.; Liu, Y.; Liu, D.; Zhang, J.; Lei, A. *Org. Lett.* **2016**, *18*, 3940-3943.

[11] Conner, M. L.; and Brown, M. K. *J. Org. Chem.* **2016**, *81*, 8050-8060.

[12] Conner, M. L.; Xu, Y.; Brown, M. K. *J. Am. Chem. Soc.* **2015**, *137*, 3482-3485.

[13] Henry, C. E.; Xu, Q.; Fan, Y. C.; Martin, T. J.; Belding, L.; Dudding, T.; Kwon, O. *J. Am. Chem. Soc.* **2014**, *136*, 11890-11893.

[14] Lee, S. Y.; Fujiwara, Y.; Nishiguchi, A.; Kalek, M.; Fu, G. C. *J. Am. Chem. Soc.* **2015**, *137*, 4587-4591.

[胡跃飞，清华大学化学系，HYF]

3-丁烯-三氟硼酸钾

【中文名称】 Potassium(3-butenyl)trifluoroborate

【分子式】 $C_4H_7BF_3K$

【分子量】 162.00

【CAS 登录号】 [608140-67-6]

【缩写和别名】 Potassium but-3-enyltrifluoroborate

【结构式】

【物理性质】 mp 243~245 °C (分解)。易溶于甲醇、乙腈、丙酮、DMF、DMSO 等极性溶剂，微溶于甲苯、THF、水，不溶于非极性溶剂。

【制备和商品】 有机三氟硼酸钾盐往往通过硼酸或者金属转移、硼氢化、C–H 键活化等方法制得。实验室可用价廉的 KHF_2 与格氏试剂反应合成 3-丁烯-三氟硼酸钾 (式 1)[1]。

(1)

【注意事项】 在空气和潮湿的环境中稳定，在室温下储藏。

有机三氟硼酸钾是硼酸或硼酸酯的良好替代品，具有以下突出优点：(1) 在空气和潮湿的环境中稳定；(2) 可以用便宜的原料制得；(3) 具有较强的亲核性。

3-丁烯-三氟硼酸钾兼具双键和硼化物的反应特点，但又相互影响。在双键上可以发生取代或环氧化反应，其 C–B 键可以与酮发生交叉偶联反应或者进行自由基反应。

在烯烃的环氧化反应中，3-丁烯-三氟硼酸钾和 3,3-二甲基二氧杂环丙烷反应，分子中的 C–B 键能够保留 (式 2)[2]。

(2)

烯烃双键与臭氧的氧化反应是引入羰基的有效途径。在该反应中 B–F 键抑制了 C–B 键的氧化 (式 3)[3]。

$$\text{BF}_3\text{K} \xrightarrow{\text{O}_3,\ \text{CH}_2\text{Cl}_2,\ -78\ ^\circ\text{C};\ \text{Py}} \text{O} \diagdown \text{BF}_3\text{K} \quad (3)$$

OsO$_4$ 可以将 3-丁烯-三氟硼酸钾氧化成为顺式二醇化合物，所生成的二醇是 Suzuki-Miyaura 偶联反应的良好试剂 (式 4)[4]。

$$\text{BF}_3\text{K} \xrightarrow[\text{Me}_2\text{CO}\ /t\text{-BuOH/H}_2\text{O}\ (18:1:1),\ \text{rt}]{\text{OsO}_4\ (1.3\ \text{mol\%}),\ \text{NMO}(1.0\sim1.5\ \text{equiv})} \overset{\text{HO}}{\underset{\text{KF}_3\text{B}}{}}\overset{\text{OH}}{} \quad 88\% \quad (4)$$

3-丁烯-三氟硼酸钾与 N-Boc-氨基醛发生亲核加成反应，生成 α-胺基醇 (式 5)[5]。该化合物是重要的有机合成中间体。

$$\text{BF}_3\text{K} + \underset{\text{Boc}}{\overset{\text{HN}}{}}\overset{}{}\text{H} \xrightarrow[\text{CH}_2\text{Cl}_2/\text{H}_2\text{O}]{n\text{-BuNI}\ (10\ \text{mol\%})} \underset{\text{Boc OH}}{\overset{\text{HN}}{}} \quad 93\% \quad (5)$$

如式 6 所示[6]：3-丁烯-三氟硼酸钾与乙酰苯在无催化剂的条件下可发生亲核加成反应。

$$\underset{\text{Me}}{\overset{\text{O}}{\text{Ph}}} + \text{BF}_3\text{K} \xrightarrow[\substack{40\ ^\circ\text{C},\ 24\ \text{h}\\39\%}]{\text{THF}\ (0.2\ \text{mol/L})} \underset{\text{Ph}\ \text{Me}}{\overset{\text{HO}}{}} \quad (6)$$

有机硼酸盐可以被 Cu^{2+} 氧化为烷基自由基，然后被 TEMPO 捕获 (式 7)[7]。

$$\text{BF}_3\text{K} \xrightarrow[\substack{120\ ^\circ\text{C},\ 20\ \text{h}\\75\%}]{\text{Cu(EH)}_2,\ \text{TEMPO},\ \text{DMSO}} \diagdown\diagdown\text{OTMP} \quad (7)$$

参 考 文 献

[1] Molander, G. A.; Ham, J. *Org. Lett.* **2006**, *8*, 2031.

[2] Molander, G. A.; Ribagorda, M. *J. Am. Chem. Soc.* **2003**, *125*, 11148.

[3] Molander, G. A.; Cooper, D. J. *J. Org. Chem.* **2007**, *72*, 3558.

[4] Molander, G. A.; Figueroa, R. *Org. Lett.* **2006**, *8*, 75.

[5] Cella, R.; Venturoso, R. C.; Stefani, H. A. *Tetrahedron Lett.* **2008**, *49*, 16.

[6] Schneider, U.; Kobayashi, S. *Angew. Chem. Int. Ed.* **2007**, *46*, 5909.

[7] Sorin, G.; Martinez, M. R.; Contie, Y.; et al. *Angew. Chem. Int. Ed.* **2010**, *49*, 8271.

[余海洋，崔秀灵*，郑州大学化学与分子工程学院；XCJ]

对苯二胺

【英文名称】 *p*-Phenylenediamine

【分子式】 C$_6$H$_8$N$_2$

【分子量】 108.14

【CAS 登录号】 [106-50-3]

【缩写和别名】 对二氨基苯，1,4-苯二胺

【结构式】

【物理性质】 白色至淡紫红色晶体。mp 140 ℃，bp 267 ℃。微溶于冷水，溶于热水、乙醇、乙醚、氯仿和苯。

【制备和商品】 商品化试剂。可由对硝基苯胺在酸性介质中用铁粉还原制得。

【注意事项】 可燃。暴露在空气中变成紫红色或深褐色，易升华。该化合物有毒且有很强的致敏作用，可引起接触性皮炎、湿疹和支气管哮喘。

对苯二胺在工业上用途广泛，可用于制造染料、染发剂、橡胶抗氧化剂、汽油阻聚剂及显影剂的原料等。此外在有机合成中，对苯二胺可以用来选择性地合成杂环和杂冠醚化合物，也可作为芳香族聚酰胺树状化合物的封端剂[1~5]。

在甲醇中和室温下，对苯二胺与吡啶-2-甲醛反应得到亚胺化合物。该化合物在 Cu(ClO$_4$)$_2$ 的催化下可得到高荧光强度的新型喹啉衍生物 (式 1)[6]。

$$(1)$$

在甲醇溶剂中，对苯二胺和丁炔二酸二甲酯 (DMAD) 反应得到烯胺中间体。该中间体在 Eaton's 试剂的作用下，进一步环化得到相

应的双喹啉衍生物 (式 2)[7]。

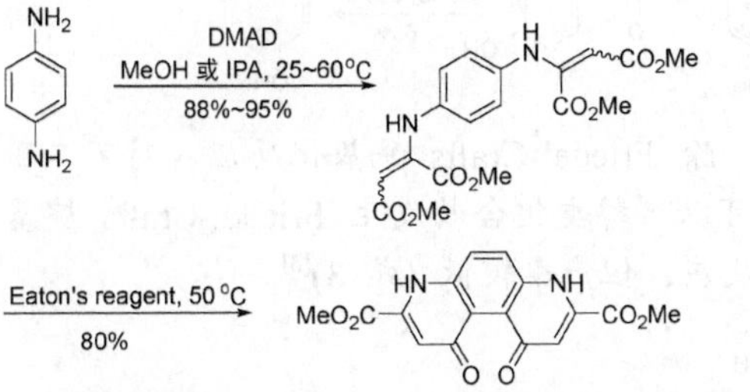

$$
\text{(2)}
$$

在 THF 溶剂中，对苯二胺与氯甲酸乙酯反应得到氨基保护的中间体。该中间体在三氟乙酸中与六亚甲基四胺 (HMTA) 作用，接着再与铁氰化钾在 KOH 水溶液中反应，选择性地将其中一个氨基转换成嘧啶环，进而得到喹唑啉化合物 (式 3)[8]。

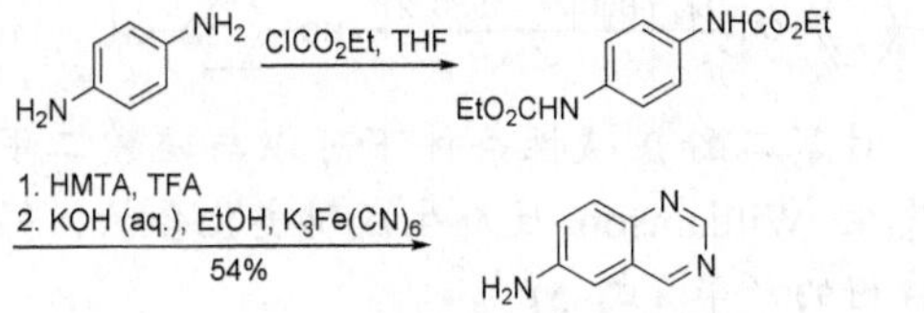

$$
\text{(3)}
$$

对苯二胺可作为连接子，用来合成双金属钌型催化剂的双-N-杂环卡宾前体 (NHC)，该催化剂可用于二聚物的置换闭环反应 (式 4)[9]。

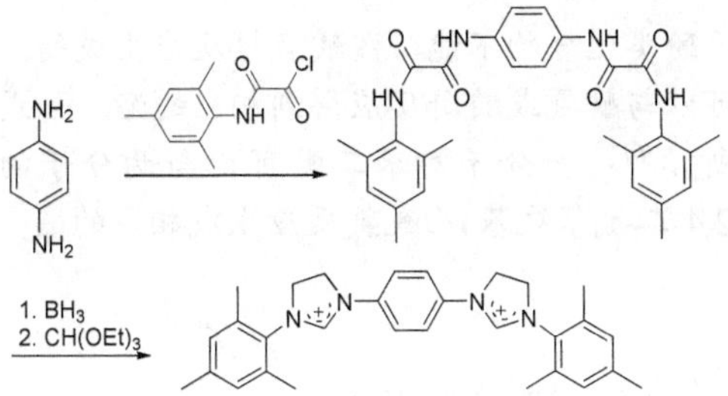

$$
\text{(4)}
$$

在银催化剂的作用下，对苯二胺和炔丙基乙烯基醚可通过"一锅法"简单地合成五取代吡咯类化合物。在一价银催化作用下，炔丙基首先发生 Claisen 重排，然后再与胺缩合。最后在一价金催化作用下发生 5-exo-dig 杂环化反应，得到吡咯取代物 (式 5)[10]。

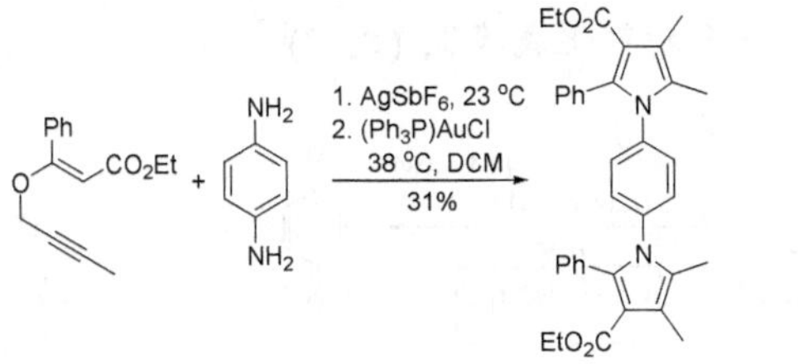

$$
\text{(5)}
$$

对苯二胺分子中的一个氨基可以选择性地转化成 2,3,5-三取代吡咯，可用于制备多取代的芳香吡咯化合物。苯甲酰三甲基硅烷、查耳酮与对苯二胺通过"一锅法"反应，可得到相应的三取代吡咯化合物 (式 6)[11]。

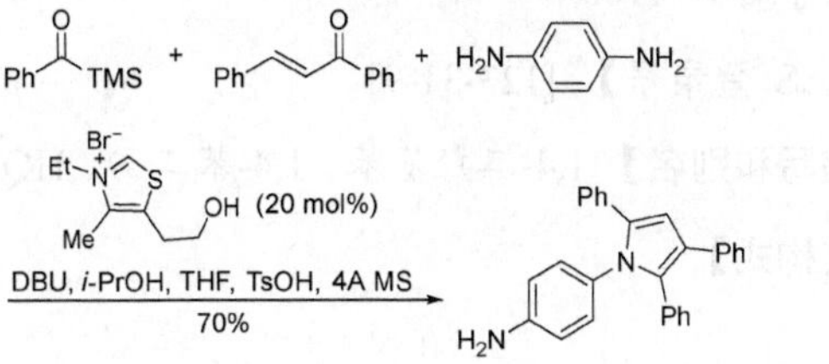

$$
\text{(6)}
$$

对苯二胺可用于对亚苯基桥联化合物的合成。将具有电化学活性的对苯二胺单元引入到冠醚主体分子中，可得到不同尺寸环大小的冠醚桥联的芳香族二胺类大环化合物。这类化合物称为 "Wurster's" 芳香环 (式 7)[4]。

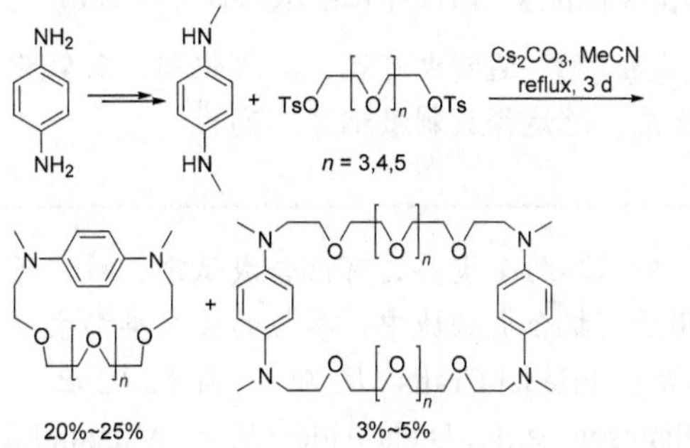

$$
\text{(7)}
$$

20%~25%   3%~5%

参 考 文 献

[1] Washio, I.; Shibasaki, Y.; Ueda, M. *Org. Lett.* **2007**, *9*, 1363.

[2] Ju, Y.; Varma, R. S. *J. Org. Chem.* **2006**, *71*, 135.

[3] Martins, M. A. P.; Cunico, W.; Brondani, S.; et al. *Synthesis* **2006**, 1485.

[4] Sibert, J. W.; Hundt, G. R.; Sargent, A. L.; Lynch, V. *Tetrahedron* **2005**, *61*, 12350.

[5] Numata, M.; Hiratani, K.; Nagawa, Y.; et al. *New J. Chem.* **2002**, *26*, 503.

[6] Koner, R. R.; Ray, M. *Inorg. Chem.* **2008**, *47*, 9122.

[7] Zewge, D.; Chen, C. Y.; Deer, C.; et al. *J. Org. Chem.* **2007**, *72*, 4276.

[8] Chilin, A.; Marzaro, G.; Zanatta, S.; et al. *Tetrahedron* **2006**, *62*, 12351.

[9] Tzur, E.; Ben-Asuly, A.; Diesendruck, C. E.; et al. *Angew. Chem. Int. Ed.* **2008**, *47*, 6422.

[10] Binder, J. T.; Kirsch, S. F. *Org. Lett.* **2006**, *8*, 2151.

[11] Mattson, A. E.; Bharadwaj, A. R.; Zuhl, A. M.; Scheidt, K. A. *J. Org. Chem.* **2006**, *71*, 5715.

[高玉霞，巨勇*，清华大学化学系；JY]

对苯二酚

【英文名称】 Hydroquinone

【分子式】 C₆H₆O₂

【分子量】 110.11

【CAS 登录号】 [123-31-9]

【缩写和别名】 1,4-二羟基苯，1,4-苯二酚，HQ

【结构式】

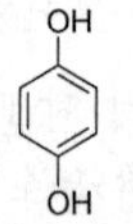

【物理性质】 针状晶体，mp 172~175 °C，ρ 1.32 g/cm³。易溶于热水、乙醇及乙醚，微溶于苯。

【制备和商品】 国内外化学试剂公司均有销售。

【注意事项】 遇明火可燃，与氧化剂、氢氧化钠反应，燃烧释放刺激烟雾。高毒。

对苯二酚是重要的有机合成试剂，被广泛应用于有机合成领域中。参与的反应类型主要包括：Friedel-Crafts 反应、卤代反应、Williamson 反应，Diels-Alder 反应、Mitsunobu 反应等。

亲电取代反应是苯酚类化合物参与的一类重要有机反应。由于酚羟基的给电子效应，苯环上的电子云密度大大增加，使得酚类化合物更容易发生亲电取代反应。其中，Friedel-Crafts 反应是一类重要的亲电取代反应。如式 1 所示[1]：对苯二酚可以与四氟邻苯二甲酸酐发生 Friedel-Crafts 酰基化反应。

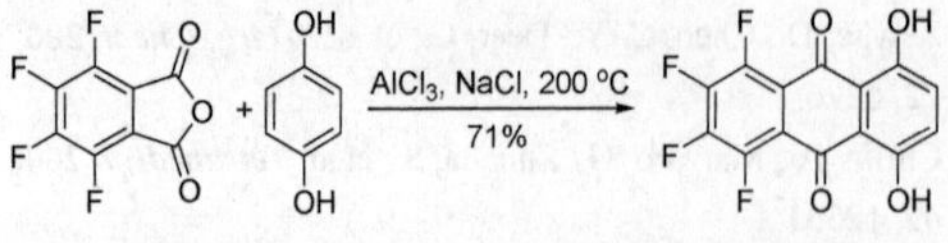

除酸酐外，对苯二酚还可以直接与羧酸类化合物发生 Friedel-Crafts 酰基化反应。如式 2 所示[2]：对苯二酚与对羟基苯乙酸发生 Friedel-Crafts 酰基化反应生成相应的酰基化的对苯二酚。

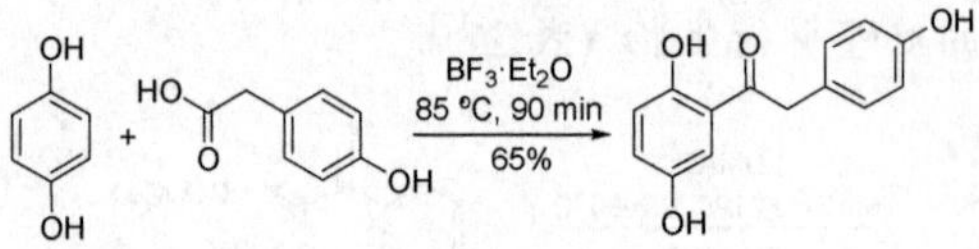

除 Friedel-Crafts 酰基化反应，对苯二酚还可以与醇类化合物发生 Friedel-Crafts 烷基化反应，但产率较低 (式 3)[3]。

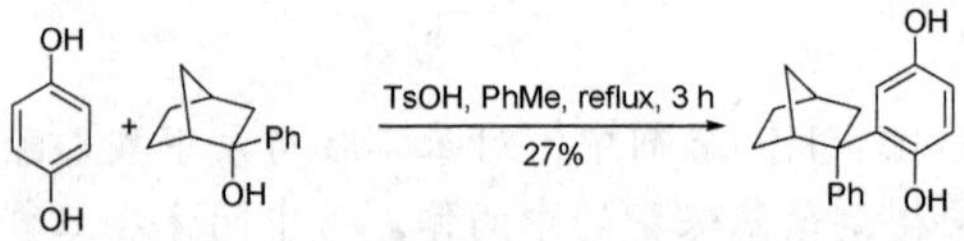

由于对苯二酚的分子中两个酚羟基对苯环的给电子作用，其单卤代反应需要在较低的温度下进行 (式 4)[4]。

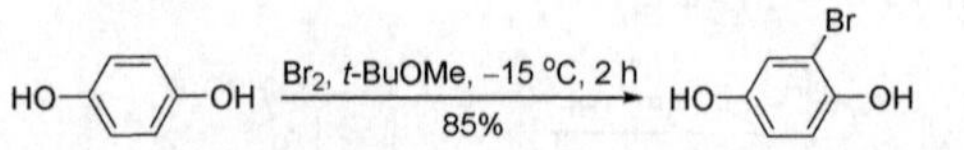

对苯二酚在碱性条件下可以与硫酸二甲酯发生 Williamson 反应生成醚类化合物，得到较好的产率 (式 5)[5]。

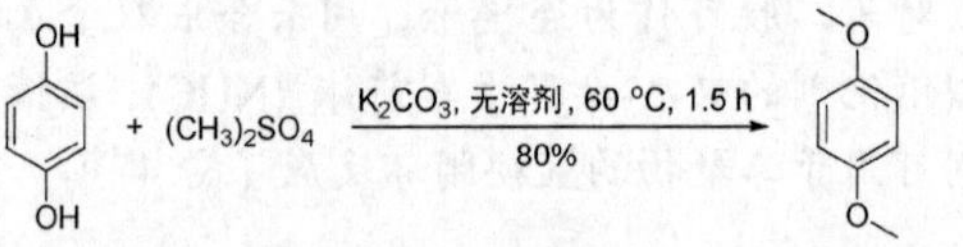

酚类化合物不能与羧酸直接反应生成酯，但可以与酰氯或酸酐反应得到相应的酯。如式 6 所示[6]：一分子对苯二酚可以与两分子的 2-(2,4-二氯苯氧基)乙酰氯反应生成相应的酯。

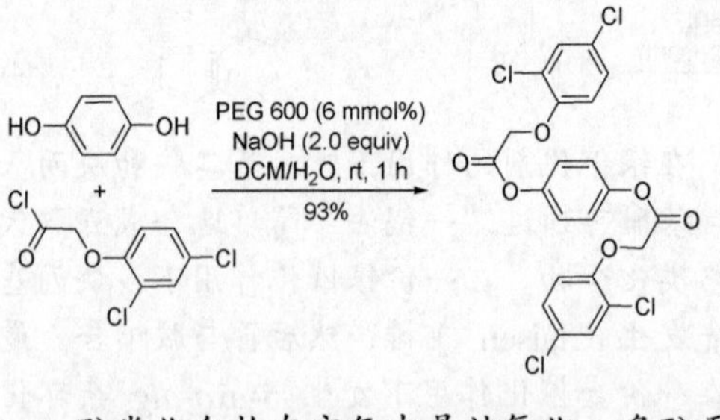

酚类化合物在空气中易被氧化，多酚更容易被氧化。对苯二酚在室温条件下就可以被高价碘化合物氧化成苯醌 (式 7)[7]。

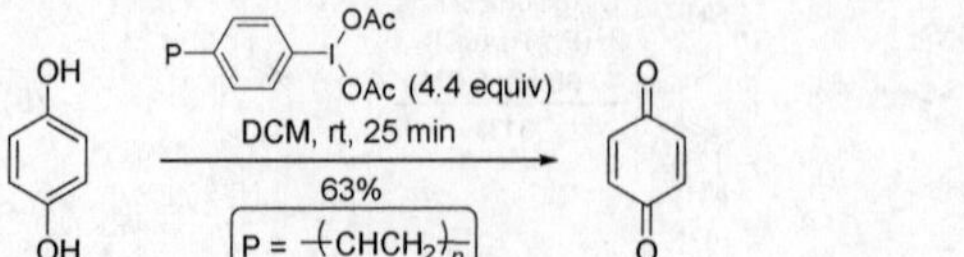

对苯二酚可以被 Pb$_3$O$_4$ 氧化生成苯醌。苯醌作为亲双烯体又可与 2-甲基-1,3-丁二烯发生 Diels-Alder 反应。该方法可以被用来合成一系列官能化的六元碳环类化合物 (式 8)[8]。

$$\text{(8)}$$

酚类化合物与醇在偶氮二羧酸二乙酯 (DEAD) 和三苯基膦的作用下可以发生 Mitsunobu 反应生成醚 (式 9)[9]。

$$\text{(9)}$$

对苯二酚在三氟甲磺酸镱的催化下，可以与乙醛酸乙酯发生苯环上的亲电取代反应生成具有光学活性的 α-羟基酸酯类化合物 (式 10)[10]。

$$\text{(10)}$$

参 考 文 献

[1] Kim, S. H.; Matsuoka, M.; Yodoshi, T.; Kitao, T. *Chem. Express* **1986**, *1*, 129.

[2] Balasubramanian, S.; Nair, M. G. *Synth. Commun.* **2000**, *30*, 469.

[3] Barrero, A. F.; Alvarez-Manzaneda, E. J.; Chahboun, R.; Díaz, C. G. *Synlett* **2000**, *11*, 1561.

[4] Macdonald, D.; Brideau, C.; Chan, C. C.; et al. *Bioorg. Med. Chem. Lett.* **2008**, *18*, 2023.

[5] Wei, T.-B.; Zhang, Y.-M.; Xing, H.-Y. *Synth. Commun.* **2000**, *30*, 485.

[6] Massah, A. R.; Mosharfian, M.; Momeni, A. R.; et al. *Synth. Commun.* **2007**, *37*, 1807.

[7] Wang, G.-P.; Chen, Z.-C. *Synth. Commun.* **1999**, *29*, 2859.

[8] Cai, G.-R.; Guan, Z.; He, Y.-H. *Synth. Commun.* **2011**, *41*, 3016.

[9] Mongin, O.; Krishna, T. R.; Werts, M. H. V.; et al. *Chem. Commun.* **2006**, 915.

[10] Zhang, W.; Wang, P. G. *J. Org. Chem.* **2000**, *65*, 4732.

[邵鹏，清华大学化学系；XCJ]

对甲苯磺酸

【英文名称】 *p*-Toluenesulfonic acid

【分子式】 C$_7$H$_8$O$_3$S

【分子量】 172.2

【CAS 登录号】 [104-15-4]

【缩写和别名】 *p*-Ts acid, *p*-TsOH

【结构式】

【物理性质】 白色针状或粉末状结晶，mp 106~107 °C，bp 116 °C，ρ 1.07 g/cm^3。极易潮解，可溶于水、醇、醚和其它极性溶剂。

【制备和商品】 国内外化学试剂公司均有销售。工业上通过用浓硫酸对甲苯发生磺化制取对甲基苯磺酸，一般不在实验室制备。

【注意事项】 该试剂能腐蚀物品，具有可燃性，在火中能放出有毒的硫化氢气体。应于低温干燥处存储，并与碱分开存放。

对甲苯磺酸可被用作对甲苯磺酸化试剂[1~3]，在催化剂 PhI 和氧化剂 *m*-CPBA 的存在下将苯乙酮的甲基氧化，得到对甲苯磺酸化产物 (式 1)[4]。

$$\text{(1)}$$

对甲苯磺酸可以对芳胺进行重氮化[5,6]，如式 2 所示[7]：芳香伯胺在 Resin-NO$_2^-$ (聚合物固载亚硝酸盐) 和对甲苯磺酸催化下反应，得到稳定存在的芳香重氮盐。

$$\text{Ar-NH}_2 \xrightarrow[\text{Ar = Ph, 63\%}]{\text{Resin-NO}_2^-/\text{TsOH, H}_2\text{O, rt}} \text{ArN}_2^+\text{TsO}^- \quad \text{(2)}$$

Ar = Ph, 63%
Ar = 2-CH$_3$-Ph, 83%
Ar = 4-CH$_3$-Ph, 86%
Ar = 2-NO$_2$-Ph, 95%

如式 3 所示[8]：对甲苯磺酸常被用于脱去 Boc 保护的胺类化合物中的 Boc 基团。

$$\text{(3)} \quad \xrightarrow[\text{83\%}]{\text{TsOH (2 equiv), MeCN, 2 h}}$$

在乙酸溶剂中,双氧水和对甲苯磺酸能将芳基二硒化合物氧化成二羟基的芳基硒盐 (式 4)[9]。

$$\text{RSeSeR} \xrightarrow[\substack{R = 4\text{-}CH_3\text{-}Ph,\ 63\% \\ R = 4\text{-}Br\text{-}Ph,\ 47\% \\ R = 4\text{-}Cl\text{-}Ph,\ 58\% \\ R = 4\text{-}NO_2\text{-}Ph,\ 72\%}]{H_2O_2,\ TsOH,\ AcOH} RSe(OH)_2{}^+TsO^- \quad (4)$$

对甲苯磺酸可以用来制备 Koser (柯泽氏) 试剂[10,11]。如式 5 所示[12]:碘代芳烃在 m-CPBA 氧化、对甲苯磺酸的存在下反应能生成相应的 Koser 试剂。

$$\text{(5)} \quad R \xrightarrow[\substack{R = H,\ 94\% \\ R = 4\text{-}CH_3,\ 95\% \\ R = 4\text{-}Cl,\ 91\% \\ R = 4\text{-}Br,\ 91\%}]{\substack{m\text{-CPBA (1 equiv), TsOH (1 equiv)} \\ DCM/TFE\ (1:1),\ rt}}$$

参 考 文 献

[1] Tanaka, A.; Togo, H. *Synlett* **2009**, *20*, 3360.

[2] Lee, J. C.; Choi, J. H. *Synlett* **2001**, *2*, 34.

[3] Akiike, J.; Togo, H.; Yamamoto, Y. *Synlett* **2007**, *14*, 2168.

[4] Yamamoto, Y.; Kawano, Y., Toyb, P. H.; Togo, H. *Tetrahedron* **2007**, *63*, 4680.

[5] Aigbirhio, F. I.; Kuschel, S.; Riss, P. J. *Tetrahedron Lett.* **2012**, *53*, 1717.

[6] Filimonov, V. D.; Gorlushko, D. A.; Krasnokutskaya, E. A.; et al. *Tetrahedron Lett.* **2008**, *49*, 1080.

[7] Filimonov, V. D.; Krasnokutskaya, E. A.; Postnikov, P.; et al. *Org. Lett.* **2008**, *10*, 3961.

[8] Baell, J. B.; Czabotar, P. E.; Fairlie, W. D.; et al. *J. Med. Chem.* **2011**, *54*, 1914.

[9] Stuhr-Hansen, N.; Henriksen, L.; Solling, T. I. *Tetrahedron* **2011**, *67*, 2633-2643.

[10] Togo, H.; Yamamoto, Y. *Synlett* **2005**, *16*, 2486.

[11] Dohi, T.; Kita, Y.; Maruyama, A.; et al. *Chem. Commun.* **2007**, *12*, 1224.

[12] Carneiro, V. M. T.; Merritt, E. A.; Olofsson, B.; et al. *J. Org. Chem.* **2010**, *75*, 7416.

[王勇,陈超*,清华大学化学系;CC]

对甲苯磺酰重氮甲烷

【英文名称】 Diazomethyl *p*-tolylsulfone

【分子式】 $C_8H_8N_2O_2S$

【分子量】 196.226

【CAS 登录号】 [1538-98-3]

【缩写和别名】 $TsCHN_2$

【结构式】

【物理性质】 稳定的黄色固体,mp 36~38 ℃。溶于大多数有机溶剂,通常在醚、CH_2Cl_2 和 THF 中使用,微溶于戊烷和己烷。

【制备和商品】 该试剂可由对甲苯磺酰甲基亚硝基碳酰胺在氧化铝的作用下合成 (式 1)[1,2]。

$$\text{(1)} \quad \xrightarrow[\text{67\%}]{Al_2O_3,\ DCM,\ 0\sim20\ ℃}$$

【注意事项】 该试剂在光照下缓慢分解,制备过程中必须避光。需要在 0 ℃ 的条件下保存。容易爆炸,不能在完全封闭的容器中保存。

对甲苯磺酰重氮甲烷在光照条件下会分解产生氮气以及卡宾的结构[3],可以进行一系列后续反应 (式 2)。

$$\text{(2)} \quad \xrightarrow{h\nu}$$

对甲苯磺酰重氮甲烷与醛在三氟化硼乙醚的作用下可以合成呋喃类化合物 (式 3)[4,5]。

$$\text{TsCHN}_2 + \text{P}-O\cdots CHO \xrightarrow[\text{70\%}]{BF_3\cdot OEt,\ -78\ ℃,\ DCM} \quad (3)$$

在 [Co(Por)] 的催化下,对甲苯磺酰重氮甲烷可以与烯烃反应生成三元环类化合物 (式 4)[6]。如式 5 所示[7]:对甲苯磺酰重氮甲烷与炔类化合物可以构建环丙烯类化合物。

$$\text{TsCHN}_2 + \text{Ph-CH=CH}_2 \xrightarrow[\text{99\%}]{[Co(Por)],\ CH_2Cl_2,\ rt,\ 24\ h} \quad (4)$$

$$\text{TsCHN}_2 + \text{RC}\equiv\text{CH} \xrightarrow[85\%]{[\text{Co(Por)}], \text{CH}_2\text{Cl}_2, \text{rt}, 24\text{ h}} \quad (5)$$

如式 6 所示[8]：对甲苯磺酰重氮甲烷与叔丁基醛在二氯化锡的作用下，以中等产率得到对甲苯磺酰基叔丁基酮。

$$\text{TsCHN}_2 + \quad \xrightarrow[67\%]{\text{SnCl}_2, \text{DCM}, \text{rt}, 24\text{ h}} \quad (6)$$

对甲苯磺酰重氮甲烷在氯化氢的乙醚溶液中反应可以得到 1-(氯甲基磺酰基)-4-甲基苯 (式 7)[9,10]。

$$\text{TsCHN}_2 \xrightarrow[87\%]{\text{HCl}, \text{Et}_2\text{O}, \text{rt}, 3\text{ h}} \quad (7)$$

参 考 文 献

[1] Largeau, C.; Casadevall, A.; Casadevall, E. *Tetrahedron* **1975**, *31*, 597.

[2] Plessis, C.; Uguen, D.; Cian, A. D.; Fischer, J. *Tetrahedron Lett.* **2000**, *41*, 5489.

[3] Zhu, S.; Ruppel, V. J.; Lu, H.; et al. *J. Am. Chem. Soc.* **2008**, *130*, 5042.

[4] Angle, S. R.; Bemier, D. S.; El-Said, N. A.; et al. *Tetrahedron Lett.* **1998**, *39*, 3919.

[5] Dess, D. B.; Martin, J. C. *J. Org. Chem.* **1983**, *48*, 4155.

[6] Zhu, S.; Joshua V. R.; Lu, H.; et al. *J. Am. Chem. Soc.* **2008**, *130*, 5042.

[7] Corey, W. K.; Robin, A. *Org. Lett.* **2006** , *8*, 171.

[8] Holmquist, C. R.; Roskamp, E. J. *Tetrahedron. Lett.* **1992**, *33*, 1131.

[9] Leusen, V. J. *Recueil des Travaux Chimiques des Pays-Bas.* **1965**, *84*, 151.

[10] Jagt, J. C. *Synth. Commun.* **1974**, *4*, 311.

[庞鑫龙，陈超*，清华大学化学系；CC]

O-对甲苯磺酰基羟胺

【英文名称】*O-p*-Toluenesulfonylhydroxylamine

【分子式】 C$_7$H$_9$NO$_3$S

【分子量】 187.22

【CAS 登录号】 [52913-14-1]

【缩写和别名】 TSH，Tosyloxyamine

【结构式】

【物理性质】 无色晶体，mp 40 ℃。易溶于二氯甲烷，不溶于水。

【制备和商品】 国内外化学试剂公司有销售。*O*-对甲苯磺酰乙酰羟肟酸乙酯、*N,N*-二(三甲基硅基)-*O*-对甲苯磺酰羟胺、羟胺甲酸酯都是制备 *O*-对甲基苯磺酰基羟胺制备的重要前体，通过酸性水解[1~3]或者氢化裂解[4]可以得到本化合物。

【注意事项】 无水化合物非常不稳定，在几分钟内迅速自燃变成黑色油状化合物，必须小心处理。其二氯甲烷溶液相对稳定，在一周内可以保持不变质。因此使用 *O*-对甲苯磺酰基羟胺时可以在二氯甲烷溶液中进行。该化合物必须在通风良好的通风橱内使用。

O-对甲苯磺酰基羟胺 (TSH) 是一种重要的有机合成试剂，广泛应用于杂环化合物的 *N*-胺化反应、*C*-胺化反应和烯烃的氮杂环丙烷化反应。

N-胺化反应 TSH 是一种重要的亲电胺化试剂。相比于应用广泛的较为稳定的 *O*-(2,4,6-三甲基)苯磺酰基羟胺，TSH 的胺化反应选择性更好[5]，制备更加容易。TSH 常用于五元、六元杂环化合物氮原子上的胺化反应，例如，TSH 可以与 2,3-取代的苯并咪唑发生 *N*-胺化反应得到 1-氨基-2,3-取代苯并咪唑盐 (式 1)[3]。TSH 与多碘代的咪唑反应时，也可以单一选择性地发生亲电 *N*-胺化反应，而不会得到亲核的磺酰代产物[6]。

$$ \xrightarrow[53\%]{\text{TSH, CHCl}_3, \text{rt}, 0.5\text{ h}} \quad (1)$$

同样的，TSH 也适用于咪唑并[1,2-*a*]吡啶、苯并[4,5]咪唑并[1,2-*a*]吡啶 (式 2)、3-取代-1,2,4-三氮唑[1,2-*a*]吡啶 (式 3) 和 1,2,4-三氮唑[4,3-*a*]吡啶的 *N*-胺化反应[2]，且其反应活

性优于 *O*-磺酸羟胺。遗憾的是当底物为 1,2,4-三氮唑[4,3-*a*]吡啶时，胺化反应会得到两种异构体的混合物。

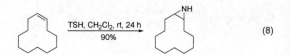

(2)

(3)

TSH 也可在温和条件下高收率、高选择性地实现取代吡啶环上的 *N*-胺化反应。2-氨基甲酰基吡啶[7]、2-吡啶基苯甲酸甲酯[8]、2-氨基吡啶衍生物 (式 4)[9]以及呋喃并[3,2-*c*]吡啶衍生物 (式 5)[10]的 *N*-胺化反应先后被报道。

(4)

(5)

大空间位阻的 2,6-二叔丁基吡啶也可以在温和条件下得到 *N*-胺化产物 (式 6)[11]。

(6)

C-胺化反应 TSH 上的游离氨基可以与酰胺发生酰基化反应得到酰亚胺化合物。从表观上看像是在酸酐的羰基碳原子进行胺化反应，故称为 *C*-胺化反应。如式 7 所示[12]：四氢邻苯二甲酸酐与 TSH 反应得到 2-(*p*-甲基苯基氧)-六氢异吲哚-1,3-二酮。

(7)

氮杂环丙烷化 TSH 对烯烃的胺化反应会立体选择地以中等到高的产率得到氮杂环丙烷化合物。*Z*- 和 *E*-1,2-二烷基取代烯烃均可以与 TSH 发生氮杂环丙烷化反应，而对称苯乙烯不能发生该反应 (式 8)[13]。

(8)

参 考 文 献

[1] Carpino, L. A. *J. Am. Chem. Soc.* **1960**, *82*, 3133.

[2] Glover, E. E.; Rowbottom, K. T. *J. Chem. Soc., Perkin Trans. 1* **1974**, 1792.

[3] King, F. D.; Walton, D. R. M. *Synthesis* **1975**, *12*, 788.

[4] Qin, L.; Zhou, Z.; Wei, J.; Yan, T.; Wen, H. *Synth. Commun.* **2010**, *40*, 642.

[5] Tamura, Y.; Minanikawa, J.; Ikeda, M. *Synthesis* **1977**, 1.

[6] He, C; Hooper, J. P.; Shreeve, J. M. *Inorg. Chem.* **2016**, *55*, 12844.

[7] Batori, S.; Messmer, A. *J. Heterocycl. Chem.* **1988**, *25*, 437.

[8] Timari, G.; Hajos, G.; Batori, S.; Messmer, A. *Chem. Ber.* **1992**, *125*, 929.

[9] Riedl, Z.; Hajós, G.; Messmer, A.; Egyed, O. *ARKIVOC* **2003**, *xiv*, 155.

[10] Tarabová, D.; Titiš, J.; Prónayová, N.; et al. *ARKIVOC* **2010**, *ix*, 269.

[11] Gawinecki, R.; Kanner, B. *Monatsh. Chem.* **1994**, *125*, 35.

[12] Ishikawa, M.; Fujimoto, M.; Sakai, M.; Matsumoto, A. *Chem. Pharm. Bull.* **1968**, *16*, 622.

[13] Bottaro, J. *J. Chem. Soc., Chem. Commun.* **1980**, 560.

[罗雪薇，清华大学化学系；XCJ]

对甲苯磺酰肼

【英文名称】 *p*-Toluenesulfonhydrazide

【分子式】 $C_7H_{10}N_2O_2S$

【分子量】 186.23

【CAS 登录号】 [1576-35-8]

【缩写和别名】 4-甲基苯磺酰肼，4-Methylbenzenesulfonyl hydrazide，Toluene-4-sulfonyl hydrazide，Toluene-*p*-sulfonyl hydrazide

【结构式】

$$H_3C-\bigcirc-SO_2-NHNH_2$$

【物理性质】 白色固体，mp 108~110 ℃。溶于绝大多数有机溶剂，不溶于水。

【制备和商品】 国内外试剂公司均有销售。可由对甲苯磺酰氯与水合肼制备得到 (式 1)[1]。

$$H_3C-\text{（benzene sulfonyl chloride）}-Cl \xrightarrow[\text{THF}]{NH_2NH_2\cdot H_2O,} H_3C-\text{（benzene sulfonyl）}-NHNH_2 \quad (1)$$

【注意事项】 该试剂有毒，有潜在可燃性。在常温常压下稳定。

对甲苯磺酰肼是有机合成中常用的磺酰化试剂，与对甲苯亚磺酸、对甲苯亚磺酸钠有类似的性质。相比于后两者，对甲苯磺酰肼更加容易获得、腐蚀性更小、操作更加简便。

对甲苯磺酰肼具有肼类化合物的通性，可以与许多醛和酮发生脱水缩合反应，得到相应的腙类化合物，随后腙类化合物在金属催化剂的存在下可进一步反应脱去氮气得到相应的砜类化合物。例如，使用 CuI 为催化剂，二苯甲酮与对甲苯磺酰肼生成的腙可以脱除一分子氮气得到相应的砜 (式 2)[2]。芳香醛与对甲苯磺酰肼形成的腙也能发生相应的反应。

$$\text{（diphenyl ketone tosylhydrazone）} \xrightarrow[\substack{\text{1,4-dioxane, 110 ℃, 2 h} \\ 84\%}]{CuI, K_2CO_3} \text{（diphenylmethane-Ts）} \quad (2)$$

Pd 催化的交叉偶联反应 在 Pd 催化剂的作用下，对甲苯磺酰肼可以脱去 SO_2，与多重键化合物 (如烯烃和炔烃) 发生偶联反应。例如，使用 Pd(OAc)_2 为催化剂，对甲苯磺酰肼与苯乙烯可发生 Mizoroki-Heck 偶联反应，主要得到 E-构型的目标产物 (式 3)[3]。当使用中间烯烃 (如 1,2-二苯乙烯) 作为反应物时，产率有所下降。

$$Ph + \text{（tosylhydrazide）} \xrightarrow[\substack{(1:1), 70 ℃, 5 h \\ 89\% \\ E:Z > 99:1}]{Pd(OAc)_2, DMSO/CH_3NO_2} \text{（stilbene）} \quad (3)$$

在空气氛中，使用 Pd(OAc)_2 作为催化剂，以异烟酸苯酯作为配体，也可顺利发生该反应 (式 4)[4]。

$$Ph + \text{（tosylhydrazide）} \xrightarrow[\substack{90 ℃, 16 h \\ 87\%}]{Pd(OAc)_2, L, DMF} \text{（stilbene）} \quad (4)$$

$$L = \text{（phenyl isonicotinate）}$$

在 Pd 催化剂的作用下，对甲苯磺酰肼可与苯乙炔及其衍生物发生脱二氧化硫偶联反应。如式 5 所示[5]，在 Cu(OAc)_2\cdot H_2O 的存在下，使用 Pd(OAc)_2/dppp 的体系，对甲苯磺酰肼与 4-甲基苯乙炔可发生 Sonogashira 偶联反应。该反应也适用于烷基乙炔。

$$\text{（4-methylphenylacetylene）} + \text{（tosylhydrazide）} \xrightarrow[\substack{Cu(OAc)_2\cdot H_2O \\ DMF, N_2, 100 ℃, 0.5 h \\ 84\%}]{Pd(OAc)_2, dppp} \text{（diaryl alkyne）} \quad (5)$$

在 Pd(OAc)_2 的催化下，使用二叔丁基过氧化物 (DTBP) 作为氧化剂，对甲苯磺酰肼可以与环己烷的 C–H 键发生偶联反应得到相应的硫醚 (式 6)[6]。该反应实现了 C(sp^3)–H 键的活化。

$$\text{（tosylhydrazide）} + \text{（cyclohexane）} \xrightarrow[\substack{120 ℃, 4 h \\ 83\%}]{Pd(OAc)_2, DTBP} \text{（aryl cyclohexyl sulfide）} \quad (6)$$

Cu 催化的交叉偶联反应 在 Cu 催化剂的作用下，对甲苯磺酰肼常作为磺酰化试剂与多种化合物发生偶联反应。如式 7 所示[7]，使用 Cu(OAc)_2 为催化剂，在氧气氛中，对甲苯磺酰肼与苯乙烯在乙醇溶液中可以反应生成 α-(对甲苯磺酰)苯乙酮。而当使用 CuCl 为催化剂，在 LiBr 的存在下于 DMSO 溶液中反应则得到 (E)-β-对甲苯磺酰苯乙烯 (式 8)[8]。

$$Ph + \text{（tosylhydrazide）} \xrightarrow[\substack{O_2, 70 ℃, 20 h \\ 71\%}]{Cu(OAc)_2, EtOH} Ph\text{（CO-CH_2-Ts）} \quad (7)$$

$$Ph + \text{（tosylhydrazide）} \xrightarrow[\substack{O_2, 100 ℃, 12 h \\ 88\%}]{CuCl, LiBr, DMSO} Ph\text{（CH=CH-Ts）} \quad (8)$$

在氧气氛围中，以 Cu(OTf)_2 为催化剂，对甲苯磺酰肼及其衍生物可以与甲醇在不加入配体的情况下发生偶联反应，生成对甲苯亚磺酸甲酯 (式 9)[9]。在该反应中，甲醇既是反应物又是溶剂。

$$\text{（tosylhydrazide）} + MeOH \xrightarrow[\substack{40 ℃, 12 h \\ 68\%}]{Cu(OTf)_2, O_2} \text{（methyl toluenesulfinate, OMe）} \quad (9)$$

在 TBHP 的存在下，以 CuBr$_2$ 为催化剂，对甲苯磺酰肼可与苯硫酚发生偶联反应生成对甲苯磺酸硫代苯酯 (式 10)[10]。以硫醇为底物也能发生此类反应。

碘催化的交叉偶联反应 在催化量碘单质的存在下，对甲苯磺酰肼可以与多种化合物发生偶联反应。如式 11 所示[11]，对甲苯磺酰肼可以在吲哚的 C-3 位发生偶联反应，生成相应的硫醚。

在碘单质的存在下，对甲苯磺酰肼与肉桂酸反应生成 (E)-β 对甲苯磺酰苯乙烯 (式 12)[12]。使用 3-苯基丙炔酸为底物也能进行此类反应。

参 考 文 献

[1] Friedman, L.; Litle, R. L.; Reichle, W. R. *Org. Syn.* **1960**, 93.
[2] Feng, X.-W.; Wang, J.; Zhang, J.; et al. *Org. Lett.* **2010**, *12*, 4408.
[3] Yang, F. L.; Ma, X. T.; Tian, S. K. *Chem. Eur. J.* **2012**, *18*, 1582.
[4] Yuen, O. Y.; So, C. M.; Kwong, F. Y. *RSC Adv.* **2016**, *6*, 27584.
[5] Qian, L. W.; Sun, M.; Dong, J.; et al. *J. Org. Chem.* **2017**, *82*, 6764.
[6] Guo, S. R.; He, W. M.; Xiang, J. N.; Yuan, Y. Q. *Chem. Commun.* **2014**, *50*, 8578.
[7] Wei, W.; Liu, C.; Yang, D.; et al. *Chem. Commun.* **2013**, *49*, 10239.
[8] Li, X.; Xu, Y.; Wu, W.; et al. *Chem. Eur. J.* **2014**, *20*, 7911.
[9] Du, B.; Li, Z.; Qian, P.; et al. *Chem. Asian J.* **2016**, *11*, 478.
[10] Zhang, G. Y.; Lv, S. S.; Shoberu, A.; Zou, J. P. *J. Org. Chem.* **2017**, *82*, 9801.
[11] Yang, F. L.; Tian, S. K. *Angew. Chem. Int. Ed.* **2013**, *52*, 4929.
[12] Singh, R.; Allam, B. K.; Singh, N.; et al. *Org. Lett.* **2015**, *17*, 2656.

[骆栋平，清华大学化学系；WXY]

对甲苯磺酰腈

【英文名称】 *p*-Toluenesulfonyl cyanide

【分子式】 C$_8$H$_7$NO$_2$S

【分子量】 181.21

【CAS 登录号】 [19158-51-1]

【缩写和别名】 TsCN，Tosyl cyanide，4-甲苯磺酰氰

【结构式】

【物理性质】 白色固体，mp 49~50 ℃，bp 105~106 ℃/1 mmHg，ρ 1.019 g/cm^3。易溶于有机溶剂。

【制备和商品】 试剂公司均有销售。由对甲苯亚磺酸钠与氯化氰反应制得。

【注意事项】 该试剂在干燥时会发生分解。应在通风橱中使用。

在有机合成反应中，对甲苯磺酰腈 (TsCN) 主要作为亲核试剂，用于各种官能团的氰基化反应、自由基氰化反应制备 β 氰基酮，也可与 1,3-二硅基烯醚通过杂 Diels-Alder 反应制备 4-羟基吡啶。

制备各种 β 氰基酮衍生物 对甲苯磺酰腈是一种非常有效的氰化试剂，可使 α,β 不饱和羰基化合物在硼烷存在下先生成硼烷烯醇，再进一步氰化，用于制备各种 β 氰基酮类化合物。该方法适合各种底物，对于制备含有 α-季碳的 β 氰基酮类化合物尤其有效。在不对称硼烷的诱导下，可得到手性产物 (式 1)[1]。

双环[1,2,4]噻二唑骨架的构建 在温和反应条件下，对甲苯磺酰腈通过合适的取代氰基转化反应，可将稠环[1,2,4]噻二唑-3(2H)-酮前

体方便地转化成为对甲苯磺酰基取代的双环[1,2,4]噻二唑骨架类化合物。分子中的对甲苯磺酰基可进一步方转化为其它官能团 (式 2)[2]。

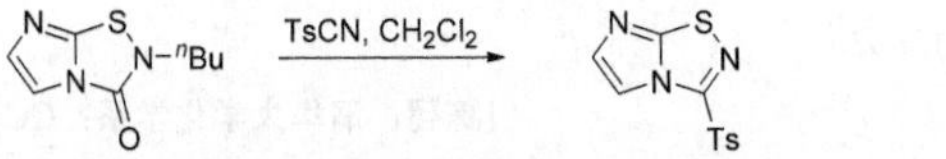

(2)

糖基四氮唑氨基酸衍生物的合成 叠氮化合物与对甲苯磺酰腈中的氰基可发生点击反应，制备以氮杂环为连接臂的各种糖碳苷缀合物，进一步反应可制备含各种氨基酸或肽糖碳苷缀合物。该方法操作方便，反应迅速，产率高 (式 3)[3]。

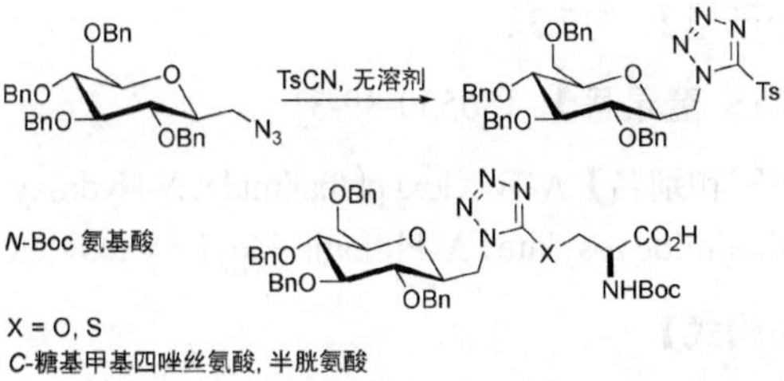

(3)

$X = O, S$
C-糖基甲基四唑丝氨酸，半胱氨酸

在杯[4]芳烃的组装体系中，常常含有丙氧基四氮唑为链接臂和由甲基核糖基、甲基半乳糖基、甲基葡萄糖基等片段组成的新型糖簇物，其骨架单元构建是通过相应的糖基叠氮化合物与对甲苯磺酰腈的点击反应来实现。所生成的 1-甲基糖基-5-对甲苯磺酰基四氮唑衍生物可进一步与环[4]杯芳烃四醇反应完成杯[4]芳烃的构建 (式 4)[4]。

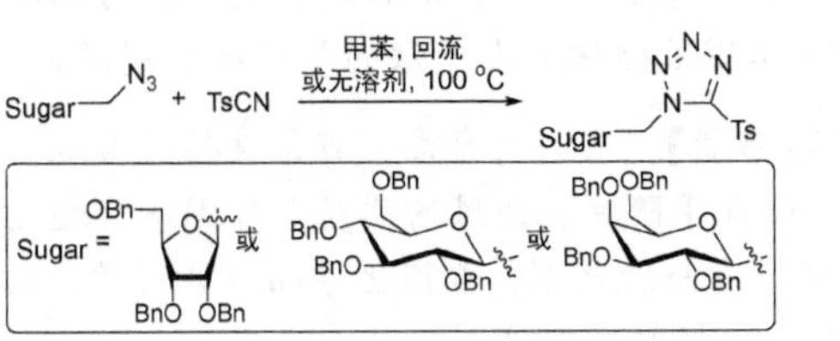

(4)

参 考 文 献

[1] Kiyokawa, K.; Nagata, T.; Minakata, S. *Angew. Chem. Int. Ed.* **2016**, *55*, 10458.

[2] Regis Leung-Toung, R.; Tam, T. F.; Zhao, Y.; et al. *J. Org. Chem.* **2005**, *70*, 6230.

[3] Aldhoun, M.; Massi, A.; Dondoni, A. *J. Org. Chem.* **2008**, *73*, 9565.

[4] Dondoni, A.; Marra, A. *Tetrahedron* **2007**, *63*, 6339.

[郝杰，巨勇*，清华大学化学系；JY]

对甲苯磺酰亚胺碘苯

【英文名称】 [*N*-(*p*-Toluenesulfonyl)imino]phenyliodinane

【分子式】 $C_{13}H_{14}INO_2S$

【分子量】 375.23

【CAS 登录号】 [55962-05-5]

【缩写和别名】 PhI=NTs，[[(4-Methylphenyl)-sulfonyl]amino]phenyliodonium inner salt

【结构式】

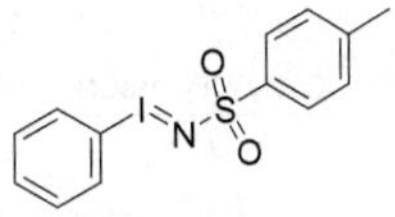

【物理性质】 浅黄色固体，mp 104.0~105.0 ℃。缓慢溶于二甲基亚砜，可与四氢呋喃和甲醇发生反应。

【制备和商品】 国内外化学试剂公司均有销售。可由 PhI(OAc)₂、TsNH₂ 和 KOH 在 MeOH 溶液中反应制备。

【注意事项】 该试剂有毒，不能直接接触或食用。储存于阴凉、通风的库房，应与还原剂、食用化学品分开存放，切忌混储。

该试剂可以将烯丙基锡烷转化为烯丙基胺。在醋酸铜的存在下，过量的 PhI=NTs 与烯丙基锡烷在室温下反应，可以生成 *N*-甲苯磺酰基烯丙胺 (式 1)[1]。

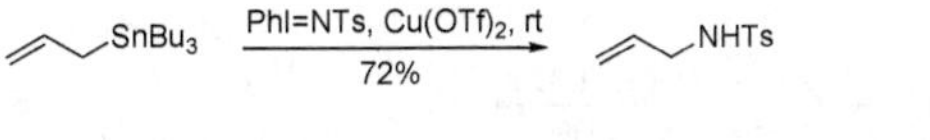

(1)

PhI=NTs 与 1-苯基-1-三甲基硅氧乙烯在乙腈中反应，可以将烯醇硅烷转化为 α-磺酰胺羰基复合物 (式 2)[2]。

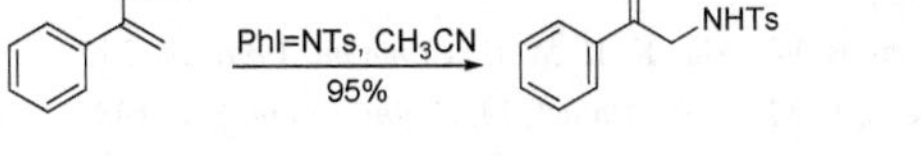

(2)

PhI=NTs 与烯烃在二氯甲烷为溶剂的条件下可以发生加成反应，生成三元环结构的产物 (式 3)[3,4]。

PhI=NTs + [环辛烯] $\xrightarrow[17\%]{CH_2Cl_2}$ [产物结构] (3)

PhI=NTs 与环己烷在 Fe(TPP)(Cl) 的作用下发生反应，可以生成新的 C—N 键 (式 4)[5]。

PhI=NTs + [环己烷] $\xrightarrow[5\%]{Fe(TPP)(Cl)}$ [产物结构] (4)

PhI=NTs 与苯甲硫醚在 CuO₃SCF₃ 的催化作用下，可生成含硫-氮双键的产物 (式 5)[6]。

PhI=NTs + [苯甲硫醚] $\xrightarrow[79\%]{CuO_3SCF_3, MeCN}$ [产物结构] (5)

在铜催化剂的作用下，PhI=NTs 与 3-噻吩乙炔发生加成重排反应，生成了含 C=N 键的产物 (式 6)[7]。

PhI=NTs + [3-噻吩乙炔] $\xrightarrow[72\%]{[Cu], CH_2Cl_2, rt}$ [产物结构] (6)

PhI=NTs 可以作为亲电试剂，在三氟乙酸的作用下与羰基 α-位的碳发生反应，生成亲电取代产物 (式 7)[8]。

PhI=NTs + [1,3-环己二酮] $\xrightarrow[83\%]{F_3CCO_2H, CH_2Cl_2, 0\ °C}$ [产物结构] (7)

PhI=NTs 与四氢呋喃在乙腈溶剂中反应，能以较高的产率得到四氢呋喃 α-位被取代的产物 (式 8)[9]。

PhI=NTs + [四氢呋喃] $\xrightarrow[81\%]{MeCN, rt, 12\ h}$ [产物结构] (8)

参 考 文 献

[1] Kim, D. Y.; Kim, H. S.; Lee, K. *Synth. Commun.* **2001**, *31*, 2463.

[2] Lim, B. W.; Ahn, K. H. *Synth. Commun.* **1996**, *26*, 3407.

[3] Jean, P. M.; P, B.; Daniel, M. *J. Am. Chem. Soc.* **1986**, *108*, 1080.

[4] Zhang, J. L.; Che, C. M. *Org. Lett.* **2002**, *4*, 1911.

[5] Jean, P. M.; Gustave, B.; Daniel M. *J. Chem. Soc, Perkin Trans. II* **1988**, *7*, 1517.

[6] Takada, H.; Taylor, P. C. *J. Org. Chem.* **1997**, *62*, 6512.

[7] Rodriguez, M. R.; Perez, P. J. *Angew. Chem., Int. Ed.* **2017**, *56*, 12842.

[8] Goure, E.; Latour, J. M. *Angew. Chem., Int. Ed.* **2017**, *56*, 4305.

[9] Bagchi, V.; Stavropoulos, P. *J. Am. Chem. Soc.* **2014**, *136*, 11362.

[陈超，清华大学化学系；CC]

N-(对甲苯磺酰氧基)邻苯二甲酰亚胺

【英文名称】 *N*-(*p*-Toluenesulfonyloxy)phthalimide

【分子式】 $C_{15}H_{11}NO_5S$

【分子量】 317.32

【CAS 登录号】 [56530-39-3]

【缩写和别名】 *N*-Tosyloxyphthalimide，*N*-Hydroxyphthalimide tosylate，*N*-Phthalimidoyloxy tosylate

【结构式】

[结构式图]

【物理性质】 mp 155~157 °C，bp 493.0 °C，ρ 1.54 g/cm³。溶于二氯甲烷、乙酸乙酯、环己烷等有机溶剂。

【制备和商品】 国内外化学试剂公司均有销售。可以通过 *N*-羟基邻苯二甲酰亚胺与乙二胺和 4-甲苯磺酰氯在干燥的苯中反应制得。

【注意事项】 该试剂有毒，避免直接接触或食用。储存于阴凉、通风的库房，库温不宜超过 37 °C。应与氧化剂、食用化品分开存放，切忌混储。保持容器密封。

该试剂在路易斯酸三氯化铝的作用下，S—O 键断裂产生磺酰阳离子，与苯发生芳香亲电取代反应生成对甲砜基甲苯 (式 1)[1]。

[结构式] + [苯] $\xrightarrow[86\%]{AlCl_3}$ [产物结构] (1)

该试剂可在叔丁基锂的作用下发生酰胺键断裂，生成稳定的含有叔丁基酮和异氰酸酯结构的中间体。随后该中间体与茚阴离子发生亲核取代反应及亲核加成反应，生成含有六元螺环结构的产物 (式 2)[2]。

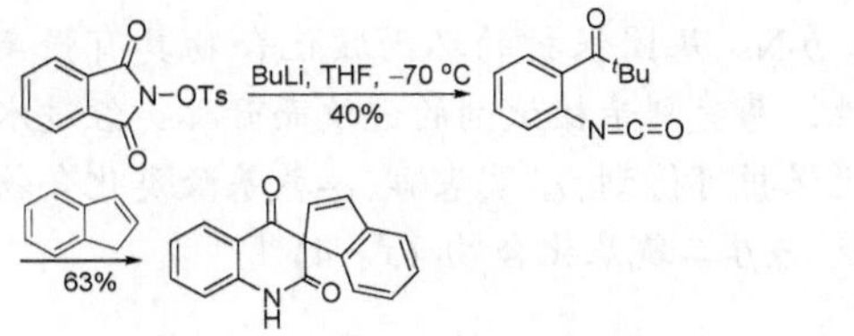

(2)

该试剂与苯甲醚的混合物在三氟甲磺酸的作用下，可以生成苯甲醚邻位、对位、间位的取代产物，其中邻位取代产物的产率为 55% (式 3)[3]。

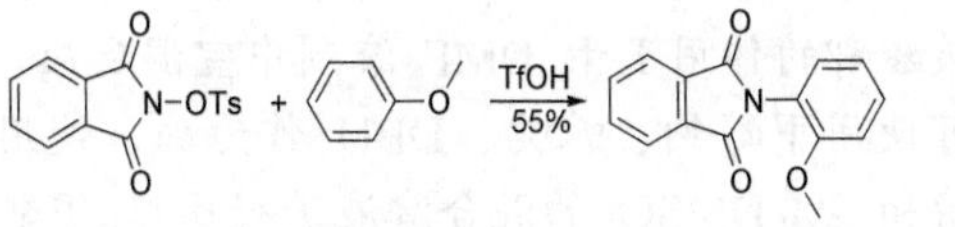

该试剂在碱性条件下可以与巯乙基胺盐酸盐反应，生成含巯基乙基的喹唑啉二酮产物 (式 4)[4]。

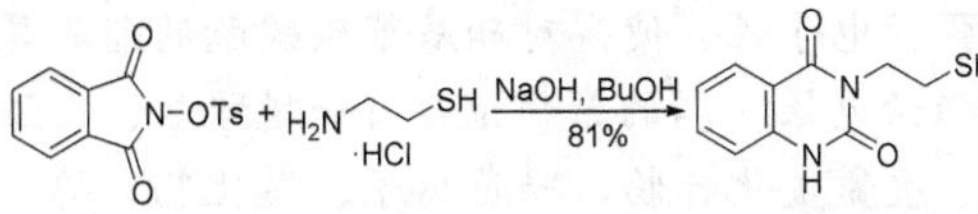

在 DBU 的存在下，苯甲醇可作为亲核试剂与该试剂发生反应，生成含苯胺结构的 Lossen 重排产物 (式 5)[5]。

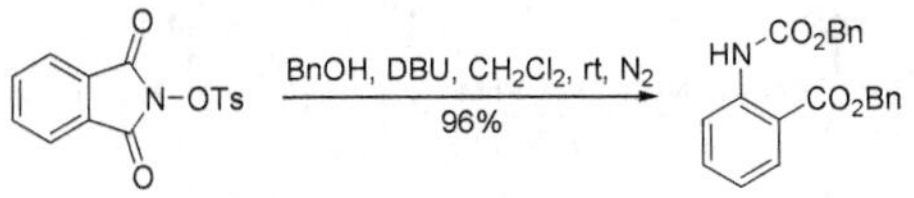

该试剂可作为芳香胺化基团。在 Rh 催化剂的作用下，吡啶作为导向基团，可以活化苯环上 α-位的 C(sp^2)–H 键，从而对苯环进行芳香胺化 (式 6)[6]。苯亚磺酰亚胺可以作为导向基团，实现苯环的邻位芳香胺化 (式 7)[7]。具有弱配位能力的酮也可以作为导向基团，生成氨基酮类化合物 (式 8)[8]。

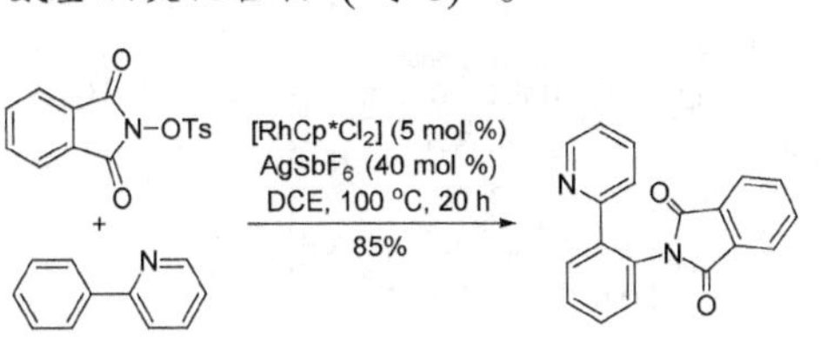

(6)

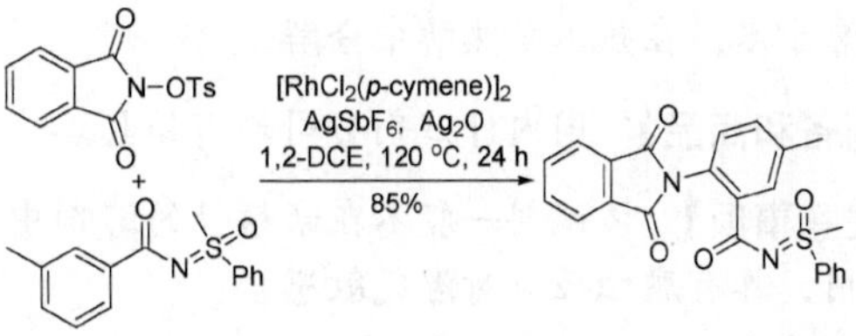

(7)

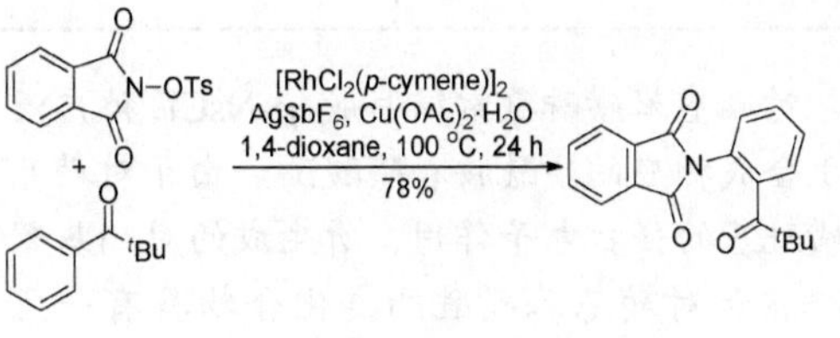

(8)

参 考 文 献

[1] Fanmy, A. F. M.; Aly, N. F.; Aly, N. Y. *Bull. Chem. Soc, Jpn.* **1977**, *50*, 2678.

[2] Tuvia, S.; Norbert, I. *J. Chem. Soc, Perkin Trans.* **1986**, *5*, 360.

[3] Abramovitch, R. A.; Beckert, J. M.; Sanjivamurthy, A. R. V. *Heterocycles* **1989**, *28*, 623.

[4] Gutschow, M.; Tonew, E.; Leistner, S. *Pharmazie* **1995**, *50*, 672.

[5] Sheikh, M. C.; Takagi, S.; Ogasawara, A.; et al. *Tetrahedron* **2010**, *66*, 2132.

[6] Ng, K. H.; Zhou, Z.; Yu, W. Y. *Chem. Commun.* **2013**, *49*, 7031.

[7] Yadav, M. R.; Shankar, M.; Sahoo, A. K. *Org. Lett.* **2015**, *17*, 1886.

[8] Raghuvanshi, K.; Zell, D.; Rauch, K.; Ackermann, L. *ACS Catal.* **2016**, *6*, 3172.

[陈超，清华大学化学系；CC]

对硝基苯磺酰氯

【英文名称】 *p*-Nitrobenzenesulfonyl chloride

【分子式】 $C_6H_4ClNO_4S$

【分子量】 221.62

【CAS 登录号】 [98-74-8]

【缩写和别名】 *p*-NsCl，Nosylchloride

【结构式】

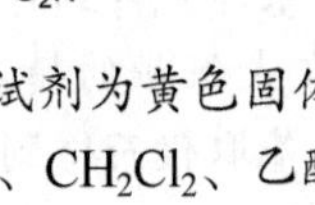

【物理性质】 该试剂为黄色固体，bp 77~79 ℃。溶于甲苯、THF、CH$_2$Cl$_2$、乙酸乙酯、DMF。

不溶于水，在热水或热醇中分解。

【制备和商品】 国内外试剂公司均有销售。

【注意事项】 该试剂一般不在亲核性的溶剂中使用，具有腐蚀性，对湿气敏感。

对硝基苯磺酰氯常缩写成 *p*-NsCl，被广泛用于合成相应的磺酰胺和磺酸酯。由于对硝基苯磺酰基的强拉电子作用，所生成的对硝基苯磺酰胺和对硝基苯磺酰酯类化合物具有一定的亲电性。其反应活性比一般的酰胺和酯更高，反应性质也不尽相同，因此常将其分开作为单独的一类反应看待。

生成对硝基苯磺酰胺化合物 作为氨基的保护基团，对硝基苯磺酰基与对甲苯磺酰基和甲磺酰基等常用的氨基保护基具有相同的反应活性，且在强酸强碱中更稳定。烷基胺、芳香胺、氨基酸甲酯、脲、胍、亚磷酸酯、羟胺、内酰胺、含氨基多元醇的碳水化合物等分子中的氨基均可被保护[1~5]。这些反应的条件基本一致，都可在碱性条件下于二氯甲烷溶剂中进行 (式 1)。

$$ \text{(1)} $$

p-NsCl 与伯胺生成的磺酰胺分子中的 N–H 有一定的酸性，容易发生 *N*-烷基化反应。*p*-Ns 基团的强拉电子效应使 N–H 具有高度活泼性，易与亲电试剂 (如卤代烃) 发生 *N*-烷基化反应 (式 2)[6]。

$$ \text{(2)} $$

对硝基苯磺酰胺能与醇发生亲核取代反应。如式 3 所示[7]：使用该方法可得到天然产物 Huperzine Q 合成的关键中间体。通过 *p*-NsCl 对氨基进行保护后再与醇进行分子内反应，脱去保护基即可得到仲胺化合物。该方法可避免伯胺在未保护的情况下进行烷基化过程中发生多烷基取代而得到叔胺副产物。

$$ \text{(3)} $$

p-Ns 基团保护的环丙胺化合物具有强亲电性，易受到亲核试剂的进攻而开环，经过水解脱保护可得到 *α*-氨基醇、*α*-氨基酸类化合物以及 *α,β*-二氨基化合物 (式 4)[8]。

$$ \text{PG} = \text{Ts, 83\%; PG} = \text{Ms, 69\%} $$
$$ \text{PG} = \text{Ns, 40\%; PG} = \text{Boc, 14\%} \quad \text{(4)} $$

对硝基苯磺酰胺的脱保护 *p*-Ns 基团最经典的脱除方法是使用苯硫酚或者巯基乙酸盐，在碳酸钾的作用下于 DMF 溶剂中室温反应。也可使用甲醇钠、哌啶、DBU 作为碱，使用乙腈和 2% DMSO 的混合溶液进行反应。甲醇作为溶剂也能达到脱保护的效果[7]。

对硝基苯磺酸酯 *p*-NsCl 与醇的反应能以高产率得到对硝基苯磺酸酯。由于 *p*-Ns 基团的强拉电子性，使得对硝基苯磺酸酯的酯基具有强亲电性，弱的亲核试剂 (如醋酸盐、乙酰胺、叠氮类化合物、碘负离子、氰化物、醇、酚、胺类化合物等) 就能与之发生取代反应。如式 5 所示[9]：*p*-Ns 基团能被胺基取代，且不影响其手性。

$$ \text{(5)} $$

如式 6 所示[10]：环氧丙醇与 *p*-NsCl 反应得到的酯在 KOH 的作用下可直接脱去 SO_2，得到酚醚类化合物。

$$ \text{(6)} $$

除了作为氨基、羟基的保护试剂外，*p*-NsCl 还可以在金属试剂催化下与苯硼酸或苯基三氟硼酸钾发生 Suzuki-Miyaura 偶联反应 (式 7)[11]。如式 8 所示[12]：在金属试剂的催化下，*p*-NsCl 与芳基化合物也可通过 C–H 键活化进行直接偶联反应。

参 考 文 献

[1] De Marco, R.; Leggio, A.; Liguori, A.; et al. *J. Org. Chem.* **2010**, *75*, 3381.

[2] Iqbal, Z.; Hameed, S.; Ali, S.; et al. *Eur. J. Med. Chem.* **2015**, *98*, 127.

[3] Kan, S. B.; Matsubara, R.; Berthiol, F.; Kobayashi, S. *Chem. Commun.* **2008**, 6354.

[4] Jimenez, C.; Tramontano, A. *Tetrahedron Lett.* **2001**, *42*, 7819.

[5] Kern, N.; Felten, A. S.; Weibel, J. M.; et al. *Org. Lett.* **2014**, *16*, 6104.

[6] Zhang, H.; Muñiz, K. *ACS Catalysis* **2017**, *7*, 4122.

[7] Tanimura, S.; Yokoshima, S.; Fukuyama, T. *Org. Lett.* **2017**, *19*, 3684.

[8] Huang, Y.-Y.; Lv, Z.-C.; Yang, X.; et al. *Green Chem.* **2017**, *19*, 924.

[9] Wang, H.; Yan, L.; Wu, Y.; Chen, F. *Tetrahedron* **2017**, *73*, 2793.

[10] Shen, C.; Guo, X.; Yu, J.; et al. *Synth. Commun.* **2016**, *47*, 273.

[11] Wei, Z.; Xue, D.; Zhang, H.; Guan, J. *Appl. Organomet. Chem.* **2016**, *30*, 767.

[12] Wei, J.; Jiang, J.; Xiao, X.; et al. *J. Org. Chem.* **2016**, *81*, 946.

[杨渭光，清华大学化学系；HYF]

对硝基苄溴

【英文名称】 1-Bromomethyl-4-nitrobenzene

【分子式】 $C_7H_6BrNO_2$

【分子量】 216.03

【CAS 登录号】 [100-11-8]

【缩写和别名】 PNB-Br，对硝基溴化苄，4-硝基苄溴

【结构式】

【物理性质】 无色或淡黄色针状晶体，mp 98~99 ℃。

【制备和商品】 该试剂由对硝基甲苯经过溴化制得[1]。在国内外试剂公司均有销售。该试剂可通过在乙醇中重结晶来纯化。

【注意事项】 该试剂有中级毒性，对小鼠的静脉注射毒性 $LD_{50} = 56$ mg/m³。

对硝基苄溴 (PNB-Br) 是应用很广泛的一种烷基化试剂，它可以与很多亲核试剂 (如醇[2]、酚[3]、羧酸[4]等) 发生反应，转化成相应的对硝基苄醚或酯。这些衍生物通常具有很好的结晶性质。对硝基苄溴的主要应用是作为保护基，在醇、硫醇、酚或羧酸中引入对硝基苄基。该保护基在酸性、氧化性等条件下能够稳定存在，但对于氢化条件敏感。

对醇羟基的保护 对醇羟基的保护是该试剂目前应用最多的方面。该试剂不适合在强碱 (如 NaOH、NaH 等) 并结合极性溶剂 (如 DMF、THF 等) 的条件下使用。因为在这样的条件下，对硝基苄溴会快速地分解。但值得一提的是，也有个别文献报道了在这种不利的条件下，使用对硝基苄溴成功地在醇羟基上引入了对硝基苄基 (式 1 和式2)[5, 6]。

对硝基苄溴与醇在氧化银的存在下，于二氯甲烷、环己烷、甲苯和苯等非极性溶剂中混合，可以实现醇羟基的对硝基苄基化 (式 3)[2]。使用三氟甲磺酸银和 2,4,6-三甲基吡啶代替氧化银进行该反应，也可以得到良好的产率[7]。如果使用 DMF 和 THF 等极性溶剂，当体系中存在 Ag$_2$O 时，对硝基苄溴也会很快发生分解。使用硫酸亚铁作为催化剂，也可以在醇羟基上引入对硝基苄基 (式 4)[8]。

$$ (3) $$

$$ (4) $$

脱去对硝基苄基最常用的方法是催化氢解[2]。使用钯黑作为催化剂，在一系列氢源下 (H$_2$、HCO$_2$NH$_4$、HCO$_2$H、1,4-环己二烯等)，可以将对硝基苄基选择性氢化还原为对氨基苄基。然后将氨基乙酰化，接着在氧化剂 DDQ 的作用下释放出羟基。此外，对氨基苄基保护基也可以通过氧化电解的方式脱除 (式 5)[2,9a]。

$$ (5) $$

使用 In/NH$_4$Cl 也可以将对硝基苄基去保护释放出羟基 (式 6)[9b]。此外，在其它羟基保护基 (如烯丙基、对甲氧基苄基等) 的存在下，将对硝基苄基转化成对氨基苄基后，可以选择性地脱去对氨基苄基或者乙酰基保护的对氨基苄基，从而保留其它羟基保护基 (式 7)[9a]。

$$ (6) $$

$$ (7) $$

对羧酸的保护　将羧酸钠盐与对硝基苄溴混合回流可以得到相应羧酸的对硝基苄酯 (式 8)[10]。也可以使用碳酸铯作为碱，将羧酸和对硝基苄溴在乙腈中回流，得到羧酸的对硝基苄酯[11]。

$$ (8) $$

对硝基苄酯在酸性条件下比其它苄酯稳定，因此常被用于天冬氨酸及谷氨酸的侧链保护[12,13]。在温和条件下，可以通过催化氢解去除对硝基苄基[14,15]。使用 TBAF[16]、SeO$_2$/HOAc[17]、In/NH$_4$Cl (式 9)[18]或 LiI (式 10)[19]等条件均能很好地达到该目的。在苄基的存在下，TBAF 提供了一个简便快速的选择性去除对硝基苄酯基的方法 (式 11)[20]。在用环己二烯提供氢源的条件下，使用 Pd/C 作为催化剂也可以完成对硝基苄酯的脱保护 (式 12)[21]。

$$ (9) $$

$$ (10) $$

$$ (11) $$

$$ (12) $$

参 考 文 献

[1] Bewster, J. F. *J. Am. Chem. Soc.* **1918**, *40*, 406.

[2] Fukase, K.; Tanaka, H.; Torii, S.; Kusumoto, S. *Tetrahedron Lett.* **1990**, *31*, 389.

[3] Lyman, J. A.; Reid, E. E. *J. Am. Chem. Soc.* **1920**, *42*, 615.

[4] Reid, E. E. *J. Am. Chem. Soc.* **1917**, *39*, 124.

[5] Banerjee, M. *Eur, J. Med. Chem.* **2012**, *55*, 449.

[6] Wang, L. *Eur, J. Med. Chem.* **2011**, *46*, 285.

[7] Berry, J. M.; Hall, L. D. *Carbohyd. Res.* **1976**, *47*, 307.

[8] Joshi, G.; Adimurthy, S. *Synth. Commun.* **2001**, *41*, 720.

[9] (a)Fukase, K.; Tanaka, H.; Torii, S.; Kusumoto, S. *Tetrahedron Lett.* **1990**, *31*, 389. (b) Pitts, M. R.; Harrison, J. R.; Moody, C. J. *J. Chem. Soc., Perkin Trans. 1* **2001**, *9*, 955.

[10] Zarchi, M. A. K.; Mirjalili, B. F.; Ebrahimi, N. *Bull. Korean Chem. Soc.* **2008**, *29*, 1079.

[11] Merski, M.; Townsend, C. A. *J. Am. Chem. Soc.* **2007**, *129*, 15750.

[12] Schwarz, H.; Arakawa, K. *J. Am. Chem. Soc.* **1959**, *81*, 5691.

[13] Prestidge, R. L.; Harding, D. R. K.; Hancock, W. S. *J. Org. Chem.* **1976**, *41*, 2579.

[14] Huang, W.; Zhang, X.; Jiang, H. L. *Tetrahedron Lett.* **2005**, *46*, 5965.

[15] Hartung, W. H.; Simonoff, C. *Org. React.* **1953**, *7*, 263.

[16] Namikoshi, M.; Kundu, B.; Rinehart, K. L. *J. Org. Chem.* **1991**, *56*, 5464.

[17] Cametti, M.; Ilander, L.; Rissanen, K. *Inorg. Chem.* **2010**, *49*, 11473.

[18] Moody, C. J.; Pitts, M. R. *Synlett* **1999**, *10*, 1575.

[19] Fischer, J. W.; Trinkle, K. L. *Tetrahedron Lett.* **1994**, *35*, 2505.

[20] Namikoshi, M.; Kundu, B.; Rinehart, K. L. *J. Org. Chem.* **1991**, *56*, 5464.

[21] Bajwa; Joginder S. *Tetrahedron Lett.* **1992**, *33*, 2299.

[鲍海林，清华大学化学系；WXY]

二苯基-2-吡啶膦

【英文名称】 Diphenyl-2-pyridylphosphine

【分子式】 $C_{17}H_{14}NP$

【分子量】 263.27

【CAS 登录号】 [37943-90-1]

【缩写和别名】 DPPPY，2-(Diphenylphosphanyl)pyridine

【结构式】

【物理性质】 白色固体，mp 84.5~85.5 ℃。

【制备和商品】 国内外试剂公司均有销售。

【注意事项】 该试剂在空气中能稳定存在。对皮肤和眼睛有刺激作用，使用时应避免直接碰触。

二苯基-2-吡啶膦 (DPPPY) 被广泛用作金属催化剂的配体，应用于偶联反应、端炔的羰基化反应、水解反应、还原反应、烯烃插入反应和 Mitsunobu 反应等。

偶联反应 DPPPY 是实验室中常用的膦配体之一，在 Heck 反应、Suzuki-Miyaura 反应等各种偶联反应中均有应用。如式 1 所示[1]，钯与 DPPPY 生成的配合物可以催化溴代芳烃的 Heck 反应。作为富电子的膦配体，DPPPY 在一些偶联反应中表现出独特的优势。如式 2 所示[2]，DPPPY 与钯和铁配位生成的催化剂在室温下就能使锡氢化合物以高产率偶联成二锡化合物。在 Pd(dba)$_2$ 与 DPPPY 的催化下，溴代芳烃与二硅醚的反应能快速地得到芳基硅醚化合物 (式 3)[3]。以硅胶负载的 Pd-DPPPY 配合物作为催化剂，碘苯与苯硼酸能以定量的产率完成 Suzuki-Miyaura 偶联反应 (式 4)[4]。

$$(1)$$

$$(2)$$

$$(3)$$

$$(4)$$

端炔的羰基化反应 如式 5 所示[5]，在醋酸钯与 DPPPY 的催化下，丙炔与一氧化碳反应可以生成甲基丙烯酸甲酯。加入 DPPPY 不仅能减少钯催化剂的用量,而且能降低反应的温度和减少反应时间。丙炔、乙炔、苯乙炔和三氟丙炔都能在类似的条件下高效地得到甲基丙烯酸酯化合物 (式 6)[6]。在钯催化的端炔内酯化反应中,DPPPY 亦能起到优秀的催化作用 (式 7)[7]。使用 Pd(OAc)$_2$ 和 DPPPY,苯乙炔与苯胺的反应能够得到苯基丙烯酰胺 (式 8)[8]。

$$Me\!-\!\!\equiv\ \xrightarrow[\substack{95\%}]{\substack{DPPPY,\ Pd(OAc)_2,\ MeSO_3H \\ CO\ (60\ atm),\ MeOH,\ 45\ ^\circ C,\ 4.4\ h}}\ \text{(5)}$$

$$F_3C\!-\!\!\equiv\ \xrightarrow[\substack{}]{\substack{DPPPY,\ Pd(OAc)_2,\ MeSO_3H,\ MeOH \\ CO\ (40\ atm),\ DCM/NMP,\ 80\ ^\circ C,\ 24\ h}}\ \text{(73\%)}\ +\ \text{(27\%)}\quad\text{(6)}$$

$$\xrightarrow[\substack{80\%}]{\substack{DPPPY,\ Pd(OAc)_2,\ TolSO_3H,\ CO\ (25\ atm) \\ PhMe,\ 60\ ^\circ C,\ 2\ h}}\ \text{(7)}$$

$$\substack{Ph\!-\!\!\equiv \\ + \\ Ph\!-\!NH_2}\ \xrightarrow[\substack{100\%}]{\substack{DPPPY,\ Pd(OAc)_2,\ MeSO_3H \\ CO\ (20\ atm),\ DCM/NMP,\ 70\ ^\circ C,\ 1h}}\ \text{(8)}$$

水解反应 以 DPPPY 与乙酰丙酮钌生成的配合物作为催化剂,可以将芳基腈或烷基腈定量地水解成酰胺化合物 (式 9)[9]。以水为溶剂,使用 Ru-DPPPY 配合物同样可以使该反应以定量的产率完成,但是反应的时间大大延长 (式 10)[10]。

$$Ph\!-\!C\!\equiv\!N\ \xrightarrow[\substack{100\%}]{\substack{cis\text{-}Ru(acac)_2(DPPPY)_2,\ DME,\ H_2O \\ 180\ ^\circ C,\ 0.17\ h}}\ \text{(9)}$$

$$Ph\!-\!C\!\equiv\!N\ \xrightarrow[\substack{99\%}]{\substack{[RuCl_2(p\text{-}cymene)(DPPPY)] \\ H_2O,\ 100\ ^\circ C,\ 24\ h}}\ \text{(10)}$$

还原反应 当化合物分子中同时含有硝基、氰基和醛基官能团时,Ru-DPPPY 配合物能够选择性地还原醛基,而不影响硝基和氰基。尤其对于带有硝基和氰基等吸电子基团的芳基醛的还原效率更高 (式 11)[11]。

$$\substack{O_2N\!-\!\!\!\!-\!CHO \\ + \\ HCOOH}\ \xrightarrow[\substack{95\%}]{\substack{[(C_5H_5)Ru(DPPPY)(PPh_3)Cl] \\ NaOH,\ H_2O,\ 80\ ^\circ C,\ 6\ h}}\ O_2N\!-\!\!\!\!-\!CH_2OH\ +\ CO_2\quad\text{(11)}$$

烯烃插入反应 如式 12 所示[12]:端炔和丙二烯与锡炔化合物的反应可以在 Ni(cod)$_2$ 与 DPPPY 的催化下顺利进行。如式 13 所示[13]:DPPPY 与 Pd(dba)$_2$ 可以催化二锡化物对原位生成的二端烯进行插入反应。

$$\substack{Ph\!-\!\!\equiv\!-\!SnMe_3 \\ + \\ Hex\!-\!\!\equiv\ +\ \equiv\!\!=\!\!\equiv}\ \xrightarrow[\substack{55\%}]{\substack{DPPPY,\ Ni(cod)_2 \\ THF,\ 50\ ^\circ C,\ 24\ h}}\ \text{(12)}$$

$$+\ Bu_3Sn\!-\!SnBu_3\ \xrightarrow[\substack{63\%}]{\substack{DPPPY,\ Pd(dba)_2 \\ THF,\ 50\ ^\circ C,\ 32\ h}}\ \text{(13)}$$

Mitsunobu 反应 使用 PPh$_3$ 和 DEAD 的传统 Mitsunobu 反应存在副产物多、分离困难的缺点。而 DPPPY 和它的氧化物都可以溶于水,偶氮二甲酸二叔丁酯 (DBAD) 在酸中能被分解成为 2-甲基丙烯、二氧化碳和氮气。因此使用 DPPPY 和 DBAD 代替 PPh$_3$ 和 DEAD 进行的 Mitsunobu 反应可以提高产物分离的效率,只需通过简单的酸化过程就能得到高纯度的产物 (式 14)[14]。

$$\substack{\equiv\!\!-\!OH \\ + \\ HO\!-\!\!\!\!-\!NO_2}\ \xrightarrow[\substack{68\%}]{\substack{DPPPY,\ DBAD,\ THF \\ rt,\ 24\ h}}\ \equiv\!\!-\!O\!-\!\!\!\!-\!NO_2\quad\text{(14)}$$

参 考 文 献

[1] Türkmen, H.; Pape, T.; Hahn, F. E. *Eur. J. Inorg. Chem.* **2009**, 285.

[2] Braunstein, P.; Durand, J.; Morise, X.; et al. *Organometallics* **2000**, *19*, 444.

[3] Gooben, L. J.; Ferwanah, A. R. S. *Synlett.* **2000**, 1801.

[4] Sarmah, C.; Sahu, D.; Das, P. *Catal. Communi.* **2013**, *41*, 75.

[5] Drent, E.; Arnoldy, P.; Budzelaar, P. H. M. *J. Organomet. Chem.* **1993**, *455*, 247.

[6] Matteoli, U.; Botteghi, C.; Sbrogio, F.; et al. *J. Mol. Catal. A: Chem.* **1999**, *143*, 287.

[7] Consorti, C. S.; Ebeling, G.; Dupont, J. *Tetrahedron Lett.* **2002**, *43*, 753.

[8] Matteoli, U.; Scrivanti, A.; Beghetto, V. *J. Mol. Catal. A: Chem.* **2004**, *213*, 183.

[9] Oshiki, T.; Yamashita, H.; Sawada, K.; et al. *Organometallics* **2005**, *24*, 6287.

[10] García-Álvarez, R.; García-Garrido, S.E.; Díez, J. *Eur. J. Inorg. Chem.* **2012**, *26*, 4218.

[11] Kumar, P.; Singh, A. K.; Sharma, S. *J. Organomet. Chem.* **2009**, *694*, 3643.

[12] Shirakawa, E.; Yamamoto, Y.; Nakao, Y.; et al. *Angew. Chem. Int. Ed.* **2004**, *43*, 3448.

[13] Yashida, H.; Nakano, S.; Yamaryo, Y.; et al. *Org. Lett.* **2006**, *8*, 4157.

[14] Kiankarimi, M.; Lowe, R.; McCarthy, J. R.; Whitten, J. P. *Terahedron Lett.* **1999**, *40*, 4497.

[黄达云，清华大学化学系；WXY]

1,3-二苯基-2-丙炔-1-醇

【英文名称】 1,3-Diphenyl-2-propyn-1-ol

【分子式】 $C_{15}H_{12}O$

【分子量】 208.26

【CAS 登录号】 [1817-49-8]

【缩写和别名】 1,3-Diphenylpropargyl alcohol，1,3-Diphenyl-1-propyne-3-ol

【结构式】

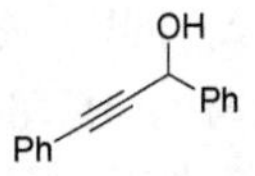

【物理性质】 白色无臭固体，mp 364.7 ℃，ρ 1.099 g/cm^3。溶于水、乙醇、甲醇等有机溶剂。

【制备和商品】 国内外化学试剂公司均有销售。

【注意事项】 刺激皮肤，眼睛和呼吸系统，吞食有毒。

1,3-二苯基-2-丙炔-1-醇具有两个活泼反应基团：(1) 缺电子炔基；(2) 亲核性的羟基，因此使其在有机合成反应中有多种反应性。此外，该试剂还有两个容易发生邻位碳-氢键活化的苯环。所以，该试剂通常可以发生消除、偶联、环化、取代和氧化等反应。

在水合氯化铁的存在下，该试剂与苯酚进行脱水偶联反应，在苯酚邻位的碳-氢键位置直接形成碳-碳键，生成的产物是合成苯并含氧杂环的重要前体 (式 1)[1]。该试剂与对甲苯磺酸肼可以发生缩合胺化反应得到胺基丙炔，其进一步的分子内氢胺化环化反应可以合成吡唑

衍生物 (式 2)[2]。吡唑衍生物的合成也可用一锅法实现[3]。类似的 *N*-羟基对甲苯磺酰胺与该试剂反应所生成的中间体是合成异噁唑环的前体 (式 3)[4]。

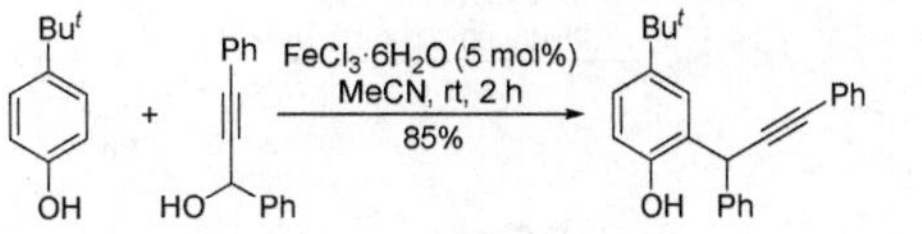

(1)

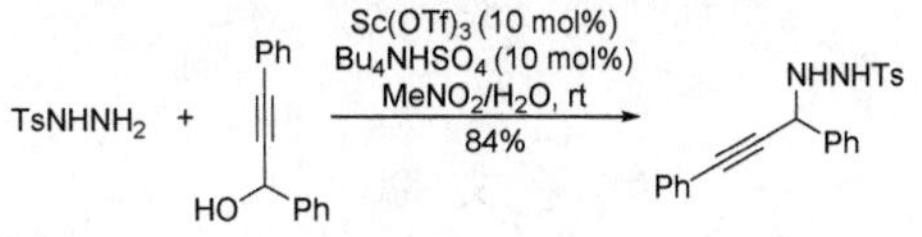

(2)

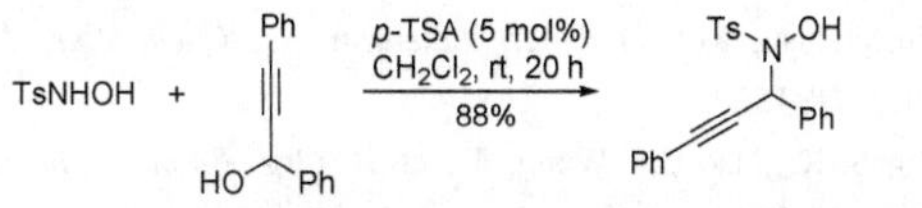

(3)

以 (salqu)Cu(Ⅱ) (salqu: quinoxalinol salen) 为催化剂、TBHP 为氧化剂，该试剂可以实现选择性的羟基氧化反应，高产率地生成炔酮衍生物 (式 4)[5]。在锆配合物、乙基锌和氯化锌的存在下，该试剂可以高产率转化为联烯化合物 (式 5)[6]。

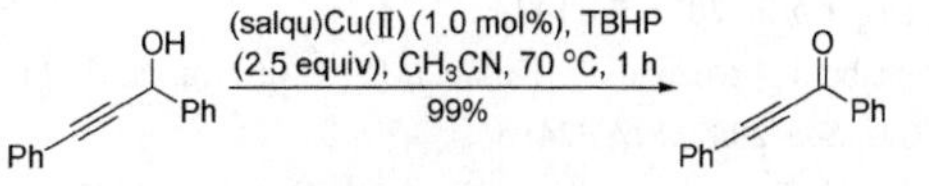

(4)

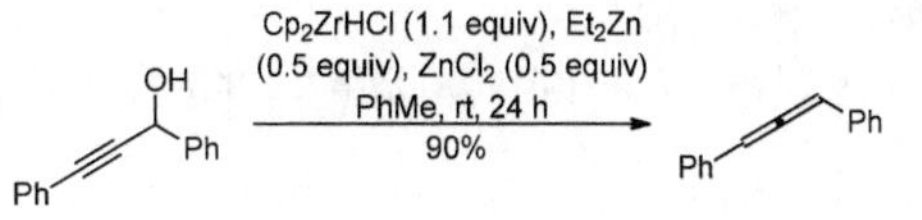

(5)

该试剂在钒盐催化剂催化和微波辐射条件下，经由联烯中间体高产率生成 *E*-查耳酮 (式 6)[7]。虽然该反应在金配合物催化下也能实现，但产率稍低，且生成 10:1 的 *E*-查耳酮和 *Z*-查耳酮的混合物[8]。

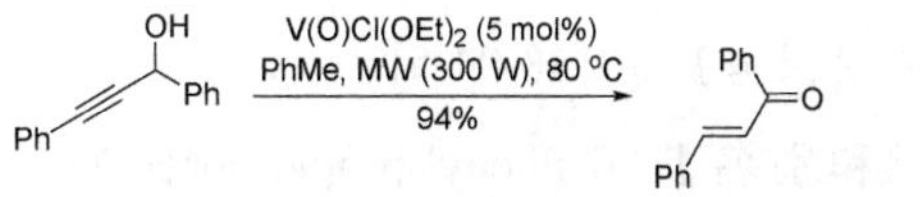

(6)

该试剂的苯基邻位碳-氢键是一个很好的反应位点，可实现环化反应。例如：在铑催化剂的存在下，该试剂经由羟基的 β 消除反应生成苯甲酰炔中间体后与邻位碳-氢键进行环化反应生成 1-酮茚 (式 7)[9]。在碘催化下，该试

剂首先形成联烯碳正离子与碘进行亲电加成反应，然后再与苯环碳-氢键进行亲电环化反应生成二碘取代的茚（式 8）[10]。

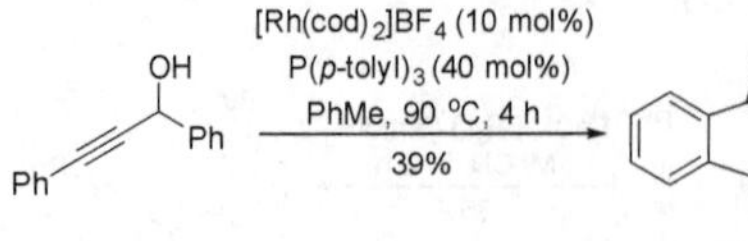

$$(7)$$

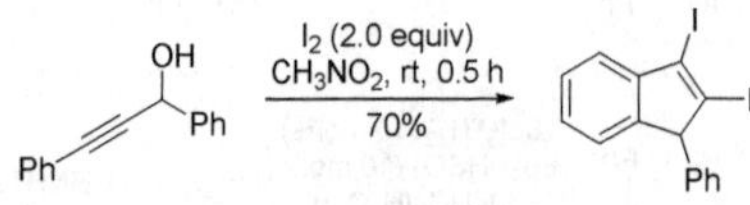

$$(8)$$

参 考 文 献

[1] Yuan, F.; Han, F. *Adv. Synth. Catal.* **2013**, *355*, 537.

[2] Yoshimatsu, M.; Ohta, K.; Takahashi, N. *Chem. Eur. J.* **2012**, *18*, 15602.

[3] Xu, S.-X.; Hao, L.; Wang, T.; et al. *Org. Biomol. Chem.* **2013**, *11*, 294.

[4] Reddy, C. R.; Vijaykumar, J.; Jithender, E.; et al. *Eur. J. Org. Chem.* **2012**, 5767.

[5] Weerasiri, K. C.; Gorden, A. E. *Eur. J. Org. Chem.* **2013**, 1546.

[6] Pu, X.; Ready, J. M. *J. Am. Chem. Soc.* **2008**, *130*, 10874.

[7] Antinolo, A.; Hermosilla, F. C.; Cadierno, V.; Alvarez, J. G. *ChemCatChem* **2012**, *4*, 123.

[8] Pennell, M. N.; Unthank, M. G.; Turner, P.; Sheppard, T. D. *J. Org. Chem.* **2011**, *76*, 1479.

[9] Yamabe, H.; Mizuno, A. Kusama, H.; Lwasawa. N. *J. Am. Chem. Soc.* **2005**, *127*, 324.

[10] Zhu, H.-T.; Ji, K.-G.; Yang, F.; et al. *Org. Lett.* **2011**, *13*, 684.

[华瑞茂，清华大学化学系；HRM]

1,3-二苯基丙炔酮

【英文名称】 1,3-Diphenyl-2-propyn-1-one

【分子式】 $C_{15}H_{10}O$

【分子量】 206.24

【CAS 登录号】 [7338-94-5]

【缩写和别名】 3-Phenyl-propiolophenone，Diphenylpropynone，二苯基丙炔酮

【结构式】

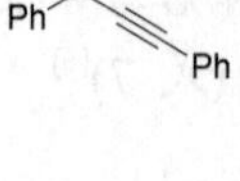

【物理性质】 白色固体，mp 49~50 ℃。溶于二氯甲烷和甲苯等常见有机溶剂。

【制备和商品】 国内外化学试剂公司均有销售。

【注意事项】 熔点较低，含有微量杂质的情况下可能为黏稠液体。

1,3-二苯基丙炔酮是常用有机合成中间体，常作为 C_3 合成子用于杂环合成。由于其炔基和羰基的共轭作用，因此具有与普通炔烃或酮羰基不同的反应活性。该试剂不仅作为炔烃或酮羰基参与反应，更重要的是共轭炔酮同时参与反应时表现出多样的反应性。

该试剂在 $Ni(COD)_2$ 的催化下能与三甲基硅腈 (TMS-CN) 发生加成反应，形成的联烯中间体原位与加入的 NBS 反应生成 α-溴-β-氰基烯酮（式 1）[1]。此类联烯中间体也能够通过该试剂与 P-B 路易斯酸碱作用来制备[2]。在水的存在下，该试剂能促使咪唑开环并发生选择性加成反应，所得产物具有独特的烯酮取代的 (Z,Z)-1,4-二氮-2,5-二烯结构（式 2）[3]。

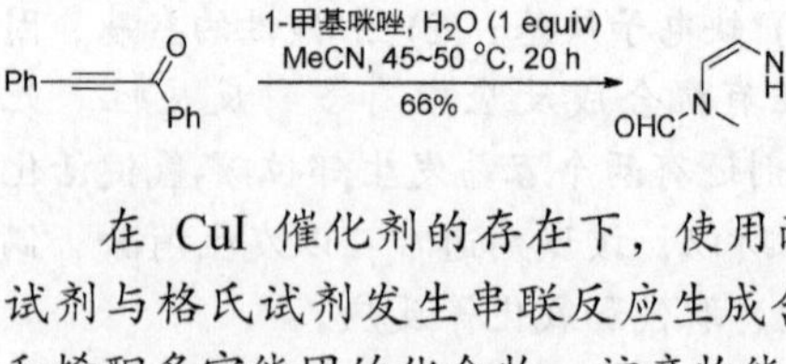

$$(1)$$

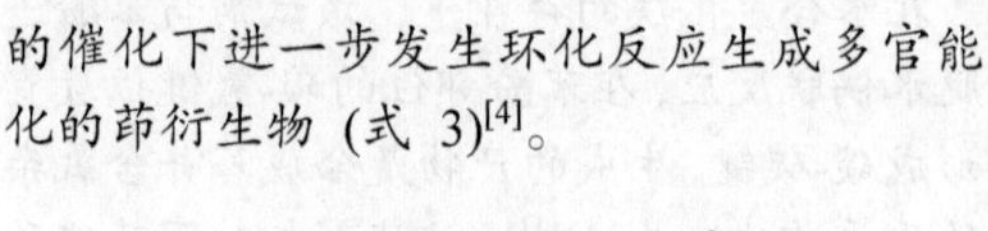

$$(2)$$

在 CuI 催化剂的存在下，使用两分子该试剂与格氏试剂发生串联反应生成含有炔醇和烯酮多官能团的化合物。该产物能在 $FeCl_3$ 的催化下进一步发生环化反应生成多官能团化的茚衍生物（式 3）[4]。

$$(3)$$

该试剂作为 C_3 合成子广泛用于杂环合成。以 K_3PO_4 作为碱，苄胺与该试剂首先进行加成反应生成氨基烯酮中间体，然后经加热发生进一步环化反应生成多取代吡咯衍生物 (式 4)[5]。该试剂也能与肼衍生物作用，一锅法构建多取代吡唑环[6]。

$$\text{(4)}$$

1. K_3PO_4 (1 equiv) DMSO, rt, 2 h
2. 140 °C, 12 h
91%

在镍催化剂和锌的作用下，该试剂与邻碘苯胺的环化反应是构建喹啉环的简单方法 (式 5)[7]。使用邻溴苯胺也能发生类似的反应，但产率较低。在室温和无需添加催化剂的条件下，该试剂可以与胺和甲醛发生三组分串联反应生成多取代四氢嘧啶 (式 6)[8]。

$$\text{(5)}$$

NiBr$_2$(dppe) (5 mol%), Zn
(2 equiv), MeCN, 80 °C, 12 h
74%

$$\text{(6)}$$

BuNH$_2$, HCHO, DMF, rt, 5 h
91%

该试剂也广泛地应用于氧杂环的合成。在 $PdCl_2/FeCl_2$ 共催化下，该试剂能发生二聚并伴随酰基迁移，通过串联反应构建出独特的环戊二烯并呋喃环系 (式 7)[9]。1,3-二苯基丙炔酮也能与炔醇反应，一锅法合成多取代呋喃[10]。在 Co/Rh 催化下与 CO 选择性环化反应生成呋喃-2(3H)-酮和呋喃-2(5H)-酮[11]。

$$\text{(7)}$$

PdCl$_2$ (0.1 equiv), FeCl$_2$ (0.05 equiv)
LiCl (2 equiv), xylene, 80 °C, 24 h
70%

除了利用炔酮官能团进行反应外，该试剂苯环的碳-氢键同时参与反应构建碳环化合物。如在 $Mn(OAc)_3$ 催化下，该试剂与磷酸酯发生自由基加成，进而与苯环碳-氢键进行环化反应生成磷酸酯取代的茚酮 (式 8)[12]。

$$\text{(8)}$$

HPO(OMe)$_2$, Mn(OAc)$_3$ 3 equiv
HOAc, 80 °C, 0.5 h
70%

参 考 文 献

[1] Arai, T.; Suemitsu, Y.; Ikematsu, Y. *Org. Lett.* **2009**, *11*, 333.

[2] Xu, B.-H.; Kehr, G.; Fröhlich, R.; et al. *Angew. Chem. Int. Ed.* **2011**, *50*, 7183.

[3] Trofimov, B. A.; Andriyankova, L. V.; Nikitina, L. P.; et al. *Org. Lett.* **2013**, *15*, 2322.

[4] Xie, M.; Feng, C.; Zhang, J.; et al. *J. Organomet. Chem.* **2011**, *696*, 3397.

[5] Shen, J.; Cheng, G.; Cui, X. *Chem. Commun.* **2013**, *49*, 10641.

[6] Waldo, J. P.; Mehta, S.; Larock, R. C. *J. Org. Chem.* **2008**, *73*, 6666.

[7] Korivi, R. P.; Cheng, C.-H. *J. Org. Chem.* **2006**, *71*, 7079.

[8] Cao, H.; Wang, X.; Jiang, H.; et al. *Chem. Eur. J.* **2008**, *14*, 11623.

[9] Jiang, H.; Pan, X.; Huang, L.; et al. *Chem. Commun.* **2012**, *48*, 4698.

[10] Jiang, H.; Yao, W.; Cao, H.; et al. *J. Org. Chem.* **2010**, *75*, 5347.

[11] Park, K. H.; Kim, S. Y.; Chung, Y. K. *Org. Biomol. Chem.* **2005**, *3*, 395.

[12] Pan, X.-Q.; Zou, J.-P.; Zhang, G.-L.; Zhang, W. *Chem. Commun.* **2010**, *46*, 1721.

[华瑞茂，清华大学化学系；HRM]

1,3-二苯基-2-丙烯酮

【英文名称】 1,3-Diphenyl-2-propen-1-one

【分子式】 $C_{15}H_{12}O$

【分子量】 208.26

【CAS 登录号】 [614-47-1]

【缩写和别名】 *trans*-Chalcone，Benzylidene-acetophenone，查耳酮

【结构式】

Ph—CH=CH—C(=O)—Ph

【物理性质】 白色固体，mp 55~57 °C，bp 345~348 °C，ρ 1.071 g/cm^3。溶于水、乙醇、甲醇等有机溶剂。

【制备和商品】 国内外化学试剂公司均有销售。也可以通过碱性条件下苯甲醛与苯乙酮的醛醇缩合反应制得[1]。

【注意事项】 该试剂避光保存。

1,3-二苯基-2-丙烯酮或查耳酮是典型的 α,β 不饱和酮，能进行典型的 1,4-亲核加成反应、烯键的转化反应和环化反应。

杂原子-氢键和活泼碳-氢键与 α,β 不饱和羰基化合物的 Michael 加成反应是构建碳-杂原子键、碳-碳键的重要反应。在三氯化铟的存在下，查耳酮在室温下与苯硫酚反应高产率地生成加成产物 (式 1)[2]。在手性试剂的存在下，也可以实现不对称加成反应[3]。使用硝酸钠改性的羟基磷灰石 (Na/HAP)，可以催化该试剂与胺的 N-H 键的加成反应 (式 2)[4]。在碱性条件下，查耳酮与含有 α-氢的酮之间的 Michael 加成反应是合成 1,5-二羰基化合物的有效方法[5]。在温和条件下，手性胺能够有效地催化查耳酮与环己酮的不对称加成反应 (式 3)[6]和与其它烯酮的不对称交叉环化反应，生成手性的环己酮衍生物 (式 4)[7]。

$$Ph\text{—CH=CH—C(=O)—Ph} + PhSH \xrightarrow[\text{MeOH, rt, 1 h}]{InCl_3 (10\ mol\%)}{95\%} \tag{1}$$

$$\tag{2}$$

$$A (10\ mol\%), rt, 5\ d \qquad 79\% \qquad dr > 50:1, 92\%\ ee \tag{3}$$

$$B (20\ mol\%), PhCO_2H (20\ mol\%), CHCl_3, 50\ ^\circ C, 3\ d \qquad 61\% \qquad dr > 30:1; 92\%\ ee \tag{4}$$

查耳酮也是构建五元碳环的重要原料。在分子 I_2 的存在下，金属 Sm 在室温下可以促进二分子的查耳酮发生偶联环化反应生成多取代的环戊烷 (式 5)[8]。在氮杂环卡宾盐催化剂的存在下，该试剂与烯醛进行环化反应生成芳基取代的环戊烯衍生物 (式 6)[9]。

$$I_2 (0.05\ equiv), Sm (1\ equiv), DMF, rt, 3\ h \qquad 82\% \tag{5}$$

$$C (0.15\ equiv), DBU (0.15\ equiv), CH_2Cl_2, rt \qquad 73\% \quad (cis:trans = 1:3) \tag{6}$$

查耳酮也被广泛地应用于杂环合成。例如：该试剂与尿素在催化剂 $SbCl_3\text{-}Al_2O_3$ 的存在下反应，生成结构新颖的双喹唑啉-2-烯醇类化合物 (式 7)[10]。而在催化剂 $Bi(NO_3)_3$-$ZnCl_2$-Al_2O_3 的存在下，则生成三芳基吡啶类化合物 (式 8)[11]。在氧化剂 MnO_2 的存在下，该试剂与醛肟的反应生成 2-噁唑啉衍生物 (式 9)[12]。

$$SbCl_3/Al_2O_3 \quad 140\ ^\circ C, 2.5\ h \qquad 82\% \tag{7}$$

$$Bi(NO_3)_3/ZnCl_2/Al_2O_3 \quad 125\sim135\ ^\circ C, 3.5\ h \qquad 65\% \qquad 30\% \tag{8}$$

$$MnO_2 (18\ equiv) \quad CH_2Cl_2, rt, 3\ h \qquad 64\% \qquad 1:1 \tag{9}$$

查耳酮的碳-碳双键可以选择性地进行环氧化反应[13]，而羰基可以选择性地进行还原反应生成烯丙基醇衍生物[14]。

参 考 文 献

[1] Aguilera, A.; Alcantara, A. R.; Marinas, J. M.; Sinisterea, J. V. *Can. J. Chem.* **1987**, *65*, 1165.

[2] Ranu, B. C.; Dey, S. S. ; Samanta, S. *ARKIVOC* **2005**, *(iii)*, 44.

[3] Gaggero, N.; Albanese, D. C. M.; Celentano, G.; et al. *Tetrahedron: Asymmetry* **2011**, *22*, 1231.

[4] Zahouily, M.; Bahlaouan, W.; Bahlaouan, B.; et al. *ARKIVOC* **2005**, *(xiii)*, 150.

[5] Yanagisawa, A.; Takahashi, H.; Araia, T. *Tetrahedron* **2007**, *63*, 8581.

[6] Wang, J.; Li, H.; Zu, L.; Wang, W. *Adv. Synth. Catal.* **2006**, *348*, 425.

[7] Huang, H.; Wu, W.; Zhu, K.; et al. *Chem. Eur. J.* **2013**, *19*, 3838.

[8] Liu, Y.; Dai, N.; Qi, Y.; Zhang, S. *Synth. Commun.* **2009**, *39*, 799.

[9] Cardinal-David, B.; Raup, D. E. A.; Scheidt, K. A. *J. Am. Chem. Soc.* **2010**, *132*, 5345.

[10] Ganai, B. A.; koul, S.; Razdan, T. K.; Andotra, C. S. *Synth. Commun.* **2004**, *34*, 1819.

[11] Verma, A. K.; Koul, S.; Pannu, A. P. S.; Razdan, T. K. *Tetrahedron* **2007**, *63*, 8715.

[12] Kiegiel, J.; Poplawska, M.; Jóźwik, J.; et al. *Tetrahedron Lett.* **1999**, *40*, 5605.

[13] Carrea, G.; Colonna, S.; Meek, A. D.; et al. *Tetrahedron: Asymmetry* **2004**, *15*, 2945.

[14] Lu, S.-M.; Gao, Q.; Li, J.; Liu, Y.; Li, C. *Tetrahedron Lett.* **2013**, *54*, 7013.

[华瑞茂，清华大学化学系；HRM]

二苯基环丙烯酮

【英文名称】 Diphenylcyclopropenone

【分子式】 $C_{15}H_{10}O$

【分子量】 206.24

【CAS 登录号】 [886-38-4]

【缩写和别名】 1,2-二苯基环丙烯-3-酮，2,3-二苯基-2-环丙烯-1-酮

【结构式】

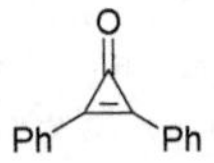

【物理性质】 白色固体，mp 121 °C，ρ 1.232 g/cm^3。溶于乙醇、丙酮等有机溶剂。

【制备和商品】 国内外化学试剂公司均有销售。

【注意事项】 该试剂有毒，皮肤接触有害。

二苯基环丙烯酮 (**1**) 是一个容易开环的不稳定化合物。其烯键和羰基可与亲核或亲电试剂发生反应，在有机合成反应中表现出多种反应性。

1 最重要的反应是加成扩环反应，可与多种亚胺类化合物发生环化反应生成含氮杂环化合物。例如：在乙酸溶剂中，**1** 与 N-硫代酰胺-N′-亚甲基肼发生环化脱 H_2S 反应构建

出吡咯并噁二唑环体系 (式 1)[1]。在乙醇溶剂中，则生成噻二唑单环衍生物 (式 2)[2]。**1** 与 N-酯基脒衍生物反应生成 1,2-二氢-3H-吡咯-3-酮衍生物 (式 3)[3]。

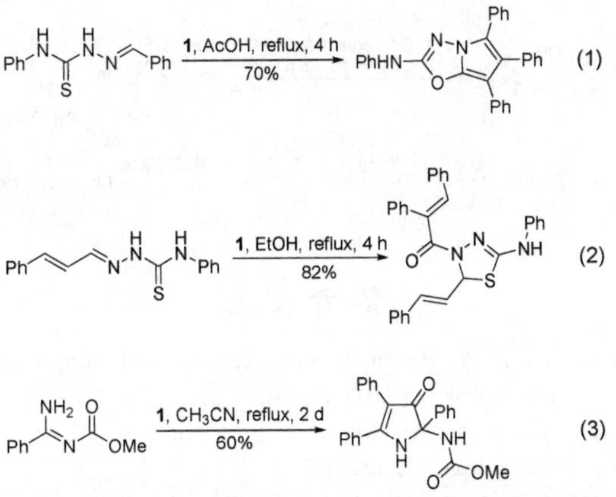

在 Pd(OAc)$_2$/IPr·HCl [IPr = 1,3-bis(2,6-di-isopropylphenyl)imidazol-2-ylidene] 催化下，该试剂开环后与末端炔烃反应生成烯基炔基酮类化合物 (式 4)[4]。在铑催化存在下，**1** 开环后与中间炔烃经 [3+2] 环化加成反应生成四取代环戊二烯酮 (式 5)[5]。

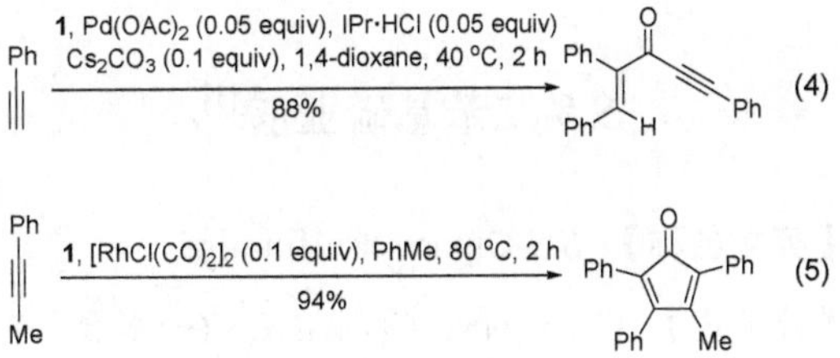

在加热的条件下，两分子的 **1** 与 6-苯基-1,5-二氮杂双环[3.1.0]己烷发生环化反应，脱去一分子一氧化碳后生成复杂的并三环化合物 (式 6)[6]。

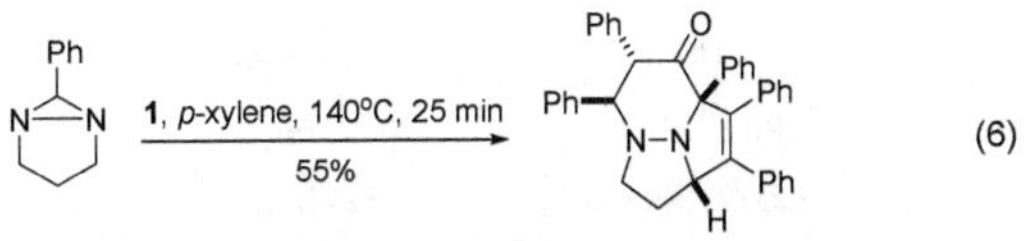

在甲磺酸酐的存在下，该试剂首先与醇羟基反应形成环丙烯鎓盐中间体，然后催化或促进 C-O 键的形成。例如：在该试剂的催化下，手性 4-苯基-2-丁醇与甲磺酸酐反应生成构型翻转的醚产物 (式 7)[7]。在室温和甲磺酸酐存

在下，该试剂能够促进 1,4-二醇高效地发生脱水反应生成四氢呋喃衍生物 (式 8)[8]。

(7)

(8)

环丙烯鎓盐活化

参 考 文 献

[1] Aly, A. A.; Hassan, A. A.; Ameen, M. A.; Brown, A. B. *Tetrahedron Lett.* **2008**, *49*, 4060.

[2] Hassan, A.; Abdel-Latif, F. F.; El-Din, A. M.; et al. *Tetrahedron* **2012**, *68*, 8487.

[3] Cunha, S.; Kascheres, A. *J. Braz. Chem. Soc.* **2001**, *12*, 481.

[4] Matsuada, T.; Sakurai, Y. *Eur. J. Org. Chem.* **2013**, 4219.

[5] Wender, P. A.; Paxton, T. J.; Williams, T. J. *J. Am. Chem. Soc.* **2006**, *128*, 14814.

[6] Molchanov, A. P.; Sipkin, D, I.; Koptelov, Y. B.; Kostikov, R. R. *Eur. J. Org. Chem.* **2002**, 453.

[7] Nacsa, E. D.; Lambert, T. H. *Org. Lett.* **2013**, *15*, 38.

[8] Kelly, B. D.; Lambert, T. H. *Org. Lett.* **2011**, *13*, 740.

[华瑞茂，清华大学化学系；HRM]

S,S 二苯基硫亚胺[1]

【英文名称】 *S,S*-Diphenylsulfilimine

【分子式】 $C_{12}H_{11}NS$；$C_{12}H_{13}NOS$ (一水合物)

【分子量】 201.31；302.3 (一水合物)

【CAS 登录号】 [36744-90-8]；[15596-07-3] (一水合物)

【结构式】

（无水化物）　　　　（一水合物）

【物理性质】 白色针状粉末，mp 70~71 ℃，pK_a 8.56[2]。溶于乙醇、苯、四氢呋喃、氯仿和丙酮，微溶于水。

【制备和商品】 国内外试剂公司均有销售。该试剂的纯化过程为：将其溶于 3% 的硫酸水溶液中，加入活性炭处理。然后将溶液调成碱性，使 *S,S*-二苯基硫亚胺在冰浴条件下析出，再于苯或苯-己烷的混合溶液中进行重结晶。

【注意事项】 在大多数情况下，该试剂的一水合物可不经脱水直接使用。避光保存，在室温储存数月后会产生二苯基硫醚的味道。在无溶剂的情况下于 100 ℃ 发生分解。该试剂的无水合物具有吸湿性。在通风橱中操作。

亲核性亚胺转移试剂 Ph₂SNH 与 *β*-取代的 *α,β*-不饱和酮可发生共轭加成反应，生成酰基吖啶产物 (式 1)[2]。如式 2 所示[3]：Ph₂SNH 也可与带拉电子基团的共轭烯烃发生 1,6-加成反应，得到相应的吖啶产物。Ph₂SNH 与炔基酮反应，所得 *α,β*-不饱和酮中间体在加热的条件下可进一步转化为异噁唑衍生物 (式 3)[4]。

(1)

(2)

(3)

R = H, Ph, COPh

生成 *N*-取代二苯基硫亚胺 通过烷基化或酰基化反应，Ph₂SNH 可以方便地被转化为相应的 *N*-取代二苯基硫亚胺。如式 4 所示[5]：在吡啶硼烷化合物的作用下，Ph₂SNH 与醛或酮反应，得到 *N*-烷基化的二苯基硫亚胺产物。如果体系中没有吡啶硼烷化合物，则得到相应的腈 (式 5)[6]。

(4)

(5)

其它反应 Ph₂SNH 与噻唑基碳二硫亚胺

化合物反应，所得 *N*-衍生化的二苯基硫亚胺中间体在光照条件下可生成氮卡宾，接着发生成环反应得到 2-甲硫基-1,2,4-三氮唑[3,2-*b*]-苯并噻唑 (式 6)[7]。Ph₂SNH 与苯炔前体化合物反应，可在苯环的相邻位置分别引入含氮和含硫官能团 (式 7)[8]。如式 8 所示[9]：在手性铱催化剂的作用下，Ph₂SNH 与烯丙醇衍生物反应，高区域选择性和高立体选择性地生成手性烯丙胺产物。

$$(6)$$

$$(7)$$

$$(8)$$

参 考 文 献

[1] (a) Yoshimura, T.; Omata, T.; Furukawa, N.; Oae, S. *J. Org. Chem.* **1976**, *41*, 1728. (b) Tamura, Y.; Matsushima, H.; Minamikawa, J.; et al. *Tetrahedron* **1975**, *31*, 3035. (c) Gilchrist, T. L.; Moody, C. J. *Chem. Rev.* **1977**, *77*, 409. (d) Oae, S.; Furukawa, N. In *Sulfilimines and Related Derivatives*; Caserio, M. C., Ed.; American Chemical Society: Washington, DC, 1983.

[2] Furukawa, N.; Yoshimura, T.; Ohtsu, M.; et al. *Tetrahedron* **1980**, *36*, 73.

[3] Trost, B. M.; Zhang, T. *Chem. Eur. J.* **2011**, *17*, 3630.

[4] Tamura, Y.; Sumoto, K.; Matsushima, H.; et al. *J. Org. Chem.* **1973**, *38*, 4324.

[5] Fujie, T.; Iseki, T.; Iso, H.; et al. *Synthesis* **2008**, 1565.

[6] (a) Furukawa, N.; Fukumura, M.; Akasaka, T.; et al. *Tetrahedron Lett.* **1980**, *21*, 761. (b) Gelas-Mialhe, Y.; Vessière, R. *Synthesis* **1980**, 1005.

[7] Takahashi, M.; Satoh, S. *Heterocycles* **2007**, *71*, 1407.

[8] Yoshida, S.; Yano, T.; Misawa, Y.; et al. *J. Am. Chem. Soc.* **2015**, *137*, 14071.

[9] Grange, R. L.; Clizbe, E. A.; Counsell, E. J.; Evans, P. A. *Chem. Sci.* **2015**, *6*, 777.

[王歆燕，清华大学化学系；WXY]

二苯基六氟磷酸碘鎓盐

【英文名称】 Diphenyl iodonium hexafluoro-phosphate

【分子式】 $C_{12}H_{10}IF_6P$

【分子量】 426.08

【CAS 登录号】 [58109-40-3]

【缩写和别名】 Ph₂IPF₆

【结构式】

【物理性质】 mp 138~140 °C，无色粉末状固体。溶于水和大多数极性有机溶剂中，在空气中能够稳定存在。

【制备和商品】 国内外试剂公司均有销售。亦可在实验室制备。

【注意事项】 在空气中稳定，有一定的耐高温性。注意密封保存，尽量避免置于潮湿的环境中。

二苯基六氟磷酸碘鎓盐（Ph₂IPF₆）是一种常用的二芳基高价碘试剂。其化学性质稳定，反应活性较高[1,2]，可以与吡啶氮氧化物经过 1,3-自由基重排生成吡啶苯酚盐 (式 1)[3]。

$$(1)$$

该试剂还可与 *N*-酰胺化合物反应，用于合成吡啶苯胺类化合物 (式 2)[3]。

$$(2)$$

二苯基六氟磷酸碘鎓盐可用于喹啉和喹唑啉等杂芳环化合物的合成。如式 3 所示[4]：在铜盐的催化下，六氟磷酸二苯碘与腈和炔烃经串联反应生成喹啉衍生物。如式 4 所示[5]：在铜盐的催化下，六氟磷酸二苯碘与两分子腈经串联反应生成喹唑啉衍生物。

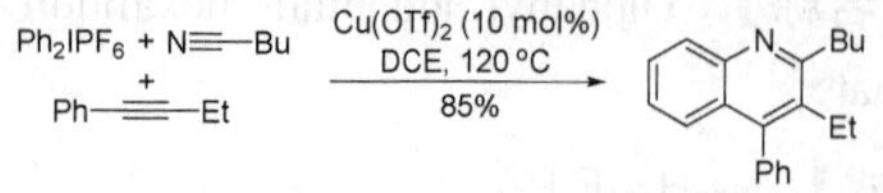

$$\text{(3)}$$

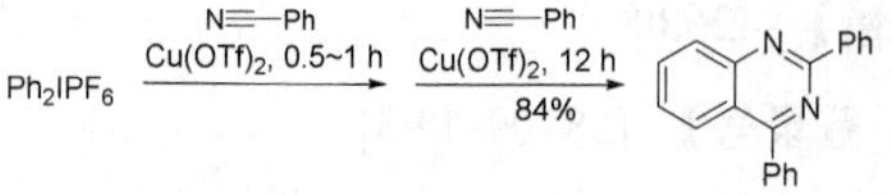

$$\text{(4)}$$

在相同的反应条件下，二苯基六氟磷酸碘鎓盐与 ω-氰基-1-戊炔发生 [2+2+2] 环加成反应生成环并喹啉产物 (式 5)[6]。

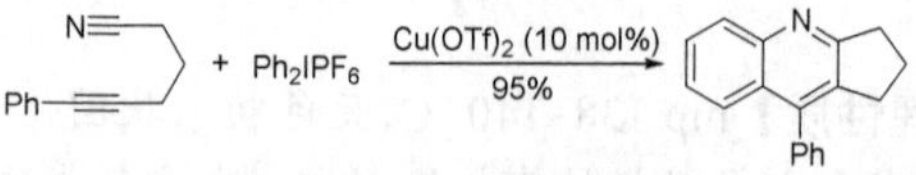

$$\text{(5)}$$

近年来，二苯基六氟磷酸碘鎓盐也在高聚物合成中得到应用[7]。使用三烷基亚磷酸酯作为共引发剂，二苯基六氟磷酸碘鎓盐可以诱导环氧化合物的聚合反应 (式 6)[8]。

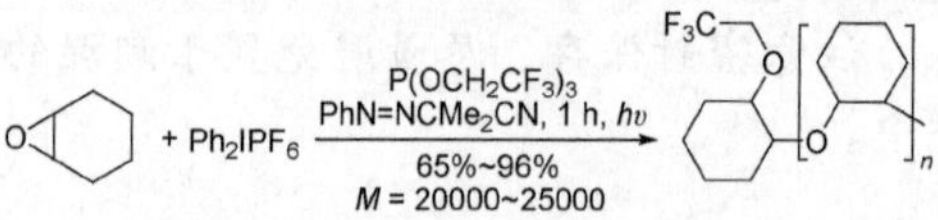

$$\text{(6)}$$

参 考 文 献

[1] Bielawski, M.; Zhu, M.-Z.; Olofssona, B. *Adv. Synth. Catal.* **2007**, *349*, 2610.

[2] Kalyani, D.; Deprez, N. R.; Desai, L. V.; Sanford, M. S. *J. Am. Chem. Soc.* **2005**, *127*, 7330.

[3] Peng, J.; Wang, Y.; Lou, Z.-B.; et al. *Angew. Chem. Int. Ed.* **2013**, *52*, 7574.

[4] Wang, Y.; Chen, C.; Peng, J.; Li, M. *Angew. Chem. Int. Ed.* **2013**, *52*, 5323.

[5] Su, X.; Chen, C.; Wang, Y.; et al. *Chem. Commun.* **2013**, *49*, 6752.

[6] Wang, Y.; Chen, C.; Zhang, S.; et al. *Org. Lett.* **2013**, *15*, 4794.

[7] Crivello, J. V.; Lam, J. W. *Macromolecules* **1977**, *10*, 1307.

[8] Thomas, W. N.; Lee, G. S.; Rebekka, H. M.; et al. *J. Org. Chem.* **2013**, *78*, 3561.

[彭静，陈超*，清华大学化学系；CC]

二苯基三氟甲磺酸碘鎓盐

【英文名称】 Diphenyliodonium triflate

【分子式】 $C_{13}H_{10}F_3IO_3S$

【分子量】 430.186

【CAS 登录号】 [66003-76-7]

【缩写和别名】 Diphenyliodonium trifluoromethanesulphonate，Ph$_2$IOTf

【结构式】

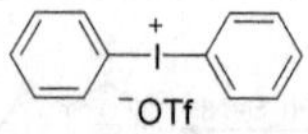

【物理性质】 mp 173~174°C，棕色粉末状固体。溶于水和大多数极性有机溶剂中，在空气中能够稳定存在。

【制备和商品】 国内外试剂公司均有销售。亦可在实验室利用苯和碘苯制备。

【注意事项】 在空气中稳定，有一定的耐高温性。注意密封保存，尽量避免置于潮湿的环境中。

二苯基三氟甲磺酸碘鎓盐是一种常用的二芳基高价碘试剂。文献中最常用的制备二芳基三氟甲磺酸碘鎓盐的方法有两种。一种方法是使用碘单质作为碘源，在 *m*-CPBA 的存在下加入相应的芳烃生成对称的二芳基三氟甲磺酸碘鎓盐 (式 1)[1]。另一种方法同样使用 *m*-CPBA 作为氧化剂，同时使用芳烃和碘代芳烃作为底物可以合成不对称的二芳基三氟甲磺酸碘鎓盐 (式 2)[1]。

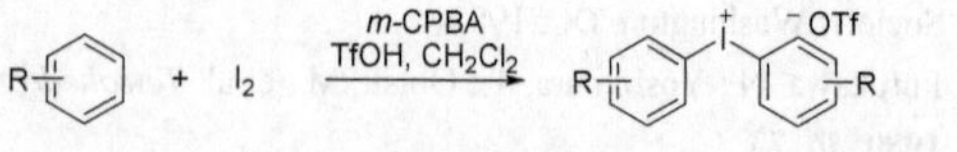

$$\text{(1)}$$

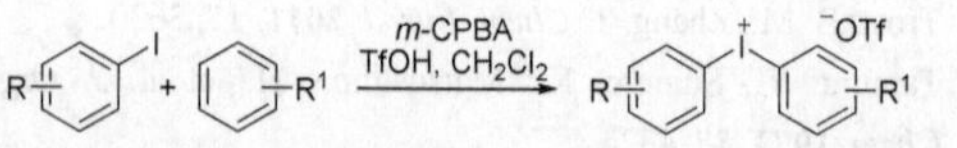

$$\text{(2)}$$

在 Cu(OTf)$_2$ 的催化下，二苯基三氟甲磺酸碘鎓盐可以选择性地在吲哚的 C-2 或 C-3 位引入苯基 (式 3)[2]。该方法可以在杂芳环体系中高效和高选择性地实现 *C*-芳基化反应[3]。

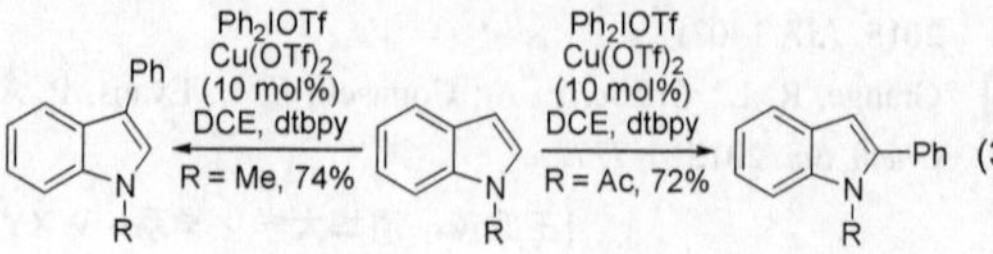

$$\text{(3)}$$

在 Cu(OTf)$_2$ 的催化下，二苯基三氟甲磺酸碘鎓盐与带有给电子基团取代的 N-酰基苯胺反应，可以选择性地实现间位芳基化反应 (式 4)[4]。

$$(4)$$

在 Cu(OTf)$_2$ 的催化下，二苯基三氟甲磺酸碘鎓盐可以与端烯、1,2-二取代或者 1,1,2-三取代的烯烃反应生成芳基取代的烯烃产物 (式 5)[5,6]。

$$(5)$$

在 Cu(OTf)$_2$ 的催化下，二苯基三氟甲磺酸碘鎓盐也可以与烯基酰胺反应生成芳基取代的烯烃产物 (式 6)[7]。

$$(6)$$

在 CuCl 的催化下，二苯基三氟甲磺酸碘鎓盐可以与中间炔烃发生加成反应，生成四取代的烯烃产物 (式 7)[8]。

$$(7)$$

由于三氟甲基磺酸基取代的烯烃可以生成烯基正离子，因此二苯基三氟甲磺酸碘鎓盐可以与芳基取代的炔烃反应后，再经进一步 Friedel-Crafts 反应实现分子内的成环反应 (式 8)[9]。

$$(8)$$

在铜催化剂和氧化剂的存在下，二苯基三氟甲磺酸碘鎓盐与 α-炔醇反应生成 α-芳基取代的不饱和羰基化合物 (式 9)[10]。

$$(9)$$

参 考 文 献

[1] Bielawski, M.; Zhu, M.-Z.; Olofssona, B. *Adv. Synth. Catal.* **2007**, *349*, 2610.

[2] Phipps, R. J.; Grimster, N. P.; Gaunt, M. J. *J. Am. Chem. Soc.* **2008**, *130*, 8172.

[3] Allen, A. E.; MacMillan, D. W. C. *J. Am. Chem. Soc.* **2011**, *133*, 4260.

[4] Phipps, R. J.; Gaunt, M. J. *Science* **2009**, *323*, 1593.

[5] Ciana, C. L.; Phipps, R. J.; Brandt, J. R.; et al. *Angew. Chem. Int. Ed.* **2011**, *50*, 458.

[6] Phipps, R. J.; McMurray, L.; Ritter, S.; et al. *J. Am. Chem. Soc.* **2012**, *134*, 10773.

[7] Gigant, N.; Chausset-Boissarie, L.; Belhomme, M. C.; et al. *Org. Lett.* **2013**, *15*, 279.

[8] Suero, M. G.; Bayle, E. D.; Collins, B. S. L.; Gaunt, M. J. *J. Am. Chem. Soc.* **2013**, *135*, 5332.

[9] Walkinshaw, A. J.; Xu, W.-S.; Suero, M. G.; Gaunt, M. J. *J. Am. Chem. Soc.* **2013**, *135*, 12532.

[10] Collins, B. S. L.; Suero, M. G.; Gaunt, M. J. *Angew. Chem. Int. Ed.* **2013**, *52*, 5911.

[彭静，陈超*，清华大学化学系；CC]

二苯基四氟硼酸碘鎓盐

【英文名称】 Diphenyliodonium tetrafluoroborate

【分子式】 $C_{12}H_{10}BF_4I$

【分子量】 367.917

【CAS 登录号】 [313-39-3]

【缩写和别名】 Diphenyl(tetrafluoroborato)-λ^3-iodane，Ph$_2$IBF$_4$

【结构式】

【物理性质】白色粉末状固体。mp 136~138 ℃，ρ 1.85 g/cm^3。溶于水和大多数极性有机溶剂中，在空气中能够稳定存在。

【制备和商品】 国内外试剂公司均有销售。也可按照文献方法在实验室制备 (式 1)[1]。

$$(1)$$

【注意事项】在空气中稳定，有一定的耐高温性。注意密封保存，尽量避免置于潮湿的环境中。

使用 Pd(OAc)$_2$ 作为催化剂，带有配位导向基团的底物与二苯基四氟硼酸碘鎓盐反应，可以实现底物特定位点的 C–H 键活化。如式 2 所示[2]：这种 C–C 键的偶联反应具有高度的区域选择性。

(2)

在 Pd(OAc)$_2$ 的催化下，炔基吲哚与二苯基四氟硼酸碘鎓盐的反应可以生成结构复杂的产物。如式 3 所示[3]：二苯基四氟硼酸碘鎓盐首先与炔烃反应，生成的碳正离子中间体再进攻吲哚的 C-2 位发生成环反应。

(3)

在无金属催化的条件下，二苯基四氟硼酸碘鎓盐可以与苯酚 (式 4)[4]或苯甲酸 (式 5)[5]反应，实现 C–O 键的偶联反应，生成相应的二苯醚或苯钾酸酯。这些反应通常具有产率较高和条件温和的优点。

(4)

(5)

在醋酸铜的催化下，二苯基四氟硼酸碘鎓盐可以与咪唑反应，高效地生成四氟硼酸咪唑盐 (式 6)[6]。这种 C–N 键的偶联反应弥补了合成 N-芳基取代的咪唑盐在阴离子上的局限性[7]。

(6)

在碱的催化下，二苯基四氟硼酸碘鎓盐可以与多种取代芳烃和氮杂芳烃发生芳基化反应。如式 7 所示[8]：该试剂与咪唑反应生成 2-苯基咪唑。

(7)

利用光致氧化还原反应的特殊手段[9]，二苯基四氟硼酸碘鎓盐可以与苯乙烯发生氧化加成反应 (式 8)[10]。

(8)

参 考 文 献

[1] Bielawski, M.; Aili, D.; Olofssona, B. *J. Org. Chem.* **2008**, *73*, 4602.

[2] Kalyani, D.; Deprez, N. R.; Desai, L. V.; Sanford, M. S. *J. Am. Chem. Soc.* **2005**, *127*, 7330.

[3] Suarez, L. L.; Greaney, M. F. *Chem. Commun.* **2011**, *47*, 7992.

[4] Jalalian, N.; Ishikawa, E. E.; Silva Jr., L. F.; Olofsson, B. *Org. Lett.* **2011**, *13*, 1552.

[5] Petersen, T. B.; Khan, R.; Olofsson, B. *Org. Lett.* **2011**, *13*, 3462.

[6] Lv, T.-Y.; Wang, Z.; You, J.-S.; et al. *J. Org. Chem.* **2013**, *78*, 5723.

[7] Zhu, Z.-Q.; Xiang, S.; Chen, Q.-Y.; et al. *Chem. Commun.* **2008**, 5016.

[8] Wen, J.; Zhang, R.-Y.; Chen, S.-Y.; et al. *J. Org. Chem.* **2012**, *77*, 766.

[9] McNally, A.; Prier, C. K.; MacMillan, D. W. C. *Science* **2011**, *334*, 1114.

[10] Gabriele, F.; Scott, B.; Michael, F. G. *Org. Lett.* **2013**, *15*, 4398.

[彭静，陈超*，清华大学化学系；CC]

3,6-二苯基-1,2,4,5-四嗪

【英文名称】 3,6-Diphenyl-1,2,4,5-tetrazine

【分子式】 C$_{14}$H$_{10}$N$_4$

【分子量】 234.26

【CAS 登录号】 [6830-78-0]

【缩写和别名】 3,6-Diphenyl-*sym*-tetrazine，Diphenyl-*s*-tetrazine

【结构式】

【物理性质】 红色固体，mp 195℃，bp 446℃/760 mmHg，ρ 1.214 g/cm^3。溶于甲苯、二氯甲

烷和甲醇等有机溶剂中，不溶于水。

【制备和商品】 大型试剂公司均有销售。制备方法为：苯甲腈与肼于 100 ℃ 反应 72 h，然后将所得固体经水洗并干燥至粉末状后，加入 10% 的醋酸。再逐渐加入亚硝酸钠，并保持 100 ℃ 1 h，所得红色固体经水洗并用乙醇重结晶[1]。

【注意事项】 该试剂在常温下稳定。

3,6-二苯基-1,2,4,5-四嗪广泛应用于环加成反应中，可与多种亲双烯体进行加成。也有采用该试剂合成一些杂环化合物的报道。

在 0 ℃ 下，3,6-二苯基-1,2,4,5-四嗪与环丙烯反应，脱除一分子氮气而形成环加成产物 (式 1)[2]。

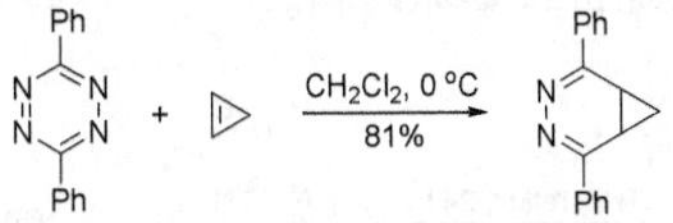

$$\tag{1}$$

3,6-二苯基-1,2,4,5-四嗪与反式环辛烯反应可以几乎定量地实现环加成反应，同时能够完成芳构化过程，生成取代哒嗪衍生物 (式 2)[3]。

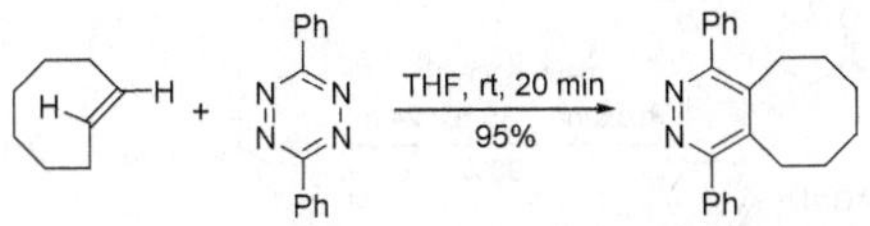

$$\tag{2}$$

3,6-二苯基-1,2,4,5-四嗪也可发生扩环反应。在氢氧化钾的存在下，该试剂与取代环丁酮反应，可生成八元环化合物 (式 3)[4]。

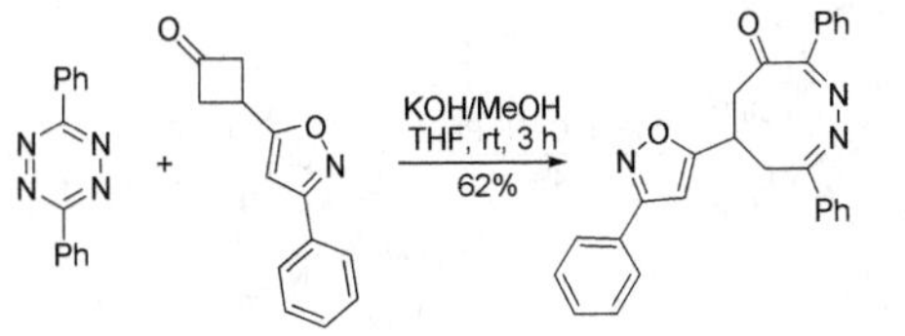

$$\tag{3}$$

在脯氨酸的催化下，环戊酮与 3,6-二苯基-1,2,4,5-四嗪可生成哒嗪衍生物 (式 4)[5]。

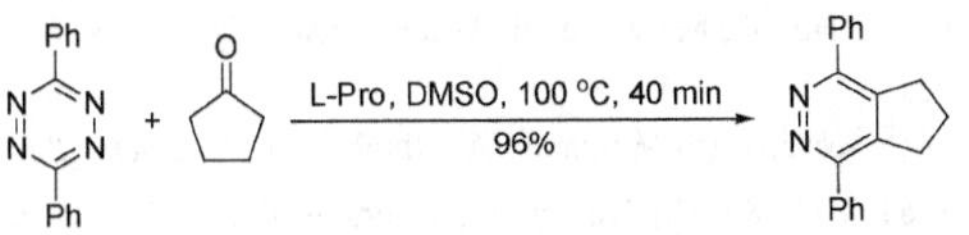

$$\tag{4}$$

在与一些稠环化合物的环加成反应中，3,6-二苯基-1,2,4,5-四嗪可作为氧化剂，将加成产物氧化芳构化，生成哒嗪衍生物 (式 5)[6]。

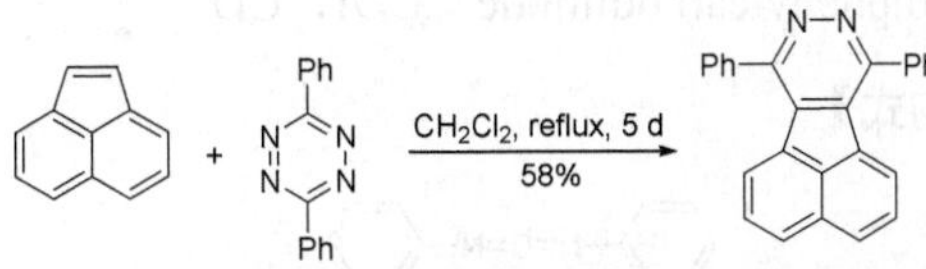

$$\tag{5}$$

在 DBU 的作用下，3,6-二苯基-1,2,4,5-四嗪与苯乙腈反应，可生成 1,2,4-三氮唑衍生物 (式 6)[7]。3,6-二苯基-1,2,4,5-四嗪与 DBU 本身也能反应，用于合成一些较大的含氮稠杂环化合物 (式 7)[8]。

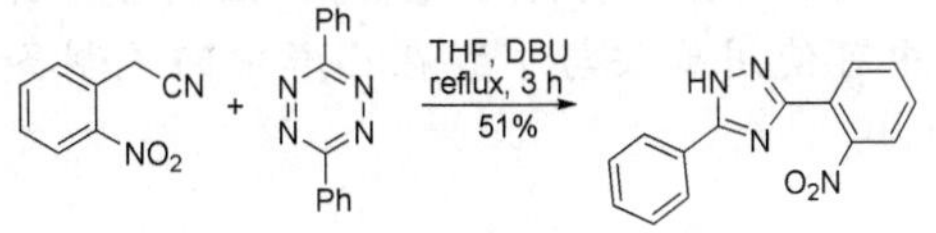

$$\tag{6}$$

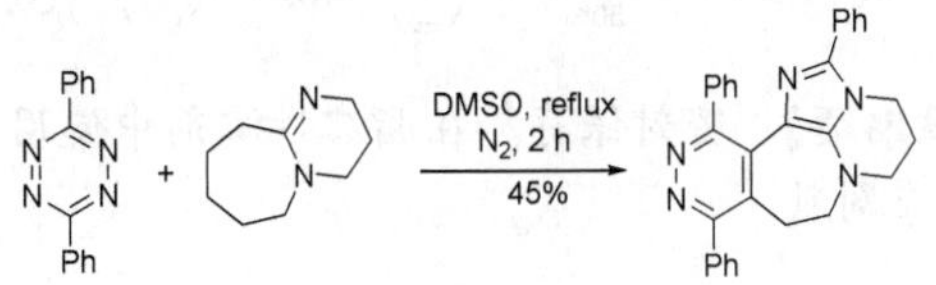

$$\tag{7}$$

参 考 文 献

[1] Abdel Rahman, M. O.; Kira, M. A.; Tolbe, M. N. *Tetrahedron Lett.* **1968**, 3871.

[2] Sauer, J.; Bäuerlein, P.; Ebenbeck, W.; et al. *Eur. J. Org. Chem.* **2001**, *14*, 2629.

[3] Blackman, M. L.; Royzen, M.; Fox, J. M. *J. Am. Chem. Soc.* **2008**, *130*, 13518.

[4] Robins, L. I.; Carpenter, R. D.; Fettinger, J. C.; et al. *J. Org. Chem.* **2006**, *71*, 2480.

[5] Xie, H. X.; Zu, L. S.; Oueis, H. R.; et al. *Org. Lett.* **2008**, *10*, 1923.

[6] Rahanyan, N.; Linden, A.; Baldridge, K. K.; Siegel, J. S. *Org. Biomol. Chem.* **2009**, *7*, 2082.

[7] Haddadin, M. J.; Ghazvini Zadeh, E. H. *Tetrahedron Lett.* **2010**, *51*, 1654.

[8] Sammelson, R. E.; Olmstead, M. M.; Haddadin, M. J.; Kurth, M. J. *J. Org. Chem.* **2000**, *65*, 9265.

[张皓，付华*，清华大学化学系；FH]

二苯基碳二亚胺

【英文名称】 Diphenylcarbodiimide

【分子式】 $C_{13}H_{10}N_2$

【分子量】 194.24

【CAS 登录号】 [622-16-2]

【缩写和别名】 二苯基碳化二亚胺，N,N'-diphenylcarbodiimide, CDI, CD

【结构式】

【物理性质】 无色液体，bp (331.0±11.0) ℃/760 mmHg，ρ (0.99±0.1) g/cm³ (20 ℃，760 Torr)。不溶于水，溶于苯、乙醇、乙醚。

【制备和商品】 二苯基碳二亚胺可以通过硫脲脱硫化氢或热解异氰酸酯脱羧等方法制备。实验室中可使用苯胺与甲醛在乙醇中回流制备(式 1)[1]。

【注意事项】 密封保存。在脂溶性溶剂中使用时反应剧烈。

二苯基碳二亚胺分子结构中的累积二烯结构使其具有较强的反应活性。该试剂不仅可以与许多酸性化合物反应，也可以与醇、胺及含活泼亚甲基等活泼氢的化合物反应，并且具有反应条件温和、操作简便和高效等特点。参与化学反应的动力主要来源于 N=C=N 双键的不饱和性。二苯基碳二亚胺在碳原子上有亲电中心，氮原子上具有亲核性质，可广泛地用于有机合成，特别是杂环合成中[2]。

α-溴代羧酸可以与二苯基碳二亚胺反应生成中间体 A。在没有其它亲核试剂的情况下，中间体 A 通过分子内亲核取代反应可生成环状中间体 B，随后 O→N 酰基迁移形成乙内酰胺。同时 O→N 酰基迁移可以与环化作用竞争生成 N-酰代尿素，使用适当的碱可以将 N-酰代尿素转化成乙内酰胺(式 2 和式 3)[3,4]。

二苯基碳二亚胺与酰氯反应生成 N-酰代氯化甲脒(式 4)[5]，使用该化合物可以合成多种重要的含氮化合物。

利用改进的 Kurzer 和 Pitchfork 一锅煮方法，以胍与二苯基碳二亚胺为原料可合成 1,2-二氢-1,3,5-三嗪(式 5)[6]。在该反应中，胍与二苯基碳二亚胺连续发生两次加成反应，通过分子内成环构筑出三嗪环结构。

锰催化剂可催化二苯基碳二亚胺与苯丙酮的亲核加成反应，得到酰胺产物(式 6)[7]。

如式 7 所示[8]：二苯基碳二亚胺与钪配合物可以形成钪代氮杂环化合物。

参 考 文 献

[1] Li, T.; Hu, Y.; Ma, C.; et al. *Meter. Chem. phys.* **2013**, *141*, 22.

[2] 综述文献见: (a) Williams, A.; Ibrahim, I. T. *Chem. Rev.* **1981**, *81*, 589. (b) Kurzer, F.; Douraghi-Zadeh, K. *Chem. Rev.* **1967**, *67*, 107. (c) Khorana, H. G. *Chem. Rev.* **1953**, *53*, 145.

[3] Olimpieri, F.; Bellucci, M. C.; Marcelli, T.; Volonterio, A.

Org. Biomol. Chem. **2012**, *10*, 9538.

[4] Bellucci, M. C.; Volonterio, A. *Tetrahedron Lett.* **2012**, *53*, 4733.

[5] (a) Wang, Y.; Chi, Y.; Zhao, F.; et al. *Synthesis* **2013**, *45*, 0347; (b) Wang, Y.; Zhang, W. X.; Wang, Z.; Xi, Z. *Angew. Chem. Int. Ed.* **2011**, *50*, 8122.

[6] Štrukil, V.; Đilović, I.; Matković-Čalogović, D.; et al. *New J. Chem.* **2012**, *36*, 86.

[7] Kuninobu, Y.; Uesugi, T.; Kawata, A.; Takai, K. *Angew. Chem. Int. Ed.* **2011**, *50*, 10406.

[8] Chu, J.; Kefalidis, C. E.; Maron, L.; et al. *J. Am. Chem. Soc.* **2013**, *135*, 8165.

[余海洋，崔秀灵*，郑州大学；XCJ]

(1*S*,2*S*)-1,2-二苯基乙二胺

【英文名称】 (1*S*,2*S*)-(−)-1,2-Diphenyl-1,2-ethane-diamine

【分子式】 $C_{14}H_{16}N_2$

【分子量】 212.29

【CAS 登录号】 [29841-69-8]

【缩写和别名】 (1*S*,2*S*)-DPEN，(1*S*,2*S*)-dpen，(1*S*,2*S*)-二苯基乙二胺，(1*S*,2*S*)-(−)-1,2-二氨基-1,2-二苯基乙烷

【结构式】

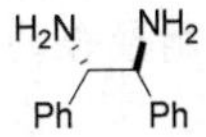

【物理性质】 无色针状晶体，mp 83~85 ℃，$[\alpha]^{24} = -104°$ (*c* = 1.1 mol/L，MeOH)。无臭，不溶于水，易溶于甲醇、乙醇。

【制备和商品】 国内外化学试剂公司均有销售。实验室少量制备时可用如式 1 所示的方法[1]：

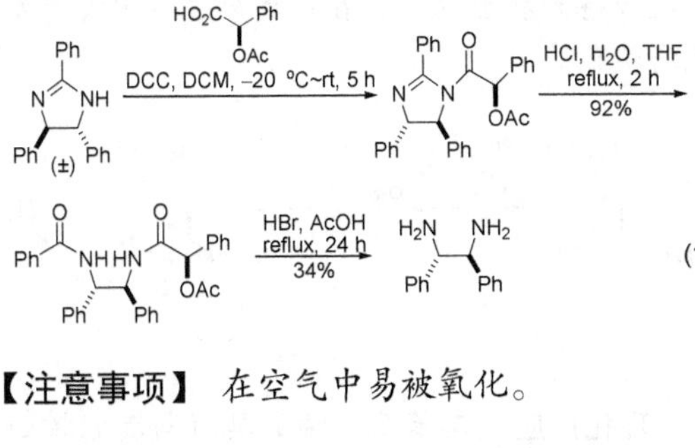

$$(1)$$

【注意事项】 在空气中易被氧化。

(1*S*,2*S*)-1,2-二苯基乙二胺可作为手性辅助剂用于光学拆分，以及作为配体广泛地应用于不对称合成中（如烯烃的不对称羟基化反应、不对称醇醛缩合反应、不对称 Diels-Alder 反应、不对称烯丙基化反应、光学活性的丙二烯基醇和丙炔基醇的合成、烯烃的不对称环氧化反应等）[1]。

(1*S*,2*S*)-1,2-二苯基乙二胺与 RuBr₂[(*S*,*S*)-xyl-skewphos] 形成的手性钌配合物 (*S*_P,*S*_N)-L: RuBr₂[(*S*,*S*)-xyl-skewphos][(*S*,*S*)- dpen]，是亚胺不对称氢化反应的高效手性催化剂 (式 2)[2]。

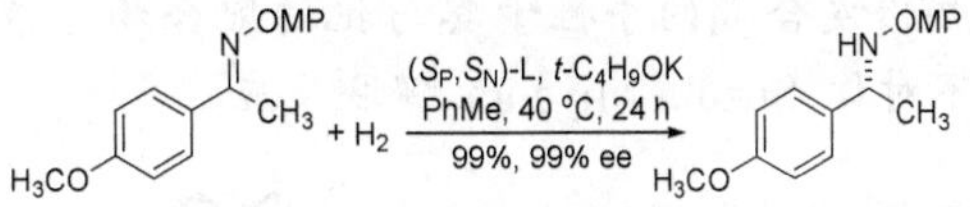

$$(2)$$

(1*S*,2*S*)-1,2-二苯基乙二胺与三聚甲醛反应，然后经硼氢化钠还原可得到化合物 L (产率 96%)。该化合物是对 (*E*)-二苯乙烯进行不对称氧化反应的优秀配体 (式 3)[3]。

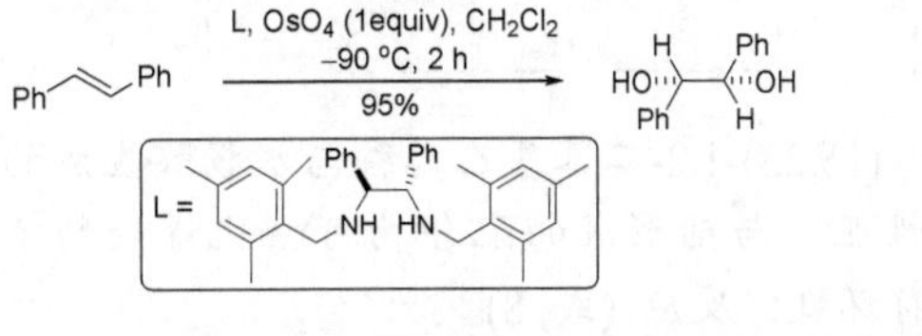

$$(3)$$

以 (*S*,*S*)-1,2-二苯基乙二胺与铝的配合物作为催化剂，可以很好地催化不对称 Diels-Alder 反应 (式 4)[4]。

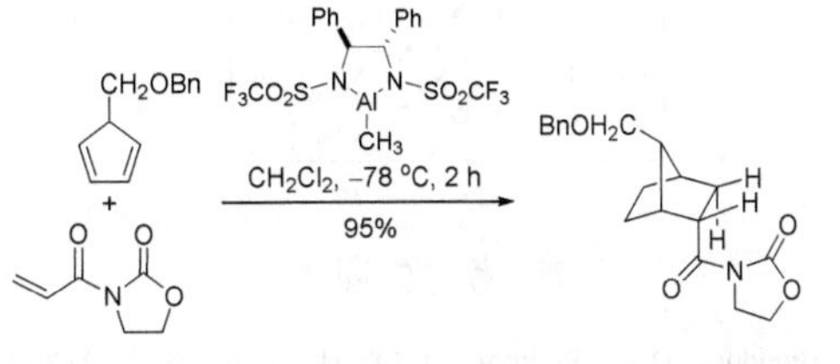

$$(4)$$

(1*S*,2*S*)-1,2-二苯基乙二胺与 *O*-苯基-*O*'-苄基碳酸盐通过多步反应合成出手性配体 L。该配体可催化黄酮与 α,β 不饱和酮的不对称 Michael 反应 (式 5)[5]。

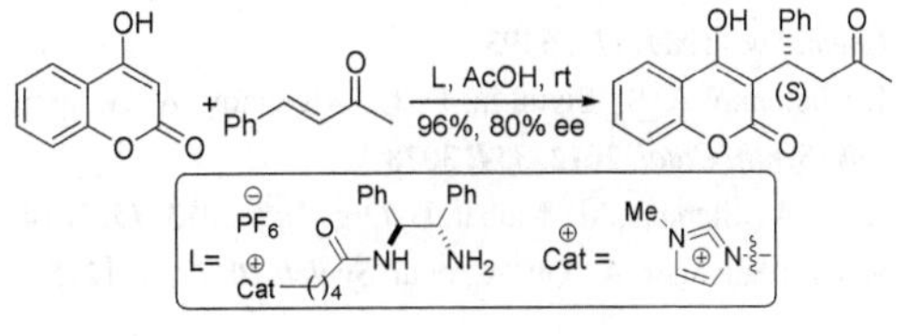

$$(5)$$

(1*S*,2*S*)-1,2-二苯基乙二胺衍生物与 Ru 形成的手性 Ru 配合物可催化羰基化合物的不对称还原反应，以定量产率和单一对映体选择性得到相应的还原产物 (式 6)[6]。

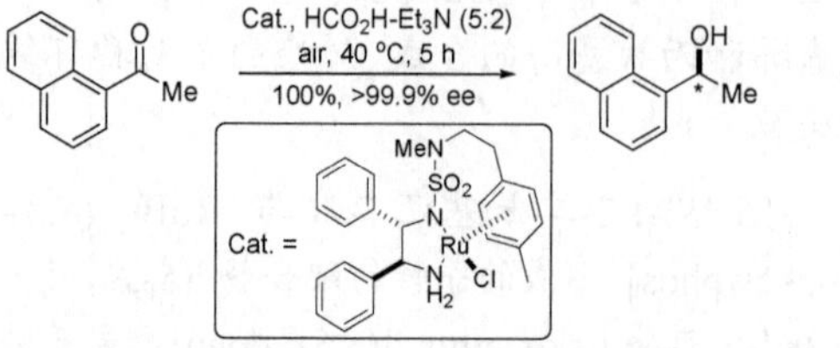

$$\text{(6)}$$

如式 7 所示[7]：由 (1*S*,2*S*)-1,2-二苯基乙二胺出发合成的手性卡宾与钯的配合物可催化不对称 Suzuki-Miyaura 偶联反应。

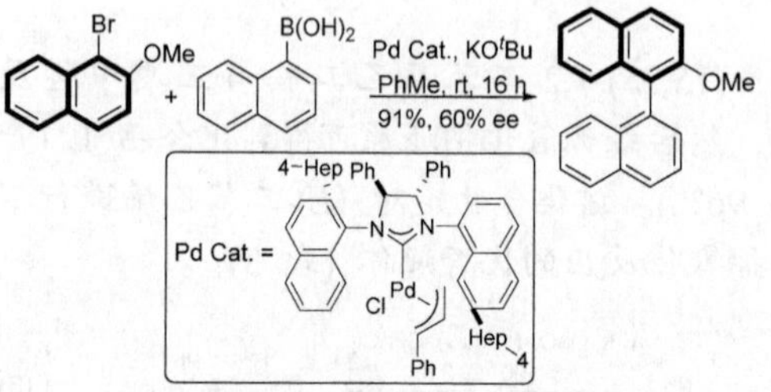

$$\text{(7)}$$

(1*S*,2*S*)-1,2-二苯基乙二胺与水杨醛生成的手性亚胺与锰形成的配合物可催化烯烃的不对称环氧化反应 (式 8)[8]：

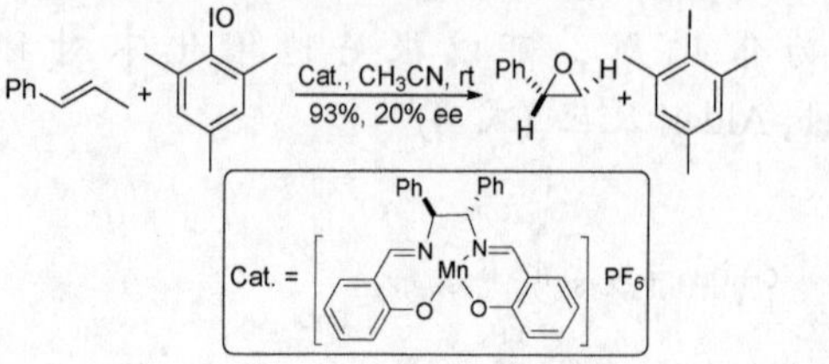

$$\text{(8)}$$

参 考 文 献

[1] Braddock, D. C.; Redmond, J. M.; Hermitage, S. A.; White, A. J. *Adv. Synth. Catal.* **2006**, *348*, 911.

[2] Arai, N.; Utsumi, N.; Matsumoto, Y.; et al. *Adv. Synth. Catal.* **2012**, *354*, 2089.

[3] Corey, E. J.; Jardine, P. D.; Virgil, S.; et al. *J. Am. Chem. Soc.* **1989**, *111*, 9243.

[4] Corey, E. J.; Imwinkelried, R.; Pikul, S.; Xiang, Y. B. *J. Am. Chem. Soc.* **1989**, *111*, 5493.

[5] Kucherenko, A. S.; Siyutkin, D. E.; Nigmatov, A. G.; et al. *Adv. Synth. Catal.* **2012**, *354*, 3078.

[6] Kisic, A.; Stephan, M.; Mohar, B. *Org. Lett.* **2013**, *15*, 1614.

[7] Wu, L.; Salvador, A.; Ou, A.; et al. *Synlett* **2013**, *24*, 1215.

[8] Zhang, W.; Loebach, J. L.; Wilson, S. R.; Jacobsen, E. N. *J. Am. Chem. Soc.* **1990**, *112*, 2801.

[余海洋，崔秀灵*，郑州大学化学与分子工程学院；　XCJ]

二苯基乙烯酮

【英文名称】　Diphenylketene

【分子式】　$C_{14}H_{10}O$

【分子量】　194.24

【CAS 登录号】　[525-06-4]

【结构式】

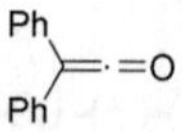

$$\text{Ph}_2\text{C}=\text{C}=\text{O}$$

【物理性质】　bp 118~120 ℃/1 mmHg。溶于苯和四氢呋喃。

【制备和商品】　该试剂没有商品化。制备方法包括：使用锌还原 α-氯代二苯乙酰氯[1]；对 α-重氮酮进行热重排[2]；使用三乙胺对二苯乙酰氯进行脱卤化氢反应[3]；在三苯基膦的作用下对 α-溴代二苯乙酰溴进行脱溴反应[4]等。

【注意事项】　该试剂在 0 ℃ 下于密封容器中可稳定储存数星期。加入痕量对苯二酚，并在氮气氛中保存可抑制聚合的发生，增加其稳定性。避免接触皮肤。

对羧酸进行酰化反应　二苯基乙烯酮提供了一种在中性条件下将羧酸转化为混酐的方法[5]。如式 1 所示[6]：手性氨基酸化合物与二苯基乙烯酮反应生成的混酐原位与对硝基苯酚反应得到相应的酯，在该反应过程中没有发生消旋化。

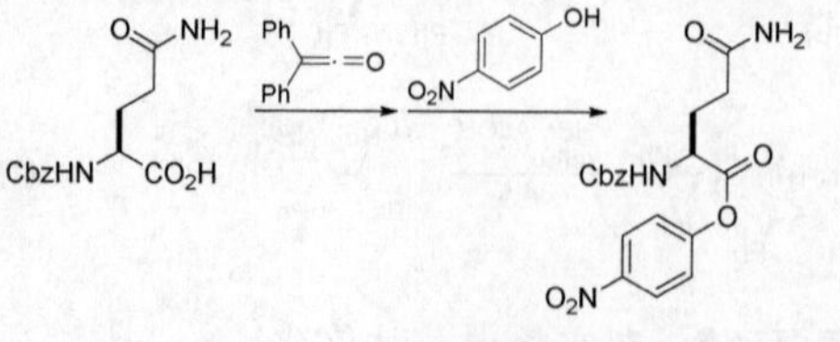

$$\text{(1)}$$

环化反应　二苯基乙烯酮具有与其它烯酮化合物类似的特点，可以与联烯、烯烃、炔烃、叠氮化合物、羰基化合物、二酰亚胺、亚胺、膦酰亚胺以及偶极化合物等进行环化反应。如式 2 所示[7]：二苯基乙烯酮与烯烃反应，以高产率和高立体选择性得到环丁酮产物。使用卡宾-烯酮配合物作为催化剂，二苯基乙烯酮与 N-Ts 亚胺化合物反应可生成内酰胺产物 (式 3)[8]。在 PBu₃ 的作用下，二苯基乙烯酮与 α-手性醛反应，可以高立体选择性地生成相应的内酯产物 (式 4)[9]。

$$
(2)
$$

$$
(3)
$$

$$
(4)
$$

其它反应　在镍催化剂和膦配体的促进下，二苯基乙烯酮与二炔发生分子内成环反应，得到 2,4-环己二烯酮产物 (式 5)[10]。如式 6 所示[11]：叠氮化合物与三苯基膦反应得到的中间体再与二苯基乙烯酮反应生成烯胺化合物，接着与分子中的硫缩醛官能团经分子内成环反应，得到二氢喹啉衍生物。如式 7 所示[12]：在铑催化剂的作用下，三异丙基硅基乙炔与两分子二苯基乙烯酮反应，生成酯基取代的炔烯化合物。

$$
(5)
$$

$$
(6)
$$

$$
(7)
$$

参 考 文 献

[1] Staudinger, H. *Chem. Ber.* **1905**, *38*, 1735.
[2] Singh, Girija. S.; Masutlha, L. L. *Proc. Natl. Acad. Sci., India, Sect. A Phys. Sci.* **2012**, *82*, 147.
[3] Taylor, E. C.; McKillop, A.; Hawks, G. H. *Org. Synth., Coll. Vol.* **1988**, *4*, 549.
[4] Darling, S. D.; Kidwell, R. L. *J. Org. Chem.* **1968**, *33*, 3974.
[5] Losse, G.; Demuth, E. *Chem. Ber.* **1961**, *94*, 1762.
[6] Elmore, D. T.; Smyth, J. *Proc. Chem. Soc.* **1963**, 18.
[7] Rullière, P.; Carret, S.; Milet, A.; Poisson, J.-F. *Chem. Eur. J.* **2015**, *21*, 3876.
[8] Hans, M.; Wouters, J.; Demonceau, A.; Delaude, L. *Chem. Eur. J.* **2013**, *19*, 9668.
[9] Mondal, M.; Chen, S.; Othman, N.; et al. *J. Org. Chem.* **2015**, *80*, 5789.
[10] Kumar, P.; Troast, D. M.; Cella, R.; Louie, J. *J. Am. Chem. Soc.* **2011**, *133*, 7719.
[11] Alajarín, M.; Bonillo, B.; Orenes, R.-A.; et al. *Org. Biomol. Chem.* **2012**, *10*, 9523.
[12] Ogata, K.; Ohashi, I.; Fukuzawa, S.-i. *Org. Lett.* **2012**, *14*, 4214.

[王歆燕，清华大学化学系；WXY]

二苯基乙酰氯

【英文名称】　Diphenylacetyl chloride

【分子式】　$C_{14}H_{11}ClO$

【分子量】　230.69

【CAS 登录号】　[1871-76-7]

【缩写和别名】　DPAC，α-Phenylbenzeneacetyl chloride

【结构式】

【物理性质】　常温下为固体，mp 49~53 ℃，bp 175~176 ℃/17 mmHg。

【制备和商品】　国内外各大试剂公司均有销售。也可直接用二苯基乙酸与二氯亚砜反应制备。

【注意事项】　本品具有腐蚀性和刺激性，对水敏感，应在通风橱中操作，密封保存，注意防潮。

二苯基乙酰氯具有酰氯的基本性质，可与醇、胺等生成相应的酯[1]、酰胺[2]。该试剂可用于制备二苯基乙烯酮[3]，进而可以构建更复杂的分子结构[3~8]。

在三乙胺的作用下，二苯基乙酰氯于 0 ℃即可消除一分子氯化氢，生成二苯基乙烯酮 (式 1)[3]。所得烯酮可与降冰片烯的衍生物发生反应，得到更为复杂的结构[3]。也能与亚胺发生环加成反应，生成 β 内酰胺类化合物[4]。

(1)

二苯基乙烯酮在常温下是不稳定的。在碱性条件下，二苯基乙酰氯生成烯酮后可原位继续进行其它反应，"捕获"烯酮中间体。目前报道的两种方法，分别是利用 [2+2] 环加成反应[5]和 Wittig 反应[6]来"捕获"活泼的烯酮中间体。

在三乙胺的作用下，二苯基乙酰氯生成二苯基乙烯酮后，在低温下 (−78 ℃) 加入环己烯和路易斯酸乙基氯化铝，然后在室温下反应 1.5 h 即可得到环加成产物 (式 2)[5]。也可利用 [2+2] 环加成一步合成 β 内酰胺。该方法以亚胺为底物，在三乙胺的作用下，与二苯基乙酰氯于甲苯中回流即可得到目标产物 (式 3)。该反应的区域选择性很好[6]。

(2)

(3)

当利用 Wittig 反应来捕获烯酮中间体时，直接将二苯基乙酰氯滴入 Wittig 试剂和三乙胺的二氯甲烷溶液中，即可生成联烯化合物 (式 4)[7]。在该方法的基础上，联烯化合物可用于合成多取代呋喃[8,9]。

(4)

在铱催化剂的作用下，以二环己基(邻甲苯基)膦为配体，二苯基乙酰氯与环己基乙炔在甲苯中加热可得到烯基氯衍生物。这种结构为进一步官能化提供了条件 (式 5)[10]。

(5)

参 考 文 献

[1] Arduini, A.; Ciesa, F.; Fragassi, M.; et al. *Angew. Chem. Int. Ed.* **2005**, *44*, 278.

[2] Arduini, A.; Bussolati, R.; Credi, A.; et al. *Chem. Eur. J.* **2009**, *15*, 3230.

[3] Goll, J. M.; Fillion, E. *Organometallics* **2008**, *27*, 3622.

[4] Taggi, A. E.; Hafez, A. M.; Wack, H.; et al. *J. Am. Chem. Soc.* **2002**, *124*, 6626.

[5] Rasik, C. M.; Brown, M. K. *J. Am. Chem. Soc.* **2013**, *135*, 1673.

[6] Sidhouma, D. A.; Benhaoua, H. *Synth. Commun.* **1997**, *27*, 1519.

[7] Petasis, N. A.; Teets, K. A. *J. Am. Chem. Soc.* **1992**, *114*, 10328.

[8] Dudnik, A. S.; Sromek, A. W.; Rubina, M.; et al. *J. Am. Chem. Soc.* **2008**, *130*, 1440.

[9] Dudnik, A. S.; Gevorgyan, V. *Angew. Chem. Int. Ed.* **2007**, *46*, 5195.

[10] Iwai, T.; Fujihara, T.; Terao, J.; Tsuji, Y. *J. Am. Chem. Soc.* **2012**, *134*, 1268.

[张皓，付华*，清华大学化学系；FH]

二苯甲酮

【英文名称】 Diphenylmethanone

【分子式】 $C_{13}H_{10}O$

【分子量】 182.22

【CAS 登录号】 [119-61-9]

【缩写和别名】 Benzophenone, Diphenyl ketone

【结构式】

【物理性质】 白色固体，mp 47.9 ℃，bp 305.4 ℃，ρ 1.11 g/cm³。不溶于水，溶于苯、四氢呋喃、乙醇等有机溶剂。

【制备和商品】 国内外各大试剂公司均有销售。

【注意事项】 本品在常温下稳定。

在有机化学中，二苯甲酮常用作无水指示剂，它与金属钠反应可生成蓝紫色的自由基负离子，体系中水含量越少颜色越深。同时二苯甲酮也具备芳香酮的性质，羰基能与多种亲核试剂进行加成[1~5]，与 Wittig 试剂反应生成烯烃[6,7]，以及与一些偶极体发生加成[8]等。二苯甲酮也可用于一些杂环化合物的合成[9,10]。

在钛酸四异丙酯的存在下，二苯甲酮与丙二腈在异丙醇中可发生 Knöevenagel 缩合反应 (式 1)[1]。

$$Ph\text{-}CO\text{-}Ph + NC\text{-}CH_2\text{-}CN \xrightarrow[86\%]{Ti(O\text{-}i\text{-}Pr)_4,\ i\text{-}PrOH\ 70\ ^\circ C,\ 52\ h} \quad (1)$$

在氢氧化钾的作用下，以四丁基氯化铵为添加剂，苯乙炔也可作为亲核试剂进攻二苯甲酮的羰基，可几乎定量地得到加成产物 (式 2)[2]。

$$\xrightarrow[99\%]{KOH,\ TBAC\ THF,\ rt,\ 3\ d} \quad (2)$$

金属有机试剂如格氏试剂[4]、有机锂试剂[3,4]等也能作为亲核试剂与二苯甲酮的羰基进行加成。例如，在 0 ℃ 下，乙基锂与二苯甲酮反应 2 h，可得到加成产物 (式 3)[4]。在强碱丁基锂的存在下，一些不活泼的亲核试剂如二苯基甲烷也能与二苯甲酮发生亲核反应，生成四苯基乙烯 (式 4)[5]。

$$Ph\text{-}CO\text{-}Ph + EtLi \xrightarrow[64\%]{THF,\ 0\ ^\circ C,\ 2\ h} \quad (3)$$

$$Ph\text{-}CH_2\text{-}Ph \xrightarrow[94\%]{\substack{1.\ n\text{-}BuLi,\ THF,\ 0\ ^\circ C,\ 30\ min \\ 2.\ Ph\text{-}CO\text{-}Ph,\ rt,\ 6\ h \\ 3.\ aq.\ NH_4Cl}} \quad (4)$$

二苯甲酮也可用于 Wittig 反应。如式 5 所示[6,7]：四溴化碳与三苯基膦原位生成 Wittig 试剂，然后直接与二苯甲酮反应可生成二溴代的烯烃。

$$Ph\text{-}CO\text{-}Ph + PPh_3 + CBr_4 \xrightarrow[64\%]{Benzene,\ 145\ ^\circ C,\ 64\ h} \quad (5)$$

在加热的情况下，一些含亚胺化合物可以产生 1,3-偶极体 (式 6)，二苯甲酮可通过偶极环加成反应捕获原位生成的 1,3-偶极体 (式 7)[8]。

$$\xrightarrow[]{PhMe,\ reflux} \xrightarrow[]{-Me_3SiCl} \quad (6)$$

$$\xrightarrow[81\%]{PhMe,\ reflux,\ 1.5\ h} \quad (7)$$

二苯甲酮也可用于一些杂环的合成[9,10]。如式 8 所示[9]：在三氧化二铝存在下，邻巯基苯胺与二苯甲酮在无溶剂情况下反应，可得到二取代 2H-苯并噻唑。当采用邻苯二胺为底物时，升高温度可消除一分子苯，得到苯并咪唑衍生物[10]。

$$\xrightarrow[85\%]{Al_2O_3,\ 80\ ^\circ C,\ 6\ h} \quad (8)$$

参 考 文 献

[1] Yamashita, K.; Tanaka, T.; Hayashi, M. *Tetrahedron* **2005**, *61*, 7981.

[2] Liu, J. F.; Lin, J.; Song, L. *Tetrahedron Lett.* **2012**, *53*, 2160.

[3] Seyferth, D.; Hui, R. C.; Wang, W. L. *J. Org. Chem.* **1993**, *58*, 5843.

[4] Hatano, M.; Suzuki, S.; Ishihara, K. *J. Am. Chem. Soc.* **2006**, *128*, 9998.

[5] Banerjee, M.; Emond, S. J.; Lindeman, S. V.; Rathore, R. *J. Org. Chem.* **2007**, *72*, 8054.

[6] Barnes, J. C.; Juríček, M.; Strutt, N. L.; et al. *J. Am. Chem. Soc.* **2013**, *135*, 183.

[7] Donovan, P. M.; Scott, L. T. *J. Am. Chem. Soc.* **2004**, *126*, 3108.

[8] Pearson, W. H.; Stoy, P.; Mi, Y. *J. Org. Chem.* **2004**, *69*, 1919.

[9] Kodomari, M.; Satoh, A.; Nakano, R. *Synth. Commun.* **2007**, *37*, 3329.

[10] Elderfield, R. C.; Meyer, V. B. *J. Am. Chem. Soc.* **1954**, *76*, 1883.

[张皓，付华*，清华大学化学系；FH]

1,3-二碘-5,5-二甲基乙内酰脲

【英文名称】 1,3-Diiodo-5,5-Dimethylhydantoin

【分子式】 $C_5H_6I_2N_2O_2$

【分子量】 379.92

【CAS 登录号】 [2232-12-4]

【缩写和别名】 DIH，1,3-二碘-5,5-二甲基海因

【结构式】

【物理性质】 浅棕黄色固体，mp 192~196 ℃，ρ 2.69 g/cm^3。

【制备和商品】 试剂公司有售。可在氢氧化钠溶液中，由氯化碘与 5,5-二甲基乙内酰脲反应制得 (式 1)[1]。

$$\text{HN}\underset{}{\overset{}{\text{NH}}} + \text{ICl} \xrightarrow[75\%]{\text{NaOH (aq.)}} \text{} \tag{1}$$

【注意事项】 在低温和干燥处储存。

1,3-二碘-5,5-二甲基乙内酰脲 (DIH) 是一种重要的碘化试剂和氧化剂。它的反应活性与碘单质相当，可以提供 I$^+$。该试剂不易升华，因此使用更为方便，可以替代 N-碘代琥珀酰亚胺用于芳烃和烯醇的碘代反应。

在碳酸银催化下，DIH 可与硅基取代的烯烃发生脱硅基反应，生成碘代烯烃 (式 2)[2]。该反应适用于多种硅基 (TIPS、TBDPS、TBS) 取代的烯烃碘化反应，在反应中不影响 O–Si 键和烯烃的立体化学。

$$\text{R}^1\underset{\text{R}^3}{\overset{\text{R}^2}{}} + \text{} \xrightarrow[88\%\sim95\%]{\substack{\text{Ag}_2\text{CO}_3 \text{ (30 mol\%), HFIP} \\ \text{(0.2 mol/L), 0 °C, Ar, dark}}} \text{R}^1\overset{\text{R}^2}{}\text{I} \tag{2}$$

R^1 = H, alkyl
R^2 = H, alkyl
R^3 = TIPS, TBDPS, TBS

$$\text{HFIP} = \underset{\text{F}_3\text{C}}{\overset{\text{OH}}{}}\text{CF}_3$$

在氨水中，DIH 可将醇、胺、醛和卤代烃等转化为相应的腈化合物 (式 3)[3]。该反应避免了传统方法中使用剧毒氰根离子的问题。

$$\text{RCH}_2\text{X} + \text{} \xrightarrow[63\%\sim98\%]{\substack{\text{NH}_3 \text{ (aq.), rt或60 °C, 暗反应}}} \text{RCN} \tag{3}$$

R = alkyl, aryl
X = OH, NH$_2$, NHR, NR$_2$, Cl, Br, I, CHO

芳烃和溴代芳烃可与正丁基锂反应生成芳基锂化合物，其与 DMF 形成的加合物可在氨水中再与 DIH 反应生成芳香腈 (式 4)[4]。该反应具有操作简便、低毒和高效等优点。与此类似，芳烃与三氯氧磷和 DMF 的加合物在氨水中与 DIH 反应也可生成芳香腈 (式 5)[5]。

$$\tag{4}$$
1. n-BuLi (1.1 equiv), THF, –70 °C
2. DMF (1.1 equiv), 0 °C, 1 h
3. DIH (0.6 equiv), NH$_3$ (equiv), rt, 2 h
61%~79%
X = H, Br

$$\tag{5}$$
1. POCl$_3$ (1.1 equiv), DMF (4.0 equiv)
2. DIH (1.0 equiv), NH$_3$ (equiv), rt, 3 h
99%

在酸性条件下，DIH 可与缺电子芳香化合物反应生成单碘代产物 (式 6)[6]。如果与富电子芳香化合物反应，在室温下即可得到多碘代产物。

$$\tag{6}$$
H$_2$SO$_4$ (aq.), 0 °C
30~120 min
30%~97%

R^1 = H, CHO, CO$_2$H, NO$_2$
R^2 = H, Me, OMe, NH$_2$, NHCOMe
R^3 = H, Me, F

DIH 还可以和芳香醇类化合物反应生成色满衍生物。芳香醇在钨灯照射下首先生成烷氧自由基，进而在 DIH 的作用下发生环化反应生成苯并氧杂环 (式 7)[7]。

$$\tag{7}$$
DCE, hv (W lamp)
55 °C, 7 h
87%

在 DIH 催化下，芳香醛可与仲胺反应生成 N,N-二烷基芳酰胺 (式 8)[8]。

$$\tag{8}$$
DIH, K$_2$CO$_3$
CCl$_4$, rt, 24 h
30%~84%

R = H, Br, Cl, F, NO$_2$, CN, CF$_3$, Me, OMe

在对甲苯磺酰胺与烷基苯的反应中，DIH 可以替代常用试剂二乙酸碘苯或碘单质，在苄基位实现磺酰胺化 (式 9)[9]。

$$R^1 \underset{R^3}{\overset{R^2}{\diagdown}} + TsNH_2 \xrightarrow[\substack{60\ ^\circ C,\ 24\ h \\ 15\%\sim90\%}]{DIH,\ CCl_4} R^1 \underset{NHTs}{\overset{R^2}{\diagdown}} R^3 \quad (9)$$

R^1 = H, Br, Et, t-Bu, CO_2Me, $CONMe_2$, OMe
R^2 = H, Me, Et, n-Pr, $(CH_2)_2OAc$
R^3 = H, Me, Et

在 DIH 作用下，醛类化合物可与氨基醇反应，高产率地生成 2-取代-2-噁唑啉衍生物 (式 10)[10]。在这类反应中，DIH 的反应活性要高于碘单质和 N-碘代琥珀酰亚胺等试剂。

$$R \underset{}{\overset{CHO}{\diagdown}} + HO \diagdown NH_2 \xrightarrow[\substack{50\ ^\circ C,\ 24\ h \\ 82\%\sim93\%}]{DIH,\ t\text{-BuOH}} R \diagdown \overset{O}{\underset{N}{\diagup}} \quad (10)$$

R = Br, CN, NO_2, Me, OMe

在钨灯照射下，DIH 首先与磺酰胺类化合物发生碘代反应生成 N–I 键。随后 N–I 键发生断裂，生成的磺酰胺自由基再发生环化反应得到 1,2,3,4-四氢喹啉衍生物 (式 11)[11]。

$$R^1 \underset{R^3}{\diagdown} NHSO_2R^2 \xrightarrow[\substack{45\sim75\ ^\circ C,\ 7\ h \\ 21\%\sim93\%}]{DIH,\ DCE,\ h\nu\,(W\ lamp)} R^1 \underset{SO_2R^2}{\overset{R^3}{\diagdown}} \quad (11)$$

R^1 = H, F, Cl, Me, OMe
R^2 = Me, CF_3, 4-Me-C_6H_4, 4-$O_2NC_6H_4$
R^3 = H, Me

参 考 文 献

[1] Orazi, O. O.; Corral, R. A.; Bertorello, H. E. *J. Org. Chem.* **1965**, *30*, 1101.

[2] Sidera, M.; Costa, A. M.; Vilarrasa, J. *Org. Lett.* **2011**, *13*, 4934.

[3] (a) Iida, S.; Togo, H. *Synlett* **2007**, 407. (b) Iida, S.; Togo, H. *Tetrahedron* **2007**, *63*, 8274. (c) Iida, S.; Ohmura, R.; Togo, H. *Tetrahedron* **2009**, *65*, 6257.

[4] Ushijima, S.; Moriyama, K.; Togo, H. *Tetrahedron* **2011**, *67*, 958.

[5] Ushijima, S.; Moriyama, K.; Togo, H. *Tetrahedron* **2012**, *68*, 4588.

[6] (a) Chaikovskii, V. K.; Filimonov, V. D.; Funk, A. A.; et al. *Russ. J. Org. Chem.* **2007**, *43*, 1291. (b) Chaikovskii, V. K.; Filimonov, V. D.; Funk, A. A. *Russ. J. Org. Chem.* **2009**, *45*, 1349.

[7] Furuyama, S.; Togo, H. *Synlett* **2010**, 2325.

[8] Baba, H.; Moriyama, K.; Togo, H. *Synlett* **2012**, 1175.

[9] Baba, H.; Togo, H. *Tetrahedron Lett.* **2010**, *51*, 2063.

[10] Takahashi, S.; Togo, H. *Synthesis* **2009**, 2329.

[11] Moroda, A.; Furuyama, S.; Togo, H. *Synlett* **2009**, 1336.

[武金丹，巨勇*，清华大学化学系；JY]

(R)- 和 (S)-二(二苯基膦)-6,6'-二甲氧基-1,1'-联苯

【英文名称】 (R)- and (S)-2,2'-Bis(diphenylphosphino)-6,6'-dimethoxy-1,1'-biphenyl

【分子式】 $C_{38}H_{32}O_2P_2$

【分子量】 582.62

【CAS 登录号】 [133545-17-2] (S);
　　　　　　　 [133545-16-1] (R)

【缩写和别名】 MeOBIPHEP

【结构式】

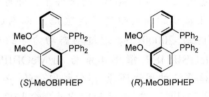

(S)-MeOBIPHEP　　　(R)-MeOBIPHEP

【物理性质】 无色固体。可部分溶于二氯甲烷、四氢呋喃和甲苯，微溶于乙醇，不溶于水。

【制备和商品】 商品化试剂，可在甲苯/乙醇混合溶剂中重结晶提纯。

【注意事项】 固体状态时在空气中稳定，可存放数年。在溶液中会被空气缓慢氧化。

————————————————————

以 MeOBIPHEP 为基本骨架可衍生出一大类结构类似的双齿膦配体。膦上的取代基团可以是苯基、萘基、呋喃、噻吩、吡咯等芳环或杂芳环，也可以是链状或环状的烷烃。与该配体结构类似的还有 BIPHEMP、SegPhos、SynPhos、TunePhos 等[1]。

碳-碳双键的不对称氢化 从 α,β 不饱和羧酸出发，以 Ru/MeOBIPHEP 为催化剂可几乎定量地获得各种手性羧酸。其底物/催化剂比 (S/C) 可达到 1000~10000，甚至更高。氢气压力及膦上芳基取代情况都会对该反应的对映选择性造成影响[2,3]。以 Ru/MeOBIPHEP 为催化剂也能对 β,γ 不饱和羧酸进行不对称氢化，该反应被用于合成一系列具有重要生物活性的分子以及药物中间体 (式 1)[4]。使用

MeOBIPHP 的衍生物 Tol-MeOBIPHEP 为配体得到的 Ru 催化剂还能对烯丙醇及其衍生物进行不对称氢化，得到手性中心在 γ 位的醇[5]。除此之外，MeOBIPHP 配体及其衍生物还被用于内酯的环内碳-碳双键的不对称氢化[6,7]。

$$\text{(1)} \quad 94\% \text{ ee}$$

碳-氧双键的不对称氢化 RuX$_2$(MeO-BIPHEP) 催化剂被广泛用于不对称氢化 β 位官能团化的酮，如 β 酮酸酯、砜、亚砜或者硫代膦酸酯。通常情况下，在醇类溶剂中，1~10 bar 氢气压力，40~80 ℃ 的条件下，即可完成该类化合物的高对映选择性氢化，其 S/C 最高可达到 20000[8,9]。通过动态动力学拆分，Ru/MeOBIPHEP 催化体系与 Ir/MeOBIPHEP 催化体系还被用于还原 α-位被取代的 β 酮酸酯 (式 2)[10]，其 α-位的取代基团包括氯、酰胺等。当酮的 α- 或 β 位未被杂原子取代，底物与金属催化剂中心作用较弱时，在 Ru/双齿膦配体催化体系中加入催化量的手性 1,2-二苯基乙二胺可高选择性地得到还原氢化产物[11]。另外，MeOBIPHEP 配体还在碳-氮双键[12]以及杂芳环的不对称氢化反应中取得了很好的效果[13]，在止咳剂美莎芬前体及其它生物碱分子的不对称合成中得到应用。

$$\text{(2)}$$

R = Me, 99% anti, 98% ee
R = p-MeO-Ph, 96% anti, 95% ee

不对称氢官能团化 MeOBIPHEP 类型的手性配体在铜催化的羰基化合物的不对称氢硅化反应中可实现高达 97% 的对映选择性 (式 3)[14]。Cu/MeOBIPHEP 催化体系还能实现 α,β 不饱和烯酮、内酯和内酰胺的不对称共轭还原[15]。除此之外，还有 Pd/MeOBIPHEP 催化的 α,β 不饱和酰胺的不对称氢胺化[16]，Au/DTBM-MeOBIPHEP 催化的联烯化合物的分子内不对称氢烷氧基化[17]，Ni/MeOBIPHEP 催化的分子内不对称烯丙基氨基化等[18]。

$$\text{(3)} \quad 85\%{\sim}99\%,\ 88\%{\sim}97\% \text{ ee}$$

不对称碳-碳键的形成 当 MeOBIPHEP 配体磷原子上的苯基 3,5-位被叔丁基双取代时，可提高分子间不对称 Heck 反应的对映选择性。这种修饰过的 MeOBIPHEP 配体可提供更加刚性的骨架与更大的手性环境 (式 4)[19]。

$$\text{(4)} \quad \substack{\text{主} \\ >98\% \text{ ee}} \quad \substack{\text{次} \\ >98\% \text{ ee}}$$

当阳离子类型的 Pd 与 MeOBIPHEP 结合时，在 Diels-Alder 反应与杂 Diels-Alder 反应中可获得理想的选择性 (式 5)[20]。该配体在铜催化的 Diels-Alder 反应中也表现出了比手性 BINAP 稍好的对映选择性[21]。

$$\text{(5)} \quad 99\% \text{ ee} \quad endo/exo = 97{:}3$$

使用手性 MeOBIPHEP 做配体，在 Rh 催化的芳基硼酸盐对 α,β 不饱和酮的不对称共轭加成反应中可实现高达 98% 的对映选择性 (式 6)[22]。

$$\text{(6)} \quad 98\% \text{ ee}$$

除此之外，在不对称构筑碳-碳键的反应中，手性 MeOBIPHEP 配体还被用于 Pd 催化的烷基二烯膦酸酯的不对称烷基化[23]，Pt 催化的分子内烯烃双键的不对称氢芳基化[24]，Co 催化的 1,6-烯炔化合物的不对称环化羰基化等反应[25]。

参考文献

[1] Shimizu, H.; Nagasaki, I.; Saito, T. *Tetrahedron* **2005**, *61*, 5405.

[2] (a) Crameri, Y.; Foricher, J.; Scalone, M.; Schmid, R. *Tetrahedron: Asymmetry* **1997**, *8*, 3617. (b) Crameri, Y.; Foricher, J.; Hengartner, U.; et al. *Chimia* **1997**, *51*, 303.

[3] Wichmann, J.; Adam, G.; Roever, S.; et al. *Eur. J. Med. Chem.* **2000**, *35*, 839.

[4] Bulliard, M.; Laboue, B.; Lastennet, J.; Roussiasse, S. *Org. Process Res. Dev.* **2001**, *5*, 438.

[5] Schmid, R.; Scalone, M. In *Comprehensive Asymmetric Catalysis*; Jacobsen, E. N.; Pfaltz, A.; Yamamoto, H. Eds; Springer: Berlin, 1999, Vol. 3, pp 1439.

[6] Fehr, M. J.; Consiglio, G.; Scalone, M.; Schmid, R. *J. Org. Chem.* **1999**, *64*, 5768.

[7] Scalone, M.; Zutter, U. Pat. Appl. EP 974590 A1, 20000126, F. Hoffmann-La Roche AG.

[8] (a) Ratovelomanana-Vidal, V.; Girard, C.; Touati, R.; et al. *Adv. Synth. Catal.* **2003**, *345*, 261. (b) Bertus, P.; Phansavath, P.; Ratovelomanana-Vidal, V.; et al. *Tetrahedron: Asymmetry* **1999**, *10*, 1369.

[9] (a) De Paule, S. D.; Piombo, L.; Ratovelomanana-Vidal, V.; et al. *Eur. J. Org. Chem.* **2000**, 1535. (b) Gautier, I.; Ratovelomanana-Vidal, V.; Savignac, P.; Genet, J.-P. *Tetrahedron Lett.* **1996**, *37*, 7721.

[10] (a) Genet, J.-P.; de Andrade, M. C. C.; Ratovelomanana-Vidal, V. *Tetrahedron Lett.* **1995**, *36*, 2063. (b) Mordant, C.; de Andrade, C. C.; Touati, R.; et al. *Synthesis* **2003**, *15*, 2045. (c) Genet, J.-P. *Pure Appl. Chem.* **2002**, *74*, 77. (d) Mordant, C.; Dunklmann, P.; Ratovelomanana-Vidal, V.; Genet, J.-P. *Chem. Commun.* **2004**, 1296. (e) Makino, K.; Iwasaki, M.; Hamada, Y. *Org. Lett.* **2006**, *8*, 4573.

[11] Scalone, M.; Waldmeier, P. *Org. Process Res. Dev.* **2003**, *7*, 418.

[12] Puntener, K.; Scalone, M. WO 2003078399 A1, 20030925, F. Hoffmann-La Roche AG.

[13] Wang, W.-B.; Lu, S.-M.; Yang, P.-Y.; et al. *J. Am. Chem. Soc.* **2003**, *125*, 10536.

[14] (a) Lipshutz, B. H.; Noson, K.; Christman, W. *J. Am. Chem. Soc.* **2001**, *123*, 12917. (b) Lipshutz, B. H.; Noson, K.; Chrisman, W.; Lower, A. *J. Am. Chem. Soc.* **2003**, *125*, 8779.

[15] Rainka, M. P.; Milne, J. E.; Buchwald, S. L. *Angew. Chem. Int. Ed.* **2005**, *44*, 6177.

[16] Phua, H. P.; White, A. J. P.; de Vires, J.G.; Hii, K. K. *Adv. Synth. Catal.* **2006**, *348*, 587.

[17] Zhang, Z.; Widenhoefer, R. A. *Angew. Chem. Int. Ed.* **2007**, *46*, 283.

[18] Berkowitz, D. B.; Maiti, G. *Org. Lett.* **2004**, *6*, 2661.

[19] (a) Trabesinger, G.; Albinati, A.; Feiken, N.; et al. *J. Am. Chem. Soc.* **1997**, *119*, 6315. (b) Dotta, P.; Kumar, P. G. A.; Pregosin, P. S.; et al. *Organometallics* **2004**, *23*, 2295.

[20] Becker, J. J.; Van Orden, L. J.; White, P. S.; Gagne, M. R. *Org. Lett.* **2002**, *4*, 727.

[21] Yamamoto, Y.; Yamamoto, H., *J. Am. Chem. Soc.* **2004**, *126*, 4128.

[22] Pucheault, M.; Darses, S.; Genet, J.-P. *Eur. J. Org. Chem.* **2002**, 3552.

[23] Imada, Y.; Ueno, K.; Kutsuwa, K.; Murahashi, S.-I., *Chem. Lett.* **2002**, 140.

[24] Han, X.; Widenhoefer, R. A. *Org. Lett.* **2006**, *8*, 3801.

[25] (a) Schmid, T. M.; Consiglio, G. *Tetrahedron: Asymmetry* **2004**, *15*, 2205. (b) Schmid, T.M.; Gischig, S.; Consiglio, G. *Chirality* **2005**, *17*, 353.

[陈茂，复旦大学高分子科学系；WXY]

1,3-二(2,2-二甲基-1,3-二氧环戊基-4-甲基)碳二亚胺

【英文名称】 1,3-Bis(2,2-dimethyl-1,3-dioxolan-4-ylmethyl)carbodiimide

【分子式】 $C_{13}H_{22}N_2O_4$

【分子量】 270.32

【CAS 登录号】 [159390-26-8]

【缩写和别名】 BDDC

【结构式】

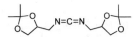

【物理性质】 浅黄色油状液体，bp 115~125 ℃ (<1 mmHg)，ρ 1.062 g/cm³ (25 ℃)，n_D^{20} 1.474，闪点 113 ℃。能溶于大部分有机溶剂。

【制备和商品】 国内外试剂公司均有销售。实验室中可从 3-氨甲基-2,2-二甲基-1,3-二氧戊烷很容易地制得[1]。通过减压 (<1 mmHg) 蒸馏来纯化[1]。

【注意事项】 该试剂暴露在潮湿的空气中易分解，所以需在 0 ℃ 以及干燥的氩气或氮气保护下储存。避免接触皮肤，使用的时候做好个人保护措施。BDDC 属易燃物，在使用中应避免火源。BDDC 遇到强酸不稳定。

BDDC 的特点和优势 类似于我们平常所熟知的二环己基碳二亚胺 (DCC)、*N*,*N*'-二异丙基碳二亚胺 (DIC) 和 1-乙基-(3-二甲基氨基丙基)碳酰二亚胺盐酸盐 (EDC)[2]，BDDC 也适用于氨基酸偶联、酯化和脱水等反应。但是与 DCC 和 DIC 不同的是，BDDC 及其副产物都是高度亲水性的，从而使用稀的酸性水溶液洗涤就能将它们从有机体系中移除 (式 1)。此外，相对于 EDC 而言，BDDC 电中性的结构能增加其在有机溶剂中的溶解度，从而降低

它了对湿气的敏感度。

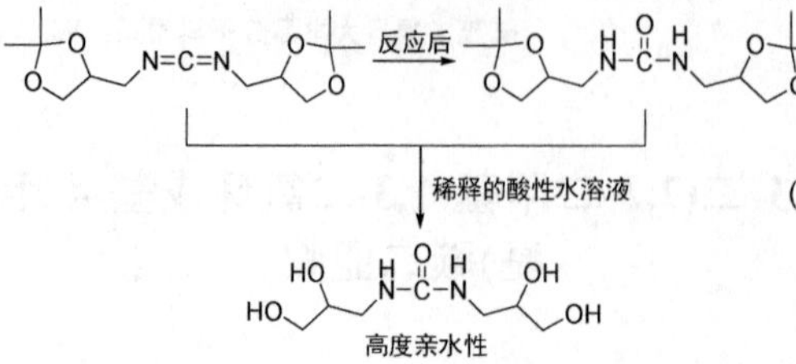

$$（1）$$

氨基酸偶联反应　BDDC 是一个能很好地促进氨基酸偶联反应形成肽键的试剂。在常用的偶联条件下使用 BDDC 能以较好的收率得到二肽和三肽，并能使外消旋化控制在最低水平[3]。当在反应中加入氯化铜时，即使是酰胺保护的碳端偶联反应也不会发生外消旋化（式 2）。所有的碳化二亚胺残留物不需要经过过柱分离，而使用简单酸性水溶液洗涤就能清除干净。

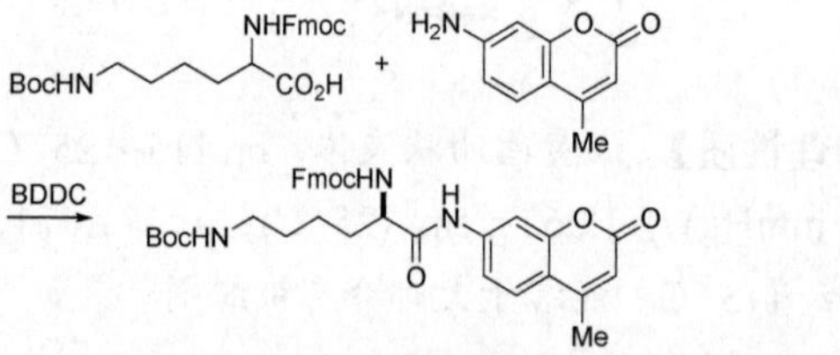

$$（2）$$

酯化反应　羧酸的酯化有很多种方法，然而大部分方法都需加入强酸或强碱。其中一个中性的条件是使用异脲作为缩合剂。不同于 DCC、DIC 和 EDC，BDDC 能在温和条件下定量地转化为异脲。在不加入强酸强碱的条件下，异脲能将羧酸转化成相应的酯（式 3 和式 4)[1,4]。

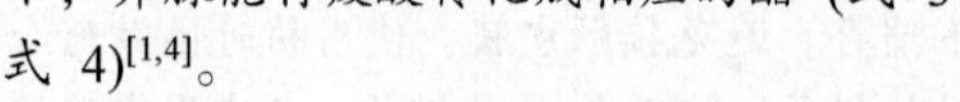

$$（3）$$

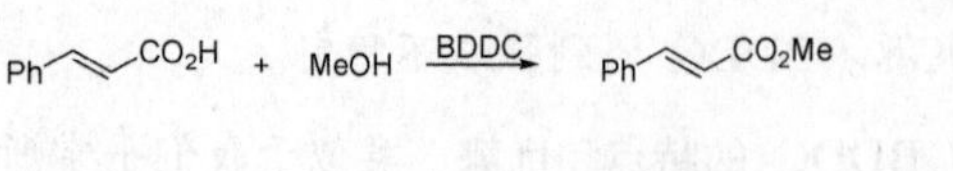

$$（4）$$

当分子中存在敏感的官能团或需要控制产物外消旋化的时候，异脲是一个很好的选择。其反应的中心是氧原子，而不是羧基，所以不会发生 α 位的外消旋化。

脱水反应　碳化二亚胺也可用于一般的脱水反应中[2]。3-羟基丁酸苄酯脱水成巴豆酸苄酯反应

中使用 BDDC 能以 83% 的收率得到产物。

参 考 文 献

[1] Gibson, F.; Park, M.; Rapoport, H. *J. Org. Chem.* **1994**, *59*, 7503.

[2] (a) Williams, A.; Ibrahim, I. T. *Chem. Rev.* **1981**, *81*, 589. (b) Mikolajczyk, M.; Kielbasinski, P. *Tetrahedron* **1981**, *37*, 233; (c) Kurzer, F.; Douraghi-Zahdeh, D. *Chem. Rev.* **1967**, *67*, 107.

[3] Riester, D.; Hildmann, C.; Grunewald, S.; et al. *Biochem. Biophys. Res. Commun.* **2007**, *357*, 439.

[4] Crosignani, S.; White, P. D.; Linclau, B. *Org. Lett.* **2002**, *4*, 2961.

[吴筱星，中科院广州生物医药与健康研究院；WXY]

2-二环己基膦基-2′,6′-二甲氧基-1,1′-联苯

【英文名称】　2-Dicyclohexylphosphino-2′,6′-dimethoxybiphenyl

【分子式】　$C_{26}H_{35}O_2P$

【分子量】　410.54

【CAS 登录号】　[657408-07-6]

【缩写和别名】　SPhos，Dicyclohexyl[2′,6′-bis-(methoxy)[1,1′-biphenyl]-2-yl]-phosphine

【结构式】

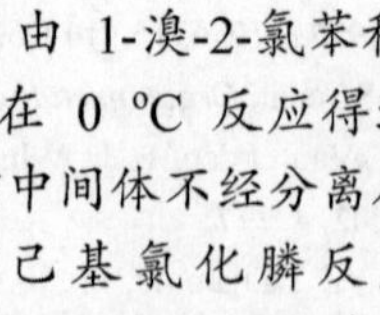

【物理性质】　白色固体，mp 164~166 °C。溶于大多数有机溶剂。

【制备和商品】　由 1-溴-2-氯苯和邻位锂化的 1,3-二甲氧基苯在 0 °C 反应得到 2-溴-1′,3′-二甲氧基苯。该中间体不经分离在 *n*-BuLi 的作用下与二环己基氯化膦反应即可制得 SPhos[1]。大型跨国试剂公司均有销售。

【注意事项】　该试剂在常温下对空气稳定，经放置不会生成相应的膦氧化物。

SPhos 是由 Buchwald 实验室发展的具有联苯骨架的富电子大位阻单膦配体之一。该配体主要应用于钯催化的 Suzuki-Miyaura 偶联等反应。

Suzuki-Miyaura 偶联反应 SPhos 是以芳硼酸或杂芳硼酸为底物生成二芳基化合物或二芳杂环化合物的 Suzuki-Miyaura 偶联反应中的优秀配体 (式 1)[1~3]。这一配体对富电子和大位阻底物的反应特别有效 (式 2)[3]。如式 3 所示[4]：该配体也能有效地用于以未保护的多氮杂环化合物为底物的体系中。

$$
R\text{—}\bigcirc\text{—}X + (OH)_2B\text{—}\bigcirc\text{—}R^1 \xrightarrow[\substack{K_3PO_4, PhMe \\ rt\sim110\ ^\circ C \\ 80\%\sim98\%}]{Pd_2(dba)_3,\ SPhos} R\text{—}\bigcirc\text{—}\bigcirc\text{—}R^1 \quad (1)
$$

X = Cl, Br

$$
\text{(式 2)} \xrightarrow[\substack{K_3PO_4,\ n\text{-BuOH, }110\ ^\circ C \\ 70\%\sim98\%}]{Pd_2(dba)_3,\ SPhos} \quad (2)
$$

$$
\text{(式 3)} \xrightarrow[\substack{K_3PO_4,\ dioxane/H_2O \\ 100\ ^\circ C \\ 84\%\sim97\%}]{Pd\text{-precat.}/SPhos} \quad (3)
$$

SPhos 也可成功用于以芳基硼酸酯或芳基三氟硼酸钾等为硼试剂的 Suzuki-Miyaura 反应中。如式 4[5]所示：在氨基酸衍生物与硼酸酯的反应中，使用 SPhos 为配体在反应过程中不出现消旋化，得到光学纯的产物。在芳基氯化合物与芳基三氟硼酸钾的反应中，使用 SPhos 同样可以获得令人满意的结果 (式 5)[6,7]。如式 6[8,9]所示：SPhos 还可用于硼试剂的生成反应中。

$$
\xrightarrow[\substack{K_3PO_4,\ PhMe/H_2O \\ 84\%}]{Pd(OAc)_2,\ SPhos} \quad (4)
$$

$$
R\text{—}\bigcirc\text{—}Cl + KF_3B\text{—}\bigcirc\text{—}R^1 \xrightarrow[\substack{K_3PO_4 \\ MeOH,\ 50\ ^\circ C \\ 84\%\sim96\%}]{Pd(OAc)_2,\ SPhos} R\text{—}\bigcirc\text{—}\bigcirc\text{—}R^1 \quad (5)
$$

$$
R\text{—}\bigcirc\text{—}Cl + \text{pinacolborane} \xrightarrow[\substack{NEt_3,\ 1,4\text{-dioxane, }110\ ^\circ C \\ 51\%\sim97\%}]{PdCl_2(CH_3CN)_2,\ SPhos} \quad (6)
$$

其它偶联反应 如式 7 所示[10,11]：在钯催化下，使用 SPhos 作为配体，芳基碘化物与芳基格氏试剂的 Kumada-Corriu 反应可以在低温下顺利进行。

$$
R\text{—}\bigcirc\text{—}I + R^1\text{—}\bigcirc\text{—}MgCl\cdot LiCl \xrightarrow[\substack{PhMe/THF \\ -20\sim65\ ^\circ C \\ 72\%\sim96\%}]{Pd(dba)_2,\ SPhos} \quad (7)
$$

钯催化的胺化反应 如式 8 所示[12]：在钯催化的杂环芳基卤化物的胺化反应中，使用 SPhos 作为配体可使反应顺利进行，得到相应的芳胺化合物。

$$
HetArX + HN(R)R^1 \xrightarrow[\substack{NaO^tBu\ 或\ K_3PO_4 \\ PhMe,\ 100\ ^\circ C}]{Pd(dba)_2,\ SPhos} HetArN(R)R^1 \quad (8)
$$

HetArX =

参 考 文 献

[1] Walker, S. D.; Barder, T. E.; Martinelli, J. R.; Buchwald, S. L. *Angew. Chem. Int. Ed.* **2004**, *43*, 1871.

[2] Barder, T. E.; Walker, S. D.; Martinelli, J. R.; Buchwald, S. L. *J. Am. Chem. Soc.* **2005**, *127*, 4685.

[3] Billingsley, K. L.; Buchwald, S. L. *J. Am. Chem. Soc.* **2007**, *129*, 3358.

[4] Düfert, M. A.; Billingsley, K. L.; Buchwald, S. L. *J. Am. Chem. Soc.* **2013**, *135*, 12877.

[5] Prieto, M.; Mayor, S.; Llod-Williams, P.; Giralt, E. *J. Org. Chem.* **2009**, *74*, 9202.

[6] Barder, T. E.; Buchwald, S. L. *Org. Lett.* **2004**, *6*, 2649.

[7] Molander, G. A.; Jean-Gérard, L. *J. Org. Chem.* **2009**, *74*, 5446.

[8] Billingsley, K. L.; Barder, T. E.; Buchwald, S. L. *Angew. Chem. Int. Ed.* **2007**, *46*, 5359.

[9] Billingsley, K. L.; Buchwald, S. L. *J. Org. Chem.* **2008**, *73*, 5589.

[10] Martin, R.; Buchwald, S. L. *J. Am. Chem. Soc.* **2007**, *129*, 3844.

[11] Martin, R.; Buchwald, S. L. *Acc. Chem. Res.* **2008**, *41*, 1461.

[12] Charles, M. D.; Schultz, P.; Buchwald, S. L. *Org. Lett.* **2005**, *7*, 3965.

[苏明娟，麻省理工学院化学系；WXY]

2-二环己基 (或二叔丁基，或二金刚烷基) 膦基-3,6-二甲氧基-2′,4′,6′-三异丙基-1,1′-联苯

2-二环己基膦基-3,6-二甲氧基-2′,4′,6′-三异丙基-1,1′-联苯

【英文名称】 2-Dicyclohexylphosphino-3,6-dimethoxy-2′,4′,6′-triisopropyl-1,1′-biphenyl

【分子式】 $C_{35}H_{53}O_2P$

【分子量】 536.77

【CAS 登录号】 [1070663-78-3]

【缩写和别名】 BrettPhos

【结构式】

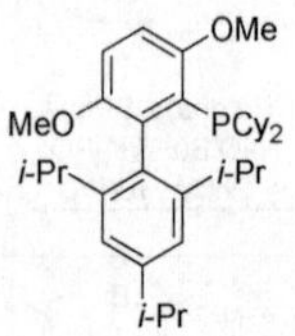

【物理性质】 白色固体，mp 191~193 ℃。溶于大多数有机溶剂。

【制备和商品】 大型跨国试剂公司均有销售。由 2,4,6-三异丙基苯基溴化镁和邻位锂化的 2,6-二甲氧基氟苯反应，接着碘化得到 2-碘-2′,4′,6′-三异丙基-3,6-二甲氧基联苯中间体。分离后的中间体在 n-BuLi 的作用下与二环己基氯化膦反应即可制得该化合物[1]。

【注意事项】 该试剂在常温下对空气稳定。

2-二叔丁基膦基-3,6-二甲氧基-2′,4′,6′-三异丙基-1,1′-联苯

【英文名称】 2-(Di-tert-butylphosphino)-3,6-dimethoxy-2′,4′,6′-triisopropyl-1,1′-biphenyl

【分子式】 $C_{31}H_{49}O_2P$

【分子量】 484.69

【CAS 登录号】 [1160861-53-9]

【缩写和别名】 tBuBrettPhos

【结构式】

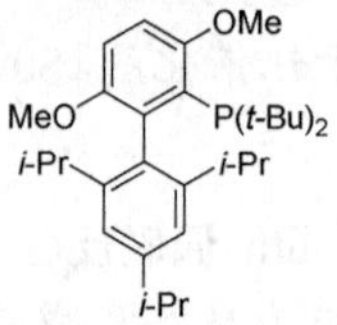

【物理性质】 白色固体，mp 170~171 ℃。溶于大多数有机溶剂。

【制备和商品】 大型跨国试剂公司均有销售。该化合物的制备方法与 BrettPhos 相似，使用二叔丁基氯化膦即可得到 tBuBrettPhos[2]。

【注意事项】 该试剂在常温下对空气稳定。

2-二金刚烷基膦基-3,6-二甲氧基-2′,4′,6′-三异丙基-1,1′-联苯

【英文名称】 2-(Di-1-adamantylphosphino)-3,6-dimethoxy-2′,4′,6′-triisopropyl-1,1′-biphenyl

【分子式】 $C_{43}H_{61}O_2P$

【分子量】 640.92

【CAS 登录号】 [1160861-59-5]

【缩写和别名】 AdBrettPhos

【结构式】

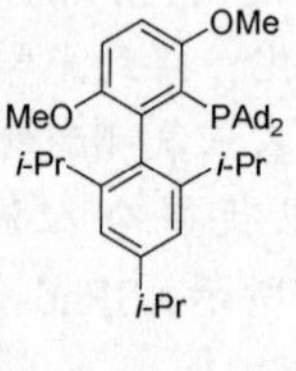

【物理性质】 白色固体，mp 170~171 ℃。溶于大多数有机溶剂。

【制备和商品】 该化合物的制备方法与 BrettPhos 相似，使用二金刚烷基氯化膦即可得到 AdBrettPhos[3]。国外试剂公司 Sigma-Aldrich 和 Strem 有售。

【注意事项】 该试剂在常温下对空气稳定。

BrettPhos、tBuBrettPhos 和 AdBrettPhos 是由 Buchwald 实验室发展的具有联苯骨架

的富电子大位阻单膦系列配体。这类配体主要应用于钯催化的 C–N 交叉偶联等反应。

交叉偶联反应 BrettPhos 是一级芳胺和烷基胺进行 Buchwald-Hartwig 偶联以及钯催化的芳基甲磺酸酯与缺电子芳胺偶联的优秀配体（式 1）[1]。这一配体也可用于钯催化的芳基碘化物与一级胺的交叉偶联反应中（式 2）[4]。

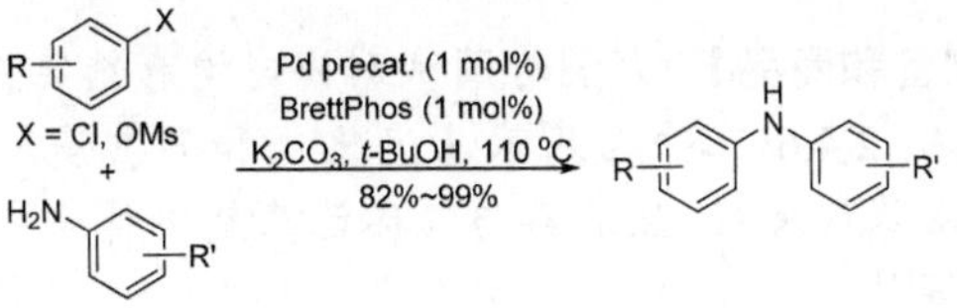

$$
\text{(1)}
$$

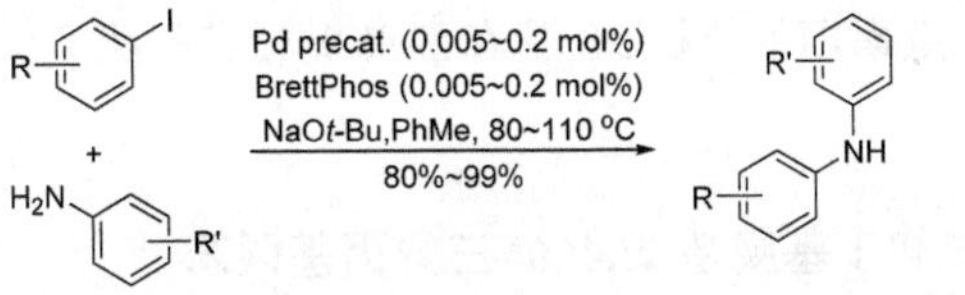

$$
\text{(2)}
$$

与 SPhos 和 XPhos 相似，BrettPhos 也可成功用于钯催化的以对甲苯磺酸酯和甲磺酸酯为底物的 Suzuki-Miyaura 反应中（式 3）[5]。如式 4[6]和式 5[7]所示：在钯催化的芳基氯化物的三氟甲基化反应以及由芳基溴化物制备芳基三氟甲基硫醚化合物的反应中，使用 BrettPhos 都可以获得令人满意的结果。

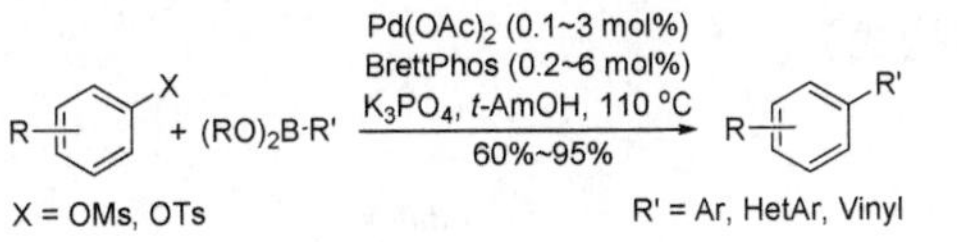

$$
\text{(3)}
$$

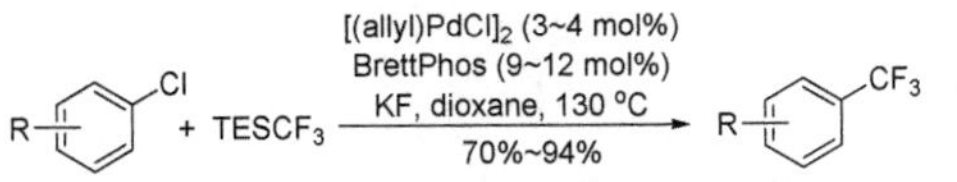

$$
\text{(4)}
$$

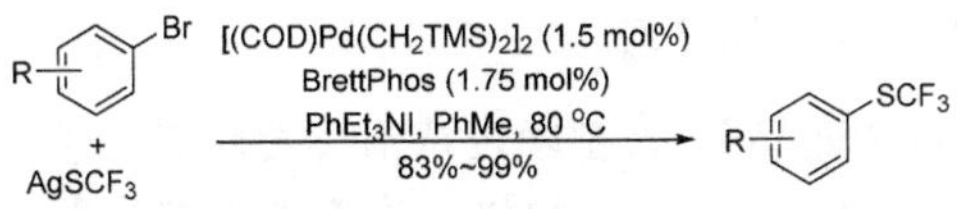

$$
\text{(5)}
$$

位阻更大的配体 tBuBrettPhos 首次出现在钯催化的邻位芳基氯化物及芳基甲磺酸酯的酰胺化反应中（式 6）[2,8,9]。此后，该配体也被用于将芳基三氟甲磺酸酯转化为相应的卤化物的反应中（式 7 和式 8）[10,11]。另外，在钯催化的氧芳基化反应和将芳基氯化物、三氟甲磺酸酯等转化为相应的硝基化合物的反应中，tBuBrettPhos 也可使反应顺利进行（式 9 和式 10）[12,13]。

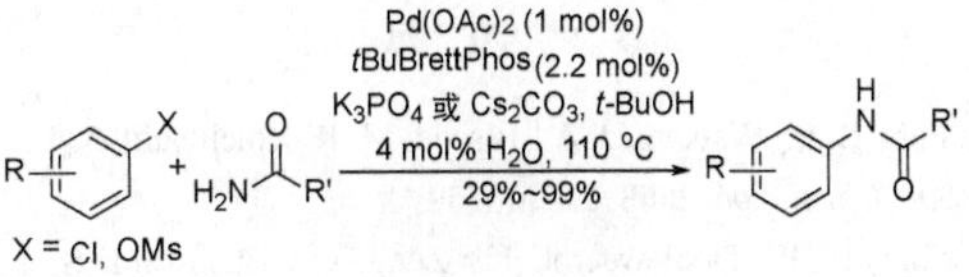

$$
\text{(6)}
$$

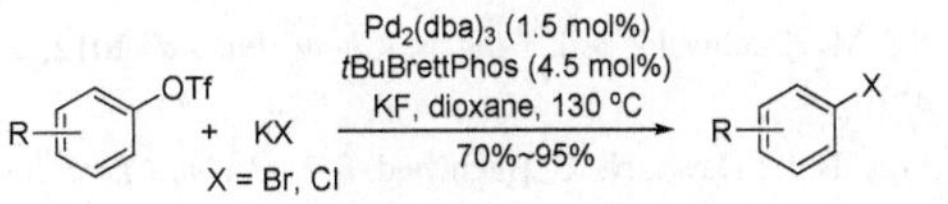

$$
\text{(7)}
$$

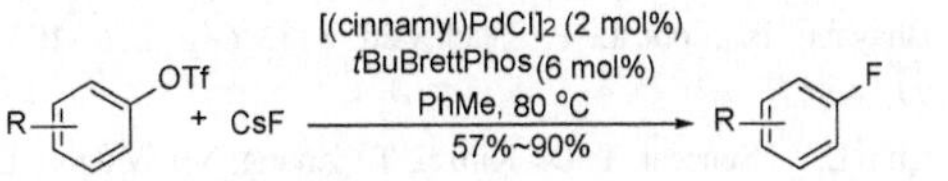

$$
\text{(8)}
$$

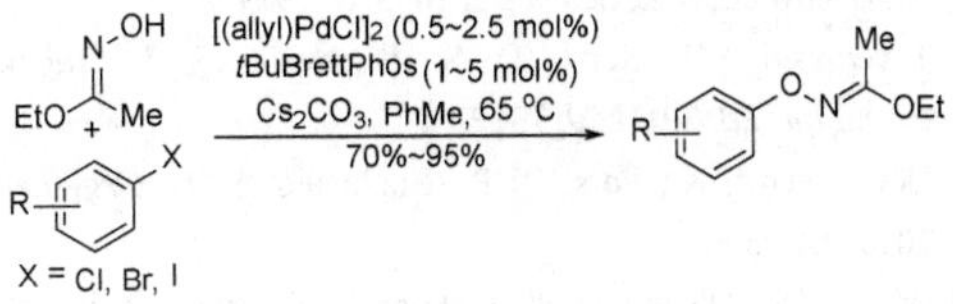

$$
\text{(9)}
$$

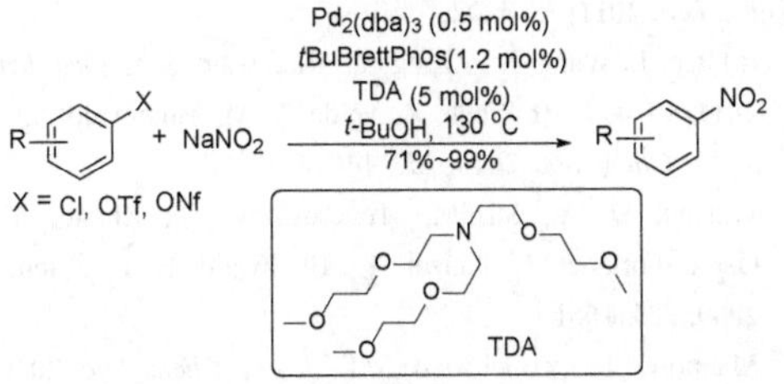

$$
\text{(10)}
$$

钯催化的五元芳杂环化合物的氨基化和酰胺化反应 如式 11 所示[3]：富电子的大位阻配体 AdBrettPhos 能够很好地促进五元芳杂环化合物的酰胺化反应。在五元芳杂环卤化物与氨的反应中，使用 AdBrettPhos 可以将反应控制到只生成氨的单芳基化产物（式 12）[14]。最近，有文献报道 tBuBrettPhos 可以促进未经保护的五元芳杂环卤化物的氨基化反应（式 13）[15]。

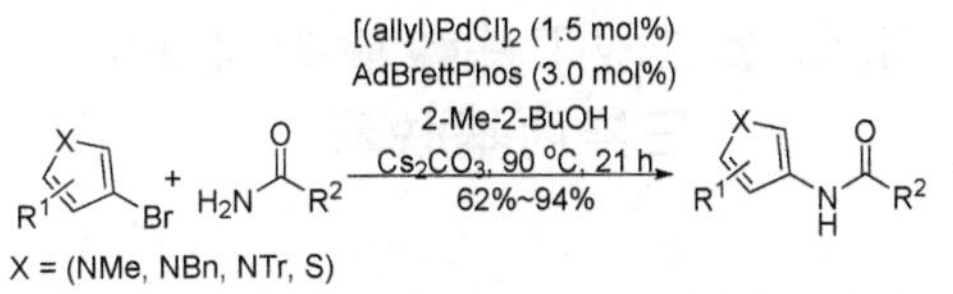

$$
\text{(11)}
$$

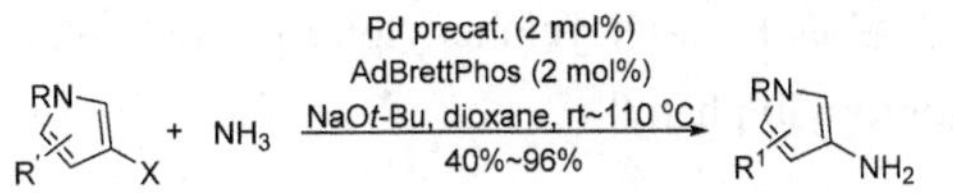

$$
\text{(12)}
$$

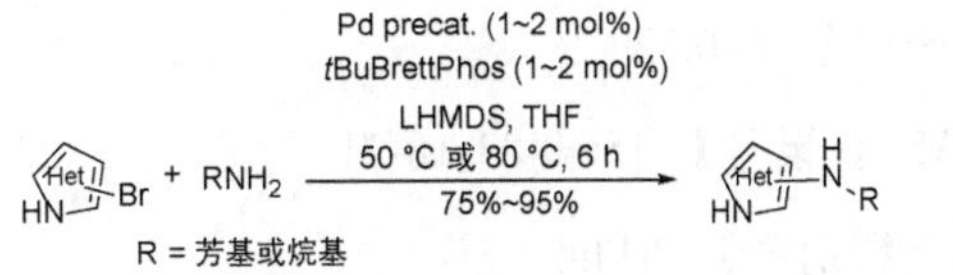

$$
\text{(13)}
$$

参 考 文 献

[1] Fors, B. P.; Watson, D. A.; Biscoe, M. R.; Buchwald, S. L. *J. Am. Chem. Soc.* **2008**, *130*, 13552.

[2] Fors, B. P.; Dooleweerdt, K.; Zeng, Q.; Buchwald, S. L. *Tetrahedron* **2009**, *65*, 6576.

[3] Su, M.; Buchwald, S. L. *Angew. Chem. Int. Ed.* **2012**, *51*, 4710.

[4] Fors, B. P.; Davis, N. R.; Buchwald, S. L. *J. Am. Chem. Soc.* **2009**, *131*, 5766.

[5] Bhayana, B.; Fors, B. P.; Buchwald, S. L. *Org. Lett.* **2009**, *11*, 3954.

[6] Cho, E. J.; Senecal, T. D.; Kinzel, T.; Zhang, Y.; Watson, D. A.; Buchwald, S. L. *Science* **2010**, *328*, 1679.

[7] Teverovskiy, G.; Surry, D. S.; Buchwald, S. L. *Angew. Chem. Int. Ed.* **2011**, *50*, 7312.

[8] Dooleweerdt, K.; Fors, B. P.; Buchwald, S. L. *Org. Lett.* **2010**, *12*, 2350.

[9] Breitler, S.; Oldenhuis, N. J.; Fors, B. F.; Buchwald, S. L. *Org. Lett.* **2011**, *13*, 3262.

[10] (a) Pan, J.; Wang, X.; Zhang, Y.; Buchwald, S. L. *Org. Lett.* **2011**, *13*, 4974. (b) Shen, X.; Hyde, A. M.; Buchwald, S. L. *J. Am. Chem. Soc.* **2010**, *132*, 14076.

[11] Watson, D. A.; Su, M.; Teverovskiy, G.; Zhang, Y.; Garcia-Fortanet, J.; Kinzel, T.; Buchwald, S. L. *Science* **2009**, *325*, 1661.

[12] Maimone, T. J.; Buchwald, S. L. *J. Am. Chem. Soc.* **2010**, *132*, 9990.

[13] Fors, B. P.; Buchwald, S. L. *J. Am. Chem. Soc.* **2009**, *131*, 12898.

[14] Cheung, C. W.; Surry, D. S.; Buchwald, S. L. *Org. Lett.* **2013**, *15*, 3734.

[15] Su, M.; Hoshiya, N.; Buchwald, S. L. *Org. Lett.* **2014**, *16*, 832-835.

[苏明娟，麻省理工学院化学系；WXY]

2-二环己基膦基-2′,4′,6′-三异丙基联苯和 2-二叔丁基膦基-2′, 4′,6′-三异丙基联苯

2-二环己基膦基-2′, 4′,6′-三异丙基联苯

【英文名称】 2-Dicyclohexylphosphino-2′,4′,6′-triisopropylbiphenyl

【分子式】 $C_{33}H_{49}P$

【分子量】 476.72

【CAS 登录号】 [564483-18-7]

【缩写和别名】 XPhos

【结构式】

【物理性质】 白色固体，mp 187~190 ℃。溶于大多数有机溶剂。

【制备和商品】 大型跨国试剂公司均有销售。可由 2,4,6-三异丙基苯基溴化镁和邻氯溴苯引发苯炔反应，然后再与二环己基氯化膦反应制得[1]。

【注意事项】 该化合物在常温下对空气稳定。

2-二叔丁基膦基-2′,4′,6′-三异丙基联苯

【英文名称】 2-(Di-*tert*-butylphosphino)-2′,4′,6′-triisopropylbiphenyl

【分子式】 $C_{29}H_{45}P$

【分子量】 424.64

【CAS 登录号】 [564483-19-8]

【缩写和别名】 *t*BuXPhos

【结构式】

【物理性质】 白色晶体，mp 148~151 ℃。溶于大多数有机溶剂。

【制备和商品】 大型跨国试剂公司均有销售。制备方法与 XPhos 相似，使用二叔丁基氯化磷即可得到 *t*BuXPhos。

【注意事项】 该化合物在常温下对空气稳定。

XPhos 是由 Buchwald 实验室发展的具有联苯骨架的富电子大位阻单膦系列配体。在不含膦基的苯环上引入的三个环己基，极大地降低了该化合物与空气中氧气的反应性。将

环己基换成叔丁基的配体被称为 *t*BuXPhos。这类配体主要应用于过渡金属催化的偶联反应等。

钯催化的偶联反应 XPhos 和 *t*BuXPhos 在钯催化的碳-氮键成键的偶联反应中是很好的配体 (式 1 和式 2)[1]。进一步的动力学研究表明，2′,4′,6′-位的异丙基对于催化剂的高反应性起到了很关键的作用[2]，而且可以抑制环钯物种的形成[3]。

$$\text{(1)}$$

$$\text{(2)}$$

这类配体也可用于钯催化的碳-碳键成键的偶联反应，特别是 XPhos 与钯催化剂所形成的配合物在 Suzuki 偶联[4]、Negishi 偶联[5] 等反应中都表现出高于其它联芳基单膦配体配合物的反应活性。对于一些含杂环底物的 Suzuki 偶联反应，基于 XPhos 的配合物表现出优于基于 SPhos 的配合物的催化活性 (式 3)。如式 4 所示[6]：XPhos 也可用于无铜催化的 Sonogashira 反应。如式 5 所示[7]：XPhos 在 Miyaura 硼化反应中也是好的配体，可以在室温条件下实现某些芳基氯化物的硼化。使用 *t*BuXPhos 作为配体，可将芳香卤化物转化为相应的苯酚化合物 (式 6)[8]。

$$\text{(3)}$$

$$\text{(4)}$$

$$\text{(5)}$$

$$\text{(6)}$$

这些配体在其它更为复杂的钯催化的偶联反应里也有重要的应用。对于某些反应，配体的选择会起到关键作用。例如，在钯催化的重氮化合物 (或其前体苯磺酰腙) 与芳香卤化物的偶联反应中，XPhos 常常是最优的配体 (式 7)[9]。

$$\text{(7)}$$

金催化的反应 一价金一般采取直线型配位，仅能容纳两个配体。以 Xphos 为代表的大位阻单膦配体因其具有独特的稳定一价金的性质，在金化学中也有着广泛的应用 (式 8)[10]。

$$\text{(8)}$$

参 考 文 献

[1] Huang, X.; Anderson, K. W.; Zim, D; et al. *J. Am. Chem. Soc.* **2003**, *125*, 6643.

[2] Strieter, E. R.; Blackmond, D. G.; Buchwald, S. L. *J. Am. Chem. Soc.* **2003**, *125*, 13978.

[3] Strieter, E. R.; Buchwald, S. L. *Angew. Chem. Int. Ed.* **2006**, *45*, 925.

[4] Billingsley, K.; Buchwald, S. L. *J. Am. Chem. Soc.* **2007**, *129*, 3358.

[5] Yang, Y.; Oldenhuis, N. J.; Buchwald, S. L. *Angew. Chem. Int. Ed.* **2013**, *52*, 615.

[6] Gelman, D.; Buchwald, S. L. *Angew. Chem. Int. Ed.* **2003**, *42*, 5993.

[7] Billingsley, K. L.; Buchwald, S. L. *Angew. Chem. Int. Ed.* **2007**, *46*, 5359.

[8] Anderson, K. W.; Ikawa, T.; Tundel, R. E.; Buchwald, S. L. *J. Am. Chem. Soc.* **2006**, *128*, 10694.

[9] Zhou, L.; Ye, F.; Zhang, Y.; Wang, J. *J. Am. Chem. Soc.* **2010**, *132*, 13590.

[10] Nieto-Oberhuber, C.; Lopez, S.; Echavarren, A. M. *J. Am. Chem. Soc.* **2005**, *127*, 6178.

[杨扬，加州大学伯克利分校化学系；WXY]

二环己基氯硼烷

【英文名称】 Chlorodicyclohexylborane

【分子式】 C$_{12}$H$_{22}$BCl

【分子量】 212.57

【CAS 登录号】 [36140-19-9]

【缩写和别名】 Dicyclohexylboryl chloride，氯代二环己基硼烷

【结构式】

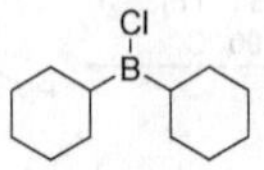

【物理性质】 无色液体，mp 95~96 ℃ / 0.35 mmHg，ρ 0.970 g/cm^3。溶于二氯甲烷、乙醚、正己烷等惰性有机溶剂中。

【制备和商品】 大型试剂公司有销售。商品一般为 1.0 mol/L 的正己烷溶液。

【注意事项】 本品及其溶液对空气和水都十分敏感，需要在干燥、惰性气体环境下保存，在通风橱中操作。

二环己基氯硼烷是一种路易斯酸，可与醛、酮等生成烯醇衍生物，多用于立体选择性羟醛缩合反应。它本身也是一种还原剂，能够将醛羰基还原为醇[11]。

在 0 ℃ 下，向二环己基氯硼烷和三乙胺的四氯化碳溶液中滴加酮，会立刻发生烯醇化反应，并生成三乙胺的盐酸盐沉淀，反应均是定量转化[1,2]。对于不同取代基的酮，生成 Z-型和 E-型烯醇式结构的选择性会不同 (式 1)[1]，碱和溶剂的种类对两种构型的比例也会产生影响[2]。对于取代环己酮类化合物，存在比较好的区域选择性 (式 2)[1]。

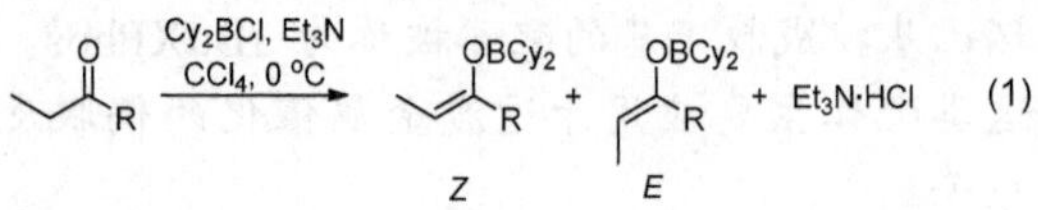

R = Et   21%   79%
R = *i*-Bu   12%   88%
R = *t*-Bu, *i*-Pr, Cy, Ph   <3%   >97%

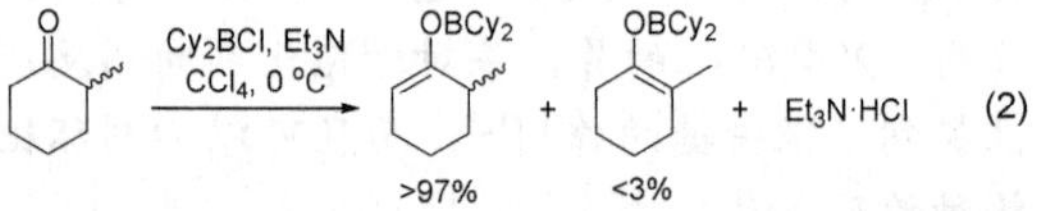

>97%   <3%

由于二环己基氯硼烷与酮生成烯醇式结构时存在选择性，因此可应用到一些区域选择性和立体选择性的羟醛缩合反应中。例如，在二环己氯硼烷作用下，2-叔丁基环己-1-酮首先生成烯醇式结构，然后加入环己酮，在 5 ℃ 下反应 70 h，再先后加入甲醇/缓冲溶液 (pH = 7) 和甲醇/过氧化氢水溶液，最终以很高的收率和非对映选择性得到反式羟醛缩合产物 (式 3)[3]。当改变叔丁基的位置，如使用 4-叔丁基环己-1-酮为底物时，则得到顺式产物[3]。类似的区域选择性和立体选择性的羟醛缩合有很多，其共同点都是通过生成不同的烯醇式中间体来控制反应的选择性[4~6]。

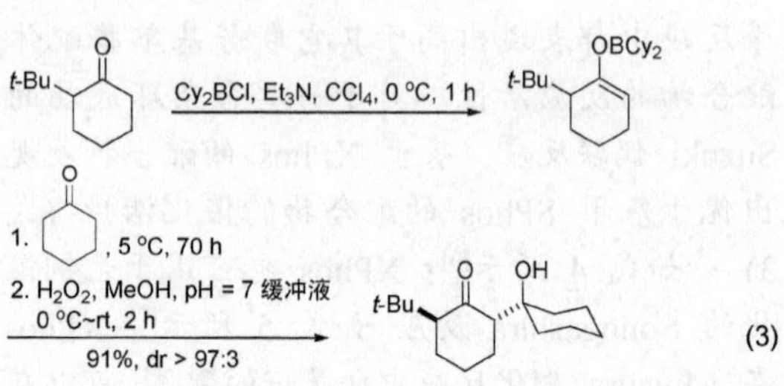

1. ，5 ℃, 70 h
2. H$_2$O$_2$, MeOH, pH = 7 缓冲液
   0 ℃~rt, 2 h
   91%, dr > 97:3 (3)

二环己基氯硼烷由于具有强的路易斯酸性，能与氧原子很好地形成配位键，因此，在 β 羟基酮类化合物的不对称还原中也有重要的应用。一般使用硼氢化锂就能将羰基还原为羟基，且与 β 位的羟基保持顺式结构[7~10]。如式 4 所示[10]：这类反应的立体选择性主要来源于含硼六元环中间体的产生。该中间体无需分离，直接加入硼氢化锂，在低温下搅拌，然后用氯化铵水溶液淬灭反应，再加入甲醇和过氧化氢搅拌一段时间，即可以较高收率和较高非对映选择性得到还原产物。

BnO ... OBn $\xrightarrow{\text{Cy}_2\text{BCl, Et}_3\text{N, Et}_2\text{O, }-23\ ^\circ\text{C, 2 h}}$

$\xrightarrow[\text{88%, >95% de}]{\begin{array}{l}\text{1. LiBH}_4,\ -78\ ^\circ\text{C, 2 h}\\ \text{2. MeOH/H}_2\text{O}_2,\ \text{rt, 2 h}\end{array}}$

BnO ... OBn (4)

二环己基氯硼烷本身也能作为还原剂。在碱性条件下，苯甲醛与二环己基氯硼烷在室温下就能将醛基还原，同时引入环己基。用碱性过氧化氢水溶液淬灭反应，能够以较好收率得到还原产物 (式 5)[11]。

$\xrightarrow[\text{75%}]{\begin{array}{l}\text{1. Hex, 2,6-Me}_2\text{Py, rt, 5 h}\\ \text{2. H}_2\text{O}_2/\text{NaOH}\end{array}}$ (5)

参 考 文 献

[1] Brown, H. C.; Dhar, R. K.; Ganesan, K.; Singaram, B. *J. Org. Chem.* **1992**, *57*, 2716.

[2] Ganesan, K.; Brown, H. C. *J. Org. Chem.* **1993**, *58*, 7162.

[3] Cergol, K. M.; Jensen, P.; Turner, P.; Coster, M. J. *Chem. Commun.* **2007**, *13*, 1363.

[4] Dias, L. C.; Polo, E. C.; Ferreira, M. A. B.; Tormena, C. F. *J. Org. Chem.* **2012**, *77*, 3766.

[5] Zaidlewicz, M.; Sokół, W.; Wojtczak, A.; et al. *Tetrahedron Lett.* **2002**, *43*, 3525.

[6] Murga, J.; Falomir, E.; Carda, M.; et al. *Org. Lett.* **2001**, *3*, 901.

[7] Perkins, M. V.; Jahangiri, S.; Taylor, M. R. *Tetrahedron Lett.* **2006**, *47*, 2025.

[8] Paterson, I.; Chen, D. Y. K.; Franklin, A. S. *Org. Lett.* **2002**, *4*, 391.

[9] Paterson, I.; Florence, G. J.; Gerlach, K.; et al. *J. Am. Chem. Soc.* **2001**, *123*, 9535.

[10] Perkins, M. V.; Sampson, R. A. *Org. Lett.* **2001**, *3*, 123.

[11] Kabalka, G. W.; Wu, Z. Z.; Trotman, S. E.; Gao, X. *Org. Lett.* **2000**, *2*, 255.

[张皓，付华*，清华大学化学系；FH]

4-二甲氨基苯甲醛

【英文名称】 4-(Dimethylamino)benzaldehyde

【分子式】 $C_9H_{11}NO$

【分子量】 149.19

【CAS 登录号】 [100-10-7]

【缩写和别名】 *p*-DAB，*p*-Formyldimethy-laniline，对二甲氨基苯甲醛，*N,N*-二甲基-4-氨基苯甲醛

【结构式】

【物理性质】 灰白色或淡黄色固体，mp 74 ℃，bp 176~177 ℃/17 mmHg，折射率 1.417/20 ℃，ρ 1.10 g/cm^3。微溶于水，溶于醇、醚、氯仿等有机溶剂。

【制备和商品】 国内外各大试剂公司均有销售。

【注意事项】 本品对空气敏感，暴露在空气中会变成粉红色固体。应在惰性气体环境中冷藏保存。

4-二甲氨基苯甲醛具有芳香醛的基本性质，分子中醛羰基能够与亲核试剂进行加成，在很多人名反应中都有应用。分子中的芳环上也能发生亲电取代反应，如溴化[9]等。

在醋酸铵的催化下，4-二甲氨基苯甲醛与硝基甲烷在甲醇中回流，可得到 Henry 反应产物 (式 1)[1]。在微波中进行 Henry 反应，反应时间会大大缩短，产率也有所提高[2]。

$+ \text{CH}_3\text{NO}_2 \xrightarrow[\text{reflux, 2 d}]{\text{MeOH, NH}_4\text{OAc}}$ 71% (1)

在吗啡啉三氟乙酸盐的催化下，4-二甲氨基苯甲醛与丙酮可进行羟醛缩合反应 (式 2)[3]。该反应也可在离子液体中进行[4]。

$+ \xrightarrow[\text{75 ℃, 12 h}]{\text{NH·TFA}}$ 96% (2)

在非离子型有机碱的催化下，4-二甲氨基苯甲醛与苯乙腈可进行 Knoevenagel 缩合，得到几乎定量的产率 (式 3)[5]。当使用强碱 LDA

时，可得到加成产物，该反应具有一定的立体选择性 (式 4)[6]。

(3)

(4)

4-二甲氨基苯甲醛与金属有机试剂 (如格氏试剂[7]、有机锌试剂[8]等) 也可进行加成反应。在与二甲基锌反应过程中，加入手性二茂铁催化剂，反应会有一定的对映选择性 (式 5)[8]。

(5)

4-二甲氨基苯甲醛也用于一些含氮杂环化合物的合成。该试剂与乙二胺在水相中反应，可生成 2H-咪唑衍生物 (式 6)[10]。其与邻苯二胺反应则可生成苯并咪唑衍生物[10]。当使用脯氨酸 (L-Proline) 作为催化剂时，还能得到二取代苯并咪唑衍生物 (式 7)[11]。

(6)

(7)

参 考 文 献

[1] Leen, V.; Auweraer, M. V.; Boens, N.; Dehaen, W. *Org. Lett.* **2011**, *13*, 1470.

[2] Wang, C.; Wang, S. *Synth. Commun.* **2002**, *32*, 3481.

[3] Zumbansen, K.; Döhring, A.; List, B. *Adv. Synth. Catal.* **2010**, *352*, 1135.

[4] Sharma, N.; Sharma, U. K.; Kumar, R.; et al. *Adv. Synth. Catal.* **2011**, *353*, 871.

[5] D'Sa, B. A.; Kisanga, P.; Verkade, J. G. *J. Org. Chem.* **1998**, *63*, 3961.

[6] Carlier, P. R.; Moon, K.; Michael, M. C.; et al. *J. Org. Chem.* **1997**, *62*, 6316.

[7] Cosner, C. C.; Iska, V. B. R.; Chatterjee, A.; et al. *Eur. J. Org. Chem.* **2013**, *1*, 162.

[8] Wang, M. C.; Zhang, Q. J.; Zhao, W. X.; et al. *J. Org. Chem.* **2008**, *73*, 168.

[9] Borikar, S. P.; Daniel, T.; Paul, V. *Tetrahedron Lett.* **2009**, *50*, 1007.

[10] Gogoi, P.; Konwar, D. *Tetrahedron Lett.* **2006**, *47*, 79.

[11] Varala, R.; Nasreen, A.; Enugala, R.; Adapa, S. R. *Tetrahedron Lett.* **2007**, *48*, 69.

[张皓，付华*，清华大学化学系；FH]

1-二甲氨基-2-硝基乙烯

【英文名称】 1-Dimethylamino-2-nitroethylene

【分子式】 $C_4H_8N_2O_2$

【分子量】 116.12

【CAS 登录号】 [1190-92-7]

【缩写和别名】 (*E*)-*N*,*N*-Dimethyl-2-nitroethena-mine

【结构式】

【物理性质】 mp 104 ℃，bp 161.1 ℃ /760 mmHg，ρ 1.073 g/cm^3，折射率 1.473。溶于醇、醚、氯仿及丙酮中，微溶于正己烷。

【制备和商品】 国内外试剂公司均有销售。商品一般是 *E*-型产物，目前无 *Z*-型商品。

【注意事项】 该化合物常温下比较稳定。

在 1-二甲氨基-2-硝基乙烯的分子结构中，由于硝基的强吸电子性和二甲氨基的给电子性造成双键的极化度非常高，能与各种亲核试剂发生加成-消除反应。在此基础上，还能与一些特殊底物进一步反应，从而构建含硝基的芳香化合物。

在三氟乙酸存在下，1-二甲氨基-2-硝基乙烯与取代吲哚可发生加成-消除反应，产率很高 (式 1)[1]。与酮的烯醇盐也可发生类似的反应 (式 2)[2]。

$$\text{(1)} \quad \text{TFA, rt, 30 min} \quad 96\%$$

$$\text{(2)} \quad 1.\ \text{DME, } -20\sim-10\ ^\circ\text{C} \quad 2.\ \text{HCl/H}_2\text{O} \quad 62\%$$

1-二甲氨基-2-硝基乙烯能与富电子的苯环发生亲电反应 (式 3)[3]。与含活泼甲基、亚甲基的化合物也能发生加成-消除反应[4,5]。

$$\text{(3)} \quad \text{TFA, 55}\sim\text{65 }^\circ\text{C} \quad 30\ \text{min} \quad 69\%$$

1-二甲氨基-2-硝基乙烯能与含有多官能团化的底物发生加成-消除反应，可构建含硝基的芳香化合物。如式 4 所示[6]：在二氯甲烷中回流时，该试剂与腙类化合物反应可得到吡唑衍生物。

$$\text{(4)} \quad \text{Et}_3\text{N, CH}_2\text{Cl}_2 \quad \text{reflux, 48 h} \quad 45\%$$

1-二甲氨基-2-硝基乙烯与 α-重氮膦酸酯反应可得到吡唑衍生物，但在反应中，二甲氨基得以保留，而硝基被脱去 (式 5)[7,8]。

$$\text{(5)} \quad \text{NaOEt, EtOH} \quad \text{rt, 15 min} \quad 64\%$$

参 考 文 献

[1] Santos, L. S.; Pilli, R. A.; Rawal, V. H. *J. Org. Chem.* **2004**, *69*, 1283.

[2] Manabu, N.; Hideko, N.; Yoshimitsu, N.; Kaoru, F. *Synthesis* **1987**, *8*, 729.

[3] Büchi, G.; Mak, C.P. *J. Org. Chem.* **1977**, *42*, 1784.

[4] Theodor, S.; Brueck, B. *Angew. Chem.* **1964**, *76*, 993.

[5] Theodor, S.; Ingrid, S. *Chem. Ber.* **1969**, *102*, 1707.

[6] Lenzi, O.; Colotta, V.; Catarzi, D.; et al. *J. Med. Chem.* **2009**, *52*, 7640.

[7] Muruganantham, R.; Mobin, S. M.; Namboothiri, I. N. N. *Org. Lett.* **2007**, *9*, 1125.

[8] Muruganantham, R.; Namboothiri, I. *J. Org. Chem.* **2010**, *75*, 2197.

[张皓，付华*，清华大学化学系；FH]

N,N-二甲基苯胺

【英文名称】 *N,N*-Dimethylaniline

【分子式】 $C_8H_{11}N$

【分子量】 121.19

【CAS 登录号】 [121-69-7]

【缩写和别名】 NNDMA，*N,N*-二甲苯胺，二甲基氨苯

【结构式】

【物理性质】 淡黄色油状液体，有特殊气味，bp 193~194 $^\circ$C，ρ 0.96 g/cm^3。不溶于水，可溶于酸溶液、乙醇、乙醚、氯仿、四氯化碳和苯。

【制备和商品】 商品化试剂，试剂公司均有销售。

【注意事项】 遇明火、高热或与氧化剂接触有引起燃烧爆炸的危险。受热分解放出有毒的氧化氮烟气。

N,N-二甲基苯胺 (NNDMA) 可作为染料中间体，用于制备香兰素、偶氮染料、三苯基甲烷染料；也可用作溶剂、稳定剂和分析试剂等[1]。在有机合成中，*N,N*-二甲基苯胺主要用于苯环对位亲电取代以及季铵盐的合成反应。近年来新的研究发现，*N,N*-二甲基苯胺还可以与烯烃、炔烃、活泼亚甲基及氰基发生反应。此外，*N,N*-二甲基苯胺还可以活化 C—C 键及 C—N 键，使含活泼氢的化合物转化成含氮化合物，或通过偶联反应合成杂环化合物。

在金属催化剂和氧化剂的作用下，*N,N*-二

甲基苯胺分子中氮甲基上的 C–H 键可以被活化，可与不饱和化合物如烯烃[2]、炔烃 (式 1)[3]、氰基 (式 2)[4,5]、C=N 基[6]、活泼亚甲基等发生反应[5,7]。*N,N*-二甲基苯胺分子中有两个氮甲基，但只有一个 C–H 键容易被活化。反应常采用亚铁 (Fe^{2+})、亚铜 (Cu^+)、钌、铱等金属盐作为催化剂，叔丁基过氧化氢 (TBHP) 或 O_2 作为氧化剂。氮甲基的 C–H 键被活化后可被过氧化氢、醇[8]和磷酸酯 (式 3)[9]取代。

$$(1)$$

$$(2)$$

$$(3)$$

N,N-二甲基苯胺分子中氮甲基的 C–N 键被活化断裂后，在温和条件下可高产率地得到酰胺、*N*-亚硝胺等其它含氮化合物。甲基在 $FeCl_2$ 和 TBHP 的条件下可被乙酰基取代 (式 4)[10]，在 2-碘酰基苯甲酸 (IBX)、硝基甲烷、季铵盐 (R_4NX, X 为卤素) 的条件下可被 N=O 取代 (式 5)[11]；在 $FeCl_3$ 和重氮基乙酸酯的条件下可被乙酸酯取代 (式 6)[12]。细胞色素 P450 酶可以实现 *N,N*-二甲基苯胺的脱甲基化[13]。

$$(4)$$

$$(5)$$

$$(6)$$

在 $Ru(bpy)_3Cl_2$ 或 CuBr 作为催化剂、TBHP 或 O_2 作为氧化剂的条件下，*N,N*-二甲基苯胺可用来制备四氢喹啉化合物 (式 7)[14~16]。在该反应中，产物均为外消旋体。

$$(7)$$

在 Fe 催化氧化的条件下，*N,N*-二甲基苯胺提供一个碳原子参与反应，可用来制备亚甲基桥联的双-1,3-二羰基衍生物 (式 8)[17]。*N,N*-二甲基苯胺还可在钌催化条件下实现吲哚的甲酰化 (式 9)[18]。

$$R^1 = Ph, 4\text{-}OMePh, 4\text{-}NO_2Ph$$
$$R^2 = OMe, OEt, Ph$$

$$(8)$$

$$(9)$$

N,N-二甲基苯胺可以选择性地实现苯环的邻位、间位和对位取代。立体催化的交叉脱氢偶联反应 (CDC) 通常可促进反应在邻位或对位发生 (式 10)[19]。而氯磺酸可以使反应在间位发生 (式 11)[20]。此外，*N,N*-二甲基苯胺的苯环可以被钌纳米颗粒 (RuNPs) 还原[21]。

$$(10)$$

$$(11)$$

N,N-二甲基苯胺可以作为溶剂或反应添加剂，促进呋喃和吲哚的对映选择性的 Friedel-Crafts 反应 (式 12)[22]。该试剂还可以提供 NMe$_2$ 基团用来形成季铵盐[23]，促进苯胺的邻位锂化[24]。

(12)

参 考 文 献

[1] Shen, Z. L.; Jiang, X. Z. *J. Mol. Catal. A: Chem.* **2004**, *213*, 193.

[2] Zhu, S. Q.; Das, A.; Bui, L.; et al. *J. Am. Chem. Soc.* **2013**, *135*, 1823.

[3] Liu, P.; Zhou, C. Y.; Xiang, S.; Che, C. M. *Chem. Commun.* **2010**, *46*, 2739.

[4] Murahashi, S. I.; Nakae, T.; Terai, H.; Komiya, N. *J. Am. Chem. Soc.* **2008**, *130*, 11005.

[5] Dhineshkumar, J.; Lamani, M.; Alagiri, K.; Prabhu, K. R. *Org. Lett.* **2013**, *15*, 1092.

[6] Ye, X.; Xie, C.; Huang, R.; Liu, J. *Synlett* **2012**, *23*, 409.

[7] Li, Z. P.; Yu, R.; Li, H. J. *Angew. Chem. Int. Ed.* **2008**, *47*, 7497.

[8] Ratnikov, M. O.; Doyle, M. P. *J. Am. Chem. Soc.* **2013**, *135*, 1549.

[9] Han. W.; Mayer, P.; Ofial, A. R. *Adv. Synth. Catal.* **2010**, *352*, 1667.

[10] Li, Y.; Jia, F.; Li, Z. *Chem. Eur. J.* **2013**, *19*, 82.

[11] Potturi, H. K.; Gurung, R. K.; Hou, Y. *J. Org. Chem.* **2012**, *77*, 626.

[12] Kuninobu, Y.; Nishi, M.; Takai, K. *Chem. Commun.* **2010**, *46*, 8860.

[13] Roberts, K. M.; Jones, J. P. *Chem. Eur. J.* **2010**, *16*, 8096.

[14] Ju, X.; Li, D.; Li, W.; et al. *Adv. Synth. Catal.* **2012**, *354*, 3561.

[15] Nishino, M.; Hirano, K.; Satoh, T.; Miura, M. *J. Org. Chem.* **2011**, *76*, 6447.

[16] Huang, L.; Zhang, X.; Zhang, Y. *Org. Lett.* **2009**, *11*, 3730.

[17] Li, H.; He, Z.; Guo, X.; et al. *Org. Lett.* **2009**, *11*, 4176.

[18] Wu, W.; Su, W. *J. Am. Chem. Soc.* **2011**, *133*, 11924.

[19] Chandrasekharam, M.; Chiranjeevi, B.; Gupta, K. S. V.; Sridhar, B. *J. Org. Chem.* **2011**, *76*, 10229.

[20] Yanai, H.; Yoshino, T.; Fujita, M.; et al. *Angew. Chem., Int. Ed.* **2013**, *52*, 1560.

[21] Gonzalez-Galvez, D.; Lara, P.; Rivada-Wheelaghan, O.; et al. *Catal. Sci. Technol.* **2013**, *3*, 99.

[22] Adachi, S.; Tanaka, F.; Watanabe, K.; Harada, T. *Org. Lett.* **2009**, *11*, 5206.

[23] Armstrong, D. R.; Balloch, L.; Hevia, E.; et al. *Beilstein J. Org. Chem.* **2011**, *7*, 1234.

[24] Kessar, S. V.; Singh, P.; Singh, K. N.; et al. *Angew. Chem. Int. Ed.* **2008**, *47*, 4703.

[高玉霞，巨勇*，清华大学化学系；JY]

二甲基苯基硅烷

【英文名称】 Dimethylphenylsilane

【分子式】 C$_8$H$_{12}$Si

【分子量】 136.27

【CAS 登录号】 [766-77-8]

【缩写和别名】 苯基二甲基硅烷，PhMe$_2$SiH

【结构式】

$$C_6H_5SiMe_2H$$

【物理性质】 mp 323~329 °C，bp 157 °C / 744 mmHg，ρ 0.889 g/cm^3。溶于大多数有机溶剂，通常在氯仿、1,2-二氯乙烷、苯、乙醚、丙酮、二氧六环和 THF 中使用。

【制备和商品】 国内外化学试剂公司均有销售。该试剂一般不在实验室制备。

【注意事项】 该试剂在常温常压下稳定，具有一定的吸湿性，对湿气敏感。一般在通风橱中进行操作，在冰箱中密封储存。

二甲基苯基硅烷在有机合成中主要用于醛/酮羰基的不对称还原 (式 1)[1]，在氟负离子或质子的协同作用下，二甲基苯基硅烷能够高选择性地还原 α-酰基丙酰胺、1-氨基乙基酮和 1-烷氧基乙基酮成相应的苏式 (*threo*) 或赤式 (*erythro*) β-羟基酰胺、α-氨基醇和 α-烷氧基醇化合物 (式 2 和式 3)[1,2]。二甲基苯基硅烷也是硅烷化和甲酰硅基化的常用试剂。

(1)

(2)

苏式/赤式>99:1

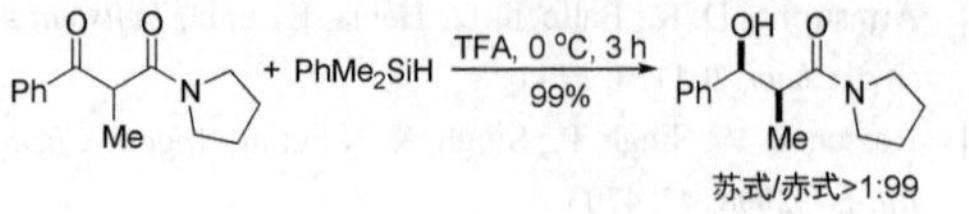

$$\text{(3)}$$

（图：反应式3）

而在活性炭负载的氧化钼催化下，二甲基苯基硅烷可以将醛酮类化合物还原，随后经分子间脱水成醚 (式 4)[3]。

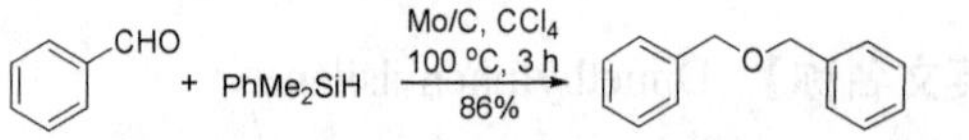

$$\text{(4)}$$

（图：反应式4）

在铑催化剂的作用下，二甲基苯基硅烷可以选择性地还原 α,β 不饱和醛、酮的羰基，生成取代烯丙氧基二甲基苯基硅化合物 (式 5)[4]。

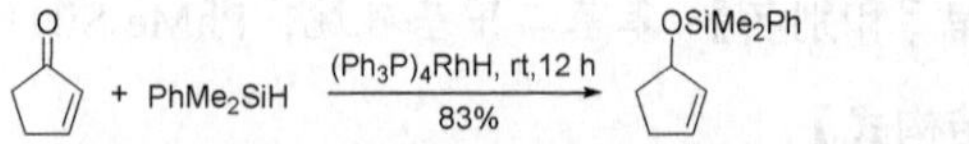

$$\text{(5)}$$

（图：反应式5）

在碱性条件下，2-甲基咪唑盐能够促进二甲基苯基硅烷与醇类化合物反应直接形成硅醚 (式 6)[5]。2-甲基咪唑盐在强碱作用下生成2-亚甲基咪唑，能够起到氮杂卡宾的作用促进硅氧偶联，脱去一分子的氢气形成硅醚。空间位阻较小的伯醇、仲醇有利于该反应，而叔醇由于空间位阻较大难以有效地参与该反应。使用稍过量的二甲基苯基硅烷，也能够在强碱和2-甲基咪唑盐的反应体系中直接将醛、酮转化成相应烷氧基硅。

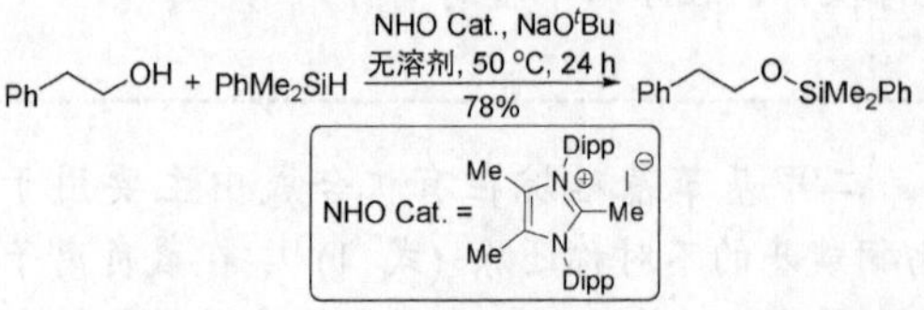

$$\text{(6)}$$

（图：反应式6）

在 Pd/Cu 催化体系和三甲基硅氧钠的协同作用下，二甲基苯基硅烷的活性氢可以用于烯烃与卤代芳烃的偶联反应，生成烷基芳烃 (式 7)[6]。具有活化或钝化基团的卤代芳烃、芳香稠环和卤代芳杂环化合物都可用于该反应。末端烯烃有利于该反应；由于空间位阻的影响，使用多取代烯烃难以获得满意的偶联产物。在该反应体系中，取代苯乙烯与卤代芳烃的偶联反应有别于一般的末端烯烃，偶联发生于双键的 α-碳上。

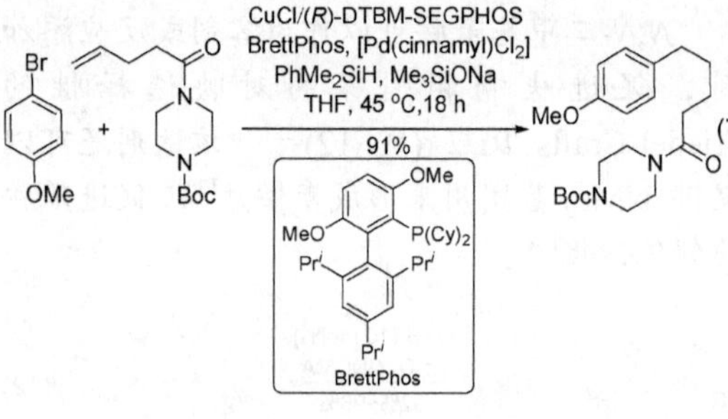

$$\text{(7)}$$

（图：反应式7，含 BrettPhos 结构）

二甲基苯基硅烷中的 Si—H 键类似于甲硼烷的 B—H 键，也能够与不对称的烯烃发生不对称加成反应 (式 8)[7]。该反应具有高度区域选择性、转化率高，烯烃底物中氨基、氰基、酯基、羟基、烷氧基、羰基和环氧等结构单元均不受影响。二甲基苯基硅烷与不对称的共轭二烯烃的加成反应选择在空间位阻小的双键上发生 1,2-加成反应，生成含有双键的有机硅化合物。而二甲基苯基硅烷与不对称的累积二烯烃的加成反应在二氧化钛负载[8]或钯[9]催化剂的作用下，则选择在空间位阻大的双键上发生 1,2-加成反应 (式 9)[8]。二甲基苯基硅烷在不对称累积二烯烃的 C-2 加成反应的选择性大于 99%。

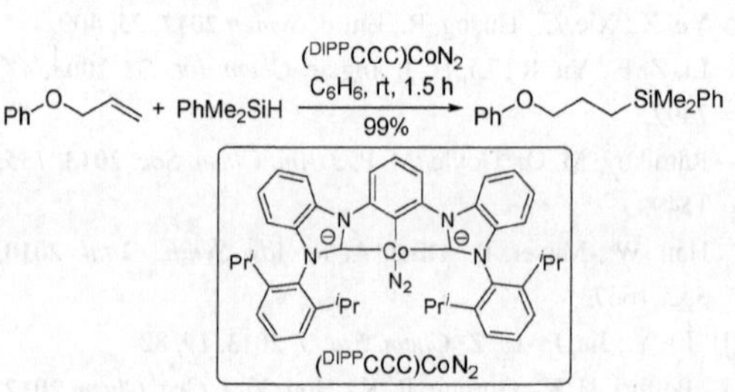

$$\text{(8)}$$

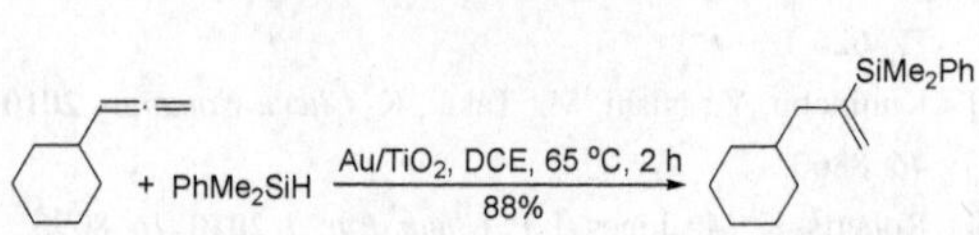

（图：反应式8，含 (DIPPCCC)CoN₂ 结构）

$$\text{(9)}$$

（图：反应式9）

有别于与不对称烯烃加成反应的高度区域选择性，在铑催化剂作用下，二甲基苯基硅烷与不对称炔烃发生的单分子加成反应缺少良好的区域选择性，生成三个立体异构体的混合物 (式 10)[10,11]。

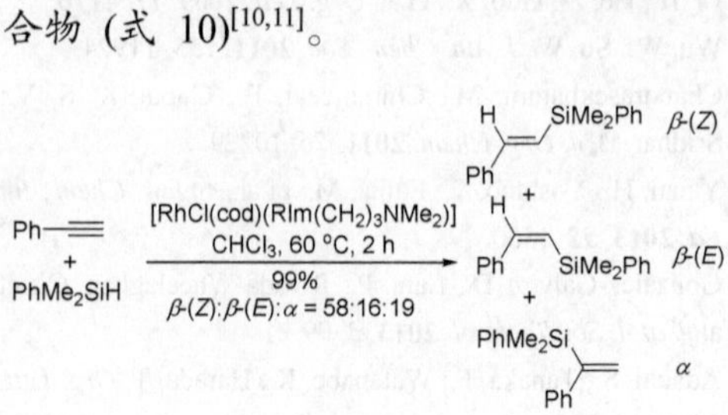

$$\text{(10)}$$

（图：反应式10）

在温和条件下，二甲基苯基硅烷与一氧化碳能够对炔烃进行甲酰硅基化 (式 11)[12]。而当炔烃的分子中含有羟基或氨基时，在碱性条件下使用羰合铑化合物催化二甲基苯基硅烷对炔烃进行甲酰硅基化反应后，能够进一步通过分子内缩合反应生成内酯或内酰胺 (式 12)[13,14]。

$$Ph\text{—}\!\!\!\equiv\ +\ PhMe_2SiH\ \xrightarrow[\substack{C_6H_6,\ 100\ ℃,\ 2\ h \\ 89\%}]{CO,\ Rh_4(CO)_{12},\ Et_3N}\ \overset{Ph}{\underset{OHC}{\diagdown}}\!\!\diagup SiMe_2Ph \qquad (11)$$

$$Z:E = 88:12$$

$$Ph\underset{\overset{|}{OH}}{\text{—}}\!\!\!\equiv\ +\ PhMe_2SiH\ \xrightarrow[\substack{CH_2Cl_2,\ 100\ ℃,\ 4\ h \\ 72\%}]{CO,\ Rh_4(CO)_{12},\ DBU}\ \qquad (12)$$

铂催化剂能够促进二甲基苯基硅烷与芳香烃发生 C–Si 偶联反应，脱氢后可直接在芳环上实现硅烷基化 (式 13)[15]。

$$\bigcirc\ +\ PhMe_2SiH\ \xrightarrow[\substack{200\ ℃,\ 24\ h \\ 71\%}]{Tp^{Me_2}Pt(Me)_2(H)}\ \bigcirc\!\!-SiMe_2Ph \qquad (13)$$

参 考 文 献

[1] Fujita, M.; Hiyama, T. *J. Org. Chem.* **1988**, *53*, 5405.

[2] Fujita, M.; Hiyama, T. *J. Am. Chem. Soc.* **1985**, *107*, 8294.

[3] Liu, S.; Li, J.; Jurca, T. *Catal. Sci. Technol.* **2017**, *7*, 2165.

[4] Zheng, G. Z.; Chan, T. H. *Organometallics.* **1995**, *14*, 70.

[5] Kaya, U.; Tran, U, P, N.; Enders, D. *Org. Lett.* **2017**, *19*, 1398.

[6] Friis, S, D.; Pirnot, M, T.; Dupuis, L, N. *Angew. Chem. Int. Ed.* **2017**, *56*, 7242.

[7] Ibrahim, A, D.; Entsminger, S, W.; Zhu, L. *ACS Catal.* **2016**, *6*, 3589.

[8] Kidonakis, M.; Stratakis, M. *Org. Lett.* **2015**, *17*, 4538.

[9] Tafazolian, H.; Schmidt, J. A. R. *Chem. Commun.* **2015**, *51*, 5943.

[10] Jiménez, M. V.; Pérez-Torrente, J, J.; Bartolomé, M, I. *Organometallics* **2008**, *27*, 224.

[11] Kusumoto, T.; Hiyama, T. *Chem. Lett.* **1985**, *9*, 1405.

[12] Matsuda, I.; Fukuta, Y.; Tsuchihashi, Toru. *Organometallics* **1997**, *16*, 4327.

[13] Aronica, L, A.; Mazzoni, C.; Caporusso, A, M. *Tetrahedron* **2010**, *66*, 265 and **2007**, *63*, 6843.

[14] Aronica, L, A.; Mazzoni, C.; Caporusso, A, M. *Tetrahedron* **2007**, *63*, 6843.

[15] Tsukada, N.; Hartwig, J, F. *J. Am. Chem. Soc.* **2005**, *127*, 5022.

[庆绪顺，王存德*，扬州大学化学化工学院；HYF]

5,5-二甲基-1,3-环己二酮

【英文名称】 5,5-Dimethylcyclohexane-1,3-dione

【分子式】 $C_8H_{12}O_2$

【分子量】 140.18

【CAS 登录号】 [126-81-8]

【缩写和别名】 Dimedone，双甲酮

【结构式】

【物理性质】 白色至黄色菱状或针状晶体，mp 147~150 ℃ (分解)。溶于水、乙醇、甲醇、氯仿、乙酸等多数有机溶剂。

【制备和商品】 国内外化学试剂公司均有销售。

【注意事项】 该试剂在干燥环境下稳定，但在水溶液中即使放置于暗处仍然很容易分解或被氧化。

5,5-二甲基-1,3-环己二酮在溶液中与其共轭烯醇式形成互变异构 (式 1)：在氯仿溶液中酮与烯醇式的比例约为 2:1，其固态为烯醇式的分子以氢键相连的链状结构[1]。该试剂是典型的 1,3-二酮类化合物，因易形成烯醇式结构和碳负离子而在含氧杂环合成中得到广泛的应用。

$$\qquad (1)$$

在 $Pd(PPh_3)_4$ 的催化下，该试剂与两分子的联二烯进行环化加成反应生成环己酮并氢化呋喃或环己酮并氢化吡喃杂环化合物 (式 2)[2]。

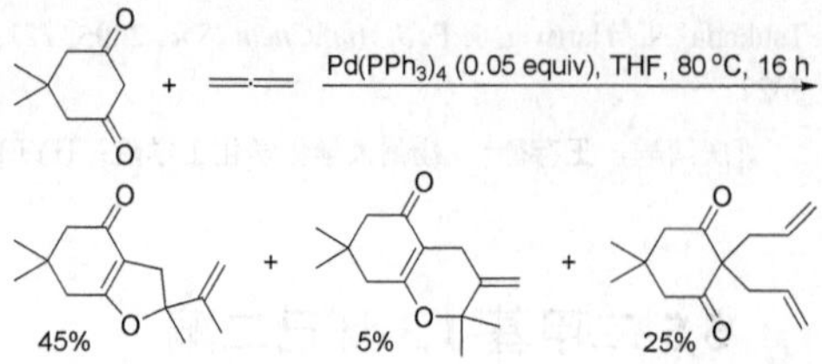

$$(2)$$

在高氯酸镍和有机碱 2,2,6,6-四甲基六氢吡啶 (TMP) 双催化剂的存在下,该试剂与吡唑取代的 α,β 不饱和酮进行 Michael 加成和环化串联反应,高产率地生成 3,4,7,8-四氢-2*H*-苯并吡喃-2,5(6*H*)-二酮衍生物 (式 3)[3]。在 Pd(PPh$_3$)$_4$ 的催化下,该试剂与苯乙炔和一氧化碳发生三组分的 [3+2+1] 环化羰基化反应,高产率、高选择性和高原子经济性地构建同样的杂环骨架 (式 4)[4]。

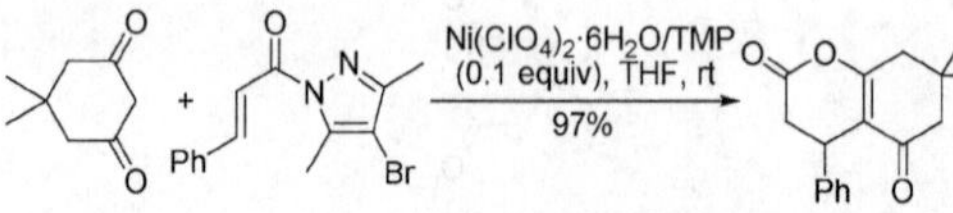

$$(3)$$

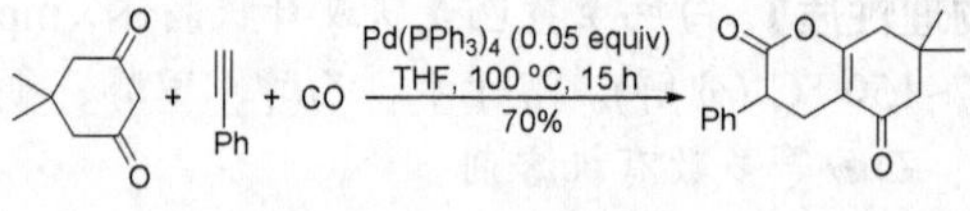

$$(4)$$

在 ZnCl$_2$ 的存在下,该试剂与 α,β:α',β'-不饱和酮的 Michael 加成反应生成复杂的含氧杂螺环化合物 (式 5)[5]。In(OTf)$_3$ 也能催化该试剂与 α,β 不饱和醛的 Michael 加成和环化反应,生成 [3+3] 含氧杂环加成物 (式 6)[6]。

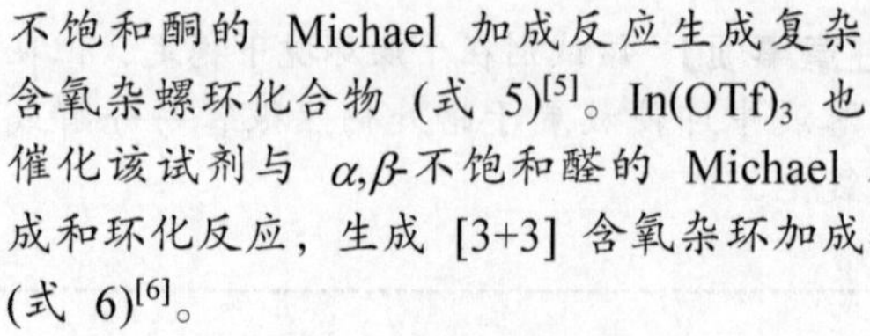

$$(5)$$

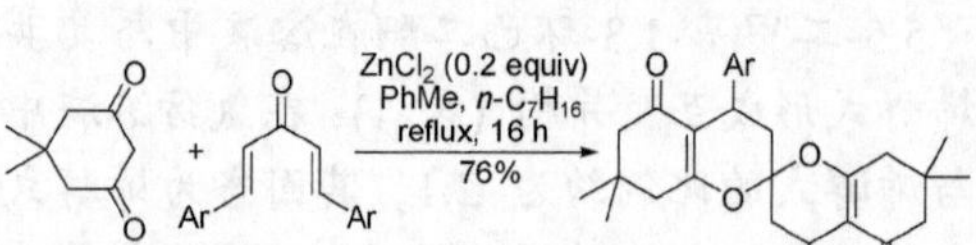

Ar = 4-MeOC$_6$H$_4$

$$(6)$$

在室温下,两分子的该试剂与醛进行 Aldol/Michael 反应生成加成产物。在催化剂对甲苯磺酸吡啶鎓盐的存在下,加成物进一步发生环化反应得到并三环 1,8-二羰基-呫吨衍生物 (式 7)[7]。在 Sr(OTf)$_2$ 的存在下,该试剂与苯甲醛和 β 萘酚也能够发生三组分环化加成反应生成含氧多环化合物 (式 8)[8]。

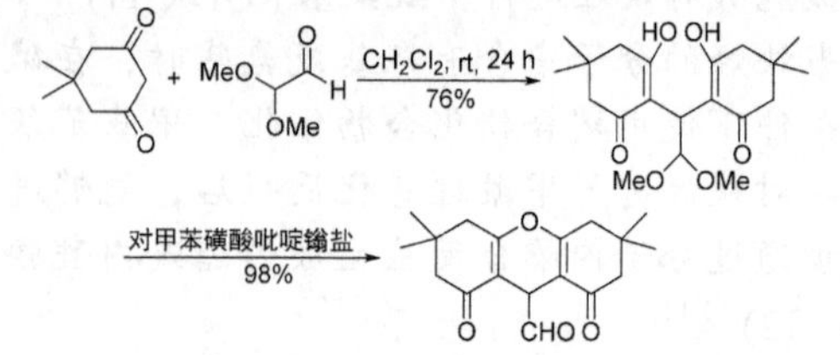

$$(7)$$

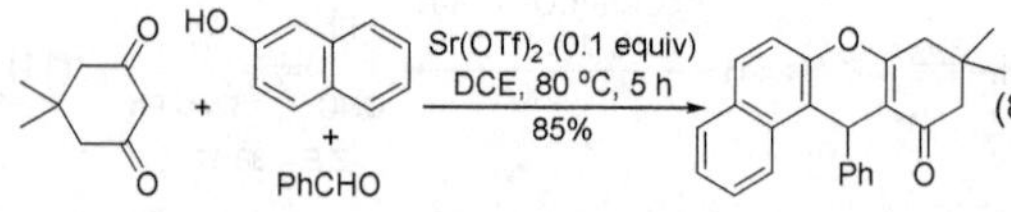

$$(8)$$

参 考 文 献

[1] Bolte, M.; Scholtyssik, M. *Acta Cryst.* **1997**, *C53*, IUC9700013.

[2] Grigg, R.; Kongathip, N.; Kongathip, B.; et al *Tetrahedron* **2001**, *57*, 9187.

[3] Itoh, K.; Kanemasa, S. *Tetrahedron Lett.* **2003**, *44*, 1799.

[4] Wu, B.; Hua, R. *Tetrahedron Lett.* **2010**, *51*, 6433.

[5] Ahmed, M. G.; Ahmed, S. A.; Uddin, K. Md.; et al. *Tetrahedron Lett.* **2005**, *46*, 8217.

[6] Kurdyumov, A. V.; Lin, N.; Hsung, R. P.; et al. *J. Org. Lett.* **2006**, *8*, 191.

[7] Rohr, K.; Mahrwald, R. *Bioorg. Med. Chem. Lett.* **2009**, *19*, 3949.

[8] Li, J.; Tang, W.; Lu, L.; Su, W. *Tetrahedron Lett.* **2008**, *49*, 7117.

[华瑞茂,清华大学化学系;HRM]

N,N-二甲基甲酰胺二甲基缩醛

【英文名称】 *N,N*-Dimethylformamide dimethyl acetal

【分子式】 C$_5$H$_{13}$NO$_2$

【分子量】 119.16

【CAS 登录号】 [4637-24-5]

【缩写和别名】 DMF-DMA,1,1-二甲氧基三甲胺

【结构式】

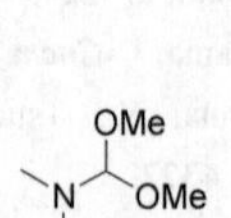

【物理性质】 无色透明液体,bp 104°C,ρ 0.906 g/cm^3。在水中分解,溶于乙醇、丙酮等

多种有机溶剂。

【制备和商品】 国内外化学试剂公司均有销售。

【注意事项】 该试剂高度易燃，对皮肤、眼睛和呼吸系统有刺激作用。

由于其氮原子上连接两个甲基，N,N-二甲基甲酰胺二甲基缩醛可以用作亲核试剂。它的碳原子上连有三个电负性较大的杂原子基团，从而使其具有亲电性。因此，该试剂在有机合成反应中具有多重反应性[1]。

该试剂易与活泼亚甲基反应形成碳-碳双键。例如：甲基酮与该试剂反应生成 β-二甲基氨基取代的 α,β-不饱和酮 (式 1)[2]。在温和条件下，1,3-二羰基化合物的活泼亚甲基与该试剂反应生成的烯键经环化反应可以合成 4-吡啶酮衍生物 (式 2)[3]。该试剂也能与氧原子和羰基之间的亚甲基反应，生成相应的烯胺衍生物 (式 3)[4]。

$$ (1) $$

$$ (2) $$

$$ (3) $$

该试剂与伯胺的反应是形成胺基取代亚胺的简单反应。例如：在甲醇溶剂中，与烷基伯胺反应生成脒类化合物 (式 4)[5]，与硫脲的氨基也能顺利进行碳-氮双键的形成反应 (式 5)[6]。

$$ (4) $$

$$ (5) $$

该试剂是高效的甲氧基化试剂，能够与含有活泼氢的化合物 (羧酸、醇、酚、硫醇等) 反

应生成羧酸酯、醚、硫醚等化合物。例如：在微波条件下，对甲酚与该试剂的反应得到对甲基苯甲醚 (式 6)[7]。

$$ (6) $$

在 CuBr/dppp [dppp = 1,2-bis(diphenyl-phosphino)propane] 催化下，该试剂与两分子的苯乙炔可以直接进行炔基化反应 (式 7)[8]。

$$ (7) $$

该试剂还可以作为有机催化剂有效地催化苯乙烯以及衍生物与缺电子炔烃的环化加成反应，该反应是合成取代二氢萘的简单方法 (式 8)[9]。

$$ (8) $$

参 考 文 献

[1] Granik, V. G.; Zhidkova, A. M.; Glushkov, R. G. *Russ. Chem. Rev.* **1977**, *46*, 361. (b) Abdulla, R. F.; Brinkmeyer, R. S. *Tetrahedron* **1979**, *35*, 1675.

[2] Boyer, J.; Arnoult, E.; Medebielle, M.; et al. *J. Med. Chem.* **2011**, *54*, 7974.

[3] Obydennov, D. L.; Sidorova, E. S.; Vsachev, B. I.; Sosnovskikh, V. Y. *Tetrahedron Lett.* **2013**, *54*, 3085.

[4] Moskalenko, A. I.; Boev, V. I. *Russ. J. Org. Chem.* **2012**, *48*, 1379.

[5] Porcheddu, A.; Giamcomelli, G..; Piredda, I. *J. Comb. Chem.* **2009**, *11*, 126.

[6] Kaila, J. C.; Baraiya, A. B.; Pandya, A. N.; et al. *Tetrahedron Lett.* **2009**, *50*, 3955.

[7] Belov, P.; Campanella, V. L.; Smith, A. W.; Priefer, R. *Tetrahedron Lett.* **2011**, *52*, 2776.

[8] Yao, B.; Zhang, Y.; Li, Y. *J. Org. Chem.* **2010**, *75*, 4554.

[9] Jiang, J.; Ju, J.; Hua, R. *Org. Biomol. Chem.* **2007**, *5*, 1854.

[华瑞茂，清华大学化学系；HRM]

1,3-二甲基-2-咪唑啉酮

【英文名称】 1,3-Dimethyl-2-imidazolidinone

【分子式】 $C_5H_{10}N_2O$

【分子量】 114.15

【CAS 登录号】 [80-73-9]

【缩写和别名】 DMI，DMEU，N,N'-Dimethyl-2-imidazolidinone，二甲基咪唑烷酮

【结构式】

【物理性质】 常温下为无色透明液体，具有脂肪胺的特殊气味。mp 8.2 ℃，bp 221~223 ℃，ρ 1.056 g/cm³ (25 ℃)，折射率 1.472。可与水、乙醇、乙醚、丙酮、四氢呋喃等有机溶剂混溶，溶解能力优良。不溶于石油醚、环己烷。

【制备和商品】 各大试剂公司均有销售。

【注意事项】 该试剂容易吸水，储存应注意防潮，在通风橱中进行操作。

1,3-二甲基-2-咪唑啉酮 (DMI) 常被用作一种非质子的极性溶剂，可用于钯催化醛、酮的高烯丙醇化反应[1]，也可用于一些过渡金属催化的卤代烷烃与卤代芳烃间的交叉偶联反应[2]。在镍催化的中间炔烃与醛高对映选择性生成烯丙醇的反应中，DMI 也常作为混合溶剂之一使用[3]。在芳环上官能团的转化中，如醛基到氰基的转化[4]、硅烷到硅醚的转化[5]等，都用到了 DMI 作为溶剂。DMI 也可作为底物参与反应，例如，与吡啶炔中间体反应生成吡啶并氮杂内酰胺[6,7]。

在钯催化烯丙醇与肉桂醛的反应中，DMI 作为溶剂使用，可以较高产率得到高烯丙醇化的产物 (式 1)[1]。当使用苯乙酮作为底物时，反应需要升高温度，产率也有所下降 (式 2)[1]。使用烯丙基溴也可进行类似反应，得到相应的高烯丙醇化产物，并且具有一定的立体选择性[8]。利用这一反应可采用 α-(羟甲基)丙烯酸酯与醛反应，合成一些内酯[9]。

$$\text{OH} + \text{Ph}\diagup\diagdown\text{CHO} \xrightarrow[\text{DMI, 25 ℃, 24 h}]{\text{PdCl}_2(\text{PhCN})_2,\ \text{SnCl}_2} \text{Ph} \quad (1)$$
81%

$$\text{OH} + \text{Ph}\diagup\diagdown\text{Me} \xrightarrow[\text{DMI, 50 ℃, 45 h}]{\text{PdCl}_2(\text{PhCN})_2,\ \text{SnCl}_2} \quad (2)$$
59%

在 Negishi 反应中，有时也使用 DMI 作为溶剂来实现卤代芳烃与锌试剂的交叉偶联反应 (式 3)[2]。

$$\begin{array}{c}\text{NC}\diagdown\diagup\text{I} \\ + \\ \text{Br}\diagup\!\!\diagdown\text{CO}_2\text{Et}\end{array} \xrightarrow[\substack{\text{2. PEPPSI, THF/DMI = 2/1}\\ \text{25 ℃, 2 h}}]{\substack{\text{1. Zn, LiCl, THF/DMI = 2/1, 25 ℃, 2 h}}} \quad (3)$$
86%

在镍催化剂的作用下，含芳基的中间炔烃与醛反应可生成烯丙醇衍生物。该反应采用 DMI 作为混合溶剂的一个组分，具有很好的产率、区域选择性和对映选择性 (式 4)[3]。

$$\xrightarrow[\substack{\text{EtOAc-DMI (1:1), 36 h}}]{\substack{\text{Ni(cod)}_2,\ (+)\text{-NMDPP, Et}_3\text{B}}} \quad (4)$$
95%, 90% ee
区域选择性>95:5

在 NaN(TMS)$_2$ 的存在下，含有羟基或烷氧基的芳基醛可以高产率转化为相应的腈(式 5)[4]。当取代基为甲氧基时，甲基会脱除而转化成羟基[4]。

$$\text{HO}\diagup\!\!\diagdown\text{CHO} \xrightarrow[\text{2. H}_3\text{O}^+]{\substack{\text{1. NaN(TMS)}_2,\ 185\ ℃\\ \text{DMI, 12 h}}} \text{HO}\diagup\!\!\diagdown\text{CN} \quad (5)$$
98%

在氯化亚铜-叔丁醇锂的作用下，一些芳基取代的硅烷可生成叔丁基硅醚。该反应的产物能保持原有的构型，产率接近定量 (式 6)[5]。

$$\xrightarrow[\text{100%}]{\text{CuCl, }^t\text{BuOLi, DMI, rt, 2 h}} \quad (6)$$
98% 保持

DMI 本身也能作为底物参与反应。例如，在与吡啶炔中间体的反应中，DMI 既是溶剂，也是反应物，反应生成氮杂内酰胺 (式 7)[6]。对于 3,4-吡啶炔，当吡啶环上有给电子取代基时，反应有很好的区域选择性，根据取代基位置的不同只生成其中一种产物。对于 2,3-吡啶炔，吡啶中的氮原子相当于定位基，反应只生成一种区域异构体。当有给电子取代基时，产率会显著升高[6,7]。

$$\text{(7)}$$

$$65 : 35$$

参 考 文 献

[1] Masuyama, Y.; Takahara, J. P.; Kurusu, Y. *J. Am. Chem. Soc.* **1988**, *110*, 4473.

[2] Sase, S.; Jaric, M.; Metzger, A.; et al. *J. Org. Chem.* **2008**, *73*, 7380.

[3] Miller, K. M.; Huang, W. S.; Jamison, T. F. *J. Am. Chem. Soc.* **2003**, *125*, 3442.

[4] Hwu, J. R.; Wong, F. F. *Eur. J. Org. Chem.* **2006**, 2513.

[5] Ito, H.; Ishizuka, T.; Okumura, T.; et al. *J. Organomet. Chem.* **1999**, *574*, 102.

[6] (a)Saito, N.; Nakamura, K.I.; Shibano, S.; et al. *Org. Lett.*, **2013**, *15*, 386

[7] Goetz, A. E.; Garg, N. K. *Nat. Chem.* **2013**, *5*, 54.

[8] Ito, A.; Kishida, M.; Kurusu, Y.; Masuyama, Y. *J. Org. Chem.* **2000**, *65*, 494.

[9] Masuyama, Y.; Nimura, Y.; Kurusu, Y. *Tetrahedron Lett.* 1991, 32, 225.

[张皓, 付华*, 清华大学化学系; FH]

N,N'-二甲基脲

【英文名称】 *N,N'*-Dimethyl urea

【分子式】 $C_3H_8N_2O$

【分子量】 88.11

【CAS 登录号】 [96-31-1]

【缩写和别名】 DMU, 1,3-二甲基脲, 二甲基脲

【结构式】

【物理性质】 无色结晶性粉末。mp 104 ℃, bp 269 ℃, ρ 1.142 g/cm³。溶于水、乙醇、丙酮、苯和乙酸乙酯等, 不溶于乙醚和汽油。

【制备和商品】 国内外化学试剂公司有销售。也可通过甲胺和二氧化碳反应等方法制备[1]。

【注意事项】 该试剂稍有毒性, 避免与皮肤和眼睛接触。避免与氧化剂接触。

N,N'-二甲基脲 (DMU) 的应用广泛, 主要作为各类含氮杂环化合物及其衍生物合成的起始原料, 如合成咖啡因、茶碱、药品、纺织助剂和除草剂等。该试剂在金属-离子复合物和材料科学领域也有重要应用。

在无溶剂条件和离子交换树脂 (Dowex 50W) 的存在下, 苯甲醛、活泼亚甲基化合物与 *N,N'*-二甲基脲反应可以合成 4-芳基-3,4-二氢嘧啶酮 (DHPMS, Biginelli 试剂) (式 1)[2]。

$$\text{(1)}$$

苯乙醛与 *N,N'*-二甲基脲 (摩尔比为 2:1) 在以 $BF_3 \cdot Et_2O$ 为催化剂的甲苯溶液中反应, 可得到二氢嘧啶酮衍生物 (式 2)[3]。

$$\text{(2)}$$

使用 $Pd(dba)_3$ 和 Xantphos 分别作为催化剂和配体, 邻溴苯甲酸酯与 *N,N'*-二甲基脲的反应能够高产率地生成相应的喹唑啉酮 (式 3)[4]。

$$\text{(3)}$$

在含催化量冰醋酸的甲醇溶液中, 1,3-二甲基巴比妥酸、芳甲酰甲醛与 *N,N'*-二甲基脲反应得到 5-(5-芳基-1,3-二甲基-2-羰基-2,3-二氢-1*H*-咪唑-4-基)-1,3-二甲基嘧啶-2,4,6-三酮 (式 4)[5]。

$$\text{(4)}$$

$$Ar = 4\text{-ClC}_6\text{H}_4, 4\text{-IC}_6\text{H}_4$$

在蒙脱土 K10 的存在下, *N,N'*-二甲基脲与醛反应, 可高效地生成 *N*-甲基亚胺衍生物

(式 5)[6]。

$$\text{(5)}$$

在钯催化剂的作用下，异戊二烯与 N,N'-二甲基脲的反应可以区域选择性地生成 1,2-加成产物。如果使用苯醌代替氧气作为循环氧化剂，还可避免水的生成。使用 N,N'-二丁基脲替代 N,N'-二甲基脲，可以提高产物的区域选择性 (式 6)[7]。

$$\text{(6)}$$

方法A: O$_2$ (1 atm), R = Me, 45%, **a:b** = 78:22

方法B: O=⟨⟩=O (1 equiv), R = Me, 29%, **a:b** = 67:22

方法C: O=⟨⟩=O (1 equiv), R = Bu, 90%, **a:b** = 90:10

在氩气保护下，苯胺在甲醛与 N,N'-二甲基脲的溶液中加热回流可转变为三嗪酮衍生物 (式 7)[8]。

$$\text{(7)}$$

N,N'-二甲基脲可与异腈和酰氯发生加成反应，生成甲脒盐酸盐 (式 8)[9]。

$$\text{(8)}$$

R^1 = Bn, 73%
R^1 = t-Bu, 71%
R^1 = c-Hex, 68%
R^1 = CH$_2$CO$_2$Me, 71%
R^1 = n-Bu, 79%

2-氯吡啶与 N,N'-二甲基脲发生偶联反应，主要得到单偶联的脲衍生物 (式 9)[10]。

$$\text{(9)}$$

参 考 文 献

[1] Blicke, F. F.; Godt, H. C. *J. Am. Chem. Soc.* 1954, 76, 2798.

[2] Singh, K.; Arora, D.; Singh, S. *Tetrahedron Lett.* 2006, 47, 4205.

[3] Bailey, C. D.; Houlden, C. E.; Bar, G. L. J.; et al. *Chem. Commun.* 2007, 28, 2932.

[4] Willis, M. C.; Snell, R. H.; Fletcher, A. J.; Woodward, R. L. *Org. Lett.* 2006, 8, 5089.

[5] Gozalishvili, L. L.; Beryozkina, T. V.; Omelchenko, I. V.; et al. *Tetrahedron* 2008, 64, 8759.

[6] Paquin, L.; Hamelin, J.; Tezier-Boullet, F. *Synthesis* 2006, 1652.

[7] Bar, G. L. J.; Lloyd-Jones, G. C.; Booker-Milburn, K. I. *J. Am. Chem. Soc.* 2005, 127, 7308.

[8] Nilsson, B. L.; Overman, L. E. *J. Org. Chem.* 2006, 71, 7706.

[9] Ripka, A.S.; Diaz, D. D.; Sharpless, K. B.; Finn, M. G. *Org. Lett.* 2003, 5, 1531.

[10] Abad, A.; Agullo, C.; Cunat, A. C.; Vilanova, C. *Synthesis* 2005, 6, 915.

[张巽，巨勇*，清华大学化学系；JY]

4,5-二甲基噻唑

【英文名称】 4,5-Dimethylthiazole

【分子式】 C$_5$H$_7$NS

【分子量】 113.18

【CAS 登录号】 [3581-91-7]

【缩写和别名】 4,5-Dimethyl-1,3-thiazole

【结构式】

【物理性质】 bp 158 °C/760 mmHg, ρ 1.0699 g/cm^3。溶于大多数有机溶剂，通常在甲醇、乙醇、甲苯、二甲苯、乙醚、CH$_2$Cl$_2$ 和 THF 中使用。

【制备和商品】 大型跨国试剂公司均有销售。

【注意事项】 该试剂在室温下稳定，对人的皮肤和眼睛有刺激作用。

4,5-二甲基噻唑分子中 2-位的 C–H 键比较活泼，在氯化亚铜的作用下很容易在空气氧化下发生自身偶联反应，生成联二(4,5-二甲基)噻唑 (式 1)[1]。在碘化亚铜的作用下，使用弱

氧化剂碳酸银，4,5-二甲基噻唑可以选择性地与苯并噻唑发生交叉氧化偶联反应，而 4,5-二甲基噻唑自身氧化偶联的产物仅为 20% 左右 (式 2)[2]。在空气中，无需过渡金属催化剂，使用叔丁基过氧化氢能够有效地促进 4,5-二甲基噻唑与芳醛发生交叉氧化偶联反应，生成 2-芳酰基-4,5-二甲基噻唑 (式 3)[3]。

$$(1)$$

$$(2)$$

$$(3)$$

在三氟甲磺酸铜的催化下，使用过硫酸钠作为氧化剂，4,5-二甲基噻唑也能够与含氧杂环的非活性的 2 位 C—H 键发生氧化偶联反应，生成 2-含氧杂环基二甲基噻唑 (式 4 和式 5)[4]。

$$(4)$$

$$(5)$$

在醋酸钯催化下，硝酸银作为氧化剂能够有效地促进 4,5-二甲基噻唑与不饱和羧酸酯的氧化偶联反应，生成 4,5-二甲基噻唑基丙烯酸酯 (式 6)[5]。使用上述相同的反应底物，在铑试剂的作用下，却得到 4,5-二甲基噻唑基丙酸酯 (式 7)[6]。

$$(6)$$

$$(7)$$

在过渡金属催化剂的作用下，4,5-二甲基噻唑除发生 C—C 键偶联反应外，还能够进行 C—S、C—O、C—P 键偶联反应。例如在醋酸铜和氧化铜的协同作用下，4,5-二甲基噻唑能够与长链硫醇反应，生成 2-长链烃硫基-4,5-二甲基噻唑 (式 8)[7]。4,5-二甲基噻唑也可以与过氧化物或过硫化物生成类似的化合物 (式 9)[8]。

$$(8)$$

$$(9)$$

在三醋酸锰的促进下，使用 4,5-二甲基噻唑与亚磷酸二甲酯能够有效地合成有机膦酸酯化合物 4,5-二甲基噻唑基膦酸二甲酯 (式 10)[9]。

$$(10)$$

4,5-二甲基噻唑分子中 2-位上的氢具有较强的酸性，在碱性条件下能够形成碳负离子，与靛红发生亲核加成，生成多取代的吲哚化合物 (式 11)[10]。

$$(11)$$

此外，使用 HOF/CH$_3$CN 氧化体系，能够选择性地将 4,5-二甲基噻唑氧化成 N-氧化-4,5-二甲基噻唑，其中硫原子不被氧化成亚砜或砜 (式 12)[11]。

$$(12)$$

参 考 文 献

[1] Zhu, M.; Fujita, K.; Yamaguchi, R. *Chem. Commun.* **2011**, *47*, 12876.

[2] Fan, S.; Chen, Z.; Zhang, X. *Org. Lett.* **2012**, *14*, 4950.

[3] Khemnar, A. B.; Bhanage, B. M. *Synlett* **2014**, *25*, 110.

[4] Xie, Z.; Cai, Y.; Hu, H.; et al. *Org. Lett.* **2013**, *15*, 4600.

[5] Liu, W.; Yu, X.; Kuang, C. *Org. Lett.* **2014**, *16*, 1798.

[6] Tan, K. L.; Park, S.; Ellman, J. A.; Bergman, R. G. *J. Org. Chem.* **2004**, *69*, 7329.

[7] Zhou, A. X.; Liu, X. Y.; Yang, K.; et al. *Org. Biomol. Chem.* **2011**, *9*, 5456.

[8] He, Z.; Luo, F. *Tetrahedron Lett.* **2013**, *54*, 5907.

[9] Mu, X. J.; Zou, J. P.; Qian, Q. F.; Zhang, W. *Org. Lett.* **2006**, *8*, 5391.

[10] Wang, G. *Org. Lett.* **2013**, *15*, 5270.

[11] Amir, E.; Rozen, S. *Chem. Commun.* **2006**, 2262.

[刘慧，王存德*，扬州大学化学化工学院；HYF]

3,3-二甲基-1-三氟甲基-1,2-苯并碘氧杂戊环

【英文名称】 1-Trifluoromethyl-3,3-dimethyl-1,2-benziodoxole

【分子式】 $C_{10}H_{10}F_3IO$

【分子量】 330.09

【CAS 登录号】 [887144-97-0]

【缩写和别名】 Togni 试剂

【结构式】

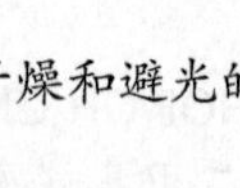

【物理性质】 白色及淡黄色晶体，mp 54~56 ℃。

【制备和商品】 国内外试剂公司均有销售，亦可在实验室制备。

【注意事项】 在干燥和避光的环境中保存。

Togni 试剂可以由氯代的高价碘试剂为原料，经两次阴离子交换引入三氟甲基的方法来制备 (式 1)[1]。

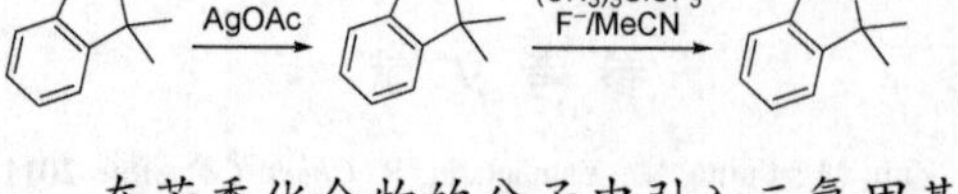

在芳香化合物的分子中引入三氟甲基可以改变该化合物的化学和生物学性质，增加化合物在生物体内的代谢适应性[2]。同时三氟甲基的引入通常会增加分子的脂溶性，有助于药物分子在生物体内的吸收、传递和扩散，因而在制药、农药和有机材料的合成中得到越来越广泛的应用[3]。事实上，Togni 试剂在有机合成中的重要用途就是作为三氟甲基化试剂。该试剂具有简单易得和反应活性较高的优点[4]。

如式 2 和式 3 所示[5]：在 CuI 的催化下，芳基或烯基硼酸与 Togni 试剂发生三氟甲基化反应，可高产率地得到相应的三氟甲基化产物。

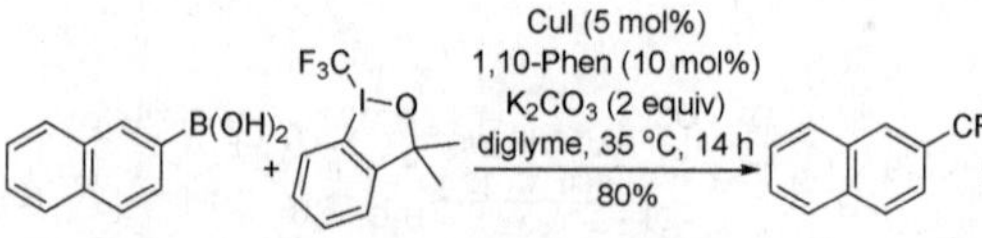

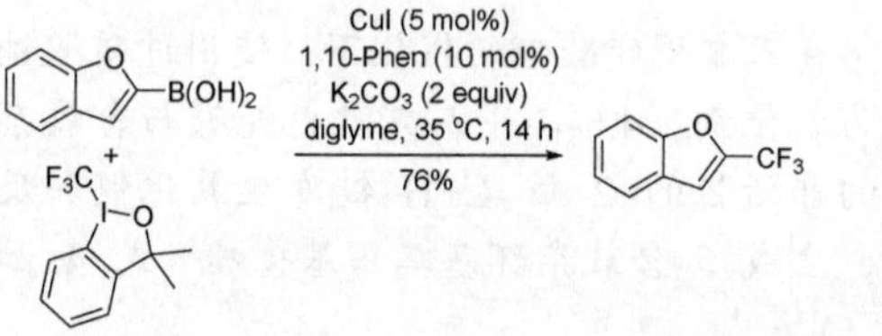

在 Lewis 酸和金属试剂的催化下，Togni 试剂与醛反应生成 α-三氟甲基取代的醛 (式 4)[6]。

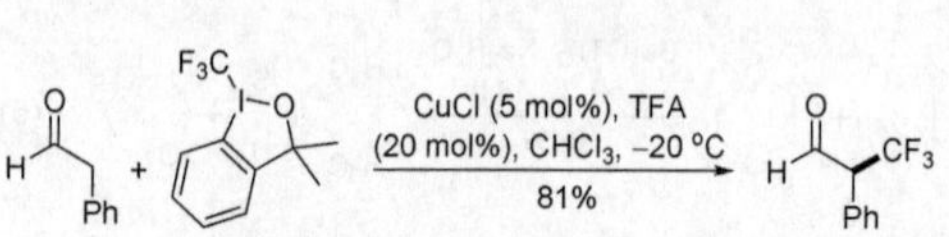

在手性配体的存在下，Togni 试剂与环状 β-酮酯经铜催化可以生成手性季碳原子。如式 5 和式 6 所示[7]：该反应的立体选择性可以达到 99% ee。

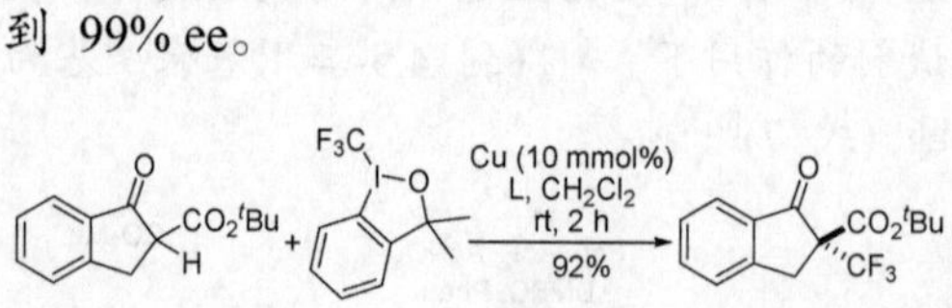

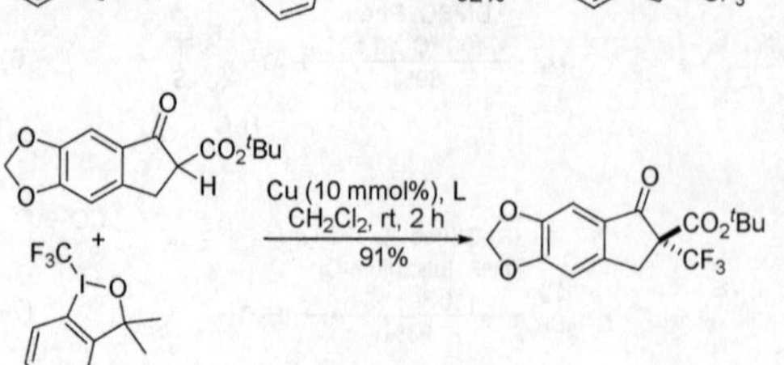

参 考 文 献

[1] Eisenberger, P.; Gischig, S.; Togni, A. *Chem. Eur. J.* **2006**, *12*, 2579.

[2] Purser, S.; Moore, P. R.; Swallow, S.; Gouverneur, V. *Chem. Soc. Rev.* **2008**, *37*, 320.

[3] Kirsch, P.; Bremer, M. *Angew. Chem. Int. Ed.* **2000**, *39*, 4216.

[4] Kieltsch, I.; Eisenberger, P.; Togni, A. *Angew. Chem. Int. Ed.* **2007**, *46*, 754.

[5] Liu, T.-F.; Shen, Q.-L. *Org. Lett.* **2011**, *13*, 2342.

[6] Allen, A. E.; MacMillan, D. W. C. *J. Am. Chem. Soc.* **2010**, *132*, 4986.

[7] Deng, Q.-H.; Wadepohl, H.; Gade, L. H. *J. Am. Chem. Soc.* **2012**, *134*, 10769.

[彭静，陈超*，清华大学化学系；CC]

二甲基亚砜

【英文名称】 Dimethyl sulfoxide

【分子式】 C_2H_6OS

【分子量】 78.13

【CAS 登录号】 [67-68-5]

【缩写和别名】 DMSO

【结构式】

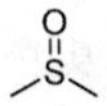

【物理性质】 无色液体，mp 18.5 °C，bp 189 °C，ρ 1.104 g/cm³。为重要的极性非质子溶剂。可与许多有机溶剂及水互溶。

【制备和商品】 国内外化学试剂公司均有销售。一般采用二甲硫醚氧化法制得。由于所用的氧化剂和氧化方式不同，因而有不同的生产工艺。

【注意事项】 该试剂有强吸水性，使用前需要进行干燥处理。同时 DMSO 也是弱氧化剂，不含水时对金属无腐蚀性；含水时对铁、铜等金属有腐蚀性，但对铝不腐蚀；对碱稳定。在酸存在时加热会产生少量的甲基硫醇、甲醛、二甲基硫和甲磺酸等化合物。在高温下有分解现象，遇氯能发生激烈反应，在空气中燃烧发出淡蓝色火焰。该试剂应密封于阴凉干燥处避光保存。

二甲基亚砜 (DMSO) 是一种既溶于水又溶于有机溶剂的极为重要的非质子极性溶剂。广泛用作溶剂和反应试剂，具有很高的选择性抽提能力。由于其结构中存在硫氧双键，导致其分子极性很强，可以被用作配体与金属配位。

DMSO 与金属铑(Ⅰ) 作用可以生成三个 DMSO 分子配位在铑(Ⅰ) 上的配合物 (式 1)[1,2]。

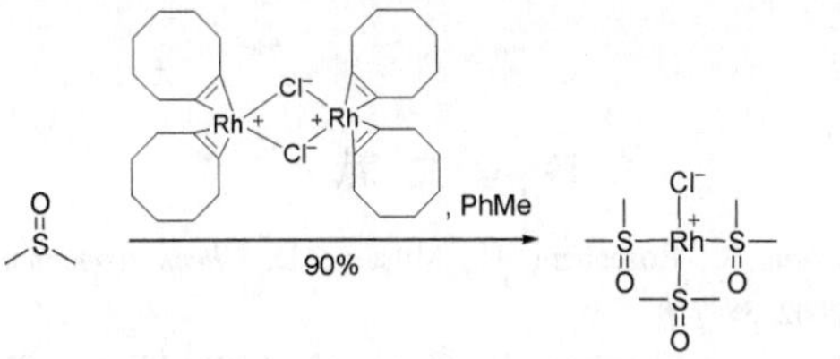

$$\tag{1}$$

DMSO 与金属铂(Ⅱ) 作用可以生成两个 DMSO 分子配位在铂(Ⅱ) 上的配合物 (式 2)[3]。

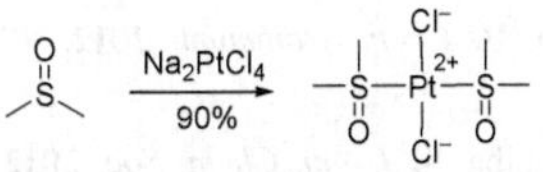

$$\tag{2}$$

DMSO 和氰化钠与金属铁(Ⅱ) 作用可以生成两个 DMSO 分子及四个氰根离子配位在铁(Ⅱ) 上的配合物 (式 3)[4]。

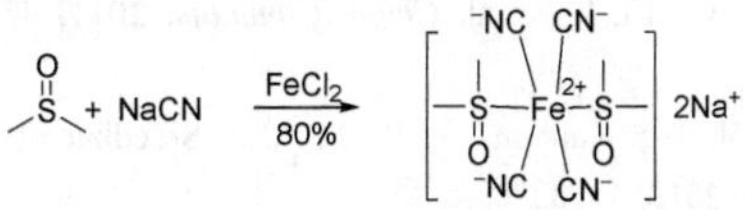

$$\tag{3}$$

DMSO 除了可以作为配体进行配位反应外，由于其自身结构含有碳硫双键，还可以与还原剂反应，生成二甲基硫醚 (式 4)[5]。

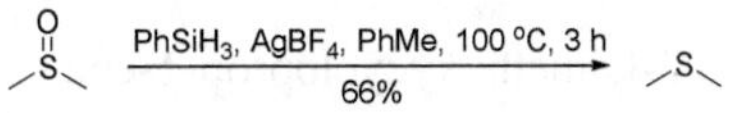

$$\tag{4}$$

DMSO 分子中硫原子的电负性比氧原子小，导致其容易受到亲核试剂的进攻。其与胺类化合物反应可以生成 S=N 双键 (式 5)[6,7]。

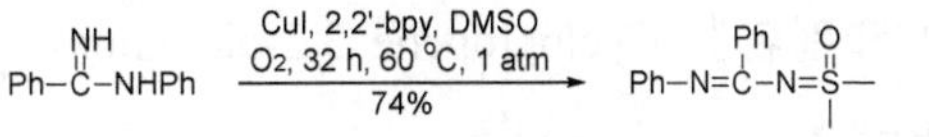

$$\tag{5}$$

DMSO 可以与碘苯在氧气等氧化剂的条件下反应，生成芳基硫砜化合物 (式 6)[8]。

$$\text{PhI} + \overset{O}{\underset{}{\text{S}}}\text{Me}_2 \xrightarrow[\text{96\%}]{O_2,\ Cu_2O,\ t\text{-BuOK},\ 100\ ^\circ C,\ 20\ h} \text{Ph-S-Me} \quad (6)$$

DMSO 可以作为硫源与芳基碘化合物在氟化锌(Ⅱ)、溴化亚铜(Ⅰ)的存在下反应，生成甲基芳基硫醚 (式 7)[9,10]。

$$\text{4-Me-C}_6H_4\text{I} + \overset{O}{\underset{}{\text{S}}}\text{Me}_2 \xrightarrow[\text{82\%}]{ZnF_2,\ CuBr,\ 150\ ^\circ C,\ 36\ h} \text{4-Me-C}_6H_4\text{SMe} \quad (7)$$

参 考 文 献

[1] Dorta, R.; Rozenberg, H.; Milstein, D. *Chem. Commun.* **2002**, *38*, 710.

[2] Dorta, R.; Rozenberg, H.; Shimon, L. J. W.; Milstein, D. *Chem. Eur. J.* **2003**, *9*, 5237.

[3] Lee, J.; Kim, H.; Sim, T.; Song, R. *Chem. Commun.* **2013**, *49*, 6182.

[4] Chiarella, G. M.; Melgarejo, D. Y.; Koch, S. A. *J. Am. Chem. Soc.* **2006**, *128*, 1416.

[5] Cardoso, J. M. S.; Royo, B. *Chem. Commun.* **2012**, *48*, 4944.

[6] Wang, Y. -F.; Zhu, X.; Chiba. S. *J. Am. Chem. Soc.* **2012**, *134*, 3679.

[7] Ochiai, M.; Naito, M.; Miyamoto, K.; et al. *Chem. Eur. J.* **2010**, *16*, 8713.

[8] Yuan, G.; Zheng, J.; Gao, X.; et al. *Chem. Commun.* **2012**, *48*, 7513.

[9] Luo, F.; Pan, C.; Li, L.; et al. *Chem. Commun.* **2011**, *47*, 5304.

[10] Joseph, P. J. A.; Kantam, S. P. M.. L.; Sreedhar, B. *Tetrahedron* **2013**, *69*, 8276.

[赵鹏，清华大学化学系；XCJ]

3,3-二甲氧基环丙-1-烯

【英文名称】 3,3-Dimethoxycycloprop-1-ene

【分子式】 $C_5H_8O_2$

【分子量】 100.12

【CAS 登录号】 [23529-83-1]

【缩写和别名】 Cyclopropene, 3,3-dimethoxy

【结构式】

【物理性质】 无色液体，bp 25~30℃/25 mmHg。

【制备和商品】 目前销售本品的商家很少，一般在实验室中自行制备。可先用 2,3-二氯-1-丙烯在甲醇中与 NBS 反应制备 1-溴-3-氯-2,2-二甲氧基丙烷，再用氨基钾/液氨处理得到3,3-二甲氧基环丙-1-烯[1]。

【注意事项】 建议在0℃下保存。

3,3-二甲氧基环丙-1-烯受热时会异构化为烯基卡宾，这种卡宾可通过环加成反应捕获。也可以通过水解制备环丙烯酮类化合物。

3,3-二甲氧基环丙-1-烯在水中会迅速水解，转化为环丙烯酮 (式 1)[1]。

$$(1)$$

在 0 ℃ 的甲醇中，3,3-二甲氧基环丙-1-烯会发生开环，转化为 3,3,3-三甲氧基丙烯 (式 2)[2]。

$$(2)$$

3,3-二甲氧基环丙-1-烯与二级胺可发生加成和开环两种类型的反应 (式 3)[3]。

$$(3)$$
R = C_2H_5, C_3H_7, C_6H_5

3,3-二甲氧基环丙-1-烯可发生 [4+2] 环加成反应 (式 4)[1]和 [2+2] 环加成反应[1,3]。也能与含杂原子的不饱和键 (如六氟丙酮中的羰基)发生 [2+2] 环加成反应[3]。

$$(4)$$

3,3-二甲氧基环丙-1-烯在加热时会异构化为烯丙基卡宾或 1,3-偶极体 (式 5)[4]。如式 6 所示[4]：烯丙基腈与 3,3-二甲氧基环丙-1-烯在苯中加热，可发生卡宾对双键的加成，经过水解得到相应的羧酸酯。通过 [2+3] 环加成反应[4]或[4+3] 环加成反应[5]也可捕获 1,3-偶极体。如式 7 所示[4]：带有吸电子基团的烯烃与 3,3-二甲氧基环丙-1-烯反应，可生成环戊烯衍生物。

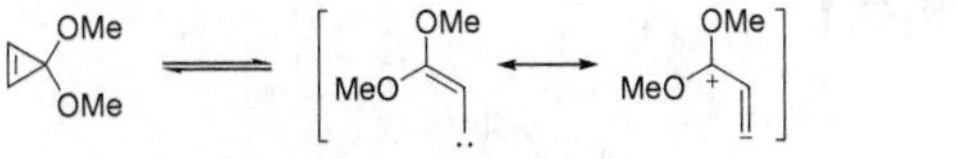

(5)

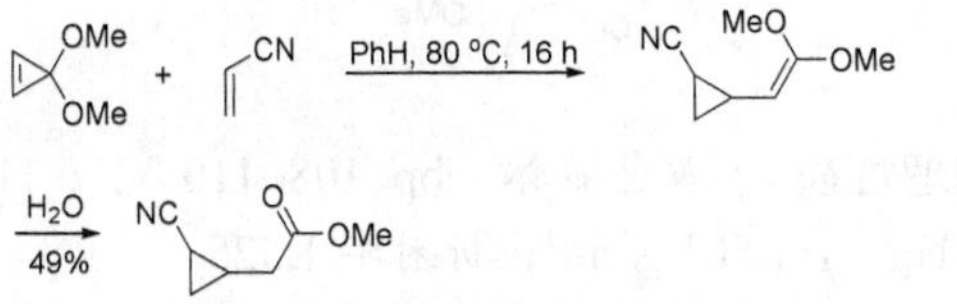

(6)

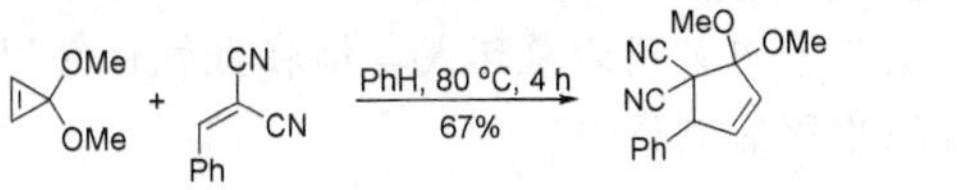

(7)

参 考 文 献

[1] Baucom, K. B.; Butler, G. B. *J. Org. Chem.* **1972**, *37*, 1730.

[2] Butler, G. B.; Herring, K. H.; Lewis, P. L.; et al. *J. Org. Chem.* **1977**, *42*, 679.

[3] Albert, R. M.; Butler, G. B. *J. Org. Chem.* **1977**, *42*, 674.

[4] Boger, D. L.; Brotherton, C. E. *J. Am. Chem. Soc.* **1986**, *108*, 6695.

[5] Hamer, N. K. *J. Chem. Soc., Chem. Commun.* **1990**, *2*, 102.

[张皓，付华*，清华大学化学系；FH]

4,4′-二甲氧基三苯甲基氯

【英文名称】 4,4′-Dimethoxytrityl chloride

【分子式】 $C_{21}H_{19}ClO_2$

【分子量】 338.83

【CAS 登录号】 [40615-36-9]

【缩写和别名】 DMT-Cl，DMTRT-Cl，DMTr-Cl，Di-*p*-anisylphenylmethyl chloride，Bis(4-methoxyphenyl)phenylmethyl chloride

【结构式】

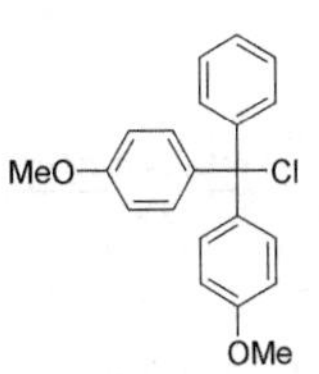

【物理性质】 粉色粉末，mp 119~123 ℃，bp 463.1℃/760 mmHg，ρ 1.159 g/cm³。溶于二氯

甲烷、四氢呋喃和吡啶等大部分有机溶剂中。

【制备和商品】 国内外各大试剂公司均有销售。

【注意事项】 该化合物具有刺激性，会产生氯化氢气体。应在冰箱中密封保存，注意防潮。避免吸入粉末，操作后应彻底清洗。防止与强氧化剂和强碱接触。

4,4′-二甲氧基三苯甲基氯 (DMTr-Cl) 是一种常用的羟基保护试剂，能够选择性地保护一级醇的羟基[1~6]。此外，该试剂也能保护氨基[10]、巯基[7,8]等其它含有活泼氢的官能团。

DMTr-Cl 可选择性地保护伯羟基。如式 1~式 3 所示[1~3]：当分子中存在多个不同羟基时，DMTr-Cl 可选择性地保护伯羟基，而仲羟基不受影响。

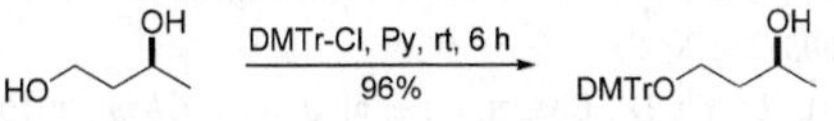

(1)

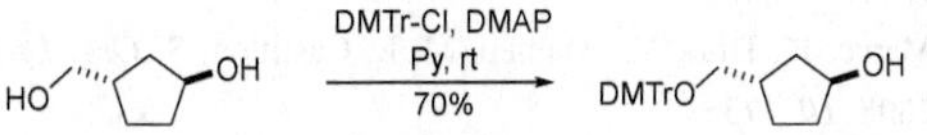

(2)

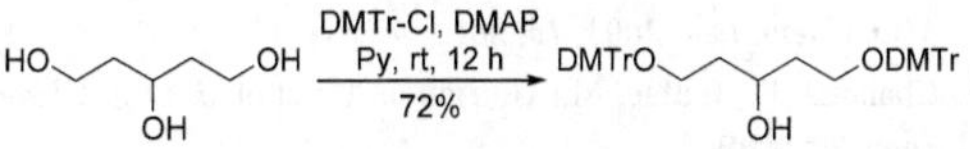

(3)

当分子中同时存在酚羟基和伯羟基时，使用 DMTr-Cl 仍能够选择性地保护伯羟基 (式 4)[4]。

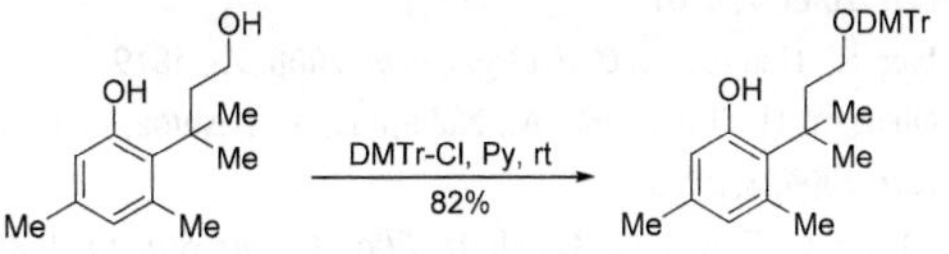

(4)

当分子中没有伯羟基时，通过改变反应条件，DMTr-Cl 也可以实现对仲羟基的保护，而且对环上不同的仲羟基可实现选择性保护 (式 5)[5]。

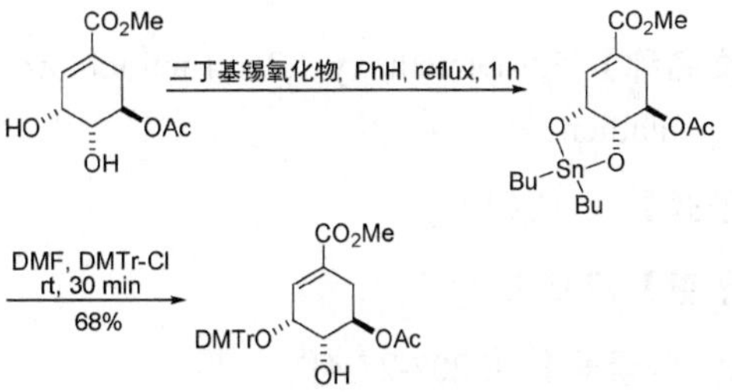

(5)

当分子中存在其它官能团如羧基时，不影响 DMTr-Cl 对羟基的保护。如式 6 所示[6]：可用 DMTr-Cl 对羟基乙酸中的羟基进行保护，而羧基不受影响。

$$\text{HO}\overset{O}{\underset{OH}{\diagup}} \xrightarrow[88\%]{\text{DMTr-Cl, Py, rt, 12 h}} \text{HO}\overset{O}{\underset{ODMTr}{\diagup}} \qquad (6)$$

除了羟基外，DMTr-Cl 也能对其它官能团(如巯基[7,8]、咪唑的亚氨基[9]等)进行保护(式 7 和式 8)。在一定条件下，该试剂还可实现对羟基[8]、氨基[10]的优先保护。

$$\text{HS}\diagdown\diagup\text{OH} \xrightarrow[100\%]{\text{DMTr-Cl, Py, rt, 12 h}} \text{DMTrS}\diagdown\diagup\text{OH} \qquad (7)$$

$$\text{HN}\diagup N \xrightarrow[81\%]{\text{DMTr-Cl, DMF, NaH, 60 °C, 3 h}} \overset{\text{DMTr}}{N}\diagup N \qquad (8)$$

参 考 文 献

[1] Kim, S.J.; Kim, B. H. *Nucleosides, Nucleotides & Nucleic Acid* **2003**, *22*, 2003.

[2] Putta, M. R.; Yu, D.; Bhagat, L.; et al. *J. Med. Chem.* **2010**, *53*, 3730.

[3] Marcé, P.; Díaz, Y.; Matheu, M. I.; Castillón, S. *Org. Lett.* **2008**, *10*, 4735.

[4] Cheruvallath, Z. S.; Cole, D. L.; Ravikumar, V. T. *Bioorg. Med. Chem. Lett.* **2003**, *13*, 281.

[5] Chahoua, L.; Baltae, M.; Gorrichon, L.; et al. *J. Org. Chem.* **1992**, *57*, 5798.

[6] Sando, S.; Abe, K.; Sato, N.; et al. *J. Am. Chem. Soc.* **2007**, *129*, 6180.

[7] Ausín, C.; Grajkowski, A.; Cieślak, J.; Beaucage, S. L. *Org. Lett.* **2005**, *7*, 4201.

[8] Iyer, S.; Hengge, A. C. *J. Org. Chem.* **2008**, *73*, 4819.

[9] Ohkawa, H.; Takayama, A.; Nakajima, S.; Nishide, H. *Org. Lett.* **2006**, *8*, 2225.

[10] Akeb, F.; Duval, D.; Guedj, R. *Phosph. Sulf. Silicon* **2000**, *165*, 83.

[张皓，付华*，清华大学化学系；FH]

5,5-二甲氧基-1,2,3,4-四氯环戊二烯

【英文名称】 5,5-Dimethoxy-1,2,3,4-tetrachloro-cyclopentadiene

【分子式】 $C_7H_6Cl_4O_2$

【分子量】 263.93

【CAS 登录号】 [2207-27-4]

【缩写和别名】 1,2,3,4-Tetrachloro-5,5-dimethoxycyclopenta-1,3-diene

【结构式】

【物理性质】 黄色液体。bp 108~110 °C / 11 mmHg, ρ 1.501 g/cm³, 折射率 1.525。

【制备和商品】 国内外大型试剂公司均有销售。实验室中可用六氯环戊二烯在氢氧化钾甲醇溶液中脱氯制得[1]。

【注意事项】 避免吸入蒸气，会导致眩晕。低温保存，在通风橱中操作。

5,5-二甲氧基-1,2,3,4-四氯环戊二烯是反应活性很高的双烯体，可与多种亲双烯体进行 Diels-Alder 环加成反应。

如式 1 所示[2]：在加热条件下，5,5-二甲氧基-1,2,3,4-四氯环戊二烯与乙烯可发生环加成反应。

$$\quad + \text{H}_2\text{C}=\text{CH}_2 \xrightarrow[62\%]{185\sim197 \text{ °C, 6 h}} \quad (1)$$

5,5-二甲氧基-1,2,3,4-四氯环戊二烯能与环状烯烃(如环戊烯[3,4]、环己烯[5]、环戊二烯[6,7]、环己二烯[8]、环辛二烯[9,10]等)发生环加成反应(式 2 和式 3)。

$$\quad + \quad \xrightarrow[82\%]{140 \text{ °C, 2 d}} \quad (2)$$

$$\quad + \quad \xrightarrow[70\%]{\text{PhMe, 24 h, reflux}} \quad (3)$$

5,5-二甲氧基-1,2,3,4-四氯环戊二烯与一些活化烯烃(如烯丙酸酯[11,12]、乙烯基醚[13,14]、马来酸酐[15]、醌类[16]等)发生环加成反应，形

成相应的环状化合物 (式 4 和式 5)。

$$(4)$$

$$(5)$$

5,5-二甲氧基-1,2,3,4-四氯环戊二烯与不饱和内磺酰胺[17]、内磺酰酯[18]也可进行环加成反应 (式 6 和式 7)。

$$(6)$$

$$(7)$$

该试剂与含杂原子的不饱和键的环加成反应也有报道 (式 8)[19]。

$$(8)$$

参 考 文 献

[1] Newcomer, J. S.; Mcbee, E. T. *J. Am. Chem. Soc.* **1949**, *71*, 946.

[2] Dauben, W. G.; Chitwood, J. L.; Scherer, K. V. *J. Am. Chem. Soc.* **1968**, *90*, 1014.

[3] Holman, R. W.; Warner, C. D.; Hayes, R. N.; Gross, M. L. *J. Am. Chem. Soc.* **1990**, *112*, 3362.

[4] Snajdrova, R.; Braun, I.; Bach, T.; et al. *J. Org. Chem.* **2007**, *72*, 9597.

[5] Mieusset, J. L.; Bespokoev, A.; Pacar, M.; et al. *J. Org. Chem.* **2008**, *73*, 6551.

[6] Mehta, G.; Ramesh, S. S. *Can. J. Chem.* **2005**, *83*, 581.

[7] Khan, F. A.; Dash, J.; Sudheer, C.; et al. *J. Org. Chem.* **2005**, *70*, 7565.

[8] Chou, T. C.; Yang, M. S.; Lin, C. T. *J. Org. Chem.* **1994**, *59*, 661.

[9] Eaton, P. E.; Chakraborty, U. R. *J. Am. Chem. Soc.* **1978**, *100*, 3634.

[10] Mehta, G.; Yaragorla, S. *Tetrahedron Lett.* **2011**, *52*, 4485.

[11] Standen, P. E.; Dodia, D.; Elsegood, M. R. J.; et al. *Org. Biomol. Chem.* **2012**, *10*, 8669.

[12] Bio, M. M.; Leighton, J. L. *J. Am. Chem. Soc.* **1999**, *121*, 890.

[13] Paquette, L. A.; Learn, K. S.; Romine, J. L.; Lin, H. S. *J. Am. Chem. Soc.* **1988**, *110*, 879.

[14] Varada, M.; Kotikam, V.; Kumar, V. A. *Tetrahedron* **2011**, *67*, 5744.

[15] Yadav, V. K.; Balamurugan, R. *J. Org. Chem.* **2002**, *67*, 587.

[16] Chou, T. C.; Lin, K. C.; Kon-no, M.; et al. *Org. Lett.* **2011**, *13*, 4588.

[17] Ho, K. F.; Fung, D. C. W.; Wong, W. Y.; et al. *Tetrahedron Lett.* **2001**, *42*, 3121.

[18] Lee, A. W. M.; Chan, W. H.; Jiang, L. S.; Poon, K. W. *Chem. Commun.* **1997**, *93*, 611.

[19] Breub, J.; Höchta, P.; Rohra, U.; et al. *Eur. J. Org. Chem.* **1998**, *2*, 2861.

[张皓，付华*，清华大学化学系；FH]

二(均三甲苯基)氟化硼

【英文名称】 Dimesitylfluoroborane

【分子式】 $C_{18}H_{22}BF$

【分子量】 268.18

【CAS 登录号】 [436-59-9]

【缩写和别名】 BMes$_2$F，Dimesitylboron fluoride

【结构式】

【物理性质】 mp 69~72 ℃，bp 364.2 ℃。溶于大多数有机溶剂。

【制备和商品】 国外试剂公司有销售。实验室可通过格氏试剂法制备 (式 1)[1]。

$$(1)$$

【注意事项】 该试剂的固体在空气和 THF 中稳定，但易吸潮并易与极性溶剂反应。储存于惰性环境中较好，在通风橱中使用。

二(均三甲苯基)氟化硼 (BMes$_2$F) 是一种实验室常用的硼试剂。它可与卤代芳烃发生偶联反应得到大位阻的偶联产物,通常这些产物因具有可逆光变特性而被应用于有机光电研究。

BMes$_2$F 最常与锂试剂发生反应。在 $-78\ ^{\circ}\mathrm{C}$ 下,卤代芳烃首先与正丁基锂反应,然后再与 BMes$_2$F 发生偶联反应[2~5]。例如:1,4-二溴苯与 BMes$_2$F 反应,可以得到作为蓝色发光体的产物 (式 2)[6]。

$$\text{Br} \underset{\text{Br}}{\bigcirc} + \text{BMes}_2\text{F} \xrightarrow[87\%]{^n\text{BuLi, } -78\ ^{\circ}\text{C}} \underset{\text{Mes}}{\overset{\text{Mes}}{\text{B}}} \bigcirc \text{Br} \quad (2)$$

BMes$_2$F 可作为合成四配位有机硼化物的原料。四配位有机硼化物具有可逆的光变特性,而大位阻的均三甲苯基是必需基团 (式 3 和式 4)[7]。

$$\text{BMes}_2\text{F} + \text{（indole）} \xrightarrow[23\%]{\text{LDA (1 equiv), Et}_2\text{O}} \text{（product）} \quad (3)$$

$$\text{BMes}_2\text{F} + \text{（benzothiophene）} \xrightarrow[61\%]{\substack{^n\text{BuLi (1 equiv)}\\ \text{THF}}} \text{（product）} \quad (4)$$

BMes$_2$F 还可以与有机磷试剂反应,形成含有 P–B 键的化合物 (式 5)[8,9]。

$$\text{BMes}_2\text{F} + \text{（Ph}_2\text{PH）} \xrightarrow[65\%]{^n\text{BuLi, Et}_2\text{O}} \underset{\text{Mes}}{\overset{\text{Mes}}{\text{B}}}-\text{P} \underset{\text{Ph}}{\overset{\text{Ph}}{}} \quad (5)$$

BMes$_2$F 易潮解,经水解反应生成二芳基硼酸产物 (式 6)[10,11]。

$$\text{（BMes}_2\text{F）} \xrightarrow{\text{H}_2\text{O}} \text{（product）} \quad (6)$$

参 考 文 献

[1] Ito, A.; Kang, Y.-Y.; Saito, S.; Sakuda, E. *Inorg. Chem.* **2012**, *51*, 7722.

[2] Amarne, H.; Baik, C.; Murphy, S. K. *Chem. Eur. J.* **2010**, *16*, 4750.

[3] Bai, D.-R.; Jia, W.-L.; Cormick, J. M.; et al. *Chem.-Eur J.* **2004**, *10*, 994.

[4] Ho, C.-L.; Wong, K.-L.; Wong, W.-Y. *J. Organomet. Chem.* **2013**, *730*, 144.

[5] Makino, T.; Saito, S.; Yamasaki, R. *Synthesis* **2008**, *6*, 859.

[6] Bai, D.-R.; Liu, X.-Y. *Angew. Chem. Int. Ed.* **2006**, *45*, 5475.

[7] Amarne, H.; Baik, C.; Wang, R.-Y. *Organometallics* **2011**, *30*, 665.

[8] Pestana, D. C.; Power, P. P. *J. Am. Chem. Soc.* **1991**, *113*, 8426.

[9] Feng, X.-D.; Olmstead, M. M.; Power, P. P. *Inorg. Chem.* **1986**, *25*, 4615.

[10] Eisch, J. J.; Shafii, B.; Odom, J. D.; Rhelngold, A. L. *J. Am. Chem. Soc.* **1990**, *112*, 1847.

[11] Chisholm, M. H.; Folting, K.; Haubrich, S. T. *Inorg. Chim. Acta.* **1993**, *213*, 17.

[陈静,陈超*,清华大学化学系;CC]

二硫化碳

【英文名称】 Carbon disulfide

【分子式】 CS$_2$

【分子量】 76.14

【CAS 登录号】 [75-15-0]

【缩写和别名】 Sulfocarbonic anhydride, Alcohol of sulfur

【结构式】

$$\text{S=C=S}$$

【物理性质】 无色或淡黄色透明液体,bp 46.5 $^{\circ}\mathrm{C}$, ρ 1.26 g/cm^3。溶于乙醇、乙醚等多数有机溶剂。

【制备和商品】 国内外试剂公司均有销售。

【注意事项】 该试剂有刺激性气味,易挥发,一般在储存的时候用水液封。

二硫化碳通常用于制造人造丝、杀虫剂、促进剂等,也可以作为溶剂。二硫化碳的分子中含有两个连续双键以及相互垂直的 π-轨道,具有不饱和性,与二氧化碳分子非常相似,可以发生加成反应。此外,杂原子的存在常使分子表现出不对称性。在一定的条件下,二硫化

碳容易被亲核试剂进攻。

二硫化碳与叠氮化钠在水中反应可以生成三氮唑硫酮 (式 1)[1]。二硫化碳与胺反应，再经过双氧水氧化可以生成异硫氰酸酯 (式 2)[2]。

$$S=C=S + NaN_3 \xrightarrow{H_2O} \text{(三氮唑硫酮)} \quad (1)$$

$$R-NH_2 + S=C=S \xrightarrow[\text{2. H}_2\text{O}_2]{\text{1. NEt}_3, \text{THF}} R-N=C=S \quad (2)$$

如式 3 所示[3]：二硫化碳与氰化钠经过三步反应可以合成含硫杂环四氰基二烯化合物。

$$NaCN + S=C=S \xrightarrow[\text{3. (NH}_4)_2\text{S}_2\text{O}_8]{\substack{\text{1. DMF} \\ \text{2. H}_2\text{O}}} \text{(含硫杂环化合物)} \quad (3)$$

二硫化碳与邻卤苯胺在 DBU 作为碱的条件下反应，生成苯并五元含硫杂环化合物 (式 4)[4,5]。二硫化碳与邻乙炔基苯胺在 DBU/H_2SO_4 催化的条件下，可生成苯并六元含硫杂环化合物 (式 5)[6]。

$$\text{(邻卤苯胺)} + CS_2 \xrightarrow[\text{PhMe, 140 }^\circ\text{C, 24 h}]{\text{DBU (2 equiv)}} \text{(产物)} \quad (4)$$
65%~74%

$$\text{(邻乙炔基苯胺)} + CS_2 \xrightarrow[\text{CH}_3\text{CN, rt, 24 h}]{\text{DBU/H}_2\text{SO}_4} \text{(产物)} \quad (5)$$
26%~86%

除了可以整个参与苯并杂环化合物的合成外，二硫化碳也可以仅作为硫源参与反应。二硫化碳与芳基碘化物在碘化亚铜的催化下，生成对称的二芳基硫醚 (式 6)[7]。其与芳基二碘化物或者芳基烯基二碘化物作用可得到对称或不对称的含硫杂环化合物 (式 7)[7]。

$$\text{(碘苯)} + CS_2 \xrightarrow[\text{PhMe, 100 }^\circ\text{C}]{\text{CuI (10 mol\%), DBU (2 equiv)}} \text{(二苯硫醚)} \quad (6)$$
85%

$$\text{(二碘化合物)} + CS_2 \xrightarrow[\text{PhMe, 100 }^\circ\text{C}]{\text{CuI (10 mol\%), DBU (2 equiv)}} \text{(噻吩)} \quad (7)$$
78%

二硫化碳还可以作为碳硫源来合成 SCF_3

基团。如式 8 所示[8]：二硫化碳与氟化银可生成三氟甲硫基银，接着与芳基卤素化合物在钯催化剂作用下反应，生成三氟甲硫基取代的芳香族化合物。

$$CS_2 \xrightarrow[65\%]{\text{AgF, CH}_3\text{CN, 80 }^\circ\text{C, 14h}} AgSCF_3$$

$$\text{(溴苯衍生物)} \xrightarrow[\substack{\text{Ph(Et)}_3\text{NI (1.3 equiv)} \\ \text{[(cod)Pd(CH}_2\text{TMS)}_2\text{] (2.5 mol\%)} \\ \text{PhMe, 80 }^\circ\text{C, 14 h}}]{\text{AgSCF}_3 \text{ (1.3 equiv)}} \text{(SCF}_3\text{衍生物)} \quad (8)$$
>99%

二硫化碳作为一个碳一单元的分子，除上述进行分子间的反应外，还可以作为一个组分参与三分子反应。如式 9 所示[9]：它可以与胺、α,β 不饱和羰基化合物在水作溶剂的条件下反应，生成二硫代氨基甲酸化合物。

$$\text{(哌啶)} + CS_2 + \text{(丙烯酸甲酯)} \xrightarrow[90\%]{H_2O, \text{rt}} \text{(产物)} \quad (9)$$

二硫化碳可以与胺、2-氯乙酸反应，生成具有生物活性的含硫、氮五元杂环化合物 (式 10)[10]。

$$BnNH_2 + CS_2 + ClCH_2CO_2H \xrightarrow[65\%]{\substack{\text{NaOH, H}_2\text{O} \\ \text{MW, 100~120 }^\circ\text{C}}} \text{(产物)} \quad (10)$$

参 考 文 献

[1] Lieber, E.; Oftedahl, E.; RAO, C. K. R. *J. Org. Chem.* **1963**, *28*, 194.

[2] Li, D.; Shu, Y.; Li, P.; et al. *Med. Chem. Res.* **2013**, *22*, 3119.

[3] Becker, M.; Harloff, J.; Jantz, T.; et al. *Eur. J. Inorg. Chem.* **2012**, 5658.

[4] Wang, F.; Cai, S.; Wang, Z.; Xi, C. *Org. Lett.* **2011**, *13*, 3202.

[5] Zhao, P.; Wang, F.; Xi, C. *Synthesis* **2012**, *44*, 1477.

[6] Zhao, P.; Liao, Q.; Gao, H.; Xi, C. *Tetrahedron Lett.* **2013**, *54*, 2357.

[7] Zhao, P.; Yin, H.; Gao, H.; Xi, C. *J. Org. Chem.* **2013**, *78*, 5001.

[8] Teverovskiy, G.; Surry, D.; Buchwald, S. L. *Angew. Chem. Int. Ed.* **2011**, *50*, 7312.

[9] Azizi, N.; Aryanasab, F.; Torkiyan, L.; et al. *J. Org. Chem.* **2006**, *71*, 3634.

[10] Nitsche, C.; Schreier, V. N.; Behnam, M. A. M.; et al. *J. Med. Chem.* **2013**, *56*, 8389.

[赵鹏，清华大学化学系；XCJ]

1,3-二氯丙酮

【英文名称】 1,3-Dichloroacetone

【分子式】 $C_3H_4Cl_2O$

【分子量】 126.97

【CAS 登录号】 [534-07-6]

【缩写和别名】 1,3-Dichloro-2-propanon

【结构式】

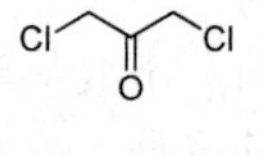

【物理性质】 无色结晶，mp 39~41 ℃。溶于水、乙醇、乙醚，有催泪性。

【制备和商品】 国内外化学试剂公司均有销售。可通过原位制备的卡宾锂 (氯甲基锂) 和氯乙酸乙酯反应制备 (式 1)[1]。此外，也可在甲醇中通过丙酮的氯化进行生产[2]。

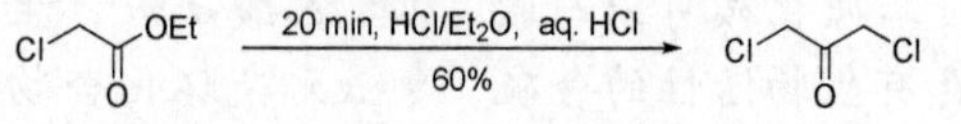

$$\text{(1)}$$

【注意事项】 存放时应与氧化剂、还原剂、碱类、食用化学品分开存放，切忌混储。使用时严格遵守操作规程，密闭操作，局部排风。

1,3-二氯丙酮结构中三个碳原子都表现为亲电性，这使 1,3-二氯丙酮能够进行很多化学转化。1,3-二氯丙酮已经被广泛应用在与含磷的亲核试剂 (如三苯基膦) 发生亲核取代反应方面 (式 2)[3]。

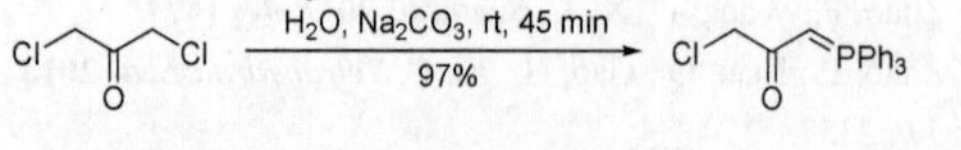

$$\text{(2)}$$

1,3-二氯丙酮可以与含氧[4]、硫[5~7]、氮[8]的亲核试剂发生亲核取代反应。如式 3 所示[9]：1,3-二氯丙酮与苯硫酚发生亲核取代反应，生成单取代硫醚。

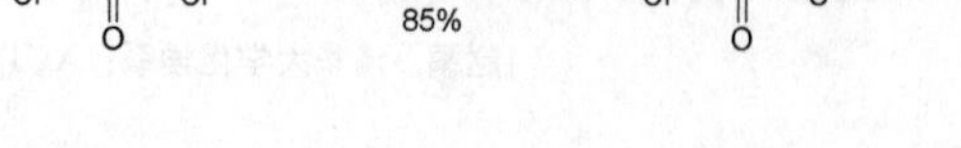

$$\text{(3)}$$

1,3-二氯丙酮与硝基咪唑通过调节反应条件也可以得到单取代的产物 (式 4)[8]。

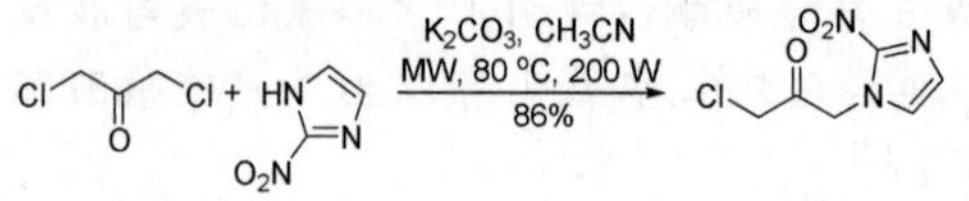

$$\text{(4)}$$

1,3-二氯丙酮与 4-甲氧基苯乙硫醇通过调节反应条件，可以得到两个氯原子全部被取代的硫醚 (式 5)[10]。

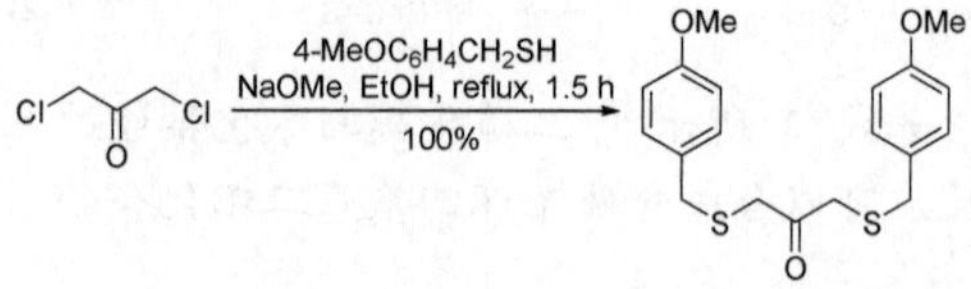

$$\text{(5)}$$

在 DMAP 存在的条件下，1,3-二氯丙酮可以与 1,2-二硫代苯发生关环反应(式 6)[11]。此外，在合适的反应条件下，1,3-二氯丙酮还可以与硫代乙酰胺和2-氨基嘧啶反应，分别得到相应的关环产物 (式 7 和式 8)[12,13]。

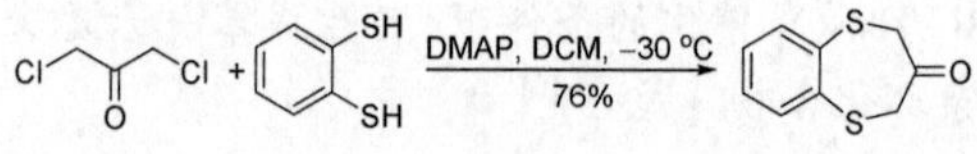

$$\text{(6)}$$

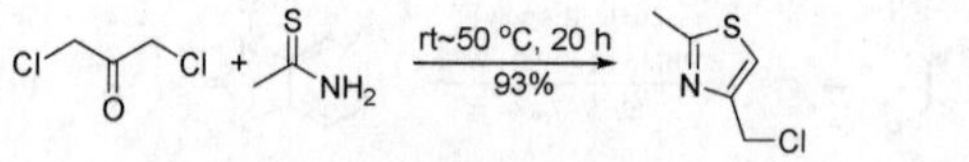

$$\text{(7)}$$

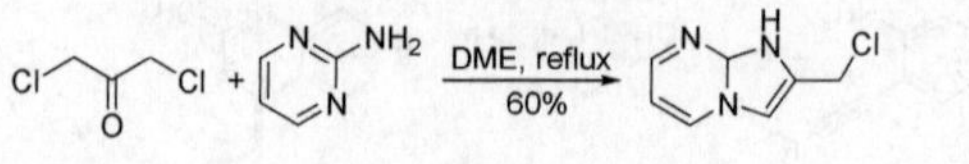

$$\text{(8)}$$

参 考 文 献

[1] Barluenga, J.; Llavona, L.; Concellon, J. M.; Yus, M. *J. Chem. Soc., Perkin Trans. 1* **1991**, 297.

[2] Gallucci, R. R.; Going, R. *J. Org. Chem.* **1981**, *46*, 2532.

[3] Taillier, C.; Hameury, T.; Bellosta, V.; Cossy, J. *Tetrahedron* **2007**, *63*, 4472.

[4] Caselli, E.; Tosi, G.; Forni, A.; et al. *Il Farmaco* **2003**, *58*, 1029.

[5] Bergeot, O.; Corsi, C.; Qacemi, M. E.; Zard, S. Z. *Org. Biomol. Chem.* **2006**, *4*, 278.

[6] de Greef, M.; Zard, S. Z. *Org. Lett.* **2007**, *9*, 1773.

[7] Lukowska, E.; Plenkiewicz, J. *Tetrahedron: Asymmetry* **2007**, *18*, 1202.

[8] Borzecka, W.; Gotor, V.; Lavandera, I. *Tetrahedron* **2013**, *54*, 5.

[9] Hjelmgaard, T.; Givskov, M.; Nielsen, J. *Org. Biomol. Chem.* **2007**, *5*, 344.

[10] Li, B.; Lyle, M. P. A.; Chen, G.; et al. *Biorg. Med. Chem.* **2007**, *15*, 4601.

[11] Maezaki, N.; Sakamoto, A.; Nagahashi, N.; et al. *J. Org. Chem.* **2000**, *65*, 3284.

[12] Jung, J.-C.; Kache, R.; Vines, K. K.; et al. *J. Org. Chem.* **2004**, *69*, 9269.

[13] Roubaud, C.; Vanelle, P.; Maldonado, J.; Crozet, M. P. *Tetrahedron* **1995**, *51*, 9643.

[刘海兰，河北师范大学化学与材料科学学院；XCJ]

3,3-二氯-1,2-二苯基环丙烯

【英文名称】 3,3-Dichloro-1,2-diphenylcyclo-prop-1-ene

【分子式】 $C_{15}H_{10}Cl_2$

【分子量】 261.15

【CAS 登录号】 [2570-00-5]

【缩写和别名】 1,1-Dichloro-2,3-diphenylcyclo-prop-2-ene

【结构式】

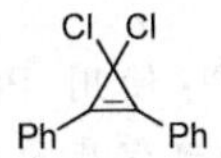

【物理性质】 mp 117～118 ℃。

【制备方法】 二苯基二氯环丙烯常用于重要的有机合成转换中，通常可通过二氯亚砜或乙二酰氯与 2,3-二苯基环丙烯酮反应制备 (式 1)[1,2]。

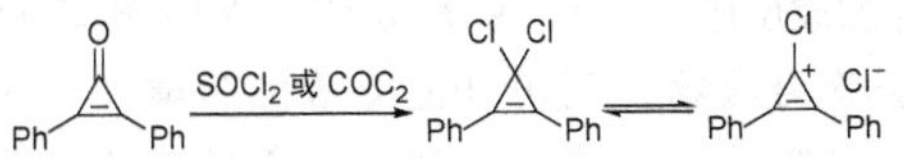

- -

二苯基二氯环丙烯可以将醇转化成烷基氯[3]。如式 2 所示[1]：该试剂与 2-苯基乙醇发生反应生成 2-苯基乙基氯。使用类似的方法，二苯基二氯环丙烯可以活化羧酸生成酰氯 (式 3)[4]。

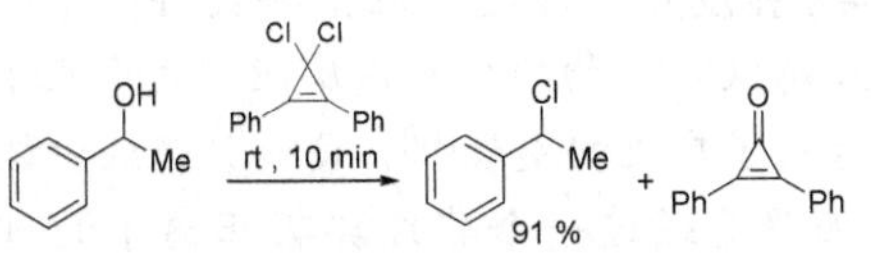

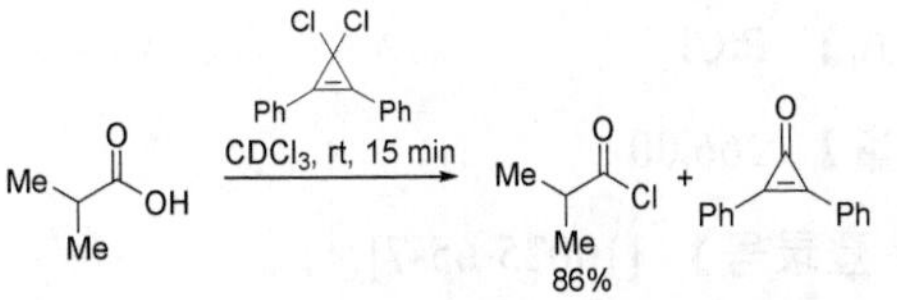

二苯基二氯环丙烯可以催化酮肟的贝克曼重排，生成相应的酰胺 (式 4)[5]。

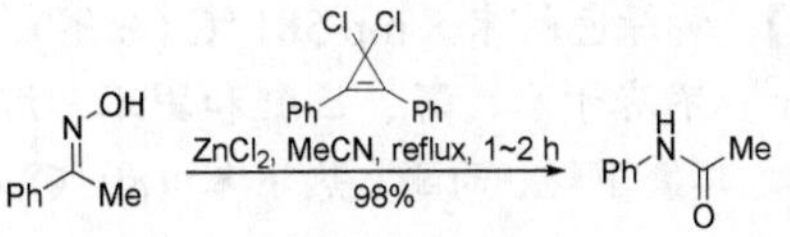

二苯基二氯环丙烯可以活化 1,4-二醇和 1,5-二醇的环化脱水反应，生成相应的环醚 (式 5)[6]。

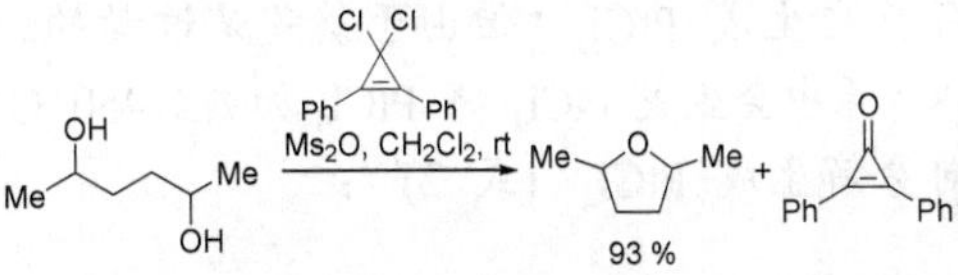

二苯基二氯环丙烯能够促进 2-脱氧核糖和 2,6-双脱氧核糖的脱糖基化反应。该反应的反应位点在 α-位，并且能在温和的条件下进行，在室温下不需要使用任何特殊的脱水试剂 (式 6)[7]。

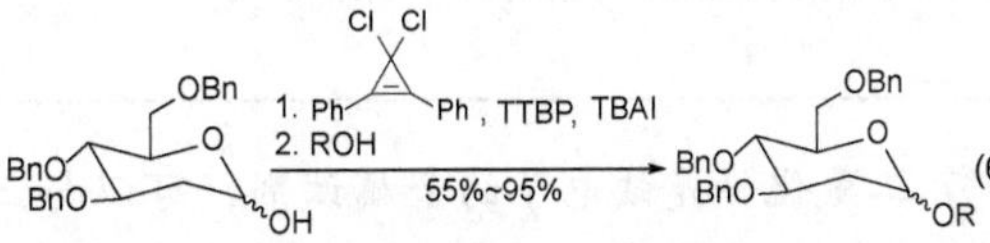

参 考 文 献

[1] Kelly, B. D.; Lambert, T. H. *J. Am. Chem. Soc.* **2009**, *131*, 13930.

[2] Perkins, W. C.; Wadsworth, D. H. *Synthesis* **1972**, 205.

[3] Vanos, C. M.; Lambert, T. H. *Angew. Chem. Int. Ed.* **2011**, *50*, 12222.

[4] Hardee, D. J.; Kpvalchuke, L.; Lambert, T. H. *J. Am. Chem. Soc.* **2010**, 132, 5002.

[5] Srivastava, V. P.; Patel, R. GarimaYadav, L. D. S. *Chem. Commun.* **2010**, *46*, 5808.

[6] Kelly, B. D.; Lambert, T. H. *Org. Lett.* **2011**, *13*, 740.

[7] Nogueira, J. M.; Nguyen, S. H.; Bennett, C. S. *Org. Lett.* **2011**, *13*, 2814.

[刘海兰，河北师范大学化学与材料科学学院；XCJ]

二氯化铂[1]

【英文名称】 Platinum(Ⅱ) chloride

【分子式】 PtCl$_2$

【分子量】 266.00

【CAS 登录号】 [10025-65-7]

【结构式】

$$Cl-Pt-Cl$$

【物理性质】 黄绿色粉末，mp 581 ℃ (分解)，ρ 6.05 g/cm^3。不溶于水、醇、乙醚和甲苯，溶于酸、氨水、二氯甲烷、丙酮、热甲苯 (80 ℃)。

【制备和商品】 PtCl$_2$ 一般是通过氯铂酸在高温 (350 ℃) 加热分解获得 (式 1)[2]，氯铂酸可由金属铂制备而得。此外，也可将金属铂直接与氯气反应生成 PtCl$_2$。但由于氯气是过量的，所以体系中会生成 PtCl$_4$。将 PtCl$_4$ 加热至 450 ℃，又可分解生成 PtCl$_2$ (式 2)[3]：

$$H_2PtCl_6 \longrightarrow PtCl_2 + Cl_2 + 2\,HCl \qquad (1)$$

$$PtCl_4 \longrightarrow PtCl_2 + Cl_2 \qquad (2)$$

【注意事项】 该试剂在氩气氛围中保存。注意保持环境的低温、通风和干燥。

二氯化铂是缺电子的金属试剂，可以与三键或者双键形成 π-配合物，增加其亲电性，进而发生环异构化反应或者受到亲核试剂进攻，在构建分子骨架方面有着重要的作用。

活化烯丙基 如式 3 所示[4]：PtCl$_2$ 可以高效地催化烯丙基硅烷化合物对醛的加成反应。

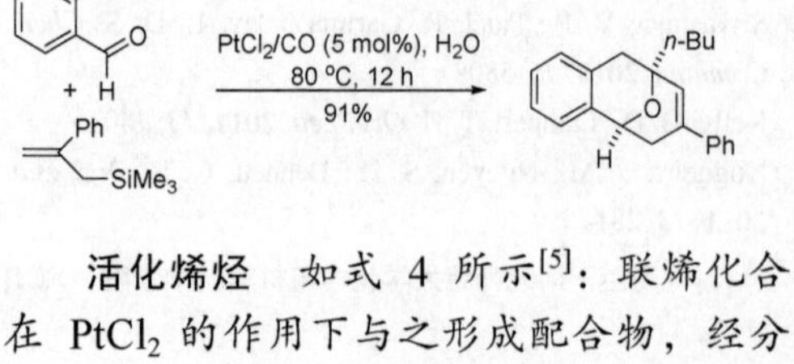

$$(3)$$

活化烯烃 如式 4 所示[5]：联烯化合物在 PtCl$_2$ 的作用下与之形成配合物，经分子内环化反应生成 α,β-不饱和金属卡宾中间体，最后经由 1,2-氢迁移生成取代的环戊二烯产物。

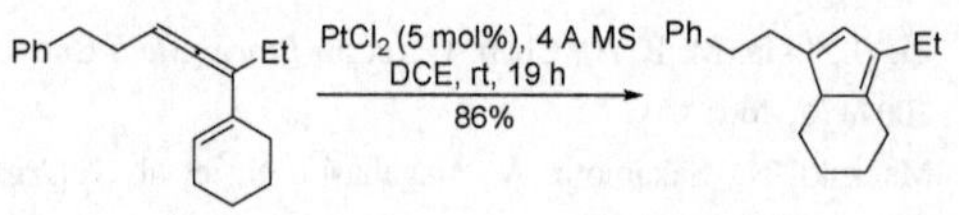

$$(4)$$

如式 5 所示[6]：在 PtCl$_2$ 的催化下，含有吲哚官能团的联烯化合物可发生 1,2-烷基/芳基迁移反应，得到相应的咔唑产物。

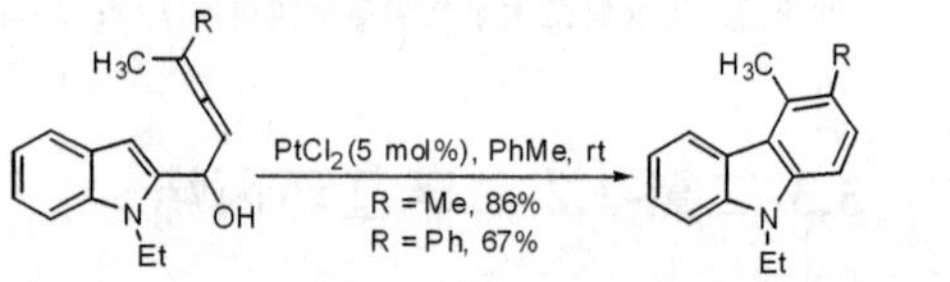

$$(5)$$

氢硅基化反应 虽然 PtCl$_2$ 不是氢硅基化反应常用的催化剂，但其催化的该类反应均能得到较好的反应结果。如式 6 所示[7]：PtCl$_2$ 可催化炔烃、三乙基硅烷与醛在一锅法条件下发生反应。在该反应中 PtCl$_2$ 起着双重催化剂的作用。

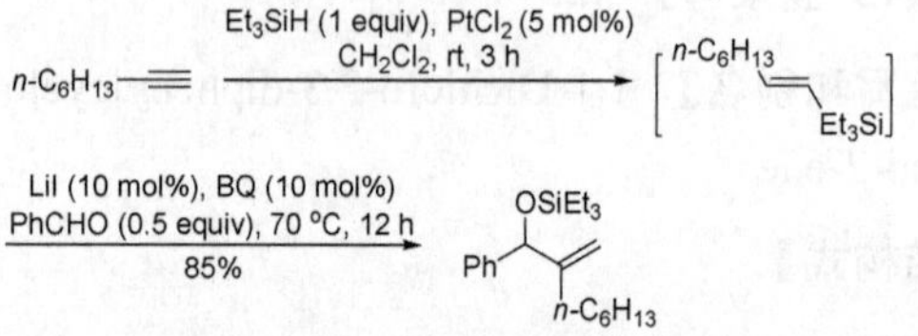

$$(6)$$

如式 7 所示[8]：使用 PtCl$_2$/XPhos 催化体系，丙炔醇化合物可发生氢硅基化反应，得到单一反式烯烃产物。该反应也适用于二级醇、三级醇以及中间炔。

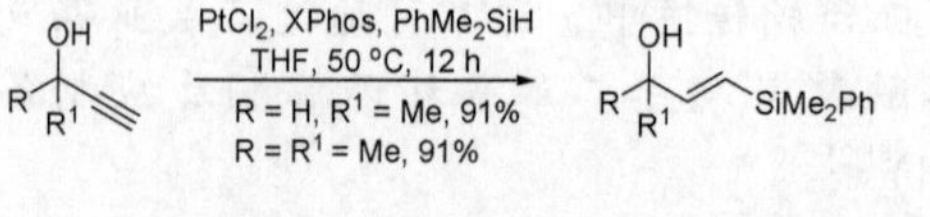

$$(7)$$

环加成反应 如式 8 所示[9]：以烯酮-二炔类化合物为底物，利用 PtCl$_2$ 活化三键，可发生两次串联关环反应，得到四环色满酮类化合物。该反应具有很高的原子经济性。

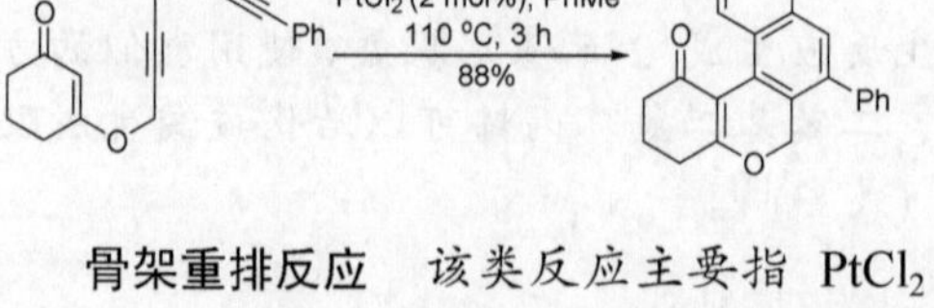

$$(8)$$

骨架重排反应 该类反应主要指 PtCl$_2$ 催化的 1,6-烯炔化合物的分子内反应。近年来该类反应得到了广泛的发展[10]，目前普遍认为该反应的机理是经过一个非经典碳正离子的过程。反应中间体与 1,6-烯炔底物上的取代基以及连接方式有着重要的关系[11]。如式 9 所示[12]：PtCl2 可催化 1,6-烯炔化合物发生串联的骨架重排/Diels-Alder 反应，得到五元并六元环的烯烃化合物。

$$(9)$$

生成环外烯烃化合物 PtCl2 可催化吡咯或哌啶衍生的 1,6-烯炔化合物发生分子内环化反应[13]。若底物中包含链状端炔基或者炔碘，先经过 5-exo-dig 环化反应生成半缩合螺环化合物，之后再生成吡咯或哌啶螺环产物 (式 10)；若底物中包含芳基中间炔基，则先经过 5-exo-dig 或者 6-endo-dig 环化反应，然后再通过 Friedel-Crafts 烷基化反应生成四环产物 (式 11)。

$$(10)$$

n = 1, R = Ts, R¹ = H, 80 ℃, 2 h, 80%
n = 2, R = Ts, R¹ = I, 65 ℃, 7 h, 74%

$$(11)$$

X = H, R = Ts, R¹ = H, 78% (4:1)
X = O, R = Me, R¹ = H, 78% (3:1)
X = H, R = Ts, R¹ = OMe, 65% (19:1)

如式 12 所示[14]：在手性配体的存在下，使用 PtCl2 催化 1,6-烯炔化合物与亲核试剂发生串联的氢芳基化-环异构化反应，高对映选择性地得到了手性环外烯烃产物。

$$(12)$$

(R)-Ph-Binepine

生成环丙烷类化合物 当 1,6-烯炔中间用杂原子连接时，在 PtCl2 的催化下会发生环外加成反应，生成六元环并环丙烷类化合物。如式 13 所示[15]：利用该方法可以得到三重再摄取抑制剂 GSK1360707F 全合成中的关键中间体。

$$(13)$$

(+/-)-GSK1360707F

参 考 文 献

[1] Añorbe, L.; Dominguez, G.; Pérez-Castells, J. *Chem. Eur. J.* **2004**, *10*, 4938.
[2] Kerr, G. T.; Schweizer, A. E.; Donno, T. D. *Inorg. Synth.* **2007**, *20*, 48.
[3] Wöhler, L.; Streicher, S. *Chem. Ber.* **1913**, *46*, 1591.
[4] Bhunia, S.; Wang, K. C.; Liu, R. S. *Angew. Chem. Int. Ed.* **2008**, *47*, 5063.
[5] Funami, H.; Kusama, H.; Iwasawa, N. *Angew. Chem. Int. Ed.* **2007**, *46*, 909.
[6] Kong, W.; Qiu, Y., Zhang, X.; et al. *Adv. Synth. Catal.* **2012**, *354*, 2339.
[7] Kinoshita, H.; Uemura, R.; Fukuda, D.; Miura, K. *Org. Lett.* **2013**, *15*, 5538.
[8] McAdam, C. A.; McLaughlin, M. G.; Johnston, A. J.; et al. *Org. Biomol. Chem.* **2013**, *11*, 4488.
[9] Sivaraman, M.; Perumal, P. T. *Org. Biomol. Chem.* **2014**, *12*, 1318.
[10] Diver, S. R.; Giessert, A. J. *Chem. Rev.* **2004**, *104*, 1317.
[11] Fürstner, A.; Davies, P. W. *Angew. Chem. Int. Ed.* **2007**, *46*, 3410.
[12] Schelwies, M.; Farwick, A.; Rominger, F.; Helmchen, G. *J. Org. Chem.* **2010**, *75*, 7917.
[13] Harrison, T. J.; Patrick, B. O.; Dake, G. R. *Org. Lett.* **2007**, *9*, 367.
[14] Toullec, P. Y.; Chao, C. M.; Chen, Q.; et al. *Adv. Synth. Catal.* **2008**, *350*, 2401.
[15] Deschamps, N. M.; Elitzin, V. I.; Liu, B.; et al. *J. Org. Chem.* **2011**, *76*, 712.

[郑伟平，清华大学化学系；HYF]

二氯甲醛肟

【英文名称】 Dichloroformaldehyde oxime

【分子式】 CHCl2NO

【分子量】 113.93

【CAS 登录号】 [1794-86-1]

【缩写和别名】 Dichloroformoxime

【结构式】

$$\text{Cl}_2C=NOH$$

【物理性质】 该试剂为黄色固体，可溶于大多数有机溶剂。mp 38~40 ℃，bp 129 ℃，ρ 1.66 g/cm^3。

【制备和商品】 该试剂可由乙醛酸肟与 *N*-氯代丁二酰亚胺在乙二醇二甲醚中制备得到 (式 1)[1]。

$$\text{HOOC-CH=NOH} \xrightarrow[57\%]{\text{NCS, DME, 110 ℃, 10 min}} \text{Cl}_2C=NOH \quad (1)$$

【注意事项】 该试剂有刺激性气味，腐蚀性较强。需在暗处密封冷藏储存，在通风橱中使用。

与二溴甲醛肟相似，二氯甲醛肟的主要用途也是被用作环化加成反应中 1,3-偶极体的前体化合物。该试剂可在碱性条件下脱去氯化氢转变成为腈氧化物，然后与烯烃、炔烃通过环加成反应来制备 3-氯异噁唑啉和 3-氯异噁唑化合物。二氯甲醛肟的反应活性相比二溴甲醛肟的活性要弱一些，因此在一些因二溴甲醛肟的活性太高而不能进行的反应中，使用二氯甲醛肟有可能得到很好的结果。

制备 3-氯异噁唑啉化合物 二氯甲醛肟在碱性条件下可与烯烃发生环加成反应，生成相应的 3-氯异噁唑啉化合物 (式 2)。该类化合物在有机合成中具有重要的应用，可以通过系列官能团转化生成多种反应中间体。如式 3 所示：3-氯异噁唑啉化合物可在 K_2CO_3 和甲醇中回流反应，生成氯原子被甲氧基取代的异噁唑啉产物。使用 Raney Ni 在硼酸存在下通过催化氢化的方法可使 3-甲氧基异噁唑啉开环，以高产率得到 β-羟基酯化合物。此外，3-氯异噁唑啉还可在 $Fe(CO)_5$ 的作用下发生开环反应，生成 β-羟基腈化合物。该方法是制备 β-羟基腈的重要方法 (式 4)[2]。

$$\text{Cl}_2C=NOH + \text{CH}_2=CHCH_2OH \xrightarrow[78\%]{\text{KHCO}_3,\ \text{DME, rt, 12 h}} \quad (2)$$

$$\xrightarrow[87\%]{\text{K}_2\text{CO}_3,\ \text{MeOH, reflux, 3 h}} \quad$$

$$\xrightarrow[78\%]{\text{Raney-Ni, H}_2,\ \text{CH}_3\text{OH/H}_2\text{O, H}_3\text{BO}_3} \text{AcHN-CH}_2\text{CH(OH)CH}_2\text{CO}_2\text{CH}_3 \quad (3)$$

$$\xrightarrow[85\%]{\text{Fe(CO)}_5,\ \text{CH}_3\text{CO}_2\text{H, 60 ℃, 20 h}} \text{Br-CH}_2\text{CH(OH)CH}_2\text{CN} \quad (4)$$

制备 3-氯异噁唑化合物 二氯甲醛肟作为腈氧化物的前体可与炔烃发生 1,3-偶极环加成反应，生成 3-氯异噁唑化合物 (式 5)[3]。2014 年有文献报道：在没有碱试剂的存在下，炔铜与二氯甲醛肟的反应并不是经过 1,3-偶极环加成机理。如式 6 所示[4]：在该反应中，二氯甲醛肟和炔铜首先发生了取代反应生成炔肟中间体。然后，该中间体进一步发生分子内环化反应，最终生成 3-氯异噁唑化合物。

$$\text{Cl}_2C=NOH + \text{HC}\equiv\text{CCH}_2\text{Br} \xrightarrow[52\%]{\text{K}_2\text{CO}_3,\ \text{CH}_2\text{Cl}_2,\ \text{rt, 24 h}} \quad (5)$$

$$\text{Cl}_2C=NOH + \text{PhC}\equiv\text{CCu} \xrightarrow[92\%]{\text{DMF, 45 ℃, 1 h}} \quad (6)$$

非碱性条件下的取代反应　[Ph-C≡C-C(Cl)=NOH]　铜催化的分子内环化反应

除了自身具有驱虫性[5]等药理活性外，3-氯异噁唑化合物还是一类重要的有机合成中间体。在碱性条件下，二氯甲醛肟与炔基硼酸酯反应生成 4-位带有硼酸酯基的 3-氯异噁唑化合物。该化合物可以在钯催化下与碘苯发生 Suzuki 偶联反应，将 4-位上的硼酸酯基转化成为带有不同取代基的芳香基团，而 3-位上的氯原子不受到影响 (式 7)[6]。

$$\text{Cl}_2C=NOH + \text{Bu-C}\equiv\text{C-B(pin)} \xrightarrow[44\%]{\text{KHCO}_3,\ \text{DME, 50 ℃, 16 h}} \quad$$

$$\xrightarrow[99\%]{\text{PdCl}_2(\text{dppf}),\ \text{K}_3\text{PO}_4,\ \text{PhI, dioxane, 85 ℃}} \quad (7)$$

2015 年有文献报道：使用二氯甲醛肟、苯乙炔铜和碘单质的三组分串联反应，高效地制备了 3-氯-4-碘-5-苯基异噁唑化合物。在该反应中，炔铜和碘单质被用作 1-碘炔的合成等价物，从而省略了 1-碘炔的复杂制备、纯化和贮存过程。通过该反应首次得到了带有两个不同卤素取代基的异噁唑化合物，并对醚、醇和酯等官能团均具有良好的兼容性。根据两种卤素取代基的活性差异，可以选择性地在碘取代的位置进行 Heck、Suzuki-Miyaura 或 Sonogashira 偶联反应，单一选择性地得到相应的 4-位官能团化的 3-氯-4-取代异噁唑化合物 (式 8)[7]。这些化合物都具有结构上的新颖性，预期在今后的有机合成和新药研发中将发挥重要作用。

（8）

其它反应 二氯甲醛肟在碱性或者加热的条件下失去 HCl，得到氯代腈氧化物。该化合物经光照可进一步转化生成氯代异氰酸酯 (式 9)[8]。

（9）

参 考 文 献

[1] Orth, R.; Böttcher, T.; Sieber, S. A. *Chem. Commun.* **2010**, *46*, 8475.

[2] Halling, K.; Thomsen, I.; Torssell, K. B. G. *Liebigs Ann. Chem.* **1989**, 985.

[3] Chiarino, D.; Napoletano, M.; Sala, A. *Synth. Commun.* **1988**, *18*, 1171.

[4] Chen, W.; Wang, B.; Liu, N.; et al. *Org. Lett.* **2014**, *16*, 6140.

[5] Carr, J. B.; Durham, H. G.; Hass, D. K. *J. Med. Chem.* **1977**, 20, 934.

[6] Moore, J. E.; Goodenough, K. M.; Spinks, D.; Harrity, J. P. A. *Synlett* **2002**, 2071.

[7] Chen, W.; Zhang, J.; Wang, B.; et al. *J. Org. Chem.* **2015**, *80*, 2413.

[8] Maier, G; Teles, J. H. *Angew Chem. Int. Ed. Engl.* **1987**, *26*, 155.

[陈雯雯，山西师范大学化学与材料科学学院；WXY]

二氯(五甲基环戊二烯基)合铑(Ⅲ) 二聚体

【英文名称】 Pentamethylcyclopentadienyl rhodium (Ⅲ) dichloride dimer

【分子式】 $C_{20}H_{30}Cl_4Rh_2$

【分子量】 618.08

【CAS 登录号】 [12354-85-7]

【缩写和别名】 二氯五甲基茂基合铑(Ⅲ)二聚体

【结构式】

【物理性质】 橘红色固体，mp > 300 ℃。溶于甲醇、DMF 和 DCE。

【制备和商品】 国内外化学试剂公司均有销售。

二氯(五甲基环戊二烯基)合铑(Ⅲ)二聚体 [Cp*RhCl₂]₂ 广泛地应用于碳-氢键活化和基于碳-氢键活化的官能团化反应、交叉偶联和环化反应[1]。该试剂也能够催化一些氧化和氢化反应，还是制备其它铑配合物的常用前体化合物。

该试剂与醋酸铜构成的催化体系可以催化苯甲酸邻位碳-氢键活化，并与炔烃进行环化反应生成异色满-1-酮衍生物 (式 1)[2]。

（1）

[Cp*RhCl₂]₂ 催化碳-氢键活化的反应体系中常添加 AgSbF₆，使其原位转化为离子型铑催化剂。[Cp*RhCl₂]₂ 与 AgSbF₆/Cu(OAc)₂ 构成的催化体系能够用于碳-氢键、氮-氢键的断裂，并与炔烃进行环化反应生成吲哚等含氮杂环[3]。该催化体系也能够催化乙酰苯邻位碳-氢键活化，并与炔烃进行环化反应构建五元碳环 (式 2)[4]。[Cp*RhCl₂]₂ 也能够催化活泼 $C(sp^3)$–H 键活化和环化反应[5]。

$$\text{(2)} \quad 91\%$$

[Cp*RhCl₂]₂ 催化 *N*-甲氧基苯甲酰胺与烯烃的偶联反应，生成 Heck 型偶联产物（式 3）[6]。而 *N*-叔丁酰氧基苯甲酰胺则能与烯烃环化生成二氢异喹啉酮[6]。

[Cp*RhCl₂]₂ 催化的芳烃碳-氢键活化反应与其它反应串联可以合成复杂多环体系。例如：在 [Cp*RhCl₂]₂ 的催化下，3-乙酰基吲哚、炔烃和盐酸羟胺发生三组分环化反应生成 γ-咔啉衍生物（式 4）[7]。[Cp*RhCl₂]₂ 也能够催化盐酸苯肼和炔烃的环化反应，生成吲哚衍生物（式 5）[8]。在该反应中，苯肼和异丁醛原位生成的腙被用作定位基，而腙的 N–N 键在反应中能自动切除。

以 NBS 作为溴化试剂，[Cp*RhCl₂]₂ 能将酰胺定位基的邻位碳-氢键高效转化为碳-溴键（式 6）[9]。此外，该试剂也能够催化芳烃碳-氢键的氰基化、硝基化和叠氮化反应[10]。

[Cp*RhCl₂]₂ 与 AgSbF₆ 构成的催化体系能够催化芳烃碳-氢键对极性键（如 C=N 键）的分子间加成反应（式 7）[11]。在氧化剂的存在下，该试剂能够催化分子间碳-氢键的交叉偶联反应，例如：呋喃和苯并噻吩的氧化脱氢偶联反应（式 8）[12]。

在 [Cp*RhCl₂]₂ 的存在下，使用甲醇作为绿色甲基化试剂能够实现羰基邻位碳-氢键的甲基化反应，该反应是经由氧化-缩合-氢转移反应机理进行的（式 9）[13]。基于该策略也能实现环状内酰胺的合成[14]。在配体的辅助下，以甲酸钠作为氢源，该试剂也能催化 α,β-不饱和酮的还原反应（式 10）[15]。

参 考 文 献

[1] Song, G.; Wang, F.; Li, X. *Chem. Soc. Rev.* **2012**, *41*, 3651.

[2] Ueura, K.; Satoh, T.; Miura, M. *Org. Lett.* **2007**, *9*, 1407.

[3] Stuart, D. R.; Bertrand-Laperle, M.; Burgess, K. M. N.; Fagnou, K. *J. Am. Chem. Soc.* **2008**, *130*, 16474.

[4] Muralirajan, K.; Parthasarathy, K.; Cheng, C.-H. *Angew. Chem. Int. Ed.* **2011**, *50*, 4169.

[5] Rakshit, S.; Patureau, F. W.; Glorius, F. *J. Am. Chem. Soc.* **2010**, *132*, 9585.

[6] Rakshit, S.; Grohmann, C.; Besset, T.; Glorius, F. *J. Am. Chem. Soc.* **2011**, *133*, 2350.

[7] Zheng, L.; Ju, J.; Bin, Y.; Hua, R. *J. Org. Chem.* **2012**, *77*, 5794.

[8] Zheng, L.; Hua, R. *Chem.–Eur. J.* **2014**, *20*, 2352.

[9] Schröder, N; Wencel-Delord, J; Glorius, F. *J. Am. Chem. Soc.* **2012**, *134*, 8298.

[10] Gong, T.-J.; Xiao, B.; Cheng, W.-M.; et al. *J. Am. Chem. Soc.* **2013**, *135*, 10630.

[11] Tsai, A. S.; Tauchert, M. E.; Bergman, R. G.; Ellman, J. A. *J. Am. Chem. Soc.* **2011**, *133*, 1248.

[12] Kuhl, N; Hopkinson, M. N.; Glorius, F. *Angew. Chem. Int. Ed.* **2012**, *51*, 8230.

[13] Chan, L. K. M.; Poole, D. L. P.; Shen, D.; et al. *Angew. Chem. Int. Ed.* **2014**, *53*, 761.

[14] Fujita, K; Takahashi, Y.; Owaki, M.; et al. *Org. Lett.* **2004**,

[15] Li, X.; Li, L.; Tang, Y.; et al. *J. Org. Chem.* **2010**, *75*, 2981.

6, 2785.

[华瑞茂，清华大学化学系；HRM]

二氯(五甲基环戊二烯基)合铱(Ⅲ) 二聚体

【英文名称】Pentamethylcyclopentadienyl iridium (Ⅲ) dichloride dimer

【分子式】 $C_{20}H_{30}Cl_4Ir_2$

【分子量】 796.70

【CAS 登录号】 [12354-84-6]

【结构式】

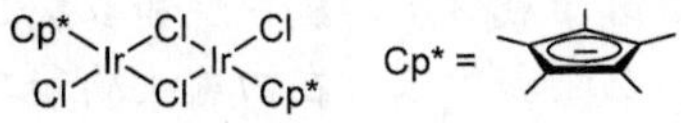

【物理性质】 橘黄色固体，mp 230 ℃。溶于甲醇和 DMF。

【制备和商品】 国内外化学试剂公司有销售。

二氯(五甲基环戊二烯基)合铱(Ⅲ)二聚体 [Cp*IrCl₂]₂ 广泛地应用于催化氧化和氢化反应[1,2]、碳-氢键和氮-氢键的烷基化反应[3]以及碳-氢键的活化和官能团化反应，这些反应也被广泛地用于杂环合成。该试剂也是制备多种其它铱催化剂，尤其是用于不对称氢化反应的铱催化剂的常用前驱体[1~3]。

该试剂能够有效地催化使用氧气作为氧化剂将仲醇氧化成为酮的反应 (式 1)[4]。尽管很多工作表明这类氧化反应在添加额外的配体后能够提高反应的效率[1]，但该体系添加三乙胺即可起到很好的促进作用。

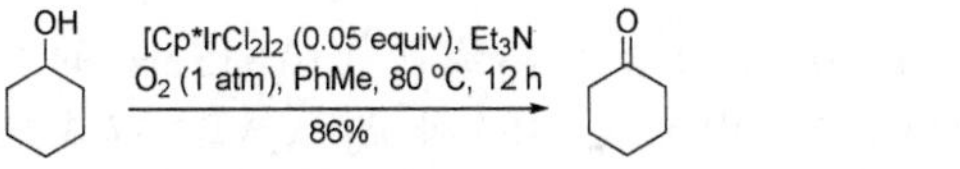

该试剂也能催化将伯醇选择性氧化成醛的反应，生成的醛能原位与 NH₂ 缩合成亚胺或者与活泼亚甲基缩合成烯烃。生成的亚胺或烯烃原位被还原后，形式上实现了碳-氢键和氮-

氢键的烷基化反应。基于这种氢转移反应的策略，该试剂与 *t*-BuOK 组合的催化体系能够催化磺酰胺与醇的偶联反应 (式 2)[5]。该试剂与 KOH 组合的催化体系能催化吲哚 3-位的烷基化反应 (式 3)[6]。

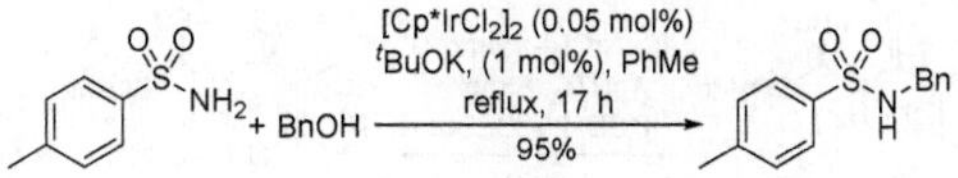

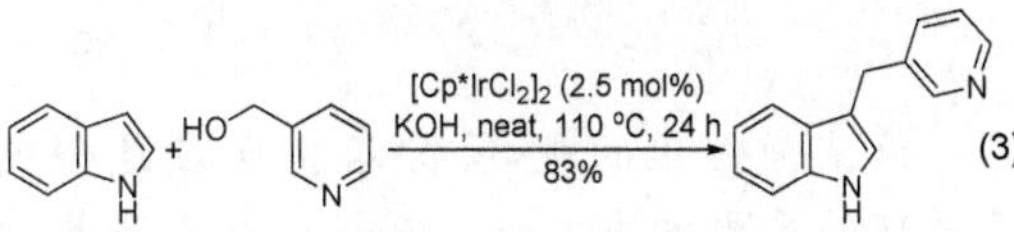

使用 Cs₂CO₃ 作为碱和苯醌作为氧化剂的条件下，该试剂可以催化苄醇的氧化反应。并与其苯环邻位上合适位置的活泼亚甲基进行脱水缩合反应形成碳-碳双键，当邻位杂原子为 O 原子时即可构建苯并呋喃环体系 (式 4)[7]。该反应同样适用于噻吩环和吲哚环的合成。该试剂也能催化苯胺和 1,2-二醇反应生成吲哚[8]，催化醇和邻氨基苯甲酰胺一锅法合成喹唑啉-4-酮 (式 5)[9]。

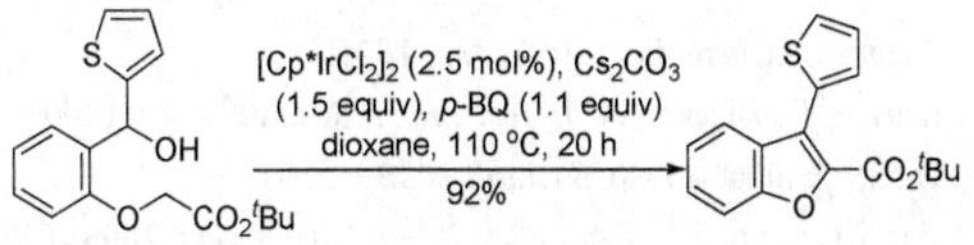

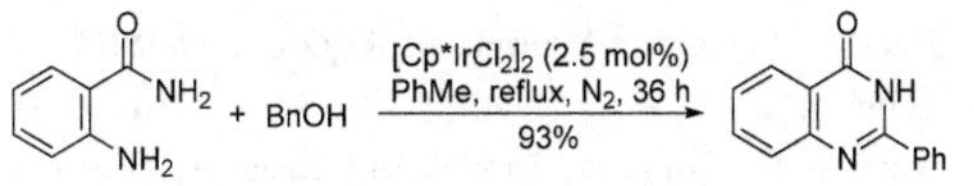

该试剂能够催化两分子邻炔基苯胺的二聚环化反应生成 2,2′-联吲哚 (式 6)[10]。与前述氧化-缩合策略不同的是，该反应经由独特的铱卡宾中间体而实现环化反应。

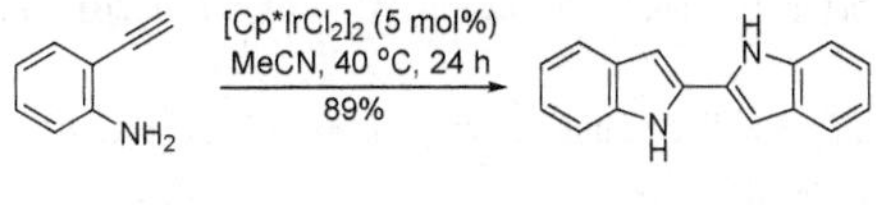

该试剂也被广泛地应用于碳-氢键的活化、官能团化和环化反应。例如：该试剂与 AgNTf₂ 的组合的催化体系能够有效地催化酰胺邻位的碳-氢键活化，并与酰基叠氮反应实现碳-氢键的酰胺化反应 (式 7)[11]。反应对含肽的定位基以及其它类型的定位基 (酮和

腙）也适用。使用酰基叠氮作为胺源和 O-甲基肟作为定位基，该体系也能实现更具挑战性的甲基的 sp^3 碳-氢键的活化和酰胺化[12]。此外，该试剂还被应用于催化碳-氢键的炔基化反应[13]。

$$(7)$$

该试剂催化的碳-氢键活化反应是合成苯并环的重要方法之一。例如：在乙酰基的定向下，其苯环邻位的碳-氢键被活化生成的 C—Ir 键。然后，再与分子内邻位基团上的烯醇羟基进行加成反应后，脱水生成苯并呋喃 (式 8)[14]。

$$(8)$$

参 考 文 献

[1] Suzuki, T. *Chem. Rev.* **2011**, *111*, 1825.

[2] Ikariya, T.; Blacker, A. J. *Acc. Chem. Res.* **2007**, *40*, 1300.

[3] Pan, S.; Shibata, T. *ACS Catal.* **2013**, *3*, 704.

[4] Jiang, B.; Feng, Y.; Ison, E. A. *J. Am. Chem. Soc.* **2008**, *130*, 14462.

[5] Zhu, M.; Fujita, K.; Yamaguchi, R. *Org. Lett.* **2010**, *12*, 1336.

[6] Whitney, S.; Grigg, R.; Derrick, A.; Keep, A. *Org. Lett.* **2007**, *9*, 3299.

[7] Anxionnat, B.; Pardo, D. G.; Ricci, G.; et al. *Org. Lett.* **2013**, *15*, 3876.

[8] Tursky, M.; Lorentz-Petersen, L. L. R.; Olsen, L. B.; Madsen, R. *Org. Biomol. Chem.* **2010**, *8*, 5576.

[9] Zhou, J.; Fang, J. *J. Org. Chem.* **2011**, *76*, 7730.

[10] Kumaran, E.; Fan, W. Y.; Leong, W. K. *Org. Lett.* **2014**, *16*, 1342.

[11] Ryu, J.; Kwak, J.; Shin, K.; et al. *J. Am. Chem. Soc.* **2013**, *135*, 12861.

[12] Kang, T.; Kim, Y.; Lee, D.; et al. *J. Am. Chem. Soc.* **2014**, *136*, 4141.

[13] Xie, F.; Qi, Z.; Yu, S.; Li, X. *J. Am. Chem. Soc.* **2014**, *136*, 4780.

[14] Shibata, T.; Hashimoto, Y.; Otsuka, M.; et al. *Synlett* **2011**, *14*, 2075.

[华瑞茂，清华大学化学系；HRM]

二氯亚甲基二甲基氯化铵

【英文名称】 *N*-Dichloromethylene-*N,N*-dimethyliminium chloride

【分子式】 $C_3H_6Cl_3N$

【分子量】 162.45

【CAS 登录号】 [33842-02-3]

【缩写和别名】 PI，Phosgeniminium chloride

【结构式】

【物理性质】 白色固体，mp $-186\ ^\circ C$。溶于液态 SO_2、氯化亚砜、硝基甲烷和乙腈等有机溶剂中；微溶于氯仿、二氯甲烷和多氯乙烷；不溶于苯、乙醚和甲苯。在四氢呋喃和二氧六环中缓慢分解，在质子性溶剂和 DMSO 中剧烈反应。

【制备和商品】 国内外试剂公司均有销售，产品中可能存在二甲氨基甲酰氯和 HCl 复合物。该化合物可通过福美双的氯化反应制备，可以采用氯气、五氯化磷、光气或磺酰氯[1,2]作为氯化试剂。

【注意事项】 本品对水十分敏感，在无水条件下可保存数年。反应装置需火焰干燥。据报道，其水解产物二甲氨基甲酰氯可致生物突变。

二氯亚甲基二甲基氯化铵 (PI) 由于其分子中双键的极化作用，在亲核氯代反应中比光气、二氯亚甲基甲胺 ($Cl_2C{=}NMe$) 等具有更强的反应活性[1]，能够与醇、胺和硫醇类试剂发生反应。

在 $0\ ^\circ C$ 下，向硒试剂 LiAlHSeH 的四氢呋喃溶液中加入 PI，生成 *N,N*-二甲基硒代甲酰氯中间体。其与亲核试剂如烷基硫醇锂、烷基硒醇锂和胺等反应，可得到硒代氨基甲酸硫酯、二硒代氨基甲酸酯和硒脲等产物 (式 1)[3~5]。

$$\text{LiAlHSeH} \xrightarrow[\text{0 °C, 1.5 h}]{\text{PI, THF}} \left[\begin{array}{c} \text{Se} \\ \text{N} \end{array} \text{Cl} \right] \tag{1}$$

二硒醚和硒醇在化学、生物化学和材料化学中起着重要作用，硒酚作为配体在无机化学和超分子化学中也有着广泛的应用。但合成含硒化合物的方法很有限，PI 为合成含硒化合物提供了一种重要方法。Newman-Kwart 重排可将苯酚转变为苯硫酚，利用 PI 结合 Newman-Kwart 重排可将苯酚转变为硒酚[6,7]。该方法对苯环上含强吸电子基团的苯酚转换率高，但是对苯环上含给电子的苯酚转换较差，甚至不发生重排 (式 2)[7]。

$$\tag{2}$$

作为一种强的氯代试剂，一分子 PI 能够将一分子三级胺转换为酰胺氯化物。氯代酰胺进一步与另一分子 PI 反应得到具有广泛用途的化合物 **A**[1,8]，接着与脒反应，所得产物是一种重要的配体 (式 3)[9]。

$$\tag{3}$$

含氮杂环化合物具有重要的应用价值，尤其在药物化学中受到广泛的关注。PI 能够与邻苯二胺、邻氨基苯酚和邻氨基苯硫酚等化合物反应，生成相应的含氮杂环产物[10,11]。酯基和氰基在预先与 HCl 形成加合物后也能发生该反应 (式 4)[12]。

$$\tag{4}$$

参 考 文 献

[1] Janousek, Z.; Viehe, H. G. *Angew. Chem. Int. Ed.* **1971**, *10*, 573.

[2] Vilkas, M.; Qasmi, D. *Synth. Commun.* **1990**, *20*, 2769.

[3] Ishihara, H.; Koketsu, M.; Fukuta, Y.; Nada, F. *J. Am. Chem. Soc.* **2001**, *123*, 8408.

[4] Koketsu, M.; Fukuta, Y.; Ishihara, H. *J. Org. Chem.* **2002**, *67*, 1008.

[5] Sivapriya, K.; Suguna, P.; Banerjee, A.; et al. *Bioorg. Med. Chem. Lett.* **2007**, *17*, 6387.

[6] Sorensen, A.; Rasmussen, B.; Agarwal, S.; et al. *Angew. Chem. Int. Ed.* **2013**, *52*, 12346

[7] Sorensen, A.; Rasmussen, B.; Pittelkow, M. *J. Org. Chem.* **2015**, *80*, 3852.

[8] de Voghel, G. J.; Eggerichs, T. L.; Janousek, Z.; Viehe, H. G. *J. Org. Chem.* **1974**, *39*, 1233.

[9] Regnier, V.; Planet, Y.; Moore, C. E.; et al. *Angew. Chem. Int. Ed. Engl.* **2017**, *56*, 1031.

[10] Hamaguchi, W.; Masuda, N.; Isomura, M.; et al. *Bioorg. Med. Chem.* **2013**, *21*, 7612.

[11] Zambon, A.; Menard, D.; Suijkerbuijk, B. M.; et al. *J. Med. Chem.* **2010**, *53*, 5639.

[12] Schenone, S.; Brullo, C.; Bruno, O.; et al. *Eur. J. Med. Chem.* **2008**, *43*, 2665.

[李友山，付华*，清华大学化学系；FH]

二氯乙烯酮

【英文名称】 Dichloroketene

【分子式】 C_2Cl_2O

【分子量】 110.93

【CAS 登录号】 [4591-28-0]

【结构式】

【制备和商品】 目前该化合物没有商品化。一般在实验室中自行制备。常用的方法为：在锌/铜试剂存在下采用三氯乙酰氯脱卤或在三乙胺存在下采用二氯乙酰氯脱氯化氢制备[1]，通常原位进行下一步反应。

【注意事项】 该化合物极易二聚或多聚，因此制备后应立即使用，浓度不可过高，注意体系中应做好无水处理。

二氯乙烯酮可与烯烃发生环加成反应，同时引入两个氯原子。得到的中间体能继续进行官能化，合成更为复杂的结构。

在超声条件下，三氯乙酰氯与锌铜试剂反应可生成二氯乙烯酮，原位与 3-甲基-1-(三甲基硅基)-2-丁烯发生环加成反应 (式 1)[2]。这种环加成反应具有立体专一性。采用顺、反式的 2-丁烯为底物可得到不同的 [2+2] 环加成产物[3,4]。

$$Cl_3CCOCl, Zn(Cu) \quad Et_2O, rt, 超声, 1 h \quad 72\%$$

(1)

在三乙胺的作用下，二氯乙酰氯也能转化为二氯乙烯酮。将环戊二烯与二氯乙酰氯溶于正己烷中，向溶液中滴加三乙胺的正己烷溶液，氮气保护条件下搅拌即可得到环戊二烯与二氯乙烯酮 [2+2] 环加成的产物 (式 2)[5]。

$$Et_3N, C_6H_{14}, rt, 15 h \quad 85\%$$

(2)

二氯乙烯酮在与一些结构比较特殊的烯烃发生反应时，会发生扩环反应[6,7]。如式 3 所示[6]：N-苄基-2-烯基哌啶与原位生成的二氯乙烯酮反应，并没有得到 [2+2] 环加成的产物，而是得到了一个十元环化合物。

$$Cl_3CCOCl, Zn(Cu) \quad THF, reflux, 3 h \quad 96\%$$

(3)

利用二氯乙烯酮与不饱和键的环加成反应可合成一些新颖的结构。如式 4 所示[8]：肉桂醛分子中的羰基与原位生成的二氯乙烯酮可发生 [2+2] 环加成反应，生成内酯中间体，然后脱除一分子二氧化碳后形成二氯代的共轭二烯。

$$Cl_3CCOCl, Zn(Cu), Et_2O, rt, 12 h$$

$$\xrightarrow{-CO_2} \quad 35\%$$

(4)

二氯乙烯酮与 α,β 不饱和亚砜反应，可发生 Pummerer 重排[9~11]。当以 2-(对甲苯亚磺酰基)环戊-2-烯酮为底物时，在乙醚中与原位生成的二氯乙烯酮回流，即可得到重排产物 (式 5)[9]。

$$Cl_2CHCOCl, Et_3N \quad Et_2O, reflux, 15 min$$

$$45\%$$

(5)

二氯乙烯酮与亚胺也可发生 [2+2] 环加成反应[12,13]。当分子内存在两个碳-氮双键时，反应还会表现出一定的区域选择性[13]。当底物为 α,β-不饱和亚胺时，可发生 [4+2] 环加成反应[14]。以肉桂醛和苯胺生成的亚胺为底物，在三乙胺存在下于乙醚中反应 1 h，将二氯乙酰氯滴入上述溶液中，搅拌约 0.5 h，可得到 2H-吡啶酮衍生物 (式 6)[14]。

$$Cl_2CHCOCl, Et_3N, Et_2O, rt, 0.5 h \quad 49\%$$

(6)

参 考 文 献

[1] Ghosez, L.; Montaigne, R.; Roussel, A.; et al. *Tetrahedron* **1971**, *27*, 615.

[2] Matsuo, J. J.; Kawano, M.; Okuno, R.; Ishibashi, H. *Org. Lett.* **2010**, *12*, 3960.

[3] Deprés, J. P.; Coelho, F.; Greene, A. E. *J. Org. Chem.* **1985**, *50*, 1972.

[4] Krepski, L. R.; Hassner, A. *J. Org. Chem.* **1978**, *43*, 2879.

[5] Grieco, P. A. *J. Org. Chem.* **1972**, *37*, 2363.

[6] Edstrom, E. D. *J. Am. Chem. Soc.* **1991**, *113*, 6690.

[7] Johnston, B. D.; Czyzewska, E.; Oehlschlager, A. C. *J. Org. Chem.* **1987**, *52*, 3693.

[8] Brady, W. T.; Saidi, K. *J. Org. Chem.* **1979**, *44*, 733.

[9] Posner, G. H.; Asirvatham, E.; Ali, S. F. *J. Chem. Soc., Chem. Commun.* **1985**, *9*, 542.

[10] Marino, J. P.; Perez, A. D. *J. Am. Chem. Soc.* **1984**, *106*, 7643.

[11] Marino, J. P.; Neisser, M. *J. Am. Chem. Soc.* **1981**, *103*, 7687.

[12] Still, I. W. J.; Brown, W. L.; Colville, R. J.; Kutney, G. W. *Can. J. Chem.* **1984**, *62*, 586.

[13] Abbiati, G.; Rossi, E. *Tetrahedron* **2001**, *57*, 7205.

[14] Brady, W. T.; Shieh, C. H. *J. Org. Chem.* **1983**, *48*, 2499.

[张皓，付华*，清华大学化学系；FH]

2,5-二羟基-1,4-二噻烷

【英文名称】 1,4-Dithiane-2,5-diol

【分子式】 $C_4H_8O_2S_2$

【分子量】 152.24

【CAS 登录号】 [40018-26-6]

【缩写和别名】 1,4-二硫-2,5-二醇，2,5-二羟基二噻烷

【结构式】

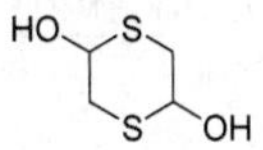

【物理性质】 白色至浅黄色结晶粉末，mp 141~146 ℃。暴露在空气中有特殊的臭味。微溶于水，易溶于乙醇、二氯甲烷、四氢呋喃等有机溶剂。

【制备和商品】 大型跨国试剂公司均有销售。

【注意事项】 应避免接触皮肤。万一接触眼睛，应立即用大量的水冲洗并送医就诊。

在碱性条件下，由 2,5-二羟基-1,4-二噻烷可以生成 2-巯基乙醛。2-巯基乙醛同时具有亲核性和亲电性，常被用于亲电反应和亲核反应中生成许多重要的杂环化合物。

合成噁噻嗪类化合物 芳甲酰氯肟与 2,5-二羟基-1,4-二噻烷在三乙胺作用下，于室温反应可生成噁噻嗪类化合物 (式 1)[1]。

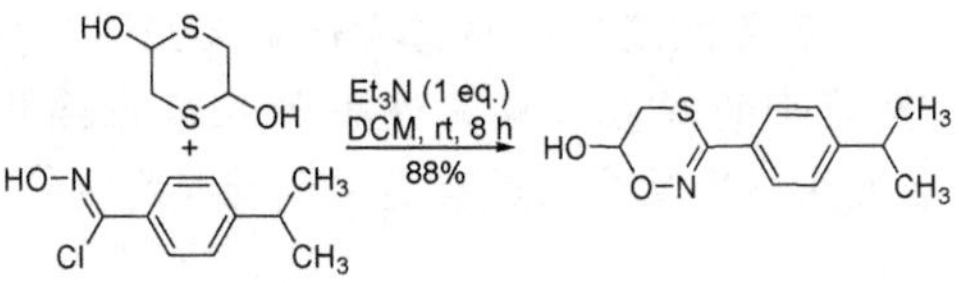

合成噻吩类化合物 在 *N*-甲基哌嗪功能化腈纶纤维的催化下，2,5-二羟基-1,4-二噻烷

与氰基乙酸酯经过 Gewald 反应生成 2-氨基噻吩类化合物 (式 2)[2]。在三乙胺的作用下，2,5-二羟基-1,4-二噻烷与丙二腈在微波促进下反应，生成 2-氨基3-氰基噻吩 (式 3)[3]。

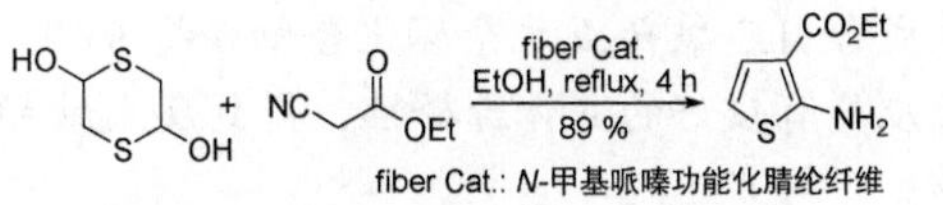

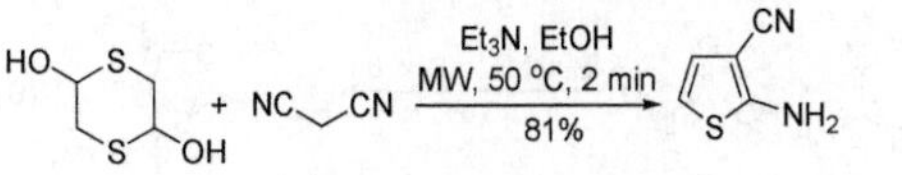

在手性试剂的催化作用下，2,5-二羟基-1,4-二噻烷与查耳酮经过 Michael 反应和分子内羟醛缩合反应生成手性多取代的四氢噻吩类化合物 (式 4)[4]。

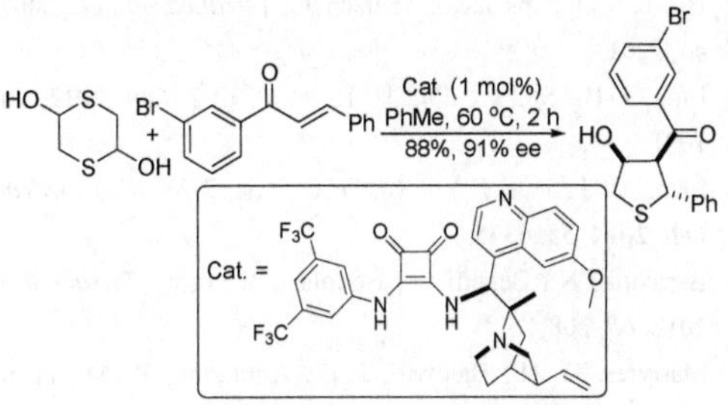

2,5-二羟基-1,4-二噻烷与取代亚苄基四氢萘酮反应生成具有四氢噻吩结构的苯并螺环化合物 (式 5)[5]。而其与不饱和环酮反应时，则生成含四氢噻吩双环结构的化合物 (式 6)[6]。

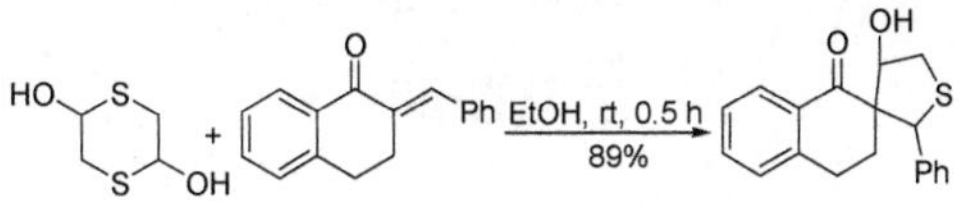

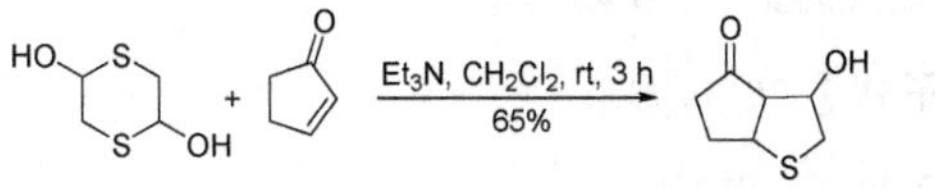

2,5-二羟基-1,4-二噻烷也可以与不饱和膦酸二酯反应，生成合成青霉素类似物的关键中间体二氢噻唑-3-甲酸乙酯 (式 7)[7]。而 2,5-二羟基-1,4-二噻烷与饱和膦酸二酯反应主要生成 γ-巯基不饱和羧酸酯 (式 8)[8]。

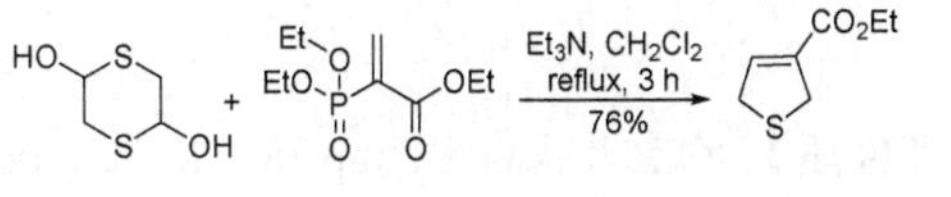

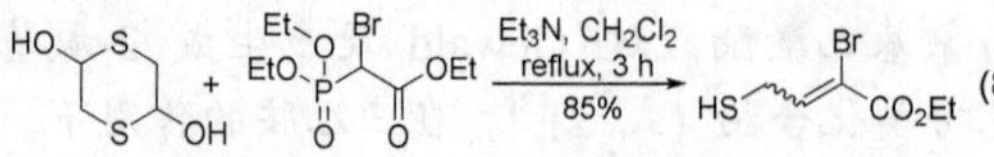

$$(8)$$

合成含氧、硫五元杂环化合物 2,5-二羟基-1,4-二噻烷与乙醛酸在温和的反应条件下可以生成含 1,3-氧硫五元杂环化合物 (式 9)[9]。该反应具有较好的立体选择性，得到反式结构产物。

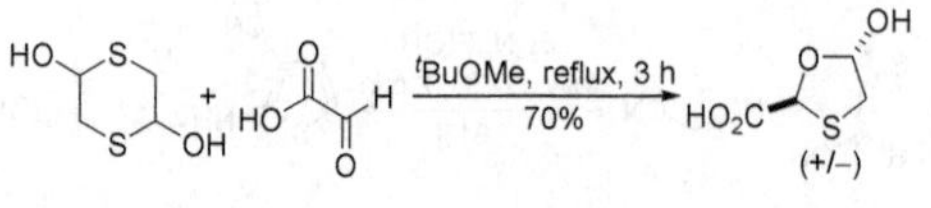

$$(9)$$

参 考 文 献

[1] Kumar, S. V.; Perumal, S. *Tetrahedron Lett.* **2014**, *55*, 3761.

[2] Ma, L. C.; Yuan, L. W.; Xu, C. Z.; et al. *Synthesis* **2013**, *45*, 45.

[3] Hesse, S.; Perspicace, E.; Kirsch, G. *Tetrahedron Lett.* **2007**, *48*, 5261.

[4] Ling, J. B.; Su, Y.; Zhu, H. L.; et al. *Org. Lett.* **2012**, *14*, 1091.

[5] Liang, J. J.; Pan, J. Y.; Xu, D. C.; Xie, J. W. *Tetrahedron Lett.* **2014**, *55*, 6335.

[6] Baricordi, N.; Benetti, S.; Bertolasi, V.; et al. *Tetrahedron* **2012**, *68*, 208.

[7] Martyres, D. H.; Baldwin, J. E.; Adlington, R. M.; et al. *Tetrahedron* **2001**, *57*, 4999.

[8] Barco, A.; Baricordi, N.; Benetti, S.; et al. *Tetrahedron Lett.* **2006**, *47*, 8087.

[9] Goodyear, M. D.; Hill, M. L.; West, J. P.; Whitehead, A. J. *Tetrahedron Lett.* **2005**, *46*, 8535.

[李艳，王存德，扬州大学化学化工学院；HYF]

二氢茚酮

【英文名称】 1-Indanone

【分子式】 C_9H_8O

【分子量】 132.16

【CAS 登录号】 [83-33-0]

【缩写和别名】 IDO，2,3-dihydroinden-1-one

【结构式】

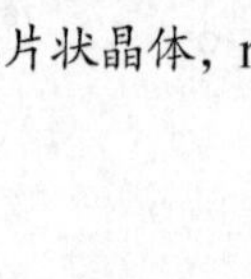

【物理性质】 白色片状晶体，mp 38～40 ℃，bp

243～245 ℃ (微分解)，ρ 1.103 g/cm³。在水中的溶解度为 6.5 g/L (20 ℃)，溶于乙醇和氯仿。

【制备和商品】 该试剂在国内外化学试剂公司均有销售。

【注意事项】 遇明火、热、氧化剂易燃，热分解会产生辛辣刺激烟雾。应在低温通风干燥处存放，远离明火、高温，与氧化剂分开存放。应佩戴相应的防护用具，在通风橱中操作。

————————————————————

1-二氢茚酮又名苯并环戊酮，环戊酮作为烷基酮可以与不含 α-氢的醛类发生克莱森-施密特缩合反应[1]。如式 1 所示[2]：1-二氢茚酮可以与对甲氧基苯甲醛反应得到 α,β 不饱和羰基化合物。

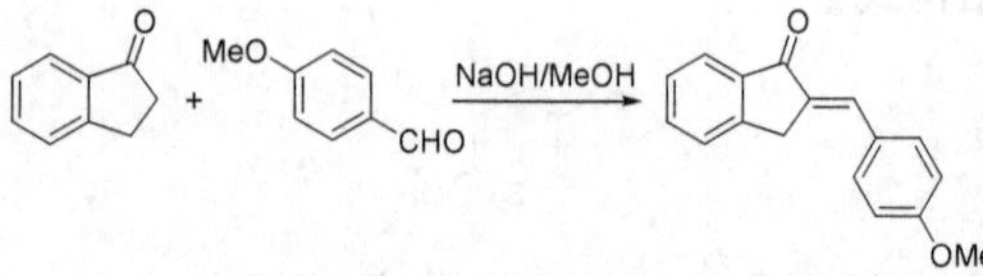

$$(1)$$

1-二氢茚酮在羰基的 α-位有活泼的氢原子。这种具有 α-活泼氢的酮在酸或碱的作用下，可以发生羟醛缩合反应[3]。如式 2 所示[4]：两分子的 1-二氢茚酮在催化剂的作用下，发生羟醛缩合生成烯酮。

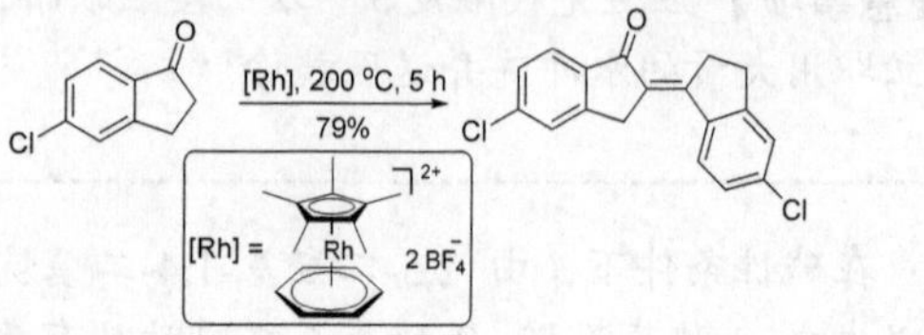

$$(2)$$

使用 NCS 可以在 1-二氢茚酮羰基的 α 位引入氯原子 (式 3)[5]。

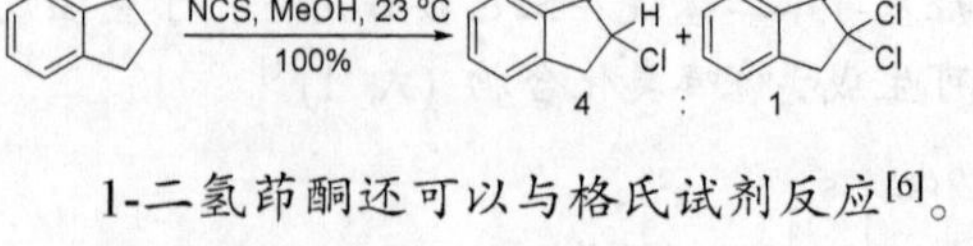

$$(3)$$

1-二氢茚酮还可以与格氏试剂反应[6]。在1-二氢茚酮的四氢呋喃溶液中加入苯基溴化镁，会发生格氏反应生成醇类化合物 (式 4)[7]。

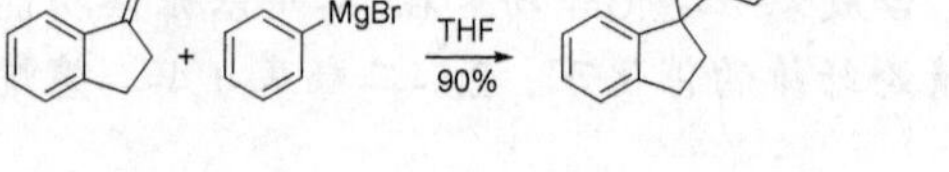

$$(4)$$

如式 5 所示[8]：1-二氢茚酮可以在水中发生多相不对称加氢反应。

$$
\begin{array}{c}
\text{[RuCl}_2(\text{p-cymene})]_2, \text{ L, HCO}_2\text{Na} \\
\underline{\text{TBAB, H}_2\text{O}} \\
99\%
\end{array} \quad (5)
$$

L = 结构 (Ph, Ph, H$_2$N, HN-SO$_2$—SBA-15)

1-二氢茚酮是含有 –CH$_2$CO– 官能团的烷基酮，邻氨基苯甲醛或酮与任何含有 –CH$_2$CO– 原子团的脂肪族醛或酮能发生 Friedlander 喹啉环化反应，生成喹啉衍生物[9]。如式 6 所示[10]：1-二氢茚酮可以与邻氨基苯甲醛反应生成相应的喹啉衍生物。

$$
\xrightarrow{\text{KOH, EtOH}} \quad 89\% \quad (6)
$$

两分子 1-二氢茚酮与一分子醛在微波的条件下能够发生类 Kroehnke 反应 (式 7)[11]。

$$
2 \quad + \quad \xrightarrow[\text{H}_2\text{O, MW}]{\text{NH}_4\text{OAc}} \quad 96\% \quad (7)
$$

参 考 文 献

[1] (a) Rothenberg, G.; Downie, A. P.; Raston, C. L.; Scott, J. L. *J. Am. Chem. Soc.* 2001, *123*, 8701. (b) Mueller, T.; Badu-Tawiah, A.; Cooks, R. *Angew. Chem.* 2012, *124*, 12075. (c) Charris, J.; Dominguez, J.; Gamboa, N.; et al. *Eur. J. Med. Chem.* 2005, *40*, 875.

[2] Bansal, R.; Narang, G.; Hartmann, R.; Zimmer, C. *Med. Chem. Res.* 2011, *20*. 661.

[3] (a)Carrignon, C.; Goettmann, F.; Antonietti, M.; Makowski, P. *Tetrahedron Lett.* 2009, *50*, 4833. (b) Klein, C.; Nitsche, C.; Steuer, C. *Bioorg. Med. Chem.* 2011, *19*, 7318. (c) Chen, W.; Liao, Y.; Yuan, W.; et al. *Green Chem.* 2009, *11*, 1465.

[4] Naota, T.; Takaya, H.; Terai, H. *Tetrahedron Lett.* 2006, *47*, 1705.

[5] Bentley, P. A.; Du, J.; Mei, Y. *Tetrahedron Lett.* 2008, *49*, 3802.

[6] (a) Cook, L.; Coville, N.; De Koning, C.; et al. *J. Organomet. Chem.* 2000, *616*, 112. (b) Greco, T.; Hamann, H.; Liebscher, J.; Wlosnewski, A. *Eur. J. Org. Chem.* 2006, *9*, 2174.

[7] Chang, M.; Lee, N. *J. Chin. Chem. Soc.* 2011, *58*, 306.

[8] Liu, P. N.; Tu, Y. Q.; Wang, S. H.; Deng, J. G. *Chem. Commun.* 2004, *18*, 2070.

[9] (a) Fernandez-Mato, A.; Peinador, C.; Platas-Iglesias, C.; Quintela, J. *Tetrahedron* 2011, *67*, 2035. (b) Asghariganjeh, M.; Azizian, J.; Hadadzahmatkesh, A.; Mohammadi, A. *Heterocycles* 2008, *75*, 947. (c) Jachak, M.; Patil, S.; Rote, R.; et al. *J. Fluoresc.* 2011, *21*, 1033.

[10] Mierde, H.; Van Der Voort, P.; Verpoort, F.; De Vos, D. *Eur. J. Org. Chem.* 2008, *9*, 1652.

[11] Jia, R.; Jiang, B.; Tu, S.; et al. *Tetrahedron* 2007, *63*, 381.

[刘海兰，河北师范大学化学与材料科学学院；XCJ]

4,5-二氰基咪唑

【英文名称】 4,5-Dicyanoimidazole

【分子式】 C$_5$H$_2$N$_4$

【分子量】 118.10

【CAS 登录号】 [1122-28-7]

【缩写和别名】 DCI，4,5-Dicyano-1*H*-imidazole，1*H*-imidazole-4,5-dicarbonitrile

【结构式】

【物理性质】 灰白色至褐色粉末，mp 175~176°C，ρ 0.791 g/cm^3，溶于乙腈等有机溶剂。

【制备和商品】 国内外各大试剂公司均有销售。

【注意事项】 该化合物具有刺激性，与皮肤接触或吸入、吞咽均对人体有害，应佩戴相应防护用具，在通风橱中操作。本品的乙腈溶液易吸湿，应在惰性气体环境中保存，避免与氧化剂接触。

4,5-二氰基咪唑 (DCI) 可用于合成亚磷酰胺，常与氰乙基四异丙基磷酰二胺一起使用 (式 1)[1]。

$$
\xrightarrow{\text{CH}_2\text{Cl}_2, \text{ DCI, 4 h}} \quad 90\% \quad (1)
$$

DCI 也可用于乙酰基保护的吡喃糖核苷的合成中。该反应不需要溶剂，具有较好的立体选择性 (式 2)[2]。

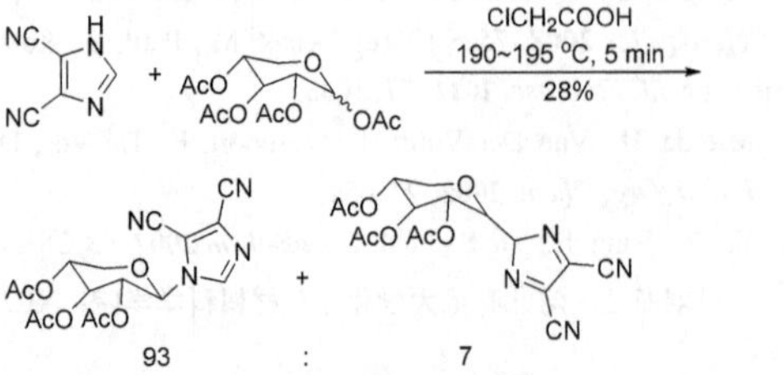

$$(2)$$

$$93 \quad : \quad 7$$

利用 DCI 的两个氰基与胍反应，可合成七元含氮杂环化合物 (式 3)[3]。

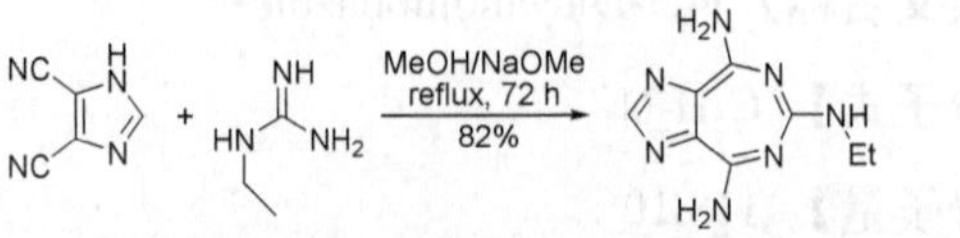

$$(3)$$

由于 DCI 分子中氮上有活泼氢存在，可以发生取代反应。如式 4 所示[3,4]：DCI 与苄氯可发生 N-苄基化反应。使用硫酸二甲酯也可对 DCI 进行甲基化反应[5]。

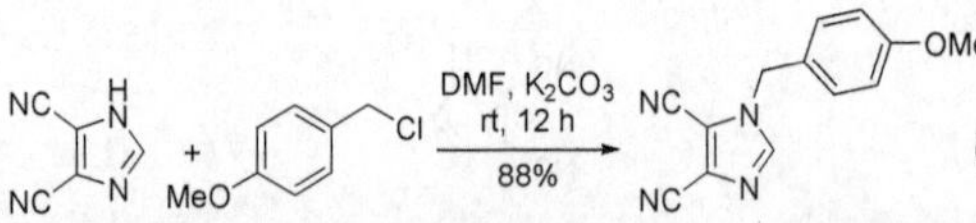

$$(4)$$

DCI 可用于过渡金属催化的碳-氢键活化中，来实现碳-氮键的构建[6,7]。在过氧叔丁醚 (DTBP) 的存在下，以氯化亚铁为催化剂，DCI 与 N,N-二甲基乙酰胺反应，可得到与氮上甲基相连的偶联产物 (式 5)[6]。在相似的条件下，二苯甲烷中的亚甲基也能够被活化，从而实现碳-氮键的构建 (式 6)[7]。

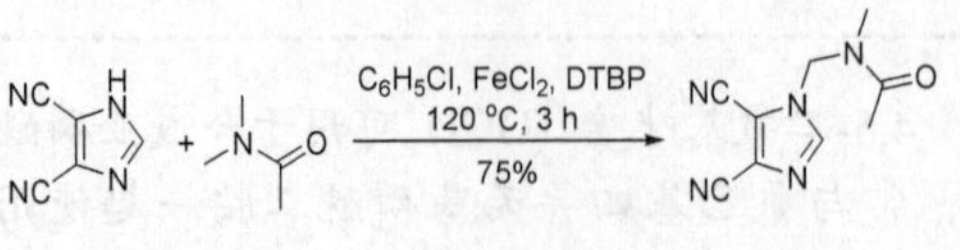

$$(5)$$

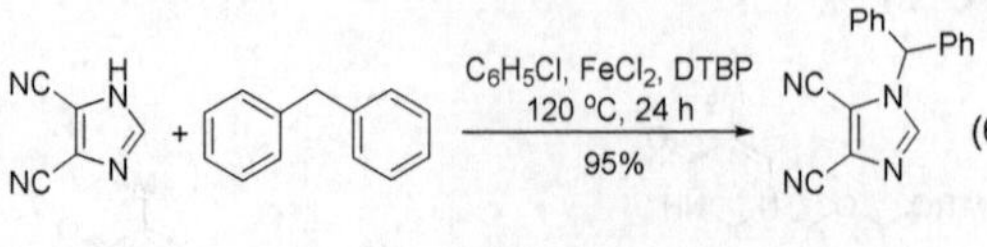

$$(6)$$

参 考 文 献

[1] Zhang, N.; Tan, C. Y.; Cai, P. Q.; et al. *Tetrahedron Lett.* **2008**, *49*, 3570.

[2] Ferris, J. P.; Devadas, B.; Huang, C. H.; Ren, W. Y. *J. Org. Chem.* **1985**, *50*, 747.

[3] Xie, M.; Ujjinamatada, R. K.; Sadowska, M.; et al. *Bioorg. Med. Chem. Lett.* **2010**, *20*, 4386.

[4] Barbero, N.; Martin, R. S.; Domínguez, E. *Org. Biomol. Chem.* **2010**, *8*, 841.

[5] Collman, J. P.; Yan, Y. L.; Lei, J. P.; Dinolfo, P. H. *Org. Lett.* **2006**, *8*, 923.

[6] Xia, Q. Q.; Chen, W. Z. *J. Org. Chem.* **2012**, *77*, 9366.

[7] Xia, Q. Q.; Chen, W. Z.; Qiu, H. Y. *J. Org. Chem.* **2011**, *76*, 7577.

[张皓，付华*，清华大学化学系；FH]

二(三氟甲基磺酸)锡

【英文名称】 Tin(Ⅱ) trifluoromethanesulfonate

【分子式】 $C_2F_6O_6S_2Sn$

【分子量】 416.82

【CAS 登录号】 [62086-04-8]

【缩写和别名】 $Sn(OTf)_2$，Tin Triflate，三氟甲基磺酸锡，三氟甲烷磺酸(亚)锡

【结构式】

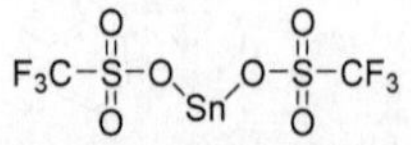

【物理性质】 白色至黄色粉末，易吸潮，bp≥300 ℃。溶于大多数常用有机溶剂。

【制备和商品】 国内外化学试剂公司均有销售。商品试剂有不同纯度，如 90.0%、98%、99% 等。根据不同的浓度，产品包装也有不同规格，从 1 g、5 g 到 25 g 不等。实验室主要由无水 $SnCl_2$ 与 HSO_3CF_3 反应制备 (式 1)[1]。

$$SnCl_2 + HSO_3CF_3 \xrightarrow{25\sim100\ ℃,\ 48\ h} Sn(SO_3CF_3)_2 + 2HCl \quad (1)$$

【注意事项】 该试剂对氧化物、酸、水敏感。存放在密封容器内，并放在低温、阴凉、干燥处。远离氧化剂、水源，切勿与酸性物质存放在一起。

三氟甲基磺酸锡中的 $CF_3SO_3^-$ 具有较强的热力学及化学稳定性，使得三氟甲磺酸锡在

有机化学反应中发挥着重要作用。与传统的催化剂相比，$Sn(OTf)_2$ 是一种环境友好的催化剂，不需要添加浓盐酸等任何辅助催化剂就具有良好的催化活性[2~4]。

$Sn(OTf)_2$ 能高效地催化脂肪醛与环丙烷的 [2+3] 环加成反应，定量地得到相应的产物，而且产物的立体构型保持不变 (式 2)[5]。

$$(2)$$

在手性配体的辅助下，$Sn(OTf)_2$ 催化烯醇硅醚与醛的不对称 Aldol 反应，可以很好地控制产物的立体选择性 (式 3)[6]。

$$(3)$$

$Sn(OTf)_2$ 作为 Lewis 酸可以催化芳烃的傅-克酰基化反应。传统的傅-克酰基化反应需要加入化学计量的 $AlCl_3$。而使用催化剂量的 $Sn(OTf)_2$，在 $LiClO_4$ 的辅助下可得到产物 **A**；不添加 $LiClO_4$ 时则主要得到产物 **B** (式 4)[7]。

$$(4)$$

$Sn(OTf)_2$ 能有效地催化 2-甲基苯乙烯与 *N*-对甲苯磺酰基芳香醛亚胺的亲核加成反应 (式 5)[8]。

$$(5)$$

以糖基醋酸酯提供糖基供体，三芳氧基硼烷作为糖基受体，可实现芳基上 *O*-糖化反应。在该反应中使用 $Sn(OTf)_2$ 作为 Lewis 催化剂，提高了反应产率，同时也克服了传统合成方法中易形成芳基 *C*-糖化副产物的缺点 (式 6)[9]。

$$(6)$$

$Sn(OTf)_2$ 也可以催化烯醇硅醚的叠氮化反应。如式 7 所示[10]：烯醇硅醚与叠氮化物在 $Sn(OTf)_2$ 的催化下反应，以中等产率得到相应的叠氮化产物。

$$(7)$$

参 考 文 献

[1] Batchelor, R. J.; Ruddick, J. N. R.; Sams, J. R.; Aubke, F. *Inorg. Chem.* **1977**, *16*, 6.

[2] Coulombel, L.; Favier, I.; Duñach, E. *Chem. Commun.* **2005**, *17*, 2286.

[3] Baldauff, E. A.; Buriak, J. M. *Chem. Commun.* **2004**, *18*, 2028.

[4] Wei, K.; Wang, S. X.; Liu, Z. M.; et al. *Tetrahedron Lett.* **2013**, *54*, 2264.

[5] Pohlhaus, P. D.; Johnson, J. S. *J. Am. Chem. Soc.* **2005**, *127*, 16014.

[6] Kobayashi, S.; Hachiya, I. *J. Org. Chem.* **1992**, *57*, 1325.

[7] Kobayashi, S.; Komoto, I. *Tetrahedron* **2000**, *56*, 6463.

[8] Pandey, M. K.; Bisai, A.; Pandey, A.; Singh, V. K. *Tetrahedron Lett.* **2005**, *46*, 5039.

[9] Yamanoi, T.; Yamazaki, I. *Tetrahedron Lett.* **2001**, *42*, 4009.

[10] Vita, M. V.; Waser, J. *Org. Lett.* **2013**, *15*, 3246.

[朱冰峰，崔秀灵*，郑州大学；XCJ]

1,3-二(2,4,6-三甲基苯基)-1*H*-咪唑盐和 1,3-二(2,4,6-三甲基苯基)-2-咪唑啉亚基卡宾

【英文名称】 1,3-Dimesityl-imidazolium chloride

【分子式】 $C_{21}H_{25}ClN_2$

【分子量】 340.89

【CAS 登录号】 [141556-45-8]

【缩写和别名】 IMes·HCl

【结构式】

【英文名称】　1,3-Dimesityl-imidazolium iodide

【分子式】　$C_{21}H_{25}IN_2$

【分子量】　482.34

【CAS 登录号】　[632366-35-9]

【缩写和别名】　IMes·HI

【结构式】

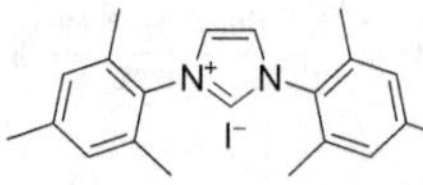

【英文名称】　1,3-Dimesityl-imidazolium tetra-fluoroborate

【分子式】　$C_{21}H_{25}BF_4N_2$

【分子量】　392.24

【CAS 登录号】　[286014-53-7]

【缩写和别名】　IMes·HBF_4

【结构式】

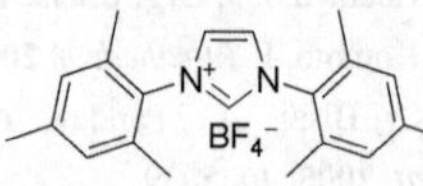

【英文名称】　1,3-Dimesityl-imidazolium hexa-fluorophosphate

【分子式】　$C_{21}H_{25}PF_6N_2$

【分子量】　450.40

【CAS 登录号】　[160256-32-6]

【缩写和别名】　IMes·HPF_6

【结构式】

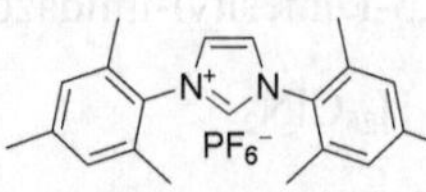

【英文名称】　1,3-Dimesityl-imidazolylidene

【分子式】　$C_{21}H_{24}N_2$

【分子量】　304.43

【CAS 登录号】　[160256-31-5]

【缩写和别名】　Imes

【结构式】

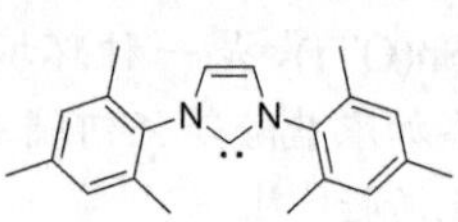

【物理性质】　IMes·HCl: mp 350~352 ℃, 可溶于水、二氯甲烷、丙酮等溶剂, 不溶于乙酸乙酯和乙醚; IMes·HBF_4 和 IMes·HPF_6 可溶于大多数有机溶剂, 不溶于水; IMes 为白色晶体, mp 150~155 ℃[1], 可溶于 THF、苯和甲苯, 不溶于己烷, 与含氯溶剂、丙酮等会发生反应。

【制备和商品】　由于卡宾类化合物不易制备与储存, 一般使用 1,3-二(2,4,6-三甲基苯基)-1H-咪唑盐类化合物作为卡宾源。IMes·HCl 和 IMes·HBF_4 在各大试剂公司均有销售。IMes·HBF_4 和 IMes·HPF_6 也可通过 IMes·HCl 分别与 HBF_4 或 HPF_6 进行阴离子置换得到。纯的 IMes 可由 1,3-二 (2,4,6-三甲基苯基)-1H-咪唑盐类化合物在强碱 (如 KOH、t-BuOK、DBU 等) 的作用下脱去质子, 再于 THF/己烷中重结晶或升华得到。

【注意事项】　IMes 盐类化合物使用时并无特别需要注意之处。IMes 本身使用及储存需要有惰性气体保护。IMes 在氧化环境或者含水的情况下会分解。

　　IMes 属于氮杂环卡宾 (N-heterocyclic carbene, NHC) 类配体。由于有一对孤对电子在一个高能量的 σ 键上, 它相比一般膦配体具有更强的给电子能力。与富电子的金属配位时, 它的 π* 轨道可以接受金属的 d 电子形成反馈键; 与 d 电子较少的金属配位时, 它的 π 轨道又可以与金属空的 d 轨道形成配位键。这样的性质让它易于与金属配位, 因而作为配体或者催化剂前体在过渡金属有机化学中被广泛使用。除了作为配体之外, 其自身还能够发生或者催化一些反应。

　　钌配合物　NHC 类配体在提高生成催化剂前体配合物的活性、提高配合物稳定性以及反应活性方面, 相对于膦配体来说都有了很大的突破与提高。其中第二代 Grubbs 催化剂是最早应用的 IMes 与 Ru 形成的配合物 (式 1)[2]。该催化剂在烯烃复分解反应中有着广泛的应用。近几年来开发的一系列其它 Ru 和 IMes 的配合物都具有很高的活性[3]。

$$ (1) $$

钯配合物　NHC 类配体在 Pd 催化的交叉偶联反应 (如 Kumada 反应、Suzuki 反应、Buchwald-Hatwig 反应和 Heck 反应等) 以及催化氢化中被广泛使用。

近年来，许多对空气和湿气不敏感并且有良好反应活性的 Pd(NHC) 类配合物被开发出来。如式 2 所示[4]：Ying 等人合成出 [IMes-Pd(dmba)Cl] 配合物，可以高效地催化 Heck 反应。该配合物易于合成，无需柱色谱分离，并且在空气、湿气中稳定，可以长期保存。

$$ (2) $$

铱配合物　近年来，出现了许多 NHC 配位的铱配合物。Marciniec 等人报道的配合物 [Ir(cod)(IMes)(OSiMe₃)] 在转移氢化及催化加氢等反应上都有着较好的活性 (式 3)[5]。随后 Kerr 等人也合成了 [Ir(cod)(IMes)(PPh₃)] 系列含有膦配体和 NHC 配体的 Ir 配合物，并验证了它们在催化加氢反应上的活性[6]。如式 4 所示[7]：Nolan 等人报道 Ir(I) 与 IMes 的配合物在 O–H、C–H、N–H 键的活化上有着非常好的活性。

$$ (3) $$

$$ (4) $$

银、金配合物　银和 NHC 的配合物易于形成，它主要的作用是通过转金属化反应来制备其它过渡金属配合物。如式 5 所示[8]：Au-IMes 配合物就可以通过 Ag-IMes 配合物

来制备。Au-IMes 配合物也可使用 IMes·HCl 与 NaAuCl₄ 直接制备 (式 6)[9]。Au-IMes 配合物在一些反应中有着显著的特色，如能够催化串联的 [3,3] 重排——分子内芳香碳氢活化的反应[10]、芳香碳氢活化并插入卡宾的反应[11]等。

$$ (5) $$

$$ (6) $$

其它配合物　IMes 作为配体还可与其它金属形成配合物。如 Fe(IMes)(CO)₄ 在芳醛的氢化硅烷化反应中有非常好的产率[12]。IMes·HCl 与 Ni(cod)₂ 原位生成的 Ni(0)-IMes 配合物可催化炔胺、醛与硅烷的三组分偶联反应[13]。此外，IMes 还可与硼、钛、铝、铼、铑等金属形成配合物[14]。

作为催化剂　IMes 除了作为一种良好的配体参与催化反应外，其自身也可以催化一些反应的进行。如式 7 所示[15]：IMes 可以高效地催化苄醇的乙酰化反应。在非活性的酯与氨基醇的氨解反应中，使用催化量的 IMes 也能促进反应的进行 (式 8)[16]。IMes·HCl 还可以催化醛与 α,β 不饱和醛反应生成丁内酯类化合物，该反应具有较高的立体选择性 (式 9)[17]。

$$ (7) $$

$$ (8) $$

$$ (9) $$

参与反应　IMes 可以与许多溶剂发生反应，因此对反应体系的溶剂有着严格的要求。

如式 10 所示[18]：IMes 在有水存在的情况下会发生缓慢的水解。IMes 与四氯化碳可以发生取代反应，得到二氯取代的衍生物 (式 11)[19]。

$$Mes-N \overbrace{\quad}^{} N-Mes + H_2O \longrightarrow Mes-N \quad HN-Mes \qquad (10)$$

$$Mes-N \overbrace{\quad}^{} N-Mes + 2CCl_4 \longrightarrow \underset{Mes}{N} \overset{Cl \quad Cl}{\underset{}{\diagup}} \underset{Mes}{N} + 2CHCl_3 \qquad (11)$$

最近有文献报道，IMes 可以与叠氮化合物反应，得到含有三氮烯结构的化合物 (式 12)[20]。此外，IMes 还可以对碳-磷双键进行加成，得到膦取代的 IMes 衍生物 (式 13)[21]。

$$MeO-\overbrace{\quad}^{}-N_3 + IMes \xrightarrow[99\%]{THF, rt, 16 h} \qquad (12)$$

$$Mes-N \overbrace{\quad}^{} N-Mes + \underset{Mes}{P}=\underset{Ph}{\overset{Ph}{\diagup}} \xrightarrow{THF, \Delta} \qquad (13)$$

参 考 文 献

[1] Arduengo, A. J.; Dias, H. V. R.; Harlow, R. L.; Kline, M. *J. Am. Chem. Soc.* **1992**, *114*, 5530-5534.

[2] Huang, J.; Stevens, E. D.; Nolan, S. P.; Petersen, J. L. *J. Am. Chem. Soc.* **1999**, *121*, 2674-2678.

[3] Luján, C.; Nolan, S. P. *J. Organomet. Chem.* **2011**, *696*, 3935-3938.

[4] Kantchev, E. A. B.; Peh, G.-R.; Zhang, C.; Ying, J. Y. *Org. Lett.* **2008**, *10*, 3949-3952.

[5] Kownacki, I.; Kubicki, M.; Szubert, K.; Marciniec, B. *J. Organomet. Chem.* **2008**, *693*, 321-328.

[6] Bennie, L. S.; Fraser, C. J.; Irvine, S.; et al. *Chem. Commun.* **2011**, *47*, 11653-11655.

[7] Truscott, B. J.; Nelson, D. J.; Lujan, C.; et al. *Chem. Eur. J.* **2013**, *19*, 7904-7916.

[8] de Frémont, P.; Scott, N. M.; Stevens, E. D.; Nolan, S. P. *Organometallics* **2005**, *24*, 2411-2418.

[9] Zhu, S.; Liang, R.; Jiang, H. *Tetrahedron* **2012**, *68*, 7949-7955.

[10] Marion, N.; Díez-González, S.; de Frémont, P.; et al. *Angew. Chem. Int. Ed.* **2006**, *45*, 3647-3650.

[11] Rivilla, I.; Gómez-Emeterio, B. P.; Fructos, M. R.; et al. *Organometallics* **2011**, *30*, 2855-2860.

[12] Warratz, S.; Postigo, L.; Royo, B. *Organometallics* **2013**, *32*, 893-897.

[13] Saito, N.; Katayama, T.; Sato, Y. *Org. Lett.* **2008**, *10*, 3829-3832.

[14] (a) McArthur, D.; Butts, C. P.; Lindsay, D. M. *Chem.*

Commun. **2011**, *47*, 6650-6652; (b) Shukla, P.; Johnson, J. A.; Vidovic, D.; et al. *Chem. Commun.* **2004**, 360-361; (c) Alexander, S. G.; Cole, M. L.; Forsyth, C. M. *Chem. Eur. J.* **2009**, *15*, 9201-9214; (d) Chen, C.-H.; Liu, Y.-H.; Peng, S.-M.; *Dalton Transactions* **2012**, *41*, 2747-2754; (e) Benhamou, L.; Vujkovic, N.; César, V.; *Organometallics* **2010**, *29*, 2616-2630.

[15] Grasa, G. A.; Güveli, T.; Singh, R.; Nolan, S. P. *J. Org. Chem.* **2003**, *68*, 2812-2819.

[16] Movassaghi, M.; Schmidt, M. A. *Org. Lett.* **2005**, *7*, 2453-2456.

[17] Sohn, S. S.; Rosen, E. L.; Bode, J. W. *J. Am. Chem. Soc.* **2004**, *126*, 14370-14371.

[18] Denk, M. K.; Rodezno, J. M.; Gupta, S.; Lough, A. J. *J. Organomet. Chem.* **2001**, *617-618*, 242-253.

[19] (a) Arduengo, A. J.; Davidson, F.; Dias, H. V. R.; et al. *J. Am. Chem. Soc.* **1997**, *119*, 12742-12749; (b) Arduengo Iii, A. J.; Krafczyk, R.; Schmutzler, R.; et al. *Tetrahedron* **1999**, *55*, 14523-14534.

[20] Tennyson, A. G.; Moorhead, E. J.; Madison, B. L.; et al. *Eur. J. Org. Chem.* **2010**, *2010*, 6277-6282.

[21] Bates, J. I.; Kennepohl, P.; Gates, D. P. *Angew. Chem. Int. Ed.* **2009**, *48*, 9844-9847.

[王波，清华大学化学系；WXY]

(1*S*,1*S'*,2*R*,2*R'*)-(+)-1,1'-二叔丁基[2,2']二磷杂环戊烷

【英文名称】 (1*S*,1*S'*,2*R*,2*R'*)-1,1'-Di-*tert*-butyl-[2,2']-diphospholane

【分子式】 $C_{16}H_{32}P_2$

【分子量】 286.37

【CAS 登录号】 [470480-32-1]

【缩写和别名】 (1*S*,1*S'*,2*R*,2*R'*)-TangPhos

【结构式】

【物理性质】 白色固体。溶于大多数有机溶剂，如二氯甲烷、乙醚和乙酸乙酯等。

【制备和商品】 大型跨国试剂公司均有销售。

【注意事项】 该试剂易被空气氧化，尤其是在被加热时。推荐在惰性气氛下保存。

TangPhos 是由 Zhang 实验室发展出的一个具有刚性骨架的手性双齿膦配体[1,2]，主要被用于铑催化的不对称氢化反应中。此外，TangPhos 也被用于许多其它后过渡金属催化的不对称反应中。最近，TangPhos 作为有机小分子亲核催化剂的应用也有报道。

铑催化的不对称氢化反应　TangPhos 作为手性配体广泛用于铑催化的不对称氢化反应[1,3,4]。其适用的底物主要有：烯胺衍生物、α, β 不饱和羧酸及其衍生物、烯醇衍生物以及亚胺衍生物。反应通常在室温下进行，常用的溶剂有乙酸乙酯、甲醇和四氢呋喃等。一般可获得极高的 ee 值 (>95% ee)。该反应通常是合成手性氨基酸衍生物的首选方法，也是合成一些手性二级醇/胺的优秀选择 (式 1～式 5)。

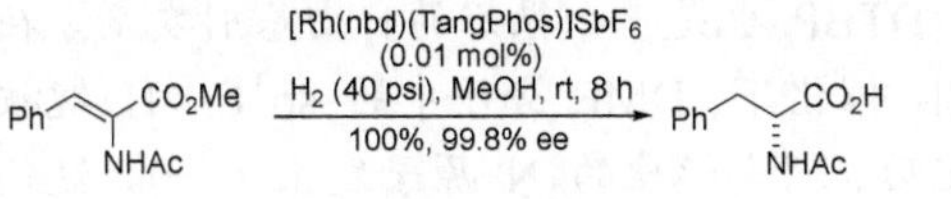

(1)

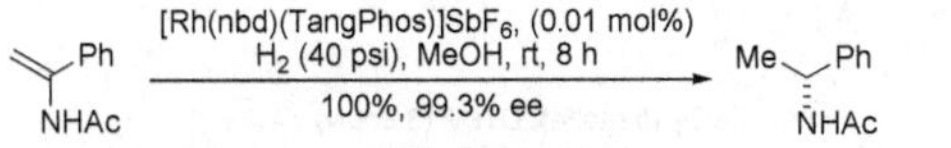

(2)

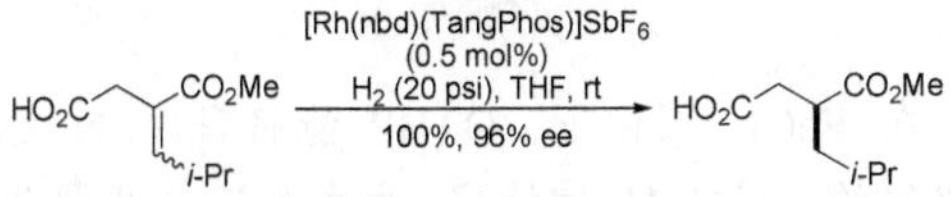

(3)

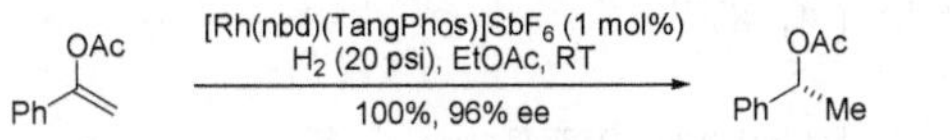

(4)

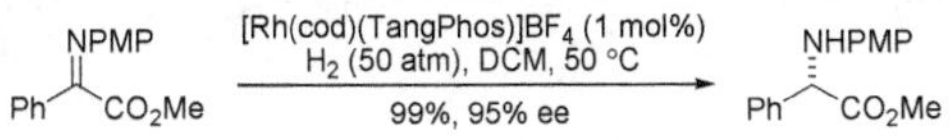

(5)

钯催化的亚胺不对称氢化反应　TangPhos 也可作为手性配体参与钯催化的 N-磺酰基亚胺的不对称氢化反应[5]。使用该方法可以得到磺酰基保护的手性二级胺，是对酶催化、其它过渡金属催化和有机小分子催化亚胺衍生物不对称还原方法的很好补充 (式 6)。

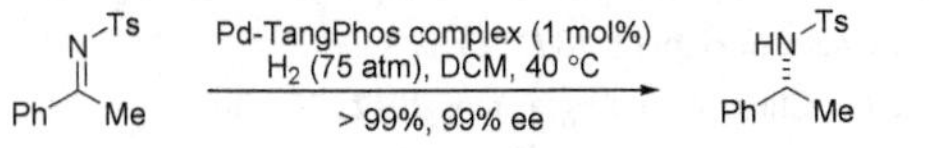

(6)

过渡金属催化的烯烃不对称加成反应　TangPhos 可作为配体参与 Ni、Rh 和 Cu 等金属催化的一系列烯烃不对称官能团化反应，

如芳基-氰基化反应 (arylcyanation)、氢-芳基化反应 (hydroarylation) 以及硼氢化反应等 (式 7～式 9)[6~8]。

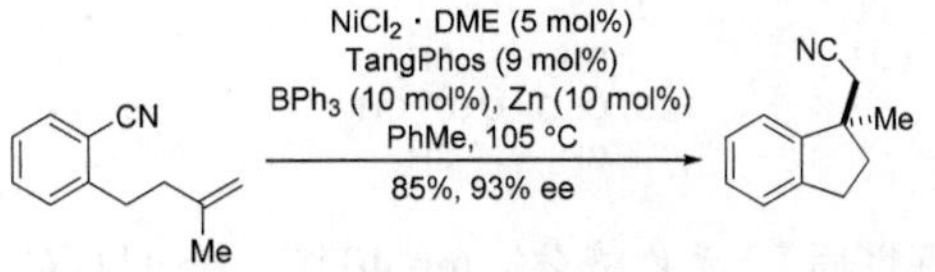

(7)

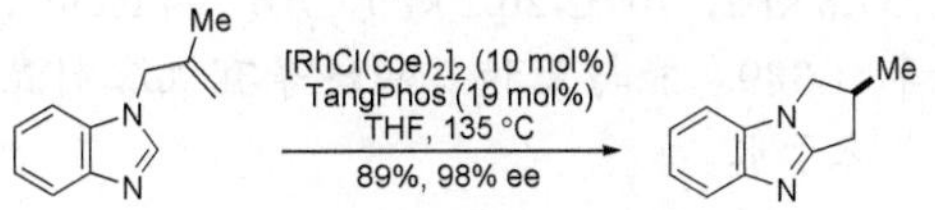

(8)

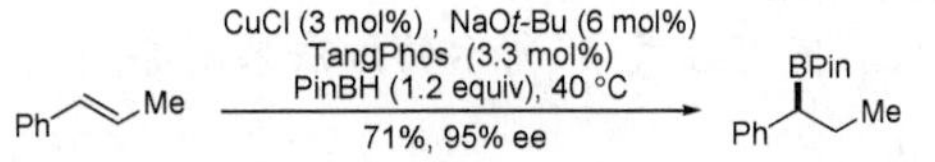

(9)

不对称亲核催化反应　TangPhos 还可作为有机小分子亲核催化剂，如式 10 所示：它可催化硫酚对丙二烯衍生物的不对称加成反应[9]。

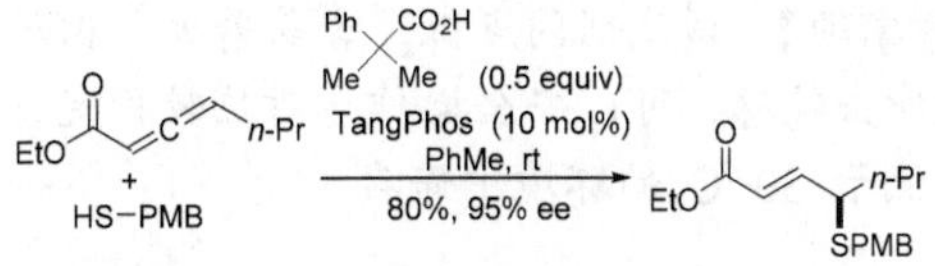

(10)

参 考 文 献

[1] Tang, W.; Zhang, X. *Angew. Chem. Int. Ed.* **2002**, *41*, 1612.

[2] Tang, W.; Zhang, X. *Chem. Rev.* **2003**, *103*, 3029.

[3] Tang, W.; Liu, D.; Zhang, X. *Org. Lett.* **2003**, *5*, 205.

[4] Shang, G.; Yang, Q.; Zhang, X. *Angew. Chem. Int. Ed.* **2006**, *45*, 6360.

[5] Yang, Q.; Shang, G.; Gao, W.; et al. *Angew. Chem. Int. Ed.* **2006**, *45*, 3832.

[6] Watson, M. P.; Jacobsen, E. N. *J. Am. Chem. Soc.* **2008**, *130*, 12594.

[7] Tsai, A. S.; Wilson, R. M.; Harada, H.; et al. *Chem. Commun.* **2009**, 3910.

[8] Noh, D.; Chea, H.; Ju, J.; Yun, J. *Angew. Chem. Int. Ed.* **2009**, *48*, 6062.

[9] Sun, J.; Fu, G. C. *J. Am. Chem. Soc.* **2010**, *132*, 4568.

[朱戎，北京大学化学与分子工程学院；WXY]

二(叔丁基)过氧化物

【英文名称】　Di-*tert*-butyl peroxide

【分子式】　$C_8H_{18}O_2$

【分子量】　146.23

【CAS 登录号】 [110-05-4]

【缩写和别名】 DTBP，过氧化二叔丁基

【结构式】

$$H_3C-\overset{\overset{\displaystyle CH_3}{|}}{\underset{\underset{\displaystyle CH_3}{|}}{C}}-O-O-\overset{\overset{\displaystyle CH_3}{|}}{\underset{\underset{\displaystyle CH_3}{|}}{C}}-CH_3$$

【物理性质】 无色液体。mp 40 ℃，bp 111 ℃，80 ℃/37.8 kPa，70 ℃/26.2 kPa，ρ 0.794 g/cm^3，折射率 1.389。能与苯和石油醚等有机溶剂混溶，不溶于水。

【制备和商品】 国内外化学试剂公司均有销售。实验室可经式 1 所示的方法来制备。

$$H_3C-\overset{\overset{\displaystyle CH_3}{|}}{\underset{\underset{\displaystyle CH_3}{|}}{C}}-OH + H_2SO_4 \longrightarrow H_3C-\overset{\overset{\displaystyle CH_3}{|}}{\underset{\underset{\displaystyle CH_3}{|}}{C}}-SO_4H + H_2O$$

$$H_3C-\overset{\overset{\displaystyle CH_3}{|}}{\underset{\underset{\displaystyle CH_3}{|}}{C}}-SO_4H + H_2O_2 \xrightarrow{H_2SO_4} H_3C-\overset{\overset{\displaystyle CH_3}{|}}{\underset{\underset{\displaystyle CH_3}{|}}{C}}-O-O-\overset{\overset{\displaystyle CH_3}{|}}{\underset{\underset{\displaystyle CH_3}{|}}{C}}-CH_3 + 2 H_2SO_4 \quad (1)$$

【注意事项】 该试剂闪点低，容易着火。但对机械冲击钝感，可以安全操作。对热较稳定，可在低于 30 ℃ 的环境中保存。

在 Cu 和 Pd 催化剂的作用下，使用 DTBP 作为氧化剂，甲醇能够发生一氧化碳插入反应生成二甲基碳酸酯，同时生成副产物叔丁醇 (式 2)[1]。

$$2\,MeOH + CO \xrightarrow[\substack{50\ bar,\ 92\ ℃ \\ 80\%}]{DTBP,\ [CuCl\text{-}Py]:Pd(acac)_2 = 1:1} \text{产物} \quad (2)$$

在 CuCl 的催化下，DTBP 与羧酸反应生成相应的甲酯产物 (式 3)[2]。

$$R-\overset{O}{\overset{\|}{C}}-OH \xrightarrow[\substack{C_6H_5Cl,\ 130\ ℃,\ 12\ h}]{CuCl\ (10\ mol\%),\ DTBP\ (2\ equiv)} R-\overset{O}{\overset{\|}{C}}-O-CH_3 \quad (3)$$
R = C$_6$H$_5$, 76%
R = C$_{11}$H$_{23}$, 85%

在双亚胺配体和铜试剂的存在下，使用 DTBP 可以将苯甲醛直接转化成相应的羧酸酯 (式 4)[3]。

$$\text{PhCHO} \xrightarrow[\substack{DTBP\ (3\ equiv),\ n\text{-}C_6H_{14},\ 90\ ℃,\ 5\ h \\ 87\%}]{CuBr\ (10\ mol\%),\ L\ (20\ mol\%)} \text{产物} \quad (4)$$

早期有文献报道，使用 DTBP 作为氧化剂，1-氯环己烯能够发生光降解反应生成 3,3'-二氯-1,1'-联二环己烯 (式 5)[4]。

$$\xrightarrow[\substack{140\ ℃,\ 48\ h}]{DTBP\ (1/6\ equiv)} \quad (5)$$

在 DTBP 的存在下，铜试剂可以催化氧化烃基中间体和烷氧自由基之间的 sp^3 C—H 键的醚化反应 (式 6)[5]。

$$\text{Cy-H} \xrightarrow[\substack{rt,\ 24\ h \\ 50\%}]{DTBP,\ Cu\ Cat.\ (10\ mol\%)} \text{Cy-O}^t\text{Bu} + {}^t\text{BuOH} \quad (6)$$

DTBP 也是一个很好的自由基引发剂。在 FeCl$_2$ 催化下，DMF 分子中的 sp^3 C—H 键被活化后，可与噁唑的 N 原子发生 C—N 键偶联反应 (式 7)[6]。

$$\text{ImNH} + \text{DMF} \xrightarrow[\substack{C_6H_5Cl,\ 120\ ℃,\ 3\ h \\ 72\%}]{FeCl_2\ (5\ mol\%),\ DTBP\ (3\ equiv)} \text{产物} \quad (7)$$

在 FeCl$_3$ 催化下，DTBP 能将酰胺 N 原子邻位的 sp^3 C—H 键活化，生成叔丁氧基取代的产物 (式 8)[7]。

$$\xrightarrow[\substack{DCE,\ 90\ ℃,\ 24\ h \\ 53\%}]{FeCl_3\ (1\ mol\%),\ DTBP\ (3\ equiv)} \quad (8)$$

参 考 文 献

[1] Morris, G. E.; Oakley, D.; Pippard, D. A.; Smith, D. J. H. *Chem. Commun.* **1987**, 410.

[2] Chen, C.; Chen, W.; Liu, X.; et al. *Org. Lett.* **2013**, *15*, 3326.

[3] Zhu, Y.; Wei, Y. *RSC Adv.* **2013**, *3*, 13668.

[4] Lindsey, R. V.; Ingraham, J. N. *J. Am. Chem. Soc.* **1953**, *75*, 5613.

[5] Gephart, R. T.; McMullin, C. L.; Sapiezynski, N. G.; et al. *J. Am. Chem. Soc.* **2012**, *134*, 17350.

[6] Xia, Q.; Chen, W. *J. Org. Chem.* **2012**, *77*, 9366.

[7] Hayashi, T.; Shirakawa, E.; Uchiyama, N. *J. Org. Chem.* **2011**, *76*, 25.

[陈俊杰，陈超*，清华大学化学系；CC]

2-(二叔丁基膦基)联苯和 2-(二环己基膦基)联苯

2-(二叔丁基膦基)联苯

【英文名称】 (2-Biphenyl)di-*tert*-butylphosphine

【分子式】 $C_{20}H_{27}P$

【分子量】 298.40

【CAS 登录号】 [224311-51-7]

【缩写和别名】 JohnPhos

【结构式】

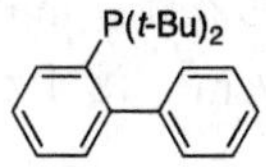

【物理性质】 白色晶状固体，mp 86~88 °C。溶于大多数有机溶剂。

【制备和商品】 大型跨国试剂公司均有销售。可由 2-溴联苯出发，经过锂化，再与二叔丁基氯化膦反应制备[1]。

【注意事项】 该试剂对空气和水稳定。

2-(二环己基膦基)联苯

【英文名称】 (2-Biphenyl)dicyclohexylphosphine

【分子式】 $C_{24}H_{31}P$

【分子量】 350.48

【CAS 登录号】 [247940-06-3]

【缩写和别名】 CyJohnPhos

【结构式】

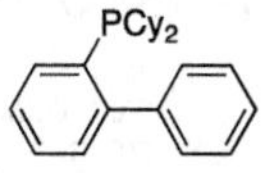

【物理性质】 白色晶状固体，mp 102~106 °C。溶于大多数有机溶剂。

【制备和商品】 大型跨国试剂公司均有销售。可由 2-溴联苯出发，经过锂化，再与二环己基氯化膦反应制备[1]。

【注意事项】 该试剂对空气和水稳定。

2-(二叔丁基膦基)联苯 (JohnPhos) 和 2-(二环己基膦基)联苯 (CyJohnPhos) 属于由 Buchwald 实验室发展的具有联苯骨架的富电子大位阻单膦系列配体[2]，主要应用于过渡金属催化的交叉偶联反应，碳-杂原子偶联反应和环化反应等。

钯催化的交叉偶联反应 JohnPhos 和 CyJohnPhos 作为配体常用于 Suzuki-Miyaura 交叉偶联反应中 (式 1~式 3)，适用于一般的芳基氯化物、溴化物以及酚三氟甲磺酸酯[1,3]。它们与钯形成的催化体系具有较高的活性，使反应常可以在室温下进行，并且催化剂的用量一般较低。对于一些位阻较大或杂环体系的底物，使用一些基于 JohnPhos 发展出的同系列其它配体常可获得更佳效果[4]。

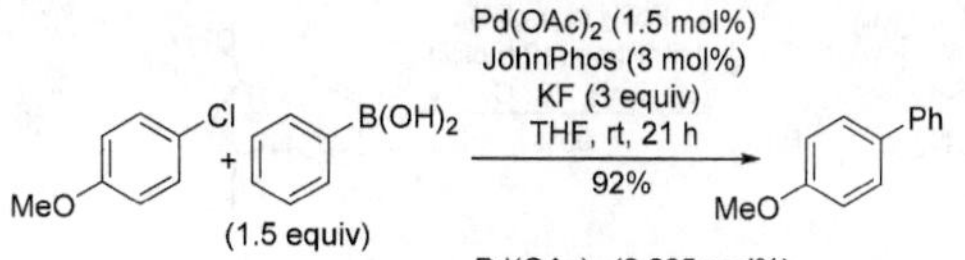

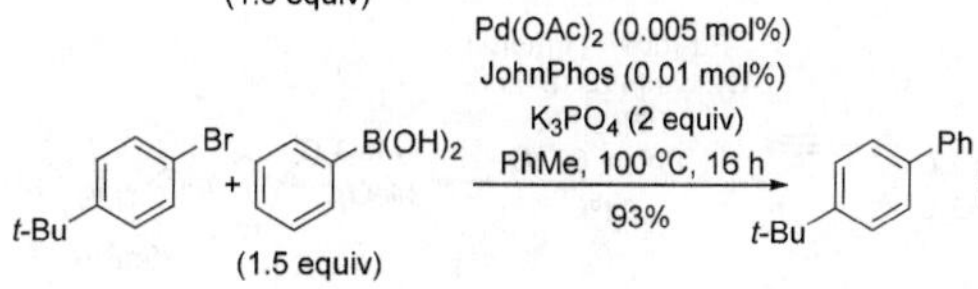

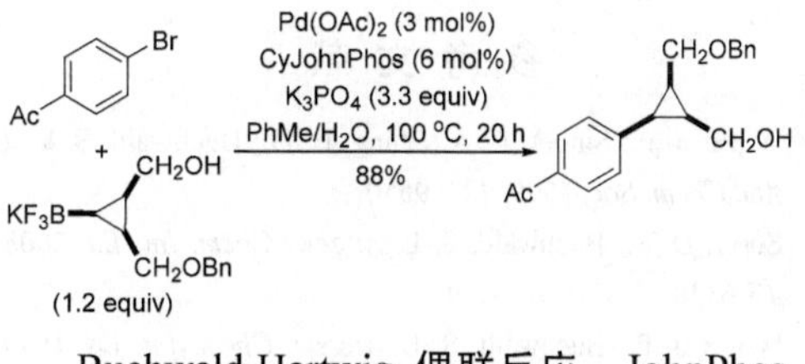

Buchwald-Hartwig 偶联反应 JohnPhos 和 CyJohnPhos 作为钯的配体也适用于简单芳基氯化物、溴化物以及酚三氟甲磺酸酯与胺类的偶联反应中 (式 4 和 式 5)[5,6]。使用这一系列中新发展的活性更高的配体可以获得更广的底物普适范围和更快的反应速度[7]。

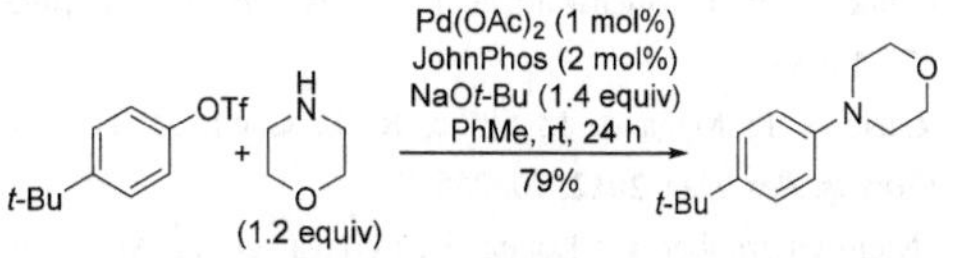

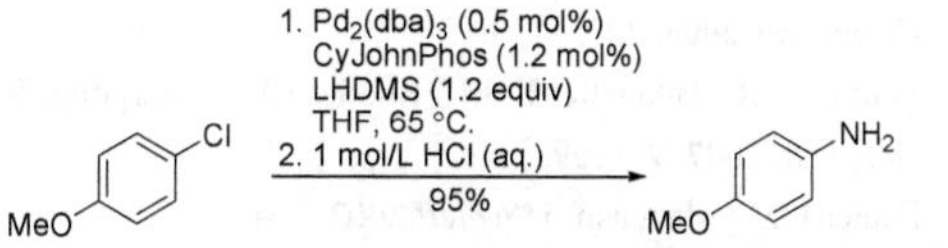

钯催化 C–H 活化反应 JohnPhos 和

CyJohnPhos 作为钯的配体可参与芳环碳-氢键活化反应。例如通过碳-氢键活化实现 2-氧代吲哚的高效合成 (式 6)[8,9]。

$$\text{（式 6 反应式）} \quad (6)$$

过渡金属催化分子内环化反应 JohnPhos 和 CyJohnPhos 还可作为其它后过渡金属的配体 (例如金、铂等)，参与各种分子内成环反应 (式 7~式 9)[10~12]。

$$\text{（式 7 反应式）} \quad (7)$$

$$\text{（式 8 反应式）} \quad (8)$$

$$\text{（式 9 反应式）} \quad (9)$$

参 考 文 献

[1] Wolfe, J. P.; Singer, R. A.; Yang, B. H.; Buchwald, S. L. *J. Am. Chem. Soc.* **1999**, *121*, 9550.

[2] Surry, D. S.; Buchwald, S. L. *Angew. Chem. Int. Ed.* **2008**, *47*, 6338.

[3] Wolfe, J. P.; Buchwald, S. L. *Angew. Chem. Int. Ed.* **1999**, *38*, 2413.

[4] Barder, T. E.; Walker, S. D.; Martinelli, J. R.; Buchwald, S. L. *J. Am. Chem. Soc.* **2005**, *127*, 4685.

[5] Wolfe, J. P.; Tomori, H.; Sadighi, J. P.; et al. *J. Org. Chem.* **2000**, *65*, 1158.

[6] Huang, X.; Buchwald, S. L. *Org. Lett.* **2001**, *3*, 3417.

[7] Surry, D. S.; Buchwald, S. L. *Chem. Sci.* **2011**, *2*, 27.

[8] Hennessy, E. J.; Buchwald, S. L. *J. Am. Chem. Soc.* **2003**, *125*, 12084.

[9] Kiser, E. J.; Magano, J.; Shine, R. J.; Chen, M. H. *Org. Process. Res. Dev.* **2012**, *16*, 255.

[10] Nieto-Oberhuber, C.; López, S.; Echavarren, A. M. *J. Am. Chem. Soc.* **2004**, *127*, 6178.

[11] Smith, C. R.; Bunnelle, E. M.; Rhodes, A. J.; Sarpong, R. *Org. Lett.* **2007**, *9*, 1169.

[12] Lautens, M.; Mancuso, J. *Synlett* **2002**, 394.

[朱戎，北京大学化学与分子工程学院；WXY]

二烯丙基胺

【英文名称】 Diallylamine

【分子式】 $C_6H_{11}N$

【分子量】 97.16

【CAS 登录号】 [124-02-7]

【缩写和别名】 2-Propen-1-amine

【结构式】

二烯丙基胺结构式

【物理性质】 无色液体。mp $-88\ ^{\circ}\text{C}$，bp $111\sim112\ ^{\circ}\text{C}$，$\rho\ 0.789\ \text{g/cm}^3$。溶于水、醚、苯，有氨臭味。

【制备和商品】 国内外试剂公司均有销售。也可经二烯丙基氰胺水解来制备。

【注意事项】 该试剂具有较高的毒性，为易燃液体。遇明火、高温、氧化剂易燃烧，并产生有毒氮氧化物烟雾。储存于通风低温干燥处，与氧化剂、酸类分开存放。

二烯丙基胺可用于多种化学合成和高分子聚合反应。常用于制药、农用化学品、染料、涂料、有机合成和树脂改良等的中间体。

二烯丙基胺可以与卤化物发生取代反应，脱去卤化氢所得产物可进一步修饰后用于复杂分子的合成[1]。例如：二烯丙基胺与 CbzCl 反应得 Cbz 基取代的二烯丙胺 (式 1)[2]；与 2,4,6-三氯三嗪反应可以选择性地脱去两分子氯化氢得到相应的二取代产物 (式 2)[3]。

$$\text{（式 1 反应式）} \quad (1)$$

$$\text{（式 2 反应式）} \quad (2)$$

二烯丙基胺还可以与苯并噁唑发生 C–H

键的氧化胺化反应，得到氨基苯并噁唑
(式 3)[4,5]。

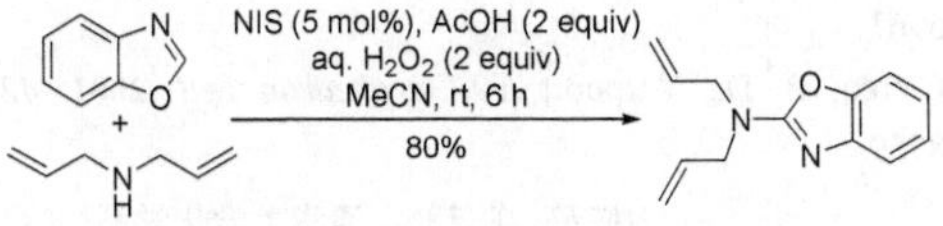

(3)

二烯丙基胺还可以与醛和炔发生 3A
(Aldehyde，Alkyne，Amine) 反应。在适当的
金属催化剂作用下，可以在水溶液中高产率地
发生 Mannich 反应 (式 4 和式 5)[6,7]。

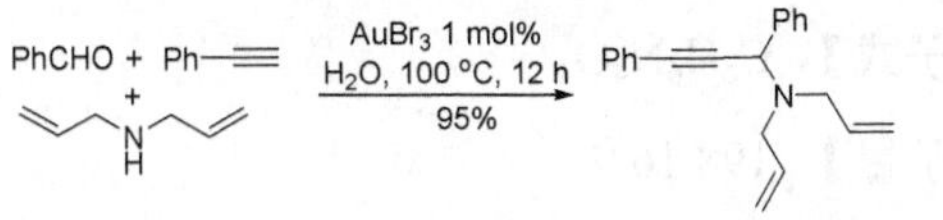

(4)

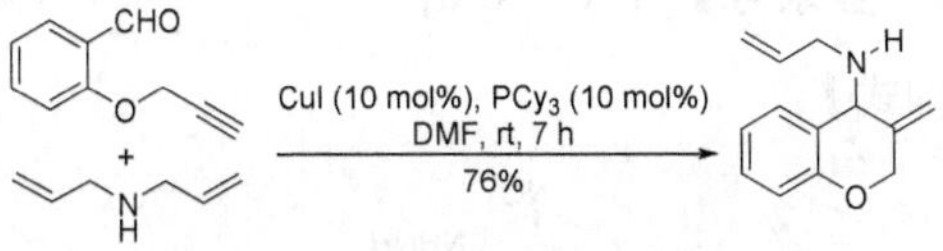

(5)

作为亲核试剂，二烯丙基胺还可以与环氧
化物发生开环反应 (式 6 和式 7)[8,9]。

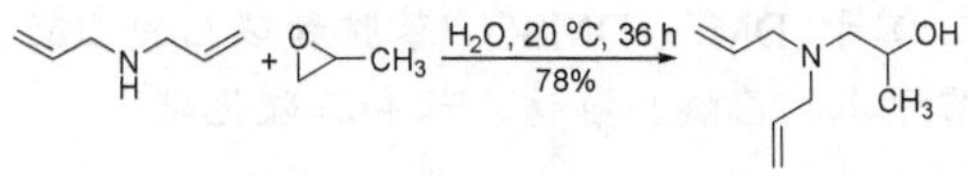

(6)

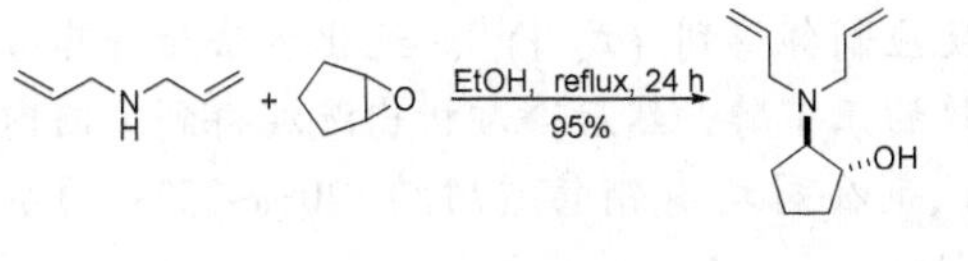

(7)

参 考 文 献

[1] Azeeza, S.; Kamal, A. *Tetrahedron: Asymmetry* **2006**, *17*, 2876.

[2] Ahmed, K.; Shaik, A. A.; Sandbhor, M.; Malik, M. S. *Tetrahedron Lett.* **2004**, *45*, 8057.

[3] Pearlman, W. M.; Banks, C. K. *J. Am. Chem. Soc.* **1948**, *70*, 3726.

[4] Chang, S.; Cho, S. H.; Kim, J. Y.; Lee, Y. *Angew. Chem. Int. Ed.* **2009**, *48*, 9127.

[5] Bhanage, B. M.; Sawant, D. N. *Tetrahedron Lett.* **2012**, *53*, 3482.

[6] Li, C.-J; Wei, C.-M. *J. Am. Chem. Soc.* **2003**, *125*, 9584.

[7] Arai, N.; Ohkuma, T. *Tetrahedron* **2011**, *67*, 1617.

[8] Kleiner, C. M.; Schreiner, P. R. *Chem. Commun.* **2006**, *41*, 4315.

[9] Gotor, V.; Pena, C.; Javier, G. S.; Rebolledo, F. *Tetrahedron: Asymmetry* **2008**, *19*, 751.

[陈静，陈超*，清华大学化学系；CC]

二烯丙基醚

【英文名称】 Diallyl ether

【分子式】 $C_6H_{10}O$

【分子量】 98.15

【CAS 登录号】 [557-40-4]

【缩写和别名】 Allyl ether，烯丙基醚

【结构式】

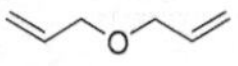

【物理性质】 bp 94.3 ℃。不溶于水，可与乙醇、乙醚等多数有机溶剂混溶。

【制备和商品】 国内外化学试剂公司均有销售。

【注意事项】 易燃和高毒液体，在通风、低温、干燥处与氧化剂和酸类分开存放。

二烯丙基醚作为一种重要的有机合成试剂，被广泛应用在有机合成领域中。参与的反应类型主要包括：烯烃复分解反应，Ritter 类型反应，Kharasch 自由基加成反应和环加成反应等。

在酸催化下，二烯丙基醚与胺基腈化合物反应得到二取代尿素 (式 1)[1]。

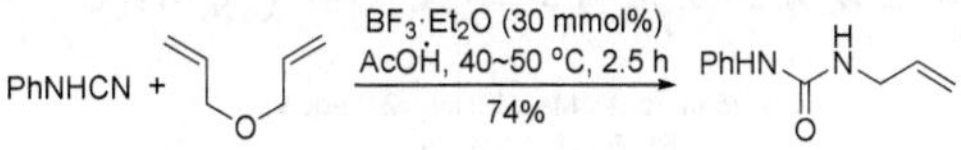

(1)

在铜粉的催化下，二烯丙基醚还可以与全氟代烯丙基碘反应得到环化加成产物 (式 2)[2]。

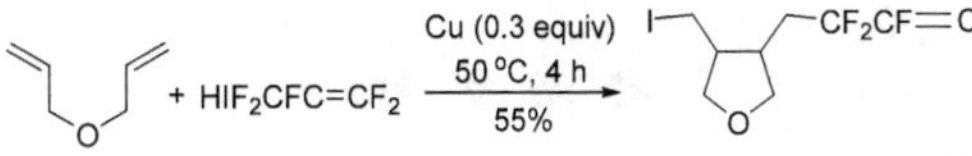

(2)

二烯丙基醚可以在钯试剂催化下与 $BrCCl_3$ 发生 Kharasch 自由基加成反应，得到环化产物 (式 3)[3]。

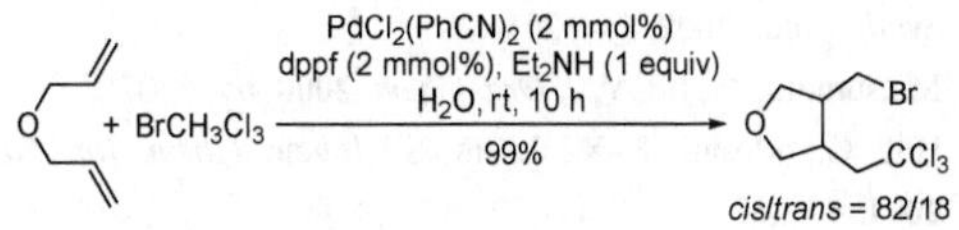

(3)

cis/trans = 82/18

二烯丙基醚可以与有机硅硼化合物进行光化学反应，得到氢硅化环状产物 (式 4)[4]。

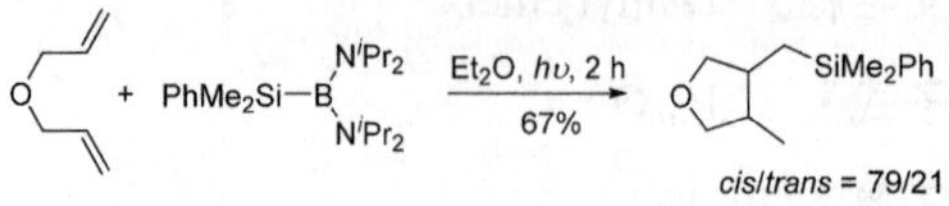

cis/trans = 79/21

二烯丙基醚可以与 2,3-二甲基-1,3-丁二烯进行有选择性的烯基化反应 (式 5)[5]。

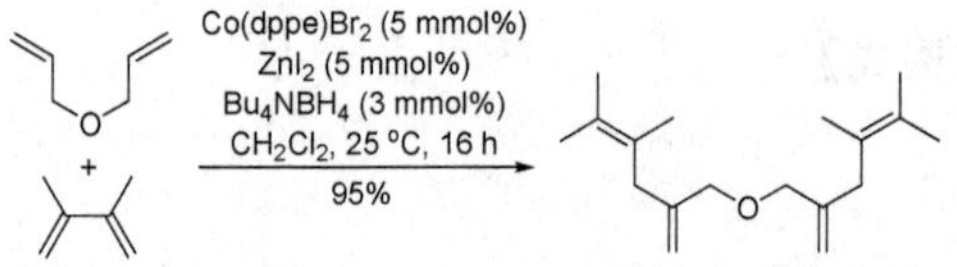

在 ReBr(CO)$_5$ 的催化下，二烯丙基醚与酰氯发生 C–O 键的断裂反应，生成烯丙基酯 (式 6)[6]。

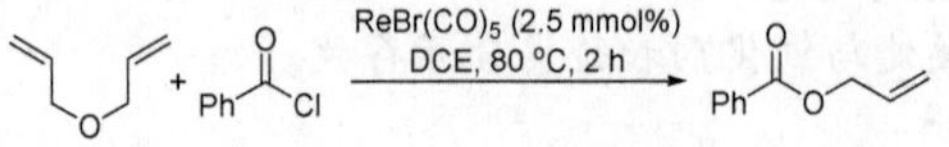

在 SnCl$_2$ 和铱催化剂的作用下，二烯丙基醚可以与醛发生羰基的烯丙基化反应 (式 7)[7]。

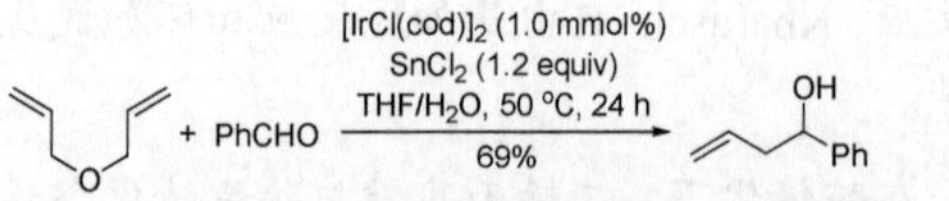

在钌催化剂的作用下，二烯丙基醚可以发生烯烃复分解反应得到二氢呋喃 (式 8)[8]。

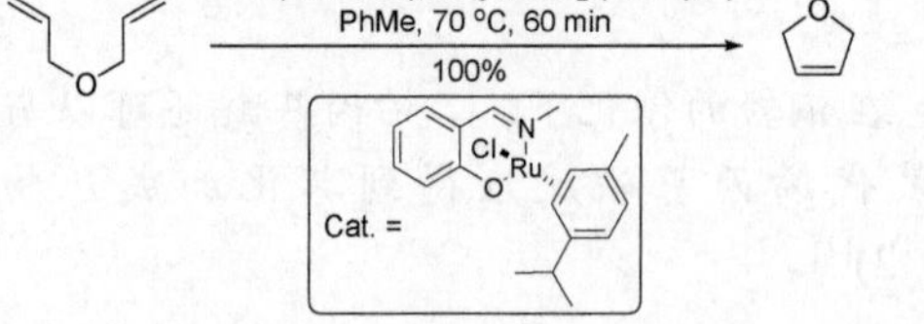

参 考 文 献

[1] Panduranga, V.; Basavaprabhu, Sureshbabu, V. V. *Tetrahedron Lett.* **2013**, *54*, 975.

[2] Nguyen, B. V.; Yang, Z.-Y.; Burton, D. J. *J. Org. Chem.* **1998**, *63*, 2887.

[3] Motoda, D.; Kinoshita, H.; Shinokubo, H.; Oshima, K. *Adv. Synth. Catal.* **2002**, *344*, 261.

[4] Matsumoto, A.; Ito, Y. *J. Org. Chem.* **2000**, *65*, 5707.

[5] Hilt, G.; Mesnil, F.-X.; Lüers, S. *Angew. Chem. Int. Ed.* **2001**, *40*, 387.

[6] Umeda, R.; Nishimura, T.; Kaiba, K.; et al. *Tetrahedron* **2011**, *67*, 7217.

[7] Masuyama, Y.; Marukawa, M. *Tetrahedron Lett.* **2007**, *48*, 5963.

[8] Clercq, B. D.; Verpoort, F. *Tetrahedron Lett.* **2001**, *42*, 8959.

[陈静，陈超*，清华大学化学系；CC]

2,4-二硝基苯肼

【英文名称】 2,4-Dinitrophenylhydrazine

【分子式】 C$_6$H$_6$N$_4$O$_4$

【分子量】 198.16

【CAS 登录号】 [119-26-6]

【结构式】

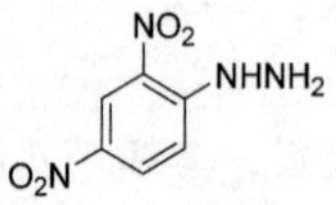

【物理性质】红色结晶性粉末，熔点 198 ℃ (分解)。溶于 DMF、DMSO、苯胺和热乙酸乙酯，微溶于水、乙醚、氯仿、苯和二硫化碳。

【制备和商品】 该试剂可由 2,4-二硝基氯苯与肼反应制备得到 (式 1)[1]。纯化方法为将其溶于热的正丁醇，然后冷却析出沉淀得到。国内外试剂公司均有销售 (用约 20%~35% 的水湿润)。

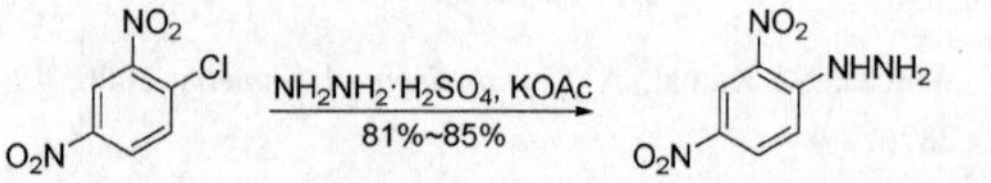

【注意事项】 该试剂属中等毒性的易燃化合物，遇明火、高温或氧化剂易燃烧，产生有毒的氮氧化物。与氧化剂混合、震动或撞击可发生爆炸。

与醛酮的衍生化反应　2,4-二硝基苯肼是一种灵敏的羰基检测试剂，在酸性介质中，2,4-二硝基苯肼与醛酮类化合物发生脱水缩合生成黄色或橙色的 2,4-二硝基苯腙 (式 2)[2]。该化合物在碱性溶液中呈暗红色，可用于分光光度法或目测法鉴定羰基化合物。一些含有不饱

和键的一级醇和二级醇 (如苄醇、肉桂醇等) 也能发生类似的反应，这类醇具有还原性，能被 2,4-二硝基苯肼氧化成羰基化合物进而发生缩合反应，但是产率较低[3]。三级醇也可以与 2,4-二硝基苯肼发生反应，但产物不是腙而是 N,N'-二取代肼 (式 3)[4]。醛酮与 2,4-二硝基苯肼可以进行定量的反应，在色谱技术的发展下，2,4-二硝基苯肼被广泛应用于微量醛酮的测定[5]。

$$(2)$$

$$(3)$$

含氮杂环化合物的合成　2,4-二硝基苯肼也能用于含氮杂环化合物的合成。如式 4 所示[6]：苯甲酰乙酸乙酯与 2,4-二硝基苯肼在乙酸中回流反应，即可得到相应的取代吡唑啉酮化合物。

$$(4)$$

使用六氟异丙醇为溶剂，2,4-二硝基苯肼与三氟甲基苯乙炔基甲酮在室温下即可发生反应生成吡唑类化合物 (式 5)[7]。该反应还可以通过加入 DBU 与否来选择性地分别生成两种同分异构体。

$$(5)$$

偶氮苯类化合物的合成　如式 6 所示[8]：2,4-二硝基苯肼与醌缩酮在室温下即可发生反应，可以得到几乎定量的产率。当醌缩酮的双键上连有供电子基团时，需要使用硝酸铈铵作

为催化剂来加快反应速率和提高产率。

$$(6)$$

合成叠氮化合物　Mukaiyama 试剂[9]与 NaNO₂ 反应可以在原位生成 HNO₂，2,4-硝基苯肼可在湿润的 SiO₂ 作用下与该体系反应生成相应的叠氮化物(式 7)[10]。2,4-硝基苯肼也可以与 Ph₃P/Br₂/n-Bu₄NNO₂ 体系在 0 ℃ 反应得到叠氮化物[11]。

$$(7)$$

脱肼反应　如式 8 所示[12]：在催化量的叔丁醇钾存在下，2,4-二硝基苯肼可以在液氨中快速发生脱肼反应得到 1,3-二硝基苯。该反应也可以在 CuSO₄ 催化下进行 (式 9)[13]。

$$(8)$$

$$(9)$$

参 考 文 献

[1] Allen, C. *Org. Synth.* **1943**, 36.

[2] (a) Behforouz, M.; Bolan, J. L.; Flynt, M. S. *J. Org. Chem.* **1985**, *50*, 1186. (b) Niknam, K.; Reza Kiasat, A.; Karimi, S. *Synth. Commun.* **2005**, *35*, 2231.

[3] Braude, E. A.; Forbes, W. F. *J. Chem. Soc.* **1951**, 1762.

[4] (a) Patai, S.; Dayagi, S. *J. Org. Chem.* **1958**, *23*, 2014. (b) Popov, Y. V.; Mokhov, V. M.; Tankabekyan, N. A.; Safronova, O. Y. *Russ. J. Appl. Chem.* **2012**, *85*, 1387.

[5] (a) Takeda, S.; Wakida, S. i.; Yamane, M.; Higashi, K. *Electrophoresis* **1994**, *15*, 1332. (b) Lin, Y. L.; Wang, P. Y.; Hsieh, L. L.; et al. *J Chromatogr. A* **2009**, *1216*, 6377.

[6] Huang, Y.-Y.; Lin, H.-C.; Cheng, K.-M.; et al. *Tetrahedron* **2009**, *65*, 9592.

[7] Muzalevskiy, V. M.; Rulev, A. Y.; Romanov, A. R.; et al. *J. Org. Chem.* **2017**, *82*, 7200.

[8] Carreno, M. C.; Mudarra, G. F.; Merino, E.; Ribagorda, M. *J. Org. Chem.* **2004**, *69*, 3413.

[9] Hojo, K.; Kobayashi, S.; Soai, K.; et al. *Chem. Lett.* **1977**, *6*, 635.

[10] Azadi, R.; Kolivand, K. *Tetrahedron Lett.* **2015**, *56*, 5613.

[11] Iranpoor, N.; Firouzabadi, H.; Nowrouzi, N. *Tetrahedron Lett.* **2008**, *49*, 4242.

[12] Wang, L.; Ishida, A.; Hashidoko, Y.; Hashimoto, M. *Angew. Chem. Int. Ed.* **2017**, *56*, 870.

[13] Xia, R.; Xie, M.-S.; Niu, H.-Y.; et al. *Green Chem.* **2014**, *16*, 1077.

[骆栋平，清华大学化学系；HYF]

二溴丙二酸二乙酯

【英文名称】 Diethyl dibromomalonate

【分子式】 $C_7H_{10}Br_2O_4$

【分子量】 317.96

【CAS 登录号】 [631-22-1]

【缩写和别名】 Dibromomalonic acid diethyl ester，Ethyl dibromomalonate

【结构式】

【物理性质】 无色液体，bp 259.9 ℃ / 760 mmHg，140~143 ℃ / 18 mmHg，108~110 ℃ / 4 mmHg，ρ 1.68 g/cm³。溶于苯、四氯化碳、DMSO、THF 等有机溶剂。

【制备和商品】 国内外大型试剂公司均有销售。

【注意事项】 本品对眼部有刺激性，对光敏感，应避光保存。在通风橱中操作。

二溴丙二酸二乙酯可与烯烃反应生成环丙烷衍生物[1~3]。也可用作溴代试剂，在烯烃[4]、酚[2]等化合物中引入溴。利用偕二溴取代的季碳的亲核取代反应也可以制备一些杂环化合物[5,6]。

在碘化锂、金属铟的存在下，以 DMF 为溶剂，活化的烯烃 (如烯丙醛) 与二溴丙二酸二乙酯在室温下反应，可生成偕二酯基取代的环丙烷衍生物 (式 1)[1]。其它类型的底物 (如苄烯丙二腈) 不需要金属铟参与，也能进行这种类型的反应 (式 2)[2]。

在甲醇钠的存在下，二溴丙二酸二乙酯能够形成二溴卡宾，与环己烯反应可生成相应的三元环产物 (式 3)[3]。

二溴丙二酸二乙酯可作为溴化试剂，将苯酚[2]、烯烃[4]等溴化。如式 4 所示[4]：在钴催化剂的存在下，以 (2S,3R)-己-5-烯-2,3-二醇为底物，1,4-环己二烯 (CHD) 为添加剂，可得到四氢呋喃衍生物 (式 4)。

Co Cat.={4-[3,5-二(三氟甲基)苯基]-4-氧代丁-3-烯-2-酮}合钴(II)

二溴丙二酸二乙酯分子中偕二取代的溴可用于合成一些杂环分子[5,6]。如式 5 所示[5]：在碳酸铯的作用下，该化合物与邻苯二酚在 DMF 中加热，可得到苯并-1,3-二氧戊环衍生物 (式 5)。

参 考 文 献

[1] Araki, S.; Butsugan, Y. *J. Chem. Soc., Chem. Commun.* **1989**, *17*, 1286.

[2] Kawai, D.; Kawasumi, K.; Miyahara, T.; et al. *Tetrahedron*

2009, *65*, 10390.

[3] Mebane, R. C.; Smith, K. M.; Rucker, D. R.; Foster, M. P. *Tetrahedron Lett.* **1999**, *40*, 1459.

[4] Schuch, D.; Fries, P.; Dönges, M.; et al. *J. Am. Chem. Soc.* **2009**, *131*, 12918.

[5] Stack, D. E.; Hill, A. L.; Diffendaffer, C. B.; Burns, N. M. *Org. Lett.* **2002**, *4*, 4487.

[6] Baraldi, P. G.; Cacciari, B.; Romagnoli, R.; et al. *J. Med. Chem.* **2002**, *45*, 115.

[张皓，付华*，清华大学化学系；FH]

二溴二氟甲烷

【英文名称】 Dibromodifluoromethane

【分子式】 CBr_2F_2

【分子量】 209.82

【CAS 登录号】 [75-61-6]

【结构式】

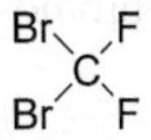

【物理性质】 无色液体，mp −141 ℃，bp 24.5 ℃ (分解)。溶于乙醚、丙酮、乙醇和苯等有机溶剂，不溶于水。

【制备和商品】 二溴二氟甲烷可以由氟三溴甲烷与氟化银反应得到，产率为 50%~60%[1]；或者由溴二氟乙酸银与液溴反应得到，产率为 81%[2]。国内外试剂公司均有出售。

【注意事项】 有害，吸入后可引起肺刺激、胸痛，可因肺水肿而死亡。在通风橱中操作。

二溴二氟甲烷在反应中可提供一溴二氟甲基或二氟亚甲基官能团，是一种很好地向分子中引入氟原子的试剂。

与烯烃、炔烃的反应 如式 1 和式 2 所示[3]，二溴二氟甲烷作为一溴二氟甲基化试剂，可与未活化的烯烃和炔烃选择性地生成一溴二氟甲基化产物。该反应需要催化量的有机染料曙红 (Eosin Y) 作为光催化剂，在可见光的照射下于室温进行，对底物官能团具有良好的兼容性。对于炔烃而言，在该反应条件下得到

E-式和 *Z*-式一溴二氟烯烃的混合物，以 *E*-式产物为主 (式 2)。

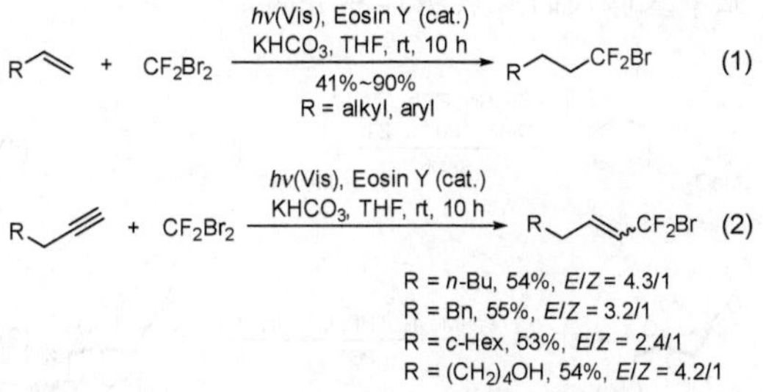

与亲核试剂的反应 二溴二氟甲烷是一个很好的亲电试剂，可以与很多亲核试剂发生反应。如与碳负离子 (式 3)[4]、2-甲基苯并咪唑 (式 4)[5]、苯酚 (式 5)[6]和苯硫酚等均可较好地反应 (式 6)[7]。

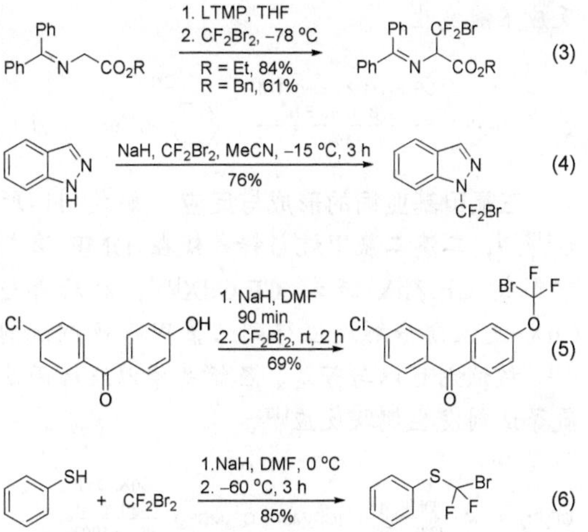

溴二氟甲基化 如式 7 所示[8]，二溴二氟甲烷可以与 2,3,4,6-四-*O*-苄基-D-半乳糖烯反应得到溴二氟-(3,4,6-三-*O*-苄基-1,5-脱水果糖)-甲烷。在该反应中，二溴二氟甲烷首先形成一溴二氟甲基自由基，然后再对烯烃进行加成，实现烯烃的一溴二氟甲基化。

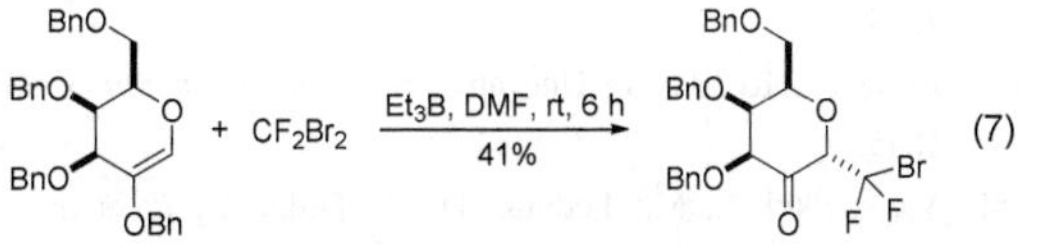

二氟亚甲基化 如式 8 所示[9]，二溴二氟甲烷与三苯基膦在锌粉的存在下生成 Wittig 试剂，与对甲氧羰基乙醛发生 Wittig 反应得到二氟亚甲基化产物。二溴二氟甲烷也能与

酮羰基发生 Wittig 反应。如式 9 所示[10]，脱氧糖二核苷酸与二溴二氟甲烷反应，得到二氟亚甲基取代的脱氧糖二核苷酸。

$$MeO_2C-C_6H_4-CHO \xrightarrow[\substack{DMF, 100\ ^\circ C, 2\ h \\ 56\%}]{CF_2Br_2,\ PPh_3,\ Zn} MeO_2C-C_6H_4-CH=CF_2 \quad (8)$$

$$\xrightarrow[\substack{P(NMe_2)_3,\ THF,\ 0\ ^\circ C\sim rt,\ 2\ h \\ 86\%}]{CF_2Br_2} \quad (9)$$

与格氏试剂的反应　稍过量的二溴二氟甲烷与邻氰基苯基格氏试剂反应得到邻一溴二氟甲基苯腈 (式 10)[11]。该反应要求苯环上带有三氟甲基、苯磺酰基、烷氧羰基、氰基等吸电子基团。而当苯环上带有富电子基团时，则反应不能发生。

$$\xrightarrow[\substack{-78\ ^\circ C\sim rt,\ 8\ h \\ 71\%}]{CF_2Br_2\ (1.2\ equiv),\ THF} \quad (10)$$

三氟甲基亚铜的形成与反应　如式 11 所示[12,13]，二溴二氟甲烷与锌或镉在 DMF 溶剂中形成 CF_3ZnX 或者 CF_3CdX[12]，然后再与 CuX 发生复分解反应得到三氟甲基亚铜试剂[13]。该试剂可以与芳基、乙烯基碘以及烯丙基氯等试剂发生偶联反应[13]。

$$CF_2Br_2 + M \xrightarrow[\substack{DMF,\ rt \\ 80\%\sim95\%}]{} (CF_3MBr + CF_3MCF_3) \xrightarrow[\substack{-80\ ^\circ C\sim rt \\ 90\%\sim100\%}]{CuX,\ DMF}$$

$$CuCF_3 \xrightarrow{RY} RCF_3 \quad \begin{array}{l} M = Zn,\ Cd \\ X = Cl,\ Br,\ I,\ CN \\ Y = Cl,\ I \\ R = 芳基,\ 乙烯基,\ 烯丙基 \end{array} \quad (11)$$

参 考 文 献

[1] Rathsburg, H. Chem. Ber. 1918, 51, 669.

[2] Haszeldine, R. N. J. Chem. Soc. 1952, 4259.

[3] Lin, Q. Y.; Xu, X. H.; Qing, F. L. Org. Biomol. Chem., 2015, 13, 8740.

[4] Amii, H.; Kondo, S.; Uneyama, K. Chem. Commun. 1998, 1845.

[5] Yagupolski, L. M.; Fedyuk, D. V.; Petko, K. I.; et al. J. Fluorine Chem. 2000, 106, 181.

[6] Böger, M.; Dürr, D.; Gsell, L.; et al. Pest Manag. Sci. 2001, 57, 191.

[7] Choi, Y.; Yu, C.; Kim, J. S.; Cho, E. J. Org. Lett. 2016, 18, 3246.

[8] Colombel, S.; Hijfte, N. V.; Poisson, T.; et al. Chem. Eur. J. 2013, 19, 12778.

[9] Loska, R.; Szachowicz, K.; Szydlik, D. Org. Lett. 2013, 15, 5706.

[10] Chelucci, G. Chem. Rev. 2012, 112, 1344.

[11] Shiosaki, M.; Inoue, M. Tetrahedron Lett. 2014, 55, 6839.

[12] Burton, D. J.; Wiemers, D. M. J. Am. Chem. Soc. 1985, 107, 5014.

[13] Wiemers, D. M.; Burton, D. J. J. Am. Chem. Soc. 1986, 108, 832.

[闵林，清华大学化学系；HYF]

1,3-二溴-5,5-二甲基乙内酰脲

【英文名称】　1,3-Dibromo-5,5-dimethylhydantoin

【分子式】　$C_5H_6Br_2N_2O_2$

【分子量】　285.92

【CAS 登录号】　[77-48-5]

【缩写和别名】　DBH，DBDMH，DBNPA，BROMTOIN，1,3-Dibromo-5,5-dimethylimidazolidine-2,4-dione

【结构式】

【物理性质】　白色粉末或晶体，mp 197~199 ℃ (分解)，ρ 2.183 g/cm³。微溶于丙酮、四氢呋喃、1,4-二氧六环等有机溶剂，在热水中有一定溶解度。

【制备和商品】　国内外各大试剂公司均有销售。可用 5,5-二甲基乙内酰脲与液溴在 NaOH 的存在下，于冰水中制备[1]。

【注意事项】　该产品是刺激性固体，应低温储藏，遮光避湿以防止分解，在通风橱中操作，防止吸入粉末或接触皮肤。

1,3-二溴-5,5-二甲基乙内酰脲 (DBH) 是一种用途广泛的溴化试剂，可以对多类化合物进行溴化。例如，对芳环的溴化[2~4]、苄位碳的溴化[5~7]、脂肪烃基碳的溴化[6,8]等，也可对不饱和键进行加成和发生环化反应[9~12]。

DBH 也能在芳基硼酸[13]和羰基 α-位进行溴代反应[14]。

在低温和无催化剂的条件下，4,6-二甲基-2-氨基吡啶与 DBH 可发生溴化反应，以中等产率得到 5-位单溴代化产物 (式 1)[2]。当氨基上的氢原子被烷基取代后，溴代反应的活性增加，在更低温度下也能达到很高产率[3]。对于一些有强吸电子基团的芳环，使用 DBH 同样能够对其进行溴化，得到较高的产率 (式 2)[4]。

$$\text{(1)}$$

$$\text{(2)}$$

在路易斯酸 (如四氯化锆) 的催化下，DBH 与甲苯反应，能选择性地在甲基上进行溴化。反应室温下即可发生，而且没有苯环上溴化的产物生成 (式 3)[6]。对于一些杂芳环化合物 (如苯并呋喃衍生物等) 也可在苄位进行溴化 (式 4)[7]。

$$\text{(3)}$$

$$\text{(4)}$$

对于一些特殊底物，使用 DBH 可以在脂肪碳上进行溴化反应。在相应的氟化试剂的作用下，氟化反应也能够同时完成 (式 5)[8]。

$$\text{(5)}$$

DBH 可以对不饱和键进行加成。如式 6 所示：在 DBH 和氟化试剂 N,N-二乙基-1,1,3,3,3-五氟丙胺 (PFPDEA) 的存在下，2-乙烯基吡啶分子中的双键可发生加成反应，生成同时氟化和溴化产物 (式 6)[9]。对于分子内含有其它官能团 (如羧基) 的化合物，可用 DBH 实现环化反应。当加入手性催化剂时，该反应具有很好的对映选择性 (式 7)[12]。

$$\text{(6)}$$

$$\text{(7)}$$

参 考 文 献

[1] Orazi, O. O.; Orio, O. A. *Anales Asco. Quim. Argentina.* **1953**, *41*, 153.

[2] Wijtmans, M.; Pratt, D.A.; Brinkhorst, J.; et al. *J. Org. Chem.* **2004**, *69*, 9215.

[3] Wijtmans, M.; Pratt, D. A.; Valgimigli, L.; et al. *Angew. Chem. Int. Ed.* **2003**, *42*, 4370.

[4] Leazer, J. L.; Cvetovich, R.; Tsay, F. R.; et al. *J. Org. Chem.* **2003**, *68*, 3695.

[5] Chiou, W. H.; Kao, C. L.; Tsai, J. C.; Chang, Y. M. *Chem. Commun.* **2013**, *49*, 8232.

[6] Shibatomi, K.; Zhang, Y.; Yamamoto, H. *Chem. Asian J.* **2008**, *3*, 1581.

[7] Shen, Q.; Peng, Q.; Shao, J. L.; et al. *Eur. J. Med. Chem.* **2005**, *40*, 1307.

[8] Furuta, S.; Hiyama, T. *Tetrahedron Lett.* **1996**, *31*, 7983.

[9] Walkowiak, J.; Marciniak, B.; Koroniak, H. *J. Fluorine Chem.* **2012**, *143*, 287.

[10] Singh, H.; Gupta, N.; Kumar, P.; et al. *Org. Pro. Res. Devel.* **2009**, *13*, 870.

[11] Jiang, X. J.; Tan, C. K.; Zhou, L.; Yeung, Y. Y. *Angew. Chem. Int. Ed.* **2012**, *51*, 7771.

[12] Murai, K.; Matsushita, T.; Nakamura, A.; et al. *Angew. Chem. Int. Ed.* **2010**, *49*, 9174.

[13] Szumigala, R. H.; Devine, P. N.; Gauthier, D. R.; Volante, R. P. *J. Org. Chem.* **2004**, *69*, 566.

[14] Ravn, M. M.; Wagaw, S. H.; Engstrom, K. M.; et al. *Org. Proc. Res. Devel.* **2010**, *14*, 417.

[张皓，付华*，清华大学化学系；FH]

二溴异氰尿酸

【英文名称】 Dibromoisocyanuric acid

【分子式】 $C_3HBr_2N_3O_3$

【分子量】 286.87

【CAS 登录号】 [15114-43-9]

【缩写和别名】 DBI, 1,3-Dibromo-1,3,5- triazine-2,4,6-trione, 1,3-二溴-1,3,5-三嗪-2,4,6-三酮

【结构式】

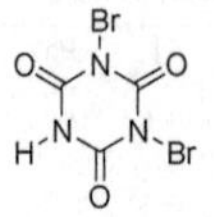

【物理性质】 白色至微浅红黄色固体，具有刺激性气味。mp 307~309 ℃，ρ 2.789 g/cm^3。

【制备和商品】 大型试剂公司均有销售。也可用异氰尿酸与液溴在氢氧化锂作用下制备，冷却反应液产物就会析出，过滤并用溴水洗涤即可[1]。

【注意事项】 二溴异氰尿酸应低温储藏，避光避湿。在通风橱中操作，避免吸入粉末和与皮肤接触。

二溴异氰尿酸 (DBI) 是一种很强的亲电溴化试剂，能够对各种钝化的芳环 (如硝基苯[2]、苯甲醛[3]等) 进行溴化反应。一些伯酰胺在该试剂作用下，也可进行氮的单溴代反应[4]。在一定条件下，利用该试剂还可使芳杂环上的氨基进行双溴代反应[5]，也能生成偶氮类化合物[6]。

在 DBI 的作用下，间硝基苯甲酸甲酯可以很高的产率转化为单溴代产物 (式 1)[7]。含有酸酐的萘环也可进行溴化反应[8~10]，根据反应条件的不同，可以生成二溴代产物 (式 2)[8,9] 或四溴代产物(式 3)[9,10]。

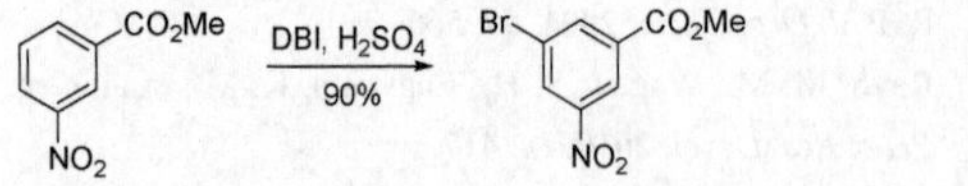

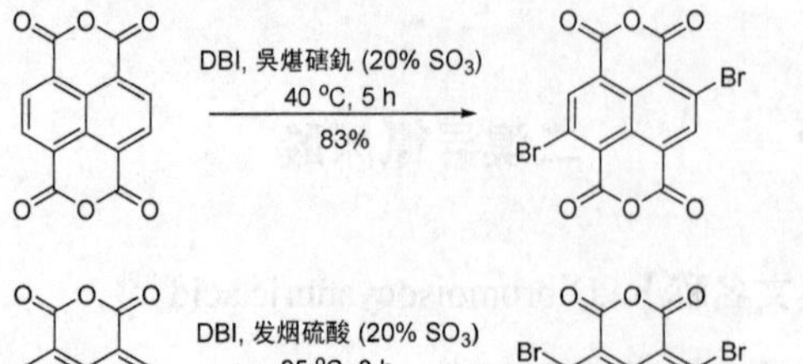

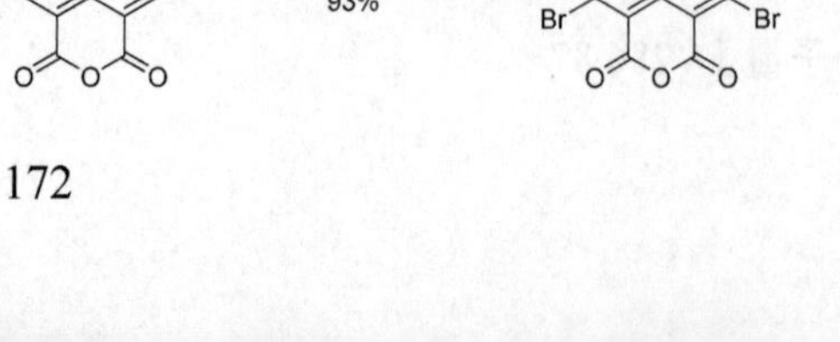

在 DBI 的作用下，脂肪族伯酰胺或芳香族伯酰胺也可以高产率得到相应的氮溴代产物 (式 4)[4]。

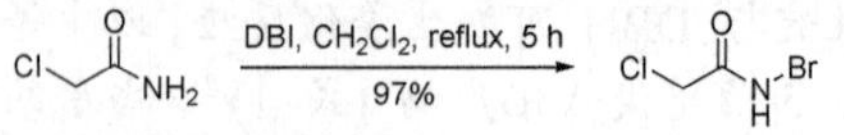

在室温下，氨基取代的异噻唑与 DBI 反应，可以中等产率得到氨基氮双溴代产物 (式 5)[5]。在 DBI 的作用下，碘代氨基噁二唑则发生双分子偶联生成偶氮化合物 (式 6)[6]。

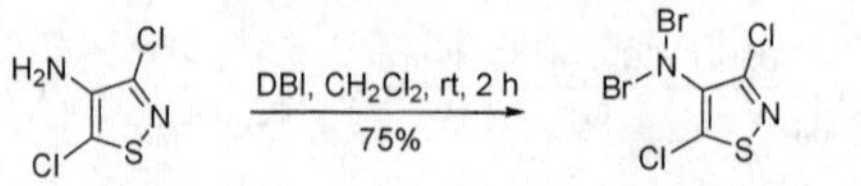

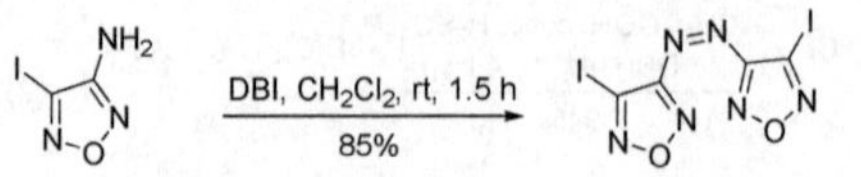

参 考 文 献

[1] Gottardi, W. *Monatsh. Chem.* **1968**, *99*, 815.

[2] Salo, G.; Karin, S.; Leif, S. *Heterocycles* **1981**, *15*, 947.

[3] Wakefield, B. J.; Wright, D. J. *J. Chem. Res.* **1981**, *5*, 129.

[4] Demko, Z. P.; Bartsch, M.; Sharpless, K. B. *Org. Lett.* **2000**, *2*, 2221.

[5] Zlotin, S. G.; Chunikhin, K. S.; Dekaprilevich, M. O. *Mendeleev Commun.* **1997**, *7*, 97

[6] Sheremetev, A. B.; Shamshina, J. L.; Dmitriev, D. E.; et al. *Heteroatom Chem.* **2004**, *15*, 199.

[7] Khan, A.; Hecht, S. *Chem. Eur. J.* **2006**, *12*, 4764.

[8] Thalacker, C.; Röger, C.; Würthner, F. *J. Org. Chem.* **2006**, *71*, 8098.

[9] Guo, S.; Wu, W. H.; Guo, H. M.; Zhao, J. Z. *J. Org. Chem.* **2012**, *77*, 3933.

[10] Röger, C.; Würthner, F. *J. Org. Chem.* **2007**, *72*, 8070.

[张皓，付华*，清华大学化学系；FH]

二氧化碳

【英文名称】 Carbon dioxide

【分子式】 CO_2

【分子量】 44.01

【CAS 登录号】 [124-38-9]

【结构式】

O=C=O

【物理性质】 二氧化碳是无色、无味的气体，是碳及含碳化合物的最终氧化产物。密度约为空气的 1.5 倍，在不同条件下可能够以气、液、固三种状态存在。其性质稳定，既不可燃也不可助燃。在地球大气中的含量约占总体积的 0.03%，能与水反应生成不稳定的碳酸。

【制备和商品】 国内外试剂公司均有销售。

【注意事项】 该试剂在空气中和室温下稳定，使用时不能大量吸入，否则引起窒息。

CO_2 是碳及含碳化合物的最终氧化产物，具有无毒、廉价、含量丰富等优点。由于 CO_2 是化学反应惰性的分子，建立温和条件下将其作为 C_1 资源应用于有机化合物的羧基化、羰基化等有机合成反应是具有挑战性的研究工作，也是绿色化学的热点研究课题之一。当前，利用 CO_2 的工业化转化反应只有四类，包括：(1) CO_2 与苯酚的钠、钾盐反应制备水杨酸[1]；(2) CO_2 与氨气反应制备尿素[2]；(3) CO_2 与 1,2-二醇或环氧化物反应制备环状碳酸酯[3]；(4) CO_2 与环氧化合物共聚制备聚碳酸酯[4]。

烯烃与 CO_2 的反应是合成羧酸衍生物的重要反应之一。在 $Ni(acac)_2/Cs_2CO_3$ 催化下和过量的 Et_2Zn 存在下，间甲氧基苯乙烯与常压 CO_2 的反应可以高产率地生成 α-芳基丙酸衍生物 (式 1)[5]。$Pd(PPh_3)_4$ 能够催化 2-(乙酰氧甲基)-3-(三甲基硅基)丙烯与常压 CO_2 发生 [3+2] 环加成反应生成 γ-丁内酯衍生物 (式 2)[6]。

$$ \text{(1)} $$

$$ \text{(2)} $$

$Ni(cod)_2/DBU$ 能够诱导环己二烯与 CO_2 发生双羧基化反应生成 50% 的 trans-1,4-二羧酸衍生物 (式 3)[7]。在碱性条件下，酰胺基取代的 1,2-联二烯与常压 CO_2 反应可以生成 1,3-噁嗪-2,4-二酮衍生物 (式 4)[8]。

$$ \text{(3)} $$

$$ \text{(4)} $$

在 $Ni(cod)_2/DBU$ 的诱导和锌试剂的存在下，芳基炔烃的末端 C-H 键能与 CO_2 发生羧基化反应高度选择性地形成 β-芳基-α-丁烯酸衍生物 (式 5)[9]。

$$ \text{(5)} $$

炔烃与 CO_2 和胺的三组分反应是合成氨基甲酸烯酯的原子经济性反应，$Ru_3(CO)_{12}$[10] 和 $ReBr(CO)_5$[11] 都能有效地催化该反应 (式 6)。

$$ \text{(6)} $$

环氧化物与 CO_2 的反应是合成环状碳酸酯的重要反应之一。在 DMF 溶剂中，环氧化物能与 CO_2 反应高产率地生成环状碳酸酯[12]。进一步的研究发现，催化量的 DMF 也可以催化环状碳酸酯的生成 (式 7)[13]。

$$ \text{(7)} $$

$Cu(IPr)(OH)$ [IPr = 1,3-bis(2,6-diisopropylphenyl)imidazol-2-ylidene，1,3-二(二异丙基)苯并咪唑-2-自由基] 配合物能够催化多氟取代苯的羧基化反应。例如：1,2,4-三氟苯的羧基化反应能够高度选择性地发生在 3-位的 C-H 键上 (式 8)[14]。在 $[Rh(OH)(cod)]_2/dppp$ 催化下，苯硼酸酯也可以与 CO_2 发生羧基化反应生成苯甲酸 (式 9)[15]。

$$ \text{(8)} $$

$$Ph-B \underset{O}{\overset{O}{<}} \xrightarrow[\substack{(3\ mol\%),\ [Rh(OH)(cod)]_2 \\ dioxane,\ 60\ ^{\circ}C \\ 75\%}]{\substack{CO_2\ (1\ atm),\ [Rh(OH)(cod)]_2 \\ (3\ mol\%),\ dppp\ (7\ mol\%),\ CsF\ (3\ equiv)}} PhCO_2H \qquad (9)$$

应用无毒的 CO_2 代替 CO 进行的羧基化反应是具有广泛应用前景的化学转化。在 $Ru_3(CO)_{12}$/[PPN]Cl [PNN = N(PPh$_3$)$_2$] 催化下，环己烯与 CO_2/H_2 能够发生氢甲酰化反应生成醛和醇。醇可能是醛经原位还原生成的产物（式 10）[16]。

$$\xrightarrow[\substack{THF,\ 140\ ^{\circ}C,\ 30\ h \\ 14\%,\ 70\%}]{\substack{CO_2/H_2\ (4.0\ MPa),\ Ru_3(CO)_{12} \\ (2\ mol\%),\ [PPN]Cl\ (8\ mol\%)}} \underset{CHO}{\bigcirc} + \underset{CH_2OH}{\bigcirc} \qquad (10)$$

参 考 文 献

[1] Lindsey, A. S.; Jeskey, H. *Chem. Rev.* **1957**, *57*, 583.

[2] Krase, N. W.; Gaddy, V. L. *Ind. Eng. Chem.* **1922**, *14*, 611.

[3] Shaikh, A. A. G.; Sivaram, S. *Chem. Rev.* **1996**, *96*, 951.

[4] Sakai, T.; Kihara, N.; Endo, T. *Macromolecules* **1995**, *28*, 4701.

[5] Williams, C. M.; Johnson, J. B.; Rovis, T. *J. Am. Chem. Soc.* **2008**, *130*, 14936.

[6] Greco, G. E.; Gleason, B. L.; Lowery, T. A.; et al. *Org. Lett.* **2007**, *9*, 3817.

[7] Takimoto, M.; Mori, M. *J. Am. Chem. Soc.* **2001**, *123*, 2895.

[8] Chen, G.; Fu, C.; Ma, S. *Org. Lett.* **2009**, *11*, 2900.

[9] Takimoto, M.; Shimizu, K.; Mori M. *Org. Lett.* **2001**, *3*, 3345.

[10] Sasaki, Y.; Dixneuf, P. H. *J. Chem. Soc., Chem. Commun.* **1986**, 790-791.

[11] Jiang, J.-L.; Hua, R. *Tetrahedron Lett.* **2006**, *47*, 953.

[12] Kawanami, H.; Ikushima, Y. *Chem. Commun.* **2000**, 2089.

[13] Jiang, J.-L.; Hua, R. *Synth. Commun.* **2006**, *36*, 3141.

[14] Boogaerts, I. I. F.; Fortman, G. C.; Furst, M. R. L.; et al. *Angew. Chem. Int. Ed.* **2010**, *49*, 8674.

[15] Ukai, K.; Aoki, M.; Takaya, J.; Iwasawa, N. *J. Am. Chem. Soc.* **2006**, *128*, 8706.

[16] Tominaga, K.; Sasaki, Y. *Catal. Commun.* **2000**, *1*, 1.

[华瑞茂，清华大学化学系；HRM]

二乙醇胺

【英文名称】 2,2′-Iminodiethanol

【分子式】 $C_4H_{11}NO_2$

【分子量】 105.14

【CAS 登录号】 [111-42-2]

【缩写和别名】 2-[(2-Hydroxyethyl)amino]ethanol，Diethanolamine

【结构式】

$$HO\diagdown\diagup_{N}^{H}\diagdown\diagup OH$$

【物理性质】 mp 28 ℃，bp 268 ℃，ρ 1.097 g/cm^3。该试剂为无色黏性液体或结晶，有碱性，能吸收空气中的二氧化碳和硫化氢等气体。易溶于水和乙醇，微溶于苯和乙醚，有吸湿性。

【制备和商品】 国内外化学试剂公司均有销售。可由环氧乙烷与氨反应得到。

【注意事项】 该试剂易吸湿，对光和氧敏感。应在干燥、阴凉、避光条件下放置。

二乙醇胺能和酰卤反应生成相应的酰胺[1~4]，如式 1 所示[5]：二乙醇胺和苯氧乙酰氯在 Na_2CO_3 存在下反应，得到相应的酰胺。

$$HO\diagdown\diagup_{N}^{H}\diagdown\diagup OH + PhO\diagdown\diagup_{O}^{Cl} \xrightarrow[\substack{MeCN/H_2O,\ 20\ ^{\circ}C,\ 3\ h \\ 57\%}]{Na_2CO_3\ (2\ equiv)} PhO\diagdown\diagup_{O}^{N}\diagdown\diagup OH \qquad (1)$$

二乙醇胺和二硫化碳在氢氧化钠的甲醇溶液中反应，能高效地得到二硫代甲酸胺的钠盐化合物（式 2）[6]。

$$HO\diagdown\diagup_{N}^{H}\diagdown\diagup OH + S{=}C{=}S \xrightarrow[\substack{0\ ^{\circ}C,\ 0.3\ h \\ 81\%}]{NaOH,\ CH_3OH} Na^+ \ {}^-S\diagdown\diagup_{S}^{N}\diagdown\diagup OH \qquad (2)$$

二乙醇胺在铜催化剂的作用下，与氧气和一氧化碳反应能得到二氢噁唑酮类化合物（式 3）[7]。

$$HO\diagdown\diagup_{N}^{H}\diagdown\diagup OH + \substack{CO/O_2 \\ 4.8/0.2\ MPa} \xrightarrow[\substack{dioxane,\ 100\ ^{\circ}C,\ 3\ h \\ 90\%}]{(NHC)CuI\ (1\ mol\%)} HO\diagdown\diagup_{N}\diagdown\diagup_{O}^{O} \qquad (3)$$

二乙醇胺在弱碱性条件下能与卤代烃发生亲核取代反应，脱去卤化氢生成相应的 *N,N*-二乙醇胺类化合物[8~10]，如式 4 所示[11]：二乙醇胺和苄溴在碳酸钾存在下反应，几乎能定量地得到 *N,N*-二乙醇苄胺。

二乙醇胺与苄溴在弱碱性条件下反应，丙醛的羰基发生亲核加成后，接着经过分子内脱水，得到二氢噁唑酮类化合物 (式 5)[12]。

4-取代溴苯经过锂化后与硼酸三异丙酯反应，然后再与二乙醇胺反应得到苯硼酸类化合物 (式 6)[13]。

参 考 文 献

[1] Bez, G.; Bora, P. P.; Rokhum, L.; Vanlaldinpuia, K. *Synth. Commun.* **2011**, *41*, 267.

[2] Bez, G.; Rokhum, L.; Sema, H. A.; Vanlaldinpuia, K. *Chem. Lett.* **2010**, *39*, 228.

[3] Kang, H. H.; Oh, S.; Kim, D. H.; Rho, H. S. *Tetrahedron Lett.* **2003**, *44*, 7225.

[4] Attardo, G.; Connolly, T. P.; Gagnon, L.; et al. *J. Med. Chem.* **1997**, *40*, 2883.

[5] Tanaka, M.; Nakamura, M.; Ikeda, T.; et al. *J. Org. Chem.* **2001**, *66*, 7008.

[6] Carta, F.; Maresca, A.; Scozzafava, A.; et al. *J. Med. Chem.* **2012**, *55*, 1721.

[7] Liu, J.; Xia, C.; Zheng, S.; et al. *Tetrahedron Lett.* **2007**, *48*, 5883.

[8] Garon, C. N.; Daigle, M.; Levesque, I.; et al. *Inorg. Chem.* **2012**, *51*, 10384.

[9] Gokel, G. W.; Hernandez, J. C.; Viscariello, A. M.; et al. *J. Org. Chem.* **1987**, *52*, 2963.

[10] Hirokawa, T.; Kerakawauchi, R.; Suzuki, I.; Takeda, K. *Tetrahedron Lett.* **2007**, *48*, 6873.

[11] Aranapakam, V.; Baker, J.; Cowling, R.; et al. *J. Med. Chem.* **2003**, *46*, 2376.

[12] Borch, R. F.; Valente, R. R. *J. Med. Chem.* **1991**, *34*, 3052.

[13] Bonin, H.; Gras, E.; Leuma-Yona, R.; et al. *Tetrahedron Lett.* **2011**, *52*, 1132.

[王勇，陈超*，清华大学化学系；CC]

N,N-二乙基-1-丙炔胺

【英文名称】 *N,N*-Diethyl-1-propynylamine

【分子式】 $C_7H_{13}N$

【分子量】 111.18

【CAS 登录号】 [4231-35-0]

【缩写和别名】 DAP，1-(Diethylamino)propyne

【结构式】

【物理性质】 无色液体，有胺的气味，遇水分解。bp 130~132 ℃，ρ 0.825 g/cm³。溶于乙腈、四氯化碳、四氢呋喃、甲苯、二氯甲烷和乙醚等有机溶剂。

【制备和商品】 目前销售此商品的公司很少。在实验室中一般使用 1-二乙氨基-2-丙炔或 *N,N*-二乙基丙酰胺来制备[1]。

【注意事项】 遇水分解，在空气中被缓慢氧化，应密封低温保存。在通风橱中操作。

N,N-二乙基-1-丙炔胺可与 α,β 不饱和砜进行环加成反应，得到烯胺衍生物，在稀盐酸中进一步水解可得到相应的酮 (式 1)[2]。

该试剂与顺式或反式 1,3-丁二烯的反应，可得到截然不同的产物。顺式二烯发生 [4+2] 环加成反应，而反式二烯发生 [2+2] 环加成反应 (式 2 和式 3)[3]。

利用环加成反应，*N,N*-二乙基-1-丙炔胺可用于一些杂环化合物的合成中。在氯仿中加热，该试剂与 1,2,3-三嗪首先发生加成反应，然后失去一分子氮气而转变为吡啶衍生物 (式 4)[4,5]。该试剂与 2*H*-吡喃-2-酮环加成后，失去一分子二氧化碳，可得到多取代的苯胺衍生物 (式 5)[6]。

$$(4)$$

$$(5)$$

在四氯化碳或苯中，*N,N*-二乙基-1-丙炔胺与异氰酸酯在室温下可发生环加成反应，然后异构化为酰胺 (式 6)。在酸性条件下，烯基亚胺可继续水解成为酰胺[7]。在不同条件下，它与硫代异氰酸酯反应可生成吡啶[8]或噻唑衍生物[9]。

$$(6)$$

在二氯甲烷溶液中，*N,N*-二乙基-1-丙炔胺与重氮化合物 (如 3-重氮-4-甲基-5-苯基吡唑) 在 0 ℃ 即可发生反应，生成含氮稠杂环化合物 (式 7)[10]。与重氮乙酸甲酯也能发生类似的反应，生成吡唑衍生物[11]。

$$(7)$$

N,N-二乙基-1-丙炔胺也可参与到一些扩环反应中。如式 8 所示[12]：在甲苯中，双吖丙啶衍生物与 *N,N*-二乙基-1-丙炔胺反应可生成含有氨基的 2*H*-吡咯衍生物，进一步水解可生成相应的酮。

$$(8)$$

N,N-二乙基-1-丙炔胺分子内的双键也可发生亲电加成反应。如式 9 所示：该试剂与溴化氰加成，可生成含多官能团的烯烃产物 (式 9)[13]。

$$(9)$$

参 考 文 献

[1] Hubert, A. J.; Viehe, H. G. *J. Chem. Soc.* **1968**, 228.

[2] Eisch, J. J.; Galle, J. E.; Hallenbeck, L. E. *J. Org. Chem.* **1982**, *47*, 1608.

[3] Padwa, A.; Gareau, Y.; Harrison, B.; Rodriguez, A. *J. Org. Chem.* **1992**, *57*, 3540.

[4] Anderson, E. D.; Boger, D. L. *Org. Lett.* **2011**, *13*, 2492.

[5] Anderson, E. D.; Boger, D. L. *J. Am. Chem. Soc.* **2011**, *133*, 12285.

[6] Kranjc, K.; Štefane, B.; Polanc, S.; Kočevar, M. *J. Org. Chem.* **2004**, *69*, 3190.

[7] Piper, J. U.; Allard, M.; Faye, M.; et al. *J. Org. Chem.* **1977**, *42*, 4261.

[8] Barluenga, J.; Ferrero, M.; Peláez-Arango, E.; et al. *J. Chem. Soc., Chem. Commun.* **1994**, 865.

[9] L'abbé, G.; Dekerk, J. P.; Martens, C.; Toppet, S. *J. Org. Chem.* **1980**, *45*, 4366.

[10] Padwa, A.; Kumagai, T.; Woolhouse, A. D. *J. Org. Chem.* **1983**, *48*, 2330.

[11] Huisgen, R.; Reissig, H. U.; Huber, H. *J. Am. Chem. Soc.* **1979**, *101*, 3647.

[12] Heine, H. W.; Henrie, R.; Heitz, L.; Kovvali, S. R. *J. Org. Chem.* **1974**, *39*, 3187.

[13] Lukashev, N. V.; Kazantsev, A. V.; Borisenko, A. A.; Beletskaya, I. P. *Tetrahedron* **2001**, *57*, 10309.

[张皓，付华*，清华大学化学系；FH]

二乙基氯化铝

【英文名称】 Diethylaluminium chloride

【分子式】 $C_4H_{10}AlCl$

【分子量】 120.56

【CAS 登录号】 [96-10-6]

【缩写和别名】 DEAC，Chlorodiethylaluminium，氯化二乙基铝

【结构式】

$$H_3C-\overset{\underset{|}{Al}}{\underset{Cl}{}}-CH_3$$

【物理性质】
无色透明液体，mp −50 °C，bp 208 °C，ρ 0.961 g/cm³ (50 mmHg)，闪点 −18 °C。易溶于汽油和芳烃。

【制备和商品】
国内外化学试剂公司均有销售，商品试剂为含量为 1.0 mol/L 的正己烷溶液。可用倍半法合成：经三氧化二铝干燥的氯乙烷与铝粉在碘的存在下制得粗倍半物 (即一氯二乙基铝与二氯乙基铝摩尔比为 1 : 1 的复合物)，然后再与钠在己烷中反应 (式 1)，最后精馏制得。

$$3 C_2H_5Cl + 2 Al \xrightarrow{I_2} AlEtCl_2 \cdot AlEt_2Cl$$

$$5 AlEtCl_2 + 3 Na \xrightarrow{己烷} AlEt_2Cl + Al + 3 AlEtCl_2 \cdot NaCl$$

$$3 AlEtCl_2 \cdot NaCl + 4.5 Na \xrightarrow{己烷} 1.5 Al + 1.5 AlEt_2Cl + 7.5 NaCl \quad (1)$$

【注意事项】
二乙基氯化铝有剧毒，遇水、酸、氧化剂、碱和胺会分解为易燃的有毒烃类和氯化物气体，遇空气激烈燃烧。储存于阴凉、通风、干燥处，在干燥氮气下密封保存。远离火种、热源。与酸、氧化剂等分开存放，不得与空气和水接触。

二乙基氯化铝是一种主族金属有机化合物和路易斯酸。其分子中卤素或乙基可以被其它基团取代。可与不饱和烯烃或者炔烃发生烷基化反应，也可以作为 Lewis 酸来催化 Diels-Alder 反应、Friedel-Crafts 反应等。上述反应均需在无水和氮气保护的条件下进行。

金属铝上基团的取代反应 等摩尔量的二乙基氯化铝与叠氮化钠反应生成二乙基叠氮化铝，该化合物可与腈类生成四氮唑 (式 2)[1]。二乙基氯化铝分子中的乙基也可被其它基团取代，以优化 Lewis 酸的结构，提高其催化性能[2]。

$$Et_2AlCl + NaN_3 \xrightarrow{PhMe, 0\,°C\sim rt, 4\sim6\,h} Et_2AlN_3 + NaCl$$

$$Et_2AlN_3 + \underset{Ph}{\overset{O}{\underset{||}{S}}}-CN \xrightarrow[76\%]{PhMe, 55\,°C, 3\,h} \underset{Ph}{\overset{O}{\underset{||}{S}}}\!\!\!-\!\!\!\underset{}{}\!\!\!\overset{N-NH}{\underset{N=N}{}} \quad (2)$$

烷基化反应 二乙基氯化铝只与端基烯或炔反应，具有立体选择性和区域选择性。在 Et₂AlCl-TiCl₄ 体系中，与 3-正丁烯-1-醇加成生成烷基醇的同时，也可以发生 α-烯基碳氢的乙基取代反应。其中与 3-正丁炔-1-醇的加成只生成反式 3-己烯-1-醇 (式 3)[3]。

$$Et_2AlCl + HO\diagdown\diagdown \xrightarrow[\substack{1.\ DCM,\ 0\,°C,\ 15\ min \\ 2.\ TiCl_4,\ DCM,\ -78\,°C}]{} \begin{array}{l} HO\diagdown\diagdown\diagup Et \quad 21\% \\ HO\diagdown\diagdown\diagup\diagup Et \quad 18\% \end{array} \quad (3)$$

烷基氟化物中 C(sp³)−F 键很稳定，较难断裂。但在与二乙基氯化铝反应时，C−F 键通过 F 与 Al 的配位实现活化，经过 S_N2 取代反应发生卤素交换，转化为 C(sp³)−Cl 键 (式 4)[4]。

$$(4)$$

配位反应 有机金属铝能与 N、O 等含有孤对电子的杂原子结合形成配合物。如式 5 所示[5]：二乙基氯化铝与席夫碱配体中 N、O 原子发生配位，生成相应的铝配合物。

$$(5)$$

路易斯酸催化剂 二乙基氯化铝可作为路易斯酸催化剂催化 Diels-Alder 反应。分子内 Diels-Alder 反应是生物合成茚满霉素 (Indanomycin) 的关键步骤。在手性 R-泛酸内酯辅助下，使用二乙基氯化铝可大大提高该反应的立体选择性 (式 6)[6]。

$$(6)$$

催化 Friedel-Crafts 酰基化反应　吲哚的 C-3 位可优先进行亲电取代反应。在二乙基氯化铝的存在下，可高效、高区域选择性地在 C-3 位上引入酰基。吲哚的 NH 不需保护 (式 7)[7]。

$$\text{(7)}$$

催化环氧化物的开环反应　使用 Et$_2$AlCl-三甲基硅基乙炔的催化体系，可使环氧乙烷高效地发生开环反应。由于三甲基硅基的位阻大，反应的立体选择性较高 (式 8)[8]。

$$\text{(8)}$$

亲核加成反应　乙烯基溴化镁与二环[2.2.2]辛酮衍生物的加成反应可用来合成药物 Pallescensin B 和 cis-Decalins。使用二乙基氯化铝可以选择性地提高顺式产物的比例，反/顺比例由 1.0∶0.67 提高至 1.0∶1.1 (式 9)[9]。

$$\text{(9)}$$

参 考 文 献

[1] Aureggi, V.; Sedelmeier, G. *Angew. Chem. Int. Ed.* **2007**, *46*, 8440.

[2] Bigi, F.; Casiraghi, G.; Casnati, G.; Sartori, G. *J. Org. Chem.* **1985**, *50*, 5018.

[3] Schultz, F. W.; Ferguson, G. S.; Thompson, D. W. *J. Org. Chem.* **1984**, *49*, 1736.

[4] Terao, J.; Begum, S. A.; Shinohara, Y.; et al. *Chem. Commun.* **2007**, 855.

[5] Saito, B.; Katsuki, T. *Angew. Chem. Int. Ed.* **2005**, *44*, 4600.

[6] Gartner, M.; Satyanarayana, G.; Forster, S.; Helmchen, G.

Chem. Eur. J. **2013**, *19*, 400.

[7] Okauchi, T.; Itonaga, M.; Minami, T.; et al. *Org. Lett.* **2000**, *2*, 1485.

[8] Dávila, W.; Torres, W.; Prieto, J. A. *Tetrahedron* **2007**, *63*, 8218.

[9] Juo, W. J.; Lee, T. H.; Liu, W. C.; et al. *J. Org. Chem.* **2007**, *72*, 7992.

[杨方方，崔秀灵*，郑州大学；XCJ]

二乙基三甲基硅基亚磷酸酯

【英文名称】　Diethyl trimethylsilyl phosphite

【分子式】　C$_7$H$_{19}$O$_3$PSi

【分子量】　210.28

【CAS 登录号】　[13716-45-5]

【缩写和别名】　DTPP，Hosphorous acid，Diethyl trimethylsilyl ester

【结构式】

【物理性质】　液体，bp 58~59 °C/10 mmHg，n_D^{20} 1.413，ρ 0.921 g/cm^3 (25 °C)。

【制备和商品】　该试剂通常由亚磷酸二乙酯的钠盐和三甲基氯硅烷在乙醚中反应制得[1]。

【注意事项】　该试剂易受潮水解，宜现制现用。

羰基加成反应　DTP 对羰基的 1,2-加成反应最早报道于 Abramov 反应，如式 1 所示[1b]：DTP 与酮化合物反应可以得到 α-三甲基硅基氧代磷酸二乙酯。DTP 与苯甲醛反应所得中间体经后续转化可得到酮，这是生成酮的一种方便的方法 (式 2)[2]。

$$\text{(1)}$$

$$\text{(2)}$$

共轭加成反应 目前，已经有研究小组报道了 DTP 与 α,β 不饱和醛、酮、酯以及腈的反应。通常在室温条件下，DTP 会与 α,β 不饱和醛发生 1,2-加成反应；而在加热条件下，则与甲基乙烯基类型的酮发生 1,4-加成反应 (式 3)[3]。随着 β 碳上位阻的增加，1,2-加成产物也随之增加。为了解决 DTP 与 α,β 不饱和酮或酯反应的苛刻条件，可加入磷酸二乙酯和三甲基铝作为路易斯酸来催化这一进程[4]。

$$\text{（式 3）} \quad (3)$$

与烯酮的反应 DTP 与烯酮的反应过程是放热的，故需要在低温下进行。反应产物 [1-(三甲基硅基氧)乙烯基]磷酸二乙酯可通过蒸馏分离出来 (式 4)[5]。

$$H_2C=C=O + EtO-P-O-SiMe_3 \xrightarrow{80\%} \quad (4)$$

与 β 二羰基化合物的反应 DTP 与二羰基化合物反应的过程取决于二羰基化合物的结构。如式 5 所示[1c]：DTP 与乙酰乙酸乙酯的反应是一个放热过程，DTP 加成到酮上，预测的 1,2-加成产物可以通过蒸馏分离出来。

$$\text{（式 5）} \xrightarrow{62\%} \quad (5)$$

DTP 与 2,4-戊二酮的反应在生成 1,2-加成产物的同时还伴随着其它产物的生成，这是因为其中存在如下竞争反应[6]：(1) 对二酮烯醇式结构的硅基化反应；(2) 第二分子的 DTP 进一步加成到 1,2-加成产物上去，然后发生环化，失去一分子甲氧基三甲基硅烷，最后形成一个氧磷杂环戊烷。

与环氧化合物的反应 在 DTP 和环氧化合物的加成反应中加入路易斯酸 (如碘化锌、三氯化铁、二氯化锡、四氯化锡) 或碱 (正丁基锂) 作为催化剂，将加快反应的进行 (式 6)[7]。

$$\text{（式 6）} \xrightarrow{BuLi} \quad (6)$$

参 考 文 献

[1] (a) Liotta, D.; Sunay, U.; Ginsberg, S. *J. Org. Chem.* **1982**, *47*, 2227; (b) Creary, X.; Geiger, C. C.; Hilton, K. *J. Am. Chem. Soc.* **1983**, *105*, 2851; (c) Evans, D. A.; Hurst, K. M.; Takacs, J. M. *J. Am. Chem. Soc.* **1978**, *100*, 3467.

[2] Hata, T.; Hashizume, A.; Nakajima, M.; Sekine, M. *Tetrahedron Lett.* **1978**, 363.

[3] Rajanbabu, T. V. *J. Org. Chem.* **1982**, *47*, 2227.

[4] Green, K. *Tetrahedron Lett.* **1989**, *30*, 4807.

[5] Novikova, Z. S.; Lutsenko, I. F. *J. Gen. Chem. USSR (Engl. Transl.)* **1970**, *40*, 2110.

[6] Ofitserva, E. K.; Ivanova, O. E.; Ofitserov, E. N.; et al. *J. Gen. Chem. USSR (Engl. Transl.)* **1981**, *51*, 390.

[7] Azuhata, T.; Okamoto, Y. *Synthesis* **1983**, 916.

[吴筱星，中科院广州生物医药与健康研究院；WXY]

二乙三胺五乙酸

【英文名称】 Diethylenetriamine pentaacetic acid

【分子式】 $C_{14}H_{23}N_3O_{10}$

【分子量】 393.35

【CAS 登录号】 [67-43-6]

【缩写和别名】 DTPA，DTRA，DIPA，DETAPAC

【结构式】

【物理性质】 白色结晶，mp 219~220 ℃，ρ 1.56 g/cm³。该试剂具有吸湿性，易溶于热水和碱性溶液，微溶于冷水，不易溶于乙醇和乙醚等有机溶剂。

【制备和商品】 国内外化学试剂公司均有销售。二乙三胺与一氯乙酸反应后，经蒸馏水脱色即得纯品。

【注意事项】 该试剂易燃，易挥发，具有胺的气味。有刺激性，应储存在干燥通风处。

二乙三胺五乙酸在吡啶和乙酸酐的作用下，能高效地得到分子内脱水的噁嗪二酮类化

合物，由该化合物可以继续制备用于蛋白质核磁测量的顺磁位移试剂 (式 1)[1]。

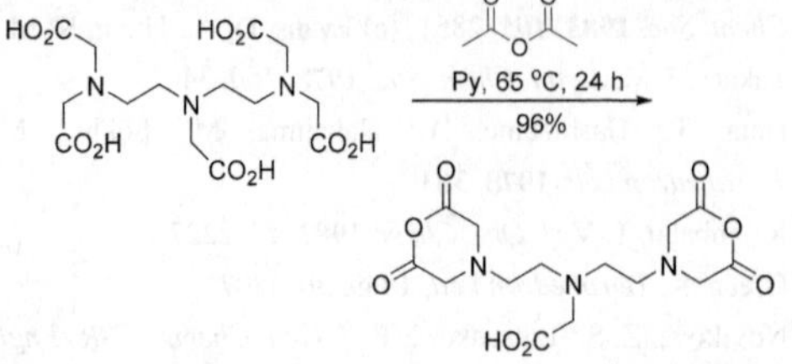

(1)

二乙三胺五乙酸可以与醇发生酯化反应得到酯[2~4]。如式 2 所示[5]：在浓硫酸中，二乙三胺五乙酸与乙醇反应，得到二乙三胺五乙酸乙酯。

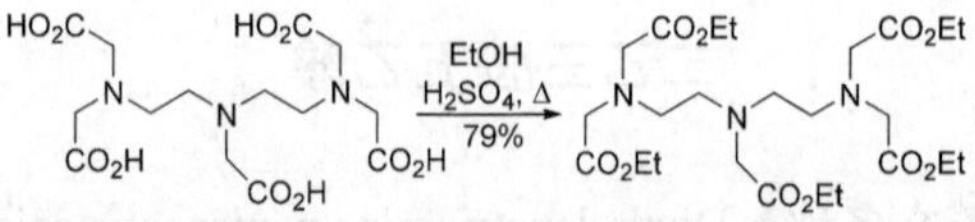

(2)

二乙三胺五乙酸还可以与 13C 标记的苯醌并吡咯醇反应，生成的酯类化合物可以作为一类新型的 13C 标记的核磁共振探针 (式 3)[6]。

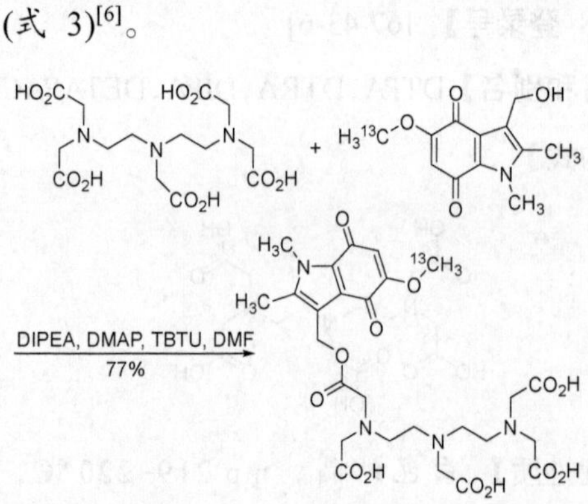

(3)

二乙三胺五乙酸可以与烷基胺类化合物反应得到酰胺类化合物。例如，二乙三胺五乙酸分别与对磺酰胺苄胺和咪唑乙基胺反应，能得到相应的酰胺类化合物 (式 4 和式 5)[7,8]。

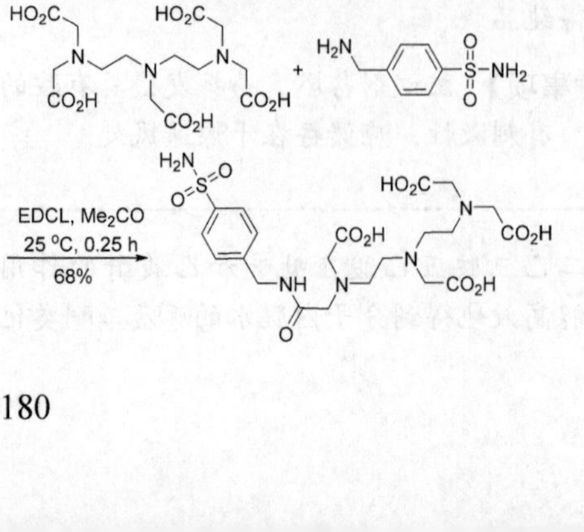

(4)

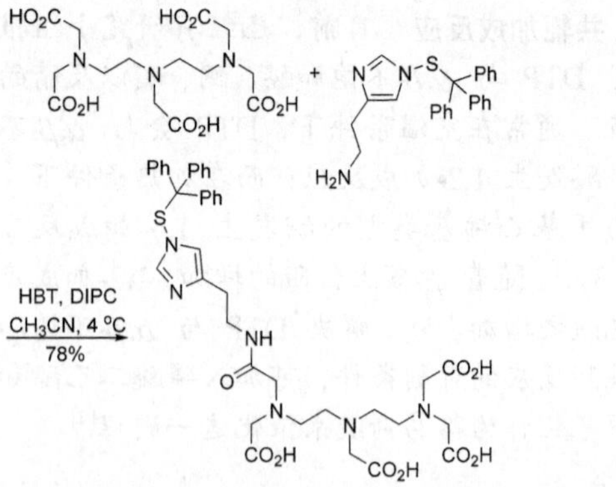

(5)

二乙三胺五乙酸在加热条件下能与过量的邻苯二胺反应得到五苯并咪唑的胺类化合物 (式 6)[9]。

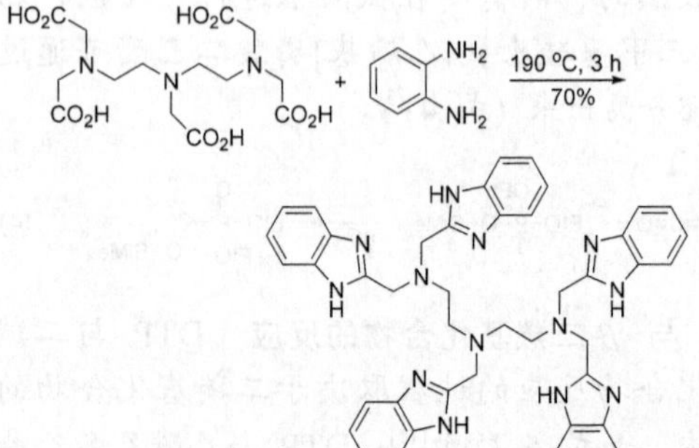

(6)

参 考 文 献

[1] Antonietta, M.; Prudencio, M.; Ubbink, M.; et al. *Chem. Eur. J.* **2004**, *10*, 3252.

[2] Cai, J.; Fujiwara, M.; Nakamura, H.; et al. *J. Organomet. Chem.* **1999**, *581*, 170.

[3] Keana, J. F. W.; Mann, J. S. *J. Org. Chem.* **1990**, *55*, 2868.

[4] Burdinski, D.; Del Pozo Ochoa, C.; Jalon, D. M.; et al. *Dalton Trans.* **2008**, *31*, 4138.

[5] Nemoto, H.; Cai, J.; Yamamoto, Y. *Tetrahedron Lett.* **1996**, *37*, 539.

[6] Komatsu, H.; Nishimoto, S.-I.; Tanabe, K. *Bioorg. Med. Chem. Lett.* **2011**, *21*, 790.

[7] Scozzafava, A.; Supuran, C. T.; Menabuoni, L.; et al. *J. Med. Chem.* **2002**, *45*, 1466.

[8] Scozzafava, A.; Supuran, C. T. *Eur. J. Med. Chem.* **2000**, *35*, 31.

[9] Birker, P. J. M. W. L.; Schierbeek, A. J.; Verschoor, G. C.; Reedijk, J. *J. Chem. Soc., Chem. Commun.* **1981**, *21*, 1124.

[王勇，陈超*，清华大学化学系；CC]

二乙酸三苯铋(Ⅴ)

【英文名称】Bis(acetatyloxy)triphenylbismuth(Ⅴ)

【分子式】 $C_{22}H_{21}BiO_4$

【分子量】 558.39

【CAS 登录号】 [7239-60-3]

【缩写和别名】 三苯基二醋酸铋

【结构式】

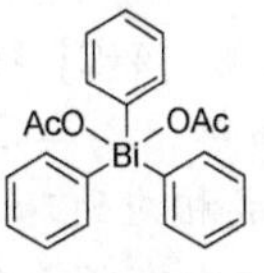

【物理性质】 淡黄色粉末，mp 187~189 ℃。

【制备和商品】 国内外化学试剂公司均有销售。常见的制备方法是先将 Ph_3Bi 氧化为 Ph_3BiCl_2，然后通过一步乙酰化或是先碳酸化再乙酰化的方法制备[1]。后来发现可以用过硼酸钠 ($NaBO_3$) 为氧化剂，在乙酸中可直接高效地制备该试剂[2]。

二乙酸三苯铋 [$Ph_3Bi(OAc)_2$] 是一种常见的有机铋试剂。其中的铋由于是 5 价而具有一定的氧化性，可以将伯、仲醇氧化为相应的羰基化合物[3]。此外，该试剂也是一种有效的芳基化试剂，可直接或在钯、铜等配合物催化剂存在下用于各种底物中 C、O、N 等原子的芳基化反应，且反应条件温和，能耐受多种不同基团的影响[4]。

在 DBU 的存在下，以 $Ph_3Bi(OAc)_2$ 为氧化剂可以将反式香芹醇高效地氧化为反式香芹酮 (式 1)[5]。

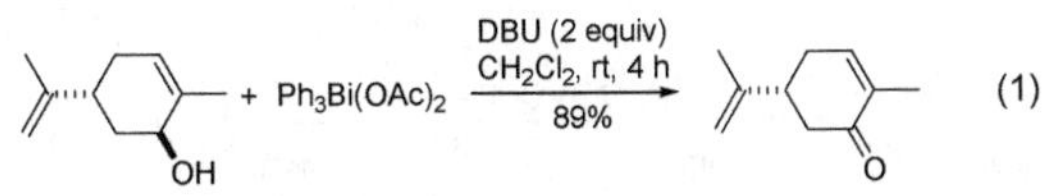

$Ph_3Bi(OAc)_2$ 应用为醇羟基的芳基化试剂时，在中性条件下对单醇只有中等偏下的产率：异丙醇 (< 20%)，3β胆甾烷醇 (36%)[4]，在加入 $Cu(OAc)_2$ (0.1 equiv) 后，产率有所改善 (式 2)[6]。

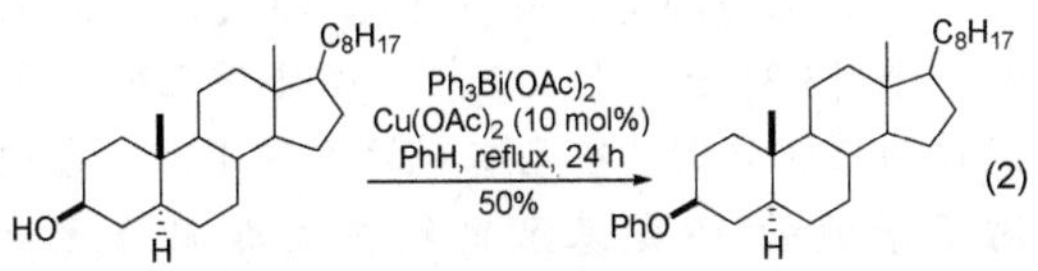

当 $Ph_3Bi(OAc)_2$ 作为乙二醇类化合物的芳基化试剂时，在 CH_2Cl_2 中可以高效、高选择性地进行单羟基的芳基化反应 (式 3)。如果体系中存在构象固定的环状二醇结构时，则反应倾向于发生在处于 a-键位置的羟基上[7]。顺式-1,2-环戊二醇在 Cu(Ⅱ) 及具有光学活性的二胺类、三胺类手性配体存在下还可以反应得到具有光学活性的 O-苯基化的对映体[8]，最高 ee 值可达 38%。

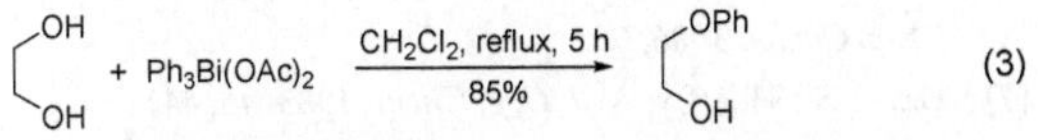

该试剂与 CO 组合反应可以用于消旋的二级醇的动力学拆分。例如在 $PdCl_2$/手性二茂铁配体和 AgOAc 的存在下，在室温反应可以生成具有光学活性的苯甲酰化产物 (式 4)[9]。

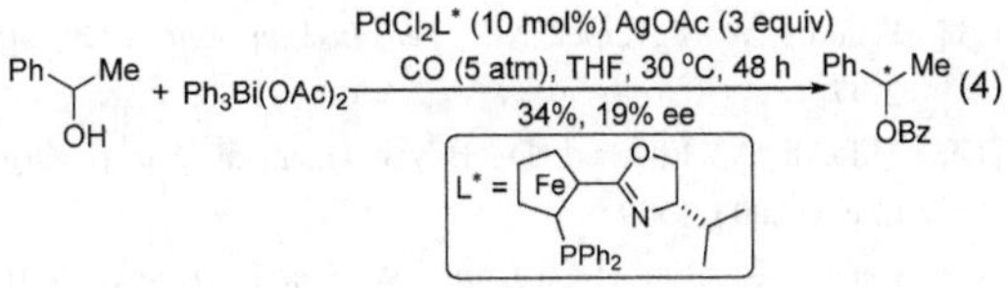

在铜盐的催化下，该试剂可以作为一级胺、二级胺的 N-芳基化试剂，在温和条件下生成相应的 N-苯基化或 N,N-二苯基化产物。底物可以是烷基胺、芳胺[10]，也可以是含氮杂环唑类[11]。例如，在 $Cu(OAc)_2$ 的存在下，在室温反应即可得到 6-氨基苯并噻唑的 N-苯基产物 (式 5)[12]。

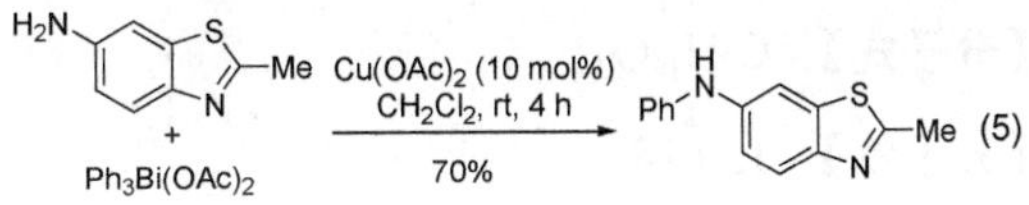

该试剂还能作为 C-C 偶联的试剂。如在 $PdCl_2$ 催化下，$Ph_3Bi(OAc)_2$ 可以与高碘盐反应，生成相应的 C-C 偶联产物 (式 6)[13]。该试剂也可以与有机锡试剂发生交叉偶联反应，而且在 CO 存在下，发生三组分的偶联反应生成芳基酮类化合物 (式 7)[14]。

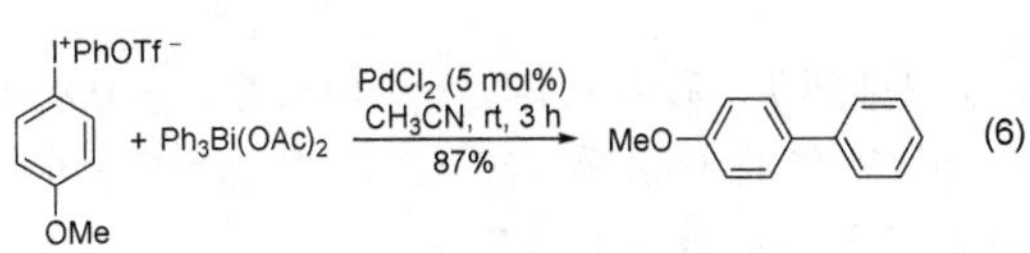

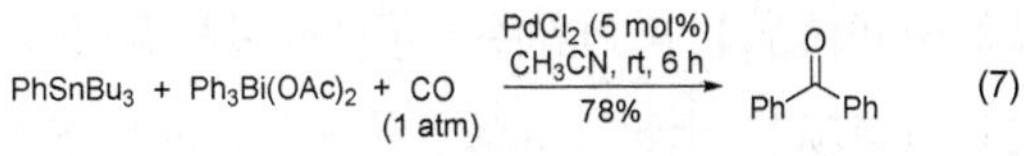

参 考 文 献

[1] Goel, R. G.; Prasad, H. S. *Can. J. Chem.* **1970**, *48*, 2488.

[2] Combes, S.; Finet, J.-P. *Synth. Commun.* **1996**, *26*, 4569.

[3] Dodonov, V. A.; Gushchin, A. V. *Russ. Chem. Bull.* **1993**, *42*, 1955.

[4] Finet, J.-P. *Chem. Rev.* **1989**, *89*, 1487.

[5] Barton, D. H. R.; Lester, D. J.; Motherwell, et al. *J. Chem. Soc., Chem. Comm.* **1979**, 705.

[6] Barton, D. H. R.; Finet, J.-P.; Pichon, C. *J. Chem. Soc., Chem.Comm.* **1986**, 65.

[7] David, S.; Thieffry, A. *J. Org. Chem.* **1983**, *48*, 441.

[8] Brunner, H.; Chuard, T. *Monatsh. Chem.* **1994**, *125*, 1293.

[9] (a) Miyake, Y.; Iwata, T.; Chung, K.-G.; et al. *Chem. Commun.* **2001**, 2584. (b) Iwata, T.; Miyake, Y.; Nishibayashi, Y.; Uemura, S. *J. Chem. Soc., Perkin Trans.* **2002**, *1*, 1548.

[10] Arnauld, T.; Barton, D. H. R.; Doris, E. *Tetrahedron.* **1997**, *53*, 4137.

[11] Fedorov, A. Y.; Finet, J.-P. *Tetrahedron. Lett.* **1999**, *40*, 2747.

[12] Miloudi, A.; El-Abed, D.; Boyer, G.; et al. *Eur. J. Org. Chem.* **2004**, 1509.

[13] Kang, S-K.; Ryu, H-C.; Kim, J-W. *Synth. Commun.* **2001**, *31*, 1021.

[14] Kang, S-K.; Ryu, H-C.; Lee, S-W. *Synth. Commun.* **2001**, *31*, 1027.

[华瑞茂，清华大学化学系；HRM]

3,3-二乙氧基-1-丙烯

【英文名称】 3,3-Diethoxy-1-propene

【分子式】 $C_7H_{14}O_2$

【分子量】 130.18

【CAS 登录号】 [3054-95-3]

【缩写和别名】 Acrolein diethyl acetal，丙烯醛缩二乙醇

【结构式】

【物理性质】 无色液体，bp 125 ℃，ρ 0.854 g/cm³ (25℃)，折射率 (20℃) 1.398。微溶于水，极易溶于乙醇和醚类溶剂中。

【制备和商品】 国内外各大试剂公司均有销售。

【注意事项】 干燥、低温、惰性气体环境下保存。防止与明火接触。在通风橱中操作。

3,3-二乙氧基-1-丙烯克服了丙烯醛由于活性过高而容易聚合的缺点，因此成为一种多用途的有机合成试剂。

在三氟甲磺酸催化下，3,3-二乙氧基-1-丙烯可与双烯体发生 [4+2] 环加成反应[1]。例如：1,3-环己二烯与 3,3-二乙氧基-1-丙烯在室温下反应即可生成相应的环加成产物[1]。当使用碘催化时，产率会有所上升，而且立体选择性较好 (式 1)[2]。采用溴化镁也能催化该类反应，但反应时间有所增加[3]。

(1)

在钯催化的条件下，3,3-二乙氧基-1-丙烯与卤代芳烃可发生 Heck 交叉偶联反应[4~7]。如式 2 所示[4]：以醋酸钯为催化剂，碳酸钾为碱，四丁基醋酸铵和氯化钾为添加剂，3,3-二乙氧基-1-丙烯与对甲氧基碘苯反应，可得到相应的 E-型偶联产物，进一步水解可高收率得到肉桂醛。使用微波可以促进该类反应的进行[5,6]，反应时间变短，而且不需要使用添加剂 (式 3)[5]。当使用溴化镍作为催化剂时，溴苯与 3,3-二乙氧基-1-丙烯在原电池的阳极上发生 Heck 偶联反应，但反应的立体选择性和产率都会下降[7]。

(2)

(3)

3,3-二乙氧基-1-丙烯与含有活泼亚甲基的酮可发生烯丙基化反应 (式 4)[8]，这实际上是一个 [3,3] σ-迁移反应[9]。当使用乙酰丙酮镍作为催化剂时，在无溶剂的条件下，一些相对不活泼的 β-羰基酯也能发生类似的反应 (式 5)[10]。

$$(4)$$

$$(5)$$

在钌催化剂的作用下，3,3-二乙氧基-1-丙烯可发生烯烃复分解反应（式 6）[11]。

$$(6)$$

参 考 文 献

[1] Gassman, P. G.; Singleton, D. A.; Wilwerding, J. J.; Chavan, S. P. *J. Am. Chem. Soc.* **1987**, *109*, 2182.

[2] Chavan, S. P.; Sharma, P.; Krishna, G. R.; Thakkar, M. *Tetrahedron Lett.* **2003**, *44*, 3001.

[3] Chavan, S. P.; Ethiraj, K. S.; Dantale, S. W. *Synth. Commun.* **2007**, *37*, 2337.

[4] Battistuzzi, G.; Cacchi, S.; Fabrizi, G. *Org. Lett.* **2003**, *5*, 777.

[5] Togninelli, A.; Gevariya, H.; Alongi, M.; Botta, M. *Tetrahedron Lett.* **2007**, *48*, 4801.

[6] Susanto, W.; Chu, C. Y.; Ang, W. J.; et al. *J. Org. Chem.* **2012**, *77*, 2729-2742

[7] Condon, S.; Dupré, D.; Nédélec, J. Y. *Org. Lett.* **2003**, *5*, 4701.

[8] Coates, R. M.; Shah, S. K.; Mason, R. W. *J. Am. Chem. Soc.* **1979**, *101*, 6765.

[9] Coates, R. M.; Shah, S. K.; Mason, R. W. *J. Am. Chem. Soc.* **1982**, *104*, 2198.

[10] Coates, R. M.; Hobbs, S. J. *J. Org. Chem.* **1984**, *49*, 140.

[11] Donohoe, T. J.; Basutto, J. A.; Bower, J. F.; Rathi, A. *Org. Lett.* **2011**, *13*, 1036.

[张皓，付华*，清华大学化学系；FH]

二异丙氨基溴化镁

【英文名称】 Magnesium bromide diisopropyla-mide

【分子式】 $C_6H_{14}NMgBr$

【分子量】 204.39

【CAS 登录号】 [50715-01-0]

【缩写和别名】 BMDA，Hauser 碱

【结构式】

【物理性质】 mp 140~142 ℃，溶于常用的有机溶剂。

【制备和商品】 国内外化学试剂公司均有销售。实验室一般先用镁条与 EtBr 在乙醚中制备格氏试剂，然后再与二异丙胺一起搅拌就可得到二异丙氨基溴化镁在乙醚中的悬浊液，直接用于各种反应（式 1）[1]。

$$(1)$$

【注意事项】 一般在干燥的无水体系中使用。在通风橱中进行操作，在冰箱中储存。

二异丙氨基溴化镁（BMDA）是二异丙胺的格氏试剂。与二异丙氨基锂（LDA）相比，BMDA 中的正离子（$MgBr^+$）体积较大，且 N–Mg 键极性小于 N–Li 键，因此其碱性弱于 LDA。除具有 LDA 的位置择优性外，BMDA 在活泼亚甲基化合物的缩合反应及其它反应中有其特殊的应用价值[2~4]。

酯缩合反应是形成 C–C 键的重要反应，主要包括分子间缩合和分子内环合两种类型。使用 BMDA 作为缩合剂，具有 α-氢的酯与另一个酯基作用，脱去一分子醇而形成 β 酮酸酯。BMDA 用于直链及支链单酯的缩合，生成分子间缩合产物，尤其对 α-氢位阻较大的酯类取得了满意的结果[5,6]。如式 2 和式 3 所示：在 NaH 和 BMDA 作用下，两分子的酯可缩合生成 β 酮酸酯。BMDA 也可以用于腈类化合物的缩合反应（式 4）[7]。

$$(2)$$

$$\text{(3)}$$

$$\text{(4)}$$

手性亚砜是合成手性 β-羟基酯、α-甲基醇和 δ-内酯的重要中间体。使用手性亚磺酸酯与苯乙酮反应，在 BMDA 的作用下可单一对映选择性地得到构型翻转的亚砜 (式 5)[8]。

$$\text{(5)}$$

在强碱的作用下，不对称环酮可形成热力学稳定和动力学稳定的两种烯醇负离子。在 LDA 的存在下，环状不对称酮与三甲基氯硅烷的反应主要得到动力学稳定的烯醇酯；而使用 BMDA 则主要得到热力学稳定的烯醇酯 (式 6)[9]。

$$\text{(6)}$$

使用酮与酰氯缩合可得到光学活性的 β-二酮。当酮的位阻较大时，使用普通碱如 LDA、NaH、NaNH$_2$ 等在 DME 等极性溶剂中得到的主要产物是氧酰化产物烯醇酯；而改用 BMDA 和乙醚等极性小的溶剂则主要得到碳酰化产物 β-二酮 (式 7)[10]。

$$\text{(7)}$$

将 BMDA 用于芳烃和立方烷的邻位镁化反应，也可取得满意的结果。所得产物也可再

发生一系列后续反应 (式 8 和式 9)[11,12]。

$$\text{(8)}$$

$$\text{(9)}$$

参 考 文 献

[1] Fukuyama, J.; Akasaka, K.; Karanewsky, D. S.; et al. *J. Am. Chem. Soc.* **1979**, *101*, 262.

[2] Haynes, L. J.; Stanners, A. H. *J. Am. Chem. Soc.* **1956**, *41*, 03.

[3] Hauser, C. R.; Walker, H. G. *J. Am. Chem. Soc.* **1947**, *69*, 295.

[4] Mioskowski, C.; Solladic, G. *Tetrahedron Lett.* **1975**, *38*, 3341.

[5] Hauser, C. R.; Frostick, F. C. *J. Am. Chem. Soc.* **1949**, *71*, 1350.

[6] Royal, E. E.; Turpin, D. G. *J. Am. Chem. Soc.* **1954**, *76*, 5452.

[7] Reynolds, G. A.; Humphlett, W. J.; Swamer, F. W.; Hauser, C. R. *J. Org. Chem.* **1951**, *16*, 165.

[8] Charles, M.; Guy, S. *Tetrahedron Lett.* **1975**, *16*, 3341.

[9] Krafft, M. E.; Hoiton, K. A. *Tetrahedron Lett.* **1983**, *24*, 1345.

[10] 潘显道，尤田耙，贺蕴普. 有机化学 **1997**, *17*, 82.

[11] Philip, E. E.; Chih, H. L.; Xiong, J. H. *J. Am. Chem. Soc.* **1989**, *111*, 8016.

[12] Erickson, R. H. *Bromomagnesium Diisopropylamide* in *e-EROS Encyclopedia of Reagents for Organic Synthesis.* 2001.

[朱冰峰，崔秀灵*，郑州大学化学与分子工程学院；XCJ]

二异丙胺

【英文名称】 Diisopropylamine

【分子式】 C$_6$H$_{15}$N

【分子量】 101.19

【CAS 登录号】 [108-18-9]

【缩写和别名】 DIPA，(i-C$_3$H$_7$)$_2$NH，Bis(iso-propyl)amine

【结构式】

【物理性质】 该试剂为无色的挥发性透明液体，mp $-61\ ^{\circ}C$，bp $84\ ^{\circ}C$，$\rho\ 0.722\ g/cm^3$。微溶于水，溶于大多数有机溶剂。

【制备和商品】 国内外化学试剂公司均有销售。可由丙酮或异丙醇经过氢化、氨化而制得。

【注意事项】 该试剂为易燃液体，与空气混合可爆，遇明火、高温、氧化剂易燃，燃烧产生有毒氮氧化物烟雾。应储存于通风低温干燥处，并与氧化剂、酸类分开存放。

二异丙胺为有机合成原料[1~4]，主要用于合成农药、医药、染料及其它表面活性剂等产品。

如式 1 所示[5]：二异丙胺与三氯化磷在乙腈中能以较高产率生成二(二异丙氨基)氯化磷。

二异丙胺与苯乙炔、二氯甲烷在氯化亚铜的催化下，能以高产率得到苯丙炔胺类化合物 (式 2)[6]。

二异丙胺在三氟甲基亚磺酸钠的存在下与 1,2-二溴乙酮反应，能得到酰化产物 (式 3)[7]。

二异丙胺可以与酰氯生成酰胺[8~10]。如式 4 所示[11]：二异丙胺与苯甲酰氯反应，得到定量的酰胺产物。

二异丙胺与苯并二氢吡喃醇类化合物反应，能得到吡喃环开环后脱水的产物 (式 5)[12]。

二异丙胺与 1,3-二苯基硫脲在 IBX (2-碘酰基苯甲酸) 的存在下，能高效地生成胍类化合物 (式 6)[13]。

参 考 文 献

[1] Beaucage, S. L.; Cieslak, J.; Cieslak, J. *J. Org. Chem.* **2003**, *68*, 10123.

[2] Harger, M. J. P. *Chem. Commun.* **2005**, *22*, 2863.

[3] Tang, Y.; Xiao, T.; Zhou, L. *Tetrahedron Lett.* **2012**, *53*, 6199.

[4] Aggarwal, V. K.; Filgueira, N. F.; Grange, E.; et al. *J. Am. Chem. Soc.* **2010**, *132*, 7626.

[5] Caruthers, M. H.; Christensen, N. K.; Sheehan, D. M.; et al. *J. Am. Chem. Soc.* **2003**, *125*, 940.

[6] Yu, D.; Zhang, Y. *Adv. Synth. Catal.* **2011**, *353*, 163.

[7] Crichton, J. E.; Kong, H.; Manthorpe, J. M. *Tetrahedron Lett.* **2011**, *52*, 3714.

[8] Ach, D.; Metzner, P.; Reboul, V. *Eur. J. Org. Chem.* **2003**, *17*, 3398.

[9] Dmitrienko, G. I.; Laufer, R. S. *J. Am. Chem. Soc.* **2002**, *124*, 9. 1854.

[10] Glorius, F.; Schroeder, N.; Wencel-Delord, J. *J. Am. Chem. Soc.* **2012**, *134*, 8298.

[11] Clayden, J.; Stimson, C. C.; Keenan, M.; Stimson, C. C. *Chem. Commun.* **2006**, *13*, 1393.

[12] Gallagher, B. D.; Lipshutz, B. H.; Taft, B. R. *Org. Lett.* **2009**, *11*, 5374.

[13] Dangate, P. S.; Akamanchi, K. G. *Tetrahedron Lett.* **2012**, *53*, 6765.

[王勇，陈超*，清华大学化学系；CC]

二异丙基碳二亚胺

【英文名称】 Diisopropylcarbodiimide

【分子式】 $C_7H_{14}N_2$

【分子量】 126.20

【CAS 登录号】 [693-13-0]

【缩写和别名】 PCI，DIC，DIPC，DICI，NSC42080

【结构式】

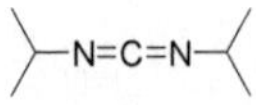

$$\diagdown\diagup N=C=N\diagup\diagdown$$

【物理性质】 常温下为无色至微黄色透明液体，bp 145~148°C，ρ 0.806 g/cm^3。不溶于水，溶于苯、乙醇、乙醚等常用有机溶剂。

【制备和商品】 国内外化学试剂公司均有销售。实验室可通过以下两种方法制备。第一种方法是使用 N,N'-二异丙基硫脲与氧化铅反应，脱去硫化氢，以 95% 的产率得到该产品。该方法对环境污染大，在实验室少量制备时可使用。另一种方法是首先使用次氯酸钠将二乙胺氧化为氯代二乙胺，然后将 N,N'-二异丙基硫脲经氯代二乙胺氧化，以 92% 的产率得到该产品。

【注意事项】 本品有毒、可燃、对湿度敏感。接触皮肤能引起炎症。

二异丙基碳二亚胺分子结构中的累积二烯结构使其具有较强的化学活性，但不如含有 N=C-O、O=C=O、S=C=S 等类似的结构活泼。该化合物不仅可以与酸性化合物反应，也可以与醇、胺及含活泼亚甲基等活泼氢的化合物反应，具有条件温和、操作简便和高效等特点。其参与化学反应的动力主要来源于结构中 N=C=N 双键的不饱和性，在非催化条件下稳定，而在催化条件下表现出很强的反应活性。二异丙基碳二亚胺有两个反应位点：中心碳原子和 C=N 双键。

二异丙基碳二亚胺被广泛用于聚合材料的添加剂、杂环化合物的合成、生物化工、制药、工业染料以及新型功能材料的制备。该化合物还是常用的合成醛、酮、氨基酸、酸酐、酯等化合物的低温脱水剂，是羧酸和胺 (或醇) 进行酰化反应最为重要的试剂之一，在合成来源稀少和贵重的大环内酯及大环内酰胺反应中能发挥独特优势[1]。

α-溴代羧酸可以与二异丙基碳二亚胺反应生成中间体 **A**。在没有其它亲核试剂的情况下，该中间体通过分子内亲核取代溴原子生成环状中间体 **B**，随后经 N→O 酰基迁移形成乙内酰胺。同时 N→O 酰基迁移可以和环化作用竞争生成 N-酰代尿素，用适当的碱可以将 N-酰代尿素转化成乙内酰胺 (式 1 和式 2)[2,3]。

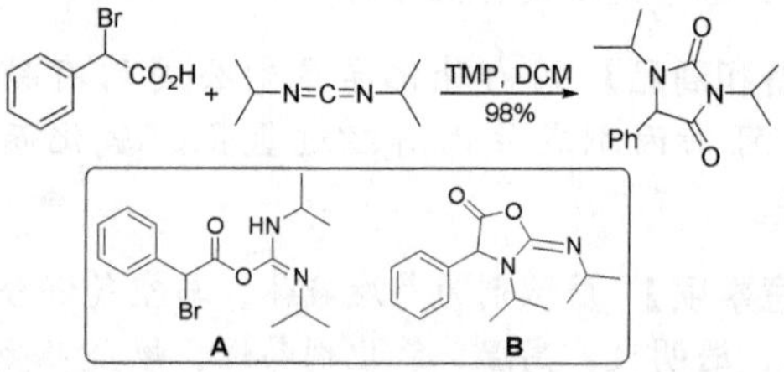

(1)

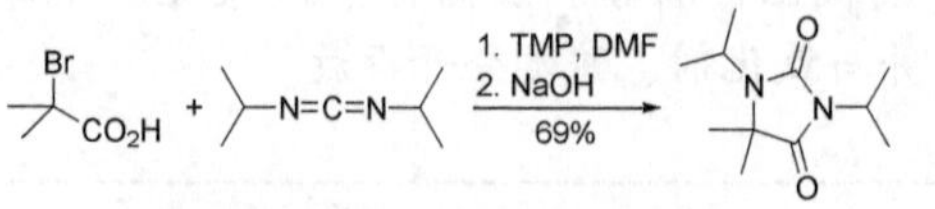

(2)

二异丙基碳二亚胺与酰氯反应可以生成 N-酰代氯化甲脒 (式 3)[4]。该化合物可以用来合成多种重要的含氮化合物。

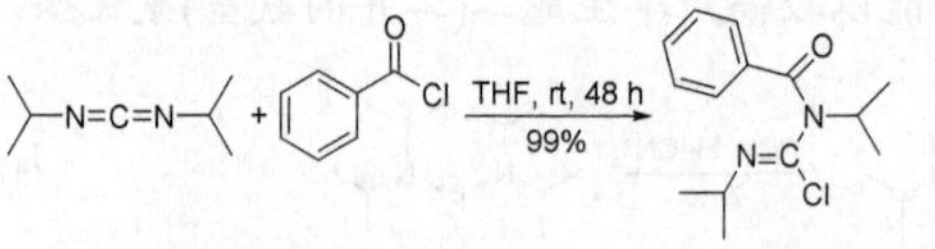

(3)

利用改进的 Kurzer 和 Pitchfork 一锅煮方法，胍与二异丙基碳二亚胺反应可合成 1,2-二氢-1,3,5 三嗪 (式 4)[5]。在该反应中，胍与二苯基碳二亚胺连续发生两次加成反应，通过分子内成环构筑出三嗪环。

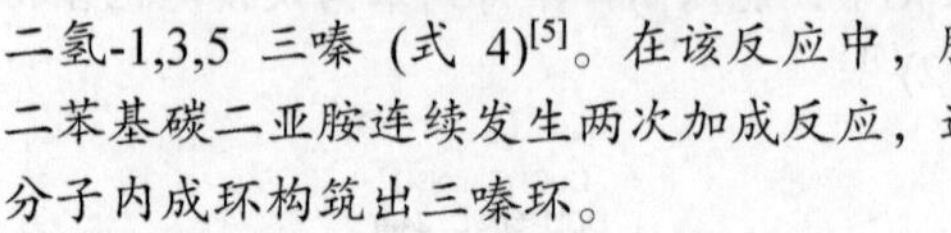

(4)

二异丙基碳二亚胺与环丙烷可发生 [3+2] 环加成反应。该反应还具有良好的化学选择性，Lewis 酸会影响反应立体选择性的结果 (式 5 和式 6)[6]。

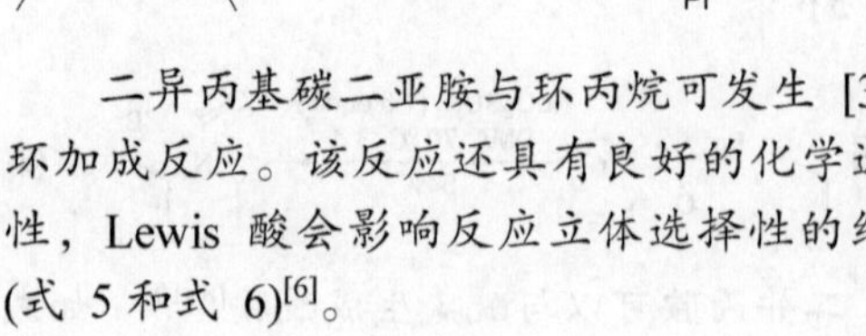

(5)

$$\text{Ph} \underset{CO_2Me}{\overset{CO_2Me}{\diagdown}} (S) \text{ >98\% ee} \quad \xrightarrow[\text{CH}_2\text{Cl}_2, 23\ ^\circ\text{C, 10 min}]{\overset{/Pr}{N}=C=\overset{/Pr}{N} \quad \text{Sn(OTf)}_2,} \quad MeO_2C \overset{N/Pr}{\underset{Ph}{\diagdown}} N-/Pr \quad (R) \text{ >98\% ee} \quad (6)$$

二异丙基碳二亚胺与二甲基锌反应，形成一个含有非定域 π-电子体系的脒类金属有机化合物 (式 7)[7]。

$$Zn(Me)_2 + \diagdown N=C=N\diagup \xrightarrow[\substack{2.\ n\text{-Pent, }-30\ ^\circ\text{C, 24 h}\\25\%}]{1.\ PhMe,\ 90\ ^\circ\text{C, 48 h}}$$

(7)

参 考 文 献

[1] 综述文献见：(a) Williams, A.; Ibrahim, I. T. *Chem. Rev.* **1981**, *81*, 589. (b) Kurzer, F.; Douraghi-Zadeh, K. *Chem. Rev.* **1967**, *67*, 107. (c) Khorana, H. G. *Chem. Rev.* **1953**, *53*, 145.

[2] Olimpieri, F.; Bellucci, M. C.; Marcelli, T.; Volonterio, A. *Org. Biomol. Chem.* **2012**, *10*, 9538.

[3] Bellucci, M. C.; Volonterio, A. *Tetrahedron Lett.* **2012**, *53*, 4733.

[4] (a) Wang, Y.; Chi, Y.; Zhao, F.; et al. *Synthesis* **2013**, *45*, 0347. (b) Wang, Y.; Zhang, W. X.; Wang, Z.; Xi, Z. *Angew. Chem. Int. Ed.* **2011**, *50*, 8122.

[5] Štrukil, V.; Đilović, I.; Matković-Čalogović, D.; et al. *New J. Chem.* **2012**, *36*, 86.

[6] Goldberg, A. F.; O'Connor, N. R.; Craig, R. A.; Stoltz, B. M. *Org. Lett.* **2012**, *14*, 5314.

[7] Münch, M.; Flörke, U.; Bolte, M.; et al. *Angew. Chem. Int. Ed.* **2008**, *47*, 1512.

[余海洋，崔秀灵*，郑州大学化学与分子工程学院；XCJ]

N,N-二异丙基乙基胺

【英文名称】 Ethyldiisopropylamine

【分子式】 $C_8H_{19}N$

【分子量】 129.24

【CAS 登录号】 [7087-68-5]

【缩写和别名】 Hünig's base, DIPEA

【结构式】

【物理性质】 无色透明液体，bp 127 $^\circ$C，ρ 0.742 g/cm^3。溶于醇、醚等有机溶剂，呈碱性。

【制备和商品】 国内外化学试剂公司均有销售。可由碘乙烷与 *N,N*-二异丙基胺反应制备。

【注意事项】 该试剂易燃，易挥发，有刺激性气味，应储存在干燥通风处。

在铜试剂的催化下，磺酰基叠氮与末端炔烃和三级胺经过三组分一锅煮反应能生成脒类化合物[1,2]。如式 1 所示[3]：在碘化亚铜的催化下，对甲苯磺酰叠氮与末端炔和 DIPEA 反应，可得到相应的脒类化合物。

$$\diagdown N\diagup + TsN_3 + \equiv\!\!-R \xrightarrow[\substack{60\ ^\circ\text{C, 12 h}\\R = Ph,\ 86\%\\R = n\text{-}Pr,\ 34\%\\R = n\text{-}Bu,\ 45\%}]{\text{CuI (0.1 equiv), THF}} R\diagdown\overset{NTs}{\diagup}N\diagup \quad (1)$$

DIPEA 在二溴化钯(II) 和三氟甲磺酸银的催化下，与 2-苯乙炔基苯腙类化合物反应能高效地生成异喹啉并吡唑类衍生物 (式 2)[4]。

$$\diagdown N\diagup \xrightarrow[\substack{\text{PdBr}_2\ (5\ mol\%)\\\text{DMF, air, 65}\ ^\circ\text{C, 12 h}\\67\%}]{\text{AgOTf (10 mol\%)}} \quad (2)$$

硼酸三甲酯、氢化锂与 DIPEA 在三氯化铝存在下发生反应，能得到三级胺的硼烷 (式 3)[5]。

$$\diagdown N\diagup + B(OMe)_3 + LiH \xrightarrow[73\%]{\text{AlCl}_3\ (1.5\ equiv), THF} H_3B\!-\!\underset{}{N}\!-\!Et \quad (3)$$

在钯(II) 和铜(II) 的催化下，一分子吲哚类化合物 β-位的 C–H 键活化后与一分子的三级胺发生偶联。伴随着胺分子中 C–N 键的断裂和另一分子吲哚的加成，可以得到吲哚类化合物烷基化的产物[6,7]。如式 4 所示[8]：两分子吲哚与 DIPEA 在钯(II) 和铜(II) 的催化下反应，能生成吲哚乙基化的产物。

$$\text{(4)} \quad 63\%$$

DIPEA 与二氯化二硫在氯仿溶剂中反应后，再用甲酸处理，能分离到少量的含多个硫原子并环的噻唑类衍生物 (式 5)[9]。

$$\text{1. S}_2\text{Cl}_2, \text{CHCl}_3, 0\ ^\circ\text{C}, 72\ \text{h} \quad \text{2. HCO}_2\text{H}, \text{CHCl}_3, \Delta, 0.5\ \text{h} \quad 33\% \quad \text{(5)}$$

DIPEA 等烷基胺可以作为 Sonogashira 反应的有机碱或溶剂[10,11]。如式 6 所示[12]：在钯和铜催化剂的作用下，氯代三嗪和苯乙炔在 DIPEA 的存在下反应，能得到二者交叉偶联的产物。

$$+ \text{Ph} \xrightarrow{\begin{array}{c}\text{Pd/C, PPh}_3, \text{CuI}\\ \text{DIPEA, MeCN}\\ 65\ ^\circ\text{C}, 70\ \text{h}\\ 65\%\end{array}} \quad \text{(6)}$$

参 考 文 献

[1] Cox, R. J.; Dane, T. A.; Ritson, D. J.; et al. *Chem. Commun.* **2005**, 8, 1037.

[2] Wan, C.; Wang, Z.; Zha, Z.; et al. *Chem. Commun.* **2011**, 47, 5488.

[3] Yavari, I.; Ahmadian, S.; Ghazanfarpur-Darjani, M.; Solgi, Y. *Tetrahedron Lett.* **2011**, 52, 668.

[4] Sheng, J.; Wu, J.; Guo, Y. *Tetrahedron* **2013**, 69, 6495.

[5] Gagare, P. D.; Raju, B. C.; Veeraraghavan, R. *Org. Lett.* **2012**, 14, 6119.

[6] Guo, S.; Huang, H.; Qian, B.; et al. *Org. Lett.* **2011**, 13, 522.

[7] Menicagli, R.; Samaritani, S. *Tetrahedron* **2002**, 58, 1381.

[8] Ramachandiran, K.; Muralidharan, D.; Perumal, P. T. *Tetrahedron Lett.* **2011**, 52, 3579.

[9] Rees, C. W.; Marcos, C. F.; Polo, C.; et al. *Angew. Chem. Int. Ed.* **1997**, 36, 281.

[10] Sonogashira, K.; Tohda, Y.; Hagiwara, N. *Tetrahedron Lett.* **1975**, 50, 4467.

[11] Wang, Y.; Chen, C.; Zhang, S.; et al. *Org. Lett.* **2013**, 15, 4794.

[12] Menicagli, R.; Samaritani, S. *Tetrahedron* **2002**, 58, 1381.

[王勇，陈超*，清华大学化学系；CC]

反-羰基氯化双(三苯基膦)铱(Ⅰ)

【英文名称】 *trans*-Carbonyl(chloro)bis(triphenyl-phosphine)iridium(Ⅰ)

【分子式】 $C_{37}H_{30}ClIrOP_2$

【分子量】 780.25

【CAS 登录号】 [14871-41-1]

【缩写和别名】 Vaska's complex，沃什卡配合物

【结构式】

$$\begin{array}{c}\text{Ph}_3\text{P}\\ \diagdown\\ \text{Cl}\diagup\text{Ir}\diagdown\text{PPh}_3\end{array}\quad\text{CO}$$

【物理性质】 mp 215 ℃。溶于氯仿、甲苯，微溶于乙醇、丙酮。

【制备和商品】 国内外化学试剂公司均有销售。

【注意事项】 该试剂在空气中稳定，但在溶液中容易吸收氧气。

1961 年，Vaska 合成了反-羰基氯化双(三苯基膦)铱(Ⅰ) [Ir(CO)Cl(PPh₃)₂][1]。之后，该配合物被广泛应用于环化加成、氢化和氢转移等反应的催化剂[2,3]。该试剂还被用作研究多种铱催化反应的机理和仿生氧运输的模型配合物[4,5]。

Ir(CO)Cl(PPh₃)₂ 能够催化 1,6-二炔与 CO 的 [2+2+1] 环化加成反应 (式 1)[6]，反应机理与烯-炔羰基化 (Pauson-Khand 反应) 机理相似。该反应为直接、高效制备环戊二烯酮的衍生物提供了一种简单的方法，并且还适用于 1,8-二炔基萘底物的反应。Ir(CO)Cl(PPh₃)₂ 也能够有效地催化联烯-炔与 CO 的 [2+2+1] 环化加成反应，在低压 CO 下可以选择性地生成环烯酮产物 (式 2)[7]。在该试剂的催化下，环丙基联烯也能够与 CO 发生环化加成反应生成环状烯酮衍生物 (式 3)[8]。由于环丙基联烯在此类反应中被用作一个独特的 C_5 合成子，因此也是一个 [5+1] 环化反应。

$$\begin{array}{c}\text{BnO}_2\text{C}\\ \text{BnO}_2\text{C}\end{array}\text{—Ph} \xrightarrow{\begin{array}{c}\text{Ir(CO)Cl(PPh}_3)_2\ (5\ \text{mol}\%)\\ \text{CO (1 atm), PhMe}_2\\ 120\ ^\circ\text{C}, 5\ \text{h}\\ 86\%\end{array}} \quad \text{(1)}$$

$$\xrightarrow{\begin{array}{c}\text{Ir(CO)Cl(PPh}_3)_2\ (5\ \text{mol}\%)\\ \text{CO (1 atm), PhMe}_2, 120\ ^\circ\text{C}, 2\ \text{h}\\ 77\%\end{array}} \quad \text{(2)}$$

$$
\text{(3)} \quad \text{Ir(CO)Cl(PPh}_3)_2 \text{ (5 mol\%)} \\
\text{CO (1 atm), PhMe}_2\text{, 120 }^\circ\text{C, 35 h} \\
81\%
$$

在 BINAP 型手性磷酸银配体存在下，该试剂作为催化剂前体可以与手性阴离子配对形成正离子催化剂。该催化剂体系能够催化 1,6-烯炔的不对称环化反应生成带有两个手性中心的双环化合物 (式 4)[9]。有趣的是在 CO 气氛下，这类底物同样发生这类反应而不是 Pauson-Khand 反应[10]。

$$
\text{(4)} \quad \text{Ir(CO)Cl(PPh}_3)_2 \text{ (5 mol\%), L (12 mol\%)} \\
\text{PhMe, 90 }^\circ\text{C, 23 h} \\
80\%, 81\% \text{ ee}
$$

L =

Ar = 2,4,6-(i-Pr)₃C₆H₂

在手性配体存在下，该试剂能够催化不饱和化合物的不对称氢化反应。例如：立体选择性地还原芳基酮成为手性苄醇 (式 5)[11]。就该反应的立体选择性而言，使用手性二胺-二噻吩类配体比使用二胺-席夫碱类配体更好[12]。

$$
\text{(5)} \quad \text{Ir(CO)Cl(PPh}_3)_2 \text{ (1 mol\%), L (1.1 mol\%)} \\
\text{KOH (12 mol\%), i-PrOH, 45 }^\circ\text{C, 16 h} \\
96\%, 90\% \text{ ee}
$$

L =   R =

该试剂也是一些烯烃合成反应的催化剂。例如：它能够催化醛与 TMS 取代的重氮甲烷反应生成末端烯烃 (式 6)[13]。它也能够催化长链饱和脂肪酸脱羧生成烯烃，通过控制条件可选择性地生成末端烯烃和内部烯烃[14]。

$$
\text{(6)} \quad + \text{TMS} \overset{N_2}{} \xrightarrow[\substack{i\text{-PrOH/PPh}_3 \text{ (1.1 equiv)} \\ \text{THF, reflux, 16 h} \\ 72\%}]{\text{Ir(CO)Cl(PPh}_3)_2 \text{ (2.5 mol\%)}}
$$

此外，该试剂与 Cp₂TiCl₂ 一起使用可以用于催化以氢转移为终止步骤的自由基环化反应 (式 7)[15]。该催化体系也能够催化分子内环氧化合物对炔烃的自由基加成，并用于合成治疗乙肝的药物 Entecavir[16]。

$$
\text{(7)} \quad \xrightarrow[\substack{\text{(7.5 mmol\%), 2,4,6-Me}_3\text{Py·HCl (1.5 equiv)} \\ \text{Mn (3 equiv), H}_2 \text{ (4 atm), THF, rt} \\ 94\%}]{\text{Ir(CO)Cl(PPh}_3)_2 \text{ (10 mol\%), Cp}_2\text{TiCl}_2}
$$

参 考 文 献

[1] Vaska, L.; DiLuzio, J. W. *J. Am. Chem. Soc.* **1961**, *83*, 2784.

[2] Shibata, T. *Adv. Synth. Catal.* **2006**, *348*, 2328.

[3] Cadu, A.; Andersson, P. G. *Dalton Trans.* **2013**, *42*, 14345.

[4] Matthes, J.; Pery, T.; Gründemann, S.; Buntkowsky, G.; et al. *J. Am. Chem. Soc.* **2004**, *126*, 8366.

[5] Jones, B. H.; Huber, C. J.; Massari, A. M. *J. Phys. Chem. C* **2011**, *115*, 24813.

[6] Shibata, T.; Yamashita, K.; Ishida, H.; Takagi, K. *Org. Lett.* **2001**, *3*, 1217.

[7] Shibata, T.; Kadowaki, S.; Hirase, S.; Takagi, K. *Synlett* **2003**, 573.

[8] Murakami, M.; Itami, K.; Ubukata, M.; et al. *J. Org. Chem.* **1998**, *63*, 4.

[9] Barbazanges, M.; Augé, M.; Moussa, J.; et al. *Chem.-Eur. J.* **2011**, *17*, 13789.

[10] Shibata, T.; Kobayashi, Y.; Maekawa, S.; et al. *Tetrahedron* **2005**, *61*, 9018.

[11] Zhang, X. Q.; Li, Y. Y.; Dong, Z. R.; et al. *J. Mol. Catal. A: Chem.* **2009**, *307*, 149.

[12] Yu, S. L.; Li, Y. Y.; Dong, Z. R.; Gao, J. X. *Chin. Chem. Lett.* **2012**, *23*, 395.

[13] Lebel, H.; Ladjel, C. *Organometallics* **2008**, *27*, 2676.

[14] Maetani, S.; Fukuyama, T.; Suzuki, N.; et al. *Organometallics* **2011**, *30*, 1389.

[15] Gansäuer, A.; Otte, M.; Shi, L. *J. Am. Chem. Soc.* **2011**, *133*, 416.

[16] Velasco, J.; Ariza, X.; Badía, L.; et al. *J. Org. Chem.* **2013**, *78*, 5482.

[华瑞茂，清华大学化学系；HRM]

方酸

【英文名称】 3,4-Dihydroxy-3-cyclobutene-1,2-dione

【分子式】 C₄H₂O₄

【分子量】 114.06

【CAS 登录号】 [2892-51-5]

【缩写和别名】 Squaric acid，方形酸

【结构式】

【物理性质】 mp > 300 °C，ρ 1.82 g/cm^3，微溶于水。

【制备和商品】 最早于 1959 年以 1-氯-1,2,2-三氟乙烯为原料制备。现在多以废料六氯-1,3-丁二烯为原料合成[1,2]。国内外化学试剂公司均有销售。

【注意事项】 需要戴手套操作。

方酸是一种有机二元酸 (pK_1 = 0.5~1.2，pK_2 = 2.2~3.5)，当失去两个质子时分子符合休克尔规则，具有芳香性[1]。由于其结构中含有双键、羟基和羧基等官能团，容易发生氧化、取代、加成、环加成等反应。四元环的较大环张力也使得该结构可以通过电环化反应实现扩环。而方酸衍生物由于其出色的光化学性质与光物理稳定性，被广泛应用于燃料敏化电池、显示材料、场效应晶体管等方向的研究，是一类重要的化合物[3]。

亲电取代反应主要发生在方酸分子的羟基官能团上。由于羟基的离去能力较弱，要实现取代反应往往需要先对羟基进行转化。如在少量 DMF 条件下，方酸会与 SOCl$_2$ 发生取代反应得到二氯环丁烯二酮 (式 1)[4]。二氯环丁烯二酮作为相对活泼的中间产物则能够继续与亲核试剂 (如芳基) 发生进一步取代反应 (式 2)[5]，得到一种对蛋白质酪氨酸磷酸酶具有一定抑制活性的化合物。

羟基经过烷基化后同样容易接受亲核试剂的进攻，发生取代反应。如式 3 所示[6]：烷基化后的方酸与胺发生取代反应。

方酸的羟基不经转化也可直接与胺进行反应。如式 4 所示[7]：以水为溶剂，在封闭系统中借助微波加热，能够将方酸转化为单取代的产物。

当金属有机试剂 (如格氏试剂或者有机锂试剂) 加入反应体系中时能够完成对羰基的加成。而引入的官能团往往能够与方酸这一特殊结构发生重排反应，进而构建新的环状化合物，从而大大丰富了方酸衍生物的应用。

方酸衍生物先后与乙烯基锂和烯丙基溴化镁反应可制备多取代的 2-烯基环丁酮，经过加热重排便可制得合成 Triquinanes 重要的中间体化合物 (式 5)[8]。

方酸衍生物受金属有机试剂进攻形成 2-烯基环丁酮后，在 Pb(OAc)$_4$ (式 6)[9]或者 PhI(OAc)$_2$ (式 7)[10]作氧化剂的条件下可发生重排，生成多取代的呋喃酮化合物。

方酸衍生物与烯基溴化镁反应，双键会与四元环重排形成苯环。这一反应也被用于天然产物 Echinochrome A 的合成 (式 8)[11]。

方酸衍生物与两分子烯基溴化镁可发生 1,2-和1,4-双加成，经过重排可以获得多取代的环戊酮化合物 (式 9)[12]。

方酸衍生物与炔基锂反应，碳-碳三键同样会与四元环重排形成苯环 (式 10)[13]。

参 考 文 献

[1] Wurm, F.; R. Klok, H. *Chem. Soc. Rev.* **2013**, *42*, 8220.
[2] Paine, A. J. *Tetrahedron Lett.* **1984**, *25*, 135.
[3] Law, K. Y. *Chem. Rev.* **1993**, *93*, 449.
[4] De Selms, R. C.; Fox, C. J.; Riordan, R. C. *Tetrahedron Lett.* **1970**, *11*, 781.
[5] Xie, J.; Comeau, A. B.; Seto, C. T. *Org. Lett.* **2004**, *6*, 83.
[6] Lim, N. C.; Morton, M. D.; Jenkins, H. A.; Brückner, C. *J. Org. Chem.* **2003**, *68*, 9233.
[7] López, C.; Vega, M.; Sanna, E.; et al. *RSC Adv.* **2013**, *3*, 7249.
[8] MacDougall, J. M.; Moore, H. W. *J. Org. Chem.* **1997**, *62*, 4554.
[9] Yamamoto, Y.; Ohno, M.; Eguchi, S. *J. Org. Chem.* **1994**, *59*, 4707.
[10] Ohno, M.; Oguri, I.; Eguchi, S.; *J. Org. Chem.* **1999**, *64*, 8995.
[11] Peña-Cabrera, E.; Liebeskind, L. S. *J. Org. Chem.* **2002**, *67*, 1689.
[12] Varea, T.; Alcalde, A.; López De Dicastillo, C.; et al. *J. Org. Chem.* **2012**, *77*, 6327.
[13] Hergueta, A. R.; Moore, H. W. *J. Org. Chem.* **1999**, *64*, 5979.

[王晟，清华大学化学系；XCJ]

方酸二异丙酯

【英文名称】 Diisopropyl squarate

【分子式】 $C_{10}H_{14}O_4$

【分子量】 198.22

【CAS 登录号】 [61699-62-5]

【缩写和别名】 3,4-Diisopropoxy-3-cyclobutene-1,2-dione，1,2-Bis(isopropoxy)-1-cyclobutene-3,4-dione，1,2-Diisopropoxycyclobutene-3,4-dione，3,4-二异丙氧基-3-环丁烯-1,2-二酮

【结构式】

【物理性质】 白色固体，mp 43~44 ℃，bp 367.3 ℃ / 760 mmHg，ρ 1.12 g/cm³。溶于醇、乙醚等大多数有机溶剂。

【制备和商品】 国内外各大试剂公司均有销售。也可通过方酸的苯-异丙醇 (1 : 1) 溶液共沸分水来制备[1]。

【注意事项】 在常温下稳定，长时间放置无明显分解。最好在冰箱中保存。对皮肤有一定刺激性，应佩戴合适的防护用具。

方酸二异丙酯与乙基溴化镁反应，用氯化铵水溶液处理后可得到羰基亲核加成产物。在二氯甲烷中，将加成产物用浓盐酸处理，可得到乙基取代的产物 (式 1)[2]。甲基锂[3]、炔基锂[1]、苯基锂[1,3]等锂试剂也可进行类似反应。这类反应可用于一些手性化合物的合成。如式 2 所示：方酸二异丙酯与甲基锂反应后，再将手性氨基醇与之反应。所生成的手性方酸衍生物可用于酮的不对称还原中[3]。

方酸二异丙酯在与烯基格氏试剂反应时，其中一个羰基首先被一个烯基碳负离子进攻，生成加成产物，然后继续与另一个烯基碳负离子进行 1,4-加成反应。在分子中引入两个乙烯基后，再发生扩环反应可生成并环化合物 (式 3)[4]。若采用乙烯基锂与之反应则会发生 1,2-加成，最终产物中羟基的位置会发生变化，位于另外一个季碳上[4,5]。利用有机锂试剂反应的这一特点，可合成许多结构复杂的并环化合物[5~7]。如式 4 所示，两分子环戊烯基锂与方酸二异丙酯反应，首先发生对羰基的亲核加成，然后通过 [3,3] σ-迁移形成八元环，在碳酸氢钠水溶液的处理下最终得到一个复杂的并环化合物。在该反应过程中，会产生三种立体异构体，总产率超过 60%[5]。当先后加入两种不同的有机锂试剂时，则可合成结构更为多样的并环化合物[5,6,8]。

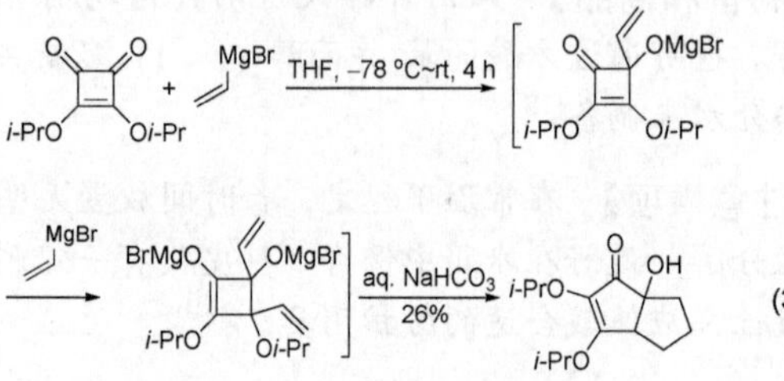

$$(3)$$

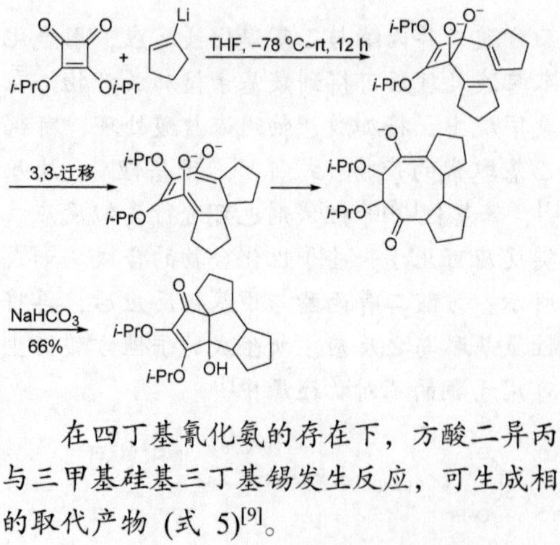

$$(4)$$

在四丁基氰化氨的存在下，方酸二异丙酯与三甲基硅基三丁基锡发生反应，可生成相应的取代产物 (式 5)[9]。

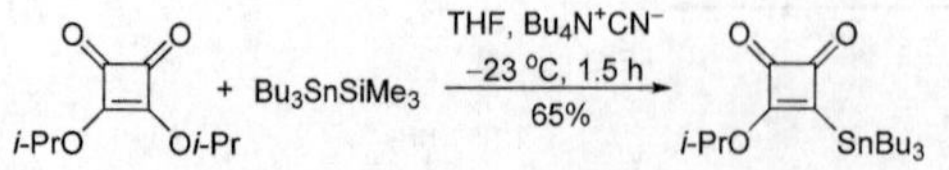

$$(5)$$

异腈类化合物与活泼锂试剂反应可生成亚胺基锂，然后原位与方酸二异丙酯反应。经过氯化铵水溶液处理，可发生扩环反应，生成相应的环戊烯二酮衍生物(式 6)[10]。

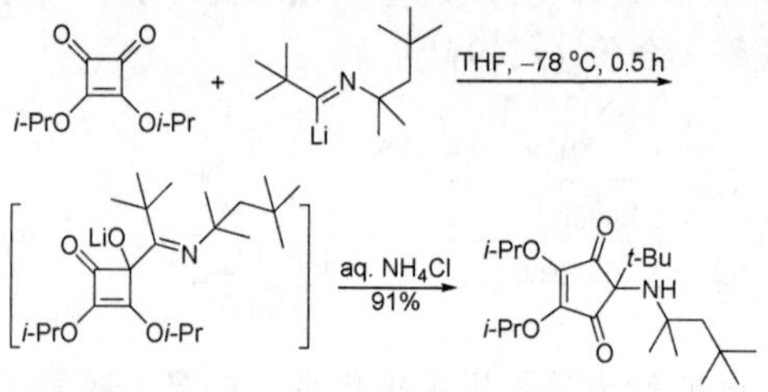

$$(6)$$

参 考 文 献

[1] Leibeskind, L. S.; Fengl, R. W.; Wirtz, K. R.; Shawe, T. T. *J. Org. Chem.* **1988**, *53*, 2482.

[2] Peña-Cabrera, E.; Liebeskind, L. S. *J. Org. Chem.* **2002**, *67*, 1689.

[3] Ferrer, S.; Pastó, M.; Rodríguez, B.; et al. *Tetrahedron: Asymmetry* **2003**, *14*, 1747.

[4] Varea, T.; Alcalde, A.; Grancha, A.; et al. *J. Org. Chem.* **2008**, *73*, 6521.

[5] Negri, J. T.; Morwick, T.; Doyon, J.; et al. *J. Am. Chem. Soc.* **1993**, *115*, 12189.

[6] Paquette, L. A.; Morwick, T. *J. Am. Chem. Soc.* **1995**, *117*, 1451.

[7] Zora, M.; Koyuncu, I.; Yucel, B. *Tetrahedron Lett.* **2000**, *41*, 7111.

[8] Paquette, L. A.; Geng, F. *Org. Lett.* **2002**, *4*, 4547.

[9] Liebeskind, L. S.; Fengl, R. W. *J. Org. Chem.* **1990**, *55*, 5359.

[10] Sun, L. J.; Liebeskind, L. S. *J. Org. Chem.* **1994**, *59*, 6856.

[张皓，付华*，清华大学化学系；FH]

1,10-菲啰啉

【英文名称】 1,10-Phenanthroline

【分子式】 $C_{12}H_8N_2$

【分子量】 180.21

【CAS 登录号】 [66-71-7]

【缩写和别名】 1,10-Phen，邻菲啰啉，邻二氮杂菲

【结构式】

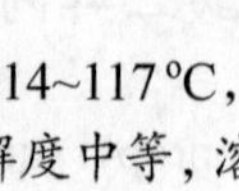

【物理性质】 mp 114~117 ℃, bp>330 ℃, ρ 1.31 g/cm^3。在水中溶解度中等，溶于醇、丙酮和苯。

【制备和商品】 各大试剂公司均有销售，商品一般有无水 1,10-菲啰啉和一水合 1,10-菲啰啉两种。

【注意事项】 该产品在常温下稳定。

1,10-菲啰啉是一种常用的氧化还原指示剂，同时也是一种双齿配体。在过渡金属催化的交叉偶联反应及 C–H 键活化反应中有广泛的应用。在过渡金属催化碳-氮、碳-氧、碳-硫键的构建中，1,10-菲啰啉常作为配体使用。如式 1 所示[1]：在碘化亚铜的催化下，以碳酸铯为碱，脒的衍生物可很好地完成分子内碳-氮键的构建。

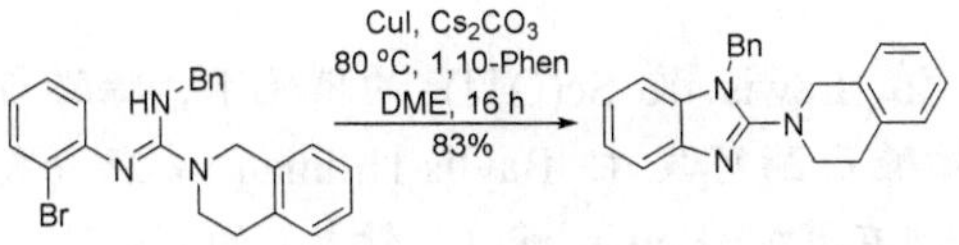

(1)

使用碘化亚铜为催化剂，1,10-菲啰啉为配体，碳酸铯为碱时，碘苯能与肟发生交叉偶联反应，生成相应的 *O*-芳基化产物 (式 2)[2]。

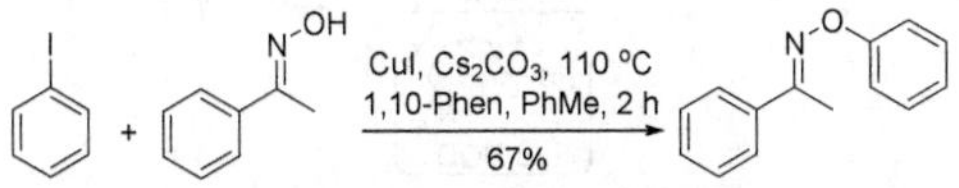

(2)

在碘化亚铜催化和微波的辅助下，邻溴苯胺与酰氯反应可生成苯并噁唑衍生物。1,10-菲啰啉在反应中起到了配体的作用 (式 3)[3]。

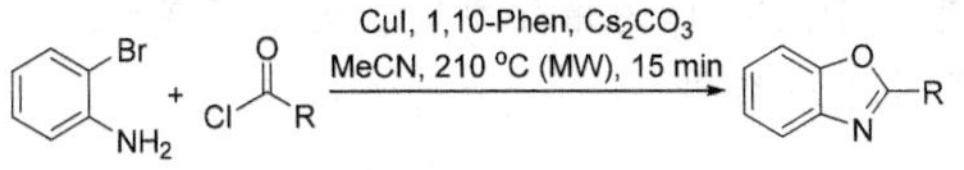

(3)

在碳-硫键的构建反应中，也用到 1,10-菲啰啉作为配体。如式 4 ~ 式 6 所示：苯硫酚[4]、硫代苯甲酸[5]、巯基苯并咪唑[6]等可在过渡金属催化下与碘苯发生交叉偶联反应。

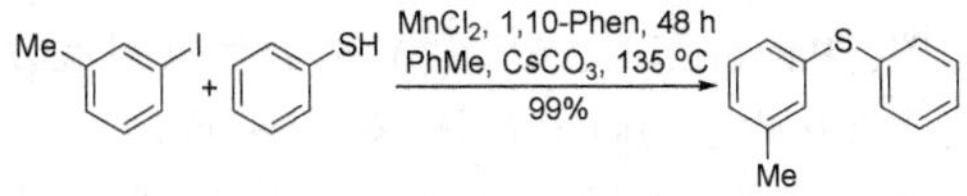

(4)

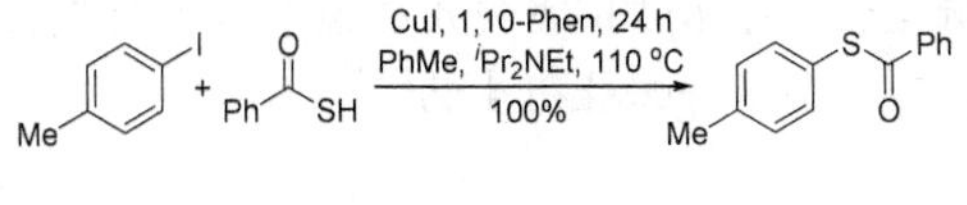

(5)

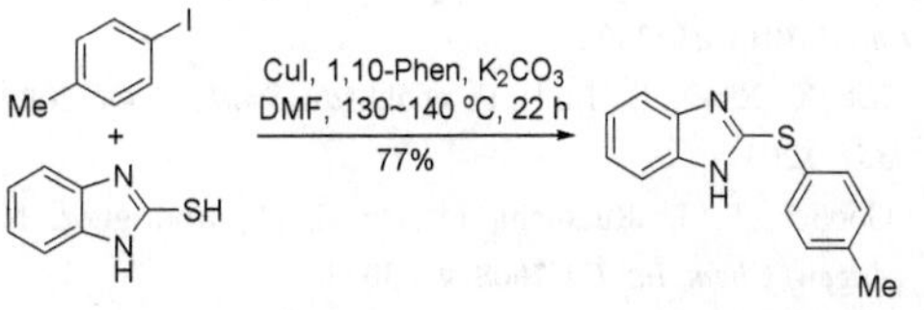

(6)

在烯基硼酸[7]和芳基硼酸[8]的三氟甲基化和三氟甲硫基化反应中，1,10-菲啰啉也有比较好的应用。如式 7 和式 8 所示：在铜盐的催化下，以三氟甲基三甲基硅为三氟甲基源，可实现底物的三氟甲基化或三氟甲硫基化。

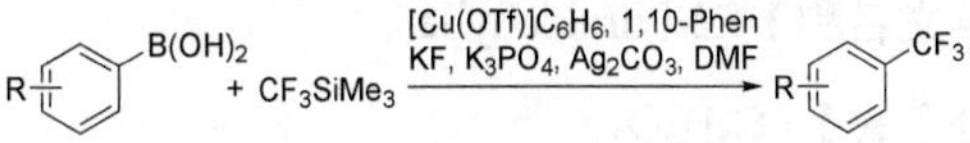

(7)

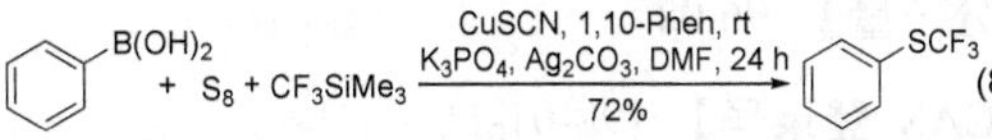

(8)

在碳-氢键活化反应中，1,10-菲啰啉也是一种重要配体。如式 9 所示[9]：在铜催化的噁二唑与五氟苯的交叉偶联反应中，使用 1,10-菲啰啉作为配体，能够得到较好的产率 (式 9)。

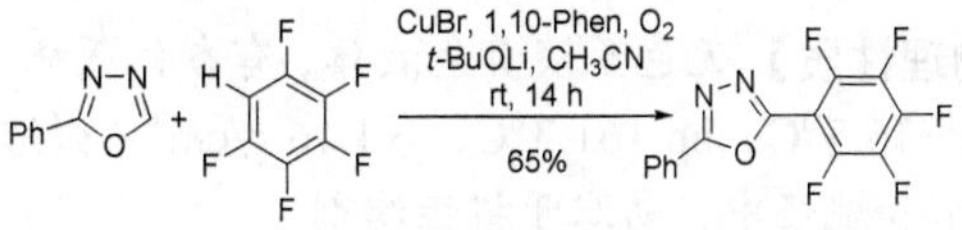

(9)

此外，在铁试剂催化的卤代烯烃与炔烃的交叉偶联反应[10]、铜试剂催化的苯甲酰甲酸钾盐与卤代芳烃的脱羧偶联[11]、卤代芳烃与一氧化碳生成苯甲酸酯[12]等反应中，1,10-菲啰啉也用作过渡金属的配体。

参 考 文 献

[1] Evindar, G.; Batey, R. A. *Org. Lett.* **2003**, *5*, 133.

[2] De, P.; Nonappa; Pandurangan, K.; et al. *Org. Lett.* **2007**, *9*, 2767.

[3] Viirre, R. D.; Evindar, G.; Batey, R. A. *J. Org. Chem.* **2008**, *73*, 3452.

[4] Liu, T. J.; Yi, C. L.; Chan, C. C.; Lee, C. F. *Chem. Asian J.* **2013**, *8*, 1029.

[5] Sawada, N.; Itoha, T.; Yasudab, N. *Tetrahedron Lett.* **2006**, *47*, 6595.

[6] Sekar, R.; Srinivasan, M.; Marcelis, Antonius T. M.; Sambandam, A. *Tetrahedron Lett.* **2011**, *52*, 3347.

[7] Chu, L. L.; Qing, F. L. *Org. Lett.* **2010**, *12*, 5060.

[8] Chen, C.; Xie, Y.; Chu, L. L.; et al. *Angew. Chem. Int. Ed.* **2012**, *51*, 2492.

[9] Zou, L. H.; Mottweiler, J.; Priebbenow, D. L.; et al. *Chem.*

Eur. J. **2013**, *19*, 3302.

[10] Xie, X.; Xu, X. B.; Li, H. F.; et al. *Adv. Synth. Catal.* **2009**, *351*, 1263.

[11] Gooβen, L. J.; Rudolphi, F.; Oppel, C.; Rodriguez, N. *Angew. Chem. Int. Ed.* **2008**, *47*, 3043.

[12] Zhang, H.; Shi, R.; Ding, A.; et al. *Angew. Chem. Int. Ed.* **2012**, *51*, 12542.

[张皓，付华*，清华大学化学系；FH]

2-呋喃甲醛

【英文名称】 2-Furaldehyde

【分子式】 C$_5$H$_4$O$_2$

【分子量】 96.08

【CAS 登录号】 [98-01-1]

【缩写和别名】 Furfural，2-Formyl furan，糠醛

【结构式】

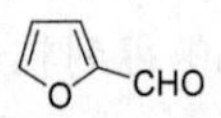

【物理性质】 无色至淡黄色液体，有杏仁气味。mp $-36.5\,^\circ\text{C}$，bp $161.7\,^\circ\text{C}$，ρ 1.16 g/cm^3。微溶于水和烷烃中，易溶于极性溶剂。

【制备和商品】 各大试剂公司均有销售，多从农副产品中提取而来。

【注意事项】 该试剂的蒸气具有强烈刺激性，应低温保存。在通风橱中操作，并佩戴合适的护目镜、口罩、橡胶手套等防护用具。

糠醛在有机合成中应用十分广泛，具有芳香醛的基本性质。它可与胺反应形成亚胺，也可进行羟醛缩合和羰基的还原等反应。还能进行 Henry 反应[1]、Knoevenagel 缩合反应[2,3]、Mannich 反应[4]、Baylis-Hillman 反应[5,6]、Hantzsch 吡啶合成[7,8]等。

在离子液体中，糠醛与硝基甲烷可发生 Henry 缩合反应。该反应时间短，产率高 (式 1)[1]。

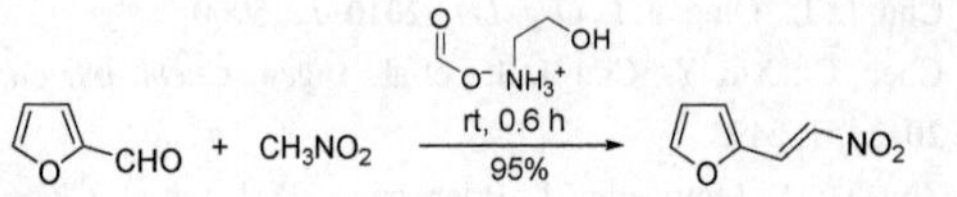

糠醛能与活泼亚甲基化合物反应。如式 2 所示[2]：在三苯基膦的催化下，糠醛可与丙二腈在无溶剂条件下发生 Knoevenagel 反应。树枝状分子也可用来催化该类反应[3]。

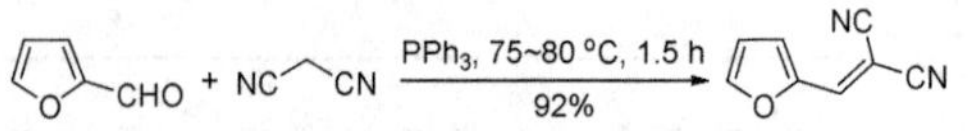

当使用锆盐作为催化剂时，糠醛可与苯胺、环己酮发生 Mannich 反应。该反应不需要溶剂，反应速度快，且具有很好的立体选择性 (式 3)[4]。

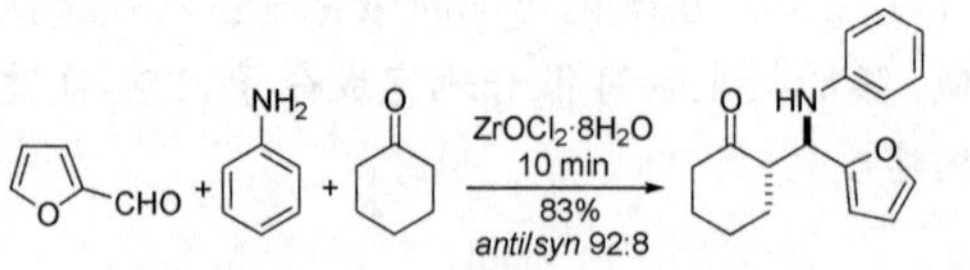

在 Lewis 酸 Sc(OTf)$_3$ 的催化下，糠醛与丙烯酸乙酯可发生 Baylis-Hillman 反应 (式 4)[5]。在其它 Lewis 酸 (如钴盐) 的催化下，当使用手性配体时，该反应具有较好的对映选择性[6]。

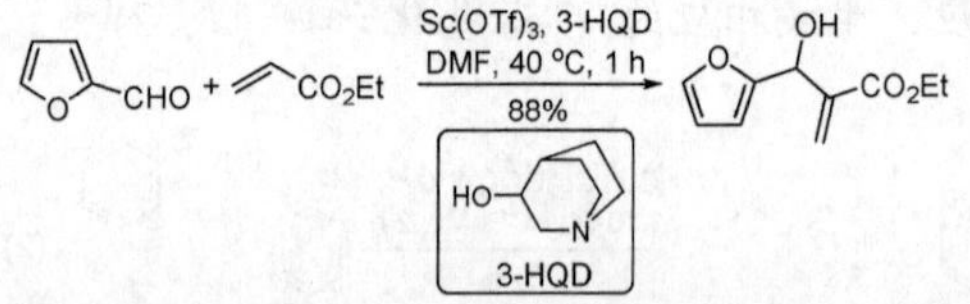

糠醛也可用于 1,4-二氢吡啶 (Hantzsch 吡啶) 衍生物的合成中。当使用 PEG-400 为溶剂时，可得到很高的产率 (式 5)[7]。也有采用过渡金属催化 Hantzsch 吡啶合成的报道。当使用 RuCl$_3$ 作为催化剂时，反应可在无溶剂的条件下进行[8]。

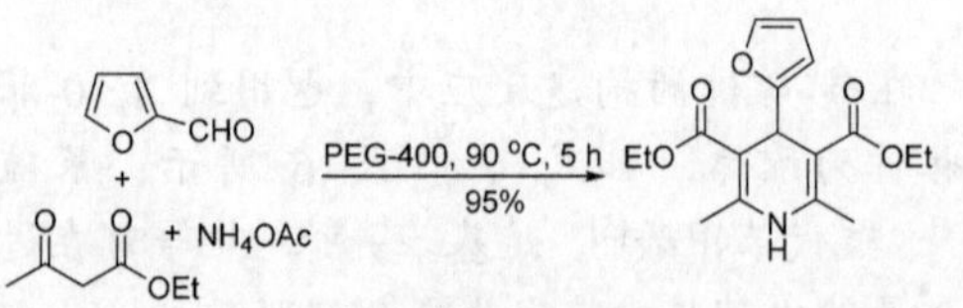

糠醛也可用于一些多组分反应 (如 Ugi 反应[9]、Passerini 反应[10]等) 中。该试剂也被应用于杂环化合物的合成中。如式 6 所示[11,12]：糠醛与邻苯二胺反应，可以高产率得到苯并咪唑衍生物 (式 6)[12]。当使用邻巯基苯胺为底物时，可制备苯并噻唑衍生物[13]。

糠醛与碘和氨水反应时，可生成相应的腈。然后在溴化锌存在下，所生成的腈与叠氮化钠在"一锅法"的条件下反应，可合成四唑化合物 (式 7)。若用过氧化氢或二氰氨反应时，则可得到相应的酰胺或三嗪[14]。

$$\text{（式 6）}$$

$$\text{（式 7）}$$

参 考 文 献

[1] Alizadeh, A.; Khodaei, M. M.; Eshghi, A. *J. Org. Chem.* **2010**, *75*, 8295.

[2] Yadav, J. S.; Subba Reddy, B. V.; Basak, A. K.; et al. *Eur. J. Org. Chem.* **2004**, *3*, 546.

[3] Krishnan, G. R.; Sreekumar, K. *Eur. J. Org. Chem.* **2008**, *28*, 4763.

[4] Eftekhari-Sis, B.; Abdollahifar, A.; Hashemi, M. M.; Zirak, M. *Eur. J. Org. Chem.* **2006**, *22*, 5152.

[5] Shang, Y. J.; Wang, D. M.; Wu, J. *Synth. Commun.* **2009**, *39*, 1035.

[6] Imbriglio, J. E.; Vasbinder, M. M.; Miller, S. J. *Org. Lett.* **2003**, *5*, 3741.

[7] Wang, X. C.; Gong, H. P.; Quan, Z. J.; et al. *Synth. Commun.* **2011**, *41*, 3251.

[8] Dhruva K. S.; Sandhu, J. S., *Synth. Commun.* **2009**, *39*, 1957.

[9] Kaïm, L. E.; Grimaud, L.; Le Goff, X. F.; et al. *Chem. Commun.* **2011**, *47*, 8145.

[10] Andreana, P. R.; Liu, C. C.; Schreiber, S. L. *Org. Lett.* **2004**, *6*, 4231.

[11] Bahrami, K.; Khodaei, M. M.; Nejati, A. *Green Chem.* **2010**, *12*, 1237.

[12] Radatz, C. S.; Silva, R. B.; Perin, G.; et al. *Tetrahedron Lett.* **2011**, *52*, 4132.

[13] Yoo, W. J.; Yuan, H.; Miyamura, H.; Kobayashi, S. *Adv. Synth. Catal.* **2011**, *353*, 3085.

[14] Shie, J. J.; Fang, J. M. *J. Org. Chem.* **2003**, *68*, 1158.

[张皓，付华*，清华大学化学系；FH]

N-氟代双苯磺酰胺

【英文名称】 *N*-Fluorobenzenesulfonimide

【分子式】 $C_{12}H_{10}FNO_4S_2$

【分子量】 315.34

【CAS 登录号】 [133745-75-2]

【缩写和别名】 NFSI

【结构式】

此外，NFSI 也能与一些具有活性亚甲基的化合物反应合成单氟或双氟化合物，如含有膦酸酯[2]、氰基[3b]或砜基[3a]的化合物 (式 5~式 7)。

【物理性质】白色固体，mp 114~116 ℃，ρ 1.527 g/cm³。易溶于氯仿、二氯甲烷、乙酸乙酯等有机溶剂，在乙醇、甲醇中溶解度较小，在水、石油醚中溶解度更小。对酸稳定，遇强还原剂分解，不易燃。

【制备和商品】 国内外化学试剂公司均有销售。

【注意事项】 该试剂能在室温保存，最好避光保存，在通风橱中进行操作。

N-氟代双苯磺酰胺 (NFSI) 主要作为氟化剂，可对烯醇硅醚或烯醇锂盐等进行单氟化反应。最常见的是对含有 α-氢的酮、酯以及 β-二羰基化合物的烯醇化物或烯醇硅醚进行亲电进攻，得到相应的 α-氟代化合物 (式 1~式 4)[1]。

$$\text{（式 1）} \quad 85\%$$

$$\text{（式 2）} \quad 36\%$$

$$\text{（式 3）} \quad 46\%$$

$$\text{（式 4）} \quad 92\%$$

$$\text{（式 5）}$$

$$\text{(6)}$$

$$\text{(7)}$$

不对称氟化是合成手性氟化合物的一类重要方法。β-酮酸酯[4]、β-羧基膦酸酯[5]、β-酮酰胺[6]、α-氰基酸酯[7]、羟基吲哚[8]或伯醛[9]等具有活性 α-氢的化合物，都可以用作不对称氟化的前体。所用手性配体大多集中在 BOX、DBFOX 或 BINAP 衍生物等。所用金属主要是铜、钯等 (式 8~式 12)。

$$\text{(8)}$$

$$\text{(9)}$$

$$\text{(10)}$$

$$\text{(11)}$$

$$\text{(12)}$$

在手性镍配合物的催化下，手性 α-氟代羧酸或羧酸酯的合成也能被很好地实现 (式 13)[10]。

$$\text{(13)}$$

作为亲电氟化试剂，NFSI 也被成功应用于串联氟化反应。使用手性亚膦酰胺为配体，NFSI 为亲电氟化试剂，实现了铜催化的亚苄基 β-酮酸酯的 1,4-加成/氟化串联反应 (式 14)[11]。

$$\text{(14)}$$

以 NFSI 为亲电试剂，苯并噻唑作为导向基团，在钯催化下可以将邻位 C–H 键直接氟化，以中等收率得到邻位氟代产物 (式 15)[12]。

$$\text{(15)}$$

在钯催化的 C–H / C–H 交叉偶联反应中，NFSI 作为氧化剂，将 Pd(Ⅱ) 氧化到 Pd(Ⅳ) 物种，然后高选择性地活化单取代富电子苯环对位碳-氢键，以较高收率得到联芳基化合物 (式 16)[13]。

$$\text{(16)}$$

参 考 文 献

[1] Davis, F. A.; Han, W.; Murphy, C. K. *J. Org. Chem.* **1995**, *60*, 4730.

[2] (a) Taylor, S. D.; Dinaut, A. N.; Thadani, A. N.; Huang, Z. *Tetrahedron Lett.* **1996**, *37*, 8089. (b) Iorga, B.; Eymery, F.; Savignac, P. *Tetrahedron Lett.* **1998**, *39*, 3639. (c) Iorga, B.; Eymery, F.; Savignac, P. *Synthesis* **2000**, *4*, 576.

[3] (a) Kotoris, C. C.; Chen, M. J.; Taylor, S. D. *J. Org. Chem.* **1998**, *63*, 8052. (b) Schiefer, I. T.; Abdul-Hay, S.; Wang, H.; et al. *J. Med. Chem.* **2011**, *54*, 2293.

[4] Ma, J. A.; Cahard, D. *Tetrahedron: Asymmetry* **2004**, *15*, 1007.

[5] (a) Hamashima, Y.; Suzuki, T.; Shimura, Y.; et al. *Tetrahedron Lett.* **2005**, *46*, 1447. (b) Woo. S. B.; Suh, C. W.; Koh, K. O.; Kim, D. Y. *Tetrahedron Lett.* **2013**, *54*, 3359.

[6] (a) Perseghini, M.; Massaccesi, M.; Liu, Y. Y.; Togni, A. *Tetrahedron Lett.* **2013**, *54*, 3359. (b) Solladie, G.; Frechou, G.; Demailly, G. *Tetrahedron* **2006**, *62*, 7180.

[7] Kim, H. R.; Kim, D. Y. *Tetrahedron Lett.* **2005**, *46*, 3115.

[8] Hamashima, Y.; Suzuki, T.; Takano, H.; et al. *J. Am. Chem. Soc.* **2005**, *127*, 10164.

[9] Beeson, T. D.; MacMillan, D. W. C. *J. Am. Chem. Soc.* **2005**, *127*, 8826.

[10] Suzuki, T.; Hamashima, Y.; Sodeoka, M. *Angew. Chem., Int. Ed.* **2007**, *46*, 5435.

[11] Wang, L.; Meng, W.; Zhu, C. L.; et al. *Angew. Chem., Int. Ed.* **2011**, *50*, 9442.

[12] Ding, Q. P.; Ye, C. Q.; Pu, S. Z.; Cao, B. P. *Tetrahedron Lett.* **2014**, *70*, 409.

[13] Wang, X. S.; Leow, D.; Yu, J. Q. *J. Am. Chem. Soc.* **2011**, *133*, 13864.

[李彦，吴云，王细胜*，中国科学技术大学化学系；WXY]

氟化铯

【英文名称】 Cesium fluoride

【分子式】 CsF

【分子量】 151.90

【CAS 登录号】 [13400-13-0]

【结构式】 CsF

【物理性质】 白色粉末或晶体，mp 682 ℃，bp 1251 ℃，ρ 4.115 g/cm³。易溶于水。容易潮解。

【制备和商品】 国内外各大试剂公司均有销售。用氢氟酸和氢氧化铯或碳酸铯可制备无水氟化铯。

【注意事项】 本品易吸潮，应干燥密封保存。注意不要与酸接触以免释放出氟化氢气体。

氟化铯可作为一种氟化试剂，对卤代芳烃[1]或三氟甲磺酸酯基取代的芳烃[2,3]、脂肪卤代烃进行氟化[4~6]。它也可用作添加剂，广泛应用于过渡金属催化的交叉偶联反应中[9~14]。

在钯催化剂的作用下，三氟甲磺酸酯基取代的芳烃可转化为相应的氟代芳烃[1,2]。在钯催化剂和膦配体 *t*BuBrettPhos 的催化下，2-三氟甲磺酸酯基联苯与氟化铯在甲苯中反应，可以较高收率得到氟代芳烃 (式 1)[2]。在相似的条件下，更换膦配体，并加入十二烷基磺酸钠 (SDS) 作为添加剂，溴苯也可以转化为相应的

氟苯 (式 2)[1]。

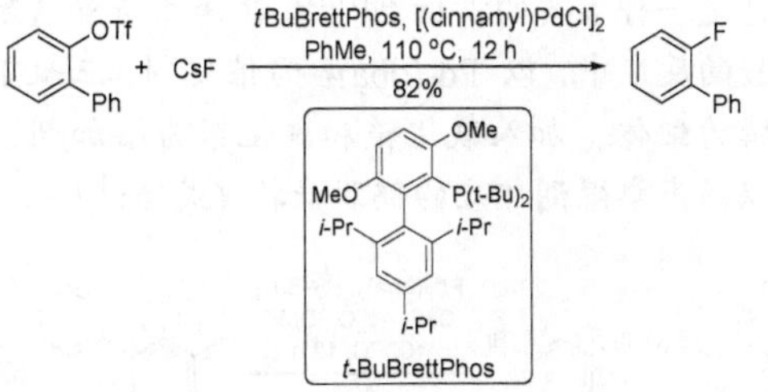

(1)

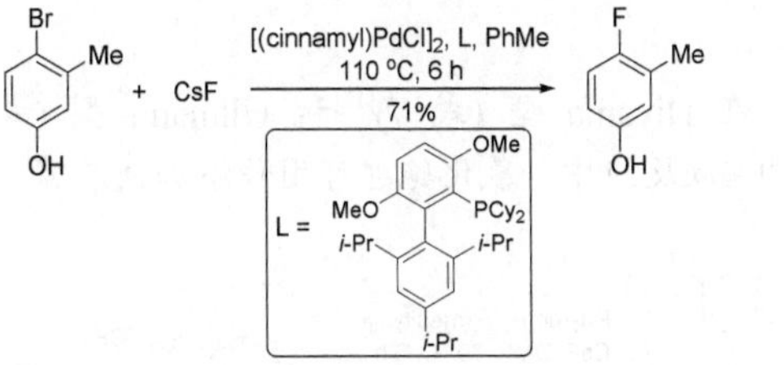

(2)

氟化铯作为氟离子源，与一些脂肪族卤代烃可发生亲核取代反应[4~6]，从而达到氟化的目的。如式 3 所示：在四丁基溴化铵 (TBAB) 的存在下，溴代乙酸乙酯与氟化铯在无溶剂的条件下直接混合加热，就能够很好地转化为氟代乙酸乙酯 (式 3)[4]。

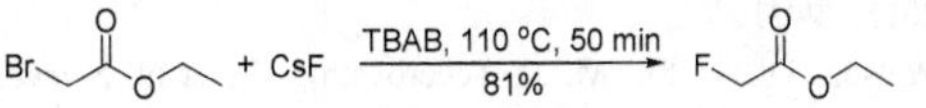

(3)

氟化铯作为一种添加剂，在卤代芳烃的三氟甲基化反应中也有应用[7,8]。以三氟乙酸甲酯 (MTFA) 为三氟甲基源，在碘化亚铜和氟化铯的作用下，对甲基碘苯可以很高产率转化为对甲基三氟甲基苯 (式 4)[7]。

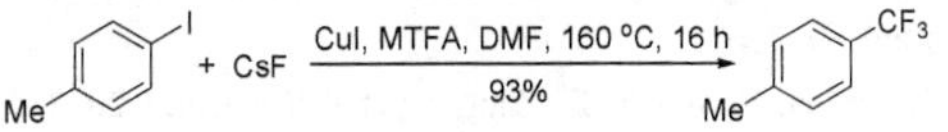

(4)

氟化铯可在许多过渡金属催化的交叉偶联反应中作为添加剂。使用钯/铜试剂催化溴苯与 3-(三丁基锡)吡啶的 Stille 偶联反应，可采用氟化铯作为碱，以几乎定量的产率得到相应的偶联产物 (式 5)[9]。在镍试剂催化的 Stille 交叉偶联反应中，氟化铯也有应用[10]。

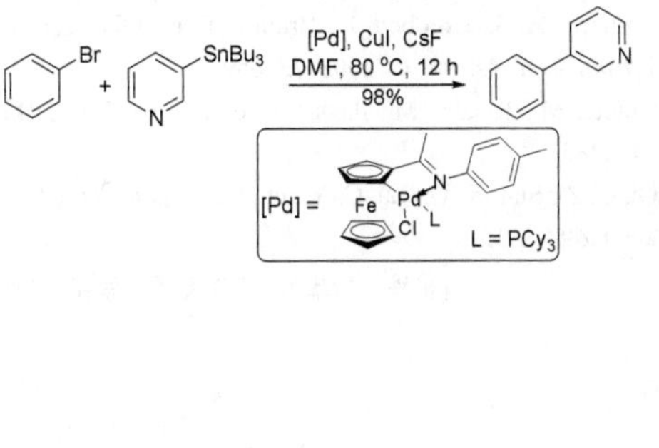

(5)

在钯试剂催化的 Suzuki 偶联反应中，氟化铯也是一种重要的添加剂[11,12]。在溴苯与五氟苯硼酸的反应中，以 Pd$_2$(dba)$_3$ 为催化剂，三叔丁基膦为配体，加入氟化铯和氧化银为添加剂，可以高产率得到相应的偶联产物 (式 6)[11]。

$$\text{（式 6）} \quad 97\%$$

在 Hiyama 型 (式 7)[13]和 Ullmann 型 (式 8)[14]偶联反应中，氟化铯也可用作添加剂或碱。

$$\text{（式 7）} \quad 79\%$$

$$\text{（式 8）} \quad 95\%$$

参 考 文 献

[1] Samant, B. S.; Bhagwat, S. S. *Applied Catalysis A: General* **2011**, *394*, 191.

[2] Watson, D. A.; Su, M. J.; Teverovskiy, G.; et al. *Science* **2009**, *325*, 1661.

[3] Noël, T.; Maimone, T. J.; Buchwald, S. L. *Angew. Chem. Int. Ed.* **2011**, *50*, 8900.

[4] Bhadury, P. S.; Pandey, M.; Jaiswal, D. K. *J. Fluorine Chem.* **1995**, *73*, 185.

[5] Murray, C. B.; Sandford, G. S.; Korn, S. R. *J. Fluorine Chem.* **2003**, *123*, 81.

[6] Kim, D. W.; Jeong, H. J.; Lim, S. T.; et al. *Tetrahedron* **2008**, *64*, 4209.

[7] Schareina, T.; Wu, X. F.; Zapf, A.; et al. *Top Catal.* **2012**, *55*, 426.

[8] McReynolds, K. A.; Lewis, R. S.; Ackerman, L. K. G.; et al. *J. Fluorine. Chem.* **2010**, *131*, 1108.

[9] Ma, G. Z.; Leng, Y. T.; Wu, Y. S.; Wu, Y. J. *Tetrahedron* **2013**, *69*, 902.

[10] Wu, L.; Zhang, X.; Tao, Z. M. *Catal. Sci. Technol.* **2012**, *2*, 707.

[11] Korenaga, T.; Kosaki, T.; Fukumura, R.; et al. *Org. Lett.* **2005**, *7*, 4915.

[12] Castanet, A. S.; Colobert, F.; Broutin, P. E.; Obringer, M. *Tetrahedron: Asymmetry* **2002**, *13*, 659.

[13] Omote, M.; Tanaka, M.; Ikeda, A.; et al. *Org. Lett.* **2012**, *14*, 2286.

[14] Qi, C. Z.; Sun, X. D.; Lu, C. Y.; et al. *J. Oganomet. Chem.* **2009**, *694*, 2912.

[张皓，付华*，清华大学化学系；FH]

氟化铜

【英文名称】 Copper(Ⅱ) fluoride

【分子式】 CuF$_2$

【分子量】 101.54

【CAS 登录号】 [7789-19-7]

【结构式】 CuF$_2$

【物理性质】 浅灰白色粉末，在潮湿的空气中形成蓝色水合物。mp 785 ℃ (N$_2$ 条件下)，ρ 4.85 g/cm^3。微溶于冷水 (4.7 g/100 mL, 20 ℃)，溶于稀的无机酸和热水，在热水中水解成 CuFOH，不溶于醇。

【制备和商品】 氟化铜可由铜和氟在 400 ℃ 反应制得。大型国际试剂公司均有销售。

【注意事项】 在通风橱中进行操作，储存在阴凉、干燥的地方。

CuF$_2$ 是由软酸铜离子和硬碱氟离子构成的。这种软硬酸碱性上的不匹配使得氟离子很容易发生转金属化，从而转移到硬的金属离子 (如硅和硼) 上。而基于硅和硼的有机金属试剂和氢源在有机合成中常被用作亲核试剂，由于氟离子转移导致配体交换所形成的有机铜或者氢化铜试剂则可以作为亲核试剂，与羰基或者烯酮亚胺化合物反应 (式 1)。CuF$_2$ 不稳定，因此常作为催化剂前体，在还原剂的作用下原位生成 CuF，从而形成有机金属试剂参与到反应中去。CuF$_2$ 本身也作为过渡金属，催化一系列的偶联反应。此外，CuF$_2$ 还可以催化自由基引发剂产生自由基，发生自由基反应。

$$\text{（式 1）}$$

R = H$^-$，烯醇基，烯丙基，烯基，芳基
M = SiR$'_3$，BR$'_2$

氢化硅烷化反应 1973 年 Kagan 首次报道使用 Rh(Ⅰ)/DIOP 实现了酮与亚胺的不对称氢化硅烷化反应[1]。由于反应条件温和，该方法迅速成为不对称还原不饱和双键来合成

手性醇或者胺的重要合成方法之一。相比较早期使用的 Rh 手性催化剂，20 世纪 90 年代之后则出现了更多易制备、成本更加低廉的其它过渡金属催化剂 (如：Ti、Zn、Sn、Cu 等)。铜催化剂由于其含量丰富、稳定性较好等优点具有广泛的应用前景。如式 2 所示[2]：使用 CuF_2/BINAP 作为催化剂体系实现了酮的不对称氢化硅烷化反应。该反应在空气中进行，具有较好的产率和 ee 值。

$$\text{Ph} \overset{O}{\diagup} + PhSiH_3 \xrightarrow[\text{2. aq. HCl}]{\substack{\text{1. } CuF_2/(S)\text{-}BINAP \\ (1 \text{ mol\%), PhMe, rt}}} \underset{80\%, 92\% \text{ ee}}{\text{Ph} \overset{OH}{\diagup}} \qquad (2)$$

上述反应体系并没有涉及二芳基及杂环取代的酮以，底物适用范围具有一定的局限性。如式 3 所示[3]：使用 (S)-P-Phos 和 (S)-Xyl-P-Phos 作为配体，可对不同类型官能团取代的酮进行不对称氢化硅烷化反应。

$$\overset{O}{\underset{R}{\diagdown}}R^1 + PhSiH_3 \xrightarrow[\text{2. aq. HCl}]{\text{1. } CuF_2, (S)\text{-L, PhMe}} \overset{OH}{\underset{R}{\diagdown}}R^1 \qquad (3)$$

R = p-NO₂-C₆H₄, R¹ = Me,
(S)-Xyl-P-Phos (0.002 mol%), –10 ℃
99% Conv., 94% ee

R = o-CF₃-C₆H₄, R¹ = Ph,
(S)-P-Phos (4 mol%), rt
85% Conv., 98% ee

R = thiazolyl, R¹ = Me,
(S)-P-Phos (0.5 mol%), rt
68% Conv., 44% ee

(S)-P-Phos, Ar=C₆H₅
(S)-Xyl-P-Phos, Ar=3,5-Me₂C₆H₃

除了发生酮的不对称氢化硅烷化反应之外，铜催化体系还成功地应用到其它不饱和双键 (如硝基烯烃和 α-羰基酰胺等) 的不对称还原反应中 (式 4[4] 和式 5[5])。

$$\underset{Me}{\overset{Ph}{\diagdown}}\diagup NO_2 \xrightarrow[\substack{\text{PMHS (10 mol\%), PhMe, } H_2O, \text{ rt} \\ 76\%, 96:4 \text{ er}}]{\substack{PhSiH_3, CuF_2 (1 \text{ mol\%}) \\ (R)\text{-}(S)\text{-JOSIPHOS (1.1 mol\%)}}} \underset{Me}{\text{Ph}\diagup}NO_2 \qquad (4)$$

PMHS = Poly(methylhydrosiloxane)

$$\underset{O}{\overset{O}{\text{Ph}}}\overset{H}{\diagup}N\text{-Ph} \xrightarrow[97\%, 99\% \text{ ee}]{\substack{(EtO)_3SiH, CuF_2 (5 \text{ mol\%}) \\ (S)\text{-L (5 mol\%), PhMe, rt}}} \underset{OH}{\text{Ph}}\overset{H}{\diagup}N\text{-Ph} \qquad (5)$$

(S)-L =

三氟甲硫化反应　三氟甲硫基 (–SCF₃) 具有强吸电子性和高亲脂性。亲脂性的增强有利

于提高有机分子的吸收率和渗透作用，因此该基团广泛存在于药物和农药分子中。直接使用三氟甲基硫化亚铜配合物作为三氟甲硫化试剂是合成该类化合物的有效合成方法之一。

以 CuF_2 为原料合成的 $[(bpy)Cu^I(SCF_3)]$ 是首个结构确定的、在空气中能稳定存在的三氟甲基硫化亚铜配合物，与碘苯反应可得到芳基取代的三氟甲基硫醚化合物 (式 6)[6]。如式 7 所示[7]：使用 PPh₃ 作为配体，与 CuF_2 反应所得的配合物 $[(PPh_3)_2Cu^I(SCF_3)]$ 可与烯丙基溴化合物反应生成烯丙基取代的三氟甲基硫醚。

$$\substack{CuF_2 + S_8 \\ + \\ SiMe_3CF_3} \xrightarrow[44\%]{\substack{bpy \\ MeCN, 80\ ℃}} \left[\text{N-Cu-SCF}_3 \right] \xrightarrow[76\%]{\substack{\text{I-C}_6H_4 \\ MeCN, 110\ ℃}} \text{SCF}_3 \qquad (6)$$

$$\substack{CuF_2 + S_8 \\ + \\ SiMe_3CF_3} \xrightarrow[32\%]{\substack{PPh_3 \\ MeCN, 80\ ℃}} \underset{Ph_3P}{\overset{Ph_3P}{\diagdown}}Cu\text{-}SCF_3 \xrightarrow[83\%]{\substack{Ph\diagup\diagdown Br \\ MeCN, 70\ ℃}} Ph\diagup\diagdown SCF_3 \qquad (7)$$

除合成三氟甲基硫化亚铜配合物外，CuF_2 也可以催化三氟甲磺酰高价碘叶立德与亲核试剂反应，合成含三氟甲硫基取代的化合物。例如在 CuF_2 的催化下，三氟甲磺酰高价碘叶立德与苯甲胺反应可制备 Billard-Langlois 试剂 (式 8)[8]；也可以与 2-苯基吡咯反应制备 2-苯基-5-三氟甲硫基吡咯 (式 9)[9]。

$$Ph\overset{H}{\underset{}{N}}\diagup + \underset{Ph}{\overset{O}{\text{Ph}}}\diagup SO_2CF_3 \xrightarrow[90\%]{\substack{CuF_2 (20 \text{ mol\%}) \\ NMP, \text{ rt, 3 h}}} Ph\overset{}{\underset{}{N}}\diagdown SCF_3 \qquad (8)$$

Billard-Langlois 试剂

$$\underset{H}{\overset{Ph}{\bigcirc\!\!\!\!N}} + \underset{Ph}{\overset{O}{\text{Ph}}}\diagup SO_2CF_3 \xrightarrow[94\%]{\substack{CuF_2 (20 \text{ mol\%}) \\ NMP, \text{ rt, 3 h}}} \underset{H}{\overset{Ph}{\bigcirc\!\!\!\!N}}\text{SCF}_3 \qquad (9)$$

偶联反应　CuF_2 可以催化酰氯与 α-硫代烷基锡发生 Stille 偶联反应 (式 10)[10]。该反应中烷基锡分子的 α 位必须有杂原子取代，以增加其亲核性。如式 11 所示[11]：CuF_2 可以催化苯硼酸与单质硫或者硒发生 Chan-Lam 偶联反应，得到二芳基二硫醚和二芳基二硒醚化合物。

$$\underset{O}{\overset{O}{\text{Ph}}}Cl + \underset{Sn^nBu_3}{\overset{SCOPh}{Pr^n}} \xrightarrow[\text{1,4-dioxane, 102\ ℃}]{CuF_2 (1 \text{ mol\%})} \underset{SCOPh}{\overset{O}{\text{Ph}}}{}^nPr \qquad (10)$$

$$\text{X, CuF}_2 \text{ (10 mol\%)} \atop \text{Py/DMSO (2:1)} \atop 100\ ^\circ\text{C, N}_2, 12\ \text{h}$$

化生成了 C—C 键偶联的产物。使用 Ni(COD)$_2$ 和 CuF$_2$，新戊酸萘酯与三乙基硅基频哪醇硼烷的偶联反应 (式 17)[17]以及萘甲酸苯酯与三乙基硅基频哪醇硼烷的脱羰硅基化反应 (式 18)[18]都可以顺利完成。

$$\text{X = S, 94\%} \atop \text{X = Se, 85\%} \quad (11)$$

CuF$_2$ 也可以催化 C—N 键的偶联反应。例如碘苯与吡唑在 CuF$_2$ 的催化下发生偶联反应，生成 *N*-芳基化吡唑化合物 (式 12)[12]。在 CuF$_2$ 的作用下，芳基溴与 TMSN$_3$ 的反应以几乎定量的产率得到苯胺化合物 (式 13)[13]。该反应也可以应用于其它卤代芳烃。

$$\text{CuF}_2 \text{ (50 mol\%)} \atop \text{1,10-Phen (0.5 equiv)} \atop \text{K}_2\text{CO}_3 \text{ (3 equiv)} \atop 140\ ^\circ\text{C, 72 h} \atop 78\%$$

(12)

$$\text{CuF}_2 \text{ (2.0 equiv)} \atop \text{H}_2\text{N(CH}_2)_2\text{OH (2.5 equiv)} \atop \text{DMA, 95}\ ^\circ\text{C, 24 h} \atop 99\%$$

(13)

除可以催化偶联反应以外，CuF$_2$ 也可以作为助催化剂与其它金属催化剂共同催化反应的进行。在钯催化的芳基溴与烯醇硅醚的偶联反应中，CuF$_2$ 的加入可以有效地促进反应的进行 (式 14)[14]。在该反应中，芳基溴中的羰基官能团不会被还原。

$$\text{PdF}_2\square2\text{P(Tol)}_3 \text{ (2~5 mol\%)} \atop \text{CuF}_2 \text{ (2 equiv)} \atop \text{PhH, reflux} \atop 80\%$$

(14)

在 Pd(Ⅱ) 催化的 Hiyama 反应中，CuF$_2$ 的加入不仅可当作氟源促进硅试剂发生转金属化，也可作为氧化剂将 Pd(0) 氧化为 Pd(Ⅱ)，从而完成反应的循环 (式 15)[15]。

$$\text{Pd(dppe)}_2 \text{ (5 mol\%)} \atop \text{CuF}_2 \text{ (2 equiv)} \atop 2,2'\text{-bpy (2 equiv)} \atop 81\%$$

(15)

除 Pd-Cu 共催化体系外，Ni-Cu 共催化体系也得到了广泛的研究和应用。其中 CuF$_2$ 起的作用与上述 Pd-Cu 共催化体系相同。如式 16 所示[16]：在 Ni 催化剂和 CuF$_2$ 的作用下，苯并噁唑与苯基三甲氧基硅烷经 C—H 键活

$$\text{NiBr}_2\cdot\text{diglyme (10 mol\%)} \atop \text{bpy (10 mol\%), CuF}_2 \atop \text{(2.0 equiv), CsF (3.0 equiv)} \atop \text{DMAc, 150}\ ^\circ\text{C} \atop 80\%$$

(16)

$$\text{Ni(COD)}_2 \text{ (10 mol\%)} \atop \text{PCy}_3 \text{ (20 mol\%), CuF}_2 \atop \text{(30 mol\%), CsF (1 equiv)} \atop \text{PhMe, 50}\ ^\circ\text{C} \atop 90\%$$

(17)

$$\text{Ni(COD)}_2 \text{ (10 mol\%)} \atop \text{P}^n\text{Bu}_3 \text{ (20 mol\%), CuF}_2 \atop \text{(30 mol\%), KF (3 equiv)} \atop \text{PhMe, 160}\ ^\circ\text{C} \atop 87\%$$

(18)

自由基反应 CuF$_2$ 可催化自由基引发剂产生自由基，从而引发自由基反应。如式 19 所示[19]：TBHP 在 CuF$_2$ 的催化下不仅可以产生自由基，也可以作为甲基的来源，将苯甲醛转化为苯甲酸甲酯。CuF$_2$ 催化 DTBP 产生自由基，使环己烷与苯胺、CO 发生插羰反应生成相应的酰胺产物 (式 20)[20]。DCP 作为自由基引发剂和甲基来源，使正辛胺发生插羰反应转化成甲酰胺产物 (式 21)[21,22]。

$$\text{TBHP, CuF}_2 \text{ (10 mol\%)} \atop \text{DMSO/H}_2\text{O (1:1), 120}\ ^\circ\text{C} \atop 85\%$$

(19)

$$\text{CuF}_2 \text{ (10 mol\%), 1,10-phen} \atop \text{(10 mol\%), DTBP (1.5 equiv)} \atop \text{CO (20 bar), 120}\ ^\circ\text{C} \atop 85\%$$

(20)

$$\text{CuF}_2 \text{ (10 mol\%), 1,10-phen} \atop \text{(10 mol\%), DCP (2 equiv)} \atop \text{CO (40 bar), PhCl, 140}\ ^\circ\text{C} \atop 79\%$$

(21)

参 考 文 献

[1] (a) Langlois, N.; Dang, T. P.; Kagan, H. B. *Tetrahedron Lett.* **1973**, *49*, 4865. (b) Dumont, W.; Poulin, J.-C.; Dang, T. P.; Kagan, H. B. *J. Am. Chem. Soc.* **1973**, *95*, 8295.

[2] Sirol, S.; Courmarcel, J.; Mostefai, N.; Riant, O. *Org. Lett.* **2001**, *3*, 4111.

[3] Zhang, X.-C.; Wu, Y.; Yu, F.; et al. *Chem-Eur. J.* **2009**, *15*, 5888.

[4] Czekelius, C.; Carreira, E. M. *Org. Lett.* **2004**, *6*, 4575.

[5] Mamillapalli, N. C.; Sekar, G. *Chem-Eur. J.* **2015**, *21*, 18584.

[6] Weng, Z.; He, W.; Chen, C.; et al. *Angew. Chem. Int. Ed.* **2013**, *52*, 1548.

[7] Wang, Z.; Tu, Q.; Weng, Z. *J. Organomet. Chem.* **2014**, *751*, 830.

[8] Huang, Z.; Yang, Y.-D.; Tokunaga, E.; Shibata, N. *Asian J. Org. Chem.* **2015**, *4*, 525.

[9] Huang, Z.; Yang, Y.-D.; Tokunaga, E.; Shibata, N. *Org. Lett.* **2015**, *17*, 1094.

[10] Kagoshima, H.; Takahashi, N. *Tetrahedron Lett.* **2013**, *54*, 4558.

[11] Yu, J.-T.; Guo, H.; Yi, Y.; et al. *Adv. Synth. Catal.* **2014**, *356*, 749.

[12] Arsenyan, P.; Paegle, E.; Petrenko, A.; Belyakov, S. *Tetrahedron Lett.* **2010**, *51*, 5052.

[13] Monguchi, Y.; Maejima, T.; Mori, S.; et al. *Chem-Eur. J.* **2010**, *16*, 7372.

[14] Agnelli, F.; Sulikowski, G. A. *Tetrahedron Lett.* **1998**, *39*, 8807.

[15] Batey, R. A.; Thadani, A. N.; Smil, D. V. *Org. Lett.* **1999**, *1*, 1683.

[16] Omote, M.; Tanaka, M.; Ikeda, A.; et al. *J. Org. Chem.* **2013**, *78*, 6196.

[17] Hachiya, H.; Hirano, K.; Satoh, T.; Miura, M. *Angew. Chem., Int. Ed.* **2010**, *49*, 2202.

[18] Zarate, C.; Martin, R. *J. Am. Chem. Soc.* **2014**, *136*, 2236.

[19] Pu, X.; Hu, J.; Zhao, Y.; Shi, Z. *Acs Catal.* **2016**, *6*, 6692.

[20] Li, P.; Zhao, J.; Lang, R.; et al. *Tetrahedron Lett.* **2014**, *55*, 390.

[21] Li, Y.; Zhu, F.; Wang, Z.; Wu, X.-F. *Acs Catal.* **2016**, *6*, 5561.

[22] Li, Y.; Wang, C.; Zhu, F.; et al. *Chem. Commun.* **2017**, *53*, 142.

[张建兰，清华大学化学系；HYF]

氟化银

【英文名称】 Silver fluoride

【分子式】 AgF

【分子量】 126.87

【CAS 登录号】 [7775-41-9]

【结构式】 AgF

【物理性质】 金色至黄棕色固体。mp 435 °C，bp 1150 °C，ρ 5.852 g/cm³，易溶于水，微溶于甲醇。

【制备和商品】 国内外各大试剂公司均有销售。也可用氧化银或碳酸银与氢氟酸反应制备。

【注意事项】 本品对光敏感，易吸湿。应在暗箱中于惰性气体环境下保存。氟化银对皮肤黏膜、眼、上呼吸道有刺激性，与氨气剧烈反应，当体系中有氨气或氨水时操作应格外小心。在通风橱中操作并佩戴相应防护用具。

氟化银可作为一种氟代试剂，对脂肪族卤代烃[1~5]和芳香族卤代烃[6]进行氟代化。氟化银所产生的氟离子可以对不饱和键进行加成，引入氟原子[7,8]。该试剂也可用于一些脂肪族卤代烃的消除反应[9~11]，在某些杂环的合成中也有应用[12,13]。

在钯催化剂的作用下，3-氯环己烯与氟化银可发生取代反应。在体系中加入手性配体，该反应会表现出一定的对映选择性 (式 1)[1]。

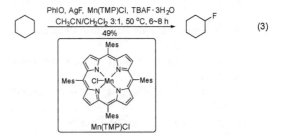

氟化银也能对一些溴化物进行氟化反应[2~4]。即使分子中存在金刚烷基等位阻较大的基团，该反应也能得到较好的产率 (式 2)[2]。

在脂肪烃的碳-氢键活化反应中，氟化银可作为氟源。在锰催化剂的作用下，以氧化碘苯为氧化剂，四丁基氟化铵为添加剂，环己烷能够被转化为氟代环己烷 (式 3)[5]。

在铜催化剂的作用下，使用对丁基碘苯与氟化银反应，可以实现碘代芳烃的氟化 (式 4)[6]。

$$\text{Bu} \underset{}{\overset{}{\bigcirc}} \text{I} \xrightarrow[\text{AgF, DMF, 140 °C, 22 h}]{(t\text{-BuCN})_2\text{CuOTf}} \text{Bu} \underset{}{\overset{}{\bigcirc}} \text{F} \qquad (4)$$

74%

氟化银可作为氟离子源对不饱和键进行加成[7,8]。在氟化银和 NBS 的共同作用下，端炔可以被转化为双卤素取代的烯烃 (式 5)[7]。

$$\bigcirc\!\!-\!\!\equiv + \text{NBS} + \text{AgF} \xrightarrow[\text{80 °C, 10 h}]{\text{CH}_3\text{CN, H}_2\text{O}} \qquad (5)$$

95%

氟化银也可应用于卤代烃的消除反应中[9~11]。如式 6 所示[9]：在吡啶和氟化银的作用下，碘代物可以发生消除反应，得到相应的烯烃。当分子内同时存在两个卤素时，一级碳上的卤素更容易发生消除 (式 7)[10]。

$$\xrightarrow[\text{dark, rt, 24 h}]{\text{Py, AgF}} \qquad (6)$$

90%

$$\xrightarrow[\text{rt, 5 h}]{\text{Py, AgF}} \qquad (7)$$

83%

氟化银在一些杂环化合物的合成中也可作为添加剂[12,13]。如式 8 所示[12]：在氟化银的作用下，取代的亚胺与丁炔二酸二甲酯反应可生成吡咯衍生物。

$$\xrightarrow[\text{rt, 16 h}]{\text{CH}_3\text{CN, AgF}} \qquad (8)$$

37%

参 考 文 献

[1] Katcher, M. H.; Doyle, A. G. J. Am. Chem. Soc. 2010, 132, 17402.

[2] Fukunishi, K.; Kohno, A.; Kojo, S. J. Org. Chem. 1988, 53, 4369.

[3] Nolte, C.; Ammer, J.; Mayr, H. J. Org. Chem. 2012, 77, 3325.

[4] Paul, S.; Schweizer, W. B.; Rugg, G.; et al. Tetrahedron 2013, 69, 5647.

[5] Liu, W.; Huang, X. Y.; Cheng, M. J.; et al. Science 2012, 337, 1322.

[6] Fier, P. S.; Hartwig, J. F. J. Am. Chem. Soc. 2012, 134, 10795.

[7] Li, Y. B.; Liu, X. H.; Ma, D. Y.; et al. Adv. Synth. Catal. 2012, 354, 2683.

[8] Schüler, M.; O'Hagan, D.; Slawin, A. M. Z. Chem. Commun. 2005, 34, 4324.

[9] Hanessian, S.; Deschênes-Simard, B.; Simard, D. Tetrahedron 2009, 65, 6656.

[10] Ogawa, S.; Maruyama, A.; Odagiri, T.; et al. Eur. J. Org. Chem. 2001, 5, 967.

[11] Dixon, D. D.; Lockner, J. W.; Zhou, Q. H.; Baran, P. S. J. Am. Chem. Soc. 2012, 134, 8432.

[12] Padwa, A.; Gasdaska, J. R.; Haffmanns, G.; Rebello, H. J. Org. Chem. 1987, 52, 1027.

[13] Turro, N. J.; Cha, Y.; Gould, I. R.; et al. J. Org. Chem. 1985, 50, 4415.

[张皓，付华*，清华大学化学系；FH]

氟磺酸

【英文名称】 Fluorosulfonic acid

【分子式】 FHO$_3$S

【分子量】 100.07

【CAS 登录号】 [7789-21-1]

【缩写和别名】 FSO$_3$H

【结构式】

$$\text{HO}-\overset{\displaystyle O}{\underset{\displaystyle O}{\overset{\|}{\underset{\|}{S}}}}-\text{F}$$

【物理性质】 mp −87.3 °C，bp 163.5 °C，ρ 1.74 g/cm^3。外观为无色透明的发烟液体，有强烈的刺激性气味，能溶于水。

【制备和商品】 国内外化学试剂公司均有销售。由氢氟酸和硫酸反应能制备该试剂。

【注意事项】 该试剂露置空气中冒烟，加热更甚，有强烈的刺激性和腐蚀性。应储存于通风、低温、干燥的库房，与碱类分开存放。

氟磺酸可以用来制备高氯化氟[1,2]。氟磺酸与 KClO$_4$ 的混合物在搅拌过程中慢慢升温，能生成 FClO$_3$ (式 1)[3]。

$$\text{HO}-\overset{O}{\underset{O}{S}}-\text{F} + \text{O}=\overset{O}{\underset{O}{Cl}}-\text{O}^-\text{K}^+ \xrightarrow[\text{neat, 95 °C}]{} \text{O}=\overset{O}{\underset{O}{Cl}}-\text{F} \qquad (1)$$

80%

氟磺酸与尿素的混合物在等摩尔量 SbF$_5$ 的作用下，能生成稳定的碳正离子 (式 2)[4]。

$$\text{HO-S-F} + \text{H}_2\text{N}\overset{\text{O}}{\text{C}}\text{NH}_2 \xrightarrow[10\%]{\text{SbF}_5} \text{H}_3\text{N}^+\overset{\text{OH}}{\underset{}{\text{C}}}^+\text{NH}_2 \qquad (2)$$

氟磺酸和过量的五氧化二磷在无溶剂条件下反应能生成三氟氧磷 (式 3)[5]。

$$\text{HO-S-F} + \text{P}_2\text{O}_5 \xrightarrow[80\%]{\text{neat}} \text{POF}_3 \qquad (3)$$

以氟磺酸和金属为原料，可以合成阴离子为氟磺酸根的金属盐类化合物[6~10]。如式 4 所示[11]：锰粉和氟磺酸、过氟磺酸酐在 70 ℃ 下反应 30 天，能以较高产率得到三价锰的氟磺酸盐化合物。

$$\text{HO-S-F} + \text{Mn} + \text{F-S-O-O-S-F} \xrightarrow[81\%]{70\ ^\circ\text{C, 30 d}} (\text{F-S-O})_3\text{Mn}^{3+} \qquad (4)$$

氟磺酸与二甲基二氯化锡反应，能以高产率得到二甲基二氟磺酸化锡 (式 5)[12]。

$$\text{HO-S-F} + \underset{\text{Cl}}{\overset{\text{H}_3\text{C}}{\text{Sn}}}\underset{\text{Cl}}{\overset{\text{CH}_3}{}} \xrightarrow[94\%]{\text{DCM, 20 ℃, 3 h}} \text{F-S-O-Sn-O-S-F} \qquad (5)$$

锑粉与过量的氟磺酸在室温下反应，能以中等产率生成二氟氟磺酸锑盐化合物 (式 6)[10]。

$$\text{HO-S-F} + \text{Sb} \xrightarrow[61\%]{\text{rt, 2 d}} \underset{\text{F}}{\overset{\text{F}}{\text{Sb}^{3+}}}\text{-O-S-F} \qquad (6)$$

参 考 文 献

[1] Hiller, A.; Patt, J. T.; Steinbach, J. *J. Organomet. Chem.* **2006**, *691*, 3737.

[2] Barth-Wehrenalp, G. *J. Inorg. nuclear Chem.* **1956**, *2*, 266.

[3] Woolf, A. A. *J. Inorg. nuclear Chem.* **1956**, *3*, 250.

[4] Olah, G. A.; White, A. M. *J. Am. Chem. Soc.* **1968**, *90*, 6087.

[5] Hayek, E.; Aignesberger, A.; Engelbrecht, A. *Monatsh. Chem.* **1955**, *86*, 735.

[6] Mallela, S. P.; Lee, K. C.; Aubke, F. *Inorg. Chem.* **1984**, *23*, 653.

[7] Olah, G. A.; O'Brien, D. H.; Pittman, C. U.; Jr. *J. Am. Chem. Soc.* **1967**, *89*, 2996.

[8] Horwitz, C. P.; Shriver, D. F. *J. Am. Chem. Soc.* **1985**, *107*, 8147.

[9] Gillespie, R. J.; Peel, T. E. *J. Am. Chem. Soc.* **1973**, *95*, 5173.

[10] Zhang, D.; Rettig, S. J.; Trotter, J.; Aubke, F. *Inorg. Chem.* **1995**, *34*, 3153.

[11] Mallela, S. P.; Aubke, F. *Inorg. Chem.* **1985**, *24*, 2969.

[12] Blaschette, A.; Henschel, D.; Hiemisch, O.; et al. *Z. Anorg. Allg. Chem.* **1997**, *623*, 147.

[王勇，陈超*，清华大学化学系；CC]

氟氢化钾

【英文名称】 Potassium hydrogen fluoride

【分子式】 F$_2$HK

【分子量】 78.1

【CAS 登录号】 [7789-29-9]

【缩写和别名】 酸式氟化钾

【结构式】

$$\text{KH}\overset{\ominus}{}\overset{\text{F}}{\underset{\text{F}}{}}$$

【物理性质】 mp 239 ℃，ρ 2.37 g/cm^3。无色四方或立方结晶，略带酸臭味。易溶于水，水溶液呈酸性，不溶于乙醇。

【制备和商品】 国内外试剂公司均有销售。可由氢氧化钾与氟化氢反应制备。

【注意事项】 本品具有腐蚀性，遇潮、水或热会发生分解产生有毒的氟化氢气体。储存于通风低温干燥处，与酸分开存放。操作时必须穿戴防护用具，避免与皮肤接触。

氟氢化钾在无机化学中可用于制备无水氟化氢或氟化钾，在电化学中可作电解产生氟的电解质。在有机化学中，氟氢化钾常用作烷基化的催化剂。

氟氢化钾可以催化环氧化物与炔胺反应生成环内酯 (式 1)[1]。

$$\text{(结构式)} \xrightarrow[87\%]{\substack{1.\ \text{BF}_3 \cdot \text{OEt}_2 \\ 2.\ \text{KHF}_2,\ 0\ ^\circ\text{C, 2 h}}} \text{(产物)} \qquad (1)$$

在有机合成中，通常利用氟氢化钾与有机硼试剂反应首先得到三氟硼酸盐。然后再与其它化合物发生偶联反应或取代反应，从而合成复杂的化合物[2-4]。例如：手性长链烷基频哪醇硼烷与氟氢化钾反应可以在不影响手性碳的情况下引入三氟硼酸基团 (式 2)[5]。同样，4-频哪醇硼烷基苯乙酸与氟氢化钾反应可以得到相应的三氟硼酸钾盐 (式 3)[6]。

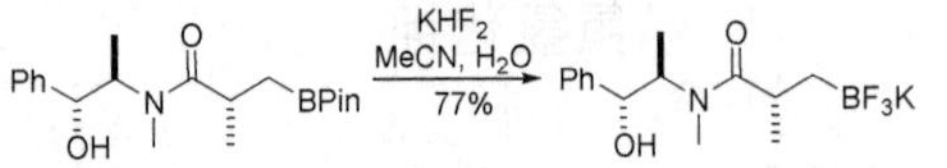

在碘化亚铜和氟氢化钾的存在下，卤代化合物与联硼酸频哪醇酯反应生成相应的有机三氟硼酸钾试剂 (式 4)[7]。

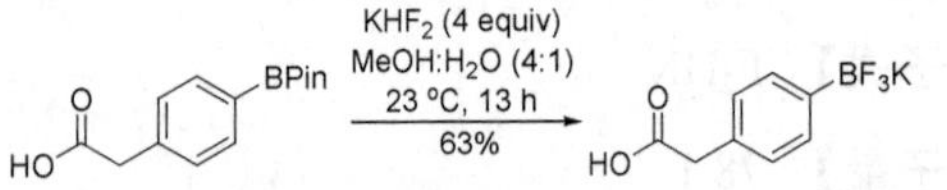

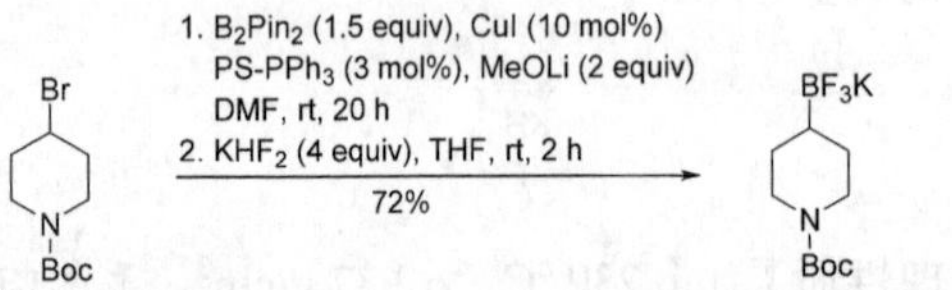

在氟氢化钾的存在下，三乙氧基硅烷基经氧化被转化成羟基 (式 5)[8]。

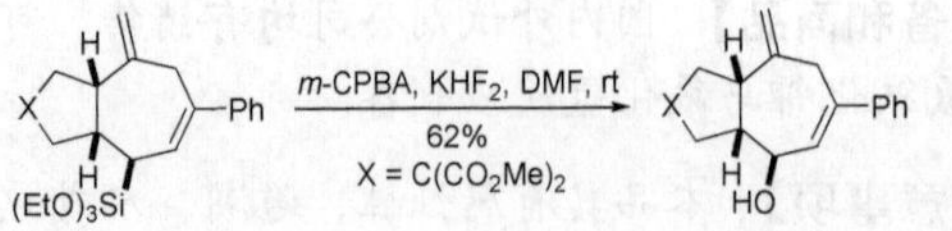

在氟氢化钾的参与下，醛可以与手性硼酸酯发生 1,2-加成反应得到环状内酯(式 6)[9]。

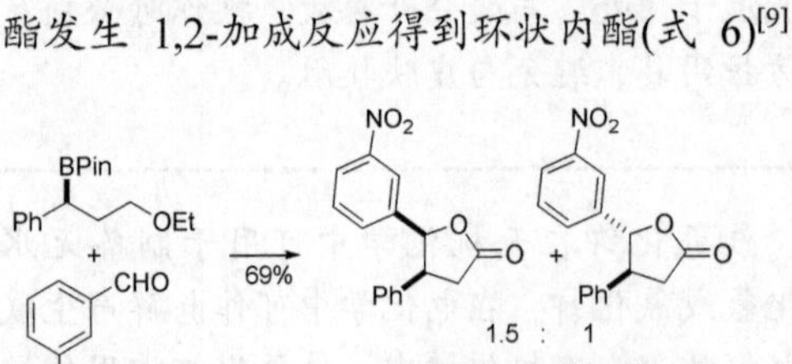

在氟氢化钾与氧气的存在下，醛基苯硼酸钾与邻芳香二胺发生反应，可以高效地得到相应的缩合产物 (式 7)[10]。

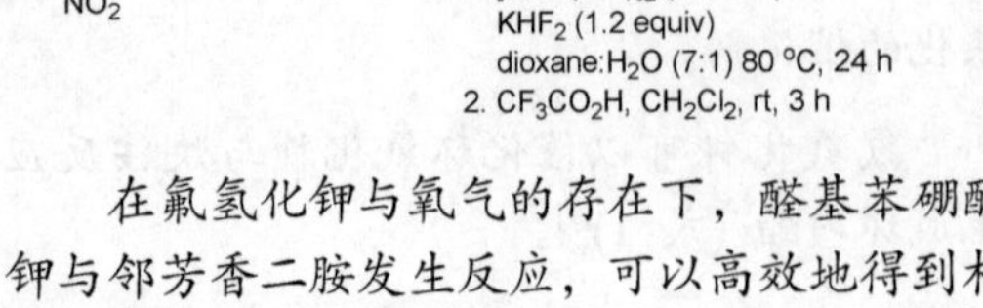

参 考 文 献

[1] Townsend, S. D.; Sulikowski, G. A. *Org. Lett.* **2013**, *15*, 5096.
[2] Tulio R. Couto; Juliano C. R.; Freitas, I. H.; Menezes, P. H. *Tetrahedron* **2013**, *69*, 7006.
[3] Chang, Y.; Lee, Hanniel H. *Macromolecules* **2013**, *45*, 1754.
[4] Nicolas, F. B.; Nicolas; Presset, M. *J. Org. Chem.* **2012**, *77*, 10399.
[5] Hume, P. A.; Furker, D. P.; Brimble, M. A. *Org. Lett.* **2013**, *15*, 4588.
[6] Pulis, A. P.; Blair, D. J.; Torres, E.; Aggarwal, V. K. *J. Am. Chem. Soc.* **2013**, *135*, 16054.
[7] Presset, M.; Nicolas, F. B.; Oehltich, D.; et al. *J. Org. Chem.* **2013**, *78*, 4615.
[8] Andrew, E. P.; Tomass, B.; Inglesby, P. A. *Tetrahedron* **2013**, *69*, 7826.
[9] Zhang, C.-W.; Yun, J. *Org. Lett.* **2013**, *15*, 3416.
[10] Molander, G. A.; Ajayi, K. *Org. Lett.* **2012**, *16*, 4242.

[陈静，陈超*，清华大学化学系；CC]

1-氟-2,4,6-三甲基吡啶三氟甲磺酸盐

【英文名称】 1-Fluoro-2,4,6-trimethylpyridinium triflate

【分子式】 $C_9H_{11}F_4NO_3S$

【分子量】 289.25

【CAS 登录号】 [107264-00-6]

【缩写和别名】 NFTPT

【结构式】

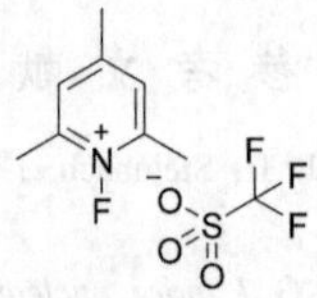

【物理性质】 白色或米色粉末，mp 162~165 ℃。

【制备和商品】 大型跨国试剂公司均有销售。该试剂一般不在实验室制备。

【注意事项】 该试剂会造成严重皮肤灼伤和眼损伤。需放置在阴凉干燥处保存，避免附近有粉尘出现，避免与强氧化剂、水、金属接触。

N-氟代吡啶盐是一大类亲电氟化试剂，通

过改变吡啶环上取代基来调控其氟化能力，也可以通过改变其非亲核配阴离子来调整相应的稳定性和反应活性。

NFTPT 在氟化反应中表现为亲电活性，主要用于对各种烯醇化合物、富电子芳香族化合物等进行氟化 (式 1~式 4)[1]。

$$(1)$$

$$(2)$$

$$(3)$$

$$(4)$$

由于 NFTPT 具有很强的氧化能力，因此 NFTPT 在一些反应中可以用作氧化剂。如式 5 所示：两分子 Wittig 试剂在 NFTPT 作用下通过氧化偶联完成反式对称烯烃的构建[2]。

$$(5)$$

近年来，由于 C—H 键活化的发展，NFTPT 作为一种独特的氧化剂，被广泛应用于 Pd 催化的 C—H 键官能化反应中 (式 6)[3]。

$$(6)$$

在一些 Pd(Ⅱ) 中间体上还原消除难于进行的 C—H 官能化反应中，通过 NFTPT 氧化

得到相应的 Pd(Ⅳ) 或 Pd(Ⅲ) 中间体，可促进其还原消除过程 (式 7 和式 8)[4]。

$$(7)$$

$$(8)$$

同时，NFTPT 作为氟化试剂参与金属催化 C—F 键形成的反应也有报道。同样是通过氧化形成高价金属物种，加速 C—F 键的还原消除 (式 9 和式 10)[5,6]。

$$(9)$$

$$(10)$$

在邻碳硼烷中，富电子的 B—H 键可以通过 Pd(Ⅱ) 催化剂活化，经 NFTPT 氧化后还原消除构建 B—F 键 (式 11)[7]。

$$(11)$$

在金属活化烯烃方面，有文献报道通过 NFTPT 氧化金属来进行烯烃的催化官能化反应 (式 12)[8]。

$$(12)$$

参 考 文 献

[1] (a) Umemoto, T.; Kawada, K.; Tomita, K. *Tetrahedron Lett.* **1986**, *27*, 4465. (b) Chung, Y.; Duerr, B. F.; McKelvey, T. A.; et al. *J. Org. Chem.* **1989**, *54*, 1018. (c) Umemoto, T.; Fukami, S.; Tomizawa, G.; et al. *J. Am. Chem. Soc.* **1990**, *112*, 8563. (d) Shibata, N.; Tarui, T.; Doi, Y.; Kirk, K. L. *Angew. Chem. Int. Ed.* **2001**, *40*, 4461.

[2] Kiselyov, A. S. *Tetrahedron Lett.* **1994**, *35*, 8951.

[3] (a) Garcia-Rubia, A.; Urones, B.; Gomez Arrayas, R.; Carretero, J. C. *Angew. Chem. Int. Ed.* **2011**, *50*, 10927. (b) Urones, B.; Arrayas, R. G.; Carretero, J. C. *Org. Lett.* **2013**, *15*, 1120.

[4] (a) Mei, T.-S.; Wang, X.; Yu, J.-Q. *J. Am. Chem. Soc.* **2009**, *131*, 10806. (b) Xiao, B.; Gong, T.-J.; Xu, J.; et al. *J. Am. Chem. Soc.* **2011**, *133*, 1466. NFTPT促进的金属配合物三氟甲基化反应见: (c) Ball, N. D.; Kampf, J. W.; Sanford, M. S. *J. Am. Chem. Soc.* **2010**, *132*, 2878. (d) Ball, N. D.; Gary, J. B.; Ye, Y.; Sanford, M. S. *J. Am. Chem. Soc.* **2011**, *133*, 7577.

[5] (a) Wang, X.; Mei, T.-S.; Yu, J.-Q. *J. Am. Chem. Soc.* **2009**, *131*, 7520. (b) Chan, K. S. L.; Wasa, M.; Wang, X.; Yu, J.-Q. *Angew. Chem. Int. Ed.* **2011**, *50*, 9081.

[6] (a) Ye, Y.; Sanford, M. S. *J. Am. Chem. Soc.* **2013**, *135*, 4648. 金属配合物的氟化见: (b) Kaspi, A. W.; Goldberg, I.; Vigalok, A. *J. Am. Chem. Soc.* **2010**, *132*, 10626. (c) Racowski, J. M.; Gary, J. B.; Sanford, M. S. *Angew. Chem. Int. Ed.* **2012**, *51*, 3414.

[7] Qiu, Z.; Quan, Y.; Xie, Z. *J. Am. Chem. Soc.* **2013**, *135*, 12192.

[8] Shigehisa, H.; Aoki, T.; Yamaguchi, S.; et al. *J. Am. Chem. Soc.* **2013**, *135*, 10306.

[李彦，吴云，王细胜*，中国科学技术大学化学系；WXY]

高氯酸镁

【英文名称】 Magnesium perchlorate

【分子式】 Cl_2MgO_8

【分子量】 223.205

【CAS 登录号】 [10034-81-8]

【缩写和别名】 过氯酸镁

【结构式】 $Mg(ClO_4)_2$

【物理性质】 白色结晶或粉末，mp 251 ℃。易潮解，有强烈的吸湿性，溶于水 (99 g/100 g)。

【制备和商品】 国内外试剂公司均有销售。可由六水高氯酸镁在 P_2O_5 存在的条件下，于 200 ℃ 下进行真空脱水制得。

【注意事项】 该化合物受摩擦易起火，应轻装轻卸。遇有机物、还原剂、硫、磷等易燃物及金属粉末可燃，燃烧时产生有毒氯化物烟雾。应在通风处保存，与有机物、还原剂、硫、磷等易燃物分开存放。对于大鼠的口服毒性 $LD_{50} = 1500$ mg/kg。

高氯酸镁是一种 Lewis 酸，在许多有机反应中表现出良好的催化性能。其催化的反应主要涉及保护基团的形成和裂解、氧化和还原反应、成环反应、加成反应、取代反应和重排反应等[1]。

Diels-Alder 反应和 ene 反应 高氯酸镁高效的催化活性在 Diels-Alder 反应和杂 Diels-Alder 反应中得到了广泛的应用。如式 1 所示[2]：在 9,10-二甲基蒽和对苯醌的 Diels-Alder 反应中，加入高氯酸镁可以加速反应的进行。

$$(1)$$

溶剂和金属盐对环加成反应的产物有重要的影响。在高氯酸镁存在的条件下，在非质子溶剂中以生成分子内的 ene 反应产物为主。在质子性溶剂中进行反应时，除了得到分子内的 ene 反应产物外，还有杂 Diels-Alder 反应 (简写为 HAD 反应) 产物和 Claisen 重排产物。同样的底物在不同的高氯酸盐催化下也会得到不一样的产物。如式 2 所示[3]：以高氯酸镁为催化剂，苯基烯丙基醚衍生物以 ene 反应产物为主。若以高氯酸锂或高氯酸钡为催化剂，则以 HAD 产物为主。

$$(2)$$

Aldol 反应和 Mannich 反应 高氯酸镁、联吡啶和胺联合使用可以高效地催化双官能团化的酯或酮与芳香醛的反应，得到具有很高合成价值的保护的 β-羟基-α-氨基酸衍生物 (式 3)[4]和保护的 α,β-羟基酮衍生物 (式 4)[5]。

$$(3)$$

$$(4)$$

此外，高氯酸镁在手性配体的存在下，能够促进异硫氰酸酯取代的酰胺与不同亚胺的反应，高产率和高对映选择性地得到保护的 α,β-二氨基酸 (式 5)[6]。

$$(5)$$

1,3-环加成反应 高氯酸镁作为 Lewis 酸能与手性配体进行配位，在催化 1,3-环加成反应中具有良好的选择性。如式 6 所示[7]：利用 DIPEA 原位生成的腈亚胺化合物与烯基取代的吲哚酮衍生物发生的环加成反应，可以得到很高的产率和 ee 值。

$$(6)$$

自由基反应 高氯酸镁是自由基环化和加成反应的重要引发剂。许多的噁唑啉酮、不饱和 β-酮酯、β-酮酰胺等化合物都可以在高氯酸镁的催化下，经过自由基串联环化反应，高区域选择性和立体选择性地得到单环或多环的化合物。如式 7 所示[8]：不饱和 α-苯基硒-β-酮酯在高氯酸镁和手性配体的作用下，以 Et_3B/O_2 作为自由基引发剂进行反应，能够得到较好的产率和 ee 值。

$$(7)$$

单电子转移反应 (SET 反应) 在光促进的反应，尤其是单电子转移反应中加入高氯酸镁，能够促进电荷的分离，从而提高反应的产率和选择性。如式 8 所示[9]：在没有 $Mg(ClO_4)_2$ 存在时，二苯甲酮经过光照反应，得到二苯甲醇产物。而加入 $Mg(ClO_4)_2$ 后，产物则以二醇为主。

$$(8)$$

上保护基和脱保护基的反应 近年来，科学家们还发现了高氯酸镁的许多其它用途。醇与酸酐的酰化反应是有机合成中最常用的反应之一。该反应常需要在碱性条件下进行，并且需要 Lewis 酸催化。人们发现高氯酸镁是催化醇进行酰化反应的最有效的 Lewis 酸之一。只需要极少量的高氯酸镁 (0.5~1.0 mol%) 就可以很好地催化醇和多种酸酐的酰化反应 (式 9)[10]。更有趣的是，在催化量的高氯酸镁的存在下，醇与 (Boc)$_2$O 反应可以容易地得到烷基叔丁醚和芳基叔丁醚 (式 10)[11]。

$$(9)$$

$$(10)$$

高氯酸镁在脱保护基的反应中也起到重要的作用。如式 11 所示[12]，在体系中加入高氯酸镁，可以使 Boc 保护的酰胺化合物以高产率脱去 Boc 保护基。

$$(11)$$

参 考 文 献

[1] 综述文献见：(a) Bartoli, G.; Locatelli, M.; Melchiorre, P.; Sambri L. *Eur. J. Org. Chem.* **2007**, 2037. (b) Dalpozzo, R.; Bartoli G.; Sambri, L.; Melchiorre, P. *Chem. Rev.* **2010**, *110*, 3501.

[2] Fukuzumi, S.; Okamoto, T. *J. Am. Chem. Soc.* **1993**, *115*, 11600.

[3] Desimoni, G,; Faita, G,; Righetti, P. P. *Tetrahedron Lett.* **1995**, *36*, 2855.

[4] Willis, M. C.; Piccio, V. J. D. *Synlett* **2002**, *10*, 1625.

[5] Willis, M. C.; Cutting, G. A.; John, M. P. *Synlett* **2004**, *7*, 1195.

[6] Cutting, G. A; Stainforth, N. E.; John, M. P.; et al. *J. Am. Chem. Soc.* **2007**, *129*, 10632.

[7] Wang, G.; Liu, X. H.; Huang, T. Y.; et al. *Org. Lett.* **2013**, *15*, 76.

[8] Yang, D.; Zheng, B. F.; Gao, Q.; et al. *Angew. Chem. Int. Ed.* **2006**, *45*, 255.

[9] Hasegawa, E.; Seida, T.; Chiba, N.; et al. *J. Org. Chem.* **2005**, *70*, 9632.

[10] Bartoli,G.; Bosco, M.; Dalpozzo, R.; et al. *Synlett* **2003**, *1*, 39.

[11] Bartoli, G.; Bosco, M.; Locatelli, M.; et al. *Org. Lett.* **2005**, *7*, 427.

[12] Li, Z. S.; Lu, N. H.; Wang, L. H.; Zhang, W. *Eur. J. Org. Chem.* **2012**, 1019.

[陈雯雯，山西师范大学化学与材料科学学院；WXY]

固体超强酸 TiO₂/SO₄²⁻

【英文名称】 Solid super acid TiO₂/SO₄²⁻

【分子式】 TiO₂/SO₄²⁻

【分子量】 TiO₂ (79.94) / SO₄²⁻ (95.95)

【CAS 登录号】

【缩写和别名】 SO₄²⁻/TiO₂

【结构式】 TiO₂/SO₄²⁻

【物理性质】 固体粉末。不溶于水或任何有机溶剂，通常在己烷、庚烷、环己烷、苯、甲苯、乙醚、CH₂Cl₂ 和 THF 中作为固体催化剂使用。

【制备和商品】 该试剂一般在实验室制备。通常取一定量的 TiCl₄ 用 14% 稀氨水水解，调节 pH = 9。静置一天后抽滤，得到白色沉淀 TiO₂。接着用蒸馏水洗涤沉淀至滤液中无 Cl⁻，将其置于红外灯下烘干，研磨得到 <100 目的无定形 TiO₂ 粉末。然后用 0.1 mol/L 硫酸浸渍处理 12 h 后，在 650 ℃ 左右焙烧 12 h 成锐钛矿型超强酸。需要注意的是用稀氨水水解 TiCl₄ 会产生大量的氯化氢气体的白烟，必须在通风橱里操作。在制备无定形 TiO₂ 粉末时，为了避免产生氯化氢气体，可以用 TiOSO₄、Ti(SO₄)₂ 或有机钛酸酯代替 TiCl₄。

【注意事项】 该试剂具有一定的吸湿性，一般在干燥的容器中储存。

固体超强酸是近年来开发的新型酸催化材料，其酸强度比 100% 的硫酸更强，即是指酸性 Hammett 函数 $H_0 \leq -11.93$ 的酸。其中固体超强酸 TiO₂/SO₄²⁻ 是目前广泛使用的超强酸之一。固体超强酸克服了液体酸催化剂的许多弊端，对异构化、烷基化、脱水等反应具有很高的催化活性，受到了人们的普遍关注[1,2]。

固体超强酸 TiO₂/SO₄²⁻ 不仅具有催化活性高、选择性好、制备方法简单、不污染环境、不腐蚀设备等突出优点[3,4]，而且对几乎所有的酸催化反应都表现出良好的反应活性和选择性。此外，使用稀土对固体超强酸 TiO₂/SO₄²⁻ 进行改性，进一步提高了催化活性和催化剂稳定性，明显提高了催化剂的重复效果。与无机质子酸的催化效率相当，固体超强酸 TiO₂/SO₄²⁻ 对醇和羧酸酯化反应具有较好的催化作用 (式 1)[5]。

$$(1)$$

固体超强酸 TiO₂/SO₄²⁻ 可以用作 α-芳基仲醇的消旋化催化剂，可高效地协同诺维信脂肪酶 435 (Novozym 435) 将外消旋 α-芳基仲醇转化成近 100% 光学纯的 α-芳基仲醇酯 (式 2)[6]。经过诺维信脂肪酶 435 催化，选择性地对 (R)-1-(3,4-二甲氧基苯基) 乙醇进行酯化,同时固体超强酸 TiO_2/SO_4^{2-} 作为酸性催化剂促进 (S)-1-(3,4-二甲氧基苯基)乙醇消旋化成外消旋 1-(3,4-二甲氧基苯基)乙醇,于是外消旋 1-(3,4-二甲氧基苯基)乙醇通过上述两步反应逐渐转化为(R)-1-(3,4-二甲氧基苯基)乙醇正戊酸酯。

$$(2)$$

固体超强酸 TiO_2/SO_4^{2-} 也是醛酮与羟氨缩合反应的催化剂。醛酮、盐酸羟氨与催化量的固体超强酸 TiO_2/SO_4^{2-} 在无溶剂的条件下于 110~130 ℃ 反应 1~2 min,经简单地后处理就能够以高产率得到相应的肟化合物 (式 3)[7]。使用位阻比较大的芳香酮为底物时,适当延长反应时间也能够获得理想的产率。

$$(3)$$

如式 4 所示[8]:固体超强酸 TiO_2/SO_4^{2-} 也能够有效地促进醛酮与芳基磺酰胺的缩合反应。

$$(4)$$

在室温下,固体超强酸 TiO_2/SO_4^{2-} 可以高效地催化醛与乙酸酐缩合成同碳二乙酸酯 (式 5)[9],用于保护醛羰基。该反应无需额外使用溶剂,反应速度快,一般在 2~20 min 内完成。后处理也很简洁,简单地过滤出固体超强酸催化剂,用溶剂清洗后,固体超强酸催化剂经活化后可再次使用。母液减压蒸去溶剂,经过常规纯化就能够给出相应的产物。同样地,固体超强酸 TiO_2/SO_4^{2-} 也是同碳二乙酸酯脱保护基的良好催化剂,通常在同碳二乙酸酯的二氯甲烷或苯溶液中,加入适量的水,在催化量的固体超强酸 TiO_2/SO_4^{2-} 作用下,简单回流 5~10 min,几乎可定量获得脱去保护基的醛化合物 (式 6)[10]。

$$(5)$$

$$(6)$$

有别于使用毒性较大的甲氧基甲基氯与醇羟基反应生成甲氧基甲基醚来保护醇羟基,固体超强酸 TiO_2/SO_4^{2-} 能够催化几乎无毒的二甲氧基甲烷与醇反应生成相应的甲氧基甲基醚,从而达到保护羟基的目的。该反应转化率高,反应过程安全有效,后处理简便 (式 7)[11]。

$$(7)$$

类似于常见 Lewis 酸的催化活性,固体超强酸 TiO_2/SO_4^{2-} 可以在温和条件下将直链烃异构化成支链烃 (式 8)[12]。

$$(8)$$

参 考 文 献

[1] Yin, Y. S.; Lina, Y.; Sheng, Q. M. *Appl. Catal. A: General* **2004**, *268*, 17.

[2] Martins, R. L.; Schmal, M. *Appl. Catal. A: General* **2006**, *308*, 143.

[3] Ecormier, M. A.; Wilson, K.; Lee, A. F. *J. Catal.* **2003**, *215*, 65.

[4] Sohn, J. R.; Seo, D. H. *Catal. Today* **2003**, *87*, 219.

[5] Throat, T. S.; Yadav, V. M.; Yadav, G. D. *Appl. Catal.* **1992**, *90*, 73.

[6] Xu, G.; Wang, L.; Chen, Y.; et al. *Tetrahedron Lett.* **2013**, *54*, 5026.

[7] Guo, J. J.; Jin, T. S.; Zhang, S. L.; Li, T. S. *Green Chem.* **2001**, *3*, 193.

[8] Jin, T. S.; Feng, G. L.; Yang, M. N.; Li, T. S. *J. Chem. Res. (S)* **2003**, 591.

[9] Jin, T. S.; Ma, Y. R.; Sun, X.; et al. *J. Chem. Res. (S)* **2000**, 96.

[10] Jin, T. S.; Sun, X.; Li, T. S. *J. Chem. Res. (S)* **2000**, 128.

[11] Jin, T. S.; Guo, J. J.; Yin, Y. H.; et al. *J. Chem. Res. (S)* **2002**, 188.

[12] Hino, M.; Arata, K. *J. Chem. Soc. Chem. Commun.* **1979**, 1148.

[王存德,扬州大学化学化工学院;HYF]

光气

【英文名称】 Diisobutylalumium Hydride

【分子式】 COCl₂

【分子量】 98.92

【CAS 登录号】 [75-44-5]

【缩写和别名】 Phosgene，氯代甲酰氯，氯甲酰氯，碳酰氯，碳酰二氯

【结构式】

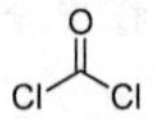

【物理性质】 无色或淡黄色气体，bp 7.48 ℃，相对蒸气密度 3.5 (空气 = 1)，相对密度 1.37 (水 = 1)。微溶于水并逐渐水解，溶于芳香烃、四氯化碳、氯仿等有机溶剂。

【制备和商品】 国内外试剂公司均有销售。实验室可用四氯化碳与发烟硫酸反应制取。将四氯化碳加热至 55~60 ℃，滴加入发烟硫酸，即可逸出光气。如需使用液态光气，则将产生的光气加以冷凝。

【注意事项】 该试剂容易挥发，毒性特别大。一般在通风橱中进行操作，在冰箱中储存。操作者应佩戴过滤式防毒面具，穿胶布防毒衣，戴橡胶手套。

光气是一种重要的有机中间体，在农药、医药、工程塑料、聚氨酯材料以及军事上都有许多用途。光气可以与电负性比较强的氮、氧等原子结合，因此很容易与胺类、醇类化合物反应。同时还可以与腈类、异氰酸酯化合物反应生成相应的杂环化合物。

光气与甲氧基胺反应即可生成酰二胺 (式 1)[1]；与 1,2-乙二醇反应可以得到二酰氯化合物 (式 2)[2]。

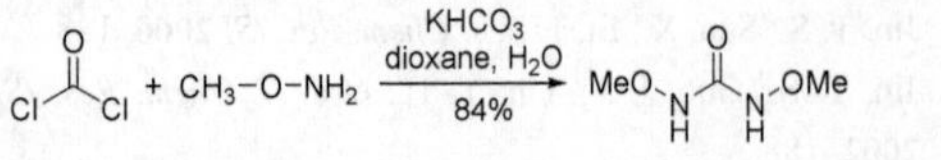

$$\tag{1}$$

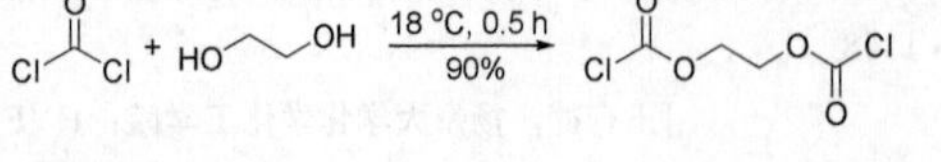

$$\tag{2}$$

光气与胺类化合物在甲苯溶液中于低温下反应可以得到异氰酸酯类化合物 (式 3)[3,4]。

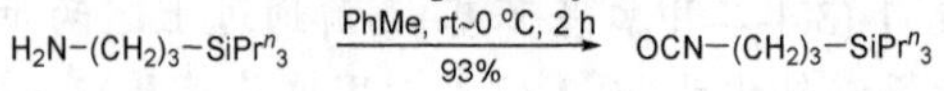

$$\tag{3}$$

除了可以与电负性强的氮、氧等原子结合外，光气还可以与烯烃化合物结合。其与乙氧基乙烯在三乙胺的甲苯溶液中反应可以生成 (E)-3-乙氧基丙烯酰基氯 (式 4)[5]。

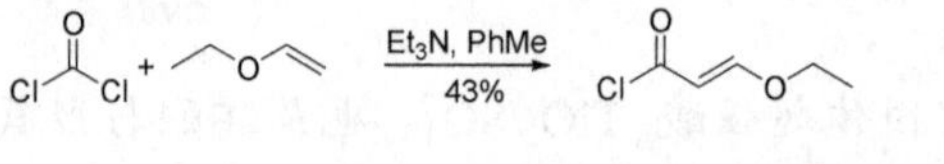

$$\tag{4}$$

光气与乙腈在盐酸条件下可以生成氮杂六元环 (式 5)[6]，与异氰酸甲酯反应可以生成氧杂五元环 (式 6)[7]。

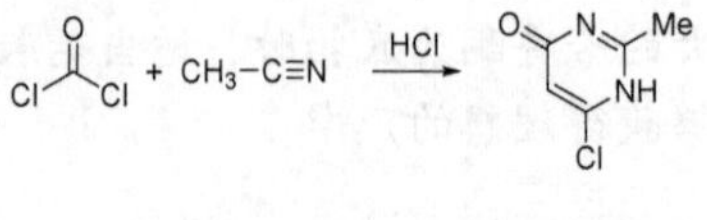

$$\tag{5}$$

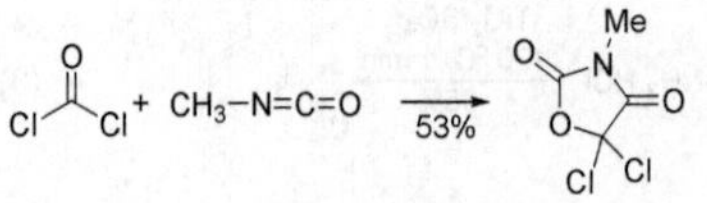

$$\tag{6}$$

光气的分子结构中含有两个碳-氯键，因此相当于有两个活性反应位点。通过控制反应物的量，通过两步法可以合成非常有用的酰基叠氮化合物 (式 7)[8]。

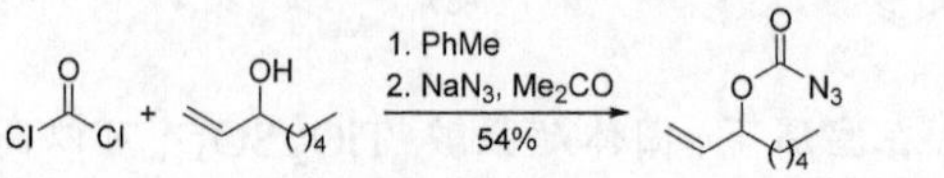

$$\tag{7}$$

一分子光气与两分子 1-氢咪唑反应可以生成二咪唑基甲酮 (式 8)[9]。

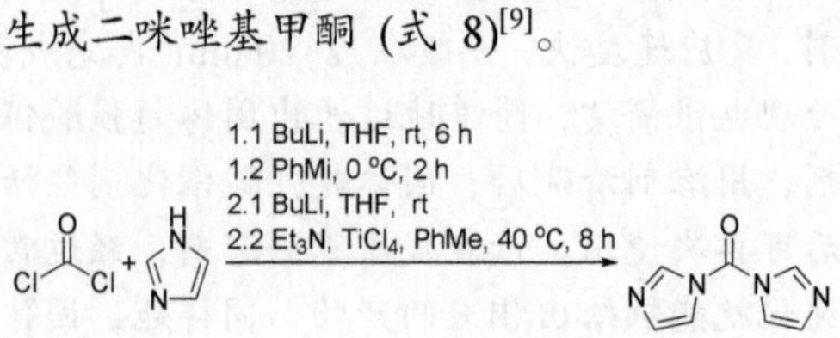

$$\tag{8}$$

光气与 α,α'-二羟基羰基化合物反应可以得到碳酸酯类化合物 (式 9)[10]。

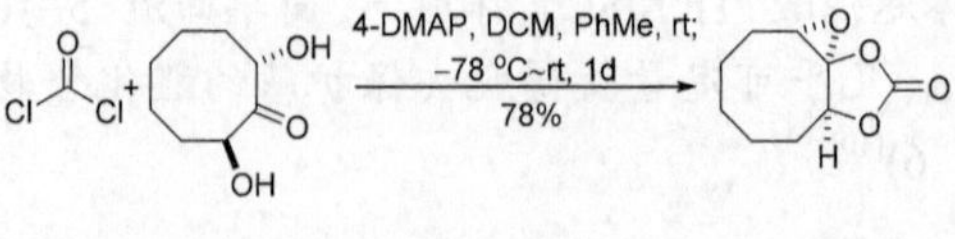

$$\tag{9}$$

参 考 文 献

[1] Boyland, E.; Nery, R. *J. Chem. Soc. (C)* **1966**, *350*.

[2] Randy, E. D.; Robert, D. H. US006506864B1, **2003**.

[3] Amore, A.; Heerbeek, R.; Zeep, N.; et al. *J. Org. Chem.* **2006**, *71*, 1851.

[4] Minin, P. L.; Walton, J. C. *J. Org. Chem.* **2003**, *68*, 2960.

[5] Janiak, C.; Deblon, S.; Uehlin, L. *Synthesis* **1999**, *959*.

[6] Yanagida, S.; Ohoka, M.; Okahara, M.; Komori, S. *J. Org. Chem.* **1969**, *34*, 2972.

[7] Richter, R.; Stuber, F. A.; Tucker, B. *J. Org. Chem.* **1984**, *49*, 3675.

[8] Stephen, C. B.; Dionne, M. S. *Tetrahedron Lett.* **1995**, *36*, 4533.

[9] Ma, L.; Sheng, Y.; Huang, Q.; et al. *J. Polym. Sci., Part A: Polym. Chem.* **2007**, *33*.

[10] Paquette, L. A.; Hartung, R. E.; Hofferberth, J. E.; Gallucci, J. C. *Org. Lett.* **2004**, *6*, 969.

[赵鹏，清华大学化学系；XCJ]

过硫酸铵

【英文名称】 Ammonium persulphate

【分子式】 $(NH_4)_2S_2O_8$, $H_8N_2O_8S_2$

【分子量】 228.20

【CAS 登录号】 [7727-54-0]

【缩写和别名】 APS

【结构式】

【物理性质】 白色结晶或粉末，易溶于水。ρ 1.98 g/cm^3，mp 120 $^\circ$C (分解)。

【制备和商品】 国内外试剂公司均有销售。

【注意事项】 无机强氧化剂，受高热或撞击时可能发生爆炸。与还原剂、有机物、易燃物 (如硫、磷或金属粉末等) 混合可形成爆炸性混合物。

过硫酸盐在某些金属作用下会产生硫酸根负离子自由基 (SO_4^{-})，是一种非常强的单电子氧化剂，可以对很多有机官能团进行单电子氧化，进而发生官能团的转化反应。

烷基的氧化 如式 1 所示：在硫酸根负离子自由基 (SO_4^-) 存在下，甲苯经过一个自由基正离子的中间体，苄位氢离去生成苄基自由基。此时如果使用乙酸与水的混合溶剂将主要得到乙酸苄酯。而使用乙腈与水作为混合溶剂时，反应的主要产物为苯甲醛 (式 2)[1]。9-甲基蒽也可在相似条件下被氧化，高产率地生成二聚产物 (式 3)[2]。在无金属存在的条件下，过硫酸铵也可被用于氧化烷基。如式 4 所示[3]，以过硫酸铵为氧化剂，苯丙酮与 *N*-苄基苄胺经氧化脱氢偶联反应可生成 α-甲基查耳酮。

烯烃的加成反应 二苯基二硒醚可以被过硫酸铵氧化为苯基硒正离子，然后与烯烃发生加成反应。此时如果分子内存在一个亲核基团，则可发生分子内成环反应 (式 5)[4]。4,4′-二甲氧基二苯二硒醚也可在过硫酸铵氧化条件下发生对烯烃的氧硒化反应[5]。

在过硫酸铵与甲酸钠共同存在的条件下，全氟烷基氯化物在较低温度下被转化为全氟烷基自由基，进而发生对烯烃的加成 (式 6)。

相对于氯化物，全氟烷基碘化物在该条件下更容易生成自由基中间体，随后自由基对烯烃加成生成烷基自由基。烷基自由基也可以夺取全氟烷基碘的碘原子生成自由基，实现该自由基反应的链式增长 (式 7)[6]。

(6)

(7)

Minisci 反应　自由基对芳香杂环的亲核加成生成取代芳香杂环的反应被统称为 Minisci 反应[7]。Minisci 反应是制备取代芳香杂环的一种重要方法。过硫酸铵在该类反应中通常与催化量的银盐共同使用，利用银催化氧化脱羧反应产生的自由基对芳香杂环进行亲核进攻，重新芳香化后生成取代的芳香杂环。在该条件下，烷基羧酸是最常用的自由基前体。如式 8 所示[8]，在催化量硝酸银与过量过硫酸铵的存在下，N-苯甲酰基甘氨酸脱羧后对 2,6-二氯哒嗪进行亲核加成，高产率地得到三取代哒嗪衍生物。酰基羧酸也可在该条件下发生脱羧反应生成酰基自由基，进而与杂环进行反应 (式 9)[9]。

(8)

(9)

甲醇可被过硫酸铵氧化为强亲核性的羟甲基自由基，该自由基可与杂环发生 Minisci 反应生成相应的杂环羟甲基化合物。这一策略可被用于合成 α 生育酚的杂环类似物。如式 9 所示[10]，在催化量硝酸银与过量过硫酸铵的存

在下，2,5-二甲基萘啶可在甲醇溶液中被高选择性地转化为相应的 7-甲羟基化产物。

(10)

参 考 文 献

[1] Walling, C.; Zhao, C.; El-Taliawi, G. M. *J. Org. Chem.* **1983**, *48*, 4910.

[2] Deardurff, L. A.; Camaioni, D. M. *J. Org. Chem.* **1986**, *51*, 3693.

[3] Wei Y.; Tang J.-H.; Cong X.-F.; Zeng X.-M. *Green Chem.* **2013**, *15*, 3165.

[4] Tiecco, M.; Testaferri, L.; Tingoli, M.; et al. *J. Org. Chem.* **1990**, *55*, 429.

[5] Tiecco, M.; Tingoli, M.; Testaferri, L.; Balducci, R. *J. Org. Chem.* **1992**, *57*, 4025.

[6] Hu, C.-M.; Qing, F.-L. *J. Org. Chem.* **1991**, *56*, 6348.

[7] Duncton M. A. J. *Med. Chem. Commun.* **2011**, *2*, 1135.

[8] Cowden C. J. *Org. Lett.* **2003**, *5*, 4497.

[9] Doll M. K. H. *J. Org. Chem.* **1999**, *64*, 1372.

[10] Nam, T.; Rector, C. L.; Kim, H.; et al. *J. Am. Chem. Soc.* **2007**, *129*, 10211.

[李鹏飞*，徐亮，西安交通大学前沿科学技术研究院；WXY]

过硫酸钾[1]

【英文名称】 Potassium persulfate

【分子式】 $K_2S_2O_8$

【分子量】 270.32

【CAS 登录号】 [7727-21-1]

【缩写和别名】 高硫酸钾，过二硫酸钾，二硫酸钾，二硫八氧酸钾

【物理性质】 该试剂为无色晶体，mp 1067 ℃，溶于水(20 ℃，0.5 mol/L)，不溶于有机溶剂，但可以适量地溶解在水与乙腈、水与丙酮等混合溶剂中。几乎不吸潮，在常温下稳定。

【制备和商品】 国内外试剂公司均有销售。

【注意事项】 该试剂粉末对鼻黏膜有刺激作用，使用时应注意通风良好且穿戴实验装备，

避免粉尘飞扬。对于长期使用的人群曾出现过引起哮喘和皮肤灼伤的案例。该试剂属非易燃品，然而由于其分解能够释放出氧气助燃，因此应储存在干燥洁净、通风良好的环境中，保持外包装密封，标签清晰完好。该试剂应避免热源和阳光直射，远离火种，且需与易燃或可燃物、有机物、金属等还原性物质分开存放，以免引起该试剂的分解或爆炸。

过硫酸钾作为一种氧化剂可以氧化许多不同的官能团。根据其氧化的机理，通常可以分为两类：(1) 常温下无金属的氧化反应通常局限于强的亲核试剂 (如苯酚与胺类官能团化合物)[2]；(2) 加热无金属催化或加热金属催化的条件下的氧化反应通常经过生成 SO_4^{-} 中间体的自由基机理进行。随着近几年自由基化学的快速发展，目前过硫酸钾的氧化反应大部分都是经第二类自由基的机理。

碳自由基 烃类化合物是一类重要的碳自由基前体化合物。如式 1 所示[3]：$K_2S_2O_8$ 在该反应条件下可分解成 SO_4^{-} 中间体，接着与环己烷反应生成相应的烷基自由基，并进一步与 SCF_3 自由基或其自身偶联的中间化合物 SCF_3-SCF_3 反应得到相应的硫醚化合物。如式 2 所示[4]：甲苯在过硫酸钾的作用下可以发生自身偶联反应，得到联苄化合物。该反应同样是苯甲基自由基中间体的自身偶联反应，反应不需要过渡金属催化，且能够兼容多种苯环上的取代基。

$$\text{环己烷} \xrightarrow[\text{83%}]{\text{AgSCF}_3,\ K_2S_2O_8,\ CH_3CN,\ 60\ ^\circ C,\ 12\ h} \text{环己基-SCF}_3 \quad (1)$$

$$\text{甲苯} \xrightarrow[\text{71%}]{K_2S_2O_8,\ CH_3CN:H_2O\ (1:1),\ 80\ ^\circ C,\ 10\ h} \text{联苄} \quad (2)$$

在过硫酸钾的作用下，环张力较大的三元和四元环醇类化合物以及脂肪醇也是常用的碳自由基前体化合物。如式 3 所示[5]：含有三元环的醇类化合物在 $AgNO_3/K_2S_2O_8$ 的作用下发生氧化开环反应并形成 β-羰基自由基中间体，随后与苯醌发生分子间加成反应。与环张力较大的三元环相似，含有四元环的醇类化合

物在相同的反应条件下也能通过生成碳自由基而发生分子内的环化反应 (式 4)[6]。如式 5 所示[7]：甲醇在过硫酸钾的作用下生成碳自由基中间体，该中间体被喹喔啉化合物捕获后经过进一步的转化，可在杂环上引入醛基。

$$\xrightarrow[\text{65%}]{\text{AgNO}_3,\ K_2S_2O_8 \atop DCM:H_2O\ (1:1),\ rt,\ 1\ h} \quad (3)$$

$$\xrightarrow[\text{74%}]{\text{AgNO}_3,\ K_2S_2O_8 \atop DCM/H_2O\ (0.3\ mol/L),\ rt,\ 7\ h} \quad (4)$$

$$\xrightarrow[\text{72%}]{K_2S_2O_8,\ MeOH,\ 110\ ^\circ C,\ 6\ h} \quad (5)$$

$$\xrightarrow[\text{84%}]{\text{HCl (aq., 1.0 mol/L), 1,4-dioxane, 70 }^\circ C,\ 6\ h}$$

醚类化合物是一类常见的有机溶剂。由于其反应活性较差，对醚类化合物进行活化的方法相对有限。过硫酸钾促进的醚类化合物的自由基反应是其中常用的一类方法。如式 6 所示[8]：噻唑与四氢呋喃在 $Cu(OTf)_2/K_2S_2O_8$ 的作用可发生双脱氢偶联反应。如式 7 所示[9]：使用过硫酸钾和氧气作为共同氧化剂，四氢呋喃通过形成碳自由基中间体进攻肉桂酸。同时烯烃的另一端被氧气捕获而发生脱羧反应，以较高产率得到相应产物。该反应不能兼容非环状的醚、其它杂环化合物以及脂肪族的 α,β-不饱和羧酸。

$$\xrightarrow[\text{84%}]{\text{Cu(OTf)}_2,\ K_2S_2O_8,\ 60\ ^\circ C,\ 14\ h} \quad (6)$$

$$Ph\text{—CH=CH—COOH} \xrightarrow[\text{88%}]{K_2S_2O_8,\ 100\ ^\circ C,\ 12\ h} \quad (7)$$

醛和酮作为有机化学中常见的结构也可以在过硫酸钾的氧化下生成相应的碳自由基中间体。如式 8 所示[10]：对甲基苯甲醛在过硫酸钾的氧化下生成芳甲酰基自由基，可在异喹啉的 C-1 位上引入芳酰基。该反应不仅适用于异喹啉，其它氮杂环化合物 (如喹啉以及喹喔啉等) 也能顺利参与反应。如式 9 所示[11]：二苯基乙酮在过硫酸钾的作用下通过两次单电子转移反应/Hock 重排反应以及富电子芳香烃的亲核进

攻，在羰基 α 位上引入相应的芳基。

$$\text{(8)}$$

$$\text{(9)}$$

羧酸的脱羧反应是有效构建 C–C 键的一类重要的方法。羧酸作为原料具有廉价易得的优点，因此脱羧反应一直是有机化学研究的热点之一。如式 10 所示[12]：芳基甲酸化合物在经典的 Minisci 反应条件下发生分子内脱羧反应，简便高效地制备了 9-芴酮化合物。苯甲酰甲酸是一类特殊的羧酸化合物，由于其制备简单方便且易通过脱羧反应形成苯甲酰自由基中间体，因此被广泛用于自由基酰基化反应中。如式 11 所示[13]：苯甲酰甲酸在过硫酸钾的作用下生成苯甲酰自由基，接着与酮羰基导向的环钯化产物发生氧化偶联及还原消除反应，得到了 C-2 位酰基化的产物。

$$\text{(10)}$$

$$\text{(11)}$$

胺和酚在过硫酸钾的反应条件下同样也是常用的碳自由基前体化合物。如式 12 所示[14]：$SO_4^{\cdot-}$ 对芳酰胺化合物发生两次单电子转移反应，得到亚胺中间体，接着发生分子内亲核进攻得到环化的产物。利用该方法可以简便高效地构筑一系列五元和六元杂环化合物。如式 13 所示[15]：两分子不同的酚在过硫酸钾的条件下发生氧化交叉偶联反应，得到二羟基联苯化合物。该反应主要发生在酚羟基的邻位和对位。

$$\text{(12)}$$

$$\text{(13)}$$

氮自由基　如式 14 所示[16]：过硫酸钾促进的分子内 $C(sp^2)$–H 键的酰胺化反应以较高产率得到环状产物，该反应同样是由 $SO_4^{\cdot-}$ 引发的氮自由基中间体的反应过程。作为自由基化学中重要的一部分，自由基诱导的串联环化反应一直是反应的研究热点。如式 15 所示[17]：叠氮化钠可以在过硫酸钾的氧化下原位产生叠氮自由基，并进一步与酰胺化合物发生串联环化反应得到相应的环状产物。该反应具有很好的官能团兼容性。

$$\text{(14)}$$

$$\text{(15)}$$

磷自由基　含磷化合物是一类常见的自由基前体化合物。如式 16 所示[18]：二苯基磷氧化合物在高氯酸铜与过硫酸钾的催化下生成膦自由基中间体，随后引发烯丙基芳基磺酰胺化合物的氧化环化串联反应，得到含磷酰基的环状产物。如式 17 所示[19]：亚磷酸二乙酯在 $AgNO_3/K_2S_2O_8$ 的条件下与苯乙烯发生加成-消除反应得到烯基亚磷酸酯化合物，其中 TEMPO 作为添加剂在反应中起了决定性的作用。在没有 TEMPO 的情况下，反应完全不发生。

$$\text{(16)}$$

$$\text{(17)}$$

硫自由基　含有砜官能团的化合物广泛存在于活性分子与药物中，通过自由基反应简单高效地合成该类化合物一直是研究的热点之一。如式 18[20] 和式 19[21] 所示：在过硫酸钾的作用下，二苯硫醚和苯磺酰肼分别作为苯基砜自由基的前体化合物原位生成了苯基砜自由基，与酰胺化合物进行串联环化反应可得到相应的环状产物。

$$\text{(18)}$$

$$\text{K}_2\text{S}_2\text{O}_8,\ 80\ ^{\circ}\text{C}$$
$$\text{CH}_3\text{CN/H}_2\text{O (1:1), 24 h}$$
$$86\%$$

$$\text{K}_2\text{S}_2\text{O}_8,\ \text{TBAI}$$
$$\text{DCE, 60}\ ^{\circ}\text{C, 24 h}$$
$$85\%$$

$$\text{(19)}$$

参 考 文 献

[1] Minisci, F.; Citterio, A.; Giordano, C. *Acc. Chem. Res.* **1983**, *16*, 27.

[2] Behrman, E. J. *Org. React.* **1988**, *35*, 421.

[3] Wu, H.; Xiao, Z.; Wu, J.; et al. *Angew. Chem., Int. Ed.* **2015**, *54*, 4070.

[4] Kumar, P.; Guntreddi, T.; Singh, R.; Singh, K. N. *Org. Chem. Front.* **2017**, *4*, 147.

[5] Ilangovan, A.; Saravanakumar, S.; Malayappasamy, S. *Org. Lett.* **2013**, *15*, 4968.

[6] Yu, J.; Zhao, H.; Liang, S.; et al. *Org. Biomol. Chem.* **2015**, *13*, 7924.

[7] Liu, Y.; Jiang, B.; Zhang, W.; Xu, Z. *J. Org. Chem.* **2013**, *78*, 966.

[8] Xie, Z.; Cai, Y.; Hu, H.; et al. *Org. Lett.* **2013**, *15*, 4600.

[9] Ji, P.-Y.; Liu, Y.-F.; Xu, J.-W.; et al. *J. Org. Chem.* **2017**, *82*, 2965.

[10] Siddaraju, Y.; Lamani, M.; Prabhu, K. R. *J. Org. Chem.* **2014**, *79*, 3856.

[11] More, N. Y.; Jeganmohan, M. *Org. Lett.* **2014**, *16*, 804.

[12] Seo, S.; Slater, M.; Greaney, M. F. *Org. Lett.* **2012**, *14*, 2650.

[13] Lee, P.-Y.; Liang, P.; Yu, W.-Y. *Org. Lett.* **2017**, *19*, 2082.

[14] Laha, J. K.; Tummalapalli, K. S. S.; Nair, A.; Patel, N. *J. Org. Chem.* **2015**, *80*, 11351.

[15] More, N. Y.; Jeganmohan, M. *Org. Lett.* **2015**, *17*, 3042.

[16] Luo, L.; Tao, K.; Peng, X.; et al. *RSC Adv.* **2016**, *6*, 104463.

[17] Qiu, J.; Zhang, R. *Org. Biomol. Chem.* **2014**, *12*, 4329.

[18] Zhang, H.-Y.; Mao, L.-L.; Yang, B.; Yang, S.-D. *Chem. Commun.* **2015**, *51*, 4101.

[19] Gui, Q.; Hu, L.; Chen, X.; et al. *Chem. Commun.* **2015**, *51*, 13922.

[20] Zhang, M.-Z.; Ji, P.-Y.; Liu, Y.-F.; et al. *Adv. Synth. Catal.* **2016**, *358*, 2976.

[21] Ji, P.-Y.; Zhang, M.-Z.; Xu, J.-W.; et al. *J. Org. Chem.* **2016**, *81*, 5181.

[曾小宝，清华大学化学系；HYF]

过氧单硫酸钾

【英文名称】 Potassium monoperoxysulfate

【分子式】 $2\text{KHSO}_5 \cdot \text{KHSO}_4 \cdot \text{K}_2\text{SO}_4$，$\text{H}_3\text{K}_5\text{O}_{18}\text{S}_4$

【分子量】 614.76

【CAS 登录号】 [37222-66-5]

【缩写和别名】 Oxone，过氧硫酸氢钾复合盐，单过硫酸氢钾

【结构式】

【物理性质】 白色颗粒，mp >70 $^{\circ}$C，ρ 1.12~1.20 g/cm^3。能溶于水。

【制备和商品】 该试剂是过一硫酸氢钾、硫酸氢钾和硫酸钾组成的复盐。国内外化学试剂公司均有销售。

【注意事项】 该试剂为氧化剂，可加剧燃烧。吞咽有害。刺激皮肤、眼睛和呼吸道，接触可能导致皮肤过敏反应，吸入可能导致过敏或哮喘症状或呼吸困难。储存于阴凉、通风的库房。

过氧单硫酸钾 (Oxone) 是一种稳定、方便、具有广泛用途的优良酸性氧化剂。在 pH = 8、含 12.5% 丙酮的水溶液中，苯硫基乙酸在 Oxone 的作用下，被不完全氧化生成相应的亚砜产物 (式 1)[1]。Oxone 还可将硫化物完全氧化为砜类化合物 (式 2)[2,3]。硒化物也可以被 Oxone 氧化为硒砜类化合物[4]。

$$\text{Oxone, Me}_2\text{CO, pH = 8, 0 }^{\circ}\text{C}$$
$$99\%$$

$$\text{(1)}$$

$$\text{Oxone, CH}_2\text{Cl}_2, \text{rt}$$
$$78\%$$

$$\text{(2)}$$

在锰催化剂的作用下，Oxone 可将环己烷氧化为环己醇 (式 3)[5]。Oxone 也可以将醇氧化为酮。如在潮湿的氧化铝的存在下，Oxone 可将 3-甲基环己醇氧化成 3-甲基环己酮 (式 4)[6]。

$$\text{(3)}$$

Oxone, Mn(TFPP)Cl, rt, 1 h
36%

$$\text{(4)}$$

Oxone, wet-alumina, CH₂Cl₂
91%

Oxone 可以使碳-碳双键断裂，生成环氧化合物[7~9]。如 Oxone 与 5-己烯-2-酮反应，可以得到 4,5-环氧-2-酮 (式 5)[7]。Oxone 还可以与 α,β 不饱和酸反应，生成环氧酸化合物 (式 6)[8]。在碱性条件下，Oxone 也可以使碳-氮双键断裂，生成环氧化合物 (式 7)[10]。

$$\text{(5)}$$

Oxone, H₂O
96%

$$\text{(6)}$$

Oxone, NaHCO₃
92%

$$\text{(7)}$$

Oxone, K₂CO₃, H₂O, CHCl₃
50%

在 NaNO₂ 的存在下，Oxone 与 4-溴苯乙烯反应，可以使烯烃发生去官能化，生成含肟和硝基的化合物 (式 8)[11]。

$$\text{(8)}$$

Oxone, NaNO₂
84%

参考文献

[1] Mata, E. G. *Phosphorus, Sulfur Silicon Relat. Elem.* **1996**, *117*, 231.

[2] Trost, B. M.; Braslau, R. *J. Org. Chem.* **1988**, *53*, 532.

[3] Trost, B. M.; Curran, D. P. *Tetrahedron Lett.* **1981**, *22*, 1286.

[4] Ceccherelli, P.; Curini, M.; Marcotullio, M. C.; Rosati, O. *J. Org. Chem.* **1995**, *60*, 8412.

[5] Poorter, B. D.; Ricci, M.; Meunier, B. *Tetrahedron Lett.* **1985**, *26*, 4459.

[6] Hirano, M.; Morimoto, T. *Bull. Chem. Soc. Jpn.* **1991**, *64*, 1046.

[7] Curci, R.; Fiorentino, M.; Troisi L. *J. Org. Chem.* **1980**, *45*, 4758.

[8] Corey, P. F.; Ward, F. E. *J. Org. Chem.* **1986**, *51*, 1925.

[9] Gokou, C. T.; Pradere, J. P.; Quiniou, H. *J. Org. Chem.* **1985**, *50*, 1544.

[10] Vidal, J.; Guy, L.; Sterin, S.; Collet, A. *J. Org. Chem.* **1993**, *58*, 4791.

[11] Chumnanvej, N.; Samakkanad, N.; Pohmakotr, M.; Kuhakarn, C. *RSC Adv.* **2014**, *4*, 59726.

[陈超，清华大学化学系；CC]

环丙基二苯基锍四氟硼酸盐

【英文名称】 Cyclopropyldiphenylsulfonium tetrafluoroborate

【分子式】 C₁₅H₁₅BF₄S

【分子量】 314.15

【CAS 登录号】 [33462-81-6]

【结构式】

【物理性质】 白色固体，mp 136~138 ℃。

【制备和商品】 大型试剂公司均有销售。也可在四氟硼酸银的存在下，使用二苯基硫醚与 1-碘-3-氯丙烷反应生成 (3-氯-1-丙基)二苯基锍四氟硼酸盐，然后再用氢化钠处理环化得到产物[1]。

【注意事项】 常温下稳定，建议密封保存于干燥器中。

环丙基二苯基锍四氟硼酸盐是制备硫叶立德试剂的前体化合物。在有机金属试剂[2,3]或氢氧化钾[4]的存在下，该试剂可转化为硫叶立德试剂，然后再与醛、酮反应可得到环氧乙烷衍生物[5]。当使用金属有机试剂 (如二甲亚砜基钠) 时，该试剂不可逆地生成硫叶立德；而当使用氢氧化钾时，生成硫叶立德的过程是可逆的[3]。如式 1 所示[2]：在有机锂试剂的作用下，环丙基二苯基锍四氟硼酸盐可迅速转化为硫叶立德试剂。原位加入环己酮可与该硫叶立德反应，生成含环氧乙烷的螺环化合物，然后在锂试剂作用下立刻发生扩环反应，得到环丁酮衍生物。如式 2 所示[5]：当使用氢氧化钾制备叶立德时，可得到环氧乙烷中间体。该中间体不加分离，直接加入四氟硼酸锂，也可得到环丁酮衍生物。

$$\text{(1)}$$

1. LDA, DME, -22 ℃
2. ⬡=O, 0.5 h
22.2%

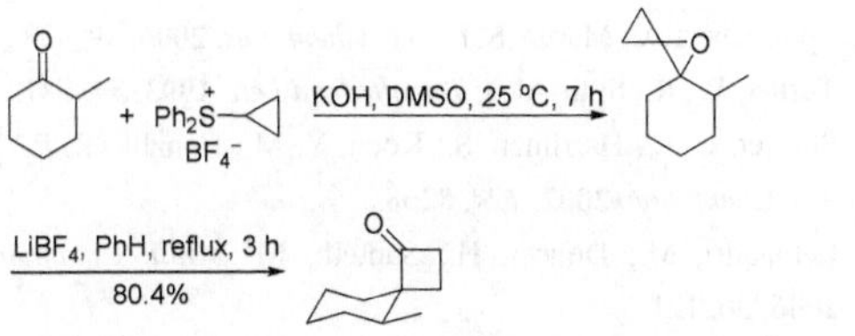

$$(2)$$

硫叶立德与醛、酮反应的产物中通常混有二苯基硫醚,通过蒸馏的方法可以提纯。如式 3 所示[6]:原位生成的硫叶立德与环戊酮反应后,经蒸馏提纯后可以较高产率得到含环氧乙烷衍生物,并未发生扩环反应。

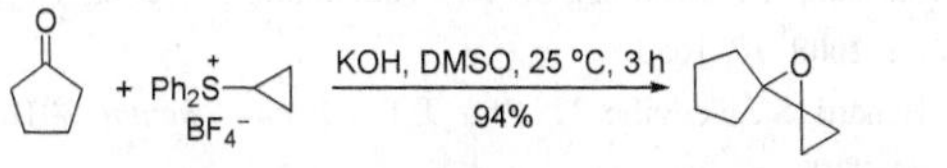

$$(3)$$

在氢氧化钾的存在下,环丙基二苯基锍四氟硼酸盐转化为硫叶立德后,与 α,β-不饱和酮发生反应,生成含有两个环丙烷的螺环化合物(式 4)[7]。

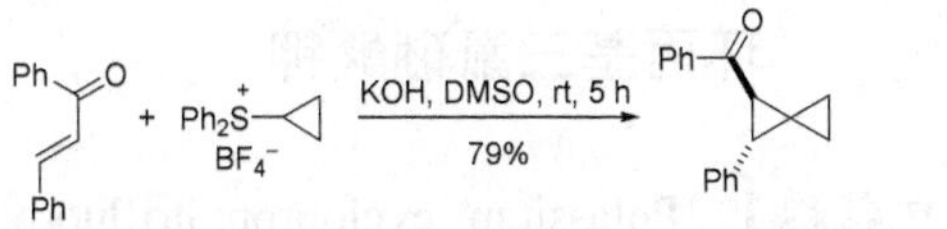

$$(4)$$

参 考 文 献

[1] Trost, B. M., Bogdanowicz, M. J. *J. Am. Chem. Soc.* 1971, 93, 3773.

[2] Trost, B. M.; Bogdanowicz, M. J. *J. Am. Chem. Soc.* 1973, 95, 5298.

[3] Trost, B. M.; Bogdanowicz, M. J. *J. Am. Chem. Soc.* 1973, 95, 5321.

[4] Paquette, L. A.; Wyvratt, M. J.; Schallner, O.; et al. *J. Org. Chem.* 1979, 44, 3616.

[5] Trost, B. M.; Scudder, P. H. *J. Am. Chem. Soc.* 1977, 99, 7601.

[6] Trost, B. M.; Bogdanowicz, M. J. *J. Am. Chem. Soc.* 1973, 95, 5311.

[7] Trost, B. M.; Bogdanowicz, M. J. *J. Am. Chem. Soc.* 1973, 95, 5307.

[张皓,付华*,清华大学化学系;FH]

环丙基硼酸

【英文名称】 Cyclopropylboronic acid

【分子式】 $C_3H_7BO_2$

【分子量】 85.90

【CAS 登录号】 [411235-57-9]

【结构式】

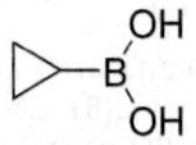

【物理性质】 白色粉末,mp 90~95 °C。易吸潮,需在 -20 °C 下储存。

【制备和商品】 国内外化学试剂公司均有销售。

环丙基硼酸是一种常见的硼酸试剂。环丙基具有独特的结构和电子效应[1],在药物活性分子中是常见的结构单元之一[2]。含有环丙基的药物具有独特的代谢特性[3]。因此,环丙基硼酸被广泛地应用于与卤代芳烃、芳杂环、苯胺等的交叉偶联反应中。

在 $[Pd(\eta^3\text{-}C_3H_5)Cl]_2$/Tedicyp (1:2) [Tedicyp: all-*cis*-1,2,3,4-tetrakis(diphenyl-phosphinomethyl) cyclopentane] 存在下,含吸电子和给电子基团的溴代芳烃与环丙基硼酸发生的交叉偶联反应能高产率生成相应的偶联产物(式 1)。含吸电子基团的氯代芳烃在相同条件下也能进行交叉偶联反应[4]。钯杂环配合物(palladacycle: cyclopalladated ferrocenylimine)在缺电子溴代芳烃与环丙基硼酸的偶联反应中也表现出高效的催化活性[5]。此外,$Pd(OAc)_2$/PCy_3 催化剂体系能有效地催化该试剂与含给电子基团的溴代芳烃的交叉偶联反应(式 2)以及与溴代烯烃的交叉偶联反应(式 3)[6]。

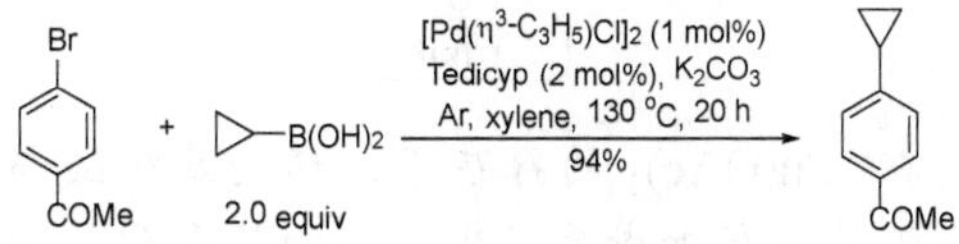

$$(1)$$

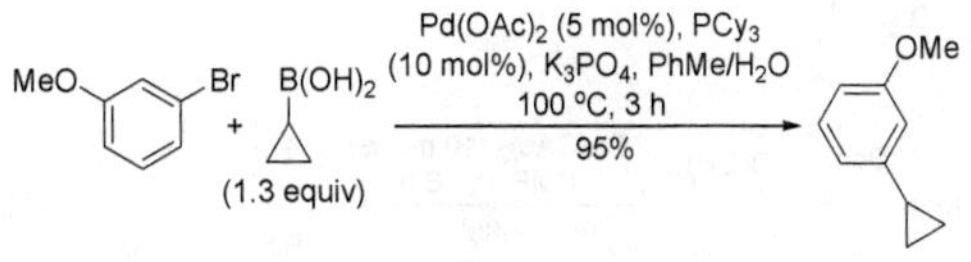

$$(2)$$

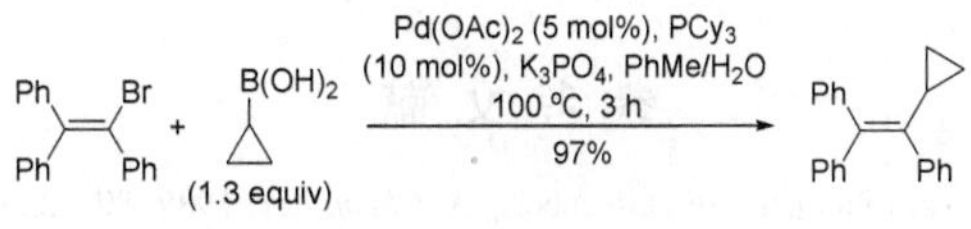

$$(3)$$

在 Pd(OAc)$_2$/联苯膦配体的存在下，环丙基硼酸也可与 ArOTs 的 C–O 键进行交叉偶联反应，生成新的 C–C 键 (式 4)[7]。

$$
\begin{array}{c}
\text{(4)}
\end{array}
$$

Pd(OAc)$_2$ (2 mol%)
L (8 mol%)
K$_3$PO$_4$·H$_2$O (3 equiv)
t-AmOH, 120 °C, 4 h
58%

(3.0 equiv)

L = MeO—PCy$_2$ ...

在碱性条件下，二价铜盐能催化环丙基硼酸与含氮杂环 (式 5)[8]、吲哚 (式 6)[9]、芳胺 (式 7)[10]、酰胺 (式 8)[11]等的 N–H 键进行交叉偶联反应，形成含 *N*-环丙基化合物。

Cu(OAc)$_2$ (1 equiv), bpy
(1.0 equiv), Na$_2$CO$_3$ (2.0 equiv)
DCE, 70 °C, 2~6 h
75%
(2.0 equiv)
(5)

Cu(OAc)$_2$ (10 mol%), DMAP
(3.0 equiv), NaHMDS (1.0 equiv)
PhMe, 95 °C, 48 h
62%
(2.0 equiv)
(6)

Cu(OAc)$_2$ (1.0 equiv), bpy
(1.0 equiv), Na$_2$CO$_3$ (2.0 equiv)
DCE, 70 °C, 2 h
99%
(7)

CuBr$_2$ (10 mol%), DTBP (3.0 equiv)
NaOSiMe$_3$ (2.0 equiv)
t-BuOH, 75 °C, 24 h
40%
(8)
DTBP

在 Cu(OAc)$_2$ 的存在下，环丙基硼酸与重氮键能进行加成反应生成环丙基取代的肼 (式 9)[12]。

Cu(OAc)$_2$ (10 mol%)
DMF, rt, 96 h
98%
(2.0 equiv)
(9)

参 考 文 献

[1] (a) Liebman, J. F.; Greenberg, A. *Chem. Rev.* **1989**, *89*, 1225.

(b) Reichelt, A.; Martin, S. F. *Acc. Chem. Res.* **2006**, *39*, 433.

[2] Turner, W. R.; Suto, M. J. *Tetrahedron Lett.* **1993**, *34*, 281.

[3] Shaffer, C. L.; Harriman, S.; Koen, Y. M.; Hanzlik, R. P. *J. Am. Chem. Soc.* **2002**, *124*, 8268.

[4] Lemhadri, M.; Doucet, H.; Santelli, M. *Synth. Commun.* **2006**, *36*, 121.

[5] Zhang, M.; Cui, X. L.; Chen, X. P.; et al. *Tetrahedron* **2012**, *68*, 900.

[6] Wallace. D. J.; Chen, C.-Y. *Tetrahedron Lett.* **2002**, *43*, 6987.

[7] Bhayana, B.; Fors, B. P.; Buchwald, S. L. *Org. Lett.* **2009**, *11*, 3954.

[8] Benard, S.; Neuville, L.; Zhu, J. P. *J. Org. Chem.* **2008**, *73*, 6441.

[9] Tsuritani, T.; Strotman, N. A.; Yamamoto, Y.; et al. *Org. Lett.* **2008**, *10*, 1653.

[10] Benard, S.; Neuville, L.; Zhu, J. P. *Chem. Commun.* **2010**, *46*, 3393.

[11] Rossi, S. A.; Shimkin, K. W.; Xu, Q.; et al. *Org. Lett.* **2013**, *15*, 2314.

[12] Shubue, T.; Fukuda, Y. *Tetrahedron Lett.* **2014**, *55*, 4102.

[华瑞茂，清华大学化学系；HRM]

环丙基三氟硼酸钾

【英文名称】 Potassium cyclopropyltrifluoro-borate

【分子式】 C$_3$H$_5$BF$_3$K

【分子量】 147.98

【CAS 登录号】 [1065010-87-8]

【缩写和别名】 环丙烷基三氟硼酸钾

【结构式】

BF$_3^-$K$^+$

【物理性质】 白色固体，mp 348~350 °C。溶于大多数有机溶剂。

【制备和商品】 国内外化学试剂公司均有销售。

【注意事项】 该试剂在室温下稳定。

硼酸衍生物是一类具有很高反应活性的化合物，芳基硼酸参与的 Suzuki 反应已经得到广泛的研究。而烷基硼酸衍生物 (如环丙基三氟硼酸钾) 作为一类重要的硼酸衍生物，也

可以很好地进行偶联反应。

环丙基三氟硼酸钾与卤代苯在钯催化下可以进行交叉偶联反应，得到环丙基取代的芳烃化合物（式 1）[1]。

$$Pd(OAc)_2, XPhos, K_2CO_3$$
$$THF/H_2O (0.25mol/L)$$
$$80\ ℃, 24\ h$$
$$76\%$$

(1)

环丙基三氟硼酸钾除了可以与卤代芳烃进行交叉偶联反应，还可以与苄基氯反应，形成新的 $C(sp^3)–C(sp^3)$ 键（式 2）[2]。

$$PEPPSI (5 mol\%), K_2CO_3 (2.0\ equiv)$$
$$PhMe:H_2O = 3:1, 120\ ℃, 24\ h$$
$$89\%$$

(2)

PEPPSI

环丙基三氟硼酸钾在铜催化的交叉偶联反应中有着很好的反应活性（式 3）[3]，而该试剂参与的氧化偶联反应则相对较少报道。

$$Cu(OAc)_2, bpy$$
$$Na_2CO_3, DCE, 70\ ℃$$
$$56\%$$

(3)

钯催化体系可以活化 $C(sp^3)–H$ 键，进而与环丙基三氟硼酸钾进行氧化偶联，形成新的 $C(sp^3)–C(sp^3)$ 键（式 4）[4]。

$$Pd(OAc)_2, Ag_2CO_3, Li_2CO_3, BQ$$
$$DMF/THF, N_2, 100\ ℃, 12\ h$$
$$mono: 66\%$$

(4)

mono   di   (mono:di = 3:1)

此外，钯试剂也可以催化芳环 C–H 键的烷基化反应。其中环丙基三氟硼酸钾也被证明是很好的烷基化试剂（式 5）[5]。

$$Pd(OAc)_2, Boc-Thr(^tBu)-OH$$
$$Li_2CO_3, Ag_2CO_3, BQ$$
$$110\ ℃, 4\ h, N_2, ^tBuOH$$
$$97\%$$

(5)

邻氨基苯乙烯与有机三氟硼酸钾在 $SiCl_4$ 作用下可以发生关环反应，生成 2-硼杂喹啉化合物（式 6）[6]。

$$SiCl_4 (1.0\ equiv), PhMe:CPME$$
$$(1:1, 0.5\ mol/L), 40\ ℃, 18\ h$$
$$49\%$$

(6)

在 $Pd(OAc)_2$ 的作用下，甲磺酰基取代的萘酚分子中的 C–O 键会发生断裂。接着与环丙基三氟硼酸钾发生交叉偶联反应，得到环丙基取代的芳基化合物（式 7）[7]。

$$Pd(OAc)_2, RuPhos, K_3PO_4$$
$$^tBuOH:H_2O (1:1, 0.1\ mol/L)$$
$$110\ ℃, 20\ h$$
$$91\%$$

(7)

参 考 文 献

[1] Molander, G. A.; Gormisky, P. E. *J. Org. Chem.* **2008**, *73*, 7481.

[2] Colombel, V.; Rombouts, F.; Oehlrich, D.; Molander, G. A. *J. Org. Chem.* **2012**, *77*, 2966.

[3] Ji, N.; Meredith, E.; Liu, D.; et al. *Tetrahedron Lett.* **2010**, *51*, 6799.

[4] Wasa, M.; Engle, K. M.; Lin, D. W.; et al. *J. Am. Chem. Soc.* **2011**, *133*, 19598.

[5] Thuy-Boun, P. S.; Villa, G.; Dang, D.; et al. *J. Am. Chem. Soc.* **2013**, *135*, 17508.

[6] Wisniewski, S. R.; Guenther, C. L.; Argintaru, O. A.; Molander, G. A. *J. Org. Chem.* **2014**, *79*, 365.

[7] Molander, G. A.; Beaumard, F.; Niethamer, T. K. *J. Org. Chem.* **2011**, *76*, 8126.

[蔡尚军，清华大学化学系；XCJ]

环丁酮[1]

【英文名称】 Cyclobutanone

【分子式】 C_4H_6O

【分子量】 70.09

【CAS 登录号】 [1191-95-3]

【缩写和别名】 CBON，环丁基酮

【结构式】

【物理性质】 该试剂为无色液体，bp 97~100 ℃，ρ 0.938 g/cm³，不溶于水。

【制备和商品】 该试剂有超过 30 种已经报道的制备方法。通常制备该试剂最方便的方法有两种：(1) 乙烯酮与重氮甲烷的缩合反应[2]；(2) 由 1,3-二溴丙烷制备的 1,3-二格氏试剂选择性地与二氧化碳发生反应制备[3]。该试剂在国内外试剂公司均有销售。

【注意事项】 该试剂易燃，应避免与皮肤和眼睛直接接触。在 0~6 ℃ 储存。

相对于更大环的环酮类化合物 (如环戊酮、环己酮等)，环丁酮具有较大的环张力，易发生扩环、开环等反应。而相对于环丙酮，环丁酮则能被稳定地制备和储存。这使得环丁酮成为研究环张力化学的一类独特的环状化合物。

发生扩环反应形成五元环 环丁酮与烷基重氮化合物发生扩环反应是制备环戊酮类化合物的一种简便高效的方法。如式 1 所示[4]：环丁酮在 Lewis 酸 Sc(OTf)₃ 的作用下发生扩环反应，以 98% 的产率得到 2-苯基环戊酮化合物。环丁酮也可以经过 Baeyer-Villiger 氧化反应得到五元杂环化合物。如式 2 所示[5]：在过氧化氢的水溶液中，以手性磷酸为催化剂，3-位取代的环丁酮可发生手性 Baeyer-Villiger 氧化反应。该方法具有较高的产率和对映选择性，是手性布朗斯特酸催化的 Baeyer-Villiger 氧化反应的首次报道。

$$\text{(1)}$$

$$\text{(2)}$$

发生扩环反应形成六元环 如式 3 所示[6]：环丁酮化合物在 Ni 催化剂的作用下发生分子间的炔烃插入反应，以 97% 的产率得到环己烯酮。该反应对于对称与不对称的中间炔烃均能实现较好的区域选择性，末端炔烃并不适用于该反应。在 Rh 催化剂的作用下，环丁酮化合物也可以发生分子内的扩环反应得到六元杂环化合物 (式 4)[7]。

$$\text{(3)}$$

$$\text{(4)}$$

桥环化合物是一类常见的天然产物骨架化合物，通常由分子内的 Diels-Alder 反应构建。作为经典合成方法的一种替代方法，环丁酮可以与烯烃发生扩环反应构建一系列桥环化合物。如式 5 所示[8]：在 Rh 催化剂的作用下，使用 3-甲基-2-氨基吡啶作为助剂，环丁酮经过分子内 [4+2] 扩环反应可得到桥环化合物。

$$\text{(5)}$$

扩环反应形成中环化合物 中环化合物广泛存在于天然产物和药物分子中，环丁酮能够通过分子间或分子内的扩环反应轻松构建中环化合物。式 6 所示[9]：环丁酮化合物在 Rh 催化剂的作用下与苯硼酸酐和水反应形成七元环。使用 Ni 催化剂，环丁酮化合物能够发生分子间 [4+2+2] 环化反应形成八元环 (式 7)[10]。如式 8 所示[11]：环丁酮化合物与 2-乙炔基苯磺酰胺在 Pd(OAc)₂ 的催化下发生串联反应，以中等产率得到十元环化合物。

$$\text{(6)}$$

$$\text{(7)}$$

(8)

发生缩环反应形成环丙烷　环状烷基酮在 Rh(I) 催化剂的作用下可以发生 Rh 对羰基 α-位 C–C 键的插入反应，并消去一分子 CO 而得到缩环产物。该方法不仅适用于环张力较大的环丁酮，也适用于环张力较小的环戊酮和环十二烷酮。如式 9 所示[12]：环丁酮化合物在 RhCl(PPh$_3$)$_3$ 的催化下发生金属的插入反应，随后消去一分子 CO 而得到环丙烷化合物。3-位取代的环丁酮亦可在 RhCl(PPh$_3$)$_3$ 的作用下发生缩环反应，以较高产率得到环丙烷化合物 (式 10)[13]。

(9)

(10)

开环反应　如式 11 所示[12]：环丁酮化合物在 Rh(I) 催化剂的作用下可形成五元 Rh 环中间体，该中间体可发生氢化反应得到开环的脂肪醇化合物。原位生成的苯基 Rh 化合物对环丁酮的羰基发生加成反应，随后发生 β 碳的消除反应可以得到开环的酮类化合物 (式 12)[14]。C-3 位单取代的环丁酮化合物可顺利反应并得到较好的产率，而 C-3 位二取代的环丁酮并不适用于该反应。如式 13 所示[15]：苯亚甲基环丁酮在 Pd$_2$(dba)$_3$ 的催化下与苯硼酸发生 1,2-加成反应得到 γ,δ-不饱和酮化合物，产物以顺式构型为主。

(11)

(12)

(13)

α-位的官能团化反应　环丁酮化合物在碱性条件下易发生自身的羟醛缩合反应以及多官能团化等副反应，因此其 α-位的官能团化反应的研究相对较少。如式 14 所示[16]：环丁酮化合物在 PdCl$_2$ 的催化下可直接与芳基溴代物发生偶联反应，以中等产率得到 α-位芳基化的目标产物。其中，环丁酮化合物在碱性条件下的开环副反应可以由 LiO^{t}Bu 促进的快速自身羟醛反应以及缓慢的逆反应释放出烯醇化的环丁酮来避免。该反应仍然存在少量的双芳基化的副产物。

(14)

参 考 文 献

[1] Conia, J.-M.; Salaun, J. R. *Acc. Chem. Res.* **1972**, *5*, 33.

[2] Kaarsemaker, S.; Coops, J. *Recl.Trav. Chim. Pays-Bas* **1951**, *70*, 1033.

[3] Seetz, J. W. F. L.; Tol, R.; Akkerman, O. S.; Bickelhaupt, F. *Synthesis* **1983**, 721.

[4] Moebius, D. C.; Kingsbury, J. S. *J. Am. Chem. Soc.* **2009**, *131*, 878.

[5] Xu, S.; Wang, Z.; Zhang, X.; et al. *Angew. Chem. Int. Ed.* **2008**, *47*, 2840.

[6] Murakami, M.; Ashida, S.; Matsuda, T. *J. Am. Chem. Soc.* **2005**, *127*, 6932.

[7] Matsuda, T.; Shigeno, M.; Murakami, M. *J. Am. Chem. Soc.* **2007**, *129*, 12086.

[8] Ko, H. M.; Dong, G. *Nat. Chem.* **2014**, *6*, 739.

[9] Matsuda, T.; Makino, M.; Murakami, M. *Angew. Chem. Int. Ed.* **2005**, *44*, 4608.

[10] Murakami, M.; Ashida, S. R.; Matsuda, S. *J. Am. Chem. Soc.* **2006**, *128*, 2166.

[11] Gong, X.; Xia, H.; Wu, J. *Org. Chem. Front.* **2016**, *3*, 697.

[12] Murakami, M.; Amii, H.; Ito, Y. *Nature* **1994**, *370*, 540.

[13] Murakami, M. Amii, H.; Shigeto, K.; Ito, Y. *J. Am. Chem. Soc.* **1996**, *118*, 8285.

[14] Matsuda, T.; Makino, M.; Murakami, M. *Org. Lett.* **2004**, *6*, 1257.

[15] Zhou, Y.; Rao, C.; Song, Q. *Org. Lett.* **2016**, *18*, 4000.

[16] Chang, S.; Holmes, M.; Mowat, J.; et al. *Angew. Chem. Int. Ed.* **2017**, *56*, 748.

[曾小宝，清华大学化学系；HYF]

环丁烯酮

【英文名称】　2-Cyclobuten-1-one

【分子式】 C₄H₄O

【分子量】 68.07

【CAS 登录号】 [32264-87-2]

【缩写和别名】 Cyclobut-2-en-1-one，2-Cyclo-butenone，2-Cyclobuten-1-one

【结构式】

【物理性质】 无色液体，bp 122.2±10.0 ℃，ρ 1.120 g/cm³ (20 ℃)。溶于二氯甲烷、丙酮、乙醚等有机溶剂。

【制备和商品】 该试剂的氯仿溶液在国内外化学试剂公司均有销售。实验室可以用 3-溴环丁酮在碱性条件下脱溴化氢反应制得[1]。

【注意事项】 该试剂的纯品即使在低温条件下保存也易发生开环聚合反应，所以一般以氯仿溶液销售和保存。

环丁烯酮是具有张力的 α,β 不饱和羰基化合物，易发生加成或加成-开环反应。在 Diels-Alder 反应中，其碳-碳双键是反应活性较高的亲双烯体。

环丁烯酮的烯键是缺电子双键，在低温下就能与富电子双烯进行 Diels-Alder 环化反应，高产率地生成环状化合物 (式 1)[2]。但是，它与环己二烯的反应活性较低，在 Lewis 酸存在下加热可以得到中等产率的环加成产物 (式 2)[2]。进一步的研究发现：在室温下该试剂可以与环戊二烯反应生成较高产率的环加成物 (式 3)[3]，但与 1,3-环己二烯的反应只生成少量的产物，不能够与 1,3-环庚二烯发生环化反应。基于量子化学计算可以从反应能量方面解释这些反应活性的差异。

式 (1)

式 (2)

在 CCl₄ 溶剂中，该试剂与重氮乙酸乙酯发生 [4+3] 环化反应生成含氮七元环酮衍生物 (式 4)[4]。在该反应中，该试剂发生了开环反应，高选择性地与重氮乙酸乙酯的 —C=N₂ 基团进行偶联环化反应构建七元含氮杂环。

式 (3)

式 (4)

另外，该试剂可以进行衍生化反应合成相应的 2-溴代物 (式 5)。2-溴代物在进行 Diels-Alder 成环反应后，可利用碳-溴键的进一步转化反应来拓展该试剂在有机合成中的应用[5]。

式 (5)

参考文献

[1] Sieja, J. B. *J. Am. Chem. Soc.* **1971**, *93*, 2481.

[2] Li, X.; Danishefsky, S. J. *J. Am. Chem. Soc.* **2010**, *132*, 11004.

[3] Paton, R. S.; Kim, S.; Ross, A. G.; et al. *Angew. Chem. Int. Ed.* **2011**, *50*, 10366.

[4] Marin, H.-D.; Iden, R.; Mais, F.-J.; et al. *Tetrahedron Lett.* **1983**, *24*, 5469.

[5] Ross, A. G.; Townsend, S. D.; Danishefsky, S. J. *J. Org. Chem.* **2013**, *78*, 204.

[华瑞茂，清华大学化学系；HRM]

1,3-环己二酮

【英文名称】 1,3-Cyclohexanedione

【分子式】 C₆H₈O₂

【分子量】 112.13

【CAS 登录号】 [504-02-9]

【缩写和别名】 CHD

【结构式】

【物理性质】 常见商品为无色棱状晶体，mp 103~105 ℃，ρ 1.1 g/cm^3，溶于水、乙醇、氯仿、丙酮、沸苯等有机溶剂，微溶于乙醚、二硫化碳。

【制备和商品】 国内外各大试剂公司均有销售。

【注意事项】 建议在 0~5 ℃ 下保存，纯净物一般比较稳定。

由于 1,3-环己二酮分子中有两个羰基存在，能够通过互变异构转变为烯醇式结构，反应的活性位点较多。其中，分子中 2-位容易形成碳负离子，能与苄溴[1]、烯丙基溴[2,3]等试剂发生亲核取代反应。该化合物也可与醛发生缩合反应，生成偶联产物或关环产物[4,5]。当在体系中引入氨源时，可生成含氮杂环产物[6]。

在氢氧化钠的存在下，2-溴苄溴与 1,3-环己二酮可以发生亲核取代反应 (式 1)。选用不同的反应条件时，可在不同的位点进行反应[1]。烯丙基溴与 1,3-环己二酮也能进行类似反应[2,3]。

$$\text{(1)}$$

在氟化铯的存在下，对硝基苯甲醛与两分子 1,3-环己二酮在室温可发生缩合反应 (式 2)；升高反应温度，则得到相应的关环产物，但反应时间有所延长 (式 3)。两种反应都可以高产率快速完成[4]。该类反应在其它催化剂 (如固体酸催化剂) 的作用下也可以进行[5]。

$$\text{(2)}$$

$$\text{(3)}$$

在二苯胺三氟磺酸盐 (DPAT) 的催化下，通过碳酸氢铵在体系中引入氮原子，苯甲醛与 1,3-环己二酮反应可生成 1,4-二氢吡啶衍生物 (式 4)[6]。

$$\text{(4)}$$

在合成酶 PTS 的催化下，1,3-环己二酮可与苄醇衍生物发生脱羟基偶联反应 (式 5)[7]。

$$\text{(5)}$$

1,3-环己二酮也可应用于不对称合成反应中。在手性催化剂的存在下，α,β-不饱和醛与 1,3-环己二酮反应，可生成稠环产物 (式 6)。反应温度控制在 -20 ℃ 时，对映选择性较高 (98% ee)。当升高温度至 0 ℃ 时，产率大幅升高，但对映选择性有所下降[8]。

$$\text{(6)}$$

参 考 文 献

[1] Sudheendran, K.; Malakar, C. C.; Conrad, J.; Beifuss, U. *J. Org. Chem.* **2012**, *77*, 10194.

[2] Narender, T.; Sarkar, S.; Venkateswarlu, K.; Kumar, J. K. *Tetrahedron Lett.* **2010**, *51*, 6576.

[3] Nuhant, P.; David, M.; Pouplin, T.; et al. *Org. Lett.* **2007**, *9*, 287.

[4] Nandre, K. P.; Patil, V. S.; Bhosale, S. V. *Chin. Chem. Lett.* **2011**, *22*, 777.

[5] Pore, D. M.; Shaikh, T. S.; Patil, N. G.; et al. *Synth. Commun.* **2010**, *40*, 2215.

[6] Li, J.J.; He, P.; Yu, C. *Tetrahedron* **2012**, *68*, 4138.

[7] Sanz, R.; Martínez, A.; Miguel, D.; et al. *Adv. Synth. Catal.* **2006**, *348*, 1841.

[8] Rueping, M.; Sugiono, E.; Merin, E. *Chem. Eur. J.* **2008**, *14*, 6329

[张皓，付华*，清华大学化学系；FH]

N-环己基-*N*-乙基环己胺

【英文名称】 *N*-Cyclohexyl-*N*-ethylcyclohexanamine

【分子式】 $C_{14}H_{27}N$

【分子量】 209.37

【CAS 登录号】 [7175-49-7]

【缩写和别名】 DICE，DCHEA，EDCA，Cy₂Net，
N-Ethyldicyclohexylamine

【结构式】

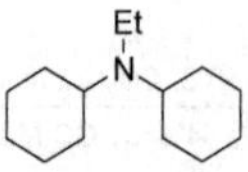

【物理性质】 无色液体，bp 275.5 ℃/760 mmHg，
ρ 0.91 g/cm³。

【制备和商品】 大型试剂公司均有销售。

【注意事项】 与皮肤接触会引起灼伤，佩戴适当防护用具在通风橱中操作。

　　N-环己基-N-乙基环己胺是一种有机碱，可用于多种有机反应中。如式 1 所示[1]：使用该试剂可以使苯乙酸的酯化反应顺利进行。在对不饱和酮进行硅醚保护的反应中，使用 Cy₂NEt 也能得到较高的产率（式 2）[2]。

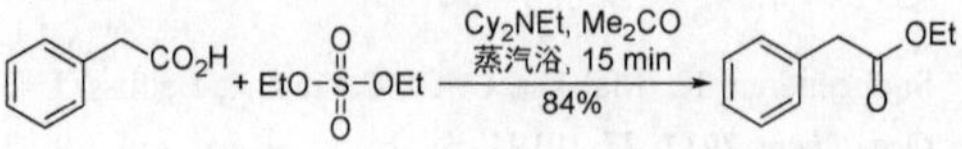

$$(1)$$

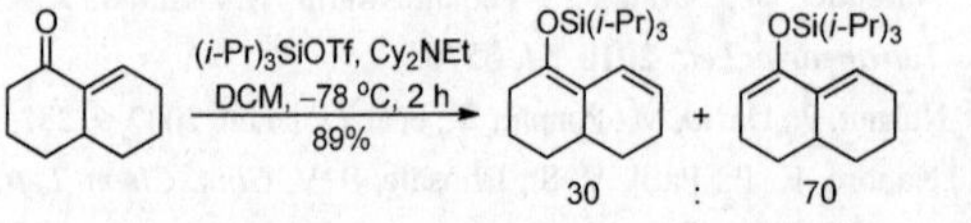

$$(2)$$

　　在铜/钯催化剂的作用下，芳基汞试剂与烯丙醇类化合物反应可生成 β-芳基醛/酮。在该反应中也需要 Cy₂NEt 的参与（式 3）[3]。

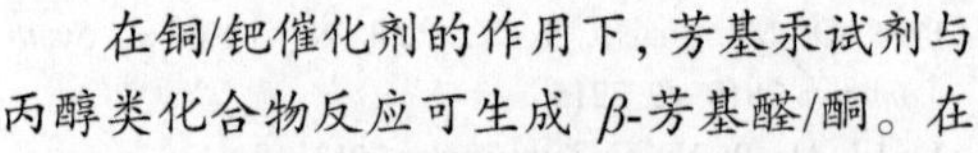

$$(3)$$

　　在不对称氢化反应中，使用 Cy₂NEt 作为添加剂时，能够提高反应的非对映选择性（式 4）[4]。

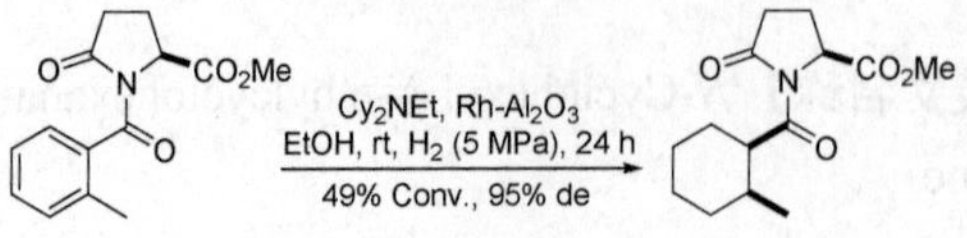

$$(4)$$

　　Cy₂NEt 自身也能够作为反应的底物。如式 5 所示[5]：该试剂与 CF₃SCl 的反应可以生成烯胺衍生物。

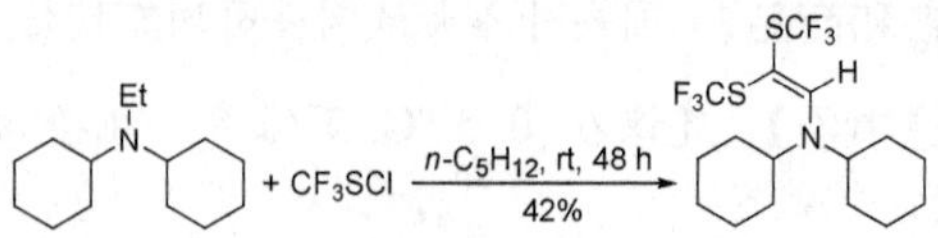

$$(5)$$

参 考 文 献

[1] Stodola, F. H. J. Org. Chem. 1964, 29, 2490.
[2] Varseev, G. N.; Maier, M. E. Org. Lett. 2005, 7, 3881.
[3] Heck, R. F. J. Am. Chem. Soc. 1968, 90, 5526.
[4] Besson, M.; Gallezot, P.; Neto, S.; Pinel, C. Chem. Commun. 1998, 14, 1431.
[5] Kolasa, A.; Lieb, M. J. Fluorine Chem. 1995, 70, 45.

[张皓，付华*，清华大学化学系；FH]

环戊基甲基醚[1]

【英文名称】 Cyclopentyl methyl ether

【分子式】 $C_6H_{12}O$

【分子量】 100.16

【CAS 登录号】 [5614-37-9]

【缩写和别名】 CPME

【结构式】

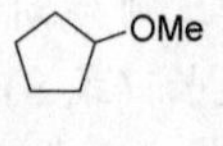

【物理性质】 该试剂为无色液体，bp 106 ℃。

【制备和商品】 可由环戊醇与硫酸二甲酯发生亲核取代反应制得；也可由环己烯与甲醇通过加成反应得到[2]。2005 年 11 月由日本 Zeon 公司实现商品化。

　　醚类溶剂，如 Et₂O、THF、1,4-二氧六环和 DME 等，是有机合成中常用的一类溶剂。但是它们通常具有沸点较低、容易生成过氧化物以及易溶于水等缺点。为了克服这些缺点，人们尝试使用一些其它醚类溶剂，CPME 是近年来出现的优秀代表。它具有以下优点：(1) 具有很强的疏水性，非常容易干燥；(2) 不易

形成过氧化物；(3) 在酸性和碱性条件下相对稳定；(4) 具有较低的气化能和较高的沸点，可以方便地通过蒸馏回收；(5) 爆炸范围窄，在很多有机反应中可以方便地操作；(6) 在一些情况下，CPME 还有助于产物的分离和结晶。

Lewis 酸促进的反应 与三氟甲苯的使用相似，CPME 也不适用于含有 AlCl$_3$ 等强 Lewis 酸的体系。而含有 Zn Lewis 酸和 Ti Lewis 酸的体系则可用 CPME 作为溶剂。如式 1 所示[3]：在化合物 **1** 的非正常 Beckmann 重排反应中，使用 TiCl$_4$ 作为 Lewis 酸，在 CPME 溶剂中可以得到 80% 的产率。

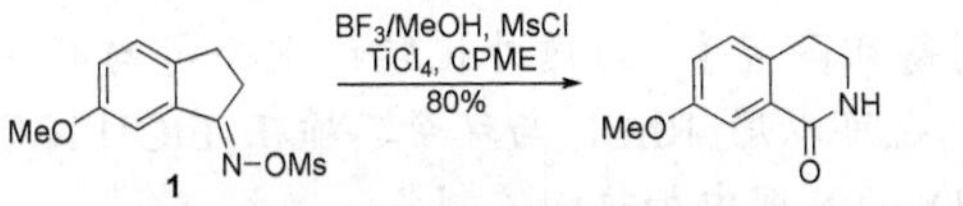

(1)

使用强碱或有机金属试剂的反应 如式 2 所示[4]：CPME 在强碱试剂 NaH 的存在下能够保持稳定，对醇进行保护的反应在 CPME 中可以顺利进行。由于 CPME 容易干燥，因此也适合用作格氏反应的溶剂。如式 3 所示[5]：在 CPME 中对化合物 **2** 的格氏反应可以得到中等产率。

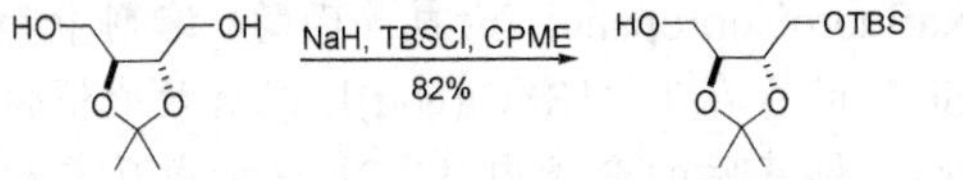

(2)

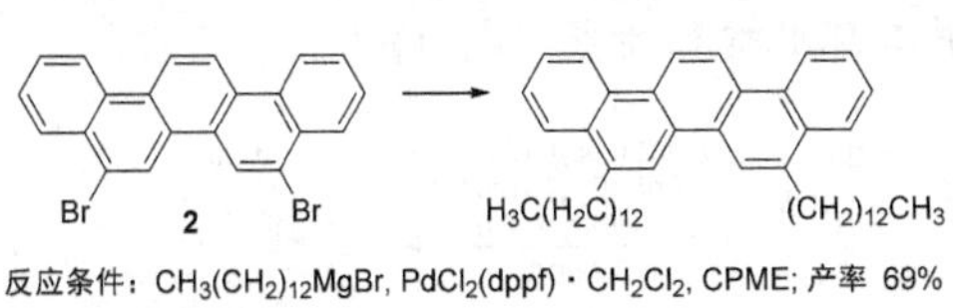

(3)

反应条件：CH$_3$(CH$_2$)$_{12}$MgBr, PdCl$_2$(dppf) · CH$_2$Cl$_2$, CPME；产率 69%

过渡金属催化的反应 CPME 也常用于一些 Pd 或 Cu 催化的反应中。如式 4 所示[6]：在 Pd(OAc)$_2$ 的催化下，非活性的亚砜化合物在 CPME 溶剂中可以顺利地完成直接芳基化反应。在 Pd(OAc)$_2$ 的催化下，二芳基甲烷化合物与芳基溴化物在 CPME 溶剂中可以发生 C(sp^3)–H 芳基化反应，经过去质子-交叉偶联过程，得到三芳基甲烷化合物 (式 5)[7]。如式 6 所示[8]：使用 Pd/C 催化剂，在 dppf 配体的作用下，吗啉的 N-芳基化反应可以得

到大于 90% 的产率。在 CuCl 的催化下，末端炔烃与乙烯基芳基碘盐在 CPME 中反应，生成以 Z-构型为主的三取代烯烃化合物 (式 7)[9]。

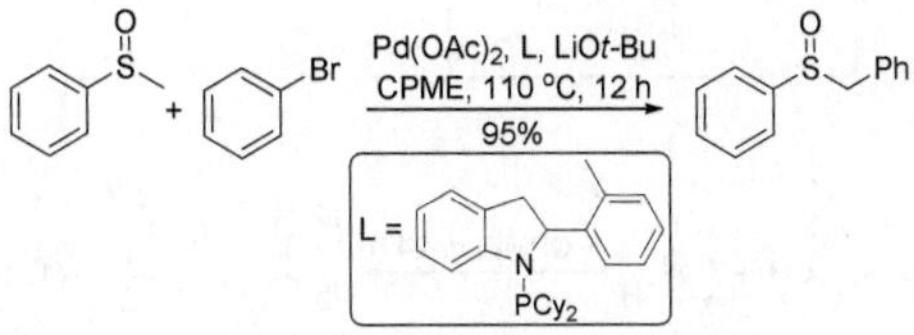

(4)

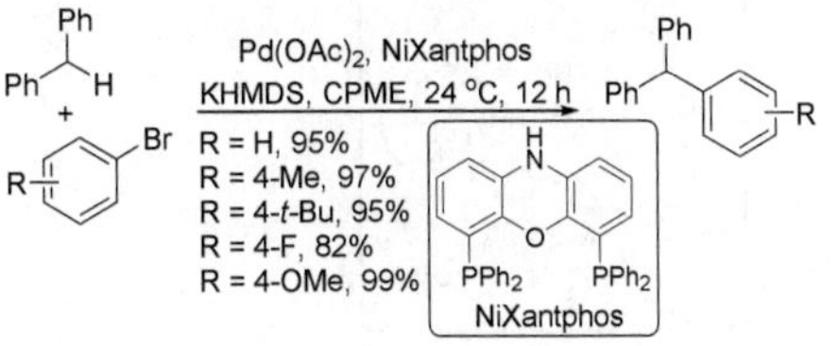

(5)

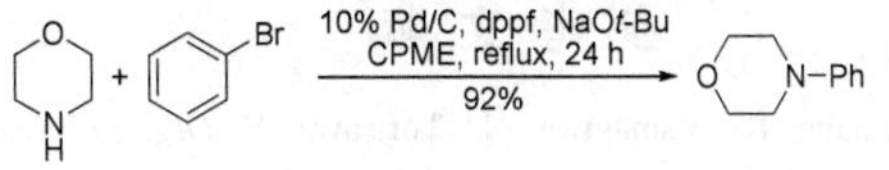

(6)

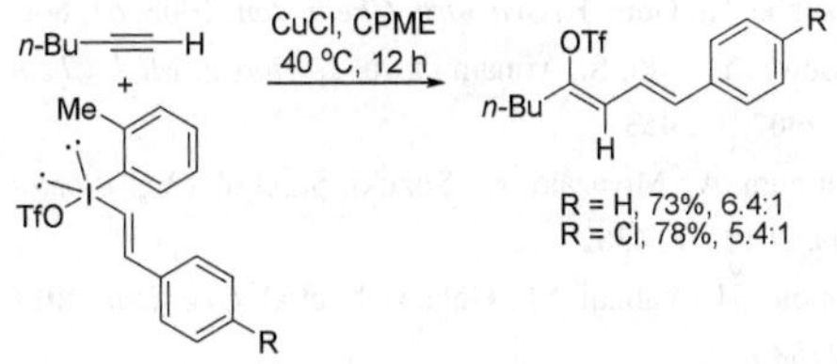

(7)

手性有机催化反应 近年来，在手性有机催化反应中也常使用 CPME 作为溶剂。如式 8 所示[10]：使用手性相转移催化剂 **3** 对 2-芳基环己酮化合物进行不对称烷基化反应，得到很高的产率和 ee 值。在手性有机催化剂 **4** 的作用下，Meldrum 酸衍生物与硝基烯基化合物可以在 CPME 溶剂中进行不对称共轭加成反应 (式 9)[11]。如式 10 所示[12]：在手性氨基硫脲催化剂 **5** 的作用下，化合物 **6** 与环己甲醛通过半缩醛中间体进行的 [3+2] 环加成反应，得到令人满意的产率和手性选择性。

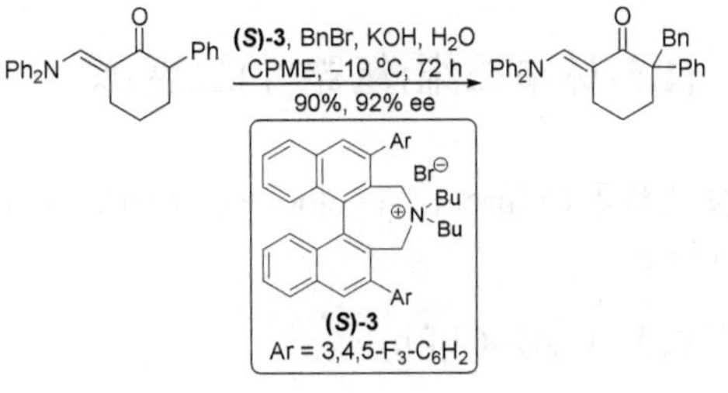

(8)

$$(9)$$

R = Me, 93%, 92% ee
R = Et, 94%, 93% ee

$$(10)$$

95%, dr = 3:1, 96% ee

参 考 文 献

[1] Watanabe, K.; Yamagiwa, N.; Torisawa, Y. *Org. Process Res. Dev.* **2007**, *11*, 251.

[2] Watanabe, K.; Goto, K. *Syn. Org. Chem. Jpn.* **2003**, *61*, 806.

[3] Torisawa, Y.; Aki, S.; Minamikawa, J. *Bioorg. Med. Chem. Lett.* **2007**, *17*, 453.

[4] Kamimura, A.; Miyazaki, K.; Suzuki, S.; et al. *Org. Biomol. Chem.* **2012**, *10*, 4362.

[5] Okamoto, H.; Yamaji, M.; Gohda, S.; et al. *Org. Lett.* **2011**, *13*, 2758.

[6] Jia, T.; Bellomo, A.; Baina, K. E.; et al. *J. Am. Chem. Soc.* **2013**, *135*, 3740.

[7] Zhang, J.; Bellomo, A.; Creamer, A. D.; et al. *J. Am. Chem. Soc.* **2012**, *134*, 13765.

[8] Monguchi, Y.; Kitamoto, K.; Ikawa, T.; et al. *Adv. Synth. Catal.* **2008**, *350*, 2767.

[9] Suero, M.; Bayle, E. D.; Collins, B. S. L.; Gaunt, M. J. *J. Am. Chem. Soc.* **2013**, *135*, 5332.

[10] Kano, T.; Hayashi, Y.; Maruoka, K. *J. Am. Chem. Soc.* **2013**, *135*, 7134.

[11] Kimmel, K. L.; Weaver, J. D.; Lee, M.; Ellman, J. A. *J. Am. Chem. Soc.* **2012**, *134*, 9058.

[12] Asano, K.; Matsubara, S. *Org. Lett.* **2012**, *14*, 1620.

[王歆燕，清华大学化学系；WXY]

(1,5-环辛二烯)氯铑(Ⅰ)二聚体

【英文名称】Chloro(1,5-cyclooctadiene)rhodium (Ⅰ) dimer

【分子式】 $C_{16}H_{24}Cl_2Rh_2$

【分子量】 493.084

【CAS 登录号】 [12092-47-6]

【缩写与别名】 氯(1,5-环辛二烯)铑二聚体，Dichlorobis(cyclooctadiene)dirhodium，Bis(cyclooctadienerhodium chloride)

【结构式】

【物理性质】 黄色或者橘黄色晶体或粉末，mp 224~226 ℃。溶于氯仿、二氯甲烷和甲醇。不稳定，在空气中受热分解。

【制备和商品】 国内外化学试剂公司均有销售。也可以用 RhCl₃ 与环辛二烯在 EtOH/H₂O (5:1) 的溶剂中加热回流制备。

[RhCl(cod)]₂ 是重要的铑配合物之一，不仅在多类化学转化反应中表现出高效的催化活性，而且在适当的配体存在下表现出多样的催化性能。该试剂作为催化剂在不饱和化合物的加成反应、碳-杂原子键和 C(sp²)–H 键的交叉偶联反应中得到了广泛的应用。在 HFIP (hexafluoroisopropanol，六氟异丙醇) 溶剂中和 AgSbF₆ 的存在下，[RhCl(cod)]₂ 能有效地催化 ω-炔-乙烯基肟的分子内 [4+2] 环加成反应生成并二环吡啶衍生物 (式 1)[1]。

$$(1)$$

在 CO 的存在下，虽然 [RhCl(cod)]₂ 催化 1,6-二炔的 [2+2+1] 羰基化环化反应只生成 14% 的二环[3.3.0]辛二烯酮 (式 2)，但在优化的反应溶剂下，能分离出该试剂与 1,6-二炔反应生成的环戊二烯酮配位的铑催化活性物种 (式 3)[2]。

$$(2)$$

$$(3)$$

[RhCl(cod)]₂ 能催化活化 C(sp²)–CN 键与 Si–Si 键的交叉偶联反应。如式 4 所示[3]：对氟苯甲腈与六甲基二硅烷 (1:2) 反应能高产率地生成相应的三甲基硅取代的芳烃。该试剂作为催化剂在室温下也能催化苯乙烯及其衍生物烯基 C(sp²)–H 键与频哪醇的硼试剂的 B–H 键的脱氢偶联反应，是制备反-烯硼试剂的有效方法 (式 5)[4]。

$$(4)$$

$$(5)$$

该试剂在室温下可催化氯化烯基二茂锆 (alkenylzirconocene chlorides) 与醛亚胺衍生物 (aldimines) 进行加成反应，高产率生成烯丙基胺衍生物 (式 6)[5]；在加热条件下可催化四苯硼化钠与酮 C=O 双键的加成反应 (式 7)[6]。

$$(6)$$

$$(7)$$

[RhCl(cod)]₂ 能催化芳基硼酸对 α,β-不饱和羰基化合物的 1,4-加成反应 (式 8)[7]。在 MeMgCl 试剂的存在下，[RhCl(cod)]₂ 催化 α-三氟甲基苯乙烯与芳基硼酸酯的反应，生成 gem-二氟烯烃类化合物 (式 9)[8]。

$$(8)$$

$$(9)$$

由于 [RhCl(cod)]₂ 是配位不饱和配合物，能与各种配体在反应体系原位生成催化活性物种，使其作为催化剂前体被广泛应用。如式 10 所示：在双膦配体 dppp 的存在下，该试剂可催化芳基硼酸或四苯硼化钠与卤代芳烃的交叉偶联反应[9]；催化环丁酮和醛基的脱 CO 反应 (式 11)[10]。在氮-膦配体存在下，该试剂是催化苯乙烯及其衍生物的氢甲酰化反应的有效催化剂体系 (式 12)[11]。

$$(10)$$

$$(11)$$

$$(12)$$

参 考 文 献

[1] Saito, A.; Hironaga, M.; Oda, S.; Hanzawa, Y. *Tetrahedron Lett.* **2007**, *48*, 6852.

[2] Lee, S. I.; Fukumoto, Y.; Chatani, N. *Chem. Commun.* **2010**, *46*, 3345.

[3] Tobisu, M.; Kita, Y.; Chatani, N. *J. Am. Chem. Soc.* **2006**, *128*, 8152.

[4] Murata, M.; Watanabe, S.; Masuda, Y. *Tetrahedron Lett.* **1999**, *40*, 2585.

[5] Kakuuchi, A.; Taguchi, T.; Hanzawa, Y. *Tetrahedron Lett.* **2003**, *44*, 923.

[6] Ueura, K,; Miyamura, S.; Satoh, T.; Miura, M. *J. Organomet. Chem.* **2006**, *691*, 2821.

[7] Itooka, R.; Iguchi, Y.; Miyaura, N. *Chem. Lett.* **2001**, 722.

[8] Miura, T.; Ito, Y.; Murakami, M. *Chem. Lett.* **2008**, *37*,1006.

[9] Ueura, K.; Satoh, T.; Miura, M. *Org. Lett.* **2005**, *7*, 2229.

[10] Matsuda, T.; Shigeno, M.; Murakami, M. *Chem. Lett.*. **2006**, *35*, 288.

[11] Abu-Gnim, C.; Amer, I. *J. Organomet. Chem.* **1996**, *516*, 235.

[华瑞茂，清华大学化学系；HRM]

1,4-环氧-1,4-二氢萘

【英文名称】 1,4-Epoxy-1,4-dihydronaphthalene

【分子式】 $C_{10}H_8O$

【分子量】 144.17

【CAS 登录号】 [573-57-9]

【缩写和别名】 7-Oxabenzonorbornadiene, Benzooxanorbornadiene

【结构式】

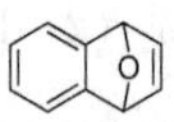

【物理性质】 灰白色固体，mp 55~56 ℃，bp 240.5 ℃ /760 mmHg，ρ 1.207 g/cm³，折射率 1.626，闪点 93 ℃。

【制备和商品】 大型跨国试剂公司均有销售。

【注意事项】 该产品常温下比较稳定。

1,4-环氧-1,4-二氢萘广泛应用于不对称合成中。分子中的碳-氧键可在一定条件下打开，形成醇或酚衍生物。当反应体系中有手性试剂存在时，反应具有较高的立体选择性。

在镍催化剂催化下，1,4-环氧-1,4-二氢萘能发生对映选择性开环，生成相应的环醇，该反应具有很高的立体选择性 (式 1)[1]。

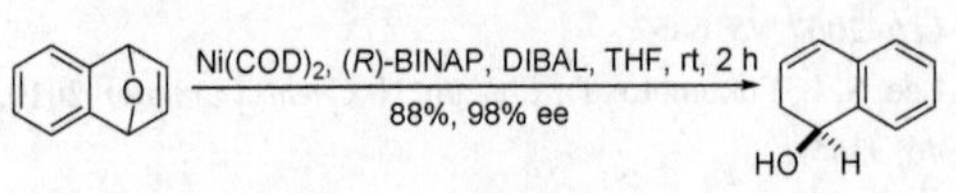

在有机锌试剂的存在下，1,4-环氧-1,4-二氢萘在开环的同时也发生官能化反应，可在羟基的邻位引入烷基等基团。该反应的产率和立体选择性都很高 (式 2)[2]。在铜试剂的催化下，1,4-环氧-1,4-二氢萘与格氏试剂可发生同样的反应[3,4]。

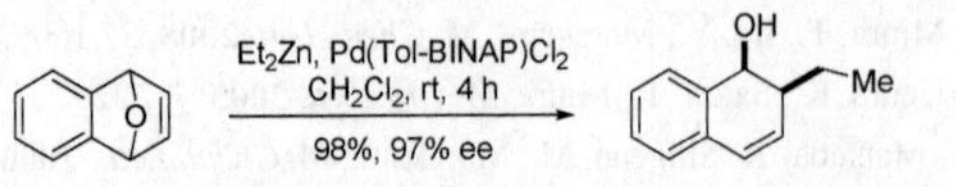

在铱[5]或铑[6]催化剂和手性配体的作用下，1,4-环氧-1,4-二氢萘可与苯酚发生不对称开环

反应。该方法底物范围宽，官能团适用性好，产率和立体选择性都很高 (式 3)[5]。在钯催化剂的作用下，该试剂与苯硼酸或硼酸酯也能发生不对称开环反应，在醇羟基的邻位实现芳基化 (式 4)[7]。当使用其它亲核试剂 (如甲醇、酰胺、苯胺、吲哚等) 时，可在醇羟基邻位实现相应的官能化。该类反应一般采用铑催化剂[8~10]。

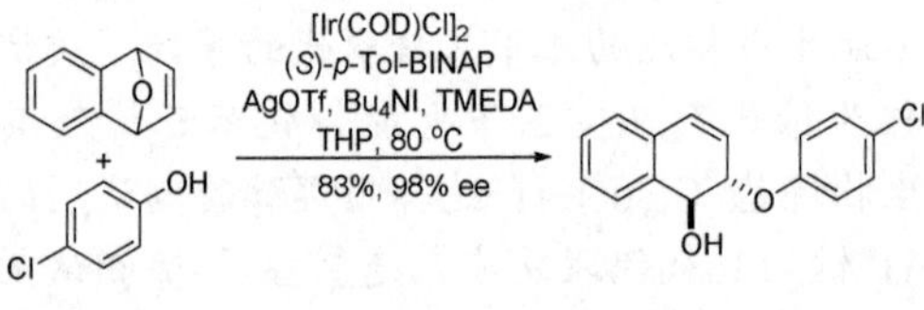

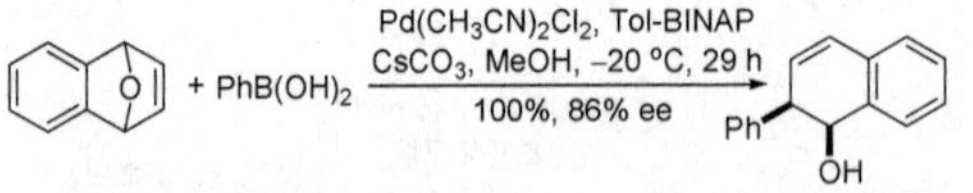

在钌催化剂的作用下，1,4-环氧-1,4-二氢萘可完全转化为 1-萘酚。溶剂和催化剂种类对该反应具有很大影响 (式 5)[11]。该反应在金催化剂的作用下也能进行，但产率下降很多[12]。

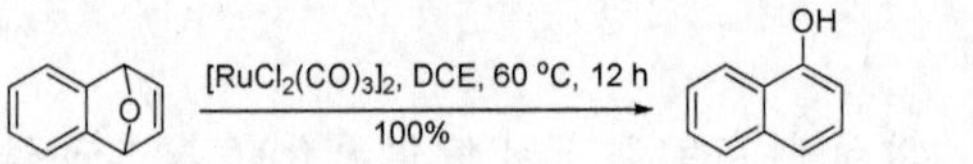

在铑催化剂的作用下，1,4-环氧-1,4-二氢萘可与 2-羟基苯甲醛发生加成反应。该反应具有较好的立体选择性 (式 6)[13]。

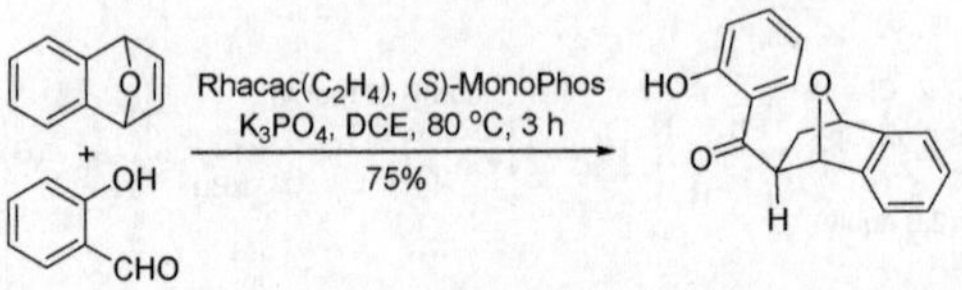

1,4-环氧-1,4-二氢萘分子中孤立的双键还可与中间炔烃发生环加成反应。如式 7 所示[14]：在钴催化剂的作用下，以三苯基膦为配体，该试剂与二苯乙炔能很好地实现 [2+2] 环加成反应 (式 7)。

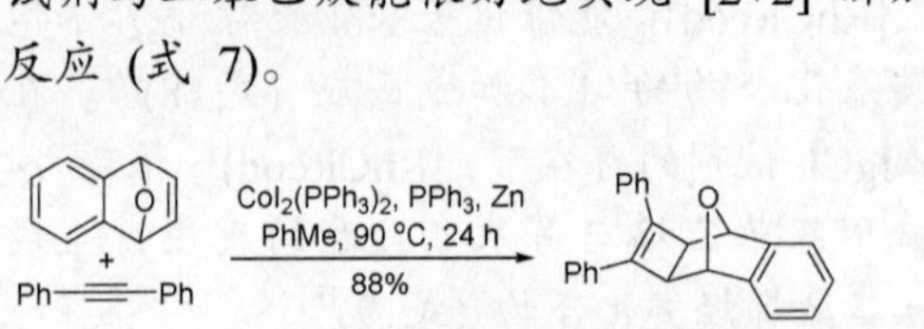

参 考 文 献

[1] Lautens, M.; Rovis, T. *J. Org. Chem.* **1997**, *62*, 5246.

[2] Lautens, M.; Hiebert, S. *J. Am. Chem. Soc.* **2004**, *126*, 1437.

[3] Zhang, W.; Wang, L. X.; Shi, W. J.; Zhou, Q. L. *J. Org. Chem.* **2005**, *70*, 3734.

[4] Arrayás, R. G.; Cabrera, S.; Carretero, J. C. *Org. Lett.* **2003**, *5*, 1333.

[5] Cheng, H. C.; Yang, D. Q. *J. Org. Chem.* **2012**, *77*, 9756.

[6] Lautens, M.; Fagnou, K.; Taylor, M. *Org. Lett.* **2000**, *2*, 1677.

[7] Lautens, M.; Dockendorff, C. *Org. Lett.* **2003**, *5*, 3695.

[8] Lautens, M.; Fagnou, K.; Taylor, M.; Rovis, T. *J. Organometallic Chem.* **2001**, *624*, 259.

[9] Lautens, M.; Fagnou, K.; Rovis, T. *J. Am. Chem. Soc.* **2000**, *122*, 5650.

[10] Tsui, G. C.; Dougan, P.; Lautens, M. *Org. Lett.* **2013**, *15*, 2652.

[11] Ballantine, M.; Menard, M. L.; Tam, W. *J. Org. Chem.* **2009**, *74*, 7570.

[12] Sawama, Y.; Ogata, Y.; Kawamoto, K.; et al. *Adv. Synth. Catal.* **2013**, *355*, 517.

[13] Stemmler, R.T.; Bolma, C. *Adv. Synth. Catal.* **2007**, *349*, 1185.

[14] Chao, K. C.; Rayabarapu, D. K.; Wang, C. C.; Cheng, C. H. *J. Org. Chem.* **2001**, *66*, 8804.

[张皓，付华*，清华大学化学系；FH]

基于 2-氨基联苯骨架的环钯预催化剂

以 **XPhosPrecat** 为例

【英文名称】 (2-Dicyclohexylphosphino-2′,4′,6′-triisopropyl-1,1′-biphenyl)[2-(2′-amino-1,1′-biphenyl)]palladium(Ⅱ) methanesulfonate

【分子式】 $C_{46}H_{62}NO_3PPdS$

【分子量】 846.45

【缩写和别名】 XPhos-G3-palladacycle，XPhos-Pd-G3

【结构式】

【物理性质】 灰白色或者浅黄色粉末，mp 146~151 ℃。

【制备和商品】 该类预催化剂的制备需要两个步骤：首先将 2-氨基联苯与甲磺酸中和成盐。

该盐与等物质的量的醋酸钯在甲苯中发生碳-氢键的钯化，得到环钯物种的二聚体。该二聚体与膦配体在 THF 或者二氯甲烷中反应，即得到相应的预催化剂[1]。国外试剂公司 Sigma-Aldrich 和 Strem 有售。

【注意事项】 该预催化剂的固体在常温下对空气稳定，其 THF 溶液在惰性气体的保护下具有相当长时间的稳定性。但须注意：该预催化剂往往含有一定量的溶剂，其含有的溶剂量与预催化剂的制备方法 (如用四氢呋喃还是二氯甲烷) 以及干燥方法均有关系。因此，为了获得准确的分子量，建议通过 ^1H NMR 确定溶剂的残余后折算成实际分子量。

钯催化的偶联反应在有机合成的各个领域都得到了较为广泛的使用。在分析与优化反应时，人们通常将注意力集中在氧化加成、转金属以及还原消除这三个基元反应步骤上。然而活性催化剂的产生 (或者预催化剂的活化) 这一较为重要的步骤却往往为人们所忽略。

通常所使用的钯源大致可以分成两类，其一是二价钯，如醋酸钯或者烯丙基氯化钯二聚体 [(allyl)PdCl]₂。这类钯催化剂的活化过程需要将二价钯还原为零价钯。例如，醋酸钯需要在还原剂的作用下才能产生催化活性物种 $L_nPd(0)$。所用的还原剂可以是能够提供 β-H 的胺，也可以是金属试剂 (如有机锌试剂)，还可以是硼酸等。还原过程也可以在水存在的条件下通过牺牲一个摩尔量的膦配体得以实现[2]。[(allyl)PdCl]₂ 的活化则通过亲核试剂进攻烯丙基来实现。

另一种钯源是零价钯，如 Pd₂(dba)₃ 和 Pd(dba)₂。零价钯本应是非常理想的钯源，然而没有配体稳定的零价钯很快会聚集成钯黑析出，其在均相催化体系中的活性也大大降低。基于此，包含 dba 等弱配位的零价钯配合物得到了广泛的应用。然而许多研究表明，在某些偶联反应的过程中，dba 的解离并不是非常迅速[3]。在一定的条件下，特别是当所使用的膦配体配位能力较弱时，甚至会出现 dba 对反应的抑制[4]。

　　因此，能够高效、定量地产生已经被膦配体配合的催化活性物种 $L_nPd(0)$ 的"预催化剂"将可能成为一种理想的钯源，因而具有良好的应用前景。本文所描述的这类基于 2-氨基联苯骨架的环钯预催化剂可以在较弱的碱性条件下进行活化，较快速地释放 $L_nPd(0)$ 和一分子咔唑副产物 (式 1)，相比其它的钯源具有一定的优势。目前发现，绝大多数双膦配体和单膦配体都可以形成这类以甲磺酸根为抗衡阴离子的环钯催化剂。

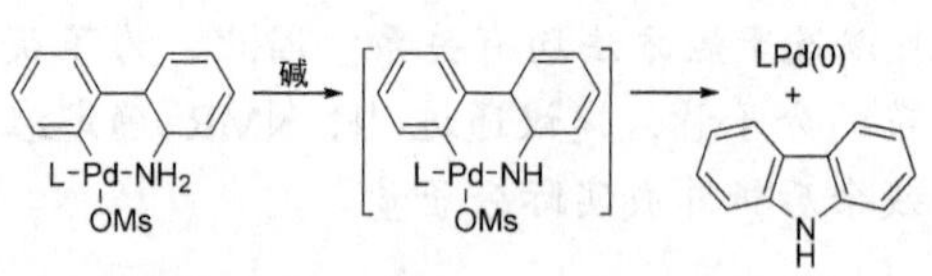

(1)

　　该类环钯预催化剂可以在绝大多数钯催化的偶联反应中使用，获得与其它钯源类似或者更好的结果。如式 2 所示[5]：在容易发生去硼质子解的不稳定硼酸的 Suzuki 偶联反应中，由于该类催化剂的活化迅速，从而较好地避免了硼酸的水解。这些预催化剂在 Negishi 偶联和 Heck 炔基化反应中也有较好的效果 (式 3[6]和式 4[7])。同样的，在碳-氮键成键的反应中也可以使用这些预催化剂[8~10] (式 5~式 7)。

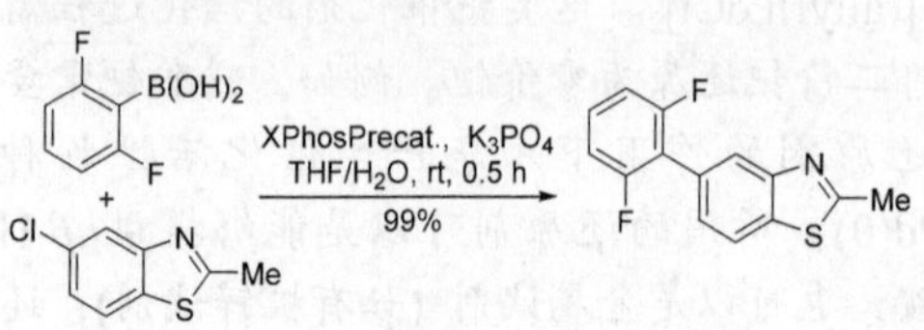

(2)

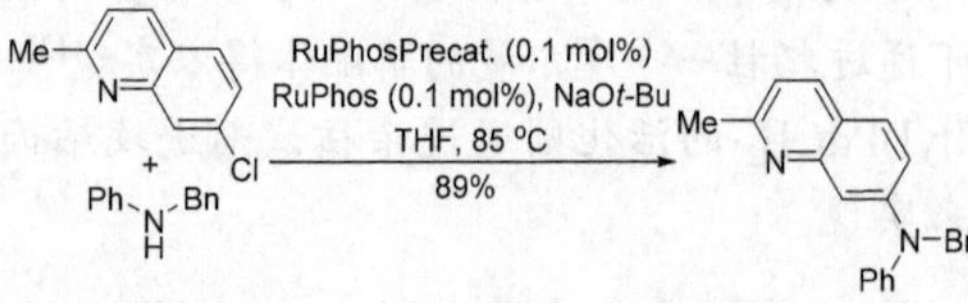

(3)

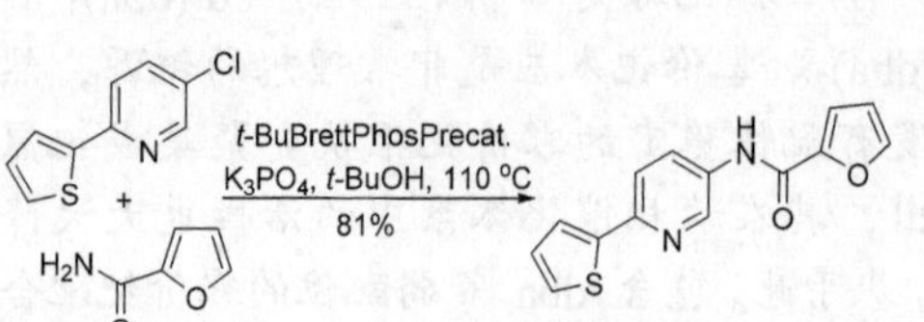

(4)

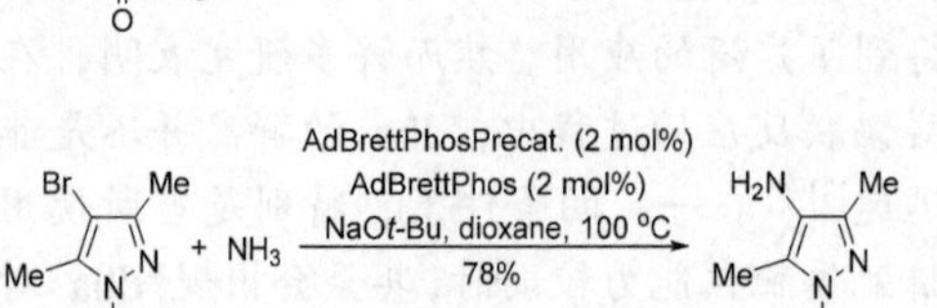

(5)

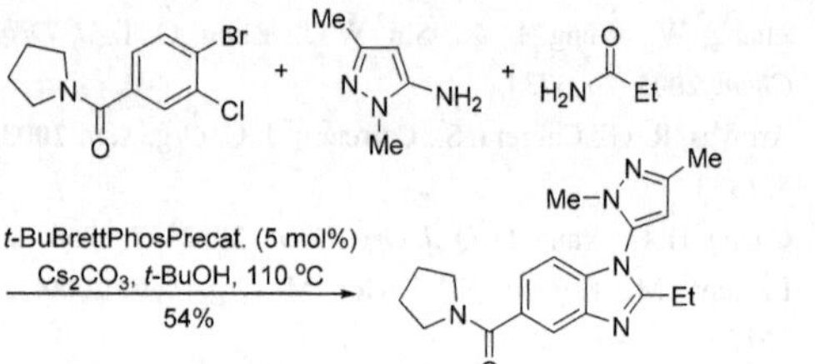

(6)

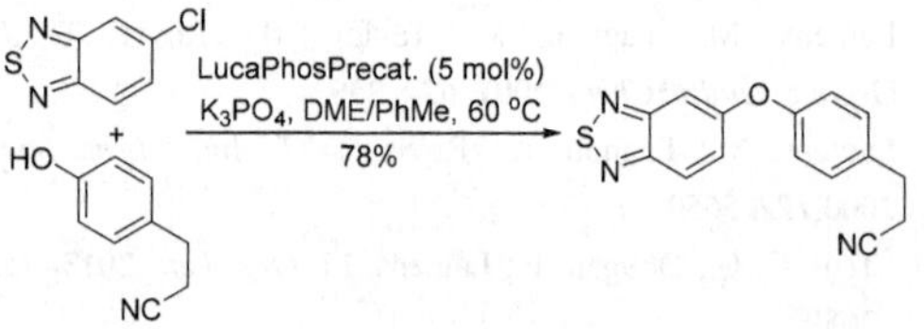

(7)

参 考 文 献

[1] Bruno, N. C.; Tudge, M. T.; Buchwald, S. L. *Chem. Sci.* **2013**, *4*, 916.

[2] Fors, B. P.; Krattiger, P.; Strieter, E.; Buchwald, S. L. *Org. Lett.* **2008**, *10*, 3505.

[3] Biscoe, M. R.; Fors, B. P.; Buchwald, S. L. *J. Am. Chem. Soc.* **2008**, *130*, 6686.

[4] Ueda, S.; Su, M.; Buchwald, S. L. *J. Am. Chem. Soc.* **2012**, *134*, 700.

[5] Kinzel, T.; Zhang, Y.; Buchwald, S. L. *J. Am. Chem. Soc.* **2010**, *132*, 14073.

[6] Yang, Y.; Oldenhuis, N. J.; Buchwald, S. L. *Angew. Chem. Int. Ed.* **2013**, *52*, 615.

[7] Shu, W.; Buchwald, S. L. *Chem. Sci.* **2011**, *2*, 2321.

[8] Bruno, N. C.; Buchwald, S. L. *Org. Lett.* **2013**, *15*, 2876.

[9] Cheung, C. W.; Surry, D. S.; Buchwald, S. L. *Org. Lett.* **2013**, *15*, 3734.

[10] Jui, N. T.; Buchwald, S. L. *Angew. Chem. Int. Ed.* **2013**, *52*, 11624.

[杨扬，加州大学伯克利分校化学系；WXY]

N-甲基吡咯烷酮[1]

【英文名称】 *N*-Methyl pyrrolidone

【分子式】 C_5H_9NO

【分子量】 99.15

【CAS 登录号】 [872-50-4]

【缩写和别名】 NMP

【结构式】

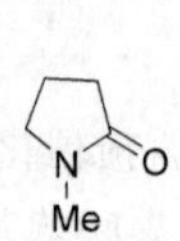

【物理性质】 无色透明状液体，mp 24.4 ℃，bp 202 ℃，ρ 1.028 g/cm^3。能与水、醇、醚、酯、酮、卤代烃、芳烃和蓖麻油等几乎所有的有机溶剂互溶。

【制备和商品】 *N*-甲基吡咯烷酮的工业化生产是典型的由酯到酰胺的转化过程，工艺主要有以下 3 种：(1) 由 γ-丁内酯 (GBL) 与单甲基胺 (MMA) 反应；(2) 由 γ-丁内酯与混合胺反应；(3) 由 1,4-丁二醇经脱氢-胺化制备。其中由 γ-丁内酯与单甲基胺在无催化的条件下反应生成 *N*-甲基吡咯烷酮是最经典的合成方法。工业上采用的反应器为管型绝热式反应器，压力为 30~90 atm (1 atm = 101325 Pa)。总的反应过程分为加成和环化两步反应 (式 1)[2]。反应完毕后经过闪蒸、精馏等分离步骤得到纯品。该试剂在国内外试剂公司均有出售。

$$\text{(1)}$$

【注意事项】 该试剂在空气中稳定，挥发度低，但能随水蒸气挥发。有吸湿性，且对光敏感。

N-甲基吡咯烷酮 (NMP) 是无机化合物和有机化合物较好的溶剂，能增加反应试剂的活性。此外，其本身结构的特殊性使其 α-位和 γ-位具有较高的活性。前者可作为烯醇的前体，后者则可以作为碳自由基供体。

作为溶剂使用 当 NMP 作为溶剂使用时，可有效地促进一些反应的进行。例如，当 NMP 和 THF 混合作为溶剂时，可提高 SmI$_2$ 的还原能力[3]。当使用 NaBH$_4$ 的还原反应在 NMP 溶剂中进行时，苄基溴或烷基溴可以较好地被还原成一级烷烃 (式 2)[4]。

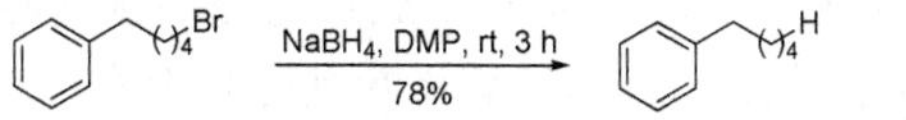

$$\text{(2)}$$

烷基芳基醚或酯的键断裂反应在 NMP 中也可以得到较好的结果[5,6]。在反应中加入催化量的 KF，NMP 可与钾离子配位，使得氟离子更好地与 PhSH 反应，避免了强碱金属氢化物的使用，以较高产率得到芳基酸或者酚类化

合物 (式 3)[7]。

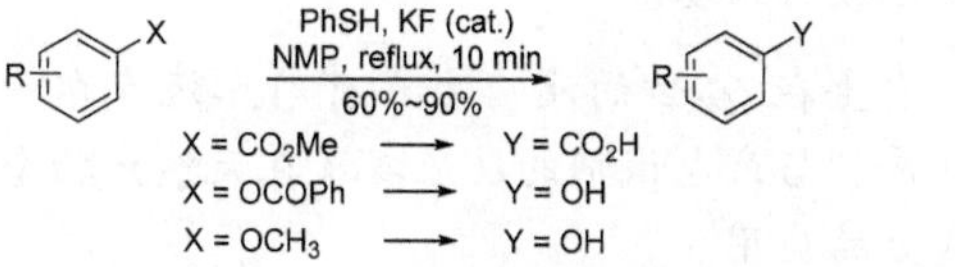

$$\text{(3)}$$

X = CO$_2$Me ⟶ Y = CO$_2$H
X = OCOPh ⟶ Y = OH
X = OCH$_3$ ⟶ Y = OH

NMP 在不对称加成反应中也有着重要的作用。如式 4 所示[8]：芳基醛与烷基醛发生半缩合反应，可得到高立体选择性的顺式缩合产物。

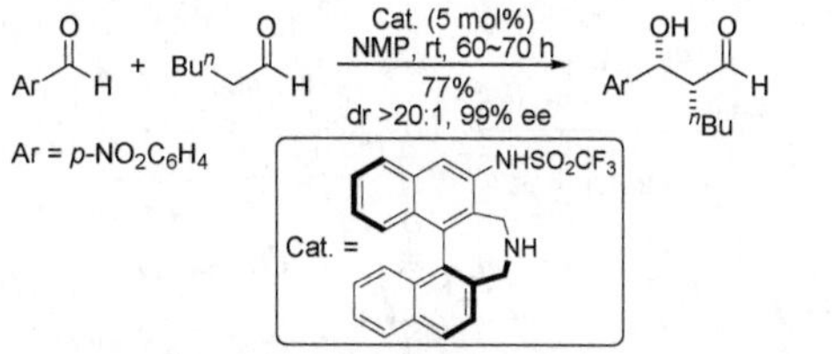

$$\text{(4)}$$

NMP 在其它类型的加成反应中也可以充当较好的溶剂。如式 5 所示[9]：环己酮与活化的异喹啉 (乙酯氯代盐) 以高产率完成 Mannich 反应。

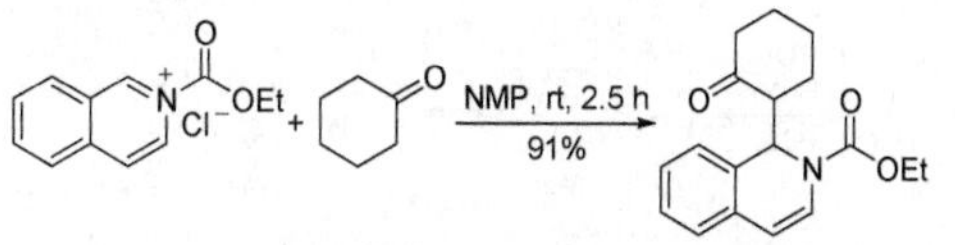

$$\text{(5)}$$

缺电子烯烃与过氧化物的氧化反应在 NMP 中也可以得到较好的结果。NMP 的 γ-位过氧化处理后可以作为很好的过氧化试剂，在 NMP 溶剂中能高效地氧化缺电子不饱和酮类化合物分子中的烯烃部分，得到高立体选择性的顺式氧化产物 (式 6)[10]。

$$\text{(6)}$$

NMP 也是一些金属催化的偶联反应的最佳溶剂。例如铜催化的格氏试剂与烷基卤代烃的 Kumada 偶联反应[11]、NHC 作为配体的钯催化的 Nigishi 偶联反应[12]、钯催化的芳基格氏试剂与非活化烷基卤代烃的偶联反应[13]等。

作为反应试剂使用 当 NMP 作为反应试剂使用时，其反应主要发生在 α-位和 γ-位。

前者可作为烯醇化合物的前体，后者则为反应提供了碳自由基。

发生在 α-位的反应主要有 1,4-迈克尔加成反应、与亲电试剂的反应以及在天然产物全合成上的应用。

a. 1,4-迈克尔加成反应　如式 7 所示[14]：LDA 与 NMP 在 THF 中可制备稳定的 *E*-烯醇锂化合物。该化合物与迈克尔受体主要发生 1,4-迈克尔加成反应，得到以反式为主的产物。

如式 8 所示[15]：NMP 与伯胺反应所得的亚胺经异构成烯胺后，可与丙烯酸甲酯发生 1,4-迈克尔加成反应，得到 α-位官能团化的吡咯衍生物。

b. 与亲电试剂的反应　烯醇化的 NMP 还可以与各类亲电试剂发生反应，进而可以实现 3-位的官能团化，得到硝基苯烃[16]、卤代[17]、烷基[16]、硝基[18]、烯丙基[19]、磷酸、三氟甲基化等衍生物[20]。如式 9 所示[21]：由 3-苄基取代的 NMP 制得活性较高的烯醇硅醚化合物，随后与三氟甲基化试剂反应，高产率地制备了含季碳的三氟甲基化内酰胺。

c. 在天然产物全合成上的应用　NMP 可以为天然产物全合成提供有用的骨架结构。如

式 10 所示[22]：在氟源 (TASF) 的存在下，硅基化的 NMP 与对硝基苯甲醚反应得到了 *C*-芳基化中间体。经系列反应后，最终合成了 (−)-physostigmine。该天然产物在临床上已显示具有治疗白内障和防止有机磷中毒的功效。

NMP 也是加兰他敏 (galanthamine) 类生物碱的中心骨架结构。如式 11 所示[23]：经烯丙基化反应在 NMP 的分子中引入烯丙基，再通过臭氧化反应得到醛。然后与带有氨基的吡啶化合物发生系列转化反应，最终得到了目标产物。

作为叔酰胺在方法学上的应用　NMP 可以作为 *E*-烯醇化合物的前体，比简单烯醇化合物具有更好的反应活性。例如，NMP 的锌烯醇化合物可以与环丙烯化合物快速发生加成反应，加成产物用亲电试剂或者水淬灭，进而得到高非对映选择性的产物 (式 12)[24]。

γ-位的自由基反应　NMP 的 5-位 (γ-位) C—H 键也具有较好的反应活性。在过氧试剂的激发下，易生成 γ-位过氧化物或者自由基。例如，在氧气氛中将 NMP 加热至 75 ℃ 可生成氢过氧化中间体，该化合物在催化剂的作用下可生成琥珀酰亚胺化合物 (式 13)[25]。

NMP 的 γ 位 C–H 键也可以用三乙基硼处理，在空气中发生断裂形成碳自由基。之后与醛发生加成反应，得到以反式为主的醇类化合物 (式 14)[26]。

(14)

在 TBHP 和 TBAI 的共同作用下，苯并三唑与 NMP 的 γ 位 C(sp^3)–H 键可发生交叉偶联反应。机理研究证明该反应是由 TBHP 引起 NMP 的 γ 位 C(sp^3)–H 键生成碳自由基而进行的 (式 15)[27]。

(15)

参 考 文 献

[1] (a) Riddick, J. A.; Bunger, W. B.; Sakano, T. K. *Organic Solvents. Physical Properties and Methods of Purification*, 4th ed.; Wiley: New York, **1986**. (b) Virtanen, P. O. I. *Suom. Kemistil.* **1966**, *39*, 257.

[2] 张军，唐建. 合成技术及应用，**2011**, *26*, 19.

[3] Shabangi, M.; Sealy, J. M.; Fuchs, J. R.; Flowers, R. A. *Tetrahedron Lett.* **1998**, *39*, 4429.

[4] Torisawa, Y.; Nishi, T.; Minamikawa, J. I. Bioorg. *Med. Chem.* **2002**, *10*, 2583.

[5] Qiu, Y.; Zhou, J.; Fu, C.; Ma, S. M. *Chem. Eur. J.* **2014**, *20*, 14589.

[6] Qian, C.; Lin, D.; Deng, Y.; et al. *Org. Biomol. Chem.* **2014**, *12*, 5866.

[7] Chakraborti, A. K.; Sharma, L.; Nayak, M. K. *J. Org. Chem.* **2002**, *67*, 2541.

[8] Kano, T.; Yamaguchi, Y.; Tanaka, Y.; Maruoka, K. *Angew. Chem. Int. Ed.* **2007**, *46*, 1738.

[9] Yadav, J. S.; Reddy, B. V.S.; Gupta, M. K.; Dash, U. *Synthesis* **2007**,1077.

[10] Victor, N. J.; Gana, J.; Muraleedharan, K. M. *Chem. Eur. J.* **2015**, *21*, 14742.

[11] Cahiez, G.; Chaboche, C.; Jézéquel, M. *Tetrahedron* **2000**, *56*, 2733.

[12] Organ, M. G.; Avola, S.; Dubovyk, I.; et al. *Chem. Eur. J.* **2006**, *12*, 4749.

[13] Frisch, A. C.; Shaikh, N.; Zapf, A.; Beller, M. *Angew. Chem. Int. Ed.* **2002**, *41*, 4056.

[14] Heathcock, C. H.; Henderson, M. A.; Oare, D. A.; Sanner, M. A. *J. Org. Chem.* **1985**, *50*, 3019.

[15] Pfau, M.; Chiriacescu, M.; Revial, M. *Tetrahedron Lett.* **1993**, *34*, 327.

[16] Node, M.; Itoh, A.; Nishide, K.; et al. *Synthesis* **1992**, 1119.

[17] Caristi, G.; Ferlazzo, A.; Gattuso, M. *Gazz.Chim. Ital.* **1984**, *114*, 83.

[18] Lambert, C.; Caillaux, B.; Viehe, H. G. *Tetrahedron* **1985**, *41*, 3331.

[19] Cuvigny, T.; Hullot, P.; Larcheveque, M.; Normant, H. *C. R. Hebd Seances. Acad. Sci., Ser. C.* **1974**, *278*, 1105.

[20] Tay, M. K.; About-Jaudet, E.; Collignon, N.; Savignac, P. *Tetrahedron* **1989**, *45*, 4415.

[21] Katayev, D.; Václavík, J.; Brüning, F.; et al. *Chem. Commun.* **2016**, *52*, 4049.

[22] Rege, P. D,; Johnson, F. *J. Org. Chem.* **2003**, *68*, 6133.

[23] Vanlaer, S.; De Borggraeve,, W, M.; Compernolle, F. *Eur. J. Org. Chem.* **2007**, 4995.

[24] Nakamura, E.; Kubota, K. *J. Org. Chem.* **1997**, *62* , 792.

[25] Drago, R. S.; Riley, R. *J . Am. Chem. Soc.* **1990**, *112*, 215.

[26] Yoshimitsu, T.; Arano, Y.; Nagaoka, H. *J . Am. Chem. Soc.* **2005**, *127*, 11610.

[27] Aruri, H.; Singh, U.; Kumar, M.; et al. *J. Org. Chem.* **2017**, *82*, 1000.

[郑伟平，清华大学化学系；HYF]

3-甲基-2-丁烯醛

【英文名称】 3-Methyl-2-butenal

【分子式】 C_5H_8O

【分子量】 84.12

【CAS 登录号】 [107-86-8]

【缩写和别名】 3-甲基巴豆醛，异戊烯醛，Prenal，Methylcrotonaldehyde

【结构式】

【物理性质】 无色或淡黄色液体，具有刺激性的气味和可燃性，mp $-20\,^\circ\text{C}$，bp $132\sim134\,^\circ\text{C}$，$\rho$ 0.872 g/cm^3。能与水和一般有机溶剂互溶。

【制备和商品】 国内外化学试剂公司均有销售。一般由异戊烯醇经双氧水氧化制备[1]。

【注意事项】 该试剂有刺激性，容易自动氧化，高浓度时有麻醉作用。避免与氧化物、空气、热接触，储存于阴凉、通风的库房，远离火种、热源。

3-甲基-2-丁烯醛是一种 α,β-不饱和羰基化合物，常被用于环加成反应中。在其分子结构中，由于碳-碳双键和羰基的共轭作用，使其羰基碳和 β-碳具有两个亲电位点，电子云密度的极化使 β-碳原子具有更强的亲电性质[2]。正是由于其特殊的反应活性和性质，该化合物已经被用于制备 1,4-二氢吡啶类、二烯加合物、吡喃萘醌类、硝基戊醛吡咯、环状前体及 2H-吡喃等化合物。

在无金属存在的 Brønsted acid 催化的实验条件下，3-甲基-2-丁烯醛和 β-烯胺酯的反应能够高产率地得到 1,4-二氢吡啶类衍生物 (式 1)[3]。

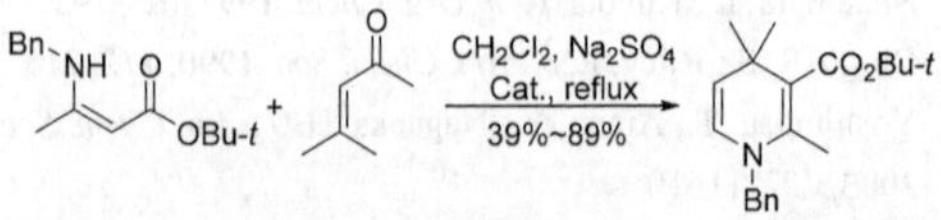

(1)

在脯氨酸 (L-proline) 的存在下，两分子的 3-甲基-2-丁烯醛发生 [4+2] 环加成反应，高产率地得到环状二烯加合物 (式 2)[4]。

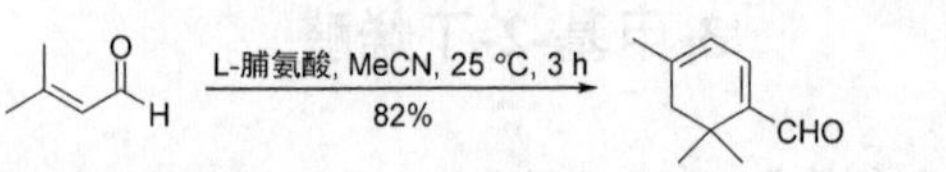

(2)

通过"一锅法"6π-电环化反应，3-甲基-2-丁烯与萘醌和 β-丙氨酸 (β-alanine) 反应能够有效地合成吡喃萘醌类化合物。此反应条件温和，产率高 (式 3)[5]。

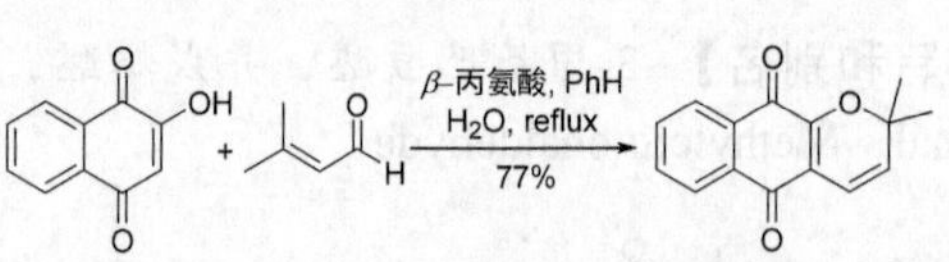

(3)

在 CsF 的存在下，N-对甲苯磺酰基-硝基乙烷取代吡咯 与 3-甲基-2-丁烯醛发生 Michael 加成反应，能够生成硝基戊醛取代的吡咯衍生物。该化合物是合成氢化二吡咯甲烯类化合物的重要中间体 (式 4)[6]。

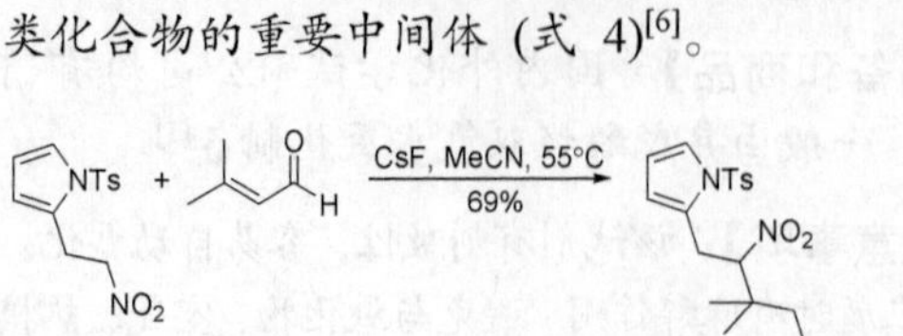

(4)

3-甲基-2-丁烯醛与对甲氧基苄胺缩合后，再使用 2-溴-2-甲基丙酰溴进行酰化，能够生成非常重要的环化前体化合物 (式 5)[7]。

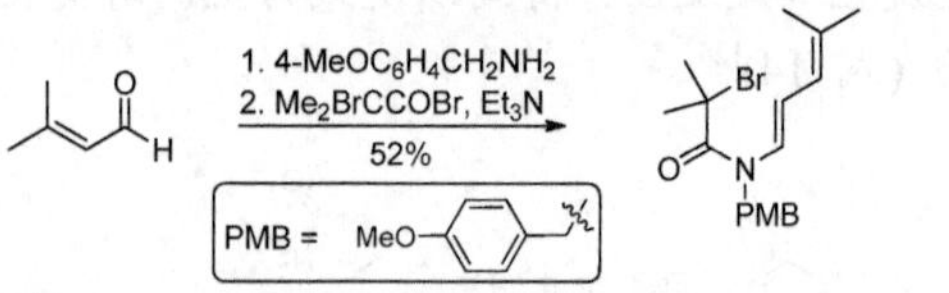

(5)

硝酸铈铵或碘能够催化吲哚或 N-甲基吲哚与 α,β-不饱和酮或醛的反应。当使用不同的催化剂时，3-甲基-2-丁烯醛与吲哚的反应能够生成不同的产物 (式 6 和式 7)[8]。

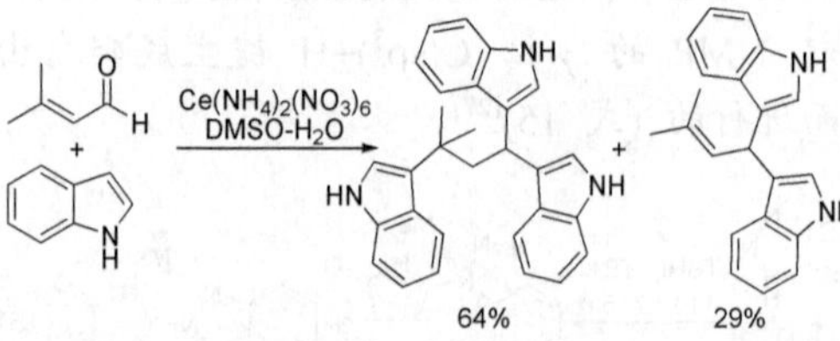

(6)

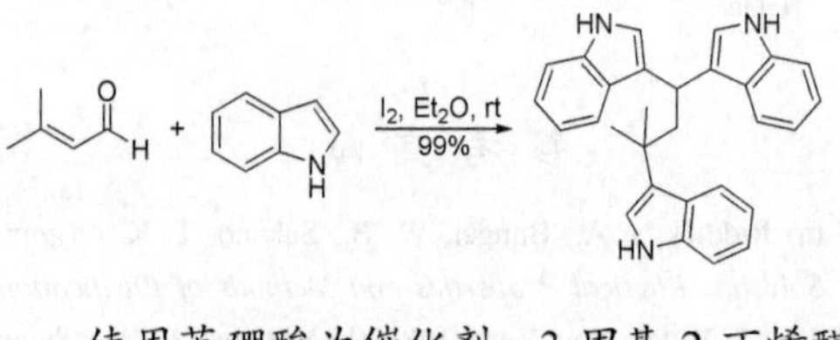

(7)

使用苯硼酸为催化剂，3-甲基-2-丁烯醛和苯酚类化合物能够发生缩合反应，生成取代的 2H-吡喃化合物。该方法为合成杂环化合物提供了一条更为温和及有效的方法 (式 8)[9]。

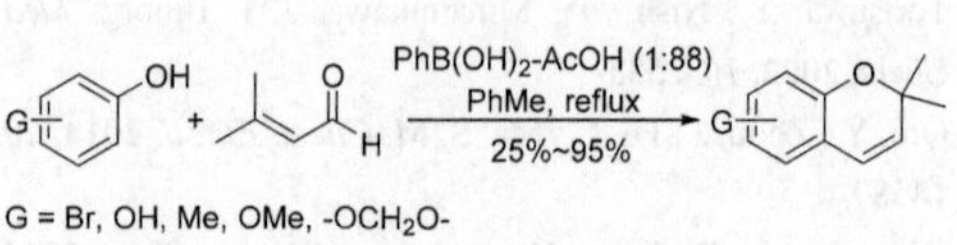

(8)

G = Br, OH, Me, OMe, -OCH$_2$O-

参 考 文 献

[1] Kon, Y.; Usui, Y.; Sato, K. Chem. Commun. 2007, 43, 4399.

[2] Carey, F. A. Organic Chemistry (5th ed.), McGraw-Hill: New York, 2006.

[3] Moreau, J.; Duboc, A.; Hubert, C.; et al. Tetrahedron Lett. 2007, 48, 8647.

[4] Hong, B.; Wu, M.; Tseng, H.; Liao, J. Org. Lett. 2006, 8, 2217.

[5] Kumar, S.; Malachowski, W. P.; Hadaway, J. B.; et al. J. Med. Chem. 2008, 51, 1706.

[6] Kim, H.; Dogutan, D. K.; Ptaszek, M.; Lindsey, J. S. Tetrahedron 2007, 63, 37.

[7] Clark, A. J.; Geden, J. V.; Thom, S.; Wilson, P. J. Org. Chem. 2007, 72, 5923.

[8] Ko, S.; Lin, C.; Tu, Z.; et al. *Tetrahedron Lett.* **2006**, *47*, 487.

[9] Chauder, B. A.; Lopes, C. C.; Lopes, R. S. C.; et al. *Synthesis* **1998**, 279.

[卢金荣，巨勇*，清华大学化学系；JY]

甲基磺酸

【英文名称】 Methanesulfonic acid

【分子式】 CH_4O_3S

【分子量】 96.10

【CAS 登录号】 [75-75-2]

【缩写和别名】 甲磺酸, Methylsulphonic acid, Sulphonethane

【结构式】

$$H_3C-\overset{\overset{O}{\|}}{\underset{\|}{S}}-OH$$

【物理性质】 mp 20 ℃, bp 167 ℃ (13.33 kPa)、122 ℃ (0.133 kPa)，相对密度 1.4812 (18 ℃)，折射率 1.4317 (16 ℃)。溶于水、醇和醚时放出大量热量，对铁、铜和铅等金属有强烈的腐蚀作用。

【制备和商品】 国内外化学试剂公司均有销售。可由硫氰酸甲酯经硝酸氧化而得。

【注意事项】 该试剂具有高毒性和腐蚀性。储存于阴凉、通风处，远离火种、热源。应与还原剂、碱类、胺类分开存放，切忌混储。

甲基磺酸可以作为磺酸烷基化试剂[1~3]，在催化剂 PhI、氧化剂 *m*-CPBA（间氯过氧苯甲酸）存在下可将苯乙酮的甲基氧化，得到甲磺酸化产物（式 1）[4]。

$$\text{(1)} \quad \frac{\text{PhI (0.1 equiv), } m\text{-CPBA}}{\text{(1.1 equiv), } CH_3SO_3H \cdot H_2O}{\text{(1.1 equiv), } CH_3CN, 50 ℃, 5 h}{88\%}$$

甲磺酸可以将内酰胺开环转变成羧酸基和氨基甲磺酸盐。该反应可定量地进行，反应完成后通过简单的过滤即可分离出纯品（式 2）[5]。

$$\text{(2)} \quad \frac{MeSO_3H \text{ (3 equiv)}}{H_2O \text{ (4 equiv)}}{\text{THF, reflux, 24 h}}{100\%}$$

如式 3 所示[6]：邻位带有羧基的二苯醚在甲磺酸和 P_2O_5 共催化氧化下，在室温条件下反应即能生成氧杂蒽酮。

$$\text{(3)} \quad \frac{P_2O_5}{MeSO_3H}{\text{rt, 22 h}}{94\%}$$

在 $Ph_3PAuNTf_2$ 和甲磺酸共催化、8-甲基-喹啉-1-氧化物氧化的条件下反应，乙酸和末端炔烃通过分子间氧化偶联反应能直接高效地合成 α-乙酸酮类化合物，并伴随少量甲磺酸化的产物生成（式 4）[7]。

$$\text{(4)} \quad CH_3CO_2H + Ph\text{---} \xrightarrow[\begin{subarray}{c} Ph_3PAuNTf_2 \text{ (5 mol\%)} \\ MeSO_3H \\ 85\% \end{subarray}]{(1.3 \text{ equiv})}$$

在四(三苯基膦)钯的催化下，三苯基膦和甲磺酸对炔烃进行加成得到相应的烯烃产物（式 5）[8]。

$$\text{(5)} \quad R\text{---}R' + PPh_3 + MeSO_3H \xrightarrow[\begin{subarray}{c} \text{2. } LiPF_6, \text{ EtOH} \end{subarray}]{\begin{subarray}{c} \text{1. } Pd(PPh_3)_4 \text{ (2.5 mol\%)} \\ \text{THF, reflux, 2 h} \end{subarray}} \begin{subarray}{c} R = n\text{-}C_4H_9, R' = H, 96\% \\ R = PhCH_2, R' = H, 91\% \\ R = TMS, R' = H, 86\% \\ R = H, R' = H, 75\% \end{subarray}$$

甲磺酸可在一种可循环使用的高价碘试剂的作用下对酮的 α-位进行甲磺酸化，并生成副产物邻碘苯甲酸（式 6）[8]。

$$\text{(6)} \quad \frac{MeSO_3H, CH_3CN}{R = CH_3, R' = H, 67\%}{R = Ph, R' = H, 96\%}$$

2-甲酸苄酯吡咯衍生物在甲磺酸、H_2 和 Pd/C 存在下，能发生脱苄基、脱羧反应（式 7）[9]。

$$\text{(7)} \quad \frac{MeSO_3H}{H_2, Pd/C, H_2O}{87\%}$$

喹啉并吡唑酮衍生物在兰尼镍的催化下，加入甲磺酸能断开 N—N 键，生成 3-酰胺-4-亚胺喹啉衍生物 (式 8)[10]。

$$(8)$$

甲磺酸可以与 Boc 保护的胺反应，脱掉 Boc 基团生成甲磺酸根为阴离子的铵盐 (式 9)[11]。

$$(9)$$

4-三氟甲基苄醇与 2,5-二甲基噻吩在三氯化铁和甲磺酸的催化下反应得到噻吩 3-位和苄醇脱水偶联的产物 (式 10)[12]。

$$(10)$$

在尿素-H_2O_2、$RhCl_3$ 催化、甲磺酸作溶剂的条件下，甲烷和三氧化硫的混合物在 75 ℃ 反应 6 h 能将 7.2% 的甲烷和 57% 的三氧化硫转化成甲磺酸。甲磺酸在三氧化硫氧化下继续反应，生成两种产物的混合物，最后水解得到甲醇。最终 58% 的甲磺酸能转化成目标产物甲醇 (式 11)[13]。

$$(11)$$

参 考 文 献

[1] Tanaka, A.; Togo, H. *Synlett* **2009**, *20*, 3360.

[2] Lee, J. C.; Choi, J. H. *Synlett* **2001**, *2*, 34.

[3] Akiike, J.; Togo, H.; Yamamoto, Y. *Synlett* **2007**, *14*, 2168.

[4] Yamamoto, Y.; Kawano, Y.; Toyb, P. H.; Togo, H. *Tetrahedron* **2007**, *63*, 4680.

[5] Memeoa, M. G.; Bovio, B.; Quadrelli P. *Tetrahedron* **2011**, *67*, 1907.

[6] Fernandes, C.; Oliveira, L.; Tiritan, M. E.; et al. *J. Med. Chem.* **2012**, *55*, 1.

[7] Wu, C.; Liang, Z. W.; Yan, D.; He, W. M.; Xiang J. N. *Synthesis* **2013**, *45*, 2605.

[8] Arisawa, M.; Yamaguchi, M. *J. Am. Chem. Soc.* **2000**, *122*, 2387.

[9] Yusubov, M. S.; Funk, T. V.; Yusubova, R. Y.; et al. *Synth. Commun.* **2009**, *39*, 3772.

[10] Wentland, M. P.; Carlson, J. A.; Dorff, P. H.; et al. *J. Med. Chem.* **1995**, *38*, 2541.

[11] Yee, N. K.; Farina, V.; Houpis, I. N.; et al. *J. Org. Chem.* **2006**, *71*, 7133.

[12] Gauvreau, D.; Dolman, S. J.; Hughes, G.; et al. *J. Org. Chem.* **2010**, *75*, 4078.

[13] Mukhopadhyay, S.; Zerella, M.; Bell, A. T. *Adv. Synth. Catal.* **2005**, *347*, 1203.

[王勇，陈超*，清华大学化学系；CC]

[(1S,2S,5R)-5-甲基-2-(1-甲基乙基)环己基]二苯基膦

【英文名称】 [(1S,2S,5R)-5-Methyl-2-(1-methylethyl)cyclohexyl]diphenylphosphine

【分子式】 $C_{22}H_{29}P$

【分子量】 324.44

【CAS 登录号】 [43077-29-8]

【缩写和别名】 (S)-NMDPP, (+)-NMDPP, (+)-(S)-NMDPP, (+)-(S)-Neomenthyldiphenylphosphine

【结构式】

【物理性质】 白色晶体，mp 98~99 ℃。溶于苯、DCM、EtOAc、THF、$CHCl_3$ 等有机溶剂，微溶于 CH_3OH、C_2H_5OH。

【制备和商品】 国内外化学试剂公司均有销售。可通过氯代薄荷醇与二苯基膦[1]或三苯基膦[2]反应制得。

【注意事项】 该试剂对氧气敏感，需在无氧条件下操作。在 N_2 保护下，可通过甲醇或乙醇重结晶来纯化。

(S)-NMDPP 在有机合成中主要被用作不对称催化反应中的手性配体。这种单齿手性膦配体与过渡金属形成的配合物在炔和醛的不对称还原偶联、烯烃的不对称氢化、烯烃羰基化及手性杂环化合物的合成等反应中均有应用。

不对称催化炔和醛的还原偶联 (S)-NMDPP 是一种高效手性配体。如式 1 所示[3]：在 Ni(cod)$_2$/(S)-NMDPP 的作用下，使用三乙基硼为还原剂，炔化合物和异丁醛能以 96% ee 得到反式加成的烯丙醇类产物。当以 α-烷氧基醛作为底物时，使用 (S)-NMDPP 为配体，高区域选择性和立体选择性地得到醇类衍生物 (式 2)[4]。

$$(1)$$

$$(2)$$

不对称催化烯烃氢化 在早期的研究中，(S)-NMDPP 也被应用到烯烃的不对称氢化中。如式 3 所示[5]：在铑催化剂的存在下，(E)-β-甲基肉桂酸能以 61% ee 得到 (S)-3-苯基丁酸。而当以 (E)-α-甲基肉桂酸为底物时，该反应能以定量的产率，60% ee 获得还原氢化产物 (式 4)[6]。

$$(3)$$

$$(4)$$

烯烃的不对称羰基化 (S)-NMDPP 在烯烃的羰基化反应中也表现出了良好的立体选择性。如式 5[7] 所示：使用钯与 (S)-NMDPP 生成的配合物催化降冰片烯的羰基化反应，能够以定量的转化率得到单一 exo-型产物。苯乙烯的羰基化也能得到中等的 ee 值 (式 6)[8]。

$$(5)$$

$$(6)$$

Pd-NMDPP 催化的不对称环化反应 如式 7 所示[9]：在烯丙基碳酸酯的分子内不对称环化反应中，(S)-NMDPP 与零价钯形成的配合物在低温时能以中等的产率和对映选择性得到环化产物。而当反应温度升高到 0 ℃ 时，该反应在产率大幅提升的同时，依然能保持中等的对映选择性。在 Pd(Ⅱ)-NMDPP 配合物的催化下，取代酰胺经不对称环化过程能以 75% 的产率和 53% ee 得到氮甲基吲哚酮类化合物 (式 8)[10]。

$$(7)$$

$$(8)$$

参 考 文 献

[1] Honaker, M. T.; Sandefur, B. J.; Hargett , J. L.; et al. *Tetrahedron Lett.* **2003**, *44*, 8373.

[2] Beaumont, A. J.; Kiely, C.; Rooney, A. D. *J. Fluorine Chem.* **2001**, *108*, 47.

[3] Miller, K. M.; Huang, W.-S.; Jamison, T. F. *J. Am. Chem. Soc.* **2003**, *125*, 3442.

[4] Luanphaisarnnont, T.; Ndubaku, C. O.; Jamison, T. F. *Org. Lett.* **2005** , *7*, 2937.

[5] Morrison, J. D.; Burnett, R. E.; Aguiar, A. M.; et al. *J. Am. Chem. Soc.* **1971**, *93*, 1301.

[6] Aguiar, A. M.; Morrow, C. J.; Morrison, J. D.; et al. *J. Org. Chem.* **1976**, *41*, 1545.

[7] Blanco, C.; Godard, C.; Zangrando, E.; et al. *Dalton Trans.* **2012**, *41*, 6980.

[8] Cometiti, G.; Chiusoli G. P. *J. Organomet. Chem.* **1982**, *236*, C31.

[9] Labrosse, J.-R.; Poncet, C.; Lhoste, P.; Sinou, D. *Tetrahedron: Asymmetry* **1999**, *10*, 1069.

[10] Lee, S.; Hartwig, J. F. *J. Org. Chem.* **2001**, *66*, 3402.

[王波，清华大学化学系；WXY]

N-甲基咪唑

【英文名称】 *N*-Methylimidazole

【分子式】 $C_4H_6N_2$

【分子量】 82.1

【CAS 登录号】 [616-47-7]

【缩写和别名】 DY，NSC，NMI，*N*-MIM

【结构式】

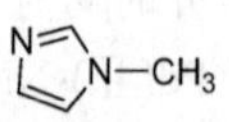

【物理性质】 无色透明液体。 bp 198 ℃/1.0 mmHg，ρ 1.03 g/cm^3。可溶于乙醚，与水混溶。

【制备和商品】 试剂公司均有销售。可以通过乙二醛、甲醛、氨气与甲胺缩合得到 (式 1)[1]，也可以通过咪唑的甲基化得到。

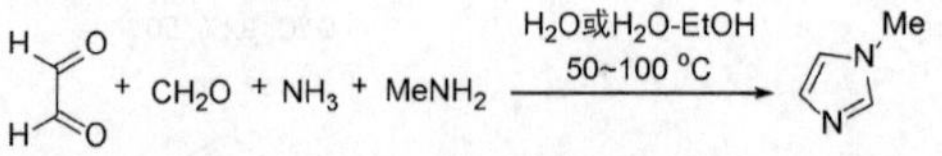

【注意事项】 该试剂具有一定的吸湿性，对空气和湿气敏感。一般在常温下储存。

N-甲基咪唑 (NMI) 作为溶剂、助催化剂、金属配合物的配体、Brønsted 碱或 Lewis 碱催化剂等，可以被广泛应用于有机化学反应的研究中。同时，*N*-甲基咪唑可以作为离子液体的前体、电子受体或者合成的中间产物，参与形成多种酶的活性中心。现在，*N*-甲基咪唑已被广泛应用于一些重要目标化合物的合成。

使用 *N*-甲基咪唑可以完成异硫氰酸盐的原位合成，在反应中通过最后一步释放出 *N*-甲基咪唑得到环状产物。因此，可以通过加入催化量的 *N*-甲基咪唑提高 1,3-噁唑啉-2-硫酮的功能化合物的合成产率 (式 2)[2]。

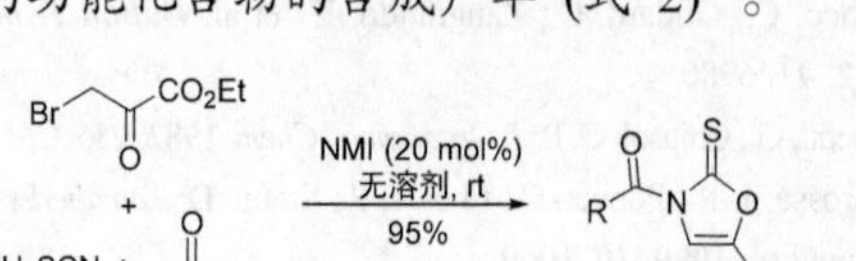

在 *N*-甲基咪唑的催化下，α,β-不饱和羰基化合物可以与 *N*-杂环化合物进行氮杂-Michael 加成反应，得到 1,4-加成产物。该反应时间短，产率高 (式 3)[3]。

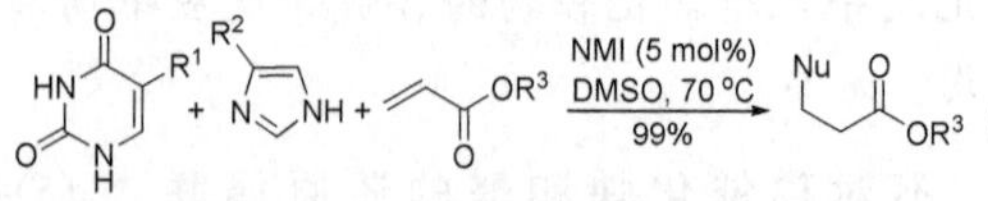

作为手性离子液体合成的关键步骤，*N*-甲基咪唑可以在水介质中，非常有效地催化芳香醛的环氧反应 (式 4)[4]。

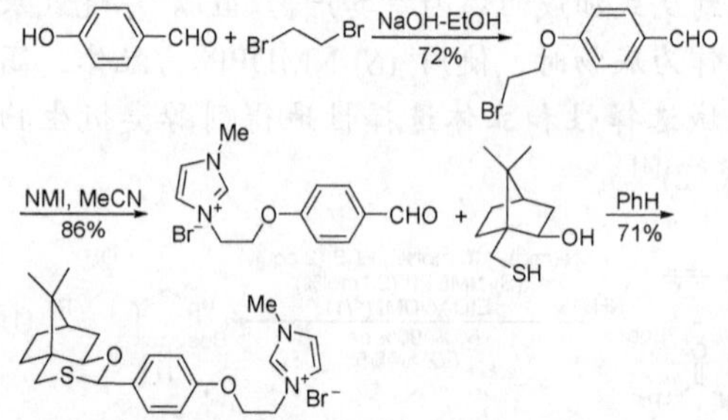

N-甲基咪唑可以与六甘醇的衍生物发生反应，生成六甘醇取代的 *N*-甲基咪唑基离子液体。在碱敏性底物的亲核氟化作用中，这种离子液体是一种非常高效的催化剂 (式 5 和式 6)[5]。

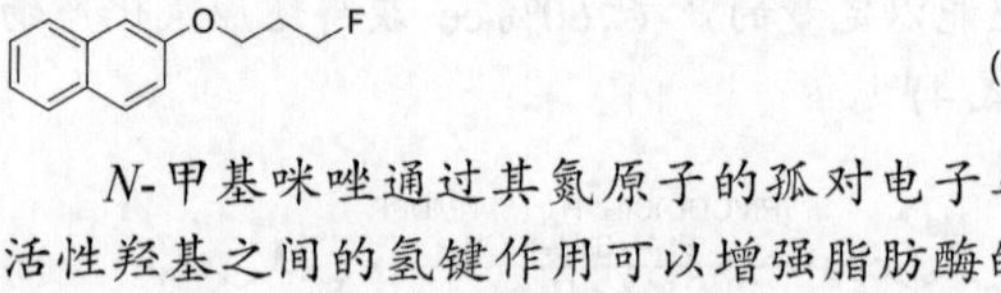

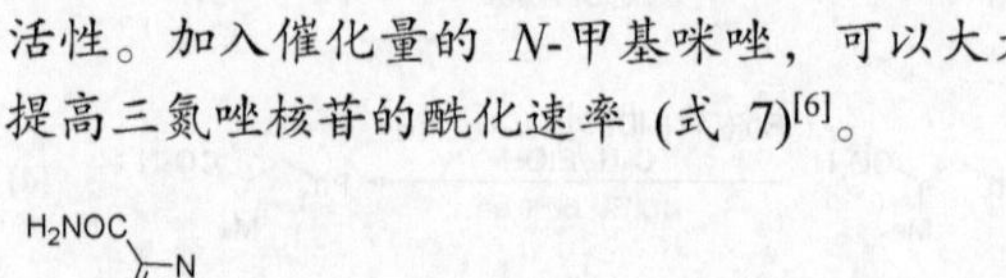

N-甲基咪唑通过其氮原子的孤对电子与活性羟基之间的氢键作用可以增强脂肪酶的活性。加入催化量的 *N*-甲基咪唑，可以大大提高三氮唑核苷的酰化速率 (式 7)[6]。

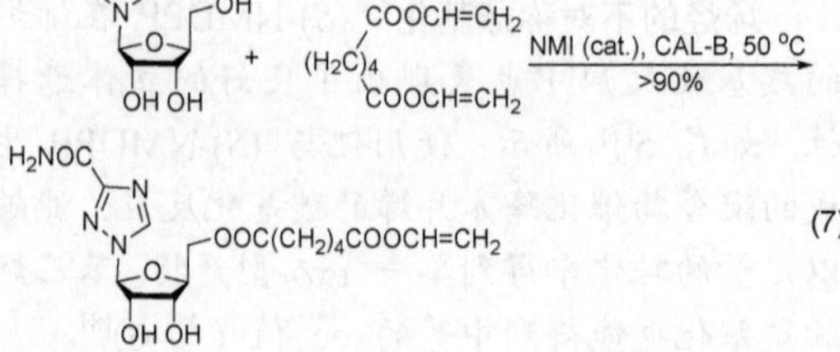

N-甲基咪唑可以用于合成蒽基取代的芳基胺。该反应是原位生成的苯炔和 *N*-甲基咪唑衍生物进行的串联 Diels-Alder 反应和分子间的亲核偶联反应 (式 8)[7]。

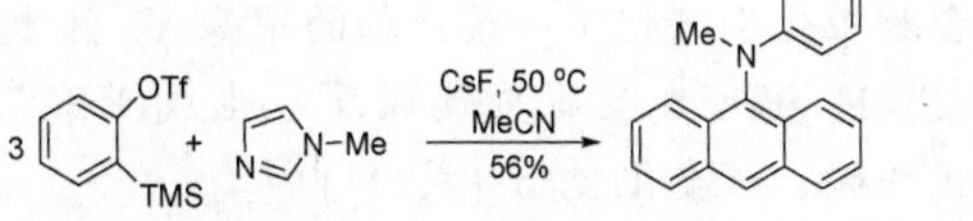

(8)

由 *N*-甲基咪唑形成新的手性 *N*-杂环卡宾化合物，可以与银和金形成金属大环配合物 (式 9)[8]。

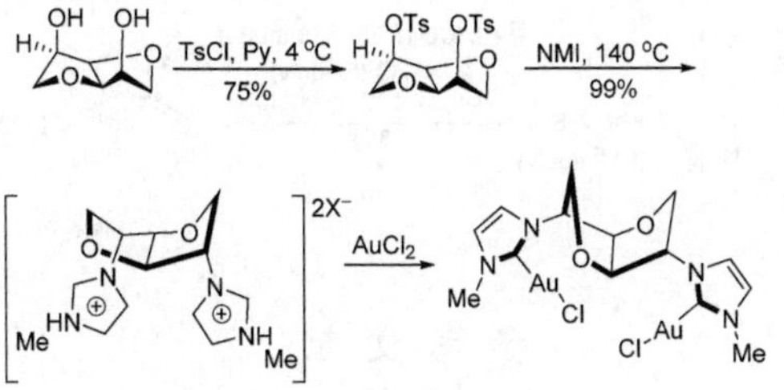

(9)

参 考 文 献

[1] Ebel, K.; Koehler, H.; Gamer, A. O.; Jäckh, R. *Imidazole and Derivatives*, In *Ullmann's Encyclopedia of Industrial Chemistry* Wiley-VCH: Weinheim, 2002.

[2] Yavari, I.; Hossaini, Z.; Souri, S.; Sabbaghan, M. *Synlett* **2008**, 1287.

[3] Liu, B. K.; Wu, Q.; Qian, X. Q.; et al. *Synthesis* **2007**, 2653.

[4] Li, J.; Hu, F.; Xie, X. K.; et al. *Catal. Commun.* **2009**, *11*, 276.

[5] Jadhav, V. H.; Jeong, H. J.; Lim, S. T.; et al. *Org. Lett.* **2011**, *13*, 2502.

[6] Liu, B. K.; Wu, Q.; Xu, J. M.; Lin, X. F. *Chem. Commun.* **2007**, 295.

[7] Xie, C.; Zhang, Y. *Org. Lett.* **2007**, *9*, 781.

[8] Carcedo, C.; Knight, J. C.; Pope, S. J. A.; et al. *Organometallics* **2011**, *30*, 2553.

[梁云，巨勇*，清华大学化学系；JY]

甲基硼酸

【英文名称】 Methylboronic acid

【分子式】 $CH_3B(OH)_2$，CH_5BO_2

【分子量】 59.86

【CAS 登录号】 [13061-96-6]

【缩写和别名】 三甲基硼酸

【结构式】

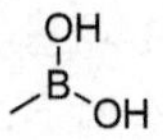

【物理性质】 白色结晶性粉末，mp 96~100 °C。溶于水，易吸湿。

【制备和商品】 国内外化学试剂公司均有销售。可由三氧化二硼与三甲基硼烷在 300 °C 下合成三聚甲基硼酸，再通过水解三聚甲基硼酸的四氢呋喃溶液制得[1]。亦可通过甲基锂或甲基镁格氏试剂与硼酸酯发生化学计量的取代反应得到单甲基化硼酸酯，再使用化学计量的氯化氢乙醚溶液进行水解而得[2]。

甲基硼酸是一种烷基硼酸试剂，对水和空气敏感。常被作为甲基化试剂使用，被广泛应用于 Suzuki-Miyaura 偶联反应、金属催化甲基化反应以及硼酸酯的合成。甲基硼酸可与1,2-二醇发生脱水反应生成硼酸盐[3]，如与频哪醇反应生成甲基硼酸频哪醇盐 (式 1)。

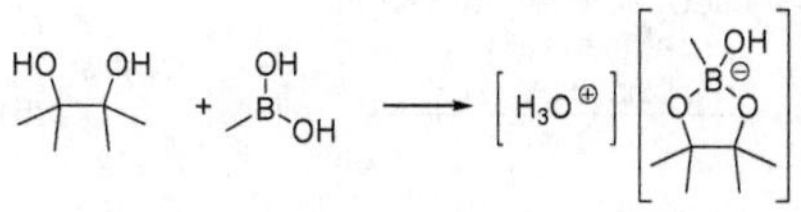

(1)

在 *t*-BuOH 溶剂中，以苯醌 (BQ) 为氧化剂，$Pd(OAc)_2/Ag_2CO_3$ 能催化甲基硼酸与苯甲酸邻位 C–H 键的甲基化反应 (式 2)[4]。在相似的反应条件下，以嘧啶基为导向基团，甲基硼酸与吲哚 2-位 C–H 键也能进行甲基化反应 (式 3)[5]。

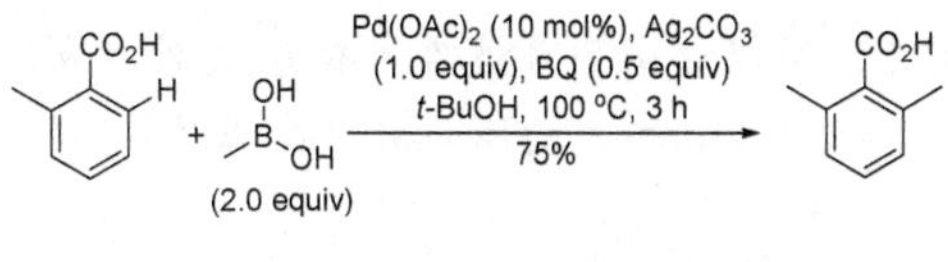

(2)

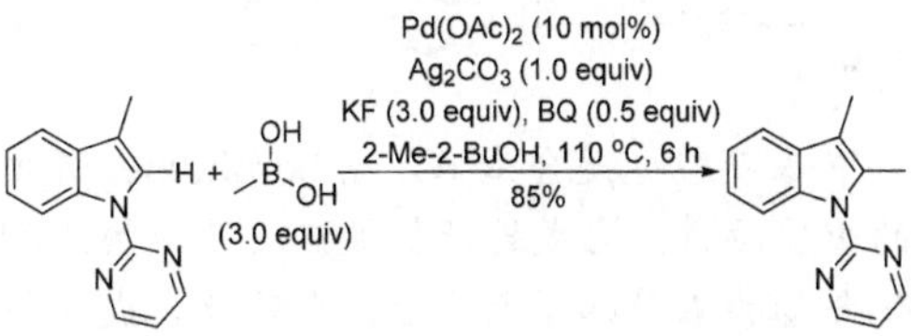

(3)

甲基硼酸在 Pd(dppf)Cl$_2$/Ag$_2$O 的催化作用下，可与碘代烯烃发生 Suzuki-Miyaura 偶联反应 (式 4)[6]，得到相应的甲基化产物。缺电子杂芳环，如：3-硝基-2-氯-吡啶与甲基硼酸在 Pd(PPh$_3$)$_4$ 的催化下，也可以较高产率地得到 Suzuki-Miyaura 偶联反应的甲基化产物 (式 5)[7]。

$$\text{(4)}$$

$$\text{(5)}$$

在铜盐存在下，甲基硼酸是杂原子-氢键的有效甲基化试剂。如在碱式碳酸铜催化下，苯甲酸衍生物高效发生酯化反应，生成相应的甲酯衍生物 (式 6)[8]。在化学计量的 Cu(OAc)$_2$ 以及过量的吡啶存在下，芳胺的氨基 N–H 键也可进行甲基化反应 (式 7)[9]。

$$\text{(6)}$$

$$\text{(7)}$$

基于环状顺-1,2-二醇有利于与甲基硼酸反应生成五元环硼酸酯，而环状反-1,2-二醇不发生反应，所以该试剂可被作为拆分试剂，应用于环丁-1,2-二醇的异构体拆分 (式 8)[10]。

$$\text{(8)}$$

甲基硼酸也是合成 Oxazaborolidine 衍生物的重要原料，生成的产物被广泛地应用于酮类化合物的不对称还原反应，在药物合成中得到广泛的应用 (式 9)[11]。

$$\text{(9)}$$

此外，甲基硼酸可以与双 N–H 键进行缩合脱水反应形成含硼杂环产物 (式 10)。在钌配合物催化剂催化下，该产物的甲基 C–H 键与 Si–H 键可发生脱氢偶联反应生成亚甲基连接的硼、硅类化合物 (式 11)[12]。

$$\text{(10)}$$

$$\text{(11)}$$

参 考 文 献

[1] Wester, D. W.; Barton, L. *Org. Prep. Proced. Int.* **1971**, *3*, 191

[2] Brown, H. C.; Cole, T. E. *Organometallics* **1985**, *4*, 816.

[3] Pizer, R.; Tihal, C. *Inorg. Chem.* **1992**, *31*, 3243.

[4] Giri, R.; Maugel, N.; Li, J.-J.; et al. *J. Am. Chem. Soc.* **2007**, *129*, 3510.

[5] Tu, D.; Cheng, X.; Gao, Y.; et al. *Org. Biomol. Chem.* **2016**, *14*, 7443.

[6] Zou, G.; Reddy, Y. K.; Falck, J. *Tetrahedron Lett.* **2001**, *42*, 7213.

[7] Niu, C.; Li, J.; Doyle, T. W.; Chen, S.-H. *Tetrahedron* **1998**, *54*, 6311.

[8] Jacobson, C. E.; Martinez-Muñoz, N.; Gorin, D. J. *J. Org. Chem.* **2015**, *80*, 7305.

[9] González, I.; Mosquera, J.; Guerrero, C.; et al. *Org. Lett.* **2009**, *11*, 1677.

[10] Roy, C. D.; Brown, H. C. *Tetrahedron Lett.* **2007**, *48*, 1959.

[11] Mathre, D. J.; Jones, T. K.; Xavier, L. C.; et al. *J. Org. Chem.* **1991**, *56*, 751.

[12] Ihara, H.; Ueda, A.; Suginome, M. *Chem. Lett.* **2011**, *40*, 916.

[华瑞茂，清华大学化学系；HRM]

O-甲基羟胺

【英文名称】 *O*-Methylhydroxylamine

【分子式】 CH$_5$NO

【分子量】 47.07

【CAS 登录号】 [67-62-9]

【缩写和别名】 Methoxyamine

【结构式】

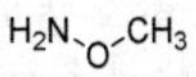

【物理性质】 mp −86.4 ºC，bp 48.1 ºC，pK_b = 9.40。能与水、乙醇、乙醚、正己烷等混溶。*O*-甲基羟胺常以盐酸盐形式存在，其盐酸盐为白色固体，mp 149 ºC。

【制备和商品】 该试剂的盐酸盐在国内外化学试剂公司均有销售。

【注意事项】 遇明火可燃，与氧化剂反应，吸入和接触皮肤有毒。是高毒物品。在通风橱中使用。

O-甲基羟胺是一种重要的有机合成试剂。由于其自身既具有亲核性又具有亲电性，因而被广泛应用于有机合成领域中。将 *O*-甲基羟胺的盐酸盐加入到醛或酮中可以很容易地引入甲氧基氨基 (式 1)[1]。甲氧基氨基常被用作醛和酮的保护基，防止碱与羰基发生作用。如式 2 所示[2]：向底物中加入甲氧基胺的盐酸盐会发生开环反应，生成相应的肟。

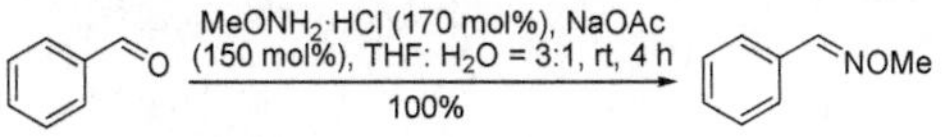
MeONH2·HCl (170 mol%), NaOAc
(150 mol%), THF: H2O = 3:1, rt, 4 h
100%
NOMe

(1)

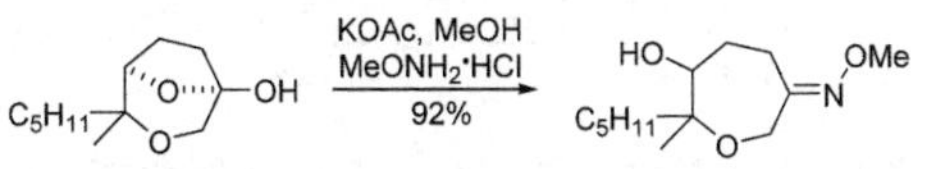
KOAc, MeOH
MeONH2·HCl
92%
C5H11
OH
HO
OMe
N

(2)

此外，*O*-甲基羟胺可以作为“$-NH_2^+$”合成子，作为亲电型试剂参与多种氨基化反应。在 CuCl 的催化下下，*O*-甲基羟胺可以直接对硝基苯进行直接氨基化反应 (式 3)[3]。尽管通常情况下硝基是一种间位定位基，但在该反应中，生成对位取代的产物更为有利。

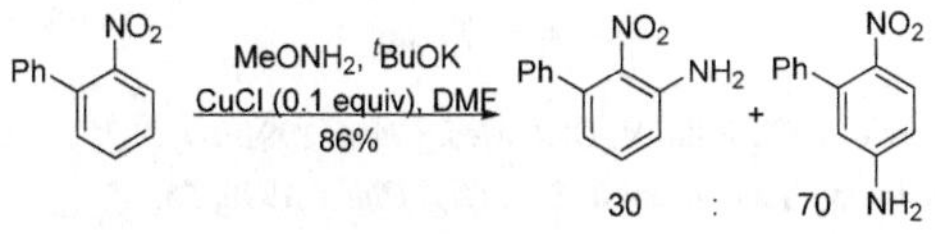
MeONH2, tBuOK
CuCl (0.1 equiv), DMF
86%
Ph
NO2
NH2
30
70

(3)

在氯化锌的作用下，使用 *O*-甲基羟胺也可以在硝基吡啶分子中硝基的邻位发生取代反应 (式 4)[4]。

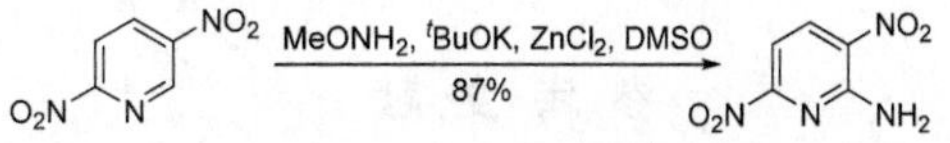
NO2
O2N
N
MeONH2, tBuOK, ZnCl2, DMSO
87%
NH2

(4)

O-甲基羟胺也可以作为“$-NH^+$”合成子，生成形式上的亲电胺化的产物。例如，甲氧基胺可以在手性稀土配合物的催化下与 *α,β*-不饱和烯烃发生手性氮杂迈克尔加成反应。使用 *O*-甲基羟胺作为胺化试剂时，镱和镝的配合物对于此类反应的催化作用更为显著 (式 5)[5]。

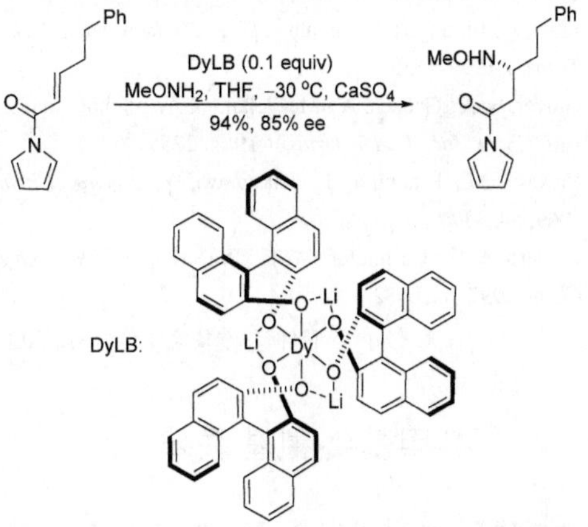
Ph
DyLB (0.1 equiv)
MeONH2, THF, -30 ºC, CaSO4
94%, 85% ee
MeOHN
O
N
DyLB:
Li
Dy

(5)

由于 $MeONH_2$ 具有两亲性，同时具有亲电性和亲核性，因此可以被用来合成氨基苯并咪唑类化合物。如式 6 所示[6]：向 3-硝基苯基异硫氰酸酯中加入胺可以得到硫脲类化合物，再加入甲氧基胺可以顺利地得到胍。

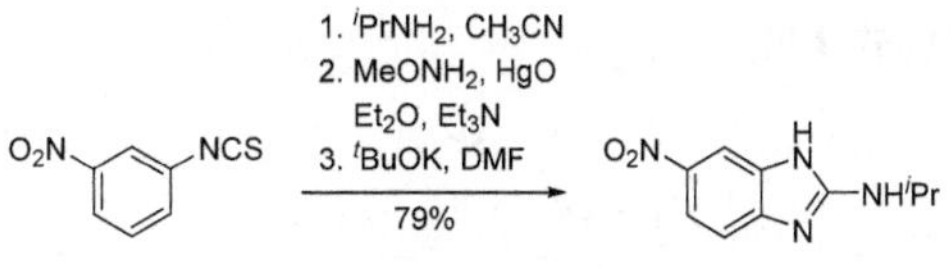
1. iPrNH2, CH3CN
2. MeONH2, HgO
Et2O, Et3N
3. tBuOK, DMF
79%
O2N
NCS
H
N
NHiPr

(6)

甲氧基酰胺中的甲氧基具有极强的给电子能力，可以促进 *N*-甲氧基-*N*-酰基氮正离子的形成[7,8]。在众多经由甲氧基酰胺生成氮正离子的方法中，最简便高效的就是使用双(三氟甲基)碘苯直接作为氧化剂。氮正离子作为一种强的亲电试剂可以将链状前体经过芳香亲电取代反应转化为环状酰胺或环状脲类化合物 (式 7)[9]。

$$\text{(7)} \quad 78\%$$

参 考 文 献

[1] Pilgrim, B. S.; Gatland, A. E.; Esteves, C. A.; et al. *Org. Biomol. Chem.* **2016**, *14*, 1065.

[2] Wachter, M. P.; Hajos, Z. G.; Adams, R. E.; Werblood, H. M. *J. Org. Chem.* **1985**, *50*, 2216.

[3] Seko, S.; Miyake, K.; Kawamura, N. *J. Chem. Soc., Perkin Trans. 1* **1999**, 1437.

[4] Seko, S.; Miyake, K. *Chem. Commun.* **1998**, 1519.

[5] Yamagiwa, N.; Qin, H.; Matsunaga, S.; Shibasaki, M. *J. Am. Chem. Soc.* **2005**, *127*, 13419.

[6] Esser, F.; Ehrengart, P.; Ignatow, H. P. *J. Chem. Soc., Perkin Trans. 1* **1999**, 1153.

[7] Glover, S. A.; Goosen, A.; McCleland, C.W.; Schoonraad, J. L. *J. Chem. Soc., Perkin Trans. 1* **1984**, 2255.

[8] Kawase, M.; Kitamura, T.; Kikugawa, Y. *J. Org. Chem.* **1989**, *54*, 3394.

[9] Romero, A. G.; Darlington, W. H.; McMillan, M. W. *J. Org. Chem.* **1997**, *62*, 6582.

[张博，清华大学化学系；XCJ]

4′-甲基-2-氰基联苯

【英文名称】 4′-Methyl-2-cyanobiphenyl

【分子式】 $C_{14}H_{11}N$

【分子量】 193.24

【CAS 登录号】 [114772-53-1]

【缩写和别名】 沙坦联苯，OTBN

【结构式】

【物理性质】 mp 49 °C，ρ 1.17 g/cm^3。白色或类白色结晶性粉末。

【制备和商品】 国内外试剂公司均有销售。

【注意事项】 该试剂密封避光保存。

4′-甲基-2-氰基联苯又名沙坦联苯 (OTBN)，是最新一代抗高血压药沙坦类药物的关键中间体化合物。文献报道：该化合物可以在过渡金属 Pd、Ni 等试剂的催化下通过偶联反应制备。对沙胆联苯进行官能团修饰后，可以得到生物利用度更高和药物活性更好的抗高血压药物。

合成 4′-甲基-2-氰基联苯的方法有多种[1~4]。如式 1 所示[5]：在碱性条件下，使用 $PdCl_2$ 催化 4-甲基苯硼酸与 2-氯苄腈发生 Suzuki 偶联反应可制备该化合物。该方法具有合成路线短和反应效率高的优点。

$$\text{(1)}$$

在 Cu-Zn 纳米合金粉末催化下，4′-甲基-2-氰基联苯中的氰基可以与 NaN_3 发生 [3+2] 环加成反应得到 $1H$-四氮唑产物 (式 2)[6,7]。

$$\text{(2)}$$

在碱性条件下，4′-甲基-2-氰基联苯发生水解可以得到降压效果更好的沙坦类化合物 (式 3)[8,9]。

$$\text{(3)}$$

在过渡金属 Pd 和 Ag 试剂的催化下，4′-甲基-2-氰基联苯通过分子内成环反应得到芴酮产物 (式 4)[10]。

$$\text{(4)}$$

参 考 文 献

[1] David, J. C.; John, V. D. *J. Med. Chem.* **1991**, *34*, 2525.

[2] Sain, B.; Sandhu; Jagir, S. *J. Org. Chem.* **1990**, *55*, 45.

[3] Akira, M.; Yuki, N.; Atsushi, A. *J. Med. Chem.* **1991**, *34*,

2919.

[4] Herrmann, W. A.; Brossmer, C.; Oefele, K. *Angew. Chem. Int. Ed.* **1995**, *34*, 44.

[5] Huang, Y.-T.; Tang, X.; Yang, Y.; Shen, D.-S. *Appl. Organomet. Chem.* **2012**, *26*, 701.

[6] Hui, X.-P.; Sun, D.-G.; Xu, P.-F. *J. Chin. Chem. Soc.* **2007**, *54*, 795.

[7] Aridoss, G.; Laali, Kenneth K. *Eur. J. Org. Chem.* **2011**, *31*, 6343.

[8] Bruno, C.; Carocci, A. *Arch. Pharm.* **2011**, *344*, 617.

[9] Abou, E. E.; Dalal, A. *J. Med. Chem.* **2006**, *49*, 1526.

[10] Hsieh, J.-C.; Huang, J.-M. *Org. Lett.* **2013**, *15*, 2742.

[陈静，陈超*，清华大学化学系；CC]

7-甲基-1,5,7-三氮杂二环[4.4.0]癸-5-烯

【英文名称】 7-Methyl-1,5,7-triazabicyclo[4.4.0]dec-5-ene

【分子式】 C$_8$H$_{15}$N$_3$

【分子量】 153.22

【CAS 登录号】 [84030-20-6]

【缩写和别名】 MTBD, 1,3,4,6,7,8-Hexahydro-1-methyl-2*H*-pyrimido[1,2-*a*]pyrimidine，1-Methyl-pyrimido[1,2-*a*]pyridine

【结构式】

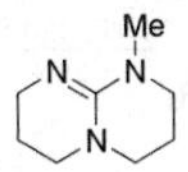

【物理性质】 bp 298.7 $^{\circ}$C/760 mmHg，75~79 $^{\circ}$C/0.1 mmHg，ρ 1.067 g/cm^3。溶于甲苯、二氯甲烷、DMF 等有机溶剂。

【制备和商品】 大型试剂公司均有销售。

【注意事项】 本品在常温下稳定，建议密封干燥保存。在通风橱中操作，佩戴相应的防护用具。

7-甲基-1,5,7-三氮杂二环[4.4.0]癸-5-烯(MTBD) 作为一种碱，可应用到多种有机反应中。如式 1 所示[1]，在 MTBD 的存在下，对硝基苯甲醛与 Wittig 试剂在室温下反应，可生成相应的烯。

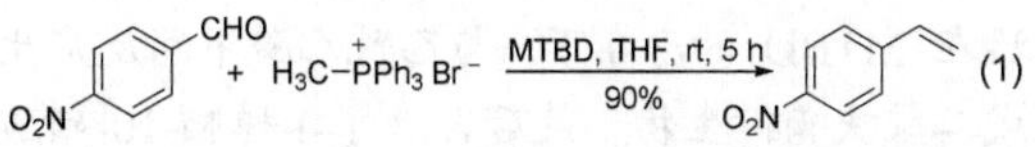

在羧酸的酯化反应中，MTBD 也常被用作碱。例如，在缩合剂 COMU 的存在下，以 MTBD 为碱，苯甲酸与异丙醇在 DMF 中于室温下反应，可以较好产率制备苯甲酸异丙酯 (式 2)[2]。

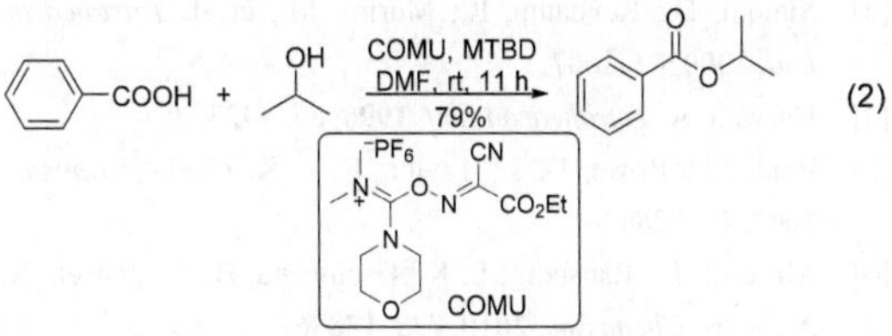

在一些亲核加成反应中，MTBD 也可作为碱使用。如式 3 所示[3]，在 MTBD 的存在下，环己酮可与硝基甲烷发生亲核加成反应。在 MTBD 的作用下，其它亲核试剂，如 N、P 亲核试剂也能与不饱和键发生加成[3,4]。

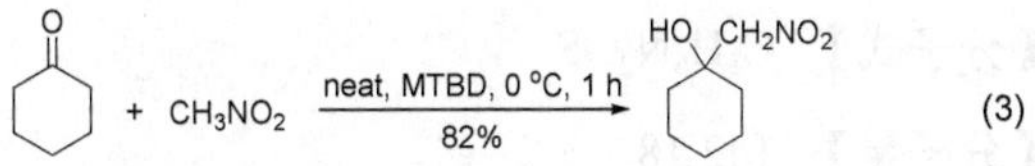

在使用二氧化锰将醇氧化为醛时，如果在体系中加入 Wittig 试剂和 MTBD，可一锅法制备烯 (式 4)[5]。

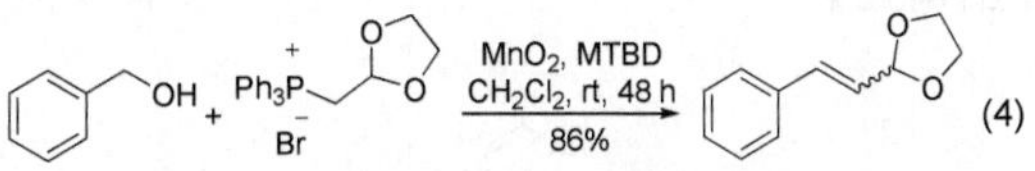

MTBD 在一些杂环化合物的合成中也有应用。如式 5 所示[6]，在由 α,β 不饱和醛与 1,3-二羰基化合物反应合成呋喃衍生物的过程中也用到了 MTBD。首先在手性有机胺催化剂的作用下，双氧水对 α,β 烯醛进行不对称环氧化。然

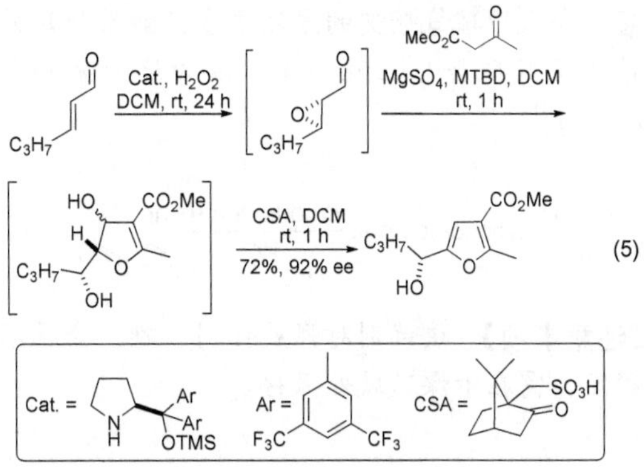

后在 MTBD 的存在下，与乙酰乙酸甲酯反应生成二氢呋喃衍生物。最后再以 (–)-樟脑-10-磺酸 (CSA) 作为催化剂，脱水而形成呋喃衍生物。

参 考 文 献

[1] Simoni, D.; Rossi, M.; Rondanin, R.; et al. *Org. Lett.* **2000**, *2*, 3765.

[2] Twibanire, J. A. K.; Grindley, T. B. *Org. Lett.* **2011**, *13*, 2988.

[3] Simoni, D.; Rondanin, R.; Morini, M.; et al. *Tetrahedron Lett.* **2000**, *41*, 1607.

[4] Horváth, A. *Tetrahedron Lett.* **1996**, *37*, 4423.

[5] Reid, M.; Rowe, D. J.; Taylor, R. J. K. *Chem. Commun.* **2003**, *18*, 2284.

[6] Albrecht, Ł.; Ransborg, L. K.; Gschwend, B.; Jørgensen, K. A. *J. Am. Chem. Soc.* **2010**, *132*, 17886.

[张皓，付华*，清华大学化学系；FH]

甲硫氧嘧啶

【英文名称】 Methylthiouracil

【分子式】 $C_5H_6N_2OS$

【分子量】 142.18

【CAS 登录号】 [56-04-2]

【缩写和别名】 Methiocil，甲基硫氧嘧啶

【结构式】

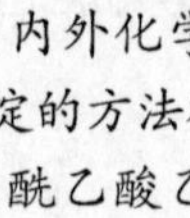

【物理性质】 mp 330 ℃，ρ 1.519 g/cm³。白色粉末，刺激性气味，饱和溶液呈中性或弱酸性。不溶于水，溶于大多数有机溶剂。

【制备和商品】 国内外化学试剂公司均有销售。合成甲硫氧嘧啶的方法很多，最常使用碱催化下的硫脲与乙酰乙酸乙酯的反应来制备 (式 1)[1]。

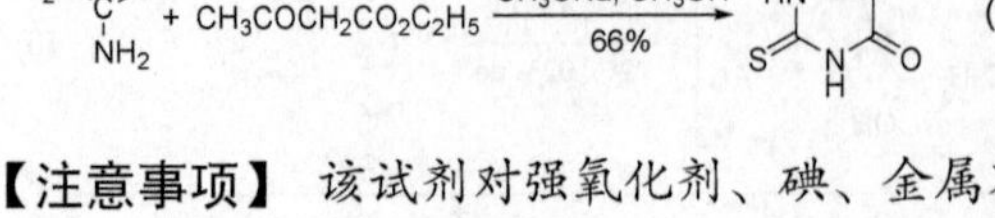

【注意事项】 该试剂对强氧化剂、碘、金属不稳定，需在干燥通风处保存。

甲硫氧嘧啶是一种还原剂，可以与强氧化剂发生反应。该试剂遇金属可形成复合物，容易被碘及其它巯基氧化剂氧化。甲硫氧嘧啶也是一种硫脲类抗甲状腺药物，主要用于抑制甲状腺素的合成[2]。

甲硫氧嘧啶可以下面五种共振式表示 (式 2)。

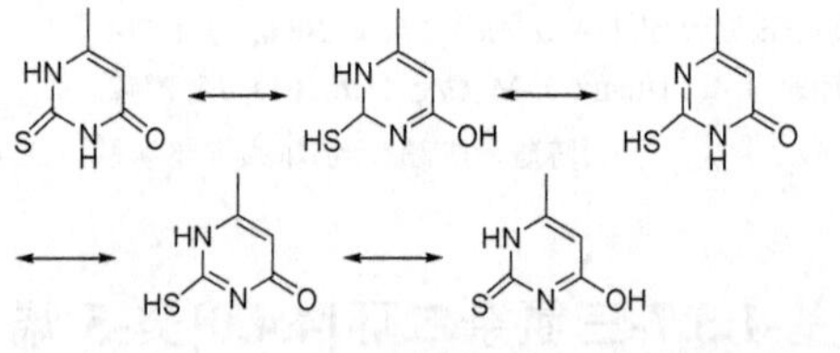

在碱性条件下，甲硫氧嘧啶很容易与卤代物发生偶联反应。该反应可用于合成一些结构复杂的具有生物活性和特殊结构的杂环化合物[3]，在材料和医药领域具有极大的应用。例如：甲硫氧嘧啶与苄氯反应可以得到偶联产物 (式 3)[4]；与 3-氟-5-溴苄溴反应得到关环产物 (式 4)[5]。

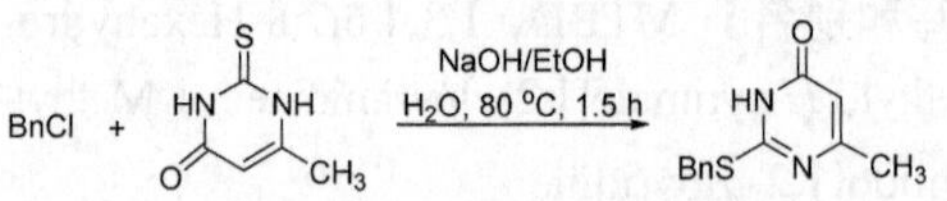

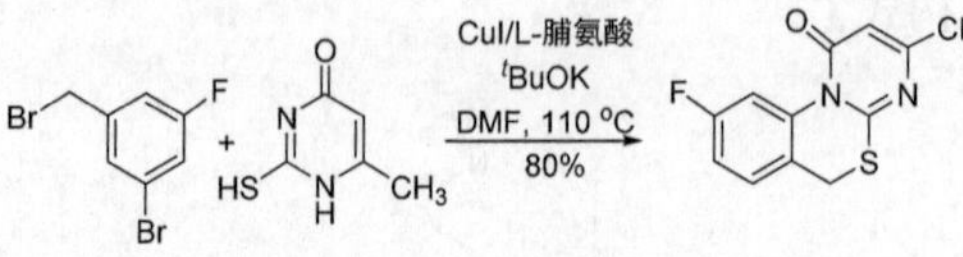

甲硫氧嘧啶还可以作为亲电试剂参与到多组分反应中。具有亲核性的异腈首先与炔烃反应生成活性两性离子，然后再与甲硫氧嘧啶反应生成嘧啶并噻嗪类化合物(式 5)[6]。

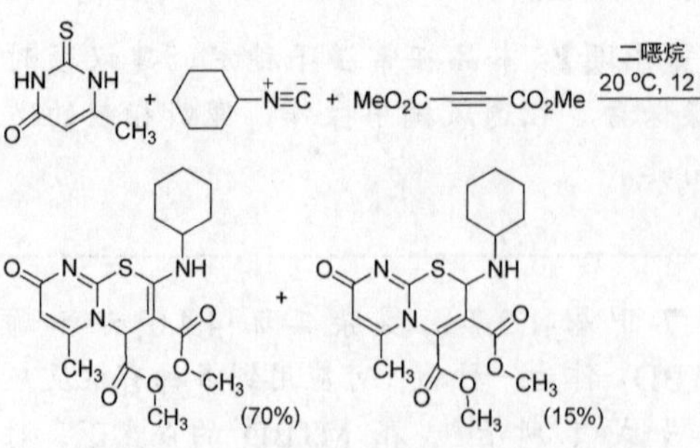

甲硫氧嘧啶在五硫化二磷作用下可以发生硫化反应 (式 6)[7]，而在 2-甲基环氧乙烷存

在下则发生氧化反应 (式 7)[8]。

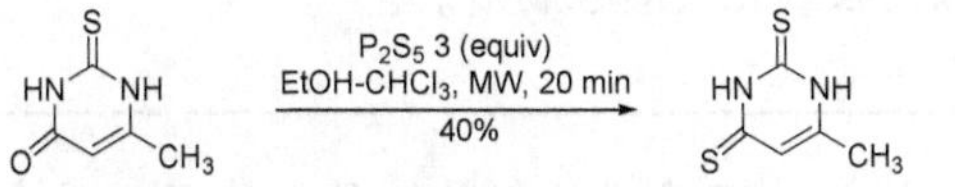

$$ (6) $$

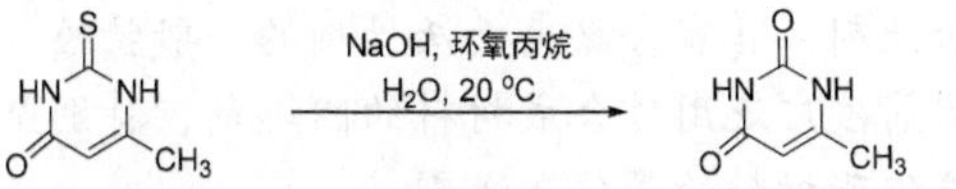

$$ (7) $$

参考文献

[1] Bolourtchian, M.; Mojtahedi, M. M.; Saidi, M. R. *Synth. Commun.* **2002**, *32*, 854.

[2] Chen, F.-E.; Gu, S.-X,; He, Q.-Q. *Bioorg. Med. Chem.* **2011**, *19*, 7093.

[3] Baranauskiene, L.; Capkauskaite, E. *Eur. J. Med. Chem.* **2012**, *51*, 259.

[4] Erkir; Krutikov; Smirnova. *Russ. J. Gen. Chem.* **2008**, *78*, 1944.

[5] Bao, W.-L.; Qian, W.-X.; Wang, R.-H. *Tetrahedron Lett.* **2012**, *53*, 442.

[6] Baghbanian, S. M.; Baharfar, R. *Tetrahedron Lett.* **2011**, *52*, 6018.

[7] Majid M. Heravi.; Ghadin Rajabzadeh. *Synth. Commun.* **2001**, *31*, 2231.

[8] Novakov, I. A.; Orlinson, B. S.; Navrotskii, M. B. *Russ. J. Org. Chem.* **2005**, *41*, 607.

[陈静，陈超*，清华大学化学系；CC]

3-甲氧基-1-丙炔-1-基硼酸频哪醇酯

【英文名称】 3-Methoxy-1-propyn-1-ylboronic acid pinacol ester

【分子式】 $C_{10}H_{17}BO_3$

【分子量】 196.05

【CAS 登录号】 [634196-63-7]

【缩写和别名】 2-(3-甲氧基-1-丙炔-1-基)-4,4,5,5-四甲基-1,3,2-二氧杂硼烷

【结构式】

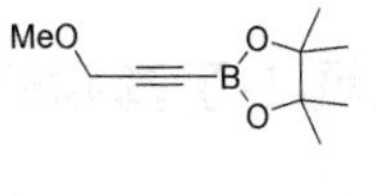

【物理性质】 无色液体，bp 196.2 ℃ 左右，ρ 0.982 g/cm^3，闪点 170 ℃，在 2~8 ℃ 储存。溶于二氯甲烷、乙腈等有机溶剂中。

【制备和商品】 未商品化。制备方法如式 1 所示[1]：

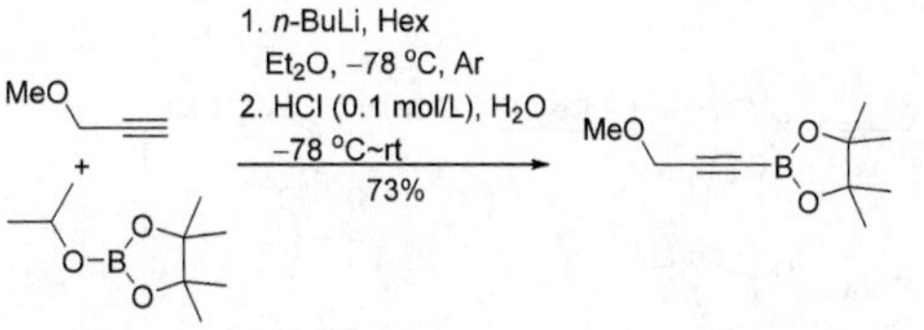

$$ (1) $$

【注意事项】 本品及其溶液对空气和水都十分敏感，需要在干燥、惰性气体中于 2~8 ℃ 下保存，实验时均应在通风橱中进行。

3-甲氧基-1-丙炔-1-基硼酸频哪醇酯能发生自偶联反应，生成 1,3-二炔类化合物。例如在醋酸铜的催化下，3-甲氧基-1-丙炔-1-基硼酸频哪醇酯于空气氛中氧化偶联，得到相应的 1,3-二炔类化合物 (式 2)[2]。

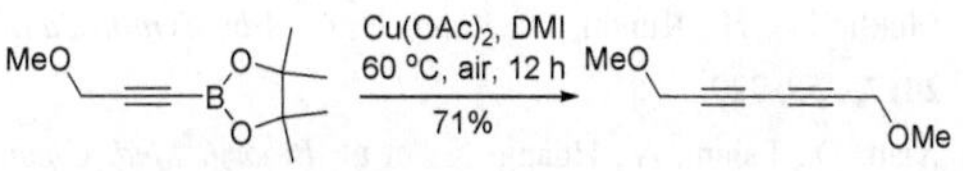

$$ (2) $$

在钌试剂的催化下，3-甲氧基-1-丙炔-1-基硼酸频哪醇酯与端烯发生偶联反应，可制备 1,4-二烯基硼酸频哪醇酯 (式 3)[3]。但在 Grubbs 催化剂的作用下，与端烯反应的产物为 1,3-二烯基硼酸频哪醇酯 (式 4)[4]。

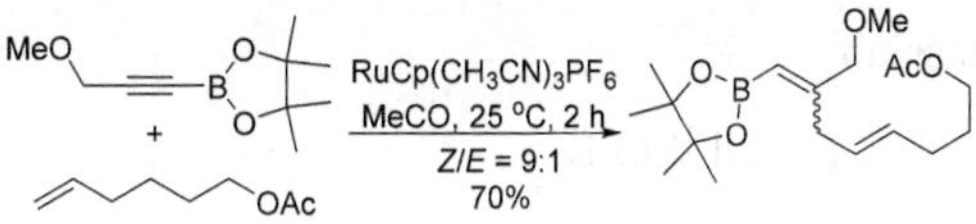

$$ (3) $$

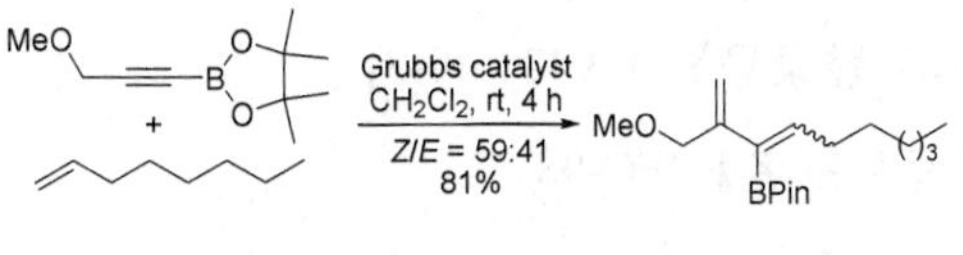

$$ (4) $$

在醋酸铜和碳酸银的共同催化下，3-甲氧基-1-丙炔-1-基硼酸频哪醇酯与芳基硒氰酸酯反应，可制备炔基芳基硒醚类化合物 (式 5)[5]。

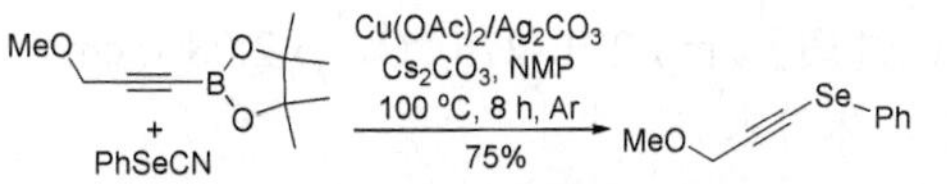

$$ (5) $$

3-甲氧基-1-丙炔-1-基硼酸频哪醇酯可与金属氢化物 (如 HZrCp$_2$Cl) 发生加成反应，生

成金属有机化合物中间体。然后在钯试剂的催化下与芳基卤代烃偶合，可制备相应的烯基硼酸频哪醇酯 (式 6)[6]。

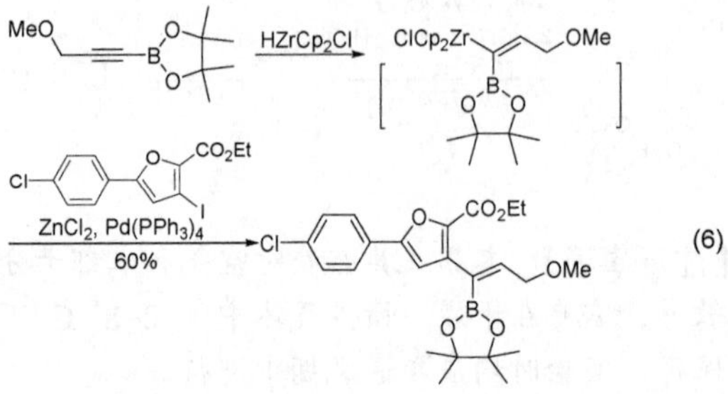

（6）

参 考 文 献

[1] Brown, H. C.; Bhat, N. G.; Srebnik, M. *Tetrahedron Lett.* **1988**, *29*, 2631.

[2] Nishihara, Y.; Okamoto, M.; Inoue, Y.; et al. *Tetrahedron Lett.* **2005**, *46*, 8661.

[3] Hansen, E. C.; Lee, D. *J. Am. Chem. Soc.* **2005**, *127*, 3252.

[4] Kim, M.; Lee, D. *Org. Lett.* **2005**, *7*, 1865.

[5] Mukherjee, N.; Kundu, D.; Ranu, B. C. *Adv. Synth. Catal.* **2017**, *359*, 329.

[6] Xiao, D.; Palani, A.; Huang, X.; et al. *Bioorg. Med. Chem. Lett.* **2013**, *23*, 3262.

[朱先进，付华*，清华大学化学系；FH]

九氟-1-丁基磺酸钾

【英文名称】 Nonafluorobutane sulfonic acid potassium

【分子式】 $C_4F_9SO_3K$

【分子量】 338.19

【CAS 登录号】 [29420-49-3]

【缩写和别名】 FC-98

【结构式】

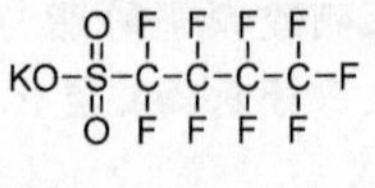

【物理性质】 mp 271~275 ℃，ρ 2.08 g/cm³。白色无味粉末。

【制备和商品】 国内外试剂公司均有销售。一般不在实验室制备。

【注意事项】 储藏区域保持空气的流通，并确保隔离强氧化及酸性物质。

九氟-1-丁基磺酸钾是一种全氟阴离子表面活性剂，具有含氟表面活性剂的一般特性。该试剂被广泛用作合成材料的阻燃剂，特别是聚碳酸酯材料的最佳阻燃剂。

在近年的研究工作中，九氟-1-丁基磺酸钾可以作为原料合成一种实用性很强的含氟离子液体。使用该离子液体作为反应介质，Pd 纳米粒子可以在无配体条件下高效地催化 Heck 反应 (式 1 和式 2)[1~3]。

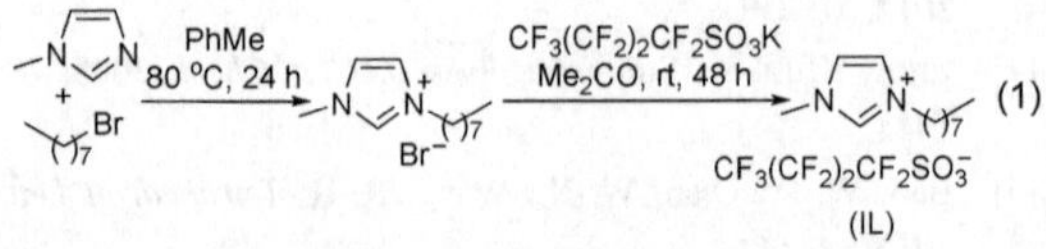

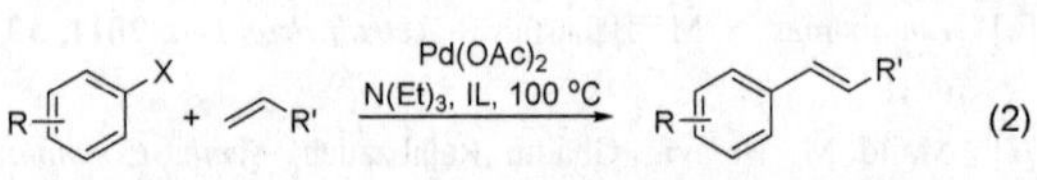

（1）

（2）

此外，利用九氟-1-丁基磺酸钾可以提供全氟丁烷磺酸根阴离子。如式 3 所示[4]：该试剂可以与异喹啉鎓盐发生阴离子交换，生成稳定的有机季铵盐产物。

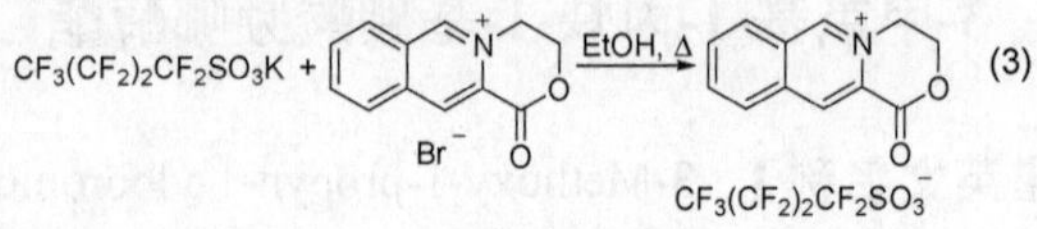

（3）

参 考 文 献

[1] Gaikwad, D. S.; Pore, D. M.; Park, Y. S. *Tetrahedron Lett.* **2012**, *53*, 3077.

[2] Dupont, J.; Scholten, J. D. *Chem. Soc. Rev.* **2010**, *39*, 1780.

[3] Mathews, C. J.; Smith, P. J.; Welton, T. *Chem. Commun.* **2000**, 1249.

[4] Meziane, M. A. A.; Bazureau, J. P. *Synlett* **2001**, *11*, 1703.

[彭静，陈超*，清华大学化学系；CC]

九氟-1-丁基磺酸锂

【英文名称】 Lithium nonafluoro-1-butane sulfonate

【分子式】 $C_4F_9LiO_3S$

【分子量】 306.035

【CAS 登录号】 [131651-65-5]

【缩写和别名】 Lithium perfluorobutane sulfonate

【结构式】

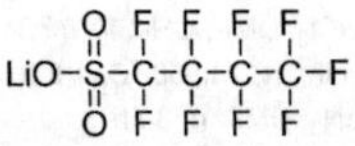

$$\text{LiO-S-C-C-C-C-F}$$

【物理性质】 临界胶束浓度:30.603 g/L (25 °C)。

【制备和商品】 国内外试剂公司均有销售。一般不在实验室制备。

【注意事项】 在避免潮湿和高温环境下储存。

九氟-1-丁烷磺酸锂在传统有机合成领域中的应用比较少。但是在光学材料分子的合成中,该试剂可以很好地提供全氟丁基磺酸根阴离子。如式 1 所示[1]:九氟-1-丁基磺酸锂被用于合成一种在防静电光学材料中具有重要应用的 POS-12 镓盐分子。

$$(1)$$

(POS-12)

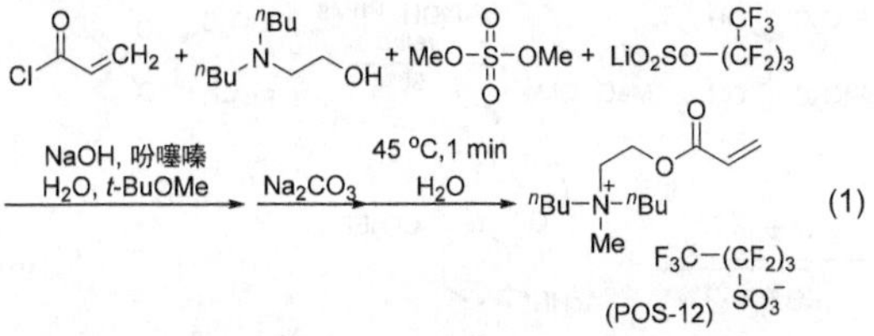

如式 2 所示[1]:九氟-1-丁基磺酸锂可以与丙烯酸酯季铵盐反应,合成另一种光学材料 POS-1。

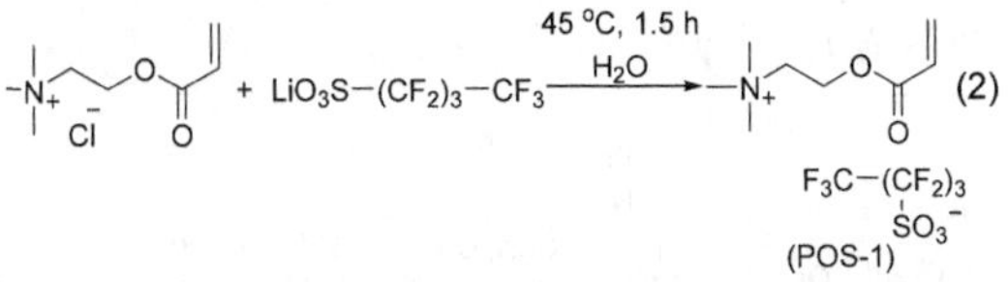

$$(2)$$

(POS-1)

利用九氟-1-丁基磺酸锂与特定的聚合物盐发生阴离子交换,可以合成具有特殊抗水、抗油和抗静电性质的绝缘体化合物 (式 3)[2]。

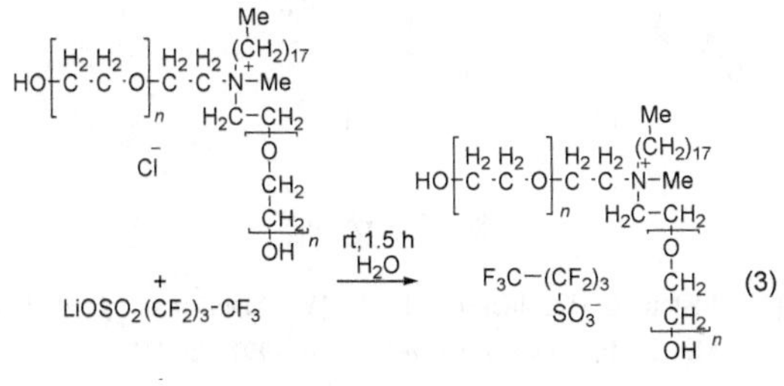

$$(3)$$

此外,九氟-1-丁基磺酸锂在合成含磷材料分子中也具有重要应用 (式 4)[3]。

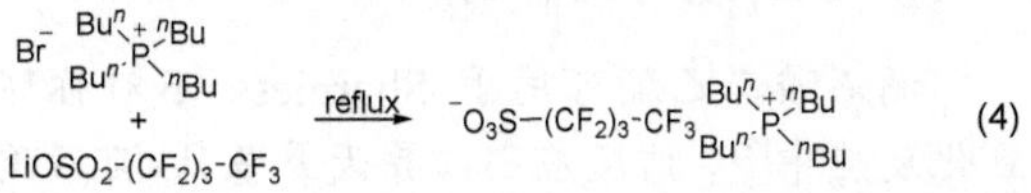

$$(4)$$

理论研究显示:二茂铑与九-氟-1-丁烷磺酸阴离子结合时具有不同的相变和热力学性能[4]。

参 考 文 献

[1] Klun, T. P. *PCT Int. Appl.* **2011**, 2011053709.

[2] Klun, T. P.; Lamanna, W. M. *PCT Int. Appl.* **2003**, 2003041458.

[3] Hoeks, T. L.; Leenders, C. A.; van de Grampel, R. D. **2005**, US 2005/228194

[4] Shota, H.; Yusuke, F.; Tomoyuki, M.; et al. *J. Organomet. Chem.* **2012**, *713*, 35.

[彭静,陈超*,清华大学化学系;CC]

酒石酸二乙酯

【英文名称】 Diethyl tartrate

【分子式】 C$_8$H$_{14}$O$_6$

【分子量】 206.19

【CAS 登录号】 [87-91-2] (L-构型); [13811-71-7] (D-构型)

【缩写和别名】 L-(+)-DET, D-(−)-DET, Tartaric acid diethyl ester

【结构式】

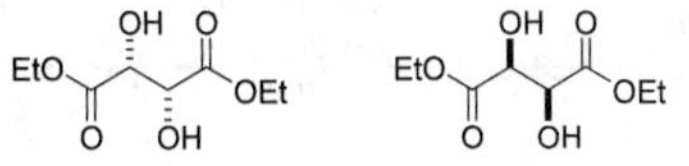

L-(+)-DET   D-(−)-DET

【物理性质】 无色黏稠油状液体, mp 17 °C, bp 280 °C, ρ 1.205 g/cm^3。易溶于乙醇、乙醚,微溶于水。

【制备和商品】 试剂公司均有销售。可由酒石酸和乙醇酯化反应制得。

在有机合成中, L-(+)-酒石酸二乙酯和 D-(−)-酒石酸二乙酯是一组重要的手性催化剂

前体[1]，在催化不对称合成反应中分别显示出很好的对映选择性。主要用于手性药物、手性中间体及生物分子的合成[2]。

酒石酸二乙酯可用于 Sharpless 不对称环氧化反应中[3]。该反应用四异丙氧基钛-酒石酸二乙酯配合物来催化叔丁基过氧化氢对烯丙醇底物的环氧化反应。当使用 L-酒石酸酯时，氧原子的传递是从烯丙醇底物所在平面的下方进行；而当使用 D-酒石酸酯时，氧原子的传递是从烯丙醇底物所在平面的上方进行。从而可高度立体选择性地生成相应的手性环氧丙醇产物 (式 1)[3]。

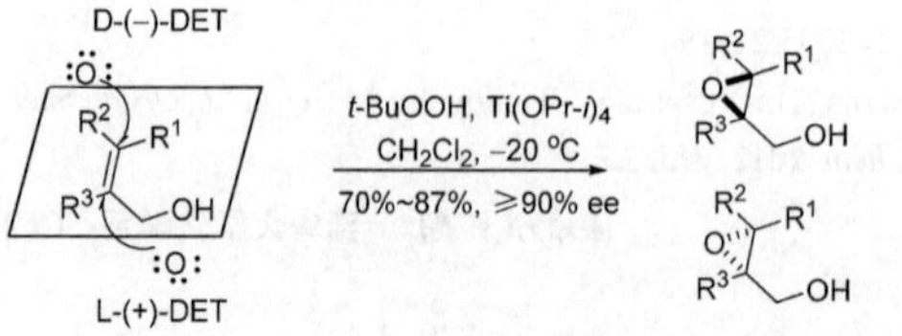

(1)

在使用上述 Sharpless 试剂的基础上，如在体系中加入 H$_2$O (1 equiv)，即可将硫醚化合物氧化为手性的亚砜类化合物 (式 2)[4]。

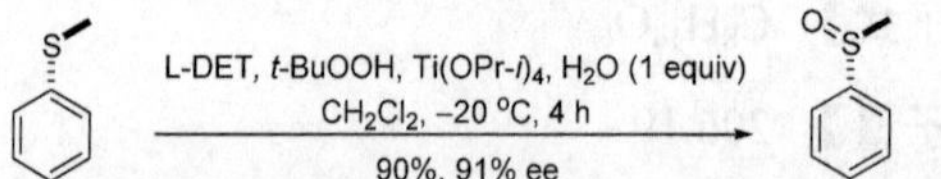

(2)

对酸敏感的醇类化合物的氯代反应可在中性条件下进行。在 GaCl$_3$ 和 L-酒石酸二乙酯的催化下，二甲基氯硅烷可以将二级醇转化为相应的氯代烃 (式 3)[5]。

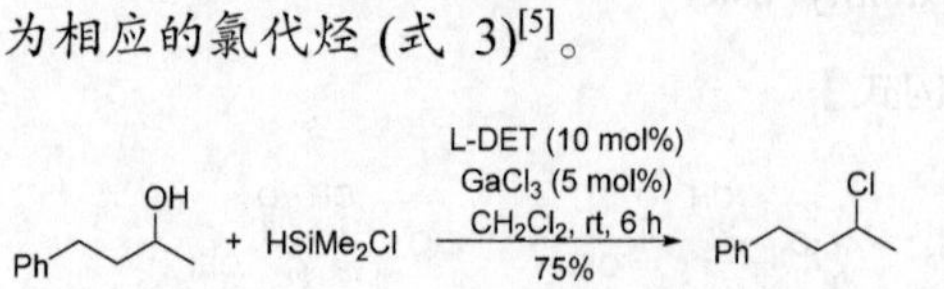

(3)

酒石酸二乙酯还可以在 Simmons-Smith 反应中作为手性保护基。首先利用手性酒石酸二乙酯的邻二醇类对醛基进行保护，其手性诱导为进一步双键与卡宾的反应带来了立体选择性 (式 4)[6]。由于很多生物活性分子中都含有环丙烷结构，因此，这是一种引入手性环丙烷结构的重要方法。

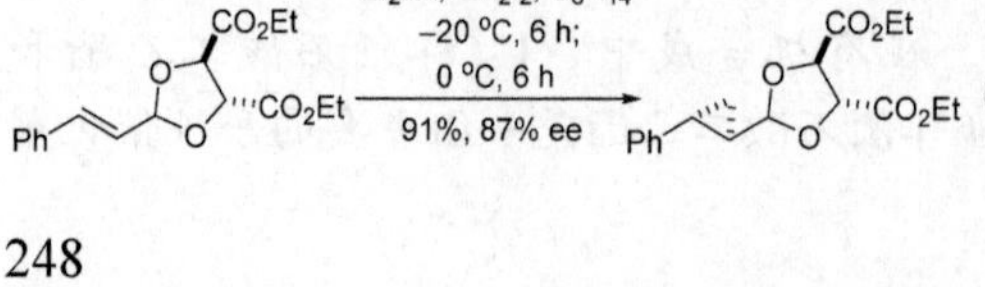

(4)

酒石酸二乙酯还可以作为起始原料，用于合成非天然氨基酸。在二氯亚砜和 NaN$_3$ 的作用下，使用 D-酒石酸二乙酯可生成 (2S,3S)-2-叠氮-3-羟基琥珀酸二乙酯 (式 5)[7]，进而经 8 步反应得到相应的非天然氨基酸。

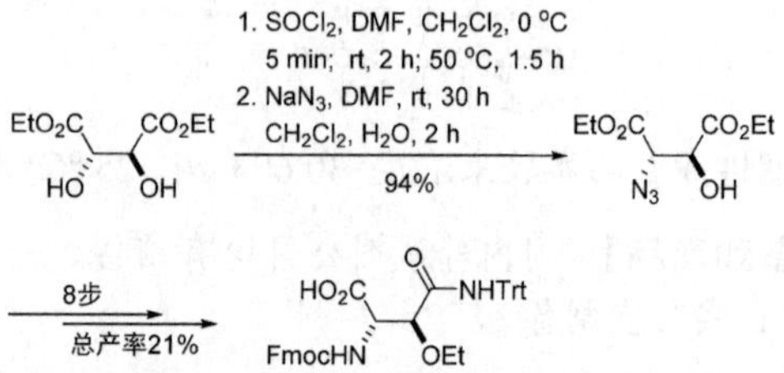

(5)

D-酒石酸二乙酯还可作为起始原料，用于合成抗病毒药物 Oseltamivir。D-酒石酸二乙酯与 3,3-二甲氧基戊烷反应几乎定量地生成缩酮。再经过 10 步反应，即可生成目标化合物 (式 6)[8]。该方法优点在于其原料 D-酒石酸二乙酯价廉易得，尤其适合相关药物的工业生产。其反应无需借助叠氮化物，并且避免了重金属化合物的使用。

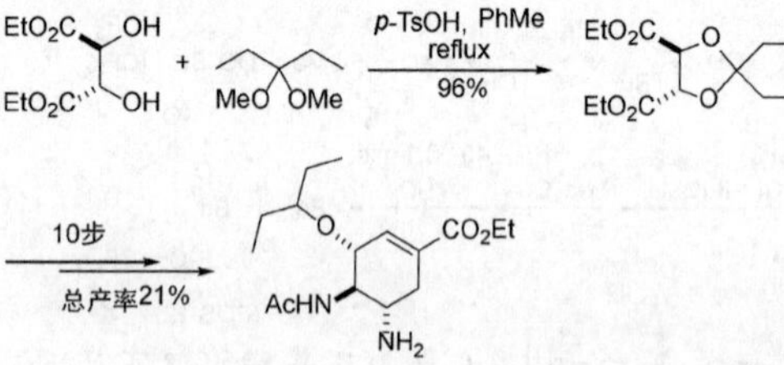

(6)

L-酒石酸二乙酯衍生物可以与亚胺发生 Staudinger 环加成反应，生成含内酰胺的螺环化合物 (式 7)[9]。

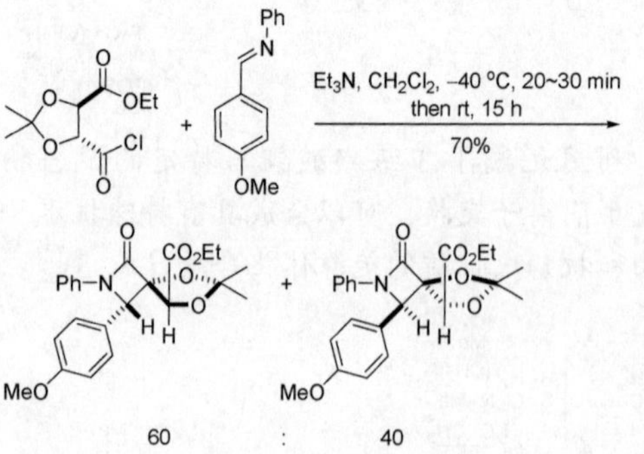

(7)

参 考 文 献

[1] Elston, C. L.; Jackson, R. F. W.; MacDonald, S. J. F.; Murray, P. J. *Angew. Chem. Int. Ed.* **1997**, *36*, 410.

[2] (a) Fernandes, R. A.; Dhall, A.; Ingle, A. B. *Tetrahedron Lett.* **2009**, *50*, 5903. (b) Calderón, F.; Doyagüez, E. G.; Fernández-Mayorlas, A. *J. Org. Chem.* **2006**, *71*, 6258.

[3] (a) Katsuki, T.; Sharpless, K. B. *J. Am. Chem. Soc.* **1980**, *102*, 5974. (b) Finn, M. G.; Sharpless, K. B. *J. Am. Chem. Soc.* **1991**, *113*, 113.

[4] (a) Pitchen, P.; Kagan, H. B. *Tetrahedron Lett.* **1984**, *25*, 1049. (b) Pitchen, P.; Dunach, E.; Deshmukh, M. N.; Kagan, H. B. *J. Am. Chem. Soc.* **1984**, *106*, 8188.

[5] Yasuda, M.; Shimizu, K.; Yamasaki, S.; Baba, A. *Org. Biomol. Chem.* **2008**, *6*, 2790.

[6] Arai, I.; Mori, A.; Yamamoto, H. *J. Am. Chem. Soc.* **1985**, *107*, 8254.

[7] Spengler, J.; Pelay, M.; Tulla-Puche, J.; Albericio, F. *Amino Acids* **2010**, *39*, 161.

[8] Weng, J.; Li, Y. B.; Wang, R. B.; et al. *J. Org. Chem.* **2010**, *75*, 3125.

[9] Chincholkar, P. M.; Puranik, V. G.; Deshmukh, A. R. A. S. *Synlett* **2007**, 2242.

[武金丹，巨勇*，清华大学化学系；JY]

喹啉

【英文名称】 Quinoline

【分子式】 C₉H₇N

【分子量】 129.16

【CAS 登录号】 [91-22-5]

【缩写和别名】 Benzo[*b*]pyridine

【结构式】

【物理性质】 无色液体，mp −15.6 °C，bp 238.05，ρ 1.0929 g/cm³。能与醇、醚及二硫化碳混溶，易溶于热水，难溶于冷水，具吸湿性。

【制备和商品】 国内外化学试剂公司均有销售。

【注意事项】 蒸气对鼻、喉有刺激性；吸入后引起头痛、头晕、恶心；对眼睛、皮肤有刺激性；口服刺激口腔和胃。应在通风橱中使用，佩戴化学安全防护眼镜和防化学品手套，穿相应的防护服。

喹啉是一类重要的杂环化合物，目前其研究与生产水平都比较成熟，可通过多种化学方法合成[1]。

喹啉被氧化后能得到喹啉氮氧化物 (式 1)[2]，与没有被氧化的母体化合物在化学性质方面有很大差别[3]。

$$
\text{(喹啉)} \xrightarrow[\text{95\%}]{\text{MeReO}_3,\ \text{H}_2\text{O}_2,\ \text{DCM, rt, 12~24 h}} \text{(喹啉氮氧化物)} \tag{1}
$$

喹啉在钯催化剂的作用下通过常压加氢能够选择性地还原喹啉分子中的吡啶环，得到四氢喹啉 (式 2)[4]。

$$
\text{(喹啉)} \xrightarrow[\substack{90\% \\ \text{Pd Cat.} = \text{Pd 胶束网络}}]{\text{Pd Cat.},\ \text{H}_2,\ \text{1 atm, THF, rt, 24 h}} \text{(四氢喹啉)} \tag{2}
$$

铑化合物可以催化喹啉分子中的碳-氢键活化，然后与 3,3-二甲基丁烯发生烷基化反应 (式 3)[5]。喹啉分子中的碳-氢键活化后，还能与 3,5-二甲溴苯发生芳基化反应 (式 4)[6]。

$$
\text{(喹啉)} + \text{}^t\text{Bu} \xrightarrow[\text{91\%}]{[\text{RhCl(coe)}_2]_2,\ \text{PCy}_3\text{-HCl} \atop \text{THF, 165 °C, 24 h}} \text{(产物)} \tag{3}
$$

$$
\text{(喹啉)} + \text{(Br-二甲苯)} \xrightarrow[\text{86\%}]{[\text{RhCl(CO)}_2]_2 \atop \text{dioxane, 175 °C, 24 h}} \text{(产物)} \tag{4}
$$

镍化合物也能催化喹啉的碳-氢键活化，接着与有机锌试剂发生芳基化反应 (式 5)[7]。

$$
\text{(喹啉)} + \text{ZnEt} \xrightarrow[\text{73\%}]{\text{Ni(cod)}_2,\ \text{PCy}_3 \atop \text{PhMe, 130 °C, 20 h}} \text{(2-苯基喹啉)} \tag{5}
$$

喹啉可以作为碱性催化剂，可催化氯甲酸乙酯与硫氰酸钠反应生成乙氧羰基异硫氰酸酯 (式 6)[8]。

$$
\text{EtO-COCl} + \text{NaSCN} \xrightarrow[\text{80\%}]{\text{(喹啉)}} \text{EtO-CONCS} \tag{6}
$$

喹啉在 DMSO 中可以促进锍盐消除二甲基硫醚，得到相应的环丁烯酮衍生物 (式 7)[9]。

$$\text{(7)}$$

在由乙烯三氟甲磺酸酯中间体制备丙二烯的过程中可以用喹啉作为除酸剂。以喹啉为溶剂可加速反应的进行 (式 8 和式 9)[10]。

$$\text{(8)}$$

$$\text{(9)}$$

参 考 文 献

[1] (a) Cirujano, F.; Leyva-Pérez, A.; Corma, A.; Xamena, F. *ChemCatChem* **2013**, *5*, 538. (b) Johnson, W.; Matthews, F.; *J. Am. Chem. Soc.* **1944**, *66*, 210. (c) Bergstrom, F. *Chem. Revs.* **1944**, *35*, 156.

[2] Campeau, L.-C.; Stuart, D. R.; Leclerc, J.-P.; et al. *J. Am. Chem. Soc.* **2009**, *131*, 3291.

[3] (a) Albini, A. *Synthesis* **1993**, 263. (b) Campeau, L.; Rousseaux, S.; Fagnou, K. *J. Am. Chem. Soc.* **2005**, *127*, 18020. (c) Bamohrram, F.; Heravi, M.; Roshani, M.; Tavakoli, N. *J. Mol. Catal. A: Chem.* **2006**, *252*, 219.

[4] Akiyama, R.; Kobayashi, S.; Okamoto, K.; et al. *J. Am. Chem. Soc.* **2005**, *127*, 2125.

[5] Bergman, R. G.; Ellman, J. A.; Lewis, J. C. *J. Am. Chem. Soc.* **2007**, *129*, 5332.

[6] Bergman, R. G.; Berman, A. M.; Ellman, J. A.; Lewis, J. C. *J. Am. Chem. Soc.* **2008**, *130*, 14926.

[7] Tobisu, M.; Chatani, N.; Hyodo, I. *J. Am. Chem. Soc.* **2009**, *131*, 12070.

[8] Lewellyn, M. E.; Wang, S. S.; Strydom, P. *J. Org. Chem.* **1990**, *55*, 5230.

[9] Kelly, T. R.; McNutt, R. W. *Tetrahedron Lett.* **1975**, 285.

[10] Stang, P. J.; Hargrove, R. *J. Org. Chem.* **1975**, *40*, 657.

[刘海兰,河北师范大学化学与材料科学学院;XCJ]

联吡啶

【英文名称】 Dipyridyl

【分子式】 $C_{10}H_8N_2$

【分子量】 156.2

【CAS 登录号】 [366-18-7]

【缩写和别名】 α,α'-Dipyridyl,2,2'-Bipyridine

【结构式】

【物理性质】 白色或浅红色结晶性粉末,bp 272~273 ℃。易溶于醇、醚、苯、三氯甲烷和石油醚;溶于水,其水溶液遇亚铁盐则显红色。

【制备和商品】 国内外试剂公司均有销售。

【注意事项】 该试剂可燃,燃烧产生有毒氮氧化物烟雾。在通风橱中储存。

2,2'-联吡啶是有机化学中非常重要的有机配体,同时由于其具有芳香性也可以发生一系列还原反应、氧化反应以及 C—H 键活化反应。

2,2'-联吡啶与六氯化锇在高温下过夜反应可以生成相应的配合物 (式 1)[1]。

$$\text{(1)}$$

2,2'-联吡啶与高氯酸银(I) 在室温反应可以生成相应的配合物 (式 2)[2],与二碘化镉 (II) 作用可以得到吡啶和碘配位在镉上的产物 (式 3)[3]。

$$\text{(2)}$$

$$\text{(3)}$$

2,2'-联吡啶除了可以与金属配位以外,也可以与非金属原子硅配位。如式 4 所示[4]:2,2'-联吡啶与二氢二氯化硅在甲苯溶剂中可以生成相应的配合物。

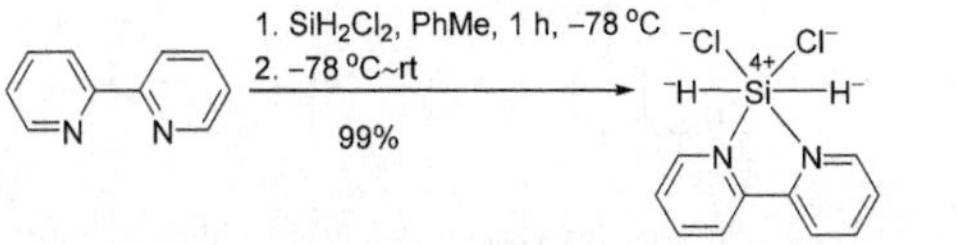

$$(4)$$

除了突出的配位能力以外，由于吡啶自身是芳香体系，也具有芳香族化合物的典型性质。使用氢气在二氧化铂的盐酸乙酸溶液中还原 2,2'-联吡啶，可以得到两个吡啶环全部被还原的产物 (式 5)[5]。如果先使用 m-CPBA 氧化，再使用 Pd/C 催化氢化还原，可以得到仅一个吡啶环被还原的产物 (式 6)[6]。

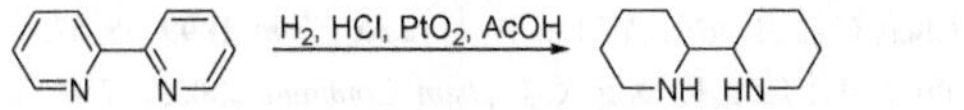

$$(5)$$

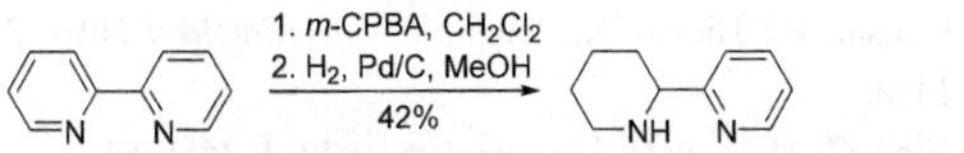

$$(6)$$

使用 m-CPBA 可将 2,2'-联吡啶氧化成为 2,2'-联吡啶-1-氮氧化物 (式 7)[7,8]。

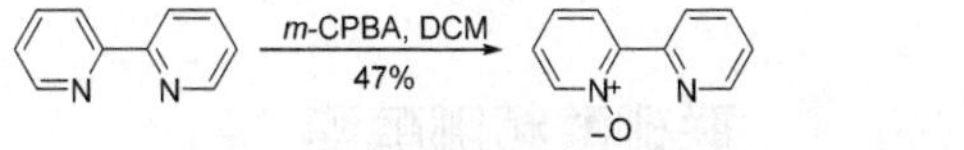

$$(7)$$

2,2'-联吡啶与烯烃化合物在铑配合物的催化下发生 3-位和 3'-位的双碳-氢活化反应 (式 8)[9]。

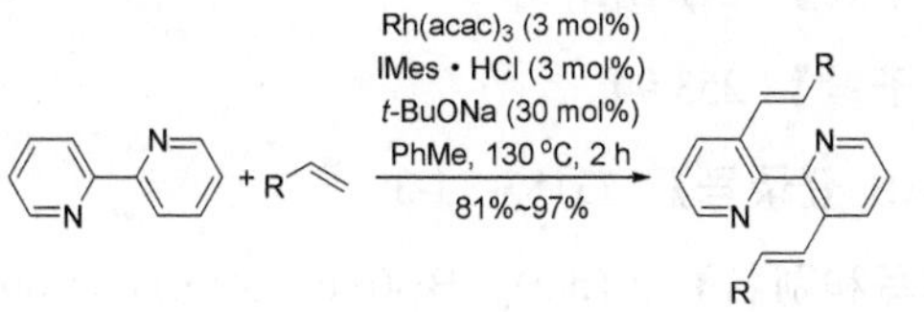

$$(8)$$

2,2'-联吡啶与二苯基锌试剂在镍配合物的催化下反应可以生成 6-苯基-2,2'-联吡啶 (式 9)[10]。

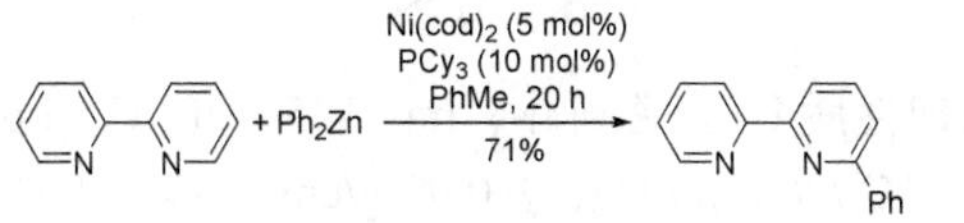

$$(9)$$

参 考 文 献

[1] Motiei, L.; Kaminker, R.; Sassi, M.; Boom, M. E. *J. Am. Chem. Soc.* **2011**, *133*, 14264.

[2] Boursalian, G. B.; Ngai, M. -Y.; Hojczyk, K. N.; Ritter, T. *J. Am. Chem. Soc.* **2013**, *135*, 13278.

[3] Dunstan, P. O. *J. Therm. Anal. Calorim.* **2011**, *106*, 327.

[4] Fester, G. W.; Eckstein, J.; Gerlach, D.; et al. *Inorg. Chem.*

2010, *49*, 2667.

[5] Abbiss, T. P.; Soloway, A. H.; Mark, V. H. *J. Med. Chem.* **1964**, *7*, 644.

[6] Plaqueventm, J.; Chichaoui, I. *Tetrahedron Lett.* **1993**, *34*, 5287.

[7] Willem, S.; Howard, A. *Org. Prep. Proced. Int.* **1980**, *12*, 243.

[8] Zalas, M.; Gierczyk, B.; Ceglowski, M.; Schroeder, G. *Chem. Pap.* **2012**, *66*, 733.

[9] Kwak, J.; Ohk, Y.; Jung, Y.; Chang, S. *J. Am. Chem. Soc.* **2012**, *134*, 17778.

[10] Tobisu, M.; Hyodo, I.; Chatani, N. *J. Am. Chem. Soc.* **2009**, *131*, 12070.

[赵鹏，清华大学化学系；XCJ]

(2,2'-联吡啶)-4,4'-二羧酸丁酯

【英文名称】 4,4'-Bis(butoxycarbonyl)-2,2'-bipyridine

【分子式】 $C_{20}H_{24}N_2O_4$

【分子量】 356.42

【CAS 登录号】 [69641-93-6]

【缩写和别名】 Dibutyl 2,2'-bipyridine-4,4'-dicarboxylate

【结构式】

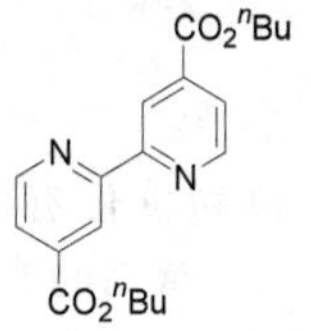

【物理性质】 mp 108~110 °C。

【制备和商品】 国内外试剂公司均有销售。也可以利用溴代联吡啶与一氧化碳及丁醇在催化剂的作用下反应得到 (式 1)[1]。

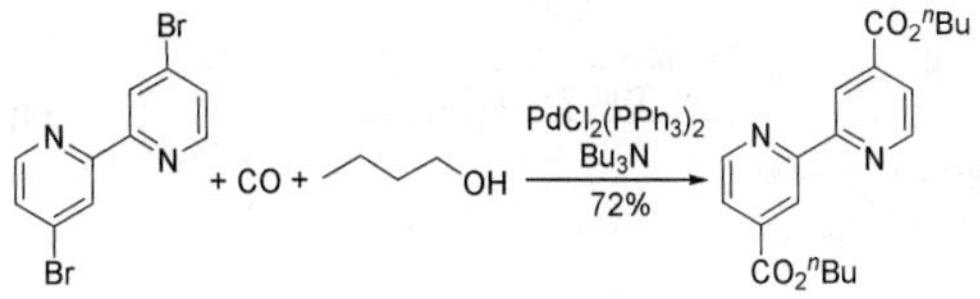

$$(1)$$

【注意事项】 在通风橱中进行操作，在冰箱中储存。

(2,2'-联吡啶)-4,4'-二羧酸丁酯是一种实验室常用的自由基引发剂[2]，多用于活化芳烃的C-H 键的反应，或在多种过渡金属的催化下实现自由基聚合反应。该试剂作为一种联吡啶衍生物可以与金属配位，所得配合物大多具有光电性质。

联吡啶羧酸酯类配体是一种常用的多功能配体[3~5]。由于吡啶环上的 N 原子和酯基均能参与配位提供 π-π 堆积作用和氢键作用，它们在超分子自组装和合成配合物方面有着突出的优势。该试剂可以与多种金属，如钌 (式2)、镍、钼、钨 (式 3) 等形成配合物，所形成的金属配合物大多具有光电性质。

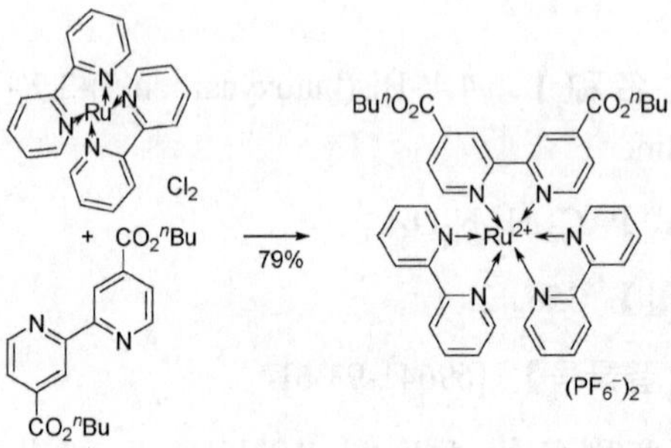

$$\text{(2)}$$

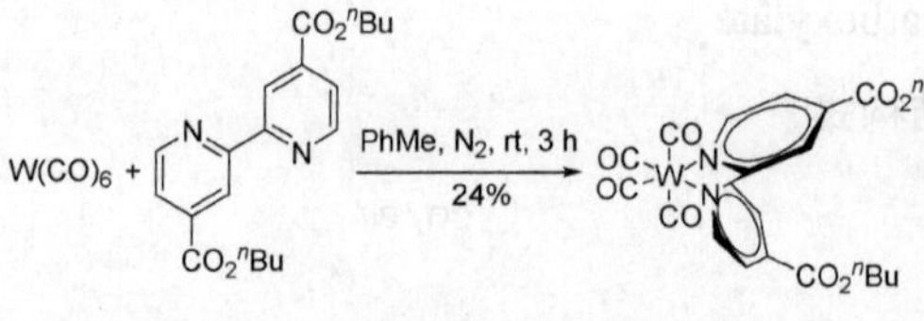

$$\text{(3)}$$

该试剂可以协助催化有机硼酸酯的偶联反应[6,7]。例如：在该试剂的存在下，联硼酸频哪醇酯经铱试剂催化可与吡啶发生偶联反应 (式 4)[8]。

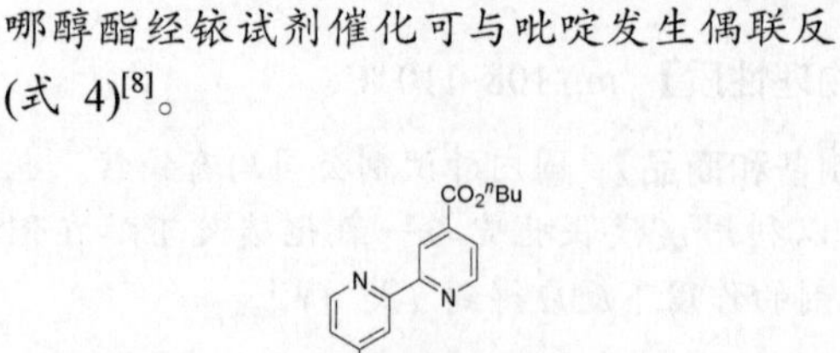

$$\text{(4)}$$

在该试剂的存在下，芳硼酸化合物与苯并杂环化合物经 $NiBr_2$ 催化可发生偶联反应 (式 5)[9]。

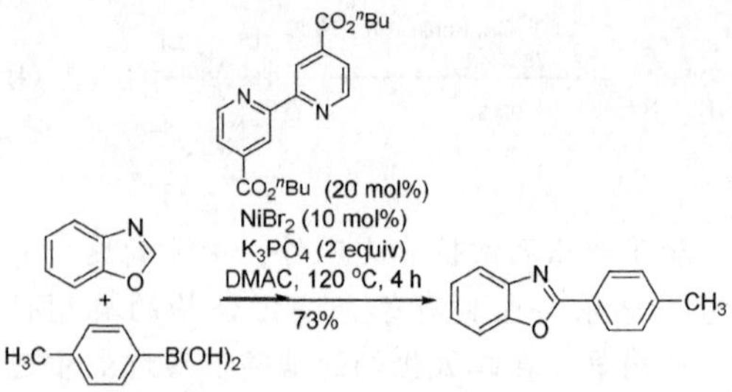

$$\text{(5)}$$

参 考 文 献

[1] Ziesse, E.-G. J. Org. Chem. 2000, 65, 7757.

[2] Bos, K. D. Synth. Commun. 1979, 9, 497.

[3] Li, M.; Lu, D.; Ma, Y.-G. J. Phys. Chem. B. 2006, 110, 18718.

[4] Chen, C.-T.; Liao, S.-Y.; Lin, K.-J. Inorg. Chem. 1999, 38, 2734.

[5] Jin, X.-L.; Tang, K.; Xie, X.-J. Chem. Commun. 2002, 7, 750.

[6] Christoph. S. PCT Int, Appl, 2012139775, 18 Oct, 2012.

[7] Hitoshi, H.; Hirano, K.; Satoh, T. ChemCatchem 2010, 2, 1403.

[8] Ying, C.; Hanniel, H. Macromolecules 2013, 46, 1754.

[9] Li, G.-Q.; Kiyamura, S. Y.; Yamamoto, N. M. Chem. Lett. 2011, 40, 702.

[陈静，陈超*，清华大学化学系；CC]

联硼酸频哪醇酯

【英文名称】 4,4,4',4',5,5,5',5'-Octamethyl-2,2-bi-1,3,2-dioxaborolane

【分子式】 $C_{12}H_{24}B_2O_4$

【分子量】 253.94

【CAS 登录号】 73183-34-3

【缩写和别名】 $B_2(pin)_2$, Bis(pinacolate)diboron

【结构式】

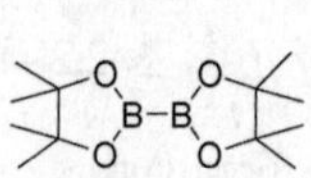

【物理性质】 白色固体，mp 135~140 °C，bp 222.6 °C /760 mmHg，ρ 0.97 g/cm^3，溶于大部分有机溶剂。

【制备和商品】 国内外各大试剂公司均有销售。

【注意事项】 该试剂在常温下稳定，推荐密封在冰箱中保存。对眼睛、皮肤和上呼吸道有一定的刺激性，在通风橱中操作。

联硼酸频哪醇酯是一种常用的硼代试剂，能够与卤代芳烃进行 Miyaura 反应制备芳基硼酸酯[1~3]。该试剂也能够通过碳-氢键活化对芳烃[4~8]、烷烃[9,10]、烯烃[11,12]等直接进行硼化。联硼酸频哪醇酯与不饱和键的加成反应也是制备有机硼试剂的一种方法。

联硼酸频哪醇酯与卤代芳烃可以发生 Miyaura 反应制备芳基硼酸酯[1~3]。如式 1 所示[3]：在钯催化剂的作用下，对氰基溴苯与联硼酸频哪醇酯反应，可以较高产率得到芳基硼酸频哪醇酯。

$$\text{(1)}$$

在铱[4~7]或铁[8]催化剂的作用下，联硼酸频哪醇酯与芳香烃反应可制备芳基硼酸酯。如式 2 所示[4]：使用铱催化剂，苯与联硼酸频哪醇酯的反应能高产率地得到苯硼酸频哪醇酯。

$$\text{(2)}$$

在过渡金属催化的条件下，一些脂肪烷烃[9]、环烷烃[10]也能与联硼酸频哪醇酯发生硼化反应。如式 3 所示[9]：在铑催化剂的作用下，正辛烷既作为底物，又作为溶剂，与联硼酸频哪醇酯反应，可高效地合成正辛基硼酸频哪醇酯。

$$\text{(3)}$$

烯烃也能与联硼酸频哪醇酯发生碳-氢键活化硼化反应[11,12]。如式 4 所示[11]：在钯试剂的催化下，环戊烯与联硼酸频哪醇酯的反应可以较高产率得到硼代产物。

$$\text{(4)}$$

联硼酸频哪醇酯与烯烃、炔烃等可发生加成反应。在 $CuCl_2$ 的催化下，丙烯腈与联硼酸频哪醇酯在室温下即可发生加成反应 (式 5)[13]。

$$\text{(5)}$$

联硼酸频哪醇酯与联烯化合物也能发生加成，得到双硼代产物[14,15]。如式 6 所示[15]：在 $Pd_2(dba)_3$ 和手性配体的作用下，1-(戊-3,4-二烯基)苯与联硼酸频哪醇酯在室温可以发生不对称加成反应。当与共轭二烯发生加成时，以 1,4-共轭加成产物为主，并能得到双硼代产物[16]。

$$\text{(6)}$$

联硼酸频哪醇酯与中间炔烃发生加成反应，可选择性地生成顺式双硼代烯烃 (式 7)[17]。而与端炔反应则生成单硼代的产物[18]；若端炔被三甲硅基保护，也可发生双硼代，碳-碳三键转化为单键[19]。

$$\text{(7)}$$

参 考 文 献

[1] Kleeberg, C.; Dang, L.; Lin, Z. Y.; Marder, T. B. *Angew. Chem. Int. Ed.* **2009**, *48*, 5350.

[2] Ishiyama, T.; Ishida, K.; Miyaura, N. *Tetrahedron* **2001**, *57*, 9813.

[3] Wang, L. H.; Li, J. Y.; Cui, X. L.; et al. *Adv. Synth. Catal.* **2010**, *352*, 2002.

[4] Ishiyama, T.; Takagi, J.; Ishida, K.; et al. *J. Am. Chem. Soc.* **2002**, *124*, 390.

[5] Tzschucke, C. C.; Murphy, J. M.; Hartwig, J. F. *Org. Lett.* **2007**, *9*, 761.

[6] Kawamorita, S.; Ohmiya, H.; Hara, K.; et al. *J. Am. Chem. Soc.* **2009**, *131*, 5058.

[7] Rentzsch, C. F.; Tosh, E.; Herrmann, W. A.; Kühn, F. E. *Green Chem.* **2009**, *11*, 1610.

[8] Yan, G. B.; Jiang, Y. B.; Kuang, C. X.; et al. *Chem. Commun.* **2010**, *46*, 3170.

[9] Murphy, J. M.; Lawrence, J. D.; Kawamura, K.; et al. *J. Am. Chem. Soc.* **2006**, *128*, 13684.

[10] Liskey, C. W.; Hartwig, J. F. *J. Am. Chem. Soc.* **2012**, *134*, 12422.

[11] Selander, N.; Willy, B.; Szabó, K. J. *Angew. Chem. Int. Ed.* **2010**, *49*, 4051.

[12] Olsson, V. J.; Szabó, K. J. *J. Org. Chem.* **2009**, *74*, 7715.

[13] Larouche-Gauthier, R.; Fletcher, C. J.; Couto, I.; Aggarwal, V. K. *Chem. Commun.* **2011**, *47*, 12592.

[14] Pelz, N. F.; Woodward, A. R.; Burks, H. E.; et al. *J. Am. Chem. Soc.* **2004**, *126*, 1632.

[15] Burks, H. E.; Liu, S. B.; Morken, J. P. *J. Am. Chem. Soc.* **2007**, *129*, 8766.

[16] Ishiyama, T.; Yamamoto, M.; Miyaura, N. *Chem. Commun.* **1997**, *7*, 689.

[17] Yoshida, H.; Kawashima, S.; Takemoto, Y.; et al. *Angew. Chem. Int. Ed.* **2012**, *51*, 235.

[18] Jang, H.; Zhugralin, A. R.; Lee, Y.; Hoveyda, A. H. *J. Am. Chem. Soc.* **2011**, *133*, 7859.

[19] Jung, H. Y.; Yun, J. *Org. Lett.* **2012**, *14*, 2606.

[张皓，付华*，清华大学化学系；FH]

邻氨基苯酚

【英文名称】 *o*-Aminophenol，*o*-Hydroxyaniline

【分子式】 C_6H_7NO

【分子量】 109.12

【CAS 登录号】 [95-55-6]

【缩写和别名】 2-氨基苯酚，2-羟基苯胺

【结构式】

【物理性质】 bp 153 ℃/1.47 kPa，ρ 1.328 g/cm³。白色针状晶体，久置时转变成棕色或黑色。溶于水、乙醇和乙醚，微溶于苯。遇三氯化铁变成红色。与无机酸作用生成易溶于水的盐。

【制备和商品】 国内外试剂公司均有销售。通常使用硫化钠还原或催化氢化还原邻硝基酚来制备；也可由邻硝基氯苯经水解后还原制备。

【注意事项】 储存于阴凉和通风处，远离火种和热源。应与氧化剂、酸类、食用化学品分开存放，切忌混储。该化合物被皮肤吸收会引起皮炎、高铁血红蛋白症和哮喘。

邻氨基苯酚是一种重要的化工中间体，广泛应用于染料、医药、印刷业以及生物领域[1]。

使用负载在铝碳酸镁 $Mg_6Al_2\text{-}CO_3(OH)_{16}$ (HT) 上的纳米金颗粒作为催化剂时，邻氨基苯酚能够与 CO 发生插入反应生成环化羰基化产物（式 1）[2]。

在无溶剂的条件下，分子碘可以催化邻氨基苯酚与芳香醛反应，高效地生成 2-取代苯并噁唑（式 2）[3]。

在超声的条件下，Amberlyst-15 可以催化邻氨基苯酚与芳香酸在水相发生反应生成 2-取代苯并噁唑（式 3）[4]。

在离子液体 1,3-二硫酸根咪唑鎓氢硫酸盐（[Dsim]HSO₄）的催化下，邻氨基苯酚与六甲基二硅氮烷（HMDS）反应可以生成三甲基硅基保护的醚。该反应具有反应时间短和产率高的优点（式 4）[5]。

在碱的存在下，邻氨基苯酚分子中的氨基可以优先选择性地与芳基酰氯反应生成酰胺衍生物（式 5）[6,7]。

在染料合成，特别是金属配位的染料合成中，邻氨基苯酚能作为中间体参与反应 (式 6)[8,9]。

（6）

参 考 文 献

[1] Choudhary, V. R.; Sane, M. G. *Indian. Chem. Zng.* **1986**, *28*, 50.

[2] Noujima, A.; Mitsudome, T.; Mizugaki, T.; et al. **Green Chem. 2013**, *15*, 608.

[3] Moghaddam, F. M.; Bardajee, G. R.; Ismaili, H.; Taimoory, S. M. D. *Synth. Commun.* **2006**, *6*, 2543.

[4] Rambabu, D.; Murthi, P. R. K.; Dulla, B.; et al. *Synth. Commun.* **2013**, *43*, 3083.

[5] Farhad, S.; Nader, G. K.; Somayeh, A-D. *J. Mol. Catal. A: Chem.* **2012**, *365*, 15.

[6] Henke, A.; Srogl, J. *J. Org. Chem.* **2008**, *73*, 7783.

[7] Klunder, J. M.; Hargrave, K. D.; West, M. A.; et al. *J. Med. Chem.* **1992**, *35*, 1887.

[8] Grychtol, K.; Mennicke, W. *Metal-Complex Dyes.* In *Ullmann's Encyclopedia of Industrial Chemistry*; Wiley-VCH, 2002.

[9] Hunger, K.; Mischke, P.; Rieper, W.; Raue, R.; Kunde, K.; Engel, A. *Azo Dyes.* In *Ullmann's Encyclopedia of Industrial Chemistry*; Wiley-VCH, 2002.

[陈俊杰，陈超*，清华大学化学系；CC]

磷酸钾

【英文名称】 Tripotassium phosphate

【分子式】 K_3PO_4

【分子量】 212.27

【CAS 登录号】 [7778-53-2]

【缩写和别名】 磷酸三钾，正磷酸钾，无水磷酸钾

【结构式】

【物理性质】 无色晶体或白色结晶，mp 1340 ℃，

ρ 2.56 g/cm³。可溶于水，水溶液呈强碱性，不溶于醇。

【制备和商品】 商品化试剂，试剂公司均有销售。

【注意事项】 水溶液呈强碱性，有强腐蚀性，吸湿性较强。

磷酸钾具有强碱性，在有机合成反应中常被用作非亲核性的碱。在有机反应中，碱的选择取决于很多因素：在去质子化反应中通常不采用叔丁基锂等强碱，而是选择一些较为温和的有机胺或无机盐。有机胺（如三乙胺和吡啶等）可溶于大多数有机溶剂，但有难闻的气味，而且其亲核性会引起亲核反应和金属配位等副反应。常用的无机碱主要有碳酸钾 (K_2CO_3) 和碳酸铯 (Cs_2CO_3)。K_2CO_3 只溶于极性溶剂，而 Cs_2CO_3 容易吸湿。相比之下，磷酸钾也会有一定的吸湿性，但其熔点很高，可通过简单的加热去除水分而不发生分解。

在 $K_3PO_4 \cdot H_2O$ 的存在下，叔丁氧羰基 (Boc) 保护的二级胺可在微波条件下脱除保护基 (式 1)[1]。该反应适用于一些对酸敏感或含其它羰基基团的化合物脱保护基。

（1）

在无水 K_3PO_4 和离子液体 [BMIM]BF$_4$ (1-丁基-3-甲基咪唑四氟硼酸盐) 中，苯酚甲磺酸酯可脱除保护基形成酚阴离子中间体，再进一步与芳卤反应得到二芳基醚 (式 2)[2]。

（2）

在二氧六环 (dioxane) 溶剂中，使用 K_3PO_4 为碱，可以提高硼酸与烯基三氟甲磺酸酯的 Suzuki 偶联反应的产率 (式 3)[3,4]。

$$(3)$$

使用 K_3PO_4 为碱，在钯催化剂的作用下，苯基取代的环丙基氟硼酸钾与芳基溴代物的交叉偶联反应能够以较高的产率完成 (式 4)[5]。

$$(4)$$

使用 K_3PO_4 也可以提高钯催化的芳基溴代物与末端炔之间进行 Sonogashira 偶联反应的产率[6]。K_3PO_4 和 DMSO 结合使用，还有助于 4-芳基-2-甲基-3-丁炔-2-醇中间体的去丙酮化 (式 5)[7]。

$$(5)$$

在 Pd(OAc)$_2$ 催化的无配体 Heck 偶联反应中，K_3PO_4 也是一种高效的碱[8]。在该条件下，芳基溴转化为烯烃的转换数 (TON) 可高达 38500 (式 6)[9]。

$$(6)$$

芳基醚可以经由铜催化的 Ullmann 反应制备[10]。虽然在该反应中常用的碱为 Cs_2CO_3，但使用 K_3PO_4 同样也可高产率地得到二芳基醚 (包括杂芳环) 和芳基烷基醚 (式 7)[11]。

$$(7)$$

在 DME 溶剂中，K_3PO_4 可有效地催化胺和芳基氯代物之间的 C–N 偶联反应 (式 8)[12]。

$$(8)$$

在芳基卤化物与有机锡烷的 Stille 偶联反应中，碱的选择很重要[13]。将 K_3PO_4 与环钯配合物结合使用，可有效地提高该反应的产率 (式 9)[14]。

$$(9)$$

K_3PO_4 可用于 α-芳基氨基酸衍生物的制备。在该反应中，K_3PO_4 可使 N-二苯亚甲基甘氨酸酯形成烯醇中间体，再与芳基卤化物发生偶联得到相应的产物 (式 10)[15]。

$$(10)$$

参 考 文 献

[1] Dandepally, S. R.; Williams, A. L. *Tetrahedron Lett.* **2009**, *50*, 1071.

[2] Xu, H.; Chen, Y. *Molecules* **2007**, *12*, 861.

[3] Miyaura, N.; Suzuki, A. *Chem. Rev.* **1995**, *95*, 2457.

[4] Ohe, T.; Miyaura, N.; Suzuki, A. *J. Org. Chem.* **1993**, *58*, 2201.

[5] Fang, G. H.; Yan, Z. J.; Deng, M. Z. *Org. Lett.* **2004**, 6, 357.

[6] Negishi, E. I.; Anastasia, L. *Chem. Rev.* **2003**, *103*, 1979.

[7] Shirakawa, E.; Kitabata, T.; Otsuka, H.; Tsuchimoto, T. *Tetrahedron* **2005**, 61, 9878.

[8] Beletskaya, I. P.; Cheprakov, A. V. *Chem. Rev.* **2000**, *100*, 2009.

[9] Yao, Q.; Kinney, E. P.; Yang, Z. *J. Org. Chem.* **2003**, *68*, 7528.

[10] Hassan, J.; Sévignon, M.; Gozzi, C.; et al. *Chem. Rev.* **2002**, *102*, 1359.

[11] (a) Niu, J.; Zhou, H.; Li, Z.; et al. *J. Org. Chem.* **2008**, *73*, 7814. (b) Niu, J.; Guo, P.; Kang, J.; et al. *J. Org. Chem.* **2009**, *74*, 5075.

[12] Wolfe, J. P.; Buchwald, S. L. *Angew. Chem. Int. Ed.* **1999**, *38*, 2413.

[13] Farina, V.; Krishnamurthy, V.; Scott, W. J. *Org. React.* **1998**, *50*, 1.

[14] Bedford, R. B.; Cazin, C. S. J.; Hazelwood, S. L. *Chem. Commun.* **2002**, *22*, 2608.

[15] Lee, S.; Beare, N. A.; Hartwig, J. F. *J. Am. Chem. Soc.* **2001**, *123*, 8410.

[高玉霞，巨勇*，清华大学化学系；JY]

硫代乙酸钾

【英文名称】 Potassium Thioacetate

【分子式】 C$_2$H$_3$KOS

【分子量】 114.21

【CAS 登录号】 [10387-40-3]

【缩写和别名】 AcSK

【结构式】

$$H_3C-C(=O)-SK$$

【物理性质】 白色至浅棕色结晶性粉末，mp 173~176 °C。易溶于水，在常温和常压下稳定。

【制备和商品】 国内外化学试剂公司均有销售。

【注意事项】 该试剂具有强烈的吸湿性，对空气敏感。一般在冰箱中储存。

　　硫代乙酸钾 (AcSK) 作为硫源，被广泛应用于含硫有机化合物的合成中。C–S 键可以通过硫代乙酸钾与芳基、苄基、烷基与乙烯基卤化物或重氮盐反应得到，从而获得相应的硫酯。在温和的条件下，硫代乙酸钾可以脱除酰基保护基得到硫醇。可以参与许多反应，如亲核取代、过渡金属催化偶合、光诱导取代、硝基芳烃的还原胺化反应。因此，硫代乙酸钾常被用来合成杂环化合物[1]、聚合物[2]、过渡金属配位体[3]、纳米粒子[4]、具有生物活性的化合物[5]和大分子包合物[6]。

　　在钯催化剂的作用下，硫代乙酸钾与芳基碘化物和溴化物发生偶联反应，可以合成对称与非对称的二芳基硫化物。该反应没有任何异味，且底物的其余官能团不受影响 (式 1)[7]。

$$\text{KS-C(=O)-Me} + \text{Ar}^1\text{-I} + \text{Ar}^2\text{-Br} \xrightarrow[\text{70 °C, 3 h; 110 °C, 6 h}]{\substack{\text{1. Pd(dba)}_2\text{ (10 mol%), dppf (14 mol%)}\\ \text{2. K}_3\text{PO}_4\text{ (2.4 equiv), PhMe-Me}_2\text{CO}}} \text{Ar}^1\text{-S-Ar}^2 \quad (1)$$

67%~98%

　　在叔丁醇钾 (t-BuOK) 的存在下，芳基卤与硫代乙酸钾经过光诱导的亲核取代反应，生成芳基甲基硫化物和对称的二芳基硫化物 (式 2)[8]。

$$\text{KS-C(=O)-Me} + \text{Ar-X} \xrightarrow[\text{2. MeI}]{\substack{\text{1. t-BuOK, DMSO}\\ hv, \text{3 h}}} \text{Ar-S-Me} + \text{Ar-S-Ar} \quad (2)$$

| 1 : 10 | 55% | 22% |
| 1 : 0.6 | 3% | 83% |

　　硫代乙酸钾与不同位置溴代烯烃的醇羟基反应，得到相应含有硫代乙酰基的溴代乙烯中间体。该中间体在碱性条件下发生分子内乙烯基取代反应，可以合成不同类型含硫的杂环化合物 (式 3)[9]。

$$\xrightarrow[\text{3. K}_2\text{CO}_3\text{, MeOH, DMI, 120 °C}]{\substack{\text{1. TsCl, Py, rt}\\ \text{2. AcSK, DMF, 45 °C}}} \quad (3)$$

$R^1 = H, Me; R^2 = PhCH_2$
$R^3, R^4 = H, Me; R^5 = Ph, PhCH_2, PhCH_2CH_2$

($n = 1, 2$) ($n = 1\sim3$)

　　在表面活性剂催化和无溶剂条件下，硫代乙酸钾可以将芳基硝基化合物一步还原成为酰胺化合物 (式 4)[10]。

$$\text{Ar-NO}_2 \xrightarrow[\text{Triton-X405, 130 °C, 无溶剂}]{\text{AcSK, DMF / AcSK}} \text{Ar-NHCOMe} \quad (4)$$

55%~79%

　　芳香胺在非水介质中首先进行重氮化反应，然后再进一步与硫代乙酸钾反应，可以得到乙酰芳基硫醚 (式 5)[11]。

$$\xrightarrow[\text{2. AcSK, DMSO, rt, 40 min}]{\substack{\text{1. BF}_3\cdot\text{OEt}_2\text{, C}_5\text{H}_{11}\text{NO}_2\\ -20\text{ °C, 45 min}}} \quad (5)$$

36%~64%

　　在微波的条件下，咪唑鎓盐与硫代乙酸钾或硫氰酸钾反应可合成 1,3-二取代的咪唑-2-硫酮 (式 6)[12]。

$$\text{(咪唑鎓盐)} + \text{AcSK} \xrightarrow[\text{52%~70%}]{\text{MW, 50~200 W, 15 min}} \quad (6)$$

$R^1, R^2 = Me, Et, PhCH_2$
$X = Cl, Br, BF_4$

　　利用二硫代氨基甲酸盐和硫代乙酸盐在金表面吸收动力学的差异，通过二硫代氨基甲酸基团与金纳米粒子结合，可以形成非对称的单层电极结构 (式 7)[13]。

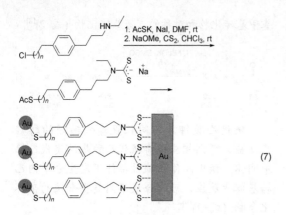

(7)

参 考 文 献

[1] Elhalem, E.; Pujol, C. A.; Damonte, E. B.; Rodriguez, J. B. *Tetrahedron* **2010**, *66*, 3332.

[2] Munro, N. H.; Hanton, L. R.; Moratti, S. C.; Robinson, B. H. *Carbohyd. Polym.* **2009**, *78*, 137.

[3] Jin, M. J.; Sarkar, S. M.; Lee, D. H.; Qiu, H. *Org. Lett.* **2008**, *10*, 1235.

[4] Zhu, J.; Waengler, C.; Lennox, R. B.; Schirrmacher, R. *Langmuir* **2012**, *28*, 5508.

[5] Ohta, C.; Kuwabe, S.; Shiraishi, T.; et al. *J. Org. Chem.* **2009**, *74*, 8298.

[6] Wang, A.; Li, W.; Zhang, P.; Ling, C. C. *Org. Lett.* **2011**, *13*, 3572.

[7] Park, N.; Park, K.; Jang, M.; Lee, S. *J. Org. Chem.* **2011**, *76*, 4371.

[8] Schmidt, L. C.; Rey, V.; Peñéñory, A. B. *Eur. J. Org. Chem.* **2006**, 2210.

[9] Lei, M. Y.; Xiao, Y. J.; Liu, W. M.; et al. *Tetrahedron* **2009**, *65*, 6888.

[10] Bhattacharya, A.; Purohit, V. C.; Suarez, V.; et al. *Tetrahedron Lett.* **2006**, *47*, 1861.

[11] Liu, R.; Li, Y. H.; Chang, J.; et al. *J. Asian J. Chem.* **2010**, *22*, 3059.

[12] Tao, X. L.; Lei, M.; Wang, Y. G. *Synth. Commun.* **2007**, *37*, 399.

[13] Gao, D.; Scholz, F.; Nothofer, H. G.; et al. *J. Am. Chem. Soc.* **2011**, *133*, 5921.

[梁云，巨勇*，清华大学化学系；JY]

硫氰酸亚铜

【英文名称】 Copper thiocyanate

【分子式】 CCuNS

【分子量】 121.63

【CAS 登录号】 [1111-67-7]

【缩写和别名】 硫氰化亚铜，CuSCN

【结构式】

$$Cu-S-C\equiv N$$

【物理性质】 白色或灰白色粉末。mp 1084 ℃，ρ 2.84 g/cm³。几乎不溶于水，难溶于稀盐酸、乙醇、丙酮，能溶于氨水，易溶于浓的碱金属硫氰酸盐溶液中。

【制备和商品】 国内外试剂公司均有销售。

【注意事项】 吸入、皮肤接触及吞食有害，与酸接触会释放出高毒性气体。

硫氰酸亚铜是一种优良的无机颜料，用作船底防污涂料时其稳定性比氧化亚铜更好。在化学反应中，硫氰酸亚铜作为过渡金属催化剂可以催化偶联反应。同时，硫氰酸亚铜自身可作为反应底物发生芳香化等反应[1,2]。

在温和的反应条件下，硫氰酸亚铜可以催化三氟甲基化反应 (式 1)[3]。

$$\text{(式 1)} \quad (1)$$

在特定条件下，硫氰酸亚铜可以发生芳化反应，在芳香族衍生物上引入硫氰基[4]。例如：硫氰酸亚铜与硼酸重氮盐或含氨基的芳烃反应都可以得到引入硫氰根的产物 (式 2 和式 3)[5,6]。

$$\text{(式 2)} \quad (2)$$

$$\text{(式 3)} \quad (3)$$

硫氰酸亚铜可以与苯丙炔胺酯反应得到螺环化合物 (式 4)[7]。

$$\text{(式 4)} \quad (4)$$

近期的研究表明：硫氰酸亚铜可以作为一

种安全的氰化试剂使用。在钯试剂的催化下，硫氰酸亚铜可以使卤代芳烃或芳基硼酸化合物发生氰化反应。与其它氰化试剂相比，该试剂具有安全和高效的优点[8]。例如：硫氰酸亚铜与均三甲氧基碘苯反应可以得到均三甲氧基苯腈 (式 5)；与对溴苯乙酮反应可以得到对氰基苯乙酮 (式 6)。在同样的条件下，硫氰酸亚铜与对甲氧基苯硼酸反应可以得到对甲氧基苯腈 (式 7)。

$$\begin{array}{c}\text{1. PdCl}_2\text{(dppe) (1 mol\%)}\\ \text{2. HCO}_2\text{H (10 mol\%)}\\ \text{HCO}_2\text{Na (3 equiv)}\\ \text{3. DMSO/H}_2\text{O} = 8:1\\ \text{100 °C, 36 h}\\ \hline 80\%\end{array} \qquad (5)$$

$$\begin{array}{c}\text{1. PdCl}_2\text{(dppe) (1 mol\%)}\\ \text{2. HCO}_2\text{H (10 mol\%)}\\ \text{HCO}_2\text{Na (3 equiv)}\\ \text{3. DMSO/H}_2\text{O} = 8:1\\ \text{100 °C, 36 h}\\ \hline 31\%\end{array} \qquad (6)$$

$$\begin{array}{c}\text{1. PdCl}_2\text{(dppe) (1 mol\%)}\\ \text{2. HCO}_2\text{H (10 mol\%)}\\ \text{HCO}_2\text{Na (3 equiv)}\\ \text{3. DMSO/H}_2\text{O} = 8:1\\ \text{100 °C, 36 h}\\ \hline 52\%\end{array} \qquad (7)$$

参 考 文 献

[1] Chen, C.; Xie, Y.; Chu, L. *Angew. Chem. Int. Ed.* **2012**, *51*, 2492.

[2] Lauer, A. M.; Mahmud, F.; Wu, J. *J. Am. Chem. Soc.* **2011**, *133*, 9119.

[3] Zheng, H.-D.; Huang, Y.-Y.; Wang, Z.-W. *Tetrahedron Lett.* **2012**, *53*, 6646.

[4] Gorbovoi, P. M.; Zagrichuk, G. Y.; Blinder, A. V. *Pharm. Chem. J.* **1999**, *33*, 22.

[5] Ciszek, J. W.; Stewart, M. P. *J. Am. Chem. Soc.* **2004**, *126*, 13172.

[6] Yoshikawa, K.; Yokomizo, A.; Naito, H. *Bioorg. Med. Chem.* **2009**, *17*, 8206.

[7] Li, J.-H.; Tang, B.-X.; Yin, Q. *J. Org. Chem.* **2008**, *73*, 9008.

[8] Cheng, J.; Yu, J.-T.; Hu, M.-L. *J. Org. Chem.* **2013**, *78*, 2710.

[陈静，陈超*，清华大学化学系；CC]

硫酸铈

【英文名称】 Cerium(IV) sulfate

【分子式】 CeO_8S_2

【分子量】 332.24

【CAS 登录号】 [13590-82-4]

【缩写和别名】 Cerium(IV) sulfate anhydrous

【结构式】 $Ce^{4+}\cdot 2SO_4^{2-}$

【物理性质】 微红色晶体或粉末，mp 350 °C，ρ 2.886 g/cm^3。可溶于少量水，但在大量水中水解成碱式盐。溶于稀硫酸，有氧化性。

【制备和商品】 氧化铈和浓硫酸反应，经过酸分解、倾析废酸、过滤、结晶等步骤可制备硫酸铈。该试剂在各试剂公司均有销售，一般不在实验室制备。

【注意事项】 硫酸铈的水溶液或者弱酸溶液接近中性，颜色常为深黄色，会慢慢分解生成二氧化铈。铈离子具有较强的氧化性，将硫酸铈加入到稀盐酸中，会缓慢放出氯气。

硫酸铈对酯类化合物的合成有较高的催化活性，可不经任何处理直接使用。代替传统的硫酸作为催化剂，可简化工艺流程，不腐蚀设备，而且廉价易得。

硫酸铈在有机合成中主要作为路易斯酸和氧化剂使用。在酸性条件下，硫酸铈可催化炔烃发生水合反应。在该反应中，硫酸铈主要起着路易斯酸的作用。当炔烃中含有供电子基团时，反应较易进行，得到较高的选择性和产率。反之，当炔烃连有吸电子基团时，反应较难进行，水合反应的选择性和产率均降低，甚至不发生水合反应 (式 1)[1]。

$$\begin{array}{c}\text{Ce(SO}_4)_2,\ \text{H}_2\text{O, H}_2\text{SO}_4\\ \text{PhH, 70 °C}\\ \hline R = \text{OMe, 99\%}\\ R = \text{NO}_2,\ 14\%\end{array} \qquad (1)$$

在 I_2-Ce(SO$_4$)$_2$ 的催化下，2-烷基环烷基酮在醇溶液中可以被氧化开环，生成二羰基化合物 (式 2)[2]，环烯类化合物则发生双键加成反应 (式 3)[3]。

$$\begin{array}{c}\text{I}_2,\ \text{Ce(SO}_4)_2\\ \text{CH}_3\text{OH, 50 °C, 15 h}\\ \hline 82\%\end{array} \qquad (2)$$

$$(3)$$

I$_2$-Ce(SO$_4$)$_2$·4H$_2$O, MeCN
36%

末端烯烃与 Ce(SO$_4$)$_2$ 在丙酮-水混合溶剂中回流，能够形成分子间的碳-碳键，生成 2-羰基化合物。同时伴随 2-羰基-5-羟基类衍生物的副产物，副产物的产率与混合溶剂中水的用量有关 (式 4)[4]。

Ce(SO$_4$)$_2$
CH$_3$COCH$_3$-H$_2$O, reflux, 5 h

$$(4)$$

R = n-C$_4$H$_9$ 72%
R = n-C$_5$H$_{11}$ 83%
R = n-C$_6$H$_{13}$ 98%
R = n-C$_9$H$_{19}$ 96%
R = n-C$_{10}$H$_{21}$ 97%

肟类化合物与 Ce(SO$_4$)$_2$ 或 Ce(SO$_4$)$_2$·4H$_2$O 反应，可以直接转变为醛或酮 (式 5)[5]。

Ce(SO$_4$)$_2$, CH$_3$CN
91%

$$(5)$$

Ce(SO$_4$)$_2$ 可以作为氧化剂氧化苯胺得到高分子聚苯胺。与传统的氧化剂相比，Ce(SO$_4$)$_2$ 具有高产率、反应条件温和等优点 (式 6)[6]。此外，硫酸铈作为氧化剂也可以使吡咯聚合成吡咯聚合物[7]。

Ce(SO$_4$)$_2$, H$_2$O, 5 ℃, 6 h

$$(6)$$

在 Ce(SO$_4$)$_2$、NaNO$_2$ 水溶液中，Ce(IV) 离子可以使 N,N-二烷基苯胺发生硝基化 (式 7)。该体系反应条件温和，不需要使用酸和有机溶剂。相比传统的 N,N-二烷基苯胺硝基化的方法便宜，操作简便[8]。

+ NaNO$_2$
CeSO$_4$, H$_2$O, rt
99%

$$(7)$$

参 考 文 献

[1] Liu, W. J.; Li, J. H. Chin. J. Org. Chem. 2006, 26, 1073.

[2] He, L.Y.; Miyuki, K. C.; Akira, H. J. Chem. Res. (S) 1999, 122.

[3] Horiuchi, C. A.; Ikeda, A.; Kanamori, M.; et al. J. Chem. Res. (S) 1997, 60.

[4] Itoh, K.; Ueki, T.; Mikami, H.; et al. Appl. Organometal. Chem. 2005, 19, 830.

[5] He, L.Y.; Horiuchi, C. A. Appl. Organomet. Chem. 1999, 13, 867.

[6] Yan, H.; Toshima, N. Synth. Met. 1995, 69, 151.

[7] Maria, O.; Katarina, M. Synth. Met. 2010, 160, 701.

[8] Yang, X.; Xi, C. Synth. Commun. 2007, 37, 3381.

[杜世振，中国科学院化学研究所；XCJ]

1,1,1,3,3,3-六氟-2-丙醇

【英文名称】 1,1,1,3,3,3-Hexafluoro-2-propanol

【分子式】 C$_3$H$_2$F$_6$O

【分子量】 168.04

【CAS 登录号】 [920-66-1]

【缩写和别名】 HFIP (常用缩写)，HFIPA，HFP，Hexafluoroisopropanol，Hexafluoro-2-propanol，Bis(trifluoromethyl)methanol，Hexafluoroisopropyl alcohol，1,1,1,3,3,3-Hexafluoro-2-hydroxypropane

【结构式】

【物理性质】 无色液体，具有刺激性气味，易挥发。bp 59 ℃，mp -4 ℃，n_D^{20} 1.275，ρ 1.596 g/cm^3 (25 ℃)，fp > 100 ℃，pK_a (H$_2$O) = 9.3。可与水和大多数有机溶剂互溶，不溶于长链烃类溶剂。

【制备和商品】 国内外试剂公司均有销售。可通过在分子筛中蒸馏纯化。工业上，该试剂是由两步化学反应制得：(1) 六氟丙烯与氧气在三氧化二铝催化下生成六氟丙酮；(2) 六氟丙酮与氢化试剂如 NaH、LiAlH$_4$ 或者 Pd/C-H$_2$ 发生还原反应制备六氟异丙醇[1]。

【注意事项】 该试剂毒性较低，具有挥发性。对眼、皮肤、呼吸道有较强刺激性。使用时须做好防护措施，防止发生灼伤以及呼吸道损伤。市售的六氟异丙醇中可能含有痕量的六氟丙酮，具有潜在的生殖毒性。

六氟异丙醇 (HFIP) 与三氟乙醇 (TFE) 的性质和用途类似。由于有强吸电子三氟甲基

的作用，这两种试剂均具有以下独特的性质[2]：(1) 非常高的电离能；(2) 弱的布氏酸；(3) 是分子氢键给体而不是良好的分子间氢键受体；(4) 亲核性极弱。HFIP 是一种高极性的溶剂，具有极强的电离能力[3]，可以溶解多种高分子化合物 (如聚酰亚胺、聚丙烯腈和聚酯等)。同时它也能溶解多肽，从而在生物化学上有着重要的应用。尽管分子内存在羟基，HFIP 却不具有氢键受体的性质。但它是一个很好的氢键给体，因此通常用作强极性溶剂来溶解含有分子氢键受体的聚合物 (如多肽[4]、多醚[5]以及过渡金属氧化物[6]、配合物[7]等)[8,9]。在有机化学反应中，该试剂过去经常作为辅助溶剂和反应的添加剂来使用。近年来，利用六氟异丙醇独特的性能，许多反应被报道出来。

作为催化反应的辅助添加剂 在不对称的催化反应中，尤其是在过渡金属催化的反应中，应用 HFIP 作为辅助添加剂可以大幅提高反应的活性和反应产率，并可适当提高立体选择性。如式 1 所示[10]：在 Cu-box (二齿噁唑啉体系) 催化 2-三甲基硅氧基呋喃对 α,β 不饱和羰基化合物的加成反应中，用二氯甲烷作为溶剂时得到 37% 的产率和 92% ee。而在反应中加入 HFIP 后，反应产率和对映选择性都得到了显著提高。在该反应中，HFIP 的作用被认为是促进反应中间体二氢吡喃的质子化[11]。

在不对称的 Mannich 反应中，HFIP 也被用作添加剂来提高产物的对映选择性 (式 2)[12]。然而需要指出的是，提高产物 ee 值的效果对底物的兼容性比较差，有时并不能取得满意的效果。用相同的配体在 Zn(OAc)₂ 和 Yb(OTf)₃ 的共同催化下，β-酮酸酯可与分子内的三键发生不对称的 5-endo-dig 环化反应。加入化学计量的 HFIP 可以显著提高反应的 ee 值[13]。

作为促进反应的溶剂 HFIP 在提高反应的区域选择性上也有着显著的作用。在 1,3-二酮与单取代肼缩合合成吡唑的反应当中，乙醇是传统广泛使用的溶剂，但使用该溶剂会生成异构体。而使用 TFE 或 HFIP 作溶剂，产物的区域选择性大大增加 (式 3)[14]。化合物 B 可以在 HCl/THF 中回流半小时，脱水得到吡唑化合物。该反应的机理分为两步，第一步是亲核性强的肼进攻亲电性强的 CF₃ 端羰基，接着发生缩合；第二步是分子内的缩合。在第一步机理中，由于 HFIP 具有很强的分子氢键给体作用 (与乙醇相比)，因此 CF₃ 端的羰基亲电性增强。肼中的 NH₂ 基团进攻该羰基的速度要远远大于呋喃端的羰基。

HFIP 作为溶剂可以促进并控制芳香胺的 Aza-Michael 反应。HFIP 的高极性和强质子性可以活化亲质子的亲电试剂。这可以通过苯胺两次加成到丙烯酸酯来体现 (式 4)[15]。而用弱极性的溶剂 (如水) 只能得到单加成的产物。该反应的一个非常好的应用是以邻苯二铵和乙基乙烯基醚为原料合成菲啰啉[16]。

用 HFIP 作为溶剂，能够实现烯丙醇与亲核试剂的直接取代反应。该反应不需要使用金属或者布氏酸来催化。反应的条件温和，操作方便，充分体现了 HFIP 的酸性、弱亲核性以及强氢键给体的性质。烯丙醇可以与一级胺、酰胺、苄胺以及烷基胺反应生成烯丙胺化合物 (式 5 和 式 6)[17]。

$$(5)$$

$$(6)$$

HFIP 与 Lewis 酸 (如 LiCl) 联合使用，可在温和条件下有效地促进富电子芳环与乙醛酸的 Friedel-Crafts 反应 (式 7)[18]。芳环与烯丙醇的 Friedel-Crafts 反应也有很好的产率。原甲酸酯和吲哚在 HFIP 溶剂中发生 Friedel-Crafts 反应，生成三吲哚甲烷[19]。有趣的是，在 α,α 二氯亚胺与端炔生成烯丙基胺的反应中，尽管使用了 In(OTf)$_3$、BF$_3$-Et$_2$O 等 Lewis 酸催化剂，该反应仍需要在 HFIP 参与下才能进行[20]。

$$(7)$$

HFIP 在合成亚甲基桥联的杯芳烃化合物中也得到了应用。在杯[6]芳烃化合物中，亚甲基上的修饰是通过溴亚甲基的 Friedel- Crafts 烷基化来发生的 (式 8)[21]。而在亚甲基桥联的杯[4]芳烃化合物中，各种非芳环的修饰 (如烷氧基、N$_3^-$、SCN$^-$ 等) 则是通过 S$_N$1 亲核取代反应在 HFIP 中进行的[22]。在更温和的室温条件下，在大位阻卤代烷烃以及 HFIP 的作用下也可以发生烯醇硅醚对卤素的取代。该反应可以在几分钟之内高产率地完成[23]。在 HFIP-DCM 混合溶剂中，烯烃硅醚可以作为亲核试剂加成到醛、缩醛底物上，生成含有 β-羰基醚和醇；也可以加成到 α,β 不饱和酮以及丙烯酸酯上，生成 δ-羰基的酮或者酯 (式 9)[24]。

Ar = 2,4-Me$_2$C$_6$H$_3$ (67%)
Ar = 2,5-Me$_2$C$_6$H$_3$ (78%)
Ar = 2-OMe-4-MeC$_6$H$_3$ (59%)
Ar = 2,4,6-Me$_3$C$_6$H$_3$ (66%)

$$(8)$$

$$(9)$$

利用 HFIP 作为溶剂，以邻炔基苯胺、芳香醛和苯胺为原料，可以通过三组分串联来制备 2,3-二取代-4-亚氨基喹啉类化合物 (式 10)[25]。产物中的 2,3-位取代基是完全反式的。该反应同样不需要外加催化剂，反应条件温和，操作简单。该反应是通过亚胺与炔烃复分解反应进行的，因此只适用于芳醛和芳胺底物。

$$(10)$$

使用 HFIP 为溶剂，不需外加任何碱、金属或 Lewis 酸催化剂，可实现胺基的单 Boc 保护和单甲基保护。该反应在室温下 10~30 min 即可完成，产率高，几乎没有副产物，不需水洗分离。在化学选择性方面，可选择性保护位阻小的氨基，而位阻大的氨基和羟基则没有反应。操作性极强，适合于大量制备 (式 11)[26]。该反应适合各种含有 NH 基团的胺类。用 MeOTf 作甲基化试剂，可实现胺的单甲基保护，该反应也不需要外加其它任何试剂 (式 12)[27]。

$$(11)$$

$$(12)$$

使用 HFIP 为溶剂，不需外加任何碱、金属或 Lewis 酸催化剂，即可合成 2,3-不饱和糖苷。该反应是通过烯丙基重排进行的，反应产率高，产物的优势构型是 α-构型[28]。在该反应体系中加入 TeCl$_4$ 催化剂，在产率不变的前提下反应可以在室温下 10 min 左右完成 (式 13)[29]。

$$(13)$$

R = Et, ^{i}Pr, allyl, propargyl, Bn, Ph, p-OMePh

在过渡金属催化的反应中的应用 HFIP 在铑催化的炔丙基苯胺重排生成吲哚的反应当中发挥了重要的作用 (式 14)。在该反应中，HFIP 不但作为溶剂，而且还是活性催化物种的阴离子，在增强催化铑物种的活性方面起到重要作用。其活性的催化铑物种的结构已经得到单晶的确证，含有六氟异丙氧基负离子[30]。

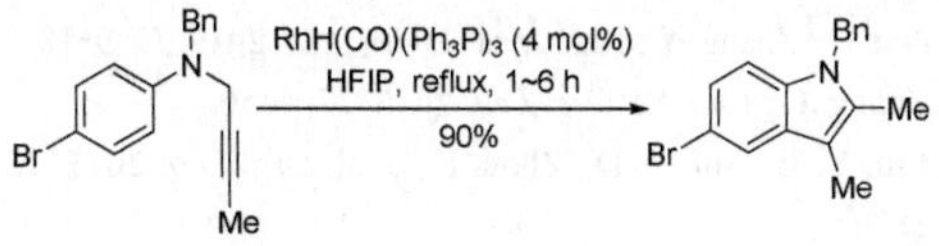

$$(14)$$

在铜催化的 Friedel-Crafts/Henry 反应中，HFIP 作为添加试剂，实现了吲哚、硝基烯烃和醛的三组分串联；并在手性配体的作用下，获得了非常高的对映选择性。反应是在室温下进行的 (式 15)[31]。HFIP 在该反应中起到显著提高反应产率的作用。在催化的不对称的炔基甲基酮对醛的 aldol 加成反应中，HFIP 能够有效提高烷基醛的 ee 值和提高芳醛的产率，但很难同时获得高的 ee 值和产率[32]。

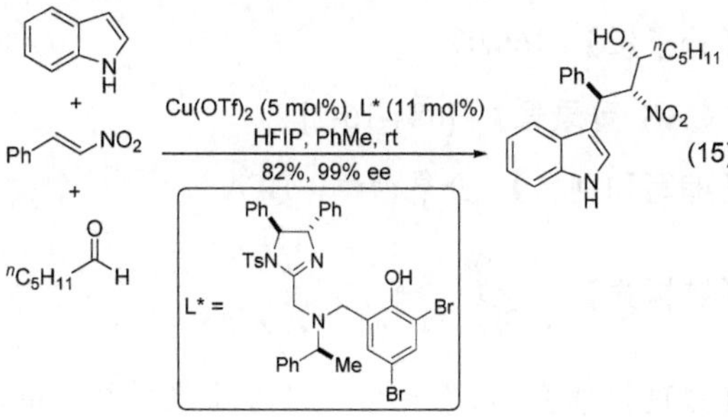

$$(15)$$

在钯催化的烯丙基苯类的双键迁移反应中，使用 HFIP 为溶剂，反应在室温下即可进行，钯催化剂量可以降低到 1 mol%。该反应产率受苯环的取代基电性影响很大[33]。

六氟异丙醇的 $pK_a = 9.3$，具有一定的酸性。在过渡催化 C—H 键活化反应中，六氟异丙醇与金属中心可以发生配位，从而表现出与常规溶剂所不同的效果。如式 16 所示[34]：当使用 HFIP 作溶剂时，在钯催化剂的作用下，苯甲酸与碘苯可在室温条件下直接发生反应，得到相应的 2-芳基苯甲酸产物。如式 17 所示[35]：在钯催化的 C—H 直接交叉脱氢偶联构建

2,2-联芳烃化合物的反应中，HFIP 表现出了对反应独特的加速效应。

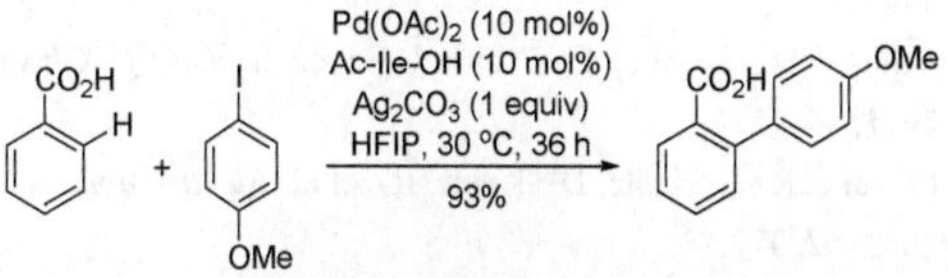

$$(16)$$

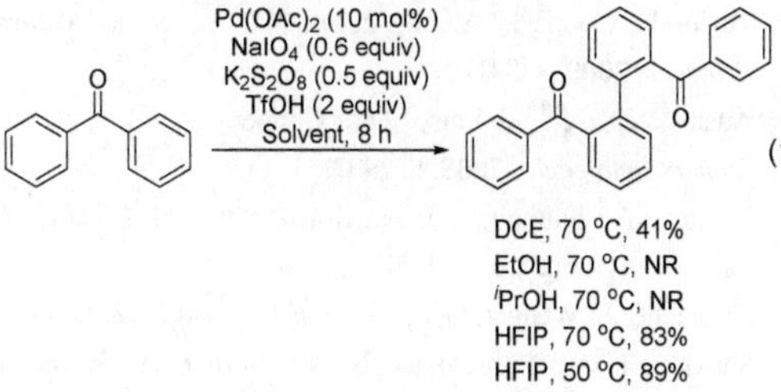

$$(17)$$

DCE, 70 ℃, 41%
EtOH, 70 ℃, NR
^{i}PrOH, 70 ℃, NR
HFIP, 70 ℃, 83%
HFIP, 50 ℃, 89%

在有机催化反应中的应用 使用 HFIP 作为溶剂能够提高反应的速度。在不对称 Strecker 反应中，当加入等摩尔量的 HFIP 后，反应的 ee 值不变 (94% ee)，但速率和产率均大大提高 (式 18)[36]。在脯氨酸衍生物催化的三氟苯乙酮和丙酮的 aldol 反应中也观察到同样的结果[37]。

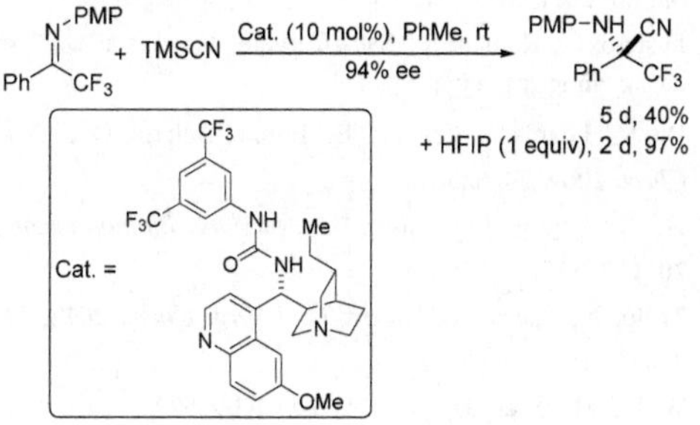

$$(18)$$

5 d, 40%
+ HFIP (1 equiv), 2 d, 97%

作为酯化试剂 用 Bobbitt's 盐作为氧化剂，HFIP 为反应试剂，醛可以在温和条件下氧化并酯化，生成六氟异丙酯。该反应转化率高，操作简易。反应不受底物电性影响，适用于芳香醛、烷基醛和共轭的烯丙醛等底物 (式 19)[38]。六氟异丙氧基是非常好的离去基团，因此六氟异丙酯可以在温和条件下以高产率转化为相应的酯、酰胺、醇或羧酸。

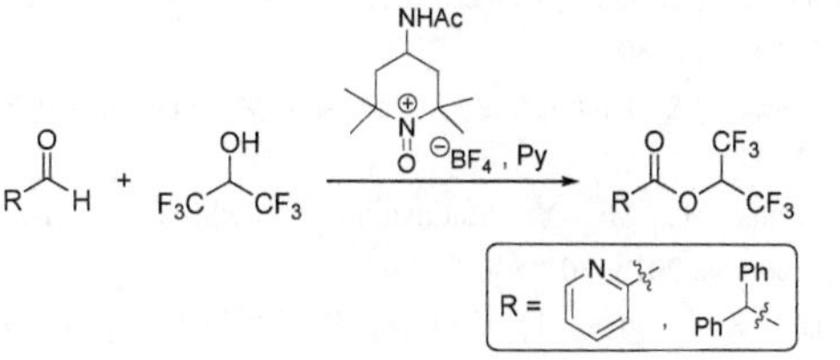

$$(19)$$

参 考 文 献

[1] Middleton, W. J.; Lindsey, R. V. *J. Am. Chem. Soc.* **1964**, *86*, 4948.

[2] Vuluga, D.; Legros, J.; Crousse, B.; et al. *J. Org. Chem.* **2011**, *76*, 1126.

[3] Francke, R.; Cericola, D.; Koetz, R.; et al. *Electrochim. Acta* **2012**, *62*, 372.

[4] Teulé, F; Cooper1, A. R.; Furin, W. A.; et al. *Nature Protocols* **2009**, *4*, 341.

[5] Adams, D. J.; Atkins, D.; Cooper, A. I.; et al. *Biomacromolecules* **2008**, *9*, 2997.

[6] Laskavy, A.; Shimon, L. J. W.; Konstantinovski, L.; et al. *J. Am. Chem. Soc.* **2010**, *132*, 517.

[7] Hankache, J.; Wenger, O. S. *Chem. Eur. J.* **2012**, *18*, 6443.

[8] Shuklov, I. A.; Dubrovinaa, N. V.; Börner, A. *Synthesis* **2007**, 2925.

[9] Bégué, J.-P.; Bonnet-Delpon, D.; Crousse, B. *Synlett* **2004**, 18.

[10] Kitajima, H.; Ito, K.; Katsuki, T. *Tetrahedron* **1997**, *53*, 17015.

[11] Evans, D. A.; Scheidt, K. A.; Johnston, J. N.; Willis, M. C. *J. Am Chem. Soc.* **2001**, *123*, 4480.

[12] Marigo, M.; Kjærsgaard, A.; Juhl, K.; et al. *Chem. Eur. J.* **2003**, *9*, 2359.

[13] Suzuki, S.; Tokunaga, E.; Reddy, D. S.; et al. *Angew. Chem. Int. Ed.* **2012**, *51*, 4131.

[14] Fustero, S.; Román, R.; Sanz-Cervera, J. F.; et al. *J. Org. Chem.* **2008**, *73*, 3523.

[15] De, K.; Legros, J.; Crousse, B.; Bonnet-Delpon, D. *J. Org. Chem.* **2009**, *74*, 6260.

[16] De, K.; Legros, J.; Crousse, B.; et al. *Org. Biomol. Chem.*, **2011**, *9*, 347

[17] Trillo, P.; Baeza, A.; Nájera, C. *J. Org. Chem.* **2012**, *77*, 7344.

[18] Willot, M.; Chen, J.; Zhu, J. *Synlett* **2009**, 577.

[19] Khaksar, S.; Vahdat, S. M.; Gholizadeh, M.; Talesh, S. M. *J. Fluorine Chem.* **2012**, *136*, 8.

[20] Malakar, C. C.; Stas, S.; Herrebout, W.; Tehrani, K. A. *Chem. Eur. J.* **2013**, *19*, 14263.

[21] Kogan, K.; Columbus, I.; Biali, S. E. *J. Org. Chem.* **2008**, *73*, 7327.

[22] Columbus, I.; Biali, S. E. *J. Org. Chem.* **2008**, *73*, 2598.

[23] Ratnikov, M. O.; Tumanov, V. V.; Smit, W. A. *Tetrahedron* **2010**, *66*, 1832.

[24] Ratnikov, M. O.; Tumanov, V. V.; Smit, W. A. *Angew. Chem. Int. Ed.* **2008**, *47*, 9739.

[25] Saito, A.; Kasai, J.; Konishi, T.; Hanzawa, Y. *J. Org. Chem.* **2010**, *75*, 6980.

[26] Heydari, A.; Khaksar, S.; Tajbakhshb, M. *Synthesis* **2008**, 3126.

[27] Lebleu, T.; Ma, X.; Maddaluno, J.; Legros, J. *Chem. Commun.* **2014**, *50*, 1836

[28] De, K.; Legros, J.; Crousse, B.; Bonnet-Delpon, D.

[29] Freitas, J. C. R.; Couto, T. R.; Paulino, A. A. S.; et al. *Tetrahedron* **2012**, *68*, 8645.

[30] Saito, A.; Oda, S.; Fukaya, H.; Hanzawa, Y. *J. Org. Chem.* **2009**, *74*, 1517.

[31] Arai, T.; Yokoyama, N. *Angew. Chem. Int. Ed.* **2008**, *47*, 4989.

[32] Shi, S.-L.; Kanai, M.; Shibasaki, M. *Angew. Chem. Int. Ed.* **2012**, *51*, 3932.

[33] Nishiwaki, N.; Kamimura, R.; Shono, K.; et al. *Tetrahedron Lett.* **2010**, *51*, 3590.

[34] Zhu, C.; Zhang, Y.; Kan, J.; et al. *Org. Lett.* **2015**, *17*, 3418.

[35] Zhang, C.; Rao, Y., *Org. Lett.* **2015**, *17*, 4456.

[36] Liu, Y.-L.; Shi, T.-D.; Zhou, F.; et al. *Org. Lett.* **2011**, *13*, 3826.

[37] Duangdee, N.; Harnying, W.; Rulli, G.; et al. *J. Am. Chem. Soc.* **2012**, *134*, 11196.

[38] Kelly, C. B.; Mercadante, M. A.; Wiles, R. J.; Leadbeater, N. E. *Org. Lett.* **2013**, *15*, 2222.

[姚智理，王东辉*，中国科学院上海有机化学研究所；WXY]

六氟丙酮

【英文名称】 Hexafluoroacetone

【分子式】 C_3F_6O

【分子量】 166.03

【CAS 登录号】 [684-16-2]

【缩写和别名】 全氟丙酮，HFA

【结构式】

$$F_3C-\overset{\overset{\displaystyle O}{\|}}{C}-CF_3$$

【物理性质】 无色气体，可溶于氯代烃。mp $-129\ ^{\circ}C$，bp $-26\ ^{\circ}C$，$\rho\ 1.32\ g/cm^3$。

【制备和商品】 大型跨国试剂公司有售，商品试剂为压缩气体。可在氟化钾的催化下，由全氟丙烯与硫单质反应制得 (式 1)[1]。在实验室中，可将其三水合物滴加到 80~100 °C 的浓硫酸中制得。

$$\underset{F_3C}{\overset{F}{\underset{F}{\diagup\!\!\!\!\diagdown}}}F + S \xrightarrow[80\%\sim85\%]{40\sim45\ ^{\circ}C} \underset{F_3C}{\overset{F_3C}{}}\!\!S\!\!\underset{CF_3}{\overset{CF_3}{}} \xrightarrow[64\%\sim69\%]{KF, KIO_3, 149\ ^{\circ}C, 1\ h} F_3C\overset{O}{\overset{\|}{C}}CF_3 \quad (1)$$

【注意事项】 该试剂为有毒气体。须远离水、醇及氧化剂，在阴凉、通风处储存。

六氟丙酮是一种活性较高的亲电试剂，可用于医药、农药等化学品的合成[2]。在多肽的固相合成中，六氟丙酮可作为双齿配体同时保护羧基和 α-官能团[3]。此外，六氟丙酮还可用作核磁共振氟谱中的溶剂[4]。

在镁和三甲基氯硅烷的作用下，六氟丙酮可以烯醇化为五氟丙烯-2-醇。接着再与芳香亚胺化合物发生 Mannich 加成和 Friedel-Crafts 环化反应，从而"一锅法"制备喹啉类化合物 (式 2)[5]。

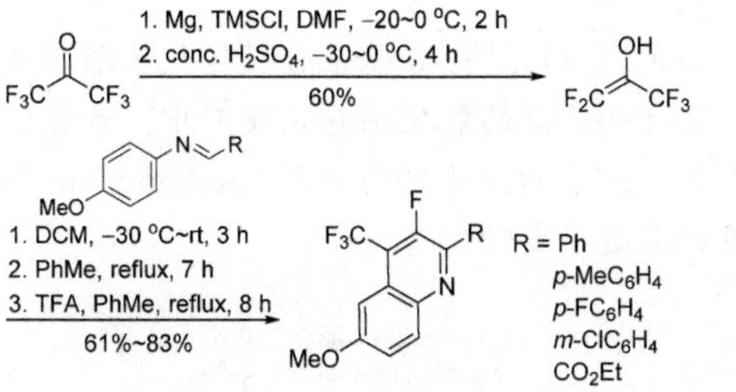

(2)

六氟丙酮可以保护 (S)-谷氨酸的羧基和氨基。并经过引入重氮基团、乙酸铑(Ⅱ) 二聚体催化的分子内环化等系列反应，生成氟代哌啶酸 (式 3)[6]。

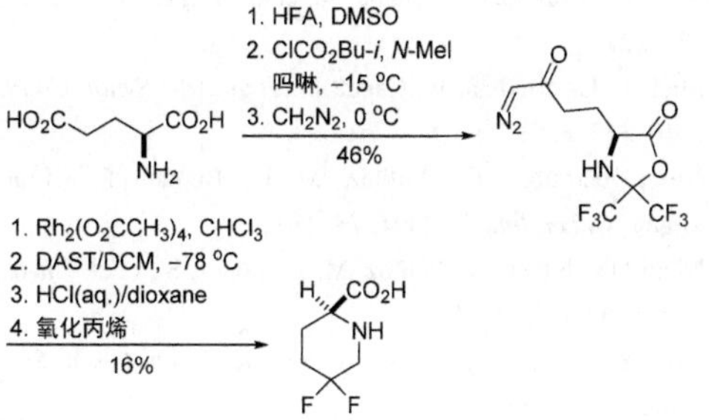

(3)

在四氯化碳中，六氟丙酮可与苯并二氧磷杂环戊烷衍生物反应生成螺环膦三环化合物 (式 4)[7]。

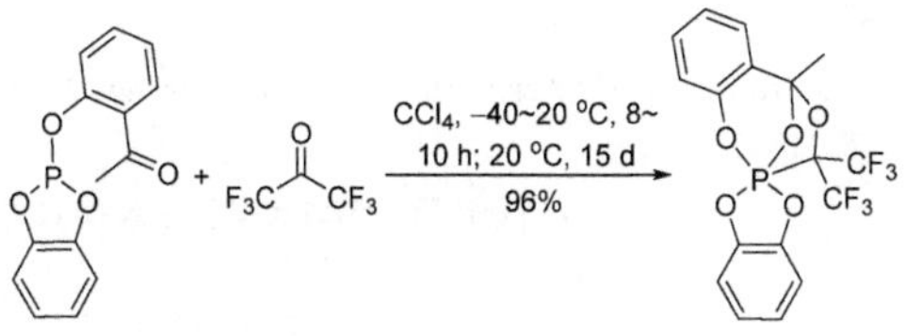

(4)

六氟丙酮可与异氰酸酯和羧酸发生 Passerini 三组分缩合反应，高产率地得到缩肽化合物 (式 5)[8]。

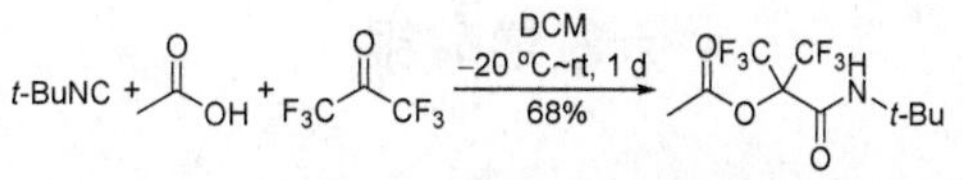

(5)

六氟丙酮可与四环庚烷发生环加成反应，生成在酸性和碱性环境中都比较稳定的氧杂环丁烷衍生物 (式 6)[9]。

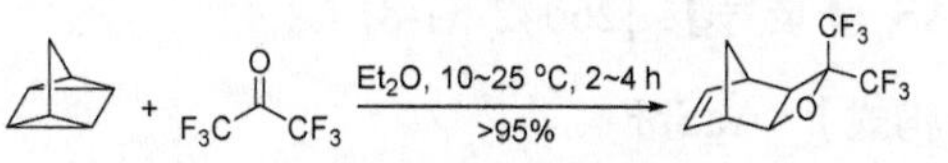

(6)

在微波加热的条件下，六氟丙酮可与含烯丙基氢的烯类化合物发生羰基 ene 反应，生成六氟异丙醇衍生物 (式 7)[10]。

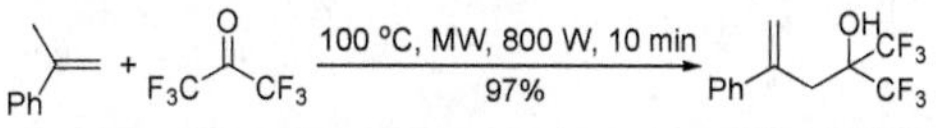

(7)

在碳化二亚胺的催化下，六氟丙酮可与 β-羟基酸反应生成六元环内酯。然后再与胺类化合物反应，生成相应的酰胺 (式 8)[11]。

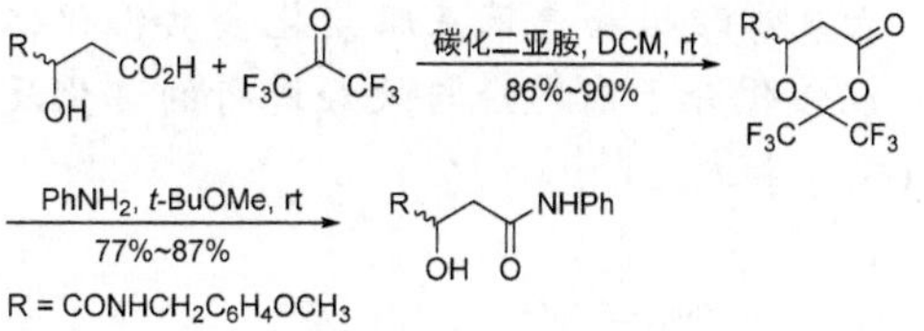

(8)

R = CONHCH$_2$C$_6$H$_4$OCH$_3$

参 考 文 献

[1] van der Puy, M.; Anello, L. G. *Org. Synth., Coll.* **1990**, *7*, 251.

[2] Spengler, J.; Böttcher, C.; Albericio, F.; Burger, K. *Chem. Rev.* **2006**, *106*, 4728.

[3] Albericio, F.; Burger, K.; Ruíz-Rodríguez, J.; Spengler, J. *Org. Lett.* **2005**, *4*, 597.

[4] Leader, G. R. *Anal. Chem.* **1970**, *42*, 16.

[5] Hosokawa, T.; Matsmura, A.; Katagiri, T.; Uneyama, K. *J. Org. Chem.* **2008**, *73*, 1468.

[6] Golubev, A. S.; Schedel, H.; Radics, G.; et al. *Tetrahedron Lett.* **2004**, *45*, 1445.

[7] Abdrakhmanova, L. M.; Mironov, V. F.; Baronova, T. A.; et al. *Russ. Chem. Bull.* **2008**, *57*, 1559.

[8] Gulevich, A. V.; Shpilevaya, I. V.; Nenajdenko, V. G. *Eur. J. Org. Chem.* **2009**, 3801.

[9] Petrov, V. A.; Davidson, F.; Smart, B. E. *J. Fluorine Chem.* **2004**, *125*, 1543.

[10] Sridhar, M.; Narsaiah, C.; Ramanaiah, B. C.; et al. *Tetrahedron Lett.* **2009**, *50*, 1777.

[11] Spengler, J.; Ruíz-Rodríguez, J.; Yraola, F.; et al. *J. Org. Chem.* **2008**, *73*, 2311.

[武金丹，巨勇*，清华大学化学系；JY]

六氟锑酸银

【英文名称】 Silver hexafluoroantimonate

【分子式】 AgSbF$_6$

【分子量】 343.62

【CAS 登录号】 [26042-64-8]

【结构式】 AgSbF$_6$

【物理性质】 浅褐色粉末，容易潮解。

【制备和商品】 国内外化学试剂公司均有销售。

【注意事项】 该试剂在室温下稳定，避免接触光、水、酸。

六氟锑酸银常被用作催化剂或者助催化剂来参与有机反应，是一种常见的有机反应催化剂[1~3]。

六氟锑酸银和三苯基膦氯化金共催化体系可以催化分子内烯烃与炔烃进行的环化反应 (式 1 和式 2)[4,5]。

$$
\text{TsN}\diagup\!\!\!\diagup\!\!\!\equiv\!\!-\text{Me} \xrightarrow[\substack{\text{CH}_2\text{Cl}_2,\ 23\ ^\circ\text{C},\ 15\ \text{min} \\ 96\%}]{[\text{Au(PPh}_3)\text{Cl]},\ \text{AgSbF}_6} \text{TsN} \tag{1}
$$

$$
\substack{\text{MeO}_2\text{C} \\ \text{MeO}_2\text{C}} \xrightarrow[\substack{\text{MeOH},\ 23\ ^\circ\text{C},\ 20\ \text{h} \\ 58\%}]{[\text{Au(PPh}_3)\text{Cl]},\ \text{AgSbF}_6} \substack{\text{MeO}_2\text{C} \\ \text{MeO}_2\text{C}}\diagdown\!\!\text{OMe} \tag{2}
$$

六氟锑酸银与铑配合物的共催化体系也可以诱导分子内炔烃与二烯的 [4+2] 环化反应 (式 3)[6,7]。

$$
\xrightarrow[\substack{\text{CH}_2\text{Cl}_2,\ \text{rt},\ 2\ \text{h} \\ 82\%,\ 91\%\ ee}]{[\text{RhCl(diene}^*)]_2\ (5\ \text{mol}\%)\atop PP^*\text{-ligand},\ \text{AgSbF}_6\ (20\ \text{mol}\%)} \tag{3}
$$

diene* = ... , PP*-ligand = ...

铑配合物与六氟锑酸银共催化体系还可诱导分子内的 [5+2] 环化反应 (式 4)[7]。

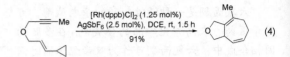

$$
\xrightarrow[\substack{\text{AgSbF}_6\ (2.5\ \text{mol}\%),\ \text{DCE},\ \text{rt},\ 1.5\ \text{h} \\ 91\%}]{[\text{Rh(dppb)Cl}]_2\ (1.25\ \text{mol}\%)} \tag{4}
$$

在 [Cp*RhCl$_2$]$_2$ 与六氟锑酸银的催化条件下，乙酰苯胺及其衍生物的邻位 C–H 键可以与烯烃的 C–H 键发生氧化偶联反应，形成新的 C–C 键，得到烯基化产物 (式 5)[8]。

$$
\xrightarrow[\substack{\text{2-Me-2-BuOH},\ 120\ ^\circ\text{C},\ 16\ \text{h} \\ 80\%}]{\substack{[\text{RhCp*Cl}_2]_2\ (0.5\ \text{mol}\%),\ \text{AgSbF}_6 \\ (2\ \text{mol}\%),\ \text{Cu(OAc)}_2\ (2.1\ \text{equiv})}} \tag{5}
$$

如式 6 所示[9]：在铑配合物催化苯酚衍生物邻位 C–H 键的氧化烯基化反应中，六氟锑酸银也起到了助催化剂的作用。Ackermann 课题组也报道了类似的工作[10]。

$$
\xrightarrow[\substack{\text{THP},\ 110\ ^\circ\text{C},\ 24\ \text{h} \\ 70\%}]{\substack{[\text{RhCp*Cl}_2]_2\ (1\ \text{mol}\%) \\ \text{AgSbF}_6\ (4\ \text{mol}\%) \\ \text{Cu(OAc)}_2\ (2\ \text{equiv})}} \tag{6}
$$

参 考 文 献

[1] Li, C.; Xiao, J. *J. Am. Chem. Soc.* **2008**, *130*, 13208.

[2] Kern, N.; Dombray, T.; Blanc, A.; et al. *J. Org. Chem.* **2012**, *77*, 9227.

[3] Michon, C.; Medina, F.; Capet, F.; et al. *Adv. Synth. Catal.* **2010**, *352*, 3293.

[4] Nieto-Oberhuber, C.; Muñoz, M. P.; Buñuel, E.; et al. *Angew. Chem. Int. Ed.* **2004**, *43*, 2402.

[5] Nieto-Oberhuber, C.; Muñoz, M. P.; López, S.; et al. *Chem. Eur. J.* **2006**, *12*, 1677.

[6] Aikawa, K.; Akutagawa, S.; Mikami, K. *J. Am. Chem. Soc.* **2006**, *128*, 12648.

[7] Wang, B.; Cao, P.; Zhang, X. *Tetrahedron Lett.* **2000**, *41*, 8041.

[8] Patureau, F. W.; Glorius, F. *J. Am. Chem. Soc.* **2010**, *132*, 9982.

[9] Gong, T.-J.; Xiao, B.; Liu, Z.-J.; et al. *Org. Lett.* **2011**, *13*, 3235.

[10] Li, J.; Kornhaaβ, C.; Ackermann, L. *Chem. Commun.* **2012**, *48*, 11343.

[蔡尚军，清华大学化学系；XCJ]

六甲基二锡

【英文名称】 Hexamethylditin

【分子式】 $C_6H_{18}Sn_2$

【分子量】 327.63

【CAS 登录号】 [1191-15-7]

【缩写和别名】 Hexamexamethyldistannane, Hexamethyl-distannan

【结构式】

$$Me_3Sn\!-\!SnMe_3$$

【物理性质】 结晶或无色液体。ρ 1.58 g/cm³。mp 23~24 ℃，bp 182 ℃，折射率 1.540。

【制备和商品】 国内外化学试剂公司均有销售。也可以使用三甲基锡烷与 LDA 在 0 ℃ 的乙醚或正己烷溶剂中反应来制备 (式 1)[1]。

$$2\,Me_3SnH + i\text{-}Pr_2NLi \xrightarrow{Et_2O\text{或}n\text{-Hex}} (Me_3Sn)_2 + i\text{-}Pr_2NH \quad (1)$$

在金属锂的作用下，三甲基氯化锡的自身偶联反应也可用于该试剂的制备 (式 2)[2]。

$$Me_3SnCl \xrightarrow[92\%]{Li\,(1.1\,equiv),\,THF,\,25\sim30\,℃,\,2\,h} (Me_3Sn)_2 \quad (2)$$

【注意事项】 具有很高的毒性，对眼睛、呼吸系统和皮肤有刺激性。即使小量该产品渗入地下水也会对饮用水造成危害。对空气敏感，存放在充有干爽惰性气体的容器内，远离氧化剂和空气。

在碱金属的作用下，六甲基二锡可以发生 Sn—Sn 键的断裂生成单锡碱金属盐 (式 3)[3,4]。

$$Me_3SnSnMe_3 \xrightarrow{Li/Na/K \atop THF} Me_3SnLi \text{ 或 } Me_3SnNa \text{ 或 } Me_3SnK \quad (3)$$

将六甲基二锡用金属锂处理后，与 1-三氟甲基乙酮-2-四氢吡咯-4,4-二甲基-环丁烯能够发生偶联反应。在该反应中，烯氨基被锡基取代生成 α,β 不饱和酮 (式 4)[2]。

$$(4)$$

在钯催化剂的作用下，六甲基二锡能够使 1,3-二烯发生二聚，生成端位是锡基取代的二聚物 (式 5)[5]。

$$(5)$$

在钯催化剂的作用下，六甲基二锡能够对苯乙炔进行加成，生成 E-型的二锡基加成的产物 (式 6)[6]。

$$Me_3SnSnMe_3 + Ph\!-\!\!\equiv\!\!-H \xrightarrow[55\%]{Pd(PPh_3)_4\,(0.2\,mol\%) \atop 80\,℃,\,72\,h} \quad (6)$$

在钯催化剂的作用下，六甲基二锡能与苯环或杂原子芳烃上的离去基团 (如：-X，-OTf 等) 发生取代反应，生成三甲基锡基取代的芳烃 (式 7)[7]。

$$(7)$$

此外在钯试剂的催化下，六甲基二锡还能对联烯加成，生成 2,3-二锡基-1-丙烯。该产物在升温后发生重排反应得到两种不同构型的混合产物，并以此来区别该反应的动力学和热力学性质 (式 8)[8]。

$$PhHC\!=\!C\!=\!CH_2 \xrightarrow[100\%]{Me_3SnSnMe_3,\,Pd(PPh_3)_3 \atop 25\,℃,\,2\,d}$$

$$\xrightarrow[100\%]{125\,℃,\,1\,h} \quad (8)$$

$$E \text{ 或 } Z$$

六甲基二锡还能与酰氯反应生成三甲基锡基酮[9]，与 α,β 不饱和炔酮反应生成 β-位由锡基取代的 α,β 不饱和烯酮[10]。

参 考 文 献

[1] Reimann, W.; Kuivila, H. G.; Farah, D.; Apoussidis, T. *Organometallics* 1987, *6*, 557.

[2] Koldobskiia, A. B.; Solodovaa, E. V.; Verteletskiib, P. V.; et al. *Tetrahedron* 2010, *66*, 9589.

[3] Mochida, K. *Bull. Chem. Soc. Jpn.* 1987, *60*, 3299.

[4] Adcock, W.; Clark, C. I.; Trout, N. A. *Tetrahedron Lett.*

1994, *35*, 297.

[5] Yasushi, T.; Takeshi, K. *Chem. Commun.* **1992**, *14*, 1000.

[6] Khan, A.; Lough, A. J.; Gossage R. A.; Foucher, D. A. *Dalton Trans.* **2013**, *42*, 2469.

[7] Echavarren, A. M.; Stille, J. K. *J. Am. Chem. Soc.* **1987**, *109*, 5478.

[8] Killing, H.; Mitchell, T. N. Organometallics **1984**, *3*, 1318.

[9] Mitchell, T. N.; Kwetkat, K. *J. Organomet. Chem.* **1992**, *439*, 127.

[10] Piers, E.; Tillyer, R. D. *J. Chem. Soc. Perkin Trans. I* **1989**, 2124.

[陈俊杰, 陈超*, 清华大学化学系; CC]

六氯丙酮

【英文名称】 Hexachloroacetone

【分子式】 C_3Cl_6O

【分子量】 264.75

【CAS 登录号】 [116-16-5]

【结构式】

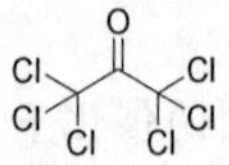

【物理性质】 无色液体，mp –30 ℃，bp 66~70 ℃ /6 mmHg。溶于二氯甲烷、三氯甲烷、苯等，微溶于水。

【制备和商品】 国内外试剂公司均有销售。

【注意事项】 该试剂具有高毒性，疑似能引起细胞突变。必须在通风橱中操作。

六氯丙酮的分子中存在 6 个氯原子的诱导效应，使其反应性较好。可发生氯化、三氯甲基化和三氯乙酰化等反应。

醇和胺的三氯酰基化反应 如式 1 所示[1]：芳胺与六氯丙酮在己烷溶剂中混合，高产率地得到了三氯酰胺化合物。该方法可以兼容反应活性较高的羟基等官能团，反应温和，选择性好。

$$\text{(1)}$$

在 DMF 等强质子接收体的存在下，六氯丙酮可以将环己醇转化为三氯乙酸环己酯 (式 2)[2]。由于反应对羟基周围的位阻比较敏感，所以可以选择性地对位阻较小的羟基进行三氯酰基化。

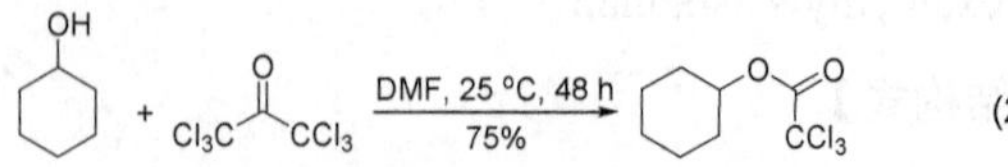

$$\text{(2)}$$

三氯乙酰基吲哚嗪衍生物的制备 如式 3 所示[3]：在六氯丙酮的作用下，吡啶与丁炔二酸二烷基酯或者二苯甲酰乙炔的反应生成官能化的吲哚嗪衍生物。该反应的氮杂环底物也可使用异喹啉或者 N-甲基咪唑。

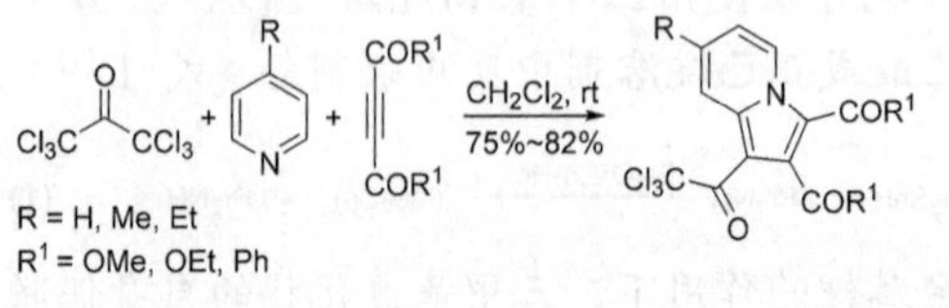

$$\text{(3)}$$

R = H, Me, Et
R^1 = OMe, OEt, Ph

作为二氧化碳的等价试剂 由于三氯化碳阴离子具有容易离去的性质，六氯丙酮可以被用作二氧化碳的等价试剂，用来合成环状的氨基甲酸酯类衍生物。如式 4 所示[4]：具有 β-氨基醇结构的化合物在六氯丙酮的作用下可定量地生成六元环状的氨基甲酸酯化合物，并且化合物的立体构型不发生改变。当邻氨基醇分子中氨基的一个氢被苄基取代时，在六氯丙酮的作用下可得到五元环状的氨基甲酸酯化合物 (式 5)[5]。

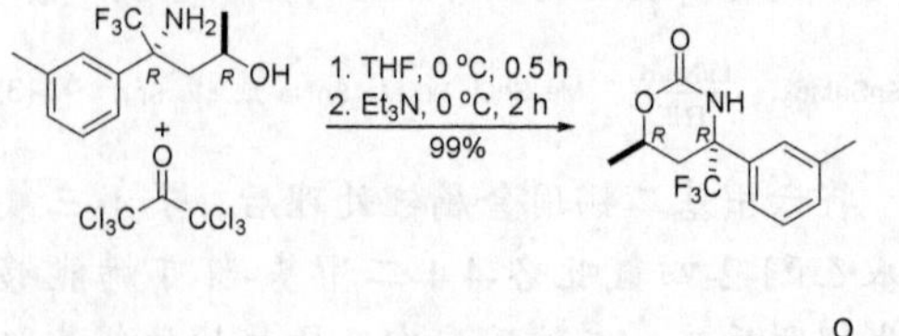

$$\text{(4)}$$

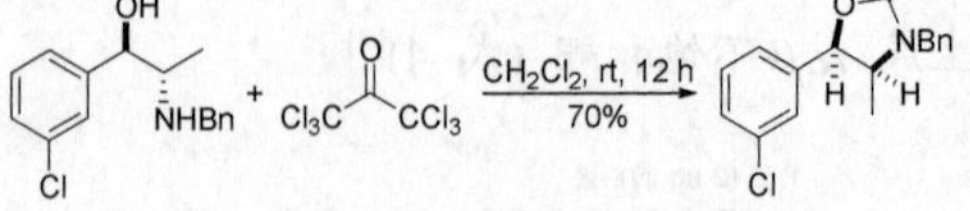

$$\text{(5)}$$

烯丙醇和环丙甲基醇的氯代反应 如式 6 所示[6]：在三苯基膦的存在下，六氯丙酮可以作为氯代试剂与巴豆醇反应生成相应的氯代物。使用一级或二级烯丙醇化合物为底物，所生成的产物大多是相应的没有经过重排的烯丙氯化合物；而使用三级的烯丙醇底物，则主要生成重排产物。该体系可以代替使用"PPh₃-CCl₄"体系的氯代反应，特别是制备难以从 CCl₄ 溶液中分离且易挥发的烯丙基氯化合物。如式 7 所示[7]：在三苯基膦的存在下，环丙基甲基醇与六氯丙酮的反应可得到环丙基甲基氯代物。使用该方法合成氯代物没有重排产物的生成。

$$
\text{(6)} \quad 65\% \quad \text{PPh}_3, 0\ ^\circ\text{C, 3 h;}\ \text{rt, 12 h}
$$

$$
\text{(7)} \quad 80\% \quad \text{Ph}_3\text{P, 15~20}\ ^\circ\text{C, 3 h}
$$

酰胺键的形成　如式 8 所示[8]：(Z)-2,3-二甲基-2,4-戊二烯酸与六氯丙酮在三苯基膦的作用下反应，可定量地得到 (Z)-2,3-二甲基-2,4-戊二烯酰氯。在该反应条件下没有氢氯酸产生，阻止了对酸敏感的副反应的发生。该反应提供了一种很好的原位生成酰氯化合物的方法。如式 9 所示[9]：使用该条件，羧酸化合物经原位转化为酰氯后可以与 4-氨基苯甲酸甲酯反应生成酰胺化合物，并且不会得到对甲氧羰基苯胺与六氯丙酮生成的酰基化副产物。如果底物是甲酸，则可原位生成甲酰氯，然后再与对甲基苯胺反应生成相应的酰胺化合物 (式 10)[9]。

$$
\text{(8)} \quad \text{Ph}_3\text{P, CH}_2\text{Cl}_2, 0\ ^\circ\text{C, 1.5 h} \quad 100\%
$$

$$
\text{(9)} \quad
\begin{array}{l}
1.\ \text{Cl}_3\text{C}\text{COCCl}_3\ (1\ \text{equiv}),\ \text{PPh}_3\ (2\ \text{equiv}) \\
2.\ p\text{-CO}_2\text{Me-PhNH}_2\ (2\ \text{equiv}),\ \text{Py}\ (12\ \text{equiv}) \\
\quad \text{THF, }-78\ ^\circ\text{C} \\
\quad\quad 99\%
\end{array}
$$

$$
\text{(10)} \quad
\begin{array}{l}
1.\ \text{Cl}_3\text{C}\text{COCCl}_3\ (1\ \text{equiv}),\ \text{PPh}_3\ (2\ \text{equiv}) \\
2.\ p\text{-Me-PhNH}_2\ (2\ \text{equiv}),\ \text{Et}_3\text{N}\ (1\ \text{equiv}) \\
\quad \text{THF, }-78\ ^\circ\text{C} \\
\quad\quad 88\%
\end{array}
$$

使用该方法，邻位酮氨基与氨基酸反应可以制备手性苯并二氮䓬类药物的前驱体 (式 11)[10]。在该反应过程中所有的保护基均不受影响。

$$
\text{(11)} \quad
\begin{array}{l}
1.\ \text{Cl}_3\text{C}\text{COCCl}_3\ (0.75\ \text{equiv}),\ \text{PPh}_3\ (3\ \text{equiv}) \\
2.\ \text{HO}_2\text{C}\text{—}\text{NHR}^2,\ \text{Et}_3\text{N}\ (1\ \text{equiv}),\ \text{CH}_2\text{Cl}_2,\ \text{rt} \\
\quad\quad 45\%\sim98\%
\end{array}
$$

R = Boc, Bn
R^1 = H, alkyl
R^2 = Cbz, Fmoc

五氯丙酮的制备　在芳香醇的存在下，六氯丙酮与三苯基膦反应可以选择性地脱氯得到五氯丙酮 (式 12)[11]。该方法反应迅速、产率较高，其中芳香醇可以使用 2-萘酚、联萘酚和苯酚等。

$$
\text{(12)} \quad \text{Ph}_3\text{P, ArOH, PhMe, 5~10 min} \quad 85\% \quad \text{Ar = 2-萘酚、联萘酚或苯酚}
$$

加速过氧化氢的氧化作用　与六氟丙酮相同，六氯丙酮也可以被用作催化剂，通过形成过氧酸，进而增强过氧化氢的氧化性 (式 13)[12]。该氧化体系可以将含磷 (Ⅲ) 的七元杂环化合物氧化成相应的高价磷 (Ⅴ) 化合物 (式 14)[13]。磷原子上除了连接甲基、乙基、丙基等简单基团外，也可以是乙烯基和烯丙基。

$$
\text{(13)} \quad \text{H}_2\text{O}_2
$$

$$
\text{(14)} \quad \text{H}_2\text{O}_2, \text{DCM} \quad 82\%
$$

该催化体系也可以选择性地在丹缩酮分子中 C-5 和 C-10 位之间的烯烃上发生环氧化反应。虽然该反应的对映选择性较差，但通过重结晶可以获得 ee 值为 93% 的环氧化合物 (式 15)[14]。

$$
\text{(15)} \quad \text{H}_2\text{O}_2, \text{CH}_2\text{Cl}_2, \text{rt} \quad 43\%, \text{dr} = 1.8:1
$$

参　考　文　献

[1] Sharma, S.; Rajale, T.; Unruh, D. K.; Birney, D. M. *J. Org. Chem.* **2015**, *80*, 11734.

[2] Freedlander, R. S.; Bryson, T. A.; Dunlap, R. B.; et al. *J.*

Org. Chem. **1981**, *46*, 3519.

[3] Yavari, I.; Sabbaghan, M.; Hossaini, Z. *Synlett* **2006**, *15*, 2501.

[4] Zhang, S.; Li; L; Hu, Y.; et al. *Org. Lett.* **2015**, *17*, 5036.

[5] Amarante, G. W.; Cavallaro, M.; Coelho, F. *J. Braz. Chem. Soc.* **2011**, *8*, 1568.

[6] Suen, L. M.; Steigerwald, M. L.; Leighton, J. L. *Chem. Sci.* **2013**, *4*, 2413.

[7] Hrubiec, R. T.; Smith, M. B. *J. Org. Chem.* **1984**, *49*, 431.

[8] Schobert, R.; Barnickel, B. *Synthesis* **2009**, *16*, 2778.

[9] Villeneuve, G. B.; Chan, T. H. *Tetrahedron Lett.* **1997**, *38*, 6489.

[10] Butini, S.; Gabellieri, E.; Huleatt, P. B.; et al. *J. Org. Chem.* **2008**, *73*, 8458.

[11] Rajendran, K. V.; Carr, D. J.; Gilheany, D. G. *Tetrahedron Lett.* **2011**, *52*, 7113.

[12] Chambers, R. D.; Clark, M. *Tetrahedron Lett.* **1970**, *11*, 2741.

[13] Kasthuriah, M.; Arigala, U.; Bitragunta, S.; et al. *Chin. J. Chem.* **2009**, *27*, 408.

[14] Larkin, J. P.; Wehrey, C.; Boffelli, P.; et al. *Org. Proc. Res. Dev.* **2001**, *6*, 20.

[闵林，清华大学化学系；HYF]

六氯环己-2,5-二烯酮

【英文名称】 Hexachlorocyclohexa-2,5-dien-1-one

【分子式】 C_6Cl_6O

【分子量】 300.78

【CAS 登录号】 [599-52-0]

【缩写和别名】 HCP，Hexachlorophenol

【结构式】

【物理性质】 黄色至棕色晶体固体，mp 113 ℃，ρ 1.851 g/cm³。

【制备和商品】 国内外化学试剂公司均有销售。通常是在氯化铁的存在下，通过氯气与苯酚发生亲电氯代反应制备 (式 1)[1]。也可在高温和使用压力的情况下，对氯苯进行碱性水解来制备。或由氯代苯胺的重氮盐转换制备。

$$(1)$$

六氯环己-2,5-二烯酮 (HCP) 是一种有效的氯化试剂，被广泛应用于手性有机催化反应中。

HCP 能使芳香杂环化合物发生氯代反应[2]。使用等摩尔的 HCP 可以将 *N*-甲基吲哚转化为 3-氯-*N*-甲基吲哚 (式 2)[3]。

$$(2)$$

使用金鸡纳生物碱衍生物作为催化剂，HCP 可以用在催化的串联不对称氯化-酯化反应中[4]。在手性催化剂苯甲酰奎宁 (BQ) 的催化下，苯乙酰氯与 HCP 反应生成 α-氯代酯和无氯代酯 (式 3)[5]。

$$(3)$$

在手性胺的催化下，HCP 与环丙烷基甲醛反应，可以非对映和对映选择性地合成 α,γ-二氯代醛化合物 (式 4)[6]。

$$(4)$$

在手性胺的催化下，HCP 与 α,β-不饱和醛进行对映选择性的级联反应，能够制备一系列不对称的 α-氯代-β-芳基取代的醛 (式 5)[7,8]。

$$(5)$$

在 *N*-杂环卡宾 (NHC) 前体化合物的催化下，HCP 与二取代烯酮化合物发生氯化和酯化反应，高对映选择性地生成三级 α-氯代酯产物 (式 6)[9]。

$$\text{(6)}$$

R = Me, Ph, Et, n-Bu

参 考 文 献

[1] Gali, S.; Miravitlles, C.; Font-Altaba, M. *Acta Cryst.* **1975**, *B31*, 2510.

[2] Butler, J. R.; Wang, C.; Bian, J.; Ready, J. M. *J. Am. Chem. Soc.* **2011**, *133*, 9956.

[3] Duan, X, H.; Mayr, H. *Org. Lett.* **2010**, *12*, 2238.

[4] (a) Wack, H.; Taggi, A. E.; Hafez, A. M.; et al. *J. Am. Chem. Soc.* **2001**, *123*, 1531. (b) Taggi, A. E.; Wack, H.; Hafez, A. M.; et al. *Org. Lett.* **2002**, *4*, 627. (c) Dogo-Isonagie, C.; Bekele, T.; France, S.; et al. *Eur. J. Org. Chem.* **2007**, *2007*, 1091.

[5] France, S.; Wack, H.; Taggi, A. E.; et al. *J. Am. Chem. Soc.* **2004**, *126*, 4245.

[6] Sparr, C.; Gilmour, R. *Angew. Chem. Int. Ed.* **2011**, *50*, 8391.

[7] Brochu, M. P.; Brown, S. P.; MacMillan, D. W. C. *J. Am. Chem. Soc.* **2004**, *126*, 4108.

[8] Huang, Y.; Walji, A. M.; Larsen, C. H.; MacMillan, D. W. C. *J. Am. Chem. Soc.* **2005**, *127*, 15051.

[9] Douglas, J.; Ling, K. B.; Concellón, C.; et al. *Eur. J. Org. Chem.* **2010**, *2010*, 5863.

[卢金荣，巨勇*，清华大学化学系；JY]

六氯乙烷

【英文名称】 Hexachloroethane

【分子式】 C_2Cl_6

【分子量】 236.76

【CAS 登录号】 [67-72-1]

【缩写和别名】 Carbon hexachloride，六氯化碳

【结构式】

【物理性质】 无色、不易燃烧的结晶，有樟脑状气味。bp 186 ℃/103.6 kPa，mp 183~185 ℃ (升华)，ρ 2.09 g/cm³。不溶于水，溶于醇、苯、氯仿、油类等多数有机溶剂。

【制备和商品】 商品化试剂。可在催化剂的作用下，通过四氯乙烯与氯化氢和氧气反应制得 (式 1)[1]。

$$Cl_2C=CCl_2 + HCl + O_2 \xrightarrow{Cat.} CCl_3CCl_3 + H_2O \quad (1)$$

【注意事项】 该试剂是氯代烃中毒性最大的一种，对人的中枢神经有毒害作用。

六氯乙烷主要用于有机合成、农药、医药工业等方面。工业上可用作铝及其合金的脱气剂及烟雾生成剂等[2]。在有机合成中，六氯乙烷是一种多功能的亲电氯代试剂，可以与各种亲核试剂进行反应[1]。此外，六氯乙烷-三苯基膦复合物也可作为较好的氯代试剂，在合成反应中具有重要的应用[3]。

在叔丁基锂的存在下，使用六氯乙烷对吡啶化合物进行氯化反应，可以得到单一的氯代吡啶衍生物 (式 2)[4]。该氯代吡啶产物在室温下不稳定，会迅速分解。但在 −28 ℃ 的甲基叔丁基醚溶液中 (50%，体积比) 可保存数周。

$$\text{(2)}$$

在相转移催化剂四丁基溴化铵的作用下，苯并磺内酰胺衍生物与六氯乙烷在两相体系中反应，生成 1-烷基-3,3-二氯-4,5-苯并异噻唑-2,2-二氧化物衍生物 (式 3)[5]。

$$\text{(3)}$$

X = CH, N
Y = H, Me
R = Me, Et, i-Pr, n-Pr

作为一种有效的氯代试剂，六氯乙烷还可以取代三甲基硅基 (TMS) 和三异丙基硅基 (TIPS)，生成一系列氯代产物。使用六氯乙烷可将底物中的三异丙基硅甲基转化为氯甲基 (式 4)[6]。使用不同摩尔比的六氯乙烷，可以将 $(TMS)_3SiP(TMS)_2$ 有效地转变为一氯代衍生物

或二氯代衍生物 (式 5 和式 6)[7]。

$$\text{(4)}$$

$$\text{(5)}$$

$$\text{(6)}$$

六氯乙烷也可作为氯代磷化物的氯代试剂 (式 7)[8]。

$$\text{(7)}$$

三苯基膦与六氯乙烷配合使用，可作为与羟基反应的氯代试剂。在该条件下，2-(R)-叔丁氧基羰基氨基-3-氯-丙酸甲酯可通过 N-Boc-丝氨酸甲酯制得 (式 8)[9]。

$$\text{(8)}$$

在三乙胺的存在下，邻炔基苯胺也可与六氯乙烷反应生成膦亚胺中间体，进而转化为异氰酸酯 (式 9)[10]。

$$\text{(9)}$$

R = t-Bu, i-Pr, n-Bu, n-Pent, n-Hex, Bn, TMS, TBS

在三苯基膦和六氯乙烷的配合作用下，吡啶酚衍生物可发生环加成反应生成噁唑吡啶。而氨基在相同的条件下不发生加成反应 (式 10)[11]。

$$\text{(10)}$$

R = alkyl, aryl

参 考 文 献

[1] 综述文献见：(a) Burger, J. J.; Chen, T. B. R. A.; De Waard, E. R.; Huisman, H. O. *Tetrahedron* **1980**, *36*, 1847. (b) Hommes, H.; Verkruijsse, H. D.; Brandsma, L. *Tetrahedron Lett.* **1981**, *22*, 2495. (c) Griffen, E. J.; Roe, D. G.; Snieckus, V. *J. Org. Chem.* **1995**, *60*, 1484. (d) Knoch, F.; Kummer, S.; Zenneck, U. *Synthesis* **1996**, 265.

[2] Budavari, S. *The Merck Index 12th ed.* Merck & Co. Inc.: Whitehouse Station N. J, **1996**.

[3] (a) Wamhoff, H.; Berressem, R.; Herrmann, S. *Synthesis* **1993**, 107. (b) Vorbrüggen, H.; Krolikiewicz, K. *Tetrahedron* **1993**, *49*, 9353.

[4] Rommel, M.; Ernst, A.; Koert, U. *Eur. J. Org. Chem.* **2007**, *26*, 4408.

[5] Wojciechowski, K.; Siedlecka, U.; Modrzejewska, H.; Kosinski, S. *Tetrahedron* **2002**, *58*, 7583.

[6] Shindoh, N.; Tokuyama, H.; Takemoto, Y.; Takasu, K. *J. Org. Chem.* **2008**, *73*, 7451.

[7] Cappello, V.; Baumgartner, J.; Dransfeld, A.; Hassler, K. *Eur. J. Inorg. Chem.* **2006**, 4589.

[8] Carreira, M.; Charernsuk, M.; Eberhard, M.; et al. *J. Am. Chem. Soc.* **2009**, *131*, 3078.

[9] Barfoot, C. W.; Harvey, J. E.; Kenworthy, M. N.; et al. *Tetrahedron* **2005**, *61*, 3403.

[10] Saito, T.; Nihei, H.; Otani, T.; et al. *Chem. Commun.* **2008**, 172.

[11] Heuser, S.; Keenan, M.; Weichert, A. G. *Tetrahedron Lett.* **2005**, *46*, 9001.

[高玉霞，巨勇*，清华大学化学系；JY]

六水氯化镍

【英文名称】 Nickel chloride hexahydrate

【分子式】 $NiCl_2 \cdot 6H_2O$

【分子量】 237.69

【CAS 登录号】 [7791-20-0]

【缩写和别名】 Nickel dichloride hexahydrate, Nickelous chloride hexahydrate

【结构式】 $Cl_2H_{12}NiO_6$

【物理性质】 mp 140 ℃ (无水氯化镍：mp 1001 ℃)，β 1.92 g/cm³ (无水氯化镍：ρ 3.55 g/cm³)。在水中的溶解度为 254 g/100 mL (20 ℃)，易溶于乙醇，不溶于多数有机溶剂。

【制备和商品】 该试剂廉价易得，易储存，一般不在实验室制备。六水合氯化镍在亚硫酰氯或氯化氢中加热，会失去结晶水得到黄色的无水氯化镍。仅仅依靠加热无法获得无水二氯化镍。

【注意事项】 该试剂有毒，有刺激性，为致癌物质，对环境有害，应在通风橱中使用。

镍-膦配合物催化的交叉偶联反应被认为是有机合成中最有效的构筑碳-碳键的方法之一[1~3]。研究表明，通过添加 1,3-二丁烯与镍配位可以更有效地控制镍金属中心，从而使烷基氯、烷基溴、烷基氟以及烷基磺酸类化合物在 NiCl$_2$ 的催化下均可与烷基或芳基格氏试剂发生交叉偶联反应 (式 1)[4]。

$$R-X + R'-MgX \xrightarrow[\substack{R = alkyl, R' = alkyl, aryl \\ X = F, Cl, Br, OTs}]{cat. NiCl_2, H_2C=CH-CH=CH_2} R-R' \quad (1)$$

过渡金属催化的芳基金属有机化合物与芳基化合物 (或氮杂环芳基卤化物) 的交叉偶联反应是现代有机合成中非常重要的一类反应，通过该类反应得到的二芳基化合物具有重要的工业应用价值[5]。使用微量的镍盐与亚磷酸二乙酯、二甲基氨基吡啶的配合物在室温下能够高效地催化 Negishi 交叉偶联反应 (式 2)[6]。

$$\text{(2)}$$

此外，在 DIBAL 的作用下，氯化镍还能实现炔烃与 TMSCN 的偶联反应，高产率地得到吡咯衍生物 (式 3)[7]。

$$Ph-\equiv-Ph \xrightarrow[87\%]{TMCAN, NiCl_2, DIBAL} \quad \text{(3)}$$

在超声及过量三苯基膦和碘化钠的存在下，使用氯化镍和锌粉还能实现芳基卤代物的还原自身偶联反应 (式 4)[8]。

$$\xrightarrow[\substack{超声, 50\ ℃ \\ 89\%}]{NiCl_2, Ph_3P, Zn, DMF} \quad \text{(4)}$$

近年来，氯化镍催化的分子内和分子间的串联反应引起了有机化学家的积极关注，一些串联反应极具合成价值 (式 5)[9]。

$$\xrightarrow[rt, 18\ h]{NiCl_2, CrCl_2, DMF} \quad \begin{array}{l} X = O, n = 1, 57\% \\ X = O, n = 2, 52\% \\ X = NAc, n = 1, 73\% \end{array} \quad \text{(5)}$$

使用 NiCl$_2$·6H$_2$O 作为催化剂改进 Biginelli 反应[10]，可以大大缩短反应时间，且操作简便，较经典的 Biginelli 反应产率有较大的提高。对于芳香醛、乙酰乙酸乙酯、脲三组分的缩合反应，无论芳香环上取代基是供电子基团还是吸电子基团，NiCl$_2$·6H$_2$O 都能很好地催化该反应 (式 6)[11]。

$$\xrightarrow[EtOH, \Delta]{NiCl_2 \cdot 6H_2O/H^+} \quad \text{(6)}$$

在二氯化镍和噻唑盐类氮杂环卡宾有机催化剂的共存下，以苯甲醛和乙酸肉桂酯为起始原料，通过一锅法的安息香缩合反应和 α-羟基酮型烯丙基亲核取代串联反应可以高效地合成烯丙基化的 α-羟基酮化合物。二氯化镍催化剂比钯催化剂更加廉价易得，反应条件也较温和，操作更简便 (式 7)[12]。

$$PhCHO + Ph\diagup\diagdown OAc \xrightarrow[\substack{NHCs, THF, reflux \\ 76\%}]{NiCl_2, PPh_3, K_2CO_3} \quad \text{(7)}$$

氯化镍在锌粉的作用下也能够转变为高活性的 Ni(0)，进而实现醛、烯烃和芳香硝基化合物的还原反应。如式 8 所示[13]：在该条件下，烷基溴、芳基溴和乙烯基溴可与 α,β 不饱和酯发生还原 Heck 反应。

$$RBr + \diagup\diagdown CO_2Me \xrightarrow[70\%\sim 80\%]{NiCl_2, Zn, MeCN, Py, H_2O} R\diagup\diagdown CO_2Me \quad \text{(8)}$$

氯化镍在氢化铝锂等还原试剂的作用下能转变为低价金属试剂，进而实现对多种官能团的选择性还原反应，例如将烯烃还原为烷烃、将炔烃还原为顺式烯烃以及 N—O 键的断裂反应 (式 9)[14]。

$$\xrightarrow[97\%]{LiAlH_4, NiCl_2, -40\sim 25\ ℃} \quad \text{(9)}$$

NiCl$_2$·6H$_2$O 与 α-二亚胺形成的 [N,N]-二齿镍金属配合物 (式 10) 或与 2,6-二乙酰基吡啶形成的 [N,N,N]-三齿镍金属配合物 (式 11) 可用于催化烯烃的聚合反应，具有高效的催化性能。而且可以通过调节配体的配位环的大小、氮原子与金属镍中心的配位连接方式、配体的电子效应、位阻效应等，有效地对聚合反应进行调控[15]。

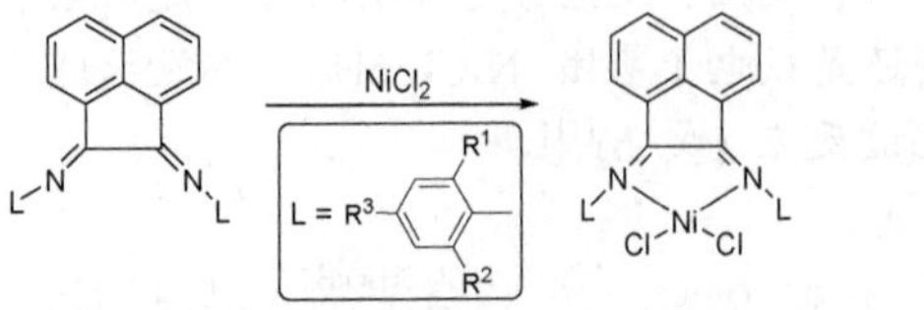

(10)

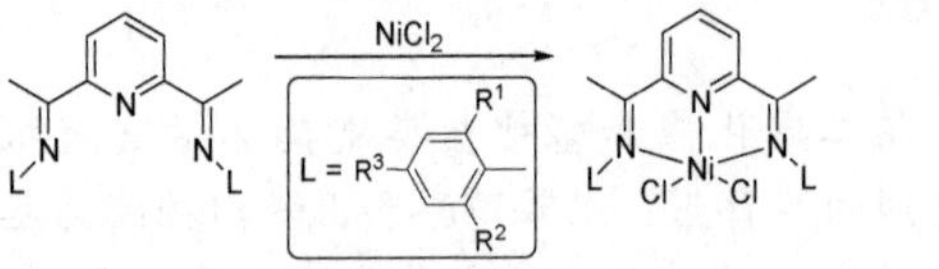

(11)

参 考 文 献

[1] Kosugi, M.; Shimizu, Y.; Mifita, T. *Chem. Lett.* **1977**, 1423.

[2] Milstein, D.; Stille, J. K. *J. Am. Chem. Soc.* **1978**, *100*, 3636.

[3] Stille, J. K. *Angew. Chem., Int. Ed.* **1986**, *25*, 508.

[4] Zhou, J.; Fu, G. C. *J. Am. Chem. Soc.* **2003**, *125*, 14726.

[5] de Meijere, A.; Diederich, F. Eds.; *Metal-Catalyzed Cross-Coupling Reactions*, 2nd ed.; Wiley-VCH: Weinheim, 2004.

[6] Gavryushin, A.; Kofink, C.; Manolikakes, G.; Knochel, P. *Org. Lett.* **2005**, *7*, 4871.

[7] Chatani, N.; Hanafusa, T. *Tetrahedron Lett.* **1986**, *27*, 4201.

[8] (a) Tiecco, M.; Testaferri, L.; Tingoli, M.; et al. *Synthesis* **1984**, 736. (b) Tiecco, M.; Tingoli, M.; Testaferri, L.; et al. *Tetrahedron* **1986**, *42*, 1475. (c) Tiecco, M.; Tingoli, M.; Testaferri, L.; et al. *Tetrahedron* **1989**, *45*, 2857.

[9] Ikeda, S.; Cui, D.-M.; Sato, Y. *J. Am. Chem. Soc.* **1999**, *121*, 4712.

[10] Kappe, C. O. *Tetrahedron* **1993**, *49*, 6937.

[11] Li, J.; Bai, Y. *Synthesis* **2002**, 466.

[12] 何金梅，屈孟男，何忠森. 应用化学 **2013**, *7*, 30.

[13] Sustmann, R.; Hopp, P.; Holl, P. *Tetrahedron Lett.* **1989**, *30*, 689.

[14] Tufariello, J. J.; Meckler, H.; Pushpananda, K.; Senaratne, A. *Tetrahedron* **1985**, *41*, 3447.

[15] (a) Kong, S. L.; Song, K. F.; Liang, T. L.; et al. *Dalton Trans.* **2013**, *42*, 9176. (b) Liu, H.; Zhao, W. Z.; Yu, J. G.; et al. *Catal. Sci. Technol.* **2012**, *2*, 415. (c) Lai, J.; Hou, X.; Liu, Y.; et al. *J. Organomet. Chem.* **2012**, *702*, 52.

[杜世振，中国科学院化学研究所；XCJ]

六羰基钼

【英文名称】 Molybdenum hexacarbonyl

【分子式】 C_6MoO_6

【分子量】 264.02

【CAS 登录号】 [13939-06-5]

【缩写和别名】 Hexacarbonylmolybdenum, Molybdenum carbonyl，羰化钼

【结构式】 $Mo(CO)_6$

【物理性质】 mp 150 °C (dec.)，bp 156 °C/1.0 mmHg，ρ 1.96 g/cm^3。微溶于四氢呋喃、乙腈，不溶于水。

【制备和商品】 该试剂在国内外化学试剂公司均有销售。

【注意事项】 该试剂吸入、皮肤接触及吞食有极高毒性。一般在通风橱中进行操作，操作时切勿吸入粉尘，穿戴适当的防护服和手套。

六羰基钼是一种金属羰基配合物，是合成复杂钼配合物的常用原料。具有烯丁基胺单元的二齿配体和 β-二羰基配体协同与六羰基钼形成稳定的钼螯合物 (式 1)[1]。

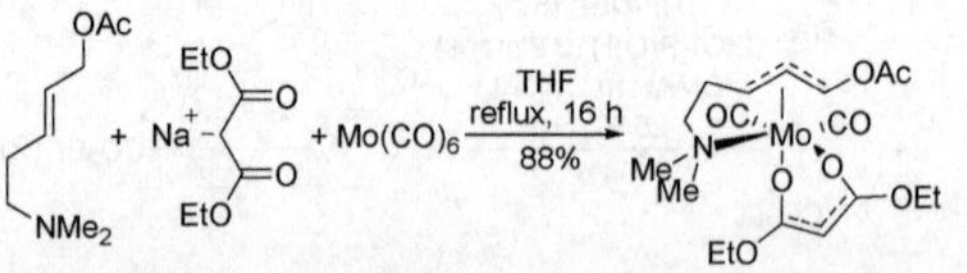

(1)

不同于二茂铁结构，六羰基钼与二聚环戊二烯在四氢呋喃中加热回流生成二聚三羰基合钼配合物。而六羰基钼与茂衍生物钠盐在四氢呋喃中加热回流生成茂衍生物合三羰基合钼钠盐，然后在室温下与三溴化磷作用形成茂衍生物合三羰基溴合钼配合物 (式 2)[2]。

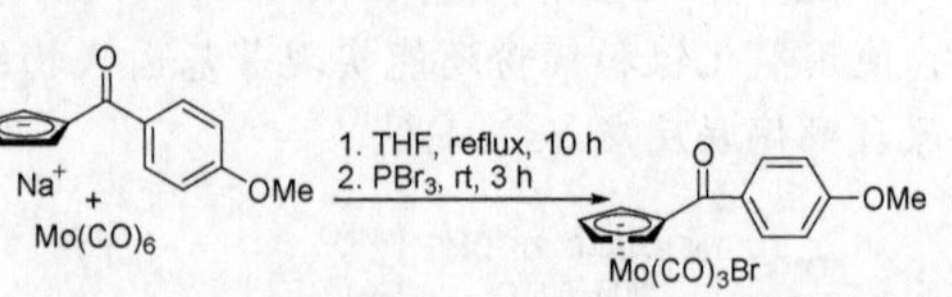

(2)

六羰基钼可作为 Pauson-Khand 反应的催化剂。可催化 [2+2+1] 型 Pauson-Khand 环加成反应，有效地构建生物碱一叶萩碱的核心结构单元。如式 3 所示[3]：含有共轭烯炔基吡咯烷类化合物和一氧化碳在六羰基钼的作用下反应生成内酯稠环。

$$\text{(3)} \quad 50\%$$

$$\text{(8)} \quad 78\%$$

在含有累积二烯烃与炔基的 [2+2+1] 型 Pauson-Khand 环加成反应中，含钼配合物的催化效果要明显好于铑催化剂。如式 4 所示[4]：使用铑催化剂催化含有两个累积二烯基与两个炔基的化合物经环加成反应生成含有双羰基环状化合物时的产率只有 22%，而使用含钼配合物作为催化剂时产率可达 61%。

$$\text{(4)} \quad 61\%$$

含有累积二烯基和炔基的化合物在六羰基钼和二甲基亚砜的作用下，可发生羰基化反应生成环酮化合物 (式 5)[5]。而在同样的反应条件下，使用铑催化剂则无法对底物进行羰基化反应，而是发生 β-H 消除反应。

$$\text{(5)} \quad 83\%$$

有别于其它过渡金属催化剂，六羰基钼可以有效地催化分子内累积二烯基和醛基与一氧化碳反应，生成具有高度立体选择性的环状内酯衍生物 (式 6)[6]。

$$\text{(6)} \quad 63\%$$

六羰基钼可以催化含有杂原子的底物发生 Pauson-Khand 反应。六羰基钼和二甲基亚砜协同作用于同分子中的炔基和异硫氰酸酯基，通过 Pauson-Khand 反应生成噻吩酮并吡咯衍生物 (式 7)[7]。六羰基钼和二甲基亚砜也可协同催化 1-炔基磷酸酯化合物发生分子内 Pauson-Khand 反应，生成烯酮结构的环酮并四氢呋喃化合物 (式 8)[8]。

$$\text{(7)} \quad 75\%$$

在钯试剂催化的邻卤代苯乙烯类化合物经羰基化生成二氢茚酮类衍生物的反应中，六羰基钼可以作为固态一氧化碳源。在微波条件下，邻溴苯乙烯类化合物在 Pd(OAc)$_2$、六羰基钼和吡啶的作用下，发生环化羰基化反应生成二氢茚酮类衍生物 (式 9)[9]。

$$\text{(9)} \quad 77\%$$

在钯催化剂的作用下，末端炔烃与邻碘苯胺类化合物可发生成环羰基化反应，六羰基钼也作为反应中的固态一氧化碳源。如式 10 所示[10]：在微波的条件下，末端炔烃与邻碘苯胺类化合物在 Pd(OAc)$_2$、三乙胺及六羰基钼的作用下可高度区域选择性地生成苯并吡啶酮类衍生物。

$$\text{(10)} \quad 62\%$$

在六羰基钼和季铵盐的促进下，不需要使用钯催化剂，邻碘二亚基苯基化合物便可与胺在微波条件下发生环化羰基化反应，单一区域选择性地生成苯并嘧啶酮类衍生物 (式 11)[11]。

$$\text{(11)} \quad 88\%$$

与 Grubbs 试剂可以催化烯烃的交叉复分解反应相似，六羰基钼可以催化炔烃的交叉复分解反应，是通过"一锅煮"成环合成大环化合物的良好催化剂。在六羰基钼与 2-氟苯酚的共同作用下，含有酯基的炔烃链状化合物可以发生成环反应合成大环化合物 (式 12)[12]。在六羰基钼与 3,4-二氯苯酚的作用下，含有缩酮结构单元的炔烃链状化合物也可以高度对映选择性地生成大环化合物 (式 13)[13]。

$$(12)$$

以六羰基钼为原料合成的 2,4,6-三甲基次苄基钼类配合物可以更高效地催化炔烃的交叉复分解反应。如式 14 所示[14]：在甲苯溶液中使用该试剂催化二炔化合物发生分子内成环反应，在室温下 1 h 即可得到几乎定量的产率。

$$(13)$$

$$(14)$$

参 考 文 献

[1] Krafft, M. E.; Procter, M. J.; Abboud, K. A. *Organometallics* **1999**, *18*, 1122.

[2] Song, L.-C.; Wu, X.-Y.; Hu, Q.-M.; et al. *J. Coord. Chem.* **1998**, *44*, 9.

[3] Chirkin, E.; Michel, S.; Poree, F.-H. *J. Org. Chem.* **2015**, *80*, 6526.

[4] Mukai, C.; Arima, K.; Hirata, S.; Yasuda, S. *Chem. Pharm. Bull.* **2015**, *63*, 274.

[5] Brummond, K. M.; Chen, D. *Org. Lett.* **2008**, *10*, 707.

[6] Kwon, J.; Gong, S.; Woo, S.-H.; Yu, C.-M. *Bull. Korean Chem. Soc.* **2009**, *30*, 774.

[7] Saito, T.; Nihei, H.; Otani, T.; et al. *Chem. Commun.* **2008**, 173.

[8] Moradov, D.; Quntar, A. A. A. A.; Youssef, M.; et al. *J. Org. Chem.* **2009**, *74*, 1030.

[9] Wu, X.; Nilsson, P.; Larhed, M. *J. Org. Chem.* **2005**, *70*, 347.

[10] Chen, J.-R.; Liao, J.; Xiao, W.-J. *Can. J. Chem.* **2010**, *88*, 333.

[11] Roberts, B.; Liptrot, D.; Luker, T.; et al. *Tetrahedron Lett.* **2011**, *52*, 3794.

[12] Groaz, E.; Banti, D.; North, M. *Adv. Synth. Catal.* **2007**, *349*, 145.

[13] Herstad, G.; Molesworth, P. P.; Miller, C. M.; et al. *Tetrahedron* **2016**, *72*, 2089.

[14] Haberlag, B.; Freytag, M.; Daniliuc, C. G.; et al. *Angew. Chem. Int. Ed.* **2012**, *51*, 13021.

[刘佳铭，王存德*，扬州大学化学化工学院；HYF]

六亚甲基四胺

【英文名称】 Hexamethylenetetramine

【分子式】 $C_6H_{12}N_4$

【分子量】 140.186

【CAS 登录号】 [100-97-0]

【缩写和别名】 乌洛托品，1,3,5,7-四氮杂三环[3.3.1.1]癸烷，HMTA，Urotropine

【结构式】

【物理性质】 无色或白色晶体，mp 280 ℃，ρ 1.33 g/cm³。在水中有一定的溶解度，易溶于大多数有机溶剂，难溶于乙醚、石油醚和芳香烃等。

【制备和商品】 由甲醛与氨缩合制得[1]。

【注意事项】 该试剂对皮肤有刺激性。加热易升华并分解。易燃，具腐蚀性。可致人体灼伤，接触可引起皮炎、奇痒。

六亚甲基四胺 (HMTA) 是一个与金刚烷结构类似的多环杂环化合物。其分子具有对称的四面体笼状结构，其中四个顶点为氮原子，边缘为亚甲基。该化合物的化学性质类似于胺，在有机合成中起着重要的作用。HMTA 可用于芳香族化合物的甲酰化反应 (Duff 反应)[2]、使苄基卤化物转变成相应的醛 (Sommelet 反应)[3] 以及用于伯胺的合成 (Delépine 反应)[4]等。使用 HMTA 可以使 2-(4-羟基苯基)-4-甲基噻唑-5-羧酸乙酯发生甲酰化反应，生成相应的 2-(3-甲酰基-4-羟基苯基)-4-甲基噻唑-5-羧酸乙酯。该反应是合成降尿酸药物非布索坦 (Febuxostat) 中间体的关键步骤[5]。此外，HMTA 还在高能炸药黑索金

(RDX) 的合成和高分子化学方面有着重要的应用[6,7]。

HMTA 可用于含氮杂环化合物的制备。HMTA 与芳基乙胺反应，可高产率地制备 3,4-二氢异喹啉 (式 1)[8]。苯基氨基甲酸酯化合物与 HMTA 反应，可得到重要的药物活性团喹唑啉骨架 (式 2)[9]。

在六亚甲基四胺碘化物作用下，可有效实现 1,4-二氢吡啶化合物的芳构化 (式 3)[10]。

在 HMTA 的作用下，α-氯代酮中的氯可被取代得到相应的铵盐 (式 4)[11]。与此类似，2-溴-1-(3,4-二甲氧基)-苯甲酮也可在 HMTA 的作用下得到相应的铵盐 (式 5)[12]。

HMTA 可以有效地应用于芳香化合物的单甲酰化及二甲酰化反应中。5-硝基-7-氮杂吲哚可在 AcOH 回流的条件下与 HMTA 反应，可以得到甲酰化的产物 (式 6)[13]。酚类衍生物在类似的条件下也可得到相应的甲酰化产物 (式 7)[14]。

在酸性介质中，HMTA 可与相应的化合物通过分子内 Mannich 反应合成杂螺环化合物 (式 8)[15]。

参 考 文 献

[1] Butlerov, A. *Ann. Chem.* **1860**, *115*, 322.

[2] (a) Masurier, N.; Moreau, E.; Lartigue, C.; et al. *J. Org. Chem.* **2008**, *73*, 5989. (b) Lewin, G.; Shridhar, N. B.; Aubert, G.; et al. *Bioorg. Med. Chem. Lett.* **2011**, *19*, 186.

[3] Li, J. J.; Corey, E. J. *Sommelet Reaction* In *Name Reactions of Functional Group Transformations.* Wiley: New York, 2007.

[4] Rajesh, T.; Azeez, S. A.; Naresh, E.; et al. *Org. Process Res. Dev.* **2009**, *13*, 638.

[5] Liu, K. K. C.; Sakya, S. M.; O'Donnell, C. J.; et al. *Bioorg. Med. Chem.* **2011**, *19*, 1136.

[6] (a) Yi, W. B.; Cai, C. *J. Hazard. Mater.* **2008**, *150*, 839. (b) Kirillov, A. M. *Coord. Chem. Rev.* **2011**, *255*, 1603.

[7] Miyazaki, M.; Ando, N.; Sugai, K.; et al. *J. Org. Chem.* **2011**, *76*, 534.

[8] Shaikh, A. C.; Chen, C. *Bioorg. Med. Chem. Lett.* **2010**, *20*, 3664.

[9] Tsotinis, A.; Eleutheriades, A.; Bari, L. D.; Pescitelli, G. *J. Org. Chem.* **2007**, *72*, 8928.

[10] Zhang, P. Y.; Wong, I. L. K.; Yan, C. S. W.; et al. *J. Med. Chem.* **2010**, *53*, 5108.

[11] Ermoli, A.; Bargiotti, A.; Brasca, M. G.; et al. *J. Med. Chem.* **2009**, *52*, 4380.

[12] Schmidt, G.; Reber, S.; Bolli, M. H.; Abele, S. *Org. Process Res. Dev.* **2012**, *16*, 595.

[13] Cekavicus, B.; Vigante, B.; Liepinsh, E.; et al. *Tetrahedron* **2008**, *64*, 9947.

[14] Pellissier, H. *Tetrahedron* **2005**, *61*, 6479.

[15] Pal, C.; Dey, S.; Mahato, S. K.; et al. *Bioorg. Med. Chem. Lett.* **2007**, *17*, 4924.

[高玉霞，巨勇*，清华大学化学系；JY]

六正丁基二锡

【英文名称】 Hexabutyldistannane

【分子式】 $C_{24}H_{54}Sn_2$

【分子量】 580.11

【CAS 登录号】 [813-19-4]

【缩写和别名】 Hexabutylditin，Bis(tributyltin)

【结构式】

$$^nBu-Sn-Sn-^nBu$$

（结构式：四个 ^nBu 取代基连接在两个 Sn 原子上）

【物理性质】 mp 23~24 ℃，bp 197~198 ℃/10 mmHg，ρ 1.15 g/cm³，折射率 1.512，闪点 124℃。

【制备和商品】 国内外试剂公司均有销售。实验室一般使用三正丁基氯化锡在碱金属中制备而成。

【注意事项】 对空气敏感，储存温度为 −20℃。

三正丁基氯化锡在金属锂或镁的作用下能反应生成六正丁基二锡 (式 1)[1,2]。

$$^nBu_3SnCl \xrightarrow{\text{Li/Mg, THF}} {}^nBu_3SnSn^nBu_3 \qquad (1)$$

六正丁基二锡能对炔烃进行加成反应。如式 2 所示[3]：对 2,4-二己炔分子中一个炔键进行加成，生成 E/Z 异构体混合物。

$$^nBu_3SnSn^nBu_3 \quad\begin{array}{l}\text{1. }^nBuLi, THF, -40 \,^oC\\ \text{2. CuCN (0.5 equiv)}\\ \text{3. MeOH, }-78\sim-40 \,^oC\end{array}$$

$$Me{-\!\!\equiv\!\!-}Me \xrightarrow[\substack{89\% \\ E:Z=5:2}]{-78\,^oC,\ 3\ h}$$ (产物结构式) (2)

六正丁基二锡对炔丙醇的加成则以接近定量的产率得到 E-型产物 (式 3)[4]。

$$^nBu_3SnSn^nBu_3 \quad \begin{array}{l}\text{1. }^nBuLi, THF, -40\,^oC\\ \text{2. CuCN (0.5 equiv)}\end{array}$$

$$Me{-\!\!\equiv\!\!-}CH_2OH \xrightarrow[99\%]{\text{MeOH-THF, }-10\,^oC,\ 15\ h}$$ (产物结构式) (3)

六正丁基锡还能与卤代苯反应生成三正丁基锡基取代的芳香化合物，该产物可进一步进行衍生化反应 (式 4)[5]。

$$\text{(苯基溴)} \xrightarrow[\substack{\text{PhMe, reflux, 15 h}\\79\%}]{^nBu_3SnSn^nBu_3,\ Pd(PPh_3)_4} \text{(产物 Sn}^nBu_3\text{)} \qquad (4)$$

如式 5 所示[6]：六正丁基二锡的位阻相对较大，与 1,3-二烯在钯试剂催化下发生锡氢加成反应，生成两种 E-型产物，没有得到 Z-型产物。

$$^nBu_3SnSn^nBu_3 \xrightarrow[\substack{78\%\ (\mathbf{a:b}=7:3)}]{\substack{\text{(4 equiv)}\\5\%\ Pd(dba)_2\\PhH,\ rt,\ 5\ h}} \mathbf{a} + \mathbf{b} \qquad (5)$$

在钯催化剂作用下，六正丁基二锡能对苯乙炔进行加成。在无溶剂条件下生成 E-型二锡基加成的产物，但具有反应时间较长和产率较低的缺点 (式 6)[7]。

$$^nBu_3SnSn^nBu_3 + Ph{-\!\!\equiv\!\!-}H \xrightarrow[35\%]{\substack{Pd(PPh_3)_3\ (0.3\ mol\%)\\80\,^oC,\ 72\ h}} \text{(产物)} \qquad (6)$$

六正丁基二锡能催化乙炔与另一端炔发生聚合反应。如式 7 所示：六正丁基二锡首先对乙炔进行双锡基加成，生成 E-1,2-三甲基锡基乙烯。然后在钯配合物的催化下与炔丙酸乙酯发生进一步的加成反应。最终生成两端都是三甲基锡基取代的长链聚合物[7,8]。

$$^nBu_3SnSn^nBu_3 \quad\begin{array}{l}\text{1. } HC{\equiv}CH,\ Pd(PPh_3)_3\ (2\ mol\%)\\ \quad 85\,^oC,\ 100\ h,\ dioxane\\ \text{2. } H{-\!\!\equiv\!\!-}CO_2Et,\ [PdCl(C_3H_5)]_2\ (5\ mol\%)\\ \quad L\ (5\ mol\%),\ PhMe,\ 50\,^oC,\ 14\ h\\ \hline \qquad\qquad 55\%\end{array}$$

（产物结构式，含 CO₂Et、EtO₂C 取代基；配体 L = 结构式 ArN NAr） (7)

参 考 文 献

[1] Koldobskiia, A. B.; Solodovaa, E. V.; Verteletskiib, P. V.; et al. *Tetrahedron* **2010**, *66*, 9589.

[2] Bernard, J.; Evelyne, C.; Michel, P. *Organometallics* **1986**, *5*, 1271.

[3] Ke, K.; Moussa, Z.; Romo, D. *Org. Lett.* **2005**, *7*, 5127.

[4] Leticia, O.; Belen, V.; Rosana, A. *Chem. Commun.* **2013**, *49*, 5043.

[5] Rigolet, S.; McCort, I.; Yves, L. M. *Tetrahedron Lett.* **2002**, *43*, 8129.

[6] Yasushi, T.; Takeshi, K. *Chem. Commun.* **1992**, *14*, 1000.

[7] Khan, A.,; Lough, A. J.; Gossagea, R. A.; Foucher, D. A. *Dalton Trans.* **2013**, *42*, 2469.

[8] Shirakawa, E.; Yoshida, H.; Nakao, Y.; Hiyama, T. *J. Am. Chem. Soc.* **1999**, *121*, 4290.

[陈俊杰，陈超*，清华大学化学系；CC]

2-氯代丙烯酸甲酯

【英文名称】 Methyl 2-chloroacrylate

【分子式】 $C_4H_5ClO_2$

【分子量】 120.53

【CAS 登录号】 [80-63-7]

【缩写和别名】 MCA，Methyl alpha-chloro-acrylate，α-氯丙烯酸甲酯

【结构式】

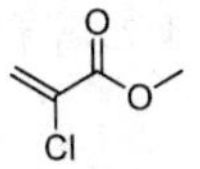

【物理性质】 无色透明液体，bp 52 ℃ / 50 mmHg，ρ 1.189 g/cm³。不溶于水，可溶于乙醇、乙醚、丙酮、苯等有机溶剂。

【制备和商品】 国内外化学试剂公司均有销售。

【注意事项】 该试剂不稳定，长时间光照射或遇热引起聚合，应在 0~6 ℃ 干燥避光环境中保存。对皮肤、眼睛、肺部有严重的刺激作用，吸入其蒸气会引起肺水肿，微量的皮肤接触会引起大面积的水泡、刺痛。

2-氯代丙烯酸甲酯 (**1**) 是一种重要的有机化工原料，是合成有机耐磨玻璃的单体，也用于合成某些特种聚合物，例如：飞机和航天器玻璃等的单体。该试剂可通过三氯乙烯和多聚甲醛合成[1]，其不饱和双键可发生聚合、加成、取代等反应。其 α-位的氯原子还可以与有机硼酸、硼酸酯等进行交叉偶联反应，也可以与氨基、硫基等发生亲电取代反应，甚至发生消除生成三键。

在硫醇钠盐催化下，该试剂与巯基发生加成反应生成硫醚 (式 1)。将硫醚替换成硫羰基酰胺后，加成后的产物进一步进行环化反应生成噻唑衍生物 (式 2)[2]。在氯化铝或乙基二氯化铝催化下，该试剂与碳-碳双键在温和条件下发生立体选择性加成反应 (式 3)[3]；与卤素或卤化氢加成可生成多卤代的丙酸甲酯 (式

4)[4]。多卤代产物与三乙胺反应可得到脱卤化氢的 α,β-二卤代丙烯酸甲酯。

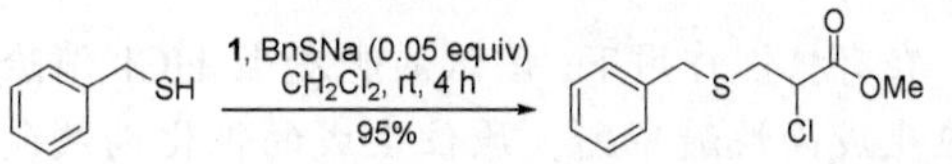

$$(1)$$

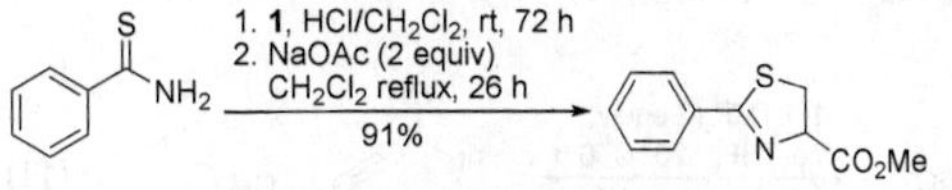

$$(2)$$

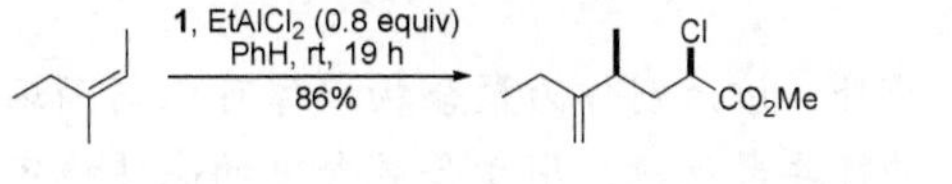

$$(3)$$

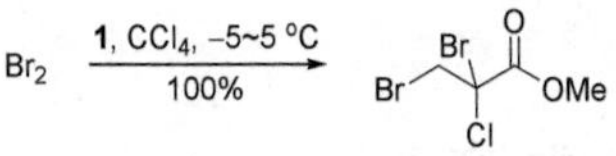

$$(4)$$

在 CuCl 催化下，两分子 **1** 与格氏试剂反应生成环丙烷衍生物 (式 5)[5]。在强碱甲醇钠条件下，**1** 与巯基乙酸甲酯反应可用于构建噻吩环 (式 6)[6]。

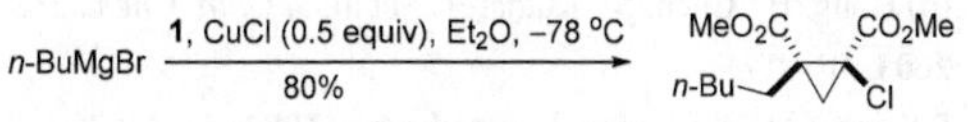

$$(5)$$

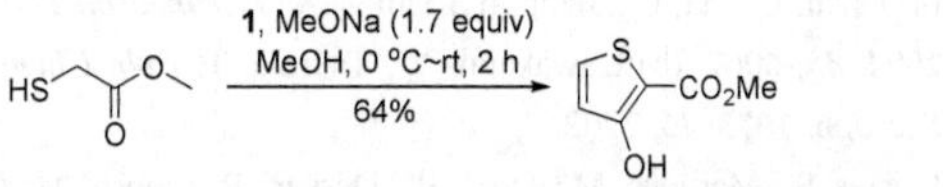

$$(6)$$

在强碱 KOH 存在下，该试剂与活性 C–H 键进行 Michael 加成反应 (式 7)[7]。在无碱条件下，与芳基亚磺酸的加成反应得到芳基砜衍生物 (式 8)[8]。

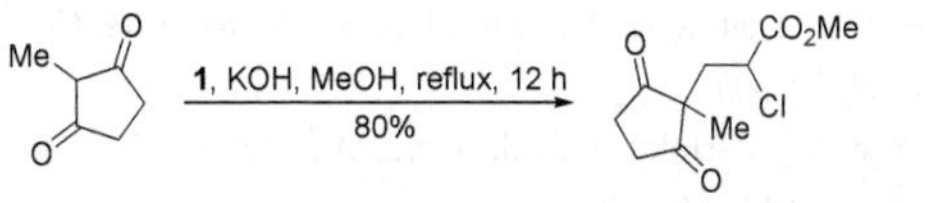

$$(7)$$

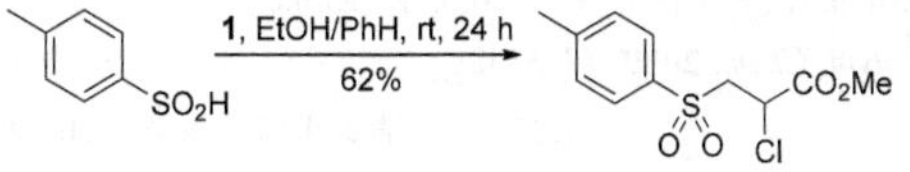

$$(8)$$

在钯配合物的催化下，该试剂不仅可以与苯硼酸进行 Suzuki 偶联反应 (式 9)[9]，而且也能与脂肪硼酸进行同样的偶联反应 (式 10)[10]。

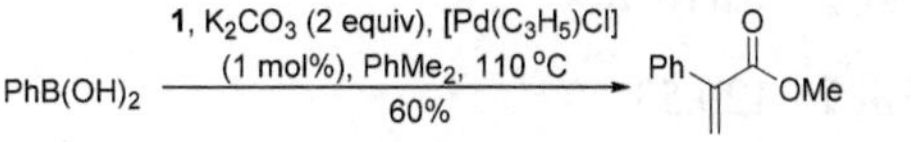

$$(9)$$

$$\text{PhCH}_2\text{B(OH)}_2 \xrightarrow[\text{40\%}]{\begin{array}{c}\textbf{1}, \text{PdCl}(C_3H_5)(\text{dppb}) \ (0.05 \ \text{equiv})\\ \text{Cs}_2\text{CO}_3 \ (2 \ \text{equiv}), \text{PhH}, 100 \ ^\circ\text{C}, 20 \ \text{h}\end{array}} \text{(10)}$$

在有机锂作用下，该试剂能发生 HCl 消除反应生成丙炔酸甲酯，原位生成的锂化丙炔酸甲酯进一步与羰基反应生成炔醇 (式 11)[11]。

$$\text{PhCHO} \xrightarrow[\text{54\%}]{\begin{array}{c}\textbf{1}, \text{LTMP} \ (2 \ \text{equiv})\\ \text{2-Me-THF}, -20 \ ^\circ\text{C}, 6 \ \text{h}\end{array}} \text{(11)}$$

此外，该试剂作为聚合物单体可以与丙烯酸酯进行共聚反应，用于合成含氯的高热稳定性光导纤维[12]。

参 考 文 献

[1] Gajewski, J.; Peterson, K.; Kagel, J.; Huang, Y. *J. Am. Chem. Soc.* **1989**, *111*, 9078.

[2] Effenberger, F.; Beisswenger, T.; Dannenhauer, F. *Chem. Ber.* **1988**, *121*, 2209.

[3] (a) Snider, B.; Dunčia, J. *J. Am. Chem. Soc.* **1980**, *102*, 5926. (b) Hong, B.; Chen, S.; Kumar, E.; et al. *J. Chin. Chem. Soc.* **2003**, *50*, 917.

[4] Pitkanen, M.; Korhonen, I. *Tetrahedron* **1983**, *39*, 3367.

[5] (a) Chen, C.; Xi, C.; Jiang, Y.; Hong, X. *Tetrahedron Lett.* **2004**, *45*, 6067. (b) Kawakami, Y.; Tsuruta, T. *Bull. Chem. Soc. Jpn.* **1973**, *46*, 2262.

[6] Foister, S.; Marques, M.; Doss, R.; Dervan, P. *Bioorg. Med. Chem.* **2003**, *11*, 4333.

[7] Daniewski, A. *J. Org. Chem.* **1975**, *40*, 1975.

[8] Ivanova, S.; Aleksiev, D. *Phosphorus, Sulfur Silicon Relat. Elem.* **2011**, *186*, 38.

[9] Berthiol, F.; Doucet, H.; Santelli, M. *Synth. Commun.* **2006**, *36*, 3019.

[10] Fall, Y.; Doucet, H.; Santelli, M. *Appl. Organometal. Chem.* **2008**, *22*, 503.

[11] Pace, V.; Castoldi, L.; Alcántara, A.; Holzer, W. *Green Chem.* **2012**, *14*, 1859.

[12] Koike, K.; Mikeš, F.; Okamoto, Y.; Koike, Y. *J. Polym. Sci. Polym. Chem.* **2009**, *47*, 3352.

[华瑞茂，清华大学化学系；HRM]

3-氯代丙烯酸甲酯

【英文名称】 Methyl 3-chloroacrylate

【分子式】 $C_4H_5ClO_2$

【分子量】 120.53

【CAS 登录号】 [3510-44-9] (顺式)；[5135-18-2] (反式)

【缩写和别名】 Methyl β-chloroacrylate，β-氯丙烯酸甲酯

【结构式】

反式　　　　顺式

【物理性质】 无色透明液体。bp 79~83 °C/78 mmHg (顺式)；bp 74~75 °C/131 mmHg (反式)。不溶于水，可混溶于乙醇和乙醚，溶于丙酮和苯等有机溶剂。

【制备和商品】 国内外化学试剂公司均有销售。也可在氯化亚铜催化下从丙炔酸与氯化氢的加成反应得到 cis-3-氯丙烯酸，然后在浓硫酸催化下甲酯化合成顺式产物；在稀盐酸水溶液中，cis-3-氯丙烯酸经转位反应得到 trans-3-氯丙烯酸，再经浓硫酸催化甲酯化反应制备反式产物[1]。

【注意事项】 该试剂不稳定，长时间光照射或高温分解，应在 0~6 °C 干燥避光环境中保存。对皮肤、眼睛、肺部有严重的刺激作用，吸入其蒸气会引起肺水肿，微量的皮肤接触会引起大面积的水泡、刺痛。

3-氯代丙烯酸甲酯有顺式和反式两个异构体。其不饱和双键可发生加成反应，氯原子能与氨基、硫基等发生亲核取代反应或与叔胺反应生成季铵盐。在天然产物合成和药物分子合成中具有重要的应用。

该试剂与卤素或卤化氢发生加成反应生成多卤代的丙甲酸甲酯 (式 1)[2]。多卤代产物与三乙胺反应可得到脱卤化氢的 α,β-二卤代产物[3]。环己基氯化汞与该试剂反应后，再经硼氢化钠处理可以得到 α-环己基和 β-环己基取代的丙酸甲酯衍生物 (式 2)[4]。

$$\xrightarrow[\text{100\%}]{\text{Cl}_2, \text{MeOH}, \text{rt}} \text{(1)}$$

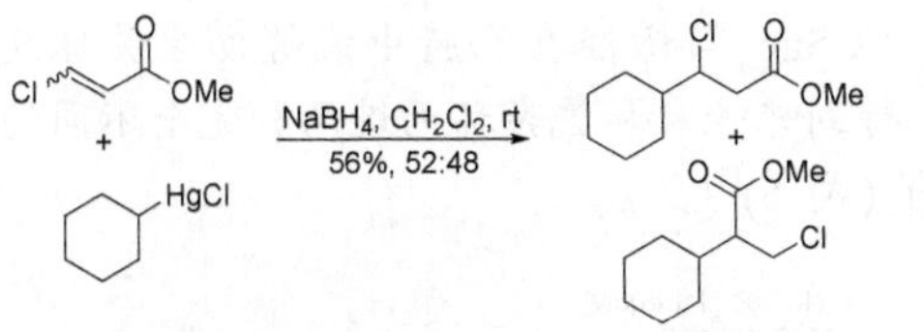

$$(2)$$

cis-3-氯丙烯酸甲酯与两倍量的格氏试剂反应后，再用金属锂和二氧化碳处理可以合成环丁烯内酯 (式 3)[5]。在碱性条件下，该试剂的 C–Cl 键可以与丙二酸酯的活泼 C–H 键发生偶联反应，其产物经碱水解、酸化脱羧后生成 α-烷基取代的戊烯二酸 (式 4)[6]。该试剂的 C–Cl 键与羰基邻位的碳负离子进行烃化反应，再经氨水处理后低产率地生成吡啶-2-酮衍生物 (式 5)[7]。

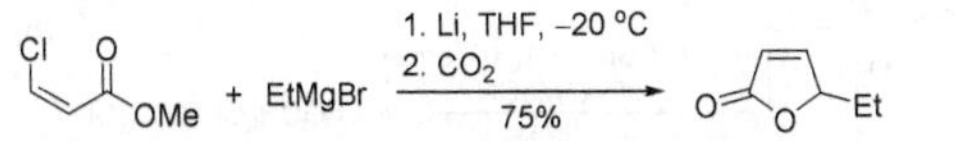

$$(3)$$

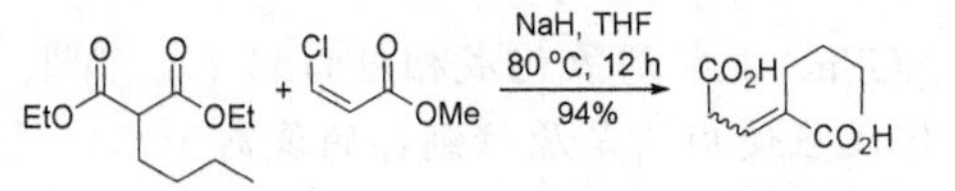

$$(4)$$

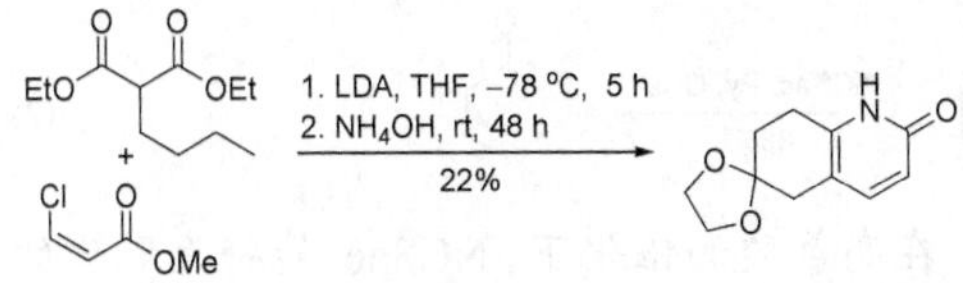

$$(5)$$

cis-3-氯丙烯酸甲酯的 C–Cl 键能与亲核试剂发生取代反应。例如：该试剂能与冠醚的仲胺进行取代反应用于制备含有丙烯酸甲酯的冠醚 (式 6)[8]、与酰胺的 N–H 键反应生成 β-氨基丙烯酸甲酯衍生物 (式 7)[9]、与叔胺生成季铵盐后再发生分子内的 Diels-Alder 环化反应 (式 8)[10]。

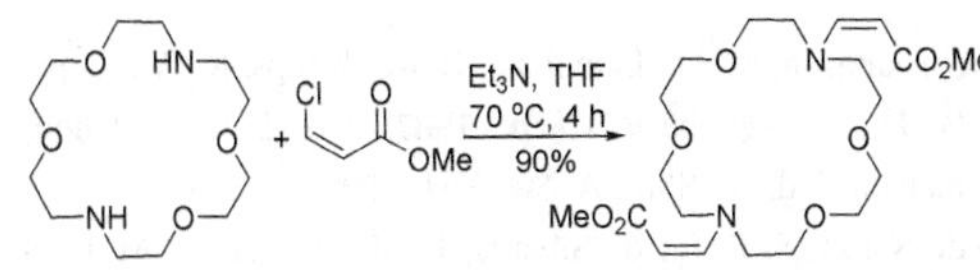

$$(6)$$

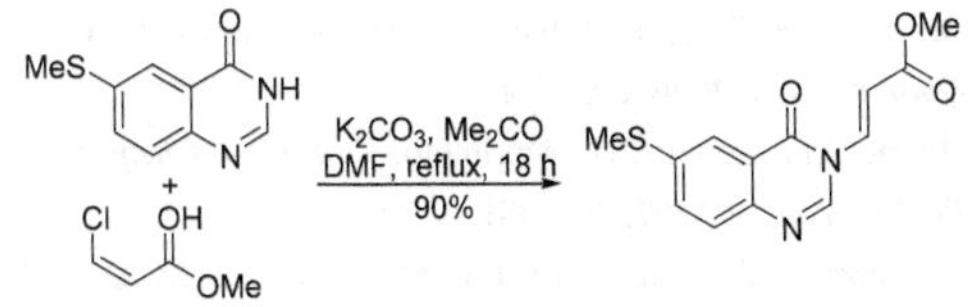

$$(7)$$

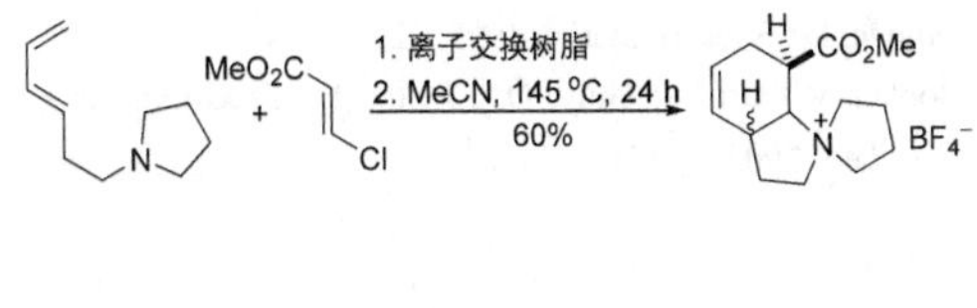

$$(8)$$

在交叉偶联反应中，*trans*- 或 *cis*-3-氯代丙烯酸甲酯与三丁基锡铜的反应表现出不同的反应活性。但是，它们在该类反应中均能保持相应的立体化学，分别生成 β-三丁基锡代的 *trans*-丙烯酸甲酯 (式 9) 和 *cis*-丙烯酸甲酯 (式 10)[11]。

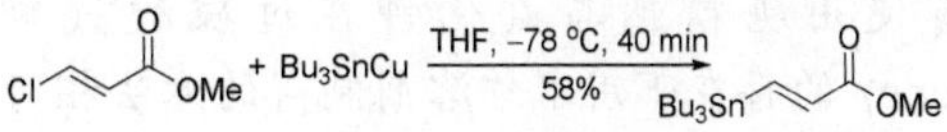

$$(9)$$

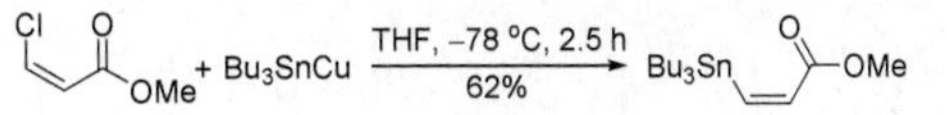

$$(10)$$

参 考 文 献

[1] Kurtz, A. N.; Billups, W. E.; Greenlee, R. B.; et al. *J. Org. Chem.* **1965**, *30*, 3141.

[2] Heasley, V. L.; Elliott, S. L.; Erdman, P. E.; et al. *J. Chem. Soc., Perkin Trans. 2* **1991**, 393.

[3] Pitkanen, M.; Korhonen, I. O. O. *Tetrahedron* **1983**, *39*, 3367.

[4] Giese, B.; Lachhein, S. *Chem. Ber.* **1985**, *118*, 1616.

[5] Barluenga, J.; Fernández, J. R.; Yus, M. *J. Chem. Soc., Chem. Commun.* **1986**, 183.

[6] Boulanger, W. A.; Katzenellenbogen, J. A. *J. Med. Chem.* **1986**, *29*, 1159.

[7] Kozikowski, A. P.; Reddy, E. R.; Miller, C. P. *J. Chem. Soc., Perkin Trans. 1* **1990**, 195.

[8] Sazonov, P. K.; Artamkina, G. A.; Beletskaya, I. P. *Russ. J. Org. Chem.* **2006**, *42*, 438.

[9] LeMahieu, R. A.; Carson, M.; Nason, W. C.; et al. *J. Med. Chem.* **1983**, *26*, 420.

[10] Jung, M. E.; Buszek, K. R. *J. Org. Chem.* **1985**, *50*, 5440.

[11] Seitz, D. E.; Lee, S.-H. *Tetrahedron Lett.* **1981**, *22*, 4909.

[华瑞茂，清华大学化学系；HRM]

N-氯代糖精

【英文名称】 *N*-Chlorosaccharin

【分子式】 C$_7$H$_4$ClNO$_3$S

【分子量】 217.63

【CAS 登录号】 [14070-51-0]

【缩写和别名】 NCSac

【结构式】

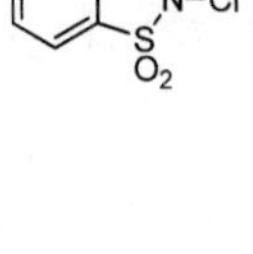

【物理性质】 白色晶体，mp 148~152℃，ρ 1.77 g/cm³。易溶于水和醇类，微溶于醚、氯仿和四氯化碳。

【制备和商品】 国内外化学试剂公司均有销售。也可以用糖精钠通过多种方法制得[1]。但只有使用糖精钠与氯化钾在过硫酸氢钾 (Oxone) 的存在下用水作溶剂制得的方法相对来说化学环境友好 (式 1)[2]。

$$
\text{(1)}
$$

【注意事项】 该试剂有氯的气味，应该在通风橱中使用，佩戴化学安全防护眼镜和防化学品手套，穿相应的防护服。

N-氯代糖精 (NCSac) 属于 *N*-卤代酰亚胺，在有机合成中有至关重要的应用。该分子中取代基氯的亲电能力比 *N*-氯代琥珀酰亚胺 (NCS) 中氯的亲电能力要强[3]。

使用 NCSac 对富电子的芳基化合物 (如苯甲醚、乙酰苯胺、*N,N*-二甲基苯胺等) 进行卤化反应，能够得到邻对位的异构体 (o/p = 4:1~5:1) (式 2)[4]。

$$
\text{(2)}
$$

NCSac 可用于烯烃的卤化反应[5]。环己烯与 NCSac 在室温下反应，得到相应的氯代醇 (式 3)。该反应的区域选择性非常高，当有不对称的取代基存在时不会检测到异构体。

$$
\text{(3)}
$$

NCSac 可用于炔烃的氯氟化反应[6]，能够得到一般条件下很难得到的邻氟氯代物 (式 4)[1]。

$$
\text{(4)}
$$

NCSac 与烯烃在乙腈中能够发生关环反应，得到咪唑啉和氮杂环丙烷两种完全不同的产物 (式 5)[7]。

$$
\text{(5)}
$$

PPh₃/NCSac 在乙腈溶液中可以将醇转化成邻卤醇、对称的二氯化合物、不对称的二氯化合物 (式 6)[8]。这是一种全新的、条件温和、区域选择性高的简单方法。

$$
\text{(6)}
$$

NCSac 能将醇氧化成相应的酮 (式 7)[9]，该氧化反应使用的是原位制备的氯离子。

$$
\text{(7)}
$$

在高氯酸的催化下，NCSac 能将无取代的苯甲酰乙酸转化成苯甲酸 (式 8)[10]。当芳环上带有取代基时，反应速率为：4-MeO > 4-Me > 4-Ph > 4-H > 4-Cl > 4-Br > 3-NO₂。

$$
\text{(8)}
$$

参 考 文 献

[1] (a) Johnson, M. D.; Lampman, G. M.; Koops, R. W.; Gupta, B. D. *J. Organomet. Chem.* **1987**, *326*, 281. (b) Khoramabadi-Zad, A.; Shiri, A. *Synthesis* **2009**, *16*, 2797.

[2] de Souza, S. P. L.; da Silva, J. F. M.; de Mattos, M. C. S. *Synth. Commun.* **2003**, *33*, 935.

[3] de Souza, S. P. L.; da Silva, J. F. M.; de Mattos, M. C. S. *Química Nova* **2006**, *29*, 1061.

[4] Hirano, M.; Monobe, H.; Morimoto, T.; et al. *J. Chem. Soc., Perkin Trans. 1* **1997**, *20*, 3081.

[5] de Souza, S. P. L.; da Silva, J. F. M.; de Mattos, M. C. S. *J. Braz. Chem. Soc.* **2003**, *14*, 832.

[6] Dolenc, D.; Sket, B. *Synlett* **1995**, 327.

[7] Booker-Milburn, I.; Guly, D. J.; Cox, B.; Procopiou, P. A. *Org. Lett.* **2003**, *5*, 3313.

[8] Iranpoor, N. I.; Firouzabadi, H.; Azadi, R.; Ebrahimzadeh, F. *Can. J. Chem.* **2006**, 69.

[9] Bachhawat, J. M.; Koul, A. K.; Prashad, B.; et al. *Indian J. Chem.* **1973**, *11*, 609.

[10] Farook, N. A. M. *J. Solution Chem.* **2007**, *36*, 345.

[刘海兰，河北师范大学化学与材料科学学院；XCJ]

氯代乙腈

【英文名称】 Chloroacetonitrile

【分子式】 C_2H_2ClN

【分子量】 75.5

【CAS 登录号】 [107-14-2]

【缩写和别名】 氯乙腈，一氯乙腈，2-氯乙腈

【结构式】

【物理性质】 无色透明液体，有刺激性气味，mp 38 ℃，bp 124~126 ℃，ρ 1.193 g/cm³ (25 ℃)。可溶于醇和乙醚。

【制备和商品】 国内外化学试剂公司均有销售。可由氯乙酸与乙醇反应生成氯乙酸乙酯，再与氨水反应生成氯乙酰胺，最后脱水制得。

【注意事项】 该试剂在室温下稳定，但可与水反应。

氯代乙腈是一个简单的有机分子，该分子两端的基团都有反应活性：一侧的腈可以被转化成胺、酰胺、脒等，而氯可以进行一些烷基化反应。此外，氯代乙腈也常用于合成杂环化合物[1~3]。

硫代酰胺化合物和氯代乙腈在 DMF 中可以发生环化反应，生成噻吩衍生物（式 1）[4]。

氯代乙腈在氢化钠的作用下可以对 3,4-二氢嘧啶酮分子中的 N—H 键进行烷基化反

应（式 2）[5]。

在锂的液氨溶液中，取代的联苯化合物可以与氯代乙腈反应，得到区域选择性的还原烷基化产物（式 3）[6]。

邻氨基苯甲酸酯和氯代乙腈可以发生环化反应，该方法高效地构建了具有生物活性的喹唑啉衍生物（式 4）[7]。

如式 5 所示：氯代乙腈还可以对羟基[8]和巯基[9]进行烷基化反应。

参 考 文 献

[1] Fadda, A. A.; Latif, A. E.; El-Mekawy, R. *Eur. J. Med. Chem.* **2009**, *44*, 1250.

[2] Thomae, D.; Perspicace, E.; Xu, Z.; et al. *Tetrahedron* **2009**, *65*, 2982.

[3] El-Sherief, H. A. H.; Hozien, Z. A.; El-Mahdy, A. F. M.; Sarhan, A. A. O. *ARKIVOC* **2011**, *(10)*, 71.

[4] Fadda, A. A.; Latif, A. E.; El-Mekawy, R. *Eur. J. Med. Chem.* **2009**, *44*, 1250.

[5] Legeay, J. C.; Eynde, J. J. V.; Bazureau, J. P. *Tetrahedron Lett.* **2007**, *48*, 1063.

[6] Lebeuf, R.; Robert, F.; Landais, Y. *Org. Lett.* **2005**, *7*, 4557.

[7] Yadav, M. R.; Grande, F.; Chouhan, B. S.; et al. *Eur. J. Med. Chem.* **2012**, *48*, 231.

[8] Hirose, M.; Okaniwa, M.; Miyazaki, T.; et al. *Bioorg. Med. Chem.* **2012**, *20*, 5600.

[9] Bayoumi, A.; Ghiaty, A.; El-Morsy, A.; et al. *Bull. Fac. Pharm.* **2012**, *50*, 141.

[蔡尚军，清华大学化学系；XCJ]

2-氯-1,1-二乙氧基乙烷

【英文名称】 2-Chloro-1,1-diethoxyethane

【分子式】 $C_6H_{13}ClO_2$

【分子量】 152.62

【CAS 登录号】 [621-62-5]

【缩写和别名】 1-Chloro-2,2-diethoxyethane，Chloroacetaldehyde diethyl acetal

【结构式】

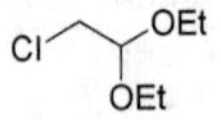

【物理性质】 该试剂为无色液体，bp 151 ℃。

【制备和商品】 大型国际试剂公司均有销售。可由 1,2-二氯-1-乙氧基乙烷的醇解制得；也可由原位生成的氯代乙醛与乙醇反应生成缩醛得到[1]。

【注意事项】 该试剂易燃，对湿气敏感，一般在干燥的无水体系中使用，在通风橱中进行操作。

2-氯-1,1-二乙氧基乙烷是一类商品化试剂，由于其分子中既含有卤素，又含有缩醛结构，因此这两种官能团的反应均可发生。该试剂通常是与亲核试剂反应，但是在强碱性条件下可以生成乙炔基负离子与亲电试剂反应。此外也可以发生氧化反应，合成多卤代羧酸。

作为两碳合成子 2-氯-1,1-二乙氧基乙烷可以与亲核试剂反应，在目标化合物中引入多两节碳原子的碳链。而缩醛结构则可以进一步转化，构建分子多样性。该化合物与亲核试剂反应可以生成 C–C 键、C–N 键、C–O 键和 C–S 键。

生成 C–C 键的反应： 2-氯-1,1-二乙氧基乙烷在正丁基锂作用下与 2-正丁基-1,3-二噻烷反应，所得产物在酸性条件下水解成醛 (式 1)[2]。也可以在甲醇钠的作用下与异氰化合物反应，接着再与胍 (guanidine) 反应得到 2,6-二氨基-5-(3,3-二乙氧基)嘧啶-4(3H)-酮

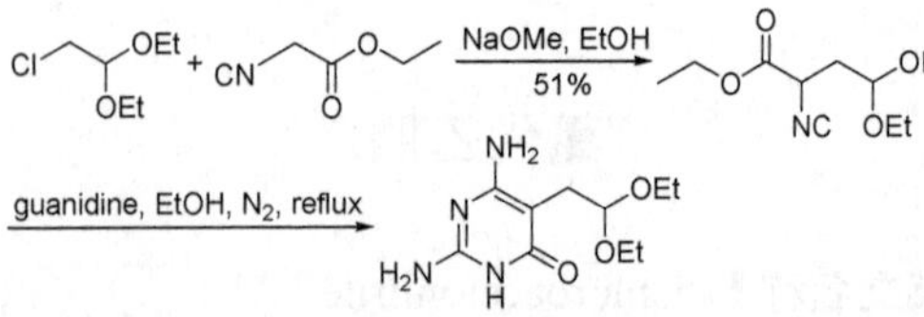

(式 2)[3]。

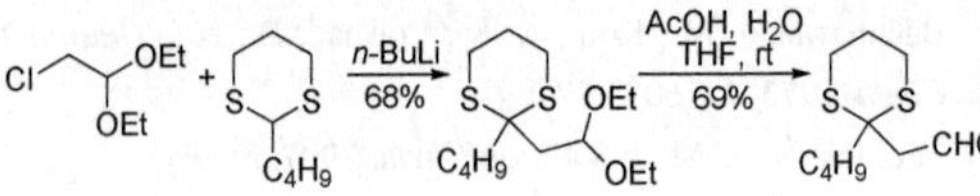

生成 C–N 键的反应：2-氯-1,1-二乙氧基乙烷可以在碱性条件下与苯乙胺反应 (式 3)[4]，也可以与亲核性的含氮杂环反应 (式 4)[5]，生成新的 C–N 键。

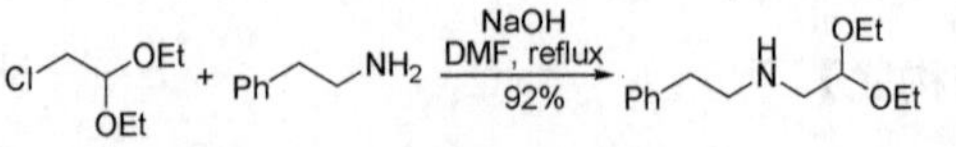

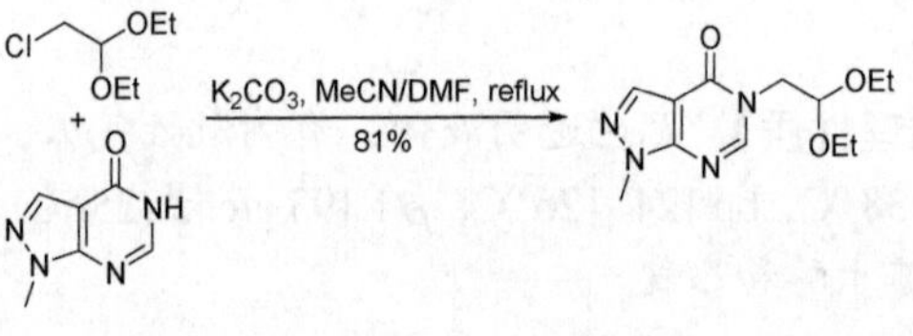

生成 C–O 键的反应：2-氯-1,1-二乙氧基乙烷可以在碱性条件下与哈尔酚反应，生成相应的醚 (式 5)[6]。该试剂也可与苯甲酸钠反应，所得缩醛在酸性条件下水解可得到 2-苯甲酸基乙醛 (式 6)[7]。

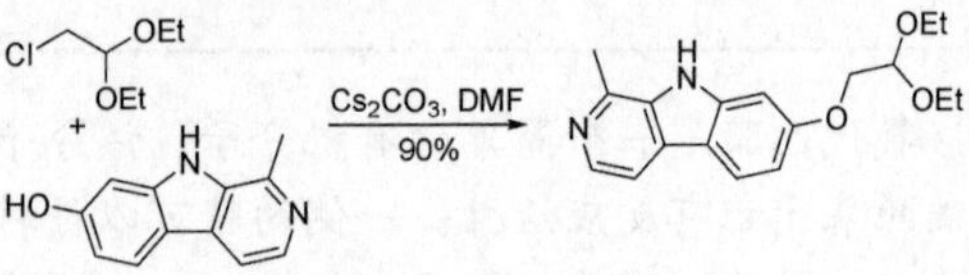

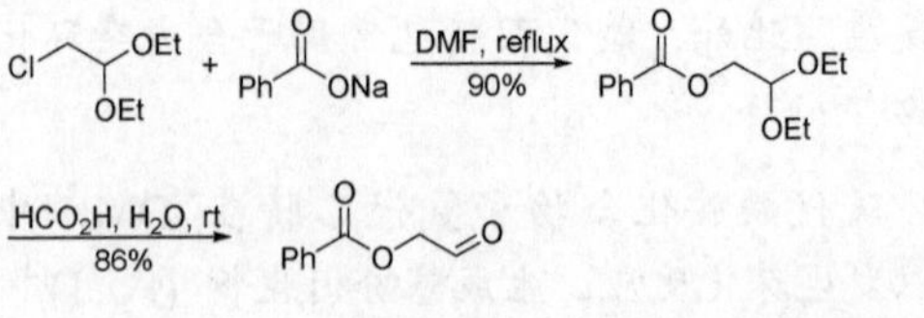

生成 C–S 键的反应：2-氯-1,1-二乙氧基乙烷与 3,4-二氯苯硫酚在 'BuOK/DMSO 体系中反应，生成相应的硫醚 (式 7)[8]。

2-氯-1,1-二乙氧基乙烷的分子结构中含有缩醛官能团，可以发生醛基的反应。如式 8 所示[9]，2-氯-1,1-二乙氧基乙烷与甲氧胺盐酸盐反应可生成 O-甲基肟化合物。2-氯-1,1-二乙氧基乙烷与 2-位未取代的吡咯化合物反应可生成相应的二吡咯甲烷类化合物 (式 9)[10]。

$$\text{(8)}$$

$$\text{(9)}$$

合成环状化合物 2-氯-1,1-二乙氧基乙烷可以在酸性条件下与双亲核试剂缩合生成环状化合物。常用的双亲核试剂有二硫醇 (式 10)[11]和二醇类 (式 11)[12]化合物。

$$\text{(10)}$$

$$\text{(11)}$$

2-氯-1,1-二乙氧基乙烷也可以与带有氨基的含氮杂环缩合生成咪唑并氮杂环的结构 (式 12[13] 和式 13[14])。此外，该试剂还可与硫代酰胺 (式 14)[15]或者硫脲 (式 15)[16]反应合成噻唑类化合物。

$$\text{(12)}$$

$$\text{(13)}$$

$$\text{(14)}$$

$$\text{(15)}$$

合成烯烃和炔烃 2-氯-1,1-二乙氧基乙烷可以在强碱性条件下生成 1-乙氧基炔基负离子，通过与不同的亲电试剂反应得到 1-乙氧基取代的炔烃 (式 16 和式 17)[17,18]或者炔丙醇 (式 18)[18]等炔烃衍生物。2-氯-1,1-二乙氧基乙烷与丙酮反应得到的炔丙醇化合物在酸性条件下很容易转化成 α,β 不饱和酯 (式 19)[19]。此外，在酸性条件下，2-氯-1,1-二乙氧基乙烷与苯环反应可以得到二苯基取代的反式烯烃 (式 20)[20]。

$$\text{(16)}$$

$$\text{(17)}$$

$$\text{(18)}$$

$$\text{(19)}$$

$$\text{(20)}$$

合成多卤代羧酸 2-氯-1,1-二乙氧基乙烷可以与溴单质反应生成二溴取代产物，然后在浓硝酸氧化下生成二溴羧酸。该反应可以作为多卤代羧酸的合成方法之一 (式 21)[21]。

$$\text{(21)}$$

参 考 文 献

[1] Malik, M. S.; Sangwan, N. K.; Malik, O. P.; Dhindsa, K. S. *Org. Prep. Proced. Int.* **1991**, *23*, 764.

[2] Woessner, W. D.; Ellison, R. A. *Tetrahedron Lett.* **1972**, *35*, 3735.

[3] Gangjee, A.; Wang, Y.; Queener, S. F.; Kisliuk, R. L. *J.*

Heterocycl. Chem. **2006**, *43*, 1523.

[4] Kim, J. H.; Lee, Y. S.; Kim, C. S. *Heterocycles* **1998**, *48*, 2279.

[5] Bol'but, A. V.; Kemskii, S. V.; Vovk, M. V. *Russ. J. Org. Chem.* **2012**, *48*, 991.

[6] Song, Y.; Wang, J.; Teng, S. F.; et al. *Bioorg. Med. Chem. Lett.* **2002**, *12*, 1129.

[7] Du, J.; Watanabe, K. A. *Synth. Commun.* **2004**, *34*, 1925.

[8] Joseph, J. T.; Elmore, J. D.; Wong, J. L. *J. Org. Chem.* **1990**, *55*, 471.

[9] Márquez, J. M.; Martínez-Castro, E.; Gabrielli, S.; et al. *Chem. Commun.* **2011**, *47*, 5617.

[10] Lee, D. A.; Brisson, J. M.; Smith, K. M. *Heterocycles* **1995**, *40*, 131.

[11] Russell, G. A.; Law, W. C.; Zaleta, M. *J. Am. Chem. Soc.* **1985**, *107*, 4175.

[12] Imamura, A.; Matsuzawa, N.; Sakai, S.; et al. *J. Org. Chem.* **2016**, *81*, 9086.

[13] Depompei, M.; Paudler, W. W. *J. Heterocycl. Chem.* **1975**, *12*, 861.

[14] Lucas, M. C.; Goldstein, D. M.; Hermann, J. C.; et al. *J. Med. Chem.* **2012**, *55*, 10414.

[15] Van Bogaert, I.; Haemers, A.; Bollaert, W.; et al. *Eur. J. Med. Chem.* **1993**, *28*, 387.

[16] Schnürch, M.; Khan, A. F.; Mihovilovic, M. D.; Stanetty, P. *Eur. J. Org. Chem.* **2009**, 3228.

[17] Stalick, W. M.; Hazlett, R. N.; Morris, R. E. *Synthesis* **1988**, 287.

[18] Raucher, S.; Bray, B. L. *J. Org. Chem.* **1987**, *52*, 2332.

[19] Olah, G. A.; Wu, A. H.; Farrog, O.; Surya Prakash, G. K. *Synthesis* **1988**, 537.

[20] Lewis, F. D.; Liu, X.; Wu, Y.; et al. *J. Am. Chem. Soc.* **1999**, *121*, 9905.

[21] Zimmer, H.; Amer, A.; Rahi, M. *Anal. Lett.* **1990**, *23*, 735.

[张建兰，清华大学化学系；HYF]

氯化苯基重氮盐

【英文名称】 Benzenediazonium chloride

【分子式】 $C_6H_5ClN_2$

【分子量】 140.57

【CAS 登录号】 [110-34-5]

【结构式】

$$Ph-\overset{+}{N}\equiv N \; Cl^-$$

【物理性质】 无色针状晶体，加热爆炸。易溶于水和冷的冰醋酸；溶于无水乙醇和丙酮；不溶于乙醚、氯仿和苯。

【制备和商品】 该试剂没有商品化。干燥的氯化苯基重氮盐会发生剧烈爆炸，一般不从溶液中分离。可由苯胺在水或有机溶剂中经过重氮化反应制备，不经分离直接使用。如式 1 所示[1]：将等物质的量的 $NaNO_2$ 在 0~5 ℃ 下加入到苯胺的盐酸水溶液中可制得氯化苯基重氮盐的水溶液。应避免在反应结束时体系中还存在过量的亚硝酸根离子，因为其会影响重氮盐水溶液的稳定性以及干扰后续反应。过量的 HNO_2 可用淀粉-KI 试纸检测，并用脲或氨基磺酸去除。使用有机亚硝酸酯 (最常用的为亚硝酸正戊酯) 与苯胺盐酸盐可在有机溶剂 (如乙酸、乙醇、二氧六环或四氢呋喃等) 中进行重氮化反应 (式 2)[2]。亚硝酸异戊酯与 TMSCl 可原位生成 NOCl，接着与 PhNTMS₂ 反应也可制得氯化苯基重氮盐 (式 3)[3]。

$$PhNH_2 \xrightarrow[\substack{\text{2. } NaNO_2,\ 0\sim5\ ℃ \\ 100\%}]{\text{1. HCl, } H_2O} Ph-\overset{+}{N}\equiv N\ Cl^- \qquad (1)$$

$$PhNH_3^+\ Cl^- \xrightarrow[98\%]{n\text{-}C_5H_{11}ONO,\ HOAc,\ 10\ ℃} Ph-\overset{+}{N}\equiv N\ Cl^- \qquad (2)$$

$$PhNTMS_2 \xrightarrow[96\%]{i\text{-}C_5H_{11}ONO,\ TMSCl,\ CH_2Cl_2,\ 20\ ℃} Ph-\overset{+}{N}\equiv N\ Cl^- \qquad (3)$$

【注意事项】 干燥的氯化苯基重氮盐在加热、震动和摩擦的情况下会发生爆炸，在潮湿空气中会发生潮解，但在干燥空气中避光或 0 ℃ 水溶液中相对稳定。

生成偶氮化合物 芳基重氮盐末端的氮原子可与各种亲核试剂反应，其中最重要的反应是与酚、萘酚、芳胺及其它富电子芳基化合物经偶联反应合成二芳基偶氮化合物。富电子杂芳环、CH-酸性杂环化合物和杂芳基重氮盐同样可参与该"偶氮偶联反应"，从而合成多种偶氮染料以及在医药和液晶材料中具有重要应用的偶氮化合物。通常情况下，苯基重氮盐可由苯胺经重氮化反应原位生成，然后在 pH = 3.5~7.0 的水溶液中与另一分子芳胺进行偶联反应，或在 pH = 5~9 的条件下与苯酚衍生物

反应。该反应通常发生在邻位和对位 (式 4 和式 5)[4,5]。

$$ (4) $$

$$ (5) $$

还原生成苯肼　如式 6 所示[6]：氯化苯基重氮盐在 $SnCl_2/HCl$、Na_2SO_3 或 $Na_2S_2O_4$ 等还原剂的作用下可被还原成苯肼。其中 $SnCl_2$ 适用于小量反应，而 Na_2SO_3 适用于大量反应。

$$ (6) $$

合成苯腙和甲臜化合物　氯化苯基重氮盐可与活性亚甲基、次甲基或 CH-酸性甲基进行偶联，生成苯腙化合物 (式 7~式 9)[7~9]。该反应通常在乙酸钠水溶液中进行，有时会加入醇、吡啶或乙酸来增加反应物的溶解性。1,3-二酮、β-羰基醛、β-羰基酯 (式 10)[10]、丙二酸酯、β-氰基酯、β-氰基磺酸酯和丙二腈等都可在活性亚甲基位置发生反应，生成苯腙化合物。β-羰基酯与两分子氯化苯基重氮盐反应则可得到甲臜化合物 (式 10)[10]。

$$ (7) $$

$$ (8) $$

$$ (9) $$

$$ (10) $$

被两个拉电子官能团活化的次甲基与氯化苯基重氮盐反应，所生成的偶氮化合物经过快速酸解生成苯基腙化合物 (式 11)[11]。在体系中加入 NaOH 有利于酸解过程。

$$ (11) $$

合成苯基官能团化的产物　氯化苯基重氮盐中的重氮官能团可被 X^-、CN^-、OH^-、N_3^- 等阴离子取代，生成多种苯基官能团化的产物。如式 12 所示[12]：氯化苯基重氮盐与叠氮化钠反应生成苯基叠氮化物，在强碱作用下与 β-羰基酯反应得到羧基取代的 1,2,3-三氮唑产物。

$$ (12) $$

对烯烃进行芳基化　在亚铜盐或铜盐的催化下，氯化苯基重氮盐与烯烃可发生 Meerwein 芳基化反应。带有酰基、氰基、氯、芳基、乙烯基、乙炔基等活化官能团的烯烃更有利于该反应 (式 13)[13]。

$$ (13) $$

参 考 文 献

[1] (a) Zollinger, H. *Azo and Diazo Chemistry — Aliphatic and Aromatic Compounds*; Interscience: New York, 1961. (b) Zollinger, H. *Diazo Chemistry I – Aromatic and Heteroaromatic Compounds*; VCH: Weinheim, 1994.

[2] (a) Hantzsch, A.; Jochem, E. *Chem. Ber.* **1901**, *34*, 3337. (b) Knoevenagel, E. *Chem. Ber.* **1890**, *23*, 2994. (c) Friedman, L.; Chlebowski, J. F. *J. Org. Chem.* **1968**, *33*, 1633.

[3] Weiss, R.; Wagner, K.-G.; Hertel, M. *Chem. Ber.* **1984**, *117*, 1965.

[4] Kaulage, M, H.; Maji, B.; Pasadi, S.; et al. *Eur. J. Med. Chem.* **2017**, *139*, 1016.

[5] Bártová, K.; Čechová, L.; Procházková, E.; et al. *J. Org. Chem.* **2017**, *82*, 10350.

[6] (a) Coleman, G. H. *Org. Synth., Coll. Vol.* **1942**, 1, 442. (b) Stephenson, E. F. M. *Org. Synth., Coll. Vol.* **1955**, 3, 475.

[7] Mohareb, R. M.; Al-Omran, F.; Ibrahim, R. A. *Med. Chem. Res.* **2018**, *27*, 618.

[8] Oukacha-Hikem, D.; Makhloufi-Chebli, M.; Amar, A.; et al. *Synth. Commun.* **2017**, *47*, 590.

[9] Voronin, A. A.; Churakov, A. M.; Klenov, M. S.; et al. *Eur. J. Org. Chem.* **2017**, 4963.

[10] Bülow, C.; Neber, P. *Chem. Ber.* **1912**, *45*, 3732.

[11] Eliseeva, A. I.; Nesterenko, O. O.; Slepukhin, P. A.; et al. *J. Org. Chem.* **2017**, *82*, 86.

[12] Dong, H.-R.; Chen, Z.-B.; Li, R.-S.; et al. *RSC Adv.* **2015**, *5*, 10768.

[13] Rondestvedt, C. S., Jr. *Org. React.* **1976**, 24, 225.

[王歆燕, 清华大学化学系; WXY]

氯化碘

【英文名称】 Chloroiodane

【分子式】 ClI

【分子量】 162.35

【CAS 登录号】 [7790-99-0]

【缩写和别名】 Iodine monochloride, 一氯化碘

【结构式】 ICl

【物理性质】 氯化碘为红棕色液体或黑色晶体, 存在 α-型和 β-型两种结晶型式。α-型氯化碘: 黑色针状晶体, 稳定, 光照下为红色; mp 27.2 ℃, bp 97.4 ℃, ρ 3.18 g/cm³。β-型氯化碘: 黑色片状晶体, 不稳定, 光照下为棕红色; mp 13.9 ℃, bp 97.4 ℃, ρ 3.24 g/cm³。氯化碘能溶于水、二硫化碳、醋酸、吡啶、醇和醚。

【制备和商品】 国内外化学试剂公司均有销售。也可将碘酸钾水溶液滴加到碘酸钾的浓盐酸溶液中制备。在制备过程中需要密闭容器以防止氯气的丢失。

【注意事项】 氯化碘具有强烈刺激性的氯和碘的气味, 对呼吸系统有刺激性。有强氧化性, 接触有机物会有引起燃烧的危险。遇水或水蒸气反应放热并产生有毒的腐蚀性气体。遇钾、钠剧烈反应。遇高热分解释放出高毒烟气。

氯化碘[1]是由氯和碘两种卤素以 1:1 的摩尔比形成的卤素互化物 (interhalogen compounds)。由于氯和碘两种元素的电负性存在较大差异, 使氯化碘成为一种高极性的化合物。氯化碘在有机合成中的应用广泛, 可提供碘正离子 (I⁺) 作为亲电试剂, 用于合成芳香族碘化物[2], C–Si 键断裂[3]; 也可与烯烃的双键发生亲电加成, 合成氯代烷烃和碘代烷烃[4]; 与叠氮化钠反应, 可在原位引入叠氮基和碘[5], 以及发生多种类型的亲电环化反应[6~8]。

在叔丁醇锂的存在下, 使用氯化碘对五氯化苯进行碘化反应, 以高产率得到 1,2,3,4,5-五氯-6-碘化苯 (式 1)。三氟化苯与氯化碘的碘化反应也可得到中等的产率。在该反应中, 加入不同摩尔比的氯化碘会得到不同碘取代的产物 (式 2 和式 3)[2]。

在无水 CCl₄ 中, 3,4-二氟-2,5-二(三甲基硅烷基)噻吩与氯化碘发生亲电取代反应, 以高产率生成 3,4-二氟-2,5-二碘噻吩 (式 4)[3]。

氯化碘分别与 (Z)-型和 (E)-型 2-丁烯的加成反应表现出良好的立体选择性。氯化碘与 (E)-2-丁烯反应生成赤式的 2-氯-3-碘丁烷 (式 5); 而与 (Z)-2-丁烯反应则生成苏式的 2-氯-3-碘丁烷 (式 6)[4]。

在胞嘧啶核苷的结构修饰中，用叠氮化钠和氯化碘与含有烯醇醚结构胞嘧啶核苷衍生物反应，可在原位分别引入叠氮基和碘原子，得到 4'-叠氮基取代的核苷碘代衍生物 (式 7)[5]。

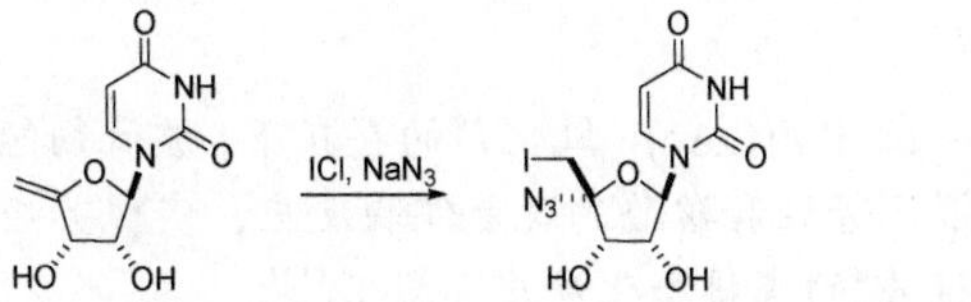

$$(7)$$

用氯化碘与含 3'-三甲基锡基苯乙烯的 7-氮杂双环[2.2.1]庚烷衍生物反应，能够得到其碘代衍生物 (式 8)[6]。

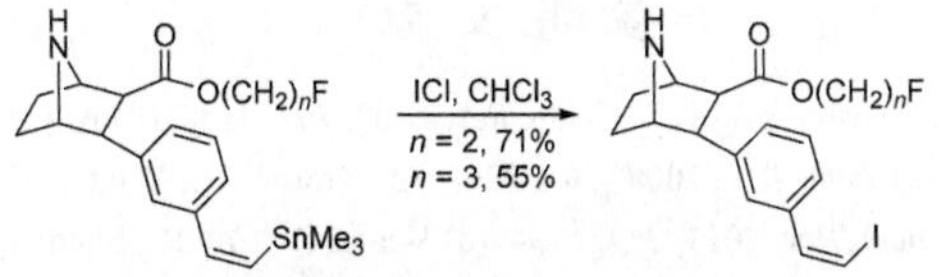

$$(8)$$

邻炔基取代的苯甲酯与氯化碘发生亲电成环反应，可以高产率地制备 4-碘代香豆素 (式 9)[7]。

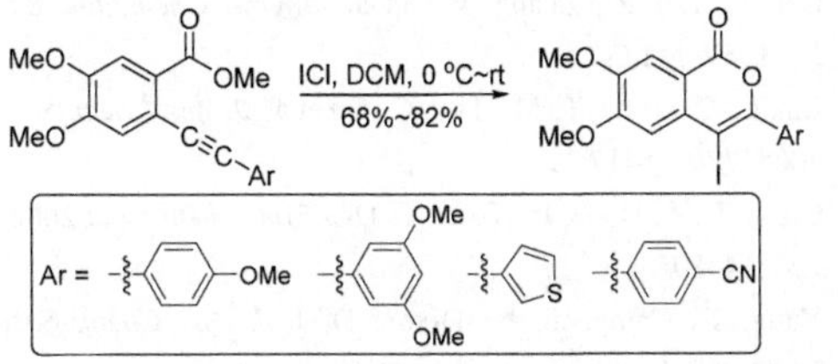

$$(9)$$

氯化碘作为亲电试剂与 2-硒炔基苯甲醚发生亲电成环反应，以高产率生成 3-碘-2-苯基硒基苯并呋喃。该反应的产率与芳香环上的取代基有关 (式 10)[8]。

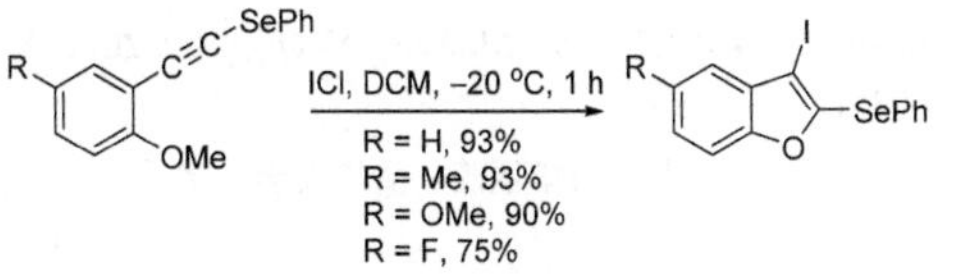

$$(10)$$

参 考 文 献

[1] Brisbois, R G.; Wanke, R A.; Stubbs,K A.; Stick, R V. *In Encyclopedia of Reagents for Organic Synthesis*, John Wiley & Sons: UK, West Sussex, 2004.

[2] Do, H.; Daugulis, O. *Org. Lett.* **2009**, *11*, 421.

[3] Cardone, A.; Martinelli, C.; Pinto, V.; et al. *J. Polym. Sci., Part A: Polym. Chem.* **2010**, *48*, 285.

[4] Schmida, G.; Gordon, J. *Can. J. Chem.* **1986**, *64*, 2171.

[5] Smith, D. B.; Martin, J. A.; Klumpp, K.; et al. *Bioorg. Med. Chem. Lett.* **2007**, *17*, 2570.

[6] Stehouwer, J. S.; Jarkas, N.; Zeng, F.; et al. *J. Med. Chem.* **2008**, *51*, 7788.

[7] Roy, S.; Neuenswamder, B.; Hill, D.; Larock, R. C. *J. Comb. Chem.* **2009**, *11*, 1128.

[8] Manarim, F.; Roehrs, J. A.; Gay, R.M.; et al. *J. Org. Chem.* **2009**, *74*, 2153.

[张巽，巨勇*，清华大学化学系；JY]

氯化三苯基膦金(Ⅰ)

【英文名称】 Chloro(triphenylphosphine)gold(Ⅰ)

【分子式】 C$_{18}$H$_{15}$AuClP

【分子量】 494.71

【CAS 登录号】 [14243-64-2]

【缩写和别名】 三苯基膦氯化金(Ⅰ)

【结构式】

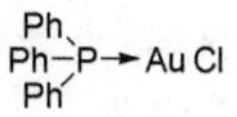

【物理性质】 mp 236~237 ℃。溶于二氯甲烷、1,2-二氯乙烷等有机溶剂。

【制备和商品】 国内外化学试剂公司均有销售。

【注意事项】 在密闭和阴凉干燥环境中保存。

氯化三苯基膦金 [AuClPPh$_3$] 是 Au(Ⅰ) 常见的存在形式之一，广泛应用于催化炔烃、烯烃和联烯的转化以及相关的成环反应，也用于催化一些偶联反应。该试剂催化的反应通常与 Ag(Ⅰ) 盐同时使用，在原位生成离子型 Au(Ⅰ) 配合物[1]。

在该试剂与 AgSbF$_6$ 体系的催化下，烯炔醇酯能够发生串联 3,3-重排和 Nazarov 反应生成环戊烯酮衍生物 (式 1)[2]。当炔醇基团连在吲哚上时能够发生串联环化反应，并导致吲哚环发生去芳构化反应 (式 2)[3]。

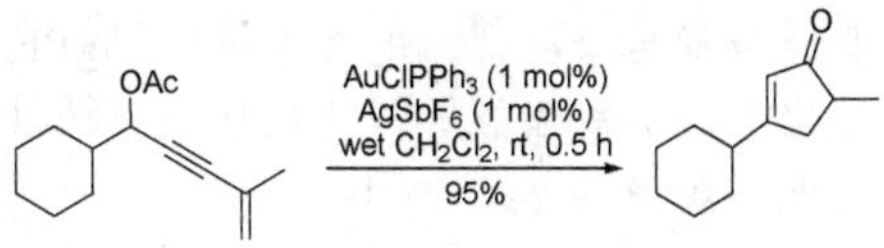

$$(1)$$

$$(2)$$

$$(3)$$

$$(4)$$

$$(5)$$

$$(6)$$

$$(7)$$

$$(8)$$

在该试剂与 AgOTf 体系的催化下，α-环丙烯炔醇发生环化异构化反应生成苯酚 (式 3)[4]。由于底物反应活性很高，反应在室温下 5 min 内即可高效完成。此外，该催化剂体系也能催化炔-醌的串联反应构建出复杂的多环体系[5]。

通过巧妙地设计多官能团底物，可以将该试剂催化的分子内环化反应策略拓展到分子间的环化体系中应用。例如：在该试剂与 AgSbF$_6$ 体系的催化下，二烯醛与烯烃能够发生脱氢 Nazarov 反应，构建出多取代环戊烷 (式 4)[6]。该催化剂体系也能够催化二炔醇与烯烃的 [4+3] 环化反应[7]。

在该试剂与 AgOTf 体系的催化下，炔基羰基类底物能够与氨基吡咯类底物发生串联缩合和环化反应，构建出含氮并环体系 (式 5)[8]。

该试剂也能够催化炔烃的官能团转化反应。例如：在该试剂与 AgOTf 的催化体系中，芳炔的 sp^2–sp 单键能够发生选择性断裂，并在氮源 TMSN$_3$ 的作用下转化为酰胺将芳炔基选择性地转化成为乙酰氨基 (式 6)[9]。在氧气鼓泡的条件下，该体系也能够催化烯炔醇的三键断裂并与羟基成环[10]。在该试剂与 AgPF$_6$ 体系的催化下，磷酸酯能够与炔烃反应选择性地生成马氏加成产物 (式 7)[11]。

在 PhI(OAc)$_2$ 氧化剂的存在下，该试剂能够催化芳烃和羧酸的脱氢偶联反应，实现芳烃 C–H 键的直接酯化反应 (式 8)[12]。

参 考 文 献

[1] (a) Hashmi, A. S. K. *Chem. Rev.* **2007**, *107*, 3180. (b) Arcadi, A. *Chem. Rev.* **2008**, *108*, 3266. (c) Krause, N.; Winter, C. *Chem. Rev.* **2011**, *111*, 1994. (d) Wang, D.; Cai, R.; Sharma, S.; et al. *J. Am. Chem. Soc.* **2012**, *134*, 9012.

[2] Zhang, L.; Wang, S. *J. Am. Chem. Soc.* **2006**, *128*, 1442.

[3] Zhang, L. *J. Am. Chem. Soc.* **2005**, *127*, 16804.

[4] Li, C.; Zeng, Y.; Feng, J.; et al. *Angew. Chem. Int. Ed.* **2010**, *49*, 6413.

[5] Cai, S.; Liu, Z.; Zhang, W.; et al. *Angew. Chem. Int. Ed.* **2011**, *50*, 11133.

[6] Lin, C.-C.; Teng, T.-M.; Tsai, C.-C.; et al. *J. Am. Chem. Soc.* **2008**, *130*, 16417.

[7] Gorin, D. J.; Dube, P.; Toste, F. D. *J. Am. Chem. Soc.* **2006**, *128*, 14480.

[8] Yang, T.; Campbell, L.; Dixon, D. J. *J. Am. Chem. Soc.* **2007**, *129*, 12070.

[9] Qin, C.; Feng, P.; Ou, Y.; et al. *Angew. Chem. Int. Ed.* **2013**, *52*, 7850.

[10] Liu, Y.; Song, F.; Guo, S. *J. Am. Chem. Soc.* **2006**, *128*, 11332.

[11] Lee, P. H.; Kim, S.; Park, A.; et al. *Angew. Chem. Int. Ed.* **2010**, *49*, 6806.

[12] Pradal, A.; Toullec, P. Y.; Michelet, V. *Org. Lett.* **2011**, *13*, 6086.

[华瑞茂，清华大学化学系；HRM]

氯磺酰异氰酸酯

【英文名称】 Chlorosulfonyl Isocyanate

【分子式】 CClNO$_3$S

【分子量】 141.53

【CAS 登录号】 [1189-71-5]

【缩写和别名】 CSI，*N*-Carbonylsulfamyl chloride

【结构式】 ClSO$_2$NCO

【物理性质】 无色液体。mp −44 ～ −43 ℃，bp 107~108 ℃ / 760 mmHg，38 ℃ /50 mmHg，ρ 1.626 g/cm^3。可溶于大多数有机溶剂。与含有活性氢的有机溶剂或水剧烈反应。

【制备和商品】 该试剂由氯化氰与三氧化硫在高温加热下得到[1]。该试剂在国内外化学试剂公司均有销售，一般不在实验室制备。

【注意事项】 该试剂对湿气比较敏感，敞于空气中即可看到烟雾，与水剧烈反应生成 HCl、NH$_2$SO$_3$H 和 CO$_2$[1]。CSI 本身较稳定，加热超过 300 ℃ 才发生分解，但一般仍要储存在低温下。CSI 会使玻璃塞粘住，所以应使用塑料塞，或者是用塑料瓶储存。由于 CSI 能与质子性溶剂迅速反应，一般在无水非质子性溶剂中使用。CSI 反应活性较高，一般在低温下使用。

氯磺酰异氰酸酯的分子结构中一部分为磺酰氯，另一部分相当于带有拉电子基团的异氰酸根，这样的结构使它具有很高的反应活性。多数 CSI 的反应相当于在分子中插入了一个 −CONH− 的结构。从发生反应的位点上可以把 CSI 的反应归为三类：(1) 异氰酸根与亲核试剂的反应；(2) 作为 1,2-偶极体发生环加成反应；(3) 磺酰氯的反应。

发生在异氰酸根上的亲核反应 这类反应在 CSI 的使用中最常见。CSI 与含活性氢的化合物首先在异氰酸根上发生反应，随后可以水解、醇解或者胺解得到含 —OCONH$_2$，—OCONHSO$_3$R 或者 −OCONHSO$_2$NRR′ 的化合物。通式如式 1 所示。

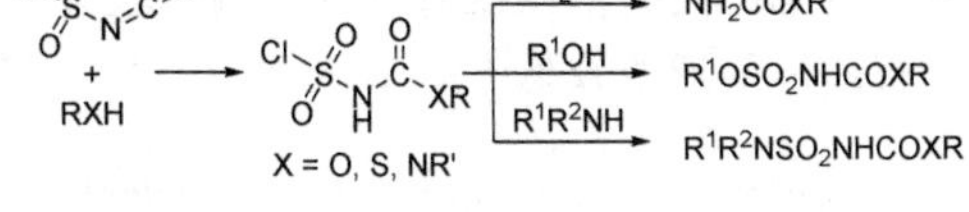

$$ \text{(1)} $$

在合成中主要利用 CSI 的水解得到氨基甲酸酯 (式 2)[2]、单边取代的脲[3]等；利用水解得到的氨基又可以进一步发生环化反应，生成六元或者五元环 (式 3)[3]。

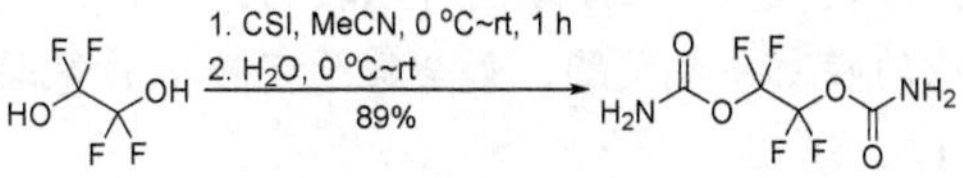

$$ \text{(2)} $$

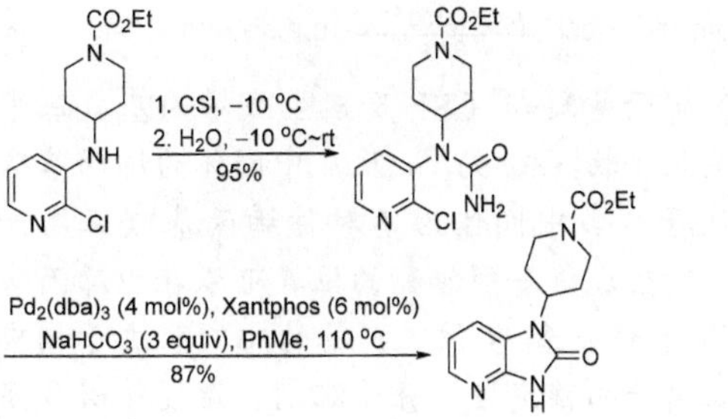

$$ \text{(3)} $$

使用取代肼作为底物，与异氰酸基团反应后，另一个含活性氢的 N–H 键可以继续与磺酰氯反应成环 (式 4)[4]。

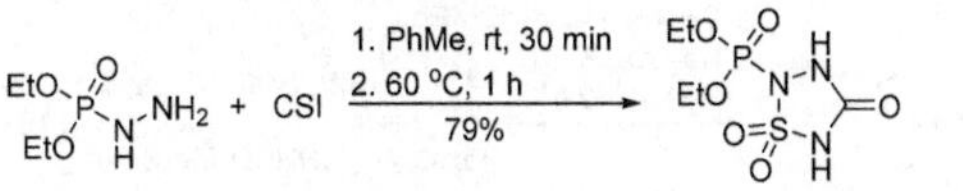

$$ \text{(4)} $$

如果使用醇与 CSI 反应，之后再用另一分子醇进行醇解；再加热可以原位脱去第一分子醇，重新生成异氰酸根。这样得到的产物相当于第二分子醇与 CSI 在磺酰氯位置上反应的结果 (式 5)[5]。也可以直接使用等量的醇或酚与 CSI 在加热下回流，得到烃氧基磺酰异氰酸酯 (式 6)[6]。

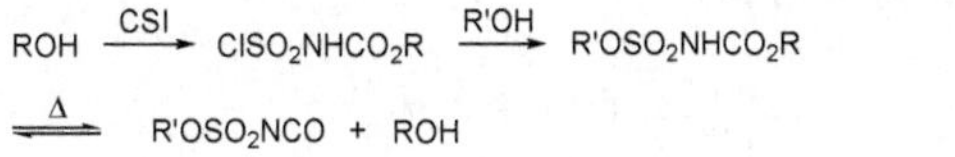

$$ ROH \xrightarrow{CSI} ClSO_2NHCO_2R \xrightarrow{R'OH} R'OSO_2NHCO_2R $$
$$ \xrightarrow{\Delta} R'OSO_2NCO + ROH \qquad \text{(5)} $$

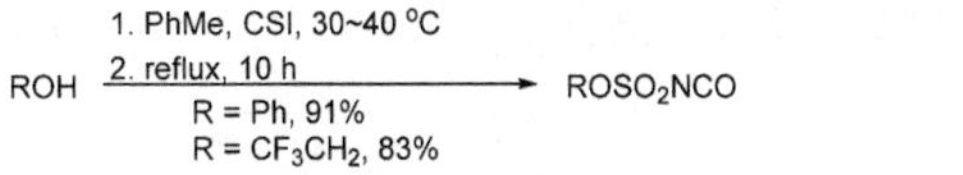

$$ \text{(6)} $$

羧酸与 CSI 在加热条件下反应，脱羧后加成生成 *N*-酰基胺基磺酰氯。随后在碱性条件下消去氯磺酸，能以较高产率得到腈。这是一种将羧基转变为氰基的方法 (式 7)[7]。直接使用芳烃或芳杂环也可以发生类似的反应，生成芳腈。活性高的芳烃生成的芳腈产率较高[7]。

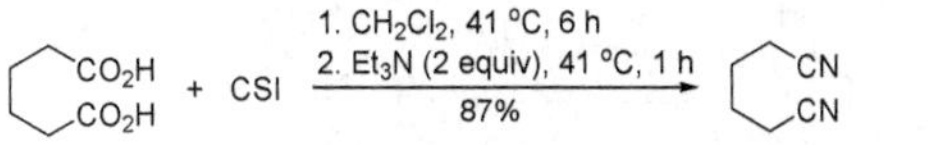

$$ \text{(7)} $$

磺酰胺与 CSI 发生加成反应，然后加热脱去氨基磺酰氯，生成相应的磺酰异氰酸酯。

该方法可作为磺酰异氰酸酯的合成方法，但普遍产率较低[8]。但该方法可以较好地合成一些特殊的磺酰异氰酸酯，如全氟代丁磺酰异氰酸酯（式 8）[9]。

$$C_4F_9SO_2NH_2 + CSI \xrightarrow[92\%]{无溶剂, 100\ ^{\circ}C} C_4F_9SO_2NCO \qquad (8)$$

烯丙基醚与 CSI 反应生成烯丙基氨基甲酸酯化合物（式 9）[10]。反应中间体为烯丙基碳正离子。当中间体为不对称烯丙基碳正离子时，所生成氨基甲酸酯的位置可以在原烯丙基醚的 1-位或者 3-位。产物的比例取决于相应碳正离子的稳定性，并受溶剂、温度等诸多因素影响（式 10）[11,12]。

$$(9)$$

$$(10)$$

MeOH 与 CSI 反应后，再用 Et_3N 处理，可以得到 N-甲氧羰基氨基磺酰三乙胺内盐。该试剂被称作 Burgess 试剂（式 11）[13,14]，常用作仲醇或叔醇的脱水试剂。使用 Burgess 试剂脱水时，羟基消去同侧的氢生成双键，手性醇脱水可以很好地保持立体选择性。如式 12 所示[15]：仲醇化合物脱水生成的烯烃完全保留了底物的结构。

$$(11)$$

$$Me \qquad (12)$$
dr = 60:40 $\qquad$ E/Z = 60:40

邻二醇不能使用 Burgess 试剂脱水，因为 Burgess 试剂与邻二醇生成的中间体会发生分子内的亲核进攻反应，得到环状化合物（式 13）[16]。

$$(13)$$

作为 1,2-偶极体发生环加成反应　CSI 可以在反应中看作是 的等价物。它易与 C=C 双键发生 [2+2] 环加成反应，生成环丙酰胺的衍生物（式 14）[17]。丙二烯也可以发生该反应，但是烯丙基醚不能发生此反应（详见式 9 和式 10）。

$$(14)$$

CSI 发生 [3+2] 环加成反应时主要反应位点在羰基上，相当于 的等价物。其与烯丙基正离子发生环加成反应，水解得到内酯（式 15）[18]。环氧乙烷、N-取代氮杂环丙烷也可以发生类似的反应，水解后得到乙二醇的碳酸酯（式 16）[19]或者 N-取代-2-噁唑烷酮（式 17）[20]。

$$(15)$$

$$(16)$$

$$(17)$$

磺酰氯的反应　由于异氰酸基团更活泼，所以 CSI 的大多数反应都首先在异氰酸基上反应，但直接在磺酰氯上发生的反应也有报道。如式 18 所示[21]：使用芳基锡化合物与 CSI 反应，所得芳基磺酰异氰酸酯经原位水解可高产率地得到芳基磺酰胺。苄基锡也能发生该反应，但是产率较低[21]。

$$(18)$$

参 考 文 献

[1] Graf, R. *Chem. Ber.* **1956**, *89*, 1071.

[2] Srinivas, D.; Ghule, V. D. *RSC Adv.* **2016**, *6*, 7712.

[3] McLaughlin, M.; Palucki, M.; Davies, I. W. *Org. Lett.* **2006**, *8*, 3311.

[4] Balti, M.; Dridi, K.; Efrit, M. L. *Heterocycles* **2014**, *89*, 1483.

[5] Lohaus, G. *Chem. Ber.* **1972**, *105*, 2791.

[6] Gautun, H. S. H.; Bergan, T.; Carlsen, P. H. J. *Acta Chem. Scand.* **1999**, *53*, 446.

[7] Vorbrüggen, H.; Krolikiewicz, K. *Tetrahedron* **1994**, *22*, 6549.

[8] Appel, R.; Montenarh, M. *Chem. Ber.* **1974**, *107*, 706.

[9] Roesky, H. W.; Tutkunkardes, S. *Chem. Ber.* **1974**, *107*, 508.

[10] Lee, S. H.; Kim, I. S.; Li, Q. R.; et al. *Tetrahedron Lett.* **2011**, *52*, 1901.

[11] Kim, D. J.; Lee, M. H.; Lee, M. J.; Jung, Y. H. *Tetrahedron Lett.* **2000**, *41*, 5073.

[12] Kim, D. J.; Lee, M. H.; Han, G.; et al. *Tetrahedron* **2001**, *57*, 8257.

[13] Burgess. E. M.; Penton, H. R., Jr.; Taylor, E. A. *J. Am. Chem. Soc.* **1970**, *92*, 5224.

[14] Burgess. E. M.; Penton, H. R., Jr.; Taylor, E. A. *J. Org. Chem.* **1973**, *38*, 26.

[15] Hock, K. J.; Grimmer, J.; Göbel, D.; et al. *Synthesis* **2003**, 615.

[16] Nicolaou, K. C.; Huang, X.; Snyder, S. A.; et al. *Angew. Chem. Int. Ed.* **2002**, *41*, 834.

[17] Palomo, C.; Oiarbide, M.; Bindi, S. *J. Org. Chem.* **1998**, *63*, 2469.

[18] Peng, Z.-H.; Woerpel, K. A. *Org. Lett.* **2001**, *3*, 675.

[19] Murthy, K. S. K.; Dhar, D. N. *Synth. Commun.* **1984**, *14*, 687.

[20] Murthy, K. S. K.; Dhar, D. N. *J. Heterocycl. Chem.* **1984**, *21*, 1699.

[21] Arnswald, M.; Neumann, W. P. *J. Org. Chem.* **1993**, *58*, 7022.

[刘楚龙，清华大学化学系；HYF]

氯甲基二甲基异丙氧基硅烷

【英文名称】 (Chloromethyl)isopropoxydimethylsilane

【分子式】 $C_6H_{15}ClOSi$

【分子量】 166.72

【CAS 登录号】 [18171-11-4]

【缩写和别名】 $(^iPrO)Me_2SiCH_2Cl$

【结构式】

【物理性质】 淡黄色液体，bp 64~66 ℃，ρ 0.926 g/cm³。

【制备和商品】 该试剂可由氯甲基二甲基氯硅烷与异丙醇反应制得 (式 1)[1]。国内外试剂公司均有出售，一般不在实验室制备。

$$\text{Cl-Si-Cl} + {}^i\text{PrOH} \xrightarrow[71\%]{\text{NEt}_3, \text{Et}_2\text{O}} \text{-O-Si-Cl} \quad (1)$$

【注意事项】 该试剂的液体和蒸气均易燃，具有腐蚀性。对皮肤、眼睛和呼吸道有刺激性，应避免接触皮肤和眼睛，避免吸入蒸气。储存于冰箱中，对水分敏感，应确保容器密封、干燥和通风良好。勿加热和使用明火，勿接触强酸和强氧化剂，勿让试剂泄漏至下水道等周围环境。

氯甲基二甲基异丙氧基硅烷在有机合成中常被制成格氏试剂 $(^iPrO)Me_2SiCH_2MgCl$ (式 2)[2]。该格氏试剂足够稳定，在室温保存两天后其活性可保持不变或仅少量降低。$(^iPrO)Me_2SiCH_2MgCl$ 与酮、醛、α,β 不饱和醛或酮可发生加成反应，所得加成产物 $[(^iPrO)Me_2SiCH_2E]$ 中的硅-碳键经 H_2O_2 氧化，可得到羟甲基化产物 $(HOCH_2E)$。因此 $(i\text{-PrO})Me_2SiCH_2MgCl$ 是高效的羟甲基化试剂，可等同于亲核性的羟甲基阴离子 (式 3)[3a]。其中 H_2O_2 氧化硅-碳键转化成碳-氧键的过程也被称为 Tamao-Kumada 氧化反应[3b]。

$$(2)$$

$$(3)$$

与其它格氏试剂相同，$(^iPrO)Me_2SiCH_2MgCl$ 可加成到羰基碳上，随后在 F^- 的存在和 H_2O_2 的氧化下，能以较高的产率得到 1,2-二醇产物

(式 4 和式 5)[4,5]。值得注意的是，在该反应条件下反应中间体 β 羟基硅烷不会发生 β 消除 (即不会发生 Peterson 成烯反应)。

$$(4)$$

$$(5)$$

(^{i}PrO)Me$_2$SiCH$_2$MgCl 也被用于多取代的芳香醛 (式 6)[6]、α,β 不饱和醛 (式 7)[7] 以及糖类衍生物 (式 8)[8a] 的羟甲基化反应，制备相应的 1,2-二醇产物。

$$(6)$$

$$(7)$$

$$(8)$$

此外，使用 (^{i}PrO)Me$_2$SiCH$_2$MgCl 也可实现亚胺的羟甲基化反应 (式 9)[9]。

$$(9)$$

在 CuI 的催化下，环氧化物与 (^{i}PrO)Me$_2$

SiCH$_2$MgCl 反应，再经 H$_2$O$_2$ 氧化，可转化为相应的 1,2-二醇产物 (式 10)[10]。需要注意的是在氧化处理前，需要先除去过渡金属 (如铜、镍和钯等) 化合物，否则会引起 H$_2$O$_2$ 的剧烈分解。

$$(10)$$

在 CuBr·SMe$_2$ 的作用下，环己烯酮衍生物与 (^{i}PrO)Me$_2$SiCH$_2$MgCl 可发生 1,4-加成反应，经 H$_2$O$_2$ 氧化后能高产率地得到单一反式构型的羟甲基化产物 (式 11)[11]。同样的过程也可在吡喃酮衍生物上实现 (式 12)[12]。

$$(11)$$

$$(12)$$

在 CuI 的催化下，烯丙基氯化合物与 (^{i}PrO)Me$_2$SiCH$_2$MgCl 也可进行相应的羟甲基化反应 (式 13)[13]。

$$(13)$$

与上述各例子不同，当反应体系中存在 CeCl$_3$ 时，(^{i}PrO)Me$_2$SiCH$_2$MgCl 与苯甲酸甲酯作用，可发生酯的双加成以及部分 β 消除过程，以较高产率得到 2-苯基-2-丙烯-1-醇 (式 14)[14]。

$$(14)$$

参 考 文 献

[1] Ehbets, J.; Lorenzen, S.; Mahler, C.; et al. *Eur. J. Inorg. Chem.* **2016**, 1641.

[2] Bowles, P.; Brenek, S. J.; Caron, S.; et al. *Org. Process Res. Dev.* **2014**, *18*, 66.

[3] (a) Tamao, K.; Ishida, N. *Tetrahedron Lett.* **1984**, *25*, 4245. (b) Tamao, K.; Ishida, N.; Kumada, M. *J. Org. Chem.* **1983**, *48*, 2120.

[4] Li, Z.; Zhou, Z.-L.; Miao, Z.-H.; et al. *J. Med. Chem.* **2009**, *52*, 5115.

[5] Zhou, B.; Tang, H.; Feng, H.; Li ,Y. *Tetrahedron* **2011**, *67*, 904.

[6] (a) Kuwabara, N.; Hayashi, H.; Hiramatsu, N,; et al. *Chem. Pham. Bull.* **1999**, *47*, 1805. (b) Kuwabara, N.; Hayashi, H.; Hiramatsu, N.; et al. *Tetrahedron* **2004**, *60*, 2943.

[7] Barriault, L.; Ouellet, S. G.; Deslongchamps, P. *Tetrahedron* **1997**, *53*, 14937.

[8] (a) Vernekar, S. K. V.; Kipke, P.; Redlich, H. *J. Carbohydr. Chem.* **2008**, *27*, 10. (b) Unione, L.; Xu, B.; Díaz, D.; et al. *Chem. Eur. J.* **2015**, *21*, 10513.

[9] Zhang, Y. -K.; Plattner, J. J.; Easom, E. E.; et al. *J. Med. Chem.* **2017**, *60*, 5889.

[10] Boulineau, F. P.; Wei, A. *J. Org. Chem.* **2004**, *69*, 3391.

[11] Mizutani, R.; Nakashima, K.; Saito, Y.; et al. *Tetrahedron Lett.* **2009**, *50*, 2225.

[12] Kocienski, P. J.; Raubo, P.; Smith, C.; Boyle, F. T. *Synthesis* **1999**, *12*, 2087.

[13] Perron-Sierra, F.; Promo, M. A.; Martin, V. A.; Albizati, K. F. *J. Org. Chem.* **1991**, *56*, 6188.

[14] Mickelson, T. J.; Koviach, J. L.; Forsyth, C. J. *J. Org. Chem.* **1996**, *61*, 9617.

[翁云翔，清华大学化学系；HYF]

1-氯甲基-4-氟-1,4-二氮杂双环[2.2.2]辛烷二(四氟硼酸)盐

【英文名称】 1-Chloromethyl-4-fluoro-1,4-diazoniabicyclo[2.2.2]octane bis(tetrafluoroborate)

【分子式】 $C_7H_{14}B_2ClF_9N_2$

【分子量】 354.26

【CAS 登录号】 [140681-55-6]

【缩写和别名】 Selectfluor，F-TEDA-BF$_4$

【结构式】

【物理性质】 白色粉末，mp 250 ℃，闪点大于 54 ℃，可溶于水。

【制备和商品】 大型试剂公司均有销售。

【注意事项】 保持储藏器密封，储存在阴凉、干燥的地方，确保工作间有良好的通风或排气装置。

1-氯甲基-4-氟-1,4-二氮杂双环[2.2.2]辛烷二(四氟硼酸)盐 (Selectfluor) 是氟化反应中较为常见的氟试剂，在有机合成中起着重要的作用。该试剂在 C-F 键的形成反应中通常被用作亲电氟化试剂。由于其具有较强的亲电性，也可以在有机反应中用作氧化剂促进反应的进行。

具有活性亚甲基的酮、酯、磷酸酯或者丙二酸酯等化合物在温和的条件下，很容易与 Selectfluor 发生反应得到单氟化产物 (式 1~式 3)[1~3]。同时，使用该试剂对烯醇硅醚或乙酸酯进行氟化，能够实现甾类化合物的 16 位氟代 (式 4)[4]。在一些弱亲核试剂 (如水、醋酸或甲醇等) 的存在下，Selectfluor 能在烯烃的末端引入氟原子 (式 5)[4]。

$$\text{(1)}$$

$$\text{(2)}$$

$$\text{(3)}$$

$$\text{(4)}$$

$$\text{(5)}$$

甲苯或二甲苯等芳香烃在以乙腈为溶剂、三乙胺为碱进行回流的条件下，可以被 Selectfluor 氟化为相应的氟代苯[4]。此外，硫醚 α-位取代的烷基也可以与 Selectfluor 进行氟化

反应，得到相应的 α-氟代硫化物 (式 6)[4]。

$$PhSCH_3 \xrightarrow[\text{2. TEA}]{\text{1. Selectfluor}} PhSCH_2F \tag{6}$$

在钯或银催化剂的作用下，Selectfluor 能使芳基锡试剂、芳基硼酸及其衍生物在较为温和的条件下进行氟化反应，得到取代的氟苯 (式 7~式 9)[5~7]。

$$\xrightarrow[\text{81\%}]{\text{Selectfluor, MeCN, 50 °C, 30 min}} \tag{7}$$

$$Bu^t\text{—}BF_3K \xrightarrow[\substack{\text{terpy (4 mol\%), Selectfluor} \\ \text{NaF, DMF, 4~40 °C, 15 h} \\ \text{98\%}}]{\text{Pd(NCMe)(terpy)(BF}_4)_2 \text{ (2 mol\%)}} Bu^t\text{—}F \tag{8}$$

$$Ph\text{—}SnBu_3 \xrightarrow[\substack{\text{Me}_2\text{CO, 23 °C, 20 min} \\ \text{70\%}}]{\text{AgOTf, Selectfluor}} Ph\text{—}F \tag{9}$$

Selectfluor 也可以用作催化剂，促进醇的硫氰酸酯化反应。在非均相和中性条件下，Selectfluor 可以有效地促进醇的异硫氰酸酯或硫氰酸酯化反应 (式 10)[8]。

$$PhCH_2OH \xrightarrow[\substack{\text{CH}_3\text{CN, 5 min} \\ \text{91\%}}]{\text{Selectfluor, NH}_4\text{SCN}} \underset{100}{PhSCN} + \underset{0}{PhNCS} \tag{10}$$

Selectfluor 也可以在手性催化剂的催化下进行不对称氟化反应，生成相应的手性氟化物。使用手性磷酸酯为催化剂，可以催化共轭双烯的 1,4-加成 (式 11)[9]、烯胺氟化 (式 12)[10]或是苯酚的氟化去芳香化 (式 13)[11]。在手性奎宁衍生物催化下可以催化苯乙烯的加成/环化串联反应，生成相应的环内酯 (式 14)[12]。

$$\xrightarrow[\substack{\text{Selectfluor, Na}_3\text{PO}_4 \\ \text{PhCF}_3\text{, rt, 36 h} \\ \text{91\%} \\ \text{96\% ee, >20:1 dr}}]{(S)\text{-TCYP (10 mol\%)}} \tag{11}$$

(S)-TCYP

$$\xrightarrow[\substack{\text{Na}_2\text{CO}_3\text{, n-C}_6\text{H}_{14}\text{, rt, 16~24 h} \\ \text{76\%, 93\% ee}}]{(S)\text{-C}_8\text{-TRIP (5 mol\%), Selectfluor}} \tag{12}$$

(S)-C_8-TRIP $\quad R = C_8H_{17}$

$$\xrightarrow[\substack{\text{Na}_2\text{CO}_3\text{, PhMe, rt, 46~48 h} \\ \text{75\%, 96\% ee}}]{(S)\text{-TCYP (5 mol\%), Selectfluor}} \tag{13}$$

$$\xrightarrow[\substack{\text{Hex, 23 °C, 18 h} \\ \text{50\%, 27\% ee}}]{\text{(DHQ)}_2\text{PHAL, Selectfluor, Na}_2\text{CO}_3} \tag{14}$$

在金催化下，以 Selectfluor 为氧化剂，γ-氨基烯被氧化生成 N-取代环己胺或环戊胺 (式 15)[13]。

$$\xrightarrow[\substack{\text{Selectfluor, CH}_3\text{CN/H}_2\text{O (20/1)} \\ \text{78\%, A/B = 9/1}}]{[(Ph}_3\text{P)AuSbF}_6]} \underset{\text{A}}{} + \underset{\text{B}}{} \tag{15}$$

在亲电试剂 Selectfluor 的参与下，对甲氧基苯基丙炔酰胺发生分子内的电环化反应，得到具有螺环结构的化合物 (式 16)[14]。

$$\xrightarrow[\substack{\text{MeCN, 90 °C, 6 h} \\ \text{57\%}}]{\text{Selectfluor, CuSCN}} \tag{16}$$

参考文献

[1] Bank, R. E.; Lawrence, N. J.; Popplewell, A. L. *J. Chem. Soc., Chem. Commun.* **1994**, 343.

[2] Stavber, G.; Zupan, M.; Stavber, S. *Tetrahedron Lett.* **2007**, *48*, 2671.

[3] Olszewska, K. R.; Palacios, F.; Kafarski, P. *J. Org. Chem.* **2011**, *76*, 1170.

[4] Lal, G. S. *J. Org. Chem.* **1993**, *58*, 2791.

[5] (a) Furuya, T.; Kaiser, H. M.; Ritter, T. *Angew. Chem. Int. Ed.* **2008**, *47*, 5993. (b) Furuya, T.; Ritter, T. *J. Am. Chem. Soc.* **2008**, *130*, 10060.

[6] R. Mazzotti, A.; G. Campbell, M.; Tang, P. P.; et al. *J. Am. Chem. Soc.* **2013**, *135*, 14012.

[7] Furuya, T.; E. Strom, A.; Ritter, T. *J. Am. Chem. Soc.* **2009**, *131*, 1662.

[8] Khazaei, A.; Rahmati, S.; Khalafi-nezhad, A.; Saednia, S. *J. Fluorine Chem.* 2012, *137*, 123.

[9] P. Shunatona, H.; Früh, N.; Wang, Y. M.; et al. *Angew. Chem. Int. Ed.* 2013, *52*, 7724.

[10] J. Phipps, R.; Hiramatsu, K.; Toste, F. D. *J. Am. Chem. Soc.* 2012, *134*, 8376.

[11] J. Phipps, R.; Toste, F. D. *J. Am. Chem. Soc.* 2013, *135*, 1268.

[12] Parmar, D.; Maji, M. S.; Rueping, M. *Chem. Eur. J.* 2013, *19*, 1.

[13] Haro, T.; Nevado, C. *Angew. Chem. Int. Ed.* 2011, *50*, 906.

[14] Tang, B. X.; Yin, Q.; Tang, R. Y.; Li, J. H. *J. Org. Chem.* 2008, *73*, 9008.

[李彦，吴云，王细胜，中国科学技术大学化学系；WXY]

氯甲基磺酰氯

【英文名称】 Chloromethanesulfonyl chloride

【分子式】 $CH_2Cl_2O_2S$

【分子量】 149.00

【CAS 登录号】 [3518-65-8]

【缩写和别名】 McCl

【结构式】

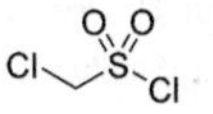

【物理性质】 无色或微黄色液体。bp 80~81 ℃，ρ 1.64 g/cm³ (20 ℃)，折射率 1.4840~1.4850。不溶于水，易溶于二氯甲烷、吡啶等大多数有机溶剂。

【制备和商品】 国内外部分试剂公司有出售。可由三聚甲硫醛与氯气在醋酸中反应制备而得 (式 1)[1]。

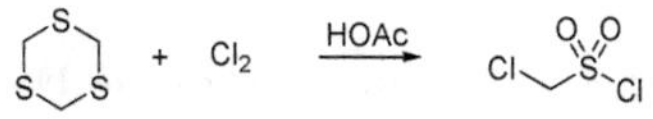

【注意事项】 该试剂对湿气敏感，具有腐蚀性和催泪性，对皮肤和眼睛具有严重的刺激性。高毒性，大鼠口服 LD$_{50}$ = 372 mg/kg。可燃，在燃烧时分解释放出有毒硫氧化物和氯化物的烟雾。在氮气环境下于冰箱中保存。

氯甲基磺酰氯可用于合成相应的氯甲基磺酰酯以及氯甲基磺酰胺化合物，也可用于经由醇的构型翻转合成相应的乙酸酯，再经过转化可得到与原来构型相反的醇、叠氮和腈类化合物。乙酸酯离去后也可进一步发生 C–C、C–O 键的重排反应[2]。此外氯甲基磺酰氯还可参与一些亲电反应以及自由基反应[3]。

合成氯甲基磺酸酯化合物　氯甲基磺酸酯化合物可由相应的醇与氯甲基磺酰氯在吡啶或二甲基吡啶的作用下，于二氯甲烷中制备而得。该类化合物的制备方法与甲磺酸酯及对甲苯磺酸酯化合物的制备方法相同，但反应速度更快，且产物稳定，并可通过柱色谱分离提纯。

合成氯甲基磺酸酯化合物是氯甲基磺酰氯应用最广的反应。通过氯甲基磺酰氯可以活化相应的醇，生成氯甲基磺酸酯，再经亲核取代反应可得到相应的叠氮、腈和卤化物等化合物[4]。如果使用手性仲醇，经过 S$_N$2 反应，可得到构型完全相反的化合物。如式 2 所示[5]：在合成非天然手性茴香霉素 (+)-Anisomycin 的过程中，由手性仲醇与氯甲基磺酰氯先反应得到相应的磺酸酯，接着再转化为叠氮化物。经系列反应后，最终合成了 (+)-Anisomycin。

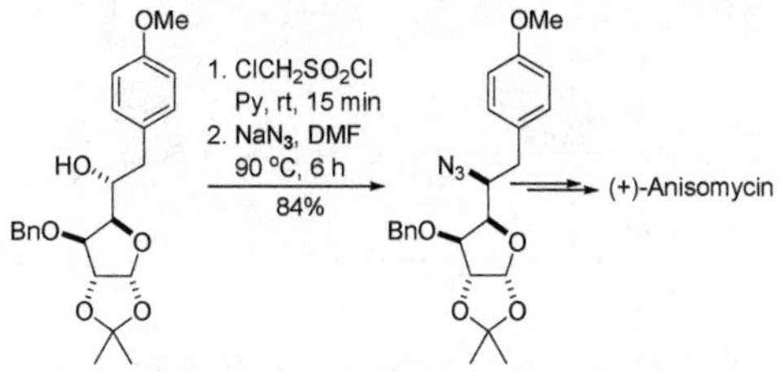

所生成的氯甲基磺酸酯除了能发生亲核取代反应之外，在 Zn(OAc)$_2$ 的作用下还易离去形成碳正离子，从而可发生 C–C、C–O 键的重排反应。如式 3 所示[6]：在海洋毒物 Hemibrevetoxin B 的全合成中，其关键步骤就是使用该方法将六元环化合物重排得到了含七元环的产物。

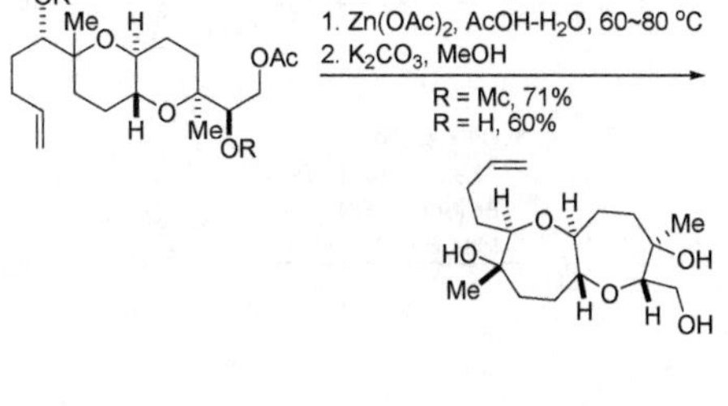

合成氯甲基磺酰胺化合物　氯甲基磺酸胺的合成方法与氯甲基磺酸酯类似，是由胺与氯甲基磺酰氯在有机碱 (如吡啶和三乙胺等) 的作用下在二氯甲烷中反应而得。磺酰胺及磺酰内酰胺[7]基团本身就是药物的活性基团，可用作细菌的抑制剂[8]、蛋白酶的抑制剂[9]等。氯甲基磺酰氯具有两个亲电中心，所生成的磺酰胺化合物可经过进一步官能团化引入其它官能团。如式 4 所示[10,11]：核苷酸磷酸二酯酶 1 (NPP1) 其中一种抑制剂的核心结构就是由氯甲基磺酰氯与相应的胺反应制得。

$$\text{(4)}$$

与不饱和键的加成反应　氯甲基磺酰氯与不饱和键 (如 C=C、C≡C、C=O 键等) 的加成反应包括自由基加成、亲电加成以及环加成三种类型。在高温条件下，氯甲基磺酰氯不稳定，会分解释放出 SO_2 以及氯自由基、氯甲基自由基等自由基碎片。此时在体系中如果存在不饱和键，则可发生相应的自由基加成反应 (式 5)[12]。

$$\text{(5)}$$

第二种类型是亲电加成。氯甲基磺酰氯具有两个亲电中心：磺酰氯部分和氯甲基部分，通常磺酰氯部分先参与反应 (式 6)[13]。当在不饱和化合物中含有氨基或羟基等亲核位点时，磺酰氯部分先发生反应，然后不饱和键再与氯甲基进行加成 (式 7)[14]。

$$\text{(6)}$$

$$\text{(7)}$$

第三种类型是环加成反应。当体系中存在强碱时，氯甲基磺酰氯会消去一分子 HCl (式 8)，接着与不饱和键发生生环加成反应。如式 9 所示[15]：该反应得到的四元环中间体不稳定，最后分解得到烯烃化合物。

$$\text{(8)}$$

$$\text{(9)}$$

到目前为止，氯甲基磺酰氯参与的反应主要以生成氯甲基磺酰酯化合物及随后的应用为主。也有报道尝试了一些新的反应[16]，如利用磺酰基易与胺和醇反应，其自身也容易离去的特点，可引入用于 C—H 键活化的导向基团。但由于其具有强拉电子的效应，反应位点过多，一般反应效果不理想，限制了其在该方面的发展。

参 考 文 献

[1] Paquette, L. A.; Wittenbrook, L. S. *Org. Synth.* **1969**, *49*, 18.

[2] Shimizu, T.; Ohzeki, T.; Hiramoto, K.; et al. *Synthesis* **1999**, 1373.

[3] Paquette, L. A. *Synlett* **2001**, 1.

[4] Shin, I.; Lee, D.; Kim, H. *Org. Lett.* **2016**, *18*, 4420.

[5] Shaw, A.; Ajay, S.; Saidhareddy, P. *Synthesis* **2016**, *48*, 1191.

[6] Morimoto, M.; Matsukura, H.; Nakata, T. *Tetrahedron Lett.* **1996**, *37*, 6365.

[7] Li, X.; Dong, Y.; Qu, F.; Liu, G. *J. Org. Chem.* **2015**, *80*, 790.

[8] Adibi, H.; Massah, A. R.; Majnooni, M. B.; et al. *Synth. Commun.* **2010**, *40*, 2753.

[9] Ronn, R.; Sabnis, Y. A.; Gossas, T.; et al. *Bioorg. Med. Chem.* **2006**, *14*, 544.

[10] Chang, L.; Lee, S. Y.; Leonczak, P.; et al. *J. Med. Chem.* **2014**, *57*, 10080.

[11] Grombein, C. M.; Hu, Q.; Rau, S.; et al. *Eur. J. Med. Chem.* **2015**, *90*, 788.

[12] Goldwhite, H.; Gibson, M. S.; Harris, C. *Tetrahedron* **1964**, *20*, 1613.

[13] Liu, X.; Chen, X.; Mohr, J. T. *Org. Lett.* **2015**, *17*, 3572.

[14] Leit, S. M.; Paquette, L. A. *J. Org. Chem.* **1999**, *64*, 9225.

[15] Nader, B. S.; Cordova, J. A.; Reese, K. E.; Powell, C. L. *J. Org. Chem.* **1994**, *59*, 2898.

[16] (a) Tang, R. Y.; Li, G.; Yu, J. Q. *Nature* **2014**, *507*, 215. (b) Sun, B.; Balaji, P. V.; Kumagai, N.; Shibasaki, M. *J. Am. Chem. Soc.* **2017**, *139*, 8295.

[杨渭光，清华大学化学系；HYF]

氯甲基三甲基硅烷

【英文名称】 Chloromethyltrimethylsilane

【分子式】 $C_4H_{11}ClSi$

【分子量】 122.67

【CA 登录号】 [2344-80-1]

【缩写和别名】 Me_3SiCH_2Cl

【结构式】

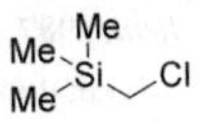

【物理性质】 无色液体，bp 97~98 ℃，ρ 0.886 g/cm³。

【制备和商品】 可由四甲基硅烷与氯气在光催化下制得[1]，或者通过(氯甲基)二甲基氯硅烷与甲基溴化镁 (或甲基氯化镁) 反应制得[1]。国内外化学试剂公司均有销售，一般不在实验室制备。

【注意事项】 该试剂的液体和气体均高度易燃，具有腐蚀性。对皮肤、眼睛和呼吸道具有刺激性，应避免接触皮肤和眼睛，避免吸入蒸气。储存在阴凉干燥通风处，容器保持密闭。使用时在通风橱中操作，勿让试剂泄露至下水道等周围环境。

氯甲基三甲基硅烷因其结构中存在硅原子能够稳定邻位碳负离子和碳金属键，在有机合成中具有许多重要的应用。例如：制备成有机锂试剂和格氏试剂与羰基化合物反应；作为亲电试剂参与 O-、N- 和 S-烷基化反应，得到的烷基化产物常作为合成中间体。

与羰基化合物的反应 Me_3SiCH_2Cl 被广泛应用于 Peterson 成烯反应[1]，利用羰基化合物来制备末端烯烃。如式 1 所示[1]：Me_3SiCH_2Cl 与金属镁作用可制得格氏试剂 Me_3SiCH_2MgCl。该试剂亲核加成到羰基化合物的羰基碳上后，在路易斯酸作用下发生三甲基硅醇的消除而得到末端烯烃 (式 2)[2]。该消除步骤也可在碱性条件下发生 (式 3)[3]。因此使用格氏试剂 Me_3SiCH_2MgCl 是替代 Wittig

反应实现羰基亚甲基化的有效策略。

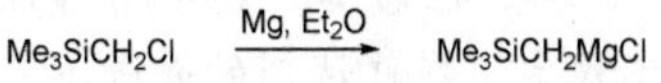

$$Me_3SiCH_2Cl \xrightarrow{Mg, Et_2O} Me_3SiCH_2MgCl \quad (1)$$

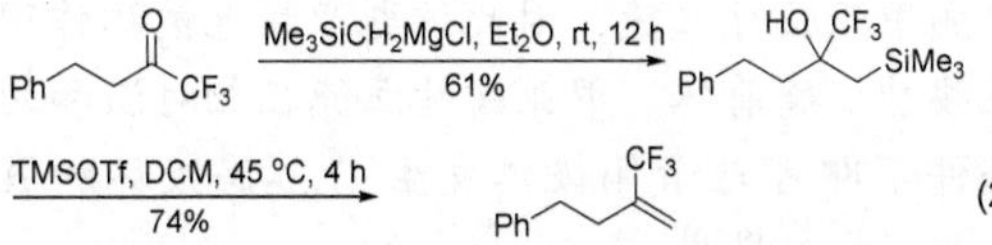

(2)

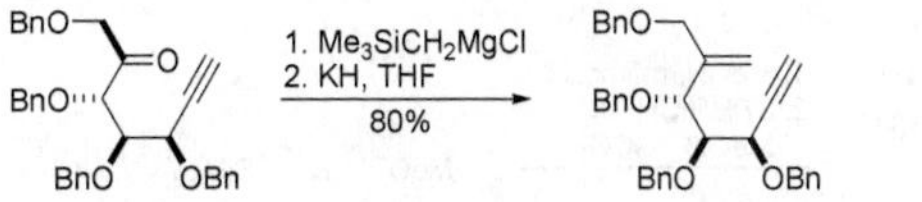

(3)

由 Me_3SiCH_2Cl 制成的有机锂试剂 (式 4)[4] 与羰基化合物的反应同样可用来制备末端烯烃 (式 5)[5]。

$$Me_3SiCH_2Cl \xrightarrow{Li \text{ 粉，无水庚烷，} 60\,℃} Me_3SiCH_2Li \quad (4)$$

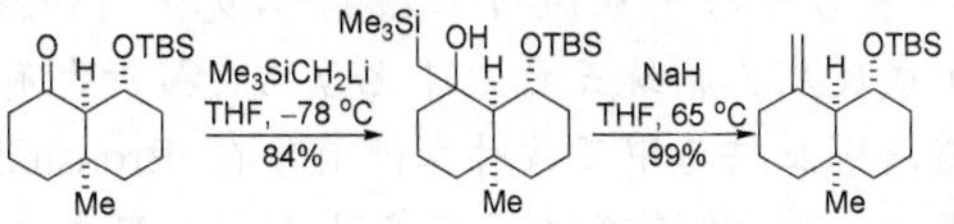

(5)

在仲丁基锂的作用下，Me_3SiCH_2Cl 脱去亚甲基的质子，得到 α-卤代碳负离子 (式 6)[6]。接着与羰基化合物反应可得到 α,β 环氧硅烷，在稀盐酸作用下发生水解得到相应的醛 (式 7)[7]。

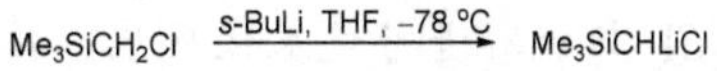

$$Me_3SiCH_2Cl \xrightarrow{s\text{-}BuLi, THF, -78\,℃} Me_3SiCHLiCl \quad (6)$$

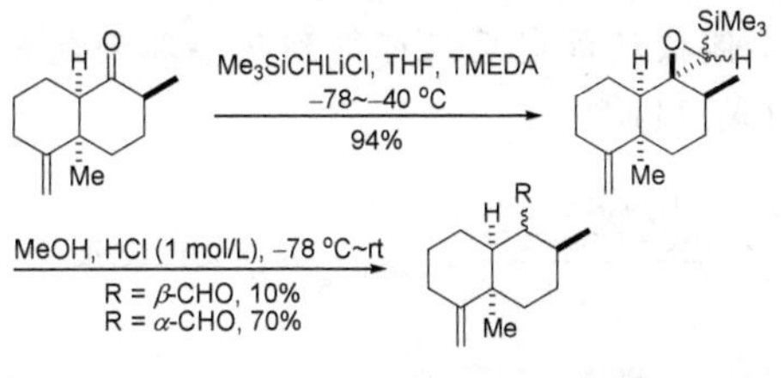

(7)

作为亲电试剂，实现 O-、N- 和 S-烷基化 Me_3SiCH_2Cl 与邻羟基苯甲醛化合物在碱性条件下反应，可实现酚羟基的 O-烷基化。该产物在 CsF 的作用下经氟促进的脱硅基化反应，以较高产率得到分子内成环的产物 (式 8)[8]。

(8)

当 Me₃SiCH₂Cl 与含氮亲核试剂反应，可得到 N-烷基化的产物。但该类产物中与硅原子相连的亚甲基不稳定，在氟试剂的促进下可生成甲亚胺叶立德，因此该类产物也被称作甲亚胺叶立德前体。甲亚胺叶立德在相对温和的条件下即可与亲偶极体发生 1,3-偶极环加成反应 (式 9)[9,10]。

$$(9)$$

除丙烯酸甲酯外，其它亲偶极体如延胡索酸酯[11]、醛[12]、硝基烯[13]、带拉电子基团的炔烃[14]等均可与甲亚胺叶立德前体发生 [3+2] 环加成反应，构筑五元杂环化合物。另外也有报道用甲亚胺与甲亚胺叶立德前体在 Brønsted 酸或 Lewis 酸的催化下可实现 [3+3] 环加成反应 (式 10)[15]。

$$(10)$$

Me₃SiCH₂Cl 与硫醇进行烷基化反应，接着在氟化铯的作用下原位生成叶立德，再与醛经 1,3-偶极环加成反应可得到硫杂环丙烷化合物 (式 11)[16]。

$$(11)$$

R = 4-MeOC₆H₄, 58%
R = 4-C₆H₅C₆H₄, 75%

参 考 文 献

[1] Review of the Peterson olefination reaction: (a) Ager, D. J. Org. React. **1990**, 38, 1. (b) Kano, N.; Kawashima, T. Modern Carbonyl Olefination (Ed.: T. Takeda), Wiley-VCH, Weinheim, 2004, pp. 18-103.

[2] Hamlin, T. A.; Kelly, C. B.; Cywar, R. M.; Leadbeater, N. E. J. Org. Chem. **2014**, 79, 1145.

[3] Gómez, A. M.; Uriel, C.; Company, M. D.; López, J. C. Eur.

J. Org. Chem. **2011**, 7116.

[4] Assadi, M. G.; Mahkam, M.; Tajrezaiy, Z. Heteroat. Chem. **2007**, 18, 414.

[5] Lloyd, M. G.; D'Acunto, M.; Taylor, R. J. K.; Unsworth, W. P. Org. Biomol. Chem. **2016**, 14, 1641.

[6] Burford, C.; Cooke, F.; Roy, G.; Magnus, P. Tetrahedron **1983**, 39, 867.

[7] Piers, E.; Breau, M. L.; Han, Y.; et al. J. Chem. Soc., Perkin Trans. 1 **1995**, 963.

[8] Ye, X.-Y.; Morales, C. L.; Wang, Y.; et al. Bioorg. Med. Chem. Lett. **2014**, 24, 2539.

[9] (a) Carey, J. S. J. Org. Chem. **2001**, 66, 2526. (b) Fray, A. H.; Meyers, A. I. J. Org. Chem. **1996**, 61, 3362. (c) Padwa, A.; Dent, W. J. Org. Chem. **1987**, 52, 235.

[10] Yarmolchuk, V. S.; Mykhailiuk, P. K.; Komarov, I. V. Tetrahedron Lett. **2011**, 52, 1300.

[11] Whitby, L. R.; Ando, Y.; Setola, V.; et al. J. Am. Chem. Soc. **2011**, 133, 10184.

[12] Ryan, J. H.; Spiccia, N.; Wong, L. S.-M.; Holmes, A. B. Aust. J. Chem. **2007**, 60, 898.

[13] Seki, M.; Tsuruta, O.; Tatsumi, R.; Soejima, A. Bioorg. Med. Chem. Lett. **2013**, 23, 4230.

[14] (a) Pandiancherri, S.; Ryan, S. J.; Lupton, D. W. Org. Biomol. Chem. **2012**, 10, 7903. (b) Bunnage, M. E.; Davies, S. G.; Roberts, P. M.; et al. Org. Biomol. Chem. **2012**, 2, 2763.

[15] Li, S.-N.; Yu, B.; Liu, J.; et al. Synlett **2016**, 27, 282.

[16] Tominaga, Y.; Ueda, H.; Ogata, K.; et al. Tetrahedron Lett. **1992**, 33, 85.

[翁云翔，清华大学化学系；HYF]

氯磷酸 1,2-亚苯基二酯

【英文名称】 1,2-Phenylene phosphorochloridate

【分子式】 C₆H₄ClO₃P

【分子量】 190.52

【CAS 登录号】 [1499-17-8]

【缩写和别名】 邻亚苯基氯膦酸

【结构式】

【物理性质】 液体，mp 55~62 ℃，bp 120 ℃ / 9 mmHg。溶解在二甲基亚砜、丙酮、乙腈等大多数有机溶剂中，与醇会发生反应。

【制备和商品】 该物质可由邻苯二酚与五氯化

磷反应，首先生成 1,2-亚苯基三氯磷酸中间体，然后加入乙酸酐加热制得 (式 1)[1]。国内外试剂公司均有出售。

$$(1)$$

【注意事项】 有刺激性气味，对人体有害，密封保存。对水敏感，因此对水和醇不兼容。在通风橱中使用。

磷酸化作用 氯磷酸 1,2-亚苯基二酯是一个方便和有效的磷酸化试剂。如式 1 所示[1]：在碱 (如吡啶) 的存在下，该试剂与伯醇反应生成氯磷酸 1,2-亚苯基三酯。该产物很容易发生水解，接着在中性缓冲溶液中与溴反应生成磷酸单酯。此外，氯磷酸 1,2-亚苯基三酯也容易发生醇解，接着在中性缓冲溶液中与醋酸碘苯反应生成磷酸二酯 (式 2)[2]。

$$(2)$$

氯磷酸 1,2-亚苯基二酯也适用于核苷酸的磷酸化反应。如式 3 所示[3]：该试剂与 2',3'-氧-亚异丙基核糖核苷酸在 2,6-二甲基吡啶的作用下反应后，再水解得到 5-邻羟基苯基磷酸酯化合物。该化合物的其它官能团在酸性条件下稳定，接着用过量的溴水处理得到 5-邻羟基苯基磷酸酯核糖核苷酸 (式 3)[3]。该方法同样适用于 2'-脱氧核糖核苷酸的磷酸化。

$$(3)$$

与吡啶的反应 如式 4 所示[4]：氯磷酸 1,2-亚苯基二酯可与吡啶发生反应。在该反应中，吡啶环上可以兼容甲基、甲氧基、苯基、氰基、乙酰基、氯原子等官能团。

$$(4)$$

双亚磷酸酯双膦配体的合成 氯磷酸 1,2-亚苯基二酯与 2,6-二羟基吡啶盐酸盐在 Et₃N 和 TMEDA 的 THF 溶液中反应，可得到双膦配体 CatPONOP。该配体与四(三甲基膦)铁在反应得到复杂铁配合物 CatPONOPFe(PMe₃)₂ (式 5)[5]。

$$(5)$$

与乙二醇多聚体的反应 如式 6 所示[6]：氯磷酸 1,2-亚苯基二酯与烷基聚乙二醇在三乙胺的作用下发生反应，可得到亚磷酸酯型膦配体。

$$(6)$$

肼的磷酰化反应 如式 7 所示[7]：氯磷酸 1,2-亚苯基二酯与间三氟甲基苯肼在三乙胺的作用下发生反应，得到相应的磷酰胺化合物 (式 7)[7]。

$$(7)$$

与格氏试剂的反应 氯磷酸 1,2-亚苯基二酯可与芳基格氏试剂反应，以中等产率生成相应的次膦酸酯化合物 (式 8)[8]。

$$(8)$$

Ar = Ph, 1-Naph, 4-MeOC₆H₄, 2,4,6-Me₃C₆H₂, 2-thienyl

生成磷螺烷化合物　氯磷酸 1,2-亚苯基二酯可以与含有 2-酮酸、2-羟基酸和邻二醇结构的化合物反应，生成磷螺烷化合物。如式 9 所示[9]：该试剂与苯甲酰甲酸反应，生成羟基磷螺烷化合物。该化合物不稳定，可部分异构化成磷酸三酯化合物 (式 9)[9]。

$$
\begin{array}{c}
\text{PhCOCO}_2\text{H} + \text{（结构式）} \xrightarrow[\text{rt, 15 min}]{\text{乙醚}} \quad 42\% \quad \text{（结构式）} \rightleftharpoons \text{（结构式）} \qquad (9)
\end{array}
$$

参 考 文 献

[1] Reich, W. S. *Nature* **1946**, *157*, 133.

[2] Wu, P.; Chen, J.; Huang, D. *J. Chin. Chem. Soc.* **1999**, *46*, 967.

[3] Khwaja, T. A.; Reese, C. B. *Tetrahedron* **1971**, *27*, 6189.

[4] Barai, H. R.; Lee, H. W. *Bull. Korean Chem. Soc.* **2012**, *33*, 270.

[5] DeRieux, W. W.; Wrong, D. A.; Schrodi, Y. *J. Organomet. Chem.* **2014**, *772*, 60.

[6] Liu, S.; Xie, C.; Yu, S.; et al. *Ind. Eng. Chem. Res.* **2011**, *50*, 2478.

[7] Gusar, N. I.; Rendina, L. V.; Shurubura, A. K. *J. Gen. Chem. USSR (Engl. Transl.)* **1989**, *59*, 486.

[8] Gloede, J.; Hauser, A.; Ramm, M. *Phosphorus Sulfur Silicon* **1992**, *66*, 245.

[9] (a) Munoz, A.; Garrigues, B.; Koenig, M. *Tetrahedron* **1980**, *36*, 2467. (b) Munoz, A.; Lamandé, L. *Phosphorus Sulfur Silicon* **1988**, *35*, 195.

[闵林，清华大学化学系；HYF]

氯乙醛

【英文名称】　Chloroacetaldehyde

【分子式】　C_2H_3ClO

【分子量】　78.50

【CAS 登录号】　[107-20-0]

【缩写和别名】　一氯代乙醛，一氯乙醛

【结构式】　$ClCH_2CHO$

【物理性质】　bp 85~86 ℃、90~100 ℃ (40% 的水溶液)，mp −16.3 ℃ (40% 的水溶液)。其 40% 的水溶液为无色透明的油状液体，有刺激性气味。溶于水、乙醇、乙醚、氯仿等多数有机溶剂。

【制备和商品】　该试剂可以由氯乙烯在水中氯化而得。先向氯化反应塔中加水，在 40~45 ℃下通入氯气和氯乙烯。反应 6~7 h 后，氯乙醛含量达 9%~10% 时反应结束，分离副产物三氯乙烷后即为成品。大型跨国试剂公司均有销售，商品试剂为不同浓度 (30%、40%、50%) 的水溶液。

【注意事项】　该试剂有相当高的急性毒作用和强烈的皮肤刺激作用，遇明火可燃。一般在通风橱中进行操作，在冰箱中密封储存。

氯乙醛是有机合成中重要的二碳砌块，主要用于各类杂环单元的构建。由于氯乙醛的两个碳都是缺电子的，因而很容易同时或分步受到双亲核试剂的进攻而发生环合。在温和条件下，50% 的氯乙醛水溶液与 4-氯-2-氨基吡啶反应能够高效地形成咪唑环 (式 1)[1,2]。如式 2 所示[3]：4-叠氮基-2-氨基吡啶与过量的氯乙醛水溶液在水合醋酸钠的作用下，可区域选择性地形成吡咯并吡啶骨架。

$$
\text{（结构式）} + \text{ClCH}_2\text{CHO (50\% aq.)} \xrightarrow[\text{reflux, 4 h; rt, 16 h}]{\text{NaHCO}_3, \text{EtOH}} \quad 89\% \quad \text{（结构式）} \qquad (1)
$$

$$
\text{（结构式）} + \text{ClCH}_2\text{CHO} \xrightarrow[\text{60 ℃, 12 h}]{\text{AcONa, H}_2\text{O}} \quad 78\% \quad \text{（结构式）} \qquad (2)
$$

在吡啶的促进下，45% 的氯乙醛水溶液与 3-氧代戊二酸酯能够顺利地生成呋喃二羧酸酯 (式 3)[4]。通过选择合适的 β-二羰基底物，使用该反应能够较方便地获得 2,3-二取代的呋喃衍生物。氯乙醛参与的该反应已成为制备 2,3-二取代呋喃的经典方法。

$$
\text{MeO}_2\text{C}\text{COCH}_2\text{CO}_2\text{Me} + \text{ClCH}_2\text{CHO} \xrightarrow[\text{50 ℃, 24 h}]{\text{吡啶}} \quad 80\% \quad \text{（结构式）} \qquad (3)
$$

在温和条件下，氯乙醛能够与叠氮酸反应生成重要的合成中间体 2-氯代-1-叠氮乙醇。

这类多官能团化合物能够用于许多具有特殊性质的有机小分子单元的构建 (式 4)[5]。由于大多数叠氮化合物易爆炸，需要在较低温度下谨慎操作。

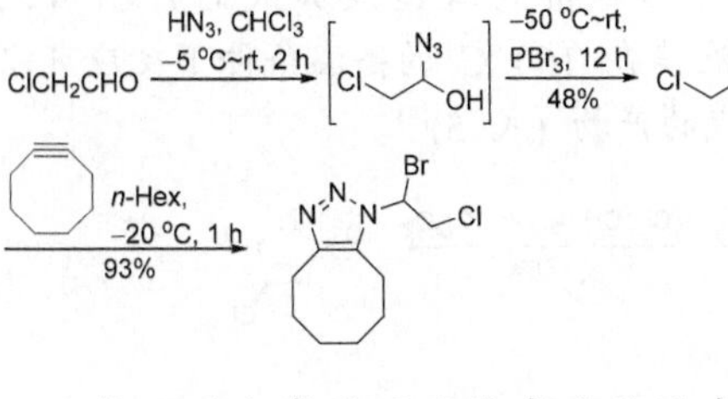

(4)

氯乙醛也常被用于许多重要的多组分反应。如式 5 所示[6]：氯乙醛作为一个反应组分与叠氮基三甲基硅烷、乙二胺和异腈经 Ugi 反应构建复杂的杂环单元。有些氯乙醛参与的多组分反应需要预先对醛基进行保护，将氯乙醛转化成氯乙醛缩二乙醇。如式 6 所示[7]：使用氯乙醛缩二乙醇、硝基乙酸酯和苄基叠氮经三组分反应合成了三氮唑化合物。

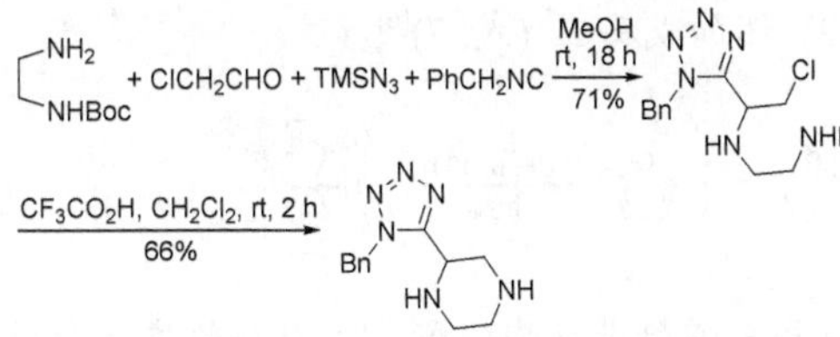

(5)

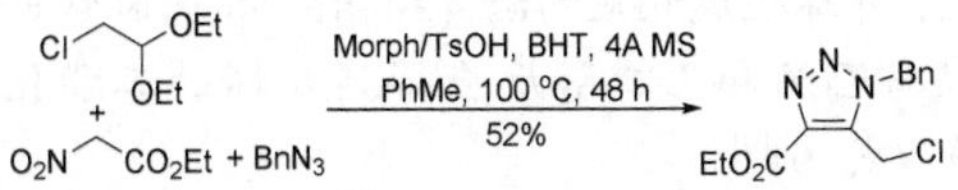

(6)

氯乙醛能够参与还原氨化反应，其分子中碳-卤键不受影响。使用伯胺或仲胺与氯乙醛经三乙酸硼氢化钠还原可生成各类氯乙基胺化合物 (式 7)[8]。由于反应底物含有碳-卤键，常用的还原氨化反应试剂氰基硼氢化钠不适用于该反应。

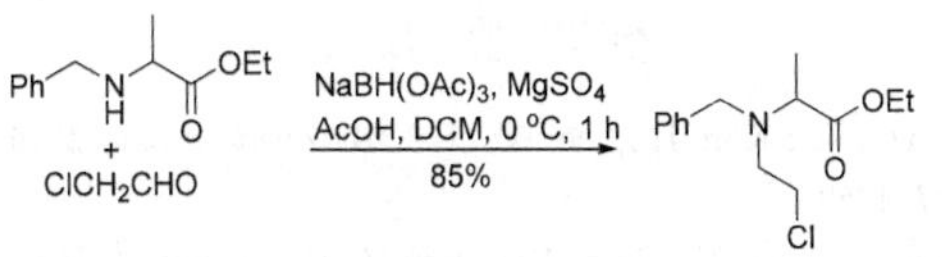

(7)

由于普通的格氏试剂和烃基锂具有强亲核性，其与氯乙醛的亲核反应几乎没有选择性。而使用金属铟与卤代烃原位生成的烃基铟与 50% 氯乙醛水溶液反应，能够选择性地在氯乙醛的羰基上发生亲核加成，生成氯乙醇衍生物 (式 8)[9]。该反应能够在水溶液中进行,因而对反应试剂的使用没有严格的无水要求。

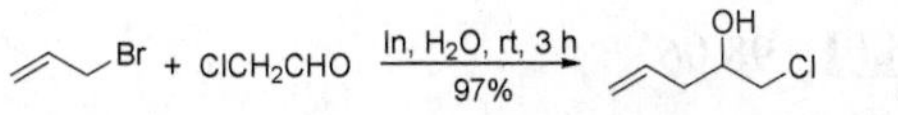

(8)

氯乙醛分子中的羰基也能够作为亲核试剂的受体，在温和反应条件下与具有 α-活性氢的醛酮选择性地发生 aldol 反应。在手性碱性催化剂的作用下，该反应能够高立体选择性地得到 β-羟基醛酮化合物。该化合物可进一步转化成手性环氧化合物，用于天然化合物的全合成 (式 9)[10]。

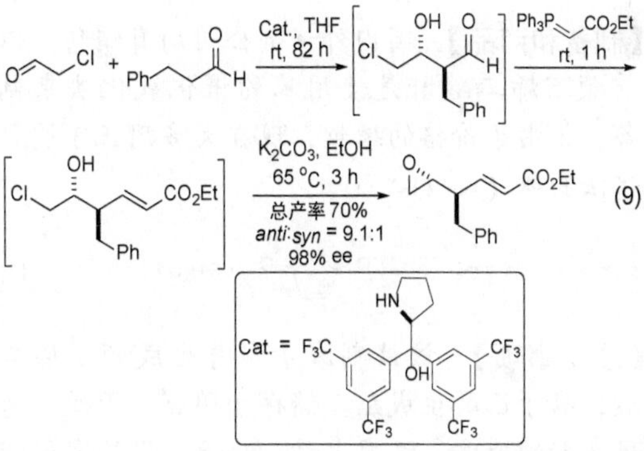

(9)

参 考 文 献

[1] Burgeson, J. R.; Moore, A. L.; Gharaibeh, D. N.; et al. *Bioorg. Med. Chem. Lett.* **2013**, *23*, 751.

[2] Wang, Y.; Frett, B.; Li, H. *Org. Lett.* **2014**, *16*, 3016.

[3] Wilding, B.; Vidovic, C.; Klempier, N. *Tetrahedron Lett.* **2015**, *56*, 6606.

[4] Ergun, M.; Dengiz, C.; Ozer, M. S.; Sahin, E. *Tetrahedron* **2014**, *70*, 5994.

[5] Weigand, K.; Singh, N.; Hagedorn, M.; Banert, K. *Org. Chem. Front.* **2017**, *4*, 191.

[6] Patil, P.; Madhavachary, R.; Kurpiewska, K.; et al. *Org. Lett.* **2017**, *19*, 642.

[7] Thomas, J.; John, J.; Parekh, N.; Dehaen, W. *Angew. Chem. Int. Ed.* **2014**, *53*, 10155.

[8] Pizzonero, M.; Dupont, S.; Babel, M.; et al. *J. Med. Chem.* **2014**, *57*, 10044.

[9] Jaber, J. J.; Mitsui, K.; Rychnovsky, S. D. *J. Org. Chem.* **2001**, *66*, 4679.

[10] Hayashi, Y.; Yasui, Y.; Kawamura, T.; et al. *Angew. Chem. Int. Ed.* **2011**, *50*, 2804.

[代晨路，王存德*，扬州大学化学化工学院；HYF]

马来酸酐

【英文名称】 Maleic anhydride

【分子式】 $C_4H_2O_3$

【分子量】 98.06

【CAS 登录号】 [108-31-6]

【缩写和别名】 MA，顺丁烯二酸酐

【结构式】

【物理性质】 室温下为有酸味的无色或白色固体，mp 52.8 ℃，bp 202 ℃。

【制备和商品】 国内外试剂公司均有销售。以前顺丁烯二酸酐是使用苯的催化氧化法来制备，但由于价格的缘故，现在大多用正丁烷氧化法制取 (式 1)。

$$2 \quad + 7 O_2 \longrightarrow \quad + 8 H_2O \quad (1)$$

【注意事项】 该试剂溶于水并生成顺丁烯二酸，溶于乙醇生成酯。储存于阴凉、干燥、通风良好的地方。远离火种、热源。保持容器密封。应与氧化剂、还原剂、酸类化学品分开存放，切忌混储。

马来酸酐是一种重要的不饱和有机酸酐，用于生产不饱和聚酯树脂、油墨助剂、造纸助剂、涂料以及用于医药工业和食品工业等。马来酸酐一方面含有酸酐的骨架，另一方面含有碳-碳双键，同时又是 α,β 不饱和化合物。因此该化合物是一个非常活泼的分子，既能发生还原反应，又可以进行氧化反应。

马来酸酐在钯催化剂的作用下与氢气反应可以得到仅双键被还原的产物 (式 2)[1]。如果在金属铜和三氧化二铝的还原体系中与氢气反应则可以得到二氢呋喃酮的产物 (式 3)[2]。

$$\xrightarrow{H_2, \text{ Pd/AlO(OH), 1 min, rt}} \quad (2)$$
$$99\%$$

$$\xrightarrow{H_2 (0.1 \text{ MPa), Cu, CeO}_2, Al_2O_3, 230\ ℃, 1\ h} \quad (3)$$
$$90\%$$

马来酸酐由于具有双键性质，还可以与卤素发生加成反应。与氯气、过氧化苯甲酰在氯仿中反应可以得到双键被加成的产物 (式 4)[3]，与液溴在 160 ℃ 的高温条件下反应可以得到溴代的产物 (式 5)[4]。

$$\xrightarrow{Cl_2, CHCl_3, (PhCO)_2O_2} \quad (4)$$
$$65\%$$

$$\xrightarrow{Br_2, AlCl_3, 160\ ℃, 20\ h} \quad (5)$$

马来酸酐可以与炔烃在光照条件下发生 [2+2] 环加成反应 (式 6)[5]。

$$+ HC \equiv CH \xrightarrow{hv, -78\ ℃} \quad (6)$$
$$75\%$$

马来酸酐与呋喃可以在室温条件下发生 [4+2] 环加成反应 (式 7)[6]。

$$\xrightarrow{THF, rt, 16\ h} \quad (7)$$
$$65\%$$

马来酸酐是环内酸酐，可以与醇类化合物反应，开环生成相应的酯 (式 8)[7,8]。同时它也可以与乙烯和乙二醇反应得到开环的二酯化合物 (式 9)[9]。

$$+ H_3C-OH \xrightarrow{PPh_3, PhMe, reflux, 24\ h} \quad (8)$$
$$75\%$$

$$+ H_2C=CH_2 \xrightarrow{PPh_3, PhMe, reflux, 24\ h} \quad (9)$$
$$44\%$$

参 考 文 献

[1] Chang, F.; Kim, H.; Lee, B.; et al. *Tetrahedron Lett.* 2010, *51*, 4250.

[2] Yu, Y.; Guo, Y.; Zhan, W.; et al. *J. Mol. Catal. A-Chem.* 2011, 77.

[3] Kaldor, I.; Feldman, P. L.; Mook, R. A.; et al. *J. Org. Chem.* 2001, *66*, 3495.

[4] Castaneda, L.; Maruani, A.; Schumacher, F. F.; et al. *Chem. Commun.* 2013, *49*, 8187.

[5] Baldwin, J. E.; Burrell, R. C. *J. Org. Chem.* **2000**, *65*, 7139.

[6] Goh, Y. W.; Pool, B. R.; White, J. M. *J. Org. Chem.* **2008**, *73*, 151.

[7] Adair, G. R. A.; Edwards, M. G.; Williams, J. M. J. *Tetrahedron Lett.* **2003**, 5523.

[8] Volonterio, A.; Arellano, C. R.; Zanda, M. *J. Org. Chem.* **2005**, *70*, 2161.

[9] Kryger, M. J.; Munaretto, A. M.; Moore, J. *J. Am. Chem. Soc.* **2011**, *133*, 18992.

[赵鹏，清华大学化学系；XCJ]

β-萘酚

【英文名称】 β-Naphthol

【分子式】 C$_{10}$H$_8$O

【分子量】 144.17

【CAS 登录号】 [135-19-3]

【缩写和别名】 2-Naphthol，乙萘酚，2-羟基萘

【结构式】

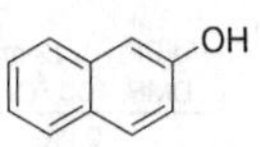

【物理性质】 无色或白色粉末，加热易升华。mp 120~122 °C，bp 285~286 °C，ρ 1.28 g/cm^3。难溶于冷水，易溶于乙醚、氯仿、乙醇等有机溶剂。

【制备和商品】 国内外各大试剂公司均有销售。

【注意事项】 应在冰箱中保存，在通风橱中操作，并佩戴相应的防护用具。

β-萘酚既具有酚的性质，也具有芳香烃的特性，可发生傅-克反应[7~9]、O-芳基化反应[13~15]等。由于 α-位的电子云密度较大，可进行胺甲基化反应[1~4]，也用于构建一些杂环化合物[10,11]。

纳米氧化镁可催化芳香醛、胺与 β-萘酚的 Mannich 反应。该反应以水为溶剂，在室温即可得到较高的产率 (式 1)[1]。

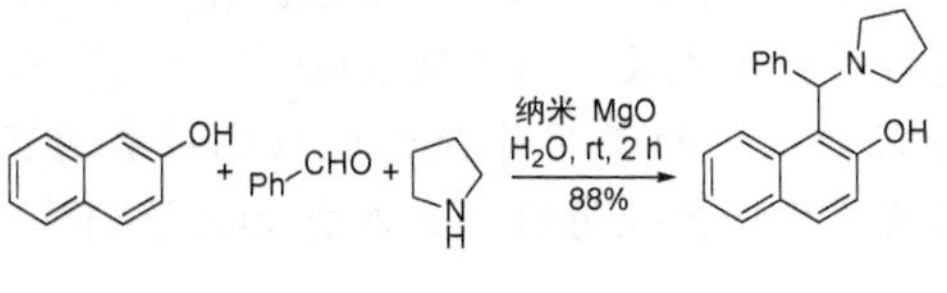

在手性钒试剂的催化下，β-萘酚可实现双分子的不对称氧化偶联反应 (式 2)[5]，得到手性化合物 BINOL。当选择合适的催化剂配体后，该反应时间可以大大缩短[6]。

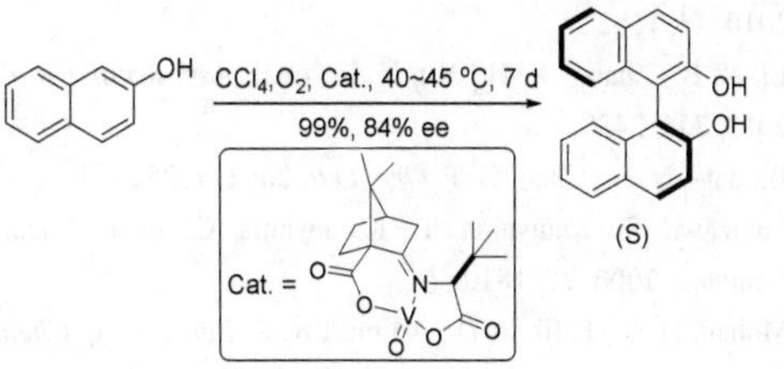

β-萘酚与烯烃[7,8]、醇[9]等均可发生傅-克烷基化反应。在此基础上可进一步合成一些含氧杂环。在三氟甲磺酸银的存在下，β-萘酚与异戊二烯反应可生成苯并吡喃衍生物 (式 3)[10]。在三氟甲磺酸的催化下，2-巯基乙醇与 β-萘酚反应能生成 2H-噻吩衍生物 (式 4)[11]。

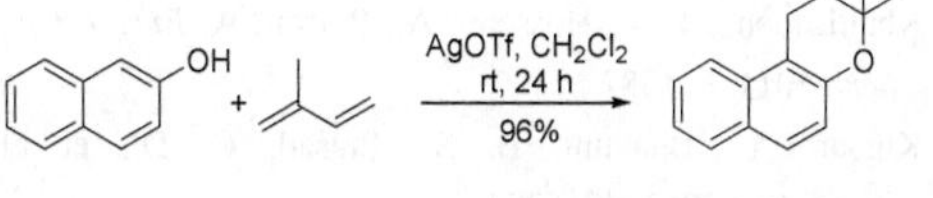

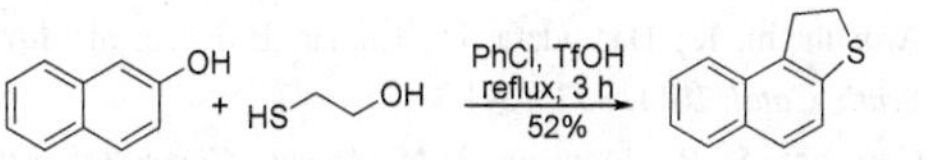

β-萘酚也具有酚的性质。在路易斯酸的催化下，分子中的羟基与醇反应可生成芳香醚 (式 5)[12]。

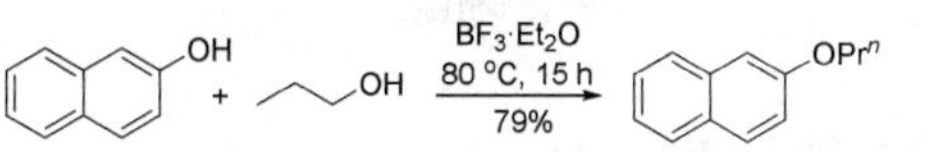

β-萘酚与卤代芳烃可发生 O-芳基化反应 [13~15]。如式 6 所示[13]：在碘化亚铜的催化下，碘苯与 β-萘酚可发生 Ullmann 型 O-芳基化反应，产率高达 90%。

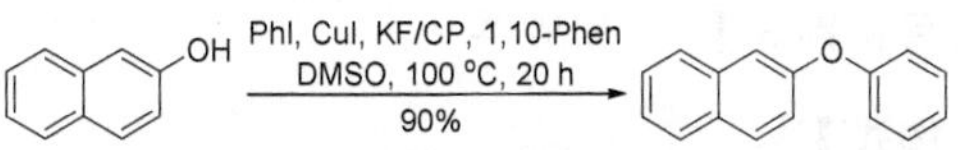

在高温条件和氯化铵存在下，β-萘酚与甲胺水溶液反应可直接脱去羟基，生成 2-甲氨基萘 (式 7)[16]。

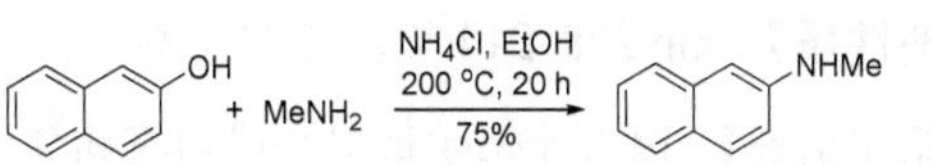

参 考 文 献

[1] Karmakar, B.; Banerji, J. *Tetrahedron Lett.* **2011**, *52*, 4957.

[2] Matsumoto, J.; Ishizu, M.; Kawano, R. I.; et al. *Tetrahedron* **2005**, *61*, 5735.

[3] Kumar, A.; Gupta, M. K.; Kumar, M. *Tetrahedron Lett.* **2010**, *51*, 1582.

[4] Li, N. B.; Zhang, X. H.; Xu, X. H.; et al. *Adv. Synth. Catal.* **2013**, *355*, 2430.

[5] Barhate, N. B.; Chen, C. T. *Org. Lett.* **2002**, *4*, 2529.

[6] Takizawa, S.; Katayama, T.; Kameyama, C.; et al. *Chem. Commun.* **2008**, *15*, 1810.

[7] Mohan, D. C.; Patil, R. D.; Adimurthy, S. *Eur. J. Org. Chem.* **2012**, *18*, 3520.

[8] Rueping, M.; Bootwicha, T.; Sugionoa, E. *Adv. Synth. Catal.* **2010**, *352*, 2961.

[9] Lee, D. H.; Kwon, K. H.; Yi, C. S. *J. Am. Chem. Soc.* **2012**, *134*, 7325.

[10] Youn, S. W.; Eom, J. I. *J. Org. Chem.* **2006**, *71*, 6705.

[11] Rungtaweevoranit, B.; Butsuri, A.; Wongma, K.; et al. *Tetrahedron Lett.* **2012**, *53*, 1816.

[12] Cazorla, C.; Pfordt, É.; Duclos, M. C.; et al. *Green Chem.* **2011**, *13*, 2482.

[13] Khalilzadeh, M. A.; Hosseini, A.; Pilevar, A. *Eur. J. Org. Chem.* **2011**, *8*, 1587.

[14] Kumar, A.; Bhakuni, B. S.; Prasad, C. D.; et al. *Tetrahedron* **2013**, *69*, 5383.

[15] Arundhathi, R.; Damodara, D.; Likhar, P. R.; et al. *Adv. Synth. Catal.* **2011**, *353*, 1591.

[16] Cortright, S. B.; Johnston, J. N. *Angew. Chem. Int. Ed.* **2002**, *41*, 345.

[张皓, 付华*, 清华大学化学系; FH]

1-萘硼酸

【英文名称】 1-Naphthylboronic acid

【分子式】 $C_{10}H_9BO_2$

【分子量】 171.99

【CAS 登录号】 [13922-41-3]

【缩写和别名】 1-硼酸萘

【结构式】

【物理性质】 mp 208~214 ℃。可溶于水。

【商品和制备】 国内外化学试剂公司均有销售。

也可以使用 1-溴萘为原料制备 (式 1)[1]。

$$\text{(1)}$$

【注意事项】 该试剂在空气中较稳定，对湿气不敏感，在 0~6 ℃ 可长期保存。

萘硼酸是芳基硼酸的一种，作为一种重要的中间体被广泛应用于有机合成中。萘硼酸可与卤代芳烃发生偶联反应合成联芳烃化合物，与 α,β-不饱和醛或酮发生 1,4-共轭加成反应合成 β 取代的羰基化合物。

在钯试剂催化下，萘硼酸可以与卤代芳烃发生 Suzuki 交叉偶联反应[2]。例如：苯硼酸与邻硝基溴苯和邻甲基氯苯均可发生偶联反应 (式 2 和式 3)[3,4]。三氟甲磺酸酯、重氮盐、磷酸酯、硫盐等也可以与萘硼酸发生类似的反应。

$$\text{(2)}$$

$$\text{(3)}$$

在钯催化剂的作用下，萘硼酸可以与羧酸酐发生酰化反应。所生成的二芳基酮是天然产物及生物活性小分子合成中的重要中间体 (式 4)[5]。

$$\text{(4)}$$

近年来，不断有使用萘硼酸与 α,β 不饱和酮进行共轭加成反应的文献报道[6,7]。其中，使用铑试剂催化的不对称加成反应已经成为获得具有立体选择性药物的重要手段 (式 5)[8]。

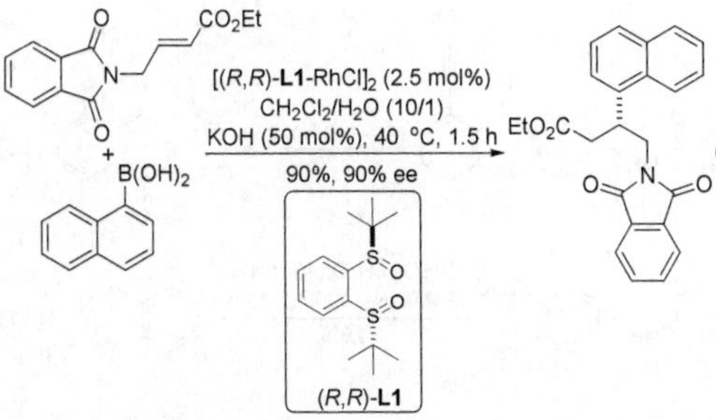

$$(5)$$

萘硼酸发生氨基化反应可以得到萘胺。该方法不需要金属的参与，更适用于药物合成以降低药物分离过程和成本消耗 (式 6)[9]。

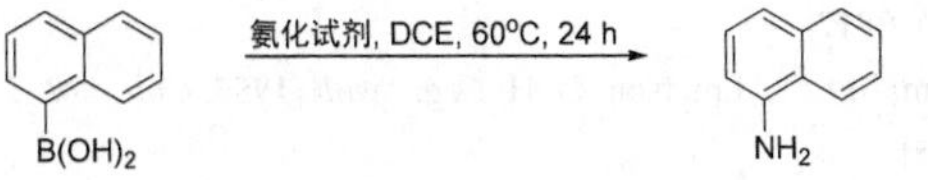

$$(6)$$

在过氧酸的存在下，萘硼酸与萘碘反应可以得到高价碘试剂 (式 7)[10]。

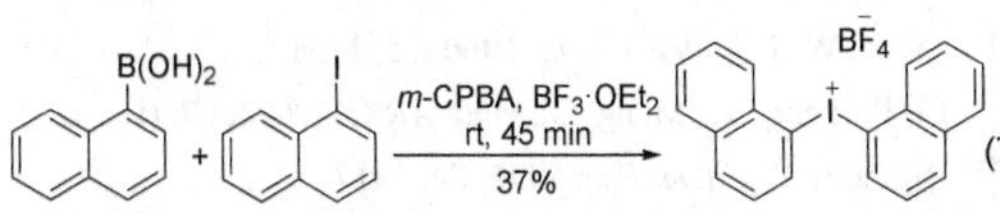

$$(7)$$

参 考 文 献

[1] Wang, C.-Y.; Souvik, R.; Frank, G. *J. Am. Chem. Soc.* **2010**, *132*, 14006.

[2] Miyauar, S. A. *Chem. Rev.* **1995**, *95*, 2457.

[3] Chen, C.-F.; Li, M.; Zheng, Y.-H. *Eur. J. Org. Chem.* **2013**, *15*, 3059.

[4] Andrus, M. B.; Song, C.; Jiang, W. *Tetrahedron* **2005**, *61*, 7438.

[5] Li, S.-Y.; Li, Y.; Lin, X.-F. *Tetrahedron* **2013**, *68*, 5806.

[6] Sakai, M.; Hayashi, H.; Miyaura, N. *Organometallies* **1997**, *16*, 4229.

[7] Bartok, M. *Chem. Rev.* **2010**, *110*, 1663.

[8] Chen, J.; Cun, L,-F.; Deng, J.-G. *Tetrahedron Lett.* **2011**, *52*, 830.

[9] Zhu, C.; Li, G.-Q.; Falck, J. R. *J. Am. Chem. Soc.* **2012**, *134*, 18253.

[10] Bielawski, M.; Aili, D.; Olofsson, B. *J. Org. Chem.* **2008**, *73*, 4602.

[陈静，陈超*，清华大学化学系；CC]

尿素

【英文名称】 Urea

【分子式】 CH_4N_2O

【分子量】 60.06

【CAS 登录号】 [57-13-6]

【缩写和别名】 Diaminomethanal，碳酰二胺，脲

【结构式】

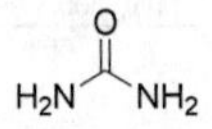

【物理性质】 白色无臭固体，mp 132.7 ℃ (分解)，ρ 1.335 g/cm³。溶于水、乙醇、甲醇等有机溶剂。

【制备和商品】 国内外化学试剂公司均有销售。

【注意事项】 该试剂易吸潮，对皮肤和眼睛有刺激作用。

尿素是一个廉价的常用有机化学试剂。由于其含有氮原子和氧原子，表现出一定的亲核反应性。尿素在高温或在微量水的存在下易发生分解，因此也常用作氮源参与化学反应。尿素的氨基和酰胺基具有配位能力，因此在配合物合成和催化反应中常被用作配体[1]。

作为亲核反应试剂，尿素能够与原位生成的碳正离子反应生成 N-烷基脲 (式 1)[2]。它与 30% 的乙二醛水溶液反应生成相应的苷脲 (式 2)[3]，与 α,β-不饱和羧酸反应生成二氢尿嘧啶 (式 3)[4]。

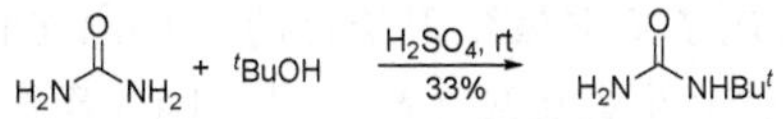

$$(1)$$

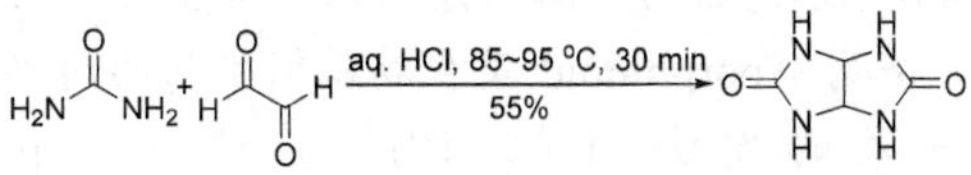

$$(2)$$

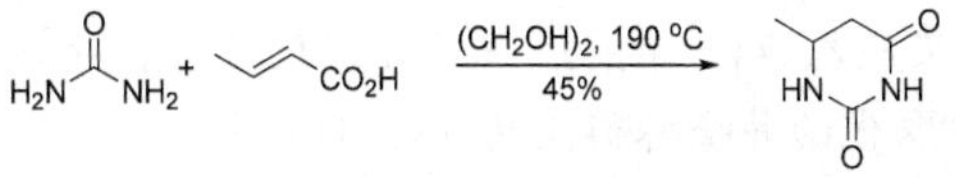

$$(3)$$

尿素的亲核反应还可以作为羰基阳离子的等价物。例如：在尿素与盐酸麻黄碱 (2-氨基醇类化合物) 反应生成 1,5-二甲基-4-苯基-2-咪唑烷酮的反应中，尿素的一个氨基被取代 (式 4)[5]。在微波辐射条件下，尿素与邻氨基苯甲酸在乙酸促进下反应生成二氢喹唑啉-2,4-

二酮 (式 5)[6]。

(4)

(5)

(10)

(11)

Biginelli 反应是用于合成 3,4-二氢嘧啶-2(1H)-酮的重要方法之一 (式 6)[7]。该反应是一个使用乙酰乙酸乙酯、苯甲醛和尿素进行的三组分环化反应，质子酸和 Lewis 酸等都能有效地催化该反应[8]。在酸性条件下，尿素与苯乙炔、苯甲醛的三组分环化反应可以构建 2-氨基-4H-1,3-噁嗪杂环 (式 7)[9]。

(6)

(7)

基于尿素在微量水存在下或反应过程中易发生分解的性质，尿素在含氮杂环合成中常常被用作氮源。例如：在 BF$_3$·OEt$_2$ 催化下和微波辐射条件下，尿素与 α-(N-四氢吡咯)苯乙酮和查耳酮发生环化反应高产率地生成 2,4,6-三苯基吡啶 (式 8)[10]。在 160 ℃ 下，邻氯代苯乙酮与尿素的反应可以合成多取代的喹啉衍生物，实现了无需催化剂活化的 C(sp^2)–Cl 键和 C–C 键的生成反应 (式 9)[11]。1-(2-苯基乙炔)-9,10-蒽醌与熔融状态的尿素发生环化反应是合成 Aporphinoid 类生物碱衍生物的简单和有效的方法 (式 10)[12]。此外，在 CuSO$_4$·5H$_2$O 催化剂的存在下，尿素能够与邻-(2-苯基乙炔)苯甲醛进行缩合环化反应，生成 3-位取代的异喹啉衍生物 (式 11)[13]。

(8)

(9)

参 考 文 献

[1] (a) Meyer, F.; Konrad, M.; Kaifer, E. *Eur. J. Inorg. Chem.* **1999**, 1851. (b) Sadeek, S. A.; Refat, M. S. *J. Coord. Chem.* **2005**, *58*, 1727. (c) Huang, Q.; Hua, R. *Chem. Eur. J.* **2009**, *15*, 3817.

[2] Smith, L. I.; Emerson, O. H. *Org. Synth.* **1955**, *Coll. Vol. 3*, 151.

[3] Slezak, F. B.; Hirsch, A.; Rosen, I. *J. Org. Chem.* **1960**, *25*, 660.

[4] Zee-Cheng, K.-Y.; Robins, R. K.; Cheng, C. C. *J. Org. Chem.* **1961**, *26*, 1877.

[5] Close, W. J. *J. Org. Chem.* **1950**, *15*, 1131.

[6] Li, F.; Feng, Y.; Meng, Q.; et al. *ARKIVOC* **2007**, (i) 40.

[7] Biginelli, P. *Chem. Ber.* **1891**, *24*, 1317.

[8] Kappe, C. O. *Acc. Chem. Res.* **2000**, *33*, 879.

[9] Huang, S.; Pan, Y.; Zhu, Y.; Wu, A. *Org. Lett.* **2005**, *7*, 3797.

[10] Borthakur, M.; Dutta, M.; Gogoi, S.; Boruah, R. C. *Synlett* **2008**, 3125.

[11] Qi, C.; Zheng, Q.; Hua, R. *Tetrahedron* **2009**, *65*, 1316.

[12] Baranov, D. S.; Vasilevsky, S. F.; Gold, B.; Alabugin, I. V. *RSC Adv.* **2011**, *1*, 1745.

[13] Ju, J.; Hua, R. *Curr. Org. Synth.* **2013**, *10*, 328.

[华瑞茂，清华大学化学系；HRM]

偶氮二甲酸二乙酯

【英文名称】 Diethyl azodicarboxylate

【分子式】 C$_6$H$_{10}$N$_2$O$_4$

【分子量】 174.16

【CAS 登录号】 [1972-28-7]

【缩写和别名】 Diethyl azidoformate，DEAD，DAD

【结构式】

【物理性质】 橘黄色液体，bp 108~110 ℃/15 mmHg，ρ 1.11 g/cm³，fp 110 ℃。可溶于二氯甲烷、乙醚、甲苯等有机溶剂。

【制备和商品】 国内外试剂公司均有销售。一般以纯度 90%、95% 或 40% 甲苯溶液的形式出售。可以通过氯甲酸乙酯和肼反应得到 1,2-肼二羧酸二乙酯，再将其氧化制备 DEAD。

【注意事项】 可燃，燃烧时发生分解，释放出有毒氮氧化物气体。对光、热和震动敏感，加热时可猛烈爆炸。该化合物需在暗处密封冷藏储存，定期开盖放气。在通风橱中使用。

受两个吸电子酯基的影响，DEAD 分子中 N=N 双键的亲电性很强，非常容易断裂，因而易发生氧化、加成和成环等反应。

Mitsunobu 反应 DEAD 和三苯基膦是 Mitsunobu 反应中最常用的试剂。其中 DEAD 是活性试剂，用作氢的接受体。而三苯基膦则为氧的接受体，反应后生成键能高的 P=O 键。

伯醇很容易和羧酸发生 Mitsunobu 反应生成酯。分子中同时含有伯羟基和仲羟基 (除 1,2-二醇外) 的底物与等摩尔量的羧酸反应时，伯羟基可以选择性地发生反应 (式 1)[1]。仲醇在进行 Mitsunobu 反应时，一般得到构型翻转的产物 (式 2)[2]。

$$(1)$$

$$(2)$$

生成醚化合物是 Mitsunobu 反应的另一类广泛应用。如式 3[3]和式 4[4]所示：对于合成链状或是环状的芳基烷基醚，都能够得到较高的产率。

$$(3)$$

$$(4)$$

如式 5 所示[5]：TsNHOTBS 分子中与氮原子相连的氢酸性较强，是很好的 Mitsunobu 反应的亲核试剂前体。其与醇的反应几乎可以定量地得到含氮衍生物。

$$(5)$$

周环反应 DEAD 是很好的亲烯体，与含有烯丙位氢的烯烃进行 Ene 反应可得 N-取代烯丙基偶氮二甲酸。如式 6 所示[6]：以等摩尔的 Lewis 酸 SnCl₄ 作为催化剂，环戊烯与 DEAD 在低温进行的反应得到较高的产率。该产物用 Li/NH₃ 还原后，可以得到 N-烯丙胺的衍生物。最近，人们又将 DEAD 参与的 Ene 反应应用到不对称合成中。如式 7 所示[7]，在金鸡纳碱衍生物 TMS-QD 的催化下，DEAD 与 α,β 不饱和酰氯发生 γ 胺化反应，以 92% 的产率和 99% ee 得到相应的二氢哒嗪酮产物。

$$(6)$$

$$(7)$$

DEAD 也可作为亲二烯体与共轭二烯发生 Diels-Alder 反应，生成 [4+2] 加成产物。如果二烯组分为芳基乙烯类化合物，则该反应可用于合成并环四氢哒嗪化合物 (式 8)[8]。

$$(8)$$

DEAD 与共轭二烯的 ene 反应和 Diels-Alder 反应是两个竞争的反应，但通常情况下都会得到一种主要的产物。造成这种现象的原因尚不清楚。

生成肼的反应　DEAD 是 Michael 加成反应的受体。在铜催化剂的作用下，DEAD 可以与 β-酮酯反应得到肼衍生物 (式 9)[9]。

$$ \text{(9)} $$

贝里斯-希尔曼反应 (Baylis-Hillman 反应) 是由 α,β 不饱和化合物与亲电试剂生成烯烃 α-位加成产物的反应。如式 10 所示[10]：β 取代的硝基烯烃与 DEAD 的反应，得到 93% 的产率。

$$ \text{(10)} $$

在醋酸铜的催化下，苯硼酸与偶氮化合物发生加成反应，能够高效地得到芳基取代的肼衍生物。该方法操作简单，条件温和，并且具有很好的官能团兼容性 (式 11)[11]。

$$ \text{(11)} $$

此外，醛与 DEAD 的酰化反应是合成酰肼衍生物的一种有效方法 (式 12)[12]。

$$ \text{(12)} $$

构建杂环　DEAD 也可用于杂环的构建。如式 13 所示[13]：查耳酮与 DEAD 反应可以生成吡唑啉衍生物。如式 14 所示[14]：在 Fe(acac)$_2$ 和手性 N,N-二氧化物的作用下，α-异腈与 DEAD 在甲基叔丁基醚 (MTBE) 中于室温下反应 24 h，以 97% 的产率和 88% ee 得到了 1,2,4-三唑啉衍生物。

$$ \text{(13)} $$

$$ \text{(14)} $$

其它反应　C–H 键活化反应一直是近年来研究的热点。如式 15 所示[15]：以醋酸钯为催化剂，1,10-菲啰啉为配体，2-甲基喹啉和 DEAD 在 DMSO 中反应，以 84% 的产率得到了 C(sp^3)–H 胺化的产物。该方法拓宽了 C–H 活化反应的范围，为制备杂芳烃化合物提供了很好的途径。

$$ \text{(15)} $$

参 考 文 献

[1] Somoza, C.; Colombo, M. I.; Olivieri, A. C.; et al. *Synth. Commun.* **1987**, *17*, 1727.

[2] Dai, L.; Lou B.; Zhang, Y. *J. Am. Chem. Soc.* **1988**, *110*, 5195.

[3] Nakano, J.; Mimura, M.; Hayashida, M.; et al. *Heterocycles* **1983**, *20*, 1975.

[4] Schultz, A. G.; Sundararaman, P. *Tetrahedron Lett.* **1984**, *25*, 4591.

[5] Su, D. Y.; Wang, X. Y.; Hu, Y. F. *J. Org. Chem.* **2011**, *76*, 188.

[6] Brimble, M. A.; Heathcock, C. H. *J. Org. Chem.* **1993**, *58*, 5261.

[7] Shen, L. T.; Sun, L. H.; Ye, S. *J. Am. Chem. Soc.* **2011**, *133*, 15894.

[8] Pindur, U.; Kim, M. H.; Rogge, M.; et al. *J. Org. Chem.* **1992**, *57*, 910.

[9] Josep, C.; Marcial, M. M.; Elisabet, P., Anna, R. *J. Org. Chem.* **2004**, *69*, 6834.

[10] Chen, X. Y.; Xia F. Ye S. *Org. Biomol. Chem.* **2013**, *11*, 5722.

[11] Uemura T., Chatani N. *J. Org. Chem.* **2005**, *70*, 8631.

[12] Chudasama, V.; Ahern, J. M.; Dhokia D. V.; Caddick, S. *Chem. Commun.* **2011**, *47*, 3269.

[13] Nair, V.; Mathew, S. C.; Biju A. T.; Suresh E. *Angew. Chem. Int. Ed.* **2007**, *46*, 2070.

[14] Wang, M.; Liu X. H.; He, P.; et al. *Chem. Commun.* **2013**, *49*, 2572.

[15] Liu, J. Y.; Niu, H. Y.; Wu, S.; et al. *Chem. Commun.* **2012**, 48, 9723.

[陈雯雯，山西师范大学化学与材料科学学院；WXY]

偶氮二异丁腈

【英文名称】 2,2′-Azobis(2-methylpropionitrile)

【分子式】 $C_8H_{12}N_4$

【分子量】 164.21

【CAS 登录号】 78-67-1

【缩写和别名】 AIBN

【结构式】

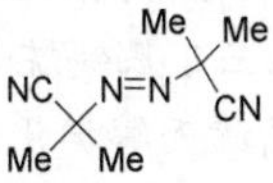

【物理性质】 白色固体，mp 103~104 ℃，ρ 1.11 g/cm³。不溶于水，溶于苯、甲苯、甲醇等有机溶剂，微溶于乙醇。

【制备和商品】 国内外各大试剂公司均有销售。

【注意事项】 本品应避光、避热，应在冰箱中密封保存。长期放置有爆炸危险。在通风橱中操作，并佩戴相应的防护用具。

偶氮二异丁腈 (AIBN) 是一种常用的自由基引发剂，受热分解释放出氮气和异丁腈自由基，在许多自由基反应中有着广泛的应用。

AIBN 与三丁基氢化锡共同使用，可使炔基生成烯基自由基，然后被分子内的烯键捕获而完成自由基环化反应 (式 1)[1]。这种烯基自由基也可被分子内的其它官能团 (如羰基) 捕获，该反应需要在高压汞灯 (300 W) 照射下进行 (式 2)。有时可发生分子内的重排，产物结构与底物的结构和温度有关 (式 3)[2]。

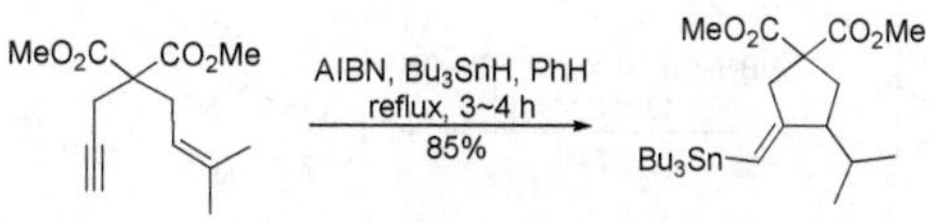

在加热的条件下，三(三甲基硅基)硅烷与 AIBN 反应可生成硅基自由基，所得自由基可进一步与烯烃或炔烃发生加成反应 (式 4 和式 5)[3]。

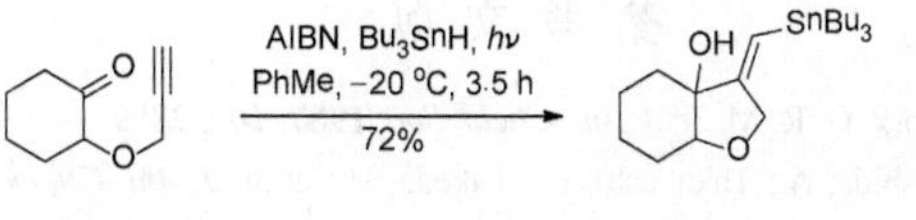

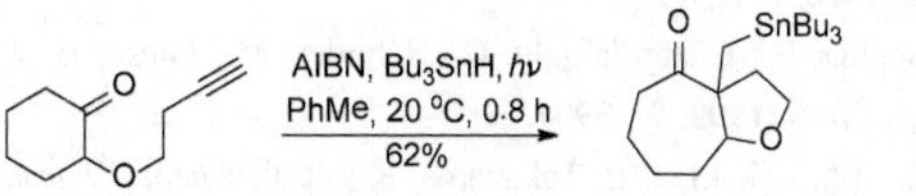

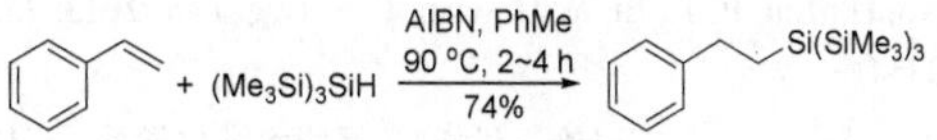

AIBN 作为自由基引发剂与 *N*-溴代丁二酰亚胺 (NBS) 共同使用，可对一些化合物进行溴化。如式 6 所示[4]：在高压汞灯 (1 kW) 照射下，含有烯丙甲基的化合物与 NBS/AIBN 反应，可定量地得到溴化产物。

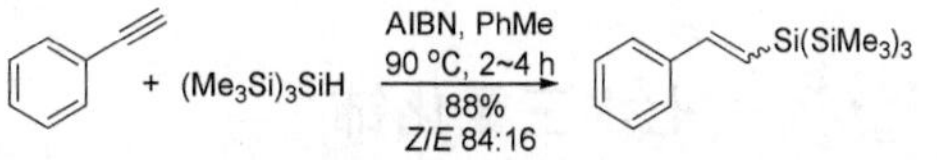

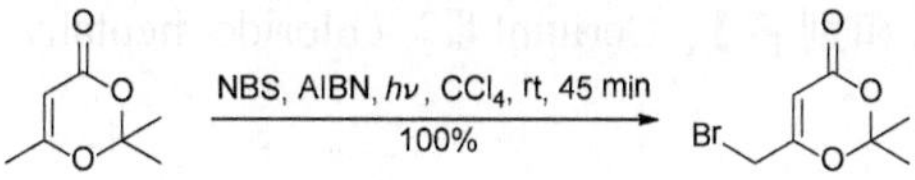

AIBN 与三丁基氢化锡也可将炔丙醇还原为三丁基锡取代的烯烃[5]，AIBN 仍作为自由基引发剂。AIBN 本身也可参与反应，在分子中引入异丁腈基[6,7]。如式 7 所示[6]：对亚硝基氟苯与 AIBN 在甲苯中加热，可发生异丁基自由基对亚硝基的加成反应。

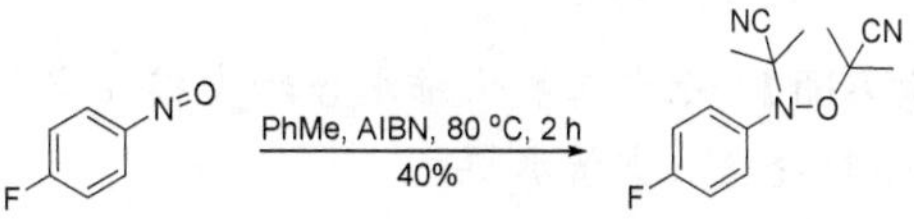

AIBN 也可作为氰基化试剂使用。如式 8 所示[8]：在醋酸铜的催化下，以氧气为氧化剂，2-苯基吡啶与 AIBN 反应可在底物分子中苯环上引入氰基。

$$(1)$$

$$(2)$$

$$(3)$$

$$(4)$$

$$(5)$$

$$(6)$$

$$(7)$$

(8)

参 考 文 献

[1] Stork, G. R. M. Jr, *J. Am. Chem. Soc.* **1987**, *109*, 2829.

[2] Nishida, A.; Takahashi, H.; Takeda, H.; et al. *J. Am. Chem. Soc.* **1990**, *112*, 902.

[3] Kopping, B.; Chatgilialoglu, C.; Zehnder, M.; Giese, B. *J. Org. Chem.* **1992**, *57*, 3994.

[4] Sato, M.; Sakaki, J. I.; Takayama, K.; et al. *Chem. Pharm. Bull.* **1990**, *38*, 94.

[5] Bulger, P. G.; Moloney, M. G.; Trippier, P. C. *Org. Biomol. Chem.* **2003**, *1*, 3726.

[6] Gingras, B. A.; Bayley, C. H. *Can. J. Chem.* **1959**, *37*, 988.

[7] Yarnashita, Y.; Sutuki, T.; Mukai, T. *J. Chem. Soc., Chem. Commun.* **1987**, *15*, 1184.

[8] Xu, H.; Liu, P. T.; Li, Y. H.; Han, F. S. *Org. Lett.* **2013**, *15*, 3354.

[张皓，付华*，清华大学化学系；FH]

七水三氯化铈

【英文名称】 Cerous chloride heptahydrate

【分子式】 $CeCl_3 \cdot 7H_2O$

【分子量】 372.58

【CAS 登录号】 [18618-55-8]

【缩写和别名】 Cerium(Ⅲ) chloride heptahydrate

【结构式】 $H_{14}CeCl_3O_7$

【物理性质】 mp 90 ℃ (无水三氯化铈：mp 848 ℃)，bp 1727 ℃，ρ 3.92 g/cm³。溶于冷水 (热水中分解)，可溶于乙醇、酸、丙酮，微溶于四氢呋喃。

【制备和商品】 该试剂各试剂公司均有销售，一般不在实验室制备。

【注意事项】 七水三氯化铈水合物直接在空气中加热时会发生少量水解。

$CeCl_3 \cdot 7H_2O$ 作为一种相对无毒、廉价易得的路易斯酸，在加成、脱保护、还原、环氧化合物的开环等反应中得到了广泛的应用。其耐

水耐氧的独特性质使其有望在更多的有机反应中替代那些对水和氧敏感的路易斯酸，从而在有机合成反应中发挥更大的作用。

固载在硅胶上的 $CeCl_3 \cdot 7H_2O/NaI$ 催化体系可以有效地促进吲哚与 α,β 不饱和酮类化合物的加成发应，利用该反应可以合成一系列吲哚类衍生物 (式 1)[1]。该方法具有操作简便、反应条件温和、产率高及区域选择性好等优点。

(1)

在 $CeCl_3 \cdot 7H_2O$ 的催化下，两分子吲哚与一分子醛(酮)发生缩合反应，高产率地得到双吲哚烷 (式 2)[2]。

(2)

使用 $CeCl_3 \cdot 7H_2O$ 为催化剂，NaI 为助催化剂，可以使烯丙基三丁基锡烷与各种醛发生烯丙基化反应，生成高烯丙醇类化合物 (式 3)[3]。

(3)

在 $CeCl_3$ 的存在下，烷基、环烷基、芳基、杂环芳基以及 α,β 不饱和取代的酰基硅烷都能与乙烯基溴化镁发生加成反应[4,5]，并且基本上无副反应发生。当底物为手性化合物时，还能获得很好的立体选择性 (式 4)[4]。

(4)

最近的研究表明，若在烷基铝试剂参与的反应体系中加入无水 $CeCl_3$，不仅可以使反应的选择性和产率得到提高，而且还能加快反应速率、减少副反应的发生 (式 5)[6]。

(5)

使用 CeCl$_3$·7H$_2$O/NaI 的催化体系，胺与 α,β 不饱和羰基化合物在室温下即可进行加成反应，生成 β-氨基酮(或酯)类化合物 (式 6)[7]。在该催化体系下，3-羟基链烯酸酯可以发生分子内成环反应，以高产率得到四氢呋喃或四氢吡喃类化合物 (式 7)[8]。

$$HN\overset{CH_2Ph}{\underset{CH_2Ph}{}} + \overset{O}{} \xrightarrow[91\%]{CeCl_3·7H_2O, \ NaI, \ SiO_2} PhH_2C-N\overset{CH_2Ph}{\underset{}{}} \qquad (6)$$

$$\xrightarrow[74\%]{CeCl_3·7H_2O/NaI, \ CH_3CN, \ reflux} \qquad (7)$$

如式 8 所示[9]：使用 CeCl$_3$·7H$_2$O 为催化剂可以高产率地得到二氢嘧啶酮类化合物。

$$\xrightarrow[\text{溶剂: H}_2\text{O, 88\%}]{\text{溶剂: EtOH, 90\%}} \qquad (8)$$

以 CeCl$_3$·7H$_2$O 为催化剂，环状 α,β-环氧酮类化合物能够发生环氧环的开环反应，生成环 α-氯代-α,β 不饱和酮 (式 9)[10]。该反应具有良好的区域选择性。

$$\xrightarrow[]{CeCl_3·7H_2O \ (1 \ equiv), \ MeOH/H_2O} \qquad (9)$$

参 考 文 献

[1] Bartoli, G.; Bartolacci, M.; Bosco, M.; et al. *J. Org. Chem.* **2003**, *68*, 4594.

[2] Bartoli, G.; Bosco, M.; Foglia, G.; et al. *Synthesis* **2004**, 0895.

[3] Bartoli, G.; Bosco, M.; Giuliani, A.; et al. *J. Org. Chem.* **2004**, *69*, 1290.

[4] Bonini, B. F.; Comes-Franchini, M.; Fochi, M.; et al. *Synlett* **2000**, 1688.

[5] Kato, M.; Mori, A.; Oschino, H.; et al. *J. Am. Chem. Soc.* **1984**, *106*, 1773.

[6] Li, X.; Singh, S. M.; Librie, F. *Tetrahedron Lett.* **1994**, *35*, 1157.

[7] Bartoli, G.; Bosco, M.; Marcantoni, E.; et al. *J. Org. Chem.* **2001**, *66*, 9052.

[8] Marotta, E.; Foresti, E.; Marcelli, T.; et al. *Org. Lett.* **2002**, *4*, 4451.

[9] Bose, D. S.; Fatima, L.; Mereyala, H. B. *J. Org. Chem.* **2003**, *68*, 587.

[10] Montalban, A. G.; Wittenberg, L.; McKillop, A. *Tetrahedron Lett.* **1999**, *40*, 5893.

[杜世振，中国科学院化学研究所；XCJ]

羟胺磺酸

【英文名称】 Hydroxylamine-*O*-sulfonic acid

【分子式】 H$_3$NO$_4$S

【分子量】 113.09

【CAS 登录号】 [2950-43-8]

【缩写和别名】 HOS，Amidoperoxymonosulfuric acid，Amidosulfonic per acid

【结构式】

$$HO-\overset{O}{\underset{O}{S}}-NH_2$$

【物理性质】 白色或类白色固体结晶，mp 210 ℃。易溶于水，极易潮解。

【制备和商品】 国内外化学试剂公司有销售。可由硫酸羟胺制备，但一般不在实验室制备。

【注意事项】 该试剂极易吸潮，属于固体腐蚀剂。在干燥状态下可长期保存，在 25 ℃ 水中缓慢分解，超过此温度则分解迅速。

羟胺磺酸可以作为胺化试剂[1~3]。如式 1 所示[4]：以叔丁醇钾为碱、NMP 为溶剂的条件下，羟胺磺酸能对吲哚进行氨基化反应，生成 1-氨基吲哚。

$$HO-\overset{O}{\underset{O}{S}}-NH_2 + \overset{H}{} \xrightarrow[88\%]{KO^tBu \ (2 \ equiv), \ NMP} \qquad (1)$$

羟胺磺酸和 2 mol 的碘化氢能生成硫氰酸胺和碘单质 (式 2)[5]。羟胺磺酸还能在加热条件下与氨气反应，放出氮气 (式 3)[5]。

$$NH_2OSO_3H + 2 HI \xrightarrow[]{90\%} NH_4HSO_4 + I_2 \qquad (2)$$

$$NH_2OSO_3H + NH_3 \xrightarrow[60\%]{\Delta} N_2 \qquad (3)$$

如式 4 所示[6]：羟胺磺酸水解能转变成硫

酸和羟胺。

$$NH_2OSO_3H \xrightarrow[85\%]{H_2O} H_2SO_4 + NH_2OH \tag{4}$$

　　三氧化硫和硝基甲烷反应能生成羟胺磺酸。羟胺磺酸可以缓慢分解生成氨气和水 (式 5)[7,8]。

$$SO_3 + CH_3NO_2 \xrightarrow{55\%} NH_2OSO_3H \xrightarrow{85\%} NH_3 + H_2O \tag{5}$$

　　羟胺磺酸和硝酸银在甲醇溶剂中于 0 ℃ 反应，能生成甲基磺酸银 (式 6)[9]。

$$HO-\overset{O}{\underset{O}{S}}-O\overset{}{\underset{NH_2}{}} + AgNO_3 \xrightarrow[50\%]{CH_3OH,\ 0\ ℃} Ag^+CH_3SO_4^- \tag{6}$$

　　羟胺磺酸和手性硼烷在四氢呋喃溶剂中反应，能得到氨基插入到 C–B 键之间的产物。该产物水解后能得到手性保持的烷基硼胺 (式 7)[10]。

$$HO-\overset{O}{\underset{O}{S}}-O\overset{}{\underset{NH_2}{}} + \text{(结构)} \xrightarrow[88\%,\ 99\%\ ee]{\substack{1.\ THF,\ 25\ ℃,\ 12\ h \\ 2.\ H_2O}} \text{(结构)} \tag{7}$$

参 考 文 献

[1] Somei, M.; Natsume, M. *Tetrahedron Lett.* **1974**, 461.

[2] Somei, M.; Matsubara, M.; Kanda, Y.; Natsume, M. *Chem. Pharm. Bull.* **1978**, *26*, 2522.

[3] Kultyshev, R. G.; Liu, J.; Liu, S.; et al. *J. Am. Chem. Soc.* **2002**, *124*, 2614.

[4] Weiberth, F. J.; Hanna, R. G.; Lee, G. E.; et al. *Org. Pro. Res. Dev.* **2011**, *15*, 704.

[5] Specht, H. E. M.; Browne, A. W.; Sherk, K. W. *J. Am. Chem. Soc.* **1939**, *61*, 1083.

[6] Sommer, F.; Schulz, O. F.; Nassau, M. *Z. Anorg. Chem.* **1925**, *147*, 142.

[7] Lehmann, H. A.; Kempe, G.; Ruppert, M. *Z. Anorg. Chem.* **1958**, *297*, 311.

[8] Cisneros, L. O.; Mannan, M. S.; Rogers, W. J. *Thermochim. Acta* **2004**, *414*, 177.

[9] Keller, R. N.; Smith, P. A. S. *J. Am. Chem. Soc.* **1946**, *68*, 899.

[10] Brown, H. C.; Kim, K. W.; Cole, T. E. *J. Am. Chem. Soc.* **1986**, *108*, 6761.

[王勇，陈超*，清华大学化学系；CC]

N-羟基丁二酰亚胺

【英文名称】 *N*-Hydroxysuccinimide

【分子式】 $C_4H_5NO_3$

【分子量】 115.09

【CAS 登录号】 [6066-82-6]

【缩写和别名】 NHS，*N*-羟基琥珀酰亚胺

【结构式】

【物理性质】白色结晶体。mp 95~98 ℃，bp 262.4 ℃，ρ 1.649 g/cm^3，折射率 1.599。闪点 112.5 ℃。溶于水。

【制备和商品】 国内外化学试剂公司均有销售。也可以在实验室方便地制备。

【注意事项】在 2~8 ℃ 的温度下和避光阴凉干燥处密封保存。

　　N-羟基丁二酰亚胺 (NHS) 作为活性保护基被广泛应用于医药和化工等许多产品中。NHS 是一种重要的有机中间体，可用于多肽合成中的外消旋抑制剂[1]和一些抗生素的合成，也可用于制备活性酯[1~3]。近年来，在生物活性分子的合成[4]及乙烯型聚合物的分子量控制[5]上也获得了广泛的应用。

　　在实验室合成 NHS 的方法有较多的报道，目前常用的方法如式 1 所示[6]：

$$\text{(结构)} + NH_2OH \cdot HCl + NaOH \longrightarrow \text{(结构)} NOH + NaCl + H_2O \tag{1}$$

　　由 NHS 生成的活性酯是多肽合成中常用的中间体，与氨基化合物反应时具有条件温和、转化率高和产物稳定等特点。这类由 NHS 生成的活性酯经过水解又能得到相应的酸和 NHS。它们与氨基化合物进行衍生反应时，则得到酰胺和 NHS。

　　如式 2 所示[7]：NHS 与 3-(三正丁基锡基)苯甲酸(三正丁基锡基)酯反应，选择性地生成 3-正丁基锡-*N*-琥珀酰亚胺苯甲酸酯 (ATE)。而其中的另一个三正丁基锡基团则可用于进一步的衍生化反应。

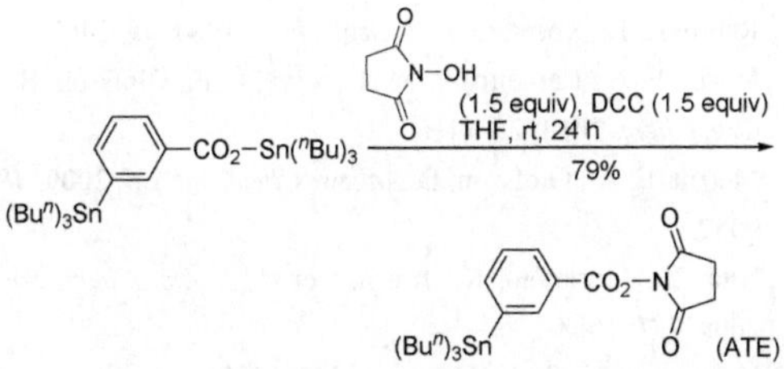

$$(2)$$

使用 NHS 和 DCC 作为偶联试剂,月桂酸与酪氨酸乙酯能够很容易地反应生成相应的酰胺产物,产率达到 91% (式 3)[8]。

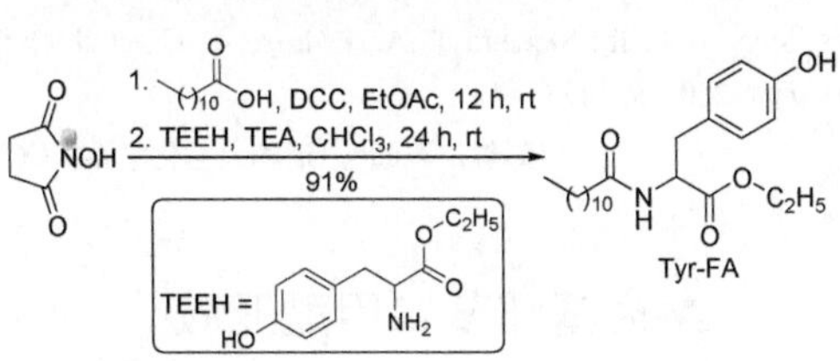

$$(3)$$

在水溶性碳化二亚胺氯化氢 (WSCl) 的存在下,Boc-基保护的 N-甲基乙酸能与 NHS 可发生脱水缩合反应 (式 4)[9]。

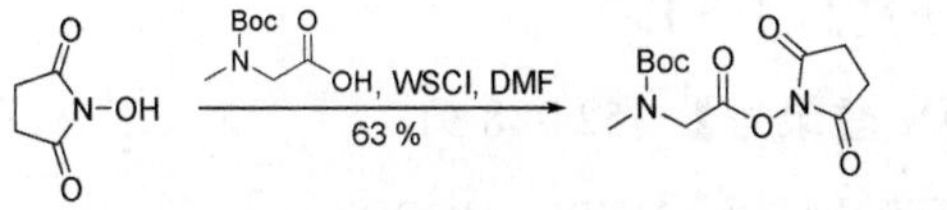

$$(4)$$

在 N_2 保护下,NHS 可以与三光气反应生成相应的 N,N'-丁二酰亚胺碳酸酯 (式 5)[10]。

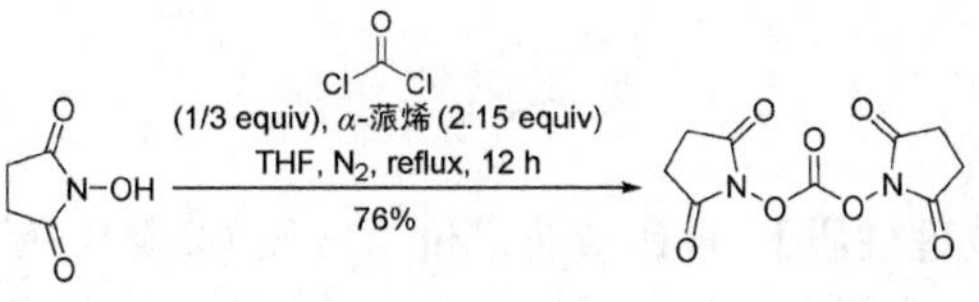

$$(5)$$

在 DCC 存在下,NHS 与二氢酚酞反应生成二氢酚酞丁二酰亚胺酯。该产物经过进一步的酰胺化和氧化反应,能够得到内酰胺的类酚酞化合物 (式 6)[11]。

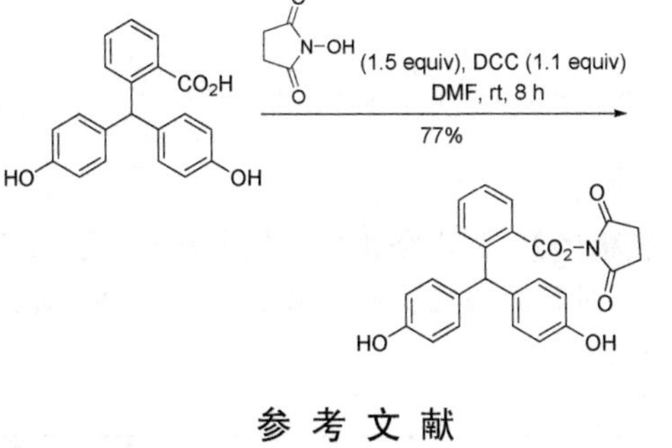

$$(6)$$

参 考 文 献

[1] Cheruthur G. *US 5 493 031 [P]*, 1996.

[2] Vermeulen, N. M. J.; O'Day, C. L.; Webb, H. K. *US 6 172 261 [P]*, 2001.

[3] Harris, J. M. *US 6 432 397 [P]*, 2002.

[4] Harris, J. M. *US 20 020 150 548 [P]*, 2002.

[5] Nakai T.; Asada T. *US 6 350 836 [P]*, 2002.

[6] Wuensch, E. *Chem. Ber.* **1966**, *99*, 110.

[7] 刘振锋,汪勇先,周伟,王丽华,夏姣云,尹端址,同位素,**2005**, *18*, 148.

[8] Avajia, P. G.; Jadhavb, V. B.; Cuib, J. X.; Junb, Y. J.; Lee, H. J.; Sohn, Y. S. *Bioorg. Med. Chem. Lett.* **2013**, *23*, 1763.

[9] Harada, N.; Kimura, H.; Ono, M.; Saji, H. *J. Med. Chem.* **2013**, *56*, 7890.

[10] Shaik, N.; Maddipati, P. *Synth. Commun.* **2005**, *35*, 3119.

[11] Adamczyk, M.; Grote, J. *Org. Prep. Proced. Int.* **2001**, *33*, 95.

[陈俊杰,陈超*,清华大学化学系;CC]

羟基(对甲苯磺酰氧基)碘苯

【英文名称】 [Hydroxy(tosyloxy)iodo]benzene

【分子式】 $C_{13}H_{13}IO_4S$

【分子量】 392.21

【CAS 登录号】 [27126-76-7]

【缩写和别名】 HTIB, Koser's reagent

【结构式】

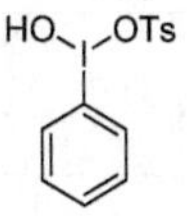

【物理性质】 无色固体,mp 132~134 ℃。在二氯甲烷中的溶解度为 5.3 g/L。

【制备和商品】 国内外试剂公司均有销售,亦可在实验室制备。

【注意事项】 该试剂对光较为敏感,通常需要避光保存。容易吸湿,一般要放置在 4 ℃ 左右的干燥环境中。

羟基(对甲苯磺酰氧基)碘苯 (HTIB) 是一种常用的高价碘试剂,在温和条件下用于许多有机化合物的氧化反应[1~3]。在 m-CPBA 的存在下,碘苯被氧化生成碘(Ⅲ) 物种后,加入 TsOH 即可得到该试剂 (式 1)[4]。

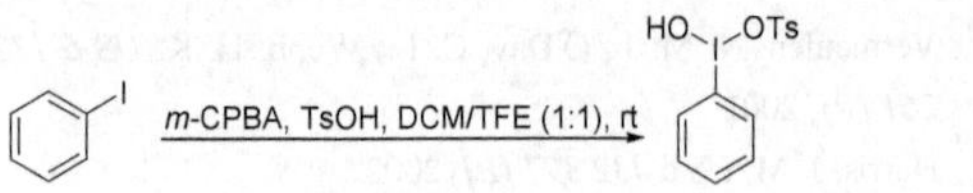

(1)

HTIB 在有机合成中具有广泛的应用[5]。如式 2 所示：该试剂可用于两个芳环或杂芳环的 C(sp²)—C(sp²) 氧化交叉偶联[6]。该反应是在无金属催化的条件下实现两个芳环的定位偶联。

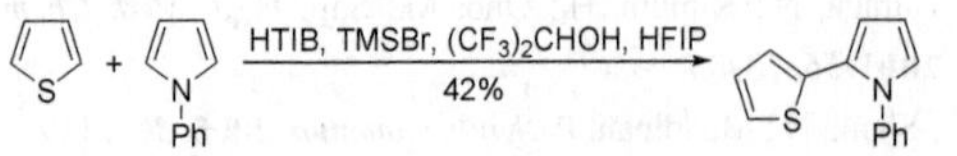

(2)

羰基的 α-位有较强的酸性，可以进行多种官能化反应。利用 HTIB 提供 ⁻OTs 阴离子的能力，可以实现酮羰基化合物 α-位的对甲苯磺酰氧基化反应 (式 3)[7]。

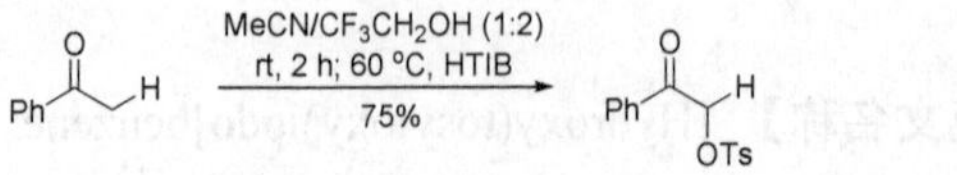

(3)

由于 HTIB 的制备非常方便和高效，许多时候无需事先制备。如式 4 所示[8]：在反应体系中直接使用碘苯和 *m*-CPBA 即可实现酮羰基化合物 α-位的对甲苯磺酰氧基化反应。

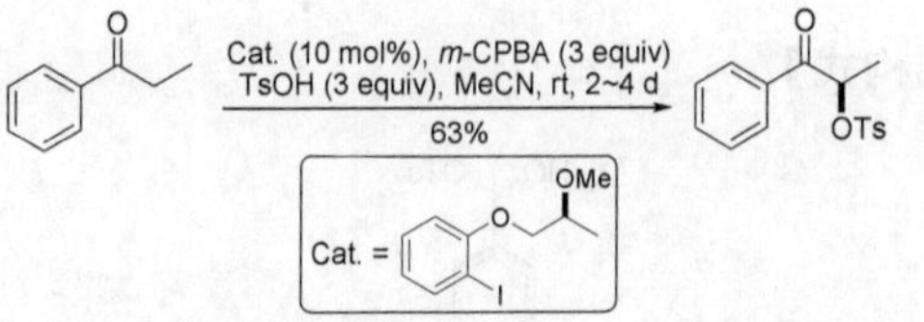

(4)

在甲醇溶液中，HTIB 可以诱导烯丙基醇的扩环反应 (式 5)[9]；也可以诱导环己烯的缩环反应 (式 6)[10]。

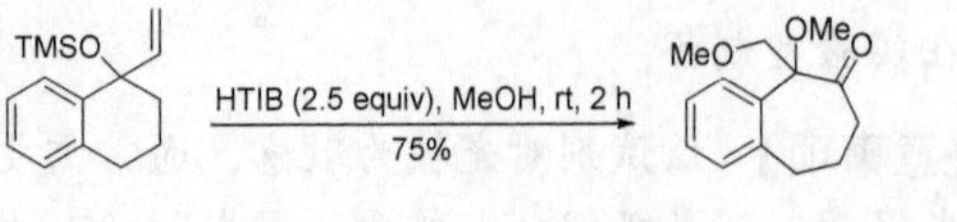

(5)

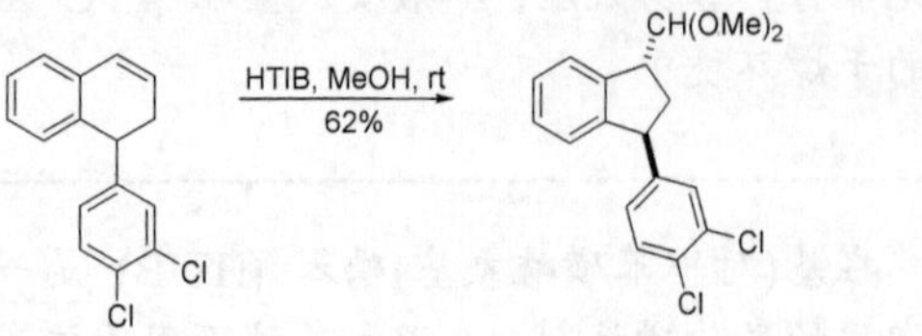

(6)

参 考 文 献

[1] Zhdankin, V. V.; Stang, P. J. *Chem. Rev.* **2008**, *108*, 5299.

[2] Silva, L. F. Jr. *Molecules* **2006**, *11*, 421.

[3] Rebrovic, L.; Koser, G. F. *J. Org. Chem.* **1984**, *49*, 2462.

[4] Meritt, E. A.; Carneiro, V. M. T.; Silva, L. F.; Olofsson, B. *J. Org. Chem.* **2010**, *75*, 7416.

[5] Merritt, E. A.; Olofsson, B. *Angew. Chem. Int. Ed.* **2009**, *48*, 9052.

[6] Kita, Y.; Morimoto, K.; Ito, M.; et al. *J. Am. Chem. Soc.* **2009**, *131*, 1668.

[7] Yamamoto, Y.; Togo, H. *Synlett* **2006**, 798.

[8] Altermann, S. M.; Richardson, R. D.; Page, T. K.; et al. *Eur. J. Org. Chem.* **2008**, 5315.

[9] Silva, L. F. Jr.; Vasconcelos, R. S.; Nogueira, M. A. *Org. Lett.* **2008**, *10*, 1017.

[10] Silva, L. F. Jr.; Siqueira, F. A.; Pedrozo, E. C.; et al. *Org. Lett.* **2007**, *9*, 1433.

[彭静，陈超*，清华大学化学系；CC]

N-羟基邻苯二甲酰亚胺

【英文名称】 *N*-Hydroxyphthalimide

【分子式】 $C_8H_5NO_3$

【分子量】 163.13

【CAS 登录号】 [524-38-9]

【缩写和别名】 NHPI，HOPHT

【结构式】

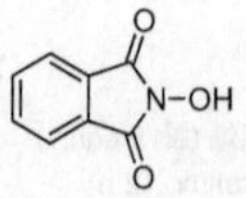

【物理性质】 白色结晶，mp 233 ℃ (分解)，可溶于乙醇和四氢呋喃等多种有机溶剂。在热水中也可以溶解。

【制备和商品】 商品化试剂。可由邻苯二甲酸酐与羟胺或羟胺硫酸盐在碱性或中性条件下制备 (式 1)。

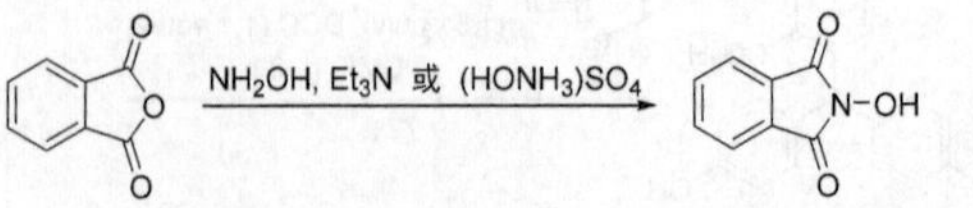

(1)

【注意事项】 该化合物在空气中稳定，室温下储存。对眼睛与皮肤的刺激性很大，操作时应格外注意。

N-羟基邻苯二甲酰亚胺 (NHPI) 的用途

广泛，可以用于制备烷基羟胺[1]、烯烃的功能化[2]、烷烃的卤化[3]、烷基的 Ritter 反应[4]以及苯[5]、缩醛[6]、烯烃[7]、硫醚[8]的氧化等反应中。

以咪唑为碱，N-羟基邻苯二甲酰亚胺衍生物可以发生类"Mitsunobu 反应"，进而与甲基胺作用得到相应的 O-烷基羟胺，且反应产物的纯度与产率都非常高 (式 2)[9]。

$$
\text{SPACER} \quad \xrightarrow[\text{2. MeNH}_2]{\substack{\text{1. ROH, Ph}_3\text{P} \\ \text{DIAD, 咪唑} \\ 24\text{ h, CH}_2\text{Cl}_2}} \quad \text{RONH}_2 \quad (2)
$$

$$45\%\sim94\%$$

N-羟基邻苯二甲酰亚胺与硅烷反应，可以使带有吸电子基团的烯烃实现硅羟基化。三甲烷基自由基加成到烯烃上形成中间体，当接触氧时可形成相应的醇。该反应的选择性非常好 (式 3)[10]。

$$
\text{EWG} \quad \xrightarrow[\text{60 °C, O}_2\text{ (1 atm)}]{\text{TESH, Co(OAc)}_2,\text{ NHPI, EtOAc}} \quad \text{EWG} \quad (3)
$$

$$61\%\sim99\%$$

EWG = CN, CO$_2$Me, CO$_2$Et

在 N-羟基邻苯二甲酰亚胺催化下和一氧化氮 (NO) 的环境中，难以氧化的醚类可以被氧化成为相应的含氧化合物。该反应可以高效且高选择性地将苄基醚转化为相应的醛 (式 4)[11]。

$$
\text{OR}^1 \quad \xrightarrow{\text{NHPI, NO, MeCN, 60 °C, 10 h}} \quad \text{CHO} \quad (4)
$$

$$56\%\sim99\%$$

R^1 = Me, Et, t-Bu
R^2 = H, Cl, t-Bu, Me

N-羟基邻苯二甲酰亚胺和过氧化苯甲酰 (BPO) 作为极性转化催化剂，可以实现缩醛与缺电子烯烃的自由基加成 (式 5)[12]。该反应的串联也在同样温和的条件下进行。

$$
\text{R}^1 \quad + \quad \text{R}^2\text{EWG} \quad \xrightarrow{\text{NHPI, BPO}} \quad \text{R}^1 \quad \text{EWG} \quad (5)
$$

R^1 = H, Me, Ph
R^2 = H, Me, CO$_2$Et

在 N-羟基邻苯二甲酰亚胺存在下，乙醛在原位被氧气氧化成过氧乙酸，可以使烯烃在无金属催化的条件下生成环氧化物。在该反应中，环氧化物的分离产率高达 96% (式 6)[7]。

$$
\text{R}^1 \quad \xrightarrow{\text{NHPI, CH}_3\text{CHO, O}_2,\text{ MeCN, rt}} \quad \text{R}^1 \quad (6)
$$

R^1 = Bu, Hex, Oct, Dec

在温和条件下，N-羟基邻苯二甲酰亚胺可以催化二氧化氮与烷烃反应，实现脂肪族 C–H 键的直接硝化。多种不同种类的烷烃均可在 NO$_2$/NHPI 组成的环境下硝化，得到较好的产率 (式 7)[13]。

$$
\text{R–H} \quad \xrightarrow[40\%\sim70\%]{\text{NHPI, NO}_2,\text{ air, 70 °C}} \quad \text{R–NO}_2 \quad (7)
$$

R = adamantyl, Et, i-Bu, t-Bu, i-Pent, c-Pent, c-Oct

参 考 文 献

[1] Barlaam, B.; Hamon, A.; Maudet, M. *Tetrahedron Lett.* **1998**, *39*, 7865.

[2] Ishii, Y.; Sakaguchi, S.; Iwahama, T. *Adv. Synth. Catal.* **2001**, *343*, 393.

[3] Minisci, F.; Porta, O.; Recupero, F.; et al. *Tetrahedron Lett.* **2004**, *45*, 1607.

[4] Sakaguchi, S.; Hirabayashi, T.; Ishii, Y. *Chem. Commun.* **2002**, 516.

[5] (a) Yoshino, Y.; Hayashi, Y.; Iwahama, T.; et al. *J. Org. Chem.* **1997**, *62*, 6810 . (b) Tashiro, Y.; Iwahama, T.; Sakaguchi, S.; Ishii, Y. *Adv. Synth. Catal.* **2001**, *343*, 220.

[6] Karimi, B.; Rajabi, J. *Synthesis* **2003**, 2373.

[7] Minisci, F.; Gambarotti, C.; Pierini, M.; et al. *Tetrahedron Lett.* **2006**, *47*, 1421.

[8] Iwahama, T.; Sakaguchi, S.; Ishii, Y. *Tetrahedron Lett.* **1998**, *39*, 9059.

[9] Maillard, L. T.; Benohoud, M.; Durand, P.; Badet, B. *J. Org. Chem.* **2005**, *70*, 6303.

[10] Tayama, O.; Iwahama, T.; Sakaguchi, S.; Ishii, Y. *Eur. J. Org. Chem.* **2003**, 2286.

[11] Eikawa, M.; Sakaguchi, S.; Ishii, Y. *J. Org. Chem.* **1999**, *64*, 4676.

[12] Tsujimoto, S.; Sakaguchi, S.; Ishii, Y. *Tetrahedron Lett.* **2003**, *44*, 5601.

[13] Ishii, Y.; Sakaguchi, S.; Nishiwaki, Y.; Kitamura, T. *Angew. Chem. Int. Ed.* **2001**, *40*, 222.

[梁云，巨勇*，清华大学化学系；JY]

氢化钙

【英文名称】 Calcium hydride

【分子式】 CaH$_2$

【分子量】 42.10

【CAS 登录号】 [7789-78-8]

【缩写和别名】 二氢化钙

【结构式】 CaH₂

【物理性质】 灰色粉末, mp 816 °C, ρ 1.90 g/cm³。在与其不反应的非质子性溶剂中不溶解。与水、乙醇等溶剂发生剧烈反应。

【制备和商品】 商品化试剂。可在石英反应管中将精制钙与氢气加热至 300~400 °C 反应制得。一般不在实验室制备。

【注意事项】 该试剂反应活性极高,遇湿气、水和酸等会发生剧烈反应,产生氢气并引发燃烧。在常温下与干燥空气、氯气均不反应,但在高温可与上述气体发生反应,分别生成氧化钙和氯化钙。应在干燥器中储存。

【废弃氢化钙的处理】 残留氢化钙放入在敞口容器中,应先加入少量无水乙醇。待放热不明显后,再逐步加入大量水。最后将废液倒入碱性废液桶中。

氢化钙 (CaH₂) 是化学反应中常用的强碱,可以夺取反应物中羟基、氨基和羰基 α-位的活泼氢。此外,氢化钙还可用作二氯甲烷、乙腈和吡啶等溶剂的干燥剂[1]。

在氢化钙作用下,对氯苯硼酸可与 L-酒石酸反应,定量地生成苯硼酸酯 (式 1)[2]。

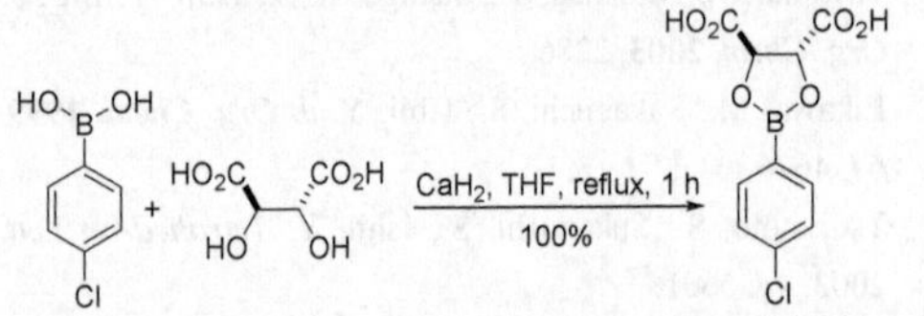

$$(1)$$

在氢化钙的作用下,胆酸苄酯分子中的羟基可以发生去质子化,然后再与酰氯反应生成全酯化胆酸衍生物 (式 2)[3]。

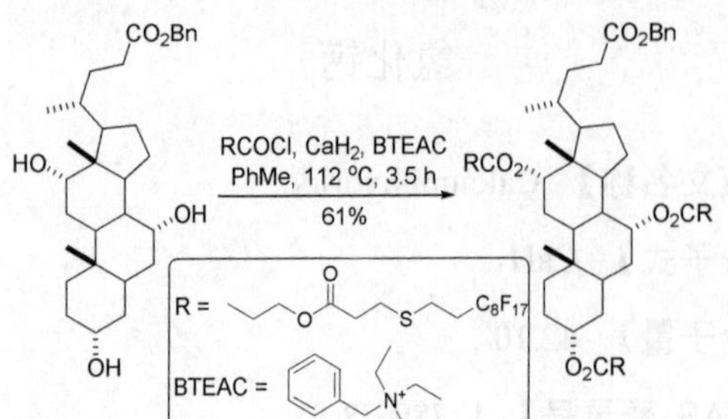

$$(2)$$

在氢化钙的作用下,含有邻苯二胺结构的化合物可与三溴化硼反应,生成苯并环戊硼烷衍生物 (式 3)[4]。

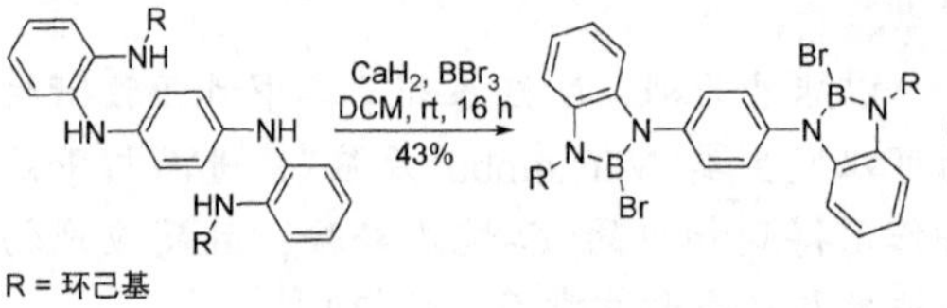

$$(3)$$

R = 环己基

在氢化钙的作用下,含有苯酚结构的化合物与甲醛和胺发生 Mannich 反应,生成含 1,3-噁嗪结构的化合物 (式 4)[5]。其中,酚羟基及其邻位的次甲基均可作为活泼氢的来源。

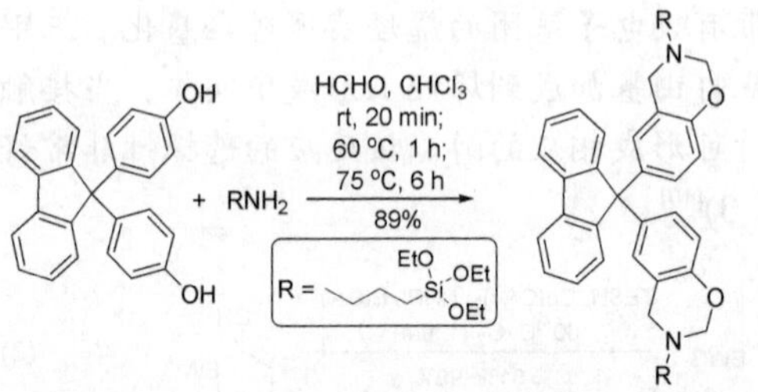

$$(4)$$

含有 α-H 的羰基化合物与苯甲醛衍生物反应时,首先由二异丙基氨基锂 (LDA) 夺取羰基 α-位的活泼氢,然后在氢化钙作用下与苯甲醛衍生物发生羟醛缩合反应 (式 5)[6]。

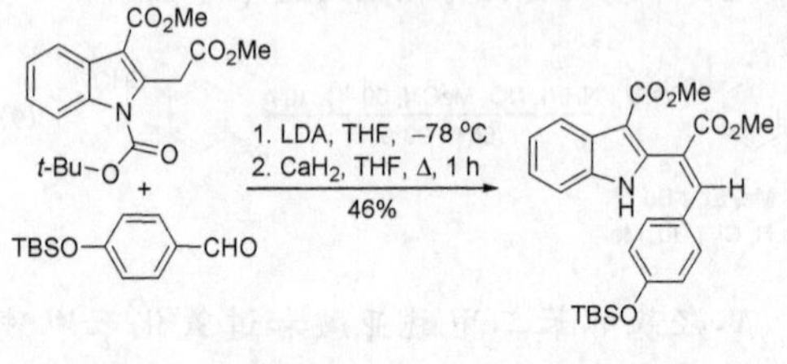

$$(5)$$

在氢化钙的作用下,含有 α-H 的羰基化合物可发生去质子化,生成的碳负离子与甲基乙烯基酮发生 Michael 加成反应 (式 6)[7]。当体系中存在溴代物时,碳负离子可与其发生亲核取代反应,生成 1,4-二羰基化合物 (式 7)[7]。

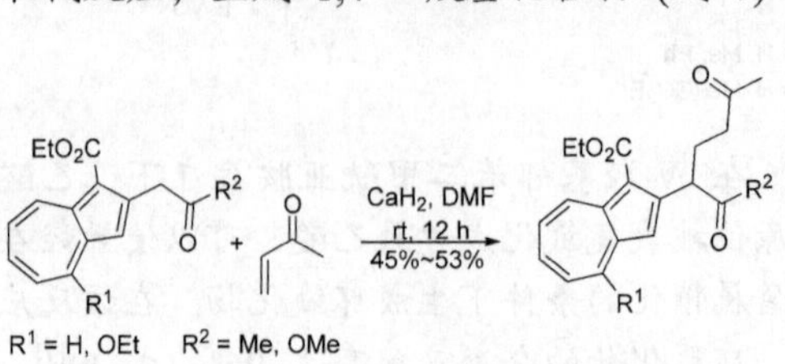

$$(6)$$

R¹ = H, OEt   R² = Me, OMe

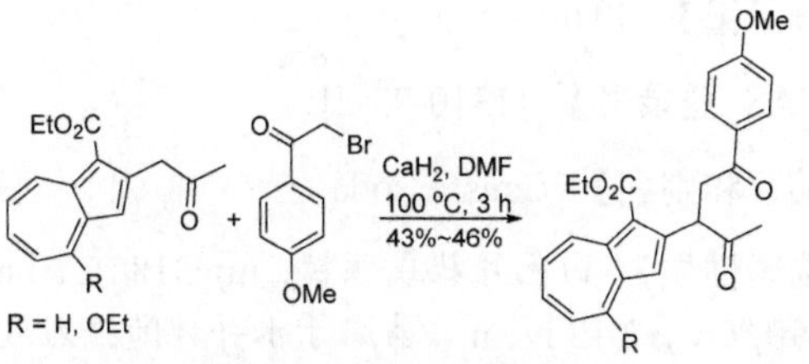

联二烯化合物与碘发生加成反应生成碘鎓离子，随后氢化钙夺取羰基 α-位的活泼氢，生成的碳负离子可进攻碘鎓离子，形成二氢呋喃环 (式 8)[8]。

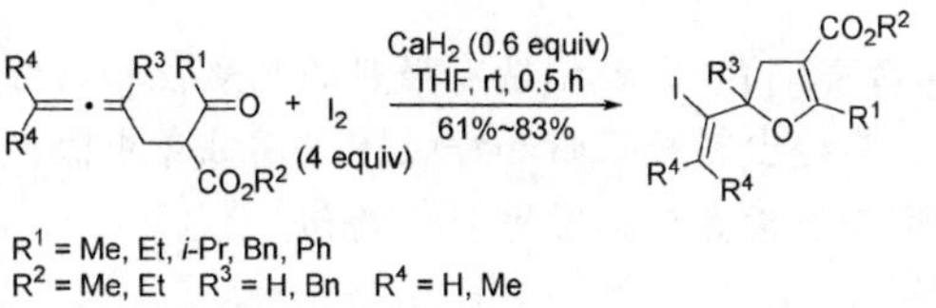

$$R^1 = Me, Et, i\text{-}Pr, Bn, Ph$$
$$R^2 = Me, Et \quad R^3 = H, Bn \quad R^4 = H, Me$$

在三氟化硼和氢化钙的作用下，乙烯酮的缩醛可与醛类化合物发生羟醛缩合反应 (式 9)[9]。该反应的过渡态遵循 Felkin-Anh 模型，具有一定的立体选择性。

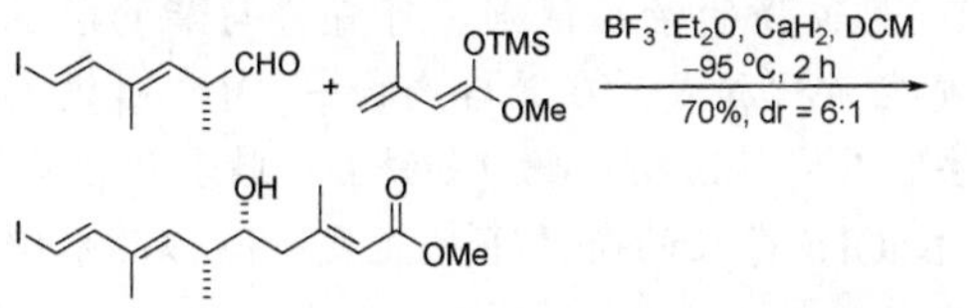

参 考 文 献

[1] Gawley, R. E.; Davis, A. *Calcium Hydride*. in *Encyclopedia of Reagents for Organic Synthesis*. J. Wiley & Sons: New York, **2004**.

[2] Camerino, M. A.; Chalmers, D. K.; Thompson, P. E. *Org. Biomol. Chem.* **2013**, *11*, 2571.

[3] Mrózek, L.; Coufalová, L.; Rárová, L.; et al. *Steroids* **2013**, *78*, 832.

[4] Weber, L.; Eickhoff, D.; Kahlert, J.; et al. *Dalton Trans.* **2012**, *41*, 10328.

[5] Fu, Z.; Xu, K.; Liu, X.; et al. *Macromol. Chem. Phys.* **2013**, *214*, 1122.

[6] Badenock, J. C.; Jordan, J. A.; Gribble, G. W. *Tetrahedron Lett.* **2013**, *54*, 2759.

[7] Wu, C.; Devendar, B.; Su, H.; et al. *Tetrahedron Lett.* **2012**, *53*, 5019.

[8] Wan, B.; Jiang, X.; Jia, G.; Ma, S. *Eur. J. Org. Chem.* **2012**, 4373.

[9] Florence, G. J.; Wlochal, J. *Chem. Eur. J.* **2012**, *18*, 14250.

[武金丹，巨勇*，清华大学化学系；JY]

氢溴酸吡啶鎓盐

【英文名称】 Pyridine hydrobromide

【分子式】 C_5H_6BrN

【分子量】 160.01

【CAS 登录号】 [18820-82-1]

【缩写和别名】 PHBR, Pyridinium bromide, Pyridinium hydrobromide，吡啶氢溴酸盐

【结构式】

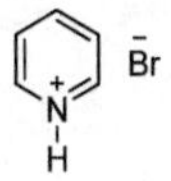

【物理性质】 外观为白色或类白色固体，mp 217~220 ℃。与水和乙醇无限互溶，不溶于丙酮、CCl_4 和芳烃，pH (1 g 溶于 10 mL 水中) = 2.65~2.75。

【制备和商品】 国内外试剂公司均有销售。一般不在实验室制备。

【注意事项】 该试剂易吸湿，一般在无水体系中使用。在通风橱中进行操作，应在氮气环境下密封存储。

氢溴酸吡啶鎓盐与不同的金属卤化物反应，能得到相应的金属卤化物的吡啶盐[1~3]，可作为各种有机碱。如式 1 所示[4]：氢溴酸吡啶鎓盐和二溴化汞在溴化氢的水溶液中反应，能生成三溴化汞吡啶盐。

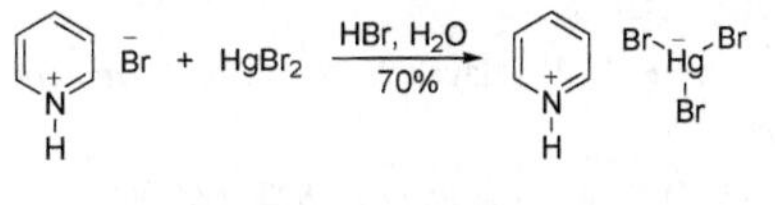

氢溴酸吡啶鎓盐可以作为配体来制备各种金属配合物[5~7]。氢溴酸吡啶鎓盐和两种钯配合物催化剂在室温反应，能将 HBr 加成到 Pd 上，得到 Pd(Ⅱ) 配合物 (式 2)[8]。

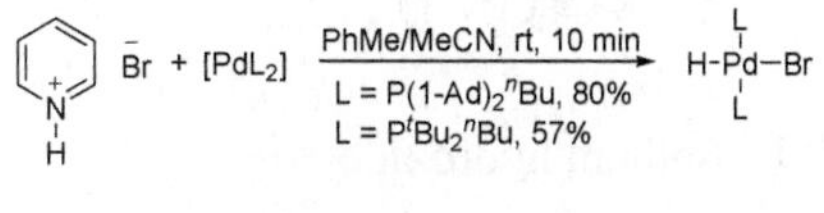

氢溴酸吡啶鎓盐和环氧苯乙烷在吡啶中加

热，根据环氧苯乙烷开环的位点不同，可以得到两种醇类吡啶盐的混合物 (式 3)[9]。

$$
\text{吡啶溴盐} + \text{环氧苯乙烷} \xrightarrow[\text{A: 73\%; B: 5.3\%}]{Py, \Delta} A + B \tag{3}
$$

氢溴酸吡啶鎓盐和萘醌在吡啶溶剂中反应，能得到 1,4-二羟基-2-吡啶萘盐化合物 (式 4)[10]。

$$
\text{吡啶溴盐} + \text{萘醌} \xrightarrow[68\%]{Py} \text{产物} \tag{4}
$$

氢溴酸吡啶鎓盐和 3-乙酰基吡啶在溴单质存在下反应能得到甲基被溴代的氢溴酸吡啶鎓盐化合物 (式 5)[11]。

$$
\text{吡啶溴盐} + \text{3-乙酰基吡啶} \xrightarrow[68\%]{Br_2} \text{产物} \tag{5}
$$

参 考 文 献

[1] Hayes, J. A. *J. Am. Chem. Soc.* **1902**, *24*, 361.

[2] Datta, R. L.; Sen, J. N. *J. Am. Chem. Soc.* **1917**, *39*, 750.

[3] Waddington, T. C.; White, J. A. *J. Chem. Soc.* **1963**, 2701.

[4] Dehn, W. M. *J. Am. Chem. Soc.* **1912**, *34*, 286.

[5] Tudela, D.; Khan, M. A. *J. Chem. Soc., Dalton Trans.: Inorg. Chem.* **1991**, *4*, 1003.

[6] Suessmilch, F.; Olbrich, F.; Gailus, H.; et al. *J. Organomet. Chem.* **1994**, *472*, 119.

[7] Freudenberger, J. H.; Schrock, R. R. *Organometallics* **1985**, *4*, 1937.

[8] Sergeev, A. G.; Spannenberg, A.; Beller M. *J. Am. Chem. Soc.* **2008**, *130*, 15549.

[9] King , L. C.; Berst , N.W.; Hayes, F. N. *J. Am. Chem. Soc.* **1949**, *71*, 3498.

[10] Barnett; Cook; Driscoll *J. Chem. Soc.* **1923**, *123*, 509.

[11] Dai, H.; Fang, J.-X.; Jin, Z.; et al. *Heteroatom Chem.* **2007**, *18*, 376.

[王勇，陈超*，清华大学化学系；CC]

氢氧化钠

【英文名称】 Sodium hydroxide

【分子式】 NaOH

【分子量】 40.00

【CAS 登录号】 [1310-73-2]

【缩写和别名】 Caustic soda

【物理性质】 白色片状或颗粒，mp 318 °C，bp 1390 °C，ρ 2.13 g/cm^3。易溶于水并伴随强烈放热，在水中的溶解度为 111 g/100 mL (20 °C)；也能溶解于甲醇、乙醇、甘油；不溶于乙醚、丙酮。易潮解，易吸收二氧化碳等酸性气体。

【制备和商品】 各试剂公司均有销售，一般不在实验室制备。

【注意事项】 氢氧化钠有强烈的刺激性和腐蚀性。其粉尘刺激眼睛和呼吸道，腐蚀鼻中隔；皮肤和眼睛直接接触可引起灼伤。

酯类化合物的水解 在酸或碱存在的条件下，酯可发生水解反应生成相应的酸和醇 (碱存在时比酸作催化剂时水解效果要好)。酯的碱性水解反应大多属于亲核加成-消除机理。OH$^-$ 是较强的亲核试剂，可直接与酯的羰基碳发生亲核加成，在最后产物中 OH$^-$ 并没有失去。其它羧酸衍生物 (如酰胺、腈类化合物) 在 NaOH 存在的条件下也能发生类似的水解反应[1]。

坎尼扎罗反应 (Cannizzaro 反应) 无 α-活泼氢的醛在氢氧化钠的作用下发生分子间歧化反应，生成一分子羧酸和一分子醇。氧化产物为羧酸盐，还原产物为相应的醇 (式 1)[2]。

$$
\text{PhCHO} \xrightarrow{OH^-} \text{PhCH}_2\text{OH} + \text{PhCOO}^- \tag{1}
$$

霍夫曼降解反应 (Hofmann 降解反应，又称霍夫曼重排反应) 一级酰胺在溴(或氯) 和碱的作用下转变为少一个碳原子的伯胺 (式 2)[3,4]。该反应适用于脂肪胺、芳香胺和氮杂环酰胺。

$$
\text{烟酰胺} \xrightarrow[87\%]{Br_2, NaOH} \text{3-氨基吡啶} \tag{2}
$$

相转移催化合成反应 一般属于两相反应，

反应过程中反应物从一相向另外一相转移及被转移物质与待转移物质发生化学反应，从而使非均相反应变为均相反应，使反应加速并顺利进行。在该类反应过程中，NaOH 使底物去质子化后变成负离子再参与反应。

a. 相转移催化合成：亲核取代反应。9-氯吖啶与苯酚在 NaOH 和四丁基溴化铵的作用下发生反应，生成相应的二芳基醚 (式 3)。

$$\text{(3)}$$

b. 相转移催化合成：烷基化反应。该反应过程中，使用相转移催化剂将 OH$^-$ 引入到有机相中，NaOH 作为强碱可非常有效地实现烷基化的转变。该方法相比传统的 Williamson 合成方法更有优势[5,6]。根据底物不同，常选择不同种类的相转移催化剂以及 NaOH 浓度 (式 4 和式 5)。

$$\text{(4)}$$

$$\text{(5)}$$

c. 相转移催化合成：叶立德反应。在 NaOH、(Bu)$_4$N$^+$Br$^-$、CH$_2$Cl$_2$ 组成的两相体系中，使用磷叶立德和硫叶立德进行的反应可以获得较高的产率，但所得产物没有立体选择性 (式 6 和式 7)[7]。

$$\text{(6)}$$

$$\text{(7)}$$

d. 相转移催化合成：环丙烷类化合物的合成。在 NaOH、(Bu)$_4$N$^+$Br$^-$、CH$_2$Cl$_2$ (或 CH$_3$CN) 组成的两相体系中，α-氯代烷基化合物与亲电烯烃反应可以制备多种环丙烷类化合物 (式 8)[8,9]。

$$\text{(8)}$$

$$R^1 = \text{H, Me, Et, Ph}$$
$$R^2 = \text{CN, CO}_2\text{C}_4\text{H}_9\text{, NO}_2$$
$$R^3 = \text{H, Ph}$$
$$R^4 = \text{H, Me}$$
$$R^5 = \text{CN, Ac, CO}_2\text{C}_4\text{H}_9$$

e. 相转移催化合成：在药物合成中的应用 (式 9)[10]。

$$\text{(9)}$$

参 考 文 献

[1] 邢其毅等. 基础有机化学[M]. 北京: 高等教育出版社, **1994**, 596.

[2] Geissman, T. A. *Org. React.* **1944**, *2*, 94.

[3] Hofmann, A. W. V. *Ber.* **1881**, *14*, 2725.

[4] Shioiri, T. *Comp. Org. Synth.* **1991**, *6*, 800.

[5] Weber, W. P.; Gokel, G. W. Phase Transfer Catalysis in Organic Synthesis, Springer: Berlin, **1977**.

[6] Freedman, H. H.; Dubois, R. A. *Tetrahedron Lett.* **1975**, *16*, 3251.

[7] Märkl, G.; Merz, A. *Sythesis* **1973**, 295.

[8] Artard, I.; Seyden-Penne, J.; Viout, P. *Synthesis* **1980**, 34.

[9] Russell, G. A.; Makosza, M.; Hershberger, J. *J. Org. Chem.* **1979**, *44*, 1195.

[10] 孟昭力, 唐龙骞, 赵彦伟. 华西药学杂志, **2000**, *15*, 438.

[杜世振，中国科学院化学研究所；XCJ]

氰基磷酸二乙酯

【英文名称】 Diethyl phosphorocyanidate

【分子式】 C$_5$H$_{10}$NO$_3$P

【分子量】 163.11

【CAS 登录号】 [2942-58-7]

【缩写和别名】 DEPC，Diethoxyphosphoryl cyanide，Diethyl cyanophosphonate

【结构式】

$$\text{EtO}-\overset{\overset{\displaystyle O}{\|}}{P}-\text{CN}$$
$$\underset{\displaystyle \text{OEt}}{}$$

【物理性质】 淡黄色液体。bp 104~105 ℃/19 mmHg，n_D^{20} 1.401，ρ 1.075 g/cm³ (25 ℃)。溶于 THF、DMF、甲苯和乙醚等大多数有机溶剂。

【制备和商品】 国内外化学试剂公司均有销售。

【注意事项】 该试剂对湿气敏感。有强毒性和腐蚀性，皮肤接触有毒，遇酸能释放出剧毒气体，一般在通风橱中进行操作。在 N₂ 气氛中于冰箱中储存。

氰基磷酸二乙酯 (DEPC) 作为缩合试剂，能够有效地促进酰胺、肽、酯和硫酯的形成。该试剂还能对羰基进行加成以及进行氰化反应和磷酸酯化反应等。

酰胺的合成 DEPC 能够有效地促进羧酸与胺的缩合反应。在三乙胺的存在下，将 DEPC、羧酸和胺混合便可得到相应的酰胺化合物 (式 1)[1,2]。该方法被大量用于药物化学、天然产物合成和生物化学中。如式 2 所示[2,4,5]：在天然产物 Iejimalide B 的合成中，DEPC 被用于构建其中的酰胺片段 (式 2)[3]。同时，氰基磷酸二乙酯也能促进肽的高效合成。

$$PhCO_2H + t\text{-}BuNH_2 \xrightarrow[94\%]{DEPC, NEt_3, DMF} \underset{Ph}{\overset{O}{\|}}\overset{}{C}\overset{H}{N}\text{-}t\text{-}Bu \quad (1)$$

$$\xrightarrow[80\%]{DEPC, NEt_3 \atop CH_2Cl_2, 0\sim23\,℃} \quad (2)$$

酯和硫酯的合成 在碱性条件下，DEPC 能够促进酸与醇或硫醇的缩合反应，生成相应酯或硫酯。如式 3 所示[5]：使用 DEPC 为缩合试剂，苯甲酸和乙醇的缩合反应可以在相对温和的条件下完成。硫醇与羧酸反应高产率地得到相应的硫酯 (式 4)[6]。

$$PhCO_2H + C_2H_5OH \xrightarrow[56\%]{DEPC, NEt_3, DMF, -10\,℃\sim rt} Ph\overset{O}{\overset{\|}{C}}\text{-}O\text{-}C_2H_5 \quad (3)$$

$$PhCO_2H + C_4H_9SH \xrightarrow[95\%]{DEPC, NEt_3, DMF, rt} Ph\overset{O}{\overset{\|}{C}}\text{-}S\text{-}C_4H_9 \quad (4)$$

活性亚甲基的酰基化 在 DEPC 存在的条件下，羧酸与含有活性亚甲基的化合物进行酰化，得到相应 α-取代的酮。如式 5 所示[7a]：在三乙胺的存在下，将 DEPC、苯甲酸、氰基乙酸乙酯混合，可以高产率生成相应的 α-氰基酮。将固相树脂技术应用在活性亚甲基的酰基化反应中同样可获得良好的效果 (式 6)[7b]。

$$PhCO_2H + \underset{CO_2Et}{\overset{CN}{|}}CH_2 \xrightarrow[93\%]{DEPC, NEt_3, DMF, 0\,℃\sim rt} \underset{Ph}{\overset{O}{\|}}\overset{CN}{\underset{CO_2Et}{|}} \quad (5)$$

$$(6)$$

与羧酸的反应 如式 7 所示[5]：羧酸可以与 DEPC 反应生成酰基氰中间体，然后两分子的酰基氰中间体通过二聚生成相应的二氰基取代的酯。

$$PhCO_2H \xrightarrow[]{DEPC, NEt_3, THF, 0\,℃} [PhCOCN] \xrightarrow[51\%]{} \quad (7)$$

醛酮的氰化-磷酸酯化 在 LDA[8]、LiCN[9]、氮杂卡宾[10]等催化剂存在时，DEPC 能和醛、酮发生反应生成氰基磷酸酯。如式 8 所示[9]：在 LiCN 的存在下，DEPC 和苯甲醛在室温下便可发生反应。当使用手性铝配合物催化剂时，可以高产率和高对映选择性地得到相应的手性氰基磷酸酯 (式 9)[11]。

$$Ph\text{-}CHO \xrightarrow[82\%]{DEPC, LiCN, THF, rt} \underset{Ph}{\overset{OP(O)(OEt)_2}{\underset{CN}{|}}} \quad (8)$$

$$Ph\text{-}CHO \xrightarrow[\substack{1.\ (S)\text{-}Cat.\ (10\ mol\%),\ DEPC,\ PhMe,\ rt \\ 2.\ aq.\ HCl\ (2\ mol/L)}]{89\%,\ 98\%\ ee} \underset{Ph}{\overset{OP(O)(OEt)_2}{\underset{CN}{|}}} \quad (9)$$

(S)-Cat. =

氰基磷酸酯可以被 SmI₂、Li/NH₃ (liq.)[12] 或 H₂/Pd-C[13]还原，得到腈化合物。该方法可以有效地将羰基直接转化为氰基 (式 10)。使用 BF₃·Et₂O 还原氰基磷酸酯则可得到 α,β 不饱

和腈 (式 11)[14]。

$$
\text{(10)}
$$

1. LiCN, DEPC, THF
2. SmI$_2$, t-BuOH
98%

$$
\text{(11)}
$$

1. LiCN, DEPC, THF
2. BF$_3$·Et$_2$O, PhH
78%

α-氨基腈的合成 醛或酮、胺与 DEPC 反应可生成 α-氨基腈产物 (式 12)[15]，进一步转化可得为 α-氨基酸。

$$
\text{(12)}
$$

5-A-胆甾烷-3-酮

α-羟基酸的制备 在三乙胺存在下，羧酸与 DEPC 反应生成二氰基取代的磷酸酯。二氰基取代的磷酸酯在酸性条件下水解可得 α-羟基酸 (式 13)[16]。

$$
\text{Ph-CO}_2\text{H} \xrightarrow[\text{NEt}_3,\ \text{THF}]{\text{DEPC (2 equiv)}} \text{Ph} \xrightarrow{\text{H}_3\text{O}^+} \text{Ph-C-CO}_2\text{H} \quad \text{(13)}
$$

70%   63%

碘化物的自由基氰化反应 DEPC 作为氰基来源能与烷基碘代物发生反应生成相应的腈。如式 14 所示[17]：在有机锡试剂作用下，碘代十二烷与 DEPC 在光照下发生反应，生成十三腈。该反应被认为经过了一个膦酸酯自由基的 β 消除过程。

$$
\text{(14)}
$$

DEPC, (Me$_3$Sn)$_2$ (1.2 equiv)
$h\nu$ (300 nm), PhH
86%

磷酯化反应 DEPC 与酚在碱性条件下进行反应，可以生成相应的膦酸酯化合物。如式 15 所示[18]：水杨酸甲酯与 DEPC 的反应可以得到很高的产率。当使用格氏试剂与 DEPC 反应时，可以得到一系列芳基膦酸酯化合物 (式 16)[19]。

$$
\text{(15)}
$$

NEt$_3$
CH$_2$Cl$_2$, 0 °C
92%

$$
\text{(16)}
$$

CH$_2$Cl$_2$, 0 °C
81%

醇的氰化和异氰化反应 醇与二苯基氯化膦反应，原位生成的烷氧基二苯膦中间体在不同条件下可进一步转化为腈或异腈化合物。如式 17 所示[20]：伯醇在丁基锂的存在下与二苯基膦氯反应，生成的中间体与 DECP 和二甲基苯醌反应，得到相应的腈化合物。使用仲醇作为底物，在体系中加入氧化锌，可以得到异腈化合物 (式 18)[21]。

$$
\text{PhCH}_2\text{CH}_2\text{OH} \xrightarrow[\text{THF, 0 °C}]{\text{BuLi, Ph}_2\text{PCl}} \text{PhCH}_2\text{CH}_2\text{OPPh}_2
$$

$$
\xrightarrow[\text{97%}]{\text{DEPC, DMBQ, CHCl}_3,\ \text{rt}} \text{PhCH}_2\text{CH}_2\text{CN} \quad \text{(17)}
$$

$$
\xrightarrow[\text{THF, rt}]{\text{Ph}_2\text{PCl, NEt}_3,\ \text{DMAP}}
$$

$$
\xrightarrow[\text{63%}]{\text{DEPC, DMBQ, ZnO, CH}_2\text{Cl}_2,\ \text{rt}} \quad \text{(18)}
$$

硫氰酸酯化合物的合成 烷基或芳基亚磺酸钠与 DEPC 反应可生成相应的烷基或芳基硫氰酸酯。如式 19 所示[22]：在 K$_2$CO$_3$ 的存在下，苯基亚磺酸钠与 DEPC 在 THF 中回流 1 h 即可得到苯基硫氰酸酯。

$$
\text{SO}_2\text{Na} \xrightarrow[\text{74%}]{\text{DEPC, K}_2\text{CO}_3,\ \text{THF, reflux}} \text{SCN} \quad \text{(19)}
$$

氰基甲酰胺化合物的合成 伯胺化合物与 CO$_2$ 和 DEPC 反应可生成氰基甲酰胺化合物。如式 20 所示[23]：在胍化合物的存在下，苄胺与 DEPC 和 CO$_2$ 反应生成氰基甲酰苄胺。

$$
\text{NH}_2 \xrightarrow[\text{MeCN, −10 °C}]{\text{CO}_2,\ \text{DEPC}} \quad \text{(20)}
$$

三氮唑化合物的合成 三甲基硅基重氮甲烷与丁基锂反应，原位生成的锂中间体与 DEPC 可以通过环加成反应得到 4,5-二取代三氮唑 (式 21)[24]。

$$
\text{TMSCHN}_2 \xrightarrow[\text{Et}_2\text{O}]{\text{BuLi}} \left[\begin{array}{c} \text{TMS} \\ \text{Li} \end{array} \text{N}_2 \right] \xrightarrow{\text{DEPC}} \quad \text{(21)}
$$

DEPC 的脱烷基化 使用三甲基碘硅烷，可将 DEPC 转化为氰基磷酸二(三甲基硅酯)，加入异丙醇质子化后可得氰基磷酸，进而与碱可成一系列氰基磷酸盐 (式 22)[25]。

$$EtO-\overset{\overset{O}{\|}}{\underset{OEt}{P}}-CN \xrightarrow{TMSI} \left[TMSO-\overset{\overset{O}{\|}}{\underset{OTMS}{P}}-CN \right] \xrightarrow[\text{2. 碱}]{\text{1. }i\text{-PrOH}} {}^+Z-O-\overset{\overset{O}{\|}}{\underset{O-Z^+}{P}}-CN \quad (22)$$

Z = Na, K, NH$_2^+$ etc.

参 考 文 献

[1] Yamada, S.; Kasai, Y.; Shioiri, T. *Tetrahedron Lett.* **1973**, *18*, 1595.

[2] Chen, W.; Olsen, R. K. *J. Org. Chem.* **1975**, *40*, 350.

[3] Schweitzer, D.; Kane, J. J.; Strand, D.; et al. *Org. Lett.* **2007**, *9*, 4619.

[4] Yamada, S.; Ikota, N.; Shioiri, T.; Tachibana, S.; *J. Am. Chem. Soc.* **1975** , *97* ,7174.

[5] Shioiri, T.; Yokoyama, Y.; Kasai, Y.; Yamada, S. *Tetrahedron* **1976**, *32*, 2211.

[6] Yamada, S.; Yokoyama, Y.; Shioiri, T. *J. Org. Chem.* **1974**, *39*, 3302.

[7] (a) Shioiri, T.; Hamada, Y. *J. Org. Chem.* **1978**, *43*, 3631. (b) Sim, M.-M.; Lee, C.-L.; Ganesan, A. *Tetrahedron Lett.* **1998**, *39*, 2195.

[8] Harusawa, S.; Yoneda, R.; Kurihara, T; et al. *Chem. Pharm. Bull.* **1983**, *31*, 2932.

[9] Kurihara, T; Kazunori, S.; Harusawa, S.; Yoneda, R. *Chem. Pharm. Bull.* **1987**, *35*, 4777.

[10] He, L.; Zhang, J.; Fan, Y.-C.; et al. *Tetrahedron Lett.* **2013**, *54*, 5861.

[11] Baeza, A.; Najera, C.; Sansano, J. M.; Saa, J. M. *Chem. Eur. J.* **2005**, *11*, 3849.

[12] (a) Yoneda, R.; Harusawa, S.; Kurihara, T. *Tetrahedron Lett.* **1989**, *30*, 3681. (b) Yoneda, R.; Osaki, T.; Harusawa, S.; Kurihara, T. *J. Chem. Soc., Perkin Trans. 1* **1990**, 607. (c) Yoneda, R.; Harusawa, S.; Kurihara, T. *J. Org. Chem.* **1991**, *56*, 1827. (d) Engler, T. A.; Furness, K.; Malhotra, S.; et al. *Tetrahedron Lett.* **2003**, *44*, 2903.

[13] Harusawa, S.; Yoneda, R.; Kurihara, T.; et al. *Tetrahedron Lett.* **1984**, *25*, 427.

[14] Kolis, S. P.; Clayton, M. T.; Grutsch, J. L.; Faul, M. M. *Tetrahedron Lett.* **2003**, *44*, 5707.

[15] Harusawa, S.; Hamada, Y.; Shioiri, T. *Tetrahedron Lett.* **1979**, *48*, 4663.

[16] Mizunoa, M.; Shioiri, T. *Tetrahedron Lett.* **1998**, *39*, 9209.

[17] Cho, C. ; Lee, J.; Kim S. *Synlett* **2009**, *1*, 81.

[18] Guman, A.; Diaz, E. *Syn.Commun.* **1997**, *27*, 3035.

[19] Guman, A.; Alfaro R.; Diaz, E. *Syn. Commun.* **1999**, *29*, 3021.

[20] Mukaiyama, T.; Masutani, K.; Hagiwara, Y. *Chem. Lett.* **2004**, *33*, 1192.

[21] Masutani, K.; Minowa, T.; Mukaiyama, T. *Chem. Lett.* **2005**, *34*, 1124.

[22] Harusawa, S.; Shioiri, T. *Tetrahedron Lett.* **1982**, *23*: 447.

[23] García-Egido, E.; Paz, J.; Iglesias, B.; Muñoz, L. *Org. Biomol. Chem.* **2009**, *7*, 3991.

[24] Aoyama, T.; Sudo, K.; Shioiri, T. *Chem. Pharm. Bull.* **1982**, *30*, 3849.

[25] Lennon, P. J.; Vulfson, S. G.; Civade, E. *J. Org. Chem.* **1999**, *64*, 2958.

[王波，清华大学化学系；WXY]

4-氰基-3-四氢噻吩酮

【英文名称】 4-Cyanothiolan-3-one

【分子式】 C$_5$H$_5$NOS

【分子量】 127.16

【CAS 登录号】 [16563-14-7]

【缩写和别名】 4-Cyano-3-oxotetrahydrothiophene，4-Cyanotetrahydro-3-thiophenone，4-Oxotetrahydrothiophene-3-carbonitrile

【结构式】

【物理性质】 mp 71~72 ^{o}C, bp 125 ^{o}C /1 mmHg, ρ 1.29 g/cm^3。

【制备和商品】 大型试剂公司均有销售。也可通过巯基乙酸甲酯与烯丙基腈的 Michael 加成反应来制备[1]。

【注意事项】 佩戴合适的防护用具，在通风橱中操作。

4-氰基-3-四氢噻吩酮的烯醇式结构可通过多种方法捕获并应用。在碳酸铯存在下，该试剂与碘甲烷反应，可得到相应的烯醇醚 (式 1)[2]。在偶氮二甲酸二乙酯和三苯基膦的存在下，4-氰基-3-四氢噻吩酮与乙醇酸乙酯反应，能够生成烯醇醚衍生物 (式 2)[3]。在四氯苯醌和二氯亚砜的存在下，4-氰基-3-四氢噻吩酮很容易经氧化芳构化得到取代的噻吩[4]。

4-氰基-3-四氢噻吩酮也可用于含氮杂环化合物的合成。在三氟乙酸的存在下，该试剂与取代肼反应可生成氨基吡唑衍生物（式3）[5]。在体系中加入二异丙基乙基胺可提高反应的产率[6]。在四氯苯醌的氧化下，4-氰基-3-四氢噻吩酮与邻苯二胺反应也可生成含氮的七元杂环化合物[7]。

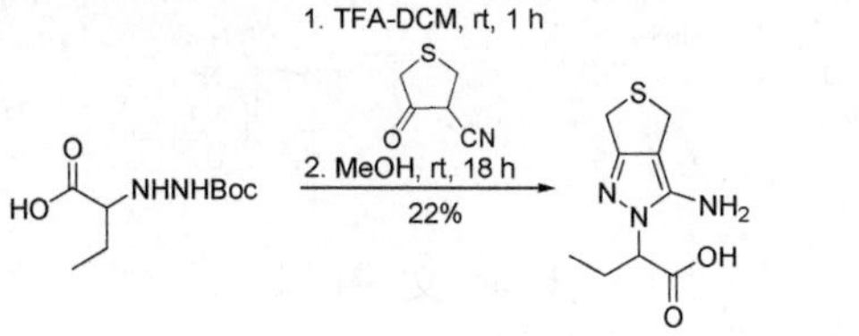

$$(3)$$

参 考 文 献

[1] Baraldi, P. G.; Pollini, G. P.; Zanirato, V.; et al. *Synthesis* **1985**, 969.

[2] Hergué, N.; Mallet, C.; Savitha, G.; et al. *Org. Lett.* **2011**, 13, 1762.

[3] Redman, A. M.; Dumas, J.; Scott, W. J. *Org. Lett.* **2000**, 2, 2061.

[4] Rosy, P. A.; Hoffmann, W.; Müller, N. *J. Org. Chem.* **1980**, 45, 617.

[5] Blass, B. E.; Srivastava, A.; Coburn, K. R.; et al. *Tetrahedron Lett.* **2004**, 45, 619.

[6] Blass, B. E.; Srivastava, A.; Coburn, K. R.; et al. *Tetrahedron Lett.* **2004**, 45, 1275.

[7] Chakrabarti, J. K.; Fairhurst, J.; Gutteridge, N. J. A.; et al. *J. Med. Chem.* **1980**, 23, 884.

[张皓，付华*，清华大学化学系；FH]

2-氰基乙酰胺

【英文名称】 2-Cyanoacetamide

【分子式】 $C_3H_4N_2O$

【分子量】 84.08

【CAS 登录号】 [107-91-5]

【缩写和别名】 2-CAA

【结构式】

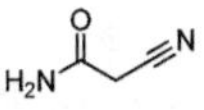

【物理性质】 白色或浅黄色针状结晶或粉末，mp 119~121 ℃，ρ 1.4 g/cm^3。微溶于水，易溶于乙醇。

【制备和商品】 国内外化学试剂公司有售。也可由以下三种反应制备（式 1）[1]。

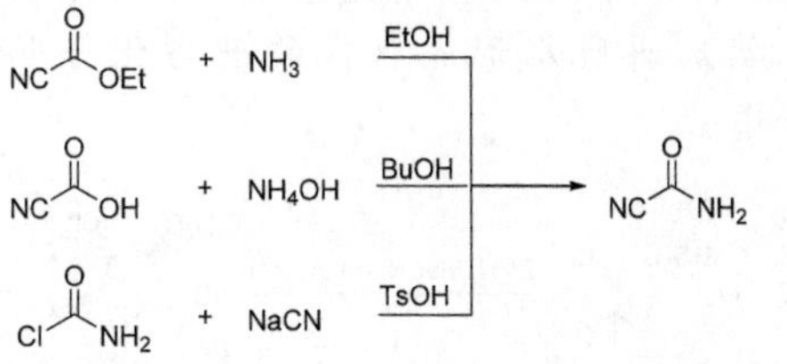

$$(1)$$

【注意事项】 储存于阴凉、通风的库房。远离火种、热源。应与氧化剂、还原剂、酸类、还原剂分开存放，切忌混储。密闭操作，局部排风。

氰基乙酸类衍生物是合成有机杂环化合物的重要中间体。其中 2-氰基乙酰胺所受关注最多，因为它能转化成很多具有生物活性和其它特殊性质的新型化合物[1]。由于同时含有亲电性的 C-1、C-3 和亲核性的 C-2 与 NH 中心，该试剂具有很高的反应活性。C-2 上的酸性能够促进其在一系列缩合和环加成反应中的应用。此外，该试剂还可以参与取代反应[2]。

2-氰基乙酰胺的 C-2 较易发生烷基化。在温和条件下，亲核取代反应即可发生。利用苯甲酰胺甲基三乙基氯化铵作为亲电试剂，在室温下不使用任何催化剂即可得到二取代的产物（式 2）[3]。

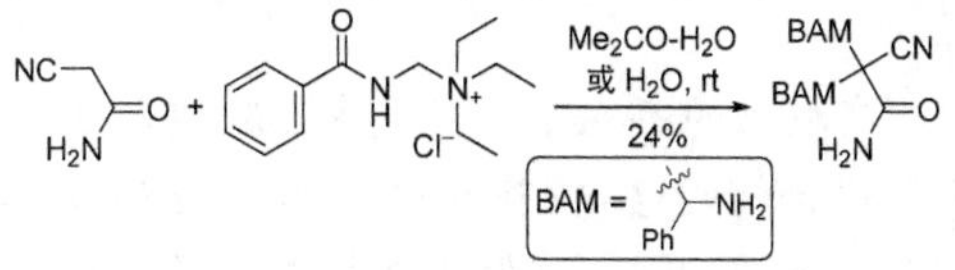

$$(2)$$

直接在 2-氰基乙酰胺的氨基上进行 N-烷基化，可以得到二级酰胺类化合物。使用 $Co(CO)_8Sb(2\text{-}Tol)_3$ 可以有效地催化取代芳香醛和 2-氰基乙酰胺的反应。如式 3 所示[4]，该试剂与 4-叔丁基苯甲醛在此条件下反应，得到相应的二级酰胺类化合物。

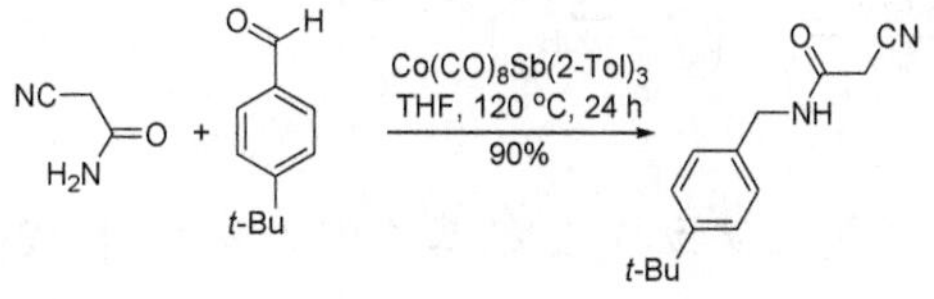

$$(3)$$

在三乙胺催化下，使用 2-氯乙酰乙酸乙酯可将 2-氰基乙酰胺进行烷基化。之后在酸的催化下，分子内氨基与羰基进行亲核加成反应，然后再脱水形成取代的吡咯化合物 (式 4)[5]。

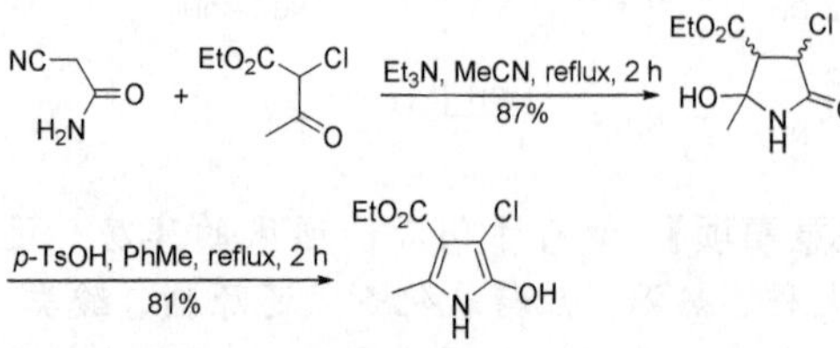

(4)

在碱和硫单质的存在下，醛或酮与 2-氰基乙酰胺通过 Gewald 反应可以得到取代的 2-氨基噻吩类化合物。在 DMF 溶剂中利用丁醛和 2-氰基乙酰胺反应可以合成相应的噻吩衍生物 (式 5)[6]。

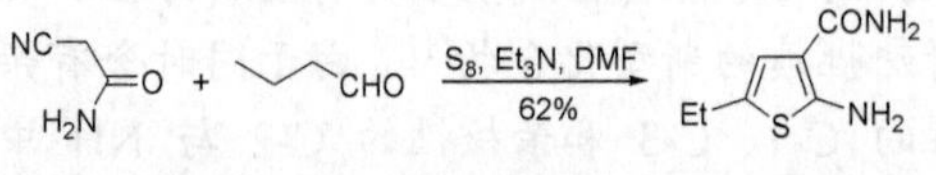

(5)

α,β-不饱和腈衍生物 (Knoevenagel 缩合反应产物) 是杂环化合物一种重要的前体化合物。在 N-甲基哌嗪存在时和无溶剂条件下，2-氰基乙酰胺分别与芳香醛、脂肪醛、杂环芳香醛反应，得到相应的 Knoevenagel 缩合反应产物 (式 6)[7]。

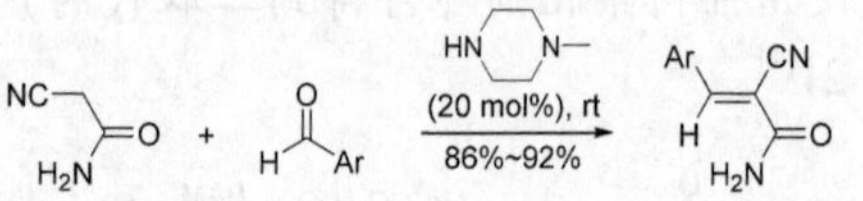

(6)

在有机碱的存在下，2-氰基乙酰胺与丁烯羰基类化合物的 C-糖苷发生 1,4-共轭加成反应 (Michael 反应)。随后在氧气条件下进行氧化芳构化，得到葡萄糖基甲基吡啶酮类化合物 (式 7)[8]。

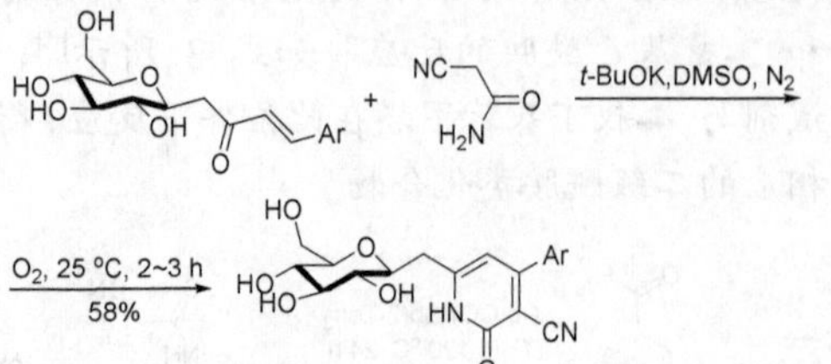

(7)

叠氮化合物与 2-氰基乙酰胺发生 [3+2]

偶极环加成反应，能够生成 5-氨基-4-氨基甲酰-1,2,3-三氮唑类化合物。在 DMSO 溶剂和碳酸钾的条件下，(R)-3-叠氮磷酸二乙酯与 2-氰基乙酰胺进行环加成反应，得到三氮唑衍生物 (式 8)[9]。

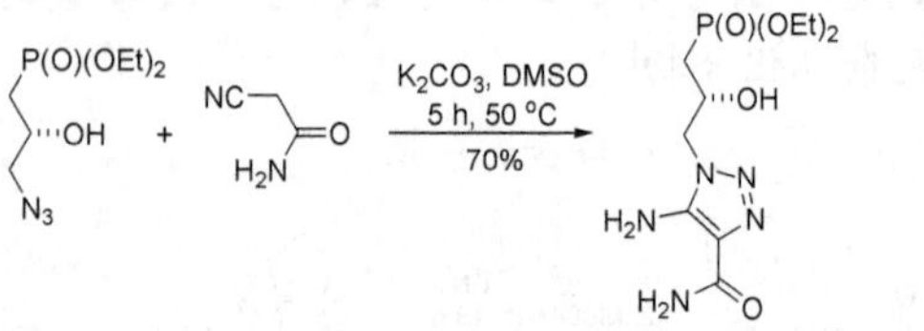

(8)

参 考 文 献

[1] Litvinov, V. P. Russ. Chem. Rev. 1999, 68, 737.

[2] Fadda, A. A.; Bondock, S.; Rabie, R.; Etman, H. A. Turk. J. Chem. 2008, 32, 259.

[3] Mateska, A.; Stojkovic, G.; Mikhova, B.; et al. ARKIVOC 2009, 9, 131.

[4] Rubio-Pérez, L.; Sharma, P.; Pérez-Flores, F. J.; et al. Tetrahedron 2012, 68, 2342.

[5] Dawadi, P. B. S.; Lugtenburg, J. Tetrahedron Lett. 2011, 52, 2508.

[6] Horiuchi, T.; Chiba, J.; Uoto, K.; Soga, T. Bioorg. Med. Chem. Lett. 2009, 19, 305.

[7] Mukhopadhyay, C.; Datta, A. Synth. Commun. 2008, 38, 2103.

[8] Bisht, S. S.; Jaiswal, N.; Sharma, A.; et al. Carbohydr. Res. 2011, 346, 1191.

[9] Głowacka, I. E. Tetrahedron: Asymmetry, 2009, 20, 2270.

[卢金荣，巨勇*，清华大学化学系；JY]

氰甲基膦酸二乙酯

【英文名称】 Diethyl cyanomethylphosphonate

【分子式】 $C_6H_{12}NO_3P$

【分子量】 177.14

【CAS 登录号】 [2537-48-6]

【缩写和别名】 二乙基氰甲基膦酸酯

【结构式】

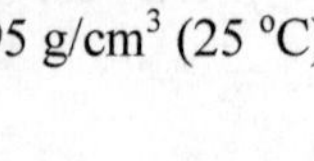

【物理性质】油状液体，bp 102~104 °C/0.4 mmHg，n_D^{20} 1.434，ρ 1.095 g/cm³ (25 °C)。

【制备和商品】 国内外化学试剂公司均有销售。

【注意事项】 该试剂有毒性和腐蚀性，遇酸能释放出剧毒气体。一般在通风橱中进行操作。在冰箱中储存。

氰甲基膦酸二乙酯最主要的应用是霍纳尔-沃兹沃思-埃蒙斯(Horner-Wadsworth-Emmons) 制烯反应 (HWE 反应)。其能与各种醛、酮反应，获得一系列不饱和腈。同时，该试剂分子中含有活性亚甲基，因而可以发生包括克脑文盖尔 (Knoevenagel) 缩合反应在内的活性亚甲基化合物参与的相关反应。

HWE 反应　在强碱存在下，氰甲基膦酸二乙酯与醛、酮反应生成 α,β-不饱和腈。该反应通常在 THF 或 DMF 中进行，NaH、LDA、LiHMDS 和 BuLi 为最常用的碱。该方法被大量应用于全合成和药物化学等领域，用于制备各种类型的 α,β-不饱和腈。其产物的立体构型与反应的底物和使用的条件有关[1]。如式 1 所示[2]：在 NaNH$_2$ 的存在下，不饱和萘烷酮与氰甲基膦酸二乙酯反应得到以 E-构型为主的 α,β-不饱和腈。而当以 NaH 为碱时，苯乙酮与氰甲基膦酸二乙酯在乙二醇二甲醚中反应得到以 Z-构型为主的 α,β-不饱和腈 (式 2)[3]。

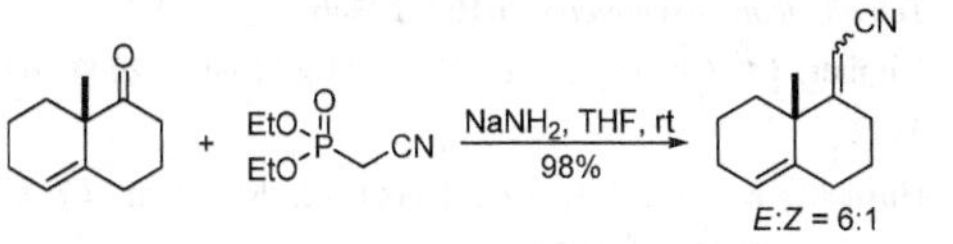

$$(1)$$

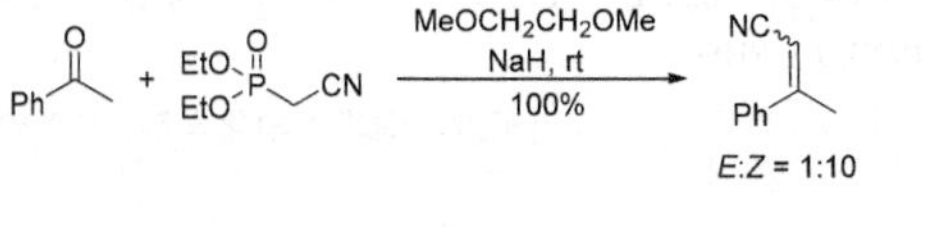

E:Z = 6:1

$$(2)$$

E:Z = 1:10

如式 3 所示[4]：镍与卟啉衍生物生成的配合物中的醛基能与氰甲基膦酸二乙酯进行反应，以良好的产率得到相应的 α,β-不饱和腈。以含硒基的 α,β-不饱和醛为底物的反应同样可以得到较高的产率 (式 4)[5]。氰甲基膦酸二乙酯的 HWE 反应也被用于固相合成中 (式 5)[6]。

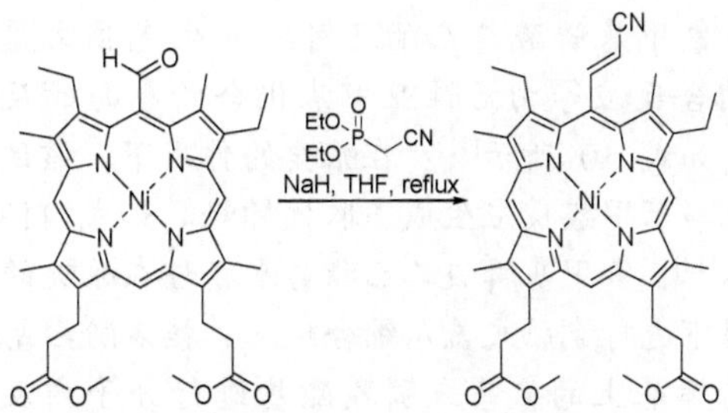

$$(3)$$

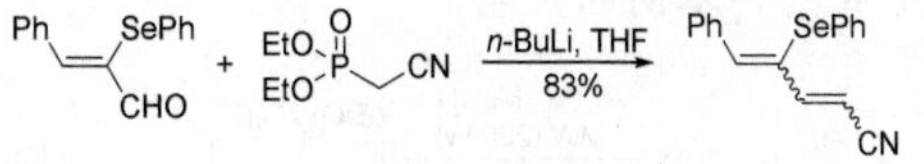

$$(4)$$

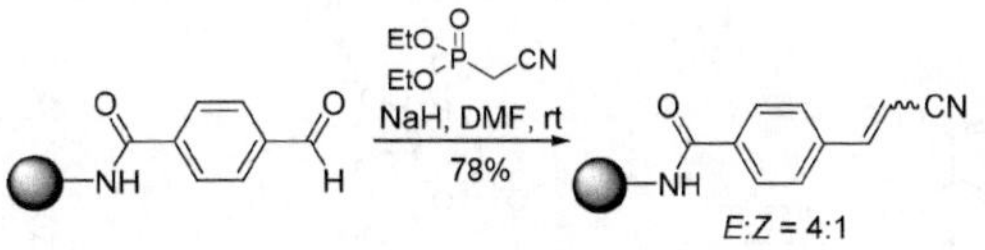

$$(5)$$

E:Z = 4:1

如式 6[7] 和式 7[8] 所示：LiOH 和脒等较弱的碱也可使氰甲基膦酸二乙酯的 HWE 反应顺利进行。

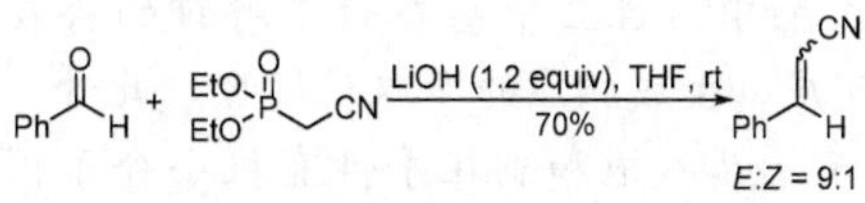

$$(6)$$

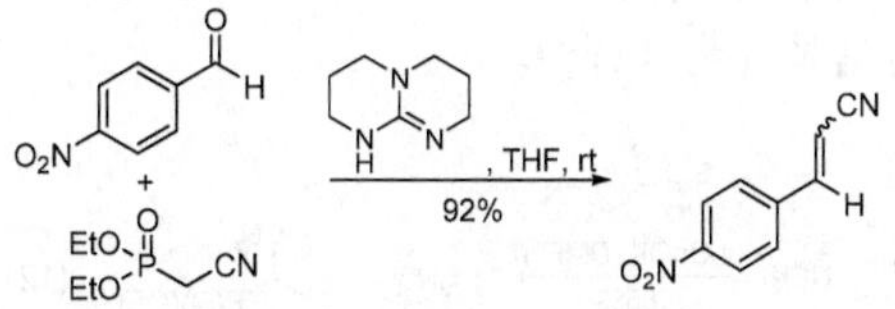

E:Z = 9:1

$$(7)$$

一些酮化合物与氰甲基膦酸二乙酯发生 HWE 反应时，在得到相应的 α,β-不饱和腈的同时，也会得到大量双键发生位移的 β,γ-不饱和腈 (式 8)[9]。

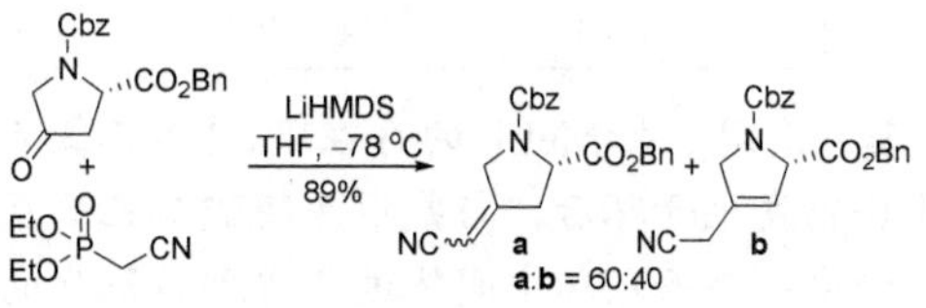

$$(8)$$

a:b = 60:40

活性亚甲基参与的反应　如式 9 所示[10]：将氰甲基膦酸二乙酯的亚甲基进行烷基化后，再与羰基化合物发生 HWE 反应，便可获得一系列 α-取代的不饱和腈。

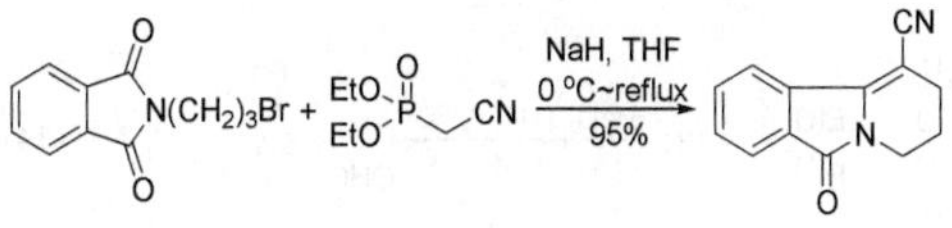

$$(9)$$

氰甲基膦酸二乙酯还可以发生克脑文盖尔缩合反应等由活性亚甲基化合物参与的反应。如式 10 所示[11]：在哌啶的作用下，该试剂能与苯甲醛反应生成多取代烯烃。如式 113 所示[12]：氰甲基膦酸二乙酯与水杨醛在哌啶的作用下进行克脑文盖尔缩合反应，接着酚羟基再与烯基上的氰基或磷酸酯基进行分子内反应，生成两种不同的产物。

如式 12 所示[13]：亚胺的碘鎓盐与氰甲基膦酸二乙酯中活性亚甲基在叔丁醇钾的存在下发生反应，生成相应的多取代烯烃。此外，该试剂与 α,β-不饱和酮在手性有机小分子催化下进行的不对称迈克尔加成反应也能得到很好的结果 (式 13)[14]。

其它应用　在 MeLi 的存在下，1,2-二氧六环化合物发生开环后，与氰甲基膦酸二乙酯反应，经由一个五元环中间体过程得到多取代的环丙烷 (式 14)[15]。使用 DBU 作为碱，烯基锍盐与氰甲基膦酸二乙酯的反应也能够得到多取代的环丙烷 (式 15)[16]。如式 16 所示[17]：在 NaH 的作用下，硝酮化合物与氰甲基膦酸二乙酯反应生成氮丙啶衍生物。

参 考 文 献

[1] Deschamps, B.; Lefebvre, G.; Redjal, A.; Seyden-Penne, J. *Tetrahedron* **1973**, *29*, 2437.

[2] Chen, Y.-J.; Gao, L.-J.; Murad, I.; et al. *Org. Biomol. Chem.* **2003**, *1*, 257.

[3] Jones, G.; Maisey, R. F. *Chem. Commun.* **1968**, *10*, 543.

[4] Haas, R.; N. S.; Jong, R.; et al. *Eur. J. Org. Chem.* **2004**, *19*, 4024.

[5] Redon, S.; Berkaoui, A.-L. B.; Pannecoucke, X.; Outurquin, F. *Tetrahedron* **2007**, *63*, 3707.

[6] Lyngso, L. O.; Nielsen, J. *Tetrahedron Lett.* **1998**, *39*, 5845.

[7] Lattanzi, A.; Orelli, L. R.; Barone, P.; et al. *Tetrahedron Lett.* **2003**, *44*, 1333.

[8] Simoni, D.; Rossi, M.; Rondanin, R.; et al. *Org. Lett.* **2000**, *2*, 3765.

[9] Ganorkar, R.; Natarajan, A.; Mamai, A.; Madalengoitia, J. S. *J. Org. Chem.* **2006**, *71*, 5004.

[10] Gourves, J.-P.; Couthon, H.; Sturtz, G. *Eur. J. Org. Chem.* **1999**, *12*, 3489.

[11] Ayoubi, S. A.; Texier-Boullet, F.; Hamelin, J. *Synthesis* **1994**, 258.

[12] Bojilova, A.; Nikolova, R.; Ivanov, C.; et al. *Tetrahedron* **1996**, *523*, 12597.

[13] Arimitsu, S.; Konno, T.; Gupton, J. T.; et al. *J. Fluorine Chem.* **2006**, *127*, 1235.

[14] Pham, T. S.; Balázs, L.; Petneházy, I.; Jászay, Z. *Tetrahedron: Asymmetry* **2010**, *21*, 346.

[15] Kimber, M. C.; Taylor, D. K. *J. Org. Chem.* **2002**, *67*, 3142.

[16] Hirotaki, K.; Takehiro, Y.; Kamaishi, R.; et al. *Chem. Commun.* **2013**, *49*. 7965.

[17] Breuer, E.; Zbaida, S.; Pesso, J.; Levi, S. *Tetrahedron Lett.* **1975**, *16*, 3103.

[王波，清华大学化学系；WXY]

2-巯基苯甲醛

【英文名称】　2-Sulfanylbenzaldehyde

【分子式】　C_7H_6OS

【分子量】　138.19

【CAS 登录号】　[29199-11-9]

【缩写和别名】 Thiosalicylaldehyde, *o*-Mercaptobenzaldehyde, Thiophene-2-carbaldehyde, 邻巯基苯甲醛

【结构式】

【物理性质】 淡黄色或者浅棕色固体，mp 43~44 ℃，bp 95~100 ℃/1.0 mmHg。溶于大多数有机溶剂，可以在乙醇、甲醇、乙醚、二氯甲烷、THF、DMF 和 DMSO 中使用。

【制备和商品】 国内外化学试剂公司均有销售。

【注意事项】 该试剂不稳定，易被氧化，需避光密封保存。

2-巯基苯甲醛分子中的巯基具有一定的酸性，是较强的亲核试剂端，而芳醛羰基是亲核加成反应的受体。因此，2-巯基苯甲醛能够发生分子间交叉反应 (式 1)[1]。

2-巯基苯甲醛是合成 *N,S*-缩醛(酮)的关键中间体。例如苯并八氢吡啶并噻嗪的骨架构建，就由 2-巯基苯甲醛与取代哌啶在酸性条件下缩合而成 (式 2)[2]。如式 3 所示[2]：该反应具有较高的区域选择性。

2-巯基苯甲醛与 β 内酰胺在奎宁的催化下，能够有效地构建青霉素类抗生素的基本结构单元。反应先通过巯基对 β 内酰胺的甲酰氧基进行亲核取代，然后 β 内酰胺的氨基对醛基进行分子内亲核加成后，再环合得到 β 内酰胺

并氢化噻嗪 (式 4)[3]。

在奎宁衍生物的催化下，2-巯基苯甲醛能够与缺电子的烯烃发生环合，生成四氢硫杂萘 (式 5)[4]。

同样的，2-巯基苯甲醛与硝基乙醇在二正丁基胺和邻苯二甲酸酐的协同催化下，经过上述类似反应可环合得到 3-硝基-1-硫杂二氢萘 (式 6)[5]。

缺电子的丁炔二酯与 2-巯基苯甲醛的环合反应可以在三苯基膦的促进下完成，得到 1-硫杂二氢萘衍生物 (式 7)[6]。

2-巯基苯甲醛在碳酸钾的促进下与 α-氯代丙酮发生亲核取代反应生成硫醚，然后经分子内羟醛缩合反应得到 2-乙酰苯并噻唑 (式 8)[7]。

2-巯基苯甲醛与末端炔基溴化镁格氏试剂反应生成 1-(2-巯基苯基)-2-丁炔-1-醇，然后不经纯化直接使用碘化钯催化进行环合，得到 2-烯基苯并噻唑 (式 9)[8]。而使用自由基引发剂偶氮二异丁腈作用于上述第一步粗产物，同样能够有效地促进环合，得到 2-醇基苯并噻唑 (式 9)[8]。

$$(9)$$

参 考 文 献

[1] Toste, F. D.; Lough, A. J.; Still, I. W. J. *Tetrahedron Lett.* **1995**, *36*, 6619.

[2] Jarvis, C. L.; Richers, M. T.; Breugst, M.; et al. *Org. Lett.* **2014**, *16*, 3556

[3] Kozioł, A.; Altieri, E.; Furman, B.; et al. *ARKIVOC*, **2011**, *(iv)*, 37.

[4] Dodda, R.; Mandal, T.; Zhao, C. G. *Tetrahedron Lett.* **2008**, *49*, 1899.

[5] Clark, A. H.; McCorvy, J. D.; Watts, V. J.; Nichols, D. E. *Bioorg. Med. Chem.* **2011**, *19*, 5420.

[6] Hekmatshoar, R.; Javanshir, S.; Heravi, M. M. *J. Chem. Res. (S)* **2007**, 60.

[7] Gallagher, T.; Pardoea, D. A.; Porter, R. A. *Tetrahedron Lett.* **2000**, *41*, 5415.

[8] Gabriele, B.; Mancuso, R.; Lupinacci, E.; et al. *J. Org. Chem.* **2011**, *76*, 8277.

[王存德，扬州大学化学化工学院；HYF]

巯基乙酸

【英文名称】 Mercaptoacetic acid

【分子式】 $C_2H_4O_2S$

【分子量】 92.12

【CAS 登录号】 [68-11-1]

【缩写和别名】 巯乙酸，乙硫醇酸，巯基醋酸，硫醇醋酸，硫醇乙酸，硫乙醇酸，TGA，Thioglycolic，Thiovanic acid，Thioglycolate，Mercaptoacetic，Thiovanic acid

【结构式】

【物理性质】 纯品为无色透明液体，工业品为无色至微黄色。bp 96.5 ℃，mp −16 ℃，ρ 1.326 g/cm^3，能与水、乙醚和乙醇混溶。

【制备和商品】 由氯乙酸和二硫化钠发生缩合反应，随后用电化学的方法还原生成的二硫二乙酸来制备巯基乙酸 (式 1)。

$$Na_2S_2 + 2\ ClCH_2CO_2H \longrightarrow HO_2CCH_2SSCH_2CO_2H + 2\ NaCl$$
$$\downarrow \begin{array}{c}+2\ e^-\\+2\ H^+\end{array}$$
$$2\ HSCH_2CO_2H \qquad\qquad (1)$$

【注意事项】 遇明火、高热或与氧化剂接触有引起燃烧爆炸的危险。受热分解产生有毒的硫化物烟气。具有较强的腐蚀性。

巯基乙酸在有机合成中应用广泛，尤其在药物化学上可用来合成活性杂芳环，主要包括 1,3-噻唑-4-酮、1,4-硫氮杂䓬和噻唑等。巯基乙酸也可应用于多组分反应来合成螺烷，以及 α-氨基酸分子中氨基上对甲基苯磺酰基保护基的脱除[1]。

在甲苯溶液中使用 Dean-Stark 分水器加热回流，3,4-亚甲二氧基苄胺、芳香醛和巯基乙酸可通过"一锅法"合成 1,3-噻唑-4-酮衍生物 (式 2)[2]。

$$(2)$$

R = 2-NO$_2$Ph, 3-NO$_2$Ph, 4-NO$_2$Ph, 2-FPh, 3-FPh, 4-FPh, 2-MeOPh, 3-MeOPh, 4-MeOPh, 4-CNPh, NMe$_2$, 4-(吡啶-2-基)苯基, 噻吩-2-基, 吡啶-2-基, 2,4-(NO$_2$)$_2$Ph

在无溶剂及微波辅助的条件下，芳香醛、巯基乙酸与 3-氨基-9-乙基咔唑通过多组分反应合成出新型 1,4-硫氮杂䓬衍生物 (式 3)[3]。该反应具有反应时间短、环境友好、产物结构多样以及产率高等优点。

$$(3)$$

巯基乙酸与乙酰胺反应可制备 2-(4-羧基-4,5-二羟基噻唑-2-烃)乙酰胺。该化合物是一类含有安替比林 (antipyrinyl) 结构的新型噻唑衍生物 (式 4)[4]。

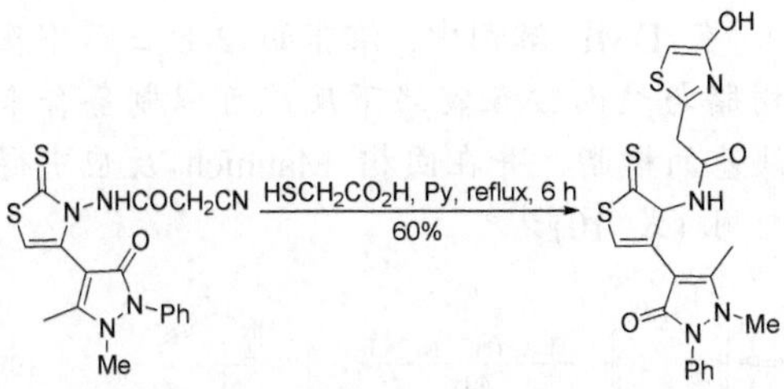

$$(4)$$

1-氢吲哚-2,3-二酮与对位取代的苯胺反应，可合成新型 Schiff 碱衍生物。该化合物在巯基乙酸的存在下，发生缩环反应转变成螺烷衍生物 (式 5)[5]。

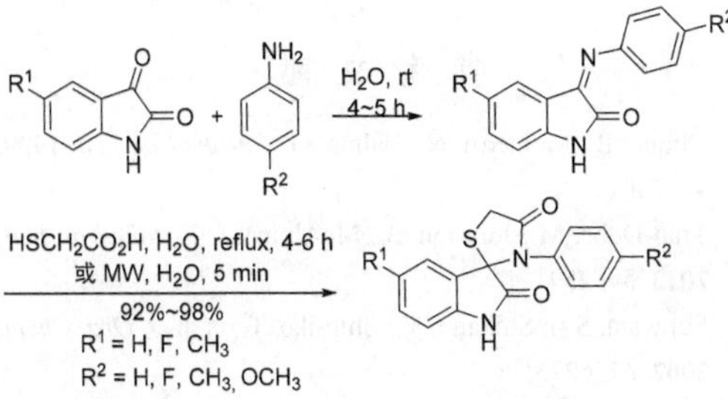

$$(5)$$

巯基乙酸可用于氨基的对硝基苯磺基 (Ns) 保护基的脱除。使用巯基乙酸，Ns 基团保护的胺在回流条件下可快速脱除保护基。脱保护后的胺无需分离，进一步反应可得相应的非对映体二肽 (式 6)[6]。该方法可用于肽链的延长。

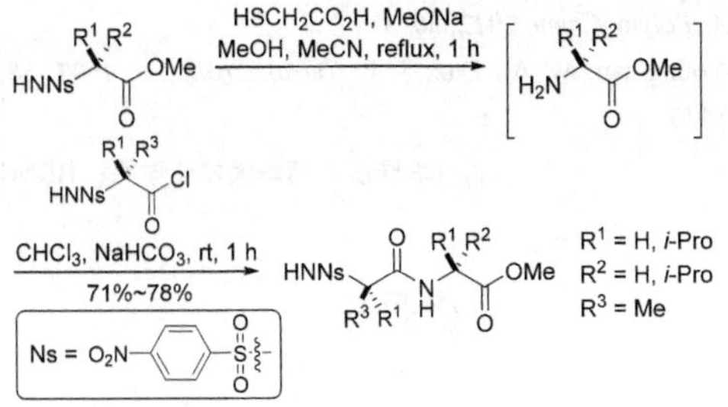

$$(6)$$

参 考 文 献

[1] O'Neil, M. J.; Heckelman, P. E.; Koch, C. B.; Roman, K. J.; Kenny, C. M.; D'Arecca, M. R. *The Merck Index 14th Ed*, Merck Research Laboratories: New York, **2006**.

[2] Claudia, R. B. G.; Marcele, M.; Victor, F.; et al. *Lett. Drug Des. Discovery* **2010**, *7*, 353.

[3] Shi, F.; Zeng, X. N.; Cao, X. D.; et al. *Bioorg. Med. Chem. Lett.* **2012**, *22*, 743.

[4] Ayyad, S. E. N.; El Taweel, F. M.; Elagamey, A. G. A.; El Mashad, T. M. *Int. J. Org. Chem.* **2012**, *2*, 135.

[5] Panda, S. S.; Jain, S. C. *Monats Chem.* **2012**, *143*, 1187.

[6] Leggio, A.; Di Gioia, M. L.; Perri, F.; Liguori, A.;

Tetrahedron **2007**, *63*, 8164.

[张巽，巨勇*，清华大学化学系；JY]

炔丙胺

【英文名称】 Propargyl amine

【分子式】 C_3H_5N

【分子量】 55.08

【CAS 登录号】 [2450-71-7]

【缩写和别名】 2-氨基-1-丙炔，2-丙炔胺，炔丙基胺

【结构式】

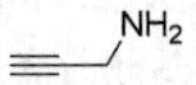

【物理性质】 无色或淡黄色透明液体，bp 84℃，ρ 0.86 g/cm³。溶于水、甲醇、乙醇、丙酮等多种有机溶剂。

【制备和商品】 国内外化学试剂公司均有销售。

【注意事项】 该试剂高度易燃，对皮肤、眼睛和呼吸系统有刺激作用。

炔丙胺是含有亲核活性氨基和末端炔基的一种廉价、易得的有机试剂，在环化反应、偶联反应、聚合反应以及天然产物全合成中有广泛的应用。

该试剂的氨基和不饱和碳-碳三键能够参与环化反应，在五元或六元含氮杂环化合物合成中被广泛地应用。例如：在钯配合物和 *n*-BuLi 的催化下，炔丙胺与缺电子烯烃发生环化反应生成亚甲基取代的四氢吡咯类化合物 (式 1)[1]。在 $AuCl_3$ 催化剂存在下，该试剂与酰氯反应生成酰胺中间体后，羰基异构化为羟基与碳-碳三键进行环化加成反应生成三取代噁唑 (式 2)[2]。过量的炔丙胺与硒和 CO 进行三组分环化反应，低产率生成含硒五元杂环化合物 (式 3)[3]。在 $Pd(OAc)_2$ 存在下，炔丙胺与 CO_2 反应高产率地生成噁唑烷酮衍生物 (式 4)[4]。

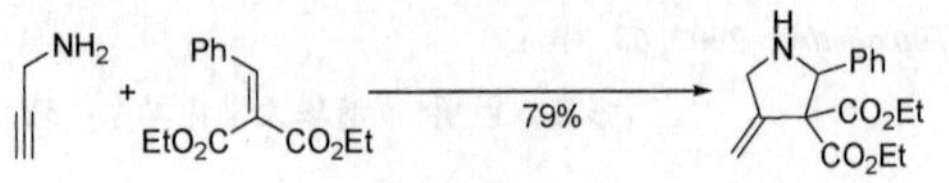

$$(1)$$

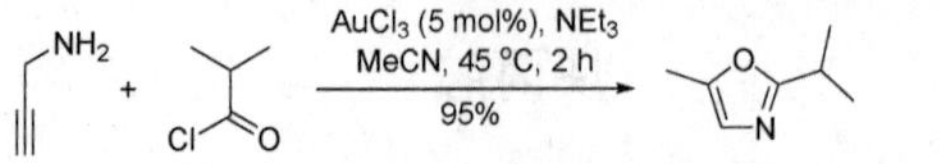

$$(2)$$

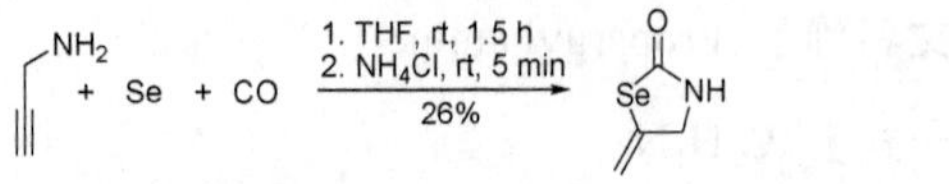

$$(3)$$

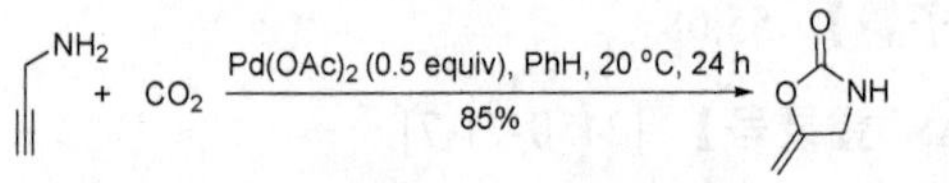

$$(4)$$

在水合 NaAuCl₄ 催化下，炔丙胺与二苯丙酮发生胺化、环化和芳构化串联反应生成吡啶衍生物 (式 5)[5]。在室温下，炔丙胺与邻叠氮苯醛和苄基异氰发生环化反应生成含有三唑和咪唑的多环化合物 (式 6)[6]。

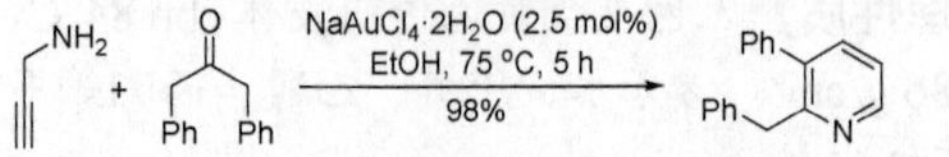

$$(5)$$

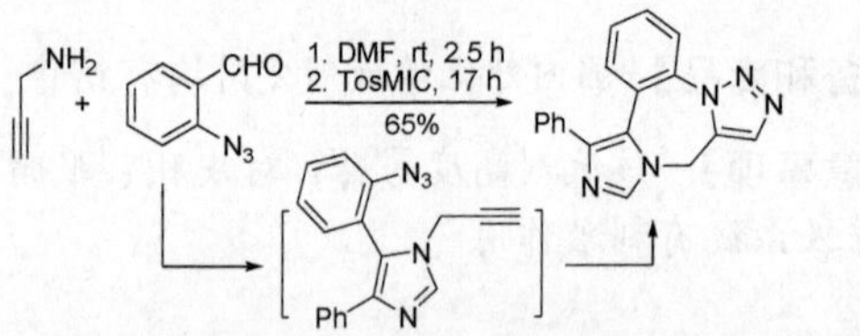

$$(6)$$

在室温下，炔丙胺的盐能与 $Co_2(CO)_8$ 进行配位反应高产率生成二钴配合物 (式 7)[7]，该配合物的类似物能与降冰片二烯反应生成 Pauson-Khand 产物。所以，在 $Co_2(CO)_8$ 存在下，炔丙胺的盐能够与降冰片二烯反应得到 Pauson-Khand 产物 (式 8)[7]。

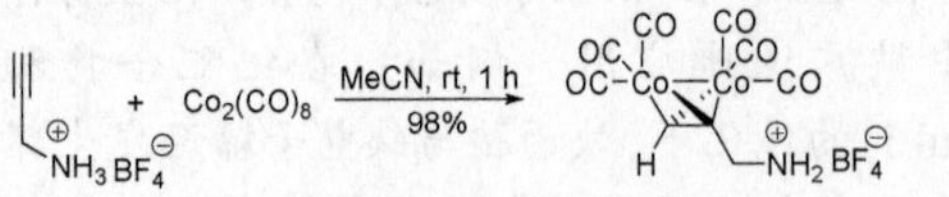

$$(7)$$

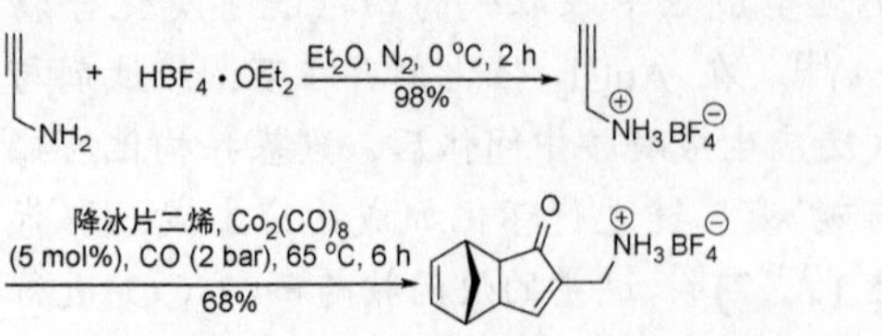

$$(8)$$

炔丙胺的氨基易进行亲核取代反应，是引入炔基的有效试剂。例如：氯代聚磷腈与两分子炔丙胺反应，可以在磷原子上连接两个炔丙氨基，并使生成的聚合物的性状发生改变 (式

9)[8]。在 DMF 溶剂中，溶胀的 2-氯三苯甲基氯树脂与炔丙胺在室温下反应可以制备含末端炔基的树脂，并在固相 Mannich 反应中得到应用 (式 10)[9]。

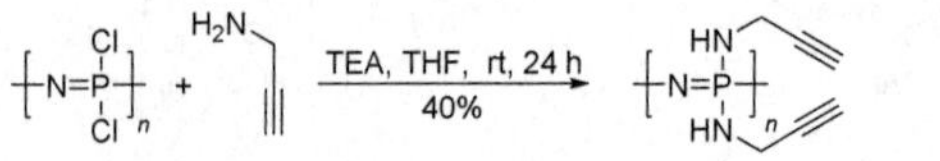

$$(9)$$

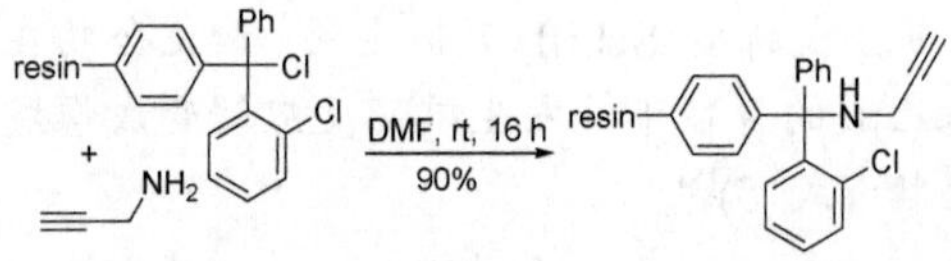

$$(10)$$

参 考 文 献

[1] Clique, B.; Monteiro, N.; Balme, G. *Tetrahedron Lett.* 1999, *40*, 1301.

[2] Tran-Dubé, M.; Johnson, S.; McAlpine, I. *Tetrahedron Lett.* 2013, *54*, 259.

[3] Fujiwara, S.-i; Shikano, Y.; Shin-ike, T.; et al. *J. Org. Chem.* 2002, *67*, 6275.

[4] Shi, M.; Shen, Y.-M. *J. Org. Chem.* 2002, *67*, 16.

[5] Abbiati, G.; Arcadi, A.; Bianchi, G.; et al. *J. Org. Chem.* 2003, *68*, 6959.

[6] Gracias, V.; Darczak, D.; Gasiecki, A. F.; Djuric, S. W. *Tetrahedron Lett.* 2005, *46*, 9053.

[7] Ji, Y.; Riera, A.; Verdaguer, X.; *Eur. J. Org. Chem.* 2011, 1438.

[8] Ren, N.; Huang, X.-J.; Huang, X.; et al. *J. Polym. Sci., Part A: Polym. Chem.* 2012, *50*, 3149.

[9] Youngman, M. A.; Dax, S. L. *Tetrahedron Lett.* 1997, *38*, 3476.

[华瑞茂，清华大学化学系；HRM]

绕丹宁

【英文名称】 Rhodanine

【分子式】 $C_3H_3NOS_2$

【分子量】 132.96

【CAS 登录号】 [141-84-4]

【缩写和别名】 绕丹酸，罗丹宁，银试剂

【结构式】

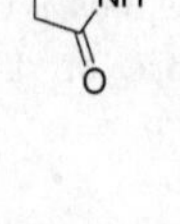

【物理性质】 mp 170 ℃, ρ 0.868 g/cm³. 溶于沸水、乙醇、乙醚、氨和热乙酸。

【制备和商品】 大型跨国试剂公司均有销售。实验室常使用二硫化碳与氯乙酸在饱和氨的醇溶液中制得，也可以使用氯乙酰氯代替氯乙酸得到更高的反应产率。此外，还可以使用二硫代氨基甲酸铵与氯乙酸钠反应来制备。

【注意事项】 该试剂快速加热时易发生爆炸，对湿度敏感，密封保存。

绕丹宁在合成具有生物活性的化合物中具有重要的作用，以它作为反应物合成的偶氮类化合物可以作为潜在的药物制剂[1]。绕丹宁的分子结构中同时含有硫、氧、氮三种给电子元素，可以作为良好的金属配体[2]。

绕丹宁可以与芳醛在无溶剂的条件下，以尿素或硫脲作为催化剂，经过 Knoevenagel 缩合反应生成 5-芳亚甲基-2-硫代-4-噻唑烷酮化合物 (式 1)[3]。该类反应也可在微波条件下进行，以高产率得到相应的产物 (式 2)[4]。

$$(1)$$

$$(2)$$

上述缩合后的产物可在强碱的条件下发生开环，是制备 α-巯基取代肉桂酸的主要策略 (式 3)[5]。

$$(3)$$

除了亚甲基较活泼外，绕丹宁分子结构中的碳-硫双键在合适的催化剂作用下也可参与反应。在硅胶-吡啶类化合物的催化下，绕丹宁、吲哚类衍生物与胺类化合物经三组分反应生成既含有吲哚又含有噻唑啉酮结构的衍生物 (式 4)[6]。经过三组分反应体系，以 MgO 纳

米粒子作催化剂也可以生成吲哚基噻唑酮类衍生物 (式 5)[7]。

$$(4)$$

$$(5)$$

此外，以绕丹宁作为反应原料之一可以高效地合成 2-芳基亚甲基-5H-噻唑并[2,3-b]喹唑啉-3,5(2H)-二酮及其苯并喹唑啉类衍生物 (式 6 和式 7)[8]。

$$(6)$$

$$(7)$$

绕丹宁也具有类似芳胺或酚类化合物与芳基重氮盐进行偶合反应的能力，在温和条件下能够与取代的芳基重氮盐偶合生成具有绕丹宁结构单元的偶氮化合物 (式 8)[9,10]。

$$(8)$$

参 考 文 献

[1] Brown, F. C.; Bradsher, C. K.; Moser, B. F.; Forrester, S. *J. Org. Chem.* **1959**, *24*, 1056.

[2] El-Sonbati, A. Z.; El-Bindary, A. A. *Pol. J. Chem.* **2000**, *74*, 615.

[3] Shah, S.; Singh, B. *Bioorg. Med. Chem. Lett.* **2012**, *22*, 5388.

[4] Pansare, D. N.; Shinde, D. B. *Tetrahedron Lett.* **2014**, *55*, 1107.

[5] Adams, S. E.; Parr, C.; Miller, D. J.; et al. *Med. Chem. Commun.* **2012**, *3*, 566.

[6] Ray, S.; Mukhopadhyay, C. *Tetrahedron Lett.* **2013**, *54*, 5078.

[7] Baharfar, R.; Shariati, N. *C. R. Chimie.* **2014**, *17*, 413.

[8] Khodair, A. I. *J. Heterocyclic Chem.* **2002**, *39*, 1153.

[9] El-Ghamaz, N. A.; El-Sonbati, A. Z.; Morgan, Sh. M. *J. Mole. Stru.* **2012**, *1027*, 92.

[10] Abou-Dobara, M. I.; El-Sonbati, A. Z.; Morgan, Sh. M. *World J. Microbiol. Biotechnol.* **2013**, *29*, 119.

[李艳，王存德*，扬州大学化学化工学院；HYF]

绕丹宁-3-乙酸

【**英文名称**】 Rhodanine-3-acetic acid

【**分子式**】 $C_5H_5NO_3S_2$

【**分子量**】 190.22

【**CAS 登录号**】 [5718-83-2]

【**缩写和别名**】 Rhodanine-*N*-acetic acid，3-Thiazolidineacetic acid，3-羧甲基路丹宁，3-羧甲基若丹宁，3-羧甲基洛丹宁，3-羧甲基-2-硫代-4-噻唑烷酮，罗丹宁-3-乙酸

【**结构式**】

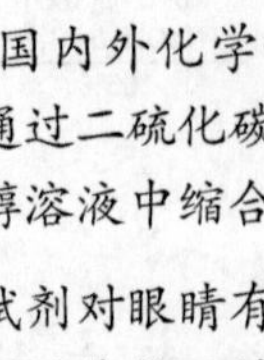

【**物理性质**】 淡黄色针状结晶粉末，mp 145~148 ℃，bp 375.4 ℃/1.0 mmHg，ρ 1.72 g/cm³。溶于热的乙醇和水中，微溶于苯、甲苯、乙醚和 THF。

【**制备和商品**】 国内外化学试剂公司均有销售。实验室可以通过二硫化碳、氯乙酸钠和甘氨酸在氨水和乙醇溶液中缩合制得。

【**注意事项**】 该试剂对眼睛有严重伤害，应避免接触眼睛，使用时戴护目镜或面具防护。

绕丹宁-3-乙酸又称为 3-羧甲基-2-硫代-4-噻唑烷酮，是一种化工中间体，主要用作药物

依帕司他合成的中间体。该试剂亦可用于花青染料的合成。作为关键的结构单元，绕丹宁-3-乙酸也常用于太阳能光敏材料的构建。在含有绕丹宁-3-乙酸结构单元的药物和花青染料分子的设计和合成中，基本策略就是利用该试剂的 5-位活性亚甲基与醛酮羰基缩合而整体引入。

在药物依帕司他的合成中，绕丹宁-3-乙酸是关键的原料。在乙酸钠和乙酸的缓冲溶液中，绕丹宁-3-乙酸与 2-甲基 3-苯基丙烯醛经过 Knoevenagel 缩合即可得到依帕司他。在类似的反应条件下，绕丹宁-3-乙酸与喹啉醛、苯并喹啉醛或多取代呋喃醛缩合可生成具有重要抗菌活性的绕丹宁衍生物 (式 1 和式 2) [1~3]。在太阳能光敏材料吩噻嗪绕丹宁衍生物的合成中，使用醋酸铵和醋酸的缓冲体系可催化吩噻嗪甲醛与绕丹宁-3-乙酸的缩合反应 (式 3)[4]。

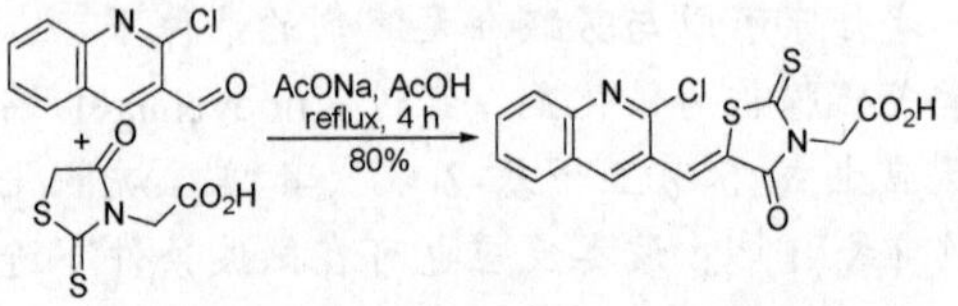

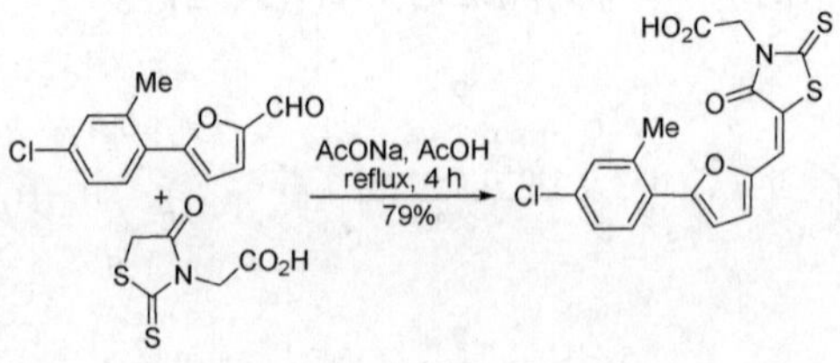

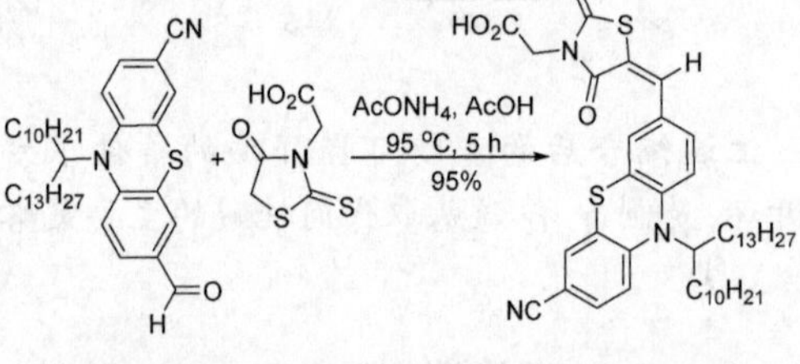

这类缩合反应也可使用有机碱哌啶、*N*-甲基哌嗪与醋酸铵协同来催化 (式 4~式 6)[5~8]。

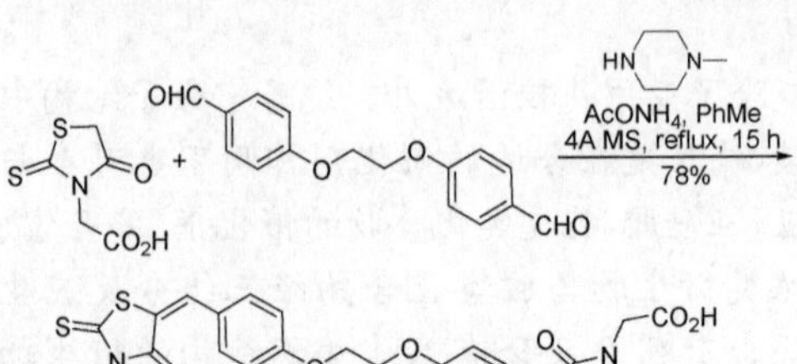

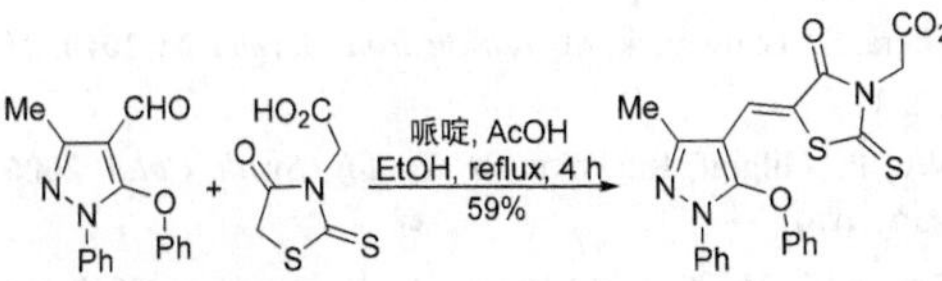

（式 5）

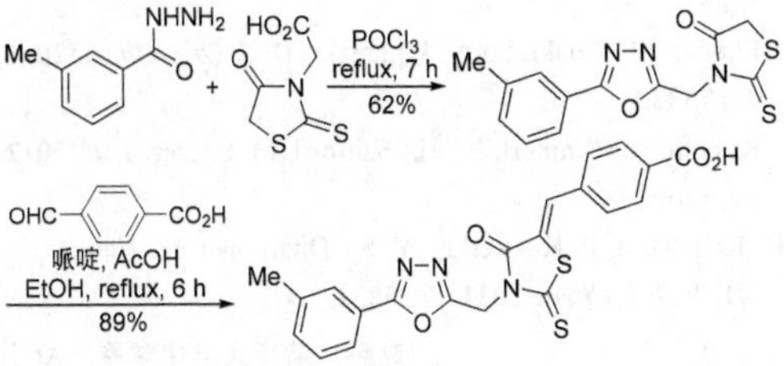

（式 6）

2-巯基苯胺与绕丹宁-3-乙酸在热的甲醇溶液中可缩合成 Schiff 碱 2-巯基苯亚氨基绕丹宁-3-乙酸（式 7）[9]。该化合物能够与过渡金属钴、镍、铜和汞生成具有较强抗菌活性的配位化合物。

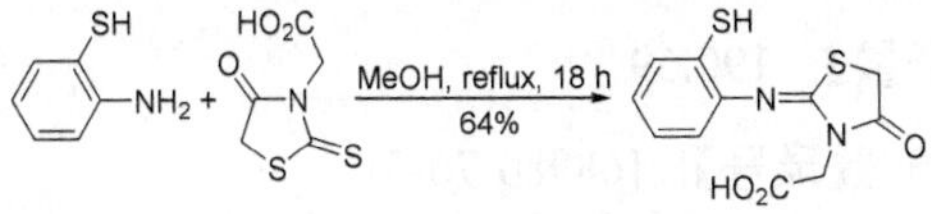

（式 7）

参 考 文 献

[1] Ramesh, V.; Ananda, R.; Rao, B. A.; et al. *Eur. J. Med. Chem.* **2014**, *83*, 569.

[2] Sinko, W.; Wang, Y.; Zhu, W.; et al. *J. Med. Chem.* **2014**, *57*, 5693.

[3] Vinaya, K.; Kavitha, C. V.; Chandrappa, S.; et al. *Chem. Biol. Drug Des.* **2011**, *78*, 622.

[4] Meyer, T.; Ogermann, D.; Pankrath, A.; et al. *J. Org. Chem.* **2012**, *77*, 3704.

[5] Kumar, B. R. P.; Basu, P.; Adhikary, L.; Nanjan, M. J. *Synth. Commun.* **2012**, *42*, 3089.

[6] Miao, J.; Zheng, C. J.; Sun, L. P.; et al. *Med. Chem. Res.* **2013**, *22*, 4125.

[7] Song, M. X.; Zheng, C. J.; Deng, X. Q.; et al. *Eur. J. Med. Chem.* **2013**, *60*, 376.

[8] Liu, J. C.; Zheng, C. J.; Wang, M. X.; et al. *Eur. J. Med. Chem.* **2014**, *74*, 405.

[9] Dakshayani, K.; Lingappa, Y.; Kumar, M. S.; Rao, S. *J. Chem. Pharm. Res.* **2011**, *3*, 506.

[王存德，扬州大学化学化工学院；HYF]

肉桂酸甲酯

【英文名称】 Methyl cinnamate

【分子式】 $C_{10}H_{10}O_2$

【分子量】 162.19

【CAS 登录号】 [103-26-4]

【缩写和别名】 β-苯基丙烯酸甲酯，桂皮酸甲酯

【结构式】

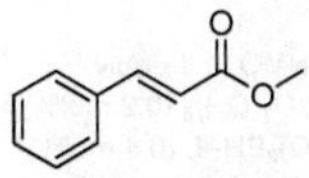

【物理性质】 mp 34~38 ℃，bp 260~262 ℃。溶于乙醇、乙醚、甘油、丙二醇及大多数非挥发性油和矿物油，不溶于水。

【制备和商品】 国内外试剂公司均有销售。

【注意事项】 该试剂比较稳定。

肉桂酸甲酯具有可可香味，主要用于日化和食品工业，是常用的定香剂或食用香精，同时也是重要的有机合成原料。肉桂酸甲酯的分子中含有酯基和碳碳双键，同时又是 α,β-不饱和化合物。因此该试剂非常活泼，既能发生还原反应，又可以进行氧化反应。

肉桂酸甲酯在钯催化剂的作用下与氢气反应可以得到仅双键被还原的产物（式 1）[1,2]。而使用硼氢化钠和 $CeCl_3$ 的还原体系，可得到仅酯基被还原的产物（式 2）[3]。如果使用特殊的金属钠试剂，在低温下即可得到双键和酯基都被还原的产物（式 3）[4]。

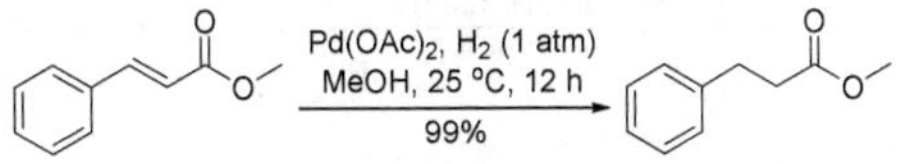

（式 1）

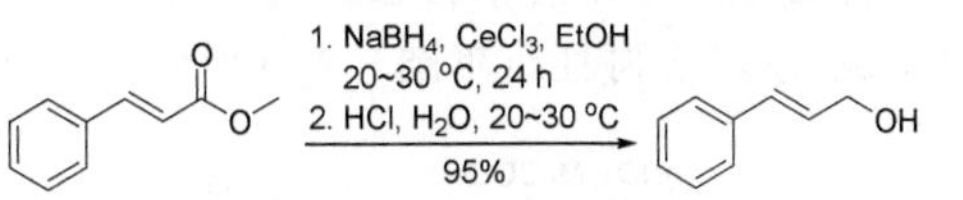

（式 2）

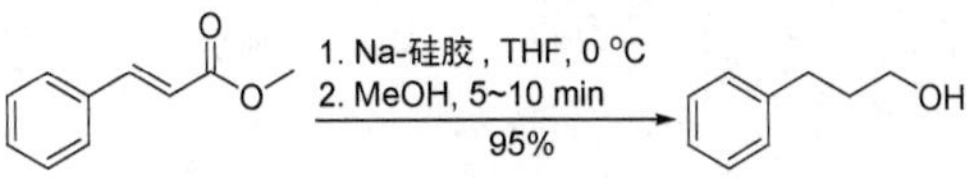

（式 3）

肉桂酸甲酯不仅可以进行还原反应，由于其独特的 α,β-饱和烯基酯的结构，导致其双键极易发生氧化反应。肉桂酸甲酯可以被 Oxone 氧化，得到环氧乙烷衍生物（式 4）[5]。换用 $K_2OsO_2(OH)_4$ 和 NMO 为氧化剂，则可以得到

邻二醇产物 (式 5)[6]。

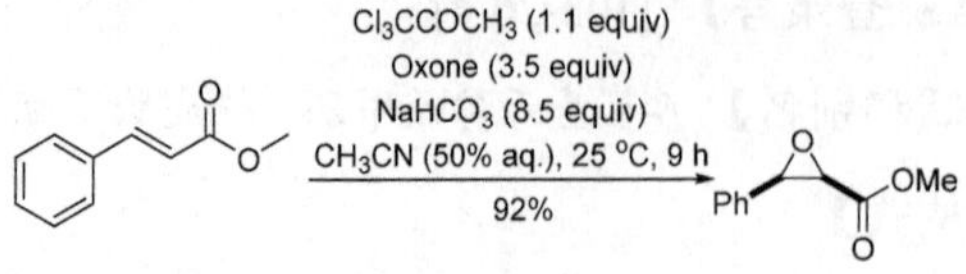

$$(4)$$

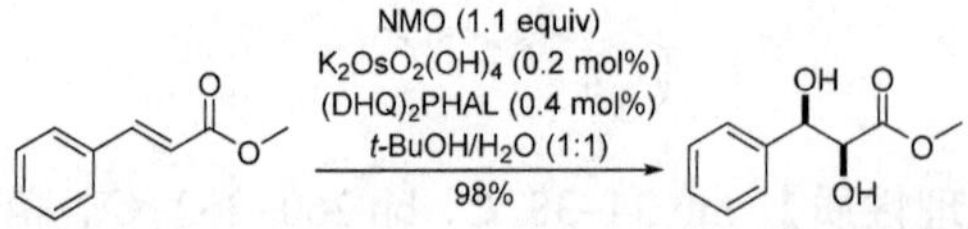

$$(5)$$

肉桂酸甲酯上的双键还可以发生与卤素的加成反应 (式 6)[7]。此外，在合适的条件下，该双键还可以通过加成反应，区域选择性地合成 α-溴-β-羟基酯类化合物 (式 7)[8]。

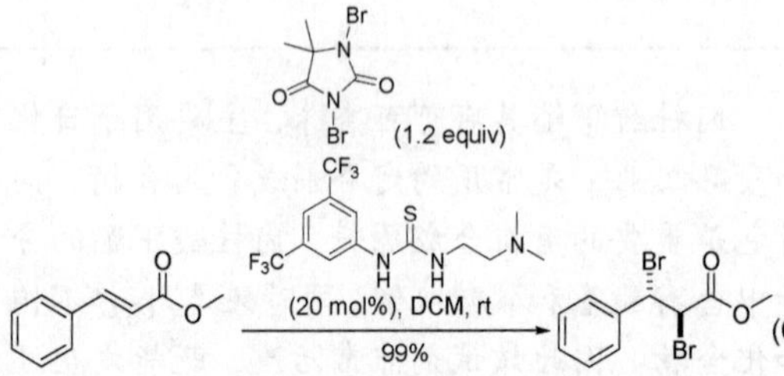

$$(6)$$

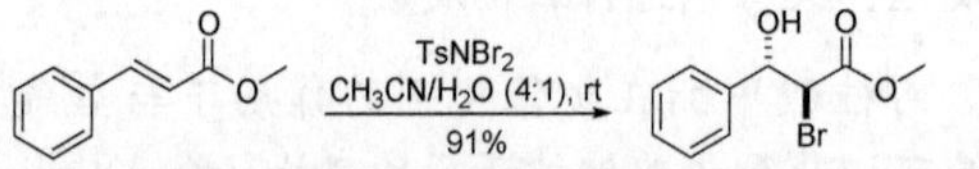

$$(7)$$

在钯催化剂和吡啶配体的作用下，肉桂酸甲酯可以发生烯烃的 C–H 活化反应。(式 8)[9]。

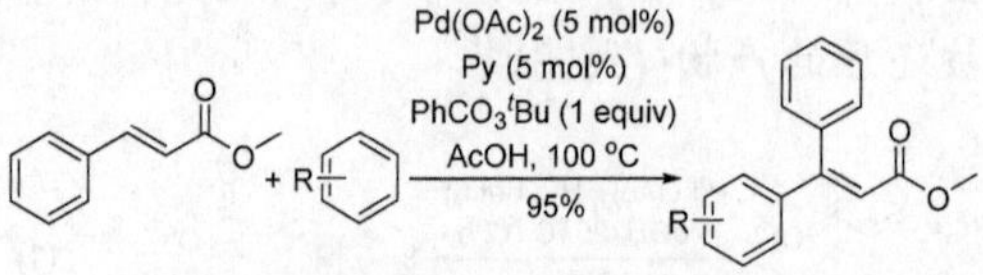

$$(8)$$

肉桂酸甲酯与硝酸银在乙酰氯的作用下，可以生成 α-硝基肉桂酸甲酯 (式 9)[10]。

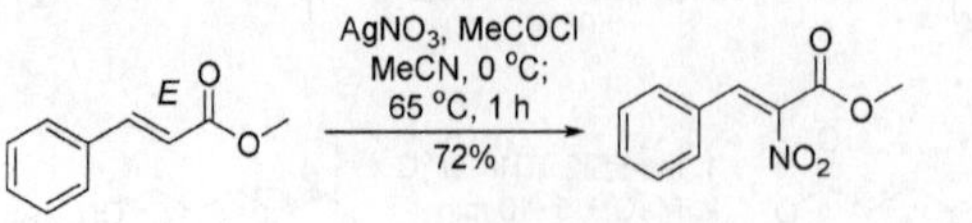

$$(9)$$

参 考 文 献

[1] Felpin, F. X.; Fouquet, E. *Chem. Eur. J.* **2010**, *16*, 12440.

[2] Guin, D.; Baruwati, B.; Manorama, S. *Org. Lett.* **2007**, *9*, 1419.

[3] Xu, Y.; Wei, Y. *Synth. Commun.* **2010**, *40*, 3423.

[4] Vogt, P. F.; Bodnar, B. S. *J. Org. Chem.* **2009**, *74*, 2598.

[5] Hajra, S.; Bhowmick, M. *Tetrahedron: Asymmetry* **2010**, *21*, 2223.

[6] Wu, P.; Hilgraf, R.; Fokin, V. V. *Adv. Synth. Catal.* **2006**, *348*, 1079.

[7] Torres, G. H.; Tan, B.; Barbas, C. F. *Org. Lett.* **2012**, *14*, 1858.

[8] Phukan, P.; Chakraborty, P.; kataki, D. *J. Org. Chem.* **2006**, *71*, 7533.

[9] Kubota, A.; Emmert, M. H.; Sanford, M. S. *Org. Lett.* **2012**, *14*, 1760.

[10] Kancharla, P. K.; Reddy, Y. S.; Dharuman, S.; Vankar, Y. D. *J. Org. Chem.* **2011**, *76*, 5832.

[赵鹏，清华大学化学系；XCJ]

噻吩-2-甲酸亚铜

【英文名称】 Copper(I) 2-thiophenecarboxylate

【分子式】 $C_5H_3CuO_2S$

【分子量】 190.69

【CAS 登录号】 [68986-76-5]

【缩写与别名】 CuTC, Copper(I) thiophene-2-carboxylate

【结构式】

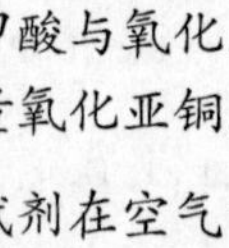

【物理性质】 棕褐色固体，不溶于大部分有机溶剂。

【制备和商品】 大型跨国化学试剂公司均有销售。可由噻吩-2-甲酸与氧化亚铜在甲苯中回流得到。常含有少量氧化亚铜。

【注意事项】 该试剂在空气中稳定，但是建议在 N_2 或 Ar 气氛中于荫凉处密封保存。

噻吩-2-甲酸亚铜 (CuTC) 是实验室常用的一种亚铜试剂，经常作为 C–C、C–O 以及 C–N 键生成反应中的催化剂或者助剂，在有机合成反应、光电材料的合成以及生物合成方面都有着很重要的作用。

C–C 键的构建 1996 年，Allred 和 Liebeskind 首次将 CuTC 用于交叉偶联反应中。

如式 1 所示[1]：以烯基、芳基以及杂环取代的锡烷和碘代烯烃为底物，NMP 为溶剂，在室温甚至更低温度下即可得到其构型保持的偶联产物。后续研究发现，特定类型烷基取代的锡烷亦可发生此类反应。由于该类反应条件十分温和且高效，因此在全合成中多有应用 (式 2)[2]。

$$\begin{array}{c} \text{PhCH=CHSn}(n\text{-Bu})_3 + \text{4-Br-C}_6\text{H}_4\text{CH=CHI} \xrightarrow[\text{NMP, 0 °C, 5 min}]{\text{CuTC (1.5 equiv)}} \\ 93\% \end{array} \quad (1)$$

$$\xrightarrow[\text{THF, 0 °C, 9 min}]{\text{CuTC (1.5 equiv)}} \quad (2)$$
$$84\%$$

CuTC 可以作为催化剂或者添加剂，在中性条件下即可完成分子内或者分子间的 Suzuki 反应 (式 3)[3]和 Ullmann 反应 (式 4)[4]。该反应的条件温和，且适用于大部分官能团。如式 5 所示，利用 CuTC 催化的分子内 Ullmann 反应可以构筑七元杂环结构。

$$\xrightarrow[\text{(1.5 equiv), THF, 0 °C, 9 min}]{\text{Pd(PPh}_3)_4 \text{ (4 mol%), CuTC}} \quad (3)$$
$$96\%$$

$$\xrightarrow[\text{77\%}]{\text{CuTC (1.5 equiv), NMP, rt, 48 h}} \quad (4)$$

$$\xrightarrow[\text{88\%}]{\text{CuTC (1.5 equiv)}} \quad (5)$$
$$\text{NMP, rt, 15 h}$$

CuTC 在铜催化的烯丙位烷基化反应 (AAA) 中有着广泛的应用。相对于 Pd 催化剂而言，当使用不稳定的碳亲核试剂，即烷基金属试剂进行该反应时，选用 CuTC 可以使反应顺利进行。在该反应体系中，不同配体的引入对产物的区域选择性和立体选择性造成影响。例如，对于前手性的 E-型氯代烯炔，在手性配体 (S,S,S)-L 的作用下可以极高的选择性得到

取代 1,4-烯炔结构单元 (式 6)[5]；而使用结构相同构型不同的配体 (S,R,R)-L，偕二氯取代的烯丙基化合物可在 CuTC 的催化下得到 Z-型氯代烯烃 (式 7)[6]。

$$\begin{array}{c} n\text{-Bu} \\ + \\ \text{Ph} \quad \text{MgBr} \end{array} \xrightarrow[\text{(5.5 mol%), CH}_2\text{Cl}_2, -78 °C, 4 h]{\text{CuTC (5 mol%), (S,S,S)-L}} \quad (6)$$
$$90\%, > 99\% ee$$

$$\begin{array}{c} \text{CCl}_2 \\ + \\ \text{Et} \quad \text{MgBr} \end{array} \xrightarrow[\text{(5.5 mol%), CH}_2\text{Cl}_2, -78 °C, 4 h]{\text{CuTC (5 mol%), (S,R,R)-L}} \quad (7)$$
$$74\%, Z/E = 99:1, er = 99:1$$

(S,S,S)-L   (S,R,R)-L

在 Pd(0) 催化的 Liebeskind-Srogl 偶联反应中，CuTC 作为必不可少的添加物促进硫酯和硼酸的偶联 (式 8)[7]。与其它合成酮的途径相比，该方法完全不需要碱的参与，因此对底物的容忍度更高。具有类似硫酯结构的化合物也能参与该反应。如式 9 所示，以含有吸电子基团的甲硫基取代的苯并呋喃结构作为底物，通过 C—S 键的活化合成类似二苯醚的结构。在硼酸邻位为羟基取代时，可进一步关环得到一系列香豆素草醚 (Coumestan) 类化合物 (式 10)[8]。在硼酸大量过量 (2.5 equiv) 时，该反应不需要 Pd 催化，使用催化量的 CuTC 即可在空气中完成酮的生成 (式 11)[9]。

$$\xrightarrow[\text{THF, 50 °C, 18 h}]{\text{Pd}_2(\text{dba})_3 \text{ (1 mol%), THP (3 mol%), CuTC (1.6 equiv)}} \quad (8)$$
$$88\%$$

$$\xrightarrow[\text{CuTC (1.5 equiv), N}_2]{\text{Pd(PPh}_3)_4 \text{ (5 mol%)}} \quad (9)$$
R = H, EWG = COMe, THF, reflux, 14 h, 85%
R = H, EWG = COPh, THF, reflux, 11 h, 84%
R = Me, EWG = COMe, THF, reflux, 16 h, 82%
R = H, EWG = CO$_2$Et, dioxane, 90 °C, 8 h, 63%

$$\xrightarrow[\text{dioxane, reflux, N}_2, 14 h]{\text{Pd(PPh}_3)_4 \text{ (5 mol%)} \\ \text{CuTC (1.5 equiv)}} \quad (10)$$
$$70\%$$

$$(11)$$

Cu 催化的不对称共轭加成 (ACA) 反应是构建手性中心的重要方法，CuTC 是其中一种重要的催化物种。随着不同配体的使用，α,β 不饱和醛和 β 三取代的 α,β 不饱和酮也可作为底物参与此类反应，以很高的区域选择性和立体选择性得到相应的醛或酮 (式 12 和式 13)[10,11]。

$$(12)$$

$$(13)$$

CuTC 亦可作为催化剂向不同结构的化合物中引入 –CF₃ 基团。相对于其它三氟甲基化的反应，催化量的 CuTC 即可使反应顺利进行，且能够构建 C(sp³)–CF₃ 结构 (式 14 和式 15)[12]。对于 α-位取代的炔丙氯化合物，TMSCF₃ 作为三氟甲基化试剂时得到的是三氟甲基化的丙二烯化合物 (式 16)[13]。

$$(14)$$

$$(15)$$

$$(16)$$

C–N 键的构建　CuTC 可通过多种途径催化或促进 C–N 键的构成。以 CuTC 作为催化剂，肟酯和硼酸在中性条件下即可亚胺化 (式 17)[14]。磷酰胺可以和炔溴生成炔基磷酰胺，同时生成 N 和 P 两个手性中心 (式 18)[15]。CuTC 可以催化磺酰基叠氮和炔烃发生 CuAAC 反应，方便高效地得到 1-磺酰基-1,2,3-三氮唑类化合物，而非三氮唑环发生开环的化合物 (式 19)[16]。炔烃和叠氮在 CuTC 和 Rh₂(esp)₂ 的共同催化下可异构化生成苯并吡咯类化合物 (式 20)[17]。

$$(17)$$

$$(18)$$

$$(19)$$

$$(20)$$

C–O 键的构建　CuTC 可通过催化羧酸和芳卤的分子内偶联反应合成苯并吡喃酮类化合物。该反应在微波条件下，短时间内即可得到良好的产率 (式 21)[18]。

$$(21)$$

参 考 文 献

[1] Allred, D., G.; Liebeskind, S., L. *J. Am. Chem. Soc.* **1996**, *118*, 2748.

[2] Falck, R. J.; Patel, K. P.; Bandyopadhyay, A. *J. Am. Chem. Soc.* **2007**, *129*, 790.

[3] Savarin, C.; Liebeskind, S. L. *Org. Lett.* **2001**, *3*, 2149.

[4] Zhang, S.; Zhang, D.; Liebeskind, L. S. *J. Org. Chem.* **1997**, *62*, 2312.

[5] Li, H.; Alexakis, A. *Angew. Chem. Int. Ed.* **2012**, *51*, 1055.

[6] Giannerini, M.; Martín, F.; Feringa, L. B. *J. Am. Chem. Soc.* **2012**, *134*, 4108.

[7] Liebeskind, S. L.; Srogl, J. *J. Am. Chem. Soc.* **2000**, *122*, 11260.

[8] Liu, J.; Liu, Y.; Du, W.; et al. *J. Org. Chem.* **2013**, *78*, 7293.

[9] Villalobos, M. J.; Srogl, J.; Liebeskind, S. L. *J. Am. Chem. Soc.* **2007**, *129*, 15734.

[10] Palais, L.; Babel, L.; Quintard, A.; et al. *Org. Lett.* **2010**, *12*, 1988.

[11] Müller, D.; Tissot, M.; Alexakis A. *Org. Lett.* **2011**, *13*, 3040.

[12] Xu, J.; Fu, Y., Luo, D.; et al. *J. Am. Chem. Soc.* **2011**, *133*, 15300.

[13] Miyake, Y.; Ota, S.; Shibata, M.; et al. *Chem. Commun.* **2013**, *49*, 7809.

[14] Liu, S.; Yu, Y.; Liebeskind, S. L. *Org. Lett.* **2007**, *9*, 1947.

[15] DeKorver, A. K.; Walton, C. M.; North, D. T.; Hsung, P. R. *Org. Lett.* **2011**, *13*, 4862.

[16] Raushel, J.; Fokin, V. V. *Org. Lett.* **2010**, *12*, 4952.

[17] Alford, S. J.; Spangler, E. J.; Davies, H. M. L. *J. Am. Chem. Soc.* **2013**, *135*, 11712.

[18] Thasana, N.; Worayuthakarn, R.; Kradanrat, P.; et al. *J. Org. Chem.* **2007**, *72*, 9379.

[刘楠，中北大学理学院；WXY]

三苯基二碘化膦

【英文名称】 Triphenylphosphine iodine

【分子式】 $C_{18}H_{15}I_2P$

【分子量】 516.10

【CAS 登录号】 [80800-01-7]

【缩写和别名】 二碘三苯基正膦，Triphenylphosphine diiodide，diiodotriphenylphosphorane，iodotriphenylphosphonium iodide

【结构式】

【物理性质】 微黄色固体，mp 210~220 ℃ (分解)，易溶于有机溶剂。

【制备和商品】 该试剂需要现场制备：将碘加入到含等摩尔量三苯基膦的不同溶剂中即可。

【注意事项】 加热时分解，会产生刺鼻的浓烟和刺激性物质，且与水反应剧烈，应在通风柜中使用。

在有机合成反应中，三苯基二碘化膦通常用于 C-I 键的形成。如将醇、硫醇、烯醇转化成为碘化物；将各种含硫衍生物还原成为硫醚或硫醇；将环氧化合物还原成为碘代醇；将邻二醇还原成为烯烃；将羧酸进行酯化以及将羰基化合物进行缩醛化等。

由醇直接合成叠氮化合物 在二甲基亚砜溶液中，在等摩尔的三苯基膦、碘和咪唑的催化下，叠氮化钠和醇通过"一锅法"反应，可高效制备相应的烷基或苄基叠氮化合物 (式 1)[1]。

$$R \diagdown OH \xrightarrow{Ph_3P, I_2, NaN_3, DMSO} R \diagdown N_3 \qquad (1)$$

环化脱氢反应 在三苯基膦和碘的作用下，通过邻氨基苯甲肟可以方便地进行环化脱氢反应。该反应是在氨基存在下，通过肟-鏻离子过程完成 N-N 键的形成，芳香氨基的亲核性和肟的 N-O 亲电性也是该反应的关键，可实现 1*H*-吲唑化合物类的合成 (式 2)[2]。该反应条件温和、反应迅速、产率高。

$$\xrightarrow{Ph_3P, I_2, Im, CH_2Cl_2} \qquad (2)$$

在三苯基膦和碘的作用下，各类不活泼的氮杂环丙烷可发生立体控制性脱氨基反应，形成相应的反式烯烃 (式 3)[3]。

$$\xrightarrow{Ph_3P, I_2, CH_2Cl_2} \qquad (3)$$

在高分子键合的三苯基膦、碘和咪唑的作用下，醛和硝基烷烃经"一锅法"得到 *E*-硝基烯烃化合物 (式 4)[4]。高分子键合三苯基膦的主要目的是便于后处理时，可方便地除去生成的三苯基膦氧化物。

$$R\text{-}CHO + R'\text{-}CH_2NO_2 \xrightarrow[\text{CH}_2\text{Cl}_2]{\text{⬤—C}_6\text{H}_4\text{—PPh}_2/\text{I}_2/\text{Im}} R\text{=}\underset{NO_2}{R'} \quad (4)$$

酸酐的形成和羧酸的胺化反应 在三苯基膦和碘的作用下，羧酸可转化为相应的酸酐。羧酸也可与胺类化合物迅速反应，生成相应的酰胺 (式 5 和式 6)[5]。

$$R\text{-}COOH \xrightarrow{\text{Ph}_3\text{P}, \text{I}_2, \text{Et}_3\text{N}, \text{CH}_2\text{Cl}_2} R\text{-}CO\text{-}O\text{-}CO\text{-}R \quad (5)$$

$$R\text{-}COOH \xrightarrow{\text{Ph}_3\text{P}, \text{I}_2, \text{Et}_2\text{NH}, \text{CH}_2\text{Cl}_2} R\text{-}CO\text{-}NEt_2 \quad (6)$$

N,N',N''-取代胍和亚胺咪唑啉酮的合成 在三苯基膦和碘的作用下，芳基异硫氰酸酯分别与一级胺和二级胺化合物反应，得到亚胺咪唑啉-4-酮化合物和 N,N',N''-取代胍 (式 7 和式 8)[6]。

$$\begin{array}{c}X\text{-}C_6H_4\text{-}NCS \\ + 2\ RR'NH\end{array} \xrightarrow{\text{Ph}_3\text{P}/\text{I}_2, \text{Et}_3\text{N}, \text{CH}_2\text{Cl}_2} \quad (7)$$

$$\begin{array}{c}X\text{-}C_6H_4\text{-}NCS \\ + \\ 2\ H_2N\text{-}CO_2Me\end{array} \xrightarrow{\text{Ph}_3\text{P}/\text{I}_2, \text{Et}_3\text{N}, \text{CH}_2\text{Cl}_2} \quad (8)$$

参 考 文 献

[1] Rokhum L.; Bez G. *J. Chem. Sci.* **2012**, *124*, 687.

[2] Paul, S.; Panda, S.; Manna, D. *Tetrahedron Lett.* **2014**, *55*, 2480.

[3] Samimia, H. A.; Kiyanib H.; Shamsa, Z. *J. Chem. Res.* **2013**, 283.

[4] Rokhum, L.; Bez G. *Tetrahedron Lett.* **2013**, *54*, 5500.

[5] Phakhodee, W.; Duangkamol, C.; Wangngae, S.; et al. *Tetrahedron Lett.* **2016**, *57*, 325.

[6] Wangngae, S.; Pattarawarapan, M.; Phakhodee, W. *J. Org. Chem.* **2017**, *82*, 10331.

[郝杰，巨勇，清华大学化学系；JY]

三苯基二氟化铋

【英文名称】 Triphenylbismuth difluoride

【分子式】 $C_{18}H_{15}BiF_2$

【分子量】 478.29

【CAS 登录号】 [2023-48-5]

【缩写和别名】 Difluorotriphenylbismuth

【结构式】

【物理性质】 mp 231~233 ℃，受热会分解。溶于氯仿、四氢呋喃等溶剂。

【制备和商品】 国内外化学试剂公司均有销售。

三苯基二氟化铋试剂可作为 C、N、O 等原子的苯基化试剂或偶联试剂；可与其它有机金属化合物进行反应制备金属氟化试剂。

在碱性条件下，该试剂与吡啶-2-酮的 N-H 键进行苯基化反应，在温和的条件下生成 N-苯基化吡啶酮 (式 1)[1]。

$$\text{（吡啶-2-酮）} \xrightarrow[\text{THF, rt, 10 min}]{\text{KO}^t\text{Bu (2.0 equiv)}} \xrightarrow[\text{reflux, 3 h}]{\text{Ph}_3\text{BiF}_2 \text{ (1.0 equiv)}} \text{（N-苯基吡啶酮）} \quad (1)$$

(2.0 equiv)   73%

在 CuCl 催化剂的存在下，该试剂可以与末端炔烃的 C-H 键、三甲基硅基乙炔的 C-Si 键进行交叉偶联反应，制备苯基取代的内部炔烃 (式 2)[2]。虽然在反应条件下也生成该试剂的苯基自偶联的产物联苯，但使用该试剂的优点是三个苯基都可以被利用来参与转化反应。

$$R\text{—}\equiv + \text{Ph}_3\text{BiF}_2 \xrightarrow[\text{PhH, reflux, 1 h}]{\text{CuCl (10 mol\%)}} R\text{—}\equiv\text{—Ph} + \text{Ph–Ph} \quad (2)$$

(2.0 equiv)   R = Ph, 87%; R = SiMe$_3$, 48%

在 CH_2Cl_2 中，等摩尔量的该试剂、$BF_3 \cdot OEt_2$ 与烯丙基三甲基硅烷的反应生成中等产率的烯丙基苯 (式 3)[3]。该反应的机理研究确认了先发生脱 Me_3SiF 反应生成烯丙基铋盐中间体，其后再进行 C-C 偶联反应的过程。

$$\text{（烯丙基）SiMe}_3 + \text{Ph}_3\text{BiF}_2 \xrightarrow[-\text{Me}_3\text{SiF}]{\text{BF}_3\cdot\text{OEt}_2, \text{CH}_2\text{Cl}_2, -78\ ^o\text{C}}$$

$$[\text{（烯丙基）BiHPh}_3\ \text{BF}_4]^+ \xrightarrow{\text{rt}} \text{（烯丙基苯）} \quad (3)$$

45%

在 PdCl$_2$ 催化剂的存在下，该试剂作为苯基偶联试剂在室温下能与有机锡化物进行交叉偶联反应，高产率地得到相应的偶联产物 (式 4)；在 CO 气氛下，可进行三组分的偶联反应生成相应的苯酰基类化合物 (式 5)[4]。

$$\text{(4)}$$

$$\text{(5)}$$

在温和条件下，该试剂与芳基硼酸或烯基硼酸反应能高产率生成相应的铋盐 (式 6 和式 7)[5]；与甲基硼酸反应生成的甲基三苯基铋盐是重要的甲基化试剂 (式 8)[6]。

$$\text{(6)}$$

$$\text{(7)}$$

R = n-Bu, 95%
R = Ph, 95%

$$\text{(8)}$$

三苯基二氟化铋与其它有机金属氯化物可发生卤素交换反应，可作为氟化试剂之一。如 Cp*TiF$_3$、Cp$_2$ZrF$_2$、Cp$_2$HfF$_2$ 等有机金属氟化物可以基于相应的氯化物与该试剂反应制得 (式 9 和式 10)[7]。

$$\text{Cp*TiCl}_3 + \text{Ph}_3\text{BiF}_2 \xrightarrow[65\%]{\text{CH}_2\text{Cl}_2, \text{ rt, 24 h}} \text{Cp*TiF}_3 + \text{Ph}_3\text{BiCl}_2 \quad \text{(9)}$$
(1.5 equiv)

$$\text{Cp}_2\text{MCl}_2 + \text{Ph}_3\text{BiF}_2 \xrightarrow[]{\text{CH}_2\text{Cl}_2, \text{ rt, 24 h}} \text{Cp}_2\text{MF}_2 + \text{Ph}_3\text{BiCl}_2 \quad \text{(10)}$$
(1.0 equiv) M = Zr, 27% M = Hf, 23%

参 考 文 献

[1] Ikegai, K.; Mukaiyama, T. *Chem. Lett.* 2005, 34, 1496.

[2] (a) Lermontov, S. A.; Rakov, I. M.; Zefirov, N. S.; Stang, P. J. *Tetrahedron Lett.* 1996, 37, 4051. (b) Velikokhatko, T. N.; Lermontov, S. A. *Russ. Chem. Bull.* 1997, 46, 1791.

[3] Matano, Y.; Yoshimune, M.; Suzuki, H. *Tetrahedron Lett.* 1995, 36, 7475.

[4] Kang, S.-K.; Ryu, H.-C.; Lee, S.-W. *Synth. Commun.* 2001, 31, 1027.

[5] (a) Matano, Y.; Begum, S. A.; Miyamatsu, T.; Suzuki, H. *Organometallics* 1998, 17, 4332. (b) Matano, Y.; Begum, S. A.; Miyamatsu, T.; Suzuki, H. *Organometallics* 1999, 18, 5668.

[6] Matano, Y. *Organometallics* 2000, 19, 2258.

[7] Schormann, M.; Roesky, H. W.; Noltemeyer, M.; Schmidt, H. *J. Fluorine Chem.* 2000, 101, 75.

[华瑞茂，清华大学化学系；HRM]

三苯基二氯化铋

【英文名称】 Triphenylbismuth(V) dichloride

【分子式】 C$_{18}$H$_{15}$BiCl$_2$

【分子量】 511.20

【CAS 登录号】 [594-30-9]

【缩写和别名】 Dichlorotriphenylbismuth

【结构式】

【物理性质】 mp 149~150 ℃；溶于氯仿、四氢呋喃等溶剂。

【制备和商品】 国内外化学试剂公司均有销售。

【注意事项】 该试剂在密闭和惰性气体环境中冷藏保存，须避免接触氧化剂。

三苯基二氯化铋是常用的苯基化试剂，在碱性条件下可应用于芳烃 C–H 键、活泼 C–H 键、杂原子-氢键等的苯基化反应[1]。

在 2-叔丁基-1,1,3,3-四甲基胍 (BTMG) 作为碱性添加剂的条件下，等摩尔量的该试剂与 2-萘酚反应可实现 α 位的苯基化反应 (式 1)[2]。在 NaH 作为碱的条件下，等摩尔量的该试剂与 3,5-二叔丁基苯酚的反应只能以 26% 的产率生成 2-位苯基化产物和痕量的 2,6-位二苯基化产物；但使用 2 摩尔倍量的该试剂时，则能以 77% 的产率生成 2,6-位二苯基化产物 (式 2)[2]。

$$\text{(1)}$$

$$\text{(2)}$$

在 BTMG 的存在下，该试剂也能与 β-二酮、β-酮酸酯类的活泼 C-H 键进行苯基化反应形成 C-C 键。在含两个活泼 C-H 键的底物反应中，虽然等摩尔量的该试剂的使用难以控制单苯基化反应，但当使用 2 摩尔倍量的试剂时，能高产率、高选择性地实现活泼亚甲基两个 C-H 键的二苯基化反应 (式 3)。等摩尔量的该试剂与含一个活泼 C-H 键的 2-环烷基酮甲酸酯反应时，能高产率地得到单苯基化的产物 (式 4)[3]。

$$\text{(3)}$$

$$\text{(4)}$$

在 BTMG 的存在下，1.2 摩尔倍量的该试剂与含活泼 α-位 C-H 键的硝基烷烃反应可实现 α-位的苯基化反应 (式 5)[4]。在 1,1,3,3-四甲基胍 (TMG) 作为碱时，等摩尔的该试剂能对 α-硝基丙酸酯类化合物进行 α-位的苯基化反应 (式 6)[5]。该反应的生成物能进一步还原为丙氨酸衍生物，因此该类反应是制备氨基酸衍生物的有效方法。

$$\text{(5)}$$

$$\text{(6)}$$

在 BTMG 的存在下，1.5 摩尔倍量的该

试剂与 α-酯基内酰胺的 N-H 键反应实现氮原子的苯基化反应 (式 7)[6]。与式 4 的反应比较，该反应能高选择性地发生在 N-H 键。

$$\text{(7)}$$

在叔丁醇钾作为碱的条件下，0.5 摩尔倍量的该试剂能对吡啶-2-酮类化合物的 N—H 键进行苯基化反应 (式 8)[7]。与传统的 Ullman 反应相比，该反应不需加入铜催化剂，同时条件更温和。

$$\text{(8)}$$

此外，该试剂在 PdCl₂ 催化剂的存在下，与等摩尔量的三丁基芳基锡烷发生交叉偶联反应，高产率地生成相应的偶联产物 (式 9)。在 CO 气氛下，该反应体系能生成二芳基甲酮类的三组分偶联产物 (式 10)，以及与烯烃或炔烃取代的三丁基锡烷试剂进行交叉偶联反应得到 α,β-不饱和酮[8]。

$$\text{(9)}$$

$$\text{(10)}$$

参 考 文 献

[1] (a) Finet, J.-P. *Chem. Rev.* **1989**, *89*, 1487. (b) Postel, M.; Dunach, E. *Coordin. Chem. Rev.* **1996**, *155*, 127.

[2] Barton, D. H. R.; Bhatnagar, N. Y.; Blazejewski, J.-C.; et al. *J. Chem. Soc., Perkin Trans. 1* **1985**, 2657.

[3] Barton, D. H. R.; Bhatnagar, N. Y.; Blazejewski, J.-C.; et al. *J. Chem. Soc., Perkin Trans. 1* **1985**, 2667.

[4] Barton, D. H. R.; Finet, J. P.; Giannotti, C.; Halley, F. *J. Chem. Soc., Perkin Trans. 1* **1987**, 241.

[5] Lalonde, J. J.; Bergbreiter, D. E.; Wong, C.-H. *J. Org. Chem.* **1988**, *53*, 2323.

[6] Akhtar, M. S.; Brouillette, W. J.; Waterhous, D. V. *J. Org. Chem.* **1990**, 55, 5222.

[7] Ikegai, K.; Mukaiyama, T. *Chem. Lett.* **2005**, *34*, 1496.

[8] Kang, S.-K.; Ryu, H.-C.; Lee, S.-W. *Synth. Commun.* **2001**, *31*, 1027.

[华瑞茂，清华大学化学系；HRM]

三苯基二氯化膦

【英文名称】 Triphenylphosphine dichloride

【分子式】 C$_{18}$H$_{15}$Cl$_2$P

【分子量】 333.19

【CAS 登录号】 [2526-64-9]

【缩写和别名】 Ph$_3$PCl$_2$，Dichlorotriphenyl-phosphorane，Triphenyldichlorophosphorane，Chlorotriphenylphosphonium chloride

【结构式】

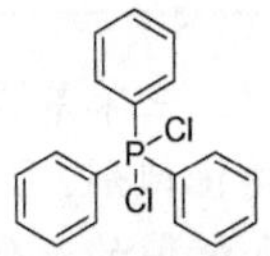

【物理性质】 白色结晶状固体，mp 85~100 ℃，ρ 0.878 g/cm^3。微溶于乙醚、四氢呋喃、甲苯，溶于四氯化碳、二氯甲烷、二甲基甲酰胺、乙腈、吡啶，不溶于石油醚。

【制备和商品】 试剂公司均有销售。通常情况下，可在使用前将等化学计量的氯气通入到含三苯基膦的干燥溶液中制得。

【注意事项】 有腐蚀性，易潮解，对水敏感，暴露在空气或水中会分解。不宜与强氧化剂和强碱一起储存，在干燥密封容器中保存。操作应该在通风橱中进行。

在有机合成中，三苯基二氯化膦主要用于：醇、酚的氯化；环氧化合物的开环氯代；将羧酸和酯转化为酰氯；作为由羧酸和格氏试剂生成酮的缩合剂；用于合成三级胺的酰胺；基于杯芳烃中酰胺键的构建；硅醚键的裂解等反应。

N,N',N''-多取代有机脲类化合物库的合成 取代有机脲类化合物在药物中具有重要的作用。将硫脲化合物键合在树脂上，通过三苯基二氯化膦处理进行脱硫，再进一步与烷基胺或芳基胺反应，可得到 N,N',N''-多取代有机脲类化合物库 (式 1)[1]。

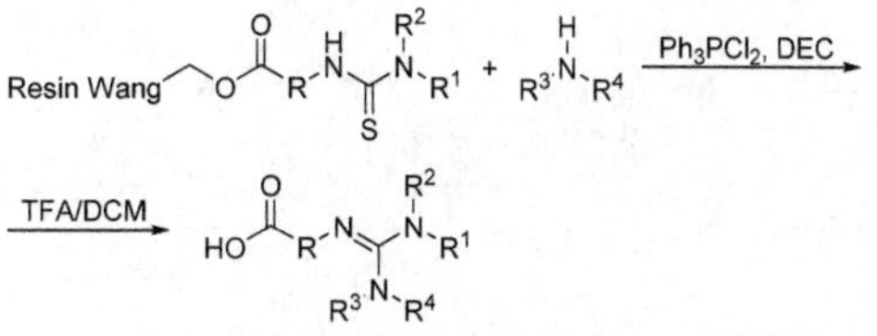

(1)

螺旋状芘基杯芳烃的合成 在三苯基二氯化膦的作用下，3-壬基氨基苯甲酸衍生物可形成螺旋状芘基杯[3]芳烃酰胺化合物 (式 2)[2]。

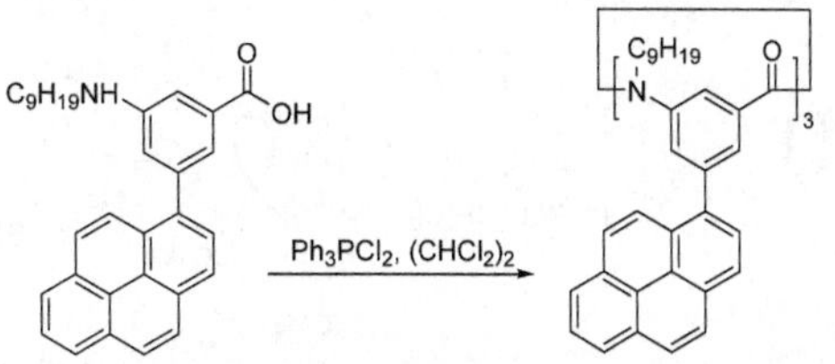

(2)

三级苯甲酰苯胺的合成 在三苯基二氯化膦的催化下，苯甲酸类化合物与 N-单取代苯胺化合物反应，能够高产率地制备相应的三级苯甲酰苯胺 (式 3)[3]。在该条件下，其它保护基 (如烯丙基、Boc、MPM 等) 不受影响。

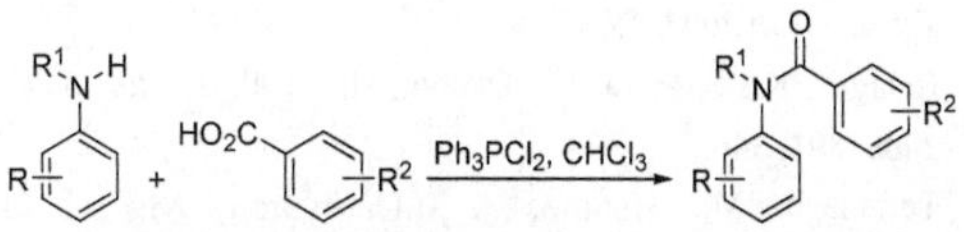

(3)

烷基氨基萘甲酸环状三聚物的合成 在三苯基二氯化膦的作用下，2-烷基氨基-6-萘甲酸可以发生分子间偶联反应，形成新型萘基杯[3]芳烃酰胺化合物 (式 4)[4]。

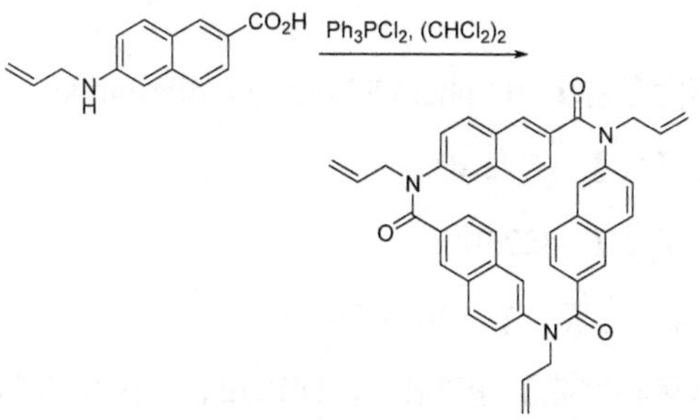

(4)

反常弯曲环状芳香酰胺四聚体的合成 在三苯基二氯化膦的作用下，N,N'-二甲基-1,3-苯二胺与间二苯甲酸衍生物发生缩合反应，以中等产率得到反常弯曲环状芳香酰胺四聚体 (式 5)[5]。

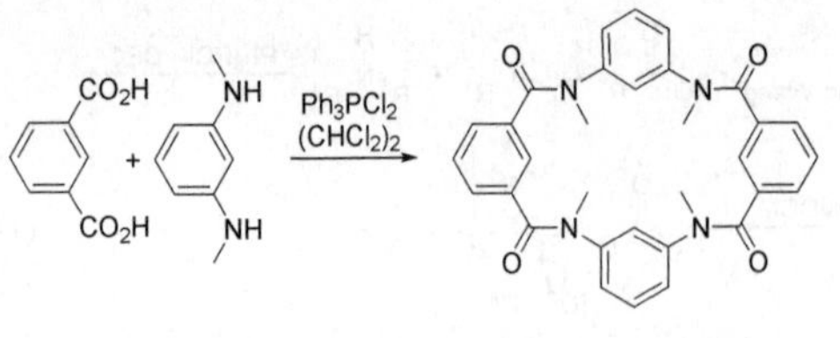

$$\text{(5)}$$

硅醚的裂解　在复杂天然产物的合成中，三苯基二氯化膦可将叔丁基二甲基硅基保护的羟基中的醚键裂解，在该位置引入氯原子 (式 6)[6]。在该反应条件下，其它保护基团未受影响。

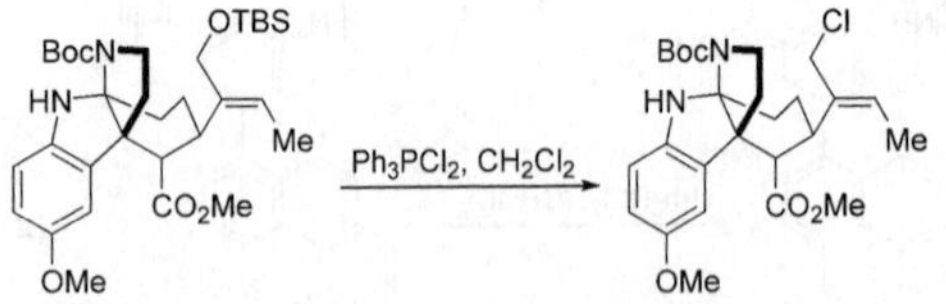

$$\text{(6)}$$

参 考 文 献

[1] Kilburn, J. P.; Lau, J.; Jones, R. C. F. *Tetrahedron* **2002**, *58*, 1739.

[2] Yamakado, R.; Matsuoka, S.; Suzuki, M.; et al. *Tetrahedron* **2013**, *69*, 1516.

[3] Azumaya, I.; Okamoto, T.; Imabeppu, F.; Takayanagi, H. *Tetrahedron* **2003**, *59*, 2325.

[4] Katagiri, K.; Sawano, K.; Okada, M.; et al. *J. Mol. Struc.* **2008**, *891*, 346.

[5] Tominaga, M.; Hatano, T.; Uchiyama, M.; et al. *Tetrahedron Lett.* **2006**, *47*, 9369.

[6] Zi, W.; Xie, W.; Ma, D. *J. Am. Chem. Soc.* **2012**, *134*, 9126.

[郝杰，巨勇，清华大学化学系] JY]

三苯基二溴化膦

【英文名称】　Triphenylphosphine dibromide

【分子式】　$C_{18}H_{15}Br_2P$

【分子量】　422.09

【CAS 登录号】　[1034-39-5]

【缩写和别名】　PPh₃Br₂，TPPDB，二溴化三苯基膦

【结构式】

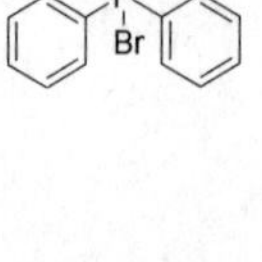

【物理性质】　淡黄色晶状粉末，mp 235 ℃ (分解)。易溶于甲醇、乙醇、乙醚、氯仿、四氯化碳和二硫化碳；可溶于二氯甲烷、乙腈、苯甲腈；微溶于氯苯和苯；不溶于溴水。

【制备和商品】　国内外化学试剂公司有售。在 0 ℃ 下，可将等摩尔量的溴水加入到三苯基膦的无水乙醚溶液中制得。

【注意事项】　有腐蚀性，易潮解，对水敏感，暴露在空气或水中会分解。不宜与强氧化剂和强碱一起储存。在干燥密封容器中保存，应在通风柜中操作。

在有机合成中，三苯基二溴化膦是一个非常有效的官能团转化试剂，用于多种官能团的转化。如醇、酚和烯醇的溴代；醚和缩醛裂解成为溴代烷；β 和 γ-氨基醇转化为氮杂环丙烷和氮杂环丁烷；羧酸衍生物转化成为酰溴；酰胺基团溴代或脱氢；环氧化合物开环转化为邻二溴代物。在许多复杂天然产物的合成中，由于三苯基二溴化膦的化学选择性和高效性，经常被用作最后的关键官能团转化反应试剂[1-4]。

烷基、烯丙基和芳基的溴代　三苯基二溴化膦可以方便地将醇和酚转化成为相应的溴代物。相对于其它有机磷试剂，其优点是转化效率高，没有消除反应和分子内重排反应以及产物的构型转化，尤其是对含敏感官能团的醇选择性溴代反应。如含 *cis*-双键和缩酮的醇也可方便地转化为相应的溴代物 (式 1 和式 2)[5]。

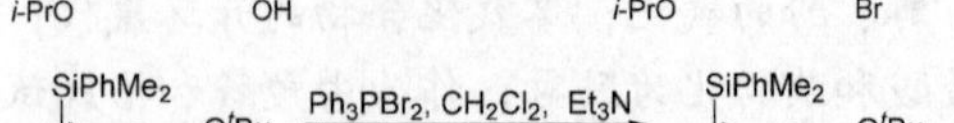

$$\text{(1)}$$

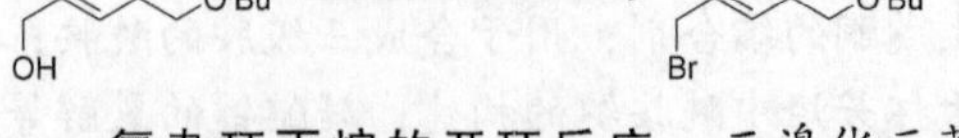

$$\text{(2)}$$

氮杂环丙烷的开环反应　二溴化三苯基膦可用于氮杂环丙烷扩环，高效地生成 β 溴代胺类化合物。该方法对于活化的氮杂环丙烷和未活化的氮杂环丙烷的开环都非常有效，反应时间短，产率高 (式 3)[6]。

$$\text{(3)}$$

烯基溴的制备　使用三苯基二溴化膦可以方便地由酮或环酮来制备烯基溴化合物 (式 4)[7]。

$$(4)$$

将叔丁基二甲基硅醚和 2-四氢吡喃醚转化成为溴代物　在温和条件下，三苯基二溴化膦可将叔丁基二甲基硅醚和 2-四氢吡喃醚直接裂解，高效地转化成为相应的溴代物 (式 5 和式 6)[8]。

$$(5)$$

$$(6)$$

酯的制备　采用"一锅法"反应，使用过量的三苯基二溴化膦、碱和醇，可将羧酸转化成为相应的羧酸酯。其酯化反应条件温和，产率高 (式 7)[9]。

$$(7)$$

亚硝胺和叠氮化合物制备　三苯基二溴化膦和 N-硝基四正丁基胺联合使用，在温和反应条件下，可成功地将胺或联胺衍生物转化为相应的亚硝胺和叠氮化合物 (式 8)[10]。

$$(8)$$

醇的氧化　将二溴化三苯基膦和二甲基亚砜复合物联用，可代替传统的 Swern 试剂，在温和条件下将醇氧化成羰基化合物 (式 9)[11]。

$$(9)$$

芳胺的硝基化　使用三苯基二溴化膦和硝酸银，可以方便地将芳胺转化为硝基芳香化合物 (式 10)[12]。

$$(10)$$

亚砜的脱氧反应　Ph₃P/Br₂/CuBr 联合使用，可催化促进亚砜的脱氧反应，高效地得到相应的硫醚化合物 (式 11)[13]。

$$(11)$$

参 考 文 献

[1] Madar, I.; Ravert, H. T.; Du, Y.; et al. *J. Nucl. Med.* **2006**, *47*, 1359.

[2] Hofmann, A.; Ren, R.; Lough, A.; Fekl, U. *Tetrahedron Lett.* **2006**, *47*, 2607.

[3] Hoarau, C.; Pettus, T. R. R. *Org. Lett.* **2006**, 8, 2843.

[4] Anderson, J.C.; Whiting, M. *J. Org. Chem.* **2003**, *68*, 6160.

[5] Kumar, M.; Pandey, S. K.; Gandhi, S.; Singh, V. K. *Tetrahedron Lett.* **2009**, *50*, 363.

[6] Kamei, K.; Maeda, N.; Tatsuoka, T. *Tetrahedron Lett.* **2005**, *46*, 229.

[7] König, B.; Pitsch, W.; Dix, I.; Jones, P. G. *New J. Chem.* **2001**, *25*, 912;

[8] Huang, P. Q.; Lan, H. Q.; Zheng, X.; Ruan, Y. P. *J. Org. Chem.* **2004**, *69*, 3964.

[9] Salomé, C.; Kohn, H. *Tetrahedron* **2009**, *65*, 456.

[10] Iranpoor, N.; Firouzabadi, H.; Nowrouzi, N. *Tetrahedron Lett.* **2008**, *49*, 4242.

[11] Bisai, A.; Chandrasekhar, M.; Singh, V. K. *Tetrahedron Lett.* **2002**, *43*, 8355.

[12] Iranpoor, N.; Firouzabadi, H.; Nowrouzi, N.; Firouzabadi, D. *Tetrahedron Lett.* **2006**, *47*, 6879.

[13] Kiumars, B.; Khodaei, M. M.; Mohammad, K. *Chem. Lett.* **2007**, *36*, 1324.

[巨勇，清华大学化学系；JY]

三苯基膦氢溴酸盐

【英文名称】　Triphenylphosphine hydrobromide

【分子式】　C₁₈H₁₆PBr

【分子量】　343.20

【CAS 登录号】　[6399-81-1]

【缩写和别名】　Ph₃P·HBr，三苯基溴化膦，Triphenylphosphonium bromide

【结构式】

【物理性质】 白色粉末，mp 196 ℃ (分解)。溶解于二氯甲烷、氯仿；微溶于四氢呋喃、苯；不溶于乙醚。

【制备和商品】 试剂公司均有销售。可将无水溴化氢加入到三苯基膦的醚类溶液中制备。也可将三苯基膦加入到 48% HBr 水溶液中，然后用氯仿萃取，干燥后制得。

【注意事项】 具有腐蚀性，易潮解。应该密封保存在干燥处，远离氧化剂。

在有机合成中，三苯基膦氢溴酸盐常被用作无水溴化氢源，用于催化由季醇形成四氢吡喃醚保护、制备磷叶立德等。

三苯基膦氢溴酸盐被用作苄基醚的裂解 由一级醇、二级醇和芳醇形成的苄基醚均可被三苯基膦氢溴酸盐裂解，高产率地生成相应的醇和苄基三苯基膦溴化物。而三级醇和烯丙醇的苄基醚在相同条件下，则分别生成烯烃和烯丙基鳞盐。因此，无水的、化学计量的三苯基膦氢溴酸盐提供了一种非常有效的苄基醚脱保护的方法 (式 1)[1]。

$$R^{O\diagup Bn} \xrightarrow{Ph_3P\cdot HBr,\ CH_3CN,\ \Delta} R-OH + BnPPh_3Br \quad (1)$$

由甲基酮衍生物合成 α-酮硫代酯 三苯基膦氢溴酸盐和二甲基亚砜联用，可通过氧化溴代和随后的 Konblum 氧化途径，将 α,β 不饱和酮转化成 γ-取代的-β,γ-不饱和-α-酮硫代酯 (式 2)[2]。该试剂体系还可用于由烯醛合成 α-溴代烯醛。

$$\text{（式 2 结构图）} \xrightarrow[DMSO]{Ph_3P\cdot HBr\ (2\ equiv)} \text{（产物结构图）} \quad (2)$$

最近，三苯基膦氢溴酸盐和二甲基亚砜联用体系的新用途得到进一步拓展，被广泛用于通过一步法进行各种官能团的转化反应，合成结构多样性的各类骨架化合物 (如黄酮、4H-二氢苯并噻喃酮、α-羟基酮等)。其反应条件简单温和，产率高[3]。如下所示：三苯基膦氢溴酸盐和二甲基亚砜用于脱氢反应 (式 3)[3]、羰基化合物的 α-羟基化反应 (式 4)[3]、1,4-萘醌

的合成 (式 5)[4]以及烯二酮的合成 (式 6)[4]。

$$\xrightarrow[X = O,\ S]{Ph_3P\cdot HBr\ (2\ equiv),\ DMSO} \quad (3)$$

$$R\diagup^{O}\diagdown R' \xrightarrow{Ph_3P\cdot HBr\ (2\ equiv),\ DMSO} R\diagup^{OH}\diagdown_{O}R' \quad (4)$$

$$\xrightarrow{Ph_3P\cdot HBr,\ DMSO} \quad (5)$$

$$R\diagup=\diagdown_{O}CH_3 \xrightarrow[DMSO]{Ph_3P\cdot HBr\ (2\ equiv)} \quad (6)$$

在通常情况下，2-萘甲基唑啉醚化合物需要用 2,3-二氯-5,6-二氰基-1,4-苯醌 (DDQ) 和 β-蒎烯进行脱保护。但如果结构中含有酸敏、碱敏等基团，则采用三苯基膦氢溴酸盐可以有效地对 2-萘甲基唑啉醚化合物的保护基进行脱除 (式 7)[4]，从而避免其它副反应的发生。

$$\xrightarrow[R,\ R' = OBn,\ 或ONaph]{Ph_3P\cdot HBr,\ THF,\ H_2O} \quad (7)$$

在三苯基膦氢溴酸盐的作用下，4-脱氧-4-烯吡喃糖苷通过 C-羟基的半缩醛形式，可方便地转化为 4-脱氧-4-C-甲基己糖-5-酮，为这类主要的糖砌块构建提供了一种新方法 (式 8)[5]。

$$\xrightarrow[MeOH,\ CH_2Cl_2]{Ph_3P\cdot HBr} \quad (78\%,\ 9:1) \quad (8)$$

与羟基反应生成鳞盐，进一步生成 Wittig 试剂用于烯烃的构建 白藜芦醇是一类天然抗氧化剂。建立其分子多样性化合物库，对于探索其机理具有重要意义。通过不同取代苄醇和芳香醛类化合物，在三苯基膦氢溴酸盐的作用下，采用固相 Wittig 烯基化反应，可以方便地得到含 78 种白藜芦醇衍生物的化合物库 (式 9)[6]。这一 Wittig 试剂的制备方法也被用于材料化学中螺旋状化合物的构建 (式 10)[7]。

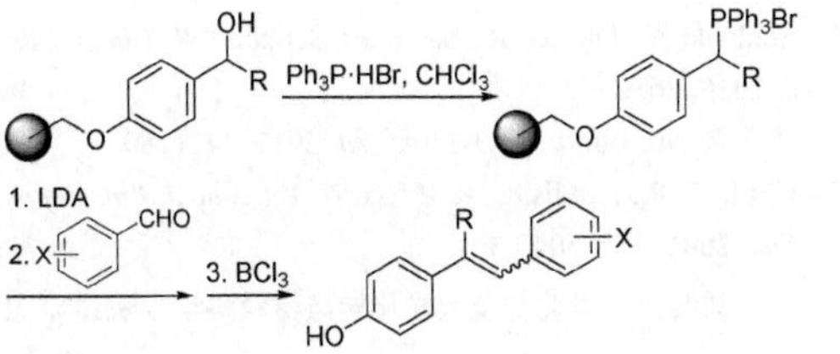

(9)

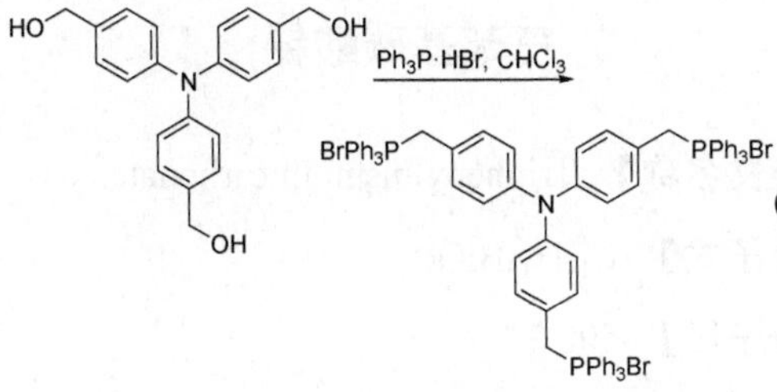

(10)

从 N-酰基 α-氨基酸或 N-烷基酰胺合成 1-(N-酰基氨基)烷基砜　在三苯基膦溴化氢的存在下，N-(1-甲氧基烷基)酰胺或氨基甲酸酯可在温和条件下容易地与芳基亚磺酸钠盐反应，得到 1-(N-酰基氨基)烷基砜 (式 11)[8]。

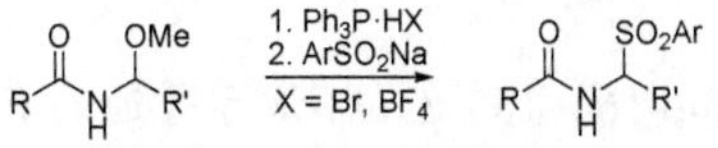

(11)

参 考 文 献

[1] Ramanathan, M.; Hou, D. R. *Tetrahedron Lett.* **2010**, *51*, 6143.

[2] Mal, K.; Sharma, A.; Maulik, P. R.; Das, I. *Chem. Eur. J.* **2014**, *20*, 662.

[3] Mal, K.; Kaur, A.; Haque, F.; Das, I. *J. Org. Chem.* **2015**, *80*, 6400.

[4] Lloyd, D.; Bylsma, M.; Bright, D. K.; et al. *J. Org. Chem.* **2017**, *82*, 3926.

[5] Pistarà, V.; Corsaro, A.; Rescifina, A.; et al. *J. Org. Chem.* **2013**, *78*, 9444.

[6] Kang, S. S.; Cuendet, M.; Endringer, D. C.; et al. *Bioorg. Med. Chem.* **2009**, *17*, 1044.

[7] Li, C.; Zhang Y.; Zhang, S.; et al. *Tetrahedron* **2014**, *70*, 3909.

[8] Adamek, J; Mazurkiewicz, R.; Październiok-Holewa, A.; et al. *J. Org. Chem.* **2014**, *79*, 2765.

[郝杰，巨勇，清华大学化学系；JY]

(三苯基膦烯)乙烯酮

【英文名称】　(Triphenylphosphoranylidene)ketene

【分子式】　$C_{20}H_{15}OP$

【分子量】　302.31

【CAS 登录号】　[15596-07-3]

【缩写和别名】　Bestmann ylide

【结构式】

$$Ph_3P=C=C=O$$

【物理性质】　浅黄色固体，mp 171~172 ℃，ρ 1.12 g/cm^3，溶于二氯甲烷、二噁烷、四氢呋喃、热的甲苯，不溶于乙醚。

【制备和商品】　国内外化学试剂公司均有销售。实验室也可自行制备[1]，能够在 −20 ℃ 的甲苯中重结晶。

【注意事项】　该试剂由于含有累积双键，性质很活泼，容易进行加成反应和聚合反应。对空气和湿气敏感，一般在无水体系中使用。

(三苯基膦烯)乙烯酮是一类化学性质非常活泼的试剂，也是一种非常有用的合成单体[2]。最早被应用于合成三苯基膦酰基衍生物[3]，现已被商业使用并且广泛应用于各类反应中。(三苯基膦烯)乙烯酮可以通过三苯基膦乙酸甲酯的去质子化来制备[4]，反应中使用了一系列强碱[5]，其中 NaHMDS 是最有效、最方便的强碱 (式 1)。

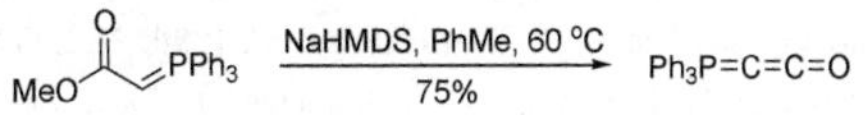

(1)

(三苯基膦烯)乙烯酮化合物有三类共振结构 (式 2)[6]。

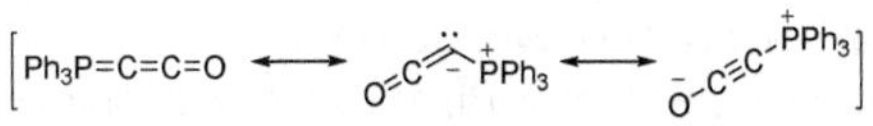

(2)

(三苯基膦烯)乙烯酮可以与 α-羟基酮类化合物反应生成丁烯酸内酯[7]，此方法被应用于万年青苷的全合成中 (式 3)[8]。

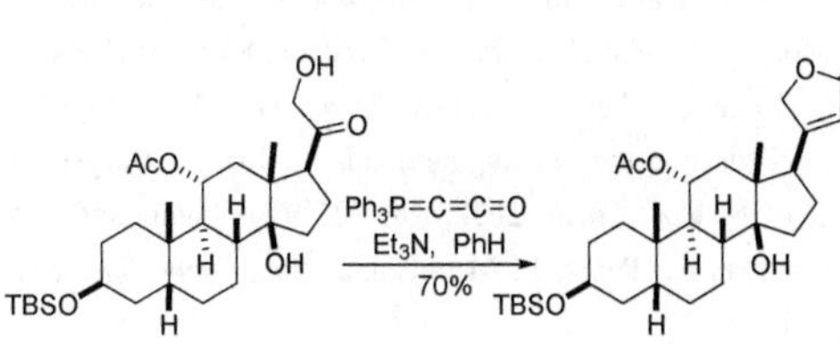

(3)

在三氟乙酸催化下，(三苯基膦烯)乙烯酮可以与氨基酸酯反应生成丁烯酸内酰胺类化合物 (式 4)[9]。

$$
\text{(4)} \quad 63\%
$$

(三苯基膦烯)乙烯酮可以与特特拉姆酸 (tetramic acid) 进行化学计量的反应，该反应已经应用于全合成中 (式 5)[10]。

$$
\text{(5)} \quad 98\%
$$

(三苯基膦烯)乙烯酮可以用于氢甲酰化大环串联反应中[11]。如式 6 所示[12]：使用 Rh 配合物作为催化剂，长链的烯醇酯经过不对称甲酰化反应可得大环内酯。

$$
\text{(6)} \quad 62\%
$$

参 考 文 献

[1] Boeckman, R.; Pero, J.; Boehmler, D. *J. Am. Chem. Soc.* **2006**, *128*, 11032.

[2] Bestmann, H. J. *Angew. Chem., Int. Ed.* **1977**, *16*, 349.

[3] For representative examples, see: (a) Bestmann, H. J.; Schmid, G.; Sandmeier, D. *Tetrahedron Lett.* **1980**, *21*, 2939. (b) Bestmann, H. J.; Schmid, G.; Sandmeier, D. *Chem. Ber.* **1980**, *113*, 912. (c) Bestmann, H. J.; Schobert, R. *Angew. Chem., Int. Ed.* **1985**, *24*, 790. (d) Bestmann, H. J.; Schobert, R. *Synthesis* **1989**, 419. (e) Bestmann, H. J.; Kellermann, W. *Synthesis* **1994**, 1257.

[4] Schobert, R. *Org. Synth.* **2009**, *82*, 140.

[5] (a) Bestmann, H. J.; Schmidt, M.; Schobert, R. *Synthesis* **1988**, 49. (b) Buckle, J.; Harrison, P. G. *J. Organomet. Chem.* **1974**, *77*, C22.

[6] Daly, J. J.; Wheatley, P. J. *J. Chem. Soc. A* **1966**, 1703.

[7] Jung, M. E.; Yoo, D. *Org. Lett.* **2011**, *13*, 2698.

[8] For additional examples, see: (a) Marcos, I. S.; Benéitez, A.; Moro, R. F.; et al. *Tetrahedron* **2010**, *66*, 8605 . (b) Schobert, R.; Seibt, S.; Mahal, K.; et al. *J. Med. Chem.* **2011**, *54*, 6177.

[9] (a) Fedoseyenko, D.; Raghuraman, A.; Ko, E.; Burgess, K. *Org. Biomol. Chem.* **2012**, *10*, 921. (b) Raghuraman, A.; Eunhwa, K.; Perez, L. M.; et al. *J. Am. Chem. Soc.* **2011**, *133*, 12350.

[10] Schlenk, A.; Diestel, R.; Sasse, F.; Schobert, R. *Chem. Eur. J.* **2010**, *16*, 2599.

[11] Risi, R. M.; Burke, S. D. *Org. Lett.* **2012**, *14*, 1180.

[12] Clark, T. P.; Landis, C. R.; Freed, S. L.; et al. *J. Am. Chem. Soc.* **2005**, *127*, 5040.

[刘海兰，河北师范大学化学与材料科学学院；XCJ]

三苯基碳酸铋

【英文名称】 Triphenylbismuth carbonate

【分子式】 $C_{19}H_{15}BiO_3$

【分子量】 500.31

【CAS 登录号】 [47252-14-2]

【结构式】

【物理性质】 mp 164~165 °C，不溶于普通的有机溶剂。

【制备和商品】 国内外化学试剂公司均有销售。最通用的合成方法是使用三苯基二氯化铋的丙酮溶液与碳酸钾的水溶液混合反应，能快速得到定量的三苯基碳酸铋[1]。

【注意事项】 热稳定性差，冷藏储存。

三苯基碳酸铋 $[(C_6H_5)_3BiCO_3]$ 是重要的铋(V) 试剂之一，是常用的苯基化试剂，被广泛地应用于 C、O、N、S 的苯基化反应。同时三苯基碳酸铋也是常用的氧化剂，具有高效、高选择性、反应条件温和、低毒性等优良特点，常用于醇、肼、羟胺、硫醇等化合物的氧化反应[2]。

三苯基碳酸铋在一定的条件下，能发生铋-苯基键的断裂，进而可以进行多种类型的苯基化反应。例如在四甲基胍存在下，β 萘酚与三苯基碳酸铋在室温下反应生成 1-苯基-2-萘酚[1]。邻位有给电子取代基的苯酚与该试剂发生去芳构化的羟基邻位碳上的苯基化反应 (式 1)[3]。

进一步的研究发现，带有给电子基的苯酚易进行羟基邻位碳的苯基化反应。但苯酚上若含有吸电子基团时，苯基化反应主要发生在酚羟基氧原子上[4]。

$$(1)$$

除了芳环碳的苯基化反应以外，酮的 α-位碳也能进行苯基化反应，成为合成多苯环取代的有效反应体系 (式 2)[5]。

$$(2)$$

在钯催化剂的存在下，三苯基碳酸铋作为苯基化试剂与乙烯基环氧化物反应，发生环氧开环的同时进行苯基化反应，生成苄基取代的 (E)-烯丙醇衍生物 (式 3)[6]。

$$(3)$$

三苯基碳酸铋还是良好的温和氧化剂，即使反应底物醇中含有其它易被氧化的基团时，也能高选择性地将醇氧化为醛或酮化合物。如式 4 所示：使用三苯基碳酸铋能将叶香醇高产率、高选择性地氧化为相应的醛[7]。该试剂也可将邻二醇氧化为醛、酮[8]，将硫酚氧化为二硫化物[9]。

$$(4)$$

在室温下，三苯基碳酸铋能高效地氧化 4-甲基脲唑成为 4-甲基-1,2,4-三唑啉-3,5-二酮。用蒽作为二烯体基于 Diels-Alder 环化反应可捕获氧化反应得到的 1,2,4-三唑啉活性亲双烯体 (式 5)[10]。

$$(5)$$

硝酮的 1,3-偶极体易与炔烃进行 1,3-偶极环加成反应，生成五元含氮、氧杂环化合物[11]。三苯基碳酸铋在原位能将羟胺类化合物氧化为硝酮类化合物，然后与环辛炔进行 1,3-偶极环加成反应 (式 6)[12]。

$$(6)$$

参考文献

[1] Barton, D. H. R.; Bhatnagar, N. Y.; Blazejewski, J.-C.; et al. *J. Chem. Soc., Perkin Trans.1* **1985**, 2657.

[2] (a) Barton, D. H. R.; Finet, J.-P. *Pure Appl. Chem.* **1987**, *59*, 937. (b) Finet, J.-P. *Chem. Rev.* **1989**, *89*. 1487. (c) Postel, M.; Duñach. E. *Coord. Chem. Rev.* **1996**, *155*, 127. (d) Elliott, G. I.; Konopelski, J. P. *Tetrahedron* **2001**, *57*, 5683.

[3] Barton, D. H. R.; Blazejewski, J.-C.; Charpiot, B.; et al. *J. Chem. Soc., Chem. Commun.* **1980**, 827.

[4] Barton, D. H. R.; Yadav-Bhatnagar, N.; Finet, J. P.; et al. *Tetrahedron* **1987**, 323.

[5] Barton, D. H. R.; Blazejewski, J.-C.; Charpiot, B.; et al. *J. Chem. Soc., Perkin Trans.1* **1985**, 2667.

[6] Kang, S.-K.; Ryu, H.-C.; Hong, Y.-T.; et al. *Synth. Commun.* **2001**, *31*, 2365.

[7] Barton, D. H. R.; Lester, D. J.; Motherwell, W. B.; Papoula, M. T. B. *J. Chem. Soc., Chem. Commun.* **1979**, 705.

[8] Barton, D. H. R.; Kitchin, J. P.; Lester, D. J.; et al. *Tetrahedron* **1981**, *37*, Suppl. 1, 73.

[9] Barton, D. H. R.; Kitchin, J. P.; Motherwell, W. B. *J. Chem. Soc., Chem. Comm.* **1978**, 1099.

[10] Ménard, C.; Doris, E.; Mioskowski, C. *Tetrahedron Lett.* **2003**, *44*, 6591.

[11] McKay, C. S.; Moran, J.; Pezacki, J. P. *Chem. Commun.* **2010**, *46*, 931.

[12] Nguyen, D.-V.; Prakash, P.; Gravel, E.; Doris, E. *RSC Adv.* **2016**, *6*, 89238.

[华瑞茂，清华大学化学系；HRM]

1,1,2-三苯基-1,2-乙二醇

【英文名称】 1,1,2-Triphenyl-1,2-ethanediol

【分子式】 $C_{20}H_{18}O_2$

【分子量】 290.36

【CAS 登录号】 [95061-46-4]

【缩写和别名】 三苯基乙二醇，三苯基-1,2-乙二醇

【结构式】

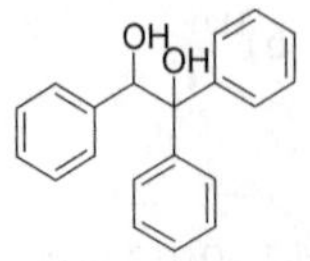

【物理性质】 白色固体，mp 126 ℃，bp 452.3 ℃，ρ 1.196 g/cm³，闪点 210 ℃，折射率 1.639。(R)-：[α] = +214° (c = 1 mol/L，EtOH)，+220 ℃ (c = 1 mol/L，95% EtOH)；(S)-：[α] = −217° (c = 1 mol/L，EtOH)。溶于二氯甲烷、氯仿、四氢呋喃等有机溶剂。

【制备和商品】 R-型化合物在各大试剂公司均有销售。可采用 R-型与 S-型扁桃酸酯与苯基格氏试剂或有机锂试剂反应制得[1]。

【注意事项】 该试剂在常温下稳定。

常见的 1,1,2-三苯基-1,2-乙二醇为 R-型结构。该化合物的两种构型均可由相应构型的扁桃酸酯与格氏试剂或有机锂试剂反应制得，常用于非对映选择性和对映选择性合成。例如，1,1,2-三苯基-1,2-乙二醇可立体专一地制备相应的 2-氨基-1,2,2-三苯基乙醇。如式 1 所示[2]：1,1,2-三苯基-1,2-乙二醇首先与二氯亚砜生成一对非对映异构体。它们不需分离，在三氟甲磺酸存在下与乙腈反应，生成含噁唑环单元的中间体。最后在酸性条件下回流，即可得到相应构型的 2-氨基-1,2,2-三苯基乙醇。

(1)

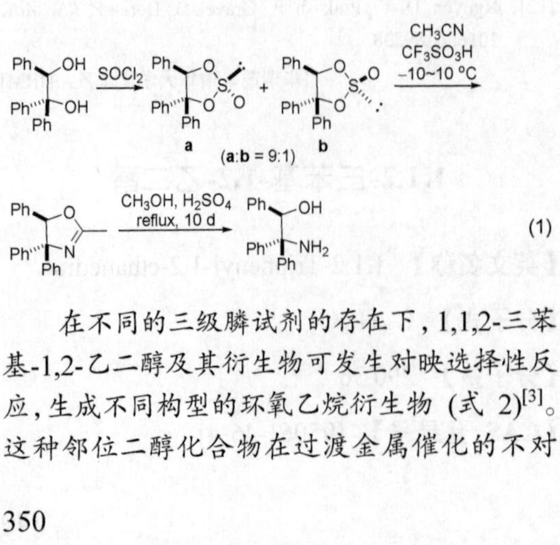

在不同的三级膦试剂的存在下，1,1,2-三苯基-1,2-乙二醇及其衍生物可发生对映选择性反应，生成不同构型的环氧乙烷衍生物 (式 2)[3]。这种邻位二醇化合物在过渡金属催化的不对

称反应中也可作为手性催化剂的前体[4]。1,1,2-三苯基-1,2-乙二醇也用于合成含 1,3-二氧六环的化合物和二苯甲酮。如式 3 所示[5]：在三溴化锑和相转移催化剂苯基三甲基三溴化铵 (PTAB) 的存在下，1,1,2-三苯基-1,2-乙二醇与 2-苯基-1,3-丙二醇反应，可合成相应的 1,3-二氧六环化合物和二苯甲酮。

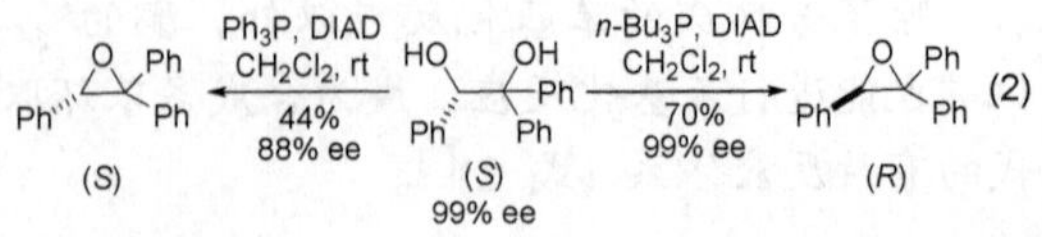

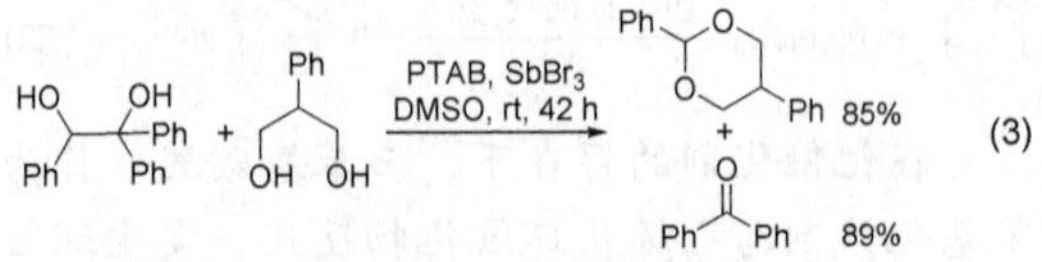

(2)

(3)

在 Lewis 酸 (SbCl₅) 的存在下，1,1,2-三苯基-1,2-乙二醇可发生重排反应，生成相应的醛，同时也有少量的酮生成 (式 4)[6]。

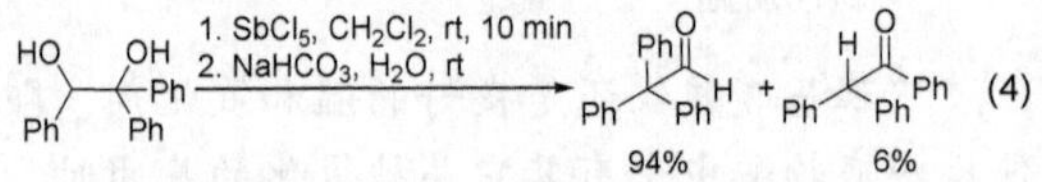

(4)

参 考 文 献

[1] Devant, R.; Mahler, U.; Braun, M. *Chem. Ber.* **1988**, *121*, 397.

[2] Braun, M.; Fleischer, R.; Mai, B.; et al. *Adv. Synth. Catal.* **2004**, *346*, 474.

[3] Noemi, G. D.; Riera, A.; Verdaguer, X. *Org. Lett.* **2007**, *9*, 635.

[4] Mahadik, G. S.; Hitchcock, S. R. *Tetrahedron: Asymmetry* **2010**, *21*, 33.

[5] Sayama, S. *Tetrahedron Lett.* **2006**, *47*, 4001.

[6] Ciminale, F.; Lopez, L.; Nacci, A.; et al. *Eur. J. Org. Chem.* **2005**, 1597.

[张皓，付华*，清华大学化学系；FH]

三碘化钐

【英文名称】 Samarium triiodide

【分子式】 SmI₃

【分子量】 531.07

【CAS 登录号】 [13813-25-7]

【缩写和别名】 碘化钐(Ⅲ)

【结构式】

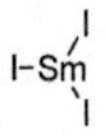

【物理性质】 橘黄色晶体，mp 820 °C，ρ 3.141 g/cm^3。在空气和水中不稳定，遇水分解。

【制备和商品】 商品化试剂，试剂公司均有销售。可由氧化钐与碳及碘在高温下反应制得。

【注意事项】 可被活泼金属、氢气等还原。对眼睛、呼吸道和皮肤有刺激作用。

三碘化钐 (SmI_3) 在有机合成中具有广泛的应用，可用于消除反应、共轭加成、羰基还原、分子内环化和亲核取代反应等。三碘化钐通常还可作为有效的金属催化剂和 Lewis 酸来催化反应，用以提高有机反应的产率。

在三碘化钐的催化下，吲哚与缺电子烯烃通过共轭加成可得到一系列的 3-取代吲哚衍生物 (式 1)[1,2]。该反应若在微波辐射和硅胶载体的条件下，专一性和选择性较好[3]。

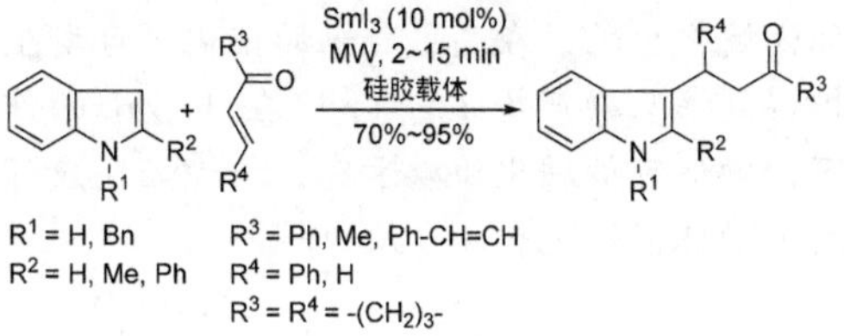
SmI3 (10 mol%)
MW, 2~15 min
硅胶载体
70%~95%
R1 = H, Bn
R2 = H, Me, Ph
R3 = Ph, Me, Ph-CH=CH
R4 = Ph, H
R3 = R4 = -(CH2)3-
(1)

在三碘化钐催化作用下，β-二酮与 α,β-不饱和酯在 THF 溶剂中回流，可高产率地得到 δ-羰基酯 (式 2)[4]。

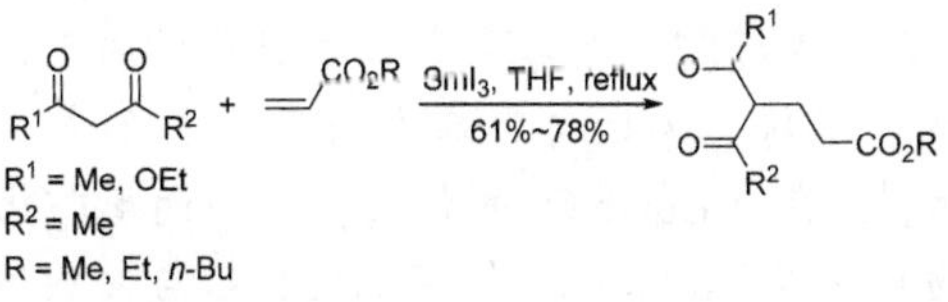
SmI3, THF, reflux
61%~78%
R1 = Me, OEt
R2 = Me
R = Me, Et, n-Bu
(2)

三碘化钐可以催化 N-(1-苯并三唑-1-烷基)酰胺类化合物与 1,3-二羰基化合物发生亲核取代反应，以较高的立体选择性和产率得到 Mannich 型产物 (式 3)[5]。

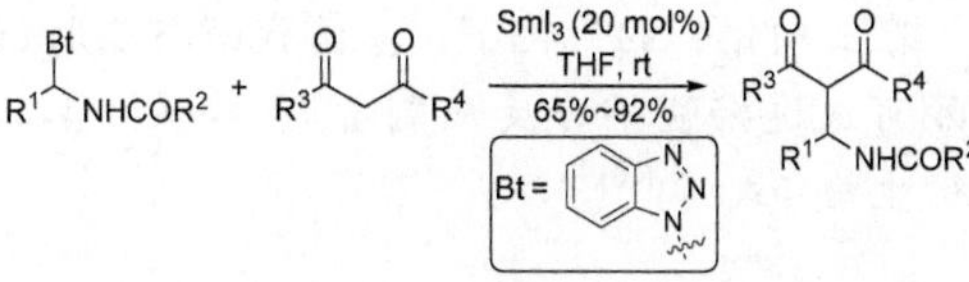
SmI3 (20 mol%)
THF, rt
65%~92%
Bt =
(3)

在三碘化钐的催化下，芳香胺与二氢吡喃反应可得到吡喃酮[3,2-c]喹啉衍生物 (式 4)[6]。该反应条件温和、产率高、反式立体选择性好。

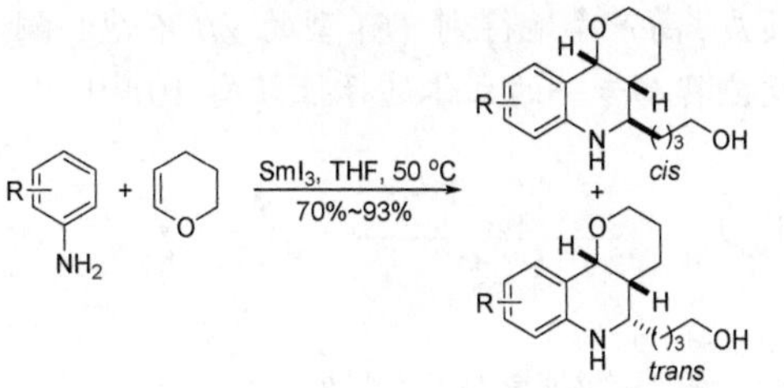
SmI3, THF, 50 °C
70%~93%
cis
trans
(4)

三碘化钐可以催化 α,β-环氧酰胺的消除反应，高立体选择性和区域选择性地合成 α-羟基-β,γ-不饱和酰胺 (式 5)[7]。

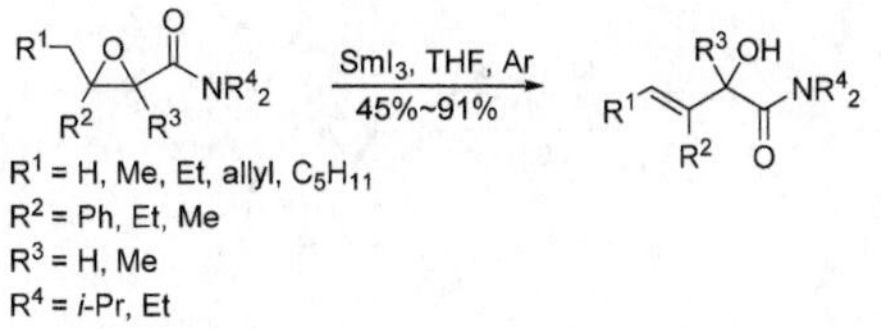
SmI3, THF, Ar
45%~91%
R1 = H, Me, Et, allyl, C5H11
R2 = Ph, Et, Me
R3 = H, Me
R4 = i-Pr, Et
(5)

在三碘化钐和三甲基氯硅烷催化的条件下，环己酮与苯甲醛经脱保护和缩合反应可得到 2,6-二(芳基亚甲基)环烷酮化合物 (式 6)[8]。

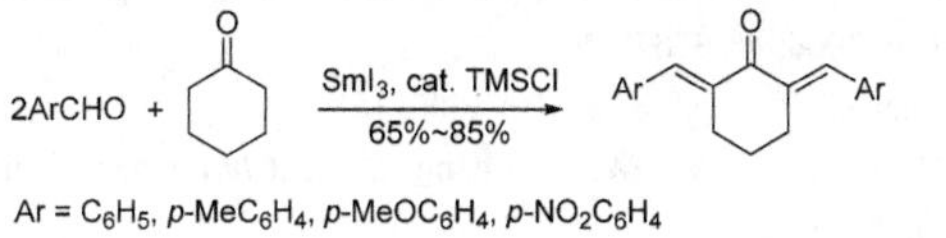
2ArCHO
SmI3, cat. TMSCl
65%~85%
Ar = C6H5, p-MeC6H4, p-MeOC6H4, p-NO2C6H4
(6)

使用三碘化钐可使苯乙酰基硫氰酸酯经脱硫氰化得到相应的乙酰苯衍生物 (式 7)。若在体系中加入苯甲醛，通过碳-碳键的生成可得到查耳酮化合物 (式 8)[9]。

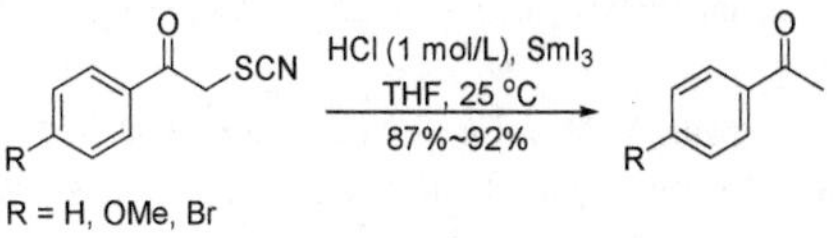
HCl (1 mol/L), SmI3
THF, 25 °C
87%~92%
R = H, OMe, Br
(7)

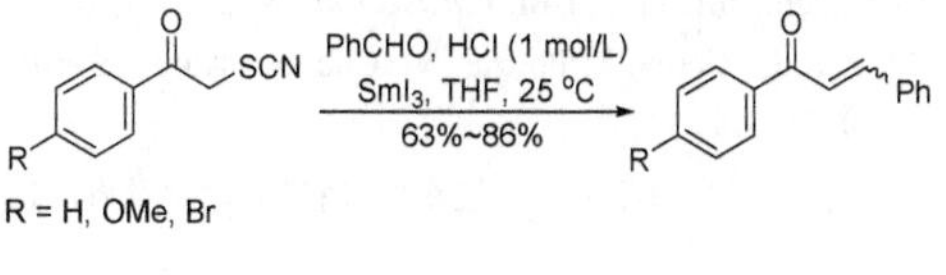
PhCHO, HCl (1 mol/L)
SmI3, THF, 25 °C
63%~86%
R = H, OMe, Br
(8)

在三碘化钐的催化下，α-卤代酮与脂肪族二酮可通过羟醛缩合反应制备 2-羟基-1,4-二酮衍生物 (式 9)[10]。

$$(9)$$

三碘化钐可以催化 α-氯-β-羟基酮的 β-消除反应，高产率地得到 (E)-型的 α,β-不饱和酮。该反应具有专一的立体选择性 (式 10)[11]。

$$(10)$$

R^1 = Ph, t-Bu, n-Bu
R^2 = Ph, n-Bu, n-C$_7$H$_{15}$, cHex, (E)-CH=CHPh

三碘化钐还可用来催化饱和甾酮的还原，生成相应的二级醇 (式 11)[12]。

$$(11)$$

参 考 文 献

[1] Zhan, Z. P.; Yang, R. F.; Lang, K. *Tetrahedron Lett.* **2005**, *46*, 3859.

[2] Zou, X. F.; Wang, X. X.; Cheng, C. G.; et al. *Tetrahedron Lett.* **2006**, *47*, 3767.

[3] Zhan, Z. P.; Lang, K. *Synlett* **2005**, 1551.

[4] Chen, X. Y.; Bao, W. L.; Zhang, Y. M. *Chin. Chem. Lett.* **2000**, *11*, 483.

[5] Wang, X. X.; Mao, H.; Yu, Y.; et al. *Synth. Commun.* **2007**, *37*, 3751.

[6] Yao, L. B.; Xu, F.; Shen, Q. *Chinese Sci. Bull.* **2010**, *55*, 4108.

[7] Concellon, J. M.; Bernad, P. L.; Bardales, E. *Chem. Eur. J.* **2004**, *10*, 2445.

[8] Li, Z. F.; Zhang, Y. M.; Li, Q. L. *J. Chem. Res., Synop.* **2000**, 12, *580*.

[9] Fan. X. S.; Zhang, Y. M. *J. Chem. Res., Synop.* **2002**, 9, *439*.

[10] Armime, T.; Takahashi, H.; Kobayashi, S.; et al. *Synth. Commun.* **1995**, *25*, 389.

[11] Concellon, J. M.; Huerta, M. *Tetrahedron Lett.* **2003**, *44*, 1931.

[12] Stastna, E.; Cerny, I.; Pouzar, V.; Chodounska, H. *Steroids* **2010**, *75*, 721.

[高玉霞，巨勇*，清华大学化学系；JY]

三碘甲烷

【英文名称】 Triiodomethane

【分子式】 CHI$_3$

【分子量】 393.72

【CAS 登录号】 [75-47-8]

【缩写和别名】 碘仿，Iodoform

【结构式】

【物理性质】 黄色固体，mp 120~123 °C，bp 218 °C，ρ 4.008 g/cm^3。溶于乙醇、丙酮、乙醚、苯、二硫化碳、二氯甲烷、四氢呋喃，微溶于石油醚。

【制备和商品】 国内外试剂公司均有销售，可在乙醇中重结晶。

【注意事项】 该试剂有特殊气味，高温下分解析出碘。

作为二碘卡宾的前体 碘仿可以在碱性条件下分解生成二碘卡宾，与烯烃反应可生成二碘环丙烷化合物，在高氯酸银的催化下可发生重排得到烯基碘产物 (式 1)[1]。在 Et$_2$Zn 的作用下，碘仿可被转化为碘卡宾，与烯烃反应可生成单碘环丙烷化合物 (式 2)[2]。

$$(1)$$

$$(2)$$

自由基反应 在自由基引发剂的作用下，碘仿可以转变为碘自由基参与反应。如式 3 所示[3]：在 t-BuONO 的作用下，烯丙基肟化合物转变成肟自由基，经环化反应后与由碘仿原位产生的碘自由基结合，得到碘甲基取代的二氢异噁唑产物。

$$(3)$$

烯基化反应 在二氯化铬的作用下，碘仿与醛反应可生成烯基碘化物。该方法具有高度的立体选择性，主要生成 (E)-型产物（式 4）[4]。该方法常被用于天然产物的合成中。如式 5 所示[5]：醇首先被氧化成醛，然后再与碘仿反应，得到相应的 (E)-烯基碘化物。

$$(4)$$

$$(5)$$

其它反应 在三苯基膦的促进下，碘仿与炔胺反应，可在 α-位进行碘代，生成烯基碘化物。该反应具有高度的区域选择性和立体选择性，主要生成 (E)-型产物（式 6）[6]。在钯催化剂和配体的作用下，共轭烯炔碳酸酯与一氧化碳反应可生成酯基取代的联烯化合物（式 7）[7]。如式 8 所示[8]：烯丙基溴化物或苄基溴化物在强碱的条件下可与碘仿反应，生成炔碘化合物。

$$(6)$$

$$(7)$$

$$(8)$$

参 考 文 献

[1] (a) Baird, M. S.; Gerrard, M. E. *J. Chem. Res. (S)* **1986**, 114. (b) Mathias, R.; Weyerstahl, P. *Angew. Chem.* **1974**, *86*, 42. (c) Baird, M. S., *J. Chem. Soc., Chem. Commun.* **1974**, 196.

[2] Beaulieu, L.-P. B.; Zimmer, L. E.; Charette, A. B. *Chem. Eur. J.* **2009**, *15*, 11829.

[3] Zhang, X.-W.; Xiao, Z.-F.; Wang, M.-M.; et al. *Org. Biomol. Chem.* **2016**, *14*, 7275.

[4] Archambaud, S.; Legrand, F.; Aphecetche-Julienne, K.; et al.

Eur. J. Org. Chem. **2010**, 1364.

[5] Preindl, J.; Schulthoff, S.; Wirtz, C.; et al. *Angew. Chem. Int. Ed.* **2017**, *56*, 7525.

[6] Prabagar, B.; Nayak, S.; Mallick, R. K.; et al. *Org. Chem. Front.* **2016**, *3*, 110.

[7] Karagöz, E. S.; Kus, M.; Akpınar, G. E.; Artok, L. *J. Org. Chem.* **2014**, *79*, 9222.

[8] Pelletier, G.; Lie, S.; Mousseau, J. J.; Charette, A. B. *Org. Lett.* **2012**, *14*, 5464.

[王歆燕，清华大学化学系；WXY]

三甲基硅基乙烯酮

【英文名称】 Trimethylsilylketene

【分子式】 $C_5H_{10}OSi$

【分子量】 114.24

【CAS 登录号】 [4071-85-6]

【结构式】

【物理性质】 无色液体，bp 81~82 ℃，ρ 0.8 g/cm³。溶于二氯甲烷、三氯甲烷、四氯化碳、四氢呋喃、乙醚和大多数有机溶剂；与醇类溶剂和胺类溶剂会发生反应。

【制备和商品】 该试剂没有商品化。可由乙氧基(三甲基硅基)乙炔在 120 ℃ 高温下转化制得（式 1）[1]。使用叔丁氧基(三甲基硅基)乙炔作为原料制备三甲基硅基乙烯酮，可将反应温度降低至 50 ℃。该方法最主要的优点是可在亲核试剂存在下原位制备三甲基硅基乙烯酮，然后立即与亲核试剂进行三甲基硅基乙酰化反应（式 2）[2]。叔丁氧基与乙氧基相比，增加了炔键上的电子云密度，阻止了原位生成的三甲基硅基乙烯酮发生聚合，从而使亲核进攻顺利进行。如式 3 所示[3]：在催化量三乙胺的存在下，使用 DCC 对三甲基硅基乙酸进行脱水也可制备三甲基硅基乙烯酮。

$$(1)$$

$$(2)$$

$$\text{Me}_3\text{Si} \underset{}{\overset{\text{CO}_2\text{H}}{}} \xrightarrow[63\%]{\text{DCC, Et}_3\text{N, 0 °C}} \text{Me}_3\text{Si} \text{—} = \text{O} \qquad (3)$$

【注意事项】 该试剂稳定性好，在氮气氛中于室温下可稳定储存数月而没有明显的分解。

对醇和胺进行三甲基硅基乙酰化反应 三甲基硅基乙烯酮可被用作醇和胺的三甲基硅基乙酰化试剂，随后使用 $BF_3 \cdot E_2O$[4]或 KF[5]可除去 TMS 基团得到乙酰化的产物 (式 4)[4]。三甲基硅基乙烯酮与位阻较大的胺反应，可以高产率地生成 α-硅基酰胺化合物 (式 5)[11]。而其与大位阻醇的反应则很慢，但在体系中加入 $BF_3 \cdot E_2O$ 或 $ZnCl_2$ 可以极大地促进反应的进行 (式 6)[11]。

$$ \qquad (4)$$

$$\text{TMSCH=C=O} \xrightarrow[100\%]{^i\text{Pr}_2\text{NH, CCl}_4, \text{rt}} \overset{O}{\underset{^i\text{Pr}_2\text{N}}{\|}} \text{—TMS} \qquad (5)$$

$$\text{TMSCH=C=O} \xrightarrow[\substack{无 BF_3 \cdot Et_2O, 48 h \\ 加入 BF_3 \cdot Et_2O, 2 min}]{^t\text{BuOH, CCl}_4, \text{rt}} \overset{O}{\underset{^t\text{BuO}}{\|}} \text{—TMS} \qquad (6)$$

环加成反应 三甲基硅基乙烯酮与饱和醛或 α,β 不饱和醛可发生环加成反应，生成 β 内酯化合物 (式 7)。酮也可与三甲基硅基乙烯酮发生类似的环加成反应 (式 8)[6]。如式 9 所示[7]：酰氯化合物在 DIPEA 的作用下生成烯酮化合物，接着在手性奎宁类催化剂的催化下与三甲基硅基乙烯酮反应，高对映选择性地得到 β 内酯产物。亚胺也可与三甲基硅基乙烯酮发生环加成反应，得到相应的 β 内酰胺化合物 (式 10)[8]。

$$\text{TMSCH=C=O} + \overset{O}{\underset{^i\text{Pr}}{\|}}\text{H} \xrightarrow[90\%, cis:trans = 60:40]{\text{BF}_3 \cdot \text{Et}_2\text{O}, 20 °C, 20 min} \qquad (7)$$

$$ \qquad (8)$$
R = ^{n}Pr, R^1 = H, 99%
R = Et, R^1 = Et, 51%

$$\text{TMSCH=C=O} + \overset{O}{\underset{\text{Me}}{\|}}\text{Cl} \xrightarrow[67\%, 95\% ee]{\text{Cat. (10 mol\%)} \atop \text{DIPEA, DCM, −25 °C}} \qquad (9)$$
Cat. =

$$\overset{\text{N—SO}_2\text{Me}}{\underset{\text{Cl}_3\text{C}}{\|}} + \text{TMSCH=C=O} \xrightarrow[89\%]{\text{CH}_2\text{Cl}_2, \text{rt}} \qquad (10)$$

其它反应 在镍催化剂和膦配体的促进下，三甲基硅基乙烯酮与二炔发生分子内成环反应，得到硅醚产物 (式 11)[9]。如式 12 所示[10]：对甲苯磺酰胺基异喹啉叶立德与三甲基硅基乙烯酮经过 [3+2] 环加成反应，得到吡唑[5,1-a]异喹啉产物。

$$ \xrightarrow[\text{PhMe, 60 °C, 5 h}]{\text{Ni(COD)}_2 (5 \text{ mol\%}) \atop \text{DPPB (5 mol\%)}} \qquad (11)$$
82%
+ TMSCH=C=O
R = TMS:H = 63:19

$$ \xrightarrow[\text{Et}_3\text{N (6 equiv), PhMe, reflux}]{\text{TMSCH=C=O (2.4 equiv)}} \qquad (12)$$
R = 4-Br, 48 h, 75%
R = 6-F, 24 h, 71%
R = 6-Me, 24 h, 62%

参 考 文 献

[1] Ruden, R. A. *J. Org. Chem.* **1974**, *39*, 3607.

[2] Valenti, E.; Pericas, M. A.; Serratosa, F. *J. Org. Chem.* **1990**, *55*, 395.

[3] Olah, G. A.; Wu, A.; Farooq, O. *Synthesis* **1989**, 568.

[4] Drège, E.; Venot, P.-E.; LE BIDEAU, F.; et al. *J. Org. Chem.* **2015**, *80*, 10119.

[5] Danheiser, R. L. In *Strategy and Tactics in Organic Synthesis*, Lindberg, T., Ed.; Academic: Orlando, Florida, 1984; Vol. 1, Chapter 2.

[6] Black, T. H.; Zhang, Y.; Huang, J. *Synth. Commun.* **1995**, *25*, 15.

[7] (a) Chen, S.; Ibrahim, A. A.; Peraino, N. J.; et al. *J. Org. Chem.* **2016**, *81*, 7824. (b) Ibrahim, A. A.; Nalla, D.; Van Raaphorst, M.; Kerrigan, N. J. *J. Am. Chem. Soc.* **2012**, *134*, 2942.

[8] Pelotier, B.; Rajzmann, M.; Pons, J.-M.; et al. *Eur. J. Org. Chem.* **2005**, 2599.

[9] Kumar, P.; Troast, D. M.; Cella, R.; Louie, J. *J. Am. Chem. Soc.* **2011**, *133*, 7719.

[10] Kobayashi, M.; Kondo, K.; Aoyama, T. *Tetrahedron Lett.* **2007**, *48*, 7019.

[王歆燕，清华大学化学系；WXY]

α,α,α-三氟甲苯

【英文名称】 α,α,α-Trifluorotoluene

【分子式】 $C_7H_5F_3$

【分子量】 146.11

【CAS 登录号】 [98-08-8]

【缩写和别名】 BTF，Trifluoromethylbenzene，Benzotrifluoride

【结构式】

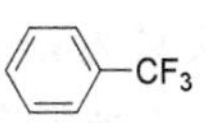

$$\text{Ph-CF}_3$$

【物理性质】 无色液体，bp 102 ℃，mp −29 ℃，n_D^{20} 1.414，ρ 1.020 g/cm^3 (20 ℃)，fp 12 ℃。

【制备和商品】 国内外试剂公司均有销售。可在 P_2O_5 中回流数小时后蒸馏纯化。由苯胺与三氟甲磺酸酐在 THF 溶液中于 −78 ℃ 制备得到[1]。

【注意事项】 该试剂毒性较低，对于大鼠的口服毒性 LD_{50} = 15000 mg/kg。

三氟甲苯的溶剂极性经验值 E_T^N = 0.241，其极性大于氟苯 (0.194)、THF (0.207) 和乙酸乙酯 (0.228)；与五氟苯 (0.238) 非常接近；小于氯仿 (0.259)、吡啶 (0.302) 和二氯甲烷 (0.309)[2]。

官能团转化 在常见的醇的衍生化反应中，三氟甲苯可以非常好地替代二氯甲烷。例如：以三氟甲苯为溶剂时，使用 Ac$_2$O/DMAP 进行的酰化反应、使用 TsCl/DMAP/Et$_3$N 进行的磺酰化反应以及使用 R$_3$SiCl/DMAP/Et$_3$N 进行的硅化反应的反应时间和所得产率均与在二氯甲烷中进行的反应相似[3]。如式 1 所示[3b]：在 Dean-Stark 装置中使用乙二醇对环己酮进行保护，在三氟甲苯中可以得到 98% 的产率，与在甲苯、苯或环己烷中反应所得产率相近。

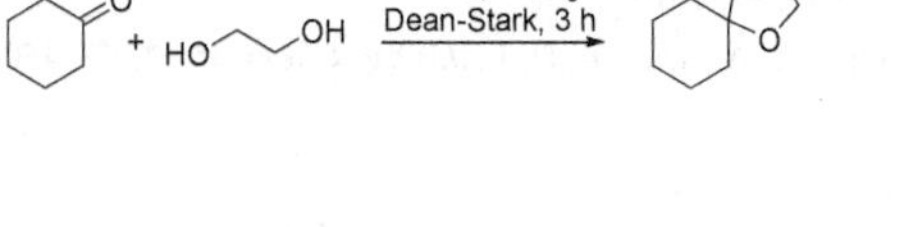

$$(1)$$

氧化和还原反应 在 Swern 氧化和 Dess-Martin 氧化等将一级醇和二级醇选择性地氧化成醛和酮的反应中，三氟甲苯同样可以很好地替代二氯甲烷。如式 2 所示[4]：以三氟甲苯为溶剂，3,4,5-三甲氧基苯甲醇在 Dess-Martin 氧化剂的作用下生成 3,4,5-三甲氧基苯甲醛的产率为 92%。同样的反应在二氯甲烷中的产率为 96%。三氟甲苯作为含氟有机溶剂，对于含氟底物有时可以起到提高反应产率的作用 (式 3)[5]。在三氟甲苯中，使用 Au-Pd 合金纳米粒子催化剂，在室温和光照的条件下，即可使苯甲醇以几乎定量的产率转化成苯甲醛 (式 4)[6]。

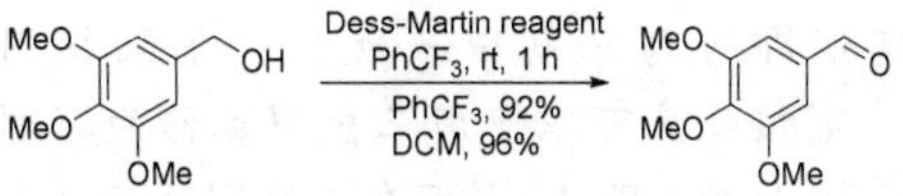

$$(2)$$

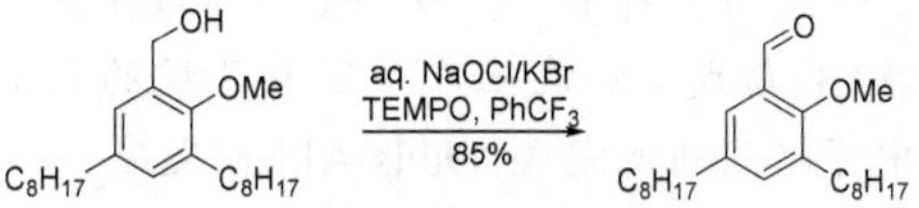

$$(3)$$

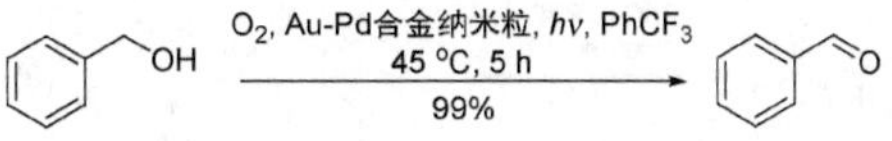

$$(4)$$

除了醇的氧化反应外，三氟甲苯也可用作其它氧化反应的溶剂。如式 5 所示[7]：在三氟甲苯溶剂中，以 MnO$_2$ 为氧化剂，化合物 **1** 被氧化得到芳构化的产物 **2**。

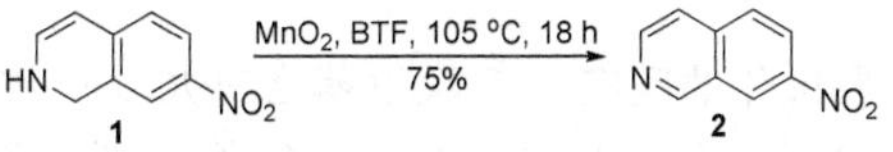

$$(5)$$

与氧化反应相比，在三氟甲苯中进行的还原反应相对较少。如式 6 所示[3b]：在三氟甲苯溶剂中进行苄醚的催化氢化去苄基反应，可以得到中等的产率。如式 7 所示[8]：使用卡宾硼烷作为还原剂，在硅胶的促进下，苯丙醛被顺利地还原成苯丙醇。以甘油作为氢源，在钌催化剂的作用下，硝基苯可被还原成苯胺，接着再与醇进行还原胺化反应 (式 8)[9]。

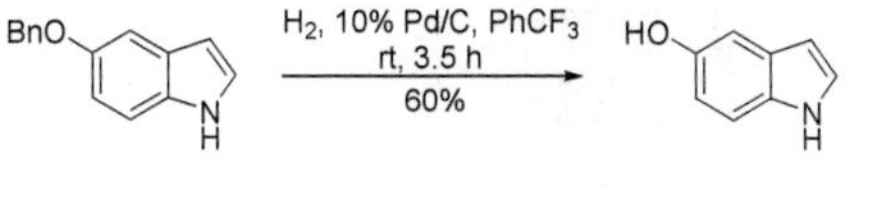

$$(6)$$

$$\text{Ph} \diagdown \text{CHO} \xrightarrow[\substack{\text{rt, 0.5 h} \\ 95\%}]{\text{NHC-BH}_3, \text{硅胺, PhCF}_3} \text{Ph} \diagdown \text{OH} \quad (7)$$

NHC-BH$_3$

$$\begin{array}{c} \text{PhNO}_2 \\ + \\ \text{PhCH}_2\text{OH} \end{array} \xrightarrow[\substack{\text{PhCF}_3, \text{Ar, 130 °C, 24 h} \\ 86\%}]{\text{甘油, RuCl}_3, \text{PPh}_3, \text{K}_2\text{CO}_3} \text{Ph-NH-CH}_2\text{Ph} \quad (8)$$

Lewis 酸促进的反应 由于三氟甲苯可以与强 Lewis 酸发生反应，因此不能用在这些强 Lewis 酸促进的反应中。例如：AlCl$_3$ 是 Friedel-Crafts 反应中常用的 Lewis 酸，但是它在室温即可与三氟甲苯反应。如果换用 ZnCl$_2$，则该反应可以使用三氟甲苯作为溶剂 (式 9)[3a]。此外，TiCl$_4$ 也可在三氟甲苯溶剂中使用。如式 10 所示[3a]：以 TiCl$_4$ 为催化剂，化合物 **3** 与戊二烯在三氟甲苯和己烷的混合溶剂中可以顺利地完成 Diels-Alder 反应。

$$(9)$$

$$(10)$$

金属催化的反应 三氟甲苯也可用于一些重要的金属催化的反应。如式 11 所示[10]：在三氟甲苯溶剂中，芳基碘代物与甲酸酯化合物 **4** 在 Pd(OAc)$_2$ 的催化下，以极高的产率完成羰基化反应。使用烯丙基氯化钯为催化剂，吲哚化合物与乙酸烯丙酯化合物 **5** 在手性配体的存在下发生不对称烯丙基化反应，得到较高的产率和 ee 值 (式 12)[11]。

$$\begin{array}{c}\text{R = H, >99\%}\\\text{R = Cl, >99\%}\\\text{R = COMe, >99\%}\\\text{R = OMe, 82\%}\\\text{R = CN, 94\%}\\\text{R = CHO, 99\%}\\\text{R = CO}_2\text{Et, 85\%}\end{array} \quad (11)$$

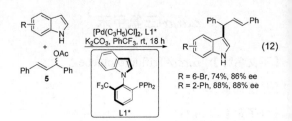

$$\begin{array}{c} R = \text{6-Br, 74\%, 86\% ee} \\ R = \text{2-Ph, 88\%, 88\% ee} \end{array} \quad (12)$$

如式 13 所示[12]：在 Ag(NO$_3$)$_2$ 的催化下，芳基硼酸与 2,5-二氯苯醌在三氟甲苯中发生芳基化反应，以中等产率生成产物。此外，三氟甲苯也可用于铜催化的反应。如式 14 所示[13]：在 Cu(OTf)$_2$ 和手性胺配体的作用下，吲哚化合物与硝基苯乙烯发生 Friedel-Crafts 烷基化反应，得到几乎定量的产率，ee 值为 95%。

$$(13)$$

$$(14)$$

L2*

自由基的反应 在一些自由基的反应中也可用三氟甲苯作为反应的溶剂。如式 15 所示[14]：芳基碘化物与一氧化碳和叔丁醇钾在无金属的条件下，通过自由基反应得到相应的芳基甲酸酯产物。

$$(15)$$

参 考 文 献

[1] Hendrickson, J. B.; Bergeron, R. *Tetrahedron Lett.* **1973**, 4607.

[2] (a) Reichardt, C. *Solvents and Solvent Effects in Organic Chemistry*; VCH: Weinheim, 1988. (b) Reichardt, C. *Chem. Rev.* **1994**, *94*, 2319.

[3] (a) Ogawa, A.; Curran, D. P. *J. Org. Chem.* **1997**, *62*, 450.

(b) Maul, J. J.; Ostrowski, P. J.; Ublacker, G. A.; et al. *Top. Curr. Chem.* **1999**, *206*, 79.

[4] Nicolaou, K. C.; Zhong, Y.-L.; Baran, P. S. *Angew. Chem. Int. Ed.* **2000**, *39*, 622.

[5] (a) Pozzi, G.; Cinato, F.; Montanari, F.; Quici, S. *Chem. Commun.* **1998**, 877. (b) Pozzi, G.; Cavazzini, M.; Cinato, F.; et al. *Eur. J. Org. Chem.* **1999**, 1947.

[6] Sarina, S.; Zhu, H.; Jaatinen, E.; et al. *J. Am. Chem. Soc.* **2013**, *135*, 5793.

[7] Chen, Y.; Crockett, R. D.; Wang, X.; et al. *Synlett* **2013**, *24*, 301.

[8] Taniguchi, T.; Curran, D. P. *Org. Lett.* **2012**, *14*, 4540.

[9] Cui, X.; Deng, Y.; Shi, F. *ACS Catal.* **2013**, *3*, 808.

[10] Ueda, T.; Konishi, H.; Manabe, K. *Org. Lett.* **2012**, *14*, 5370.

[11] Mino, T.; Ishikawa, M.; Nishikawa, K.; et al. *Tetrahedron:Asymetry* **2013**, *24*, 499.

[12] Usui, I.; Lin, D. W.; Masuda, T.; Baran, P. S. *Org. Lett.* **2013**, *15*, 2080.

[13] Wu, J.; Li, X.; Wu, F.; Wan, B. *Org. Lett.* **2011**, *13*, 4834.

[14] Zhang, H.; Shi, R.; Ding, A.; et al. *Angew. Chem. Int. Ed.* **2012**, *51*, 12542.

[王歆燕，清华大学化学系；WXY]

三氟甲基磺酸铋 (及水合物)

【英文名称】 Bismuth(Ⅲ) trifluoromethane-sulfonate

【分子式】 $C_3BiF_9O_9S_3$

【分子量】 656.19

【CAS 登录号】 [88189-03-1]

【缩写和别名】 三氟甲磺酸铋，三氟甲烷磺酸铋，Bismuth triflate，Bismuth trifluoromethane-sulfonate

【结构式】

$$\left[F_3C-\overset{\overset{\displaystyle O}{\|}}{\underset{\underset{\displaystyle O}{\|}}{S}}-O^- \right]_3 Bi^{3+}$$

【物理性质】 白色粉末状固体，mp > 300 ℃。溶于水和极性有机溶剂。

【制备和商品】 国内外化学试剂公司均有销售。

【注意事项】 该试剂易潮解，应密闭保存。

三氟甲基磺酸铋及其水合物是廉价和环境友好的 Lewis 酸催化剂，由于其独特的酸性被广泛应用于各类有机反应中[1]。

醇的酰基化反应是有机合成中一类重要的转化反应。在乙腈溶剂中，该试剂能有效地催化乙酸酐与伯醇、仲醇和叔醇的酰基化反应，高产率地得到酰基化产物 (式 1)[2]。

$$\text{(1)}$$

Friedel-Crafts 酰基化反应在工业上用于很多染料的合成，也是构建碳-碳键的有效方法。在 CH_3NO_2 溶剂中，该试剂能够有效地催化苯甲醚与苯甲酰氯的酰基化反应，高产率生成对位酰基化产物 (式 2)[3]。

$$\text{(2)}$$

环氧化物的重排反应生成羰基化合物是一个非常有用的转化反应。在该试剂的催化下，环氧化物发生选择性开环重排反应，高产率地生成相应的醛或酮产物 (式 3)[4]。

$$\text{(3)}$$

Ritter 反应是一个重要的有机合成反应，尤其是对于制备取代基较大的酰胺类化合物非常有用。传统的方法是用 Cr 或 Sb 的金属配合物或者是三氟化硼·乙醚复合物作为催化剂进行反应，但其缺点是毒性较大。该试剂可以催化各种氰基化合物与叔丁醇发生反应，高产率地生成相应的烷基酰胺类化合物 (式 4)[5]。

$$\text{(4)}$$

该试剂还可以催化苄醇、烯丙醇和炔丙醇等反应活性较高的羟基被磺胺、氨基甲酸酯或甲酰胺直接取代反应，生成相应的胺基化合物 (式 5)[6]。该试剂也可以催化 1,3-二烯与磺胺、氨基甲酸酯和甲酰胺类化合物的分子间氢胺化加成反应 (式 6)[7]。

$$(5)$$

$$(6)$$

在该试剂存在下, α-羟基乙基苯或 3-苯基烯丙醇可以与 1,3-二羰基化合物活泼碳-氢键发生脱水反应生成偶联产物 (式 7 和式 8)[8]。

$$(7)$$

$$(8)$$

该试剂也是一类合成杂环化合物的重要 Lewis 酸催化剂。在该试剂的存在下, 邻二苯胺或邻羟基苯胺与氧杂䓬衍生物可以发生开环-关环反应, 高产率地生成喹喔啉或吩噁嗪类衍生物 (式 9 和式 10)[9]。该方法包含碳-碳键、碳-氢键和碳-氧键的形成反应, 可以用于构建复杂杂环化合物。

$$(9)$$

$$(10)$$

此外, 该试剂可以有效地催化吲哚 3-位碳-氢键、硫酚的硫-氢键与 α,β 不饱和烯酮的 Michael 加成反应[10]。

参 考 文 献

[1] Hua, R. *Curr. Org. Synth.* **2008**, *5*, 1.

[2] Orita, A.; Tanahashi, C.; Kakuda, A.; Otera, J. *J. Org. Chem.* **2001**, *66*, 8926.

[3] Desmurs, J. R. *Tetrahedron Lett.* **1997**, *38*, 8871.

[4] Bhatia, K. A.; Eash, K. J.; Leonard, N. M.; et al. *Tetrahedron Lett.* **2001**, *42*, 8129.

[5] Callens, E.; Burton, A. J.; Barrett, A. G. M. *Tetrahedron Lett.* **2006**, *47*, 8699.

[6] Qin, H.; Yamagiwa, N.; Matsunaga, S.; Shibasaki, M. *Angew. Chem. Int. Ed.* **2007**, *46*, 409.

[7] Qin, H.; Yamagiwa, N.; Matsunaga, S.; Shibasaki, M. *J. Am. Chem. Soc.* **2006**, *128*, 1611.

[8] Rueping, M.; Nachtsheim, B.; Kuenkel, A. *Org. Lett.* **2007**, *9*, 825.

[9] Raju, B. C.; Prasad, K. V.; Saidachary, G.; Sridhar, B. *Org. Lett.* **2014**, *16*, 420.

[10] Alam, M.; Varala, R.; Adapa, S. *Tetrahedron Lett.* **2003**, *44*, 5115.

[华瑞茂, 清华大学化学系; HRM]

S-(三氟甲基)二苯并噻吩鎓四氟硼酸盐

【英文名称】 *S*-(Trifluoromethyl)dibenzothiophenium tetrafluoroborate

【分子式】 $C_{13}H_8BF_7S$

【分子量】 340.07

【CAS 登录号】 [131880-16-5]

【缩写和别名】 Umemoto's reagent, 5-(三氟甲基)二苯并噻吩鎓四氟硼酸盐

【结构式】

【物理性质】 白色或黄色固体, mp 171~172 ℃。溶于大极性有机溶剂。

【制备和商品】 国内外化学试剂公司均有销售。制备方法如式 1 所示: 起始原料在 *m*-CPBA 氧化下得到关环产物, 再经过阴离子交换即可得到 *S*-(三氟甲基)二苯并噻吩鎓四氟硼酸盐。

$$(1)$$

【注意事项】 该试剂在室温下稳定, 储存容器应保持紧闭, 储存在干燥通风处。

三氟甲基取代的化合物由于具有强吸电子性、疏水性、脂溶性等特点, 被广泛应用于

医药、农药和功能材料等领域[1]。因此三氟甲基化反应受到广泛关注。

1984 年，Yagupolskii 课题组[2]报道了第一个亲电三氟甲基化试剂 [二芳基(三氟甲基)硫盐，$Ar_2S^+CF_3SbF_6^-$]。1990 年，Umemoto 课题组[3~5]发展了一系列新型的亲电三氟甲基化试剂，被称为 Umemoto 试剂。作为一种高效的三氟甲基化试剂，Umemoto 试剂已经被成功地运用到许多亲核试剂 (如碳负离子、烯醇硅醚、烯胺、苯酚、苯胺、膦和硫醇等) 的三氟甲基化反应中 (式 2 和式 3)。

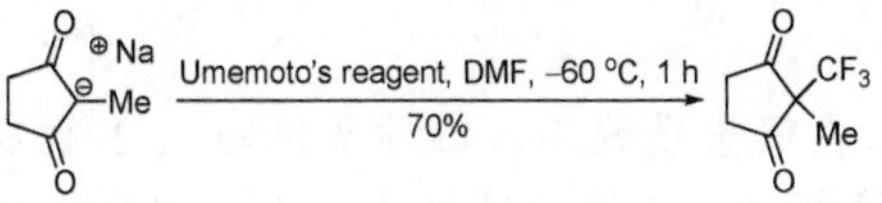

(2)

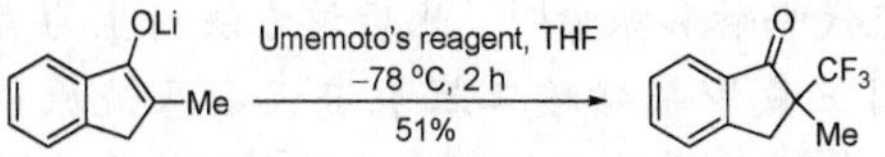

(3)

在相转移催化剂的存在下，使用 Umemoto 试剂作为三氟甲基源，可以高效地将环状和非环状的 *β*-羰基羧酸酯的 *α*-位 C–H 键直接三氟甲基化 (式 4)[6]。同样，Umemoto 试剂也被用于许多烯醇硅醚化合物的三氟甲基化反应中，并得到了相应的 *α*-位三氟甲基化的酮 (式 5)。

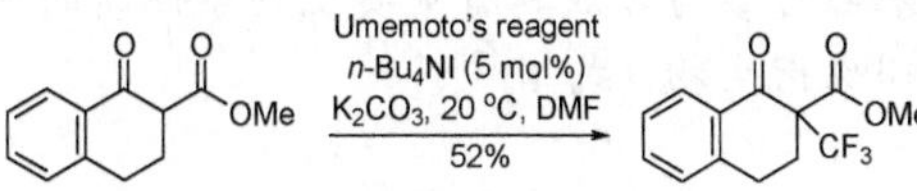

(4)

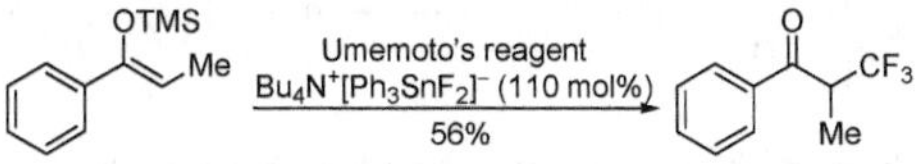

(5)

Umemoto 试剂在铜催化剂和手性配体的作用下可以进行三氟甲基化反应，得到一系列高对映选择性的 *α*-CF₃-*β*-羰基羧酸酯 (式 6)[7]。

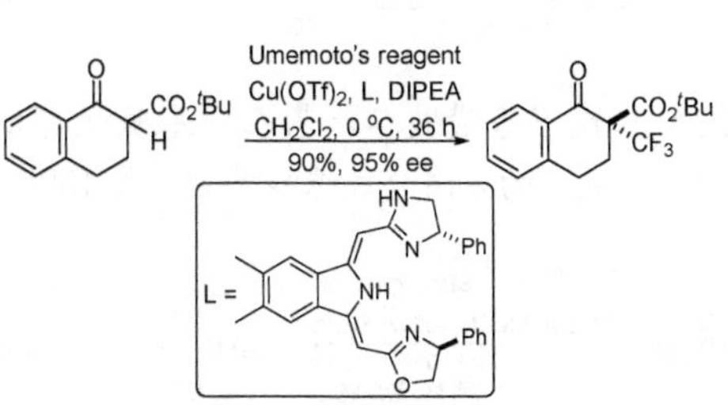

(6)

在铜催化剂的作用下，Umemoto 试剂可以对烯丙位 C–H 键进行三氟甲基化。该方法在简单温和的反应条件下成功地构建了 $C(sp^3)$–CF₃ 键 (式 7)[8]。

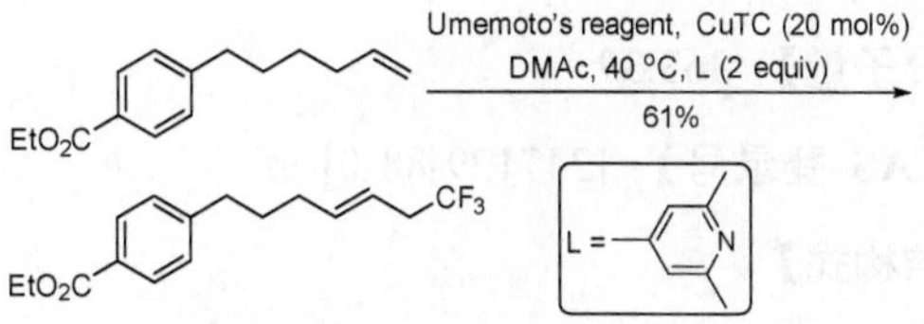

(7)

近年来，C–H 键官能化反应受到了广泛的关注。在这类反应中，通常需要引入一个导向基团，从而选择性地将某个位置的 C–H 键官能化。如式 8 所示[9]：使用 Umemoto 试剂作为三氟甲基源，在 Pd(OAc)₂ 和 Cu(OAc)₂ 催化条件下，以较高产率将导向基团邻位的芳环 C–H 键三氟甲基化。

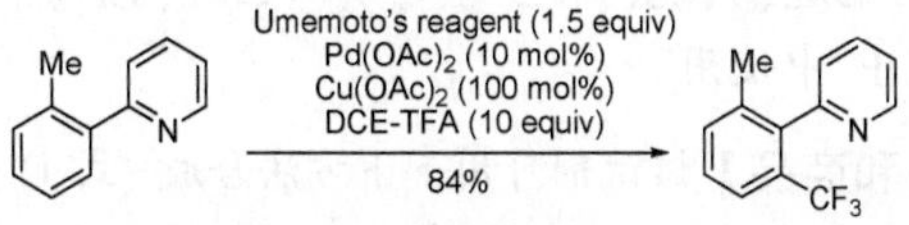

(8)

醋酸亚铜也可以介导芳基、烯基硼酸化合物与 Umemoto 试剂进行反应，在温和的条件下得到三氟甲基化的芳环、杂环、烯基化合物。该反应显示了很好的官能团容忍性 (式 9)[10]。

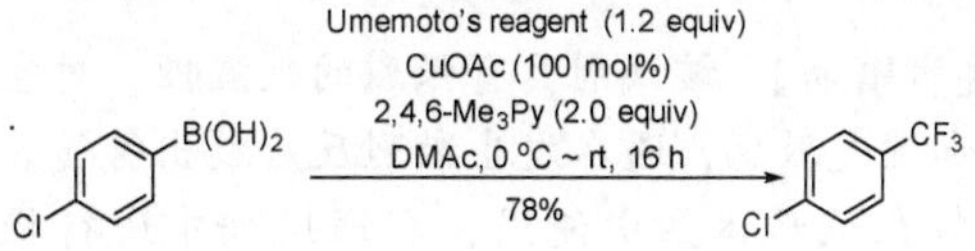

(9)

参 考 文 献

[1] Furuya, T.; Kamlet, A. S.; Ritter, T. *Nature* **2011**, *473*, 470.

[2] Yagupolskii, L. M.; Kondratenko, N. V.; Timofeeva, G. N. *J. Org. Chem. USSR* **1984**, *20*, 103.

[3] Umemoto, T.; Ishihara, S. *Tetrahedron Lett.* **1990**, *31*, 3579.

[4] Umemoto, T.; Ishihara, S. *J. Am. Chem. Soc.* **1993**, *115*, 2156.

[5] Umemoto, T. *Chem. Rev.* **1996**, *96*, 1757.

[6] Ma, J.-A.; Cahard, D. *J. Org. Chem.* **2003**, *68*, 8726.

[7] Deng, Q.-H.; Wadepohl, H.; Gade, L. H. *J. Am. Chem. Soc.* **2012**, *134*, 10769.

[8] Xu, J.; Fu, Y.; Luo, D.-F.; et al. *J. Am. Chem. Soc.* **2011**, *133*, 15300.

[9] Wang, X.; Truesdale, L.; Yu, J.-Q. *J. Am. Chem. Soc.* **2010**, *132*, 3648.

[10] Xu, J.; Luo, D.-F.; Xiao, B.; et al. *Chem. Commun.* **2011**, *47*, 4300.

[蔡尚军，清华大学化学系；XCJ]

三氟甲基磺酸二苯基乙烯基锍

【英文名称】 Diphenylvinylsulfonium triflate

【分子式】 $C_{15}H_{13}F_3O_3S_2$

【分子量】 363.39

【CAS 登录号】 [247129-88-0]

【结构式】

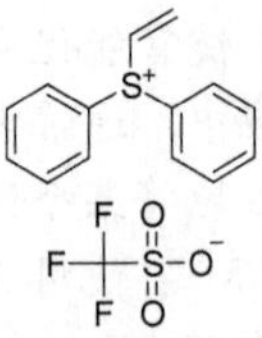

【物理性质】 黄色油状物，bp 116~118 ℃/1.0 mmHg，ρ 0.798 g/cm^3。溶于大多数有机溶剂，通常在己烷、庚烷、环己烷、甲苯、乙醚、CH_2Cl_2 和 THF 中使用。

【制备和商品】 该试剂可用如下方法合成 (式 1)。

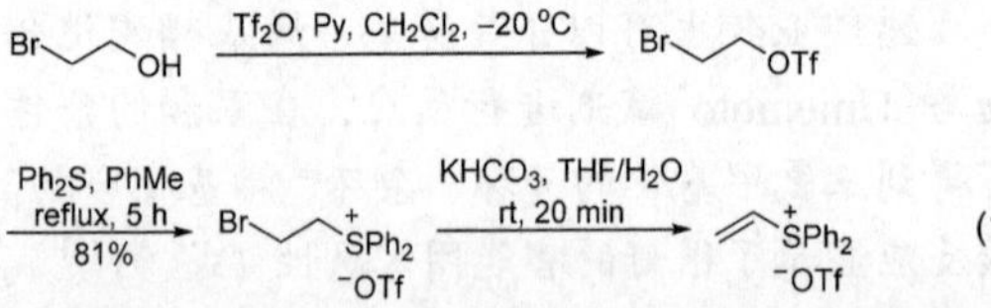

【注意事项】 该试剂具有强烈的吸湿性，对空气和湿气敏感，遇水发生激烈反应放出氢气。一般在无水体系中使用，在通风橱中进行操作，在冰箱中储存。

将吲哚醛与三氟甲基磺酸二苯基乙烯基硫在强碱性条件下进行反应，在 NaH 的作用下，首先可得到硫叶立德的中间体，然后进行环合反应，可实现醛向环氧化合物的转化 (式 2)[1]。三氟甲基磺酸二苯基乙烯基硫最早的应用之一是参与制备丝裂霉素 K 的环氧化合物的中间体。

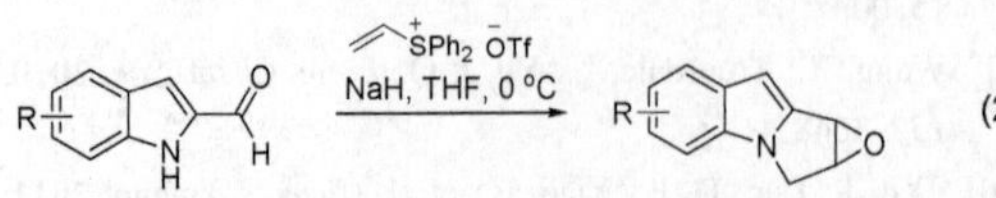

该试剂可用于进行环氧环合反应，生成五元和六元的环氧化物或氮丙啶稠杂环化合物

(式 3)[2]。

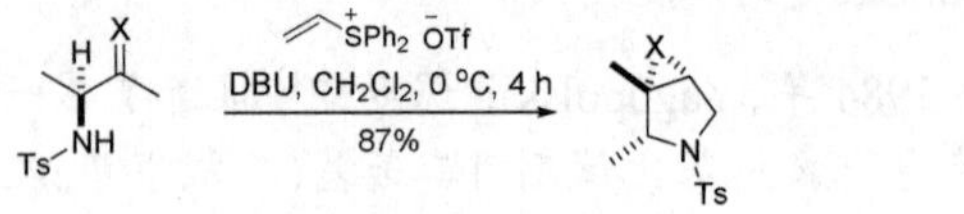

利用该试剂来制备 4,5-环氧四氢吡喃衍生物具有很高的非对映选择性。如果用乙烯基鏻盐来代替该试剂则生成相应的烯烃，不能得到环氧四氢吡喃衍生物 (式 4)[3]。

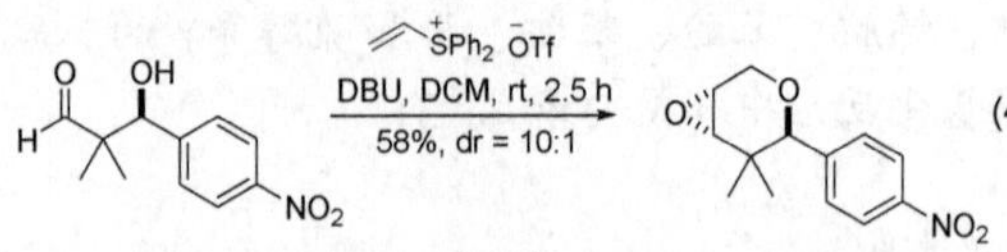

三氟甲基磺酸二苯乙烯基锍与 1,2-氨基醇/硫醇或 1,2-二胺在碱性条件下可以生成吗啉、硫代吗啉和哌嗪[4]。此后该方法衍生为直接使用三氟甲基磺酸二苯基溴代乙基锍原位生成三氟甲基磺酸二苯乙烯基锍[5]。该方法还能用来切断亚磺酰胺保护基 (式 5)[6]。

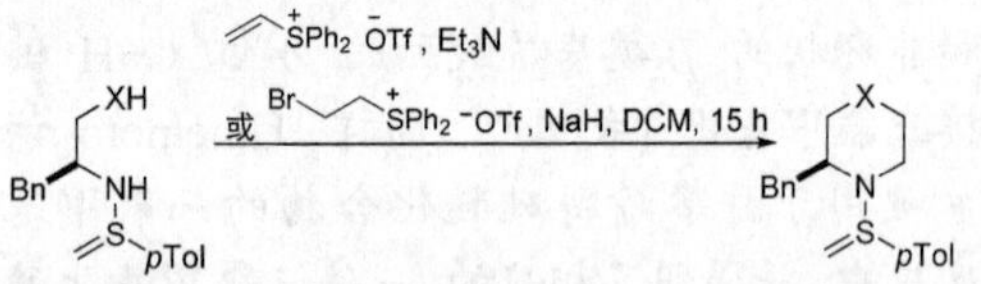

在 KOH 的作用下，三氟甲基磺酸二苯基乙烯基硫可参与合成具有重要生物学性质的噁嗪并吲哚衍生物 (式 6)[7]。

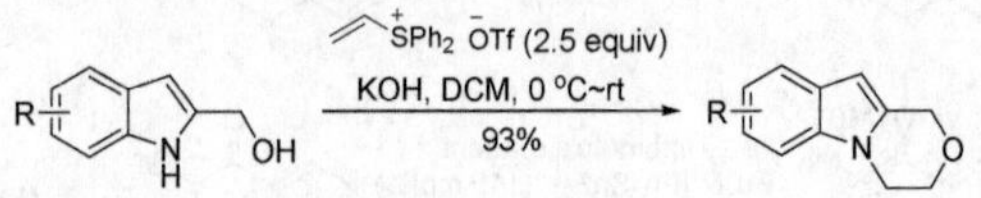

在三乙胺的作用下，使用三氟甲基磺酸二苯基乙烯基硫可以将叔丁基氨基甲酸酯转化为 N-芳基噁唑烷-2-酮 (式 7)[8]。

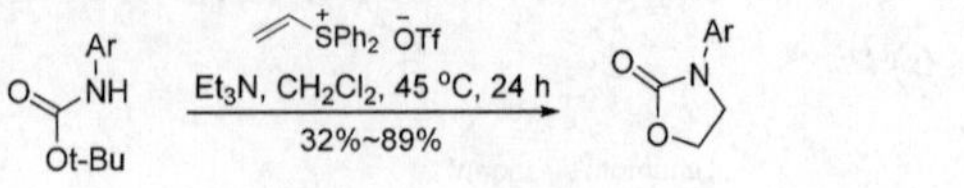

使用三氟甲基磺酸二苯基乙烯基硫还可以通过"一锅煮"的方法合成咪唑啉盐 (式 8)[9]。

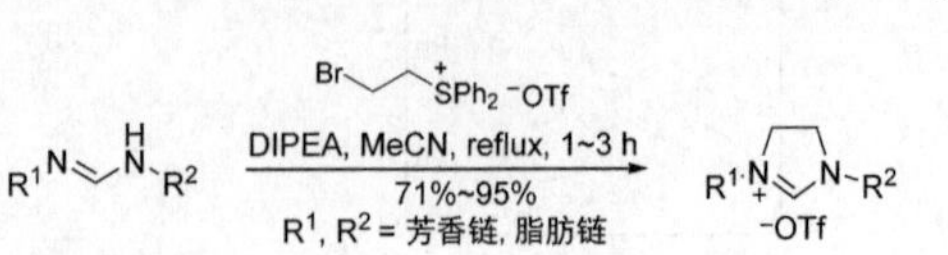

三氟甲基磺酸二苯基乙烯基硫可与 *N*-苄氧羰基保护的氨基醇反应，生成 *N*-乙烯基噁唑烷酮 (式 9)[10]。

$$
\text{(9)}
$$

R,　OH
R¹　NH
　　　Cbz

KO^{t}Bu, CH₂Cl₂, 0 ℃~rt, 15 h

R = Me, R¹ = Ph, 86%
R = Ph, R¹ = H, 89%
R = Ph, R¹ = Ph, 90%
R = ^{i}Pr, R¹ = H, 66%
R = H, R¹ = H, 64%

参 考 文 献

[1] (a) Kim, K-H.; Jimenez, L. S. *Tetrahedron: Asymmetry* **2001**, *12*, 999. (b) Wang, Y. F.; Zhang, W. H.; Colandrea, V. J.; Jimenez, L. S. *Tetrahedron* **1999**, *55*, 10659. (c) Dong, W. T.; Jimenez, L. S. *J. Org. Chem.* **1999**, *64*, 2520. (d) Wang, Z.; Jimenez, L. S. *Tetrahedron Lett.* **1996**, *37*, 6049. (e) Wang, Z.; Jimenez, L. S. *J. Am. Chem. Soc.* **1994**, *116*, 4977.

[2] (a) Unthank, M. G.; Hussain, N.; Aggarwal, V. K. *Angew. Chem. Int. Ed.* **2006**, *45*, 7066. (b) Kokotos, C. G.; McGarrigle, E. M.; Aggarwal, V. K. *Synlett* **2008**, 2191. (c) Unthank, M. G.; Tavassoli, B.; Aggarwal, V. K. *Org. Lett.* **2008**, *10*, 1501. (d) McGarrigle, E. M.; Yar, M.; Unthank, M. G.; Aggarwal, V. K. *Chem. Asian J.* **2011**, *6*, 372.

[3] Catalan-Munoz, S.; Muller, C. A.; Ley, S. V. *Eur. J. Org. Chem.* **2010**, *1*, 183.

[4] (a) Yar, M.; McGarrigle, E. M.; Aggarwal, V. K. *Angew. Chem. Int. Ed.* **2008**, *47*, 3784. (b) Bornholdt, J.; Felding, J.; Kristensen, J. L. *J. Org. Chem.* **2010**, *75*, 7454. (c) Burkhard, J. A.; Wagner, B.; Fischer, H.; et al. *Angew. Chem. Int. Ed.* **2010**, *49*, 3524.

[5] Yar, M.; McGarrigle, E. M.; Aggarwal, V. K. *Org. Lett.* **2009**, *11*, 257.

[6] Fritz, S. P.; Mumtaz, A.; Yar, M.; et al. *Eur. J. Org. Chem.* **2011**, *17*, 3156.

[7] An, J.; Chang, N. J.; Song, L-D.; et al. *Chem. Commun.* **2011**, *47*, 1869.

[8] Xie, C. S.; Han, D. Y.; Liu, J. H.; Xie, T. *Synlett* **2009**, *19*, 3155.

[9] McGarrigle, E. M.; Fritz, S. P.; Favereau, L.; et al. *Org. Lett.* **2011**, *13*, 3060.

[10] Yar, M.; Fritz, S. P.; Gates, P. J.; et al. *Eur. J. Org. Chem.* **2012**, *1*, 160.

[孙泽林，西安科技大学化工学院；XCJ]

三氟甲基磺酸汞

【英文名称】 Mercury(Ⅱ) trifluoromethane-sulfonate

【分子式】 C₂F₆HgO₆S₂

【分子量】 498.73

【CAS 登录号】 [49540-00-3]

【缩写和别名】 三氟甲磺酸汞，三氟甲烷磺酸汞，Mercury(Ⅱ) triflate

【结构式】

$$
\left[F_3C\!-\!\overset{\displaystyle O}{\underset{\displaystyle O}{\overset{\|}{\underset{\|}{S}}}}\!-\!O^- \right]_2 Hg^{2+}
$$

【物理性质】 白色粉末状固体，mp 350 ℃。对湿度敏感，可在水中溶解。

【制备和商品】 国内外化学试剂公司均有销售。也可通过氧化汞与三氟乙酸酐在乙腈溶液中反应制备。

【注意事项】 该试剂有毒性，避免吸入、接触或摄入。在 350 ℃ 下高温分解产生羰基氟化物、氟化氢、一氧化碳、二氧化硫和金属盐的混合物。

三氟甲基磺酸汞是一种用途多样的试剂[1]，主要用于催化各种有机反应，包括：C–C 键的环化反应、炔烃的水合反应、杂环化合物的合成以及 C–N 键的生成反应。

三氟甲基磺酸汞能催化端炔的水合反应，制备多种甲基酮化合物 (式 1)。该反应具有良好的产率和化学选择性，反应物中的其它官能团和长碳链不受影响[2]。

$$
\text{(1)}
$$

Hg(OTf)₂-TMU (5 mol%)
H₂O, MeCN-DCM, rt, 12 h
98%

作为 Meyer-Schuster 和 Rupe 重排的替代反应，三氟甲基磺酸汞也可用于炔丙基乙酸酯的水合反应来制备乙烯酮 (式 2)。该方法也可用于 *α*,*β*-不饱和酯的合成，催化常数较高[3]。

$$
\text{(2)}
$$

OAc
Hg(OTf)₂ (5 mol%)
H₂O, MeCN, rt, 3.5 h
89%

三氟甲基磺酸汞可用于高效催化 1,6-烯炔

[8]和芳基炔[9]的环化反应。在反应过程中也可能发生连续的催化反应得到聚环烃 (式 3)[4,5]。

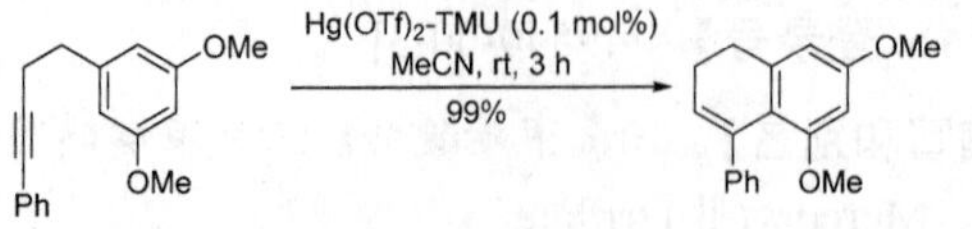

(3)

三氟甲基磺酸汞也能够催化烯丙基醇的环化反应 (式 4)[6]。底物分子中烯丙位的羟基首先在 TfOH 的作用下发生质子化，原位产生正离子，随后经过去汞化过程得到相应的产物。

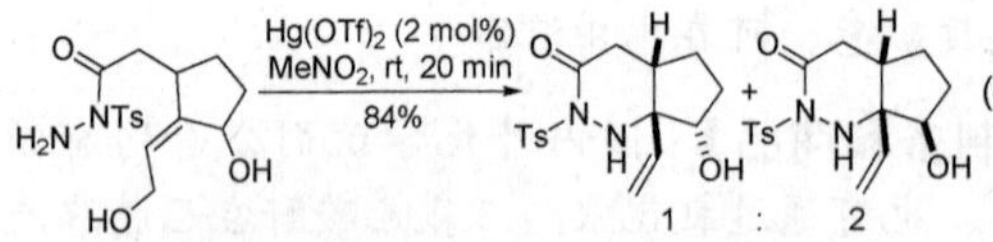

(4)

三氟甲基磺酸汞催化炔烃的环化反应，可以合成呋喃、吲哚、环烯醇酯、苯并氮草等一系列杂环化合物 (式 5)[7]。

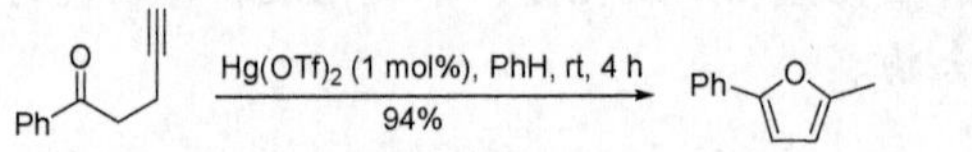

(5)

三氟甲基磺酸汞可用于"一锅法"高效地合成苯二氮草类化合物。在该反应中，使用端炔作为甲基酮的替代物 (式 6)[8]。

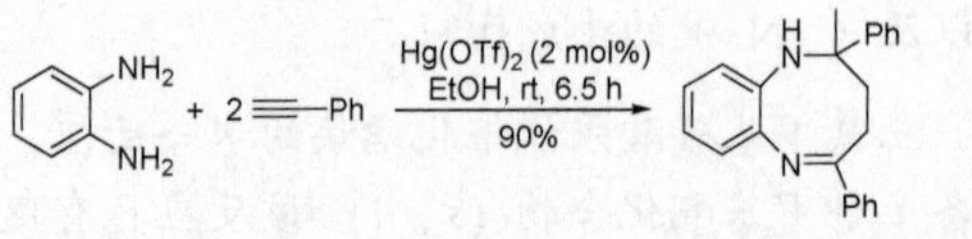

(6)

三氟甲基磺酸汞可用于温和条件下烯丙基醇与胺亲核试剂 (氨基磺酸酯和磺酰胺类化合物) 的烯丙位胺化反应 (式 7)[9]。

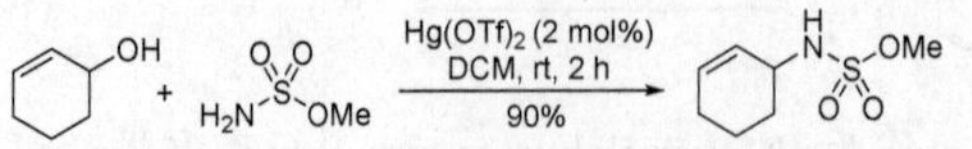

(7)

近年来由于固相催化技术的发展，含硅苯结构的三氟甲基磺酸汞 (silaphenyl mercuric triflate) 对于杂环化合物和聚环烃的工业合成显示出独特的催化活性 (式 8)[10]。该类催化剂也可用于叠氮化物合成吡咯的环化反应[11]。

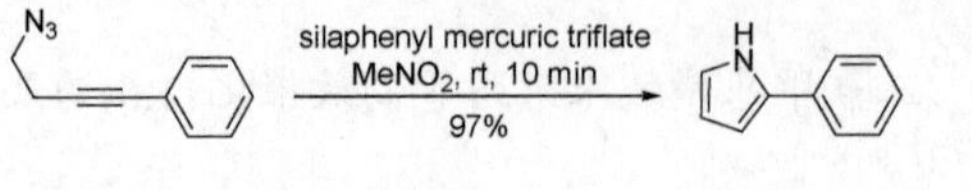

(8)

参 考 文 献

[1] Nishizawa, M.; Morikuni, E.; Asoh, K.; et al. *Synlett* **1995**, 165

[2] Hintermann, L.; Labonne, A. *Synthesis* **2007**, 1121

[3] Imagawa, H.; Asai, Y.; Takano, H.; et al. *Org. Lett.* **2006**, 8, 447

[4] Nishizawa, M.; Yadav, V. K.; Skwarczynski, M.; et al. *Org. Lett.* **2003**, 5, 1609

[5] Imagawa, H.; Iyenaga, T.; Nishizawa, M. *Org. Lett.* **2005**, 7, 451

[6] Namba, K.; Yamamoto, H.; Sasaki, I.; et al. *Org. Lett.* **2008**, 10, 1767

[7] Kurisaki, T.; Naniwa, T.; Yamomoto, H.; et al. *Tetrahedron Lett.* **2007**, 48, 1871

[8] Maiti, G.; Kayal, U.; Karmakar, R.; Bhattacharya, R. N. *Tetrahedron Lett.* **2012**, 53, 1460

[9] Yamomoto, H.; Yamasaki, N.; Yoshidome, S.; et al. *Synlett* **2012**, 23, 1069

[10] Yamomoto, H.; Sasaki, I.; Hirai, Y.; et al. *Angew. Chem. Int. Ed.* **2009**, 48, 1244

[11] Yamomoto, H.; Sasaki, I.; Mitsutake, M.; et al. *Synlett* **2011**, 2815

[张巽，巨勇*，清华大学化学系；JY]

三氟甲基磺酸甲酯

【英文名称】 Methyl trifluoromethanesulfonate

【分子式】 $C_2H_3F_3O_3S$

【分子量】 164.10

【CAS 登录号】 [333-27-7]

【缩写和别名】 MeOTf，三氟甲磺酸甲酯

【结构式】

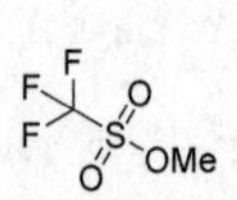

【物理性质】 bp 95 ℃，ρ 1.45 g/cm^3。溶于大多数有机溶剂。

【制备和商品】 国内外试剂公司均有销售。

【注意事项】 由于三氟甲基磺酸甲酯在 S_N2 反应中活性太强，因此储存中不能接触亲核试剂 (如水、THF 等)。

三氟甲基磺酸甲酯 (MeOTf) 是一种非常强的烷基化试剂，可以与电负性比较强的氮、氧、硫等原子结合，因此 MeOTf 很容易与胺类、醚类化合物反应。同时 MeOTf 也可以诱导茚酮产物的生成。

MeOTf 与环丙胺在 −78 °C 低温条件下即可反应 (式 1)[1]；与吡啶反应可以生成 N-甲基吡啶 (式 2)[2]。

$$
\text{F}_3\text{C}-\overset{\text{O}}{\underset{\text{O}}{\text{S}}}-\text{OMe} + \quad \xrightarrow[>99\%]{-78\ ^\circ\text{C}} \quad + \quad (1)
$$

$$
\text{F}_3\text{C}-\overset{\text{O}}{\underset{\text{O}}{\text{S}}}-\text{OMe} + \quad \xrightarrow[>99\%]{\text{DCM, rt, 18 h}} \quad + \quad (2)
$$

MeOTf 与同时含有吡啶环和三氮唑基团的分子反应时，选择性地与三氮唑上的氮原子反应，形成相对稳定的环内正离子 (式 3)[3]。

$$
\xrightarrow[80\%]{\text{MeOTf}} \quad (3)
$$

MeOTf 除了可与电负性强的氮原子结合外，还可与电负性强的氧原子相结合，与醚类化合物可以发生类似反应 (式 4)[4]。由于硫原子与氧是属于同主族元素，反应性质类似，因此 MeOTf 与苯甲硫醚也能发生甲基化反应 (式 5)[5]。

$$
\text{F}_3\text{C}-\overset{\text{O}}{\underset{\text{O}}{\text{S}}}-\text{OMe} + \text{Me}_3\text{SiCH}_2\text{OCH}_3 \longrightarrow \text{Me}-\overset{+}{\text{O}}-\text{CH}_2\text{SiMe}_3 + \text{F}_3\text{C}-\overset{\text{O}}{\underset{\text{O}}{\text{S}}}-\text{O}^- \quad (4)
$$

$$
\text{F}_3\text{C}-\overset{\text{O}}{\underset{\text{O}}{\text{S}}}-\text{OMe} + \quad \xrightarrow{>99\%} \quad + \text{F}_3\text{C}-\overset{\text{O}}{\underset{\text{O}}{\text{S}}}-\text{O}^- \quad (5)
$$

MeOTf 还可以与磷原子作用，结合的方式与胺类似 (式 6)[6]。

$$
\xrightarrow[60\%]{\text{MeOTf, CH}_2\text{Cl}_2\text{, rt, 12 h}} \quad (6)
$$

MeOTf 的甲基化能力比碘甲烷要强，因而适合更高要求的反应。如式 7 所示[7]：MeOTf 在低温条件下可与邻碘硝基苯反应，产率可达 82%。而使用碘甲烷在相同条件下反应，产率只有 36%。

$$
\text{F}_3\text{C}-\overset{\text{O}}{\underset{\text{O}}{\text{S}}}-\text{OMe} + \quad \xrightarrow[82\%]{0\ ^\circ\text{C}} \quad (7)
$$

MeOTf 还可以在低温条件下可控地与端炔反应 (式 8)[8]。

$$
\text{F}_3\text{C}-\overset{\text{O}}{\underset{\text{O}}{\text{S}}}-\text{OMe} + \quad \xrightarrow[80\%]{\substack{\text{1. LHMDS, THF} \\ -78\ ^\circ\text{C, 1.5 h} \\ \text{2. NaHCO}_3\text{, H}_2\text{O}}} \quad (8)
$$

除了能够直接作为甲基化试剂参与反应以外，MeOTf 还可以诱导苯腈与芳基炔反应生成非常具有应用价值的化合物茚酮 (式 9)[9]。

$$
\text{R}^1\text{—C≡N} + \text{R}^2\text{—≡—Ar} \xrightarrow[21\%\sim72\%]{\substack{\text{MeOTf} \\ \text{DCE, 150 }^\circ\text{C}}} \quad (9)
$$

MeOTf 也可以诱导异硫氰酸苯酯与芳基炔反应生成喹啉衍生物 (式 10)[10]。

$$
\text{NCS} + \text{Ph—≡—Ph} \xrightarrow[80\%]{\substack{\text{MeOTf} \\ \text{DCE, 130 }^\circ\text{C}}} \quad (10)
$$

参 考 文 献

[1] Lillocci, C. J. Org. Chem. 1988, 53, 1733.

[2] Stander-Grobler, E.; Schuster, O.; Heydenrych, G.; et al. Organometallics 2010, 29, 5821.

[3] Bolje, A.; Košmrlj, J. Org. Lett. 2013, 15, 5084.

[4] Cunico, R. F.; Gill, H. S. Organometallics 1982, 1, 1.

[5] Choi, M. K. W.; Toy, P. H. Tetrahedron 2004, 2875.

[6] Ren, Y.; Baumgartner, T. J. Am. Chem. Soc. 2011, 133, 1328.

[7] Nagaki, A.; Kim, H.; Yoshida, J. Angew. Chem. Int. Ed. 2009, 48, 8063.

[8] Hickmann, V.; Kondoh, A.; Gabor, B.; et al. J. Am. Chem. Soc. 2011, 133, 13471.

[9] Yan, X.; Zou, S.; Zhao, P.; Xi, C. Chem. Commun. 2014, 50, 2775.

[10] Zhao, P.; Yan, X.; Yin, H.; Xi, C. Org. Lett. 2014, 16, 1120.

[赵鹏，清华大学化学系；XCJ]

三氟甲基磺酸镧

【英文名称】 Lanthanum(Ⅲ) trifluoromethane-sulfonate

【分子式】 $C_3F_9LaO_9S_3$

【分子量】 586.11

【CAS 登录号】 [52093-26-2]

【缩写和别名】三氟甲烷磺酸镧, Lanthanum(Ⅲ) triflate , Trifluoromethanesulfonic acid lanthanum(Ⅲ)

【结构式】

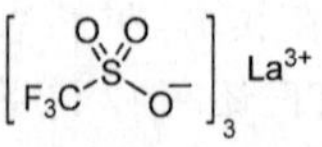

$$\left[F_3C-\overset{\overset{\displaystyle O}{\|}}{\underset{\underset{\displaystyle O}{\|}}{S}}-O^- \right]_3 \ La^{3+}$$

【物理性质】 白色至浅灰色粉末，溶于水和极性有机溶剂。

【制备和商品】 国内外化学试剂公司均有销售。

【注意事项】 该试剂易吸水，在密闭和阴凉干燥环境中保存。

La(OTf)$_3$ 是一种耐水性的重要 Lewis 酸，在有机合成反应中可以应用于碳-碳键形成反应和 Michael 加成等反应。

醇羟基的保护反应是有机合成中的基础反应，将醇羟基转化为对甲氧基苄基醚是常用的方法之一。对甲氧基苄基 (PMB) 化反应的传统方法需要在强酸或强碱条件下进行。但在 La(OTf)$_3$ 的催化下，薄荷醇与 PMBTCA (*para*-methoxybenzyl 2,2,2-trichloroacetimidate, 对甲氧基苯 2,2,2-三氯亚氨逐乙酸酯) 在室温下就能够实现羟基的醚化反应，其它各种羟基也能发生类似的反应 (式 1)[1]。

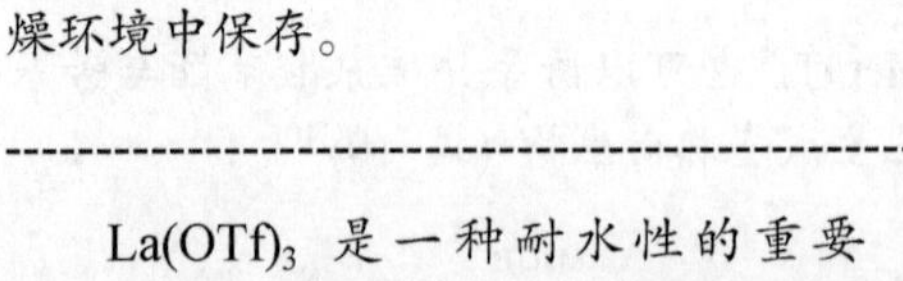

(1)

在有机酸的存在下，La(OTf)$_3$ 可以高效地催化醛的烯丙基化反应 (式 2)[2]以及醛的烯丙基和氨基化反应 (式 3)[3]。在离子液体中，该

试剂也可以催化醛、胺和末端炔的三组分反应及其进一步的环化反应 (式 4)[4]。

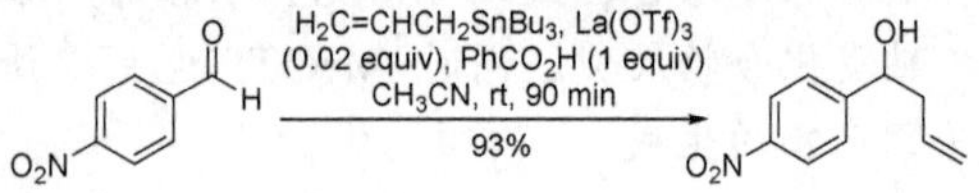

(2)

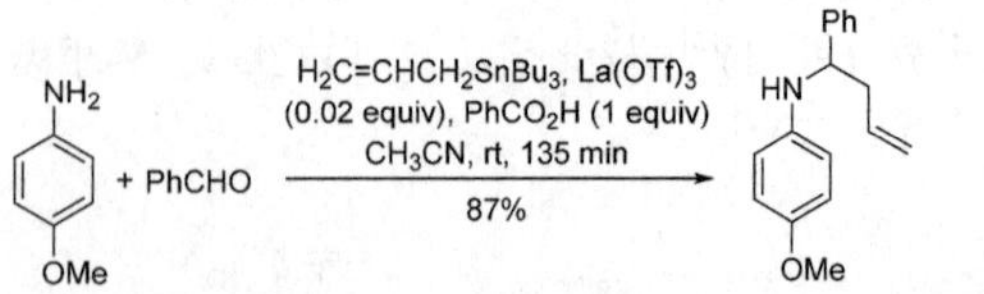

(3)

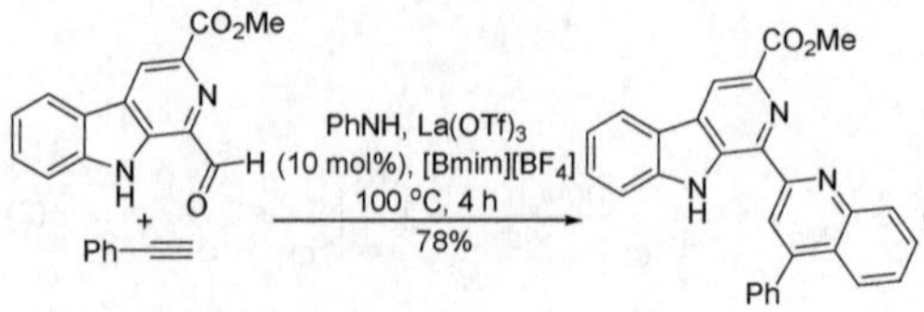

(4)

三元碳环的构建在有机合成反应中是一个不容易实现的反应，特别是离官能团比较远的三元碳环的构建更具挑战性。但在 La(OTf)$_3$ 的催化下，通过形成环状中间体可以有效地将分子内亚甲基转移到烯烃上，从而构建出三元碳环结构 (式 5)[5]。

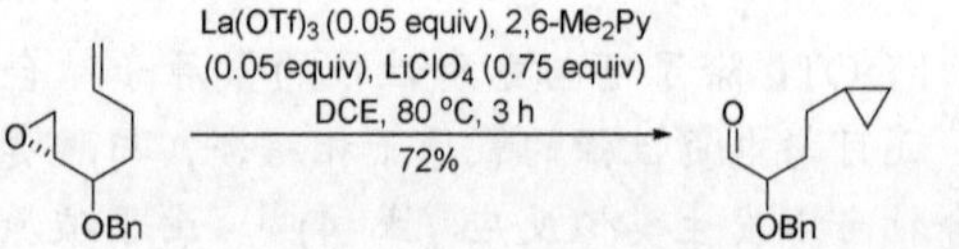

(5)

在手性配体存在下，La(OTf)$_3$ 可以催化硝基烷烃对硝基烯烃的不对称 Michael 加成反应 (式 6)[6]以及硫醇对 α,β 不饱和羰基化合物的 1,4-不对称加成反应 (式 7)[7]。

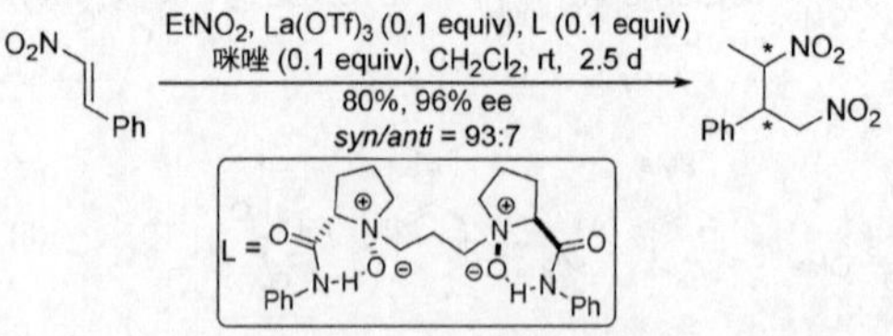

(6)

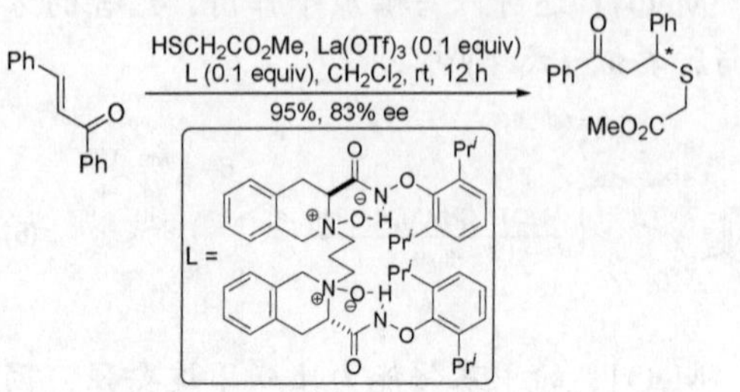

(7)

La(OTf)$_3$ 还可以催化不同化学键形成的多米诺反应。例如：在该试剂催化的邻氨基苯酚与 α-(2-呋喃)苄醇的环化反应中，就包括了 Piancatelli 反应、C–N 键的偶联反应和 Michael 加成等多个反应步骤 (式 8)[8]。

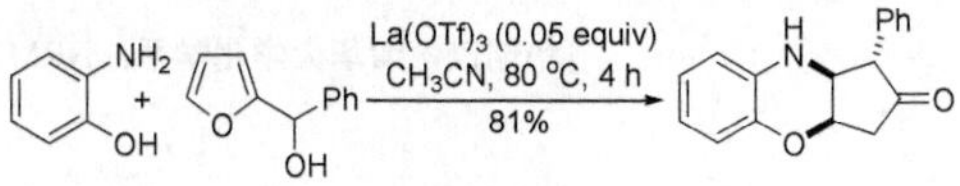

(8)

参 考 文 献

[1] Rai, A. N.; Basu, A. *Tetrahedron Lett.* **2003**, *44*, 2267.

[2] Aspinall, H. C.; Bissett, J. S.; Greeves, N.; Levin, D. *Tetrahedron Lett.* **2002**, *43*, 319.

[3] Aspinall, H. C.; Bissett, J. S.; Greeves, N.; Levin, D. *Tetrahedron Lett.* **2002**, *43*, 323.

[4] Ramesh, S.; Nagarajan, R. *Tetrahedron* **2013**, *69*, 4890.

[5] Hardee, D. J.; Lambert, T. H. *J. Am. Chem. Soc.* **2009**, *131*, 7536.

[6] Yang, X.; Zhou, X.; Lin, L.; et al. *Angew. Chem. Int. Ed.* **2008**, *47*, 7079.

[7] Chakka, S. K.; Cele, Z. E. D.; Sosibo, S. C.; et al. *Tetrahedron: Asymmetry* **2012**, *23*, 616.

[8] Liu, J.; Shen, Q.; Yu, J.; et al. *Eur. J. Org. Chem.* **2012**, 6933.

[华瑞茂，清华大学化学系；HRM]

三氟甲基磺酸锂

【英文名称】 Lithium trifluoromethanesulfonate

【分子式】 CF$_3$LiO$_3$S

【分子量】 156.01

【CAS 登录号】 [33454-82-9]

【缩写和别名】 三氟甲烷磺酸锂，Lithium triflate，Trifluoromethanesulfonic acid lithium

【结构式】

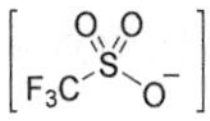

【物理性质】 mp > 300 ℃，易吸潮，溶于水和极性有机溶剂。

【制备和商品】 国内外化学试剂公司均有销售。

【注意事项】 该试剂易吸水，在密闭和阴凉干燥环境中保存。

三氟甲基磺酸锂是常用的 Lewis 酸催化剂，具备一般 Lewis 酸的催化性质。该试剂能与羰基氧形成配位从而提高羰基碳上的亲电性，是双缩硫醛、双缩硫酮、羟醛缩合等反应的有效催化剂。该试剂还可以催化活化三元杂环、活化末端炔的 C–H 键等反应。

羰基的保护反应是有机合成化学中的重要反应。在该试剂的催化下，醛或酮可以与硫醇反应生成相应的双缩硫醛或双缩硫酮。与传统的酸催化方法相比，该催化反应体系具有选择性高、反应条件温和等优点 (式 1)[1]。

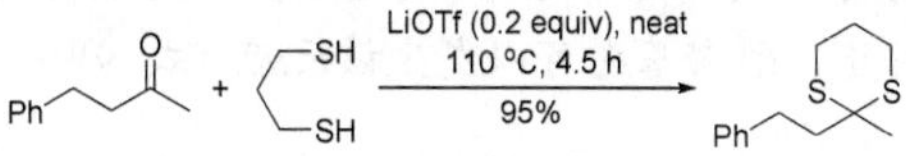

(1)

该试剂作为一种温和的 Lewis 酸催化剂，能够高效地催化羟醛缩合反应。例如：该试剂通过与羰基形成配位从而提高羰基碳的亲电性，进而促进 Friedlander 喹啉合成反应 (式 2)[2]。

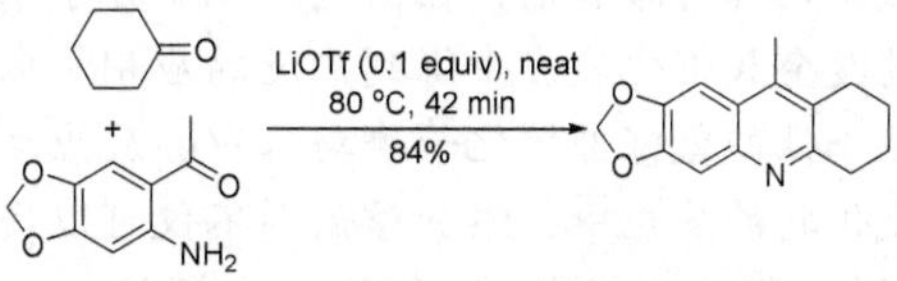

(2)

该试剂还能活化末端炔碳-氢键，因此可以有效地促进醛、仲胺与末端炔的三组分反应 (式 3)[3]。

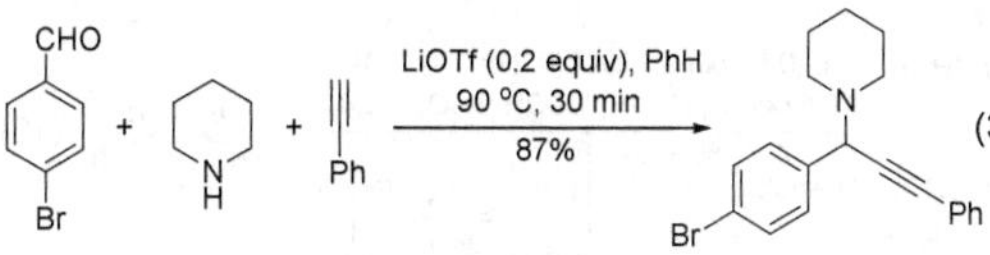

(3)

该试剂对环氧乙烷或氮杂环丙烷的开环反应具有良好的催化效果，在涉及三元杂环的多组分反应中得到广泛的应用。例如：该试剂可以高效、高选择性地催化异腈、环氧乙烷和羧酸的三组分反应 (式 4)[4]以及环氧乙烷与伯胺的氨基化反应 (式 5)[5]。

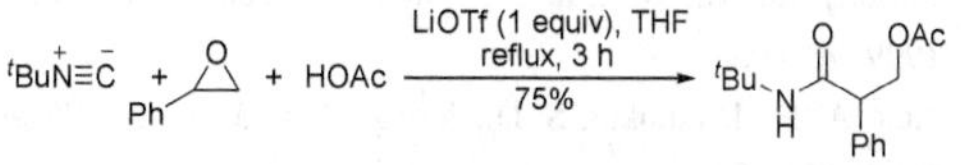

(4)

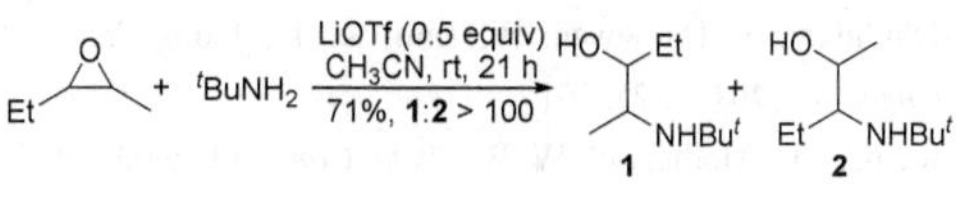

(5)

该试剂还可以高效地催化醇的乙酰化反应 (式 6)[6]以及醛的双乙酰化反应 (式 7)[6]。该反应在室温下就可以顺利进行，而且对很多敏感性的官能团都具有很高的兼容性。

$$\text{Ph}\overset{\text{OH}}{\underset{}{|}}\text{CH}_3 + \text{Ac}_2\text{O} \xrightarrow[\substack{\text{rt, 17 h} \\ 96\%}]{\text{LiOTf (0.2 equiv)}} \text{Ph}\overset{\text{OAc}}{\underset{}{|}}\text{CH}_3 \quad (6)$$

$$\text{TBDMSO}\text{—}\text{C}_6\text{H}_4\text{—CHO} + \text{Ac}_2\text{O} \xrightarrow[\substack{\text{rt, 26 h} \\ 91\%}]{\text{LiOTf (0.2 equiv)}} \text{TBDMSO}\text{—}\text{C}_6\text{H}_4\text{—CH(OAc)}_2 \quad (7)$$

在温和、中性的条件下，该试剂可以高效地催化醇与二氢吡喃的反应 (式 8)[7]。在类似的反应条件下，酚羟基也可以发生该反应 (式 9)[7]。

$$\text{Ph}\text{CH}_2\text{CH}_2\text{OH} + \text{(DHP)} \xrightarrow[\substack{\text{CH}_2\text{Cl}_2, \text{ reflux, 2.5 h} \\ 94\%}]{\text{LiOTf (0.6 equiv)}} \quad (8)$$

$$\text{Br}\text{—}\text{C}_6\text{H}_4\text{—OH} + \text{(DHP)} \xrightarrow[\substack{\text{CH}_2\text{Cl}_2, \text{ reflux, 5 h} \\ 96\%}]{\text{LiOTf (0.6 equiv)}} \quad (9)$$

该试剂作为添加剂，在促进有机小分子催化和过渡金属催化反应中得到广泛的应用。例如：在手性四氢噻吩催化苄溴与苯甲醛反应生成环氧化物的反应中，添加该试剂不仅可以提高反应效率，而且提高了立体选择性 (式 10)[8]。在钌配合物催化炔烃碳-碳三键切断反应中，该试剂的添加极大地促进了反应的进行 (式 11)[9]。

$$\begin{array}{c}\text{PhCH}_2\text{Br} \\ + \\ \text{PhCHO}\end{array} \xrightarrow[\substack{\text{(0.5 equiv), NaOH, }^t\text{BuOH, H}_2\text{O, rt, 24 h} \\ 92\%, 86\% \text{ ee} \\ trans/cis = 77/23}]{\text{L (0.5 equiv), LiOTf (0.2 equiv), TBAI}} \text{Ph}\overset{\text{O}}{\triangle}\text{Ph} \quad (10)$$

$$\text{MeO}\text{—}\text{C}_6\text{H}_4\text{—CH(OH)—C}\equiv\text{CH} \xrightarrow[\substack{\text{TpRu(PPh}_3)(\text{MeCN})_2\text{PF}_6 \\ (0.1 \text{ equiv), 100 }^\circ\text{C, 16 h} \\ 75\%}]{\text{LiOTf (0.2 equiv), PhH}} \text{MeO}\text{—}\text{C}_6\text{H}_4\text{—CH=CH—CH}_3 + \text{CO} \quad (11)$$

参 考 文 献

[1] Firouzabadi, H.; Karimi, B.; Eslami, S. *Tetrahedron Lett.* **1999**, *40*, 4055.

[2] Atar, A. B.; Dindulkar, S. D.; Jeong, Y. T. *Monatsh. Chem.* **2013**, *144*, 695.

[3] Dindulkar, S. D.; Kwan, B.; Lim, K. T.; Jeong, Y. T. *J. Chem. Sci.* **2013**, *125*, 101.

[4] Kern, O. T.; Motherwell, W. B. *Chem. Commun.* **2003**, 2988.

[5] Auge, J.; Leroy, F. *Tetrahedron Lett.* **1996**, *37*, 7715.

[6] Karimi, B.; Maleki, J. *J. Org. Chem.* **2003**, *68*, 4951.

[7] Karimi, B.; Maleki, J. *Tetrahedron Lett.* **2002**, *43*, 5353.

[8] Wu, H. Y.; Chang, C. W.; Chein, R.-J. *J. Org. Chem.* **2013**, *78*, 5788.

[9] Datta, S.; Chang, C.-L.; Yeh, K.-L.; Liu, R.-S. *J. Am. Chem. Soc.* **2003**, *125*, 9294.

[华瑞茂，清华大学化学系；HRM]

三氟甲基磺酸镍

【英文名称】 Nickel(Ⅱ) trifluoromethanesulfonate

【分子式】 $C_2F_6NiO_6S_2$

【分子量】 356.83

【CAS 登录号】 [60871-84-3]

【缩写和别名】 三氟甲烷磺酸镍，Nickel(Ⅱ) triflate，Trifluoromethanesulfonic acid nickel(Ⅱ)

【结构式】

$$\left[\text{F}_3\text{C}\overset{\overset{\displaystyle O}{\|}}{\underset{\underset{\displaystyle O}{\|}}{S}}\text{—O}^-\right]_2 \text{Ni}^{2+}$$

【物理性质】 mp 100~106 ℃。溶于水和极性有机溶剂。

【制备和商品】 国内外化学试剂公司均有销售。

【注意事项】 该试剂易吸水，在密闭和阴凉干燥环境中保存。

三氟甲基磺酸镍 [Ni(OTf)$_2$] 是有机合成中常用的 Lewis 酸催化剂和过渡金属催化剂。特别是它与不同的膦配体[1]、氮配体反应 (或原位反应)[2]可以制备出具有不同催化活性的镍催化剂，在 C—C 键形成和杂环合成等反应中得到了广泛的应用。

在 Ni(OTf)$_2$ 的存在下，乙酰乙酸甲酯的活泼 C—H 键与炔烃能够进行选择性的马氏氢烷基化加成反应，经分子内环化加成反应制备亚甲基取代的环戊烷 (式 1)[3]。

$$\xrightarrow[\substack{\text{dioxane, 50 }^\circ\text{C, 3 h} \\ 66\%}]{\text{Ni(OTf)}_2 (0.1 \text{ equiv})} \quad (1)$$

在 PPh$_3$ 配体的存在下，Ni(OTf)$_2$ 能够催化芳基 C–H 键与溴丁烷的 Friedel-Crafts 烷基化反应，并能够保持直链丁基的构型 (式 2)[4]。

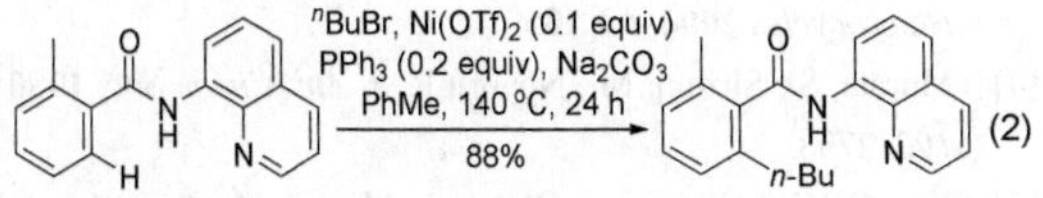

Michael 加成反应是构建 C–C 键的重要反应之一，在手性配体 Tol-BINAP 的存在下，Ni(OTf)$_2$ 能够有效地催化 α,β 不饱和酰胺与 β 酮酸酯的不对称加成反应。在 DBU 的存在下，上述反应形成的光学活性加成物可以发生环化反应生成手性的二氢吡喃酮衍生物 (式 3)[5]。

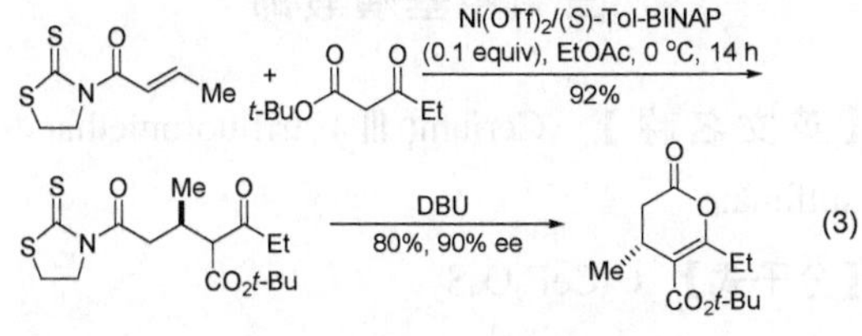

Ni(OTf)$_2$ 是合成杂环化合物的重要 Lewis 酸催化剂。它能够催化苯乙腈与过量肼的反应，高产率地生成对称的 3,6-苄基-1,2,4,5-四嗪 (式 4)[6]。两种不同的腈与肼的反应可以选择性地生成不对称的四嗪类化合物，烷基腈和芳基腈也能顺利进行环化反应。该试剂还可以催化腈、肼和乙酸甲脒的环化反应构建 1,2,4,5-四嗪杂环，底物分子中的酰胺基和羧基对镍的催化活性没有影响 (式 5)[7]。

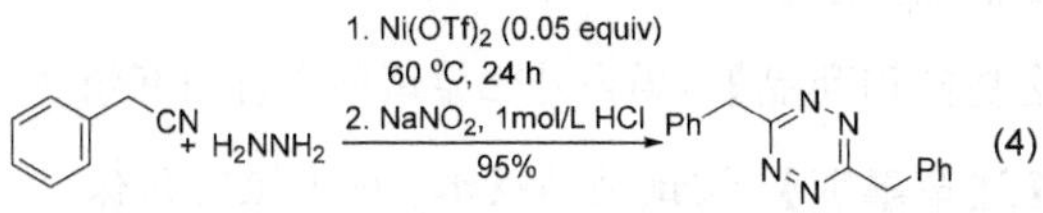

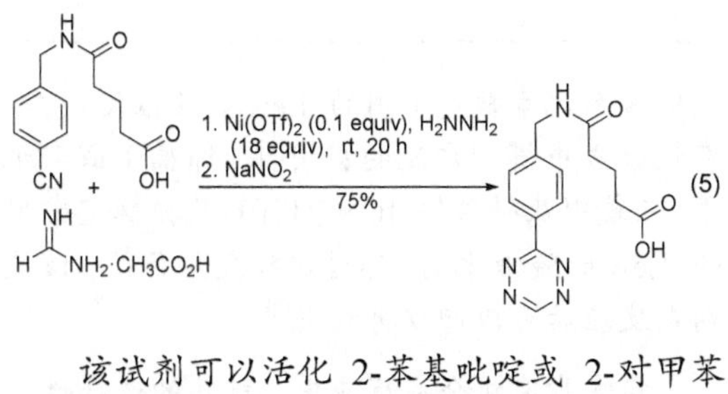

该试剂可以活化 2-苯基吡啶或 2-对甲苯基吡啶的 C–H 键形成含 Ni–C 键的配合物，是研究镍催化反应体系中 Ni–C 键转化反应的合适配合物[8]。

参 考 文 献

[1] Suzuki, T.; Hamashima, Y.; Sodeoka, M. *Angew. Chem. Int. Ed.* 2007, *46*, 5435.
[2] (a) Jia, Y.-X.; Zhu, S.-F.; Yang, Y.; Zhou, Q.-L. *J. Org. Chem.* 2006, *71*, 75. (b) Prema, D.; Oshin, K.; Desper, J.; Levy, C. J. *Dalton Trans.* 2012, *41*, 4998.
[3] Gao, Q.; Zheng, B.-F.; Li, J.-H.; Yang, D. *Org. Lett.* 2005, 7, 2185.
[4] Aihara, Y.; Chatani, N. *J. Am. Chem. Soc.* 2013, *135*, 5308.
[5] Evans, D. A.; Thomson, R. J.; Franco, F. *J. Am. Chem. Soc.* 2005, *127*, 10816.
[6] Yang, J.; Karver, M. R.; Li, W.; et al. *Angew. Chem. Int. Ed.* 2012, *51*, 5222.
[7] Alge, D. L.; Donohue, D. F.; Anseth, K. S. *Tetrahedron Lett.* 2013, *54*, 5639.
[8] Volpe, E. V.; Chadeayne, A. R.; Wolczanski, P. T.; Lobkovsky, E. B. *J. Organomet. Chem.* 2007, *692*, 4774.

[华瑞茂，清华大学化学系；HRM]

三氟甲基磺酸三甲基硅酯

【英文名称】 Trimethylsilyl trifluoromethanesulfonate

【分子式】 C$_4$H$_9$F$_3$O$_3$SSi

【分子量】 222.29

【CAS 登录号】 [27607-77-8]

【缩写和别名】 TMSOTf，三甲基硅基三氟甲烷磺酸酯

【结构式】

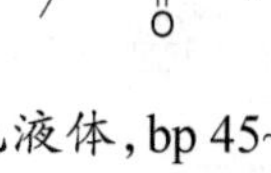

【物理性质】 无色液体，bp 45~47 ℃/17 mmHg、39~40 ℃/12 mmHg，ρ 1.225 g/cm^3。溶于脂肪烃、芳香烃、卤代烷烃和醚类化合物。

【制备和商品】 大型试剂公司均有销售。

【注意事项】 本品对水比较敏感，易燃，具有腐蚀性，需要在干燥环境下保存。

三氟甲基磺酸三甲基硅酯 (TMSOTf) 可用作硅烷化试剂、三氟甲磺酰试剂和路易斯酸催化剂。

在碱 (如三乙胺、吡啶和 2,6-二甲基吡啶等) 的存在下，TMSOTf 能与醇反应，生成相应的三甲基硅醚 (式 1)[1]。

$$\text{(1)} \quad 99\%$$

在 TMSOTf 的存在下，羰基化合物发生烯醇化反应，同时可使羟基发生硅醚化生成相应的烯基三甲基硅醚 (式 2 和式 3)[2~4]。值得注意的是，使用 TMSOTf 将羰基化合物转化为相应烯基醚的速率是三甲基氯硅烷的 10 倍。

$$\text{(2)} \quad \text{TMSOTf, Et}_3\text{N, 0 °C, CH}_2\text{Cl}_2, 0.5 \text{ h} \quad 100\%$$

$$\text{(3)} \quad \text{TMSOTf, Et}_3\text{N, 0 °C, CH}_2\text{Cl}_2, 2 \text{ h} \quad 100\%$$

除了能使氧发生三甲基硅基化外，TMSOTf 还能够在碳上发生三甲基硅基化。如式 4 和式 5 所示，TMSOTf 分别在吲哚[5]和端炔[6]的碳上进行了三甲基硅基化。

$$\text{(4)} \quad \text{TMSOTf, Et}_3\text{N, 0 °C~rt, DCM, 17 h} \quad 81\%$$

$$\text{(5)} \quad \text{Zn(OTf)}_2 \text{ (5 mol\%), TMSOTf} \quad \text{Et}_3\text{N, 23 °C, DCM, 12 h} \quad 98\%$$

TMSOTf 还是重要的三氟甲基磺酰化试剂，可以与炔烃反应生成烯基三氟甲基磺酸酯 (式 6)[7]。

$$\text{(6)} \quad \text{Zn(OTf)}_2 \text{ (10 mol\%)} \quad \text{TMSOTf, CDCl}_3, \text{rt, 15 min} \quad 75\%$$

此外，TMSOTf 还可以用作路易斯酸催化剂。在 TMSOTf 的存在下，1,2-二(三甲基硅氧基)乙烷与酮类化合物反应生成 1,3-环氧化合物，从而实现对羰基的保护 (式 7)[8,9]。

$$\text{(7)} \quad \begin{array}{l} \text{1. TMSOTf, –78 °C} \\ \text{CH}_2\text{Cl}_2, 1 \text{ h} \\ \text{2. 0 °C, 1 h} \end{array} \quad 79\%$$

参 考 文 献

[1] Enders, D.; Han, J. *Tetrahedron: Asymmetry* **2008**, *19*, 1367.

[2] Tian, X.; Huters, A. D.; Douglas, C. J.; Garg, N. K. *Org. Lett.* **2009**, *11*, 2349.

[3] Ishizaki, M.; Masamoto, M.; Hoshino, O.; et al. *Heterocycles* **2004**, *63*, 1359.

[4] Murata, S.; Suzuki, M.; Noyori, R. *J. Am. Chem. Soc.* **1980**, *102*, 2738.

[5] Yin, Q.; Klare, H. F. T.; Oestreich, M. *Angew. Chem. Int. Ed.* **2016**, *55*, 3204.

[6] Rahaim, R. J. Jr.; Shaw, J. T. *J. Org. Chem.* **2008**, *73*, 2912.

[7] Al-huniti, M. H.; Lepore, S. D. *Org. Lett.* **2014**, *16*, 4154.

[8] Jung, M. E.; Lui, R. M. *J. Org. Chem.* **2010**, *75*, 7146.

[9] Kim, S.; Kim, Y. G.; Kim, D.-I. *Tetrahedron Lett.* **1992**, *33*, 2565.

[袁熙，付华*，清华大学化学系；FH]

三氟甲基磺酸铈

【英文名称】 Cerium(Ⅲ) trifluoromethane-sulfonate

【分子式】 $C_3CeF_9O_9S_3$

【分子量】 587.32

【CAS 登录号】 [76089-77-5]

【缩写和别名】 三氟甲磺酸铈，三氟甲烷磺酸铈，Cerium(Ⅲ) triflate

【结构式】

$$\left[\begin{array}{c} \text{O} \\ \| \\ \text{F}_3\text{C—S—O}^- \\ \| \\ \text{O} \end{array} \right]_3 \text{Ce}^{3+}$$

【物理性质】 白色粉末状固体，mp > 300 ℃。

【制备和商品】 国内外化学试剂公司均有销售。

【注意事项】 该试剂易吸水，应干燥密封保存。

镧系元素盐是常用的 Lewis 酸催化剂，在有机合成中得到广泛的应用[1]。铈属于镧系元素，三氟甲基磺酸铈 [Ce(OTf)₃] 是较稳定常用的 Lewis 酸催化剂。通过选择反应条件，该试剂在反应后可以回收再利用[2]。

在多步有机合成反应中，羰基的选择性保护和去保护发挥了极其重要的作用。将羰基化合物转化为缩醛或缩酮及其逆反应是经典的方法之一，Lewis 酸催化剂是最有效的催化剂。在异丙醇和甲苯为混合溶剂下，该试剂能够高效地催化酮类化合物与原甲酸三异丙酯的反应，高产率地得到缩酮产物 (式 1)[3]。

$$\text{（式 1）}$$ (1)

该试剂也可以作为催化剂实现缩醛和缩酮的去保护。例如：在水饱和的硝基甲烷溶剂中，该试剂催化环状缩醛脱保护高产率地生成苯甲醛 (式 2)[4]。此反应在中性条件下进行，具有反应条件温和、简单和高效的优点。

$$\text{（式 2）}$$ (2)

缩硫醛和缩硫酮的形成也是一种保护羰基化合物的重要方法。在无溶剂的条件下，该试剂能催化苯甲醛衍生物与硫酚的缩合反应，高产率地得到相应的缩硫产物 (式 3)[5]。

$$\text{（式 3）}$$ (3)

醇的酰基化反应在有机合成中是一个重要的转化反应。在乙腈溶剂中，该试剂催化乙酸酐与各级醇类化合物的反应都可以高产率地得到酰化产物 (式 4)[6]。另外，该试剂作为环境友好的 Lewis 酸催化剂，也可以应用到糖的乙酰化反应中，且反应后的催化剂可以循环利用 (式 5)[7]。

$$\text{（式 4）}$$ (4)

$$\text{（式 5）}$$ (5)

喹啉及其衍生物是一类重要的药物中间体和化工原料，在工业和农业上都有广泛的用途。在该试剂的存在下，二茂铁基乙炔、苯甲醛和苯胺可以发生三组分的多米诺芳构环化反应，生成二茂铁基取代的喹啉衍生物 (式 6)[8]。

$$\text{（式 6）}$$ (6)

Friedel-Crafts 反应是构建 C–C 键的有效手段，该试剂能够催化富电子芳烃与炔丙基醇的烷基化反应，建立了一种简单而高效的芳烃炔丙基化反应体系 (式 7)[9]。

$$\text{（式 7）}$$ (7)

参 考 文 献

[1] (a) Tsuruta, H.; Yamaguchi, K.; Imamoto, T. *Tetrahedron* **2003**, *59*, 10419. (b) Bartoli, G.; Dalpozzo, R.; Nino, A. D.; et al. *Eur. J. Org. Chem.* **2004**, 2176. (c) Silveira, C. C.; Mendes, S. R.; Wolf, L.; Martins, G. M. *Tetrahedron Lett.* **2010**, *51*, 2014.

[2] Kobayashi, S.; Sugiura, M.; Kitagawa, H.; Lam, W. *Chem. Rev.* **2002**, *102*, 2227.

[3] Ono, F.; Takenaka, H.; Eguchi, Y.; et al. *Synlett* **2009**, 487.

[4] Dalpozzo, R.; Nino, A. D.; Maiuolo, L.; et al. *J. Org. Chem.* **2002**, *67*, 9093.

[5] Kumar, A.; Rao, M. S.; Rao, V. K. *Aust. J. Chem.* **2010**, *63*, 135.

[6] Dalpozzo, R.; Nino, A. D.; Maiuolo, L.; et al. *Tetrahedron Lett.* **2003**, *44*, 5621.

[7] Bartoli, G.; Dalpozzo, R.; Nino, A. D.; et al. *Green Chem.* **2004**, *6*, 191.

[8] Chen, S.; Li, L.; Zhao, H.; Li, B. *Tetrahedron* **2013**, *69*, 6223.

[9] Silveira, C.; Mendes, S. R.; Martins, G. M. *Tetrahedron Lett.* **2012**, *53*, 1567.

[华瑞茂，清华大学化学系；HRM]

三氟甲基磺酸铁(Ⅱ)

【英文名称】 Iron(Ⅱ) trifluoromethanesulfonate

【分子式】 $C_2F_6FeO_6S_2$

【分子量】 353.98

【CAS 登录号】 [59163-91-6]

【缩写和别名】 三氟甲磺酸铁(Ⅱ)，三氟甲基磺酸亚铁，三氟甲烷磺酸铁(Ⅱ)，Iron(Ⅱ) triflate，Trifluoromethanesulfonic acid iron(Ⅱ)

【结构式】

$$\left[F_3C\overset{\overset{O}{\|}}{\underset{\underset{O}{\|}}{S}}O^- \right]_2 Fe^{2+}$$

【物理性质】 mp > 300 °C。溶于水和极性有机溶剂。

【制备和商品】 国内外化学试剂公司均有销售。

【注意事项】 该试剂易吸水，在密闭和阴凉干燥环境中保存。

三氟甲基磺酸亚铁是常用的 Lewis 酸催化剂和过渡金属催化剂。该试剂在氢化物存在下可以催化烯烃的氢化反应，在氧化剂存在时可以催化活化活泼 C–H 键的偶联反应，在手性配体存在下可以实现不对称催化合成反应。

在氢化试剂的存在下，该试剂可高效地催化烯烃和炔烃的氢化还原反应。以 NaHBEt$_3$ 为还原剂，该试剂在低温下可以选择性地催化环戊烯的还原反应，而保持氰基不受到影响 (式 1)[1]。

$$\text{（式 1）} \quad \frac{\text{NaHBEt}_3, \text{Fe(OTf)}_2 \ (0.5 \ \text{equiv}), \text{NMP}}{(0.01 \ \text{equiv}), \text{THF}, -20 \ ^\circ\text{C}\sim\text{rt}, 16 \ \text{h}} \quad 86\% \tag{1}$$

该试剂能够催化烯烃与 PhINTs 的氮杂环丙烷化反应 (式 2)[2]。在手性配体的存在下，还可以合成手性氮杂环丙烷类化合物。

$$\frac{\text{PhINTs, Fe(OTf)}_2 \ (0.05 \ \text{equiv})}{\text{CH}_3\text{CN}, \text{rt}, 3 \ \text{h}} \quad 82\% \tag{2}$$

碳-氢键活化及其官能团化反应是重要的有机转化反应，特别是 C(sp^3)–H 的活化是具有挑战性的反应。使用 TEMPO 的氮氧化物盐作为氧化剂时，该试剂可以高效地催化氧或氮杂原子邻位的 C(sp^3)–H 键的活化及其碳-碳键的偶联反应 (式 3)[3]。

$$\text{EtO}_2\text{C}\diagup\text{CO}_2\text{Et} \quad \frac{\text{Fe(OTf)}_2 \ (0.1 \ \text{equiv}), \text{氧化剂}}{(1.2 \ \text{equiv}), \text{DCE}, \text{rt}, 18 \ \text{h}} \quad 85\% \tag{3}$$

Oxidant = (结构式) BF$_4$

在氮杂环卡宾 (NHC) 配体的存在下，该试剂可以利用空气作为氧化剂催化醛与苯酚的氧化脱氢偶联反应 (式 4)[4]。在类似的反应条件下，使用苯硼酸代替苯酚也可以得到同样的产物 (式 5)[5]。

$$\begin{array}{c}\text{PhCHO}\\+\\\text{PhOH}\end{array} \quad \frac{\text{Fe(OTf)}_2 \ (0.1 \ \text{equiv}), \text{NHC} \ (0.1 \ \text{equiv})}{\text{KO}^t\text{Bu} \ (1 \ \text{equiv}), \text{air}, \text{dioxane}, 90 \ ^\circ\text{C}, 24 \ \text{h}} \quad \text{PhCO}_2\text{Ph} \tag{4}$$
84%

NHC = (结构式)

$$\begin{array}{c}\text{PhCHO}\\+\\\text{PhB(OH)}_2\end{array} \quad \frac{\text{Fe(OTf)}_2 \ (0.1 \ \text{equiv}), \text{NHC} \ (0.1 \ \text{equiv})}{\text{KO}^t\text{Bu} \ (1 \ \text{equiv}), \text{air}, \text{dioxane}, 90 \ ^\circ\text{C}, 24 \ \text{h}} \quad \text{PhCO}_2\text{Ph} \tag{5}$$
95%

该试剂可以在室温下催化亚砜与 PhINTs 的亚胺化反应 (式 6)[6]。芳基亚砜、烷基亚砜和含杂环的亚砜均可用作该反应合适的底物。在该试剂存在下，叠氮取代的苯乙烯碳-氢键经活化后发生环化氨基化反应生成吲哚衍生物 (式 7)[7]。

$$\frac{\text{Fe(OTf)}_2 \ (0.05 \ \text{equiv}), \text{PhINTs}}{(1.2 \ \text{equiv}), \text{CH}_3\text{CN}, \text{rt}, 1 \ \text{h}} \quad 96\% \tag{6}$$

$$\frac{\text{Fe(OTf)}_2 \ (0.1 \ \text{equiv})}{\text{THF}, 80 \ ^\circ\text{C}, 24 \ \text{h}} \quad 75\% \tag{7}$$

在手性配体存在下，该试剂可以催化不饱和羰基化合物烯键与过氧酸的不对称环氧化反应 (式 8)[8]，以及分子内吲哚双键的氨基烷氧基化反应 (式 9)[9]。

$$\frac{\text{Fe(OTf)}_2 \ (0.05 \ \text{equiv}), \text{L} \ (0.1 \ \text{equiv})}{\begin{array}{c}\text{CH}_3\text{CO}_3\text{H} \ (1.5 \ \text{equiv})\\\text{CH}_3\text{CN}, 0 \ ^\circ\text{C}, 0.5 \ \text{h}\end{array}} \quad 88\%, 91\% \ \text{ee} \tag{8}$$

L = (结构式)

$$\frac{\begin{array}{c}\text{Fe(OTf)}_2 \ (0.15 \ \text{equiv}), \text{L} \ (0.3 \ \text{equiv})\\2,6\text{-Me}_2\text{Py} \ (1 \ \text{equiv})\end{array}}{\text{PhH}, -10 \ ^\circ\text{C}, 45 \ \text{min}} \quad 65\%, 88\% \ \text{ee}, \text{dr} > 20:1 \tag{9}$$

L = (结构式)

参 考 文 献

[1] Carter, T. S.; Guiet, L; Frank, D. J.; et al. *Adv. Synth. Catal.* **2013**, *355*, 880.

[2] (a) Nakanishi, M.; Salit, A.-F.; Bolma, C. *Adv. Synth. Catal.* **2008**, *350*, 1835. (b) Mayer, A. C.; Salit, A.-F.; Bolm, C. *Chem. Commun.* **2008**, 5975.

[3] Richter, H; Mancheño, O. G. *Eur. J. Org. Chem.* **2010**, 4460

[4] Reddy, R. S.; Rosa, J. N.; Veiros, L. F.; et al. *Org. Biomol. Chem.* **2011**, *9*, 3126.

[5] Rosa, J. N.; Reddy, R. S.; Candeias, N. R.; et al. *Org. Lett.* **2010**, *12*, 2686.

[6] Mancheño, O. G.; Dallimore, J.; Plant, A.; Bolm, C. *Org. Lett.* **2009**, *11*, 2429.

[7] Bonnamour, J.; Bolm, C. *Org. Lett.* **2011**, *13*, 2012.

[8] Nishikawa, Y.; Yamamoto, H. *J. Am. Chem. Soc.* **2011**, *133*, 8432.

[9] Zhang, Y.-Q.; Yuan, Y.-A.; Liu, G.-S.; Xu, H. *Org. Lett.* **2013**, *15*, 3910.

[华瑞茂，清华大学化学系；HRM]

三氟甲基磺酸锌

【英文名称】 Zinc trifluoromethanesulfonate

【分子式】 $C_2F_6O_6S_2Zn$

【分子量】 363.53

【CAS 登录号】 [54010-75-2]

【缩写和别名】 三氟甲磺酸锌，三氟甲烷磺酸锌，Zinc triflate

【结构式】

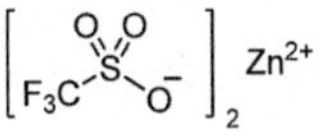

$$\left[F_3C - \overset{\overset{O}{\|}}{\underset{\underset{O}{\|}}{S}} - O^- \right]_2 Zn^{2+}$$

【物理性质】 mp > 300 ℃。溶于水、乙腈，微溶于乙醇，不溶于二氯甲烷。

【制备和商品】 国内外化学试剂公司均有销售。

【注意事项】 该试剂易吸水，在密闭和阴凉干燥环境中保存。

三氟甲基磺酸锌 [Zn(OTf)$_2$] 是常用的 Lewis 酸，作为催化剂或添加剂被广泛地应用于加成、脱氢偶联和加氢等反应。三氟甲基磺酸锌催化的 C—X 键 (X=C，N，O 等) 形成反应被广泛用于官能团转化和杂环合成反应中[1]。

在手性配体 (+)-N-甲基麻黄碱的存在下，三氟甲基磺酸锌催化末端炔烃与醛进行立体选择性的加成反应生成手性炔醇 (式 1)[2]。该反应经由原位生成炔基锌试剂，使用催化量的金属就实现了高效转化反应。

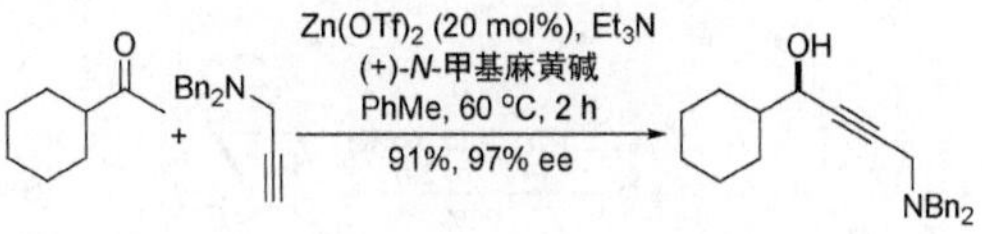

(1)

三氟甲基磺酸锌也能够催化炔烃与含 C=N 键底物的加成反应[3]。当在体系中加入二醌或者催化量二醌/氧气作为氧化剂时，所得加成产物能够被氧化而生成形式上交叉脱氢偶联产物 (式 2)[4]。在 BCl$_3$ 作用下，所得偶联产物能切除叔丁基并环化生成噁唑。

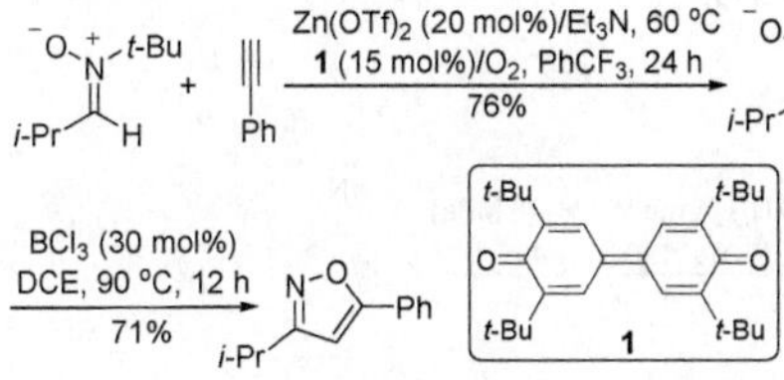

(2)

三氟甲基磺酸锌与吡啶的配合物能够催化末端炔烃与氢硅烷的脱氢偶联反应，形成 C-Si 键 (式 3)[5]。该反应的副产物以氢气的形式放出，无需外加氧化剂。这是第一例路易斯酸催化的 C(sp)-H 和 Si-H 的偶联反应。

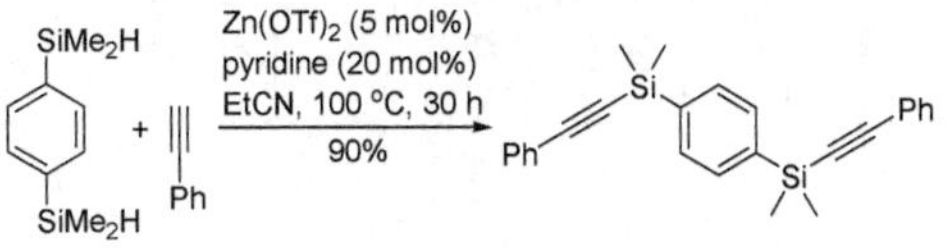

(3)

在 Ph$_2$SiH$_2$ 存在下使用硝基甲烷为氰源，该试剂能催化吲哚 3-位的氰基化反应 (式 4)[6]。该反应对多种官能团包括硼酸酯等具有兼容性，N-H 键对该反应没有影响。

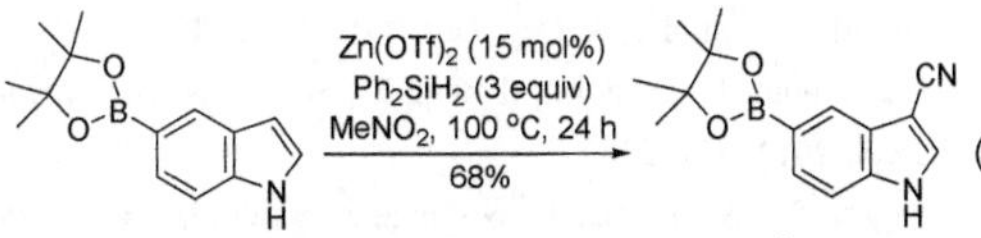

(4)

该试剂是合成含氧和含氮杂环化合物的重要 Lewis 酸催化剂。例如：在 Zn(OTf)$_2$/Et$_3$N

催化下，炔丙醇能够与缺电子烯烃发生 1,4-加成/环化串联反应构建呋喃环产物 (式 5)[7]。在该试剂的催化下，二氮杂半瞬烯能够与异腈发生环加成反应生成笼状分子 (式 6)[8]。

(5)

(6)

该试剂还能够作为还原反应的催化剂或促进剂。例如：在该试剂的催化下，亚胺能在 80 bar (8 MPa) 的氢气环境下被还原成为仲胺 (式 7)[9]。在 Rh(Ⅲ) 催化的环戊烯氢化反应中，使用催化量的该试剂作为添加剂可以促进反应的进行[10]。

(7)

该试剂能够催化仲醇的酯化反应，与传统的反应方法比较具有产率高和反应时间短的优点。在该试剂的催化下，甾醇类药物中间体在室温下 30 s 即可完成转化反应 (式 8)[11]。

(8)

参 考 文 献

[1] Wu, X.-F.; Neumann, H. *Adv. Synth. Catal.* **2012**, *354*, 3141.

[2] Anand, N. K.; Carreira, E. M. *J. Am. Chem. Soc.* **2001**, *123*, 9687.

[3] Frantz, D. E.; Fässler, R.; Carreira, E. M. *J. Am. Chem. Soc.* **1999**, *121*, 11245.

[4] Murarka, S.; Studer, A. *Org. Lett.* **2011**, *13*, 2746.

[5] Tsuchimoto, T.; Fujii, M.; Iketani, Y.; Sekine, M. *Adv. Synth. Catal.* **2012**, *354*, 2959.

[6] Nagase, Y.; Sugiyama, T.; Nomiyama, S.; et al. *Adv. Synth. Catal.* **2014**, *356*, 347.

[7] Nakamura, M.; Liang, C.; Nakamura, E. *Org. Lett.* **2004**, *6*, 2015.

[8] Zhang, S.; Zhang, W.-X.; Xi, Z. *Angew. Chem. Int. Ed.* **2013**, *52*, 3485.

[9] Werkmeister, S.; Fleischer, S.; Zhou, S.; et al. *ChemSusChem* **2012**, *5*, 777.

[10] Calvin, J. R.; Frederick, M. O.; Laird, D. L.; et al. *Org. Lett.* **2012**, *14*, 1038.

[11] Kumar, N. U.; Reddy, B. S.; Reddy, V. P.; Bandichhor, R. *Tetrahedron Lett.* **2014**, *55*, 910.

[华瑞茂，清华大学化学系；HRM]

三氟甲基磺酸镱(Ⅲ)

【英文名称】 Ytterbium trifluoromethansulfonate

【分子式】 $C_3F_9O_9S_3Yb$

【分子量】 620.25

【CAS 登录号】 [54761-04-5]

【缩写和别名】 三氟甲磺酸镱，三氟甲烷磺酸镱，Yb(OTf)$_3$

【结构式】

【物理性质】 白色粉末。

【制备和商品】 商品化试剂，试剂公司均有售。也可以通过氧化镱或氯化镱在三氟甲基磺酸水溶液中加热制得 (式 1 和式 2)。

$$Yb_2O_3 + 6TfOH \longrightarrow 2Yb(OTf)_3 + 3H_2O \quad (1)$$

$$YbCl_3 + 3TfOH \longrightarrow Yb(OTf)_3 + 3HCl \quad (2)$$

三氟甲基磺酸镱 [Yb(OTf)$_3$] 可作为强 Lewis 酸催化剂在有机合成中发挥重要的作用[1,2]。传统的 Lewis 酸催化剂 (如 AlCl$_3$、BF$_3$、TiCl$_4$ 和 SnCl$_4$ 等) 需要使用化学量参与反应，而 Yb(OTf)$_3$ 仅需催化量即可。此外，Yb(OTf)$_3$ 还可以多次回收利用而不失活性。在 Lewis 碱和氮、氧、磷、硫原子的存在下，Yb(OTf)$_3$ 依旧可以保持催化活性。Yb(OTf)$_3$ 最突出的优势表现在它对水的稳定性。传统的 Lewis 酸对水敏感，容易分解失活。而 Yb(OTf)$_3$ 对水稳定，可直接用水作溶剂[3]。因此 Yb(OTf)$_3$ 被称为有机合成中的绿色友好催化剂，已广泛应用于有机合成转换反应中，如羟醛缩合[4]、Kharasch 加成[5]、糖基化[6]、Friedel-Crafts 酰基化[7]、去烷氧乙酰化反应[8] 和 β-烯胺酮合成[9]等。

Yb(OTf)$_3$ 可用于 1-甲基吡咯的酰基化反应 (式 3)[10]。在离子液体 [bpy][BF$_4$] 中加入催化量的 Yb(OTf)$_3$ 即可使该反应以高产率完成。而如果不加 Yb(OTf)$_3$ 则反应无法进行。更重要的是，催化剂可以回收使用三次而不失活。

$$
\text{（式 3）} \quad \frac{Yb(OTf)_3, \text{rt}}{80\%\sim93\%}
$$

R = Me, Et, Pr, C$_6$H$_5$, Bn, CH$_2$Cl
X = Cl, OAc

取代的 3-丙烯酸常用于合成各种生物活性化合物[11~13]。使用芳酮和一水乙醛酸在微波辐射和 Yb(OTf)$_3$ 催化的条件下反应，可得到芳基取代的 3-乙酰基丙烯酸 (式 4)[14]。

$$
\text{（式 4）} \quad \frac{Yb(OTf)_3, AcOH}{MW, 130\sim150\ ^\circ C} \quad 52\%\sim75\%
$$

R^1 = 4-MeC$_6$H$_4$, 4-FC$_6$H$_4$, Ph
R^2 = H, Me

大多数醇的对甲苯磺酰化反应采用三乙胺或吡啶作为碱来提高反应产率[15]。但某些反应在 TsCl 和吡啶条件下进行，所得产率很低；而采用 Yb(OTf)$_3$ 和 Ts$_2$O 后则可以高产率地得到目标化合物 (式 5)[16]。该反应条件同样适用于一级醇和二级醇的甲苯磺酰化，且产率都较高 (75%~89%)。

$$
\text{（式 5）} \quad \frac{Ts_2O, Yb(OTf)_3}{85\%}
$$

用四甲基哌啶氧化物 (TEMPO) 和亚碘酰苯 (PhIO) 作为氧化剂，可将醇氧化为相应的羰基化合物。4-苯基-1-丁醇在 TEMPO/PhIO 的条件下反应，氧化产率仅为 5%。而当加入催化量的 Yb(OTf)$_3$ 后，反应产率大幅提高 (式 6)[17]。Yb(OTf)$_3$ 同样也可催化一级醇和二级醇氧化为相应的醛或酮。

$$
\text{（6）} \quad \frac{TEMPO, PhIO, Yb(OTf)_3}{76\%\sim94\%}
$$

R^1, R^2 = H, 烷基, 芳基, 烯丙基

Yb(OTf)$_3$ 可用于三组分 (二苯基乙二酮、醛和乙酸铵) "一锅法" 合成咪唑衍生物。在采用传统的 Lewis 酸催化剂 AlCl$_3$ 或 FeCl$_3$ 时，即使增加催化剂的用量，其反应产率依旧较低 (45%~60%)。但若加入催化量的 Yb(OTf)$_3$，则产率明显提高 (式 7)[18]，且催化剂可通过水的简单萃取实现回收和重复使用。该条件同样适用于芳香醛的缩合反应。

$$
\text{（7）} \quad \frac{Yb(OTf)_3}{AcOH, 70\ ^\circ C} \quad 73\%\sim97\%
$$

R = C$_6$H$_5$, p-MeOC$_6$H$_4$, p-HOC$_6$H$_4$, p-BrC$_6$H$_4$

Yb(OTf)$_3$ 可用在寡糖合成中选择性地异头脱乙酰基。在催化量的 Yb(OTf)$_3$ 作用下，硫酸肝素片段可高产率地得到相应脱乙酰基的产物 (式 8)[19,20]。Nd(OTf)$_3$ 同样可高效率地催化该反应。此外该反应条件还适用于 α-(或 β-)D-吡喃葡萄糖、β-D-吡喃木糖等其他糖的全乙酰化物，因为 Yb^{3+} 和 Nd^{3+} 主要是催化异头乙酸酯进行酯交换反应，而不催化甲基糖苷的形成。

$$
\text{（8）} \quad \frac{Yb(OTf)_3, MeOH}{75\%}
$$

参 考 文 献

[1] Kobayashi, S.; Sugiura, M.; Kitagawa, H.; Lam, W. L. *Chem. Rev.* **2002**, *102*, 2227.

[2] Tsuruta, H.; Yamaguchi, K.; Imamoto, T. *Chem. Commun.* **1999**, *17*, 1703.

[3] Kobayashi, S. *Chem. Lett.* **1991**, *20*, 2187.

[4] Kobayashi, S. *Synlett* **1994**, *9*, 689.

[5] Kavranova, I. K.; Mills, J. H. *J. Chem. Res.* **2005**, 59.

[6] Jayaprakash, K. N.; Chaudhuri, S. R.; Murty, C. V. S. R.; Fraser-Reid, B. *J. Org. Chem.* **2007**, *72*, 5534.

[7] Dzudza, A.; Marks, T. J. *J. Org. Chem.* **2008**, *73*, 4040.

[8] Oikawa, M.; Ikoma, M.; Sasaki, M. *Tetrahedron Lett.* **2004**, *45*, 2371.

[9] Epifano, F.; Genovese, S.; Curini, M. *Tetrahedron Lett.* **2007**, *48*, 2717.

[10] Su, W.; Wu, C.; Su, H. *J. Chem. Res.* **2005**, 67.

[11] Mizdrak, J.; Hains, P. G.; Kalinowski, D.; et al. *Tetrahedron* **2007**, *63*, 4990.

[12] Drakulic, B. J.; Juranic, Z. D.; Stanojkovic, T. P.; Juranic, I. O. *J. Med. Chem.* **2005**, *48*, 5600.

[13] Lohray, B.; Lohray, V.; Srivastava, B.; et al. *Bioorg. Med. Chem. Lett.* **2006**, *6*, 155.

[14] Tolstoluzhsky, N. V.; Gorobets, N. Y.; Kolos, N. N.; Desenko, S. M. *J. Comb. Chem.* **2008**, *10*, 893.

[15] Sandler, S. R.; Karo, W. *Organic Functional Group Preparation.* Vol. 1. Academic Press: New York, **1983**.

[16] Comagic, S.; Schirrmacher, R. *Synthesis* **2004**, 885.

[17] Vatèle, J. M. *Synlett* **2006**, 2055.

[18] Wang, L. M.; Wang, Y. H.; Tian, H.; et al. *J. Fluorine Chem.* **2006**, *127*, 1570.

[19] Tran, A. T.; Deydier, S.; Bonnaffe, D.; Le Narvor, C. *Tetrahedron Lett.* **2008**, *49*, 2163.

[20] Dilhas, A.; Bonnaffe, D. *Carbohydr. Res.* **2003**, *338*, 681.

[高玉霞，巨勇*，清华大学化学系；JY]

N-(三氟甲硫基)苯二甲酰亚胺

【英文名称】 *N*-(Trifluoromethylthio)phthalimide

【分子式】 $C_9H_4F_3NO_2S$

【分子量】 247.19

【CAS 登录号】 [719-98-2]

【缩写和别名】 2-(Trifluoromethylthio)-iso-indoline-1,3-dione

【结构式】

【物理性质】 bp 253.4 ℃，mp 114~116 ℃ (丙酮)。溶于大多数醇类或醚类有机溶剂，通常在甲醇、乙醇、乙醚、乙腈、甲苯、二氯甲烷和四氢呋喃中使用。

【制备和商品】 该试剂一般在实验室制备。较早的方法是通过苯二甲酰亚胺与三氟甲硫基溴或三氟甲硫基氯反应得到 (式 1)[1]。

$$\text{(1)}$$

近年来最有效的制备方法是使用三氟甲硫化铜与 *N*-氯代邻苯二甲酰亚胺 (NCS) 在

无水乙腈中于室温反应 12 h，经简单后处理后通过柱色谱纯化得到无色晶体产物 (式 2)[2]。反应中使用到的 $CuSCF_3$ 也可以根据文献 [3] 报道的方法制备。

$$\text{(2)}$$

此外，使用反应活性更高的三氟甲硫化银与 *N*-溴代苯二甲酰亚胺 (NBS) 在无水乙腈中于室温仅反应 3 h 就能够以高产率获得 *N*-(三氟甲硫基)苯二甲酰亚胺 (式 3)[4]。

$$\text{(3)}$$

【注意事项】 该试剂对空气和湿气稳定。在室温下于常用溶剂如 DMSO、DMF、$CHCl_3$、CH_3CN、THF、CH_3OH、丙酮和甲苯中能够稳定存在。

　　N-(三氟甲硫基)苯二甲酰亚胺是重要的三氟甲硫基化试剂之一。具有三氟甲硫基团的药物小分子往往表现出高于同类型药物小分子的生物活性。而三氟甲硫基团也是三氟甲亚砜基和三氟甲砜基的前体基团。因此，在有机小分子中直接引入三氟甲硫基团的方法是设计合成具有三氟甲硫基团化合物最有效的策略。而 *N*-(三氟甲硫基)苯二甲酰亚胺是进行直接三氟甲硫基化反应所使用三氟甲硫基化试剂。例如，在室温下 *N*-(三氟甲硫基)苯二甲酰亚胺与 1-环己烯哌啶反应，直接获得 2-三氟甲硫基环己酮 (式 4)[1]。

$$\text{(4)}$$

在手性催化剂奎尼丁 (Quinidine) 的作用下，*N*-(三氟甲硫基)苯二甲酰亚胺也能够有效地对 β-酮酸酯进行直接不对称三氟甲硫基化 (式 5)[5]。该反应具有高度的对映选择性和高产率。

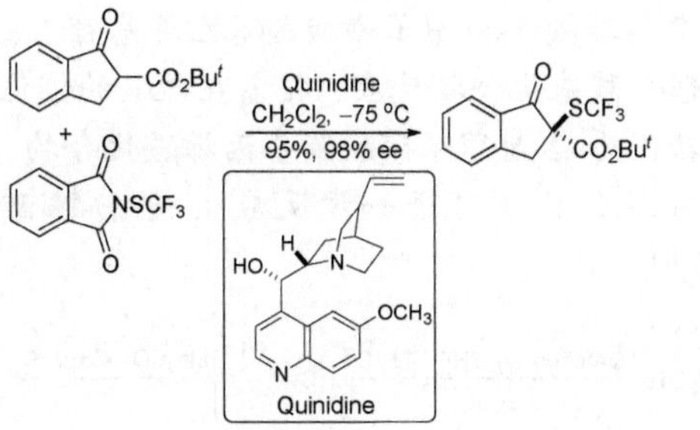

生成三氟甲基烯基硫醚 (式 9)[4]。

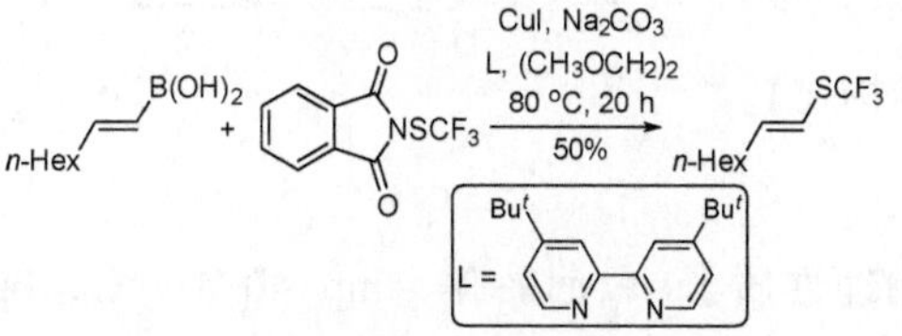

(9)

类似于常用的三氟甲硫基化试剂 N-(三氟甲硫基)环丁二甲酰亚胺，N-(三氟甲硫基)苯二甲酰亚胺也能够在钯催化剂作用下活化 C—H 键，选择性地在具有 2-吡啶基的芳环邻位上进行三氟甲硫基化反应。如式 10 所示[7]：在 Pd(CH₃CN)₄(OTf)₂ 的催化下，N-(三氟甲硫基)苯二甲酰亚胺可有效地对 2-(2-烷基苯基)吡啶进行三氟甲硫基化反应，生成 2-(2-烷基-6-三氟甲硫基苯基)吡啶。

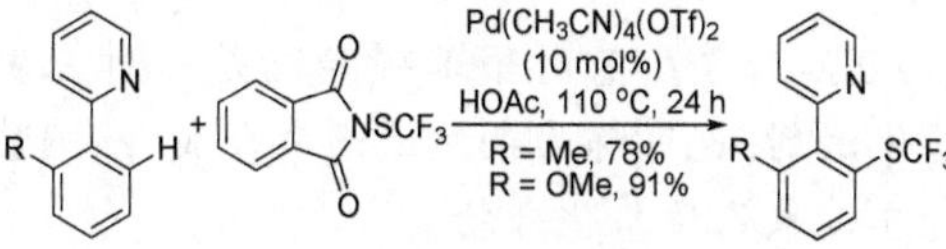

(10)

类似于上述反应，在手性催化剂 (DHQD)₂Pyr 的作用下，使用 N-(三氟甲硫基)苯二甲酰亚胺可以在 3-芳基吲哚酮的 3-位上进行三氟甲硫基化。该反应也表现出高度的对映选择性 (式 6)[6]。

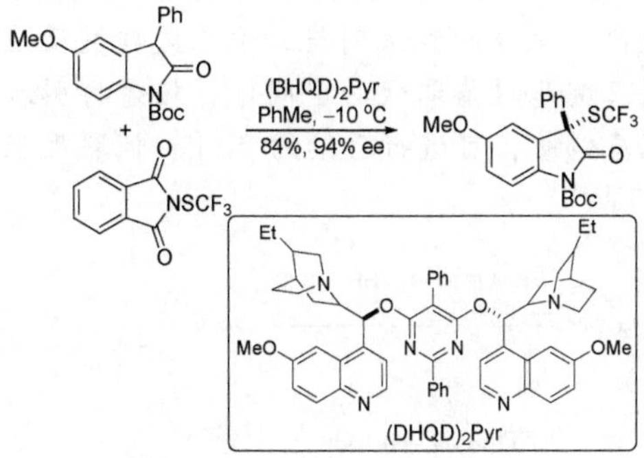

(6)

在碘化亚铜的作用下，N-(三氟甲硫基)苯二甲酰亚胺能够有效地对末端炔烃进行三氟甲硫基化反应，生成三氟甲基炔基硫醚 (式 7)[2]。

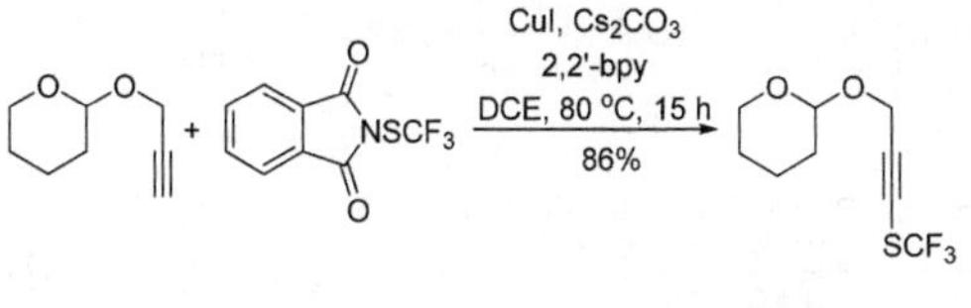

(7)

在同样的反应条件下，N-(三氟甲硫基)苯二甲酰亚胺也能够与芳基硼酸发生偶联反应，以较高产率得到三氟甲基芳香硫醚 (式 8)[2]。

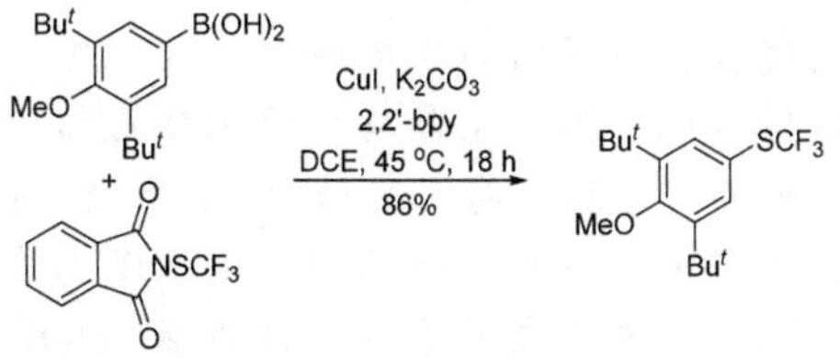

(8)

此外，烯基硼酸也可以替代芳基硼酸与 N-(三氟甲硫基)苯二甲酰亚胺发生偶联反应，

参 考 文 献

[1] Munavalli, S.; Rohrbaugh, D. K.; Rossman, D. I.; et al. *Synth. Commun.* **2000**, *30*, 2847.

[2] Pluta, R.; Nikolaienko, P.; Rueping, M. *Angew. Chem. Int. Ed.* **2014**, *53*, 1650.

[3] Clark, J. H.; Jones, C. W.; Kybett, A. P.; McClinton, M. A. *J. Fluor. Chem.* **1990**, *48*, 249.

[4] Kang, K.; Xu, C.; Shen, Q. *Org. Chem. Frontiers* **2014**, *1*, 294.

[5] Bootwicha, T.; Liu, X.; Pluta, R.; et al. *Angew. Chem. Int. Ed.* **2013**, *52*, 12856.

[6] Rueping, M.; Liu, X.; Bootwicha, T.; et al. *Chem. Commun.* **2014**, *50*, 2508.

[7] Xu, C.; Shen, Q. *Org. Lett.* **2014**, *16*, 2046.

[王存德，扬州大学化学化工学院；HYF]

2,2,2-三氟乙基对甲苯磺酸酯

【英文名称】 2,2,2-Trifluoroethyl *p*-toluenesulfonate

【分子式】 $C_9H_9F_3O_3S$

【分子量】 254.25

【CAS 登录号】 [433-06-7]

【缩写和别名】 2,2,2-Trifluoroethyl tosylate，CF₃CH₂OTs，对甲苯磺酸 2,2,2-三氟乙酯

【结构式】

$$F_3C\diagup OTs$$

【物理性质】 白色晶体，mp 40~41 ℃，bp 102~104 ℃/0.8 mmHg，n_D^{25} 1.4635。溶于四氢呋喃、乙醚、二氯甲烷和甲苯。

【制备和商品】 国内外试剂公司均有销售。可由 2,2,2-三氟乙醇与对甲苯磺酰氯在吡啶[1]或含有 NaOH 的丙酮水溶液[2]中制备，用己烷-乙醚进行重结晶。

【注意事项】 该试剂非常稳定，在室温储存即可，不需使用特殊条件保存。在通风橱中操作。

2,2,2-三氟乙基对甲苯磺酸酯是一种三氟乙基化试剂，也可作为亲核试剂来合成 α-酮酸和 2,2-二氟乙烯基化合物。

作为三氟乙基化试剂 与不含氟的类似物相比，虽然该试剂在取代反应中的活性要差一些，但杂原子亲核试剂也能与该试剂反应引入 2,2,2-三氟乙基。硫醇、硫酚和苯酚的钠盐均可在温和条件下与 CF₃CH₂OTs 以较高产率发生 S- 或 O-三氟乙基化反应 (式 1)[1,2]。硒酚盐[3]和碲酚盐[4]的三氟乙基化反应也可用该方法实现 (式 2)。在 NaH 的作用下，苯硫酚可直接与 CF₃CH₂OTs 反应生成硫醚 (式 3)[5]。胺[6]和吡咯[7]的 N-三氟乙基化反应需在剧烈条件下进行 (式 4)，而使用 CF₃CH₂OTs 不能在吲哚的氮原子上引入三氟乙基[8]。

$$RSNa \xrightarrow[\substack{R = Et, 75\% \\ R = Ph, 73\%}]{CF_3CH_2OTs, DMF, rt} RSCH_2CF_3 \qquad (1)$$

$$PhXNa \xrightarrow[\substack{X = Se, 76\% \\ X = Te, 20\%}]{CF_3CH_2OTs, THF\text{-}HMPA, reflux} PhXCH_2CF_3 \qquad (2)$$

$$PhSH + CF_3CH_2OTs \xrightarrow{NaH, DMF} PhSCH_2CF_3 \qquad (3)$$

$$PhNH_2 \xrightarrow[52\%]{CF_3CH_2OTs, 环丁砜, 180\sim190\ ℃} Ph\diagdown\overset{H}{N}\diagup CF_3 \qquad (4)$$

合成 α-酮酸和 2,2-二氟乙烯基化合物 在 LDA 或 n-BuLi 的作用下，CF₃CH₂OTs 可转化成 2,2-二氟-1-对甲苯磺酸酯基乙烯基锂。该锂试剂与羰基化合物反应，接着在硫酸的催化下可转化为 2-对甲苯磺酸酯基丙烯酸化合物，然后在碱催化下可进一步反应生成 α-酮酸 (式 5)[9]。

$$CF_3CH_2OTs \xrightarrow{LDA\ (2\ equiv),\ THF,\ -78\ ℃} \left[F_2C{=}\overset{OTs}{\underset{Li}{C}} \right] \xrightarrow{Me_2CO,\ -78\sim0\ ℃}$$

$$\xrightarrow{H_2SO_4,\ 0\ ℃} \overset{OTs}{\underset{CO_2H}{C}} \xrightarrow[95\%]{NaOH,\ \Delta} \underset{O}{\overset{}{C}}CO_2H \qquad (5)$$

上述锂试剂也可与三丁基氯化锡反应，得到三丁基锡基取代的中间体。在 Pd(PPh₃)₄ 和 CuI 的共同催化下，该中间体可与芳基碘化物发生 Stille 偶联反应 (式 6)[10]。将 CF₃CH₂OTs 与 LDA 生成的锂试剂与三烷基氯硅烷反应得到三烷基硅基取代的中间体，接着再引入三丁基锡基，可进行后续的 Stille 偶联反应 (式 7)[11]。

$$CF_3CH_2OTs \xrightarrow[\substack{2.\ SnBu_3Cl}]{1.\ LDA\ (2\ equiv),\ THF,\ -78\ ℃} F_2C{=}\overset{OTs}{\underset{SnBu_3}{C}}$$

$$\xrightarrow[\substack{R = Cl, 96\% \\ R = F, 97\% \\ R = OMe, 85\%}]{I{-}\bigcirc{-}R,\ Pd(PPh_3)_4\ (10\ mol\%),\ CuI\ (10\ mol\%),\ DMF,\ 80\ ℃,\ 12\ h} F_2C{=}\overset{OTs}{\underset{\bigcirc{-}R}{C}} \qquad (6)$$

$$CF_3CH_2OTs \xrightarrow[\substack{2.\ R_3SiCl,\ THF,\ -78\ ℃\sim rt \\ 95\%}]{1.\ LDA\ (2\ equiv),\ THF,\ -78\ ℃} F_2C{=}\overset{OTs}{\underset{SiMe_3}{C}}$$

$$\xrightarrow[\substack{LiBr\ (30\ mol\%),\ THF,\ reflux,\ 8\ h \\ 73\%}]{(SnBu_3)_2,\ Pd_2(dba)_3\ (3\ mol\%),\ XPhos\ (6\ mol\%)} F_2C{=}\overset{SnBu_3}{\underset{SiMe_3}{C}}$$

$$\xrightarrow[\substack{R = Cl, 14\ h, 86\% \\ R = F, 16\ h, 78\% \\ R = OMe, 20\ h, 72\%}]{I{-}\bigcirc{-}R,\ Pd(PPh_3)_4\ (10\ mol\%),\ CuI\ (10\ mol\%),\ DMF,\ 80\ ℃} \overset{\bigcirc{-}R}{\underset{F_2C\diagdown\underset{SiMe_3}{}}{}} \qquad (7)$$

CF₃CH₂OTs 与 n-BuLi 生成的锂试剂也可与烷基硼试剂反应，所得 2,2-二氟乙烯基硼烷化合物在不同的反应条件下可被转化为多种偕二氟乙烯基化合物，该化合物作为中间体可进行多种官能团的转换。如式 8 所示[12]：偕二氟乙烯基化合物与乙烯基溴化物反应可生成 1,3-二烯化合物，接着在 TfOH 的作用下发生串联成环反应，得到苯并芴化合物。

$$\text{CF}_3\text{CH}_2\text{OTs} \xrightarrow[\text{2. BR}_3, -78\,^\circ\text{C}\sim\text{rt, 3 h}]{\substack{\text{1. } n\text{-BuLi (2 equiv), THF, }-78\,^\circ\text{C, 0.5 h}\\ \text{R} = \text{CH}_2\text{CHMePh}}} \left[\begin{array}{c}\text{R}\\\text{F}_2\text{C}\diagdown\diagup\\\text{BR}_2\end{array}\right]$$

(8)

65%　76%

与芳硼酸发生 Suzuki 偶联反应 在钯催化剂和配体的作用下，$\text{CF}_3\text{CH}_2\text{OTs}$ 可与芳硼酸发生 Suzuki 偶联反应，在芳环上引入三氟乙基 (式 9)[13]。

(9)

54%

参 考 文 献

[1] Nakai, T.; Tanaka, K.; Setoi, H.; Ishikawa, N. *Bull. Chem. Soc. Jpn.* **1977**, *50*, 3069.

[2] Tanaka, K.; Shiraishi, S.; Nakai, T.; Ishikawa, N. *Tetrahedron Lett.* **1978**, 3103.

[3] Khajuria, R.; Bhasin, K. K.; Verma, R. D. *J. Fluorine Chem.* **1994**, *67*, 61.

[4] Sandhu, A.; Singh, S.; Bhasin, K. K.; Verma, R. D. *J. Fluorine Chem.* **1990**, *47*, 249.

[5] Zhang, W.; Zhao, Y.; Ni, C.; et al. *Tetrahedron Lett.* **2012**, *53*, 6565.

[6] Yamanaka, H.; Kuwabara, M.; Komori, M.; et al. *Chem. Abstr.* **1983**, *98*, 178 838r.

[7] Yoshino, K.; Seko, N.; Yokota, K.; et al. *Eur. Patent*, **1985**, 159677.

[8] Marzoni, G.; Garbrecht, W. L. *Synthesis* **1987**, 651.

[9] Tanaka, K.; Nakai, T.; Ishikawa, N. *Tetrahedron Lett.* **1978**, 4809.

[10] Han, S. Y.; Jeong, I. H. *Org. Lett.* **2010**, *12*, 5518.

[11] Jeon, J. H.; Kim, J. H.; Jeong, Y. J.; Jeong, I. H. *Tetrahedron Lett.* **2012**, *53*, 1292.

[12] Fuchibe, K.; Jyono, H.; Fujiwara, M.; et al. *Chem. Eur. J.* **2011**, *17*, 12175.

[13] Leng, F.; Wang, Y.; Li, H.; et al. *Chem. Commun.* **2013**, *49*, 10697.

[王歆燕，清华大学化学系；WXY]

2,2,2-三氟乙基三氟乙酸酯

【英文名称】2,2,2-Trifluoroethyl trifluoroacetate

【分子式】$\text{C}_4\text{H}_2\text{F}_6\text{O}_2$

【分子量】196.06

【CAS 登录号】[407-38-5]

【缩写和别名】TFEA，三氟乙酸 2,2,2-三氟乙酯

【结构式】

【物理性质】无色液体，bp 55 $^\circ$C，β 1.464 g/cm^3。溶于大多数常用的有机溶剂。

【制备和商品】国内外试剂公司均有销售。可在氢化钙的存在下进行常压蒸馏来纯化。

【注意事项】该试剂具有腐蚀性和易燃性。可通过简单蒸馏干燥，并在氩气中储存。

作为三氟乙酰化试剂 2,2,2-三氟乙基三氟乙酸酯 (TFEA) 是一种高效的对酮的烯醇化物进行三氟乙酰化的试剂[1]。此外，在 *C*-三氟乙酰化反应中，与 $\text{CF}_3\text{CO}_2\text{Et}$ 和三氟乙酸酐相比，使用 TFEA 可以使反应更加迅速，并且得到更高的产率 (式 1)[2]。

(1)

72%

通过重氮转移反应合成 α-重氮酮化合物 在重氮转移反应中，需要原位生成稳定的 β-二酮烯醇醚与磺酰叠氮化合物进行反应。使用 TFEA 经三氟乙酰化反应生成相应酮的烯醇醚是对传统的经甲酰化反应过程的有效改进。该方法对于一些对碱敏感的底物 (如 α,β-烯酮和杂环芳酮等) 特别有效，一些使用其它方法无法进行反应的底物在该条件下均能得到很好的产率。该方法常被用于天然产物的合成中。如式 2 和式 3 所示[3,4]：使用 TFEA 和 MsN_3 可在 α,β-烯酮化合物的邻位进行重氮转移反应，生成相应的 α-重氮酮化合物。

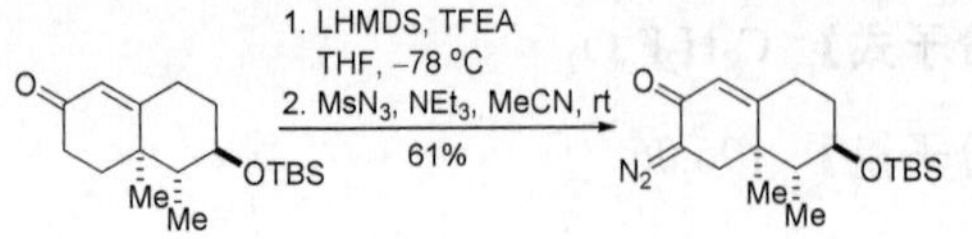

$$(2)$$

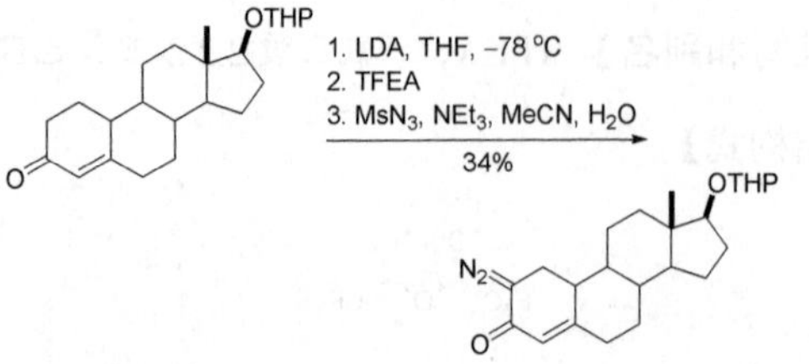

$$(3)$$

参 考 文 献

[1] C-乙酰化和 O-乙酰化的综述见: Black, T. H. *Org. Prep. Proced. Int.* **1989**, *21*, 179.

[2] Huang, H.-X.; Jin, S.-J.; Gong, J.; et al. *Chem. Eur. J.* **2015**, *21*, 13284.

[3] Liffert, R.; Linden, A.; Gademann, K. *J. Am. Chem. Soc.* **2017**, *139*, 16096.

[4] Yasui, N.; Mayne, C. G.; Katzenellenbogen, J. A. *Org. Lett.* **2015**, *17*, 5540.

[王歆燕，清华大学化学系；WXY]

三氟乙酰基次碘酸盐

【英文名称】 Trifluoroacetyl hypoiodite

【分子式】 $C_2F_3IO_2$

【分子量】 239.92

【CAS 登录号】 [359-47-7]

【缩写和别名】 三氟乙酰碘盐，Iodine trifluoroacetate

【结构式】

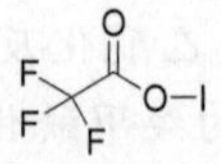

【物理性质】 bp 102.4 ℃，ρ 2.393 g/cm^3。

【制备和商品】 可由三氟乙酸银或三氟乙酸碘苯与碘单质反应制备得到[1]。

【注意事项】 有毒，不能直接接触或食用。储存于阴凉、通风的库房。应与氧化剂、食用化学品分开存放，切忌混储。

三氟乙酰基次碘酸盐可以作为芳基碘试剂，生成碘化产物[2,3]。如三氟乙酰基次碘酸盐与过量的甲苯在碘单质的存在下加热反应，能生成对碘甲苯 (式 1)[4]。

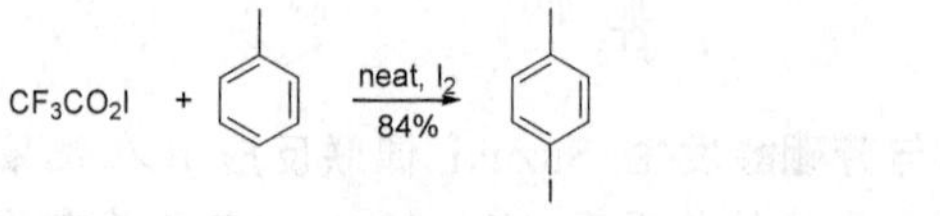

$$(1)$$

三氟乙酰基次碘酸盐可在硝基甲烷和1,2-二氯乙烷 (1,2-DCE) 中与吡咯亚胺盐发生反应，生成 3-碘-2-醛基吡咯 (式 2)[5]。

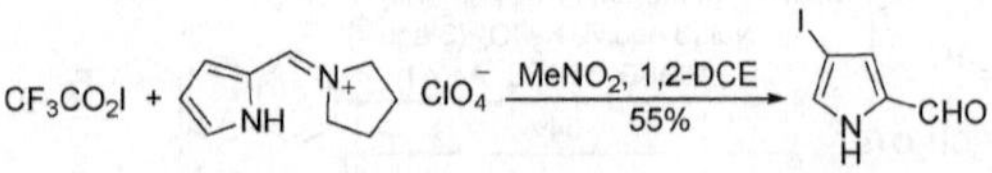

$$(2)$$

三氟乙酰基次碘酸盐与环戊烯钼配合物的混合物在 −78℃ 下反应，得到 5-甲基-4-(三氟乙酸)-2-环戊烯酮 (式 3)[6]。

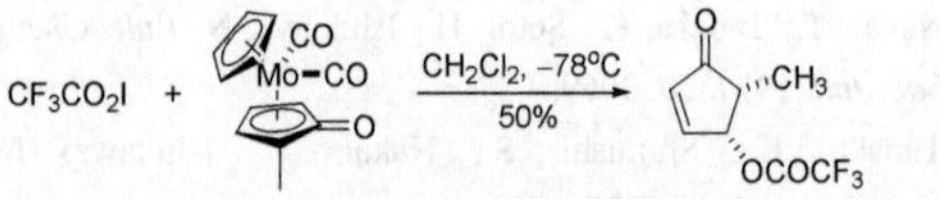

$$(3)$$

三氟乙酰基次碘酸盐与 1-碘-3-苯基丙烷在碘化钠及[双(三氟乙酰氧基)碘]苯的存在下，可以发生反应，生成 1,4-二碘苯 (式 4)[7]。

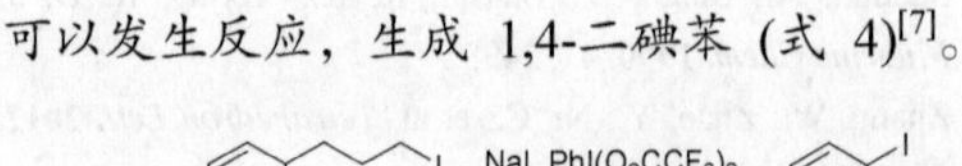

$$(4)$$

三氟乙酰基次碘酸盐与 2-丁烯在乙二醇溶剂中可以发生烯烃的加成反应，得到 2-碘-3-(三氟乙酰基)丁烷 (式 5)[8]。

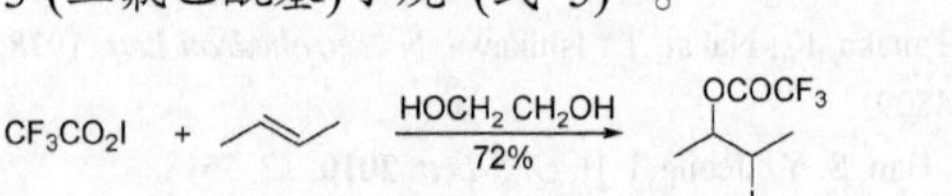

$$(5)$$

三氟乙酰基次碘酸盐在邻二氯苯溶剂中，可以与具有弱亲核能力的富勒烯发生反应，生成 1,3-二氧富勒烯 (式 6)[9]。可对其中的羟基进行进一步的修饰，使其作为富勒烯化学中的结构单元。

$$(6)$$

参 考 文 献

[1] Haszeldine, R. N.; Sharpe, A. G. *J. Chem. Soc.* **1952**, *0*, 993-1001.

[2] Henne, H. L.; Zimmer, W. F. *J. Am. Chem. Soc.* **1951**, *73*, 1362.

[3] Hatanaka, Y.; Keefer, R. M.; Andrews, L. J. *J. Am. Chem. Soc.* **1965**, *87*, 4280.

[4] Barnett, J. R.; Andrews, L. J.; Keefer, R. M. *J. Am. Chem. Soc.* **1972**, *94*, 6129.

[5] Sonnet, P. E. *J. Heterocycl. Chem.* **1973**, *10*, 113.

[6] Liebeskind, L. S.; Bombrun, A. *J. Am. Chem. Soc.* **1991**, *113*, 8736.

[7] Gallos, J.; Varvoglis, A. *J. Chem. Soc., Perkin Trans. 1* **1983**, *0*, 1999.

[8] Buddrus, J.; Plettenberg, H. *Chem. Ber.* **1980**, 113, 1494.

[9] Troshin, P. A.; Peregudov, A. S.; Lyubovskaya, R. N. *Tetrahedron Lett.* **2006**, *47*, 2969.

[陈超，清华大学化学系；CC]

三氟乙酰氯

【英文名称】 Trifluoroacetyl chloride

【分子式】 C_2ClF_3O，CF_3COCl

【分子量】 132.47

【CAS 登录号】 [354-32-5]

【缩写和别名】 氯化三氟乙酰

【结构式】

【物理性质】 有刺激性气味的无色气体，mp $-146\ ^\circ C$，bp $-27\ ^\circ C$，$\rho\ 4.6\ g/cm^3$。在空气中容易水解，易发烟，易溶于有机溶剂。

【制备和商品】 国内外化学试剂公司均有销售。可以通过三氟乙酸酐与氯化锂反应、三氟乙酸与五氯化磷反应或者通过 2,2-二氯-1,1,1-三氟乙烷的氧化等方法制得。

【注意事项】 该试剂有毒，具强刺激性，遇水或水蒸气反应放热并放出有毒的腐蚀性气体。储存于阴凉、干燥、通风良好的库房，远离火种、热源，保持容器密封。应与易(可)燃物、还原剂、酸类等分开存放，切忌混储。储区应备有泄漏应急处理设备。

三氟乙酰氯的化学性质非常活泼。由于酰氯基的存在，三氟乙酰氯容易与胺、醇等化合物反应，引入三氟乙酰基或三氟甲基。而且由于三氟乙酰氯中三氟甲基的强吸电子效应，使其分子中的羰基对亲核试剂具有更强的反应活性。

在碱性条件下，三氟乙酰氯容易与胺类化合物反应，在氮原子上引入三氟乙酰基。如三氟乙酰氯与苯基羟胺在碳酸氢钠的存在下可进行该反应 (式 1)[1]。三氟乙酰氯与尿素在氟化铯的作用下反应，可在其中一个氨基上引入三氟乙酰基 (式 2)[2]。三氟乙酰氯与吡啶的反应也可在吡啶氮原子上引入三氟乙酰基 (式 3)[3]。

$$(1)$$

$$(2)$$

$$(3)$$

三氟乙酰氯在甲苯溶剂中可以与苯酚格氏试剂反应，得到苯酚的三氟乙酰基化产物 (式 4)[4]。

$$(4)$$

三氟乙酰氯与羟基化合物可以在碱性条件下进行酯化反应。如三氟乙酰氯与 4-羟基环己酮在吡啶溶剂中反应，得到相应的三氟乙酸酯 (式 5)[5]。

$$(5)$$

三氟乙酰氯与乙烯酮反应形成中间体，再与 3-氨基-4,4,4-三氟甲基酯类化合物加成后重排得到 2-羟基-4,6-二(三氟甲基)-5-吡啶羧酸酯 (式 6)[6]。

$$(6)$$

三氟乙酰氯与偕二氯乙烯在溴化铝的存在下反应，可以生成 2,2-二溴乙烯基三氟甲基酮 (式 7)[7,8]。

$$\underset{CF_3}{\underset{|}{Cl}}C=O + \overset{Cl}{\underset{Cl}{C}}=CH_2 \xrightarrow[75\%]{AlBr_3, FeCl_3} \underset{Br}{\overset{Br}{C}}=CH-CO-CF_3 \quad (7)$$

在路易酸的催化作用下，三氟乙酰氯可以与芳烃发生傅-克酰基化反应。如式 8 所示[9]：在二硫化碳和三氯化铝的存在下，三氟乙酰氯与苯反应生成三氟乙酰苯。

$$CF_3COCl + C_6H_6 \xrightarrow[76\%]{CS_2, AlCl_3} C_6H_5-CO-CF_3 \quad (8)$$

三氟乙酰氯可以与 Wittig 试剂在碳酸氢钠的作用下发生反应，得到产物氟代三氟乙酰乙酸乙酯 (式 9)[10]。

$$CF_3COCl + Bu_3P=C(F)-CO_2Et \xrightarrow[60\%]{NaHCO_3} F_3C-CO-CHF-CO-OEt \quad (9)$$

参 考 文 献

[1] Shaaban, S.; Tona, V.; Peng, B.; Maulide, N. *Angew. Chem., Int. Ed.* **2017**, *56*, 10938.

[2] Helen, M.; Marsden, K. Y.; Jeanne, M. S. *Inorg. Chem.* **1983**, *22*, 1202.

[3] Arthur, G.; Anderson, J.; Ernest, R. D. *J. Am. Chem. Soc.* **1985**, *107*, 1896.

[4] Shirley, K. T. Y.; John B. G. *Anal. Chem.* **1989**, *61*, 1260.

[5] Kleinpeter, E.; Heydenreich, M.; Koch, A.; Linker, T. *Tetrahedron* **2012**, *68*, 2363.

[6] Portnoy, S. *J. Org. Chem.* **1965**, *30*, 3377.

[7] Bozhenkov, G. V.; Levkovskaya, G. G.; Mirskova, A. N. *Russ. J. Org. Chem.* **2002**, *38*, 134.

[8] Bozhenkov, G. V.; Frolov, Y. L.; Toryashinova, D. S. D.; Levkovskaya, G. G. *Russ. J. Org. Chem.* **2003**, *39*, 807.

[9] Hull, W. E.; Seeholzer, K.; Baumeister, M.; Ugi, I. *Tetrahedron* **1986**, *42*, 547.

[10] Alagappan, T.; Donald, J. B. *J. Org. Chem.* **1991**, *56*, 213.

[陈超，清华大学化学系；CC]

三氟乙酰三氟甲基磺酸酯

【英文名称】 Trifluoroacetyl trifluoromethane-sulfonate

【分子式】 $C_3F_6O_4S$

【分子量】 246.09

【CAS 登录号】 [68602-57-3]

【缩写和别名】 TFAT，三氟乙酰基三氟甲基磺酐，Trifluoroacetyl triflate, Trifluoromethylsulfonyl 2,2,2-trifluoroacetate

【结构式】

$$\underset{F}{\overset{F}{\underset{F}{\bigg|}}}C-\overset{O}{\overset{\|}{C}}-O-\overset{O}{\underset{O}{\overset{\|}{\underset{\|}{S}}}}-\overset{F}{\underset{F}{\overset{|}{C}}}F$$

【物理性质】 bp 62~63 ℃，ρ 1.818 g/cm³。

【制备和商品】 国内外化学试剂公司均有销售。可由三氟甲基磺酸与三氟乙酸反应制得[1]。

【注意事项】 吞咽会中毒。造成严重皮肤灼伤和眼损伤。储存于阴凉、通风的库房。应与氧化剂、食用化学品分开存放，切忌混储。

三氟乙酰三氟甲基磺酸酯 (TFAT) 是一种很好的酰化试剂，在有机合成中具有重要的应用[2,3]。该试剂可在大位阻碱 (如 2,6-二叔丁基-4-甲基吡啶) 的作用下产生三氟乙酰阳离子，与蒽反应生成 9-三氟乙烯蒽 (式 1)[4]。

$$CF_3CO_2Tf + \text{(anthracene)} \xrightarrow[77\%]{碱, PhH, 80\,℃} \text{(9-COCF}_3\text{ anthracene)} \quad (1)$$

TFAT 可在大位阻碱的存在下与苯酚发生反应，生成相应的三氟乙酸酯 (式 2)[5]；也可与环己酮反应，生成三氟乙酸环己烯酯 (式 3)[6]。

$$CF_3CO_2Tf + \text{(HO—)} \xrightarrow[100\%]{碱, CCl_4} \text{(—OCOCF}_3\text{)} \quad (2)$$

$$CF_3CO_2Tf + \text{(cyclohexanone)} \xrightarrow[75\%]{碱, CH_2Cl_2} \text{(—OCOCF}_3\text{)} \quad (3)$$

如式 4 所示[7]：TFAT 与氯化对甲苯硫酚在甲苯中反应，生成对甲基二苯硫醚。

$$CF_3CO_2Tf + \text{(SCl, tolyl)} \xrightarrow[36\%]{PhMe, 0\,℃} \text{(diaryl sulfide)} \quad (4)$$

TFAT 在低温下可与过量的四氢呋喃发生开环反应，生成开环产物 (式 5)[5]。

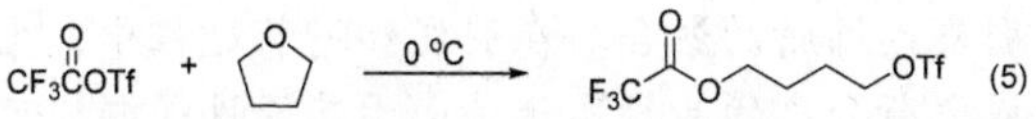

CF₃COTf 反应式：

$$CF_3COTf + \text{(THF)} \xrightarrow{0\ ^\circ C} F_3C\text{-}CO\text{-}O\text{-}(CH_2)_n\text{-}OTf \quad (5)$$

TFAT 可与氨基酸的裸露氨基发生反应生成相应的三氟乙酰胺 (式 6)[8]。

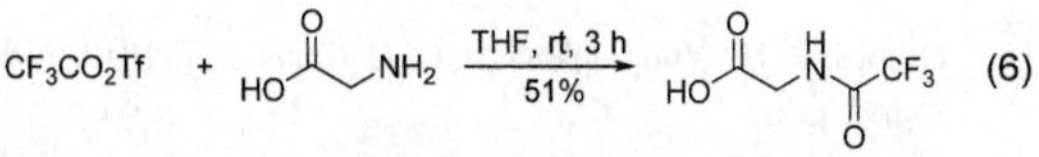

$$CF_3CO_2Tf + HO\text{-}CH_2\text{-}NH_2 \xrightarrow[51\%]{THF,\ rt,\ 3\ h} HO\text{-}CH_2\text{-}NH\text{-}CO\text{-}CF_3 \quad (6)$$

在 β-二甲基疏基丙酸内盐 (DMSP) 的作用下，TFTA 可与具有环戊酮肟结构的化合物发生酰化反应，生成相应的环戊烯酰胺 (式 7)[9]。

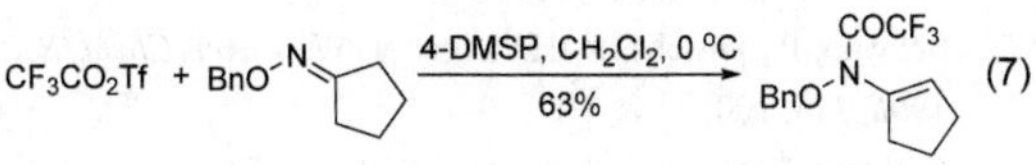

$$CF_3CO_2Tf + BnO\text{-}N\text{=}\text{(cyclopentane)} \xrightarrow[63\%]{4\text{-}DMSP,\ CH_2Cl_2,\ 0\ ^\circ C} BnO\text{-}N(COCF_3)\text{-}\text{(cyclopentene)} \quad (7)$$

TFAT 可与硫酮类化合物发生亲电加成反应，生成硫代三氟乙酰酯离子化合物 (式 8)[10]。

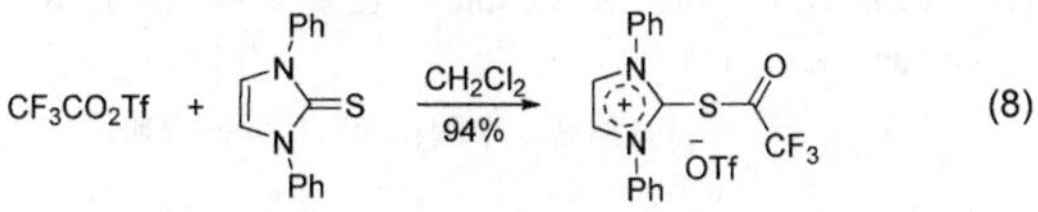

$$CF_3CO_2Tf + \text{(imidazole-2-thione, Ph)} \xrightarrow[94\%]{CH_2Cl_2} \text{(product)} \quad (8)$$

参考文献

[1] Taylor, S. L.; Forbus, T. R.; Martin, J. C. *Org. Synth.* **1986**, *64*, 217.

[2] Lee, J. S.; Fuchs, P. L. *Org. Lett.* **2003**, *5*, 3619.

[3] Michalak, R. S.; Martin, J. C. *J. Am. Chem. Soc.* **1980**, *102*, 5921.

[4] Kiselyov, A. S.; Harvey, R. G. *Tetrahedron Lett.* **1995**, *36*, 4005.

[5] Forbus, T. R.; Taylor, S. L.; Martin, S. L. *J. Org. Chem.* **1987**, *52*, 4157.

[6] Strazzolini, P.; Verardo, G.; Giumanini, A. G. *J. Org. Chem.* **1988**, *53*, 3321.

[7] Dominic, I.; RoCek, J. *J. Org. Chem.* **1979**, *44*, 313.

[8] Schmaltz.; guenther, H. *U.S. Patent* 20140100217, **2014**.

[9] Takeda, N.; Miyata, O.; Naito, T. *Eur. J. Org. Chem.* **2007**, *9*, 1491.

[10] Gil, J.; Simon, M. M.; Mancha, G.; Asensio, G. *Eur. J. Org. Chem.* **2005**, *8*, 1561.

[陈超，清华大学化学系；CC]

三环己基膦

【英文名称】 Tricyclohexylphosphine

【分子式】 C₁₈H₃₃P

【分子量】 280.43

【CAS 登录号】 [2622-14-2]

【缩写和别名】 PCy₃

【结构式】

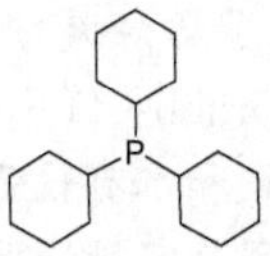

【物理性质】 白色晶体。mp 81~83 ℃，bp 110 ℃，ρ 0.909 g/cm³。溶于大多数有机溶剂，不溶于水。

【制备和商品】 国内外试剂公司均有销售。

【注意事项】 吞食有害。刺激眼睛、呼吸系统和皮肤。不慎与眼睛接触后，请立即用大量清水冲洗并征求医生意见。使用时应佩戴适当的手套和护目镜或面具。需低温密封保存。

三环己基膦是具有结构式 P(C₆H₁₁)₃ 的叔膦。通常作为金属有机化学中的配体用于 Buchwald、Suzuki 等偶联反应中[1]，或用作有机催化剂。通常缩写为 PCy₃，其中 Cy 代表环己基。其特征是具有高碱度 (pK_a = 9.7)[2]和大的配体，其锥角为 170°[3]。

三环己基膦常用的制备方法有：(1) 使用三氯化磷和环己基溴化镁反应[4]；(2) 用铌催化 PPh₃ 氢化 (式 1)[5]。

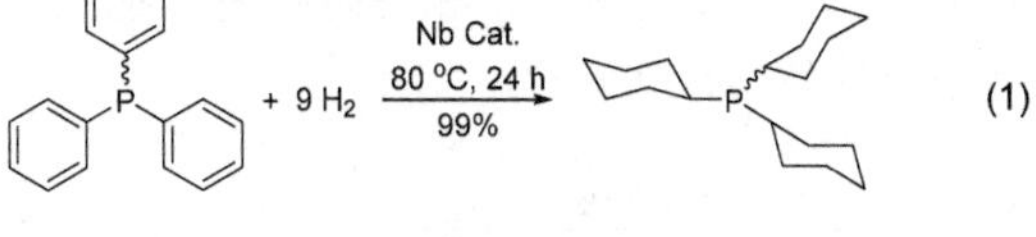

$$\text{PPh}_3 + 9\ H_2 \xrightarrow[99\%]{Nb\ Cat.\ 80\ ^\circ C,\ 24\ h} \text{PCy}_3 \quad (1)$$

目前也较多采用还原氧化膦的方法制备三环己基膦。如使用 InBr₃/TMDS 作催化剂，产率可达 99% 以上 (式 2)[6]。由于生成的三环己基膦易被氧化，因此需将其用 BH₃ 保护。

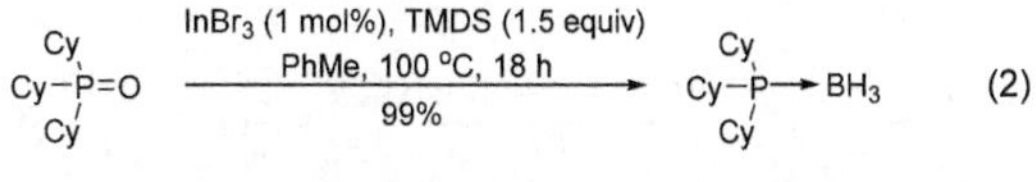

$$\text{Cy}_3\text{P=O} \xrightarrow[\substack{PhMe,\ 100\ ^\circ C,\ 18\ h \\ 99\%}]{InBr_3\ (1\ mol\%),\ TMDS\ (1.5\ equiv)} \text{Cy}_3\text{P-BH}_3 \quad (2)$$

含有 PCy₃ 配体的重要配合物包括获得 2005 年诺贝尔奖的 Grubbs 催化剂[7]和均相加氢催化剂 Crabtree 催化剂[8]，如下图所示。

Grubbs 催化剂 (1st)　　Crabtree 催化剂

三环己基膦作为配体用于 Grubbs 催化剂中，极大地推进了烯烃复分解反应的发展。1995 年第一代 Grubbs 催化剂产生 (式 3)[7]，该催化剂不仅对氧和水有较强的耐受性，而且具有良好的官能团兼容性，同时催化活性也有很大的提高。1999 年 Grubbs 等使用饱和的氮杂环卡宾取代其中的一个 PCy$_3$ 制得第二代催化剂 (式 4)[9]，该催化剂不仅保持了第一代催化剂的优点，同时提高了其热稳定性及催化活性。在关环复分解反应中，该催化剂的使用量只需 0.05 mol%。而在开环复分解聚合反应中，只需 0.0001 mol%。

三环己基膦可作为配体用于 Crabtree 催化剂中。Crabtree 催化剂是一种取用很方便的离子型配体。该催化剂作为均相还原催化剂使用，优于 Wilkinson 催化剂，对还原较困难的四取代的烯烃也能实现均相催化还原 (式 5)[8]。同时如果底物中含有导向基团，也能进行导向性的选择性还原。

三环己基膦还可作为配体合成钯催化剂，用于氯代芳烃的高效 Suzuki 交叉偶联反应中 (式 6)[10]。

三环己基膦中心磷原子上有未共用的电子对，也可用作引发剂。如作为中性亲核试剂，引发丙烯腈的聚合。在引发和增长过程中，生成电荷分离的两性离子。由于其活性很弱，可以在较温和的条件下引发活泼单体聚合[11]。

参考文献

[1] Grubbs, R. H.; Vougioukalakis, G. C. *Chem. Rev.* **2010**, *110*, 1746.

[2] Streuli, C. A. *Analyt. Chem.* **1960**, *32*, 985.

[3] Bush, R.C.; Angelici, R. J. *Inorg. Chem.* **1988**, *27*, 681.

[4] Issleib, V. K.; Brack, A. *Z. Anorg. Allg. Chem.* **1954**, *277*, 258.

[5] Yu, J. S.; Rothwell, I. P. *J. Chem. Soc. Chem. Comm.* **1992**, *8*, 632.

[6] Pehlivana, L.; Métaya, E.; Delbrayelleb, D.; et al. *Tetrahedron.*, **2012**, *68*, 3151.

[7] Schwab, P.; Grubbs, R. H.; Ziller, J. W. *J. Am. Chem. Soc.* **1996**, *118*, 100.

[8] Crabtree, R. H. *Acc. Chem. Res.* **1979**, *12*, 331.

[9] Scholl, M.; Lee, C. W.; Grubbs, R. H. *Org. Lett.* **1999**, *1*, 953.

[10] Gong, J. F.; Liu, G. Y.; Du, C. X.; et al. *J. Org. Chem.* **2005**, *690*, 3963.

[11] Sehaper, F.; Foley, S. R.; Jordan, R. F. *J. Am. Chem. Soc.* **2004**, *126*, 2114.

[张然荻，中国科学院化学研究所；XCJ]

三环戊基膦

【英文名称】 Tricyclopentylphosphine

【分子式】 C$_{15}$H$_{27}$P

【分子量】 238.35

【CAS 登录号】 [7650-88-6]

【结构式】

【物理性质】 白色固体，ρ 0.986 g/cm^3，闪点 210 ℃。

【制备和商品】 国内外大型试剂公司均有销售。

【注意事项】 本品对空气敏感，应在惰性气体中低温保存。在通风橱中操作，并佩戴相应的防护用具。

三环戊基膦 (PCp$_3$) 是一种膦配体，可用于过渡金属催化的交叉偶联反应中[1]。同时该试剂能与多种过渡金属反应合成过渡金属配合物[2~4]。

在钯催化的 Negishi 反应中，三环戊基膦可用作配体。如式 1 所示[1]：在钯催化剂、三环戊基膦和 N-甲基咪唑 (NMI) 的存在下，有机锌试剂与卤代烃反应，可以较高产率得到偶联产物 (式 1)。

$$
\text{(1)} \quad \xrightarrow[\text{NMI, THF/NMP}]{\text{Pd}_2(\text{dba})_3, \text{PCp}_3} \quad \underset{80\ ^\circ\text{C, 14 h}}{\underset{83\%}{}}
$$

三环戊基膦与过渡金属反应，可制备过渡金属配合物。氯化钴(Ⅱ) 与三环戊基膦在室温下反应，可合成钴配合物 CoCl$_2$(PCp$_3$)$_2$ (式 2)[2]。

$$
\text{CoCl}_2 + \text{PCp}_3 \xrightarrow[82.1\%]{\text{EtOH, rt, 24 h}} \text{CoCl}_2(\text{PCp}_3)_2 \quad (2)
$$

三环戊基膦与镍反应也可生成配合物 (式 3)[5]。该配合物已证明是镍试剂催化卤代烃与二氧化碳发生羧基化反应形成的中间体。

$$
\text{(3)}
$$

在镍催化的环加成反应中，三环戊基膦也被用作配体。如式 4 所示[6]：在 Ni(cod)$_2$ 的催化下，以三环戊基膦为配体，烯烃和炔烃 (摩尔比为 2:1) 在室温可发生 [2+2+2] 环加成反应。该反应具有很好的区域选择性和立体选择性。

$$
\text{(4)}
$$

三环戊基膦与叠氮化合物也能发生反应，释放出氮气，并生成相应的亚胺 (式 5)[7]。

$$
\text{(5)}
$$

参 考 文 献

[1] Zhou, J. R.; Fu, G. C. *J. Am. Chem. Soc.* **2003**, *125*, 12527.

[2] Ricci, G.; Forni, A.; Boglia, A.; Motta, T. *J. Mol. Catal.* **2005**, *226*, 235.

[3] Grellier, M.; Vendier, L.; Chaudret, B.; et al. *J. Am. Chem. Soc.* **2005**, *127*, 17592.

[4] Gloaguen, Y.; Bénac-Lestrille, G.; Vendier, L.; et al. *Organometallics* **2013**, *32*, 4868.

[5] León, T.; Correa, A.; Martin, R. *J. Am. Chem. Soc.* **2013**, *135*, 1221.

[6] Ogoshi, S.; Nishimura, A.; Ohashi, M. *Org. Lett.* **2010**, *12*, 3450.

[7] Beaufort, L.; Delaude, L.; Noels, A. F. *Tetrahedron* **2007**, *63*, 7003.

[张皓，付华*，清华大学化学系；FH]

2-(三甲基硅基)苯基三氟甲基磺酸酯

【英文名称】 2-(Trimethylsilyl)phenyl triflate

【分子式】 C$_{10}$H$_{13}$F$_3$O$_3$SSi

【分子量】 298.35

【CAS 登录号】 [88284-48-4]

【缩写和别名】 2-(Trimethylsilyl)phenyltrifluoromethane-sulfona，(Trimethylsilyl)phenyl triflate

【结构式】

【物理性质】 液体, bp 70 ℃/2 mmHg, n_D^{20} 1.456, ρ 1.229 g/cm^3 (25 ℃)。

【制备和商品】 国内外化学试剂公司有售。

【注意事项】 该试剂是一种比较稳定的液体，与含氟试剂、氢氧化物以及醇盐不能共存 (特别是在加热的条件下)。

2-(三甲基硅基)苯基三氟甲基磺酸酯是一种非常好的苯炔前体。该试剂在氟试剂的作用下碳-硅键发生断裂，继而三氟甲基磺酸基离去形成苯炔 (式 1)[1]。这种方法条件温和，避免了强碱的使用。其它反应试剂可与该试剂产生

的苯炔发生对苯炔三键的加成，接着发生后续一系列反应。

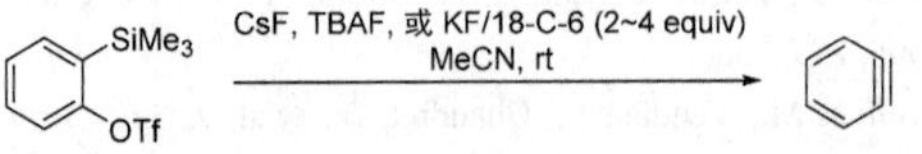

$$\text{(1)}$$

多环芳烃的制备 2-(三甲基硅基)苯基三氟甲基磺酸酯在氟试剂的作用下很容易生成苯炔，而苯炔试剂在零价钯催化剂的作用下可以发生 [2+2+2] 三聚[2]或与芳基碘试剂[3]反应生成三亚苯 (式 2)。带有取代基的苯炔前体或者芳基碘化物经该方法可以容易地制备出带有取代基的三亚苯。

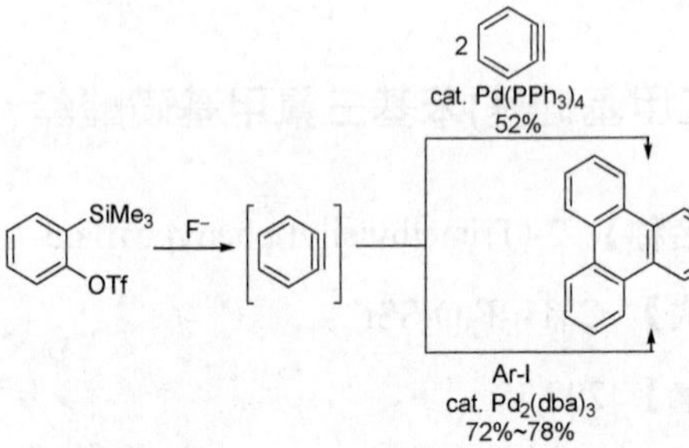

$$\text{(2)}$$

该试剂与带有吸电子取代基的烯烃[4]、烯丙基氯化物或炔烃[5]可以制备出 9-位取代的或者是 9,10-位双取代的菲衍生物 (式 3~式 5)。而萘的衍生物也可以通过类似的方法制备[5]。

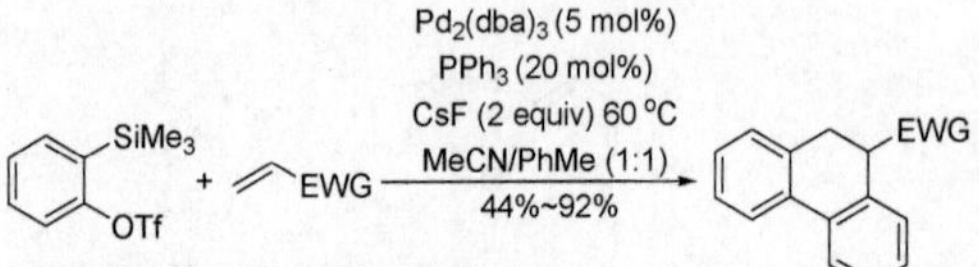

$$\text{(3)}$$

EWG = CO_2Me, CN, COMe, SO_2Me

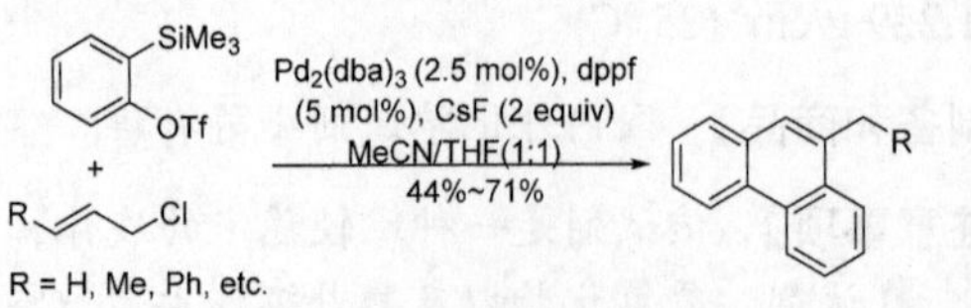

$$\text{(4)}$$

R = H, Me, Ph, etc.

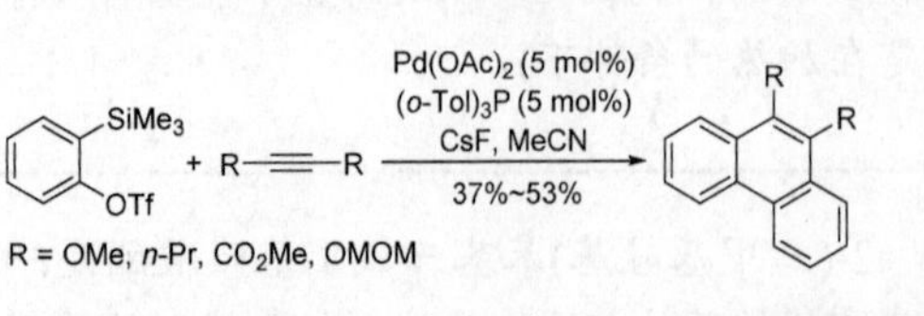

$$\text{(5)}$$

R = OMe, n-Pr, CO_2Me, OMOM

环加成反应 苯炔作为一种不饱和的物种，容易发生环加成反应，从而可以制备稠环芳烃。这种构建多芳烃的方法在天然产物合成中得到了很好的应用。而常见的反应试剂为二

烯 (即 Diels-Alder 反应)[6](式 6)[6a]和 1,3-偶极化合物[7](式 7)[7a]。2-(三甲基硅基)苯基三氟甲基磺酸酯在氟试剂的作用下产生苯炔之后与双烯反应，如果反应试剂具有手性结构，则该反应具有很好的非对映选择性 (式 8)。

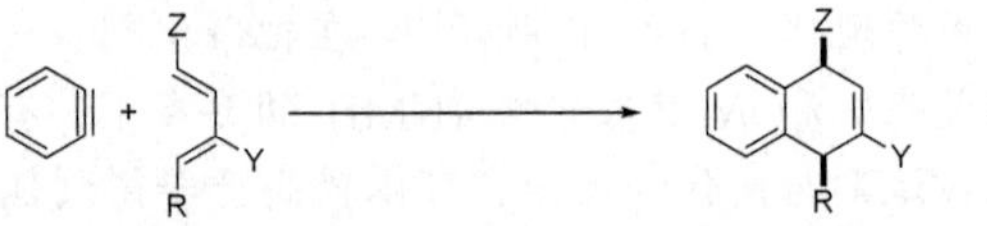

$$\text{(6)}$$

R = 烷基，芳基
Y = 非烷基
Z = e.g. CO_2R, $CONR_2$
     OR, COX^* (X^* = 手性助剂)
>70%
dr >19:1
(当 X^* = Oppolzer's sultam 时)

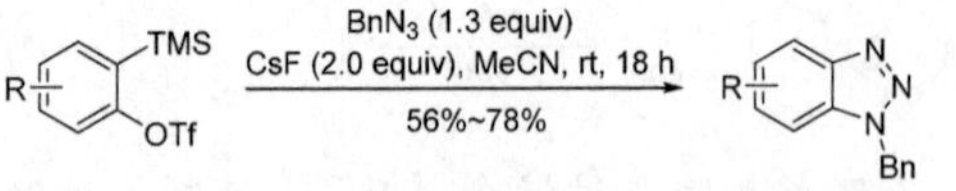

$$\text{(7)}$$

R = 4,5-Me$_2$, 4,5-(OMe)$_2$, 4,5-F$_2$, 3-OMe

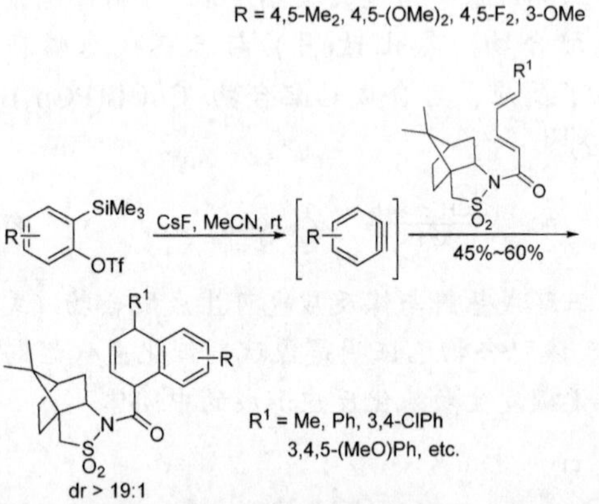

$$\text{(8)}$$

R^1 = Me, Ph, 3,4-ClPh
3,4,5-(MeO)Ph, etc.
dr > 19:1

芳基化反应 目前已经有不少报道表明苯炔可以作为一个很好的亲电试剂，继而与各种带负电荷的物种发生反应。由 2-(三甲基硅基)苯基三氟甲基磺酸酯在氟试剂条件下生成的苯炔试剂可以和苯胺、苯甲醚、茴香硫醚、苯酚、羧酸 (式 9)[8]或活泼亚甲基 (式 10)[9,10]等亲核试剂反应，获得杂原子或者碳原子芳基化的产物。并且该反应条件温和，产率高。

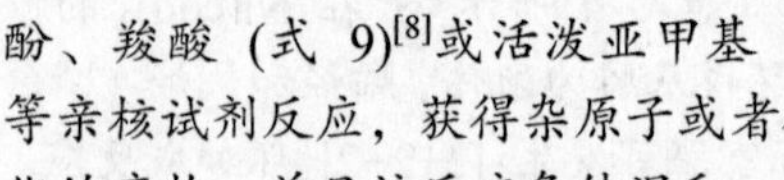

$$\text{(9)}$$

Nu = NR_2, HNR, $ArSO_2NR$,
     OAr, O_2CAr, SAr

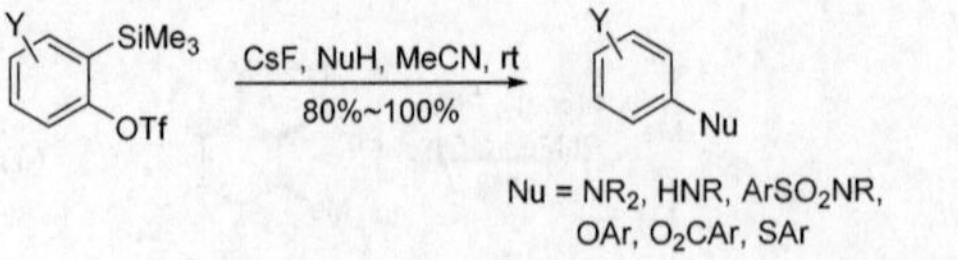

$$\text{(10)}$$

R^1 = Me, Et, n-Pr, Ph, etc.
R^2 = Me, Et, etc.

杂环芳烃以及苯并杂环的制备 基于苯炔

是个优良的亲电试剂，通过对杂原子的芳基化反应，可以很好地构建杂环芳烃或苯并杂环芳烃。9-噻吨酮、呫吨酮、吖啶酮等分别可以通过苯炔与硫代水杨酸酯、2-甲基氨基水杨酸酯和水杨酸酯反应获得 (式 11)[11]。

$$Y = O: 35\%\sim81\%$$
$$Y = S: 40\%\sim64\%$$
$$Y = N: 27\%\sim72\%$$

Y = O, NMe, S
R^1 = H, OMe, 5-COMe, 5-F, 5-Br, 5-Ph, etc.
R^2 = 2-OMe, 2-Me, 2,3-OMe, etc.

此外，结合最近几年兴起的氟化学学科，该试剂凭借其良好的亲电性能，被很好地应用于三氟甲基化以及单氟化领域 (式 12 和式 13)[12]。

R = Me, OMe, Ph, etc.

R = Me, OMe, Ph, OTf, etc.

C—H 键的活化反应 相对于炔烃，苯炔具有更强的反应活性，常被用于过渡金属催化的多环芳烃 (如菲[13]、芴酮[14]等衍生物) 的制备。随着碳氢键活化这一策略的诞生，炔烃经常作为一种偶联试剂[15]被应用于过渡金属催化的、具有导向基团导向的碳氢活化反应中。苯炔也被成功地用于该领域 (式 14)[16]。

R^1 = H, Me, OMe, F, Cl, etc.
R^2 = Me, Et

此外，该试剂可以与其它氨基酸酯[17]、腙[18]等含氮试剂反应构建吲哚类化合物。反应的条件温和，体现出其在合成重要杂环芳烃方面的优越性。

参 考 文 献

[1] Himeshima, Y.; Sonoda, T.; Kobayashi, H. *Chem. Lett.* **1983**, 1211.

[2] Peña, D.; Escadero, S.; Pérez, D.; Guitián, E. *Angew. Chem. Int. Ed.* **1998**, *37*, 2659.

[3] (a) Liu, Z.; Larock, R. C. *J. Org. Chem.* **2007**, *72*, 223. (b) ThataiJayanth, T.; Cheng, C.-H. *Chem. Commun.* **2006**, 894.

[4] Quintana, I.; Boersma, A. J.; Peña, D.; et al. *Org. Lett.* **2006**, *8*, 3347.

[5] Yoshikawa, E.; Radhakrishnan, K.V.; Yamamoto, Y. *J. Am. Chem. Soc.* **2000**, *122*, 7280.

[6] (a) Dockendorff, C.; Sahli, S.; Olsen, M.; et al. *J. Am. Chem. Soc.* **2005**, *127*, 15028. (b) Webster, R.; Lautens, M. *Org. Lett.* **2009**, *11*, 4688.

[7] (a) Shi, F.; Waldo, J. P.; Chen, Y.; Larock, R. C. *Org. Lett.* **2008**, *10*, 2409. (b) Chandrasekhar, S.; Seenaiah, M.; Rao, C. L.; Reddy, C. R. *Tetrahedron* **2008**, *64*, 11325. (c) Kitamura, T. *Aust. J. Chem.* **2010**, *63*, 987.

[8] Liu, Z.; Larock, R. C. *J. Org. Chem.* **2006**, *71*, 3198.

[9] Tambar, U. K.; Stoltz, B. M. *J. Am. Chem. Soc.* **2005**, *127*, 5340.

[10] Yoshida, H.; Watanabe, M.; Ohshita, J.; Kunai, A. *Chem. Commun.* **2005**, 3292.

[11] Zhao, J.; Larock, R. C. *J. Org. Chem.* **2007**, *72*, 583.

[12] (a) Yu, Z.; Guang, L.; Jin, H. *J. Am. Chem. Soc.* **2013**, *135*, 2955. (b) Zeng, Y.; Li, G.; Hu, J. *Angew. Chem.* **2015**, *127*, 10923.

[13] (a) Peña, D.; Pérez, D.; Guitián, E.; Castedo, L. *J. Am. Chem. Soc.* **1999**, *121*, 5827. (b) Liu, Z.; Larock, R. C. *J. Org. Chem.* **2007**, *72*, 223. (c) Radhakrishnan, K. V.; Yoshikawa, E.; Yamamoto, Y. *Tetrahedron Lett.* **1999**, *40*, 7533. (d) Yoshikawa, E.; Radhakrishnan, K. V.; Yamamoto, Y. *J. Am. Chem. Soc.* **2000**, *122*, 7280.

[14] (a) Peña, D.; Pérez, D.; Guitián, E.; Castedo, L. *Eur. J. Org. Chem.* **2003**, 1238. (b) Zhang, X.; Larock, R. C. *Org. Lett.* **2005**, *7*, 3973. (c) Huang, X.; Sha, F.; Tong, J. *Adv. Synth. Catal.* **2010**, *352*, 379. (d) Patel, R. M.; Argade, N. P. *Org. Lett.* **2013**, *15*, 14.

[15] (a) Guimond, N.; Fagnou, K. *J. Am. Chem. Soc.* **2009**, *131*, 12050. (b) Guimond, N.; Gouliaras, C.; Fagnou, K. *J. Am. Chem. Soc.* **2010**, *132*, 6908. (c) Li, B.; Wang, N.; Liang, Y.; et al. *Org. Lett.* **2013**, *15*, 136. (d) Shi, Z.; Zhang, C.; Li, S.; et al. *Angew. Chem. Int. Ed.* **2009**, *48*, 4572.

[16] Tang, C.; Wu, X.; Sha, F.; et al. *Tetrahedron Lett.* **2014**, *55*, 1036-1039.

[17] Okuma, K.; Matsunaga, N.; Nagahora, N.; et al. *Chem. Commun.* **2011**, *47*, 5822.

[18] McAusland, D.; Seo, S.; Pintori, G. D.; et al. *Org. Lett.* **2011**, *14*, 3667.

[包瑞鹏，王东辉*，中国科学院上海有机化学研究所；WXY]

三甲基锍甲基硫酸盐

【英文名称】 Trimethylsulfonium methyl sulfate

【分子式】 $C_4H_{12}O_4S_2$

【分子量】 188.27

【CAS 登录号】 [2181-44-4]

【缩写和别名】 $(CH_3)_3SSO_4CH_3$

【结构式】

$$H_3C - \overset{+}{\underset{CH_3}{\overset{CH_3}{S}}} \quad \overset{O}{\underset{O}{\overset{||}{S}}} - O - CH_3$$

【物理性质】 白色晶状固体，mp 92~94 ℃。

【制备和商品】 国内外试剂公司均有销售。常用的制备方法是将二甲硫醚与硫酸二甲酯在丙酮中室温反应 (式 1)[1]，用冰水冷却，4~5 h 后有白色晶体析出。

$$H_3C-S-CH_3 + MeO-\overset{O}{\underset{O}{\overset{||}{S}}}-OMe \xrightarrow[70\%\sim75\%]{\text{MeCOMe} \atop \text{rt, 4~5 h}} H_3C-\overset{+}{\underset{CH_3}{\overset{CH_3}{S}}} \quad \overset{O}{\underset{O}{\overset{||}{S}}}-O-CH_3 \quad (1)$$

【注意事项】 吞食有害。刺激眼睛、呼吸系统和皮肤。不慎与眼睛接触后，请立即用大量清水冲洗并及时就医。使用时应穿防护服装，戴适当的手套和护目镜或面具。

三甲基锍甲基硫酸盐与碱反应生成硫叶立德，可广泛应用于有机合成反应中。可以作为醛和酮的亚甲基化反应的有效试剂来生成环氧化物。

在碱性条件下，三甲基锍甲基硫酸盐作为亚甲基转移试剂使醛和酮生成环氧化物 (式 2)[1]或者是环氮化物 (式 3)[1]。但是生成氮杂环丙烷的反应由于伴随很多副产物，并且 R 取代基局限于苯基，因此产率很低，应用范围比较窄。

$$H_3C-\overset{+}{\underset{CH_3}{\overset{CH_3}{S}}} \quad \overset{O}{\underset{O}{\overset{||}{S}}}-O-CH_3 + \overset{O}{\underset{R'}{\overset{||}{R}}} \xrightarrow[\text{CH}_2\text{Cl}_2]{\text{50\% NaOH}} \overset{R'}{\underset{R}{\overset{}{C}}}\overset{O}{\underset{H}{\overset{}{\underset{H}{C}}}} \quad (2)$$

$$\overset{H}{\underset{R}{\overset{}{C}}}=N-R^1 \xrightarrow[(CH_3)_3SSO_4CH_3]{\text{KOH, DME}} \overset{R}{\underset{H}{\overset{}{\underset{N}{\underset{R^1}{C}}}}}\overset{H}{\overset{}{\underset{H}{C}}} + \overset{}{\underset{C}{\overset{}{}}}=N-R^1 \quad (3)$$

生成环氧化物的应用很广泛，例如异丁烯醛在三甲基锍甲基硫酸盐和碱的作用下可以生成 3,4-环氧-2-甲基-1-丁烯 (式 4)[2]。生成的环氧化物也可以进一步应用于全合成中 (式 5)[3]。这一过程是三甲基锍甲基硫酸盐在碱的作用下生成硫叶立德结构，与酮进一步反应生成环氧化物 (式 6)[4]。

$$\overset{O}{\underset{}{\overset{}{}}} \xrightarrow[55\%]{\text{NaOH, (CH}_3)_3SSO_4CH_3, CH_2Cl_2, rt, 4 h} \overset{}{\underset{}{\overset{}{}}} \quad (4)$$

$$\text{(式 5)} \quad (5)$$

$$Me_3\overset{+}{S}MeSO_4^- \xrightarrow{\text{KOH}} Me_2\overset{-}{\overset{+}{S}}CH_2 + MeSO_4K + H_2O \quad (6)$$

生成的硫叶立德结构可以发生 Johnson-Corey-Chaykovsky 反应生成环氧化物、氮杂环丙烷以及环丙烷，该硫叶立德也被称为 Corey-Chaykovsky 试剂。通过这种方法合成环氧化物是烯烃传统环氧化反应的一个重要的逆合成替代物。

硫叶立德与醛或酮反应生成环氧化物 (式 7)[5]。与亚胺反应可以生成氮杂环丙烷 (式 8)[6]。虽然应用不广泛，但是底物的普适性与生成环氧化物的类似。

$$\overset{CHO}{\underset{}{\overset{}{}}} + \overset{-}{C}H_2-\overset{+}{S}Me_2 \xrightarrow[56\%]{\text{THF, 55 ℃, 2.5 h}} \overset{O}{\underset{}{\overset{}{}}} \quad (7)$$

$$Ph\overset{}{\underset{}{\overset{}{}}}N^{Ph} + \overset{-}{C}H_2-\overset{+}{S}Me_2 \xrightarrow[66\%]{\text{DMSO, rt, 1 h, 60 ℃, 2 h}} \overset{Ph}{\underset{Ph}{\overset{N}{}}} \quad (8)$$

硫叶立德还可以与乙烯基叠氮化物反应生成乙烯基三唑啉，通过快速真空热解可以进一步转化生成乙烯基氮杂环丙烷 (式 9)[7]。

$$Bu\overset{}{\underset{}{\overset{}{}}}N_3 \quad \overset{-}{C}H_2-\overset{+}{S}Me_2 \longrightarrow Bu\overset{}{\underset{}{\overset{}{}}}\overset{}{\underset{N-N}{\overset{N}{}}} \xrightarrow[90\%]{250 ℃} Bu\overset{}{\underset{}{\overset{}{}}}N \quad (9)$$

三甲基碘化锍在强碱作用下也可以生成上述硫叶立德结构，原位加入过量的亚甲基转移试剂将羰基转化为环氧化物[8]。与银盐在水中反应可以生成二硝酰胺 (式 10)[9]。

$$Me_3SI + \begin{matrix} [Ag(NCCH_3)][N(NO_2)_2] \\ \text{或} \\ [Ag(py_2)][N(NO_2)_2] \end{matrix} \xrightarrow[]{H_2O, rt, 6 h} [Me_3S][N(NO_2)_2] \quad (10)$$

参 考 文 献

[1] Mosset, P.; Greé, R. Synth. Commun. 1985, 15, 749.

[2] Muñoz, L; Guerrero, A. Synthesis 2012, 44, 862.

[3] Guerrero-Vásquez, G. A.; Chinchilla, N.; Molinillo, J. G.; Macías, F. A. J. Nat. Prod. 2014, 77, 2029.

[4] Forrester, J.; Jones, R. V. H.; Preston, P. N.; Simpson, E. S. C. J. Chem. Soc., Perkin Trans. 1 1999, 3333.

[5] Corey, E. J.; Chaykovsky, M. J. Am. Chem. Soc. 1965, 87, 1353.

[6] Gao, K.; Paira, R.; Yoshikai, N. Adv. Syn. Catal. 2014, 356, 1486.

[7] Smith Jr., R. H.; Wladkowski, B. D.; Taylor, J. E.; et al. J. Org. Chem. 1993, 58, 2097.

[8] Rosenberger, M.; Jackson, W.; Saucy, G. Helv. Chim. Acta 1980, 63, 1665.

[9] Klapötke, T. M.; Krumm, B.; Scherr, M. Eur. J. Inorg. Chem. 2008, 4413.

[索泓一，中国科学院化学研究所；XCJ]

三甲基氯化锡

【英文名称】 Trimethyltin chloride

【分子式】 C_3H_9ClSn

【分子量】 199.27

【CAS 登录号】 [1066-45-1]

【缩写和别名】 Trimethylchlorotin，Chloro(trimethyl)stannane，Trimethylstannanylium chloride

【结构式】

$$\begin{matrix} & Me & \\ & | & \\ Me & - Sn - & Cl \\ & | & \\ & Me & \end{matrix}$$

【物理性质】 无色针状结晶。mp 36~38 ℃，bp 152~153 ℃。具有刺激性气味，能与等摩尔量的吡啶和胺形成复合物。其水溶液呈酸性，乙醇溶液具有弱导电性。该化合物常温下能挥发，其挥发速度比二甲基锡和四甲基锡的快。

【制备和商品】 国内外试剂公司均有销售。可由四甲基锡与氯化汞反应生成粗品，再经精馏

后得到成品。

【注意事项】 对人体具有高毒性，中毒的早期症状是身体乏力，伴随阵发性头痛、耳鸣、记忆障碍等。重度中毒者可出现幻觉、躁狂及行为异常，甚至昏迷、死亡。

三甲基锡 (Me_3SnCl, TMT) 化合物具有很高的毒性，曾被用作化学消毒剂和杀菌灭虫剂。通常，引起中毒的 TMT 主要来源于那些用作塑料稳定剂的甲基锡化合物[1]。

在金属锂的作用下，三甲基氯化锡可以生成六甲基二锡化合物 (式 1)[2]。

$$Me_3SnCl \xrightarrow[92\%]{Li\ (1.1\ equiv),\ THF,\ 25\sim30\ ℃,\ 2\ h} Me_3SnSnMe_3 \quad (1)$$

将反应控制在锂化这一步时，生成的三甲基锂锡能和芳基锡烷反应，实现烷基与芳基的互换。该反应是一个可逆过程，可以有效地通过碱金属锂来形成碳-金属 σ-键 (式 2)[3]。

$$Me_3SnCl \xrightarrow{Li} Me_3SnLi \xrightarrow{PhSnEt_3,\ 50\ ℃} PhSnMe_2 + Et_3SnLi \quad (2)$$

将三甲基氯化锡在金属钠的液氨体系中锂化，然后再加入 1,4-二氯丁烷，可得到三甲基锡基化的烷烃 (式 3)[4]。

$$Me_3SnCl \xrightarrow[54\%]{\begin{matrix} 1.\ Na,\ NH_3(li) \\ 2.\ Cl(CH_2)_4Cl,\ Et_2O \end{matrix}} Me_3Sn-(CH_2)_4-Cl \quad (3)$$

由三甲基氯化锡生成的三甲基氯化锡锂还能与氯甲基环丙烷反应生成三甲基锡甲基环丙烷 (式 4)[5]。

$$Me_3SnCl \xrightarrow[55\%]{\begin{matrix} 1.\ Li\ (10\ equiv),\ THF \\ 2.\ \text{(图)}\ Cl\ (1\ equiv),\ rt \end{matrix}} \text{(图)}Sn(Me)_3 \quad (4)$$

(E)-2-溴-2-丁烯在锂化后，能与三甲基氯化锡发生偶联反应生成 (E)-2-三甲基锡基-2-丁烯 (式 5)[6]。

$$\text{(图)}\xrightarrow[65\%]{\begin{matrix} 1.\ ^tBuLi\ (2\ equiv),\ THF,\ -50\ ℃ \\ 2.\ Me_3SnCl\ (1\ equiv),\ rt,\ 12\ h \end{matrix}} \text{(图)} \quad (5)$$

三甲基氯化锡与炔基锂反应通过 Li-Sn 键的转化得到炔基锡烷，然后可用于进一步的

衍生化反应 (式 6)[7,8]。

$$\text{BnO—}\!\!\equiv\!\!\text{—Li} \xrightarrow[\substack{0\ ^\circ\text{C, 1 h, Ar}}]{\substack{\text{Me}_3\text{SnCl (1.1 equiv), THF} \\ -78\ ^\circ\text{C, 1 h;}}} \text{BnO—}\!\!\equiv\!\!\text{—SnMe}_3 \quad (6)$$

参 考 文 献

[1] Evans, C. J. *Industrial uses of tin chemicals* in *Chemistry of Tin*, pp 442-479, Ed. Peter J. Smith, 1998, Spring Netherlands.

[2] Koldobskii, A. B.; Solodova, E. V.; Verteletskii, P. V.; et al. *Tetrahedron* 2010, 66, 9589.

[3] Mochida, K. *Bull. Chem. Soc. Jpn.* 1987, 60, 3299.

[4] Miyamoto, K.; Suzuki, M.; Suefuji, T.; Ochiai, M. *Eur. J. Org. Chem.* 2013, 18, 3662.

[5] Lucke, A. J.; Young, D. J. *J. Org. Chem.* 2005, 70, 3579.

[6] Cochran, J. C.; Prindle, V.; Young, H. A.; et al. *Synth. React. Inorg. Met.-Org. Chem.* 2002, 32, 885.

[7] Sohrab, K.; Koushik, V.; Olivier, B.; et al. *Chem. Eur. J.* 2004, 10, 4872.

[8] Miyamoto, K.; Suzuki, M.; Suefuji, T.; Ochiai, M. *Eur. J. Org. Chem.* 2013, 2013, 3662.

[陈俊杰，陈超*，清华大学化学系；CC]

三甲基溴硅烷

【英文名称】 Bromotrimethylsilane

【分子式】 C_3H_9BrSi

【分子量】 153.09

【CAS 登录号】 [2857-97-8]

【缩写和别名】 TMSBr，TMBS，溴甲基硅烷，溴代甲基硅烷

【结构式】

【物理性质】 无色液体，mp $-43\ ^\circ\text{C}$，bp $79\ ^\circ\text{C}$，$\rho\ 1.16\ \text{g/cm}^3$。溶于苯、乙醚、四氯乙烯，遇水分解。

【制备和商品】 试剂公司均有销售。可在低温下，用四溴化硅与甲基锂试剂或格氏试剂，通过亲核取代反应进行制备 (式 1)[1]。

$$\text{SiBr}_4 + 3\ \text{CH}_3\text{MgX} \longrightarrow (\text{CH}_3)_3\text{SiBr} + 3\ \text{MgXBr} \quad (1)$$

【注意事项】 该试剂具有强烈的刺激性气味，在空气中冒白烟，具有腐蚀性。遇水分解，一般在干燥的无水体系中使用。在通风橱中进行操作，在冰箱中储存。

三甲基溴硅烷 (TMBS) 是一种常用的硅烷化试剂，反应活性高于三甲基氯硅烷。TMBS 还常用于催化醚或膦酸酯等键的裂解[2]，可用作多肽合成中的去保护试剂[3]。在一些反应中，TMBS 还可以作为溴源。

在不同溶剂中，使用催化量的 TMBS 就可以快速、高效、选择性地脱除各种 (一级、二级及芳基等) 硅醚保护基 (如 TBS、TIPS、TBDPS 等)。

在 TMBS 的催化下，含双叔丁基二甲基硅醚基 (TBS, *tert*-butyldimethylsilyl) 的化合物在 10 min 内即可脱除保护基，得到邻二醇 (式 2)[4]。

在 InBr_3 的催化下，利用 TMBS 作为溴源，γ-溴代高烯丙醇与环己基甲醛发生 Prins 环化反应，可立体选择性地构建 3,4-顺式邻二溴取代的四氢吡喃环类化合物 (式 3)[5]。

在 In(OTf)_3 的催化下，含丙二烯结构的醇类化合物也可以发生类似反应，高立体选择性地生成 2,6-反式取代的二氢吡喃环状化合物 (式 4)[6]。

在乙酰丙酮铁和 TMBS 的作用下，炔丙醇可以与醛类化合物反应生成六元杂环 (式 5)[7]。

$$(5)$$

在 SnBr$_4$ 的催化下，使用 TMBS 作为溴源，高烯丙基醇化合物与邻硝基苯甲醛发生 Prins 环化反应，可生成立体结构单一的含四氢呋喃环结构的产物 (式 6)[8]。

$$(6)$$

TMBS 可用于吡咯环的氧化偶联反应中，用于合成 2,2'-双吡咯或 2,3'-双吡咯类化合物。在高价碘试剂苯基碘(Ⅲ)双(三氟乙酸) (PIFA) 和 TMBS 的催化下，两分子的吡咯偶联得到联二吡咯 (式 7)[9]。

$$(7)$$

TMBS 与 H-亚磷酸二乙酯反应，生成的 H-亚磷酸三甲基硅醚化合物可与手性 Schiff 碱发生加成反应，进而水解为相应的手性单磷酸化合物 (式 8)[10]。

$$(8)$$

R = 双(环戊二烯)铁(II)

参 考 文 献

[1] Collins, W. *Silicon Compounds, Silicon Halides.* In *Kirk-Othmer Encyclopedia of Chemical Technology.* John Wiley & Sons: New York, 2001.

[2] Friedrich, E. C.; DeLucca, G. *J. Org. Chem.* **1983**, *48*, 1678.

[3] Hughes, J. L.; Leopold, E. J. *Tetrahedron Lett.* **1993**, *48*, 7713.

[4] Shah, S. T. A.; Giury, P. J. *Org. Biomol. Chem.* **2008**, *6*, 2168.

[5] Liu, F.; Loh, T. P. *Org. Lett.* **2007**, *9*, 2063.

[6] Hu, X. H.; Liu, F.; Loh, T. P. *Org. Lett.* **2009**, *11*, 1741.

[7] Miranda, P. O.; Carballo, R. M.; Martín, V. S.; Padron, J. I. *Org. Lett.* **2009**, *11*, 357.

[8] Spivey, A. C.; Laraia, L.; Bayly, A. R.; et al. *Org. Lett.* **2010**,

12, 900.

[9] Dohi, T.; Morimoto, K.; Maruyama, A.; Kita, Y. *Org. Lett.* **2006**, *8*, 2007.

[10] Lewkowski, J.; Karpowicz, R. *Heteroatom Chem.* **2010**, *21*, 326.

[武金丹，巨勇*，清华大学化学系；JY]

三聚氯氰

【英文名称】 Cyanuric chloride

【分子式】 C$_3$Cl$_3$N$_3$

【分子量】 184.41

【CAS 登录号】 [108-77-0]

【缩写和别名】 CC，TCT

【结构式】

【物理性质】 白色晶体，mp 146 ℃，bp 190 ℃ / 720 mmHg，ρ 1.32 g/cm^3。在空气中不稳定，具有挥发性和刺激性。溶于苯、热乙醚、丙酮、乙腈、乙醇等有机溶剂，不溶于冷水。遇水加热以及与碱反应会迅速释放出氯化氢气体，生成三聚氰酸。

【制备和商品】 该试剂可由尿素与氯化氢直接反应制备，也可以通过无水氢氰酸与氯气在光照条件下反应。大型国际试剂公司均有销售。

【注意事项】 固体和蒸气具有强腐蚀性和毒性，在通风橱中小心操作。与强氧化剂、碱、强酸等化合物剧烈反应，需分开保存在低温干燥的地方。

三聚氯氰 (TCT) 可以看作是三聚氰酸的酰氯，其分子中三个氯原子受到 C=N 不饱和键的影响，活性增强，容易发生反应。且三个氯原子的活性差异很大，因此可以分步被 −OH、−NH$_2$、−SH、−NHR 取代，形成不同性质和用途的均三嗪衍生物。正是由于该性质，使得三聚氯氰可以与羧酸反应，将羧酸活

化进而转化成一系列羧酸衍生物。三聚氯氰与醇或者磺酸反应，可作为氯化试剂使用。该试剂也可以作为脱水试剂使酰胺转化成腈类化合物。此外，三聚氯氰可以与 DMF 反应合成 Gold 试剂；或者活化 DMSO 将其作为氧化剂使用；也可以作为催化剂或者促进剂用于其它官能团的转化。

羧酸的活化试剂 羧酸的活化通常是通过与不同的试剂反应转化成酰氯来实现的。常用的试剂有二氯亚砜和草酰氯，然而这些活化试剂和它们的副产物对官能团的容忍度不太好。1886 年 Senier 第一次提出使用羧酸的钠盐与三聚氯氰反应来制备酰氯[1]。1979 年，Venkataraman 进一步提出使用三聚氯氰来活化羧酸。在体系中，所有副产物和未反应试剂都以不溶物的形式存在 (式 1)[2]。该反应被广泛地应用于酰氯、酰胺和酯的合成中。

$$R \overset{O}{\underset{}{\longrightarrow}} OH \xrightarrow[\text{COMe}_2, \text{ rt, 3 h}]{\text{TCT, Et}_3\text{N}} R \overset{O}{\underset{}{\longrightarrow}} Cl \xrightarrow[\text{总产率 73\%~86\%}]{\text{Nu}^-, \text{ rt, 2 h}} R \overset{O}{\underset{}{\longrightarrow}} Nu \quad (1)$$

三聚氯氰作为催化剂可用于酰胺化合物的大规模生产及多肽类化合物的合成中。如式 2 所示[3]：使用羧酸金属化物与 TCT 反应，所生成的 2,4,6-三酰氧基-1,3,5-三嗪中间体再与相应的胺反应，得到酰胺化合物。该反应避免了腐蚀性酰氯或者酸酐的生成，条件温和，产物易分离。

$$\text{(式 2)} \quad (2)$$

除合成链状酰胺外，三聚氯氰也可用于内酰胺的合成。使用三聚氯氰活化取代的乙酸化合物，在三乙胺的条件下原位生成烯酮，接着与亚胺化合物发生 [2+2] 环加成得到 β 内酰胺。该反应具有中等产率，但反应的立体选择性很好，只生成顺式产物 (式 3)[4]。

$$\text{(式 3)} \quad (3)$$

使用三聚氯氰活化羧酸的方法可用于酰基叠氮和重氮酮的合成。如式 4 所示[5]：苯甲酸与三聚氯氰反应生成三嗪中间体后与叠氮化钠反应，得到了酰基叠氮化合物。对氯苯甲酸被三聚氯氰活化后与重氮甲烷反应，生成 α-羰基重氮化合物。该方法的优点在于可以在"一锅法"的条件下制备重氮酮，反应中生成的水也不用严格除去 (式 5)[6]。

$$\text{(式 4)} \quad (4)$$

$$\text{(式 5)} \quad (5)$$

使用三聚氯氰活化羧酸的方法也可用于羧酸的还原。传统的羧酸还原方法通常是使用氢化铝锂、硼氢化物或者改性硼氢化钠等催化剂进行。但这些催化剂不仅需要无水条件，而且有的还原能力太强，可能会影响分子中其它官能团。而使用三聚氯氰活化羧酸后再进行还原，分子中含有的其它酯基和受 Boc、Cbz 保护的基团均不受影响，而且反应物的立体构型在产物中得到保持 (式 6)[7]。

$$\text{(式 6)} \quad (6)$$

作为氯化剂 如式 7 和式 8 所示[8]：在合适的条件下，三聚氯氰可将磺酸或磺酸钠盐转化成相应的磺酰氯。

$$\text{(式 7)} \quad (7)$$

$$\text{(式 8)} \quad (8)$$

三聚氯氰也可以将醇转化成相应的氯化

物。如式 9 所示[9]：苄醇与 TCT 在高温下混合反应，可得到苄氯产物。该反应适用于伯醇、仲醇和叔醇的转化，且在转化过程不会出现异构现象。

$$\text{(9)}$$

然而上述方法的反应条件相对苛刻，产率不是很高，并且要使用过量的三聚氯氰来达到完全转化。另外该方法也不适合获得复杂的有机化合物 (如氨基醇的衍生物等)。如果在体系中加入 DMF，则在室温条件下即可将醇几乎定量地转化为氯代烃，将醇的用量减半则得到二取代产物。该方法温和、高效、适用范围广。如使用手性醇为底物，则在手性碳原子处会发生构型的翻转 (式 10)[10]。

$$\text{(10)}$$

该反应也可以在 DMSO 中进行，当分子中存在多种羟基时，可选择性地对苄基位的羟基进行氯化 (式 11)[11]。

$$\text{(11)}$$

合成腈类化合物 腈类化合物典型的合成方法是经由 Mitsunobu 反应来制备的。使用三聚氯氰作为脱水试剂也可以在温和条件下以较高产率将酰胺转化成腈 (式 12)[12]。烷基、芳基及杂环取代的酰胺化合物均可用于该反应 (式 13)[13]。

$$\text{(12)}$$

$$\text{(13)}$$

MTBE = 甲基叔丁基醚

该方法可以扩展到制备 N-保护的 α-氨基腈化合物。在反应过程中，底物的手性不会发生变化 (式 14)[14]。

$$\text{(14)}$$

醛肟、醇或者硫醇也可以在三聚氯氰的作用下反应得到腈化合物。如式 15 和式 16 所示[15]：在室温条件下，使用醛肟为底物的反应生成腈化合物；而酮肟在该条件下则发生 Beckmann 重排反应生成酰胺。在三聚氯氰的作用下，由醇或者硫醇可生成烷基腈。该方法非常适用于苄基醇的反应 (式 17)[16]。

$$\text{(15)}$$

$$\text{(16)}$$

$$\text{(17)}$$

合成 Gold 试剂 1960 年，Gold 发现将 DMF 与三聚氯氰以 3∶1 的比例在 1,4-二氧六环中加热，可释放出 CO_2 气体，得到 [3-(二甲氨基)-2-氮杂丙-2-烯-1-亚基]二甲氯化铵。该试剂被称为 Gold 试剂。该反应是经过 TCT/DMF 加成产物的断裂而形成的 (式 18)[17]。

$$\text{(18)}$$

一级芳香胺、甲基酮、芳香基取代酰胺与 Gold 试剂反应，分别得到 N,N-二甲基脒、N,N-二甲基烯胺酮和 N-苯甲酰基-N,N-二甲基脒 (式 19~式 21)[18]。此外，Gold 试剂也可以与肌氨酸甲酯反应生成取代的咪唑化合物 (式 22)[19]。

$$\text{(19)}$$

$$\text{(20)}$$

$$\text{(21)}$$

(22)

作为氧化反应的活化剂 三聚氯氰作为一种价格便宜、性质稳定且易处理的试剂，可以代替草酰氯或者二氯亚砜用来活化 DMSO 发生 Swern 氧化反应。通过该方法可以实现不同类型醇的氧化 (式 23 和式 24)[20]。此外，通过活化 DMSO 还可以将硫醇氧化成二硫醚化合物 (式 25)[21]。

(23)

(24)

(25)

其它反应 除上述介绍的主要反应外，三聚氯氰还有一些其它方面的应用。例如可以在微波条件下，将甲酰胺转化成一系列烷基、环烷基、苄基、芳基以及光学活性的异腈[22]。也可以在加入 DMF 的条件下选择性地对伯醇进行甲酰基化保护，该反应不适用于酚、二级或者三级苄醇、烯丙醇以及炔丙醇的保护[23]。使用 TCT/n-Bu$_4$NNO$_2$ 体系可以高效地将羟基等官能团转化成亚硝酸酯[24]；而使用 TCT/n-BuNOCN 体系则可以将羟基等官能团转化成异氰酸酯，是异氰酸酯的高效合成方法之一[25]。此外，三聚氯氰也可以应用于染料、聚合物以及超分子化学[26]等各个方面。

参 考 文 献

[1] Senier, A. *Ber.* **1886**, *19*, 310.

[2] Venkataraman, K.; Wagle, D. R. *Tetrahedron Lett.* **1979**, *20*, 3037.

[3] Rayle, H. L.; Fellmeth, L. *Org. Process Res. Dev.* **1999**, *3*, 172.

[4] Manhas, M. S.; Bose, A. K.; Khajavi, M. S. *Synthesis* **1981**, *3*, 209.

[5] Bandgar, B. P.; Pandit, S. S. *Tetrahedron Lett.* **2002**, *43*, 3413.

[6] Forbes, D. C.; Barrett, E. J.; Lewis, D. L.; Smith, M. C. *Tetrahedron Lett.* **2000**, *41*, 9943.

[7] Falorni, M.; Porcheddu, A.; Tadei, M. *Tetrahedron Lett.* **1999**, *40*, 4395.

[8] Blotny, G. *Tetrahedron Lett.* **2003**, *44*, 1499.

[9] Sandler, S. R. *J. Org. Chem.* **1970**, *55*, 3967.

[10] De Luca, L.; Giacomelli, G.; Porcheddu, A. *Org. Lett.* **2002**, *4*, 553.

[11] Sun, L.; Peng, G.; Niu, H.; et al. *Synthesis* **2008**, *24*, 3919.

[12] Olah, G. A.; Narang, S. C.; Fung, A. P.; Gupta, B. G. B. *Synthesis* **1980**, 657.

[13] Aquino, F.; Karge, R.; Pauling, H.; Bonrath, W. *Molecules* **1997**, *2*, 176.

[14] Maetz, P.; Rodriguez, M. *Tetrahedron Lett.* **1997**, *38*, 4221.

[15] De Luca, L.; Giacomelli, G.; Porcheddu, A. *J. Org. Chem.* **2002**, *67*, 6272.

[16] Akhlaghinia, B.; Roohi, E. *Lett. Org. Chem.* **2005**, *2*, 725.

[17] Gold, H. *Angew. Chem.* **1960**, *72*, 956.

[18] Gupton, J. T.; Colon, C.; Harrison, C. R.; et al. *J. Org. Chem.* **1980**, *45*, 4522.

[19] Kirchlechner, R.; Casutt, M.; Heywang, U.; Schwarz, M. W. *Synthesis* **1994**, 247.

[20] De Luca, L.; Giacomelli, G.; Porcheddu, A. *J. Org. Chem.* **2001**, *66*, 7907.

[21] Karimi, B.; Hazarkhani, H.; Zareyee, D. *Synthesis* **2002**, *17*, 2513.

[22] Porcheddu, A.; Giacomelli, G.; Salaris, M. *J. Org. Chem.* **2005**, *70*, 2361.

[23] De Luca, L.; Giacomelli, G.; Porcheddu, A. *J. Org. Chem.* **2002**, *67*, 5152.

[24] Akhlaghinia, B.; Roohi, E. *Lett. Org. Chem.* **2006**, *3*, 220.

[25] Akhlaghinia, B.; Samiei, S. *Tru. J. Chem.* **2007**, *31*, 35.

[26] Blotny, G. *Tetrahedron* **2006**, *62*, 9507.

[张建兰，清华大学化学系；HYF]

三(邻甲苯基)膦

【英文名称】 Tri-*o*-tolylphosphine

【分子式】 C$_{21}$H$_{21}$P

【分子量】 304.37

【CAS 登录号】 [6163-58-2]

【缩写和别名】 P(*o*-tolyl)$_3$

【结构式】

【物理性质】 白色固体，mp 125 °C。溶于乙醇、苯和氯仿，易溶于乙醚，不溶于水。

【制备和商品】 国内外试剂公司均有销售。可通过己烷、甲醇或 95% 乙醇重结晶来纯化。

【注意事项】 该试剂不能与强氧化剂共存。对空气相对稳定，但在溶液中可以被空气氧化。

三(邻甲苯基)膦 [P(o-tolyl)₃] 作为配体可以被用于钯催化的各种偶联反应中，包括 Heck 反应、Suzuki 偶联、Still 偶联、Hiyama 反应、Negishi 反应以及 Buchwald-Hartwig 反应等。此外，P(o-tolyl)₃ 也可用于过渡金属催化的烯炔化合物的异构化成环反应中。

生成碳-碳键的偶联反应 使用 P(o-tolyl)₃ 和钯催化剂可以很好地催化烯烃与芳基溴化物或芳基碘化物的 Heck 反应（式 1 和式 2）[1,2]。对于富电子的芳基溴化物或芳基碘化物的反应，使用 P(o-tolyl)₃ 作为配体要远远优于 PPh₃。如式 3 所示[3]：在 P(o-tolyl)₃ 的作用下，对溴苯酚与丙烯酸甲酯的 Heck 反应得到几乎定量的产率；而使用 PPh₃ 则只能得到极少量的产物。P(o-tolyl)₃ 和钯催化剂也可以很好地催化烯烃与烯基溴化物的 Heck 反应（式 4）[4]。如式 5 所示[5]：使用该体系，分子内的 Heck 反应也能够顺利进行。

如式 6 所示[6]：P(o-tolyl)₃ 和钯催化剂也能很好地催化 Suzuki 偶联反应。如式 7 所示[7]：使用 P(o-tolyl)₃ 和 Pd(OAc)₂ 催化的 Still 反应在 5 min 内即可以高产率完成。此外，在类似的条件下，烷基锌试剂与芳基碘进行的 Negishi 反应也能得到很好的结果（式 8）[8]。

$$\text{(6)}$$

$$\text{(7)}$$

$$\text{(8)}$$

生成碳-杂键的反应 使用 P(o-tolyl)₃ 和 Pd₂dba₃ 可以催化芳基溴化物或碘化物与胺进行 Buchwald-Hartwig 反应（式 9 和式 10）[9,10]。然而，在该类反应中，P(o-tolyl)₃ 逐渐被大位阻及富电子的单膦配体所取代。如式 11 所示[11]：芳基碘化物与三乙氧基硅的反应在室温即可快速完成。以 Ru₃(CO)₁₂ 为催化剂，一级胺与二级醇的脱水反应可以得到很高的产率（式 12）[12]。

$$\text{(1)}$$

$$\text{(2)}$$

$$\text{(3)}$$

$$\text{(4)}$$

$$\text{(5)}$$

$$\text{(9)}$$

$$\text{(10)}$$

$$\text{(11)}$$

$$\text{(12)}$$

烯炔化合物的成环反应 P(*o*-tolyl)₃ 也可用作烯炔化合物成环反应的配体。如式 13 所示[13]：1,6-烯炔化合物在 PtCl₂ 和 P(*o*-tolyl)₃ 的催化下可以发生异构化成环反应，得到亚甲基环戊化合物。

$$\text{(13)}$$

参 考 文 献

[1] Gao, X.; Matsuo, Y.; Snider, B. B. *Org. Lett.* **2006**, *8*, 2123.

[2] Davies, S. G.; Mujtaba, N.; Roberts, P. M.; et al. *Org. Lett.* **2009**, *11*, 1959.

[3] (a) Ziegler, C. B.; Heck, R. F. *J. Org. Chem.* **1978**, *43*, 2941. (b) Lee, J. H.; Kim, I. *J. Org. Chem.* **2013**, *78*, 1283.

[4] Kim, J.-I. I.; Patel, B. A.; Heck, R. F. *J. Org. Chem.* **1981**, *46*, 1067.

[5] Hsin, L.-W.; Chang, L.-T.; Liou, H.-L. *Synlett* **2008**, 2299.

[6] Huang, Y.; Zhu, Z.; Xiao, Y.; Laruelle, M. *Bioorg. Med. Chem. Lett.* **2005**, *15*, 4385.

[7] Koyama, H.; Siqin; Zhang, Z.; et al. *Org. Biomol. Chem.* **2011**, *9*, 4287.

[8] Kruppa, M.; Imperato, G.; König, B. *Tetrahedron* **2006**, *62*, 1360.

[9] Guram, A. S.; Buchwald, S. L. *J. Am. Chem. Soc.* **1994**, *116*, 7901.

[10] Wolfe, J. P.; Rennels, R. A.; Buchwald, S. L. *J. Org. Chem.* **1996**, *61*, 1133.

[11] Murata, M.; Suzuki, K.; Watanabe, S.; Masuda, Y. *J. Org. Chem.* **1997**, *62*, 8569.

[12] Tillack, A.; Hollmann, D.; Michalik, D.; Beller, M. *Tetrahedron Lett.* **2006**, *47*, 8881.

[13] Muñoz, M. P.; Adrio, J.; Carretero, J. C.; Echavarren, A. M. *Organometallics* **2005**, *24*, 1293.

[王歆燕，清华大学化学系；WXY]

2,2,2-三氯代亚胺逐乙酸-4-甲氧基苄酯

【英文名称】 4-Methoxybenzyl-2,2,2-trichloroacetimidate

【分子式】 $C_{10}H_{10}Cl_3NO_2$

【分子量】 282.55

【CAS 登录号】 [89238-99-3]

【缩写和别名】 2,2,2-Trichloroacetimidic acid 4-methoxybenzyl ester

【结构式】

【物理性质】 无色液体，bp 137 ℃/0.7 mmHg，闪点 110 ℃，ρ 1.361 g/cm³ (25 ℃)，折射率 1.5488 (20 ℃)。溶于大部分有机溶剂。

【制备和商品】 大型试剂公司均有销售。

【注意事项】 冷藏保存，在通风橱中操作。

2,2,2-三氯代亚胺逐乙酸-4-甲氧基苄酯是醇的保护试剂，能在酸性条件下以对甲氧基苄基醚的形式保护多种醇类，但是反应的化学选择性不佳。

在对甲苯磺酸的存在下，2,2,2-三氯代亚胺逐乙酸-4-甲氧基苄酯可高产率地实现对醇羟基的保护 (式 1)[1]。

$$\text{(1)}$$

在三氟化硼·乙醚存在下，该试剂可高产率地实现对含环内酯醇羟基的保护，产物能够保持原有的构型 (式 2)[2]。

$$\text{(2)}$$

樟脑磺酸 (CSA) 也能催化该类反应。3-乙酰基-1-丙醇与 2,2,2-三氯代亚胺逐乙酸-4-甲氧基在樟脑磺酸的作用下反应，可以得到对甲氧苄基 (OPM) 保护的醚 (式 3)[3]。

$$\text{(3)}$$

在三氟甲磺酸的催化下，α-羟基乙酸甲酯与该试剂反应，羟基得以保护，且酯基不被破坏 (式 4)[4]。

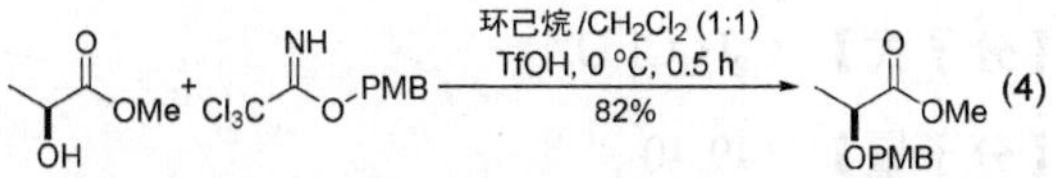

(4)

在对甲苯磺酸吡啶盐 (PPTS) 的催化下，在对含有三丁基硅基 (TBS) 醚的醇进行保护时，硅氧键能够保留 (式 5)[5]。当炔醇的端炔被 TBS 保护时，采用 2,2,2-三氯代亚胺逐乙酸-4-甲氧基苄酯保护羟基时，不会脱去 TBS。因此，这种方法能增加官能团的适用性[5,6]。

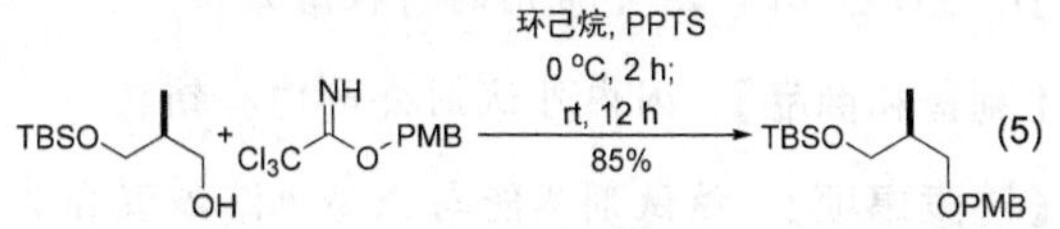

(5)

参 考 文 献

[1] Custar, D. W.; Zabawa, T. P.; Hines, J.; et al. *J. Am. Chem. Soc.* **2009**, *131*, 12406.

[2] Boger, D. L.; Ichikawa, S.; Zhong, W. G. *J. Am. Chem. Soc.* **2001**, *123*, 4161.

[3] Li, P. F.; Li, J.; Arikan, F.; et al. *J. Org. Chem.* **2010**, *75*, 2429.

[4] Roush, W. R.; Bennett, C.E.; Roberts, S. E. *J. Org. Chem.* **2001**, *66*, 6389.

[5] Prusov, E.; Ro1hm, H.; Maier, M. E. *Org. Lett.* **2006**, *8*, 1025.

[6] Fenster, M. D. B.; Dake, G. R. *Org. Lett.* **2003**, *5*, 4313.

[张皓，付华*，清华大学化学系；FH]

三氯溴甲烷

【英文名称】 Bromotrichloromethane

【分子式】 $CBrCl_3$

【分子量】 198.27

【CAS 登录号】 [75-62-7]

【缩写和别名】 溴三氯甲烷，溴氯仿

【结构式】

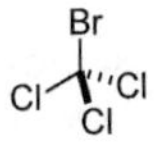

【物理性质】 无色液体，具有氯仿气味。mp $-6\,^{\circ}C$，bp $105\,^{\circ}C$，ρ 2.012 g/cm^3。不溶于水，与多数有机溶剂混溶。

【制备和商品】 商品化试剂。将无水三溴化

铝和干燥的四氯化碳一起回流，可制得三氯溴甲烷[1]。

【注意事项】 该试剂热分解时会排出有毒溴化物和氯化物烟雾。高浓度有麻醉作用。在低温环境中储存。

三氯溴甲烷是常用的有机合成试剂，可以用于酯化反应、氧化杂环化合物、烷氧基环化关环、砜的 α-溴代、烯烃的自由基加成反应以及 1,6-二烯烃的自由基环化反应等。

酯化反应是有机合成中的经典反应，但有关光照条件下的酯化反应却少有报道。在光照条件下，三氯溴甲烷可以催化苯乙酸与异丙醇的酯化反应，几乎定量地生成苯乙酸异丙酯 (式 1)[2]。

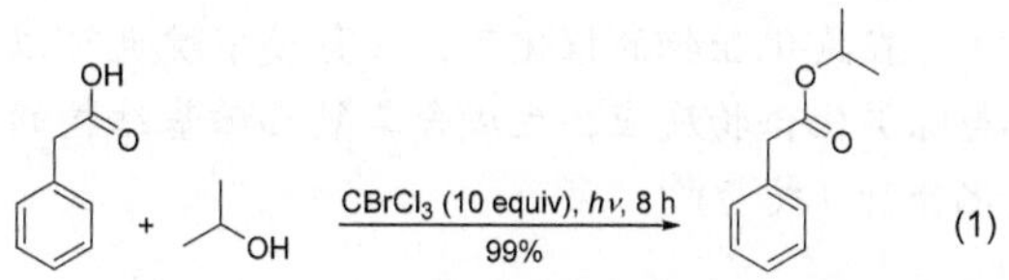

(1)

在试剂 1,8-二氮杂二环[5.4.0]十一碳-7-烯 (DBU) 的催化下，三氯溴甲烷可以高效地将噻唑啉氧化为噻唑 (式 2)[3]。

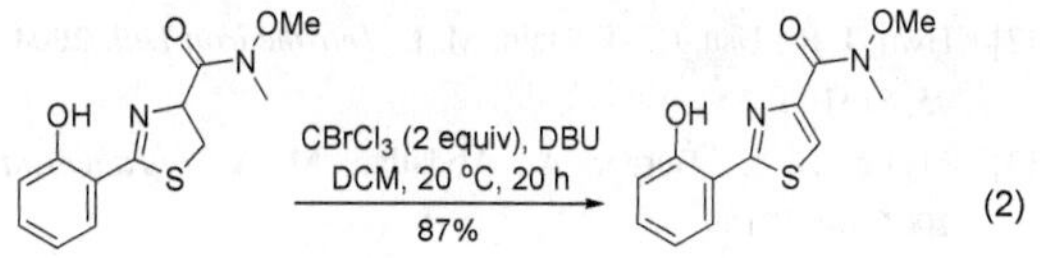

(2)

三氯溴甲烷可以作为自由基反应中的溴源。在光照条件下，N-烷氧基取代的噻唑硫酮化合物可以立体选择性地生成四氢呋喃甲基自由基，并被三氯溴甲烷捕获，从而得到溴代四氢呋喃衍生物 (式 3)[4]。

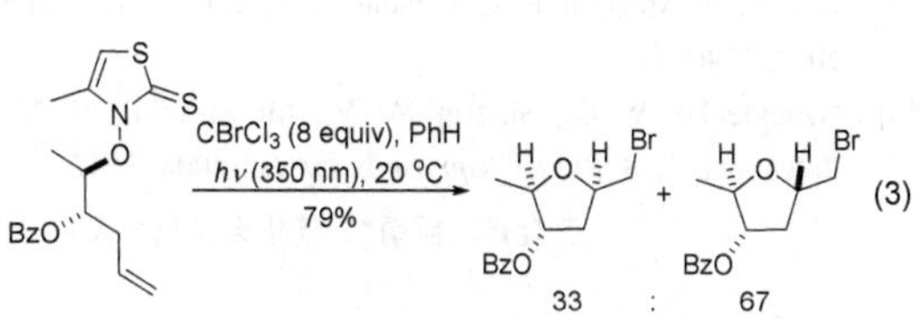

(3)

在氢氧化钾的叔丁醇溶液中，三氯溴甲烷还可以对含 α-H 的砜类化合物进行 α-溴代 (式 4)[5]。

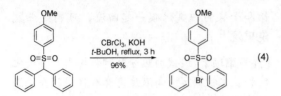

$$\text{(4)} \quad 96\%$$

三氯溴甲烷可裂解为三氯甲基自由基和溴自由基，选择性地与碳-碳双键发生加成反应 (式 5)[6]。该反应被应用到二氯除虫菊酯的全合成中。在 $Mn_2(CO)_{10}$ 的催化下，含双烯结构的化合物，如 1,6-二烯化合物可以与三氯溴甲烷发生成环反应 (式 6)[7]。

$$\text{(5)} \quad 81\%$$

$$\text{(6)} \quad 99\% \quad cis/trans = 6:1$$

在氯化亚铜的催化下，三氯溴甲烷也可以与腙类化合物反应，生成含二氯乙烯基结构的化合物 (式 7)[8]。

$$\text{(7)} \quad 70\%$$

参考文献

[1] Gerhard, L.; Bernhard, L. *J. Prakt. Chem.* **1963**, *22*, 230.

[2] Hwu, J. R.; Hsu, C. -Y.; Jain, M. L. *Tetrahedron Lett.* **2004**, *45*, 5151.

[3] Mislin, G. L.; Burger, A.; Abdallah, M. A. *Tetrahedron* **2004**, *60*, 12139.

[4] (a) Hartung, J.; Knever, R. *Tetrahedron: Asymmetry* **2003**, *14*, 3019. (b) Hartung, J.; Knever, R. *Eur. J. Org. Chem.* **2000**, 1677.

[5] Meyers, C. Y.; Chan-Yu-King, R.; Hua, D. H.; et al. *J. Org. Chem.* **2003**, *68*, 500.

[6] Mirzabekova, N. S.; Kuz'mina, N. E.; Lukashov, O. I.; et al. *Russ. J. Org. Chem.* **2008**, *44*, 1139.

[7] Huther, N.; McGrail, P. T.; Parsons, A. F. *Eur. J. Org. Chem.* **2004**, 1740.

[8] Nenajdenko, V. G.; Shastin, A. V.; Muzalevskii, V. M.; Balenkova, E. S. *Russ. Chem. Bull., Int. Ed.* **2004**, 2647.

[武金丹，巨勇*，清华大学化学系；JY]

2,2,2-三氯乙醇

【英文名称】 2,2,2-Trichloroethanol

【分子式】 $C_2H_3Cl_3O$

【分子量】 149.40

【CAS 登录号】 [115-20-8]

【缩写和别名】

【结构式】

$$Cl_3C\diagup OH$$

【物理性质】 无色液体，mp 17 °C，bp 150 °C，ρ 1.557 g/cm^3。溶于常用的有机溶剂。

【制备和商品】 国内外试剂公司均有销售。

【注意事项】 该试剂不能与强碱性溶液混合。

对羧酸的保护 2,2,2-三氯乙醇可与羧酸反应生成相应的 2,2,2-三氯乙基羧酸酯，是羧酸的优良保护基，可在温和条件下完成上保护和脱保护的过程 (式 1)[1]。该方法也被应用于天然产物合成的相关步骤中。如式 2 所示[2]：底物醇首先被氧化，接着与 2,2,2-三氯乙醇反应生成相应的三氯乙基羧酸酯。

$$\text{(1)}$$

$$\text{两步反应的产率70\%} \quad \text{(2)}$$

作为亲核试剂的反应 2,2,2-三氯乙醇可作为亲核试剂与异氰酸酯反应，生成碳酰胺化合物，该化合物在适当条件下可脱保护得到相应的胺 (式 3)[3]。如式 4 所示[4]：羧酸底物经 Curtius 重排反应转化为异氰酸酯化合物，接着与 2,2,2-三氯乙醇反应生成相应的碳酰胺化合物。

$$TsNCO + CCl_3CH_2OH \xrightarrow[85\%]{CH_2Cl_2, 0\ ^\circ C \sim rt} \text{(3)}$$

$$\xrightarrow[94\%]{^iPr_2NEt, (PhO)_2P(O)N_3, CCl_3CH_2OH \atop PhH, 80\ ^\circ C, 11\ h} \text{(4)}$$

2,2,2-三氯乙醇可与磺酰氯反应，生成2,2,2-三氯乙基氯磺酸酯。该化合物可作为中间体进一步后续反应（式 5）[5]。在手性有机小分子催化剂的作用下，2,2,2-三氯乙醇作为亲核试剂与内酯化合物发生酯交换反应，以定量的产率和高对映选择性生成手性 2,2,2-三氯乙基羧酸酯（式 6）[6]。

$$CCl_3CH_2OH \xrightarrow[\text{83%}]{SO_2Cl_2,\ pyridine,\ Et_2O,\ -78\ ^\circ C,\ 4\ h} Cl\text{-}SO_2\text{-}O\text{-}CCl_3$$

(5)

(6)

在反应中作为添加剂使用　如式 7 所示[7]：在氧化剂和手性配体的作用下，四氢异喹啉衍生物与苯乙烯基硼酸酯可发生不对称 C–H 键官能团化反应。在该反应中使用三氟乙醇作为溶剂，加入 2,2,2-三氯乙醇作为添加剂可有效提高反应的产率和 ee 值。

(7)

参 考 文 献

[1] Greene, T.W.; Wuts, P. G. M. *Protective Groups in Organic Synthesis*, 2nd ed.; Wiley: New York, 1991; p 240 and references cited therein.

[2] Wender, P. A.; Staveness, D. *Org. Lett.* **2014**, *16*, 5140.

[3] Li, Y.-G.; Li, L.; Yang, M.-Y.; et al. *J. Org. Chem.* **2017**, *82*, 4907.

[4] Lacharity, J. J.; Fournier, J.; Lu, P.; et al. *J. Am. Chem. Soc.* **2017**, *139*, 13272.

[5] Reuillon, T.; Alhasan, S. F.; Beale, G. S.; et al. *Chem. Sci.* **2016**, *7*, 2821.

[6] Yu, C.; Huang, H.; Li, X.; et al. *J. Am. Chem. Soc.* **2016**, *138*, 6956.

[7] Liu, X.; Sun, S.; Meng, Z.; et al. *Org. Lett.* **2015**, *17*, 2396.

[王歆燕，清华大学化学系；WXY]

三氯乙腈

【英文名称】　Trichloroacetonitrile

【分子式】　C_2Cl_3N

【分子量】　144.38

【CAS 登录号】　[545-06-2]

【结构式】

$$Cl_3C\text{—}\equiv N$$

【物理性质】　无色液体，mp –42 ℃，bp 83~84 ℃，ρ 1.440 g/cm^3。溶于大多数常用的有机溶剂。

【制备和商品】　国内外试剂公司均有销售。

【注意事项】　该试剂有毒，可通过皮肤吸收，操作时需戴手套。具有催泪性，必须在通风橱中操作。

三氯乙腈与醇反应可生成相应的三氯亚胺逐乙酸酯。所生成的三氯亚胺逐乙酸酯可通过重排反应和环化反应将氮原子引入到分子中。同时三氯亚胺逐乙酸酯也可用作烷基化试剂。

与醇反应制备三氯亚胺逐乙酸酯　三氯乙腈最重要的用途是与醇反应，生成有机合成中重要的中间体化合物三氯亚胺逐乙酸酯（式 1）[1]。该反应早期通常是在强碱 NaH 或 KH 的作用下进行，现在最常用的方法是使用 DBU 来促进反应的进行。

$$ROH + CCl_3CN \xrightarrow[\text{方法二：DBU, CH}_2Cl_2,\ rt]{\text{方法一：NaH 或 KH, THF, 0 ℃}} RO\text{-}C(=NH)\text{-}CCl_3 \tag{1}$$

三氯亚胺逐乙酸酯的重排反应　三氯亚胺逐乙酸酯在加热时可发生重排。20 世纪 70 年代，Overman 提出了一种将烯丙醇化合物转变为三氯亚胺逐乙酸酯，接着通过 [3,3] σ-重排得到烯丙基酰胺化合物的有效方法（式 2）[2]。该重排反应又被称为 Overman 重排反应，常被应用于复杂化合物的合成中。如式 3 所示[3]：在"一锅煮"的条件下，烯丙醇化合物与三氯乙腈生成的三氯亚胺逐乙酸酯经过 Overman 重排反应得到烯丙基酰胺化合物，在 Grubbs II 催化剂的作用下发生分子内烯烃复分解反应，得到苯并氮䓬类化合物。如式 4 所示[4]：经过 Overman 重排反应得到烯丙基酰胺化合物在 Ph₃PAuCl 和 AgSbF₆ 的催化下与分子中的炔基成环，得到 2H-苯并吡喃类化合物。

合物首先脱去甲基得到醇，其与三氯乙腈生成的三氯亚胺逐乙酸酯与另一分子醇反应，得到相应的醚。

$$(2)$$

$$(3)$$

$$(4)$$

加入催化量的 Lewis 酸 BF₃·E₂O 可使苄基三氯亚胺逐乙酸酯在 0 ℃ 下发生重排，得到苄基酰胺化合物。该反应仅需 10 min 即可完成，而且得到比高温条件下更高的产率 (式 5)[5]。

$$(5)$$

MeNO₂, reflux, 24 h, 80%
BF₃·Et₂O (1 mol%), MeNO₂, 0 ℃, 10 min, 94%

使用三氯亚胺逐乙酸酯进行烷基化反应 在酸性条件下，烷基三氯亚胺逐乙酸酯作为烷基化试剂可与杂原子亲核试剂反应。其中很多情况下使用的亲核试剂是醇，这一方法也可用来保护醇。如式 6 所示[6]：甲氧基化

$$(6)$$

生成杂环化合物 由烯丙醇或高烯丙醇得到的三氯亚胺逐乙酸酯在 I⁺ 试剂的存在下可发生环化反应，得到 N,O-杂环化合物 (式 7)[7]。如式 8 所示[8]：三氯乙腈与胺反应可生成三氯代脒化合物，接着与异腈在 CuI 的催化下反应可得到喹唑啉衍生物。如式 9 所示[9]：在 CuI 和配体的作用下，三氯乙腈与腙反应可生成吡唑化合物。

$$(7)$$

$$(8)$$

$$(9)$$

其它反应 二级胺与三氯乙腈反应可生成三氯代脒，随后在强碱的条件下可转化为氰胺化合物 (式 10)[10]。苯胺与三氯乙腈反应生成的三氯代脒官能团可作为导向基团，在金属催化剂的作用下与烯丙基碳酸酯反应，在苯环的两个邻位发生 C-H 活化，引入两个烯丙基官

能团 (式 11)[11]。

$$(10)$$

$$(11)$$

参 考 文 献

[1] (a) Sandler, S. R.; Karo, W. *Organic Functional Group Preparations*; Academic: New York, 1972, Vol. 3, Chapter 8. (b) Patai, S. *The Chemistry of Amidines and Imidates*; Wiley: New York, 1975.

[2] Overman, L. E. *J. Am. Chem. Soc.* **1974**, *96*, 597.

[3] Sharif, S. A. I.; Calder, E. D. D.; Delolo, F. G.; Sutherland, A. *J. Org. Chem.* **2016**, *81*, 6697.

[4] Sharif, S. A. I.; Calder, E. D. D.; Harkiss, A. H.; et al. *J. Org. Chem.* **2016**, *81*, 9810.

[5] Adhikari, A. A.; Suzuki, T.; Gilbert, R. T.; et al. *J. Org. Chem.* **2017**, *82*, 3982.

[6] Zhang, Y. K.; Sanchez-Ayala, M. A.; Sternberg, P. W.; et al. *Org. Lett.* **2017**, *19*, 2837.

[7] Schroder, S. P.; van de Sande, J. W.; Kallemeijn, W. W.; et al. *Chem. Commun.* **2017**, *53*, 12528.

[8] Nematpour, M.; Rezaee, E.; Tabatabai, S. A.; Jahani, M. *Synlett.* **2017**, *28*, 1441.

[9] Prieto, A.; Bouyssi, D.; Monteiro, N. *ACS. Catal.* **2016**, *6*, 7197.

[10] Ayres, J. N.; Ling, K. B.; Morrill, L. C. *Org. Lett.* **2016**, *18*, 5528.

[11] Debbarma, S.; Bera, S. S.; Maji, M. S. *J. Org. Chem.* **2016**, *81*, 11716.

[王歆燕，清华大学化学系；WXY]

三氯乙醛

【英文名称】 2,2,2-Trichloroacetaldehyde

【分子式】 C_2HCl_3O

【分子量】 147.39

【CAS 登录号】 [75-87-6]

【缩写和别名】 Chloral，氯醛

【结构式】 CCl_3CHO

【物理性质】 无色易挥发的油状液体，mp -57.5 °C，bp 94~98 °C。有刺激气味，溶于水及大多数有机溶剂，可以在多种溶剂中使用。

【制备和商品】 国内外化学试剂公司均有销售。由乙醇或乙醛与氯气作用制得，一般不在实验室制备。

【注意事项】 该试剂对皮肤和黏膜有强烈的刺激作用。一般在通风橱中进行操作，操作时穿戴适当的防护服和手套。

三氯乙醛在有机合成中主要被用于引入两个碳单元或三氯甲基的合成试剂。三氯乙醛常常通过醛基或三氯甲基的衍生参与复杂分子的构建。

在室温下，三氯乙醛与烯丙基溴在氯化亚锡和三氯化钛的作用下经还原偶联反应生成 1,1,1-三氯戊-4-烯-2-醇 (式 1)[1]。该反应使用廉价的还原偶联试剂，以水作为溶剂，具有环境友好的优点，因此得到更广泛的应用。

$$(1)$$

三氯乙醛与末端炔烃在三氟乙酸锌催化剂和手性配体的作用下，可发生不对称加成反应生成高光学纯的炔醇 (式 2)[2]，进一步转化可以获得高光学纯的醇衍生物或者天然产物。

$$(2)$$

三氯乙醛与改良的格氏试剂在温和条件下反应生成三氯甲基醇化合物，随后使用次氯酸叔丁酯经一锅法氧化成三氯甲基酮 (式 3)[3]。由于三氯甲基是一个非常好的离去基团，所以该化合物是不多的具有较强反应活性的酮类化合物，在碱性条件下通过与醇或胺反应能够有效地合成各类酯或酰胺。

$$(3)$$

在三氯化铝的催化下，三氯乙醛与异丁烯偶联成重要中间体戊烯醇化合物。随后酯化和还原，得到具有 1,1-二氯乙烯结构的产物 (式 4)[4]。该化合物进一步衍生化可以获得相应的杂环化合物或者天然产物。

$$\text{（式 4）反应式}$$

(4)

在温和条件下，三氯乙醛与异腈在一锅法条件下直接还原氨化可以获得重要中间体三氯醇胺化合物 (式 5)[5]。这类化合物在不对称合成天然杂环化合物中得到广泛的应用。

$$\text{（式 5）反应式}$$

(5)

三氯乙醛与乙酰基氯在手性有机碱 (如奎宁) 的催化下，能够通过不对称环合生成有机合成的重要中间体 4-三氯甲基环丁内酯。该化合物经过衍生化后得到多种手性多官能团化合物 (式 6)[6,7]。

$$\text{（式 6）反应式}$$

(6)

在奎宁衍生物和二异丙乙胺的协同作用下，三氯乙醛与 α,β 不饱和酰基氯反应合成手性 α,β 不饱和 6-三氯甲基戊内酯 (式 7)[7]。该化合物可进一步转化成天然化合物。

$$\text{（式 7）反应式}$$

(7)

此外，在奎宁衍生物和三氟乙酸铋的协同作用下，三氯乙醛与磺酰氯反应可合成手性 β 磺酸内酯 (式 8)[8]。化合物进一步衍生可以合成天然有机硫化合物。

$$\text{（式 8）反应式}$$

(8)

在温和条件下，无水碳酸钾能够有效地促进三氯乙醛对醇类化合物的甲酯化反应。该反应具有高度选择性，仅伯醇和仲醇可作为反应底物，而叔醇和酚难以生成相应的甲酯 (式 9)[9]。

$$\text{（式 9）反应式}$$

(9)

三氯乙醛与三氯化磷在低温下能够定量地转化成二氯亚磷酸 1,2,2,2-四氯乙酯 (式 10)[10]。该化合物是合成多卤有机膦的重要中间体，经进一步衍生可以获得许多具有重要生理活性的含磷化合物。

$$\text{PCl}_3 + \text{CCl}_3\text{CHO} \xrightarrow[100\%]{\text{PhNEt}_2, -5\ ^\circ\text{C}, 1\ \text{h}} \quad (10)$$

参 考 文 献

[1] Tan, X.-H.; Shen, B.; Deng, W.; et al. *Org. Lett.* **2003**, *5*, 1833.

[2] Jiang, B.; Si, Y.-G. *Adv. Synth. Catal.* **2004**, *346*, 669.

[3] Dohi, S.; Moriyama, K.; Togo, H. *Eur. J. Org. Chem.* **2013**, 7815.

[4] Fenneteau, J.; Vallerotto, S.; Ferrié, L.; Figadère, B. *Tetrahedron Lett.* **2015**, *56*, 3758.

[5] Cioc, R. C.; van der Niet, D. J. H.; Janssen, E.; et al. *Chem. Eur. J.* **2015**, *21*, 7808.

[6] Ganta, A.; Shamshina, J. L.; Cafiero, L. R.; Snowden, T. S. *Tetrahedron* **2012**, *68*, 5396.

[7] Tiseni, P. S.; Peters, R. *Chem. Eur. J.* **2010**, *16*, 2503.

[8] Koch, F. M.; Peters, R. *Chem. Eur. J.* **2011**, *17*, 3679.

[9] Ram, R. N.; Meher, N. K. *Tetrahedron* **2002**, *58*, 2997.

[10] Gazizov, M. B.; Khairullin, R. A.; Karimova, R. F. *Russ. J. Gen. Chem.* **2013**, *83*, 2281.

[钱思然，王存德*，扬州大学化学化工学院；HYF]

三氯乙酸

【英文名称】 Trichloroacetyl acid

【分子式】 $C_2HCl_3O_2$

【分子量】 163.38

【CAS 登录号】 [76-03-9]

【缩写和别名】 TCA

【结构式】

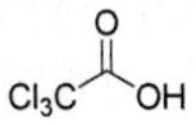

$$Cl_3C-COOH$$

【物理性质】 白色固体，mp 57~58 °C，bp 196~197 °C，ρ 1.629 g/cm3。溶于乙醇、乙醚和水。

【制备和商品】 国内外试剂公司均有销售。

【注意事项】 该试剂具有强腐蚀性，操作时需戴橡胶手套。对上呼吸道黏膜、眼睛和皮肤具有强破坏性，需在通风橱中操作。远离强碱储存。

作为二氯卡宾的前体化合物 在强碱条件下，三氯乙酸 (TCA) 脱去 CO_2 生成三氯甲基负离子，随后氯离子离去形成二氯卡宾，与烯烃反应可生成 1,1-二氯环丙烷产物 (式 1)[1]。

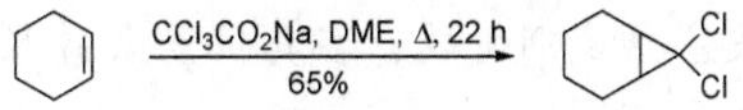

(1)

与碳-碳双键的加成反应 在碱性条件下，当烯烃双键上带有强拉电子官能团时，TCA 不会与双键发生卡宾反应，而是通过 Michael 加成反应引入三氯甲基官能团 (式 2)[2]。TCA 与烯烃在酸性条件下反应，则得到三氯乙酸基加成到双键上的产物 (式 3)[3]。

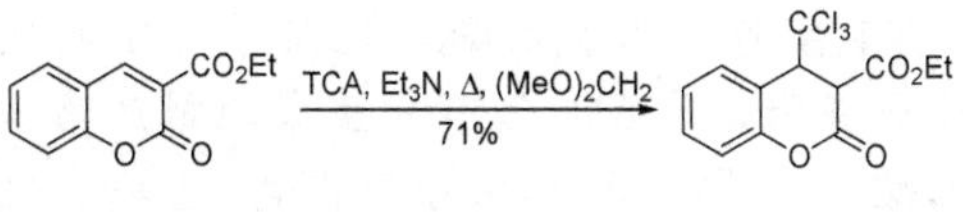

(2)

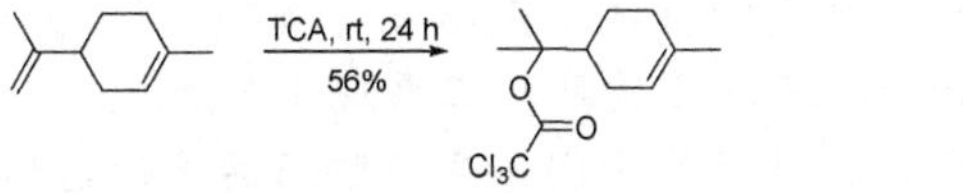

(3)

与碳-杂原子双键的加成反应 TCA 还可与醛羰基发生加成反应，在羰基碳上引入三氯甲基官能团，得到三氯甲基取代的仲醇。该化合物在 $LiBH_4$ 的作用下经 Jocic 类型的反应可转化为相应的伯醇 (式 4)[4]。TCA 还可与亚胺发生加成反应，在亚胺双键的碳上引入三氯甲基官能团。如式 5 所示[5]：TCA 与烯丙基取代的亚胺反应，所得产物在 CuCl 的催化下发生环化反应，得到 3,3-二氯吡咯烷衍生物。

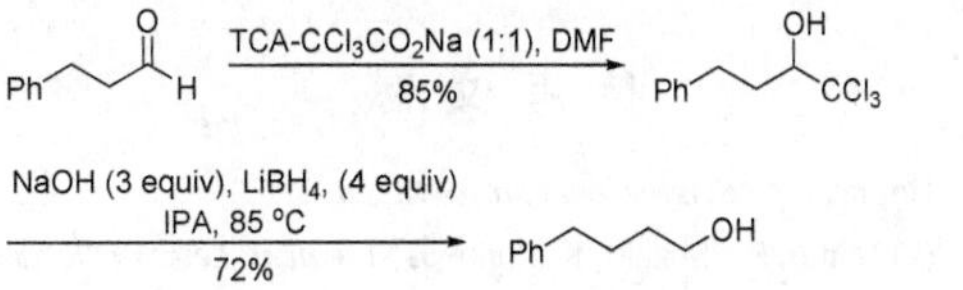

(4)

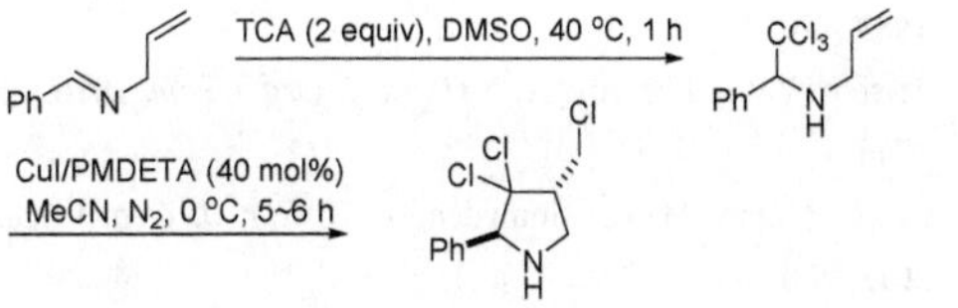

(5)

在芳环上引入三氯乙酸基 如式 6 所示[6]：TCA 与蒽在 Rh/C 催化和氧气的条件下反应，蒽 C-9 位的 C—H 键被活化，可以高区域选择性地在该位置上引入三氯乙酸基官能团。

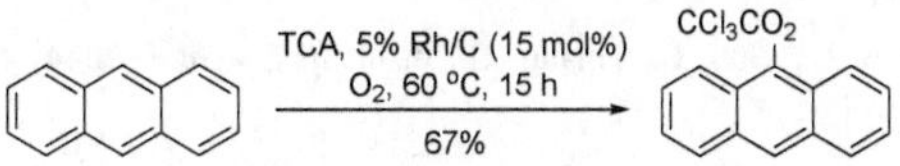

(6)

在反应中作为添加剂 在烯烃环氧化反应中，使用 m-CPBA 作为氧化剂，TCA 为添加剂，可以高产率和高非对映选择性地得到相应的环氧产物 (式 7)[7]。在 $Bi(OTf)_3$ 的催化下，使用 TCA 作为添加剂，非活化的醇与芳基磺酰甲基异腈可发生直接亚磺化反应，得到相应的亚磺酸酯 (式 8)[8]。TCA 还可作为共轭加成反应的添加剂。如式 9 所示[9]：在手性有机小分子催化剂的作用下，使用 TCA 作为添加剂，氮杂环化合物与炔丙醛可在该化合物的 C-3 位上发生共轭加成反应，以高产率和高 ee 值得到相应的产物。使用 3-丁炔-2-酮也能进行该反应，但需要更长的反应时间且产率较低。

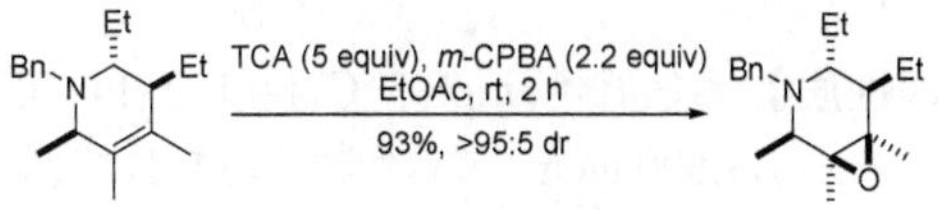

(7)

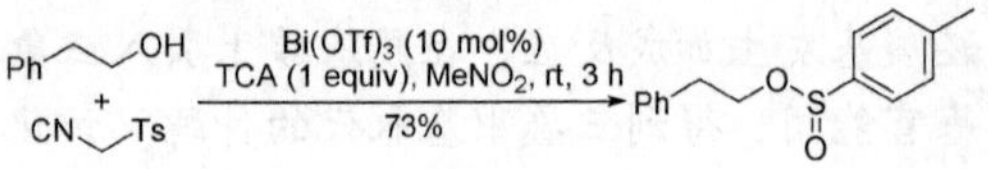

$$\text{(8)}$$

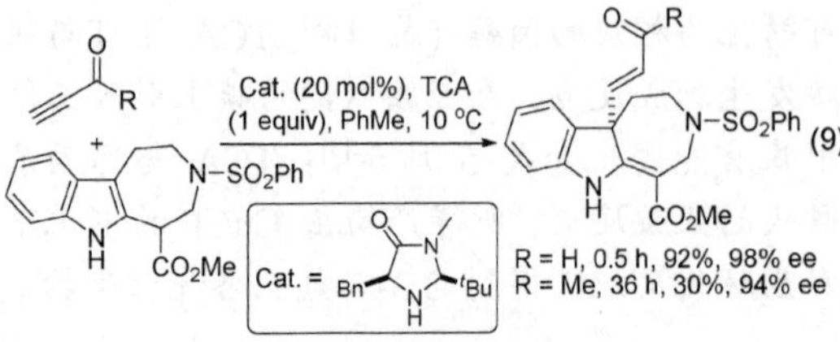

$$\text{(9)}$$

参 考 文 献

[1] Bojilova, A. *Synth. Commun.* **1990**, *20*, 1967.

[2] (a) Nanjo, K.; Suzuki, K.; Sekiya, M. *Chem. Lett.* **1977**, 553. (b) Atkins, P. J.; Gold, V. *J. Chem. Soc., Chem. Commun.* **1983**, 140.

[3] Trishin, Y. G.; Fedorov, A. N. *Russ. J. Org. Chem.* **2016**, *52*, 1743.

[4] Li, Z.; Gupta, M. K.; Snowden, T. S. *Eur. J. Org. Chem.* **2015**, 7009.

[5] Ram, R. N.; Gupta, D. K. *Adv. Synth. Catal.* **2016**, *358*, 3254.

[6] Matsumoto, K.; Tachikawa, S.; Hashimoto, N.; et al. *J. Org. Chem.* **2017**, *82*, 4305.

[7] Chen, S.; Mercado, B. Q.; Bergman, R. G.; Ellman, J. A. *J. Org. Chem.* **2015**, *80*, 6660.

[8] Ji, Y.-Z.; Wang, M.; Li, H.-J.; et al. *Eur. J. Org. Chem.* **2016**, 4077.

[9] Zhao, L.; Guo, B.; Huang, G.; et al. *ACS. Catal.* **2014**, *4*, 4420.

[王歆燕，清华大学化学系；WXY]

三氯乙酸酐

【英文名称】 Trichloroacetyl anhydride

【分子式】 $C_4Cl_6O_3$

【分子量】 308.74

【CAS 登录号】 [4124-31-6]

【缩写和别名】 TCAA

【结构式】

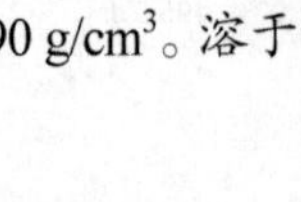

【物理性质】 无色液体，mp $-5\ ^\circ C$，bp $139\sim141\ ^\circ C/$ 60 mmHg，$\rho\ 1.690\ g/cm^3$。溶于常用的有机溶剂。

【制备和商品】 国内外试剂公司均有销售。可通过减压蒸馏纯化。

【注意事项】 该试剂具有强腐蚀性，与水发生剧烈反应。需在惰性气体下保存。

制备三氯乙酸酯或三氯乙酰胺 三氯乙酸酐的反应性与三氟乙酸酐很相似。该试剂可用于制备三氯乙酸酯或三氯乙酰胺。如式 1 所示[1]：三氯乙酸酐与醇反应生成相应的三氯乙酸酯，接着脱去 CO_2，得到在羟基的位置上引入三氯甲基的产物。如式 2 所示[2]：叠氮化物经 Staudinger 还原反应转化为胺，接着与三氯乙酸酐反应生成相应的三氯乙酰胺。

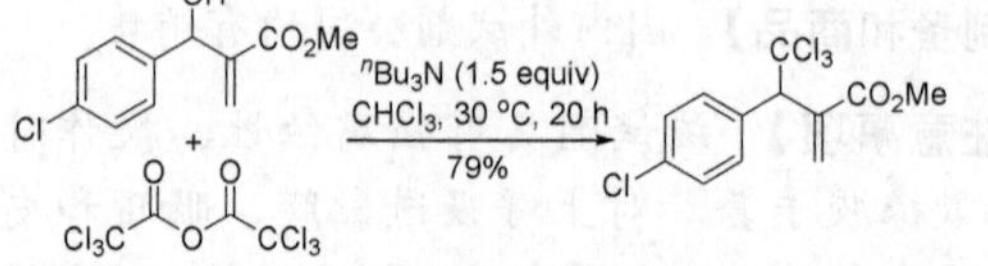

$$\text{(1)}$$

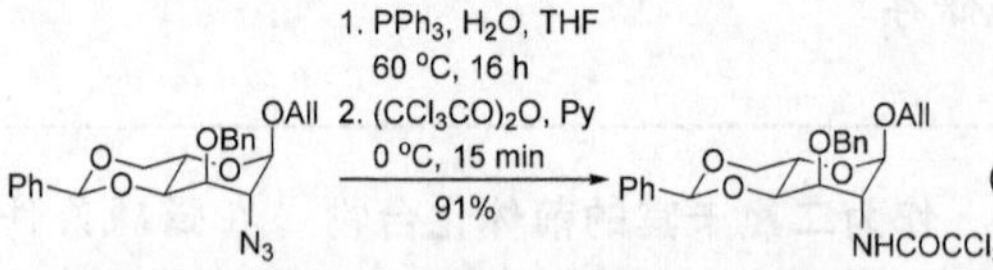

$$\text{(2)}$$

生成三氯甲基取代的杂环化合物 三氯乙酸酐可与酰肼、肟酰胺或亚膦酸酯反应，生成三氯甲基取代的五元杂环化合物。其中三氯甲基官能团可被亲核试剂进攻，在其位置上引入其它官能团 (式 3)[3]。

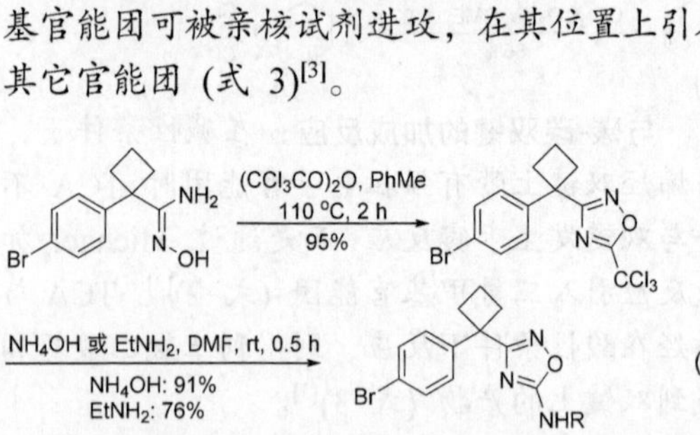

$$\text{(3)}$$

其它反应 三氯乙酸酐能与芳基丁酸反应生成混酐，在反应过程中生成的副产物三氯乙酸可催化混酐发生分子内傅-克酰基化反应，得到四氢萘酮产物 (式 4)[4]。如式 5 所示[5]：三氯乙酸酐与三氮烷化合物反应，所得产物是活泼中间体酰亚胺正离子的前体化合物。

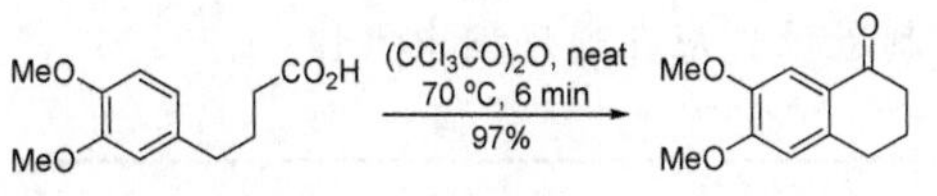

$$\text{(4)}$$

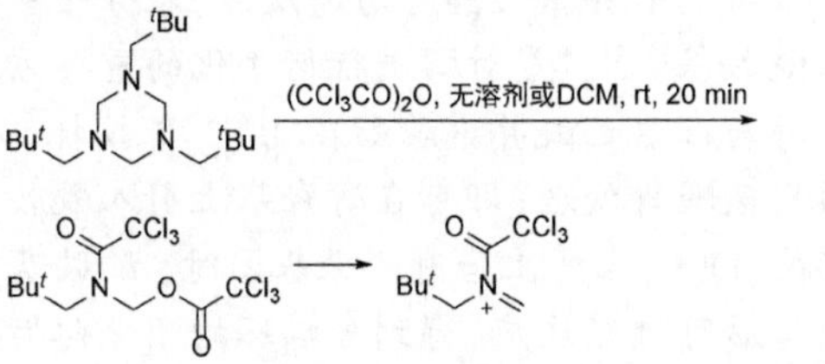

$$\text{(5)}$$

参 考 文 献

[1] Enevoldsen, M. V.; Overgaard, J.; Pedersen, M. S.; Lindhardt, A. T. *Chem. Eur. J.* 2018, *24*, 1204.

[2] Pfister, H. B.; Mulard, L. A. *Org. Lett.* 2014, *16*, 4892.

[3] Takahashi, H.; Riether, D.; Bartolozzi, A.; et al. *J. Med. Chem.* 2015, *58*, 1669.

[4] Andrews, B.; Bullock, K.; Condon, S.; et al. *Syn. Commun.* 2009, *39*, 2664.

[5] Chung, J. Y. L.; Hartner, F. W.; Cvetovich, R. J. *Tetrahedron. Lett.* 2008, *49*, 6095.

[王歆燕，清华大学化学系；WXY]

三氯乙酰氯

【英文名称】 Trichloroacetyl chloride

【分子式】 C_2Cl_4O

【分子量】 181.82

【CAS 登录号】 [76-02-8]

【结构式】

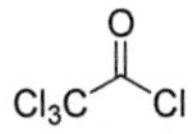

【物理性质】 无色液体，mp −146 °C，bp 114~116 °C，ρ 1.629 g/cm³。溶于四氢呋喃、乙醚、二氯甲烷、苯和甲苯。

【制备和商品】 国内外试剂公司均有销售。可由三氯氧磷与三氯乙酸反应制得，在严格隔绝湿气的条件下蒸馏纯化。

【注意事项】 该试剂具有高毒性，操作时需戴手套。

生成三氯乙酰胺 三氯乙酰氯与胺反应可生成三氯乙酰胺，三氯乙酰基可作为氨基的保护基 (式 1)[1]。该试剂也可与亚胺反应，生成相应的三氯乙酰胺 (式 2)[2]。

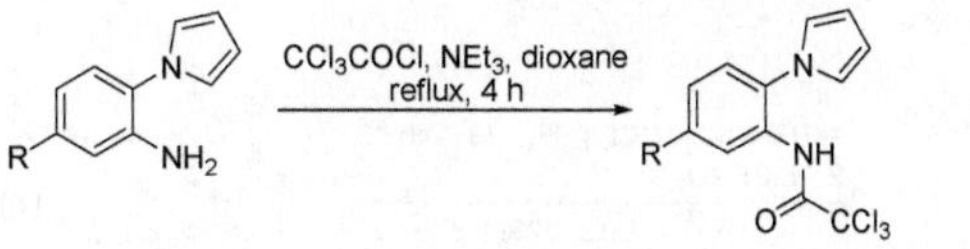

$$\text{(1)}$$

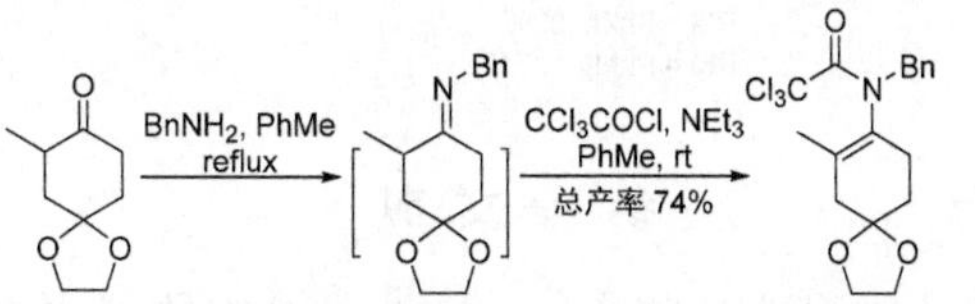

$$\text{(2)}$$

傅-克酰基化反应 三氯乙酰氯可与芳烃发生傅-克酰基化反应。如式 3 所示[3]：在 AlCl₃ 的催化下，甲苯与三氯乙酰氯反应，以中等产率得到傅-克酰基化的产物。三氯乙酰氯与杂环芳烃的傅-克酰基化反应可在没有 AlCl₃ 参与的条件下进行。如式 4 所示[4]：吡咯和咪唑化合物分别与三氯乙酰氯反应，可在其 2-位引入三氯乙酰基。

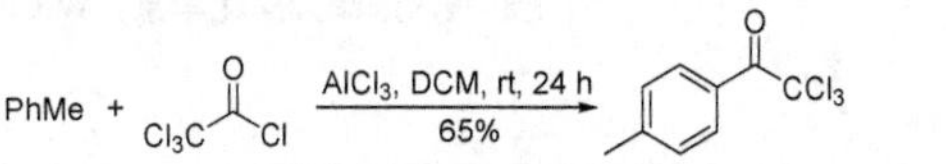

$$\text{(3)}$$

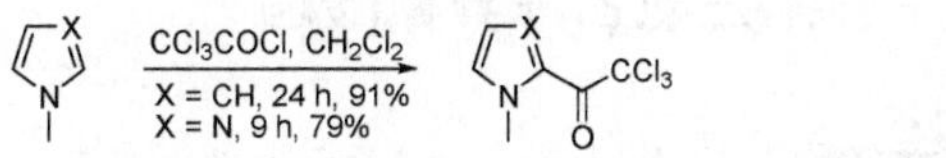

$$\text{(4)}$$

其它反应 如式 5 所示[5]：烯糖化合物与三氯乙酰氯可发生双键的加成反应，生成二氯代环丁酮衍生物，接着可还原脱去两个氯原子得到环丁酮化合物。如式 6 所示[6]：环丙烷化合物在叔丁基锂和碘化亚铜作用下，生成的烷基铜试剂在原位与环戊烯酮化合物进行加成反应。在体系中加入三氯乙酰氯，即可在产物中引入三氯乙酰基官能团。

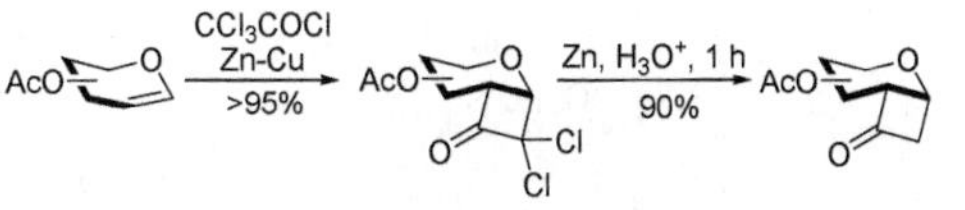

$$\text{(5)}$$

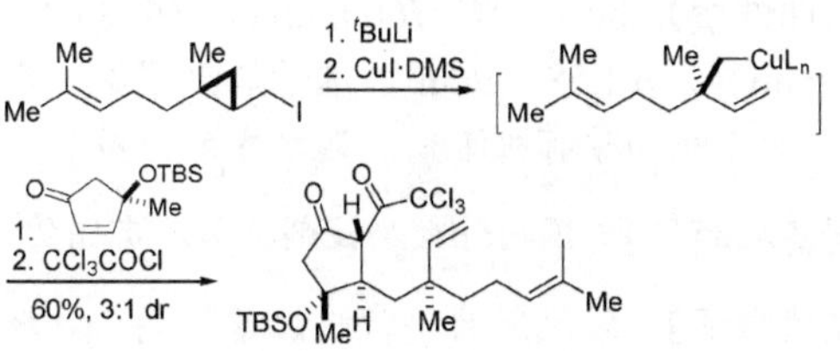

$$\text{(6)}$$

在反应中作为添加剂使用 如式 7 所示[7]：在吡啶硼酸酯与金属试剂进行的偶联反应中，加入三氯乙酰氯作为活化试剂可使反应顺利进行。锂试剂、锌试剂和格氏试剂均可用于该反应。

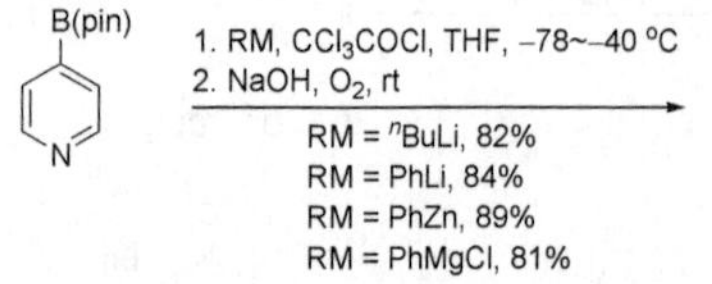

$$
\text{B(pin)} \xrightarrow[\substack{2.\ NaOH,\ O_2,\ rt \\ RM = {}^nBuLi,\ 82\% \\ RM = PhLi,\ 84\% \\ RM = PhZn,\ 89\% \\ RM = PhMgCl,\ 81\%}]{1.\ RM,\ CCl_3COCl,\ THF,\ -78\sim-40\ ^{\circ}C}} R \tag{7}
$$

参 考 文 献

[1] Broggi, J.; Lancelot, J.-C.; Lesnard, A.; et al. *Eur. J. Med. Chem.* **2014**, *83*, 26.

[2] Coussanes, G.; Bonjoch, J. *Org. Lett.* **2017**, *19*, 878.

[3] Clegga, W.; Hall, M. J. *Org. Biomol. Chem.* **2015**, *13*, 5793.

[4] Jaramillo, D.; Liu, Q.; Aldrich-Wright, J.; Tor, Y. *J. Org. Chem.* **2004**, *69*, 8151.

[5] Umbreen, S.; Linker, T. *Chem. Eur. J.* **2015**, *21*, 7340.

[6] Brill, Z. G.; Grover, H. K.; Maimone, T. J. *Science* **2016**, *352*, 1078.

[7] Panda, S.; Coffin, A.; Nguyen, Q. N.; et al. *Angew. Chem. Int. Ed.* **2016**, *55*, 2205.

[王歆燕，清华大学化学系；WXY]

三氯乙酰异氰酸酯

【英文名称】 Trichloroacetyl isocyanate

【分子式】 $C_3Cl_3NO_2$

【分子量】 188.40

【CAS 登录号】 [3019-71-4]

【缩写和别名】 1-Oxo-2,2,2-trichloroethyl isocyanate

【结构式】

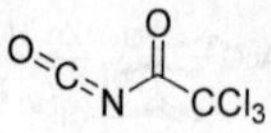

【物理性质】 bp 186 ℃ /760 mmHg、80~85 ℃ / 20 mmHg, ρ 1.581 g/cm³。溶于二氯甲烷、乙醚、四氢呋喃等有机溶剂。遇水或酸分解。

【制备和商品】 国内外大型试剂公司均有销售。

【注意事项】 该试剂储存时应注意防潮。对眼睛有刺激性，应在通风橱中操作。

三氯乙酰异氰酸酯可与醇反应，在分子中引入酰胺基[1~4]，是对醇进行衍生化的重要方法。醇与三氯乙酰异氰酸酯在 0 ℃ 下搅拌，然后用碳酸钾处理，即可在醇羟基上引入酰胺基 (式 1)[1]。当醇上含有吲哚基团时，酰胺基在引入后可继续反应，得到含螺环的吲哚啉衍生物 (式 2)[2]。三氯乙酰异氰酸酯与醇反应引入酰胺基后，在铑催化剂的作用下经由分子内的碳氢活化反应，可合成噁唑啉酮衍生物 (式 3)[5]。

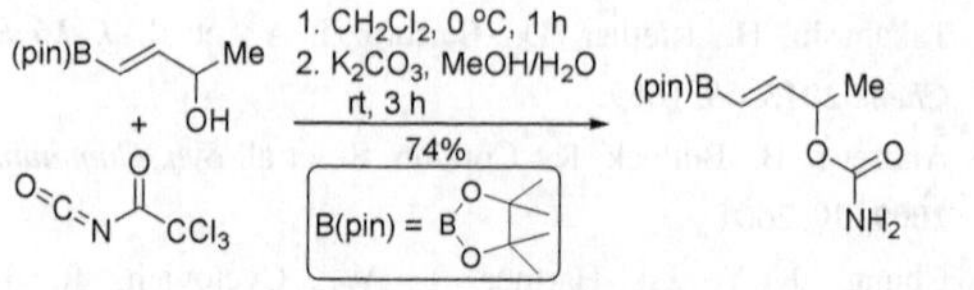

$$ \tag{1} $$

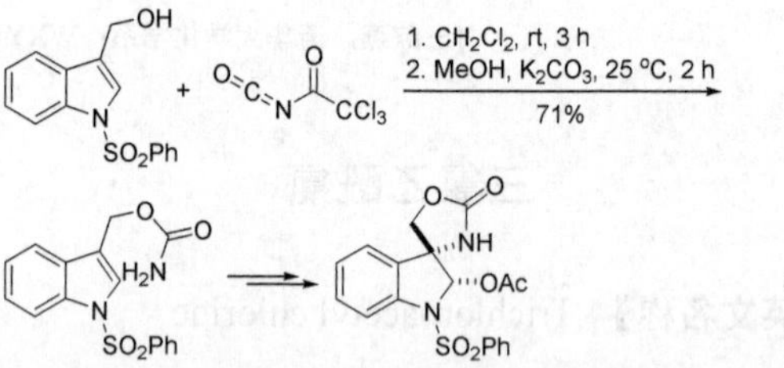

$$ \tag{2} $$

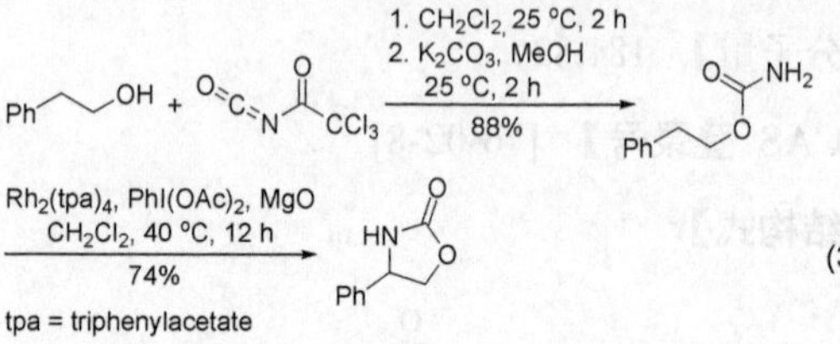

$$ \tag{3} $$

tpa = triphenylacetate

三氯乙酰异氰酸酯可与烯烃发生环加成反应[6~8]。该试剂与降冰片烯在甲苯中回流，可得到 [4+2] 环加成产物 (式 4)[6]。其与联烯也可进行类似的反应，可定量转化为环化产物 (式 5)[7]。

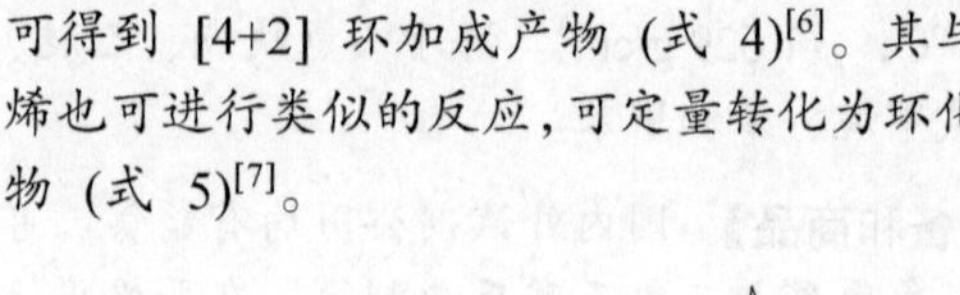

$$ \tag{4} $$

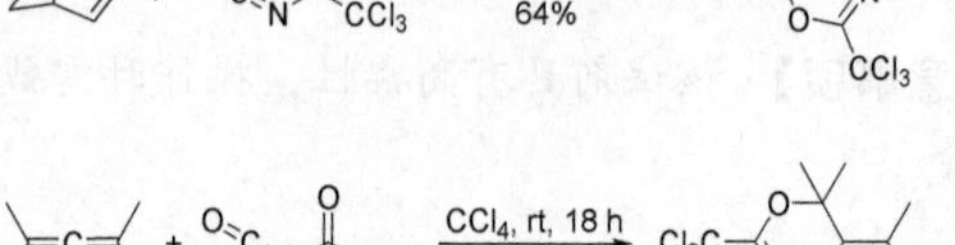

$$ \tag{5} $$

三氯乙酰异氰酸酯在杂环化合物的合成中也可作为一种添加剂[9,10]。如式 6 所示：肟化合物与三氯乙酰异氰酸酯反应，可得到苯并异噁唑衍生物 (式 6)[9]。

$$(6)$$

三氯乙酰异氰酸酯可与活化的烯烃发生加成反应，生成 N-酰基酰胺衍生物(式 7)[11]。

$$(7)$$

参 考 文 献

[1] Touchet, S.; Macé, A.; Roisnel, T.; et al. *Org. Lett.* **2013**, *15*, 2712.

[2] Padwa, A.; Stengel, T. *Org. Lett.* **2002**, *4*, 2137.

[3] Li, Z. G.; Capretto, D. A.; Rahaman, R.; He, C. *Angew. Chem. Int. Ed.* **2007**, *46*, 5184.

[4] Nicolaou, K. C.; Leung, G. Y. C.; Dethe, D. H.; et al. *J. Am. Chem. Soc.* **2008**, *130*, 10019.

[5] Espino, C. G.; Bois, J. D. *Angew. Chem. Int. Ed.* **2001**, *40*, 598.

[6] Smith, L. R.; Spezialaen, A. J.; Fedder, J. E. *J. Org. Chem.* **1969**, *34*, 633.

[7] Martin, J. C.; Carter, P. L.; Chitwood, J. L. *J. Org. Chem.* **1971**, *36*, 2225.

[8] Schweizer, E. E.; Lee, K. J. *J. Org. Chem.* **1987**, *52*, 3681.

[9] Bonomi, P.; Servant, A.; Resmini, M. *J. Mol. Recognit.* **2012**, *25*, 352.

[10] Holzer, W.; Claramunt, R. M.; Pérez-Torralba, M.; et al. *J. Org. Chem.* **2003**, *68*, 7943.

[11] Davies, C. D.; Elliott, M. C.; Wood, J. L. *Tetrahedron* **2006**, *62*, 11158.

[张皓，付华*，清华大学化学系；FH]

三氯异氰尿酸[1]

【英文名称】 Trichloroisocyanuric acid

【分子式】 $C_3Cl_3N_3O_3$

【分子量】 232.41

【CAS 登录号】 [87-90-1]

【缩写和别名】 TCICA

【结构式】

【物理性质】 结晶性粉末或粒状固体，具有强烈的氯气刺激味，含有效氯在 90% 以上。mp 249~251 ℃，溶解度 1.2 g/100 g (H$_2$O, 25 ℃)。遇酸或碱易分解。

【制备和商品】 国内外试剂公司均有销售。主要的合成方法有氯气法、液体氯化剂法、溶剂法以及二氯氰尿酸钠 (SDC) 深度氯化法四种[2]。一般先采用尿素热裂解脱氨法制备氰尿酸 (CA)，之后利用相应的方法制备三氯异氰尿酸 (式 1)。以异氰尿酸三钠为原料进行深度氯化来制备三氯异氰尿酸是近年来发展的较简便的一种制备方法 (式 2)[3]。

$$(1)$$

$$(2)$$

【注意事项】 在阴凉、干燥、通风良好的仓库内储存。注意防潮、防水、防火。

三氯异氰尿酸 (TCICA) 是一种极强的氯化剂和氧化剂。使用 TCICA 作为氯化试剂，可对酰胺、胺、酮、苄基、芳基、炔醇等化合物的官能团位或其 α/β 位进行氯化。当 TCICA 作为氧化剂时，能将醇氧化为醛、酮或酸，将烯烃氧化为环氧化物，将硫化物氧化为砜或磺酰氯。

含氮化合物的氯化反应 使用 TCICA 作为氯化试剂，可以由一级酰胺或芳基酰胺制备 N-氯代酰胺；之后在甲醇钠的条件下发生 Hoffmann 重排反应，以较高的产率生成氨基甲酸甲酯化合物 (式 3)[4]。二级酰胺、内酯、氨基甲酸酯则可以在室温下与等摩尔比的 TCICA 反应，选择性地得到 *N*-氯代产物[5]。

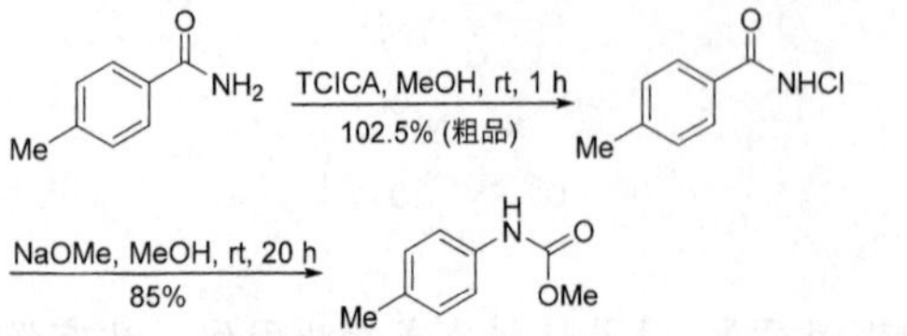

(3)

胺与 TCICA 反应生成 *N*-氯代胺类化合物。在强碱的条件下发生环化反应，得到氮杂环丙烷类产物 (式 4)[6]。

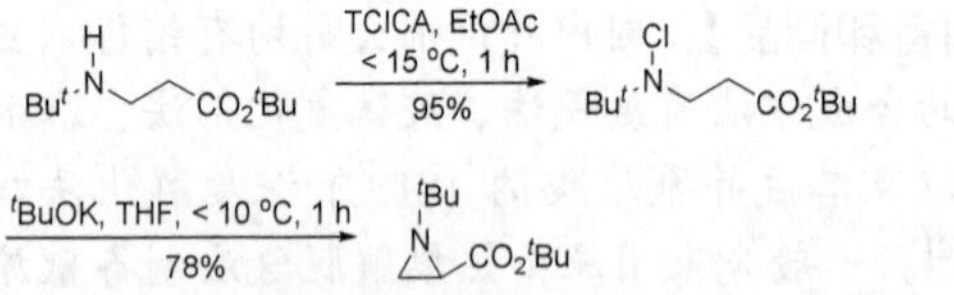

(4)

苄基和芳基的氯化反应 在 Co(OAc)$_2$·4H$_2$O 的存在下，使用 TCICA 作为氯化试剂和单电子转移试剂，可在温和条件下经单电子转移过程在甲苯的苄基位进行氯化反应，以定量的产率得到苄氯 (式 5)[7]。

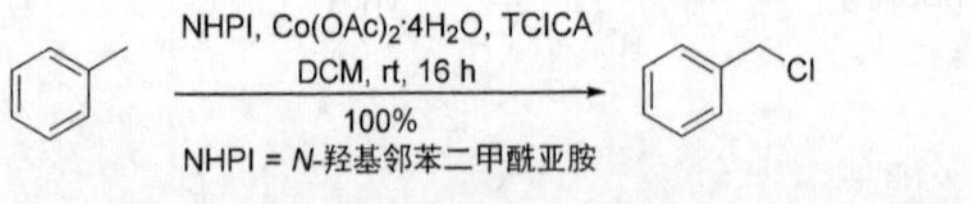

NHPI = *N*-羟基邻苯二甲酰亚胺

(5)

使用 TCICA 可对芳基及 1,3-二酮类化合物进行选择性氯化反应。该反应底物适用范围较广，产率较高 (式 6~式 8)[8]。

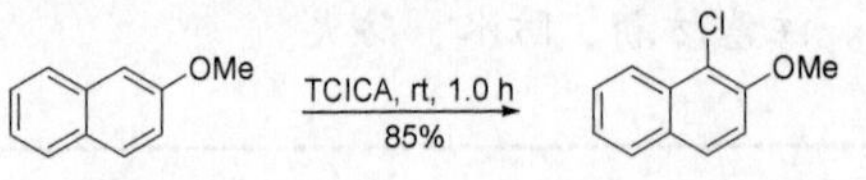

(6)

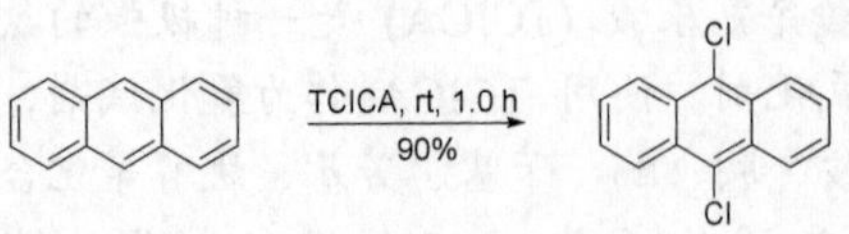

(7)

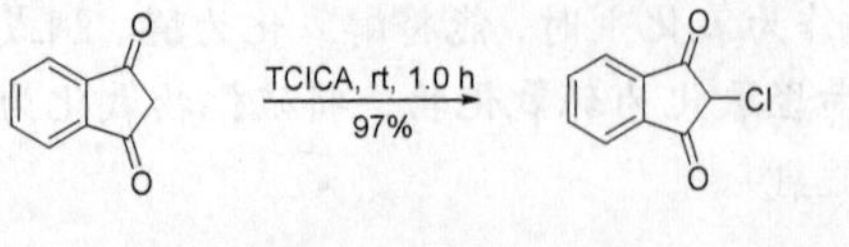

(8)

酮的 α-位氯化反应 如式 9 所示[9]：使用 TCICA 在二苯乙酮的 α-位进行氯化，接着与硫脲化合物发生环合反应，在一锅法的条件下合成了 2-氨基-噻唑化合物。该方法还可用于合成 2-氨基-茚并噻唑化合物 (式 10)。

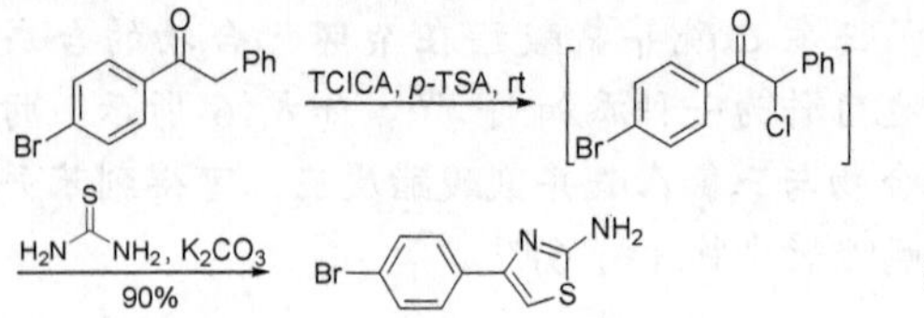

(9)

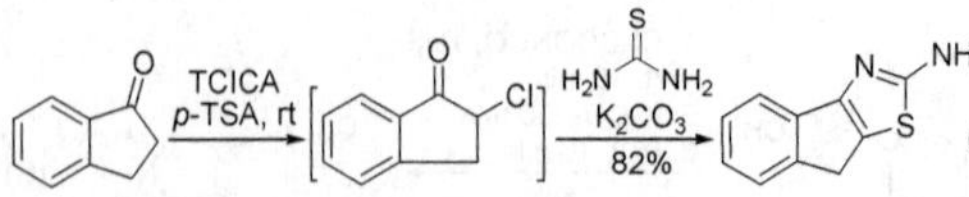

(10)

炔醇的双氯化反应 使用 TCICA，经过 Meyer-Schuster 重排反应可将丙炔醇化合物转化为 α,α-二氯代酮醇化合物 (式 11)[10]；当炔基与羟基之间的碳链长度为 2~3 时，可得到 α,α-二氯代半缩醛化合物 (式 12)；当末端炔基与羟基之间的碳链长度为 4 时，则得到二氯代甲基半缩醛化合物 (式 13)。

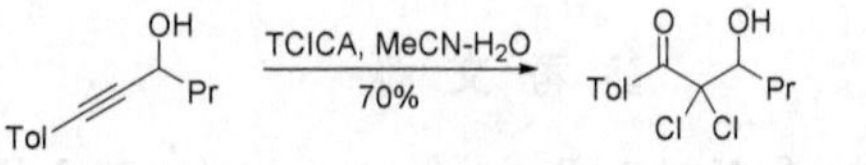

(11)

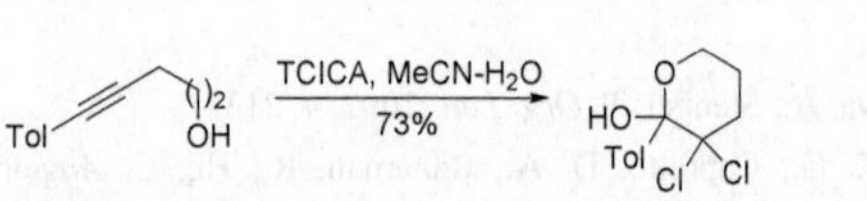

(12)

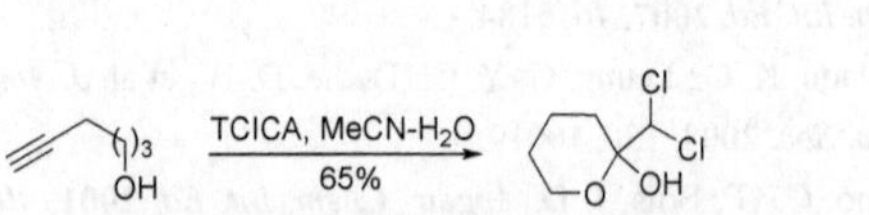

(13)

异喹啉酮的氯化反应 新制备的 TCICA 和三苯基膦混合使用能扩大氯化反应的底物范围。使用该催化体系可将醇转化为烷基氯化物，将羧酸转化为羧酸氯化物，将 1,3-二酮转化为烯基氯化物[11,12]。如式 14 所示[13]：喹啉酮化合物在 TCICA/PPh$_3$ 的作用下可生成 2-氯喹啉。

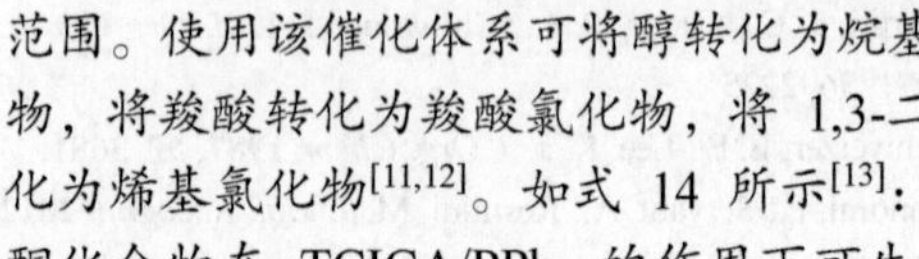

(14)

将醇氧化成醛或酮 如式 15 所示[14,15]：使用 TCICA 为氧化剂，在添加甲醇的条件下可将仲醇氧化成相应的 α-氯代酮。使用 TCICA 和 TEMPO 共同氧化，可将伯醇的氧化停留到生成醛的阶段，得到 α-氯代醛化合物 (式 16)。

(15)

$$\text{HO}\overset{\text{Ph}}{\underset{\text{H}}{|}} \xrightarrow[\substack{\text{DCM, rt, 0.5 h} \\ 87\%}]{\text{TCICA (0.8 equiv), TEMPO (6 mol\%)}} \text{O}=\overset{\text{Ph}}{\underset{\text{Cl}}{|}} \quad (16)$$

$$\text{PhCO}_2\text{H} \xrightarrow[60\%]{\text{TCICA, NaNO}_2\text{, DMF, rt, 9.5 h}} \text{HO}_2\text{C}-\text{OH} \quad (22)$$

将醛氧化成酸 使用 TCICA 作为氧化剂和氯化剂可直接由醛出发制备酯 (式 17)[16]。在反应过程中，醛被氧化成酸后再经氯化生成酰氯，然后与醇反应生成酯。

$$\text{PhNO}_2 \xrightarrow[64\%]{\text{TCICA, NaNO}_2\text{, DMF, rt, 9.0 h}} \text{O}_2\text{N}\diagdown\diagup\text{NO}_2 \quad (23)$$

$$\text{Ph}\overset{\text{O}}{\underset{}{|}}\text{H} \xrightarrow[\text{DCM, rt}]{\text{TCICA, DCM, rt}} \text{Ph}\overset{\text{O}}{\underset{}{|}}\text{Cl} \xrightarrow[\substack{\text{DCM, 0 °C;} \\ \text{rt, 1 h} \\ 90\%}]{\text{BnOH, NEt}_3\text{/DMAP}} \text{Ph}\overset{\text{O}}{\underset{}{|}}\text{O}\diagup\text{Ph} \quad (17)$$

烯烃的氧化 TCICA 可将查耳酮分子中的双键氧化成相应的环氧化物[17]。在添加手性季铵盐 PTC 的条件下，可得到单一立体选择性的氧化产物 (式 18)。

$$\text{Ph}\diagup\diagdown\overset{\text{O}}{\underset{}{|}}\text{Ph} \xrightarrow[\substack{\text{PhMe, aq. 50\% KOH (50\%)} \\ 89\%, 96\% \text{ ee}}]{\text{TCICA, chiral PTC (10 mol\%)}} \text{Ph}\diagup\overset{\text{O}}{\diagdown}\overset{\text{O}}{\underset{}{|}}\text{Ph} \quad (18)$$

chiral PTC =

脱氢的反应 当 TCICA 和有机碱一起使用时，可以高效地催化含氮杂环化合物的脱氢反应[18]。如式 19 所示[19]：二氢吲哚在 TCICA 和 DBU 作用下脱氢生成吲哚。

$$\underset{\text{N}\atop\text{H}}{} \xrightarrow[89\%]{\text{TCICA, DBU, MTBE/EtOAc, }-20\text{ °C}} \underset{\text{N}\atop\text{H}}{} \quad (19)$$

对硫化物的氧化 硫醇或者二硫化物在 TCICA 的氧化下可生成磺酰氯或者亚砜化合物。如式 20 所示[20]：反应可在水溶液中进行，所得磺酰氯与有机胺在原位反应可进一步得到磺酰胺化合物。

$$\underset{\text{PhSH}}{\overset{\text{Ph-S-S-Ph}}{\underset{\text{或}}{}}} \xrightarrow[\substack{\text{15 min, 0 °C}}]{\text{TCICA, H}_2\text{O}} \text{PhSO}_2\text{Cl} \xrightarrow[\substack{\text{H}_2\text{O} \\ 0.5\text{ h, 0 °C} \\ 97\%}]{^n\text{PrNH}_2\text{, K}_2\text{CO}_3} \text{PhSO}_2\text{NH}^n\text{Pr} \quad (20)$$

此外，TCICA 也可和 NaNO$_2$ 一起使用，与各种芳基化合物 (如酚、酸、苯胺、甲苯等) 发生硝化反应 (式 21~式 23)[21]。

$$\diagbox{}-\text{X} \xrightarrow[\substack{\text{X = OH, 7.5 h, 78\%} \\ \text{X = NH}_2\text{, 8 h, 75\%}}]{\text{TCICA, NaNO}_2\text{, DMF, rt}} \text{X}-\diagbox{}-\text{OH} \quad (21)$$

参 考 文 献

[1] Filler, R. *Chem. Rev.* **1963**, *63*, 21.

[2] 王宏波，张亨. 盐业与化工，**2013**, *42*, 48.

[3] Liu, R. X.; Wang, J. S.; Xu, Y. Y.; Lv, Z. R.; Zhang, Z. L.; Guo, B. J.; Song, Y. M.; Zhu, G. C.; Du, J. D. Preparation method of trichloroisocyanuric acid by solvent process, 106045927. [P]2016-10-26.

[4] Hiegel, G. A.; Hogenauer, T. J. *Synth. Commun.* **2005**, *35*, 2091.

[5] De Luca, L.; Giacomelli, G.; Nieddu, G. *Synlett* **2005**, 223.

[6] Makosza, M.; Bobryk, K.; Krajewski, D. *Heterocycles* **2008**, *76*, 1511.

[7] Combe, S. H.; Hosseini, A.; Parra, A.; Schreiner, P. R. *J. Org. Chem.* **2017**, *82*, 2407.

[8] Mishra, A. K.; Nagarajaiah, H.; Moorthy, J. N. *Eur. J. Org. Chem.* **2015**, 2733.

[9] Nagarajaiah, H.; Mishra, A. K.; Moorthy, J. N. *Org. Biomol. Chem.* **2016**, *14*, 4129.

[10] D'Oyley, J. M.; Aliev, A. E.; Sheppard, T. D. *Angew. Chem. Int. Ed.* **2014**, *53*, 10747.

[11] Hiegel, G. A.; Ramirez, J.; Barr, R, K.; *Synth. Commun.* **1999**, *29*, 1415.

[12] Hiegel, G. A.; Rubino, M. *Synth. Commun.* **2002**, *32*, 2691.

[13] Sugimoto, O.; Ken-ichi, T. *Heterocycles* **2005**, *65*, 181.

[14] De Luca, L.; Giacomelli, G.; Porcheddu, A. *Org. Lett.* **2001**, *33*, 2003.

[15] Jing, Y.; Daniliuc, C. G.; Studer, A. *Org. Lett.* **2014**, *16*, 4932.

[16] Gaspa, S.; Porcheddu, A.; De Luca, L. *Org. Lett.* **2015**, *17*, 3666.

[17] Ye, J.; Wang, Y.; Liu, R.; et al. *Chem. Commun.* **2003**, 2714.

[18] Haffer, G.; Nickisch, K.; Tilstam, U. *Heterocycles* **1998**, *48*, 993.

[19] Tilstam, U.; Harre, M.; Heckrodt, T.; Weinmann, H. *Tetrahedron Lett.* **2001**, *42*, 2803.

[20] Massah, A. R.; Sayadi, S.; Ebrahimi, S. *RSC Adv.* **2012**, *2*, 6606.

[21] Satish Kumar, M.; Rajanna, K. C.; Venkateswarlu, M.; et al. *Synth. Commun.* **2005**, *45*, 2251.

[郑伟平，清华大学化学系；HYF]

三(三苯基膦)羰基氢化钌

【英文名称】 Carbonyldihydridotris(triphenylphosphine)ruthenium(II)

【分子式】 C$_{55}$H$_{45}$OP$_3$Ru

【分子量】 919.97

【CAS 登录号】 [25360-32-1]

【缩写和别名】 三(三苯基膦)羰基二氢钌(Ⅱ)，三苯基膦氢化羰基钌(Ⅱ)，羰基(二氢)三(三苯基膦)钌，Dihydridotris(triphenylphosphine) ruthenium carbonyl

【结构式】

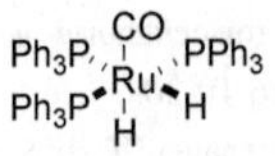

$$\underset{Ph_3P}{\overset{Ph_3P}{\diagdown}}\underset{H}{\overset{CO\quad PPh_3}{\underset{|}{Ru}}}H$$

【物理性质】 灰白色粉末固体，mp 161~163 ℃。溶于甲苯、二氯甲烷、丙酮、甲醇等有机溶剂。

【制备和商品】 国内外化学试剂公司均有销售。

【注意事项】 该试剂易潮解，应冷藏密闭保存。

　　三(三苯基膦)羰基二氢钌 $[RuH_2(CO)(PPh_3)_3]$ 是常用的钌金属催化剂，是 C-H 键活化及其 C-C 键和 C-X 键形成反应的重要催化剂。

　　芳烃 C-H 键的选择性活化及其官能团化反应是合成多取代芳烃的重要反应。该试剂是催化芳烃 C-H 键与烯烃进行加成反应的高效催化剂之一。例如：该催化剂能高效、高选择性地催化乙酰苯酮邻位 C-H 键与末端烯烃的选择性加成反应 (式 1)[1]。也可以催化苯腈邻位两个 C-H 键与烯烃的加成反应 (式 2)[2]。通过改变不同的定向基团，用该试剂作为催化剂发展了不同芳烃与烯烃的加成产物[3]。

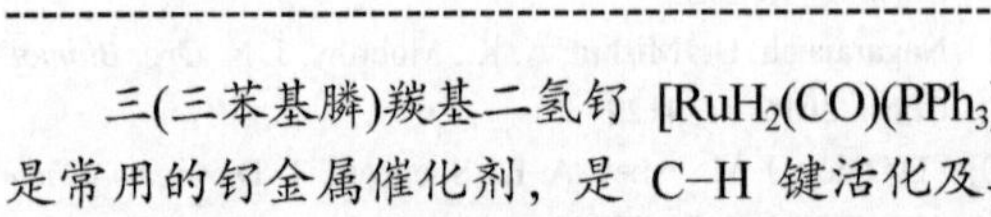

$$\text{(1)}$$

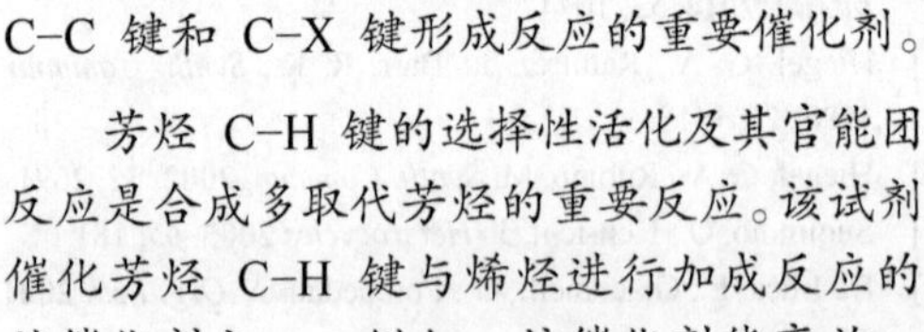

$$\text{(2)}$$

　　该试剂作为催化剂，还可以催化芳酮邻位 C-H 键与芳基硼酸或硼酯类化合物的直接交叉偶联反应形成联苯类化合物 (式 3)[4]。

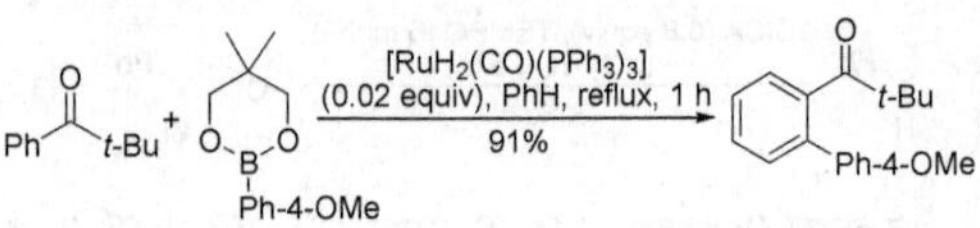

$$\text{(3)}$$

　　芳醚类化合物中的 C-O 键由于其较大的解离能使其反应活性较低[5]。但是，该试剂通过钌金属与羰基的配位作用，实现了邻甲氧基芳酮 C-O 键与芳基硼酸酯的交叉偶联反应形成 C-C 键 (式 4)[6]。该试剂还可以同时催化邻甲氧基芳酮邻位 C-H 键与烯烃的加成反应以及甲氧基与芳基硼酸的交叉偶联反应[7]。

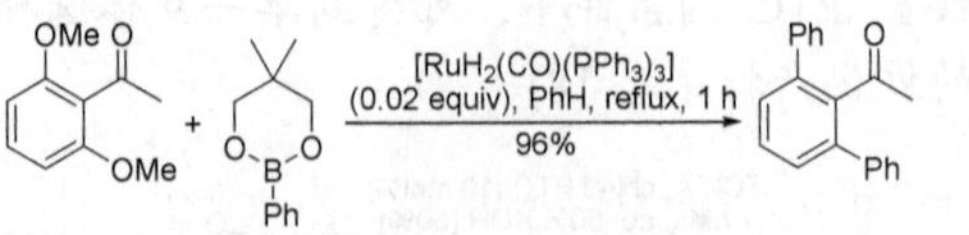

$$\text{(4)}$$

　　芳胺 C-N 键的活化及其官能团化反应也是一个不易实现的化学转变。但是，该试剂可以催化邻氨基芳酮与芳基硼酸酯的交叉偶联反应，实现了 C-N 键的断裂与 C-C 键的形成反应 (式 5)[8]。

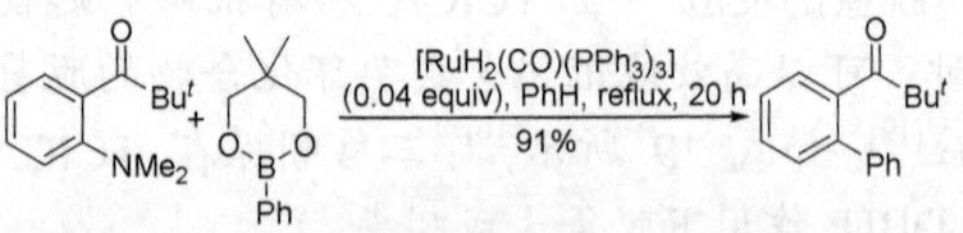

$$\text{(5)}$$

　　在 dppe 配体的存在下，该试剂能催化肟的贝克曼重排反应，高选择性、高产率地生成相应的酰胺产物 (式 6)[9]。

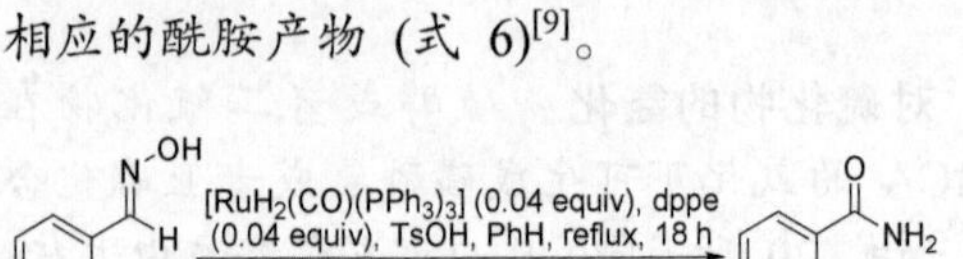

$$\text{(6)}$$

　　过渡金属配合物催化的氢转移反应已被广泛地应用于各种有机化合物的氧化反应。该试剂催化的氢转移反应能够用于合成苯并咪唑衍生物 (式 7)[10]。

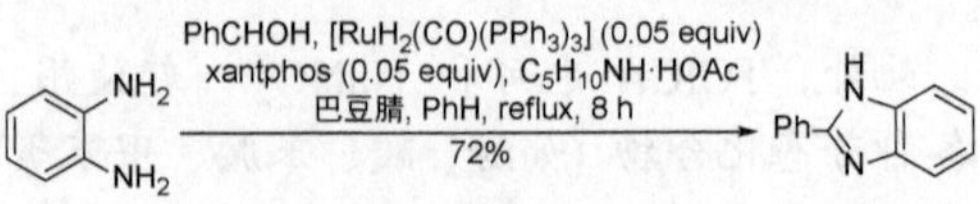

$$\text{(7)}$$

参 考 文 献

[1] [1]Murai, S.; Kakiuchi, F.; Sekine, S.; et al. *Nature* **1993**, *366*, 529.

[2] Kakiuchi, F.; Sonoda, M.; Tsujimoto, T.;et al. *Chem. Lett.* **1999**, 1083.

[3] (a) Kakiuchi, F.; Sato, T.; Tsujimoto, T.; et al. *Chem. Lett.* **1998**, 1053. (b) Kakiuchi, F.; Sato, T.; Igi, K.; et al. *Chem. Lett.* **2001**, 386.

[4] Kakiuchi, F.; Kan, S.; Igi, K.; et al. *J. Am. Chem. Soc.* **2003**, *125*, 1698.

[5] Blanksby, S. J.; Ellison, G. B. *Acc. Chem. Res.* **2003**, *36*, 255.

[6] Kakiuchi, F.; Usui, M.; Ueno, S.; et al. *J. Am. Chem. Soc.* **2004**, *126*, 2706.

[7] Ueno, S.; Mizushima, E.; Chatani, N.; Kakiuchi, F. *J. Am. Chem. Soc.* **2006**, *128*, 16516.

[8] Ueno, S.; Chatani, N.; Kakiuchi, F. *J. Am. Chem. Soc.* **2007**, *129*, 6098.

[9] Owston, N. A.; Parker, A. J.; Williams, J. M. J. *Org. Lett.* **2007**, *9*, 3599.

[10] Blacker, A. J.; Farah, M. M.; Hall, M. I.; et al. *Org. Lett.* **2009**, *11*, 2039.

[华瑞茂, 清华大学化学系; HRM]

三(五氟苯基)硼烷

【英文名称】 Tris(pentafluorophenyl)borane

【分子式】 $C_{18}BF_{15}$

【分子量】 511.98

【CAS 登录号】 [1109-15-5]

【缩写和别名】 TPFPB, Tris(pentafluorophenyl)borane, BCF

【结构式】

【物理性质】 粉末状固体, mp 126~131 ℃。

【制备和商品】 可由五氟溴苯与 BCl_3 通过格氏试剂制备 (式 1)。

【注意事项】 该试剂在常温下稳定。对湿度敏感, 密封保存。

三(五氟苯基)硼烷 $[B(C_6F_5)_3]$ 与水能形成稳定的配合物而不发生分解[1~3]。在 ^{19}F NMR 和 ^1H NMR 的实时监控下用水滴定 $B(C_6F_5)_3$ 的甲苯溶液, 表明 $B(C_6F_5)_3$ 先与水以 1/1 的比例形成配合物, 然后再通过氢键逐步形成二水合物和三水合物 (式 2)[1]。

Gevorgyan 等[4,5]以 $B(C_6F_5)_3$ 为催化剂, 以 $HSiEt_3$ 为还原剂将醇 (醚) 还原成烷烃。醇 (醚) 的反应活性与传统的 Lewis 酸催化的反应正好相反。伯醇很容易被还原成烷烃, 而脂肪族仲醇、叔醇及其醚则不被还原, 只能得到硅醚。芳香族仲醇、叔醇很容易被还原成烷烃。如 Ph_2CHOH 或 Ph_3COH 在 $B(C_6F_5)_3$ 的催化下可被 $HSiEt_3$ 分别还原成 Ph_2CH_2 和 Ph_3CH, 产率可达 98% (式 3)。

如式 4 和式 5 所示[6]: 三(五氟苯基)硼烷作用于烯烃和炔烃的叔胺衍生物, 使其分子间和分子内相互作用, 生成新型的两可性硼盐。

三(五氟苯基)硼烷与炔类化合物在 CD_2Cl_2 溶剂中于室温反应, 得到 E/Z-型混合物。经光照后再与 ArX 在 $[Pd(PPh_3)_4]$ 的催化下发生交叉偶联反应,可以得到 Z-烯烃化合物 (式 6)[7]。

$$B(C_6F_5)_3 + H\text{—}\!\!\equiv\!\!\text{—}R \xrightarrow{\text{1,1-carboration}} \xrightarrow{h\nu}$$

$$\xrightarrow[\text{NaOH, THF/H}_2\text{O}]{\text{ArX, [Pd(PPh}_3)_4]} \quad \underset{C_6F_5}{\overset{Ar}{>}}\!\!=\!\!\underset{R}{\overset{H}{<}} \quad \begin{matrix} R = Pr, 86\% \\ R = {}^tBu, 64\% \end{matrix} \tag{6}$$

二苯并二环戊烯类衍生物是 π 电子体系。其电子特性[8]引起了化学家们很大的关注。如式 7 所示[9]:1,2-苯乙炔基四氟苯与三(五氟苯基)硼烷在二氯甲烷中反应,可以合成二苯并二环戊烯类衍生物。

$$\xrightarrow[-20\,^{\circ}\text{C}\sim\text{rt, 2 d}]{\text{B(C}_6\text{F}_5)_3,\ \text{DCM}} \quad \text{(7)}$$
$$58\%$$

如式 8 所示[10]:三(五氟苯基)硼烷与三甲苯基膦和 1,6-庚二炔反应可以合成八元环结构的产物。

$$B(C_6F_5)_3 + P(Tol)_3 + \xrightarrow[70\%]{\text{PhH, rt, 12 h}} \tag{8}$$

参 考 文 献

[1] Beringhelli, T.; Maggioni, D.; Alfonso, G. D. *Organometallics* **2001**, *20*, 4927.

[2] Drewitt, M. J.; Niedermann, M.; Baird, M. C. *Inorg. Chim. Acta* **2002**, *340*, 207.

[3] Beringhelli, T.; Alfonso, G, D.; Donghi, D. *Organometallics* **2004**, *23*, 5493.

[4] Gevorgyan, V.; Rubin, M.; Benson, S. *J. Org. Chem.* **2000**, *65*, 6179.

[5] Gevorgyan, V.; Liu, J. X.; Rubin, M. *Tetrahedron Lett.* **1999**, *40*, 8919.

[6] Voss, T.; Chen, C.; Kehr, G.; et al. *Chem. Eur. J.* **2010**, *16*, 3005.

[7] Chen, C.; Voss, T.; Kehr, G.; et al. *Org. Lett.* **2011**, *13*, 62.

[8] Kawase, T.; Fujiwara, T.; Kitamura, C.; et al. *Angew. Chem. Int. Ed.* **2010**, *49*, 7728.

[9] Chen, C.; Harhausen, M.; Liedtke, R.; et al. *Angew. Chem. Int. Ed.* **2013**, *52*, 5992.

[10] Chen, C.; Fröhlich, R.; Kehr, G.; Erker, G. *Chem. Commun.* **2010**, *46*, 3580.

[庞鑫龙、陈超*,清华大学化学系;CC]

410

三乙氧基硅烷

【英文名称】 Triethoxysilane

【分子式】 $C_6H_{16}O_3Si$

【分子量】 164.31

【CAS 登录号】 [998-30-1]

【缩写和别名】 三乙氧基矽烷 (旧称,已废除)

【结构式】 $HSi(OEt)_3$

【物理性质】 bp 134~135 $^{\circ}$C,mp −170 $^{\circ}$C,ρ 0.89 g/cm^3。溶于大多数有机溶剂,如乙醚、四氢呋喃、烷烃、芳香烃和氯代烃等。

【制备和商品】 国内外化学试剂公司均有销售。可由三氯硅烷与无水乙醇反应来制取,也可在铜催化剂存在下由硅粉与乙醇反应来制取。该试剂一般不在实验室制备。

【注意事项】 该试剂具有强烈的吸湿性,对空气和湿气敏感,应注意防潮。遇水会发生反应放出乙醇。使用时在通风橱中进行操作,应注意避免接触眼睛和皮肤。

三乙氧基硅烷是实验室常用的硅氢化反应试剂,能够有效地在碳-碳多重键上引入三乙氧基硅,然后衍生出各类有机硅化合物。在温和的反应条件下,常用铂、钯、铑和钌等过渡金属催化剂促进三乙氧基硅烷在碳-碳双键、碳-碳三键上的硅氢化反应 (式 1)[1]。

$$HSi(OEt)_3 + CH_2\!=\!CH_2 \xrightarrow[97\%]{\text{RuCl}_3\cdot3\text{H}_2\text{O, CuCl, 50 }^{\circ}\text{C, 6 h}} EtSi(OEt)_3 \tag{1}$$

在无溶剂的条件下,使用铂催化剂催化三乙氧基硅烷对烯烃进行硅氢化反应,三乙氧基硅主要进攻取代基少的双键碳 (式 2)[2]。烯烃底物中的羟基、酯基、芳环、环氧等官能团在反应中都不受影响。

$$\tag{2}$$

在镍催化剂的作用下，使用三乙基硼氢化钠作为促进剂能够促进三乙氧基硅烷对不对称烯烃进行有效的硅氢化反应 (式 3)[3]。该反应所得的硅氢化产物具有较高的区域选择性。

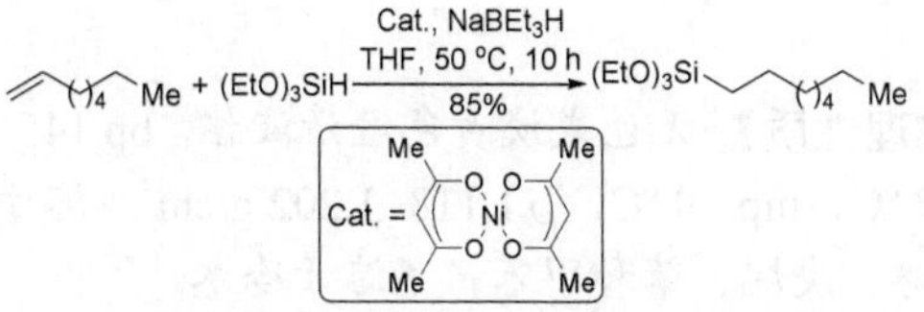

(3)

在铂催化剂和格氏试剂的协同作用下，三乙氧基硅烷对共轭二烯烃进行选择性硅氢化反应，主要生成 1,2-加成产物 (式 4)[4]。

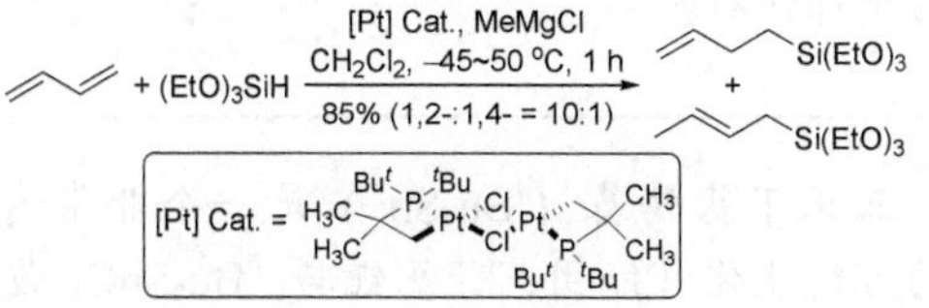

(4)

在过渡金属催化剂的作用下，三乙氧基硅烷很容易在三键上进行加成，反应的区域选择性和立体选择性往往与催化剂的类型和炔烃三键的化学环境相关。钯试剂和有机磷的催化体系能够促进三乙氧基硅烷在缺电子的炔烃 (如 α,β-炔烃) 羧酸酯的三键上进行高度区域选择性和立体选择性的加成，几乎定量地转化成 (E)-α-三乙氧基硅基-α,β 不饱和羧酸酯 (式 5)[5]。除羧酸酯外，其它炔烃底物如醛酮羰基、酰胺基和磺酰基等都有利于该反应。

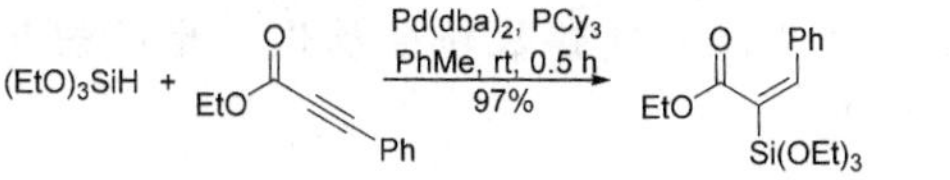

(5)

而在镍催化剂和三乙基硼氢化钠体系的作用下，三乙氧基硅烷能够对富电子炔烃的三键进行硅氢化反应 (式 6)[3]。该反应具有较高的立体选择性，得到顺式加成产物，但对于不对称的底物则缺少区域选择性。

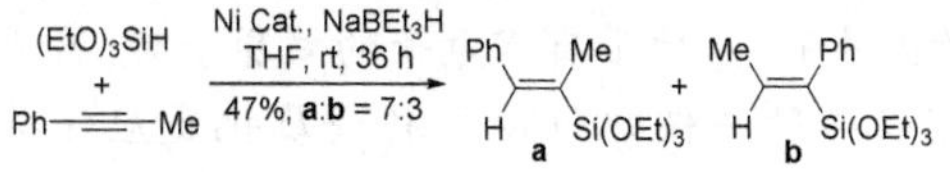

(6)

类似于碳-碳双键和碳-碳三键的硅氢化反应，在金属铁、钴等催化剂的作用下，三乙氧基硅烷也能够顺利地对醛、酮羰基进行硅氢化反应生成硅酯，随后通过简单的碱性水解获得相应的醇类合物 (式 7 和式 8)[6,7]。

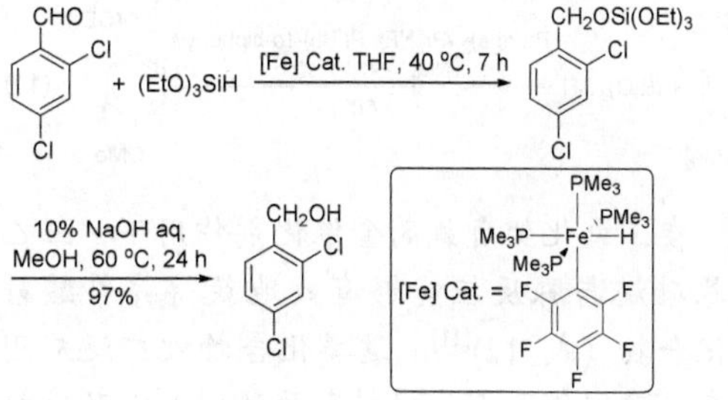

(7)

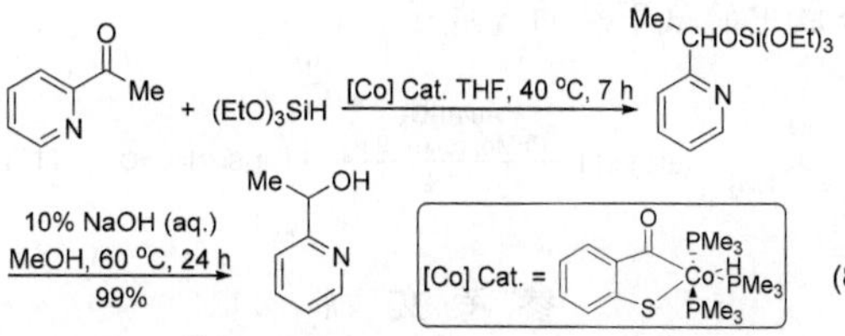

(8)

值得注意的是，在锌催化剂的作用下，三乙氧基硅烷也能够与二氧化碳的羰基发生硅氢化反应 (式 9)[8]。该反应使用廉价的二氧化碳，不仅开辟了二氧化碳利用的新途径，也为具有重要用途的甲酸及其衍生物的制备提供了一个新方法。

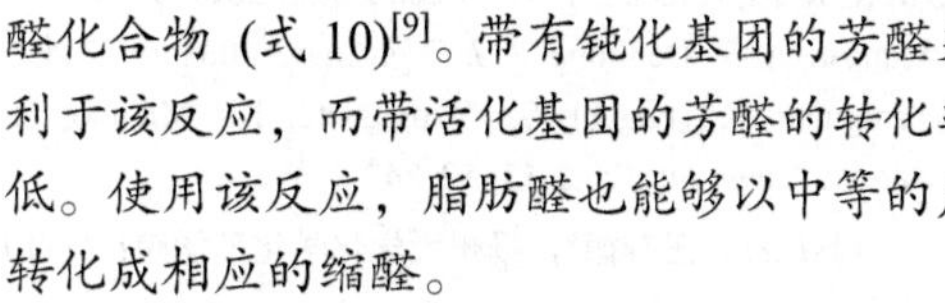

(9)

在温和条件下，锑催化剂催化三乙氧基硅烷与醛在无溶剂条件下反应，可有效地获得缩醛化合物 (式 10)[9]。带有钝化基团的芳醛更有利于该反应，而带活化基团的芳醛的转化率稍低。使用该反应，脂肪醛也能够以中等的产率转化成相应的缩醛。

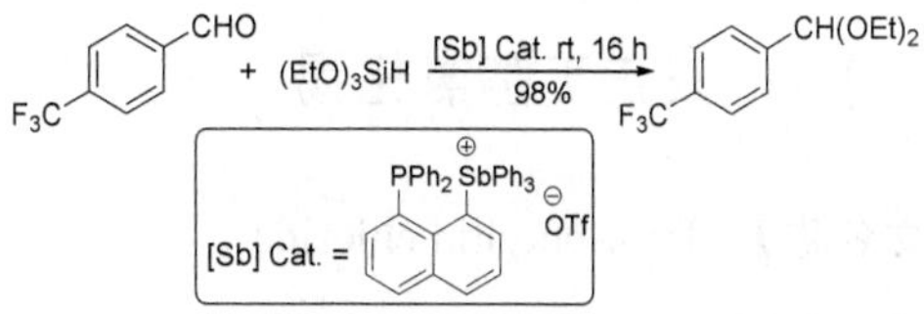

(10)

此外在温和条件下，钯催化剂催化芳卤与三乙氧基硅烷可经偶联反应直接获得芳基硅化合物 (式 11)[10]。该反应具有较大的局限性，仅仅适用于带有供电子基团的芳卤。而带有吸电子基团的芳卤，包括卤代含氮六元芳香化合物就很难发生该反应。

$$\text{(11)}$$

在三氧化铝负载的金催化剂作用下，三乙氧基硅烷与脲反应能够有效地获得异氰酸硅酯化合物 (式 12)[11]。这类化合物被广泛应用于有机硅烷偶联剂、材料表面整理剂以及有机合成中的氨甲酰的合成子。

$$\text{(12)}$$

参 考 文 献

[1] Liu, L.; Li, X. N.; Dong, H.; Wu, C. *J. Organomet. Chem.* **2013**, *745*, 454.

[2] Dierick, S.; Vercruysse, E.; Berthon-Gelloz, G.; Mark, I. E. *Chem. Eur. J.* **2015**, *21*, 17073.

[3] Srinivas, V.; Nakajima, Y.; Ando, W.; et al. *J. Organomet. Chem.* **2016**, *809*, 57.

[4] Parker, S. E.; Borgel, J.; Ritter, T. *J. Am. Chem. Soc.* **2014**, *136*, 4857.

[5] Sumida, Y.; Kato, T.; Yoshida, S.; Hosoya, T. *Org. Lett.* **2012**, *14*, 1552.

[6] Zheng, T. T.; Li, J. Y.; Zhang, S. M.; et al. *Organometallics* **2016**, *35*, 3538.

[7] Niu, Q. F.; Sun, H. J.; Li, X. Y.; et al. *Organometallics* **2013**, *32*, 5235.

[8] Specklin, D.; Fliedel, C.; Gourlaouen, C.; et al. *Chem. Eur. J.* **2017**, *23*, 5509.

[9] Ugarte, R. A.; Hudnall, T. W. *Green Chem.* **2017**, *19*, 1990.

[10] Manoso, A. S.; DeShong, P. *J. Org. Chem.* **2001**, *66*, 7449.

[11] Taniguchi, K.; Itagaki, S.; Yamaguchi, K.; Mizuno, N. *Angew. Chem. Int. Ed.* **2013**, *52*, 842.

[苏振杰，王存德*，扬州大学化学化工学院；HYF]

三正丁基氯化锡

【英文名称】 Tri-*n*-butyltin chloride

【分子式】 $C_{12}H_{27}ClSn$

【分子量】 325.51

【CAS 登录号】 [1461-22-9]

【缩写和别名】 Chlorotributyltin, Trinbutyltin

chloride，Tributylstannanylium chloride

【结构式】

【物理性质】 无色或淡黄色澄清液体。bp 145~147 ℃，mp −9 ℃，ρ 1.118~1.202 g/cm³。溶于乙醇、庚烷、苯和甲苯，不溶于冷水。

【制备和商品】 国内外试剂公司均有销售。可由四正丁基锡与四氯化锡反应来制备。

【注意事项】 遇热水水解，有毒和腐蚀性，需密封干燥保存。

三正丁基锡基 ($^nBu_3Sn-$) 是一个非常有用的可衍生化官能团，芳基锂与 $^nBu_3SnCl$ 发生转金属化反应生成 $ArSn^nBu_3$ 后便可以进一步衍生化 (式 1)[1]。

$$\text{(1)}$$

使用正丁基锂将 $^nBu_3SnCl$ 锂化后与醛反应生成醇。若将羟基保护起来，通过加入正丁基锂又能实现锡基转金属化，生成锂盐 (式 2)[2]。

$$\text{(2)}$$

将 $^nBu_3SnCl$ 与烯丙基格氏试剂或烯丙基锂反应，可以得到烯丙基三正丁基锡化合物。当烯丙基的 α-位带有富电子的氧原子时，氧原子可以通过与锂配位使得转金属化反应保持较高的选择性 (式 3)[3,4]。

$$\text{(3)}$$

^{n}Bu$_3$SnCl 还能与烯基铜、烯基铝发生转金属化反应，生成三正丁基锡基取代的烯基化合物 (式 4 和式 5)[5,6]。

$$\text{Pr}\underset{\text{Cu}}{\overset{\text{TMS}}{=}} \xrightarrow[56\%]{^n\text{Bu}_3\text{SnCl, HMPA, }-50\ ^{\circ}\text{C}} \text{Pr}\underset{\text{Sn}^n\text{Bu}_3}{\overset{\text{TMS}}{=}} \qquad (4)$$

$$\underset{\text{C}_6\text{H}_{13}}{\overset{\text{Al}^i\text{Bu}_2}{\diagdown}}\underset{\text{H}}{=} \xrightarrow[80\%]{^n\text{Bu}_3\text{SnCl, LiCl, }-25\ ^{\circ}\text{C}} \underset{\text{C}_6\text{H}_{13}}{\overset{\text{Sn}^n\text{Bu}_3}{\diagdown}}\underset{\text{H}}{=} \qquad (5)$$

将 α,β 不饱和酮首先用 LDA 锂化，然后再与 ^{n}Bu$_3$SnCl 反应能够得到稳定的 γ-位被锡基取代的 α,β 不饱和酮 (式 6)[7]。

$$\xrightarrow[\substack{83\% \\ E:Z = 13:87}]{\substack{1.\ \text{LDA, }-78\ ^{\circ}\text{C} \\ 2.\ ^n\text{Bu}_3\text{SnCl, }20\ ^{\circ}\text{C}}} \qquad (6)$$

^{n}Bu$_3$SnCl 锂化后经 LiAlEt$_2$ 转金属化反应生成 Sn-Al 中间体。在 CuCN 催化下，该中间体再与炔烃加成生成乙基铝和三正丁基锡取代的烯烃化合物。该反应具有较好的选择性，可进一步与亲电试剂发生双偶联反应 (式 7)[8]。

$$^n\text{Bu}_3\text{SnCl} \xrightarrow[\text{2. LiAlEt}_2]{\text{1. }^n\text{BuLi, THF}} {}^n\text{Bu}_3\text{SnAlEt}_2 \xrightarrow[\text{CuCN, }-30\ ^{\circ}\text{C}]{\equiv\!-\text{C}_8\text{H}_{17}} \underset{\text{Et}_2\text{Al}}{\overset{\text{H}}{\diagdown}}\underset{\text{Sn}^n\text{Bu}_3}{\overset{\text{C}_8\text{H}_{17}}{\diagup}} \qquad (7)$$

参 考 文 献

[1] Thibault, D.; Hoang, T. N. Y.; Marie, H.-D.; et al. *Inorg. Chem.* **2013**, *52*, 5570.

[2] Still, W. C. *J. Am. Chem. Soc.* **1978**, *100*, 1481.

[3] (a) Seyferth, D.; Weiner, M. A. *J. Org. Chem.* **1961**, *26*, 4797. (b) Grignon, J.; Servens, C.; Pereyre, M. *J. Organomet. Chem.* **1975**, *96*, 225.

[4] (a) Yamamoto, Y. *Acc. Chem. Res.* **1987**, *20*, 243. (b) Yamamoto, Y.; Maruyama, K. *J. Organomet. Chem.* **1985**, *292*, 311.

[5] Obayashi, M.; Utimoto, K.; Nozaki, H. *J. Organomet. Chem.* **1979**, *177*, 145.

[6] Groh, B. L. *Tetrahedron Lett.* **1991**, *32*, 7647.

[7] Yamamoto, Y.; Hatsuya, S.; Yamada, J. *J. Org. Chem.* **1990**, *55*, 3118.

[8] Sharma, S.; Oehlschlager, A. C. *J. Org. Chem.* **1989**, *54*, 5064.

[陈俊杰，陈超*，清华大学化学系；CC]

十六羰基六铑

【英文名称】 Hexarhodium hexadecacarbonyl

【分子式】 Rh$_6$(CO)$_{16}$

【分子量】 1065.59

【CAS 登录号】 [28407-51-4]

【缩写和别名】 Carbon monooxide - rhodium (16:6)

【结构式】

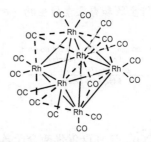

【物理性质】 紫棕黑色晶体，mp 238~242 ℃。微溶于二氯甲烷、氯仿，在空气中稳定。

【制备和商品】 国内外化学试剂公司均有销售。

【注意事项】 保持贮藏器密封、储存在阴凉、干燥的地方。使用时确保工作间有良好的通风或排气装置。

Rh$_6$(CO)$_{16}$ 是羰基铑配合物的主要存在分子之一，在有机合成反应中被用作氢甲酰化反应、氢化反应、羰基化反应等的催化剂，也是制备其它铑羰基化合物合成的前体。

在杂多酸共催化剂存在下，Rh$_6$(CO)$_{16}$ 能够催化内部烯烃的加氢甲酰化反应。生成的氢甲酰化产物可以原位发生高选择性的三聚反应，得到 1,3,5-三氧六环衍生物 (式 1)[1]。

$$\xrightarrow[\substack{\text{(0.002 equiv), H}_3\text{PW}_{12}\text{O}_{40}\ \text{(0.02 equiv)} \\ \text{THF, 100 ℃, 16 h} \\ \textbf{a} 14\%, \textbf{b} 81\%}]{\text{CO/H}_2\ (1:1,\ 40\ \text{atm}),\ \text{Rh}_6(\text{CO})_{16}} \qquad (1)$$

Rh$_6$(CO)$_{16}$ 可以催化 CO 与 H$_2$O 反应生成 H$_2$ 和 CO$_2$，利用原位生成的 H$_2$ 可以选择性地对 α,β 不饱和羰基化合物的碳-碳双键进行加氢还原 (式 2)[2]。在温和的条件下使用甲酸为氢源，该试剂也能催化 α,β 不饱和醛碳-碳双键的加氢反应 (式 3)[3]。

$$Ph \text{—CH=CH—} \overset{O}{\underset{}{C}} Ph \xrightarrow[\substack{H_2O (3 equiv), THF, 130\ ^{\circ}C, 20\ h \\ 95\%}]{CO (100\ kg/cm^3),\ Rh_6(CO)_{16}(0.006\ equiv)} Ph \text{—CH}_2\text{CH}_2\text{—} \overset{O}{\underset{}{C}} Ph \quad (2)$$

$$Ph \text{—CH=CH—CHO} \xrightarrow[\substack{4\text{-DMAP (2 equiv), HCO}_2H (2 equiv) \\ THF, 30\ ^{\circ}C, 8\ h \\ 87\%}]{CO (5\ atm),\ Rh_6(CO)_{16}(0.006\ equiv)} Ph \text{—CH}_2\text{CH}_2\text{—CHO} \quad (3)$$

在 H$_2$O 和 CO 的存在下，Rh$_6$(CO)$_{16}$ 可以催化邻炔基苯酚的环化羰基化反应，生成苯并呋喃酮衍生物和香豆素衍生物 (式 4)[4]。

$$(4)$$
94%, a/b = 52:25

Rh$_6$(CO)$_{16}$ 还可以催化两分子苯乙炔和三分子 CO 的还原羰基化环化反应，得到具有荧光性质的五元并环二酮类化合物 (式 5)[5]。虽然该反应的产率较低，但反应体系简单。

$$Ph\text{—} \xrightarrow[\substack{(100\ psi),\ PhH,\ 100\ ^{\circ}C,\ 24\ h \\ 25\%}]{Rh_6(CO)_{16} (0.004\ equiv),\ CO} \quad (5)$$

Rh$_6$(CO)$_{16}$ 除了作为加氢和羰基化催化剂以外，也可以作为催化氧化反应的催化剂。例如：可以将 CO 经氧气氧化成为 CO$_2$ 或将酮氧化为羧酸[6]。

Rh$_6$(CO)$_{16}$ 与配体或配合物反应是合成其它铑羰基化合物的重要反应。在不同的反应条件下，它与多烯反应可以合成不同铑金属数的铑配合物[7]；与环戊二烯配位的铑羰基配合物的反应可以合成复杂的铑簇合物 (式 6)[8]。

$$(6)$$
65%
[Rh] = Rh(CO)$_2$

参 考 文 献

[1] Ali, B. E. *J. Mol. Catal. A: Chem.* **2003**, *203*, 53.

[2] Kitamura, T.; Sakamoto, N.; Joh, T. *Chem. Lett.* **1973**, 379.

[3] Mizugaki, T.; Kanayama, Y.; Ebitani, K.; Kaneda. K. *J. Org. Chem.* **1998**, *63*, 2378.

[4] Yoneda, E.; Sugioka, T.; Hirao, K.; et al. *J. Chem. Soc., Perkin Trans 1*, **1998**, 477.

[5] Wang, C.-Y.; Yeh, Y.-S.; Li, E. Y.; et al. *Chem. Commun.* **2006**, 2693.

[6] Mercer, G. D.; Shu, J. S.; Rauchfuss, T. B.; Roundhill, D. M. *J. Am. Chem. Soc.* **1975**, *97*, 1967.

[7] (a) Kitamura, T.; Joh, T. *J. Organomet. Chem.* **1974**, *65*, 235.
(b) Pergola, R. D.; Comensoli, E.; Garlaschelli, L.; et al. *Eur. J. Inorg. Chem.* **2003**, 213.

[8] Enders, M.; Kohl, G.; Pritzkow, H. *J. Organomet. Chem.* **2004**, *689*, 3024.

[华瑞茂，清华大学化学系；HRM]

4-叔丁基-2,6-二甲基苯基三氟化硫

【英文名称】4-*tert*-Butyl-2,6-dimethylphenylsulfur trifluoride

【分子式】C$_{12}$H$_{17}$F$_3$S

【分子量】250.32

【CAS 登录号】[947725-04-4]

【缩写和别名】Fluolead

【结构式】

【物理性质】白色至微浅红或黄色晶体粉末，mp 63 $^{\circ}$C, bp 150 $^{\circ}$C/1.0 mmHg, ρ 0.798 g/cm^3。溶于大多数有机溶剂，通常在己烷、庚烷、环己烷、甲苯、乙醚、CH$_2$Cl$_2$ 和 THF 中使用。

【制备和商品】大型跨国试剂公司均有销售。也可按下列步骤在实验室内制备 (式 1)[1,2]。

$$(1)$$

【注意事项】应存放于干燥的环境中，避免与

水接触。该物质对黏膜组织、上呼吸道、眼睛和皮肤破坏较大。

4-叔丁基-2,6-二甲基苯基三氟化硫 (Fluolead) 是化学中常用的一种氟化剂。该物质具有较高的热稳定性，不易生成烟雾，是一种实用的氟化试剂。可广泛适用于各种基材，也可以成为其它氟化试剂的替代物。与二乙氨基三氟化硫 (DAST) 等氟化剂相比，其参加的反应有高度的立体选择性，产率较高，反应条件比较温和[1,3,4]。

Fluolead 可使醛或酮氟化，在比较温和的条件下即能得到很高的产率 (式 2)[1,4]。在氟化氢吡啶存在时，Fluolead 与对甲基乙酯环己酮反应可以选择性地生成相应的二氟化物 (式 3)[5,6]。

$$R^1 \overset{O}{\underset{}{\|}} R^2 \xrightarrow[\substack{R^1 = 烷基，芳基 \\ R^2 = 烷基，芳基，H, CO_2R}]{\text{Fluolead, HF-Py 或 EtOH, CH}_2\text{Cl}_2, \text{rt}} \quad R^1 \overset{F\ F}{\underset{}{}} R^2 \qquad (2)$$

$$\text{(3)}$$

利用 Fluolead 对醛或酮进行脱氧氟化的反应能以较高产率得到二氟化的产物 (式 4)[7]。

$$\text{(4)}$$

Fluolead 可以将羧基直接转化为三氟甲基 (式 5)[4]。该反应之前只可使用六氟化钼或者四氟化硫来实现，其中四氟化硫是一种剧毒的气体。

$$\text{(5)}$$

在室温下，Fluolead 与 D-吡喃葡萄糖的脱氧氟化反应具有高度的立体选择性，α-型与β-型产物的比例为 96:4 (式 6)[1]。

$$\text{(6)}$$

在 N-三甲基硅基吗啉的辅助下，Fluolead 与苄醇发生 S_N2 脱氧氟化反应，高度立体选择性地得到相应的氟化产物 (式 7)[8]。

$$\text{(7)}$$

4-氟吡咯烷衍生物是合成具有生物活性化合物的一种非常有用的中间体。(2S,4R)-4-羟基脯氨酸与 Fluolead 反应可以立体选择性地得到双氟化物，然后继续与适当的亲核试剂进行反应 (式 8)[9~11]。

$$\text{(8)}$$

使用 Fluolead 与 (2S)-N-甲苯磺酰基脯氨醇反应，以高立体选择性生成 (2S)-2-氟甲基-N-甲苯磺酰基吡咯烷 (式 9)[12]。

$$\text{(9)}$$

参 考 文 献

[1] Umemoto, T.; Singh, R. P.; Xu, Y.; Saito, N. *J. Am. Chem. Soc.* **2010**, *132*, 18199.

[2] Xu, W.; Martinez, H.; Dolbier, W. R. Jr. *J. Fluorine Chem.* **2011**, *132*, 482.

[3] Umemoto, T.; Xu, Y. *US Patent.* 7265247 B1, 2007.

[4] Umemoto, T.; Singh, R. P. *US Patent.* 7501543 B2, 2009.

[5] Fukumura, K.; Sonoda, H.; Hayashi, H.; Kusumoto, M. *US Patent* 6686509 B2, 2004.

[6] Chang, Y.; Tewari, A.; Adi, A.-I.; Bae, C. *Tetrahedron* **2008**, *64*, 9837.

[7] Xu, W.; Martinez, H.; Dolbier, W. R. Jr. *J. Fluorine Chem.* **2011**, *132*, 482.

[8] Bresciani, S.; O'Hagan, D. *Tetrahedron Lett.* **2010**, *51*, 5795.

[9] Haffner, C. D.; McDougald, D. L.; Reister, S. M.; et al. *Bioorg. Med. Chem. Lett.* **2005**, *15*, 5257.

[10] Koo, K. D.; Kim, M. J.; Kim, S.; et al. *Bioorg. Med. Chem. Lett.* **2007**, *15*, 4167.

[11] Singh, R. P.; Umemoto, T. *J. Org. Chem.* **2011**, *76*, 3113.

[12] Hugenberg, V.; Fröhlich, R.; Haufe, G. *Org. Biomol. Chem.* **2010**, *8*, 5682.

[孙泽林，西安科技大学化工学院；XCJ]

叔丁基二甲基硅基三氟甲基磺酸酯

【英文名称】 *t*-Butyldimethylsilyl trifluorometha-nesulfonate

【分子式】 $C_7H_{15}F_3O_3SSi$

【分子量】 264.33

【CAS 登录号】 [69739-34-0]

【缩写和别名】 TBDMSOTf, 三氟甲基磺酸叔丁基二甲基硅酯

【结构式】

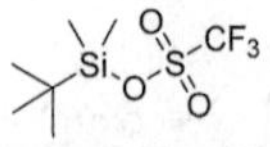

【物理性质】 无色油状物, bp 60 ℃/7 mmHg, ρ 1.151 g/cm³。能够溶于戊烷和二氯甲烷等大多数有机溶剂中。

【制备和商品】 大型试剂公司均有销售。

【注意事项】 本品易潮解, 遇水分解, 且气味难闻, 应在 0 ℃ 下储存于惰性气体保护的干燥环境中。

TBDMSOTf 是一种高活性的硅基化试剂和路易斯酸。该试剂可与醇、酚反应生成醚; 也可活化环状酮和吡啶, 以促进亲核试剂与 α,β 不饱和羰基化合物的加成反应。

TBDMSOTf 能将醇和酚转化为相应的叔丁基二甲硅基醚, 高产率地得到硅基化产物。如式 1 所示[1]: 将 TBDMSOTf 和三乙胺加入到醇的二氯甲烷溶液中, 于室温反应 6 h 可以几乎定量的产率得到相应的硅基化产物。

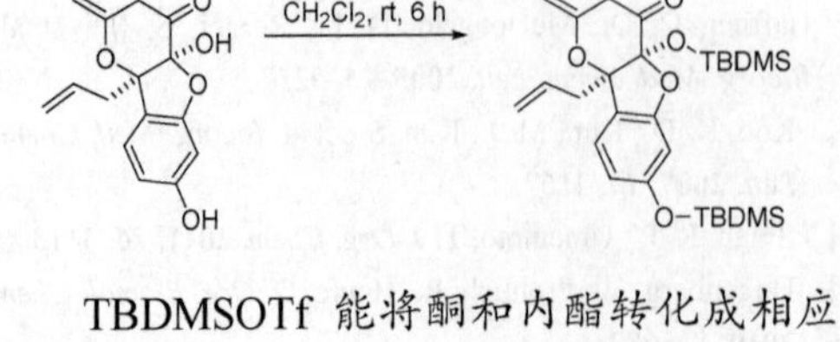

$$\text{(1)}$$

TBDMSOTf 能将酮和内酯转化成相应的烯基硅醚。如式 2 所示[2]: 在室温条件下, 向

酮类化合物的四氢呋喃溶液中加入 2,6-二甲基吡啶 (2,6-lutidine) 和 TBDMSOTf, 可以高产率地得到相应的叔丁基二甲硅基烯基醚。

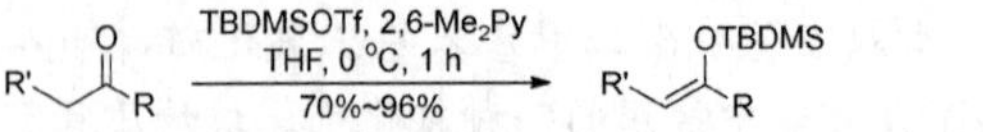

$$\text{(2)}$$

重氮甲酮类化合物也可使用 TBDMSOTf 使其发生烯基硅醚化。如式 3 所示[3]: 在三乙胺的存在下, 使用 TBDMSOTf 能够将重氮甲酮类化合物定量转化为相应的重氮叔丁基二甲硅基烯基醚。

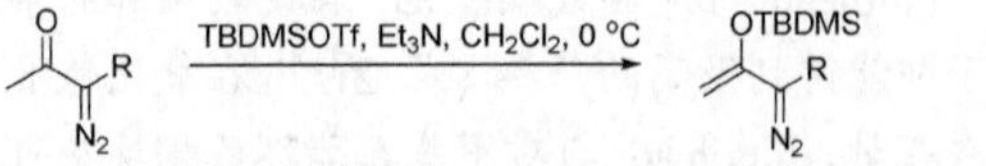

$$\text{(3)}$$

TBDMSOTf 也可用来促进亲核试剂与 α,β 不饱和羰基化合物的加成反应 (注: TBDMSOTf 既可采用化学计量也可采用催化量)。在某些情况下, 可将所得的叔丁基二甲硅基烯基醚分离出来, 然后进行下一步反应。但在大多数情况下, 它们被用作中间体来进行下一步反应。例如, 先将有机锂化合物与三甲基铝反应, 原位生成相应的有机铝盐, 然后采用 TBDMSOTf 促进其与 α,β 不饱和羰基化合物发生加成反应, 生成含有叔丁基二甲硅基醚的中间炔烃化合物 (式 4)[4]。

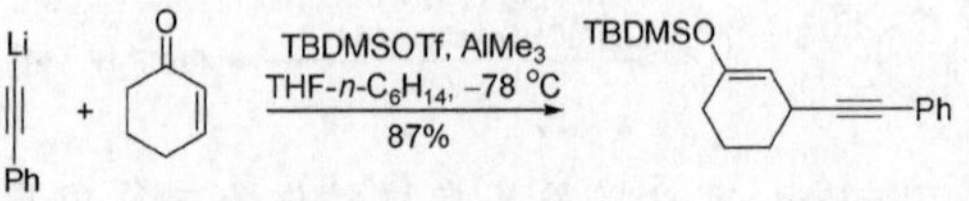

$$\text{(4)}$$

TBDMSOTf 可用作催化剂。如在叔丁基[(1-乙氧基乙烯基)氧基]二甲基硅烷与 *N*-对甲苯磺酰-2-吡啶酮的反应体系中, 加入催化量的 TBDMSOTf 可有效促进底物的加成反应 (式 5)[5]。

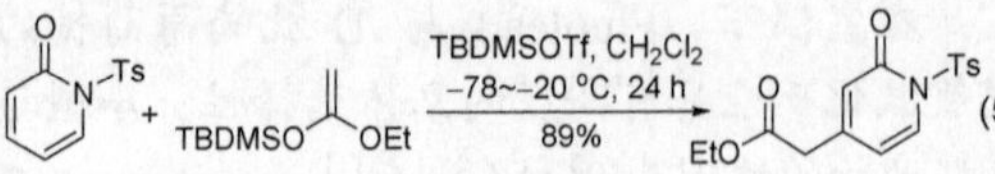

$$\text{(5)}$$

TBDMSOTf 可以活化环状烯酮、色酮以及吡啶环, 所得中间体可与亲核试剂反应。例如, TBDMSOTf 与吡啶在室温下反应, 能够定量地转化为相应的 *N*-(叔丁基二甲硅基)吡啶三氟甲磺酸盐, 然后与格氏试剂反应可制备

4-取代的吡啶衍生物 (式 6)[6]。

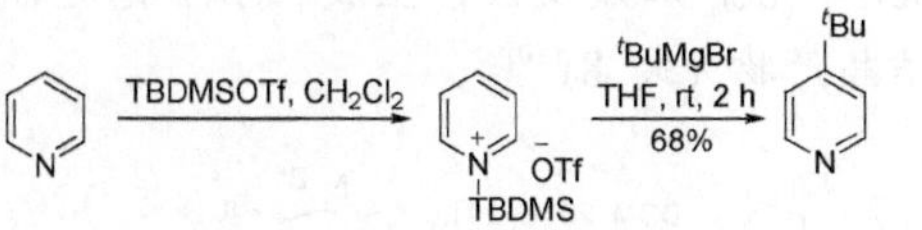

(6)

TBDMSOTf 可用作路易斯酸，催化羰基反应形成缩醛。例如，在 TBDMSOTf 的存在下，二酮化合物与二(三甲基硅氧基)乙烷反应，可以高产率地得到相应的缩醛 (式 7)[7]。

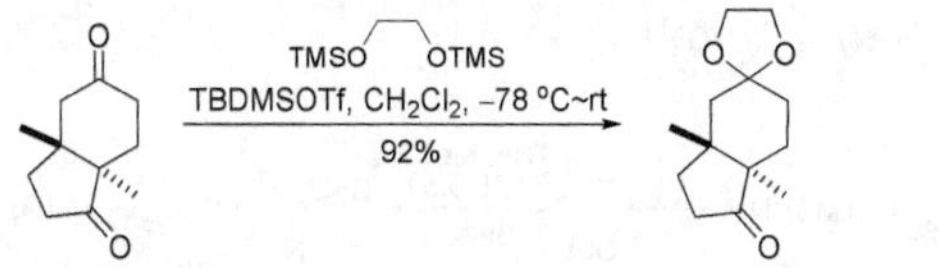

(7)

TBDMSOTf 可用于含氮官能团的硅基化反应。例如，吲哚类衍生物与 TBDMSOTf 反应，可以对吲哚的亚氨基进行硅基化保护 (式 8)[8]。

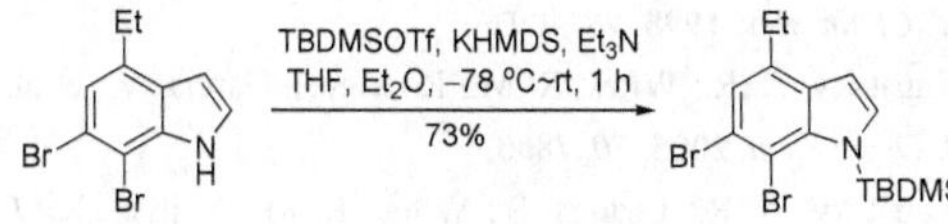

(8)

参 考 文 献

[1] Qi, C.; Xiong, Y.; Eschenbrenner-Lux, V.; et al. *J. Am. Chem. Soc.* **2016**, *138*, 798.

[2] Zhang, J.; Wang, L.; Liu, Q.; et al. *Chem. Commun.* **2013**, *49*, 11662.

[3] Qian, Y.; Shanahan, C. S.; Doyle, M. P. *Eur. J. Org. Chem.* **2013**, 6032.

[4] Kim, S.; Park, J. H. *Synlett* **1995**, 163.

[5] Hiroya, K.; Jouka, R.; Katoh, O.; et al. *ARKIVOC* **2003**, *8*, 232.

[6] Iwasaki, H.; Kume, T.; Yamamoto, Y.; Akiba, K.-Y. *Tetrahedron Lett.* **1987**, *28*, 6355.

[7] Zhao, G.; Qian, S. *Synlett* **2011**, 722.

[8] Buszek, K. R.; Brown, N.; Luo, D. *Org. Lett.* **2009**, *11*, 201.

[竭继阳，付华*，清华大学化学系；FH]

双(1-苯并三氮唑基)甲硫酮

【英文名称】 Bis(1-benzotriazolyl)methanethione

【分子式】 $C_{13}H_8N_6S$

【分子量】 280.31

【CAS 登录号】 [4314-19-6]

【缩写和别名】 二(1-苯并三唑基)甲硫酮

【结构式】

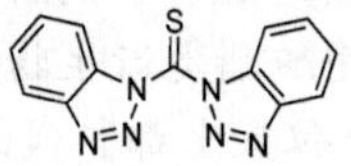

【物理性质】 黄色结晶固体，mp170~171°C，ρ 1.58 g/cm^3。

【制备和商品】 商品化试剂，国内外试剂公司有售。可由苯并三氮唑通过下列方法制备 (式 1)[1]。

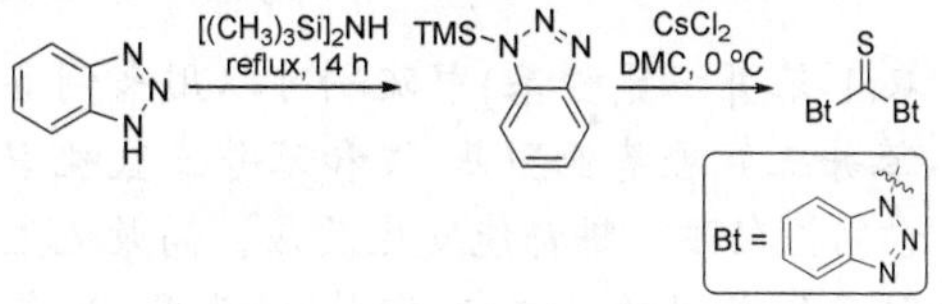

(1)

【注意事项】 避免与氧化剂接触，于 2~8°C、密闭、阴凉干燥处保存。确保有良好的通风或排气装置。

双(1-苯并三氮唑基)甲硫酮是苯并三氮唑的衍生物，是用来硫代酰化和合成硫代羰基的硫光气替代物[2,3]。该试剂易于操作，可以在室温下稳定存在。它的高稳定性和低毒性使其比硫光气更具有优势。

利用 1-(烷基/芳基硫甲酰基)苯并三氮唑替代异硫氰酸，可以高效地制备二级和三级硫脲化合物 (式 2)[4]。

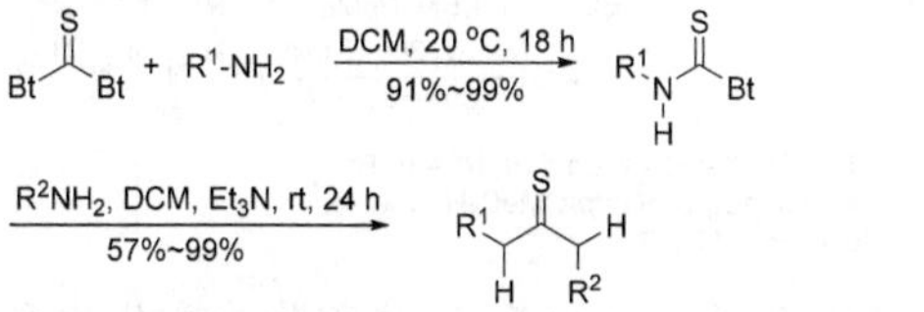

(2)

R^1 = 环己基, 糠基, 2-噻吩基
R^2 = 2-(4-甲基)吡啶基, 4-CO$_2$EtC$_6$H$_4$, 苯乙基

在 1,8-二氮杂二环[5.4.0]十一碳-7-烯 (DBU) 的存在下，双(1-苯并三氮唑基)甲硫酮与一级胺和邻氨基苯甲酸酯通过一锅法反应，可高效地合成 2-硫代-2,3-二氢喹唑啉 (式 3)[5]。

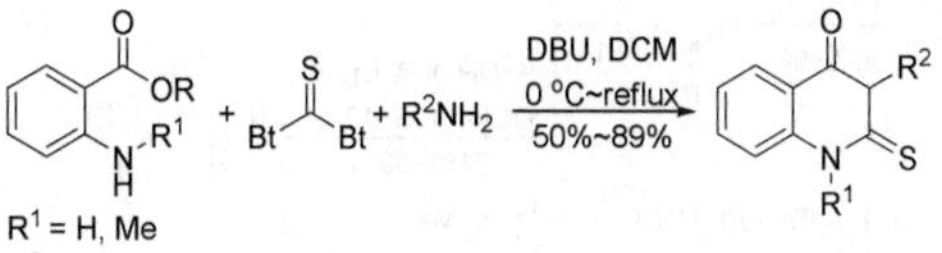

(3)

R^1 = H, Me
R^2 = Bn, 3-Cl-4-Me-C$_6$H$_3$

在 DBU 的存在下，双(1-苯并三唑氮基)甲硫酮与硫醇以及胺通过"一锅法"反应，可以合成二硫代氨基甲酸酯类衍生物。其中包括在硫基、氨基或两个位置上都取代的 N/S-糖基二硫代氨基甲酸酯 (式 4)[6]。

$$Bt \overset{S}{\underset{}{\parallel}} Bt + R^1\text{-SH} + R^2NH\overset{R^3}{\underset{}{}} \xrightarrow[80\%\sim95\%]{\substack{\text{DBU, DCM} \\ 0\ ^\circ C\text{-rt, 2 h}}} R^1S \overset{S}{\underset{}{\parallel}} N\overset{R^2}{\underset{R^3}{}} \quad (4)$$

R¹ = Pro, Ph
R² = H, Me
R³ = Me, Ph

双(1-苯并三氮唑基)甲硫酮可以用来制备双(1-苯并三氮唑基亚甲基)胺和苯并三氮唑甲脒。它们与羟胺、肼都能发生反应，高效地生成单取代的或对称的二(N-羟基)脒类和 N-氨基脒类衍生物 (式 5 和式 6)[7]。如果与相应的一级胺和二级胺反应，则会生成非环状和环状的 1,2,3-三取代的脒类化合物[8]。

$$Bt \overset{S}{\underset{}{\parallel}} Bt \xrightarrow[73\%\sim76\%]{R^1NP=PPh_3} Bt \overset{N-R^1}{\underset{}{\parallel}} Bt$$

(5)

$$Bt \overset{S}{\underset{R^3}{\parallel}} N\text{-}R^2 \xrightarrow[81\%\sim98\%]{R^2\underset{R^3}{NH}} Bt \overset{N-R^1}{\underset{}{\parallel}} N\overset{R^2}{\underset{R^3}{}}$$

(6)

R¹ = H, 烷基, 芳基 R² = H, Et, i-Pr; R³ = H, Et;
R⁴ = H, R⁵ = p-OMeC₆H₄; R⁶ = p-OMeC₆H₄, Me, H;
R⁷ = Ph, Me, H; R⁸ = Me, H

双(1-苯并三氮唑基)甲硫酮作为前体化合物与伯胺合成的中间体，再与肼或羟胺类化合物反应，可以制备相应的氨基硫脲或 N-羟基硫脲衍生物 (式 7)[9]。

$$Bt \overset{S}{\underset{}{\parallel}} Bt \xrightarrow[90\%\sim98\%]{R^1NH_2 \atop DCM, rt} \overset{S}{H\underset{R^1}{N}}\overset{}{\parallel} Bt$$

(7)

R¹ = Bn, n-Bu, Ph, i-Pr, PhEt   R⁴ = H, Me
R² = Ph, H, Me   R⁵ = H, Me
R³ = H, Me,   R⁶ = Bn, H, Me

双(1-苯并三氮唑基)甲硫酮和环戊二烯进行 Diels-Alder 加成反应，生成在水中稳定存在的结晶产物 (式 8)[10]。

$$Bt \overset{S}{\underset{}{\parallel}} Bt + \overset{}{\bigcirc} \xrightarrow[98\%]{\text{DCM, 20 °C, 20 h}} \quad (8)$$

双(1-苯并三氮唑基)甲硫酮和六甲基硅氮烷基取代的丙炔酸乙酯经过 N-脱硅基化、硫乙酰化之后，再进行硫杂 Michael 加成的环异构化反应，经一锅法反应，可以生成取代的噻唑化合物 (式 9)[11]。

$$Bt \overset{S}{\underset{}{\parallel}} Bt + (TMS)_2N \text{—}\!\!\equiv\!\!\text{—} \overset{O}{\underset{OEt}{\parallel}} \xrightarrow[85\%]{\substack{\text{THF, MeOH} \\ Et_3N, 0.5 h}} \quad (9)$$

参考文献

[1] Orth, R. E.; Soedigdo, S. J. Heterocycl. Chem. 1965, 2, 486.

[2] (a) Katritzky, A. R.; Belyakov, S. A. Aldrichimica Acta 1998, 31, 35. (b) Katritzky, A. R.; Lan, X.; Yang, J. Z; Denisko, O. V. Chem. Rev. 1998, 98, 409.

[3] Katritzky, A. R.; Witek, R. M.; Rodriguez-Garcia, V.; et al. J. Org. Chem. 2005, 70, 7866.

[4] Katritzky, A. R.; Ledoux, S.; Witek, R. M.; Nair, S. K. J. Org. Chem. 2004, 69, 2976.

[5] (a) Tiwari, V. K.; Singh, D. D.; Hussain, H. A.; et al. Monatsh. Chem. 2008, 139, 43. (b) Tiwari, V. K.; Kale, R. R.; Mishra, B. B.; Singh, A. ARKIVOC, 2008, (xiv), 27.

[6] (a) Tiwari, V. K.; Singh A.; Hussain, H. A.; et al. Monatsh. Chem. 2007, 138, 653. (b) Singh, A.; Kate, R. R.; Tiwari, V. K. Trends in Carbohydrate Research 2009, 1, 80.

[7] Katritzky, A. R.; Khashab, N. M.; Bobrov, S.; Yoshioka, M. J. Org. Chem. 2006, 71, 6753.

[8] Katritzky, A. R.; Khashab, N. M.; Bobrov, S. Helv. Chim. Acta 2005, 88, 1664.

[9] Katritzky, A. R.; Khashab, N. M.; Gromova, A. V. ARKIVOC 2006, (iii), 226.

[10] Larsen, C.; Harpp, D. N. J. Org. Chem. 1980, 45, 3713.

[11] Sasmal, P. K.; Sridhar, S.; Iqbal, J. Tetrahedron Lett. 2006, 47, 8661.

[卢金荣，巨勇*，清华大学化学系；JY]

双(吡啶)四氟硼酸碘鎓盐

【英文名称】 Bis(pyridine)iodonium tetrafluoroborate

【分子式】 $C_{10}H_{10}BF_4IN_2$

【分子量】 371.91

【CAS 登录号】 [15656-28-7]

【缩写和别名】 Barluenga's reagent，双(吡啶)四氟硼化碘

【结构式】

$BF_4^{\ominus}$

【物理性质】 mp 137~141 ℃。通常在二氯甲烷和乙腈中使用。

【制备和商品】 国内外试剂公司均有销售。实验室通常使用式 1 所示的方法来制备[1]。

$$I_2, AgBF_4 \text{ on } SiO_2, CH_2Cl_2, 23\,^{\circ}C, 1\,h \qquad (1)$$

【注意事项】 对光和湿气敏感，在 0~5 ℃ 储存。

双(吡啶)四氟硼酸碘鎓盐也被称为 Barluenga 试剂。它是一种温和的氧化剂，可以在有机相和水相中使用。双(吡啶)四氟硼酸碘鎓盐在合成上有着广泛的应用，主要用于对烯烃、炔烃和芳香烃的碘代。由于反应条件温和，该试剂也用于对氨基酸和蛋白质的选择性碘代[1]。

在合适的亲核试剂存在下，双(吡啶)四氟硼酸碘鎓盐与烯烃反应生成相应的碘加成产物 (式 2)[2]。

$$IPy_2BF_4, MeOH, 2\,HBF_4, 0\,^{\circ}C \qquad 80\% \qquad (2)$$

双(吡啶)四氟硼酸碘鎓盐能将一级醇氧化为酮，得到较高的产率 (式 3)[3]。

$$IPy_2BF_4 \,(3\,equiv), I_2\,(0.5\,equiv), Cs_2CO_3\,(5\,equiv), MeCN, 60\,^{\circ}C \qquad 92\% \qquad (3)$$

在光照条件下，烷基仲醇能够被双(吡啶)四氟硼酸碘鎓盐氧化成为 α,ω 二醛化合物 (式 4)[3]。

$$IPy_2BF_4, h\nu\,(100\,W), CH_2Cl_2, rt \qquad 63\%\sim92\% \qquad (4)$$

双(吡啶)四氟硼酸碘鎓盐也可用于碳氢活化反应中。如式 5 所示[4]：2-(1-萘基)苯甲醛在低温下即可与该试剂反应，生成 7H-苯并[de]蒽-7-酮。

$$IPy_2BF_4\,(2\,equiv), HBF_4\,(4\,equiv) \quad CH_2Cl_2, -60\,^{\circ}C, 15\,h \qquad 61\% \qquad (5)$$

双(吡啶)四氟硼酸碘鎓盐能与 2-位炔基取代的苯胺化合物发生分子内环化加成反应，生成 3-碘代吲哚化合物 (式 6)[5]。

$$IPy_2BF_4, HBF_4, CH_2Cl_2 \qquad 87\% \qquad (6)$$

使用二炔基化合物为底物与双(吡啶)四氟硼酸碘鎓盐反应，可以得到结构复杂的碘代多环杂环化合物 (式 7)[6]。

$$IPy_2BF_4/HBF_4, CH_2Cl_2 \quad -80\,^{\circ}C, 10\,min \qquad X = CH_2, 92\% \qquad X = O, 68\% \qquad (7)$$

双(吡啶)四氟硼酸碘鎓盐在糖的合成中也有报道。如式 8 所示[7]：在三氟甲磺酸和糖基化受体存在下，使用双(吡啶)四氟硼酸碘鎓盐可在"一锅法"条件下制备多糖产物。

$$IPy_2BF_4 \quad TfOH \qquad IPy_2BF_4 \quad TfOH \qquad 42\% \qquad (8)$$

参 考 文 献

[1] Chalker, J. M.; Thompson, A. L.; Davis, B. G. *Org. Synth.* **2010**, *87*, 288.

[2] Barluenga, J. *Pure Appl. Chem.* **1999**, *71*, 431.

[3] Barluenga, J.; Gonzµlez-Bobes, F.; Murguìa, M. C.; et al. *Chem. Eur. J.* **2004**, *10*, 4206.

[4] Barluenga, J.; Trinicado, M.; Rubio, E.; González, J. M. *Angew. Chem. Int. Ed.* **2006**, *45*, 3140.

[5] Barluenga, J.; Trincado, M.; Rubio, E.; González, J. M. *Angew. Chem. Int. Ed.* **2003**, *42*, 2406.

[6] Barluenga, J.; Romanelli, G. P.; Alvarez-García, L. J.; et al. *Angew. Chem. Int. Ed.* **1998**, *37*, 3136.

[7] Huang, K. T.; Winssinger, N. *Eur. J. Org. Chem.* **2007**, 1887.

[陈俊杰，陈超*，清华大学化学系；CC]

双[(4R,5S)-4,5-二苯基-4,5-二氢噁唑基]甲烷

【英文名称】 Bis[(4R,5S)-4,5-diphenyl-4,5-dihydrooxazol-2-yl]methane

【分子式】 $C_{31}H_{26}N_2O_2$

【分子量】 458.6

【CAS 登录号】 暂无

【缩写和别名】 DiPh-box

【结构式】

【物理性质】 bp 337~339 °C/19 mmHg, ρ 0.798 g/cm^3。溶于大多数有机溶剂，通常在甲苯、DCM、CH$_2$Cl$_2$ 和 THF 中使用。

【制备和商品】 可由丙二腈与 1-苯基-2-氨基乙醇在氯化锌的催化下合成 (式 1)[1,2]。

【注意事项】 该试剂对湿气敏感。一般在无水体系中使用，在通风橱中进行操作，在冰箱中储存。

噁唑配体与铜(II) 的配合物能够催化 Diels-Alder 反应[3]和 aza-Henry 反应[4]，得到高效的对映选择性。DiPh-box 与 Cu(OTf)$_2$ 生成的配合物可用作反应体系中的 Lewis 酸和催化剂[5]。如式 2 和式 3 所示[6,7]：该配合物用于催化亚胺的 Micheal 加成反应和酮酯类化合物与偶氮酯类化合物的反应。

使用 DiPh-box 与 Cu(SbF$_6$)$_2$，可以催化 α-亚胺酯类化合物与氮酸酯硅烷类化合物的立体选择性加成 (式 4)[8]。

使用 DiPh-box 与 Cu(MeCN)$_4$ 的配合物[9~11]，可以催化环戊烯与过氧叔丁酯的 Kharasch-Sosnovsky 反应，得到中等的产率 (式 5)[12]。

参 考 文 献

[1] Richard, L. E; Atsushi, A.; Satoru, M. *Tetrahedron. Lett.* **1990**, *31*, 6005.

[2] Frump, J. A. *Chem. Rev.* **1971**, *71*, 483.

[3] Evans, D. A.; Miller, S. J.; Lectka, T.; Matt, P. *J. Am. Chem. Soc.* **1999**, *121*, 7559.

[4] Gonzalo, B.; Escamilla, A.; Victor, H.-O.; et al. *Chirality* **2012**, *24*, 441.

[5] Blay, G.; Victor, H-O.; Pedro, J. R. *Org. Biomol. Chem.* **2008**, *6*, 468.

[6] Juhl, K.; Jorgensen, K. A. *J. Am. Chem. Soc.* **2002**, *124*, 2420.

[7] Evans, D. A.; Johnson, D. S. *Org. Lett.* **1999**, 595.

[8] Nakamura, S.; Nakagawa, R.; Watanabe, Y.; Toru, T. *J. Am. Chem. Soc.* **2000**, *122*, 11340.

[9] Andrus, M. B.; Argade, A. B.; Chen, X., Pamment, M. G. *Tetrahedron Lett.* **1995**, *36*, 2945.

[10] Andrus, M. B.; Chen, X. *Tetrahedron Lett.* **1997**, *53*, 16229.

[11] Gokhale, A. S.; Minidis, A. B. E.; Pfaltz, A. *Tetrahedron Lett.* **1995**, *36*, 1831.

[12] Andrus, M. B.; Zhou. Z. N. *J. Am. Chem. Soc.* **2002**, *124*, 8806.

[庞鑫龙，陈超*，清华大学化学系；CC]

双(2-二苯基膦苯基)醚

【英文名称】 Bis[2-(diphenylphosphino)phenyl] ether

【分子式】 $C_{36}H_{28}OP_2$

【分子量】 538.56

【CAS 登录号】 [166330-10-5]

【缩写和别名】 DPE-Phos，2,2'-双(二苯膦基)二苯醚

【结构式】

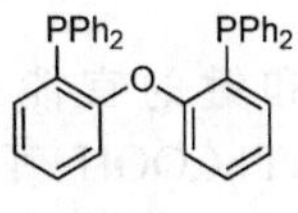

【物理性质】 mp 181~184 ℃，白色晶体或粉末。

【制备和商品】 国内外化学试剂公司均有销售。可通过柱色谱或醇类溶剂重结晶提纯。

【注意事项】 膦配体在空气中会被慢慢氧化，应在惰性气体氛围下储存。

DPE-Phos 作为一种双膦配体，在过渡金属催化的反应中具有广泛的应用，主要包括 Pd 催化的交叉偶联反应及后过渡金属催化的不饱和碳-碳键的官能化反应。

生成碳-杂原子键的偶联反应 碳-杂原子键的生成是有机合成的精髓之一。Pd 催化的碳-杂原子键的生成随着金属有机化学的发展已日渐成熟，成为构建芳胺、芳醚、硫醚的重要合成手段。不仅在科研上，也在工业上实现了应用。

使用 Pd(OAc)₂/DPE-Phos 可以实现溴苯与酰胺的偶联[1]，然后脱去 Boc 保护基，可以 80% 的产率得到相应的产物 (式 1)。该产物是一种高效的 DNA 拓扑异构酶Ⅰ和Ⅱ的抑制剂，具有重要的生物活性功能。

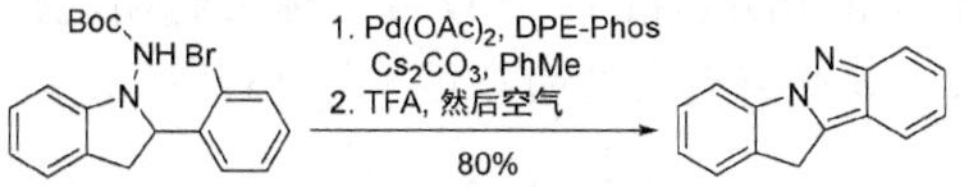

同样的，Pd(OAc)₂/DPE-Phos 可以催化碘苯与苯胺的偶联得到二芳胺产物，接着可在光照条件下不用金属催化就能以高产率得到咔唑衍生物 (式 2)[2]，反应符合绿色化学的要求。

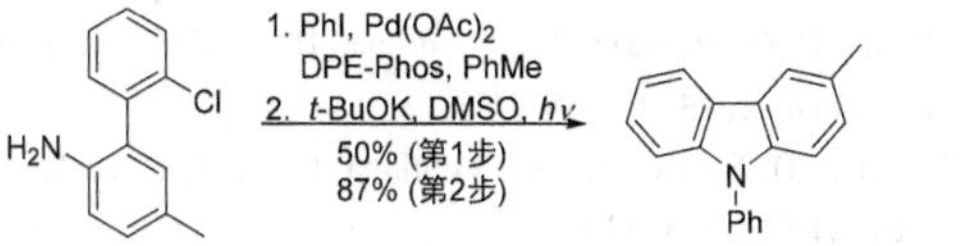

含硫化合物在一些药物分子中表现出优秀的活性，碳-硫键的构建因此受到化学家的重视。Pd₂(dba)₃/DPE-Phos 可以催化硫酚与卤代芳烃的偶联反应，得到二芳基硫醚化合物 (式 3)[3]。

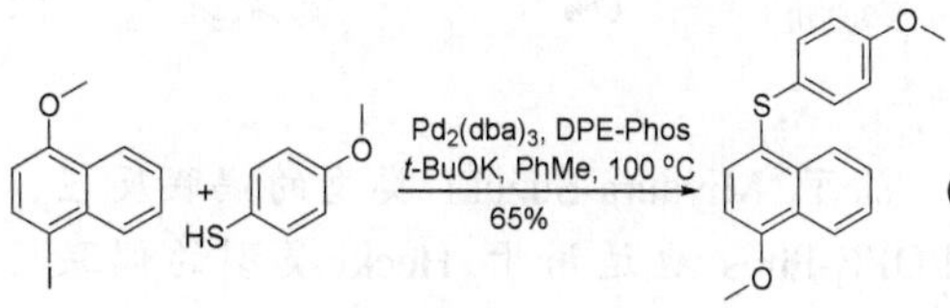

该方法也适用于碳-氧键的形成，使用 Pd₂(dba)₃/DPE-Phos 可以催化烯醇与卤代芳烃的偶联，可以以定量的收率得到苯并呋喃衍生物 (式 4)[4]。

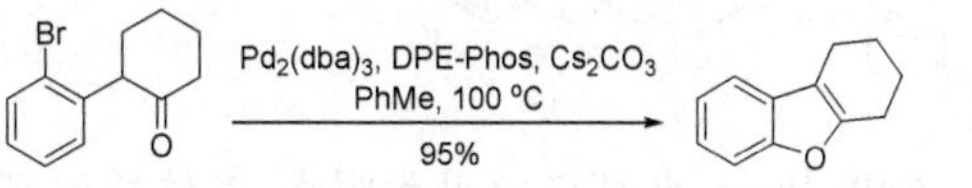

这些偶联反应通常需要碱性环境，根据反应底物的不同，可能需要强碱如叔丁醇钾，或者使用碱性稍弱的碱如碳酸铯等。

碳-碳键形成的偶联反应 早期构建 C—C 键使用的金属试剂如格氏试剂、有机铜试剂、有机锌试剂等，对官能团的兼容性不广。随着过渡金属催化的偶联反应的发展，可以实现卤代烃及其类似物与硼试剂、硅试剂、锡试剂的偶联，极大地提高了这些反应的实用价值。

Pd₂(dba)₃/DPE-Phos 可以催化卤代芳烃与频哪醇硼酯偶联得到联芳烃衍生物[5]，可能应用于有机 π 功能材料领域 (式 5)[5]。

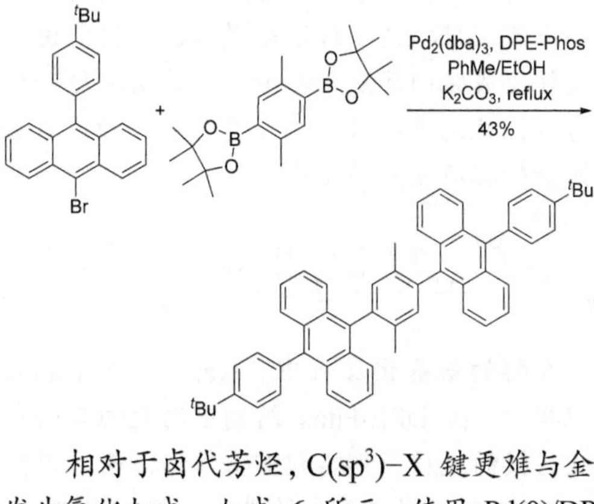

相对于卤代芳烃，C(sp³)—X 键更难与金属发生氧化加成。如式 6 所示：使用 Pd(0)/DPE-

Phos 成功实现了苄位 C–F 键的偶联反应[6]，从而扩展了苄基氟代烃在医药中间体合成中的应用。

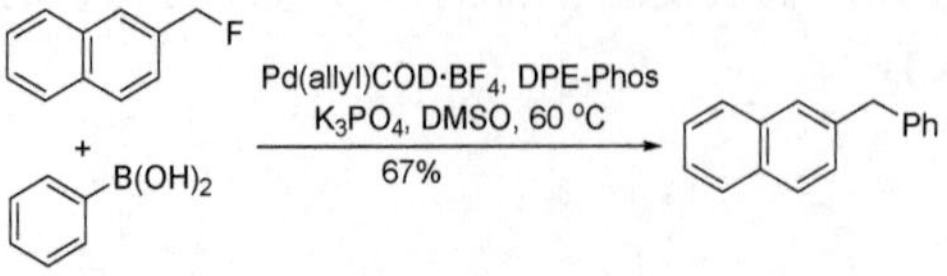

(6)

除了 Miyaura-Suzuki 类型的偶联反应，Pd/DPE-Phos 也适用于 Heck 类型的偶联反应[7]，可以制备多取代烯烃 (式 7)[7]。

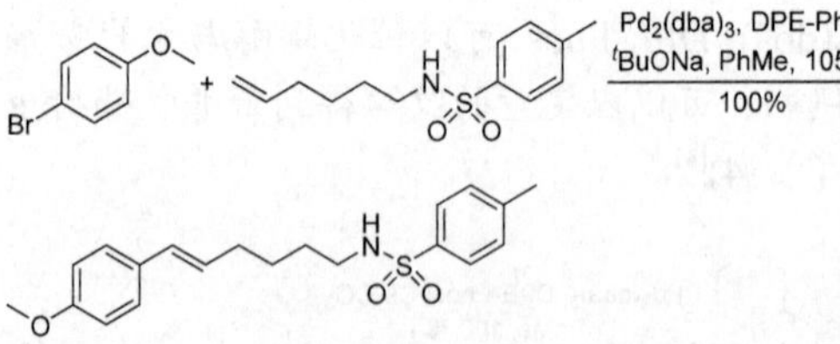

(7)

DPE-Phos 也可以应用于吲哚 3-位的脱羧苄基化反应中[8]。使用 N-alloc 或 N-cbz 保护的吲哚、咔唑和咔啉为底物，Pd(allyl)COD·BF4/DPE-Phos 催化可以在脱保护剂的同时在杂环的 3-位实现苄基化 (式 8)。该反应可以与其它过渡金属催化的反应串联，制备各种杂环衍生物。

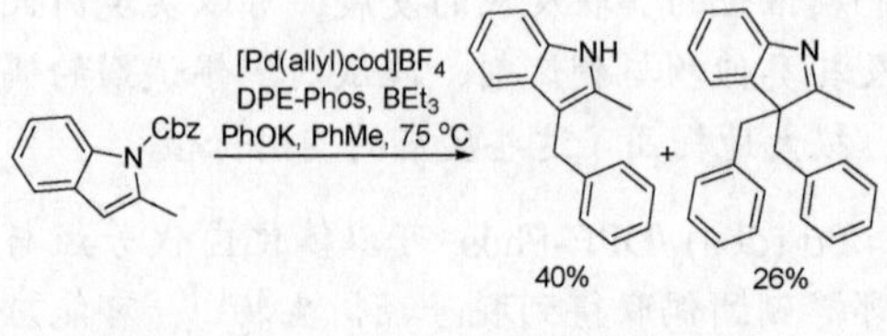

(8)

醇的氨基化反应 胺作为一种重要的有机合成原料在以往通常是由含氮化合物制得的，近年来有文献报道了过渡金属 Pt 催化的由醇直接转变成胺的反应 (式 9)[9]。该反应原料廉价易得，且副产物只有水，因而是一种很有应用前景的环境友好的反应。

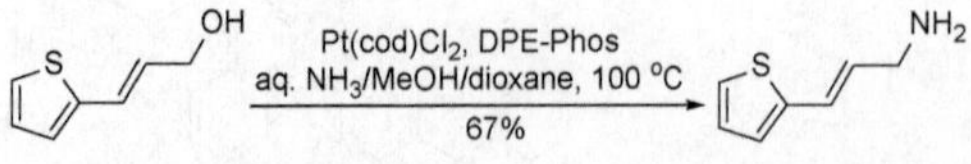

(9)

在醇的氨基化反应中，Kazushi Mashima 小组指出：在 DPE-Phos 结构中的大的二面角以及连接的氧原子都起到重要作用，而且用微波 (MW) 可以促进反应的进行 (式 10)[10]。

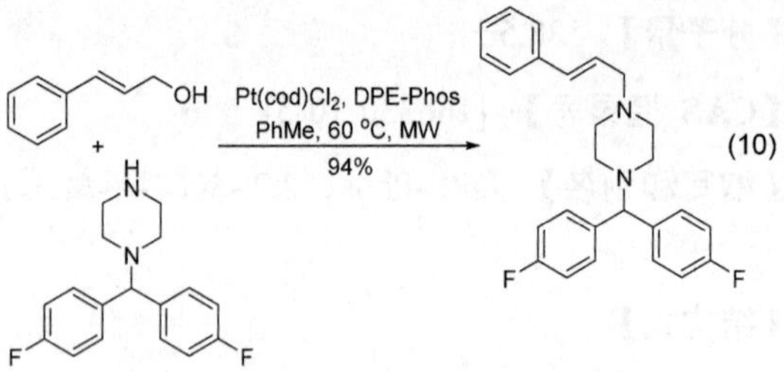

(10)

碳-碳不饱和键的官能化反应 使用 Rh(Ⅰ)/DPE-Phos/PhCOOH 可以催化末端炔烃与磺酰胺反应，生成带有支链的烯丙基砜类衍生物 (式 11)[11]。该反应可以将简单的起始原料转化成复杂架构的化合物，并且可以构建手性中心。反应可能是经过一个 π-烯丙基铑中间体进行的。

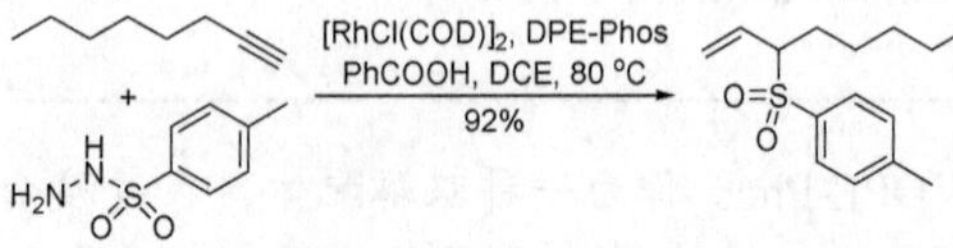

(11)

烯烃作为使用最广的工业原料，对烯烃的官能化一直受到人们广泛关注。使用 Rh/DPE-Phos 可以催化烯烃的氢胺化反应[12]。使用席夫碱类的底物，由于氮原子可以与金属催化剂配位，从而加强了底物与催化剂的配位作用，使得反应具有良好的化学和区域选择性 (式 12)。

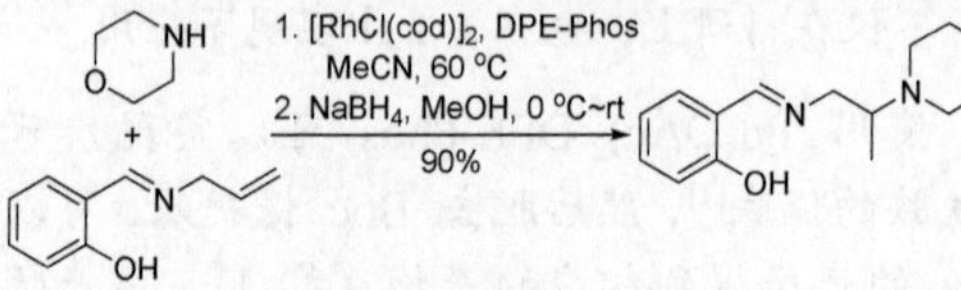

(12)

烯烃的硼氢化反应可以制备硼试剂，接着再进行 Suzuki 偶联反应，从而得到广泛应用。使用 CuCl/DPE-Phos 可以催化烯烃的硼氢化反应，几乎得到定量的产率 (式 13)[13]。

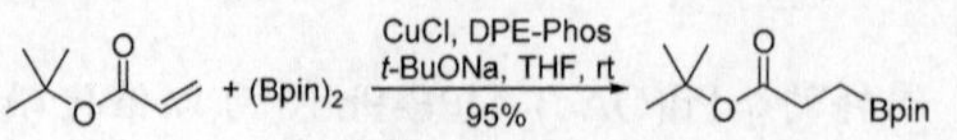

(13)

参 考 文 献

[1] Zhao, D. B.; Cspedes, S. V.; Glorius, F. *Angew. Chem. Int. Ed.* **2015**, *54*, 1657-1661.

[2] Walter, D. G.; Roberto, A. R.; Adriana, B. P.; Silvia, M. B. *J. Org. Chem.* **2015**, *80*, 928-941.

[3] Roberto, D. S.; Roberta, C.; Giuliana, C. C.; et al. *J. Med. Chem.* **2012**, *55*, 8538-8548.

[4] Michael, C. W.; Dawn, T.; Adam, T. G. *Org. Lett.* **2004**, *6*, 4755-4757.

[5] Sun, Z.; Lee, S.; Park, K.; et al. *J. Am. Chem. Soc.* **2013**, *135*, 18229-18236.

[6] George, B.; Patrick, H.; Matthew, W.; et al. *Org. Lett.* **2012**, *14*, 2754-2757.

[7] Jepsen, T. H.; Larsen, M.; Nielsen, M. B. *Tetrahedron* **2010**, *66*, 6133-6137.

[8] Montgomery, T. D.; Zhu, Y.; Kagawa, N.; Rawal, V. H. *Org. Lett.* **2013**, *15*, 1140-1143.

[9] Kalpataru, D.; Ryozo, S.; Yasuhito, N.; et al. *Angew. Chem. Int. Ed.* **2012**, *51*, 150-154.

[10] Takashi, O.; Yoshiki, M.; Junji, I.; et al. *J. Am. Chem. Soc.* **2009**, *131*, 14317-14328.

[11] Xu, K.; Khakyzadeh, V.; Bury, T.; Breit, B. *J. Am. Chem. Soc.* **2014**, *136*, 16124-16127.

[12] Andrew, R.; Ickes, S. C.; Ensign, A. K.; et al. *J. Am. Chem. Soc.* **2014**, *136*, 11256-11259.

[13] Tim, G. E.; Stefan, N.; Ravindra, P. S.; Varinder, K. A. *J. Am. Chem. Soc.* **2011**, *133*, 16798-16801.

[王腾, 王东辉*, 中国科学院上海有机化学研究所; WXY]

1,4-双(二苯基膦)丁烷

【英文名称】 1,4-Bis(diphenylphosphino)butane

【分子式】 $C_{28}H_{28}P_2$

【分子量】 426.47

【CAS 登录号】 [7688-25-7]

【缩写和别名】 DPPB

【结构式】

【物理性质】 白色晶体或粉末, mp 132~137 ℃。可溶于多种有机溶剂。

【制备和商品】 国内外化学试剂公司均有销售。

【注意事项】 该试剂在空气中稳定, 但在溶液中极易被氧化, 其溶液应在 N_2 或 Ar 气氛中保存。

1,4-双(二苯基膦)丁烷 (DPPB) 是一种常用的双膦配体, 经常和 Pd、Ni、Rh 等金属一起参与羰基化反应、烯丙位取代反应、成环反应以及异构化反应等, 还可以用来制备复杂的手性膦配体。

羰基化反应 以 $Pd(OAc)_2$ 为催化剂, 1,3-丁二烯和甲醇在 CO 气氛下反应得到相应的烯丙基酯 (式 1)[1]。其中催化量的 4-叔丁基苯甲酸对于其选择性有重要作用。在铑试剂催化下, 乙基乙烯基砜及其类似物可在 CO/H_2 的混合气氛中发生加氢甲酰化反应, 得到相应的醛 (式 2)[2]。

烯丙位取代反应 DPPB 可以作为配体参与 Pd 催化的烯丙基酯的取代反应, 其产物具有较好的区域选择性和立体选择性。如式 3 所示[3], 烯丙基酯和烷基胺发生分子内取代反应, 当体系中 DPPB 与 $Pd(PPh_3)_4$ 的比例小于 1 时可缓慢地得到烯丙位取代的季铵盐, 水解后即可得到相应的 *E* 式构型取代产物。鉴于该催化体系良好的立体选择性, 该反应在全合成以及生物化学方面有较多应用。如式 4 所示[4], 该催化体系应用于 *N*-酰基神经氨酸 (Neu5Ac2en) 的衍生化可区域选择性和立体选择性地得到单一产物。

成环反应 DPPB 还可以作为配体参与 Pd 催化的成环反应。如式 5 和式 6 所示[5]：二羟基吡咯与不同位置甲基取代的炔丙基甲酸酯发生环化反应，可得到相同的产物。而在苯基取代的炔丙基甲酸酯与邻羟基苯乙酸甲酯的环化反应中，DPPB 同样可作为配体促进反应的发生，但效果不如 DPPF (式 7)[6]。

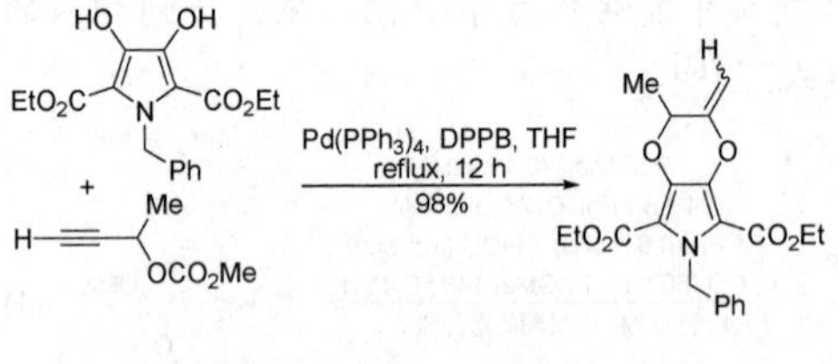

（5）

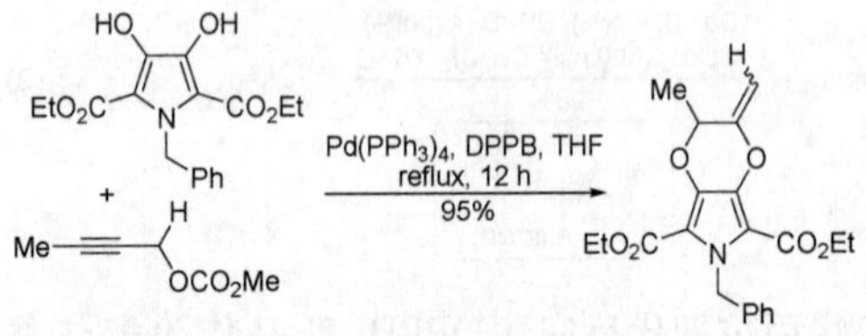

（6）

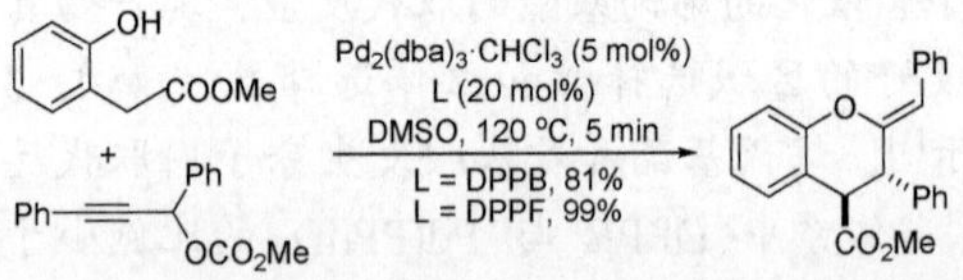

（7）

异构化反应 在 Pd 催化的炔酮的异构化反应中，DPPB 可作为配体促进其异构化为烯酮化合物 (式 8)[7]。在 Rh 催化的 1,6-烯炔的成环异构化反应中，虽然 [Rh(COD)Cl]₂-DPPB-AgSbF₆ 催化体系能够顺利促进该反应的完成，但 RhCl(PPh)₃ 却可独立催化完成该反应 (式 9)[8]。

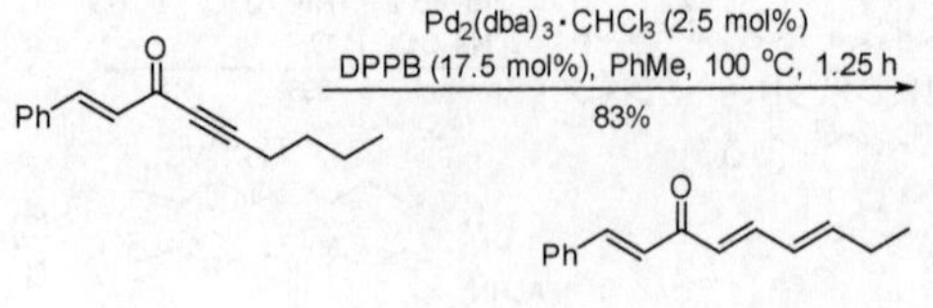

（8）

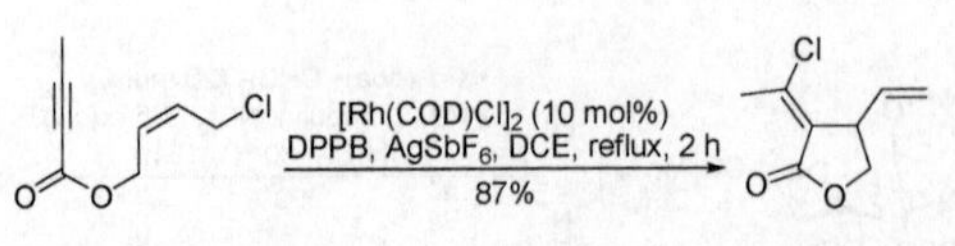

（9）

还原反应 CuF₂-DPPB 催化体系可将芳酮还原成芳醇。若使用手性配体 (S)-BINAP 代替 DPPB，所得产物的 ee 值可达

72% (式 10)[9]。

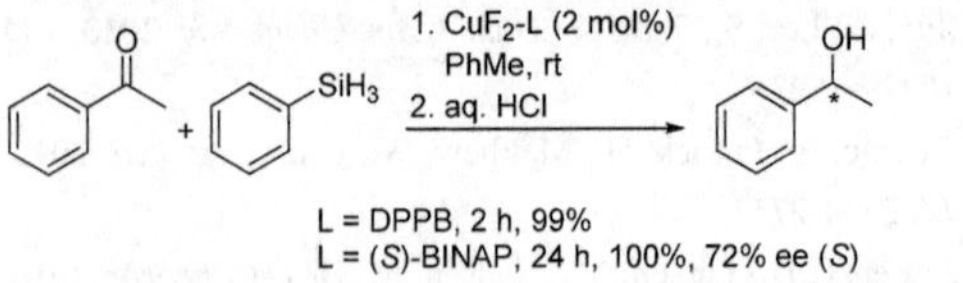

（10）

偶联反应 DPPB 可作为配体参与 Ni(COD)₂ 催化的内消旋环状酸酐的脱羧偶联反应 (式 11)[10]，构建 C(sp²)(来自于亲核试剂)-C(sp³)(来自于亲电试剂)键，并引入新的手性中心。此外，DPPB 还可参与 [Rh(COD)Cl]₂ 催化的芳基硼酸酯和烯基酯的偶联反应 (式 12)[11]，方便高效地获得苯乙烯类化合物。

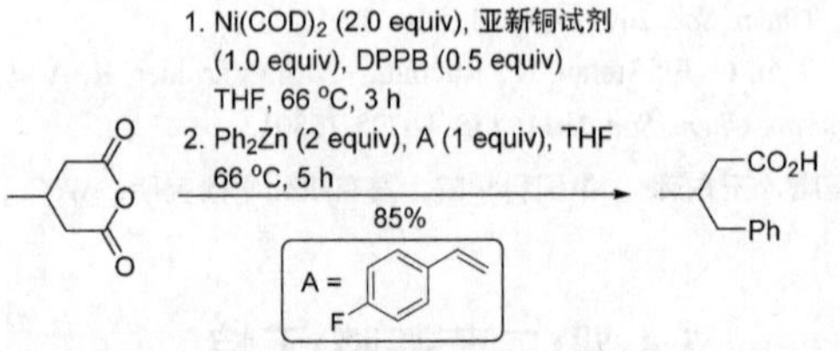

（11）

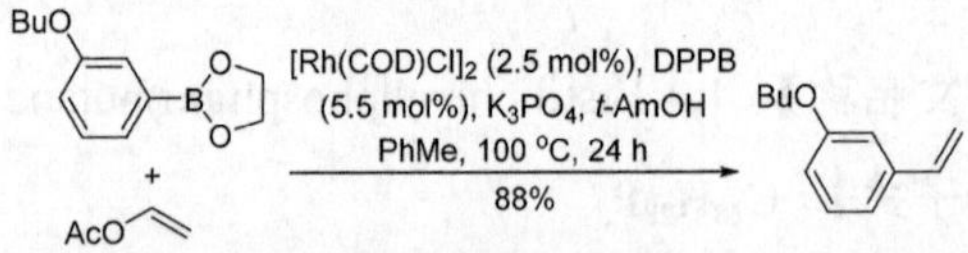

（12）

加成反应 在 Pd₂(dba)₃·CHCl₃ 催化的环氧乙烷基中间炔与苯酚的反式加成反应中，DPPB 作为配体参与反应。反应过程中底物本身的手性保持，且产物具有很好的区域选择性 (式 13)[12]。

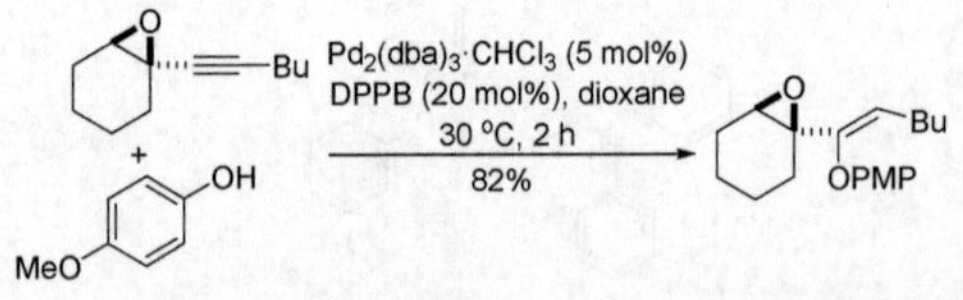

（13）

氢化胺基乙烯化反应 (hydroaminovinylation) 使用离子型的 Rh 配合物作为催化剂，DPPB 作配体可以进行氢化基基乙烯化反应，通过一锅法即可合成烯胺取代的磷酸酯类化合物 (式 14)[13]。

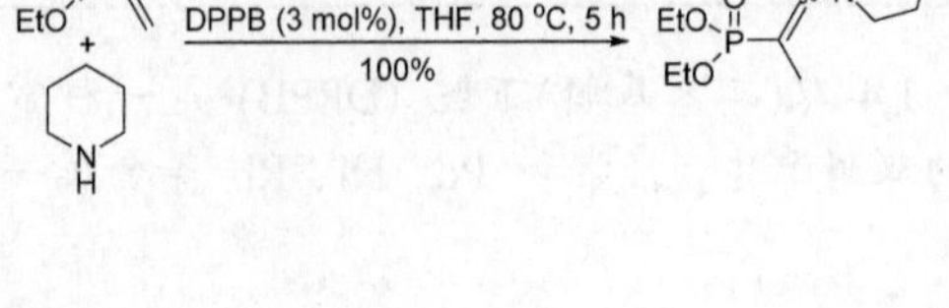

（14）

参 考 文 献

[1] Beller, M.; Krotz, A.; Baumann,W. *Adv. Synth. Catal.* **2002**, *344*, 517

[2] Totland, K.; Alper, H. *J. Org. Chem.* **1993**, *58*, 3326

[3] Trost, M. B.; Cossy, J. *J. Am. Chem. SOC.* **1982**, *104*, 6681

[4] Chang,C.; Norsikian,S.; Guillot, R.; Beau, J. *Eur. J. Org. Chem.* **2010**, 2280.

[5] Zong, K.; Abbouda, A. K.; Reynolds, R. J. *Tetrahedron Lett.* **2004**, *45*, 4973.

[6] Yoshida,M.; Higuchi, M.; Shishido, K. *Org. Lett.* **2009**, *11*, 4752.

[7] Trost, M. B.; Schmidt, T. *J. Am. Chem. Soc.* **1988**, *110*, 2301.

[8] Tong, X.; Zhang, Z.; Zhang, X. *J. Am. Chem. Soc.* **2003**, *125*, 6370.

[9] Sirol, S.; Courmarcel, J.; Mostefai, N.; Riant, O. *Org. Lett.* **2001**, *3*, 4111.

[10] O'Brien, M. E.; Bercot, A. E.; Rovis, T. *J. Am. Chem. Soc.* **2003**, *125*, 10498.

[11] Yu J.; Kuwano, R. *Angew. Chem. Int. Ed.* **2009**, *48*, 7217.

[12] Yoshida, M.; Morishita, Y.; Ihara M. *Tetrahedron lett.* **2005**, *46*, 3669.

[13] Lin, Y.; Ali, E. B.; Alper, H. *J. Am. Chem. Soc.* **2001**, *123*, 7719.

[刘楠，中北大学理学院；WXY]

1,11-双(二苯基膦)二苯并[d,f][1,3]二噁庚因

【英文名称】 1,11-Bis(diphenylphosphino)dibenzo[d,f][1,3]dioxepine

【分子式】 $C_{37}H_{28}O_2P_2$ ($n = 1$)

【分子量】 566.56 ($n = 1$)

【CAS 登录号】 [486429-92-9] ($n = 1$)

【缩写和别名】 C_n-TunePhos

【结构式】

(S)-C_n-TunePhos (R)-C_n-TunePhos

【物理性质】 白色粉末，在空气中加热易被氧化。可溶于二氯甲烷、醚、乙酸乙酯等有机溶剂。

【制备和商品】 国内外试剂公司均有出售。可在甲醇中重结晶或通过柱色谱分离来提纯。

【注意事项】 该试剂在空气中会被缓慢氧化，建议在氩气氛中保存。

钌催化的 β-酮酸酯的不对称氢化 C_n-TunePhos（$n = 1\sim6$）是具有 C_2 对称轴的一类重要的手性双齿膦配体[1]。由于该系列配体骨架中苯环间的 sp^2–sp^2 键自由旋转受到限制，与 BINAP[2] 和 MeO-BIPHEP[3] 手性双齿膦配体相比，该系列配体具有更强的刚性。C_n-TunePhos 的刚性结构与可调控的二面角在不对称反应的条件优化中起到了重要作用[4]，并表现出很高反应活性与对映选择性。从 β酮酸酯出发使用 Ru/C_n-TunePhos 催化体系进行的不对称氢化反应可高对映选择性地得到各种手性 β-羟基酯[5]。虽然 TunePhos 系列配体（$C_1\sim C_6$）通常对催化反应都具有较高的反应活性，但根据其结构的不同，其对对映选择性的影响有较大差异。如式 1 所示[1]：在对乙酰乙酸甲酯的不对称氢化过程中，根据配体的不同可得到 90.9%~99.1% 的对映选择性。其中，C_4-TunePhos 在该系列配体中具有最高的选择性。当使用 Ru-C_4-TunePhos 金属配合物作为催化剂时，在相同的反应条件下，可得到与 Ru-BINAP 催化剂或 Ru-MeO-BIPHEP 催化剂相类似，甚至更好的实验结果。

$$\begin{array}{c}\text{[Ru(C}_6\text{H}_6)\text{Cl}_2]_2 \ (0.5\ \text{mol\%})\\ (R)\text{-}C_n\text{-TunePhos} \ (1.2\ \text{mol\%}), \text{MeOH}\end{array}$$

$n = 1$, 90.9% ee
$n = 2$, 90.8% ee
$n = 3$, 97.7% ee
$n = 4$, 99.1% ee
$n = 5$, 97.1% ee
$n = 6$, 96.5% ee

(1)

钌催化的烯基乙酸酯的不对称氢化 通过对易于合成的烯基乙酸酯进行不对称氢化可实现对酮类化合物的还原。在烯基乙酸酯的氢化过程中，该原料与催化剂中心进行有效配位是获得高对映选择性的关键因素[1]。当以 $[\text{NH}_2\text{Me}_2][\{\text{RuCl}((S)\text{-}C_n\text{-TunePhos})\}_2\text{-}(\mu\text{-Cl})_3]$ 为催化剂对 1-(2-萘基)-1-乙酰氧基乙烯进行不对称氢化时，所有催化剂都以满意的对映选择性实现了 >99% 的转化（式 2）[6]。将萘基换为富电子的呋喃基后，由于呋喃环氧原子配位作

425

用的影响，该反应仅得到了 42% 的转化率与 93% ee。

$$n = 1, 95.9\% \text{ ee}$$
$$n = 2, 95.9\% \text{ ee}$$
$$n = 3, 92.1\% \text{ ee}$$
$$n = 4, 88.9\% \text{ ee}$$
$$n = 5, 91.9\% \text{ ee}$$
$$n = 6, 92.3\% \text{ ee}$$

Ru Cat. = $[NH_2Me_2][\{RuCl((S)\text{-}C_n\text{-TunePhos})\}_2\text{-}(\mu\text{-Cl})_3]$

钌催化的 α-邻苯二甲酰亚胺酮的不对称氢化 手性 α-氨基醇在具有生物活性的分子中是非常重要的结构单元[7]。为合成该结构单元，许多课题组做出了大量工作[7,8]。通过 Ru/TunePhos 催化剂进行不对称氢化可高对映选择性地获得各种手性 α-邻苯二甲酰亚胺醇[9]。该产品通过简单的脱保护转化即可得到手性 α-氨基醇。$[NH_2Me_2][\{RuCl((S)\text{-}C_3\text{-TunePhos})\}_2\text{-}(\mu\text{-Cl})_3]$ 催化剂在该类型底物的不对称氢化反应中具有非常好的反应活性 (式 3)。值得一提的是，该催化体系还能用于动态动力学拆分合成苏氨酸 (式 4)[10]。

$$n = 1, 70\% \text{ conv.}, 91.3\% \text{ ee}$$
$$n = 2, 72\% \text{ conv.}, 90.3\% \text{ ee}$$
$$n = 3, 100\% \text{ conv.}, 98.5\% \text{ ee}$$
$$n = 4, 100\% \text{ conv.}, 95.1\% \text{ ee}$$
$$n = 5, 100\% \text{ conv.}, 95.3\% \text{ ee}$$
$$n = 6, 1090\% \text{ conv.}, 90.7\% \text{ ee}$$

$>99\%$ee, anti:syn $> 97:3$

钌催化的环状 β-(酰胺基)丙烯酸酯 (四取代烯烃) 的不对称氢化 虽然对三取代烯烃的不对称氢化反应已取得了长足的进步，对于四取代烯烃的不对称氢化仍是一个非常具有挑战的研究方向[11]。当以 C_n-TunePhos 为配体进行研究时发现，在相关实验条件下除了 C_1-TunePhos 与 C_6-TunePhos 仅获得 97%~98% ee 外，该系列其它配体均获得 99% ee (式 5)[12]。当对烯烃结构进行调整时发现，C_3-TunePhos 具有最好的氢化效果。

$$n = 1, 98\% \text{ ee}$$
$$n = 2, 99\% \text{ ee}$$
$$n = 3, 99\% \text{ ee}$$
$$n = 4, 99\% \text{ ee}$$
$$n = 5, 99\% \text{ ee}$$
$$n = 6, 97\% \text{ ee}$$

钌催化的烯丙基邻苯二甲酰亚胺的不对称氢化 胺的间位被甲基手性取代的结构单元在许多天然产物与药物化学分子中大量存在。通过对双取代的烯丙基邻苯二甲酰亚胺化合物进行不对称氢化可获得 β-甲基手性胺的前体[13]。当以 $[RuCl_2\{(S)\text{-}C_3\text{-TunePhos}\}](dmf)_m$ 为催化剂对该类化合物进行还原时发现，各种烯丙基邻苯二甲酰亚胺原料都能实现理想转化 (式 6)[14]。该氢化方法被用于合成白三烯受体对抗剂 Zeneca ZD3532，该药物已用于治疗哮喘的二期实验[15]。

$$n = 1, 80\% \text{ ee}$$
$$n = 2, 92\% \text{ ee}$$
$$n = 3, 96\% \text{ ee}$$
$$n = 4, 64\% \text{ ee}$$
$$n = 5, 70\% \text{ ee}$$
$$n = 6, 58\% \text{ ee}$$

Ru Cat. = $RuCl_2[(S)\text{-}C_n\text{-TunePhos}](dmf)_m$

钌催化的 α-酮酸酯的不对称氢化 光学纯的 α-羟基羧酸衍生物是合成许多天然产物与生物活性分子的重要手性结构单元[16]。对 α-酮酸酯进行不对称氢化是获得该类化合物的有效途径[1]。C_n-TunePhos 的可调控骨架是影响反应对映选择性的关键因素[17]。以 Ru/C_n-TunePhos 为催化剂可实现一系列 α-芳基或烷基取代酮酸酯的不对称氢化 (式 7)[18]。该方法被用于合成血管收缩转化酶抑制剂的一个关键手性中间体。

$$n = 1, 90.7\% \text{ ee}$$
$$n = 2, 92.6\% \text{ ee}$$
$$n = 3, 97.1\% \text{ ee}$$
$$n = 4, 93.0\% \text{ ee}$$
$$n = 5, 92.9\% \text{ ee}$$
$$n = 6, 91.7\% \text{ ee}$$

铑催化的分子内对映选择性 Alder-ene 反应 通过分子内的 Alder-ene 反应可从简单易得的链状化合物出发获得各种碳环与杂环化合物[19]。过渡金属催化可实现在温和条件下的不对称 Alder-ene 反应，被广泛用于有机合成[20]。如式 8 所示[21]：使用 $[Rh(COD)Cl_2]$/TunePhos/$AgSbF_6$ 催化体系对 1,6-烯炔化合物的不对称环异构化转化，可在数分钟内实现完全转化，获得 $>99\%$ 的对映选择性。

$$(8)$$

n = 1, 99.2% ee
n = 2, 99.3% ee
n = 3, 99.9% ee
n = 4, 99.9% ee
n = 5, 99.2% ee
n = 6, 99.3% ee

钯催化的不对称转化　Pd 催化的不对称烯丙基烷基化是构筑手性 C–C 键的一类最重要的方法[22]。C_n-TunePhos 在该反应中也表现出了非常好的效果，可获得高达 95% 的对映选择性 (式 9)[23]。此外，Pd/C_n-TunePhos 催化剂还被成功用于环氧乙烷的不对称开环反应，以及不对称环加成反应。

$$(9)$$

n = 1, 89%, 77% ee
n = 2, 86%, 82% ee
n = 3, 90%, 84% ee
n = 4, 91%, 87% ee
n = 5, 91%, 92% ee
n = 6, 90%, 95% ee

参 考 文 献

[1] Tang, W.; Zhang, X. Chem. Rev. 2003, 103, 3029.

[2] (a) Noyori, R.; Takaya, H. Acc. Chem. Res. 1990, 23, 345. (b)Takaya, H.; Ohta, T.; Noyori, R. In Catalytic Asymmetric Synthesis; Ojima, I., Ed.; VCH: New York, 1993. (c) Noyori, R. Asymmetric Catalysis in Organic Synthesis; Wiley: New York, 1994.

[3] (a) Schmid, R.; Cereghetti, M.; Heiser, B.; et al. Helv. Chim. Acta 1988, 71, 897. (b) Schmid, R.; Foricher, J.; Cereghetti, M.; Schonhoizer, P. Helv. Chim. Acta. 1991, 74, 370.

[4] (a) Lustenberger, P.; Martinborough, E.; Denti, T. M.; Diederich, F. J. Chem. Soc. Perkin. Trans. II 1998, 747. (b) Harada,T; Takeuchi, M.; Hatsuda, M.; et al. Tetrahedron: Asymmetry 1996, 7, 2479. (c) Lipshutz, B. H.; Shin, Y-J. Tetrahedron Lett. 1998, 39, 7017.

[5] Zhang, Z.; Qian, H.; Longmire, J.; Zhang, X. J. Org. Chem. 2000, 65, 6223.

[6] Wu, S; Wang, W.; Tang, W.; Lin, M.; Zhang, X. Org. Lett. 2002, 4, 4495.

[7] 综述文献见: (a) Bergmeier, S. C.; Tetrahedron 2000, 56, 2561. (b) Ager, D. J.; Prakash, I.; Schaad, D. R. Chem. Rev. 1996, 96, 835. (c) Cardillo, G.; Tomasini, C. Chem. Soc. Rev. 1996, 25, 117. (d) Juaristi, E.; Quintana, D.; Escalante, J. Aldrichimica Acta 1994, 27, 3.

[8] (a) Bolm, C.; Hildebrand, J. P.; Muniz, K. In Catalytic Asymmetric Synthesis; 2nd ed.; Ojima, I., Ed.; Wiley-VCH: New York, 2000. (b) McKennon, M. J.; Meyer, A. I.; Drautz, K.; Schwarm, M. J. Org. Chem. 1993, 58, 3568.

[9] Lei, A.; Wu, S.; He, M.; Zhang, X. J. Am. Chem. Soc. 2004, 126, 1626.

[10] Noyori, R.; Ikeda, T.; Ohkuma, T.; et al. J. Am. Chem. Soc.

1989, 111, 9134.

[11] (a) Blaser, H.-U.; Spindler, Malan, C.; Pugin, B.; et al. Adv. Synth. Catal. 2003, 345, 103. (b) Ohkuma, T.; Kitamura, M.; Noyori, R. In Catalytic Asymmetric Synthesis; Ojima. I., Ed.; Wiley-VCH: Weinheim, 2000.

[12] Tang, W.; Wu, S.; Zhang, X. J. Am. Chem. Soc. 2003, 125, 9570.

[13] (a) Omura, S. Macrolide Antibiotics; Academic Press: Orlando, FL, 1984. (b) Lazarevski, G.; Kobrehel, G.; Metelko, B.; Duddeck, H. J. Antibiot. 1996, 49, 1066. (c) Nicholas, G. M.; Molinski, T. F. Tetrahedron 2000, 56, 2921.

[14] Wang, C.-J; Sun, X.; Zhang, X. Angew. Chem. Int. Ed. 2005, 44, 4933.

[15] Jacobs, R. T.; Bemstein, P. R.; Cronk, L. A.; et al. J. Med. Chem. 1994, 37, 1282.

[16] Hanessian, S. Total Synthesis of Natural Products: The Chiron Approach; Pergamon Press: New York, 1983.

[17] Wang, C.-J.; Sun, X.; Zhang, X. Synlett 2006, 8, 1169.

[18] Watthey, J. W. H.; Stanton, J. L.; Desai, M.; et al. J. Med. Chem. 1985, 28, 1511.

[19] Taber, D. F. Intramolecular Diels-Alder and Alder Ene Reactions; Springer: Berlin, 1984, p 61.

[20] (a) Trost, B. M.; Toste, D. J. Am. Chem. Soc. 2000, 122, 714. (b) Sturla, S. J.; Kabalaeui, N. M.; Buchwald, S. L. J. Am. Chem. Soc. 1999, 121, 1976. (c) Takayama, Y.; Gao,Y.; Sato, F. Angew. Chem. Int. Ed. 1997, 36, 851.

[21] Lei, A.; He, M.; Wu, S.; Zhang, X. Angew. Chem. Int. Ed. 2002, 41, 3457.

[22] Trost, B. M.; Van Vrankeu, D. L.; Bingel, C. J. Am. Chem. Soc. 1992, 114, 9327.

[23] Raghunath, M.; Zhang, X. Tetrahedron Lett. 2005, 46, 8213.

[陈茂，复旦大学高分子科学系；WXY]

4,5-双二苯基膦-9,9-二甲基氧杂蒽

【英文名称】　9,9-Dimethyl-4,5-bis(diphenylphos-phino)xanthene

【分子式】　$C_{39}H_{32}OP_2$

【分子量】　578.63

【CAS 登录号】　[161265-03-8]

【缩写和别名】　XantPhos

【结构式】

【物理性质】 白色固体，mp 224~228 ℃。能溶于大多数有机溶剂。

【制备和商品】 国内外试剂公司均有销售。可在氯仿/异丙醇中重结晶来纯化。

【注意事项】 该试剂在空气中能稳定存在。使用时应避免吸入或皮肤接触。

XantPhos 作为双齿膦配体，被广泛应用于各类过渡金属催化的反应中。

芳基碳-碳键的形成 酮 α-位的芳基化可以由卤代芳烃与酮的偶联反应来实现。最近有报道以芳基咪唑磺酸酯作为卤代芳烃的替代物，在 Pd/XantPhos 催化体系中进行这一反应，以中等到高的产率得到相应的产物 (式 1)[1]。在 CO 存在的条件下，吲哚和末端炔烃酸酯可以发生插羰偶联反应 (式 2)[2]。在[Rh(cod)Cl]₂/XantPhos 的催化体系中，卤代芳烃也可以与甲酰胺偶联生成芳基腈 (式 3)[3]。

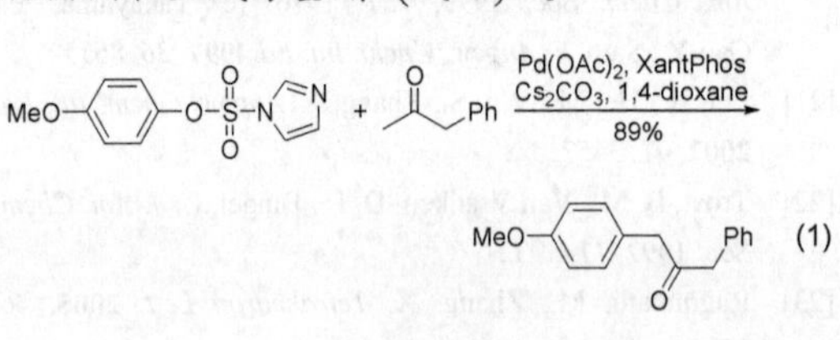

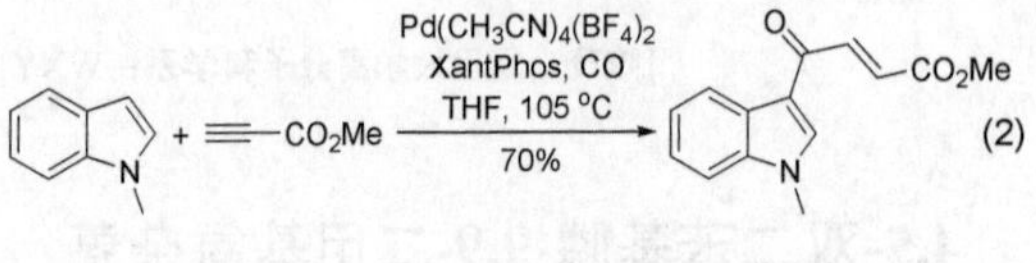

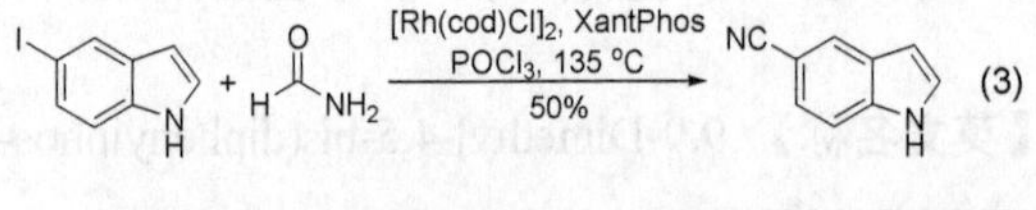

(1)

(2)

(3)

芳基碳-氮键的形成 以 XantPhos 作为配体，用 Pd 化合物作催化剂可以催化一系列卤代芳烃与胺的反应，生成烷基二芳基胺 (式 4)[4]。选用一个合适的 Pd-XantPhos 催化体系，也能催化二苯甲酮腙的 N-芳基化，以很好的收率得到合成吲哚的中间体 N-芳基或 N,N-二芳基二苯甲酮腙[5]。Pd/XantPhos 催化一级胺和 2,2'-联苯三氟甲磺酸的双 N-芳基化反应也非常有效，可用于制备单取代的咔唑 (式 5)[6]。再者，Pd-XantPhos 能催化活化和非活化的卤代芳烃与一系列酰胺反应，能以较好的产率得到

相应的芳基酰胺 (式 6)[7]。Pd-Xantphos 催化 2-三氟甲基-4-碘-烟碱酸与脒的偶联反应，经过 N-芳基化/酸的酰胺化/去甲基化等串联反应，能以 63% 的总产率得到作为 CaR 拮抗剂的喹唑啉酮化合物 (式 7)[8]。

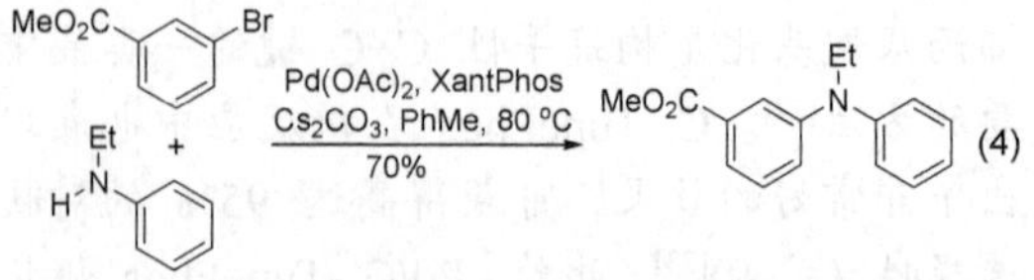

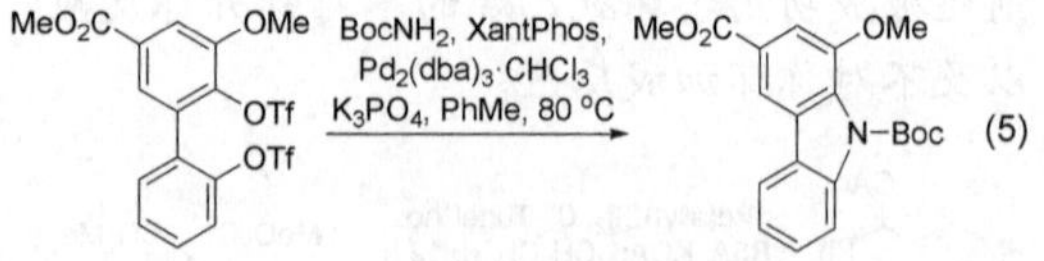

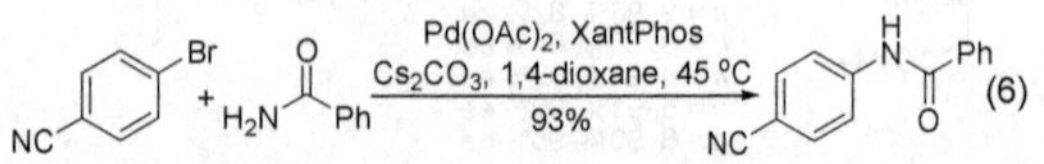

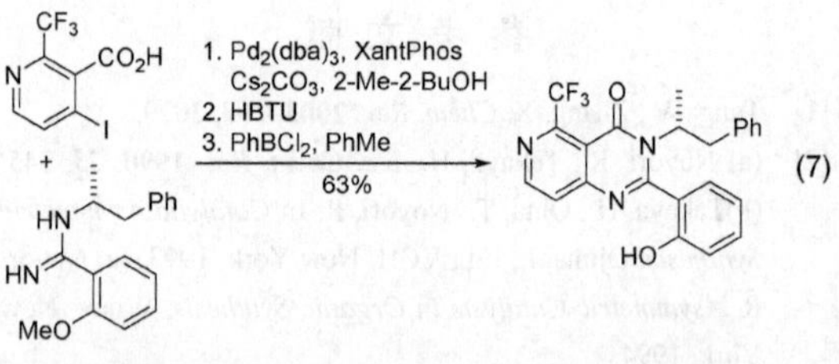

(4)

(5)

(6)

(7)

芳基碳-杂键的形成 在 Pd-Xantphos 的催化体系下，3-、4- 或 5-卤代的吡唑可以与磷酸酯、亚磷酸酯或二级氧化膦进行偶联反应，从而能一步实现磷酸基取代的吡唑衍生物的合成 (式 8)[9]。通过 Pd-Xantphos 催化合成芳基亚砜的方法也有报道。在该反应中，β-亚砜酯作为亚砜的来源 (式 9)[10]。

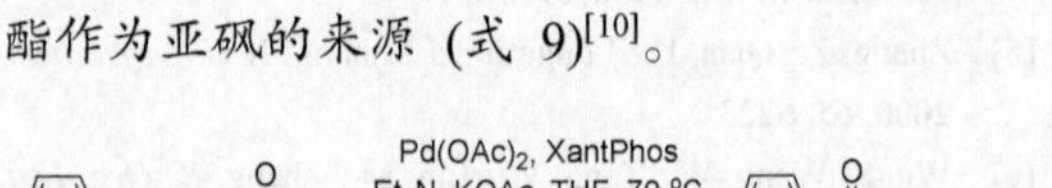

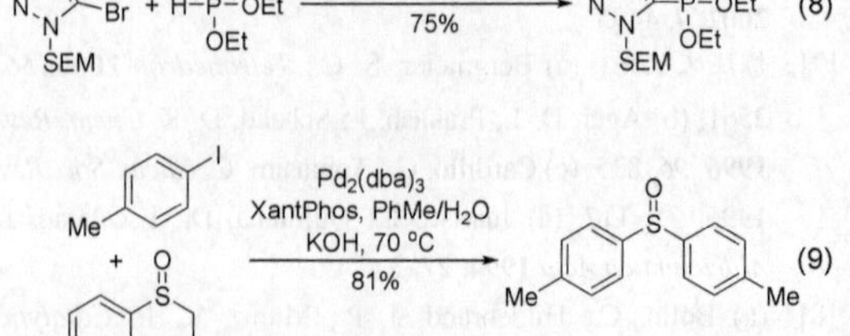

(8)

(9)

烯烃的碳-杂成键反应 Rh 与 Xantphos 能在温和的条件下催化烯烃的氢甲酰化反应，以直链产物为主[11]。苯乙烯的区域选择性氢氰化可

以通过 Ni-Xantphos 催化来实现，主要是得到支链的腈[12]。Pd-Xantphos 可以催化次磷酸与烯烃或炔烃之间的 C–P 键的形成 (式 10)[13]。

$$\text{Hex}\diagup + \text{H}-\underset{\underset{\text{H}}{\overset{\parallel}{\text{O}}}{\big|}}{\text{P}}-\text{OBu} \xrightarrow[\substack{\text{CH}_3\text{CN, reflux} \\ 100\%}]{\text{Pd}_2(\text{dba})_3,\ \text{XantPhos}} \text{Hex}\diagdown\diagup\underset{\underset{\text{OBu}}{\overset{\parallel}{\text{O}}}}{\text{P}}\text{–H} \quad (10)$$

参 考 文 献

[1] Khemanr, A. B.; Sawant, D. N.; Bhanage, B. M. *Tetrahedron Lett.* **2013**, *54*, 2682.

[2] Zeng, F.; Alper, H. *Org. Lett.* **2013**, *15*, 2034.

[3] Ackermann, L.; Mehta, V. P. *Chem. Eur. J.* **2013**, *18*, 10230.

[4] Harris, M. C.; Geis, O.; Buchwald, S. L. *J. Org. Chem.* **1999**, *64*, 6019.

[5] Wagaw, S.; Yang, B. H.; Buchwald, S. L. *J. Am. Chem. Soc.* **1999**, *121*, 10251.

[6] Kuwahara, A.; Nakano, K.; Nozaki, K. *J. Org. Chem.* **2005**, *70*, 413.

[7] (a) Yin, J.; Buchwald, S. L. *Org. Lett.* **2000**, *2*, 1101. (b) Yin, J.; Buchwald, S. L. *J. Am. Chem. Soc.* **2002**, *124*, 6043.

[8] Li, B.; Samp, L.; Sagal, J.; et al. *J. Org. Chem.* **2013**, *78*, 1273.

[9] Tran, G.; Gomez Pardo, D.; Tsuchiya, T.; et al. *Org. Lett.* **2013**, *15*, 5550.

[10] Maitro, G.; Vogel, S.; Prestat, G.; et al. *Org. Lett.* **2006**, *8*, 5951.

[11] (a) Kranenburg, M.; van der Burgt, Y. E. M.; Kamer, P. C. J.; et al. *Organometallics* **1995**, *14*, 3081. (b) Magee, M. P.; Luo, W.; Hersh, W. H. *Organometallics* **2002**, *21*, 361.

[12] Kanenburg, M.; Kamer, P. C. J.; van Leeuwen, P. W. N. M.; et al. *Chem. Commun.* **1995**, 2177.

[13] Deprèle, S.; Montchamp, J. L. *J. Am. Chem. Soc.* **2002**, *124*, 9386.

[吴筱星，中国科学院广州生物医药与健康研究院；WXY]

(*R*)- 和 (*S*)-7,7'-双(二苯基膦基)-2,2',3,3'-四氢-1,1'-螺二氢茚

【英文名称】 (*R*)- and (*S*)-7,7'-Bis(diphenylphosphino)-2,2',3,3'-tetrahydro-1,1'-spirobiindane

【分子式】 C$_{41}$H$_{34}$P$_2$

【分子量】 588.66

【CAS 登录号】 (*R*)-SDP：[917371-74-3]；(*S*)-SDP：[528521-86-0]

【缩写和别名】 (*R*)-/(*S*)-SDP，(*R*)-/(*S*)-7,7'-双(二苯基磷酰)-1,1'-螺二氢茚

【结构式】

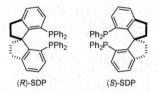

(*R*)-SDP   (*S*)-SDP

【物理性质】 白色固体，mp 206~208 ℃。$[\alpha]^{20} = -203^\circ$ (c = 0.5 mol/L，CH$_2$Cl$_2$)。溶于 THF、CHCl$_3$、CH$_2$Cl$_2$ 和 Et$_2$O 等多种有机溶剂。

【制备和商品】 目前，(*R*)-SDP 和 (*S*)-SDP 均已商品化。(*S*)-SDP 可通过光学纯的 (*S*)-1,1'-螺二氢茚-7,7'-二酚经五步反应合成得到[1]。

【注意事项】 固体 SDP 在空气中比较稳定，但长时间放置易被氧化为单膦氧化物，需在无氧条件下储存。

手性 SDP 及其衍生物是一种高效的手性双齿膦配体，主要被用作不对称催化反应中的手性配体。SDP 能与多种过渡金属形成配合物，在醛和酮的不对称氢化、烯炔化合物的环化-硅烷化、γ-炔酸化合物的环化以及烯丙基的烷基化等反应中均有应用。

醛和酮的不对称催化氢化 如式 1 所示[1]：(*S*)-SDP 与钌和二胺化合物形成的配合物是一种非常高效的不对称氢化试剂，能使苯乙酮以定量的产率和高达 99% ee 得到相应的手性醇。

$$\xrightarrow[\substack{\text{KO}^t\text{Bu, }i\text{-PrOH, rt} \\ 100\%,\ 99\%\ ee}]{\text{H}_2\ (50\ \text{atm}),\ \text{RuCl}_2(\text{DM-SDP})/(\text{DPEM})} \quad (1)$$

Ar = 3,5-(CH$_3$)$_2$Ph
RuCl$_2$(DM-SDP)/(DPEM)

在 α-取代的外消旋醛和酮[2~5]的动力学拆分上，SDP 表现出了良好的效果。如式 2 所示[6]：α-芳基醛在配合物 [RuCl$_2$(SDP)/(DACH)] 的催化下进行动力学拆分，以 100% 的转化率和 96% ee 得到氢化还原的产物。对酮的动力

学拆分同样也能获得良好的结果 (式3)[5]。

$$
\text{(2)}
$$

H$_2$ (50 atm), RuCl$_2$(DMM-SDP)/(DACH)
KO^{t}Bu, i-PrOH, rt
100%, 96% ee

Ar = 3,5-Me$_2$-4-MeO-Ph
RuCl$_2$(DMM-SDP)/(DACH)

$$
\text{(3)}
$$

H$_2$ (50 atm), RuCl$_2$(SDP)/(DPEM)
KO^{t}Bu, i-PrOH, rt
100%, 99% ee
cis/trans>99:1

RuCl$_2$(SDP)/(DPEM)

烯炔化合物的不对称环化-硅烷化反应
SDP 与铑原位生成的配合物 [Rh(SDP)(COD)]BF$_4$ 能够有效地催化烯炔化合物的不对称环化-硅烷化反应，通过串联反应在生成手性碳的同时，又能在分子中形成碳-碳键和碳-硅键。如式 4 所示[7]：三乙氧基硅烷与烯炔化合物的反应能以 98% ee 得到目标产物，其中的硅基官能团又可以进一步进行其它的官能团转化。

HSi(OEt)$_3$, Rh(COD)$_2$BF$_4$/(R)-SDP
DCE, 70 °C
75%, 98% ee

PhI, [{Pd(allyl)Cl}$_2$] (5 mol%)
TBAF (2.0 equiv), THF
84%, 98% ee

$$
\text{(4)}
$$

烯丙基的不对称烷基化反应 如式 5 所示[8]：SDP 与钯形成的配合物[Pd(η-C$_3$H$_5$)Cl]$_2$/(S)-SDP 是一种高效的烯丙基不对称烷基化反应的催化剂，可以使烯丙基醋酸酯化合物的烷基化反应以接近定量的产率和 97% ee 得到相应的 α-烷基烯烃。

CH$_2$(CO$_2$Me)$_2$, ZnEt$_2$
Pd(C$_3$H$_5$)Cl/(S)-SDP, dioxane, rt
98%, 97% ee

$$
\text{(5)}
$$

γ炔酸化合物的不对称环化反应 在 Pd(Ⅱ)-SDP 配合物的催化下，α,α-二取代-γ炔酸化合物经分子内环化反应生成手性环戊内酯。该反应可在温和的条件下在环戊内酯的

α-位形成一个手性中心 (式 6)[9]。

Pd(OAc)$_2$/(S)-SDP
CHCl$_3$, rt

Ar = Ph, 84%, 64% ee
Ar = 4-i-Pr-Ph, 92%, 71% ee

$$
\text{(6)}
$$

参 考 文 献

[1] Xie, J.-H.; Wang, L.-X.; Fu, Y.; et al. *J. Am. Chem. Soc.* **2003**, *125*, 4404.

[2] Xie, J.-H.; Liu, Sh.; Huo, X.-H.; et al. *J. Org. Chem.* **2005**, *70*, 2967.

[3] Liu, S.; Xie, J.-H.; Wang, L.-X.; Zhou, Q.-L. *Angew. Chem. Int. Ed.* **2007**, *46*, 7506.

[4] Xie, J.-H.; Liu, S.; Kong, W.-L.; et al. *J. Am. Chem. Soc.* **2009**, *131*, 4222.

[5] Bai, W.-J.; Xie, J.-H.; Li, Y.-L.; et al. *Adv. Synth. Catal.* **2010**, *352*, 81.

[6] Xie, J.-H.; Zhou, Z.-T.; Kong, W.-L.; Zhou, Q.-L. *J. Am. Chem. Soc.* **2007**, *129*, 1868.

[7] Fan, B.-M.; Xie, J.-H.; Liu, S.; et al. *Angew. Chem. Int. Ed.* **2007**, *46*, 1275.

[8] Xie, J.-H.; Duan, H.-F.; Fan, B.-M.; et al. *Adv. Synth. Catal.* **2004**, *346*, 625.

[9] Sridharan, V.; Fan, L.; Takizawa, S.; et al. *Org. Biomol. Chem.* **2013**, *11*, 5936.

[王波，清华大学化学系；WXY]

(R)- 和 (S)-5,5′-双[二(3,5-二叔丁基-4-甲氧基苯基)膦]-4,4′-双-1,3-苯二噁唑

【**英文名称**】 5,5′-Bis[di(3,5-di-tert-butyl-4-methoxyphenyl)phosphino]-4,4′-bi-1,3-benzodioxole

【**分子式**】 C$_{74}$H$_{100}$O$_8$P$_2$

【**分子量**】 1179.53

【**CAS 登录号**】 R-构型：[566940-03-2]；S-构型：[210169-40-7]

【**缩写和别名**】 DTBM-SEGPHOS

【**结构式**】

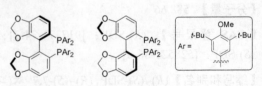

(R)-DTBM-SEGPHOS   (S)-DTBM-SEGPHOS

【物理性质】 白色固体，mp 126~128 ℃。溶于二氯甲烷、乙醚、乙酸乙酯和甲醇等大多数有机溶剂。

【制备和商品】 大型跨国试剂公司均有销售。

【注意事项】 该试剂对空气和水稳定。在溶液中缓慢被空气氧化，推荐在惰性气氛下储藏。

DTBM-SEGPHOS 是 Takasago 公司为钌催化的酮的不对称氢化还原反应而发展出的一系列轴手性双齿膦配体之一，其特点是具有较小的二面角[1]。除了钌催化的不对称反应外，DTBM-SEGPHOS 还可以作为铜、铑、金、银[2]、铱[3,4]、钯[5,6]等金属的配体，参与各种不对称催化反应，应用十分广泛。在很多反应中，DTBM-SEGPHOS 显示出比它的母配体 SEGPHOS 更好的对映选择性。

钌催化的不对称氢化反应 对外消旋 α-取代-β-羰基羧酸酯的动态动力学拆分 (Dynamic Kinetic Resolution, DKR) 是 DTBM-SEGPHOS 最经典的应用[1]。这一反应被用于工业制备合成 β内酰胺类抗生素的关键中间体。使用 DTBM-SEGPHOS-Ru(Ⅱ) 催化剂，酮的催化氢化伴随着羧酸酯 α-位的异构化，从而以定量的产率、极高的对映选择性和非对映选择性得到两个连续的手性中心 (式 1)。

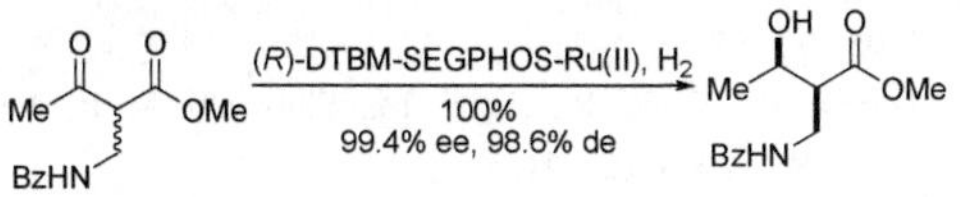

$$\text{Me-C(=O)-CH(CH_2NHBz)-C(=O)OMe} \xrightarrow[\substack{100\% \\ 99.4\% \ ee, \ 98.6\% \ de}]{(R)\text{-DTBM-SEGPHOS-Ru(II)}, \ H_2} \quad (1)$$

铜催化的不对称反应 DTBM-SEGPHOS 广泛应用于铜催化的不对称反应中，代表性反应主要包括：1,2- 和 1,4-氢硅化反应[7~9]、烯烃氢胺化反应以及碳亲核试剂的 1,2- 和 1,4-加成。

CuCl 和叔丁醇钠、聚甲基氢硅氧烷 (PMHS) 与 DTBM-SEGPHOS 反应原位生成的 DTBM-SEGPHOS-CuH 配合物是高效的不对称氢硅化催化剂。它可催化 PMHS 与取代苯基或杂环芳基酮反应，水解后得到手性二级醇产物 (式 2)；与环状 α,β不饱和酮反应，水解后生成 β位带有手性中心的环酮 (式 3)；与亚胺衍生物反应，得到手性二级胺衍生物[10]。

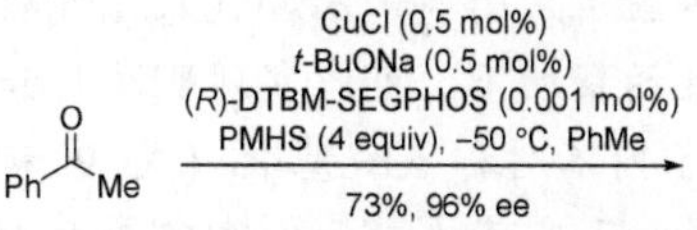

$$\text{Ph-C(=O)-Me} \xrightarrow[\substack{\text{PMHS (4 equiv), } -50\ ℃, \text{PhMe} \\ 73\%, \ 96\% \ ee}]{\substack{\text{CuCl (0.5\%)} \\ t\text{-BuONa (0.5 mol\%)} \\ (R)\text{-DTBM-SEGPHOS (0.001 mol\%)}}} \text{Ph-CH(OH)-Me} \quad (2)$$

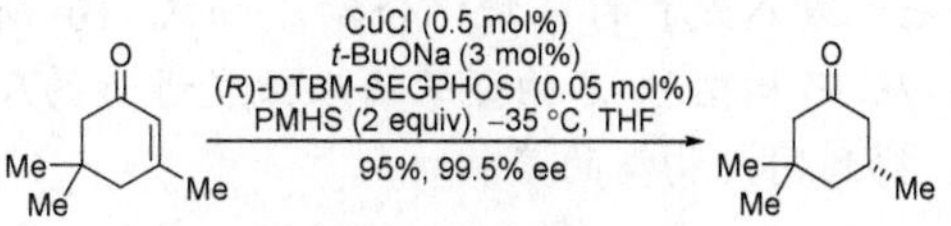

(3)

使用硼烷衍生物代替 PMHS 也可以实现类似的反应[11]。最近，DTBM-SEGPHOS-CuH 配合物被发现可以与普通的烯烃反应，区域选择性地得到 1° (从烷基取代末端烯烃出发，式 4) 或 2° (从苯乙烯衍生物出发，式 5) 烷基铜(Ⅰ)中间体。该中间体可以被氮亲电试剂捕获，分别得到反马氏和马氏氢胺化加成的产物[12,13]。

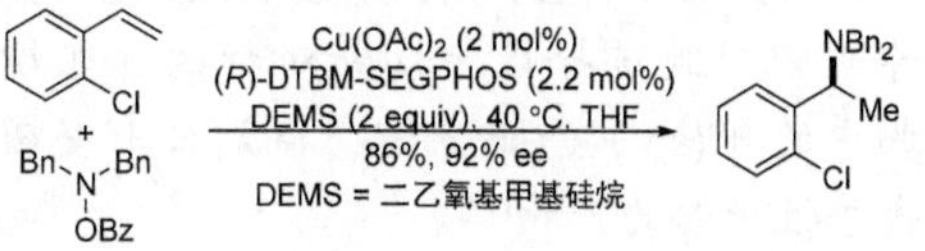

(4)

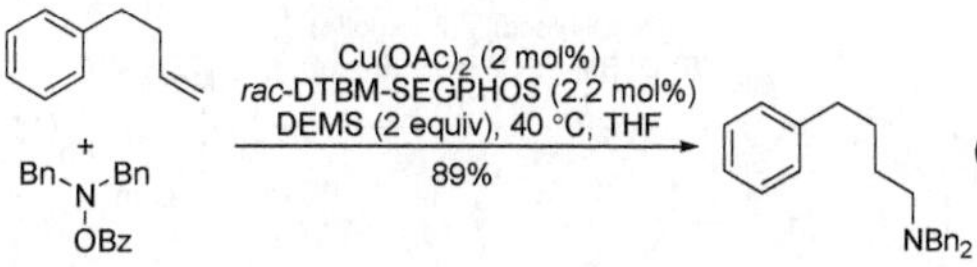

(5)

如式 6~式 8 所示，DTBM-SEGPHOS 作为配体还可参与铜(Ⅰ) 催化的亲核加成反应[14~16]。

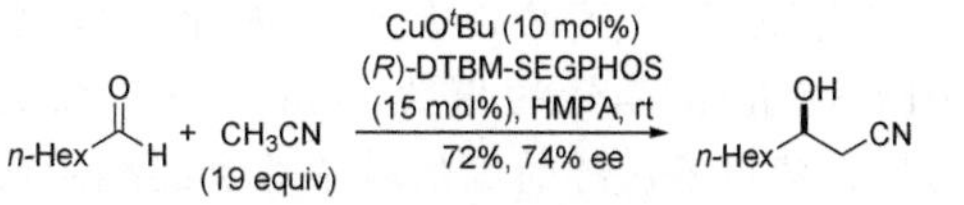

(6)

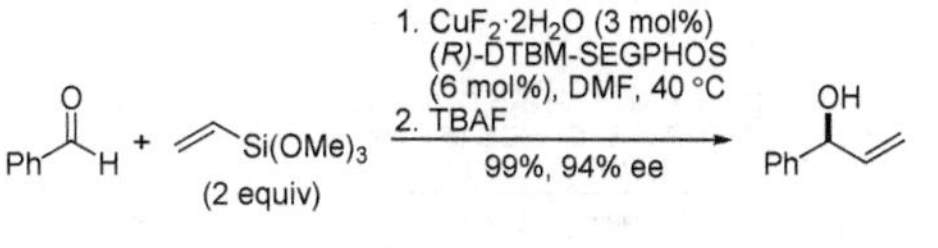

(7)

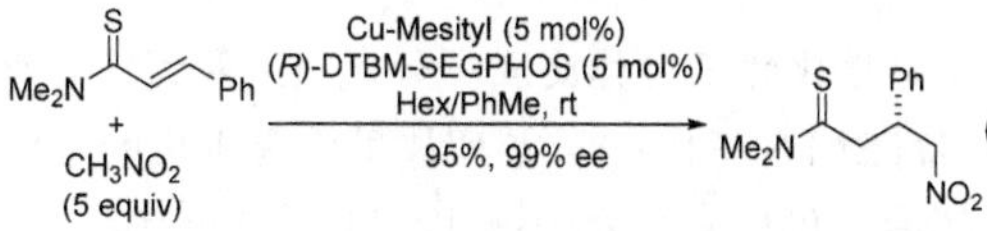

(8)

铑催化的不对称反应 DTBM-SEGPHOS 参与的铑催化不对称反应主要包括分子内氢酰基化反应、张力环的碳-碳键切断以及端炔对

α,β 不饱和羰基化合物的加成反应。

在有分子内配位基团，如 *o*-烷氧基或烷硫基苯甲醛衍生物的帮助下，可以实现酮羰基和普通烯烃的分子内不对称氢酰基化 (式 9 和式 10)[17,18]。这一反应可被用来构建中等大小 (如七元或八元) 的环状化合物。如式 10 所示：从 *E*-构型和 *Z*-构型的烯烃出发进行的反应，得到同一构型的产物。

$$\text{(9)}$$

$$\text{(10)}$$

如式 11 所示：DTBM-SEGPHOS-铑的催化体系可以对映选择性地切断对称的环丁烷衍生物中的 $C(sp^3)$–$C(sp^3)$ 键，得到含有全碳四取代手性中心的产物[19]。

$$\text{(11)}$$

端炔亲核试剂对 α,β 不饱和羰基化合物的不对称加成有很高的合成意义。然而，一般的末端炔烃在 BINAP-铑的催化体系内二聚副反应的速率大大快于 1,4-加成的速率。使用大位阻硅保护基取代的乙炔作为底物，结合 DTBM-SEGPHOS-铑的催化体系可以克服这一问题，实现不对称的端炔对不饱和醛酮的共轭加成 (式 12)[20,21]。

$$\text{(12)}$$

金催化的不对称反应 如式 13 和式 14 所示，DTBM-SEGPHOS 也可被用于金催化的不对称环丙烷化反应和分子内 [2+2] 反应[22,23]。

$$\text{(13)}$$

$$\text{(14)}$$

参 考 文 献

[1] Shimizu, H.; Nagasaki, I.; Matsumura, K.; et al. *Acc. Chem. Res.* **2007**, *40*, 1385.

[2] López-Pérez, A.; Segler, M.; Adrio, J.; Carretero, J. C. *J. Org. Chem.* **2011**, *76*, 1945.

[3] Sevov, C. S.; Hartwig, J. F. *J. Am. Chem. Soc.* **2013**, *135*, 9303.

[4] Zhou, J.; Hartwig, J. F. *J. Am. Chem. Soc.* **2008**, *130*, 12220.

[5] Hamashima, Y.; Yagi, K.; Takano, H.; et al. *J. Am. Chem. Soc.* **2002**, *124*, 14530.

[6] Kitagawa, O.; Takahashi, M.; Yoshikawa, M.; Taguchi, T. *J. Am. Chem. Soc.* **2005**, *127*, 3676.

[7] Lipshutz, B. H.; Noson, K.; Chrisman, W.; Lower, A. *J. Am. Chem. Soc.* **2003**, *125*, 8779.

[8] Lipshutz, B. H.; Lower, A.; Noson, K. *Org. Lett.* **2002**, *4*, 4045.

[9] Lipshutz, B. H.; Servesko, J. M.; Petersen, T. B.; et al. *Org. Lett.* **2004**, *6*, 1273.

[10] Lipshutz, B. H.; Shimizu, H. *Angew. Chem. Int. Ed.* **2002**, *43*, 2228.

[11] Lipshutz, B. H.; Papa, P. *Angew. Chem. Int. Ed.* **2002**, *41*, 4580.

[12] Zhu, S.; Niljianskul, N.; Buchwald, S. L. *J. Am. Chem. Soc.* **2013**, *135*, 15746.

[13] Miki, Y.; Hirano, K.; Satoh, T.; Miura, M. *Angew. Chem. Int. Ed.* **2013**, *52*, 10830.

[14] Suto, Y.; Tsuji, R.; Kanai, M.; Shibasaki, M. *Org. Lett.* **2005**, *7*, 3757.

[15] Tomita, D.; Wada, R.; Kanai, M.; Shibasaki, M. *J. Am. Chem. Soc.* **2005**, *127*, 4138.

[16] Ogawa, T.; Mouri, S.; Yazaki, R.; et al. *Org. Lett.* **2012**, *14*, 110.

[17] Shen, Z.; Khan, H. A.; Dong, V. M. *J. Am. Chem. Soc.* **2008**, *130*, 2916.

[18] Coulter, M. M.; Dornan, P. K.; Dong, V. M. *J. Am. Chem. Soc.* **2009**, *131*, 6932.

[19] Seiser, T.; Cramer, N. *J. Am. Chem. Soc.* **2010**, *132*, 5340.

[20] Nishimura, T.; Guo, X.-X.; Uchiyama, N.; et al. *J. Am. Chem. Soc.* **2008**, *130*, 1576.

[21] Nishimura, T.; Sawano, T.; Hayashi, T. *Angew. Chem. Int. Ed.* **2009**, *48*, 8057.

[22] Johansson, M. J.; Gorin, D. J.; Staben, S. T.; Toste, F. D. *J. Am. Chem. Soc.* **2005**, *127*, 18002.

[23] Luzung, M. R.; Mauleón. P.; Toste, F. D. *J. Am. Chem. Soc.* **2007**, *129*, 12402.

[朱戎，北京大学化学与分子工程学院；WXY]

1,3-双(2,6-二异丙基苯基)-2,2-二氟-2,3-二氢-1*H*-咪唑

【英文名称】 1,3-Bis(2,6-diisopropylphenyl)-2,2-difluoro-2,3-dihydro-1*H*-imidazole

【分子式】 $C_{27}H_{36}F_2N_2$

【分子量】 426.58

【CAS 登录号】 [1314657-40-3]

【缩写和别名】 奥尔德里奇，PhenoFluor

【结构式】

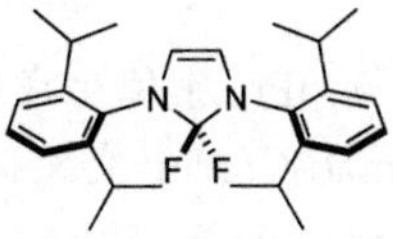

【物理性质】 无色晶体，溶于甲苯、1,4-二氧六环、二氯甲烷等溶剂。

【制备和商品】 试剂公司有售。可通过乙二醛与 2,6-二异丙基苯胺反应制得 (式 1)[1]。

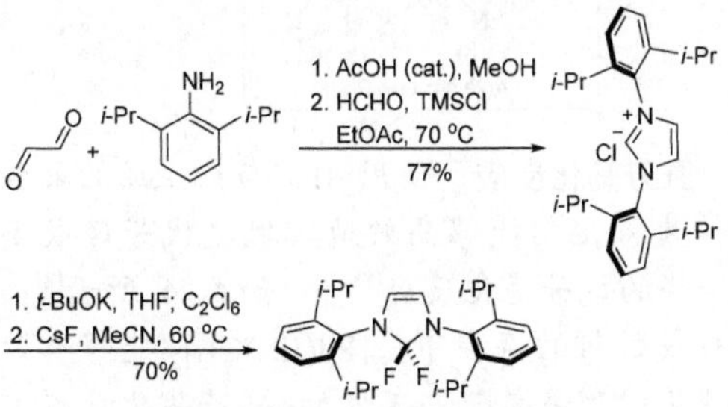

$$(1)$$

【注意事项】 在干燥通风处储存。

氟原子的引入常常导致有机化合物产生独特的物理、化学性质[2]和生理活性[3]。最近，一种制备氟化物的新试剂，1,3-双-(2,6-二异丙基苯基)-2,2-二氟-2,3-二氢-1*H*-咪唑 (PhenoFluor)，被广泛应用于酚和醇类化合物的脱氧氟化反应。

在 CsF 的作用下，PhenoFluor 与酚类化合物经一步反应即可高产率地生成芳基氟化物 (式 2)[1]。该反应也适用于缺电子的吡啶酚化合物 (式 3)[1]。

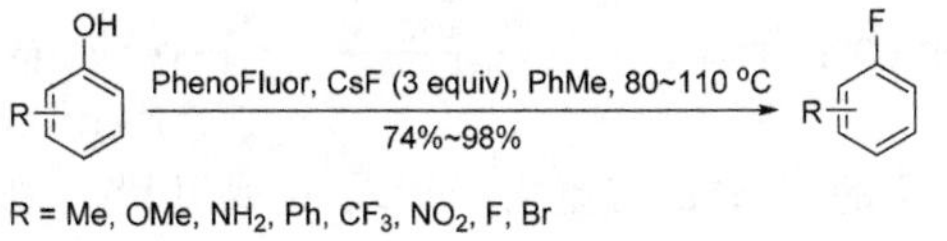

$$(2)$$

R = Me, OMe, NH₂, Ph, CF₃, NO₂, F, Br

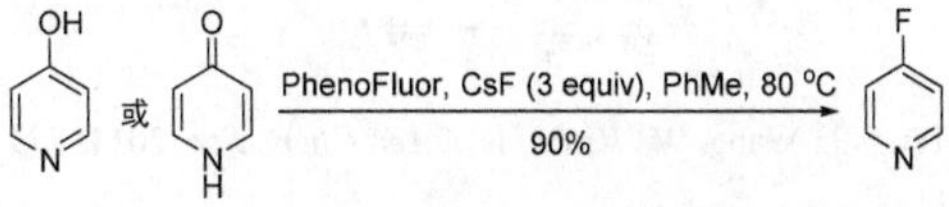

$$(3)$$

PhenoFluor 与伯醇的脱氧氟化反应条件温和，可兼容多种官能团。例如：在普通的脱氧氟化试剂作用下，Fmoc-L-丝氨酸甲酯会脱水或形成氮杂环丙烷；而使用 PhenoFluor 作为氟化试剂则可高产率地得到相应的氟化物 (式 4)[4]。

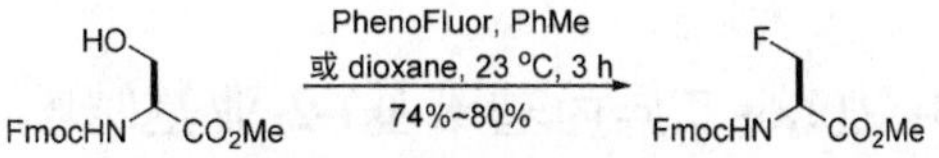

$$(4)$$

与脂肪族的仲醇和叔醇相比较，烯丙醇优先与 PhenoFluor 发生脱氧氟化反应 (式 5)[4]。由于该反应为 S_N2 反应，因此化合物的立体构型会发生改变。含有烯丙基的叔醇也可以发生类似的反应 (式 6)[4]。

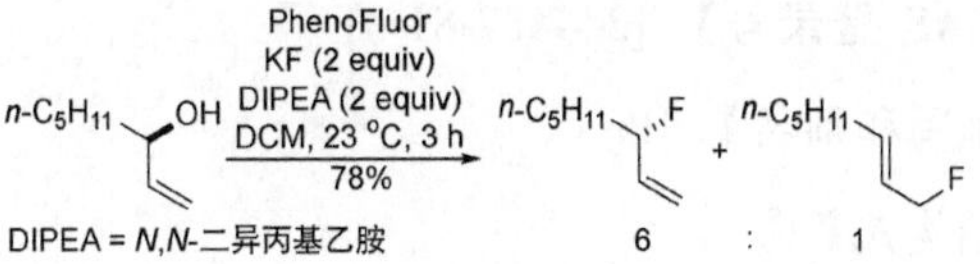

$$(5)$$

DIPEA = *N*,*N*-二异丙基乙胺

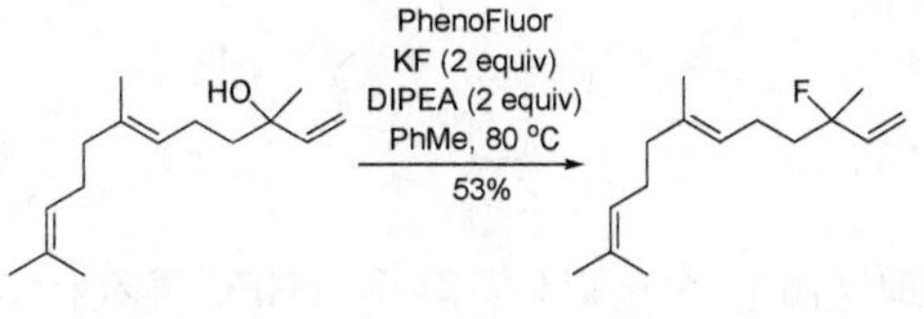

$$(6)$$

PhenoFluor 与多羟基化合物反应时遵循如下规律：(1) 当仲醇或叔醇与伯醇同时存在时，伯醇优先发生脱氧氟化反应；(2) 除烯丙基仲醇外，其他 β,β'-双取代的仲醇几乎不发生反应；(3) 除烯丙基叔醇外，其它叔醇不发生反应；(4) 参与氢键形成的羟基不发生反应 (式 7)[4]。

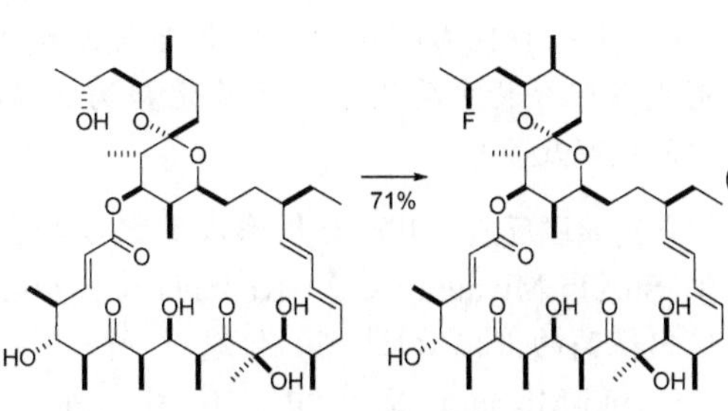

$$(7)$$

反应条件: PhenoFluor, KF (2 equiv), DIPEA (2 equiv), DCM, 23~0 ℃

参 考 文 献

[1] Tang, P.; Wang, W.; Ritter, T. *J. Am. Chem. Soc.* **2011**, *133*, 11482.

[2] (a) O'Hagan, D. *Chem. Soc. Rev.* **2008**, *37*, 308. (b) Kirsch, P. *Modern Fluoroorganic Chemistry*. Wiley-VCH: Weinheim, **2004**.

[3] Park, B. K.; Kitteringham, N. R.; O'Neill, P. M. *Annu. Rev. Pharmacol. Toxicol.* **2001**, *41*, 443.

[4] Sladojevich, F.; Arlow, S. I.; Tang, P.; Ritter, T. *J. Am. Chem. Soc.* **2013**, *135*, 2470.

[武金丹，巨勇*，清华大学化学系；JY]

1,3-双(2,6-二异丙基苯基)-2-亚基咪唑

【英文名称】1,3-Bis(2,6-diipropylphenyl)imidazol-2-ylidene

【分子式】$C_{27}H_{36}N_2$

【分子量】388.59

【CAS 登录号】[244187-81-3]

【缩写和别名】IPr

【结构式】

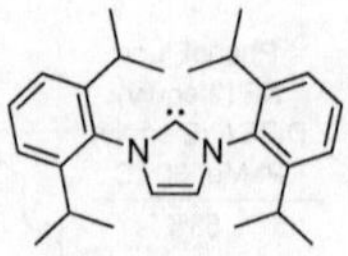

【物理性质】白色固体。溶于 THF、甲苯和乙醚等大多数有机溶剂。

【制备和商品】国内外化学试剂公司均有销售。也可通过 IPr·HCl 在反应中原位生成。

【注意事项】该试剂热稳定性好，但对空气和湿气敏感，需要在惰性气氛中使用和储存。

IPr 是一种优秀的氮卡宾配体，其与过渡金属形成的配合物主要用于氮芳基化和构建碳-碳键的偶联反应中。

交叉偶联反应 IPr 与钯形成的配合物在催化 Suzuki-Miyaura 反应、Kumada 反应等时表现出很高的催化活性[1~6]。如式 1 所示[2]：在 Suzuki-Miyaura 反应中，使用 IPr 和 $Pd_2(dba)_3$ 原位生成的配合物能有效地催化氯

代芳烃与芳基硼酸的偶联反应，以几乎定量的产率得到联苯衍生物。在 Pd/IPr 配合物催化的 Stille 反应中，使用氯代芳烃仍然可以获得良好的结果 (式 2)[3]。

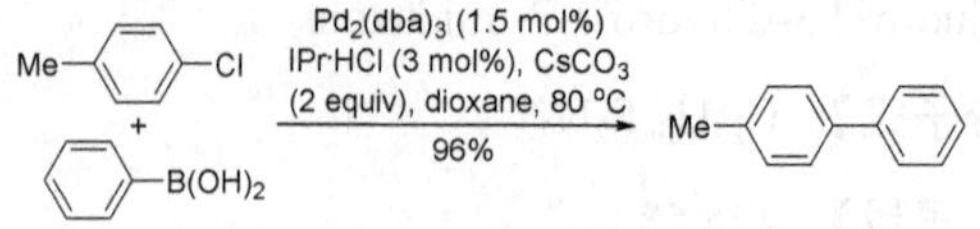

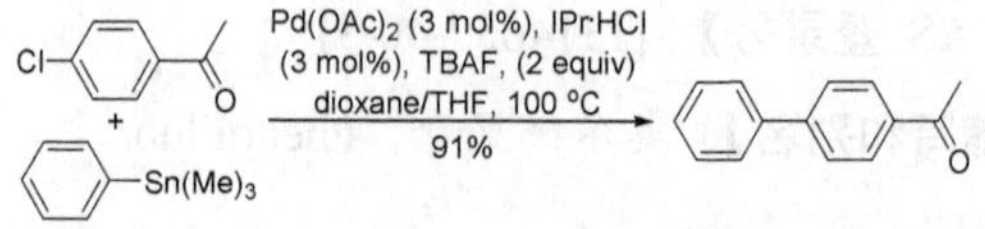

在使用钴盐与 IPr 原位生成的配合物催化的 Kumada-Tamao-Corriu 交叉偶联反应中，溴代芳烃和格氏试剂的反应能够以高收率得到联苯衍生物 (式 3)[7]。

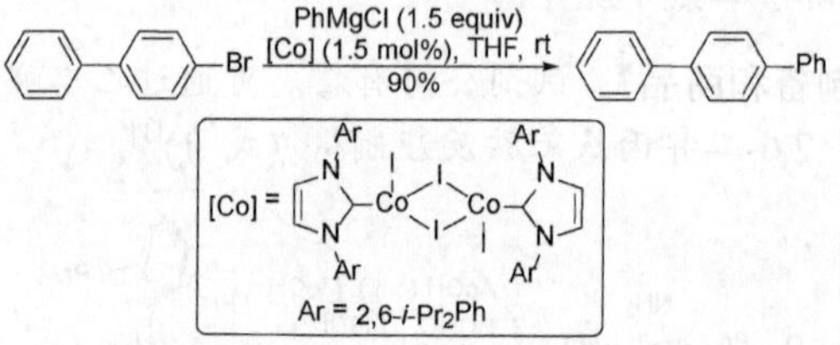

氮芳基化反应 使用 IPr 与钯生成的配合物作为催化剂能够高效地实现氯代芳烃或溴代芳烃的氮芳基化反应[8~10]。如式 4 所示[8]：在叔戊醇钾的存在下，$[Pd(IPr)Cl_2]_2$ 能够有效地催化对甲基氯苯与苯胺的 *N*-芳基化反应，以几乎定量的产率得到二芳胺化合物。

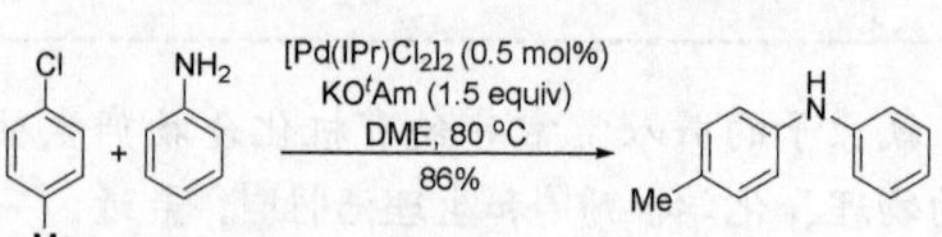

胺的甲基化 使用 IPr 与 Zn 生成的配合物作为催化剂时，CO_2 可以作为一碳化试剂实现伯胺或叔胺的 *N*-甲基化反应。如式 5 所示[11]：在苯基硅烷存在下，*N*-甲基苯胺与 CO_2 在 $IPrZnCl_2$ 催化下可以顺利地得到 *N,N*-二甲基苯胺。

酮的 α-碳的芳基化 如式 6 所示[10]：在

叔丁醇钠的存在下，(IPr)Pd(acac)Cl 能够有效地催化对甲基氯苯和酮的反应，得到在酮的 α-位引入芳基的产物。

$$ (6) $$

醛的芳基化　[Rh$_2$TFA$_4$(IPr)$_2$] 能够将醛高效地转化为相应的醇。如式 7 所示[12]：[Rh$_2$TFA$_4$(IPr)$_2$] 催化对甲氧基苯甲醛与苯硼酸的反应，以 99% 的产率生成相应的二芳基醇。

$$ (7) $$

C–H 键活化　IPr 与过渡金属生成的配合物也被用在 C–H 键的活化反应中。如式 8 所示[13]：Ir 与 IPr 原位生成配合物能够有效地催化烯烃与酰胺经由 C–H 键活化的分子内环化反应。Pd 与 IPr 原位生成的配合物在催化邻苯基苯酚化合物转化为二苯并呋喃的反应中表现出良好的催化活性 (式 9)[14]。

$$ (8) $$

$$ (9) $$

环加成反应　IPr 与镍原位生成的配合物可以有效地催化共轭烯炔化合物与烯烃的 [2+2] 环加成反应。如式 10 所示[15]：环戊烯酮与 1-癸烯-3-炔在 Ni/IPr 配合物的催化下可以生成相应的多取代环丁烯。

$$ (10) $$

参 考 文 献

[1] Huang , J.; Nolan, S. P. *J. Am. Chem. Soc.* **1999**, *121*, 9889.

[2] Zhang, C.; Huang, J.; Trudell, M. L.; Nolan, S. P. *J. Org. Chem.* **1999**, *64*, 3804.

[3] Grasa, G. A.; Nolan, S. P. *Org. Lett.* **2001**, *3*, 119.

[4] Grasa, G. A.; Viciu, M. S.; Huang, J.; et al. *Organometallics* **2002**, *21*, 2866.

[5] Marion, N.; Navarro, O.; Mei, J.; et al. *J. Am. Chem. Soc.* **2006**, *128*, 4101.

[6] Kim, Y.-J.; Lee, J.-H.; Kim, T.; et al. *Eur. J. Inorg. Chem.* **2012**, 6011.

[7] Matsubara, K.; Sueyasu, T.; Esaki, M.; et al. *Eur. J. Inorg. Chem.* **2012**, 3079.

[8] Viciu, M. S.; Kissling, R. M.; Stevens, E. D.; Nolan, S. P. *Org. Lett.* **2002**, *4*, 2229.

[9] Viciu, M. S.; Germaneau, R. F.; Navarro-Fernandez, O.; et al. *Organometallics* **2002**, *21*, 5470.

[10] Navarro, O.; Marion, N.; Scott, N. M.; et al. *Tetrahedron Lett.* **2005**, *61*, 9716.

[11] Jacquet, O.; Frogneux, X.; Gomes, C. D. N.; Cantat, T. *Chem. Sci.* **2013**, *4*, 2127.

[12] Trindade, A. F.; André, V.; Duarte, M. T.; et al. *Tetrahedron* **2010**, *66*, 8494.

[13] DeBoef, B.; Pastine, S. J.; Sames, D. *J. Am. Chem. Soc.* **2004**, *126*, 6556.

[14] Xiao, B.; Gong, T.-J.; Liu, Z.-J.; et al. *J. Am. Chem. Soc.* **2011**, *133*, 9250.

[15] Nishimura, A.; Ohashi, M.; Ogoshi, S. *J. Am. Chem. Soc.* **2012**, *134*, 15692.

[王波，清华大学化学系；WXY]

双环己基(三氟甲基磺酰氧基)硼烷

【英文名称】　Dicyclohexyl (trifluoromethanesulfonyloxy) borane

【分子式】　C$_{13}$H$_{22}$BF$_3$O$_3$S

【分子量】　326.18

【CAS 登录号】　[145412-54-0]

【缩写和别名】　二环己基(三氟甲基磺酸)硼烷

【结构式】

【物理性质】　mp 59~65 ℃。溶于大多数有机溶

435

剂，通常在 CH$_2$Cl$_2$、氯仿中使用。

【制备和商品】 可由二环己基硼烷与三氟甲基磺酸在 0 ℃ 下合成 (式 1)[1~3]。

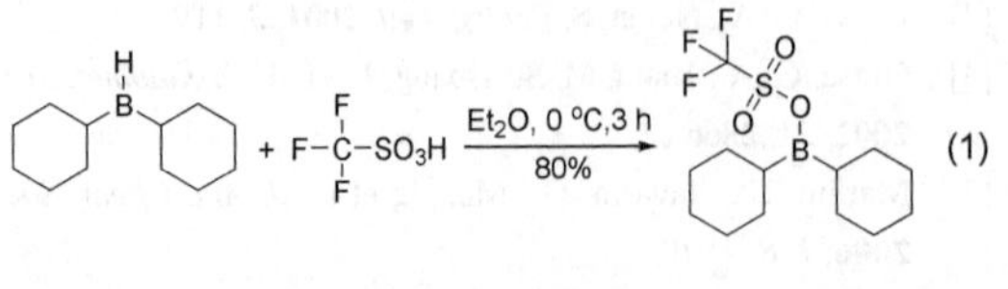

双环己基(三氟甲基磺酰氧基)硼烷与乙酸甲酯和异丁醛在三乙胺的作用下可以合成新型的硼酯化合物 (式 2)[4~6]。

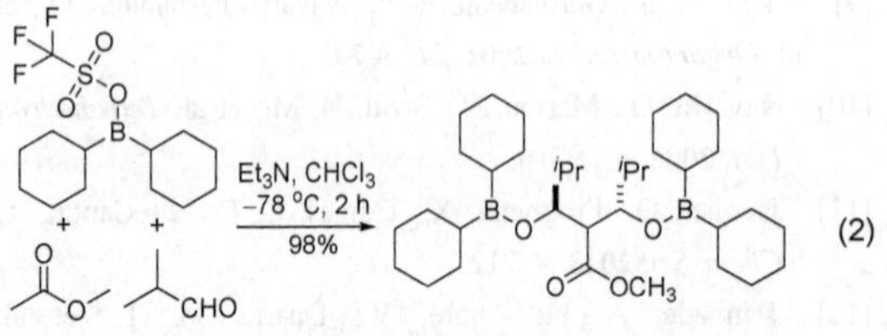

如式 3 所示[7]：双环己基(三氟甲基磺酰氧基)硼烷与萘基叠氮在 NaHCO$_3$ 的作用下，以较高产率合成 N-环己基萘胺。

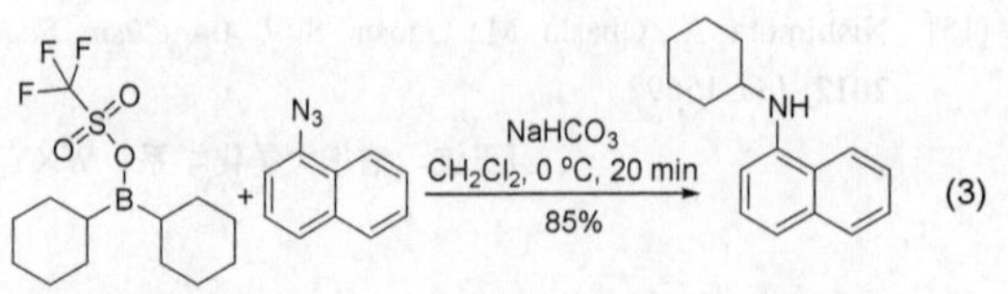

双环己基(三氟甲基磺酰氧基)硼烷与二氢噁唑酮在三乙胺的作用下可以合成二硼烷基烯醇式的化合物 (式 4)[8]。

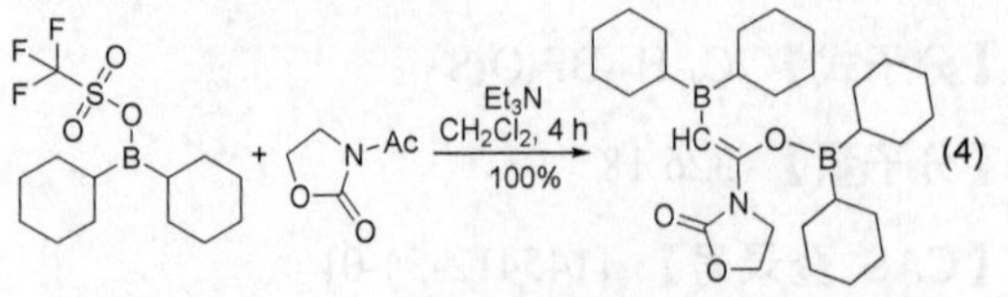

参 考 文 献

[1] Atsushi, A. *Organic Synthesis* **2003**, *79*, 103.
[2] Inoue, T.; Liu, J.-F.; Buske, D. C.; Abiko, A. *J. Org. Chem.* **2002**, *67*, 5250.
[3] Evans, D. A.; Nelson, J. V.; Vogel, E.; Taber, T. R. *J. Am. Chem. Soc.* **1981**, *103*, 3099.
[4] Abiko, A.; Liu, J.-F.; Masamune, S. *J. Am. Chem. Soc.* **1997**, *119*, 2586.
[5] Brown, H. C.; Rogic, M. M.; Rathke, M. W.; Kabalka, G. W. *J. Am. Chem. Soc.* **1968**, *90*, 818.
[6] Abiko, A.; Inoue, T.; Masamune, S. *J. Am. Chem. Soc.* **2002**, *124*, 10759.
[7] Nagula, S.; Nagula, M.; Vunnam, S.; et al. *J. Org. Chem.* **2011**, *76*, 7017.
[8] Furuno, H.; Inoue, T.; Abiko, A. *Tetrahedron Lett.* **2002**, *43*, 8297.

[庞鑫龙，陈超*，清华大学化学系；CC]

2,5-双甲氧酰基-3,4-二苯基环戊二烯酮

【英文名称】 2,5-Bis(methoxycarbonyl)-3,4-diphenylcyclopentadienone

【分子式】 C$_{21}$H$_{16}$O$_5$

【分子量】 348.35

【CAS 登录号】 [16691-79-5]

【缩写和别名】 Dimethyl 3,4-diphenylcyclopentadienone-2,5-dicarboxylate，3,4-Diphenyl-cyclopentadienone-2,5-dicarboxylic acid dimethyl ester

【结构式】

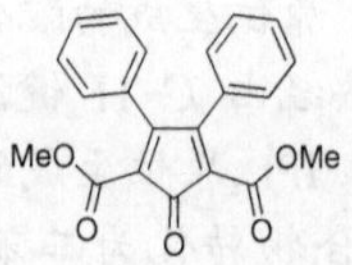

【物理性质】 橘黄色固体，bp 445.4 ℃ /760 mmHg，ρ 1.302 g/cm^3，折射率 1.613。熔点没有确定数据，不同制备方法所得产物熔点不同，集中在 160~175 ℃ 范围内[1~3]。

【制备和商品】 大型试剂公司均有销售。实验室中制备一般是在碱性条件下，使用二苯基乙二酮与 1,3-丙酮二羧酸二甲酯反应，然后以苯或醋酸酐为溶剂，在酸性条件下处理即可得到产物。产物中通常会含有少量 Diels-Alder 反应所产生的二聚体[1~3]。

【注意事项】 低温保存，在通风橱中操作。

2,5-双甲氧酰基-3,4-二苯基环戊二烯酮分子内含有环戊二烯酮的结构，能够容易地与多种不饱和化合物发生环加成反应。其分子内极

化的双键也可以与偶极体 (如氧化腈[4]、重氮甲烷[2]等) 发生加成反应，得到五元杂环化合物。

2,5-双甲氧酰基-3,4-二苯基环戊二烯酮与 2,5-二氢呋喃在氯仿中回流，可发生 [4+2] 环加成反应 (式 1)[5]。

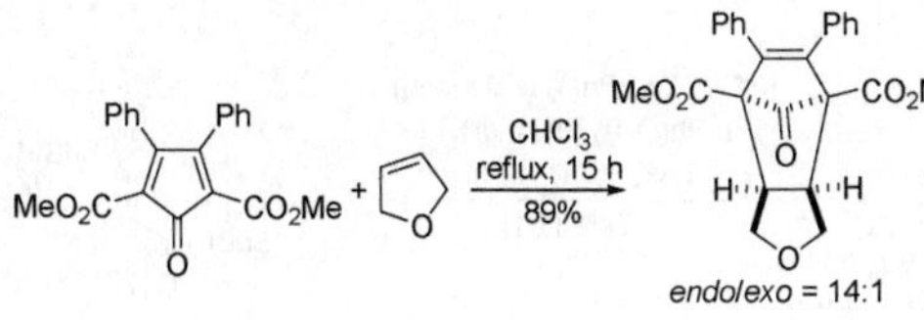

(1)

endo/exo = 14:1

未经活化的烯烃 (如环己烯、1,3,5-环庚三烯等) 也能与该试剂发生 [4+2] 和 [4+6] 环加成反应 (式 2[6]和式 3[7])。

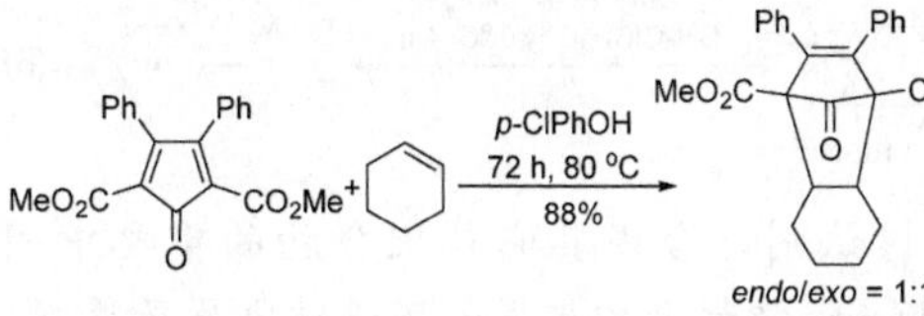

(2)

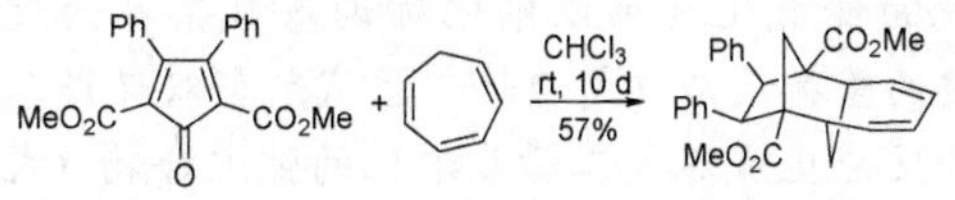

endo/exo = 1:1

(3)

在与不饱和醇、胺[8,9]的反应中，该试剂不仅可发生环加成反应，也能发生迈克尔加成反应，从而实现稠环化合物的合成 (式 4)[8]。

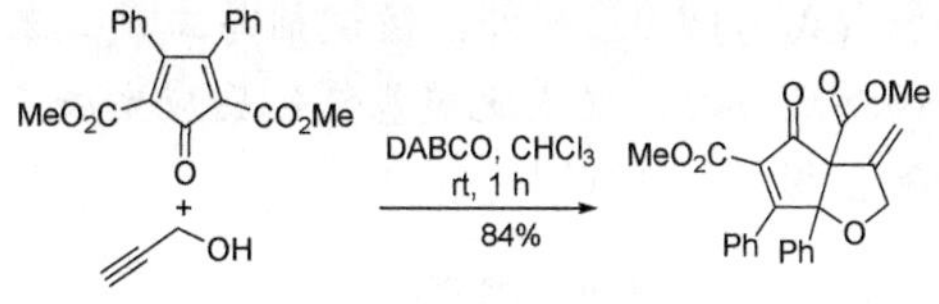

(4)

在四乙酸铅的存在下，2,5-双甲氧酰基-3,4-二苯基环戊二烯酮可与苯并三唑衍生物发生反应 (式 5)[10]。

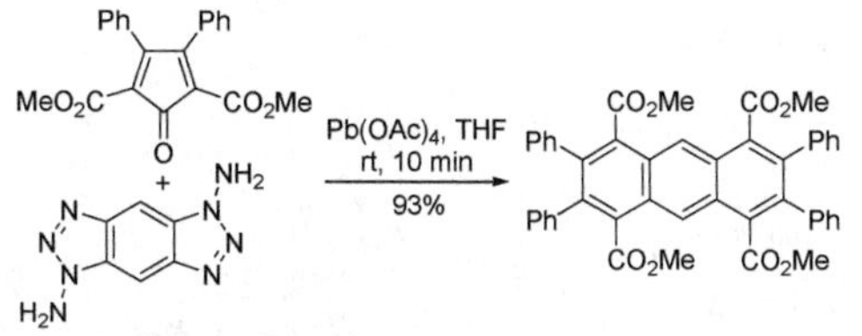

(5)

该试剂与中间炔烃的环加成反应容易发生脱羰基的芳构化反应 (式 6)[11]。

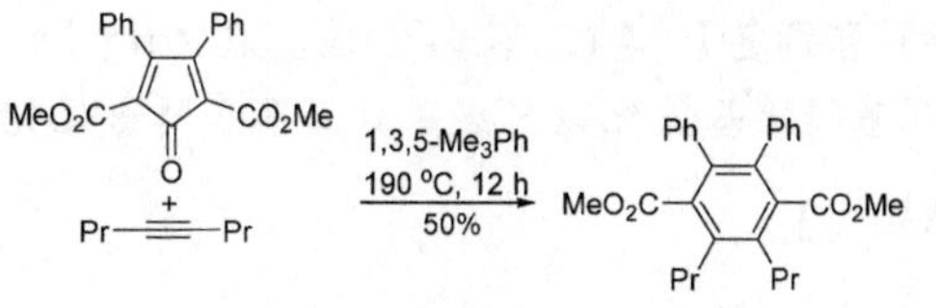

(6)

2,5-双甲氧酰基-3,4-二苯基环戊二烯酮与 1-氨基吡啶鎓碘化物反应时，可发生重排而得到多取代的吡啶衍生物 (式 7)[12]。

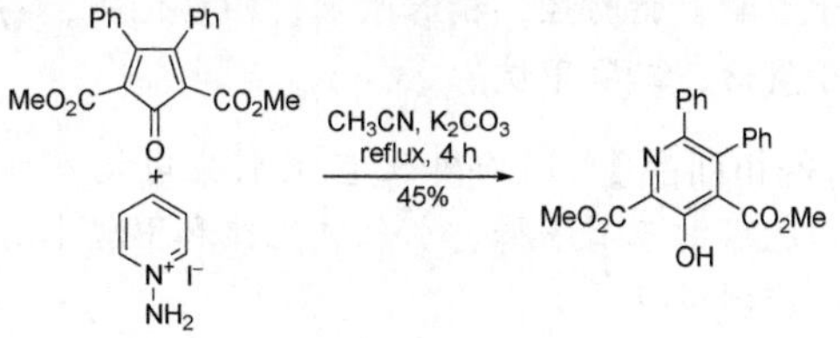

(7)

参 考 文 献

[1] Cookson, R. C.; Henstock, J. B.; Hudec, J.; Whitear, B. R. D. *J. Chem. Soc. (C)* **1967**, 1986.

[2] Eistert, B.; Thommen, A. J. *Chem. Ber.* **1971**, *104*, 3048.

[3] White, D. M. *J. Org. Chem.* **1974**, *39*, 1951.

[4] Argyropoulos, N. G.; Alexandrou, N. E. *J. Heterocycl. Chem.* **1979**, *16*, 731.

[5] Wang, K. K.; Wang, Y. H.; Yang, H.; et al. *Org. Lett.* **2009**, *11*, 2527.

[6] Jikyo, T.; Eto, M.; Matsuoka, T.; Harano, K. *Org. Prep. Proced. Int.* **1997**, *29*, 459.

[7] Yasuda, M.; Harano, K.; Kanematsu, K. *J. Am. Chem. Soc.* **1981**, *103*, 3120.

[8] Yamaguchi, K.; Utsumi, K.; Yoshitake, Y.; Harano, K. *Tetrahedron Lett.* **2006**, *47*, 4235.

[9] Yoshitake, Y.; Yamaguchi, K.; Kai, C.; et al. *J. Org. Chem.* **2001**, *66*, 8902.

[10] Hart, H.; Ok, D. *J. Org. Chem.* **1986**, *51*, 979.

[11] Yang, Y. H.; Petersen, J. L.; Wang, K. K. *J. Org. Chem.* **2003**, *68*, 5832.

[12] Yamashita, Y.; Masumura, M. *J. Chem. Soc., Chem. Commun.* **1983**, 841.

[张皓，付华*，清华大学化学系；FH]

双(三苯基膦)氯化羰基铑(I)

【英文名称】Bis(triphenylphosphine)rhodium(I) carbonyl chloride

【分子式】 $C_{37}H_{30}ClOP_2Rh$

【分子量】 690.94

【CAS 登录号】 [13938-94-8]

【缩写和别名】 二(三苯基膦)羰基氯化铑(Ⅰ)，三苯基膦羰基氯化铑，羰基双三苯基膦氯化铑

【结构式】

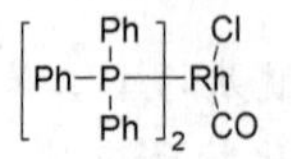

【物理性质】 淡黄色结晶，mp 224~227 °C。微溶于乙醚、脂肪烃，稍溶于苯、四氯化碳，易溶于氯仿、二氯甲烷。

【制备和商品】 国内外化学试剂公司均有销售。也可由三苯基膦、水合氯化铑和甲醛水溶液反应制得[1]。

【注意事项】 该试剂不稳定，在空气中易分解，应在惰性气体、常温干燥的条件下储存。

该试剂易与不饱和键形成环金属中间体，是不饱和化合物的加成和分子内环化加成等反应的常用催化剂，也是合成其它铑配合物的重要前体。

该试剂作为烯与炔的环金属化反应试剂，能够催化分子内炔与联烯的环化反应生成六元不饱和内酯衍生物 (式 1)[2]。还能够催化含亚乙烯基和炔基丙烷的分子内环化反应 (式 2)[3]。也可催化亚乙烯基丙烷开环与炔基的分子内 [3+2] 环化脱三氟甲氧基化反应，生成五元双环类化合物 (式 3)[4]。

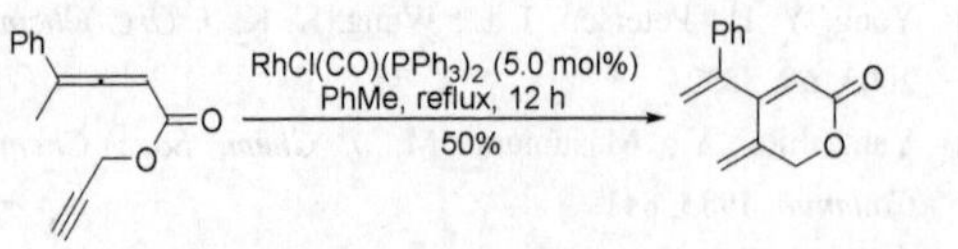
(1)

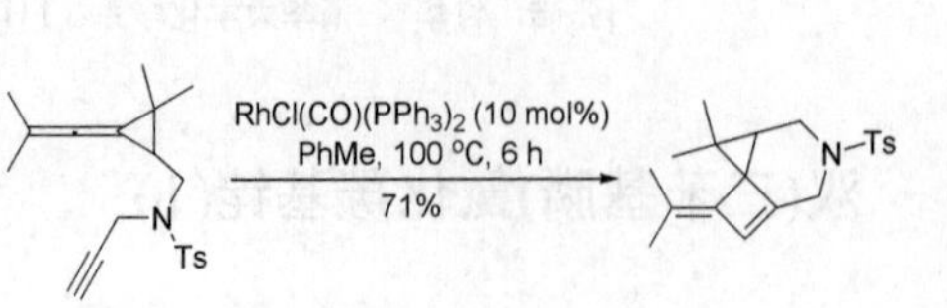
(2)

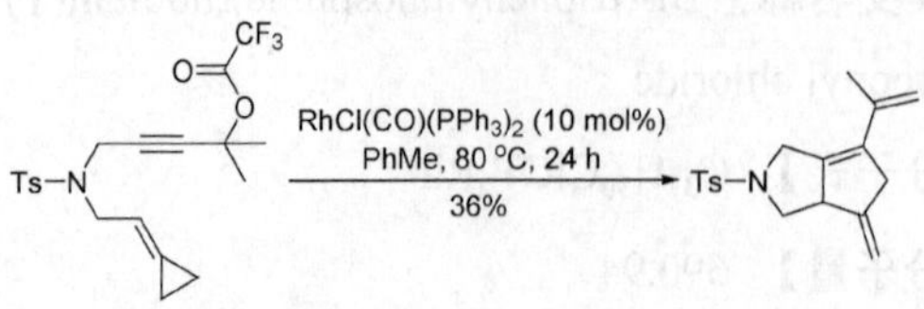
(3)

此外，该试剂可以催化炔烃参与的分子间加成反应。例如：苯乙炔与锗氢键的加成反应生成有机锗金属化合物 (式 4)[5]，末端炔烃与三丁基氟化锡的加成反应生成乙烯基三丁基锡 (式 5)[6]。

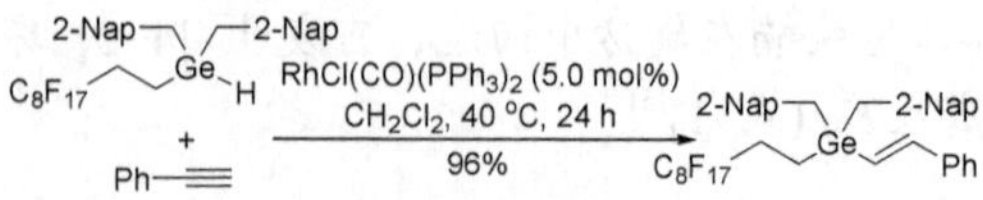
(4)

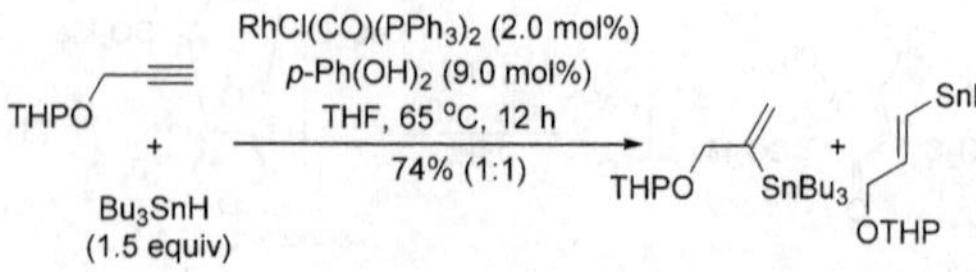
(5)

在该试剂的催化下，联环丙烷衍生物经重排反应构建出六元碳环产物 (式 6)[7]。

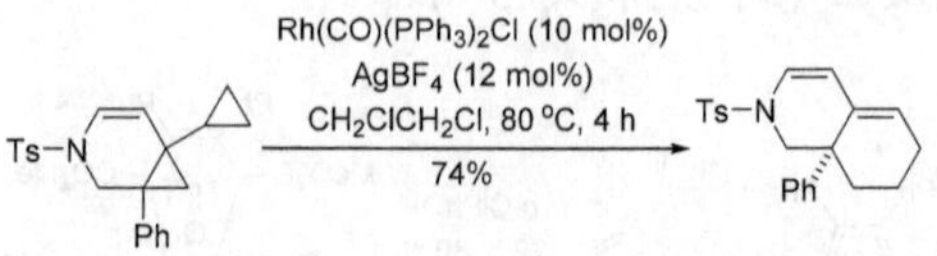
(6)

该试剂是合成其它铑配合物的重要中间体。例如：该试剂的氯原子可以被氢原子置换，生成的铑氢化物可以催化烯丙基氮杂环丙烷双键的重排反应 (式 7)[1]。该试剂与双环戊二烯硅反应生成环戊二烯基配位的铑配合物 (式 8)[8]、与丙烯基三吡唑基硼烷反应生成氮配位铑配合物 (式 9)[9]、与氮杂卡宾反应生成碳亚基铑配合物 (式 10)[10]。在 AgOTf 存在下，该试剂与末端炔烃的碳-氢键反应生成炔基铑配合物 (式 11)[11]。此外，该试剂与二氯二苯基环丙烯反应时，发生脱羰基氯化反应生成三价铑配合物 (式 12)[12]。

$$\mathrm{RhCl(CO)(PPh_3)_2} \xrightarrow[\text{97\%}]{\mathrm{NaBH_4\ (8\ equiv),\ PPh_3\ (3.8\ equiv),\ EtOH,\ reflux,\ 20\ min}} \mathrm{RhH(CO)(PPh_3)_2} \quad (7)$$

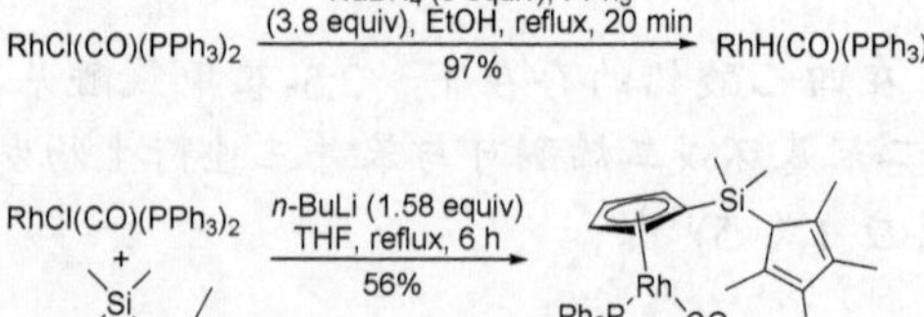
(8)

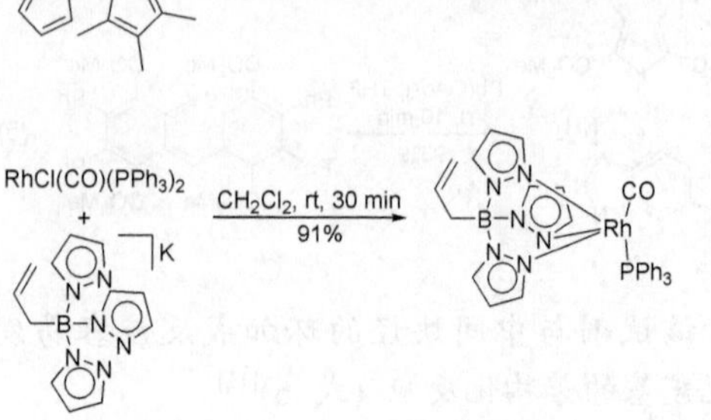
(9)

$$RhCl(CO)(PPh_3)_2 + \quad \xrightarrow[\text{THF, rt, 12 h}]{\text{KH (2.0 equiv)}} \quad \xrightarrow{67\%} \quad (10)$$

$$RhCl(CO)(PPh_3)_2 + \quad \xrightarrow[\text{CH}_2\text{Cl}_2, \text{rt, 3 h}]{\text{AgOTf (1 equiv), Et}_2\text{NH}} \quad \xrightarrow{81\%} \quad (11)$$

$$RhCl(CO)(PPh_3)_2 + \quad \xrightarrow[\text{PhMe, reflux, 2 h}]{} \quad \xrightarrow{72\%} \quad (12)$$

参 考 文 献

[1] Tsang, D. T.; Yang, S.; Alphones, F.-A.; Yudin, A. K. *Chem. Eur. J.* **2008**, *14*, 886.

[2] Jiang, X.; Ma, S. *J. Am. Chem. Soc.* **2007**, *129*, 11600.

[3] Lu, B.-L.; Shi, M. *Angew. Chem. Int. Ed.* **2011**, *50*, 12027.

[4] Zhang, D.-H.; Shi, M. *Tetrahedron Lett.* **2012**, *53*, 487.

[5] Tseng, C.-C.; Li, M.; Mo, B.; et al. *Chem. Lett.* **2011**, *40*, 995.

[6] Maleczka, Jr. R. E.; Ghosh, B.; Gallagher, W. P.; et al. *Tetrahedron* **2013**, *69*, 4000.

[7] Son, S.; Kim, S. Y.; Chung, Y. K. *ChemistryOpen* **2012**, *1*, 169.

[8] Komatsu, H.; Yamazaki, H. *J. Organomet. Chem.* **2001**, *634*, 109.

[9] Camerano, J. A.; casado, M. A.; Ciriano, M. A.; Oro, L. A. *Dalton Trans.* **2006**, 5287.

[10] Ullah, F.; Bajor, G.; Veszpremi, T.; et al. *Angew. Chem. Int. Ed.* **2007**, *46*, 2697.

[11] Bruce, M. I.; Ellis, B. G.; Skelton, B. W.; White, A. H. *J. Organomet. Chem.* **2000**, *607*, 137.

[12] Green, M.; McMullin, C. L.; Morton, G. J. P.; et al. *Organometallics* **2009**, *28*, 1476.

[华瑞茂，清华大学化学系；HRM]

双三氟甲基磺酰亚胺锂盐

【英文名称】 Lithium bis(trifluoromethane-sulphonyl)imide

【分子式】 $C_2F_6LiNO_4S_2$

【分子量】 286.93

【CAS 登录号】 [90076-65-6]

【缩写和别名】 $LiNTf_2$，二(三氟甲基磺酰)亚胺锂

【结构式】

【物理性质】 该试剂为白色结晶或粉末，mp 234~238 ℃，ρ 1.334 g/cm³。

【制备和商品】 国内外化学试剂公司均有售。

【注意事项】 该试剂对水敏感。

双三氟甲基磺酰亚胺锂盐最主要的用途是通过离子交换制备离子液体，同时也可以作为锂电池的有机电解质和有机反应催化剂等。当其作为锂电解质锂盐时，水分含量要小于 100 μg/mL，一般在 40 μg/mL 左右才可以使用[1~4]。

双三氟甲基磺酰亚胺锂盐可以与链状烷基季铵盐和环状烷基季铵盐反应，通过阴离子交换，制备新型的季铵盐离子液体 (式 1 和式 2)[5,6]。

$$\text{HO} \overset{+}{N} \text{Cl}^- + \xrightarrow[\text{99\%}]{\text{H}_2\text{O, rt, 1 h}} \text{HO} \overset{+}{N} \text{NTf}_2^- \quad (1)$$

$$\xrightarrow[\text{95\%}]{\text{H}_2\text{O, rt}} \quad (2)$$

双三氟甲基磺酰亚胺锂盐也可以与咪唑季铵盐反应，通过阴离子交换制备新型的咪唑离子液体。以该试剂为溶剂，可以选择性地进行肉桂醛的氢化反应 (式 3 和式 4)[7,8]。

$$\xrightarrow[\text{90\%}]{\text{H}_2\text{O, rt, 6 h}} \quad (3)$$

$$\xrightarrow[\text{94\%}]{\text{H}_2\text{O, rt, 8 h}} \quad (4)$$

双三氟甲基磺酰亚胺锂盐可以与吡啶季铵盐反应，生成的吡啶类离子液体可以有效地提高光诱导电子转移反应 (PET) 效率 (式 5)[9]。

$$\xrightarrow[\text{90\%}]{\text{H}_2\text{O, rt, 1 h}} \quad (5)$$

除了可以与铵盐反应生成离子液体之外，双三氟甲基磺酰亚胺锂盐也可以与环丙烯型的碳正离子反应生成相应的新型离子液体 (式 6)[10]。

$$(6)$$

双三氟甲基磺酰亚胺锂盐与手性烷基季铵盐反应生成的手性离子液体，可以有效地催化不对称羟醛缩合反应 (式 7)[11]。

$$(7)$$

参考文献

[1] Joerger, J.; Pucheault, M.; Vaultier, M.; Verron, J. *Tetrahedron Lett.* **2007**, *48*, 4055.

[2] Belhocine, T.; Gunaratne, H. Q. N.; Nieuwenhuyzen, M.; et al. *Green Chem.* **2011**, *13*, 59.

[3] Coleman, D.; Gathergood, N.; Morrissey, S.; et al. *Green Chem.* **2009**, *11*, 475.

[4] Imai, K.; Katsuta, S.; Kudo, Y.; et al. *J. Chem. Eng. Data* **2010**, *55*, 1588.

[5] Pucheault, M.; Roche, C.; Vaultier, M.; Commeron, A. *Tetrahedron* **2010**, *66*, 8325.

[6] Belhocine, T.; Gunaratne, H. Q. N.; Nieuwenhuyzen, M.; et al. *Green Chem.* **2011**, *13*, 3137.

[7] Beadham, I.; Gathergood, N.; Morrissey, S. *Green Chem.* **2009**, *11*, 466.

[8] Aridoss, G.; Laali, K. K. *Tetrahedron Lett.* **2011**, *52*, 6859.

[9] Falvey, D. E.; Vieira, R. C. *J. Am. Chem. Soc.* **2008**, *130*, 1552.

[10] Curnow, O. J.; Walst, K. J.; MacFarlane, D. R. *Chem. Comm.* **2011**, *47*, 10248.

[11] Bica, K.; Gaertner, P.; Rainer, D.; et al. *Catal. Today* **2013**, *200*, 80.

[王勇，陈超*，清华大学化学系；CC]

双三氟甲基磺酰亚胺银盐

【英文名称】 Sliver bis(trifluoromethane sulfonimide)

【分子式】 $C_2AgF_6NO_4S_2$

【分子量】 388.01

【CAS 登录号】 [189114-61-2]

【缩写和别名】 AgNTf$_2$

【结构式】

【物理性质】 白色晶体。mp 248.8 ℃，ρ 3.035 g/cm^3。

【制备和商品】 国内外试剂公司均有销售。也可在实验室制备。

【注意事项】 该试剂一般要求储存在干燥、低温的玻璃瓶中。

AgNTf$_2$ 是实验室常用的路易斯酸催化剂，在有机官能团转化反应中有着广泛的应用[1~4]。在 AgNTf$_2$ 的催化下[5]，硅氧基炔烃可以与不饱和酮发生 [2+2] 环加成反应生成四元环结构的化合物 (式 1)[6]。该反应可以在数分钟内完成，而且可以得到很高的产率。

$$(1)$$

AgNTf$_2$ 在复杂的重排反应和 C–C 键的形成反应中亦有良好的催化活性。如式 2 所示[7]：AgNTf$_2$ 可以有效地催化氮基-Nazarov 反应。

$$(2)$$

AgNTf$_2$ 常与其它金属催化剂一起使用。如式 3 所示[8]：(Ph$_3$P)AuCl 和 AgNTf$_2$ 可以有效地催化炔醇的环化反应，生成相应的呋喃产物。

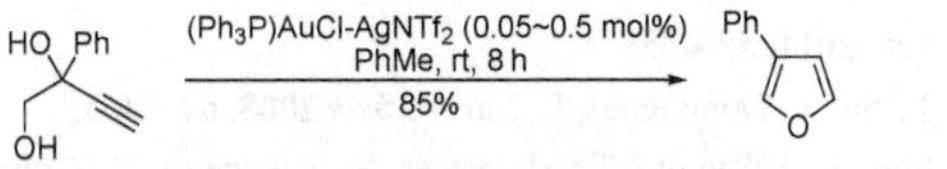

$$(3)$$

如式 4 所示[9]：AgNTf$_2$ 与金配合物联用可以催化炔基联烯与喹啉 N-氧化物的反应，生成环化产物。该反应具有选择性高和条件温和的优点，可用于合成一些结构复杂的产物。

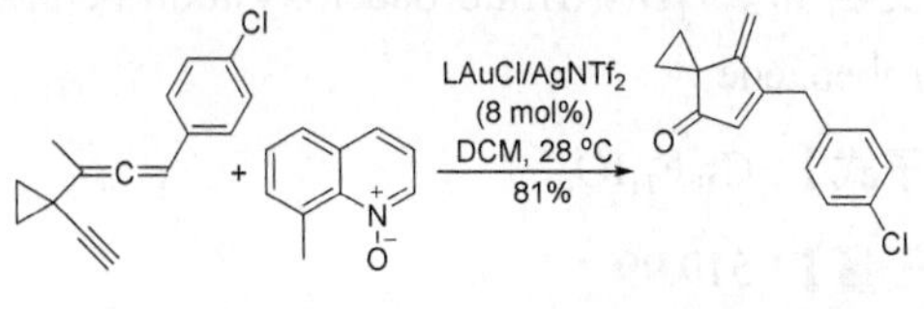

$$(4)$$

在二氯乙烷溶液中，AgNTf$_2$ 与金配合物联用可以催化 1,6-烯炔与硝酮的 [2+2+3] 环加成反应 (式 5)[2]。

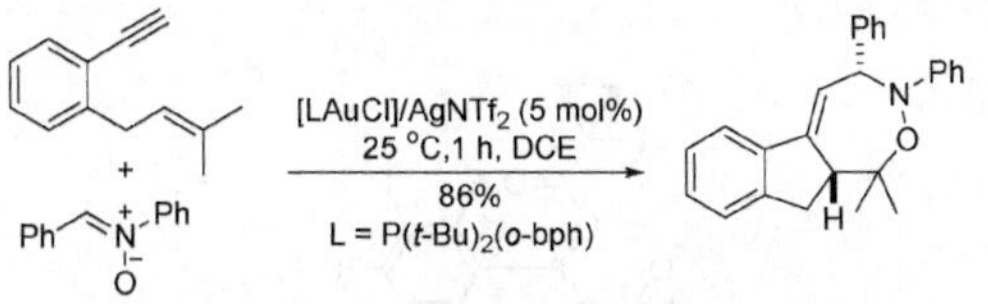

$$(5)$$

在 AgNTf$_2$ 的催化下，硅氧基炔烃的氢胺化反应可以在温和的条件下完成 (式 6)[3]。

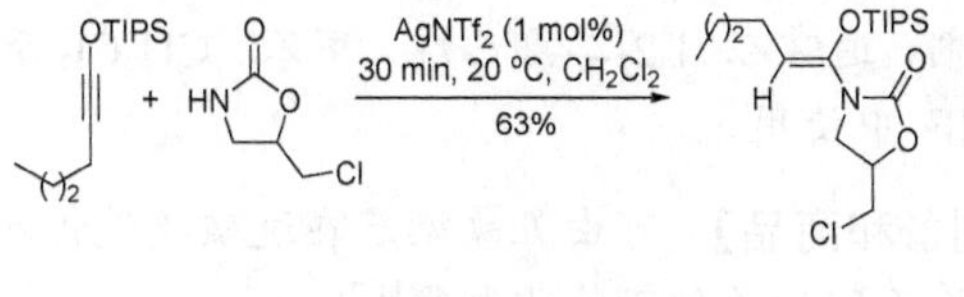

$$(6)$$

参 考 文 献

[1] Gagosz, F.; Gronnier, C.; Odabachian, Y.; Kramer, S. *J. Am. Chem. Soc.* **2012**, *134*, 828.

[2] Bhunia, S.; Gawade, S. A.; Liu, R.-S. *Angew. Chem. Int. Ed.* **2012**, *51*, 7835.

[3] Kozmin, S.; Sun, J.-W. *Angew. Chem. Int. Ed.* **2006**, *45*, 4991.

[4] Liu, R.-S.; Teng, T.-M. *J. Am. Chem. Soc.* **2010**, *132*, 9298.

[5] Antoniotti, S.; Dalla, V.; Dunch, E. *Angew. Chem. Int. Ed.* **2010**, *49*, 8032.

[6] Sweis, R. F.; Schramm, M. P.; Kozmin, S. A. *J. Am. Chem. Soc.* **2004**, *126*, 7442.

[7] Bonderoff, S. A.; Grant, T. N.; West, F. G.; Tremblay, M. *Org. Lett.* **2013**, *15*, 2888.

[8] Egi, M.; Azechi, K.; Akai, S. *J. Org. Lett.* **2009**, *11*, 5002.

[9] Kawada, R. K.; Liu, R.-S. *Org. Lett.* **2013**, *15*, 4094.

[彭静，陈超*，清华大学化学系；CC]

双(三氟乙酰氧基)碘苯

【英文名称】 [Bis(trifluoroacetoxy)iodo]benzene

【分子式】 $C_{10}H_5F_6IO_4$

【分子量】 430.04

【CAS 登录号】 [2712-78-9]

【缩写和别名】 PIFA，三氟醋酸碘苯，二(三氟乙酰氧基)碘苯

【结构式】

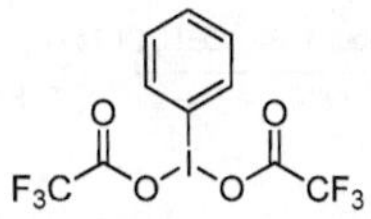

【物理性质】 无色晶体，mp 118~120 ℃，ρ 2.11 g/cm^3，可溶于水。

【制备和商品】 国内外试剂公司均有销售，亦可在实验室制备。

【注意事项】 对光和潮湿较敏感，需在避光干燥和温度较低的环境中储存。

如式 1 所示[1]：在实验室中，将二乙酰基碘苯和三氟乙酸共热即可方便地制备出双(三氟乙酰氧基)碘苯。

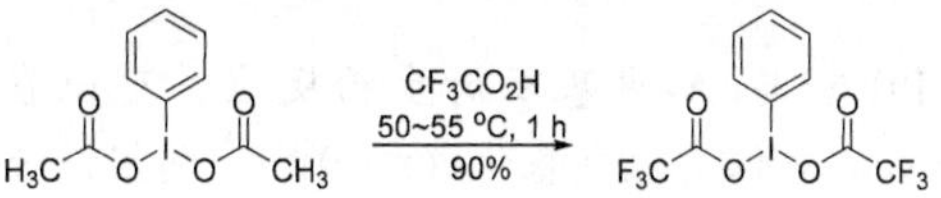

$$(1)$$

目前，该试剂更常用的制备方法是将碘苯、Oxone 和三氟乙酸的氯仿溶液在室温下放置数小时即可 (式 2)[2]。

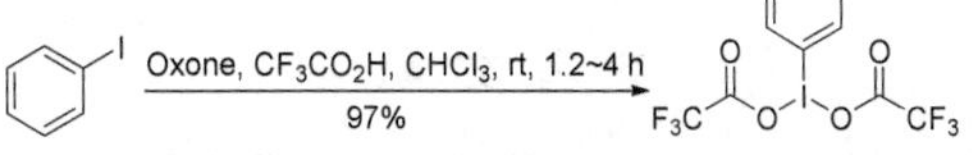

$$(2)$$

在二氯甲烷溶液中，PIFA 与氰基硅烷发生反应，可使其分子中的一个三氟乙酰氧基被氰基取代 (式 3)[3]。

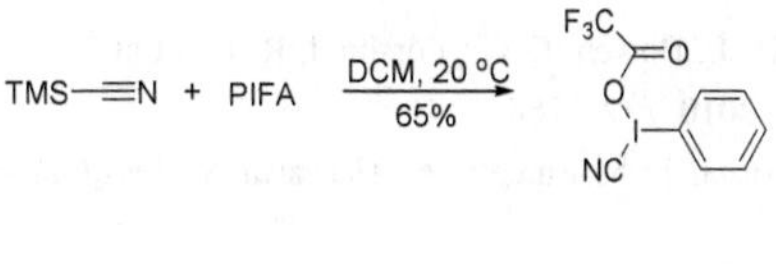

$$(3)$$

PIFA 与烯烃反应，可以在烯烃上引入三氟乙酰氧基，所生成的碳正离子中间体还可以发生进一步的反应 (式 4)[4]。

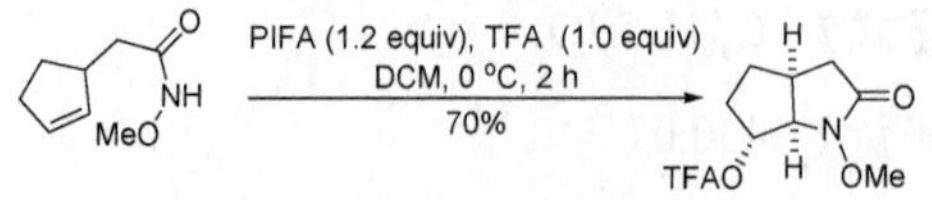

(4)

在 PIFA 的存在下，2-炔丙基丙二酮类化合物可以发生分子内环化反应，生成三取代呋喃衍生物 (式 5 和式 6)[5]。

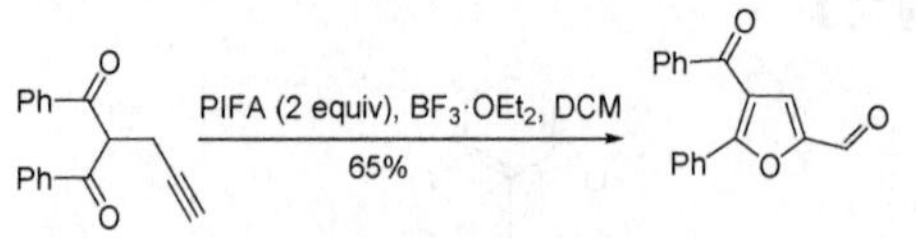

(5)

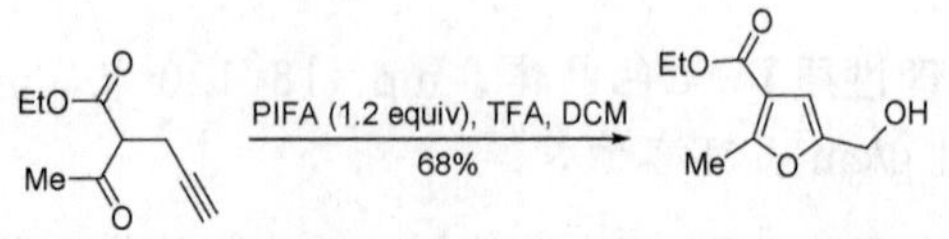

(6)

使用合适的底物，PIFA 可以与苯乙烯底物发生加成反应，生成 1,1- 或 1,2-二(三氟乙酰氧基) 产物 (式 7 和式 8)[6]。

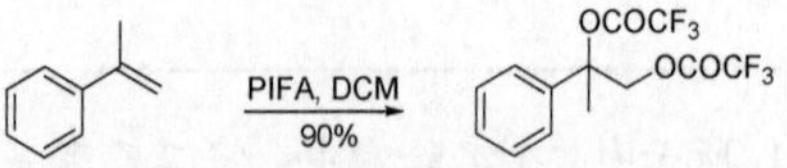

(7)

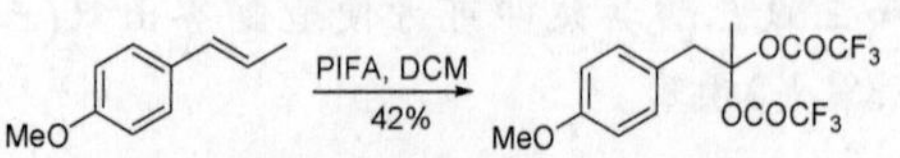

(8)

PIFA 与 N-酰基苯衍生物反应，可以在 N-酰基的对位实现羟基化 (式 9)[7]。利用该合成方法能够高选择性地合成苯酚衍生物。

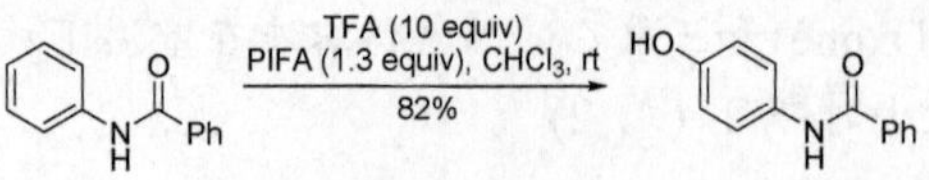

(9)

参 考 文 献

[1] Alcock, N. W.; Harrison, W. D.; Howes, C. J. Chem. Soc., Dalton Trans. **1984**, 1709.

[2] Zagulyaeva, A. A.; Yusubov, M. S.; Zhdankin, V. V. J. Org. Chem. **2010**, 75, 2119.

[3] Lee, H.-Y.; Jung, Y.; Yoon, Y.; et al. Org. Lett. **2010**, 12, 2672.

[4] Wardrop, D. J.; Bowen, E. G.; Forslund, R. E.; et al. J. Am. Chem. Soc. **2010**, 132, 1188.

[5] Saito, A.; Anzai, T.; Matsumoto, A.; Hanzawa, Y. Tetrahedron

Lett. **2011**, 52, 4658.

[6] Tellitu, I.; Dominguez, E. Tetrahedron **2008**, 64, 2465.

[7] Itoh, N.; Sakamoto, T.; Miyazawa, E.; Kikugawa, Y. J. Org. Chem. **2002**, 67, 7424.

[彭静，陈超*，清华大学化学系；CC]

[双(三氟乙酰氧基)碘]五氟苯

【英文名称】 [Bis(trifluoroacetoxy)iodo]pentafluorobenzene

【分子式】 $C_{10}F_{11}IO_4$

【分子量】 519.99

【CAS 登录号】 [14353-88-9]

【缩写和别名】 FPIFA，Iodopentafluorobenzene

【结构式】

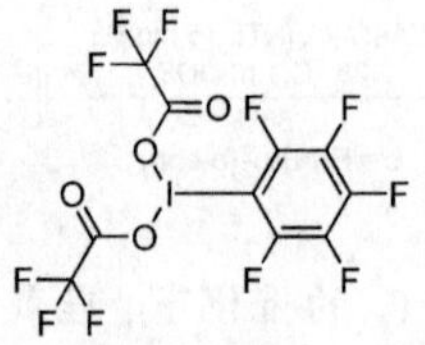

【物理性质】 mp 117~119 °C。溶于大多数有机溶剂，通常在 1,2-二氯乙烷、甲苯、CH_2Cl_2 和 THF 中使用。

【制备和商品】 可由五氟碘苯在过硫酸氢钾和三氟乙酸的条件下氧化制得[1,2]。

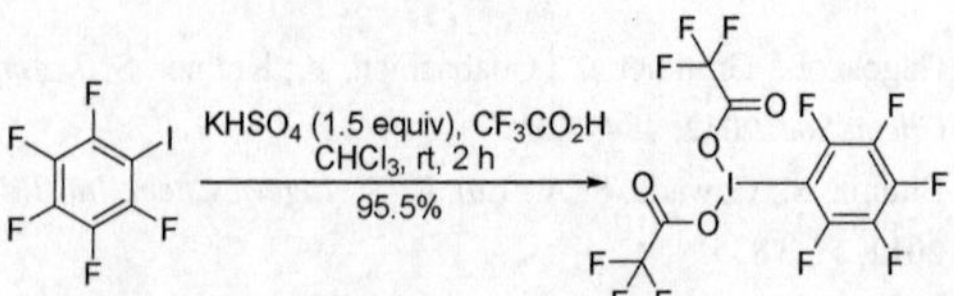

(1)

【注意事项】 该试剂具有吸湿性，对空气和湿气敏感，遇水会发生反应变质。一般在干燥的无水体系中使用，在通风橱中进行操作，在冰箱中储存。

[双(三氟乙酰氧基)碘]五氟苯 (FPIFA) 与对甲基苯磺酸在乙腈溶剂中反应可以得到 $C_6F_5I(OH)OTs$ (式 2)[1,3]。

$$(2)$$

FPIFA 具有氧化性，可用作氧化剂[4,5]。高价碘的应用使得合成 α-乙缩醛类化合物更加便利。如式 3 所示[6]：通过 FPIFA 氧化 α-氨基乙醇类化合物可以得到 α-乙缩醛类化合物。

$$(3)$$

高价碘可以作为氧化剂促使 C—H 键活化偶联反应的发生[7,8]。如式 4 所示[8]：在 FPIFA 的作用下，芳香醚以几乎定量的产率得到分子间 C—H 键活化交叉偶联的产物。

$$(4)$$

如式 5 所示[9,10]：在 FPIFA 的氧化作用下，二甲基亚砜可以被氧化生成二甲基砜。

$$(5)$$

参考文献

[1] Zagulyaeva, A. A.; Yusubov, M. S.; Zhdankin, V. V. *J. Org. Chem.* **2010**, *75*, 2119.

[2] Wirth, T. *Angew. Chem., Int. Ed.* **2005**, *44*, 3656.

[3] Robert, M. M.; Raju, P; Indra, P . *Tetrahedron Lett.*, **1987**, *28(8)*, 877.

[4] Harayama, Y.; Yoshida, M.; Kamimura, D.; Kita, Y. *Chem. Commun.* **2005**, 1764.

[5] Prenzel, A. H. G. P.; Deppermann, N.; Maison, W. *Org. Lett.* **2006**, *8*, 8.

[6] Iwasaki, T.; Horikawa, H.; Matsumoto, K.; Miyoshi, M.; *Tetrahedron Lett.* **1976**, *17*, 191.

[7] Dohi, T.; Ito, M.; Morimoto, K.; et al. *Angew. Chem., Int. Ed.* **2008**, *47*, 1301.

[8] Dohi, T.; Ito, M.; Itani, I.; et al. *Org. Lett.* **2011**, *13*, 23.

[9] Spyros, S.; Anastasios, V. *Org. Bio-Org. Chem.* **1984**, *2*, 135.

[10] Schfer, S.; Wirth, T. *Angew. Chem. Int. Ed.* **2010**, *49*, 2786.

[庞鑫龙，陈超*，清华大学化学系；CC]

N,O-双三甲基硅基乙酰胺

【英文名称】 *N,O*-Bis(trimethylsilyl)acetamide

【分子式】 $C_8H_{21}NOSi_2$

【分子量】 203.43

【CAS 登录号】 [10416-59-8]

【缩写和别名】 BSA，CB2500，TMS-BA

【结构式】

【物理性质】 无色液体，mp 24 ℃，bp 71~73 ℃/35 mmHg，ρ 0.832 g/cm³。溶于大多数有机溶剂。

【制备和商品】 商品化试剂。可以在三乙胺存在下，由乙酰胺与三甲基氯硅烷反应制备。

【注意事项】 该试剂吸湿性较强，对湿气敏感，在无水条件下使用。低温 (0~6 ℃) 储存。

N,O-双三甲基硅基乙酰胺 (BSA) 在早期被用于制备可挥发性的三甲基硅烷基衍生物，应用在色谱分析中。随着研究的深入，该试剂在合成方面也具有很多的应用[1]。BSA 作为一种常用的甲硅烷基化试剂，可用于保护胺、酰胺、羧酸、醇、烯醇以及酚等，是一种较好的替代三甲基氯硅烷等的甲硅烷基化试剂。该试剂的反应条件十分温和，而且副产物可以非常容易地通过减压蒸馏从体系中挥发脱除。最近，BSA 还被用于活化各种官能团，从而合成核苷、肽类以及杂环等化合物。

作为 N 型甲硅烷基试剂活化核碱基 核碱基用 BSA 实现预活化，再与手性糖类在 Lewis 酸中反应，实现一步微波辅助的 Vorbrüggen 糖基化。在反应中芳香氮杂环中的氮均不受影响，可以高产率地平行合成结构多样的核苷 (式 1)[2]。

$$(1)$$

作为 S 型甲硅烷基试剂活化硫醇酸　在 BSA 的作用下,硫醇酸可以在室温下与伯胺或仲胺反应,生成酰胺和多肽。其反应机理为：O-硅烷基化硫酯可以原位经过一系列的 S-硅烷基化和自动的 S 和 O 的互换产生,然后与胺反应生成四面体中间体。接着再通过五配位硅中间体实现硅从氧到硫的迁移,不经过外消旋作用,而是通过三甲硅基硫基的消除来形成酰胺键 (式 2)[3]。

$$R^1 \overset{S}{\underset{R^2}{\overset{O}{\|}}} SH + H_2N \overset{R^4}{\underset{R^5}{\overset{O}{\|}}} \xrightarrow[\text{THF, rt, 3~24 h}]{\text{BSA (1 equiv)}} \overset{65\%~80\%}{}$$

$$\xrightarrow{\text{BSA}} \quad [\overset{S}{\underset{OSiMe_3}{}}] \xrightarrow{\overset{N}{H}} [\overset{OSiMe_3}{S}] \xrightarrow{-HS-SiMe_3} \quad (2)$$

作为 N 型甲硅烷基试剂活化胺类　在 BSA 的存在下,α-氨基酯与肽硫酯在没有金属存在时,无外消旋地直接酰胺化。而从机理方面来看,该反应是在原位由胺生成 N-甲硅烷基胺,同时 BSA 促进酰胺键的生成 (式 3)[4]。

$$R^1 \overset{O}{\underset{R^2}{\overset{\|}{}}} STol + H_2N \overset{R^4}{\underset{R^5}{\overset{O}{\|}}} \xrightarrow[\text{18~72 h}]{\overset{\text{BSA (1 equiv)}}{\text{EtOH, 40 °C}}} \overset{55\%~97\%}{} \quad (3)$$

作为 Lewis 酸活化硝基　在 BSA 和 DBU 的条件下,邻位带有不饱和侧链的芳硝基化合物进行分子内环化反应,可以得到吡咯并奎宁衍生物 (式 4)[5]。

$$\xrightarrow[\text{rt, 80 °C}]{\overset{\text{BSA, DBU}}{\text{DMF}}} \quad (4)$$

在催化量的 CsF 作用下,BSA 诱导芳基双氟甲基氨基甲酸铵中的 C–F 键发生裂解,可以合成一系列 3,5-二芳基-2-氟甲基-噁唑烷-2-酮 (式 5)[6]。

$$R^2 \cdot NH \xrightarrow[\text{MeCN, rt, 1~3 h}]{\overset{\text{BSA (1.2 equiv), CsF (0.1 equiv)}}{}} \overset{45\%~91\%}{} \quad (5)$$

$$R^1 = Ar, \ R^2 = Ph$$

参 考 文 献

[1] Gihani, M. T.; Heaney, H. *Synthesis* **1998**, 357.

[2] (a) Niedballa, U.; Vorbrüggen, H. *J. Org. Chem.* **1974**, *39*, 3654. (b) Bookser, B. C.; Raffaele, N. B. *J. Org. Chem.* **2007**, *72*, 173.

[3] Wu, W.; Zhang, Z. Liebesland, L. S. *J. Am. Chem. Soc.* **2011**, *133*, 14256.

[4] Chen, H.; He, M.; Wang, Y.; et al. *Green Chem.* **2011**, *13*, 2723.

[5] Wróbel, Z.; Wojciechowski, K.; Kwast, A.; Gadja, N. *Synlett* **2010**, 2435.

[6] Haufe, G.; Suzuki, S.; Yasui, H.; et al. *Angew. Chem. Int. Ed.* **2012**, *51*, 12275.

[梁云,巨勇*,清华大学化学系；JY]

1,2-双(三甲基硅氧基)环丁烯

【英文名称】　1,2-Bis(trimethylsilyloxy)cyclo-butene

【分子式】　$C_{10}H_{22}O_2Si_2$

【分子量】　230.45

【CAS 登录号】　[17082-61-0]

【缩写和别名】　[1-Cyclobutene-1,2-diylbis(oxy)]bis[trimethylsilane]

【结构式】

$$\overset{OSiMe_3}{\underset{OSiMe_3}{}}$$

【物理性质】　无色至浅黄色液体, bp 215.1 °C / 760 mmHg、88~92 °C / 13~14 mmHg、58~59 °C / 2 mmHg。折射率 1.435 (20 °C),闪点 69.2 °C, ρ 0.897 g/cm³ (25 °C)。溶于烃类和醚类等大多数有机溶剂中。

【制备和商品】　各大试剂公司有售。在钠的存在下,可由琥珀酸二乙酯在非质子溶剂 (如苯、乙醚) 中回流并用三甲基氯硅烷处理制得[1]。

【注意事项】　一般情况下稳定,冷藏 (2~8 °C) 储存,防潮,存放于惰性气体环境中,避免与氧化剂接触。在通风橱中进行操作。

1,2-双(三甲基硅氧基)环丁烯可与酮[2~4]、缩醛[5]或缩酮[6]进行偶酰化反应,然后通过重排生

成 2-取代或 2,2-二取代的 1,3-环戊二酮衍生物。当与环酮反应时，可生成相应的螺环化合物。在三氟化硼-乙醚的存在下，苯乙酮与该试剂反应，可以合成 2-甲基-2-苯基-1,3-环戊二酮 (式 1)[2]。硫代缩酮可与该试剂可进行类似的反应，但是需要氯化汞(II) 参与[9]。当使用四丁基氟化铵催化该反应时，产物可停留在环丁酮阶段[7]。

(1)

X = H, TMS

当加入四氯化锡作为催化剂时，缩酮与1,2-双(三甲基硅氧基)环丁烯反应，可生成丁二羰基化合物 (式 2)[8]。

(2)

分子内含炔键的缩酮与 1,2-双(三甲基硅氧基)环丁烯反应，可合成含双环结构的烯酮化合物 (式 3)。此外，端炔与该试剂反应也能制备相应的烯酮产物 (式 4)[10,11]。

(3)

(4)

在盐酸的存在下，1,2-双(三甲基硅氧基)环丁烯与酰胺类化合物反应，可生成 N-环丁酮衍生物 (式 5)[12]。磺酰胺在该反应中的产率最高，苯甲酰胺及其衍生物、苯胺等也可得到相应的产物[12]。该试剂与苄胺的衍生物也可进行类似的反应[13]。

(5)

参 考 文 献

[1] Bloomfield, J. J. *Tetrahedron Lett.* **1968**, *9*, 5, 587.
[2] Crane, S. N.; Burnell, D. J. *J. Org. Chem.* **1998**, *63*, 1352.
[3] Jenkins, T. J.; Burnell, D. J. *J. Org. Chem.* **1994**, *59*, 1485.
[4] Shimada, J. I.; Hashimoto, K.; Kim, B. H.; et al. *J. Am. Chem. Soc.* **1984**, *106*, 1759.
[5] Gao, F. Y.; Burnell, D. J. *J. Org. Chem.* **2006**, *71*, 356.
[6] Gao, F. Y.; Burnell, D. J. *Tetrahedron Lett.* **2007**, *48*, 8185.
[7] Nakamura, E.; Shimizu, M.; Kuwajima, I.; et al. *J. Org. Chem.* **1983**, *48*, 932.
[8] Nakamura, E.; Hashimoto, K.; Kuwajima, I. *J. Org. Chem.* **1977**, *42*, 4166.
[9] Evans, J. C.; Klix, R. C.; Bach, R. D. *J. Org. Chem.* **1988**, *53*, 5519.
[10] Siskop, J.; Balog, A.; Curran, D. P. *J. Org. Chem.* **1992**, *57*, 4341.
[11] Balog, A.; Curran, D. P. *J. Org. Chem.* **1995**, *60*, 337.
[12] Armoush, N.; Syal, P.; Becker, D. P. *Synth. Commun.* **2008**, *38*, 1679.
[13] Overman, L. E.; Okazaki, M. E.; Jacobsen, E. J. *J. Org. Chem.* **1985**, *50*, 2403.

[张皓，付华*，清华大学化学系；FH]

双(叔丁基羰基氧)碘苯

【英文名称】 Bis(*tert*-butylcarbonyloxy)iodobenzene

【分子式】 $C_{16}H_{23}IO_4$

【分子量】 406.25

【CAS 登录号】 [57357-20-7]

【缩写和别名】 PhI(OPiv)$_2$

【结构式】

【物理性质】 mp 104~109 ℃。溶于二氯甲烷、乙腈、DMSO、1,2-二氯乙烷等溶剂中。一般在二氯甲烷、1,2-二氯乙烷中使用。

【制备和商品】 国内外化学试剂公司均有销售。

【注意事项】 该试剂对空气和湿气敏感，在空气中暴露或遇水会变质。一般在无水体系中使用，在通风橱中进行操作，避光保存。

近年来，高价碘试剂常用于 C–C 键[1]和碳-杂原子键[2]的形成反应。PhI(OPiv)$_2$ 是高价碘中一种重要的氧化剂。如式 1 所示[3]：以 PhI(OPiv)$_2$ 作为氧化剂，N-苄基苯-2-氨基吡啶在六氟异丙醇中反应，可以得到吡啶并[1,2-a]苯并咪唑。

$$(1)$$

PhI(OPiv)$_2$ 与芳基硅化合物在 Pd(OAc)$_2$ 和 AgOAc 的共同催化下，可以在芳环邻位引入新戊氧基 (式 2)[4,5]。

$$(2)$$

使用 Pd(OAc)$_2$ 作为催化剂，N-对甲苯磺酰基戊烯与 AgF 和 PhI(OPiv)$_2$ 反应，得到 N-对甲苯磺酰基哌啶类衍生物 (式 3)[6,7]。

$$(3)$$

PhI(OPiv)$_2$ 作为氧化剂可参与过渡金属催化的邻位卤化的反应。如式 4 所示[8]：在 Pd(OAc)$_2$ 和 CuCl$_2$ 的催化下，使用 PhI(OPiv)$_2$ 作为氧化剂，可在乙酰苯胺的苯环邻位引入氯原子，得到邻氯乙酰苯胺。

$$(4)$$

PhI(OPiv)$_2$ 也可以参与过渡金属催化的 C–H 键活化的反应。如式 5 所示[9]：在 Pd(OAc)$_2$ 的催化下，2-苯基苯并噻唑与 PhI(OPiv)$_2$ 反应可得到苯基邻位官能化的 2-苯基苯并噻唑衍生物。

$$(5)$$

参 考 文 献

[1] Weaver, J. D.; Ka, B. J.; Morris, D. K.; et al. *J. Am. Chem. Soc.* **2010**, *132*, 12179.

[2] Fristrup, P.; Kreis, M.; Palmelund, A.; et al. *J. Am. Chem. Soc.* **2008**, *130*, 5206.

[3] Liang, D.; He, Y.; Liu, L.; Zhu Q. *Org. Lett.* **2013**, *15*, 3476.

[4] Huang, C.; Chernyak, N.; Dudnik, A. S.; Gevorgyan, V. *Adv. Synth. Catal.* **2011**, *353*, 1285.

[5] Bracegirdle, S.; Anderson, E. A. *Chem. Soc. Rev.* **2010**, *39*, 4114.

[6] Liu, G.; Wu, T.; Yin, G. *J. Am. Chem. Soc.* **2009**, *131*, 16354.

[7] Blakey, S. B.; Kong, A.; Mancheno, D. E.; et al. *Org. Lett.* **2010**, *12*, 4110.

[8] Liu, G.; Wu, T.; Zhang, H. *Tetrahedron* **2012**, *68*, 5229.

[9] Ding, Q.; Ji, H.; Nie, Z.; Peng, et al. *J. Organomet. Chem.* **2013**, *739*, 33.

[庞鑫龙，陈超*，清华大学化学系；CC]

水

【英文名称】 Water

【分子式】 H$_2$O

【分子量】 18.01

【CAS 登录号】 [7732-18-5]

【缩写和别名】 氧烷，氧化氢，氢氧化氢，一氧化二氢，氢氧酸，Oxidane

【结构式】

【物理性质】 水在常温、常压下为无色无味的透明液体。水是一种在气态、液态和固态之间可以转化的物质。mp 0 ℃，bp 100 ℃，ρ 1.0 g/cm^3 (液，4 ℃)。能与丙酮、甲醇、乙醇等互溶。

【制备和商品】 纯水、去离子水等在国内外化学试剂公司均有销售。实验室也可以基于需要用不同的纯化方法和技术制得。

【注意事项】 水是安全性很高和热稳定性很强的化合物，其使用和保存没有特别要求。

水是由氢、氧两种元素组成的无机物，是生物体最重要的组成部分，也是地球上最常见的物质之一。在化学化工领域中，水通常作为无机溶剂，用水作溶剂的溶液称为水溶液。水

与有机化合物的常见反应包括不饱和有机化合物的水解反应、亲核取代反应和亲核加成反应等。特别是酸催化的烯烃水解反应，该反应是制备低碳醇的工业方法[1]。

Ru(OH)$_x$/Al$_2$O$_3$ 催化的丙烯腈水解反应能够高产率和高选择性地生成丙烯酰胺。该催化剂不影响碳-碳双键，还可以简单回收后再利用（式 1）[2]。酸催化的环氧化物的水解反应是工业制备 1,2-醇衍生物的重要方法之一，但因需要使用过量 15~20 倍的水进行反应而导致二醇的分离能耗很大。当使用廉价的 DMF作为催化剂时，使用等摩尔的水就可实现环氧化物的水解反应。不仅可以高产率地生成相应的二醇产物，而且大大降低了分离过程的复杂性（式 2）[3]。

$$\text{CN} + H_2O \xrightarrow[\text{99%}]{\text{Ru(OH)}_x\text{/Al}_2\text{O}_3 \text{ (2.3 mol% Ru)} \atop 120\ ^\circ\text{C, 24 h}} \text{NH}_2 \tag{1}$$

$$R\text{—}\overset{O}{\triangle} + H_2O \xrightarrow[\substack{R = \text{Me, 73%} \\ R = \text{Ph, 87%}}]{\text{DMF (10 mol%), 110}\ ^\circ\text{C, 20 h}} R\text{—}\overset{OH}{\underset{}{\diagdown}}\text{—OH} \tag{2}$$

在酸性和碱性条件下，末端炔烃的水解反应通常生成 Markovnikov 加成产物甲基酮类化合物。若要选择性地生成 anti-Markovnikov水解产物醛类化合物的话，则需要特殊的催化剂体系。例如：在 RuCp(dppm) [dppm = bis(diphenylphosphino)methane] 的催化下，5-氰基-1-戊炔可以高度选择性地水解生成相应的醛（式3)[4]。类似的钌催化剂也表现出极好的选择性[5]。

$$\xrightarrow[\substack{\text{MeOCH}_2\text{CH}_2\text{OH, 130}\ ^\circ\text{C, 12 h} \\ 88\%}]{\text{RuCp(dppm) (10 mol%)}} \tag{3}$$

水分子中的两个 O—H 键可以与二炔进行环化加成反应用于合成含氧杂环化合物。例如：在 Pd(PPh$_3$)$_4$/降冰片二烯/KOH 的催化剂体系中，经 1,4-二芳基-1,3-丁二炔水解反应是制备2,5-二芳基取代呋喃的高效方法（式 4)[6]。

$$Ph\text{—}\!\!\equiv\!\!\text{—}\!\!\equiv\!\!\text{—}Ph \xrightarrow[\substack{\text{(15 mol%), KOH (1.5 equiv)} \\ \text{1,4-dioxane, 140}\ ^\circ\text{C, 12 h} \\ 92\%}]{\substack{\text{Pd(PPh}_3)_4\text{ (5 mol%), 2,5-降冰片二烯} \\ H_2O}} Ph\text{—}\!\!\langle\text{O}\rangle\!\!\text{—}Ph \tag{4}$$

卤代芳烃的碳-卤键与水的亲核取代反应是合成苯酚类化合物的重要方法之一。使用CuI 催化，在空气和配体的存在下，对氯苯甲腈经亲核取代反应可以高度选择性地生成对羟基苯甲腈（式 5)[7]。在 CuSO$_4$ 催化下，苯硼酸可以在室温下经羟基化反应高产率地生成苯酚（式 6)[8]。含有给/吸电子基团的芳基硼酸都能顺利进行反应，但在无水条件下羟基化反应不能够进行。

$$\tag{5}$$

$$\text{L} = \text{（结构式）}$$

$$\tag{6}$$

芳烃碳-氢键与水的直接羟基化反应是合成酚类化合物的高原子利用率反应。在 Pt/TiO$_2$固体催化剂的存在下，苯在水中经光照 3 h 后可以生成 8.8% 的苯酚（式 7)[9]。

$$+ H_2O \xrightarrow[8.8\%]{hv,\ ca.\ 405\ \text{nm, 3 h, Pt/TiO}_2} \text{（苯酚）} \tag{7}$$

参考文献

[1] Nowlan , V. J.; Tidwell, T. T. *Acc. Chem. Res.* **1977**, *10*, 252.

[2] Yamaguchi, K.; Matsushita, M.; Mizuno, N. *Angew. Chem. Int. Ed.* **2004**, *43*, 1576.

[3] Jiang, J.-L.; Hua, R. *Synth. Commun.* **2008**, *38*, 232.

[4] Suzuki, T.; Tokunaga, M.; Wakatsuki, Y. *Org. Lett.* **2001**, *3*, 735.

[5] Chevallier, F.; Breit, B. *Angew. Chem. Int. Ed.* **2006**, *45*, 1599.

[6] Zheng, Q.; Hua, R. Yin, T. *Curr. Org. Synth.* **2013**, *10*, 161.

[7] Yang, K.; Li, Z.; Wang, Z.; et al. *Org. Lett.* **2011**, *13*, 4340.

[8] Xu, J.; Wang, X.; Shao, C.; et al. *Org. Lett.* **2010**, *12*, 1964.

[9] Yoshida, H.; Yuzawa, H.; Aoki, M.; et al. *Chem. Commun.* **2008**, 4634.

[华瑞茂，清华大学化学系；HRM]

四苯基-1,4-二碘-1,3-丁二烯

【英文名称】 1,4-Diiodotetraphenylbutadzene

【分子式】 C$_{28}$H$_{20}$I$_2$

【分子量】 609.97

【CAS 登录号】 暂无

【结构式】

【物理性质】 mp 203~204 °C 左右。溶于二氯甲烷、甲醇、THF 等有机溶剂，可以在多种溶剂中使用。

【制备和商品】 可用二苯基乙炔经过锂化和碘化来制备 (式 1)[1]。

$$Ph-\!\!\equiv\!\!-Ph \xrightarrow{\text{Li, Et}_2\text{O}} \quad \xrightarrow{\text{I}_2, \text{Et}_2\text{O}} \quad (1)$$
70%

【注意事项】 该试剂在常温下稳定。对空气和湿气敏感，遇水会发生水解生成 1,2,3-三苯基萘。一般在干燥的无水体系中使用，在通风橱中进行操作，在冰箱中储存。

四苯基-1,4-二碘-1,3-丁二烯与格氏试剂的反应需要很高的温度，通常在三甲基苯中回流才能合成杂环戊二烯[2,3]。

$$\quad + \text{RXM}_2 \xrightarrow[\text{回流}]{\text{均三甲苯,}} \quad + 2\text{MI} \quad (2)$$

RXM$_2$ = PhNNa$_2$, 9%
RXM$_2$ = PhPNa$_2$, 88%

在碘化亚铜的催化下，四苯基-1,4-二碘-1,3-丁二烯与硫化钾发生交叉偶联反应，生成乙烯基碳-硫键[4~9]。该试剂在铜催化剂作用下与无机硫盐的交叉偶联反应很少被报道[10]。

$$\quad + \text{K}_2\text{S} \xrightarrow[\substack{140\ ^\circ\text{C, 24 h} \\ 93\%}]{\text{CuI, 1,10-Phen, MeCN}} \quad (3)$$

在 [Pd(PPh$_3$)$_4$] 和 CuI 的共催化下，与该试剂性质类似的 1,4-二碘-1,3-丁二烯与炔类化合物可发生 Sonogashira 交叉偶联反应[11]。

$$\quad + \quad \xrightarrow[\substack{\text{哌啶, PhH} \\ 63\%}]{\text{[Pd(PPh}_3\text{)}_4\text{], CuI}} \quad (4)$$

四苯基-1,4-二碘-1,3-丁二烯与叔丁基锂在 THF 中于 -78 °C 下反应 1 h，然后在六氯苯中室温下反应，即可合成其它卤素取代的丁二烯[12]。

$$\quad \xrightarrow[-78\ ^\circ\text{C, 1 h}]{t\text{-BuLi}} \quad \xrightarrow[\substack{\text{rt, 3 h} \\ X=\text{Cl, 71\%} \\ X=\text{Br, 72\%}}]{\text{C}_6\text{F}_5X\ (2.4\ \text{equiv})} \quad (5)$$

参 考 文 献

[1] Smith, I.; Hoehn, H. H. *J. Am. Chem. Soc.* **1961**, *63*, 1184.

[2] Braye, E. H.; Hubel, W.; Caplier, I. *J. Am. Chem. Soc.* **1961**, *83*, 4406.

[3] Leavitt, F. C.; Manuel, T. A.; Johnson, F.; et al. *J. Am. Chem. Soc.* **1960**, *82*, 5099.

[4] Kondo, T.; Mitsudo, T.-A. *Chem. Rev.* **2000**, *100*, 3205.

[5] Ley, S. V.; Thomas, A. W. *Angew. Chem., Int. Ed.* **2003**, *42*, 5400.

[6] Sperotto, E.; van Klink, G. P. M.; de Vries, J. G.; van Koten, G. *J. Org. Chem.* **2008**, *73*, 5625.

[7] Jiang, B.; Tian, H.; Huang, Z. G.; Xu, M. *Org. Lett.* **2008**, *10*, 2737.

[8] Kabir, M. S.; Linn, M. L. V.; Monte, A.; Cook, J. M. *Org. Lett.* **2008**, *10*, 3363.

[9] Zhao, Q.; Li, L.; Fang, Y.; Sun, D.; Li, C. *J. Org. Chem.* **2009**, *74*, 459.

[10] You, W.; Yan, X.; Liao, Q.; Xi, C. *Org. Lett.* **2010**, *17*, 3931.

[11] Gung, B. W.; Omollo, A. O. *Eur. J. Org. Chem.* **2009**, *8*, 1136.

[12] Wang, Z.; Wang, C.; Xi, Z. *Tetrahedron Lett.* **2006**, *47*, 4157.

[孙泽林, 西安科技大学化工学院; XCJ]

四苯硼钠

【英文名称】 Sodium tetraphenylborate

【分子式】 C$_{24}$H$_{20}$BNa

【分子量】 342.21

【CAS 登录号】 [143-66-8]

【缩写和别名】 四苯基硼酸钠，四苯基硼化钠

【结构式】

【物理性质】 白色晶体，mp > 300 °C。可溶于水、甲醇、丙酮和乙醇，微溶于氯仿和乙醚。

【制备和商品】 国内外化学试剂公司均有销售。

四苯硼钠是一个稳定和廉价的有机硼试剂。过渡金属配合物的存在下，其作为苯基化试剂可以与杂原子和碳原子发生偶联反应，或与不饱和化合物发生氢苯基化反应。

在 Cu(OAc)$_2$/KF-Al$_2$O$_3$ 催化剂存在下和微波辐射辅助下，该试剂与伯胺发生 N-苯基化反应 (式 1)[1]。在 VO(OEt)Cl$_2$ 催化下，四苯硼钠在氧气氛中能够发生氧化自偶联反应高产率地生成联苯 (式 2)[2]。

$$\underset{}{\text{NH}_2} \xrightarrow[\text{KF-Al}_2\text{O}_3,\ \text{MW, 10 min}]{\text{NaBPh}_4,\ \text{Cu(OAc)}_2\ (1\ \text{equiv})} \underset{70\%}{\text{NHPh}} \tag{1}$$

$$\text{NaBPh}_4 \xrightarrow[\text{MeCN, CH}_2\text{Cl}_2,\ \text{rt, 20 h}]{\text{VO(OEt)Cl}_2\ (20\ \text{mol\%}),\ \text{O}_2\ (1\ \text{atm})} \underset{87\%}{\text{Ph-Ph}} \tag{2}$$

在室温下的甲醇溶液中，PdCl$_2$ 能够有效地催化四苯硼钠与碘或溴代芳烃的交叉偶联反应生成联苯衍生物 (式 3)[3]。在此类偶联反应中，四苯硼钠的四个苯基被高效利用。

$$\text{Cl}\text{—}\langle\rangle\text{—Br} \xrightarrow[\text{Na}_2\text{CO}_3\ (3\ \text{mol\%}),\ \text{MeOH, rt, air, 3 h}]{\text{NaBPh}_4\ (0.25\ \text{equiv}),\ \text{PdCl}_2\ (3\ \text{mol\%})} \underset{90\%}{\text{Cl}\text{—}\langle\rangle\text{—Ph}} \tag{3}$$

氮杂环卡宾钯催化剂可以催化四苯硼钠与碘代芳烃和 CO 的三组分羰基化偶联反应，高产率地生成苯基芳基甲酮衍生物 (式 4)[4]。碘苯、含吸电子基团和给电子基团的碘代芳烃都能顺利地进行反应。在 PdCl$_2$ 催化剂存在下和微波辐射条件下，该试剂与碘鎓盐也能进行交叉偶联反应形成苯炔衍生物 (式 5)[5]。富电子和缺电子的二芳基碘鎓盐、含烯基碘鎓盐都能进行此类偶联反应。

$$\text{MeO}\text{—}\langle\rangle\text{—I} \xrightarrow[\text{dioxane, 100 °C, 5 h}]{\substack{\text{NaBPh}_4\ (1.25\ \text{equiv}),\ \text{CO}\ (1.0\ \text{atm})\\ \text{NHC-Pd}\ (1.0\ \text{mol\%}),\ \text{K}_2\text{CO}_3}} \underset{97\%}{\text{MeO}\text{—}\langle\rangle\text{—C(O)Ph}} \tag{4}$$

$$\text{NHC-Pd} = \begin{array}{c}\text{Me}\\ \text{N}\\ \rangle\text{Pd-PPh}_3\\ \text{N}\\ \text{}^n\text{Bu}\end{array}$$

$$\text{Ph}\text{—}\equiv\text{—I}^+\text{PhBF}_4^- \xrightarrow[\text{(0.2 mol\%), H}_2\text{O, MW, 20 s}]{\text{NaBPh}_4\ (1\ \text{equiv}),\ \text{PdCl}_2} \underset{92\%}{\text{Ph}\text{—}\equiv\text{—Ph}} \tag{5}$$

在铁和锌混合催化剂的作用下，四苯硼钠能够与卤代苄进行交叉偶联反应生成二芳基取代甲烷。该反应体系对各种官能团具有兼容性 (式 6)[6]。

$$\underset{\text{CF}_3}{\text{CH}_2\text{Br}\text{—}\langle\rangle} \xrightarrow[\text{Zn(C}_6\text{H}_4\text{-4-OMe)}_2\ (10\ \text{mol\%}),\ \text{PhH, 85 °C, 4 h}]{\text{NaBPh}_4\ (1.25\ \text{equiv}),\ \text{Cat.}\ (5\ \text{mol\%})} \underset{99\%}{\underset{\text{CF}_3}{\text{Bn}\text{—}\langle\rangle}} \tag{6}$$

$$\text{Cat.} = \begin{array}{c}\text{P}_2\quad\text{Cl}\quad\text{P}_2\\ \langle\rangle\langle\text{Fe}\rangle\langle\rangle\\ \text{Ph}_2\quad\text{Cl}\quad\text{Ph}_2\end{array}$$

在室温下的乙酸溶液中，Pd(OAc)$_2$/SbCl$_3$ 可以催化 α,β-不饱和羰基化合物与四苯硼钠的苯基化反应，高产率地生成 β-苯基化羰基化合物 (式 7)[7]。但是，在[RhCl(cod)]/dppp [dppp = 1,3-bis(diphenylphosphino)propane] 催化剂和 H$_2$O 的存在下，该试剂可以与腈的碳-氮三键发生氢苯基化反应生成亚胺。然后，亚胺经水解得到单苯基化的酮 (式 8)[8]。其它的铑配合物也有相似的催化活性[9]。有趣的是，在无膦配体存在下铑配合物也可以催化酮的苯基化反应。特别是使用 NH$_4$Cl 作为添加剂时，能够高产率地生成二苯基取代的叔醇 (式 9)[8]。

$$\underset{\text{Ph}\quad\text{O}}{\text{Ph}\text{—}} \xrightarrow[\text{SbCl}_3\ (10\ \text{mol\%}),\ \text{AcOH, 25 °C, 24 h}]{\text{NaBPh}_4\ (1\ \text{equiv}),\ \text{Pd(OAc)}_2\ (10\ \text{mol\%})} \underset{90\%}{\underset{\text{Ph}\quad\text{O}}{\text{Ph}\text{—}}} \tag{7}$$

$$\text{Et}\text{—}\equiv\text{—N} \xrightarrow[\text{dppp (1 mol\%), 2 h, }o\text{-PhMe}_2\text{/H}_2\text{O, 120 °C}]{\text{NaBPh}_4\ (1\ \text{equiv}),\ [\text{RhCl(cod)}]_2\ (0.5\ \text{mol\%})} \underset{73\%}{\text{Ph}\text{—C(O)—Et}} \tag{8}$$

$$\underset{\text{Me}}{\text{Ph-C(O)}} \xrightarrow[\text{(0.5 mol\%), }o\text{-xylene, 120 °C, 25 h}]{\substack{\text{NaBPh}_4\ (0.5\ \text{equiv}),\ [\text{RhCl(cod)}]_2\\ 44\%\text{或}93\%\ (\text{添加 NH}_4\text{Cl})}} \underset{\text{Me}}{\overset{\text{Ph}}{\text{Ph-C-OH}}} \tag{9}$$

在乙酸的水溶液中，PdCl$_2$(PPh$_3$)$_2$ 可以催化四苯硼钠与炔烃发生氢苯基化反应。当使用 0.33 摩尔倍量的该试剂时，反应可以得到 96% 的氢苯基化产物。当使用 0.25 摩尔倍量时，目标产物的产率也能达到 75%，实现了该试剂苯基的高效利用 (式 10)[10]。

$$\text{Ph}\text{—}\equiv\text{—Ph} \xrightarrow[\substack{(3\ \text{mol\%}),\ \text{aq. HOAc, 50 °C, 12 h}\\ n = 0.33,\ 96\%\\ n = 0.25,\ 75\%}]{\text{NaBPh}_4\ (n\ \text{equiv}),\ \text{PdCl}_2(\text{PPh}_3)_2} \underset{\text{Ph}\quad\text{H}}{\overset{\text{Ph}\quad\text{Ph}}{\diagup\diagdown}} \tag{10}$$

参 考 文 献

[1] Das, P.; Basu, B. *Synth. Commun.* **2004**, *34*, 2177.

[2] Mizuno, H.; sakurai, H.; Amaya, T.; Hirao, T. *Chem. Commun.* **2006**, 5042.

[3] Zhou, W.-J.; Wang, K.-H.; Wang, J.-X.; Gao, Z.-R. *Tetrahedron* **2010**, *66*, 7633.

[4] Zheng, S.; Xu, L.; Xia, C. *Appl. Organomet. Chem.* **2007**, *21*, 772.

[5] Yan, J.; Zhou, Z.; Zhu, M. *Synth. Commun.* **2006**, *36*, 1495.

[6] Bedford, R. B.; Hall, M. A.; Hodges, G. R.; et al. *Chem. Commun.* **2009**, 6430.

[7] Cho, C. S.; Motofusa, S.-i.; Ohe, K.; Uemura, S. *J. Org. Chem.* **1995**, *60*, 883.

[8] Ueura, K.; Miyamura, S.; Satoh, T.; Miura, M. *J. Organomet. Chem.* **2006**, *691*, 2821.

[9] Demir, S.; Yiğit, M.; Özdemir, İ. *J. Organomet. Chem.* **2013**, *732*, 21.

[10] Zeng, H.; Hua, R. *J. Org. Chem.* **2008**, *73*, 558.

[华瑞茂，清华大学化学系；HRM]

四丁基硫酸氢铵

【英文名称】 Tetrabutylammonium hydrogen sulfate

【分子式】 $C_{16}H_{37}NO_4S$

【分子量】 339.53

【CAS 登录号】 [32503-27-8]

【缩写和别名】 TBAHS，硫酸氢四丁铵

【结构式】

【物理性质】 白色结晶，mp 169~171 ℃。可溶于水。

【制备和商品】 商品化试剂，大型试剂公司均有销售。可由四丁基叠氮化铵、硫酸氢钾与 10% 硫酸溶液在水中反应制得；或由四丁基硫氰酸铵与 70% 的硫酸溶液在 75 ℃ 下反应制得。

【注意事项】 应在冰箱中保存。易吸水，容易被氧化。

四丁基硫酸氢铵 (TBAHS) 常作为相转移催化剂 (PTC) 和高效液相色谱的流动相添加剂，应用于很多领域中。在有机合成中 TBAHS 也发挥着重要的作用，可用来合成三芳基吡啶[1]、N-单取代-α-酮酰胺[2]、环状或非环状 β-二取代-、α,β-不饱和酮[3]、3-烷基吲哚[4]、苯并吡喃-环吡喃[2,3-c]吡唑[5]、N-烷基化的 3,4-二氢嘧啶-2(1H)-酮[6]、2-O-脱乙酰葡萄糖基异羟肟酸[7]、1,2,3-三氮唑[8]、1,8-二氧代八氢氧杂蒽[9]、β- 或 γ-氨基醚、吗啉及同系物[10]等。

在无溶剂、醋酸铵和催化量的 TBAHS 的条件下，芳香醛和苯乙酮化合物可通过简单、高效的"一锅法"实现多组分缩合反应，得到 2,4,6-三芳基吡啶 (式 1)[1]。

在 TBAHS 和碳酸氢钠的条件下，芳基和杂环芳基酰胺可转化成相应的 N-单取代的 α-酮酰胺化合物。该反应条件温和，产率高 (式 2)[2]。

TBAHS 可以催化吲哚和缺电子烯烃 (如硝基苯乙烯和查耳酮) 在水溶液中发生 Michael 加成，以较高的立体选择性和产率得到加成产物 3-芳基吲哚 (式 3)[4]。该类化合物是革兰氏阳性和革兰氏阴性细菌的有效抑制剂。

TBAHS 可以催化单取代水杨醛与 5-吡唑啉酮发生 Knoevenagel-杂 Diels-Alder 反应，

高选择性地得到苯并吡喃-环吡喃酮[2,3-c]吡唑化合物 (式 4)[5]。

(4)

R^1 = H, Me
R^2 = Ph, p-MeC$_6$H$_4$, m-ClC$_6$H$_4$
R^3 = Me, Ph

TBAHS 可以催化 N-烷基化的 3,4-二氢嘧啶-2(1H)-酮的 "一锅法" 合成 (式 5)[6]。部分该类化合物具有阻断边缘钙通道的活性。

(5)

R^1 = Ph, C$_6$H$_4$OMe, C$_6$H$_3$(OMe)$_2$, Me, C$_5$H$_{11}$
R^2 = Et, Me   R^3 = Me, Ph
R^4 = Me, Et, n-C$_3$H$_7$, n-C$_4$H$_9$ X = Br, I

TBAHS 可以催化异羟肟酸的 O-糖基化反应。乙酰溴葡萄糖可以在该催化剂作用下以 β-立体选择性得到 2-O-脱乙酰葡萄糖基异羟肟酸 (式 6)[7]。

(6)

在 TBAHS 的催化下，查耳酮与 5-叠氮-5-去氧-1,2-O-异亚丙基-α-D-呋喃木糖反应可得到相应的三氮唑产物 (式 7)[8]。

(7)

在 Lewis 酸以及 TBAHS 的存在下，活化的氮杂环烷烃类或吖丁啶类与醇或卤代醇可经过高立体选择性的 S$_N$2 开环反应，得到 β- 或 γ-氨基醚、吗啉及其同系物。TBAHS 可抑制底物的外消旋作用，保证了反应的对映选择性和非对映体选择性 (式 8)[10]。

(8)

n = 0, 1
R^1 = Ph, 烷基
R^2 = H, Me, Et
R^3 = 烷基, 烯丙基, Bn, 2-MeC$_6$H$_4$
Ar = 4-MeC$_6$H$_4$, 4-NO$_2$C$_6$H$_4$, 4-OMeC$_6$H$_4$,
       4-t-BuC$_6$H$_4$, 4-FC$_6$H$_4$

参 考 文 献

[1] Reddy, K. S.; Reddy, R. B.; Mukkanti, K.; et al. *Rasayan J. Chem.* **2011**, *4*, 299.

[2] Shao, J.; Huang, X.; Wang, S.; et al. *Tetrahedron* **2012**, *68*, 573.

[3] Uyanik, M.; Fukatsu, R.; Ishihara, K. *Org. Lett.* **2009**, *11*, 3470.

[4] Damodiran, M.; Kumar, R. S.; Sivakumar, P. M.; et al. *J. Chem. Sci.* **2009**, *121*, 65.

[5] Parmar, N. J.; Teraiya, S. B.; Patel, R. A.; Talpada, N. P. *Tetrahedron Lett.* **2011**, *52*, 2853.

[6] Singh, K.; Arora, D.; Poremsky, E.; et al. *Eur. J. Med. Chem.* **2009**, *44*, 1997.

[7] Thomas, M.; Gesson, J.-P.; Papot, S. *J. Org. Chem.* **2007**, *72*, 4262.

[8] Singh, N.; Pandey, S. K.; Tripathi, R. P. *Carbohydr. Res.* **2010**, *345*, 1641.

[9] Karade, H. N.; Sathe, M.; Kaushik, M. P. *ARKIVOC* **2007**, *13*, 252.

[10] Ghorai, M. K.; Shukla, D.; Bhattacharyya, A. *J. Org. Chem.* **2012**, *77*, 3740.

[高玉霞，巨勇*，清华大学化学系；JY]

4,4,5,5-四甲基-1,3,2-二杂氧戊硼烷

【英文名称】 4,4,5,5-Tetramethyl-1,3,2-dioxaborolane

【分子式】 C$_6$H$_{13}$BO$_2$

【分子量】 127.98

【CAS 登录号】 25015-63-8

【缩写和别名】 频哪醇硼烷，Pinacolborane，Pinacolboronane，Pinacolboane，HBpin

【结构式】

【物理性质】
无色液体，mp 42~43 ℃ (50 mmHg)，闪点 5 ℃，ρ 0.882 g/cm^3。可溶于四氢呋喃、乙醚和二氯甲烷等有机溶剂中。

【制备和商品】
大型试剂公司均有销售，商品一般为 1.0 mol/L 的 THF 溶液。可由频哪醇与硼烷的二甲硫醚溶液 (式 1)[1,2] 或硼烷的胺配合物反应制得。

【注意事项】
需要在氮气氛下储存和使用，冷藏保存。

频哪醇硼烷是一种单官能团化的稳定、易于制备和储存的硼氢化试剂，常用于过渡金属催化的芳基偶联反应中。

不同于儿茶酚硼烷，频哪醇硼烷可以在较温和的条件下与烯烃或炔烃[1,3~6]反应生成硼酸盐类化合物。如式 2 所示[3]：在 i-Bu$_2$Al-H 的存在下，苯乙炔与频哪醇硼烷反应，可高产率地得到硼氢化还原产物。该反应具有较高的区域选择性，是一个在氢化铝催化下的炔烃硼氢化反应。反应机理中有一个较为独特的 Al/B 交换过程，最终得到硼氢化的产物。

在不对称合成方面，通过手性配体的加入可以高选择性地合成具有手性的频哪醇硼酸盐类化合物。在 CuCl 和 (R)-DTBM-Segphos 的作用下，频哪醇硼烷与烯烃的反应可高产率和高对映选择性地得到相应的硼酸酯 (式 3)[7]。该方法具有很高的区域选择性和对映选择性，底物容忍性好。通过该方法可以很方便地进行克级放大反应，具有较好的实用价值。

除与烯烃和炔烃的反应外，频哪醇硼烷也可以还原一些腈类化合物，得到相应的胺基硼酸酯。如式 4 所示[8]：该反应经过原位生成的亚胺中间体过程，反应十分高效，转化数 (TON) 高达 990。

频哪醇硼烷在还原反应中还可以作为氢源。如式 5 所示[9]：使用 Ni(cod)$_2$ 和三环己基膦的催化体系，频哪醇硼烷可将 3-(萘-1-基)噁唑烷-2-酮还原成萘。如果以联硼酸新戊二醇酯为还原剂，则可以得到相应的硼酸酯化合物。在没有邻位导向基存在下，利用硼烷或硼酸酯类试剂，在镍试剂催化的条件下可一步切断碳-氮键并生成碳-氢键或是碳-硼键。该类反应可适用于芳香胺和氨基甲酸盐类化合物，具有较好的底物适用性。

在自然界中，二氧化碳的储量丰富且价格便宜。但由于其具有较高的稳定性，不易参与化学反应，限制了其作为碳源的使用。利用频哪醇硼烷的还原性，通过发展氮杂环卡宾的单金属和杂双金属的催化体系，通过该催化体系特殊的空间位阻和电子特性，可实现二氧化碳的两种高选择性的还原，分别生成了甲酸硼酯和一氧化碳 (式 6)[10~12]。

参 考 文 献

[1] Tucker, C. E.; Davidson, J.; Knochel, P. *J. Org. Chem.* **1992**, *57*, 3482.

[2] Kikuchi, T.; Nobuta, Y.; Umeda, J.; et al. *Tetrahedron* **2008**, *64*, 4967.

[3] Bismuto, A.; Thomas, S. P.; Cowley, M. J. *Angew. Chem. Int. Ed.* **2016**, *55*, 15356; *Angew. Chem.* **2016**, *128*, 15582.

[4] Montiel-Palma, V.; Lumbierres, M.; Donnadieu, B.; et al. *J. Am. Chem. Soc.* **2002**, *124*, 5624.

[5] Caballero, A.; Sabo-Etienne, S.; *Organometallics* **2007**, *26*, 1191.

[6] Rauch, M.; Ruccolo, S.; Parkin, G. *J. Am. Chem. Soc.* **2017**, *139*, 13264

[7] Jang, W. J.; Song, S. M.; Moon, J. H.; et al. *J. Am. Chem. Soc.* **2017**, *139*, 13660.

[8] Kaithal, A.; Chatterjee, B.; Gunanathan, C. *J. Org. Chem.* **2016**, *81*, 11153.

[9] Tobisu, M.; Nakamura, K.; Chatani, N. *J. Am. Chem. Soc.* **2014**, *136*, 5587.

[10] Bagherzadeh, S.; Mankad, N. P. *J. Am. Chem. Soc.* **2015**, *137*, 10898.

[11] Wolff, N.; Lefèvre, G.; Berthet, J. C.;et al. *ACS Catal.* **2016**, *6*, 4526.

[12] Mukherjee, D.; Osseili, H.; Spaniol, T. P.; Okuda, J. *J. Am. Chem. Soc.* **2016**, *138*, 10790.

[满宁宁，付华*，清华大学化学系；FH]

2,2,6,6-四甲基哌啶锂

【英文名称】 Lithium 2,2,6,6-tetramethylpiperidine

【分子式】 $C_9H_{18}LiN$

【分子量】 147.19

【CAS 登录号】 [38227-87-1]

【缩写和别名】 LiTMP，LTMP

【结构式】

【物理性质】 ρ 0.96/ml (25 ℃)，闪点 −15 ℃。该试剂为非亲核性强碱试剂，易形成四聚物，可以稳定地存于四氢呋喃与乙苯的混合溶剂中。

【制备和商品】 国内外化学试剂公司均有销售。实验室合成方法主要是通过 2,2,6,6-四甲基哌啶与正丁基锂、二乙基锌盐在四氢呋喃溶剂中反应，得到较高的产率[1]。

【注意事项】 该试剂为强碱性化合物，腐蚀性强，对眼睛、皮肤具有刺激性。使用时应小心，在阴凉干燥处保存。

2,2,6,6-四甲基哌啶锂是一种超强碱，可脱去有机化合物中的活泼氢。该试剂还可作用于不饱和端基环氧化物，使其发生分子内环化反应，生成具有立体结构的二环化合物 (式 1)[2,3]。

在 α-氨基酸衍生物的环化反应中，使用六甲基二硅氮烷钾 (KHMDS) 或 2,2,6,6-四甲基哌啶锂 (LTMP) 的碱性化合物，得到构型相反的环化产物 (式 2)[4]。

2,2,6,6-四甲基哌啶锂具有独特的区域选择性，可使 3-氯苯甲酸的 2-位发生去质子化，从而在亲电试剂的作用下发生邻位取代反应，生成相应的取代产物 (式 3)[5]。

2,2,6,6-四甲基哌啶锂和其它有机锂试剂都可用于环氧乙烷及其衍生物的开环反应。使用苯基锂得到醇类化合物，而使用 2,2,6,6-四甲基哌啶锂则生成以反式烯烃为主的产物 (式 4)[6]。

2,2,6,6-四甲基哌啶锂可活化甘菊蓝的 2-位 C—H 键，进而发生亲电取代反应，生成相应的取代产物 (式 5)。2,2,6,6-四甲基哌啶锂可以参与甘菊蓝衍生物的成环反应，生成相应的稠环产物 (式 6)[7]。

$$\text{(5)}$$

$$\text{(6)}$$

(48%)　　(12%)

TBAF
42%

$$\text{(10)}$$

参 考 文 献

[1] Kondo, Y.; Morey, J. V.; Morgan, J. C. Naka, H. Nobuto, D. *J. Am. Chem. Soc.* **2007**, *129*, 12734.

[2] Hodgson, D. M.; Chung, Y. K. Paris, J. M. *J. Am. Chem. Soc.* **2004**, *126*, 8664.

[3] Alorati, A. D.; Bio, M. M. *J. Org. Pro. Res. & Dev.* **2007**, *11*, 637.

[4] Kawabata, T.; Matsuda, S. J. *J. Am. Chem. Soc.* **2006**, *128*, 15394.

[5] Gohier, F.; Mortier, J. *J. Org. Chem.* **2003**, *68*, 2030.

[6] Hodgson, D. M.; Fleming, M. J.; Stanway, S. J. *J. Org. Chem.* **2007**, *72*, 4763.

[7] Shibasaki, T.; Ooishi, T.; Yamanouchi, N. *J. Org. Chem.* **2008**, *73*, 7971.

[8] Kato, K.; Hayakawa, H.; Tanaka, H. *J. Org. Chem.*, **1997**, *62*, 6833.

[9] Kumamoto, H.; Tanaka, H.; Tsukioka, R. *J. Org. Chem.* **1999**, *64*, 7773.

[10] Gray, D.; Concellón, C.; Gallagher, T. *J. Org. Chem.* **2004**, *69*, 4849.

[11] Abramite, J. A.; Sammakia, T. *Org. Lett.* **2007**, *9*, 2103.

[12] Gazaille, J. A.; Sammakia, T. *Org. Lett.* **2012**, *14*, 2678.

[林恒，崔秀灵*，郑州大学化学与分子工程学院；XCJ]

N,N,N′,N′-四甲基乙二胺

【英文名称】　*N,N,N′,N′*-Tetramethylethylenediamine

【分子式】　$C_6H_{12}N_2$

【分子量】　116.24

【CAS 登录号】　[110-18-9]

【缩写和别名】　四甲基乙二胺，1,2-双(二甲基氨基)乙烷，四甲基-1,2-亚乙基二胺，TMEDA

【结构式】

【物理性质】　无色透明液体，有氨臭味。bp 121 ℃，ρ 0.781 g/cm³。与水及多数有机溶剂混溶。

【制备和商品】　该试剂在工业上的制备方法是使用 1,2-二氯乙烷与二甲胺在过量的氢氧化钠条件下反应 (式 1)[1]，通过精馏法提纯得到

2,2,6,6-四甲基哌啶锂与嘌呤核苷反应，分别进攻嘌呤的 2-位和 8-位。该反应可用以验证嘌呤核苷的 2-位和 8-位上的阴离子可进行相互转化，并最终得到相应的取代产物 (式 7)[8,9]。

$$\text{(7)}$$

2,2,6,6-四甲基哌啶锂可参与 α-氨基酸酯与 2-溴甲烷的反应，生成相应的 β-氨基酸酯 (式 8)[10]。

$$\text{(8)}$$

在路易斯酸的作用下，2,2,6,6-四甲基哌啶锂参与了 α,β 不饱和酯与醛的分子内或分子间的羟醛缩合反应，生成相应的不饱和酯的羟基化物 (式 9 和式 10)[11,12]。

$$\text{(9)}$$

纯品。国内外试剂公司均有销售。

$$ClCH_2CH_2Cl + \underset{Me}{\overset{H}{\underset{|}{N}}}\!-\!Me \xrightarrow[\text{100~250 °C}]{\text{NaOH, 0.1~2.0 MPa}} Me\!-\!\overset{Me}{\underset{|}{N}}\!\!\diagdown\!\!\diagup\!\!\overset{Me}{\underset{|}{N}}\!-\!Me \quad (1)$$

【注意事项】 该试剂为易燃液体，中等毒性，对皮肤和眼睛具有刺激性。为了保证实验结果的可靠性，该试剂在使用前需使用 LiAlH$_4$ 或 CaH$_2$ 在氮气氛中回流以除去残留的水分，接着进行蒸馏。干燥的 TMEDA 要保存在氮气氛中。

————————————————————

N,N,N',N'-四甲基乙二胺 (TMEDA) 被广泛用作金属离子的配体 (双齿配体)，可与多种金属离子 (如锌离子、铜离子等) 形成稳定的、易溶于有机溶剂的配合物。

锂化反应 正丁基锂是有机合成中常用的锂化试剂。通常情况下，正丁基锂在正己烷溶液中以六聚体存在，但在 TMEDA 的存在下可以解聚为二聚体，增强其反应活性。使用 *n*-BuLi/TMEDA 体系可以提高苯环、呋喃和噻吩等化合物的锂化产率，且反应具有区域选择性。如式 2 所示[2]：在 *n*-BuLi/TMEDA 的存在下，苯甲醚在 C-2 位进行选择性锂化，接着与亲电试剂 TMSCl 反应，在相应位置引入 TMS 基团。

$$ (2) $$

如式 3 所示[3]：使用仲丁基锂作为锂化试剂，在手性二茂铁化合物的取代茂环上引入 TMS 基团时存在竞争反应，得到两种异构体的混合物。而在体系中加入 TMEDA，则可高选择性地得到单一产物，且产率也得到提高。

$$ (3) $$

反应条件 A: 1. *n*-BuLi, THF, −78 °C, 2 h
2. TMSCl, 0 °C~rt, 10 min
65%, **a:b** = 2:1
反应条件 B: 1. *s*-BuLi, TMEDA, Et$_2$O, −78 °C, 2 h
2. TMSCl, 0 °C~rt, 10 min
85%, **a:b** ≥ 100:1

N-Boc-二氢吲哚在 *s*-BuLi/TMEDA 作用下，在 C-7 位脱去质子形成相应的有机锂化合物。该化合物可以进一步与烯丙基溴反应 (式 4)[4]。

$$ (4) $$

如式 5 所示[5]：使用 *s*-BuLi/TMEDA 体系对 *N*-Boc 保护的哌啶 *α*-C–H 脱质子得到有机锂化合物，接着再与硫酸二甲酯反应，高立体选择性地得到目标产物。

$$ (5) $$

金属催化反应 TMEDA 既具有碱性又可以充当配体，有时也可以作为添加剂参与反应，在金属催化的反应中发挥着重要作用。如式 6 所示[6]：在 CuCl 的催化下，使用 TMEDA 作为碱和配体，苯肼化合物与四氯化碳在室温下反应即可生成相应的偶氮苯产物。

$$ (6) $$

使用 MnBr$_2$/TMEDA 的催化体系，烷基卤代烃可以与联硼酸频哪醇酯(B$_2$Pin$_2$) 发生偶联反应生成相应的烷基硼酸频哪醇酯 (式 7)[7]。该反应需使用与 B$_2$Pin$_2$ 等摩尔量的乙基溴化镁。如使用苯基溴化镁代替，则反应不发生。若不加入 TMEDA，反应也几乎不发生，仅得到 2% 的产率。

$$ (7) $$

如式 8 所示[8~10]：在 MgI$_2$/TMEDA 的体系中，DMAP 在室温下可催化苯甲醛与 2-环戊烯酮发生 Morita-Baylis-Hillman 反应。

$$\text{PhCHO} + \text{(cyclopentenone)} \xrightarrow[\text{MeOH, rt, 15 h}]{\substack{\text{MgI}_2\ (10\ \text{mol}\%),\ \text{TMEDA} \\ (10\ \text{mol}\%),\ \text{DMAP}\ (10\ \text{mol}\%) \\ 91\%}} \text{(product)} \qquad (8)$$

如式 9 所示[11]：苯并噁唑-4-甲酸苄酯在 TMPLi 的作用下形成有机锂化合物。然后在 FeCl$_3$/TMEDA 的催化下，以 O$_2$ 作为氧化剂，与 2-BnOC$_6$H$_4$Ti(OR)$_3$ 发生氧化偶联反应。所得偶联化合物进一步在 Pd/C 催化氢化下脱苄基，生成 2-(2-羟基)苯基苯并噁唑-4-甲酸。

$$(9)$$

成环反应　TMEDA 也常用于成环反应中。如式 10 所示[12]：t-BuLi 与二溴化合物通过锂卤交换得到有机二锂化合物。接着在 TMEDA 的作用下发生环化反应，再与亲电试剂三甲基氯硅烷进一步反应得到含 TMS 基团的最终产物。

$$(10)$$

如式 11 所示[13]：使用 TMEDA 作为催化剂，联烯化合物与磺酰亚胺化合物在室温下发生环加成反应，得到多取代吡啶衍生物。

$$(11)$$

参 考 文 献

[1] Hammerstrom, K.; Spielberger, G. US4053516[P]. 1977.

[2] Rennels, R. A.; Maliakal, A. J.; Collum, D. B. *J. Am. Chem. Soc.* **1998**, *120*, 421.

[3] Arthurs, R. A.; Richards, C. *J. Org. Lett.* **2017**, *19*, 702.

[4] Leonori, D.; Coldham, I. *Adv. Synth. Catal.* **2009**, *351*, 2619.

[5] Beng, T. K.; Fox, N. *Tetrahedron Lett.* **2015**, *56*, 119.

[6] Nenajdenko, V. G.; Shastin, A. V.; Gorbachev, V. M.; et al. *ACS Catal.* **2016**, *7*, 205.

[7] Atack, T. C.; Cook, S. P. *J. Am. Chem. Soc.* **2016**, *138*, 6139.

[8] Bugarin, A.; Connell, B. T. *J. Org. Chem.* **2009**, *74*, 4638.

[9] Masson, G.; Housseman, C.; Zhu, J. *Angew. Chem. Int. Ed.* **2007**, *46*, 4614.

[10] Basavaiah, D.; Veeraraghavaiah, G. *Chem. Soc. Rev.* **2012**, *41*, 68.

[11] Liu, K. M.; Liao, L. Y.; Duan, X. F. *Chem. Commun.* **2015**, *51*, 1124.

[12] Fananas, F. J.; Granados, A.; Sanz, R.; et al. *Chem. Eur. J.* **2001**, *7*, 2896.

[13] Shi, Z.; Loh, T. P. *Angew. Chem. Int. Ed.* **2013**, *52*, 8584.

[骆栋平，清华大学化学系；HYF]

四甲氧基硅烷

【英文名称】　Silicon (IV) methoxide

【分子式】　C$_4$H$_{12}$O$_4$Si

【分子量】　152.25

【CAS 登录号】　[681-84-5]

【缩写和别名】　四甲氧基硅，硅酸甲酯，正硅酸甲酯，硅酸四甲基酯

【结构式】　Si(OMe)$_4$

【物理性质】　bp 121~122 °C，mp 4~5 °C，ρ 1.032 g/cm^3，n_D^{20} 1.3688。溶于大多数有机溶剂，如四氯化碳、甲醇、乙醇、苯等。可以在多种溶剂中使用。

【制备和商品】　该试剂可以通过下列方法制备：(1) 正硅酸与甲醇反应；(2) 四氯化硅与甲醇反应；(3) 四氯化硅与氨和甲醇反应。该试剂一般不在实验室制备，国内外化学试剂公司均有销售。

【注意事项】　常温常压下稳定，避免与氧化物接触。对湿度敏感，易水解放出甲醇，一般在干燥的无水体系中使用。在通风橱中进行操作，在冰箱中氮气保护密封储存。

四甲氧基硅烷在有机合成中常用于缩醛和缩酮的低温合成 (式 1)[1]。四甲氧基硅烷也是合成羧酸甲酯和甲醚的有效试剂。

PhCHO + Si(OMe)$_4$ $\xrightarrow[\text{then rt, 4 h}]{\text{Me}_3\text{SiI, DCM, }-78\,^\circ\text{C, 3 h}}$ PhCH(OMe)$_2$ (1)
87%

四甲氧基硅烷与一元羧酸在无溶剂条件下回流，能够有效地制备相应的羧酸甲酯。而在室温条件下，四甲氧基硅烷与甲醇的混合物能够对 2-羟基羧酸进行选择性甲酯化 (式 2)[2,3]。

$$\text{CH}_3\text{CH(OH)COOH} + \text{Si(OMe)}_4 \xrightarrow[\text{84%}]{\text{MeOH, rt, 24 h}} \text{CH}_3\text{CH(OH)COOMe} \quad (2)$$

在四丁基氟化铵的作用下，钯膦催化剂 (POPd) 能够高效地催化醛与四甲氧基硅烷的氧化酯化反应，直接合成羧酸甲酯 (式 3)[4]。该反应不仅适用于各类芳香醛底物，也能够使脂肪醛有效地转化成相应的甲酯。

$$\text{PhCHO} + \text{Si(OMe)}_4 \xrightarrow[\text{97%}]{\text{POPd, TBAF}\atop \text{CH}_3\text{CN, 50 }^\circ\text{C, 24 h}} \text{PhCO}_2\text{CH}_3 \quad (3)$$

POPd =
(结构式：双叔丁基膦氯钯配合物)

四甲氧基硅烷与卤代芳烃可以在温和条件下生成相应的苯甲醚。在四丁基氟化铵的催化下，对硝基氟苯与四甲氧基硅烷在无溶剂条件下加热反应，以几乎定量的产率生成对硝基苯甲醚。邻对位具有强吸电子基团的卤代芳烃有利于该反应。该反应的优点为条件温和，不需要无水无氧的条件 (式 4)[5]。带有供电子基团的卤代芳烃使用四甲氧基硅烷发生的亲核甲醚化反应相比于带有强吸电子卤代芳烃要困难，需要在钯催化剂的作用下进行，生成相应的苯甲醚 (式 5)[6]。

$$\text{4-O}_2\text{N-C}_6\text{H}_4\text{-F} + \text{Si(OMe)}_4 \xrightarrow[\text{99%}]{\text{TBAF}\cdot 3\text{H}_2\text{O, 80 }^\circ\text{C, 5 h}} \text{4-O}_2\text{N-C}_6\text{H}_4\text{-OMe} \quad (4)$$

$$\text{2-Me-C}_6\text{H}_4\text{-Br} + \text{Si(OMe)}_4 \xrightarrow[\text{43%}]{\text{Pd(OAc)}_2, \text{L, Cs}_2\text{CO}_3 \atop \text{PhMe, 80 }^\circ\text{C, 12 h}} \text{2-Me-C}_6\text{H}_4\text{-OMe} \quad (5)$$

L = (吡唑膦配体结构式)

卤代芳杂环化合物也能够与四甲氧基硅烷反应生成甲氧基芳杂环化合物。如式 6 所示[7]：以丙酮作为溶剂，四丁基氟化铵能够高

效地催化含氟的嘧啶化合物与四甲氧基硅烷发生取代反应，直接合成嘧啶三甲醚。

$$\text{嘧啶-F}_3\text{Cl} + \text{Si(OMe)}_4 \xrightarrow[\text{81%}]{\text{TBAF, CH}_3\text{COCH}_3 \atop 50\,^\circ\text{C, 24 h}} \text{嘧啶(OMe)}_3\text{Cl} \quad (6)$$

在氯化氢气氛中，氯化锂催化四甲氧基硅烷对乙腈的氰基进行亲核加成，定量地转化成甲氧基乙亚铵盐酸盐和四氯化硅 (式 7)[8]。

$$\text{Si(OMe)}_4 + 8\text{HCl} + 4\text{CH}_3\text{CN} \xrightarrow[\text{99%}]{\text{LiCl, 0 }^\circ\text{C, 16 h}} \text{SiCl}_4 + 4\,[\text{CH}_3\text{C(OMe)=NH}_2]^+\text{Cl}^- \quad (7)$$

四甲氧基硅烷与伯胺在醋酸锌和菲啰啉的催化体系中能够与二氧化碳反应，高效地合成氨基甲酸酯 (式 8)[9]。带有活化基团的间、对位取代的芳香胺有利于该反应，相应氨基甲酸酯的产率较高；带有钝化基团的芳香胺不利于反应；脂肪胺能够以中等产率生成相应的氨基甲酸酯。该反应通过廉价易得的 CO$_2$ 提供酯羰基，大大降低了氨基甲酸酯的生产成本。

$$\text{4-MeO-C}_6\text{H}_4\text{-NH}_2 \xrightarrow[\text{96%}]{\text{CO}_2, \text{Si(OMe)}_4, \text{Zn(OAc)}_2/\text{Phen} \atop \text{MeCN, 150 }^\circ\text{C, 24 h}} \text{4-MeO-C}_6\text{H}_4\text{-NHCO}_2\text{Me} \quad (8)$$

在温和条件下，格氏试剂或烃基锂与四甲氧基硅烷反应能够有效地合成有机硅衍生物 (式 9)[10,11]。通过该反应制得的烃基三甲氧基硅是一类重要的有机硅中间体，可以直接衍生为有机硅烷、有机硅酸酯等硅化合物。

$$\text{4-Br-C}_6\text{H}_4\text{-OCH}_3 \xrightarrow[\text{reflux, 2 h}]{\text{Mg, I}_2, \text{THF}} \text{4-MgBr-C}_6\text{H}_4\text{-OCH}_3 \xrightarrow[\text{then, rt, 20 h}]{\text{Si(OMe)}_4, \text{THF} \atop -30\,^\circ\text{C, 1 h}} \text{4-Si(OMe)}_3\text{-C}_6\text{H}_4\text{-OCH}_3 \quad (9)$$
76%

四甲氧基硅烷与次磷酸苯胺盐的反应无需使用任何催化剂即可定量地生成次磷酸甲酯。在钯、镍等催化剂的作用下，次磷酸甲酯能够与烯烃或炔烃偶联，高效地合成具有特殊生理活性的有机次磷酸酯类化合物 (式 10)[12,13]。

$$\text{PhNH}_2\cdot\text{H}_2\text{P-OH} + \text{Si(OMe)}_4 \xrightarrow[\text{99%}]{\text{MeCN, N}_2, \text{reflux, 2 h}} \text{H}_2\text{P-OMe}$$

$$\text{Pr}^n\text{-C}\equiv\text{C-}^n\text{Pr} \xrightarrow[\text{90%}]{\text{NiCl}_2, \text{CH}_3\text{CN, reflux, 38 h}} \text{(次磷酸酯烯烃产物)} \quad (10)$$

参 考 文 献

[1] Sakurai, H.; Sasaki, K.; Hayashi, J.; Hosomi, A. *J. Org. Chem.* **1984**, *49*, 2809.

[2] Barrett, S. A.; Meegan, J. E. *Chem. Eur. J.* **2007**, *13*, 4654.

[3] Sumrell, G.; Ham, G. E. *J. Am. Chem. Soc.* **1956**, *78*, 921.

[4] Ekoue-Kovi, K.; Wolf, C. *Chem. Eur. J.* **2008**, *14*, 6302.

[5] Xiong, W.; Ding, Q.; Chen, J.; et al. *J. Chem. Res.* **2010**, *7*, 395.

[6] Gowrisankar, S.; Neumann, H.; Beller, M. *Chem. Eur. J.* **2012**, *18*, 2498.

[7] Wang, T.; Love, J. A. *Synthesis* **2007**, *15*, 2237.

[8] Roberts, J. M.; Eldred, D. V.; Katsoulis, D. E. *Ind. Eng. Chem. Res.* **2016**, *55*, 1813.

[9] Zhang, Q.; Yuan, H. Y.; Fukaya, N.; et al. *Chemsuschem* **2017**, *10*, 1501.

[10] Manoso, A. S.; Ahn, C.; Soheili, A.; et al. *J. Org. Chem.* **2004**, *69*, 8305.

[11] Visco, M. D.; Wieting, J. M.; Mattson, A. E. *Org. Lett.* **2016**, *18*, 2883.

[12] Deprèle, S.; Montchamp, J-L. *J. Organomet. Chem.* **2002**, *643-644*, 154.

[13] Ribiere, P.; Bravo-Altamirano, K.; Antczak, M. I.; et al. *J. Org. Chem.* **2005**, *70*, 4064.

[王婷，王存德*，扬州大学化学化工学院；HYF]

四氯金(Ⅲ)酸钠二水合物

【英文名称】 Sodium tetrachloroaurate(Ⅲ) dihydrate

【分子式】 $NaAuCl_4 \cdot 2H_2O$，$H_4AuCl_4NaO_2$

【分子量】 397.80

【CAS 登录号】 [13874-02-7]

【缩写和别名】 二水合氯金酸钠，氯金酸钠，四氯金酸钠，四氯合金酸钠

【结构式】

$$\begin{bmatrix} Cl & Cl \\ & Au & \\ Cl & Cl \end{bmatrix}^{-} Na^{+} \cdot 2H_2O$$

【物理性质】 黄色晶体，mp 100 ℃ (分解)。溶于水、甲醇等极性有机溶剂。

【制备和商品】 国内外化学试剂公司均有销售。

【注意事项】 该试剂易潮解，在密闭和阴凉干燥环境中保存。

四氯金(Ⅲ)酸钠二水合物 ($NaAuCl_4 \cdot 2H_2O$) 是 Au(Ⅲ) 常见的存在形式之一。最初用于取代有毒的汞(Ⅱ)盐作为炔烃水解的催化剂，在有机合成反应中被广泛地应用于炔烃的多种转化反应、偶联反应和炔烃参与的成环反应[1~3]。

在该试剂的存在下，3-炔基酯能水解生成 γ-酮酯 (式 1)[4]。反应的区域选择性源于酯基与炔烃先在 Au(Ⅲ) 催化下以 5-*endo-dig* 的方式成氧鎓盐环，进而与水反应开环。在该反应条件下，2-炔基酯能够选择性地生成 β-酮酯。

$$n\text{-}C_6H_{13}\text{—}\overset{CO_2Et}{\underset{OMe}{\diagup}} \xrightarrow[\text{EtOH/H}_2\text{O, rt, 12~18 h}]{NaAuCl_4 \cdot 2H_2O \text{ (5 mol\%)}} \quad n\text{-}C_6H_{13}\overset{O}{\diagdown}\overset{CO_2Et}{\underset{OMe}{\diagup}} \quad (1)$$

89%

该试剂能够催化烯丙基三甲基硅烷与炔醇的亲核取代反应生成碳-碳键 (式 2)[5]。多种其它亲核试剂，例如：醇、硫醇、磺酰胺和活泼碳-氢键都能发生类似的反应[5,6]。

$$\underset{n\text{-}C_5H_{11}}{\overset{OH}{\underset{|}{Ph}}} + \quad \overset{TMS}{\diagup} \xrightarrow[\text{CH}_2\text{Cl}_2, \text{ rt, 12 h}]{NaAuCl_4 \cdot 2H_2O \text{ (5 mol\%)}} \quad Ph\overset{}{\diagdown}n\text{-}C_5H_{11} \quad (2)$$

82%

在配体 3-二苯膦基苯磺酸钠 (TPPMS) 的存在下，该试剂能够催化二芳基甲醇与邻羧基苯胺的脱水偶联反应[7]。使用缺电子邻羧基苯胺为底物时，反应发生在氨基上。使用 N-甲基-邻羧基苯胺和富电子二芳基醇时，反应则发生在苯环上。该催化剂体系也能够催化苄醇和吲哚 3-位上的碳-氢键进行脱水偶联反应，反应在水中进行时吲哚的氮-氢键不参与反应 (式 3)[8]。当吲哚 3-位有取代基时，反应在 2-位进行。此外，该试剂也能够有效地催化炔醇与芳烃的脱水偶联反应[5,6]。

$$\quad \xrightarrow[\text{H}_2\text{O, 80 ℃, 16 h}]{\substack{NaAuCl_4 \cdot 2H_2O \text{ (2 mol\%)} \\ TPPMS \text{ (2 mol\%)}}} \quad (3)$$

95%

该试剂催化的炔丙胺与酮的串联缩合-环化和芳构化反应是构建 2,3-取代吡啶环的简单方法 (式 4)[9]。该反应的底物适用性非常广，

杂环化合物、桥环化合物和甾体等化合物均可用作适当的底物。

$$\text{(4)}$$

在该试剂的催化下，邻炔基苯胺能环化成吲哚环并串联与烯酮进行 Michael 加成反应 (式 5)[10]。在该试剂的催化下，邻炔基苯胺也能与氟化试剂 Selectfluor 反应生成氟代吲哚及其衍生物[11]。该试剂也能够催化邻炔基苯甲酰胺和乙酸铵反应合成 1-氨基异喹啉。在这些反应中，Au(Ⅲ) 作为路易斯酸活化炔烃使其更容易被邻位基团亲核进攻[12]。

$$\text{(5)}$$

使用该试剂催化的吲哚与烯酮炔进行的串联加成环化反应可以构建七元环并吲哚产物 (式 6)[13]。该反应可以在室温下高效地进行，且对多种官能团 (碘和硼酸酯) 具有很好的兼容性。

$$\text{(6)}$$

使用该试剂催化的 2-醛基吡啶、胺和端炔的三组分环化反应可以构建氨基取代的吲嗪环产物[14]。该体系可以在无溶剂条件下进行，也可以使用水作为反应溶剂。值得注意的是，使用 Bn-保护的氨基酸衍生物作为胺源还能够很好地保持立体构型 (式 7)。

$$\text{(7)}$$

该试剂除了广泛地应用于催化含氮杂环的合成外，也能够催化一些炔烃参与的含氧杂环的合成。例如：在该试剂催化下，炔基环氧化合物能够发生串联环化/烷基迁移反应构建出二氢吡喃-4-酮螺环结构 (式 8)[15]。

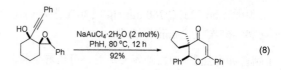

$$\text{(8)}$$

参 考 文 献

[1] Arcadi, A. *Chem. Rev.* **2008**, *108*, 3266.

[2] Li, Z.; Brouwer, C.; He, C. *Chem. Rev.* **2008**, *108*, 3239.

[3] Corma, A.; Leyva-Perez, A.; Sabater, M. J. *Chem. Rev.* **2011**, *111*, 1657.

[4] Wang, W.; Xu, B.; Hammond, G. B.; *J. Org. Chem.* **2009**, *74*, 1640.

[5] Georgy, M.; Boucard, V.; Campagne, J.-M. *J. Am. Chem. Soc.* **2005**, *127*, 14180.

[6] Georgy, M.; Boucard, V.; Debleds, O.; et al. *Tetrahedron* **2009**, *65*, 1758.

[7] Hikawa, H.; Suzuki, H.; Yokoyama, Y.; Azumaya, I. *J. Org. Chem.* **2013**, *78*, 6714.

[8] Hikawa, H.; Suzuki, H.; Azumaya, I. *J. Org. Chem.* **2013**, *78*, 12128.

[9] Abbiati, G.; Arcadi, A.; Bianchi, G.; et al. *J. Org. Chem.* **2003**, *68*, 6959.

[10] Alfonsi, M.; Arcadi, A.; Aschi, M.; et al. *J. Org. Chem.* **2005**, *70*, 2265.

[11] Arcadi, A.; Pietropaolo, E.; Alvino, A.; Michelet, V. *Org. Lett.* **2013**, *15*, 2766.

[12] Long, Y.; She, Z.; Liu, X.; Chen, Y. *J. Org. Chem.* **2013**, *78*, 2579.

[13] Heffernan, S. J.; Tellam, J. P.; Queru, M. E.; et al. *Adv. Synth. Catal.* **2013**, *355*, 1149.

[14] Yan, B.; Liu, Y. *Org. Lett.* **2007**, *9*, 4323.

[15] Shu, X.-Z.; Liu, X.-Y.; Ji, K.-G.; et al. *Chem.-Eur. J.* **2008**, *14*, 5282.

[华瑞茂，清华大学化学系；HRM]

四氰基乙烯

【英文名称】 Tetracyanoethylene

【分子式】 C_6N_4

【分子量】 128.09

【CAS 登录号】 [670-54-2]

【缩写和别名】 TCNE，Ethene tetracarbonitrile

【结构式】

【物理性质】 无色结晶，mp 200~202 ℃ (密封毛细管), bp 223 ℃/760 mmHg、130 ℃/5 mmHg 或 60~65 ℃ /0.2 mmHg 升华。

【制备和商品】 国内外各大试剂公司均有销售。

【注意事项】 具有强烈的毒性和刺激性，必须佩戴相应的防护用具，在通风橱中操作。对水敏感，应密封干燥保存。

四氰基乙烯在环加成反应中应用广泛，可与多种底物发生 [2+2][1,2]、[4+2][3~7] 等环加成反应。在高氯酸锂的催化下，四氰基乙烯与苯乙烯在室温下即可发生 [2+2] 环加成反应，得到取代环丁烷衍生物 (式 1)[1]。四氰基乙烯也可与共轭二烯发生 [4+2] 环加成反应 (式 2 和式 3)[3,4]。利用环加成反应还可合成一些并环化合物 (式 4)[8]。

$$(1)$$

$$(2)$$

$$(3)$$

$$(4)$$

四氰基乙烯也具备烯烃的一些基本性质，可以发生亲电加成[9]、被氧化成环氧乙烷[10]等。通过环加成-电环化开环两步反应，可发生碳-碳双键断裂的反应 (式 5)[11~13]。

$$(5)$$

四氰基乙烯中的氰基可以被取代[14,15]。如式 6 所示[14]：该试剂与噻吩类化合物在室温下即可发生取代反应。

$$(6)$$

四氰基乙烯也可用于杂环化合物的合成。在溴化氢的作用下，由该试剂可生成含有多官能团的吡咯化合物 (式 7)[16]。

$$(7)$$

参 考 文 献

[1] Srisiri, W.; Padias, A. B.; Jr. H. K. H. *J. Org. Chem.* 1993, 58, 4185.

[2] Padim, A. B.; Tien, T. P.; Jr, H. K. H. *J. Org. Chem.* 1991, 56, 5540.

[3] Lee, K.; Lee, P. H. *Chem. Eur. J.* 2007, 13, 8877.

[4] Banert, K.; Köhler, F. *Angew. Chem. Int. Ed.* 2001, 40, 174.

[5] Spino, C.; Thibault, C.; Gingras, S. *J. Org. Chem.* 1998, 63, 5283.

[6] Letourneau, J. E.; Wellman, M. A.; Burnell, D. J. *J. Org. Chem.* 1997, 62, 7272.

[7] Banert, K.; Ihle, A.; Kuhtz, A.; et al. *Tetrahedron* 2013, 69, 2501.

[8] Barluenga, J.; Calleja, J.; Mendoza, A.; et al. *Chem. Eur. J.* 2010, 16, 7110.

[9] Masilamani, D.; Reuman, M. E.; Rogic, M. M. *J. Org. Chem.* 1980, 45, 4602.

[10] Rozen, S.; Golan, E. *Eur. J. Org. Chem.* 2003, 10, 1915.

[11] Michinobu, T.; May, J. C.; Lim, J. H.; et al. *Chem. Commun.* 2005, 6, 737.

[12] Kivala, M.; Boudon, C.; Gisselbrecht, J. P.; et al. *Chem. Eur. J.* 2009, 15, 4111.

[13] Reutenauer, P.; Boul, P. J.; Lehn, J. M. *Eur. J. Org. Chem.* 2009, 11, 1691.

[14] Ohshita, J.; Lee, K. H.; Hashimoto, M.; et al. *Org. Lett.* 2002, 4, 1891.

[15] Tang, X. L.; Liu, W. M.; Wu, J. S.; et al. *J. Org. Chem.* 2010, 75, 7273.

[16] Kim, Y. J.; Kwon, S. H.; Bae, I. H.; Kim, B. M. *Tetrahedron Lett.* 2013, 54, 5484.

[张皓，付华*，清华大学化学系；FH]

2,4,4,6-四溴-2,5-环己二烯酮

【英文名称】 2,4,4,6-Tetrabromo-2,5-cyclohexadienone

【分子式】 $C_6H_2Br_4O$

【分子量】 409.7

【CAS 登录号】 [20244-61-5]

【缩写和别名】 TABCO，TBCHD，四溴环己二烯-1-酮

【结构式】

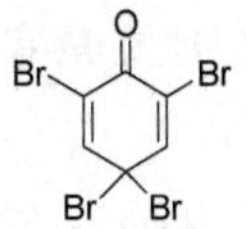

【物理性质】 黄色晶体结晶或粉末，mp 125~130 ℃ (分解)，$\rho\,2.897\ \text{g/cm}^3$。溶于二氯甲烷、乙醚、氯仿、硝基甲烷和甲醇中，不溶于水。

【制备和商品】 国内外化学试剂公司有售。由苯酚或 2,4,6-三溴苯酚在乙酸钠、乙酸水溶液中冷却下与过量溴反应制得。

【注意事项】 储存于棕色容器中，0~6℃ 避光保存。避免接触皮肤和眼睛，防止粉尘和气溶胶生成。

2,4,4,6-四溴-2,5-环己二烯酮 (TABCO) 属共轭烯酮，能发生共轭加成和还原反应，有弱氧化性。作为有机合成中用作选择性的溴化剂，可用于酚、芳胺、醚和硅醚、叠氮类化合物的溴代反应；α,β 不饱和酮的选择性 α'-溴代反应；使醛转化为相应的偕二溴化合物[1]；将羧酸转化成为酰溴。作为弱氧化剂，可氧化硫醇成二硫化物，用于多烯和烯醇的溴活化环化反应。

区域选择性的溴代反应 TABCO 作为溴化试剂，可使多类化合物发生溴代反应。其反应条件温和，操作简单，反应环境友好且具有区域选择性等特点 (式 1)[2]。

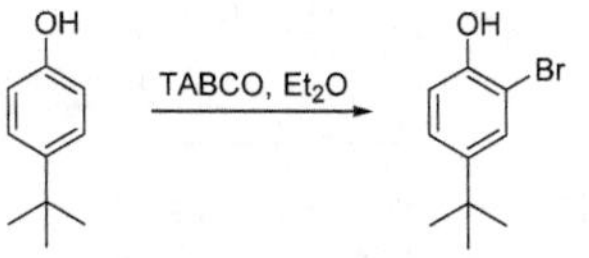

TABCO 可用于活化香豆素的区域选择性溴代反应，具有高区域选择性和良好的产率。溴化的选择性和效率被发现明显依赖于电子因素，溴代反应位点与取代基的电子效应有关 (式 2)[3]。

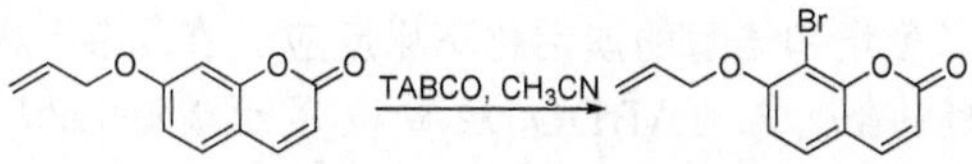

偕二溴代物的合成 醛类化合物与 TABCO 反应，可生成为相应的偕二溴代物 (式 3)[4]。在同样的条件下，酮可转化为烯基溴化合物。

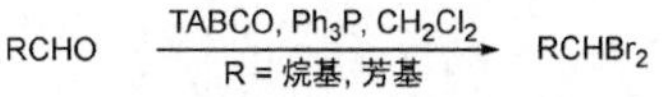

$$RCHO \xrightarrow[\text{R = 烷基，芳基}]{\text{TABCO, Ph}_3\text{P, CH}_2\text{Cl}_2} RCHBr_2 \qquad (3)$$

生成酰溴化合物 利用三苯基膦和 TABCO，可方便地将羧酸转化成为酰基溴 (式 4)。本反应具有化学选择性，可应用于多官能团化合物 (如羟基酸等)[5]。

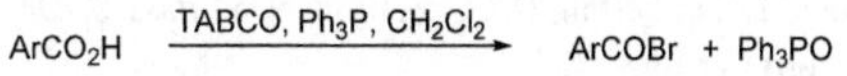

$$ArCO_2H \xrightarrow{\text{TABCO, Ph}_3\text{P, CH}_2\text{Cl}_2} ArCOBr + Ph_3PO \qquad (4)$$

在无磷试剂的催化下，在乙腈中回流或无溶剂反应，联合使用 TABCO 和硫氰酸铵，可促进醇生成硫氰酸酯 (式 5)、环氧化合物开环生成 2-羟基硫氰酸酯 (式 6)[6]。

作为化学选择性催化剂用于保护羰基化合物 在催化量的 TABCO 的存在下，通过转乙酰化反应可方便地将环氧化合物转化成为缩丙酮、将醛转化为缩醛、将酮转化为缩酮 (式 7 和式 8)[7]。

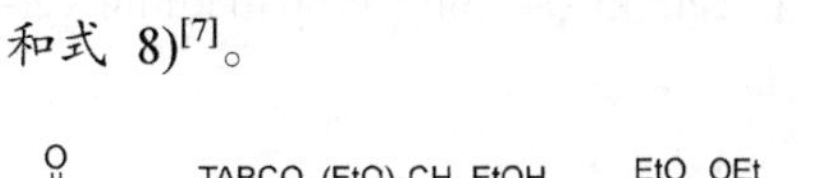

R = 芳基，烷基；R' = 烷基，H

R = 芳基，烷基；R' = 烷基，H; n = 0, 1

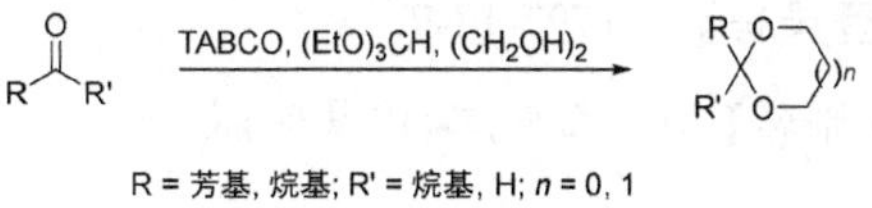

在催化量的 TABCO、NBS 和溴水的存在下，亚砜化合物可被 1,3-二噻烷脱氧还原成为硫醚 (式 9)[8]。

$$\text{(9)}$$

R, R' = 芳基或烷基

多烯和烯醇的溴活化环化反应 在复杂天然产物的合成中，TABDO 经常被用于溴活化的环化反应中 (式 10)[9]。

$$\text{(10)}$$

参 考 文 献

[1] Toda, F.; Schmeyers, J. *Green Chem.* **2003**, 5, 701.

[2] Attanasi, O. A.; Berretta, S.; Favi, G. *Org. Lett.* **2006**, 8, 4291.

[3] Ganguly, N. C.; Nayek, S.; Chandra, S. *Canadian J. Chem.* **2013**, 91, 1155.

[4] Matveeva, E. D.; Feshin, D. B.; Zefirov, N. S. *Russ. J. Org. Chem.* **2001**, 37, 52.

[5] Matveeva, E. D.; Podrugina, T. A.; Sandakova, N. G.; Zefirov, N. S. *Russ. J. Org. Chem.* **2004**, 40, 1469.

[6] Khajeh-Kolaki, A.; Mokhtari, B. *J. Sulf. Chem.* **2016**, 37, 251.

[7] Firouzabadi, H.; Iranpoor, N.; Shaterian, H. R. *Bull. Chem. Soc. Jpn.* **2002**, 75, 2195.

[8] Iranpoor, N.; Firouzabadi, H.; Shaterian, H. *J. Org. Chem.* **2002**, 67, 2826.

[9] Baran, P. S.; Burns, N. Z. *J. Am. Chem. Soc.* **2006**, 128, 3908.

[刘金果，巨勇，清华大学化学系；JY]

四(乙腈)四氟硼酸钯

【**英文名称**】 Tetrakis(acetonitrile)palladium Tetrafluoroborate

【**分子式**】 $C_8H_{12}B_2F_8N_4Pd$

【**分子量**】 444.28

【**CAS 登录号**】 21797-13-7

【**缩写和别名**】 四(乙腈)二(四氟硼)化钯

【**结构式**】 $[Pd(MeCN)_4(BF_4)_2]$

【**物理性质**】 黄色或亮黄色固体，mp 230 ℃。溶于乙腈、硝基甲烷等极性溶剂中，不溶于低极性的溶剂。

【**制备和商品**】 大型试剂公司均有销售。可由海绵状金属钯或氯化钯制备。

【**注意事项**】 本品对空气和水敏感，需要在干燥、惰性气体环境下保存。

四(乙腈)四氟硼酸钯一般被用作 Suzuki 反应[1,2]、Heck 反应[3~5]等的催化剂，也可用来催化芳烃的 C–H 键直接官能化反应[6~8]及烯烃的羰基化反应[9]。

在三苯基膦配体的存在下，四(乙腈)四氟硼酸钯能够催化芳基硼酸与 β-氯代环己烯酮的 Suzuki 偶联反应。该偶联产物在 $CuCl_2$ 催化的需氧氧化条件下，可生成难制备的间位取代的酚类化合物 (式 1)[1]。

$$\text{(1)}$$

在手性配体 (S)-BINAP 的存在下，四(乙腈)四氟硼酸钯可催化芳基卤代物与芳基硼酸发生不对称 Suzuki 反应，对映选择性地生成具有光学活性的联萘化合物 (式 2)[2]。

$$\text{(2)}$$

在四(乙腈)四氟硼酸钯的催化下，芳基硼酸与环己烯酮发生氧化 Heck 反应，生成的产物可进一步氧化形成间位取代的酚类化合物 (式 3)[3]。

$$\text{(3)}$$

四(乙腈)四氟硼酸钯可催化酚与丙烯酸酯发生 C–H 键活化反应，生成具有生物活性的香豆素衍生物。该方法采用醋酸铜作为氧化剂 (式 4)[7,8]。

$$Me \underset{OH}{\bigcirc} + \underset{CO_2Me}{\diagup\!\!\!\diagdown} \xrightarrow[\substack{NaOPiv,\ mestitylene \\ N_2,\ 120\ ^{\circ}C,\ 20\ h \\ 68\%}]{Pd(CN)_4(BF_4)_2,\ Cu(OAc)_2} Me \underset{O}{\bigcirc\!\!\bigcirc} O \qquad (4)$$

在硼酸、5-氯水杨酸 (5-ClSA) 和三(4-甲氧基苯基)膦配体的存在下，四(乙腈)四氟硼酸钯催化一氧化碳、烯烃与胺发生酰胺化反应，生成两种酰胺 **A** 和 **B** (式 5)[9]。通过改变反应条件，可以对反应的化学选择性进行调控。

$$\qquad (5)$$

在氧化剂如 1,4-苯醌 (1,4-BQ) 和醋酸碘苯的存在下，四(乙腈)四氟硼酸钯能够催化端烯的氧化，生成 α,β-不饱和酮 (式 6)[10]。该反应与传统的 Wacker 反应相比，条件更加温和，产率更高，选择性更好。

$$MeO\underset{}{\bigcirc}\diagdown\!\!\diagup\!\!\diagdown\!\!\diagup \xrightarrow[\substack{PhI(OAc)_2,\ DMSO \\ 35\ ^{\circ}C,\ 48\ h \\ 69\%}]{Pd(CN)_4(BF_4)_2,\ 1,4\text{-}BQ} MeO\underset{}{\bigcirc}\diagdown\!\!\diagup\!\!\diagdown\!\!\diagup\!\!\overset{O}{\diagdown} \qquad (6)$$

参 考 文 献

[1] Orellana, A.; Wang, Z. *Chem. Eur. J.* **2017**, *23*, 11445.

[2] Mikami, K.; Miyamoto, T.; Hatano, M. *Chem. Commun.* **2004**, *36*, 2082.

[3] Izawa, Y.; Zheng, C.; Stahl, S. S. *Angew. Chem. Int. Ed.* **2013**, *52*, 3672.

[4] Gou, Q.; Deng, B.; Zhang, H.; Qin, J. *Org. Lett.* **2013**, *15*, 4604.

[5] Hatano, M.; Mikami, K. *J. Am. Chem. Soc.* **2003**, *125*, 4704.

[6] Nishikata, T.; Abela, A. R. *J. Am. Chem. Soc.* **2010**, *132*, 4978.

[7] Zhang, X.-S.; Li, Z.-W.; Shi, Z.-J. *Org. Chem. Front.* **2014**, *1*, 44.

[8] Lipshutz, B. H.; Ghorai, S.; Abela, A. R.; et al. *J. Org. Chem.* **2011**, *76*, 4379.

[9] Xu, T.; Feng, S.; Alper, H. *J. Am. Chem. Soc.* **2016**, *138*, 6629.

[10] Bigi, M. A.; White, M. C. *J. Am. Chem. Soc.* **2013**, *135*, 7831.

[吴旭东，付华*，清华大学化学系；FH]

碳酸亚乙烯酯

【英文名称】 Vinylene carbonate

【分子式】 $C_3H_2O_3$

【分子量】 86.05

【CAS 登录号】 [872-36-6]

【缩写和别名】 1,3-二氧杂环戊烯-2-酮，乙烯碳酸酯，VC

【结构式】

【物理性质】 mp 22 ℃, bp 165 ℃, ρ 1.36 g/cm³。无色透明液体，易溶于乙醚、甲苯。

【制备和商品】 国内外的试剂公司均有销售。实验室少量需要可由乙二醇碳酸酯通过光催化制备得到 (式 1)[1]

$$\underset{O}{\bigcirc\!\!\bigcirc}O \xrightarrow[\substack{2.\ -HCl}]{1.\ Cl_2,\ h\nu} \underset{O}{\bigcirc\!\!\bigcirc}O \qquad (1)$$

【注意事项】 常温常压下稳定，保存时需要加入 2,6-二叔丁基对甲苯酚抗氧化剂。避光密封，避免与氧化剂、酸或碱接触。具有一定的毒性，会刺激眼睛，与皮肤接触可能致癌。会污染水体，不可随意排放。使用时须在通风橱里操作，避免吸入蒸气。

碳酸亚乙烯酯是锂离子电池的一种新型有机成膜添加剂与过充电保护添加剂，具有良好的抗低温性能与防气胀功能，可以提高电池的容量和循环寿命。同时，它作为一个重要的有机中间体，还被广泛用于热反应和光化学反应，例如成环反应、加成反应等。

Diels-Alder 反应 尽管碳酸亚乙烯酯是一个较差的亲二烯体，但是作为一个对称的双取代 2π 体系，它仍然被广泛应用于 Diels-Alder 反应。例如，在加热的条件下，1,2,3,4-四甲基环戊二烯可以与碳酸亚乙烯酯发生 [4+2] 环加成，反应具有较高的立体选择性

(式 2)[2]。

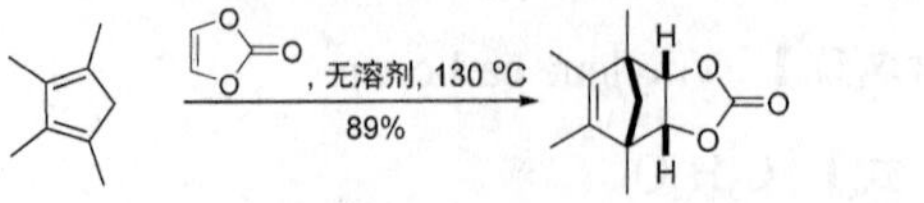

(2)

此外，碳酸亚乙烯酯还可以与取代的 1,3-环己二烯发生 Diels-Alder 反应。该反应具有一定的立体选择性，产物可以进一步生成多羟基双环化合物，并用于新型糖苷酶抑制剂的合成 (式 3)[3]。

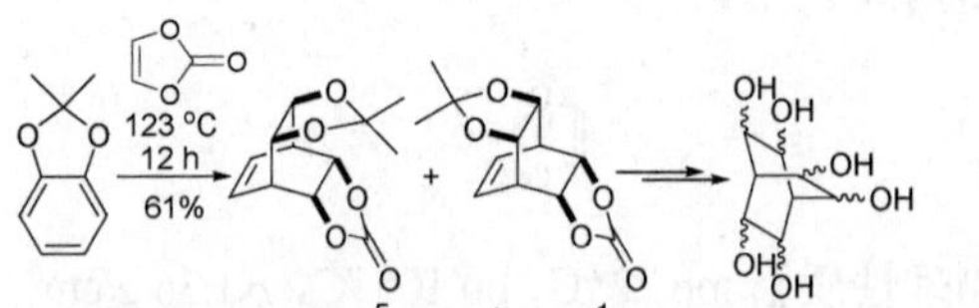

(3)

1,3-偶极环加成反应　尽管有报道称，碳酸亚乙烯酯几乎不与腈的氧化物发生反应。但是它与其它 1,3-偶极化合物的反应常被用来合成杂环化合物[4]。例如碳酸亚乙烯酯与氯代肟反应，能以合适的产率生成异噁唑啉化合物 (式 4)[5]。

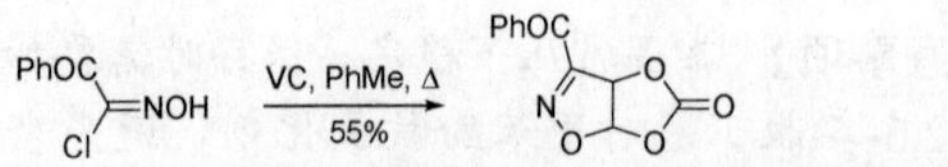

(4)

环状或链状硝酮化合物与碳酸亚乙烯酯的 [3+2] 偶极环加成反应会生成环内加成产物与环外加成产物的混合物[6]。但是，带有一个手性碳中心的硝酮衍生物与碳酸亚乙烯酯反应只生成环内加成产物[7]。因此，可以通过此反应由非糖类化合物制备氨基糖类化合物 (式 5)[8]。

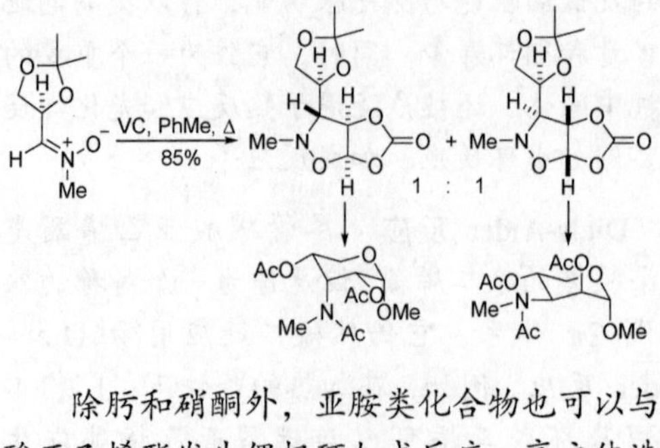

(5)

除肟和硝酮外，亚胺类化合物也可以与碳酸亚乙烯酯发生偶极环加成反应，高立体选择性地生成官能化的吡咯烷化合物 (式 6)[9]。

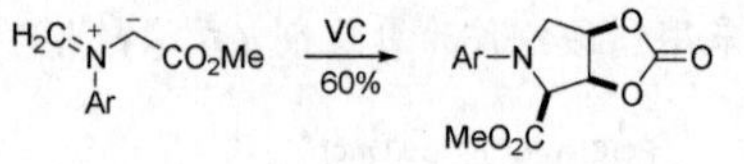

(6)

特殊的环加成反应　在光催化下，碳酸亚乙烯酯可以与芳香环化合物发生间位的环加成反应 (式 7)[10]，也可与取代烯烃发生 [2+2] 环加成反应 (式 8)[11]。

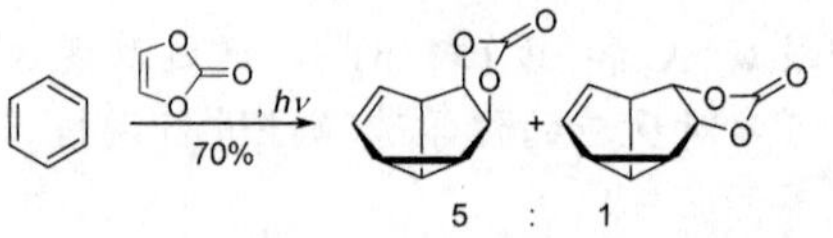

(7)

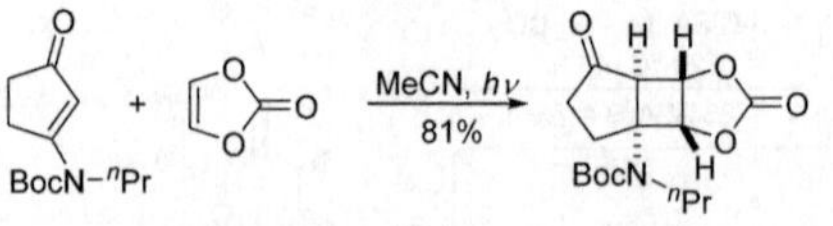

(8)

自由基加成反应　除能发生环加成反应外，碳酸亚乙烯酯还可以发生双键的自由基加成反应 (式 9)[12]。

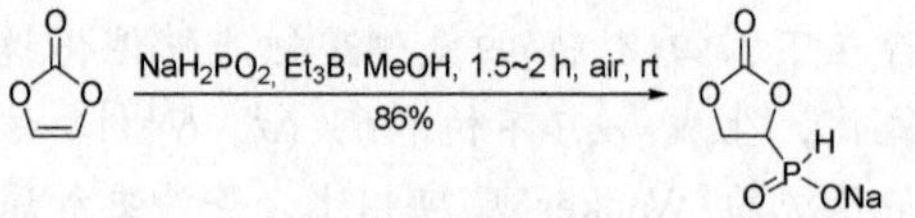

(9)

钯试剂催化的偶联反应　在零价钯的催化下，碳酸亚乙烯酯还可以替代乙二醛与芳基溴化物发生偶联反应，生成二芳基乙二酮 (式 10)[13]。

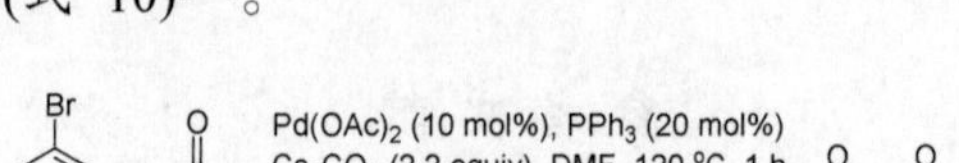

(10)

参 考 文 献

[1] Newman, M. S.; Addor, R. W. *J. Am. Chem. Soc.* **1953**, *75*, 1263.

[2] Revés, M.; Lledó, A.; Ji, Y.; et al. *Org. Lett.* **2012**, *14*, 13.

[3] Baran, A.; Gunel, A.; Balci, M. *J. Org. Chem.* **2008**, *73*, 4370.

[4] DeShong, P.; Li, W.; Kennington, J. W.; Ammon, H. L. *J. Org. Chem.* **1991**, *56*, 1364.

[5] Caldirola, P.; DeAmici, M.; DeMicheli, C. *Heterocycles* **1985**, *23*, 2479.

[6] Burdisso, M.; Gandolfi, R.; Grunanger, P. *J. Org. Chem.* **1990**, *55*, 3427.

[7] DeShong, P.; Leginus, J. M. *J. Am. Chem. Soc.* **1983**, *105*, 1686.

[8] DeShong, P.; Dicken, C. M.; Leginus, J. M.; Whittle, R. R. *J.*

Am. Chem. Soc. **1984**, *106*, 5598.

[9] DeShong, P.; Kell, D. A.; Sidler, D. R. *J. Org. Chem.* **1985**, *50*, 2309.

[10] Osselton, E. M.; Eyken, C. P.; Jans, A. W. H.; Cornelisse, J. *Tetrahedron Lett.* **1985**, *26*, 1577.

[11] Roupany, A. J. A.; Baker, J. R. *RSC Advances* **2013**, *3*, 10650.

[12] Deprèle, S.; Montchamp, J.-L. *J. Org. Chem.* **2001**, *66*, 6745.

[13] Kim, K. H.; Park, B. R.; Lim, J. W.; Kim, J. N. *Tetrahedron Lett.* **2011**, *52*, 3463.

[杭炜，清华大学化学系；XCJ]

铁酸铜

【英文名称】 Copper ferrite

【分子式】 $CuFe_2O_4$

【分子量】 239.23

【CAS 登录号】 [39400-43-6]

【缩写和别名】 Copper iron oxide，Copper diiron tetraoxide

【结构式】

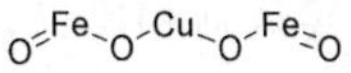

【物理性质】 固体粉末，ρ 5.4 g/cm³ (25 ℃)。

【制备和商品】 该试剂在 Sigma-Aldrich 公司有销售。可由硝酸铜和硝酸铁在碱性溶液中制备。

$$Cu(NO_3)_2 \cdot 3H_2O + 2\,Fe(NO_3)_3 \cdot 9H_2O \xrightarrow[\text{H}_2\text{O, 2 h}]{\text{NaOH, 100 ℃}} CuFe_2O_4 \quad (1)$$

【注意事项】 该试剂在室温下可稳定存在。

铁酸铜纳米颗粒[1]可以催化许多有机转化反应[2]，因为它们的纳米级尺寸具有很大的比表面积[3]。此外，其铁磁性使其可以很容易地用外部磁铁进行回收。

Cu（Ⅰ）在室温下可均相催化 点击 (click) 反应在水中进行[4]。而铁酸铜纳米颗粒在室温下也可以催化多相的点击反应 (式 2)，得到很高的产率[5]。

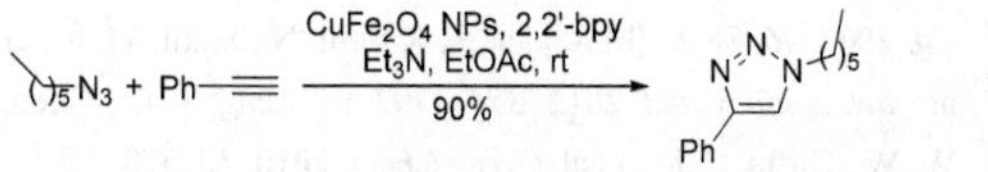

在铁酸铜分子的晶格内，铜和铁之间的协同作用可以催化末端炔烃与芳基卤化物的偶联反应 (式 3)[6]。而单独使用氧化铜纳米粒子或者 Fe_3O_4 纳米粒子都无法有效地催化该反应。

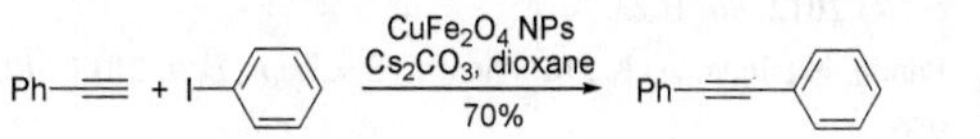

此外，铜和铁的协同效应还可以催化芳基卤化物与氮杂芳环的交叉偶联反应，形成新的 C–N 键 (式 4)[7]。

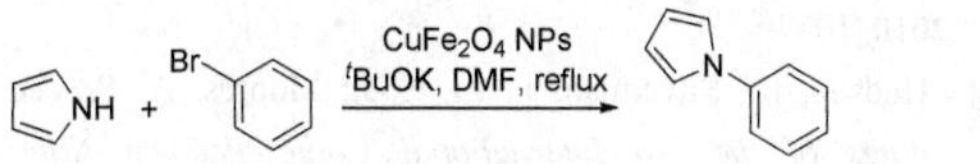

铁酸铜纳米颗粒作为催化剂，能催化芳基卤化物与苯酚的交叉偶联反应，生成二芳基醚化合物 (式 5)[8]。

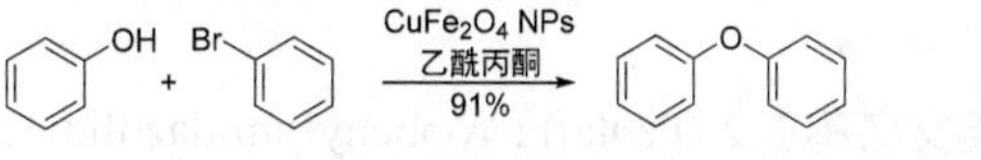

通过优化溶剂、温度和反应时间，铁酸铜纳米颗粒可以对带有酰基保护基的糖类化合物进行选择性脱酰基化反应 (式 6)[9]。

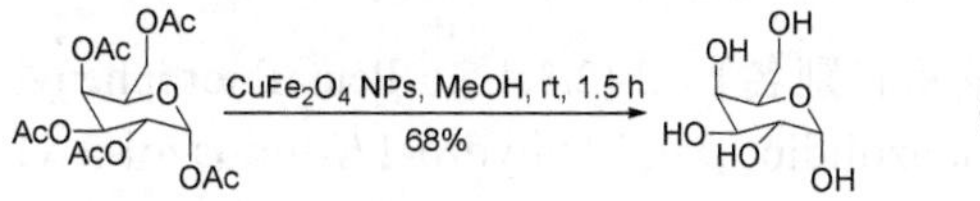

Biginelli 缩合反应是铁酸铜催化三组分反应的一个很好的例子。在铁酸铜纳米颗粒的催化下，醛、脲或硫脲和 β-羰基羧酸酯可以进行缩合反应，得到二氢嘧啶酮或者硫代二氢嘧啶酮产物 (式 7)[10]。

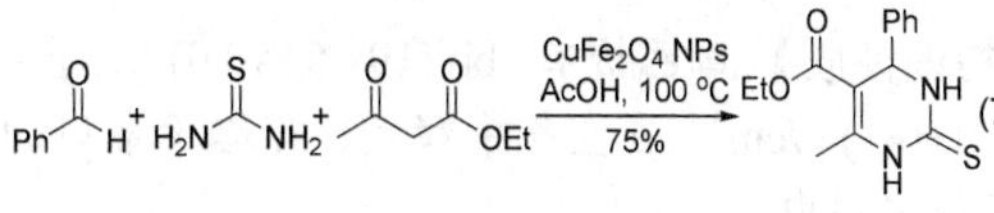

参 考 文 献

[1] Mahmoodi, N. M. *Desalination* **2011**, *279*, 332.

[2] (a) Shi, F.; Tse, M. K.; Pohl, M.-M.; et al. *Angew. Chem. Int.*

Ed. **2007**, *46*, 8866. (b) Rajabi, F.; Karimi, N.; Saidi, M. R.; et al. *Adv. Synth. Catal.* **2012**, *354*, 1707. (c) Zeng, T. Q.; Chen, W.-W.; Cirtiu, C. M.; et al. *Green Chem.* **2010**, *12*, 570.

[3] Yan, N.; Xiao, C.; Kou, Y. *Coord. Chem. Rev.* **2010**, *254*, 1179.

[4] (a) Tornøe, C. W.; Christensen, C.; Meldal, M. *J. Org. Chem.* **2002**, *67*, 3057. (b) Rostovtsev, V. V.; Green, L. G.; Fokin, V. V.; Sharpless, K. B. *Angew. Chem. Int. Ed.* **2002**, *41*, 2596.

[5] Ishikawak, S.; Hudson, R.; Moores, A.; Li, C.-J. *Heterocycles* **2012**, *86*, 1023.

[6] Panda, N.; Jena, A. K.; Mohapatra, S. *Chem. Lett.* **2011**, *40*, 956.

[7] Panda, N.; Jena, A. K.; Mohapatra, S.; Rout, S. R. *Tetrahedron Lett.* **2011**, *51*, 1924.

[8] Zhang, R.; Liu, J.; Wang, S.; et al. *ChemCatChem* **2011**, *3*, 146.

[9] Tasca, J. E.; Ponzinibbio, A.; Diaz, G.; et al. *Top. Catal.* **2010**, 1087.

[10] Hudson, R.; Silverman, J.; Li, C.-J.; Moores, A. *Proceedings of the 3rd International Conference on Nanotechnology*; Montreal, QC, Canada, 2012; Paper No. 318.

[蔡尚军, 清华大学化学系; XCJ]

2-(五氟苯基)咪唑烷

【英文名称】2-(Pentafluorophenyl)imidazolidine

【分子式】$C_9H_7F_5N_2$

【分子量】238.16

【CAS 登录号】[74395-26-9]

【缩写和别名】2-(2,3,4,5,6-Pentafluorophenyl)imidazolidine，4,5-Dihydro-1*H*-imidazol-2-yl-(2,3,4,5,6-pentafluorophenyl)amine

【结构式】

【物理性质】白色粉末，bp (191.5±40.0) °C，$\rho =$ (1.4±0.1) g/cm^3。在空气中稳定，可溶于常规的有机溶剂中。

【制备和商品】2004 年，Hedrick 等人报道了 2-(五氟苯基)咪唑烷试剂的合成。该试剂是由乙二胺化合物与五氟苯甲醛在乙酸中反应而得 (式 1)[1,2]。

R = H, 烷基, 芳基

【注意事项】遇热分解。

N-杂环卡宾是一类非常重要的有机催化剂和过渡金属的配体[3]。它们具有很高的反应活性，但对空气和水都较敏感。因此，一般需要利用无亲核性的强碱 [*t*-BuOK 或 KN(SiMe$_3$)$_2$] 将氮鎓盐进行原位脱质子化来制备。由于强碱会与很多有机官能团发生反应且在反应中生成无机盐和醇类副产物，从而限制了 N-杂环卡宾的应用。此外，还可通过热分解咪唑-2-羧酸或 2-(三氯甲基)四氢咪唑、Ag-NHC 配合物等来制备 N-杂环卡宾，但这些试剂大多存在溶解性差的缺点。

2-(五氟苯基)咪唑烷是新发展的一种稳定的 N-杂环卡宾 (NHCs) 的前体化合物[1]。与传统的 N-杂环卡宾试剂相比较，该化合物可以方便地从相应的二胺化合物合成，且具有在空气中稳定、能够溶解在常规的有机溶剂中、在温和条件下能热分解产生 N-杂环卡宾以及热分解的唯一副产物是五氟苯等优点 (式 2)。

R = H, 烷基, 芳基

五氟苯咪唑烷能够有效地催化酯交换反应。在五氟苯咪唑烷催化下，对苯二甲酸二甲酯和过量的乙二醇反应，能够生成重要的前体化合物：聚对苯二甲酸乙二醇酯 (式 3)[1]。

Mes = 2,4,6-Me$_3$C$_6$H$_2$

使用 Pd(OAc)₂ 和五氟苯咪唑烷原位制备的 Pd 催化剂,能够有效地催化脱氢芳构化反应,制备吲哚并环类化合物 (indoloindoles) (式 4)[4]。

$$(4)$$

由咪唑啉鎓盐制备的自由卡宾和相关的 Pd 配合物进行催化的性能并不理想,并且得到混合物[5]。但是,利用五氟苯咪唑烷和 BINOL-Pd 配合物制备的手性环钯催化剂则可以高产率地得到预期的目标产物 (式 5)[6]。

$$(5)$$

在 80 °C 的甲苯溶剂中,五氟苯咪唑烷和 [Pd(allyl)Cl]₂ 能够生成 Pd 配合物。该反应可以在空气中进行,溶剂也不需经过特殊干燥处理 (式 6)[1]。

$$(6)$$

五氟苯咪唑烷可以用来合成 Ir 和 Rh 的配合物。与传统的氮卡宾前体咪唑啉鎓盐制备方法不同,该方法避免了使用强碱条件。因此可以保证前体化合物和金属离子的配位,并防止副反应的发生 (式 7)[2,7]。

$$(7)$$

五氟苯咪唑烷与 Au 和 Ru 配合生成的催化剂可以被负载在熔融的硅毛细管内表面上。在热解过程中产生的卡宾能够快速地转化为键合型的催化剂 (式 8)[8]。

$$(8)$$

五氟苯咪唑烷与 Ru(PPh₃)₃F(CO)H 反应生成配合物 Ru(NHC)(PPh₃)F(CO)H,可以有效地应用于催化芳香烃的加氢脱氟反应中 (式 9)[9]。

$$(9)$$

五氟苯咪唑烷可以用来制备 Hoveyda-Grubbs 二代催化剂 (式 10)[2],使用其它方法制备这类催化剂均未成功。

$$(10)$$

通过配体交换的方法,可以从五氟苯咪唑烷高产率地制备 indenylidene 型的 Ru 配合物 (式 11)[10]。该方法不需要经过任何色谱纯化的过程。

$$(11)$$

参 考 文 献

[1] Nyce, G. W.; Csihony, S.; Waymouth, R. M.; Hedrick, J. L. *Chem.-Eur. J.* **2004**, *10*, 4073.

[2] Blum, A. P.; Ritter, T.; Grubbs, R. H. *Organometallics* **2007**, *26*, 2122.

[3] (a) Diez-Gonzalez, S.; Marion, N.; Nolan, S. P. *Chem. Rev.* **2009**, *109*, 3612. (b) Grossmann, A.; Enders, D. *Angew.*

Chem., Int. Ed. **2011**, *51*, 314.

[4] Bedford, R. B.; Fey, N.; Haddow, M. F.; Sankey, R. F. *Chem. Commun.* **2011**, *47*, 3649.

[5] Bedford, R. B.; Betham, M.; Blake, M. E.; et al. *Dalton Trans.* **2005**, *34*, 2774.

[6] Bedford, R. B.; Dumycz, H.; Haddow, M. F.; et al. *Dalton Trans.* **2009**, *38*, 7796.

[7] Li, J.; Stewart, I. C.; Grubbs, R. H. *Organometallics* **2010**, *29*, 3765.

[8] Lang, C.; Gärtner, U.; Trapp, O. *Chem. Commun.* **2011**, *47*, 391.

[9] Reade, S. P.; Mahon, M. F.; Whittlesey, M. K. *J. Am. Chem. Soc.* **2009**, *131*, 1847.

[10] Monsaert, S.; Canck, E. D.; Drozdzak, R.; et al. *Eur. J. Org. Chem.* **2009**, *2009*, 655.

[卢金荣, 巨勇*, 清华大学化学系; JY]

硒氰酸钾

【英文名称】 Potassium selenocyanate

【分子式】 KSeCN

【分子量】 144.08

【CAS 登录号】 [3425-46-5]

【缩写和别名】 硒氰化钾, 硒基氰酸钾

【结构式】 KSeCN

【物理性质】 mp 100 °C, ρ 2.347 g/cm^3。溶于 H$_2$O、DMF、DME、HMPA、MeCN、MeOH, 微溶于 THF。

【制备和商品】 国内外化学试剂公司均有销售。实验室一般将硒溶于熔融氰化钾或其水溶液来制备硒氰酸钾。商品为无色晶体。

【注意事项】 该试剂长期暴露在空气中易吸潮分解, 有剧毒且伴有恶臭气味。一般在密闭容器中保存, 在通风橱中使用。

有机硒氰化合物在许多反应中是重要的合成中间体, 而 KSeCN 就是制备这类化合物的一种有效试剂。KSeCN 与卤代物的取代反应是合成硒基氰酸酯化合物最简易的方法 (式 1 和式 2)[1~3]。

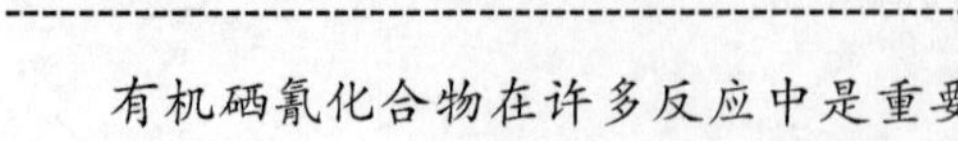

(1)

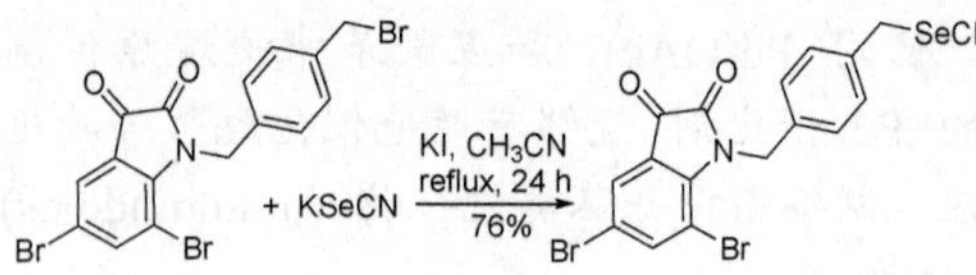

使用离子液体能够有效地促进卤代物与 KSeCN 的取代反应, 生成异硒基氰酸酯化合物 (式 3)[4]。

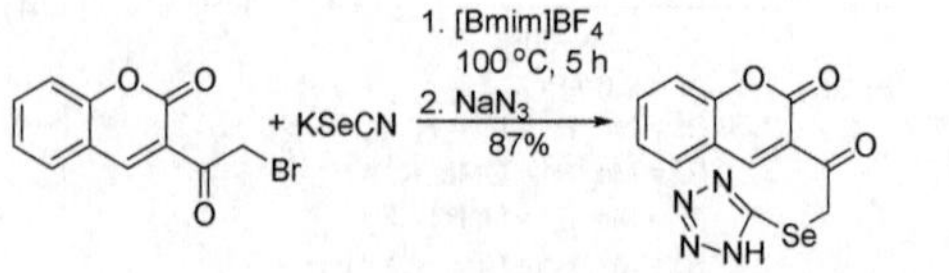

(2)

(3)

KSeCN 与芳卤化物的反应常需要在光照条件下进行。如式 4 所示[5]: 对硝基碘苯与 KSeCN 在叔丁醇钾的作用下, 经光照数小时能够顺利地得到相应的硒基氰酸酯, 随后可以进一步转化成芳香硒醚衍生物。研究发现使用过渡金属催化剂能够在室温下有效地促进 KSeCN 与芳卤化物的反应。例如在三乙胺的作用下, 碘化亚铜催化芳基溴与 KSeCN 的反应可生成硒基氰酸芳酯 (式 5)[6]。

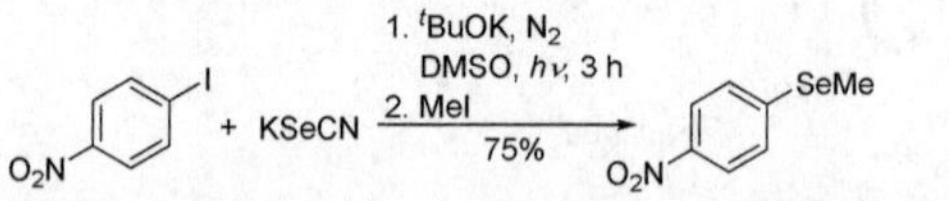

(4)

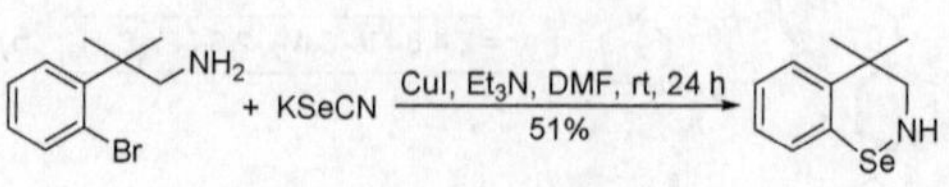

(5)

此外, 卤代芳烃与 KSeCN 可以在纳米氧化铜和强碱的协同催化下反应, 生成对称二芳基硒醚类化合物 (式 6)[7]。纳米氧化铜也能够催化 1,3-二烯溴化物与 KSeCN 反应, 生成硒吩类化合物 (式 7)[8]。

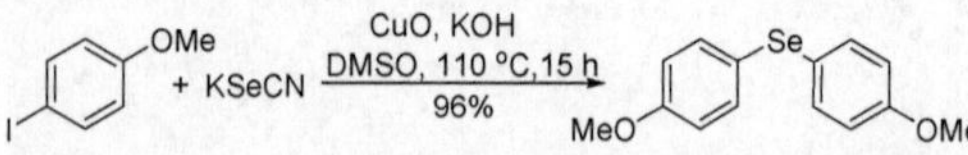

(6)

(7)

除与烃基卤化物反应外, KSeCN 也能够与芳酰卤在温和条件下反应生成芳酰基硒基异氰酸酯 (式 8)[9]。

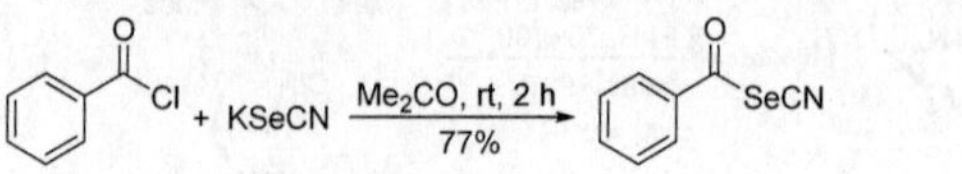

(8)

KSeCN 也是合成连二硒化合物的常用试剂。如式 9 所示[10]：氨基磺酸酯类化合物与 KSeCN 反应生成 N-烷基-β-氨基连二硒化物。KSeCN 具有较强的亲核性，能够选择性地进攻 C–O 键生成硒基氰酸酯类化合物，然后在四硫钼酸盐的作用下顺利形成二聚产物。

$$(9)$$

KSeCN 也能够促进环氧化合物的脱氧反应，使环氧化合物在极性质子性溶剂中脱氧生成烯类化合物。溶剂的种类是影响该反应的主要因素，研究发现最好的反应溶剂是极性质子性溶剂，如 H$_2$O/EtOH 体系。该反应对直链末端环氧化合物有较高的产率 (式 10)[11]，但对于含氧双环化合物，往往是环的大小、反应温度等因素对反应产生较大影响。例如：在 23 ℃ 时，KSeCN 能够促进 7-氧杂双环[4.1.0]庚烷脱氧转化成环己烯；而 6-氧杂双环[3.1.0]己烷的脱氧反应则必须在 65 ℃ 才可以进行。

$$(10)$$

KSeCN 一方面可以促进环氧化合物的脱氧反应，另一方面也可以在催化剂的协同作用下参与环氧化合物的扩环反应 (式 11)[12]。

$$(11)$$

参 考 文 献

[1] Singh, R.; Panda, G. *Tetrahedron* **2013**, *69*, 2853.

[2] López, Ó.; Maza, S.; Ulgar, V.; et al. *Tetrahedron* **2009**, *65*, 2556.

[3] Krishnegowda, G.; Gowda, A. S. P.; Tagaram, H. R. S.; et al. *Bioorg. Med. Chem.* **2011**, *19*, 6006.

[4] Kanakaraju, S.; Prasanna, B.; Chandramouli, G. V. P. *J. Chem. Pharm. Res.* **2012**, *4*, 2994.

[5] Bouchet, L. M.; Penenory, A. B.; Argüello, J. E. *Tetrahedron Lett.* **2011**, *52*, 969.

[6] Erdelmeier, I.; Tailhan-Lomont, C.; Yadan, J. C. *J. Org. Chem.* **2000**, *65*, 8152.

[7] Reddy, K. H. V.; Reddy, V. P.; Madhav, B.; et al. *Synlett* **2011**, 1268.

[8] Maity, P.; Kundu, D.; Roy, R.; Ranu, B. C. *Org. Lett.* **2014**, *16*, 4122.

[9] Lopez, O.; Maza, S.; Ulgar, V.; et al. *Tetrahedron* **2009**, *65*, 2556.

[10] Baig, N. B. R.; Chandrakala, R. N.; Sai Sudhir, V.; Chandrasekaran, S. *J. Org. Chem.* **2010**, *75*, 2910.

[11] Wang, X. L.; Yan, Y. Y.; Chen, H. J. *Tetrahedron* **2014**, *70*, 457.

[12] Castilla, J.; Marín, I.; Matheu, M. I.; et al. *J. Org. Chem.* **2010**, *75*, 514.

[姚娟，王存德*，扬州大学化学化工学院；HYF]

烯丙基硼酸频哪醇酯

【英文名称】 Allylboronic acid pinacol ester

【分子式】 C$_9$H$_{17}$BO$_2$

【分子量】 168.04

【CAS 登录号】 [72824-04-5]

【缩写和别名】 烯丙基硼酸邻二叔醇酯，Pinacol allylboronate

【结构式】

【物理性质】 bp 50~53 ℃/5 mmHg，ρ 0.896 g/cm^3 (25 ℃)。溶于大多数有机溶剂。

【制备和商品】 国内外化学试剂公司均有销售。

【注意事项】 在 2~8 ℃ 下保存。

硼酸衍生物是一类反应活性较高的化合物，容易进行转金属化，进而进一步发生偶联、加成等反应。烯丙基硼酸频哪醇酯也具有很好的反应活性，被广泛应用于有机合成反应中。

烯丙基硼酸频哪醇酯在钯催化体系中可以与卤代苯进行交叉偶联，形成新的 C—C 键 (式 1 和式 2)[1~4]。

$$(1)$$

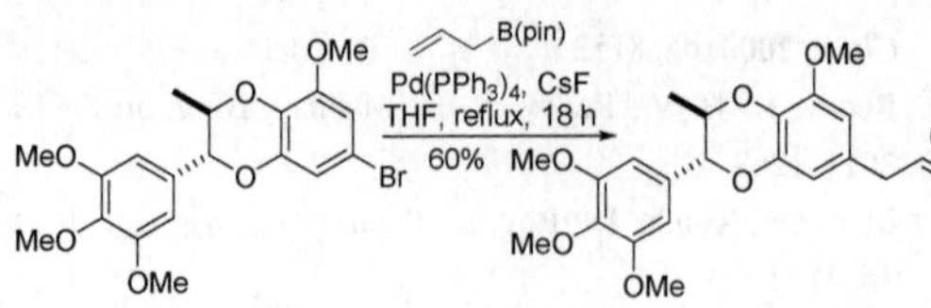

$$(2)$$

烯丙基硼酸频哪醇酯也可以参与不对称 Hosomi-Sakurai 反应 (式 3)[5]。

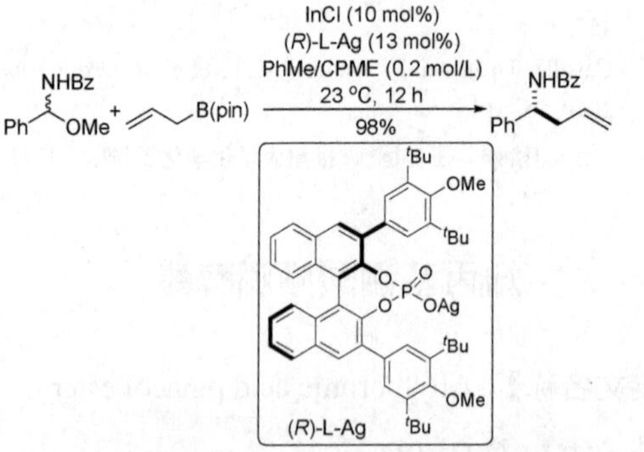

$$(3)$$

在钯催化剂作用下，烯丙基硼酸频哪醇酯可以与烯丙醇酯化合物进行烯丙基-烯丙基交叉偶联反应，形成 $C(sp^3)-C(sp^3)$ 键 (式 4)[6]。

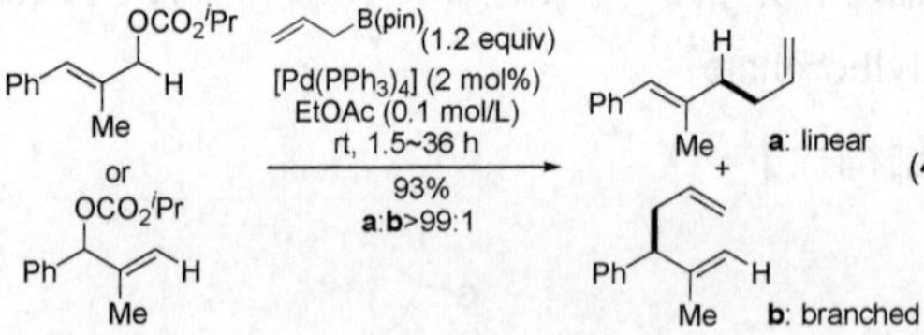

$$(4)$$

烯丙基硼酸频哪醇酯在铜试剂催化下，可以发生插二氧化碳反应，得到烯丙位羧酸取代的产物 (式 5)[7]。

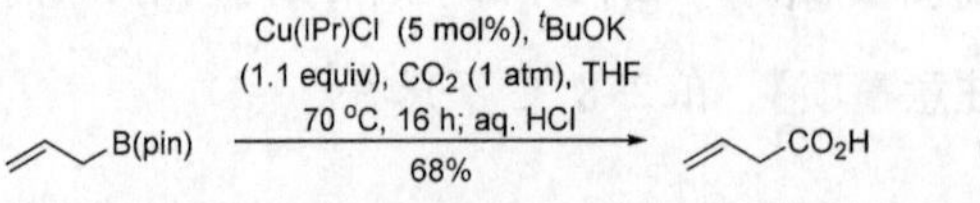

$$(5)$$

手性布朗斯特酸也可以催化醛的烯丙基硼基化反应 (式 6)[8]。Hu[9] 和 Miyaura[10] 也分别报道了类似的反应。

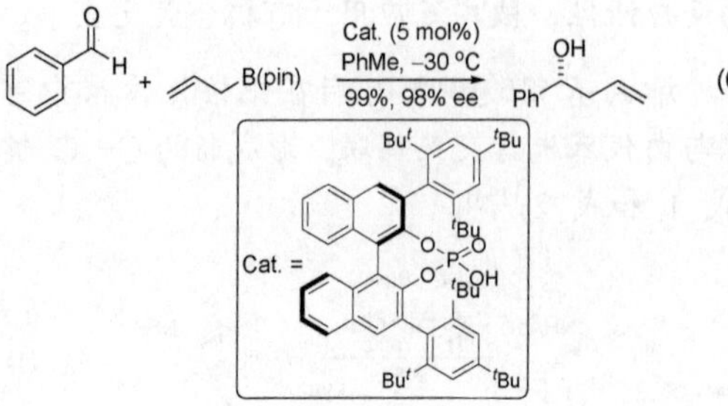

$$(6)$$

参 考 文 献

[1] Kotha, S.; Shah, V. R. *Eur. J. Org. Chem.* **2008**, 1054.

[2] Cheng, X.; Harzdorf, N. L.; Shaw, T.; Siegel, D. *Org. Lett.* **2010**, *12*, 1304.

[3] Pilkington, L. I.; Barker, D. *J. Org. Chem.* **2012**, *77*, 8156.

[4] O'Brien, E. M.; Morgan, B. J.; Kozlowski, M. C. *Angew. Chem. Int. Ed.* **2008**, *47*, 6877.

[5] Huang, Y.-Y.; Chakrabarti, A.; Morita, N.; et al. *Angew. Chem. Int. Ed.* **2011**, *50*, 11121.

[6] Flegeau, E. F.; Schneider, U.; Kobayashi, S. *Chem. Eur. J.* **2009**, *15*, 12247.

[7] Duong, H. A.; Huleatt, P. B.; Tan, Q.-W.; Shuying, E. L. *Org. Lett.* **2013**, *15*, 4034.

[8] Jain, P.; Antilla, J. C. *J. Am. Chem. Soc.* **2010**, *132*, 11884.

[9] Xing, C.-H.; Liao, Y.-X.; Zhang, Y.; et al. *Eur. J. Org. Chem.* **2012**, 1115.

[10] Ishiyama, T.; Ahiko, T.; Miyaura, N. *J. Am. Chem. Soc.* **2002**, *124*, 12414.

[蔡尚军，清华大学化学系；XCJ]

硝酸铋

【英文名称】 Bismuth nitrate

【分子式】 $Bi(NO_3)_3 \cdot 5H_2O$, $H_{10}BiN_3O_{14}$

【分子量】 485.07

【CAS 登录号】 [10035-06-0]

【缩写和别名】 五水合硝酸铋，Bismuth nitrate pentahydrate

【结构式】

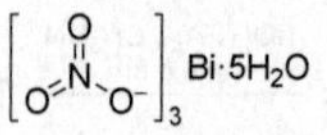

【物理性质】 无色有光泽的结晶，有硝酸的气味，受热或在水中分解成碱式盐，溶于稀硝酸、乙酸和丙酮，不溶于乙醇和乙酸乙酯。

【制备和商品】 五水合硝酸铋在国内外化学试剂公司均有销售，不含结晶水的硝酸铋尚未制得。

【注意事项】 易潮解，在密闭和阴凉干燥环境中保存。

硝酸铋是一种廉价而低毒的 Lewis 酸催化剂和新型环保的硝基化试剂[1~3]。硝酸铋能够催化多种缩合、加成和开环反应。在基团保护与脱保护、杂环合成和生物活性分子的合成中有着广泛的应用[1-4]。硝酸铋一般的使用形式是 Bi(NO₃)₃·5H₂O，本词条反应式中所涉及的 Bi(NO₃)₃ 均为 Bi(NO₃)₃·5H₂O。

硝酸铋能够催化醛基与醇、硫醇或 α-羟基酸等的缩合反应，实现对醛基的保护[5]。在室温下，硝酸铋催化的醛基和酸酐的反应可以不影响酮羰基 (式 1)[6]。

$$(1)$$

在室温下，硝酸铋能有效地催化缩醛的脱保护反应，但催化剂用量较大 (式 2)[7]。在室温下二氯甲烷中，硝酸铋能够催化二氢吡喃与醇的反应生成缩醛。在甲醇溶剂中，硝酸铋又能够催化缩醛的脱保护 (式 3)[8]。这两个逆向反应建立了便捷而又可控的羟基保护的通用方法，对多种糖羟基均适用。

$$(2)$$

$$(3)$$

在无溶剂的条件下，该试剂可以催化芳醛、芳胺和磷酸酯的三组分反应生成 α-氨基磷酸酯，在微波辐射下反应会提高反应的效率 (式 4)[9]。合成的 α-氨基磷酸酯具有重要的生物活性，该反应为合成这类化合物提供了一种高效和绿色的方法。

$$(4)$$

硝酸铋也能够有效地催化胺、氨基甲酸酯、巯基化合物和活泼碳-氢键对烯酮的迈克尔加成反应。例如：烯酮与吲哚 3-位碳-氢键的加成反应 (式 5)[10]。

$$(5)$$

硝酸铋也是合成杂环化合物的重要 Lewis 酸催化剂。在硝酸铋催化和超声促进下，芳胺与 2,5-二甲氧基四氢呋喃反应生成 N-芳基吡咯 (式 6)[11]。硝酸铋也能催化靛红和 4-羟基脯氨酸反应生成吡咯取代的吲哚啉酮[12]。在硝酸铋催化下，芳醛、芳胺与二羰基化合物发生多组分反应构建出 1,4-二氢吡啶环，该反应对多种含杂环的底物具有很好的适用性 (式 7)[13]。硝酸铋也能催化一些含氧杂环，如色酮的合成[14]。

$$(6)$$

$$(7)$$

除了作为 Lewis 酸催化剂之外，硝酸铋还被用作绿色的硝基化试剂。例如：硝酸铋能对苯酚进行温和且高效的硝化反应，有些底物经研磨就能得到高产率的硝化产物 (式 8)[15]。在过硫酸钾存在下，硝酸铋能将苯硼酸转化为硝基苯，一些杂环硼酸也可以用作底物 (式 9)[16]。

$$(8)$$

$$(9)$$

参 考 文 献

[1] Hua, R. *Curr. Org. Synth.* **2008**, *5*, 1.

[2] Bothwell, J. M.; Krabbe, S. W.; Mohan, R. S. *Chem. Soc. Rev.* **2011**, *40*, 4649.

[3] Ollevier, T. *Org. Biomol. Chem.* **2013**, *11*, 2740.

[4] Salvador, J. A.; Figueiredo, S. A.; Pinto, R. M.; Silvestre, S. M. *Future Med. Chem.* **2012**, *4*, 1495.

[5] Srivastava, N.; Dasgupta, S. K.; Banik, B. K. *Tetrahedron Lett.* **2003**, *44*, 1191.

[6] Aggen, D. H.; Arnold, J. N.; Hayes, P. D.; et al. *Tetrahedron* **2004**, *60*, 3675.

[7] Eash, K. J.; Pulia, M. S.; Wieland, L. C.; Mohan, R. S. *J. Org. Chem.* **2000**, *65*, 8399.

[8] Khan, A. T.; Ghosh, S.; Choudhury, L. H. *Eur. J. Org. Chem.* **2005**, 4891.

[9] Srivastava, N.; Banik, B. K. *J. Org. Chem.* **2003**, *68*, 2109.

[10] Bandyopadhyay, D.; Mukherjee, S.; Granados, J. C.; et al. *Eur. J. Med. Chem.* **2012**, 50, 209.

[11] Bhattacharya, A. K.; Kaur, T. *Synlett* **2007**, 745.

[12] Banik, B. K.; Cardona, M. *Tetrahedron Lett.* **2006**, *47*, 7385.

[13] Bandyopadhyay, D.; Maldonado, S.; Banik, B. K. *Molecules* **2012**, *17*, 2643.

[14] Alexander, V. M.; Bhat, R. P.; Samant, S. D. *Tetrahedron Lett.* **2005**, *46*, 6957.

[15] Sun, H.-B.; Hua, R.; Yin, T. *J. Org. Chem.* **2005**, *70*, 9071.

[16] Manna, S.; Maity, S.; Rana, S.; et al. *Org. Lett.* **2012**, *14*, 1736.

[华瑞茂，清华大学化学系；HRM]

2-溴苯乙酮

【英文名称】 2-Bromoacetophenone

【分子式】 C_8H_7BrO

【分子量】 199.04

【CA 登录号】 [70-11-1]

【缩写和别名】 α-溴代苯乙酮, Phenacyl bromide

【结构式】

【物理性质】 白色针状结晶，mp 51℃，bp 135℃/2.4 kPa，ρ 1.476 g/cm³。易溶于乙醚、苯和氯仿，溶于乙醇中和热石油醚，不溶于水。

【制备和商品】 国内外化学试剂公司均有销售。也可由苯乙酮通过溴化反应制备。

【注意事项】 本品有毒，有极强催泪性。遇明火能燃烧，受高热发出大量催泪性气体。应密封避光保存。

2-溴苯乙酮是合成许多有机化合物的一个重要前体化合物，主要应用在医药、化工产品的制备中。该试剂可以用来合成吲嗪类、吡啶类、二氢呋喃类等衍生物[1]。由于其可以非常

容易地将有机酸转化为相应的苯乙酯结晶物，常被用来鉴定有机酸。

在微波辅助条件下，使用三氧化二铝作为催化剂，2-溴苯乙酮、吡啶与炔反应，可以"一锅法"有效地合成吲嗪类化合物 (式 1)[2]。

$$R = Ph, R^1 = H, R^2 = COOEt \qquad (1)$$

在磷钼酸胺 (AMP) 的存在下，利用 2-溴苯乙酮与硫代酰胺或硫脲在室温进行反应，可以快速高产率地合成噻唑或氨基噻唑化合物 (式 2)[3]。

$$X = H, Cl, Br, Me \qquad (2)$$
$$R = Me, Ph, NH_2$$

在吡啶存在下，芳香醛、5,5-二甲基-1,3-环己二酮或 4-羟基香豆素与 2-溴苯乙酮反应，可以高效地合成 2,3-二氢呋喃类衍生物 (式 3)[4]。

$$R = H, CH_3 \qquad (3)$$

芳酰基二硫代羧酸酯与 2-溴苯乙酮反应，可以合成取代的 2-亚基-1,3-氧硫杂环类化合物。在 NaH 的存在下，芳酰基二硫代羧酸酯可以由亚甲基酮与硫基碳酸酯反应得到 (式 4)[5]。

$$R^1 = Ar \qquad (4)$$
$$R^2 = H$$
$$R^3 = Ph, CH_3$$

在甲醇溶剂中，2-溴苯乙酮与吡咯烷在回流的条件下进行反应，缩合得到 ω-吡咯烷苯乙酮。在微波辅助下，使用 $BF_3 \cdot OEt_2$ 作为催

化剂，ω-吡咯烷苯乙酮、查耳酮和脲可以在"一锅法"的条件下，高效地合成 2,4,6-三芳基取代吡啶 (式 5)[6]。

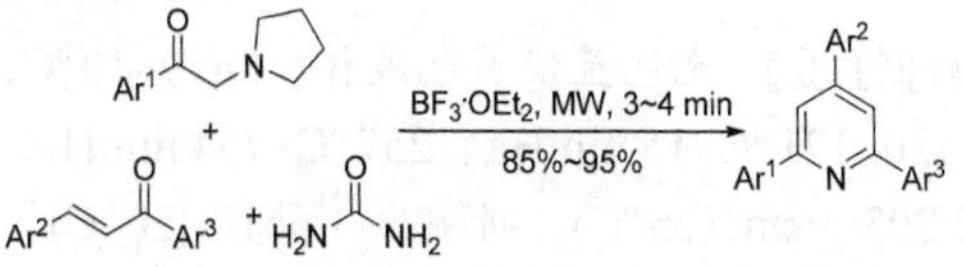

(5)

参 考 文 献

[1] (a) Takami, K.; Usugi, S. I.; Yorimitsu, H.; Oshima, K. *Synthesis* **2005**, 824. (b) Larock, R. C. *Comprehensive Organic Transformations*, Wiley-VCH, New York, 2nd ed, 1999.

[2] Bora, U.; Saikia, A.; Boruah, R. C. *Org. Lett.* **2003**, *5*, 435.

[3] Das, B.; Reddy, V. S.; Ramu, R. *J. Mol. Catal. A: Chem.* **2006**, *252*, 235.

[4] Wang, Q. F.; Hou, H.; Hui, L.; Yan, C. G. *J. Org. Chem.* **2009**, *74*, 7403.

[5] Samuel, R.; Asokan, C. V.; Suma, S.; et al. *Tetrahedron Lett.* **2007**, *48*, 8376.

[6] Borthakur, M.; Dutta, M.; Gogoi, S.; Boruah, R. C. *Synlett* **2008**, 3125.

[卢金荣，巨勇*，清华大学化学系；JY]

N-溴代乙酰胺

【英文名称】 *N*-Bromoacetamide

【分子式】 C_2H_4BrNO

【分子量】 137.96

【CAS 登录号】 79-15-2

【缩写和别名】 NBA

【结构式】

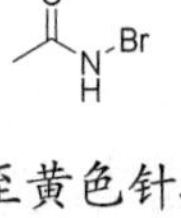

【物理性质】 白色至黄色针状晶体或粉末，mp 102~105 ℃，ρ 1.71 g/cm³。溶于热水、氯仿、丙酮、四氢呋喃等溶剂，不溶于乙醚、正己烷等溶剂。

【制备和商品】 国内外大型试剂公司均有销售。可在浓氢氧化钾的存在下，用乙酰胺与液溴反应制备[1]。

【注意事项】 该化合物应在冰箱中保存，避光避湿以防分解。本品具有刺激性，应佩戴合适的防护用具，防止吸入粉末或直接与皮肤接触。

N-溴代乙酰胺 (NBA) 可作为一种溴代试剂使用，与不饱和键发生多种形式的溴化反应。

在 $SnBr_4$ 的存在下，NBA 能使 1,3-环己二烯的衍生物发生溴化反应，同时底物发生胺化反应 (式 1)[2]。

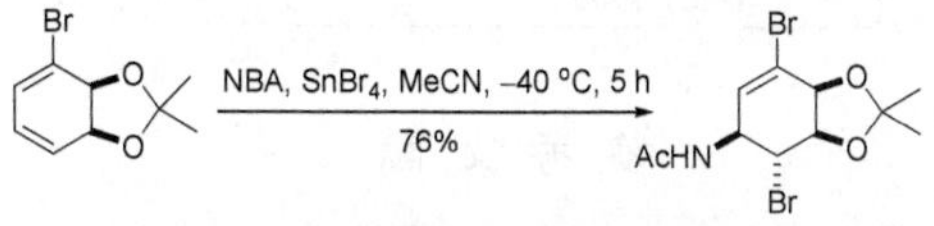

(1)

在使用过量 NBA 的情况下，该试剂可与烯烃发生偕二溴代反应 (式 2)[3]。

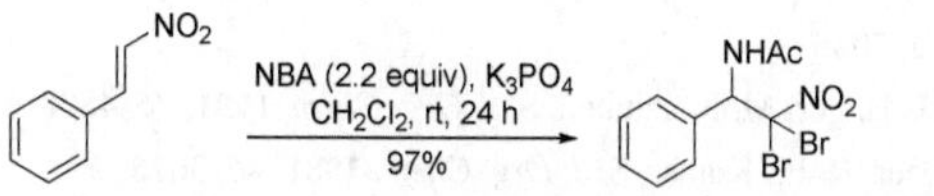

(2)

在使用 NBA 对烯烃进行溴化的过程中，底物也能与体系中其它的亲核试剂反应。当反应体系中含有 OH⁻ 时，可在产物中引入羟基 (式 3)[4,5]。当使用 HF 作为氟源时，α,β-不饱和酯在 NBA 的作用下可同时发生氟化反应[6]。

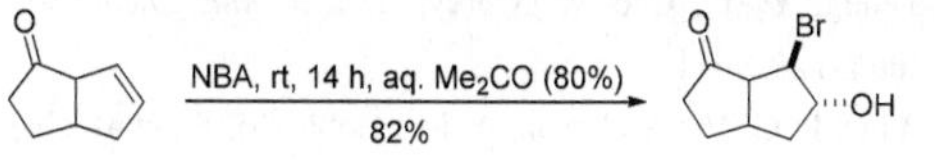

(3)

当分子内存在亲核试剂时，可以通过 NBA 对烯烃的溴化反应来合成一些杂环化合物。氨基 (式 4)[7]、羟基 (式 5)[8~10]都能作为亲核试剂发生该反应。

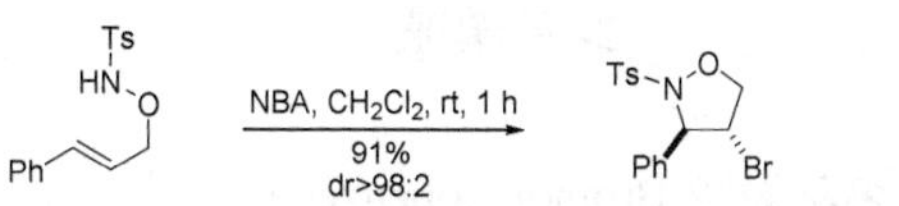

(4)

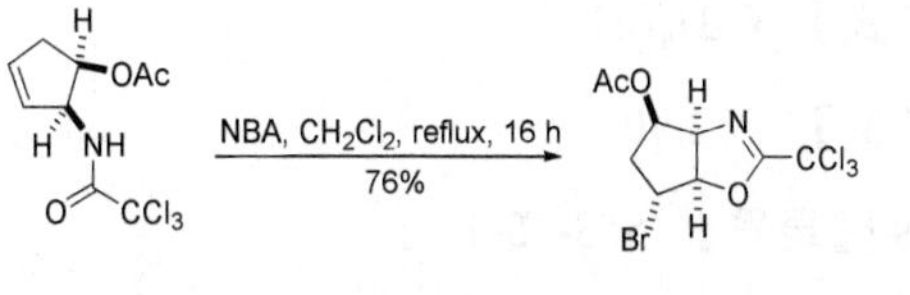

(5)

NBA 也可用于不对称合成反应中[11,12]。在四氧化锇、氢氧化锂和手性配体的存在下，肉桂酸异丙酯羟基与乙酰胺可立体选择性地加成到碳-碳双键上。该反应具有很好的对映选择性 (式 6)[11]。

（化学反应式 6）

参 考 文 献

[1] Oliveto, E. P. ; Gerold, C. *Org. Synth.* **1951**, *31*, 17.

[2] Werner, L.; Machara, A.; Sullivan, B.; et al. *J. Org. Chem.* **2011**, *76*, 10050.

[3] Chen, Z. G.; Wang, Y.; Wei, J. F.; et al. *J. Org. Chem.* **2010**, *75*, 2085.

[4] Hadanger, M. F.; Ahmed, S. *J. Org. Chem.* **1981**, *46*, 4808.

[5] Lehr, R. E.; Kumar, S. *J. Org. Chem.* **1981**, *46*, 3675.

[6] Bose, A. K.; Das, K. G.; Funke, P. T. *J. Org. Chem.* **1964**, *29*, 1202.

[7] Egart, B.; Lentz, D.; Czekelius, C. *J. Org. Chem.* **2013**, *78*, 2490.

[8] Dickson, D. P.; Wardrop, D. J. *Org. Lett.* **2009**, *11*, 1341.

[9] Jiang, X. J.; Tan, C. K.; Zhou, L.; Yeung, Y. Y. *Angew. Chem. Int. Ed.* **2012**, *51*, 7771.

[10] Yeung, Y. Y.; Gao, X.; Corey, E. J. *J. Am. Chem. Soc.* **2006**, *128*, 9644.

[11] Wuts, P. G. M.; Anderson, A. M.; Goble, M. P.; et al. *Org. Lett.* **2000**, *2*, 2667.

[12] Yang, X. W.; Liu, H. Q.; Xu, M. H.; Lin, G. Q. *Tetrahedron: Asymmetry* **2004**, *15*, 1915.

[张皓，付华*，清华大学化学系；FH]

2-溴碘苯

【英文名称】 2-Bromoiodobenzene

【分子式】 C_6H_4BrI

【分子量】 282.90

【CAS 登录号】 583-55-1

【缩写和别名】 1-Bromo-2-iodobenzene，邻溴碘苯

【结构式】

（结构式：邻溴碘苯）

【物理性质】 无色至淡黄色液体，mp 9~10 ℃，bp 120~121 ℃/15 mmHg、257 ℃/754 mmHg，ρ 2.203 g/cm³ (25 ℃)，折射率 1.6618 (20 ℃)。溶于大多数有机溶剂。

【制备和商品】 各大试剂公司均有销售。

【注意事项】 常温下稳定，在阴凉干燥处保存，在通风橱中操作。

2-溴碘苯可与多种类型的化合物发生交叉偶联反应，是过渡金属催化的交叉偶联反应常用的底物。

在过渡金属钯催化剂和铜催化剂的共同作用下，2-溴碘苯可与端炔发生 Sonogashira 偶联反应。当使用 Pd(PPh₃)₂Cl₂ 和 CuI 为催化剂时，该反应在室温即可发生，偶联反应选择性地发生在 C–I 键上 (式 1)[1]。当选用乙炔为底物时，乙炔可与两分子 2-溴碘苯反应[2]。当乙炔的一端被三甲基硅基保护时，则只发生一次偶联反应[3]。利用 2-溴碘苯上两种卤素反应性的不同，可以分别与两种不同的炔烃发生交叉偶联，得到双炔基取代的芳基化合物[4]。

（化学反应式 1）

在醋酸钯的催化下，2-溴碘苯与丙烯酸乙酯可发生 Heck 偶联反应。该方法使用醋酸银作为添加剂，反应选择性地得到 E-型产物 (式 2)[5]。

（化学反应式 2）

在钯催化剂的作用下，2-溴碘苯与苯硼酸可发生 Suzuki 偶联反应[6,7]。该方法采用 Pd(PPh₃)₂Cl₂ 作为催化剂，碳酸钾作为碱，得到很高的产率 (式 3)[6]。并且该反应具有很好的单芳基化选择性，如果选用合适的条件也可

发生双芳基化反应[7]。此外，2-溴碘苯可发生 C-H 键活化反应。如式 4 所示[8]：在醋酸钯的催化下，2-溴碘苯与邻甲基苯硼酸反应可生成 9H-芴 (式 4)。

(3)

(4)

在铜催化剂的作用下，2-溴碘苯可发生 Ullmann 偶联反应，在 N、O 等杂原子上发生芳基化反应 (式 5)[9,10]。

(5)

在 Pd$_2$(dba)$_3$ 的作用下，以三叔丁基膦为配体，2-溴碘苯可与芳基格氏试剂发生 Kumada 偶联反应，同时完成碳-氢键活化偶联，生成相应的芴 (式 6)[11]。

(6)

在钯催化剂的作用下，2-溴碘苯可与有机锌试剂发生 Negishi 反应 (式 7)[12]。

(7)

在铜催化剂的作用下，2-溴碘苯中的碘原子可转化为羟基[13]、氨基[14]等官能团。如式 8 所示[13]：使用氢氧化铜为催化剂，以氢氧化钠为羟基源，2-溴碘苯可在质子性溶剂中反应，以高产率转化为 2-溴苯酚。

(8)

在强碱 (如丁基锂) 的存在下，2-溴碘苯可发生锂-碘交换。所得溴代苯基锂可进一步形成苯

炔中间体，并随即与另一分子芳基锂反应，生成偶联产物。然后再经过第二次锂-碘交换可得二卤联苯，同时生成一分子的溴代苯锂 (式 9)[15,16]。

(9)

参 考 文 献

[1] Dai, W. X.; Petersen, J. L.; Wang, K. K. *J. Org. Chem.* **2005**, *70*, 6647.

[2] Waybright, S. M.; McAlpine, K.; Laskoski, M.; et al. *J. Am. Chem. Soc.* **2002**, *124*, 8661.

[3] Hashmi, A. S. K.; Hofmann, J.; Shi, S.; et al. *Chem. Eur. J.* **2013**, *19*, 382.

[4] Ye, L. W.; Wang, Y. Z.; Aue, D. H.; Zhang, L. M. *J. Am. Chem. Soc.* **2012**, *134*, 31.

[5] Xu, D. C.; Lu, C. X.; Chen, W. Z. *Tetrahedron* **2012**, *68*, 1466.

[6] Jepsen, T. H.; Larsen, M.; Jørgensen, M.; et al. *Eur. J. Org. Chem.* **2011**, 53.

[7] Liu, L. F.; Zhang, Y. H.; Xin, B.W. *J. Org. Chem.* **2006**, *71*, 3994.

[8] Liu, T. P.; Xing, C. H.; Hu, Q. S. *Angew. Chem. Int. Ed.* **2010**, *49*, 2909.

[9] Budén, M. E.; Vaillard, V. A.; Martin, S. E.; Rossi, R. A. *J. Org. Chem.* **2009**, *74*, 4490.

[10] Wolter, M.; Nordmann, G.; Job, G. E.; Buchwald, S. L. *Org. Lett.*, **2002**, *4*, 973.

[11] Dong, C, G.; Hu, Q. S. *Angew. Chem. Int. Ed.* **2006**, *45*, 2289.

[12] Liu, Q; Duan, H.; Luo, X. C.; et al. *Adv. Synth. Catal.* **2008**, *350*, 1349.

[13] Xiao, Y.; Xu, Y. N.; Cheon, H. S.; Chae, J. *J. Org. Chem.* **2013**, *78*, 5804.

[14] Xu, H. J.; Liang, Y. F.; Cai, Z. Y.; et al. *J. Org. Chem.* **2011**, *76*, 2296.

[15] Leroux, F.; Schlosser, M. *Angew. Chem. Int. Ed.* **2002**, *41*, 4272.

[16] Leroux, F. R.; Bonnafoux, L.; Heiss, C.; et al. *Adv. Synth. Catal.* **2007**, *349*, 2705.

[张皓，付华*，清华大学化学系；FH]

1-溴-2-氟苯

【英文名称】 1-Bromo-2-fluorobenzene

【分子式】 C_6H_4BrF

【分子量】 175.00

【CAS 登录号】 [1072-85-1]

【缩写和别名】 2-Bromofluorobenzene, 2-氟溴苯, 邻溴氟苯, 邻氟溴苯

【结构式】

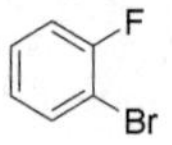

【物理性质】 bp 156~157 °C, ρ 1.601 g/cm³, n_D^{20} 1.5340。溶于大多数有机溶剂, 可以在乙醇、甲醇、乙醚、二氯甲烷、THF、DMF、DMSO 中使用。

【制备和商品】 国内外化学试剂公司均有销售。

【注意事项】 该试剂易燃, 不溶于水, 有强烈刺激性, 易刺激眼睛、皮肤和呼吸系统。使用时佩戴手套防毒面具, 在通风橱中操作。

2-氟溴苯是化学实验室常备的一种医药、农药合成中间体, 常被用于偶联反应。类似于三氟甲磺酸-2-(三甲硅基)苯酯, 2-氟溴苯很容易与苯炔、呋喃、环戊二烯发生 [4+2] 加成反应, 生成多环化合物。

由于 2-氟溴苯中两个碳-卤键的活性存在差异, 可以选择性地进行氨基化和二苯膦基化反应。例如, 在三(二亚苄基丙酮)二钯与 1,1′-联萘-2,2′-双二苯膦的催化体系中, 2-氟溴苯与 N,N-二甲基乙二胺可选择性地生成 N-(二甲基氨基)乙氨基-2-氟苯胺。随后用二苯膦钾对氟原子进行亲核取代, 得到多齿磷氮螯合剂 (式1)[1]。在醋酸钯和氟化铯的协同催化作用下, 两分子的 2-氟溴苯发生偶联反应脱去一分子溴, 生成 2,2′-二氟联苯 (式 2)[2]。

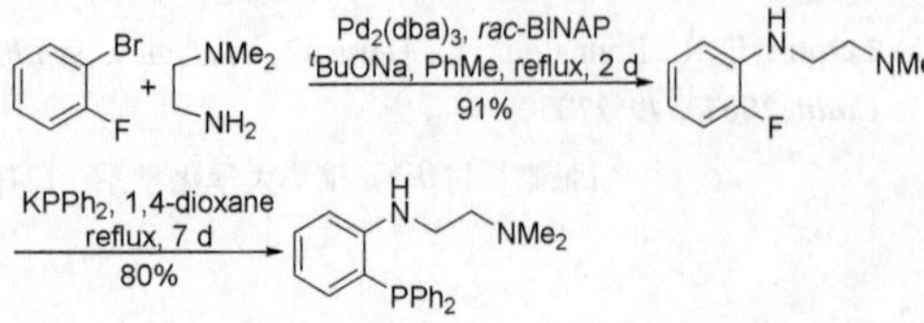

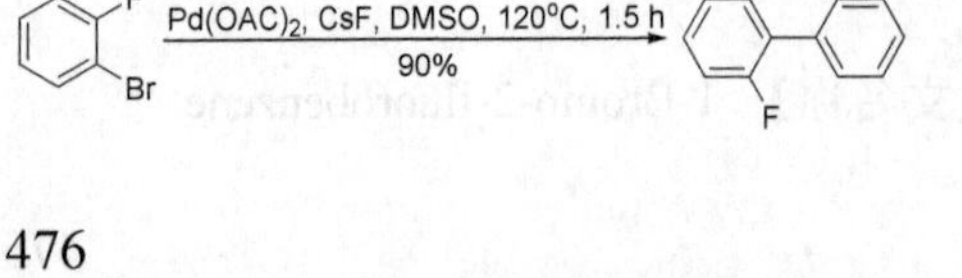

利用芳基溴反应活性高的特点, 可以通过正丁基锂将 2-氟溴苯先转化成邻氟苯基锂, 然后与重氮羧酸酯生成邻氟苯腙, 再经过传统的 Fischer 重排反应可转化成氟代吲哚衍生物 (式 3)[3]。在氧化亚铜催化下, 2-氟溴苯可以选择性地与氰基苯缩合成 N-2-氟苯基苯甲酰胺 (式 4)[4]。

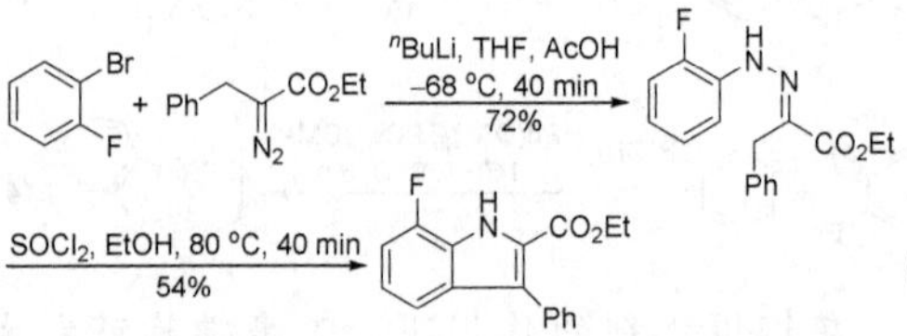

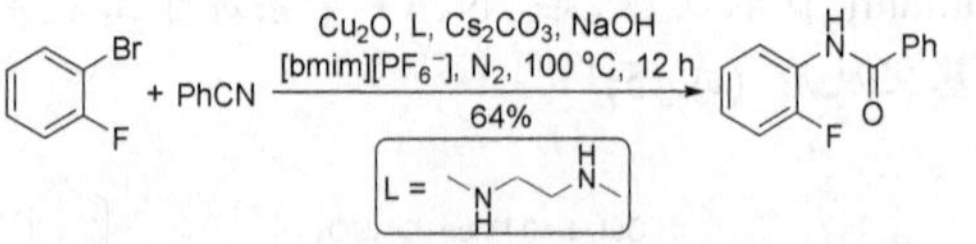

2-氟溴苯与苯烯在醋酸钯或纳米磁铁负载的醋酸钯催化下很容易进行 Heck 偶联反应, 选择性地生成邻氟二苯乙烯化合物 (式 5)[5,6]。该化合物在分子碘的催化作用下, 经光照环合生成 4-氟代菲, 常用于染料和药物中间体的合成中 (式 6)[7]。

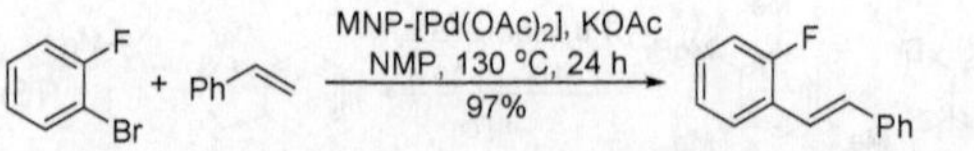

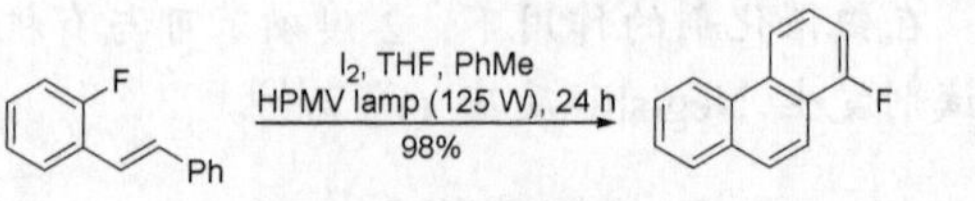

在四(三苯基膦)钯的催化作用下, 2-氟溴苯也可参与 Stille 反应, 生成 2-氟苯基化合物 (式 7)[8]。

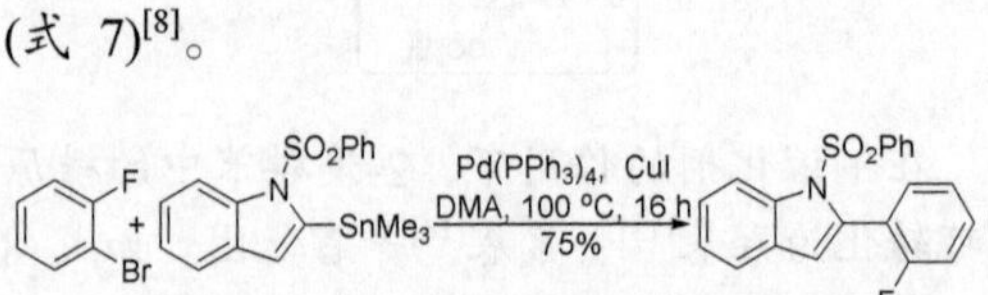

在钌试剂的催化下, 2-氟溴苯能够直接在 2-吡啶苯甲酮的邻位未活化的 C—H 键上进行芳基化反应, 生成 2-氟代联苯衍生物 (式 8)[9]。

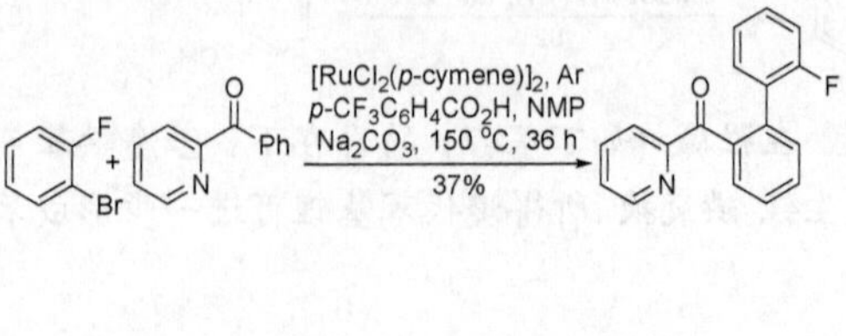

在超声的条件下，镁粉能够有效地脱除 2-氟溴苯分子中的氟和溴原子，形成反应活性较高的苯炔。苯炔与环戊二烯经过 [4+2] 环加成反应生成桥萘衍生物，然后用臭氧打开桥环双键生成二醛，得到了用于合成抗癌药物茚碳环的中间体 (式 9)[10]。而使用强碱叔丁基锂仅仅使少部分 2-氟溴苯的氟和溴原子同时脱除形成苯炔，主要是脱除氟化氢形成 3-溴苯炔 (式 10)[11,12]。

$$\text{(9)}$$

$$\text{(10)}$$

芳基硼酸类衍生物是非常重要的有机合成中间体，2-氟溴苯与四羟基二硼在氯化镍的催化下，能够有效地得到 2-氟苯基三氟硼酸钾。该方法优于使用苯基重氮盐为原料合成该类化合物的方法 (式 11)[13]。

$$\text{(11)}$$

参 考 文 献

[1] Lee, W. Y.; Liang, L. C. *Dalton Trans.* **2005**, 1952.

[2] Qi, C.; Sun, X.; Lu, C.; et al. *J. Organomet. Chem.* **2009**, *694*, 2912.

[3] Yasui, E.; Wada, M.; Takamura, N. *Tetrahedron* **2009**, *65*, 461.

[4] Wang, J.; Yin, X.; Wu, J.; et al. *Tetrahedron* **2013**, *69*, 10463.

[5] Laska, U.; Frost, C. G.; Price, G. J. *J. Catal.* **2009**, *268*, 318.

[6] Li, Y.; Liu, G.; Cao, C. *Tetrahedron* **2013**, *69*, 6241.

[7] Bedekar, A. V.; Chaudhary, A. R.; Sundar, M. S. *Tetrahedron Lett.* **2013**, *54*, 392.

[8] Bourderioux, A.; Kassis, P.; Merour, J.; Routier, S. *Tetrahedron* **2008**, *64*, 11012.

[9] Li, B.; Darcel, C.; Dixneuf, P. H. *ChemCatChem* **2014**, *6*, 127.

[10] Yao, S. W.; Lopes, V. H. C.; Fernandez, F.; et al. *Bioorg. Med. Chem.* **2003**, *11*, 4999.

[11] Rao, N.; Maguire, J.; Biehl, E. *J. Org. Chem.* **2005**, *70*, 4556.

[12] Rao, U. N.; Maguire, J.; Biehl, E. *ARKIVOC* **2004**, 88.

[13] Molander, G. A.; Cavalcanti, L. N.; García-García, C. *J. Org. Chem.* **2013**, *78*, 6427.

[谭琛，王存德*，扬州大学化学化工学院；HYF]

溴化环丙基三苯基镍

【英文名称】 Cyclopropyltriphenylphosphonium bromide

【分子式】 $C_{21}H_{20}BrP$

【分子量】 383.26

【CAS 登录号】 [14114-05-7]

【缩写和别名】 环丙基三苯基溴化镍

【结构式】

$$\text{Ph}-\overset{\overset{\text{Ph}}{|}}{\underset{\text{Ph}}{P}}^+\!\!-\!\!\triangleleft \quad \text{Br}^-$$

【物理性质】 奶油色或白色粉末或晶体，mp 183~185 ℃。溶于四氢呋喃、乙二醇二甲醚、DMF 等溶剂。

【制备和商品】 大型试剂公司均有销售。也可直接用三苯基膦与溴代环丙烷反应制得。

【注意事项】 该试剂在常温下稳定，但是应密封干燥保存，注意防潮。其粉尘可能对皮肤和呼吸道有刺激性，应在通风橱中操作，避免吸入。

在碱的作用下，溴化环丙基三苯基镍可转化为磷叶立德试剂，能与醛、酮发生 Wittig 反应来制备烯烃[1~4]。在形成烯烃基础上，还能够进一步衍生化，得到更为复杂的分子结构。

在锂试剂 (如丁基锂[1]、二异丙基氨基锂[4] 或氢化钠[2,3]) 的存在下，溴化环丙基三苯基镍可生成磷叶立德试剂。如式 1 所示[2]：在氢化钠的作用下，由溴化环丙基三苯基镍生成的磷叶立德中间体不加分离，直接加入酮继续反应，可生成相应的烯烃。所得烯烃可进一步衍生化[5,6]。如式 2 所示：苯甲醛与 Wittig 试剂反应生成烯烃后，接着再与溴反应可得到二溴

代产物 (式 2)[7]。

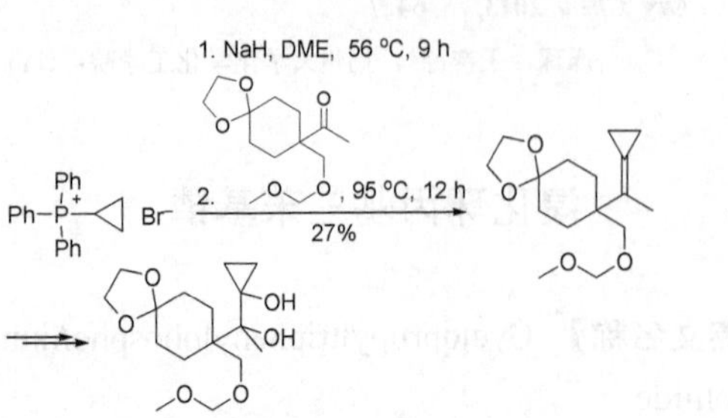

$$(1)$$

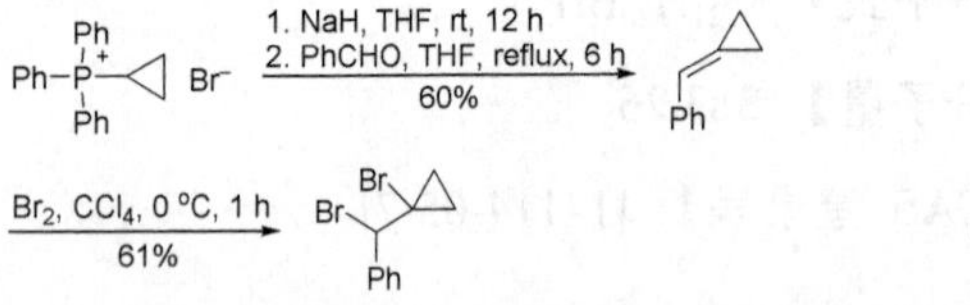

$$(2)$$

在碱性条件下，2-吡啶甲醛与溴化环丙基三苯基磷发生 Wittig 反应，可形成相应的烯烃。然后在钯催化剂的作用下与端炔反应，三元环发生开环生成二取代烯烃衍生物 (式 3)[8]。

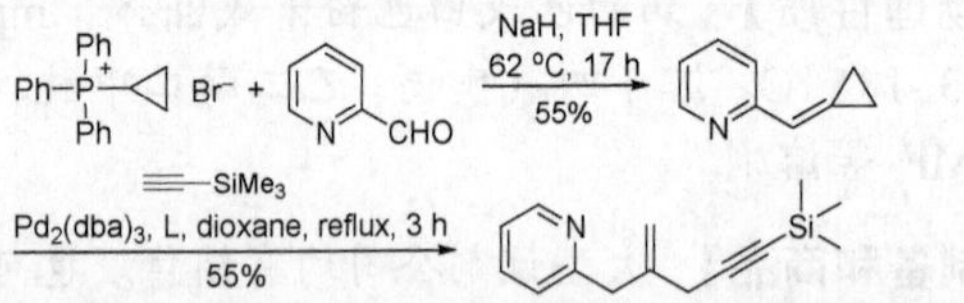

$$(3)$$

如式 4 所示[9]：芳基醛与溴化环丙基三苯基磷发生 Wittig 反应首先生成烯烃，然后在镍催化剂的作用下，三元环发生开环生成并环化合物。

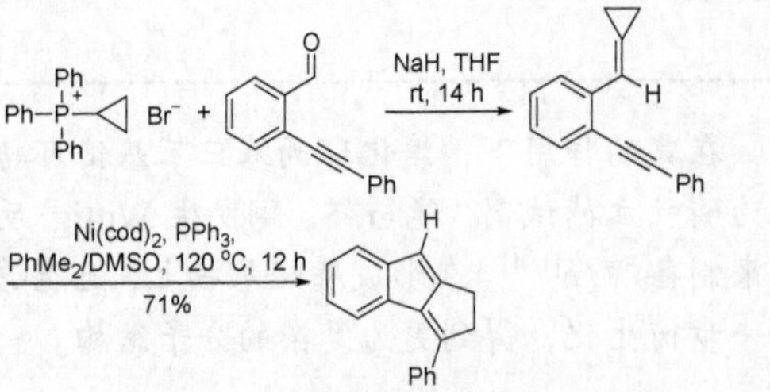

$$(4)$$

溴化环丙基三苯基磷也被用于氮杂环的合成中。如式 5 所示[10]：在氢化钠作用下，溴化环丙基三苯基磷首先与邻甲基苯乙酮反应形成相应的烯烃，接着经衍生化得到含溴甲基的环丁酮衍生物，然后在微波辅助的条件下与叠氮化正丁铵反应，得到相应的含氮杂环化合物。

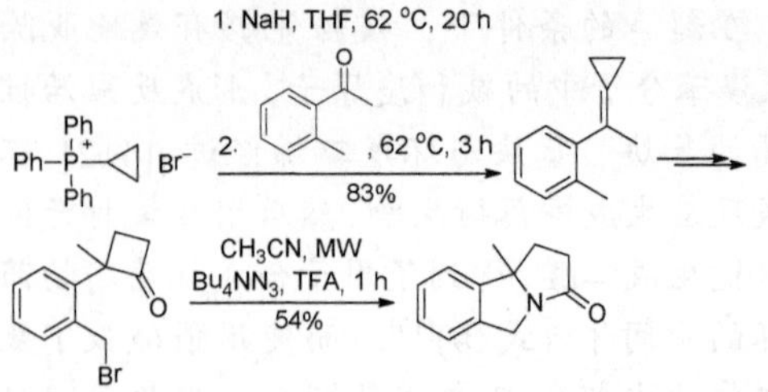

$$(5)$$

参 考 文 献

[1] Villorbina, G.; Roura, L.; Camps, F.; et al. *J. Org. Chem.* **2003**, *68*, 2820.

[2] Miyata, J.; Nemoto, H.; Ihara, M. *J. Org. Chem.* **2000**, *65*, 504.

[3] Felix, R. J.; Gutierrez, O.; Tantillo, D. J.; Gagné, M. R. *J. Org. Chem.* **2013**, *78*, 5685.

[4] Krlef, A.; Ronvaux, A.; Tuch, A. *Tetrahedron* **1998**, *54*, 6903.

[5] Nemoto, H.; Miyata, J.; Ihara, M. *Tetrahedron Lett.* **1999**, *40*, 1933.

[6] Nemoto, H.; Miyata, J.; Hakamata, H.; et al. *Tetrahedron* **1995**, *51*, 5511.

[7] Nordvik, T.; Brinker, U. H. *J. Org. Chem.* **2003**, *68*, 7092.

[8] Villarino, L.; López, F.; Castedo, L.; Mascareñas, J. L. *Chem. Eur. J.* **2009**, *15*, 13308.

[9] Yao, B. B.; Li, Y.; Liang, Z. J.; Zhang, Y. H. *Org. Lett.* **2011**, *13*, 640.

[10] Painter, T. O.; Thornton, P. D.; Orestano, M.; et al. *Chem. Eur. J.* **2011**, *17*, 9595.

[张皓，付华*，清华大学化学系；FH]

溴甲基三氟硼酸钾

【英文名称】 Potassium bromomethyltrifluoro-borate

【分子式】 CH$_2$BBrF$_3$K

【分子量】 200.84

【CAS 登录号】 [888711-44-2]

【结构式】

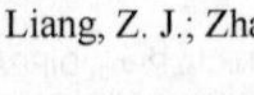

【物理性质】 mp 225~230 ℃。溶于水，易溶于甲醇、乙醇、丙酮和乙腈等极性有机溶剂，不溶于乙醚、二氯甲烷、氯仿、己烷、苯和甲苯等溶剂。

【制备和商品】 国内外试剂公司均有销售。可由二溴甲烷和三异丙氧基硼烷在丁基锂的作用下与 KHF$_2$ 反应制得 (式 1)[1]。保持反应体系的温度低于 –45 ℃ 是保证该反应的高产率以及获得高纯度产物的关键[2]。纯化方法：将其溶于丙酮或乙腈中，然后滴加乙醚或甲苯等不良溶剂沉淀得到[1,2]。最近，葛兰素史克的研究人员使用流动化学 (flow chemistry) 技术成功实现了该试剂的大量生产[2]。

$$CH_2Br_2 + B(O^iPr)_3 \xrightarrow[\text{88\%}]{\substack{\text{1. }n\text{-BuLi, THF, –78 }^\circ C\text{, 1 h} \\ \text{2. KHF}_2\text{, H}_2\text{O}}} Br\diagdown BF_3K \quad (1)$$

【注意事项】 该试剂对空气和湿气均不敏感，可以长时间储存。

溴甲基三氟硼酸钾最常见的用途是与许多亲核试剂发生 S$_N$2 反应，其分子中的溴原子被取代，从而生成其它官能团化的有机三氟硼酸钾试剂[1]。该类试剂可用于 Suzuki 偶联等多种金属催化的反应。

有机三氟硼酸钾盐的稳定性高，易于从有机溶剂中沉淀出来。因此在实际应用中，通常是先制备出官能团化的三氟硼酸钾盐，然后再将其用于后续的偶联等反应[3]。在偶联反应中，通常使用 THF/水或者 1,4-二氧六环/水的混合溶剂，常用比例约为有机溶剂:水 = 10:1。

有机三氟硼酸钾类化合物中硼原子的配位数为 4，因此该类试剂均不具有 Lewis 酸性。

与锂试剂和格氏试剂的反应 溴甲基三氟硼酸钾与 NaI 在丙酮中可发生卤素交换反应，生成碘甲基三氟硼酸钾 (式 2)[4]。该产物分子中的碘与溴相比，具有更好的离去性。溴甲基三氟硼酸钾或碘甲基三氟硼酸钾能与锂试剂或格氏试剂在低温下反应，高产率地生成各种烷基三氟硼酸钾 (式 3)[4]。

$$Br\diagdown BF_3K + NaI \xrightarrow[\text{96\%}]{\text{COMe}_2\text{, rt, 2 h}} I\diagdown BF_3K \quad (2)$$

$$Br\diagdown BF_3K \xrightarrow[\text{–78~0 }^\circ C]{\text{RLi或RMgCl, THF}} R\diagdown BF_3K \quad (3)$$

（噻吩基Li / n-BuLi / 烯丙基MgCl）
86%　83%　85%

与氮亲核试剂的反应 溴甲基三氟硼酸钾与一级胺或二级胺在加热的条件下反应，可以生成含有亚甲氨基的三氟硼酸钾盐。反应中常采用原料中廉价的胺作为溶剂。THF 和 DMF 也是该反应常用的溶剂 (式 4)[4]。叠氮化钠也可与溴甲基三氟硼酸钾反应，生成叠氮甲基三氟硼酸钾。该化合物可与炔烃发生点击 (click) 反应，生成含有三氮唑官能团的三氟硼酸钾盐 (式 5)[5]。

$$Br\diagdown BF_3K \xrightarrow[\text{80 }^\circ C]{\text{RR}^1\text{NH}} \underset{R^1}{\overset{R}{N}}\diagdown BF_3K \quad (4)$$

R = n-Bu, R^1 = H, 88%　　RR^{1}NH = 吡咯烷, 92%
R = Bn, R^1 = Me, 87%
R = Cy, R^1 = H, 98%　　RR^{1}NH = Boc-哌嗪, 86%

$$Br\diagdown BF_3K + NaN_3 \xrightarrow[\text{95\%}]{\text{DMSO, 80 }^\circ C} N_3\diagdown BF_3K \quad (5)$$

$$\xrightarrow[\text{98\%}]{\substack{\text{≡≡—CO}_2\text{Et} \\ \text{CuI (10 mol\%), DMSO, 80 }^\circ C}} \underset{\text{EtO}_2C}{\text{三氮唑}}\diagdown BF_3K$$

与氧或硫亲核试剂的反应 醇或酚等烷氧基亲核试剂与溴甲基三氟硼酸钾的反应需要在室温下进行，并且所需时间较长，通常为数小时，甚至长达二十几小时 (式 6)[6]。酚和硫酚的盐也可用于该反应。

$$Br\diagdown BF_3K \xrightarrow[\text{0 }^\circ C\text{~rt}]{\text{Nu, NaH, THF}} R\diagdown BF_3K \quad (6)$$

环戊醇-OH / Ph-OH / Ph$_{(1/2)}$ONa / Br—苯—SLi
86%　95%　86%　0 ℃, 94%

与碳亲核试剂的反应 溴甲基三氟硼酸钾与各种碳亲核试剂的反应能够顺利进行 (式 7~式 9)[7]。如式 7 所示：该试剂与烯醇化合物的反应具有很高的区域选择性 (式 7)，与氰化钾的反应需要在升温的条件下进行 (式 9)。

$$Br\diagdown BF_3K \xrightarrow[\text{88\%}]{\text{THF, 0~23 }^\circ C} EtO_2C\diagdown\diagdown C(O)\diagdown BF_3K \quad (7)$$

$$Br\diagdown BF_3K + NC\diagdown CO_2Me \xrightarrow[\text{76\%}]{\text{NaH, 0 }^\circ C\text{~rt}} \underset{BF_3K}{\overset{NC}{\diagup}}\diagdown CO_2Me \quad (8)$$

$$Br\diagdown BF_3K \xrightarrow[\text{98\%}]{\text{KCN, DMSO, 80 }^\circ C} NC\diagdown BF_3K \quad (9)$$

参 考 文 献

[1] Molander, G. A.; Ham, J. *Org. Lett.* **2006**, *8*, 2031.

[2] Broom, T.; Hughes, M.; Szczepankiewicz, B. G.; et al. *Org. Process. Res. Dev.* **2014**, *18*, 1354.

[3] 使用有机三氟硼酸钾盐进行 Suzuki 偶联反应的综述文献见：Molander, G. A.; Ellis, N. *Acc. Chem. Res.* **2007**, *40*, 275.

[4] (a) Molander, G. A.; Sandrock, D. L. *Org. Lett.*, **2007**, *9*, 1597. (b) Molander, G. A.; Gormisky, P. E.; Sandrock, D. L. *J. Org. Chem.* **2008**, *73*, 2052. (c) Fleury-Brégeot, N.; Raushel, J.; Sandrock, D. L.; et al. *Chem. Eur. J.* **2012**, *18*, 9564. (d) Raushel, J.; Sandrock, D. L.; Josyula, K.V.; et al. *J. Org. Chem.* **2011**, *76*, 2762.

[5] Molander, G. A.; Ham, J. *Org. Lett.* **2006**, *8*, 2767.

[6] Molander, G. A.; Canturk, B. *Org. Lett.* **2010**, *10*, 2135.

[7] Molander, G. A.; Febo-Ayala, W.; Ortega-Guerra, M. *J. Org. Chem.* **2008**, *73*, 6000.

[王东辉，中国科学院上海有机化学研究所；WXY]

2-溴-3,3,3-三氟-1-丙烯

【英文名称】 2-Bromo-3,3,3-trifluoro-1-propene

【分子式】 $C_3H_2BrF_3$

【分子量】 174.95

【CAS 登录号】 [1514-82-5]

【缩写和别名】 BTFP

【结构式】

【物理性质】 无色液体，bp 33~33.5 ℃，n_D^{20} 1.3550，ρ 1.686 g/cm³ (20 ℃)，fp −3 ℃。

【制备和商品】 国内外试剂公司均有销售。可通过精馏来纯化。

【注意事项】 需在通风橱中使用。预防其与皮肤、眼睛接触，防止其污染衣物。

2-溴-3,3,3-三氟-1-丙烯是常用的合成含三氟甲基化合物的试剂。

作为 2-(三氟甲基)乙烯基负离子供体 当温度高于 −90 ℃ 且反应体系中有 K⁺、Na⁺、Li⁺ 等阳离子时，2-(三氟甲基)乙烯基负离子会

发生脱氟反应[1]。但是在 −100 ℃ 时用丁基锂试剂 (正丁基锂或仲丁基锂) 处理 BTFP 可得 2-(三氟甲基)乙烯基-2-锂。该中间体可与环氧化合物 (式 1)、醛、亚胺 (式 2)、酮 (式 3) 反应生成相应的三氟甲基取代的烯丙基醇、烯丙基胺或 α,β-不饱和酮[2]。

$$(1)$$

$$(2)$$

$$(3)$$

作为 3,3,3-三氟丙炔负离子供体 在 −78 ℃ 时，在 THF 溶液中用二异丙基氨基锂 (LDA) 处理 BTFP，可获得 3,3,3-三氟丙炔基锂[3]。在该反应条件中 LDA (碱) 与 THF (溶剂) 缺一不可。若将碱换为乙基溴化镁或将溶剂换为乙醚，该丙炔负离子均不能产生。3,3,3-三氟丙炔基锂可与醛 (式 4)[4]、酮、酯、酰胺 (式 5)[5] 等反应生成三氟丙炔衍生物。若与 α,β-不饱和醛反应则只生成 1,2-加成的产物。

$$(4)$$

$$(5)$$

作为 2-溴-3,3-二氟烯丙基负离子供体：S$_N$2′ 反应 BTFP 结构中烯基的端位也可作为亲核试剂的进攻位点发生 S$_N$2′ 反应 (式 6)，其主要产物可在一锅中与 LDA 和 Et$_3$SiCl 反应，经后处理可得氟代噻吩衍生物 (式 7)[6]。

$$F_3C\text{-}\overset{\diagdown}{=}\text{-}Br + BnSH \xrightarrow[\text{rt, 3 h}]{\text{NaH, 1,4-dioxane}} \underset{\textbf{a:b} = 99:1}{88\%}$$
(6)

$$\xrightarrow[\text{2. sat. NaCl, Et}_3\text{N}]{\text{1. LDA, Et}_3\text{SiCl, }-78\ ^\circ\text{C}} \quad 83\%$$
(7)

钯催化的偶联反应 BTFP 结构中含有烯基溴单元，可与端炔衍生物发生 Sonogashira 反应，生成的偶联产物可作为环加成反应的双烯体，与亲双烯体在一定条件下构建出官能团化的苯衍生物。式 8[7]展示了一种新型的构建多官能团取代苯的方法。

$$F_3C\text{-}\overset{\diagdown}{=}\text{-}Br + Ph\text{-}\equiv \xrightarrow[80\%]{\text{Pd(PPh}_3)_2\text{Cl}_2,\ \text{CuI, Et}_3\text{N, rt}}$$

$$\text{Ph}\text{-}\equiv\text{-}\text{Ph} \xrightarrow[\substack{\text{IPrPdAllCl (1 mol\%), TFP (2 mol\%)} \\ \text{CsOPiv (2 mol\%), PhMe (1 mol/L), 100 }^\circ\text{C}}]{} \quad 84\%$$
(8)

1,3-偶极环加成反应 BTFP 结构中含有碳-碳双键单元，可作为亲偶极体与偶极体发生 1,3-偶极环加成反应构建新的杂环化合物。如式 9 所示[8]：BTFP 与三甲硅基氮酸酯发生 1,3-偶极环加成反应生成 4,5-二氢异噁唑衍生物。BTFP 与三氟甲基噁唑酮反应，可生成三氟甲基吡咯衍生物 (式 10)[9]。BTFP 还可与重氮甲烷在室温反应，接着用适当的碱处理即可得三氟甲基吡唑 (式 11)[10]。

$$\text{C}_6\text{H}_6, 30\sim40\ ^\circ\text{C} \quad 78\%$$
(9)

$$\text{DBU, DCM} \quad 81\%$$
(10)

$$\text{Et}_2\text{O} \quad \xrightarrow{\text{Et}_3\text{N, Et}_2\text{O}} \quad 100\%$$
(11)

参 考 文 献

[1] Fuchigami, T.; Nakagawa, Y. *J. Org. Chem.* **1987**, *52*, 5276.

[2] Ryo N.; Kohei F.; Masahiro I.; et al. *Chem. Asian J.* **2010**, *5*, 1875.

[3] (a) Yamazaki, T.; Mizutani, K.; Kitazume, T. *J. Org. Chem.* **1995**, *60*, 6046. (b) Mizutani, K.; Yamazaki, T.; Kitazume, T. *J. Chem. Soc., Chem. Commun.* **1995**, *1*, 51. (c) Katritzky, A. R.; Qi, M.; Wells, A. P. *J. Fluorine Chem.* **1996**, *80*, 145.

[4] Konno T.; Kida T.; Tani A.; Ishihara, T. *J. Fluorine Chem.* **2012**, *144*, 147.

[5] Jeon, S. L.; Choi, J. H.; Cho, J. A.; et al. *J. Fluorine Chem.* **2008**, *129*, 1018.

[6] Hirotaki, K.; Hanamoto, T. *Org. Lett.* **2013**, *15*, 1226.

[7] Zatolochnaya, O.V.; Gevorgyan, V. *Org. Lett.* **2013**, *15*, 2562.

[8] Chen, J.; Hu, C. M. *J. Chem. Soc., Perkin Trans.* 1 **1995**, *3*, 267.

[9] Tian, W.; Luo, Y.; Chen, Y.; Yu, A. *J. Chem. Soc., Chem. Commun.* **1993**, *2*, 101.

[10] Jiang, B.; Xu, Y.; Yang, J. *J. Fluorine Chem.* **1994**, *67*, 83.

[冯超，李鹏飞*，西安交通大学前沿科学技术研究院；WXY]

溴酸钠

【英文名称】 Sodium bromate

【分子式】 NaBrO$_3$

【分子量】 150.89

【CAS 登录号】 [7789-38-0]

【缩写和别名】 Bromic acid sodium salt

【结构式】 NaBrO$_3$

【物理性质】 无色结晶，mp 381 $^\circ$C (分解)，ρ 3.34 g/cm^3。溶于水，不溶于乙醇。

【制备和商品】 商品化试剂。在室温下，溴在氢氧化钠中歧化生成溴化钠和溴酸钠，然后再将生成的溴酸钠和溴化钠用结晶法分离而得到。

【注意事项】 该试剂为强氧化剂，会与还原剂如硫、磷剧烈反应。加热时分解为溴化钠，放出氧气。可与铵盐、金属粉末、可燃物等其它易氧化有机物形成爆炸性混合物，经摩擦或受热易引起爆炸或燃烧。

溴酸钠 (NaBrO₃) 在有机合成中常被用作温和的溴化剂和氧化剂。该试剂可以将一级醇氧化为醛、二级醇氧化为酮、硫化物氧化为亚砜、对苯二酚和多环芳烃氧化为醌类化合物、巯基氧化为双硫键、碘苯氧化为碘酰苯、ω,ω-二醇在不同条件下分别氧化为二酸或内酯[1]。NaBrO₃ 可氧化断裂烷基、三甲基硅烷基、叔丁基二甲基硅基、四氢吡喃基醚、乙烯缩醛，将其转化为相应的羰基化合物[2]。在 EtOAc-H₂O 的两相体系中，亚苄基缩醛与 NaBrO₃·Na₂S₂O₄ 反应可转化成羟基酯[3]。在催化量的 HBr 作用下，环醚可被 NaBrO₃ 氧化得到内酯。此外，NaBrO₃ 可作为烯烃、炔烃、烯丙醇等化合物的溴羟基化试剂[4]。也可作为芳香化合物的有效溴化剂，将苯酚、苯胺类、芳香醚类和苯等化合物溴化成相应的产物[5]。

NaBrO₃ 可以选择性地将烯烃、炔烃、甲苯和酮类化合物溴化[6]。不同结构的反应物在 NaBr/NaBrO₃ (5:1, BR-A) 的作用下可分别得到相应的二溴化物 (式 1 和式 2)。但在 NaBr/NaBrO₃ (2:1, BR-S) 水溶性酸性甲醇溶剂中或二氯甲烷溶剂中，可区域选择性地溴化酮的 α-碳或甲苯衍生物的苄基碳 (式 3 和式 4)。

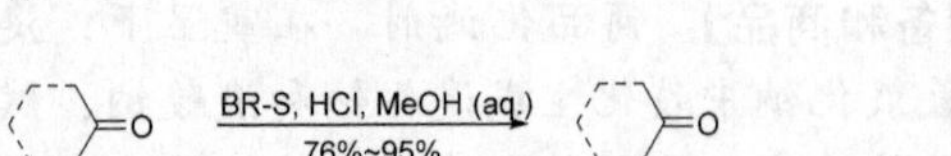

$$ \text{(1)} $$

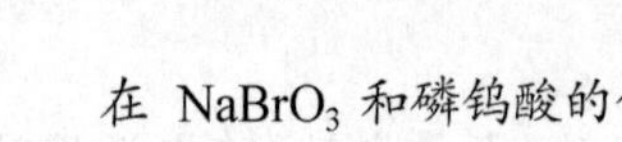

$$ \text{(2)} $$

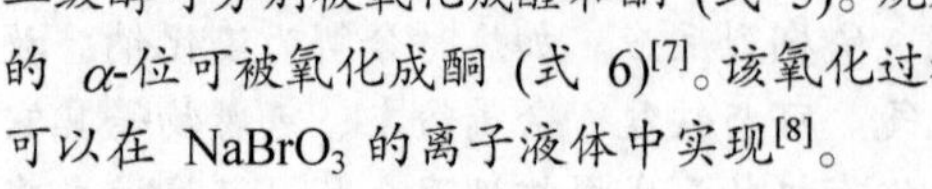

$$ \text{(3)} $$

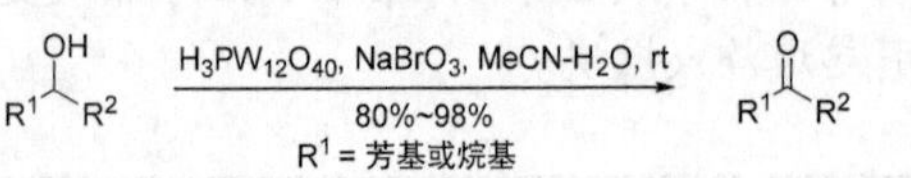

$$ \text{(4)} $$

在 NaBrO₃ 和磷钨酸的作用下，一级醇和二级醇可分别被氧化成醛和酮 (式 5)。烷基苯的 α-位可被氧化成酮 (式 6)[7]。该氧化过程也可以在 NaBrO₃ 的离子液体中实现[8]。

$$ \text{(5)} $$
R¹ = 芳基或烷基
R² = H, 芳基或烷基

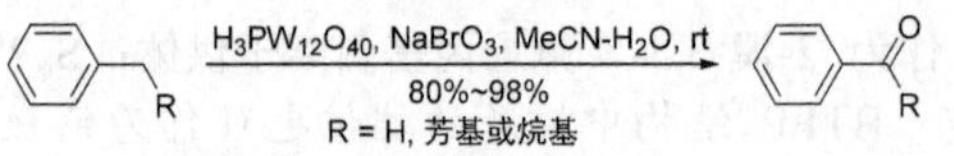

$$ \text{(6)} $$
R = H, 芳基或烷基

在负载催化量硝酸铈铵 (CAN) 的硅胶存在下，溴酸钠与硫化物的反应可高产率地得到亚砜产物。在该过程中不会产生过度氧化的砜副产物(式 7)[9]。硫化物到亚砜的氧化过程也可在固定的氧钒基、钴或镍的烷基膦酸酯的条件下完成[10]。

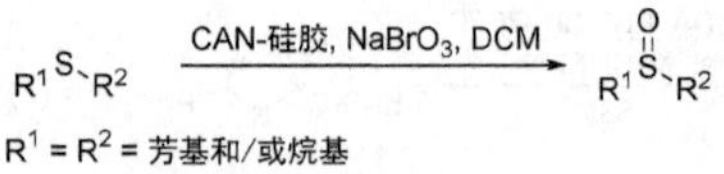

$$ \text{(7)} $$
R¹ = R² = 芳基和/或烷基

溴酸钠可用于二硫化物的合成。在 NaHSO₃ 存在的四氯化碳和水的两相体系中，脂肪族和芳香族硫醇化合物与 NaBrO₃ 反应可得到相应的二硫化物 (式 8)[11]。与之类似，氨基、脂肪族醇和酚类化合物也可在相同条件下被氧化。

$$ RSH \xrightarrow{\text{NaBrO}_3,\ \text{NaHSO}_3,\ \text{CCl}_4\text{-H}_2\text{O}} RSSR \qquad \text{(8)} $$

溴酸钠可用于"一锅法"反应制备 α-溴代酮。NaBr/NaBrO₃ 可作为绿色友好的溴化试剂，将烯烃溴化氧化得到 α-溴代酮(式 9)[12]。

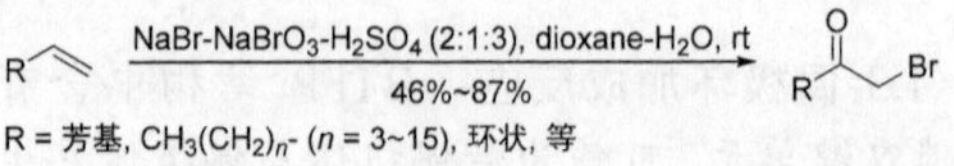

$$ \text{(9)} $$
R = 芳基, CH₃(CH₂)ₙ- (n = 3~15), 环状, 等

溴酸钠可用于甾体环醚的碳-氢官能团化。在 EtOAc/MeCN/磷酸盐缓冲液 (pH = 7.5) 的两相体系中，NaBrO₃ 和 NaIO₄ 作为终端剂与催化量 RuCl₃·xH₂O 作用，可专一性地将甾体环醚碳-氢键转化为羟基 (式 10)[13]。

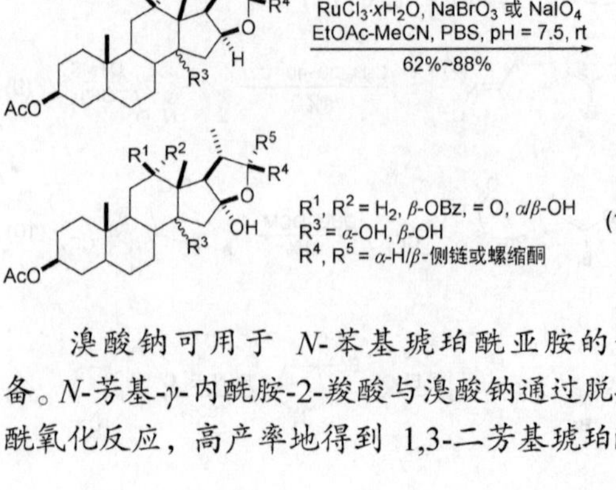

$$ \text{(10)} $$
R¹, R² = H₂, β-OBz; = O, α/β-OH
R³ = α-OH, β-OH
R⁴, R⁵ = α-H/β-侧链或螺缩酮

溴酸钠可用于 N-苯基琥珀酰亚胺的制备。N-芳基-γ-内酰胺-2-羧酸与溴酸钠通过脱羧氧化反应，高产率地得到 1,3-二芳基琥珀酰

亚胺 (式 11)[14]。

$$CAN(1\ equiv),\ NaBrO_3\ (2\ equiv) \xrightarrow[70\%\sim90\%]{MeCN-H_2O,\ reflux} \qquad (11)$$

参 考 文 献

[1] Krapcho, A. P. *Org. Prep. Proced. Int.* **2006**, *38*,177.

[2] Mohammadpoor-Baltork, I.; Nourozi, A. R. *Synthesis* **1999**, 487.

[3] Bischop, M.; Cmrecki, V.; Ophoven, V.; Pietruszka, J. *Synthesis* **2008**, 2488.

[4] (a) Masuda, H.; Takase, K.; Nishio, M.; et al. *J. Org. Chem.* **1994**, *59*, 5550. (b) Agrawal, M. K.; Adimurthy, S.; Ganguly, B.; Ghosh, P. K. *Tetrahedron* **2009**, *65*, 2791.

[5] (a) Groweiss, A. *Org. Process Res. Dev.* **2000**, *4*, 30. (b) Adimurthy, S.; Ramachandraiah, G.; Bedekar, A. V.; et al. *Green Chem.* **2006**, *8*, 916.

[6] Adimurthy, S.; Ghosh, S.; Patoliya, P. U.; et al. *Green Chem.* **2008**, *10*, 232.

[7] Shaabani, A.; Behnam, M.; Rezayan, A. H. *Catal. Commun.* **2009**, *10*, 1074.

[8] Shaabani, A.; Farhangi, E.; Rahmati, A. *Monatsh. Chem.* **2008**, *139*, 905.

[9] Ali, M. H.; Kriedelbaugh, D.; Wencewicz, T. *Synthesis* **2007**, 3507.

[10] Al-Hashimi, M.; Fisset, E.; Sullivan, A. C.; Wilson, J. R. H. *Tetrahedron Lett.* **2006**, *47*, 8017.

[11] Khan, K. M.; Ali, M.; Taha, M.; et al. *Lett. Org. Chem.* **2008**, *5*, 432.

[12] Patil, R. D.; Joshi, G.; Adimurthy, S.; Ranu, B. C. *Tetrahedron Lett.* **2009**, *50*, 2529.

[13] Lee, J. S.; Cao, H.; Fuchs, P. L. *J. Org. Chem.* **2007**, *72*, 5820.

[14] Barman, G.; Roy, M.; Ray, J. K. *Tetrahedron Lett.* **2008**, *49*, 1405.

[高玉霞，巨勇*，清华大学化学系；JY]

溴乙酰溴

【英文名称】 Bromoacetyl bromide

【分子式】 $C_2H_2Br_2O$

【分子量】 201.84

【CAS 登录号】 [598-21-0]

【缩写和别名】 1,2-Dibromoethanone

【结构式】

【物理性质】 无色透明或微黄色液体，bp 147~150 ℃，ρ 2.324 g/cm³。可溶于苯、乙醚、氯仿等有机溶剂。

【制备和商品】 商品化试剂，试剂公司均有销售。可在红磷的催化下，在 140 ℃ 时使用乙酸与溴反应制得。

【注意事项】 该试剂具有高毒性，受热或遇水会分解出腐蚀性溴化氢气体。一般是在干燥的无水体系中使用，在通风橱中进行操作。在冰箱中储存。

溴乙酰溴是一种用途广泛的有机合成试剂，尤其是在杂环的构建合成中，因其具有区域选择性而得到广泛的应用[1,2]。该试剂反应活性较高，可以与含羟基、氨基的化合物反应，生成酯或酰胺 (式 1)[3]，进而用于具有药物活性化合物的合成[4]。

$$\xrightarrow[100\%]{DCM,\ 0\ ℃,\ 1\ h} \qquad (1)$$

溴乙酰溴可以选择性地与醚或缩醛反应，制备碳链更长的化合物 (式 2)[5]。

$$\xrightarrow[99\%]{THF,\ 70\ ℃} \qquad (2)$$

由溴乙酰溴制备的反应中间体可以进行分子内 S_N2 反应，用于制备结构特殊的杂环类化合物。

由该试剂生成的溴乙酰胺化合物经氨解和分子内环化反应，可以生成内酰胺 (式 3)[6]。将合成的溴乙酰胺化合物通过甲酯的氨解，随后发生分子内 S_N2 反应，得到内酰胺化合物 (式 4)[7]。

$$\xrightarrow[87\%]{1.\ CH_2Cl_2 \atop 2.\ NH_3\ (l),\ MeOH} \qquad (3)$$

$$\text{(4)}$$

将溴乙酰溴与硫脲衍生物的氨基发生取代反应，随后在碱性条件下发生分子内 S_N2 反应，得到含有 2-亚胺-噻唑-4-酮结构的化合物 (式 5)[8]。

$$\text{(5)}$$

由溴乙酰溴生成的 α-溴代酰胺可以发生分子内 S_N2 反应，生成含有并环结构的中间体，随后在碱性条件下发生消除反应得到含硫杂环化合物 (式 6)[9]。

$$\text{(6)}$$

用溴乙酰溴经"一锅法"可以合成含硒五元环化合物 (式 7)[10]。溴乙酰溴首先与亲核能力更强的硒原子发生取代反应，随后在碱性条件下发生 1,3-酰基迁移的分子内重排，最终通过分子内 S_N2 反应生成含硒五元环。

$$\text{(7)}$$

参 考 文 献

[1] Klika, K. D.; Valtamo, P.; Janovec, L.; et al. *Rapid Commun. Mass Spectrom.* 2004, *18*, 87.

[2] Hamid, A.; Oulyadi, H.; Daïch, A. *Tetrahedron* 2006, *62*, 6398.

[3] Kong, H. I.; Crichton, J. E.; Manthorpe, J. M. *Tetrahedron Lett.* 2011, *52*, 3714.

[4] Kogel, J. E.; Trivedi, N. C.; Barker, J. M. *Industrial Minerals and Rocks.* 7th Ed. Littleton, Colorado, 2006; p 285.

[5] Schneider, D. F.; Viljoen, M. S. *Synth. Commun.* 2002, *32*, 721.

[6] Anzini, M.; Valenti, S.; Braile, C.; et al. *J. Med. Chem.* 2011, *54*, 5694.

[7] Qiao, Y.; Gao, J.; Qiu, Y.; et al. *Eur. J. Med. Chem.* 2011, *46*, 2264.

[8] Bolli, M. H.; Abele, S.; Binkert, C.; et al. *J. Med. Chem.* 2010, *53*, 4198.

[9] Mendoza, G.; Hernández, H.; Quintero, L.; et al. *Tetrahedron Lett.* 2005, *46*, 7867.

[10] Sommen, G. L.; Linden, A.; Heimgartner, H. *Tetrahedron* 2006, *62*, 3344.

[武金丹，巨勇*，清华大学化学系；JY]

亚磷酸三乙酯

【英文名称】 Triethyl phosphite

【分子式】 $C_6H_{15}O_3P$

【分子量】 166.16

【CAS 登录号】 [122-52-1]

【缩写和别名】 Triethoxyphosphine，三乙氧基磷

【结构式】

【物理性质】 无色液体，bp 155~157 ℃ /760 mmHg，ρ 0.958 g/cm^3，不溶于水，溶于乙醇、乙醚、苯、丙酮等多数有机溶剂。

【制备和商品】 国内外各大试剂公司均有销售。

【注意事项】 该试剂在水中会缓慢分解，在储存过程中应注意防潮。气味较大，应在通风橱中操作。建议保存时加入分子筛除水。

亚磷酸三乙酯常用于制备 Wittig-Horner 试剂。此外，该试剂也可作为还原剂，用来还原硝基和叠氮化物等。

亚磷酸三乙酯与卤代烃反应生成膦酸酯，在碱的作用下该膦酸酯的 α-C-H 失去质子，得到 Wittig-Horner 试剂，接着再与醛、酮反应可制备相应的烯烃[1~4]。如式 1 所示[1]：在无溶剂的条件下，3-溴甲基噻吩与亚磷酸三乙

酯反应，可生成 Wittig-Horner 试剂；降温后在体系中加入碱和醛反应，即得到相应的烯烃。

$$\text{(1)}$$

亚磷酸三乙酯可还原硝基[5~8]。在微波辅助下，取代的硝基苯与亚磷酸三乙酯在甲苯中加热，能快速得到苯并吗啡啉衍生物 (式 2)[5]。2-硝基联苯衍生物用亚磷酸三乙酯还原，可直接得到咔唑衍生物[6~8]。3-甲氧基-6-苯基硝基苯在亚磷酸三乙酯中加热，无需其它添加剂，即可以中等产率得到咔唑衍生物 (式 3)[6]。

$$\text{(2)}$$

$$\text{(3)}$$

在微波辅助下，亚磷酸三乙酯可以还原叠氮化物，并通过分子内缩合得到吡咯啉衍生物 (式 4)[9]。

$$\text{(4)}$$

亚磷酸三乙酯还可将卤代烃脱卤。将亚磷酸三乙酯与碘代烃混合加热，然后加入水继续反应，可得到相应的脱碘产物 (式 5)[10]。

$$\text{(5)}$$

参考文献

[1] Cui, C. H.; Min, J.; Ho, C. L.; et al. *Chem. Commun.* **2013**, *49*, 4409.

[2] Roman, B. I.; Coen, L. M. D.; Mortier, S. T. F. C.; et al. *Bioorg. Med. Chem.* **2013**, *21*, 5054.

[3] Bučar, D. K.; Sen, A.; Santhana Mariappan, S. V.; Mac-
Gillivray, L. R. *Chem. Commun.* **2012**, *48*, 1790.

[4] Ho, J. H.; Lee, T. H.; Lo, C. K.; Chuang, C. L. *Tetrahedron Lett.* **2011**, *52*, 7199.

[5] Merişor, E.; Conrad, J.; Klaiber, I.; et al. *Angew. Chem. Int. Ed.* **2007**, *46*, 3353.

[6] Kamino, B. A.; Mills, B.; Reali, C.; et al. *J. Org. Chem.* **2012**, *77*, 1663.

[7] Kuethea, J. T.; Childers, K. G. *Adv. Synth. Catal.* **2008**, *350*, 1577.

[8] Chaitanya, T. K.; Nagarajan, R. *Org. Biomol. Chem.* **2011**, *9*, 4662.

[9] Singh, P. N. D.; Klima, R. F.; Muthukrishnan, S.; et al. *Tetrahedron Lett.* **2005**, *46*, 4213.

[10] Pisarski, B.; Wawrzeńczyk, C. *Tetrahedron Lett.* **2006**, *47*, 6875.

[张皓，付华*，清华大学化学系；FH]

亚氯酸钠

【英文名称】 Sodium chlorite

【分子式】 NaClO$_2$

【分子量】 90.44

【CAS 登录号】 [7758-19-2]

【结构式】

【物理性质】 白色晶体或粉末，mp 180~200 ℃ (分解)。稍有吸湿性，易溶于水。

【制备和商品】 国内外化学试剂公司均有销售。

【注意事项】 该试剂在超过 175 ℃ 分解时会强烈放热。对呼吸器官黏膜和眼睛有刺激作用。对大鼠的口服毒性为 LD$_{50}$ = 180 mg/kg。

将醛氧化成羧酸 亚氯酸钠是一种强氧化剂，在有机合成中通常用来将醛氧化为羧酸。由于其高效氧化性、高选择性、反应条件温和以及后处理简便等优点，现已广泛应用于将各类醛 (饱和[1]、α,β 不饱和[2]、芳香类[3]以及杂芳香类醛[4]) 氧化成相应的羧酸 (式 1 和式 2)。

$$\underset{\underset{\text{Me Me}}{\text{PMB}}}{\text{O}} \quad \xrightarrow[\text{H}_2\text{O}/t\text{-BuOH}]{\substack{\text{NaClO}_2,\ \text{NaH}_2\text{PO}_4 \\ \text{Me}_2\text{C=CHMe}}} \quad \underset{\underset{\text{Me Me}}{\text{PMB}}}{\text{O}} \quad \text{CO}_2\text{H} \quad (1)$$

$$\underset{\text{Me}}{\overset{\text{Me}}{\bigcirc}}\text{CHO} \quad \xrightarrow[\text{H}_2\text{O}/\text{MeCN}]{\text{NaClO}_2,\ \text{NaH}_2\text{PO}_4,\ \text{H}_2\text{O}_2} \quad \underset{\text{Me}}{\overset{\text{Me}}{\bigcirc}}\text{CO}_2\text{H} \quad (2)$$

对于将烯丙基伯醇氧化成羧酸的过程 (式 3)[5]，相比于直接用 Cr(Ⅵ) 或 Ag(Ⅰ) 的氧化条件，人们更倾向于使用亚氯酸钠这类更清洁、更高效的氧化剂来实现一个两步反应的氧化过程，而且其中的双键不会被氧化。

$$\text{TBSO} \diagup \diagdown \text{OH} \quad \xrightarrow[\substack{\text{Me}_2\text{C=CHMe}}]{\substack{1.\ \text{MnO}_2,\ \text{CH}_2\text{Cl}_2 \\ 2.\ \text{NaClO}_2,\ \text{NaH}_2\text{PO}_4}} \quad \text{TBSO} \diagup \diagdown \text{OH} \quad (3)$$

值得注意的是，反应后生成的次氯酸可能会影响底物或者产物，也会与亚氯酸钠反应生成 ClO₂，这可能给反应本身带来不利的影响。为了减少这类氯化物的存在，通常需要在反应过程中加入清除剂。常用的清除剂包括间苯二酚、2-甲基丁-2-烯、双氧水和二甲亚砜等。使用间苯二酚作为清除剂的一个缺点是：生成的副产物 4-氯间苯二酚必须从产物羧酸中分离出来。

其它类型的氧化 亚氯酸钠可将 ArSMe 氧化成 ArSOMe (式 4)[6]，将 RCH₂NO₂ 氧化成 RCHO，以及将 R₂CHNO₂ 氧化成 R₂CO[7]。

$$\text{OHC}\underset{}{\overset{}{\bigcirc}}\text{S}_{\diagdown\text{Me}} \quad \xrightarrow[\text{H}_2\text{O}/\text{MeCN}]{\text{NaClO}_2,\ \text{NaH}_2\text{PO}_4,\ \text{H}_2\text{O}_2} \quad \text{HO}_2\text{C}\underset{}{\overset{}{\bigcirc}}\overset{\text{O}}{\underset{}{\text{S}}}_{\diagdown\text{Me}} \quad (4)$$

参考文献

[1] Dieckmann, M.; Rudolph, S.; Lang, C.; et al. *Synthesis* **2013**, *45*, 2305.

[2] Townsend, S. D.; Sulikowski, G. A. *Org. Lett.* **2013**, *15*, 5096.

[3] Di Fusco, M.; Quintavalla, A.; Trombini, C.; et al. *J. Org. Chem.* **2013**, *78*, 11238.

[4] George, I. R.; Lewis, W.; Moody, C. J. *Tetrahedron* **2013**, *69*, 8209.

[5] Glaus, F.; Altmann, K.-H. *Angew. Chem. Int. Ed.* **2012**, *51*, 3405.

[6] Dalcanale, E.; Montanari, F. *J. Org. Chem.* **1986**, *51*, 567.

[7] Ballini, R.; Petrini, M. *Tetrahedron Lett.* **1989**, *30*, 5329.

[吴筱星，中国科学院广州生物医药与健康研究院；WXY]

亚铁氰化钾

【英文名称】 Potassium hexacyanoferrate(Ⅱ)

【分子式】 K₄Fe(CN)₆·3H₂O，C₆H₆FeK₄N₆O₃

【分子量】 422.36

【CAS 登录号】 [14459-95-1]

【缩写和别名】 黄血盐

【物理性质】 柠檬黄色单斜晶系柱状结晶体或粉末，有时有立方晶系的变态。ρ 1.853 g/cm³ (17 ℃)。在水中的溶解度为 27 g/100 mL (12 ℃)，不溶于乙醇、乙醚、乙酸乙酯、液氨。

【制备和商品】 利用由煤气厂所得的废氧化物与石灰共热得到亚铁氰化钙溶液，再与碳酸钾溶液共热，浓缩结晶而制得。

【注意事项】 在空气中稳定。强烈灼烧时分解而生成剧毒物氰化钾。其溶液在光线及空气中易变质，不能与热酸和浓酸混合，也不能将溶液置于日光下，以防产生氰化氢。

亚铁氰化钾在有机合成中主要被用作氰化试剂。由于该物质是一种无机配合物，中心离子 Fe²⁺ 与配体 CN⁻ 间除了存在配位键外，还存在反馈 π 键。所以键能较大，在一般条件下氰基不易释放。与其它金属氰化物相比较，其使用相对安全，但反应温度相对较高。

为使亚铁氰化钾的 6 个 CN⁻ 均释放出来参与反应，在有机合成中一般采用钯、铜的催化剂，进行一系列取代和加成反应。例如：以 Pd(OAc)₂ 为催化剂，添加少量的 DPPF [1,1′-双(二苯基膦)二茂铁] 作为配体 (式 1)，或使用具有刚性大位阻结构的二金刚烷基丁基膦配体进行卤代芳烃的氰化取代反应 (式 2)[1,2]。如式 3 所示[3,4]：使用钯配合物也可催化卤代烃的氰化取代反应。

$$R\underset{}{\overset{}{\bigcirc}}\text{—Br} + \text{K}_4[\text{Fe(CN)}_6] \quad \xrightarrow[\text{DPPF, DMAc, 120 ℃}]{\text{Pd(OAc)}_2\ (0.1\ \text{mol\%})} \quad R\underset{}{\overset{}{\bigcirc}}\text{—CN} \quad (1)$$

$$R\text{-}Cl + K_4[Fe(CN)_6] \xrightarrow[\text{DMAc, 140~160 °C, 16 h}]{NaCO_3, Pd(OAc)_2, L} R\text{-}CN \quad (2)$$

$$L = {}^nBu\text{-}P$$

$$R\text{-}X + K_4[Fe(CN)_6] \xrightarrow[\text{K_2CO_3, DMF, MW, 130 °C}]{Pd\ Cat.\ (0.5\ mol\%)} R\text{-}CN \quad (3)$$

X=Cl, Br, I

Pd Cat. =

芳基磺酸酯类化合物的氰基化反应 该类反应中最常使用的磺酸酯是甲磺酸酯和对甲基苯磺酸酯,溶剂一般为二甲基甲酰胺、N-甲基-2-吡咯烷酮和二甲基亚砜等。如式 4 所示[5]:在 Pd(OAc)$_2$ 的催化下,芳香基三氟甲磺酸酯类化合物与亚铁氰化钾可发生氰基化反应。

$$\xrightarrow[\text{NMP, 120 °C}]{K_4[Fe(CN)_6]\cdot 3H_2O\\Pd(OAc)_2, Na_2CO_3} \quad (4)$$

Heck-氰基化多米诺反应 如式 5 所示[6]:在钯催化剂和手性配体的作用下,使用亚铁氰化钾可使酰胺化合物通过 Heck-氰基化多米诺反应转化为手性 3-烷基-3-氰甲基-2-羟基吲哚。

$$\xrightarrow[\text{Ag_3PO_4 (2 eq.), 120 °C}]{K_4[Fe(CN)_6], [Pd(dba)_2]\ (5\ mol\%)\\(S)\text{-difluorphos, }K_2CO_3\ (1\ eq.)} \quad (5)$$
54%, 61% ee

(S)-difluorphos

位置选择性氰化反应 如式 6 所示[7]:溶剂中水的存在对氰化反应的位置具有很大的影响。

$$\xrightarrow{K_4[Fe(CN)_6]\cdot 3H_2O\\Pd(OAc)_2\ (5\ mol\%)} \quad (6)$$

X=C, O, N; Y=C, O, N

使用铜催化剂进行的氰化反应 如式 7[8]和式 8[9]所示:在使用亚铁氰化钾作为氰化试剂的反应中,铜催化剂也得到了越来越多的应用。

$$R\text{-}Br \xrightarrow[\text{Na_2CO_3 (20 mol%)}]{K_4[Fe(CN)_6], Cu(BF_4)_2\cdot 6H_2O\\DMEDA, KI\ (20\ mol\%)} R\text{-}CN \quad (7)$$

$$\xrightarrow[\text{DMSO, O_2, 130 °C}]{K_4[Fe(CN)_6], Cu(OAc)_2\\(3\ equiv), Pd(OAc)_2\ (10\ mol\%)} \quad (8)$$

多组分一锅法反应 随着亚铁氰化钾作为氰化试剂的研究不断深入,其参与的多组分一锅法反应也相继得到报道。例如:在 Pd(OAc)$_2$ 的催化下,亚铁氰化钾、溴代芳烃与中间炔烃化合物通过三组分一锅法反应合成出具有潜在生物活性的 β-芳基丙烯腈化合物 (式 9)[10]。亚铁氰化钾、醛与胺通过三组分一锅法反应合成出 α-氨基腈化合物 (式 10)[11]。此外,亚铁氰化钾、芳酰氯与醛通过三组分一锅法反应合成出氰醇酯化合物 (式 11)[12]。

$$R\text{-}Br + R^1\text{≡}R^2 \xrightarrow[\text{DMAc, 120 °C, 5 h}]{K_4[Fe(CN)_6]\\Pd(OAc)_2\ (2\ mol\%)} \quad (9)$$

$$R\text{-}CO\text{-}R^1 + R^2NH_2 \xrightarrow{K_4[Fe(CN)_6], PhCOCN, EtOH} \quad (10)$$

$$R\text{-}COCl + R'\text{-}CHO \xrightarrow[\text{TEA, 5~8 min}]{K_4[Fe(CN)_6], 160 °C, 2 h} \quad (11)$$

参考文献

[1] Schareina, T.; Zapf, A.; Beller, M. *Chem. Commun.* **2004**, *12*, 1388.

[2] Schareina, T.; Zapf, A.; Mägerlein, W.; et al. *Tetrahedron Lett.* **2007**, *48*, 1087.

[3] Hajipour, A. R.; Karami, K.; Tavakoli, G. A.; Pirisedigh, *J. Organomet. Chem.* **2011**, *696*, 819.

[4] Hajipour, A. R.; Karami, K.; Pirisedigh, A. *Appl. Organomet. Chem.* **2010**, *24*, 454.

[5] Torrado, M.; Masa, C. F.; Ravina, E. *Tetrahedron Lett.* **2007**, *48*, 323.

[6] Pinto, A.; Jia, Y. X.; Neuville, L.; Zhu, J. P. *Chem. Eur. J.* **2007**, *13*, 961.

[7] Lu, Z. Y.; Hu, C. M.; Guo, J. J.; et al. *Org. Lett.* **2010**, *12*,

480.

[8] Schareina, T.; Zapf, A.; Beller, M. *Tetrahedron Lett.* **2005**, *46*, 2585.

[9] Yan, G. B.; Kuang, C. X.; Zhang, Y.; Wang, J. B. *Org. Lett.* **2010**, *12*, 1052.

[10] Cheng, Y. N.; Duan, Z.; Yu, L. J.; et al. *Org. Lett.* **2008**, *10*, 901.

[11] Li, Z.; Ma, Y. H.; Xu, J.; et al. *Tetrahedron Lett.* **2010**, *51*, 3922.

[12] Li, Z.; Tian, G. Q.; Ma, Y. H. *Synlett* **2010**, 2164.

[赵宙兴，青海大学化工学院；HYF]

3-氧代-3-苯基双硫代丙酸甲酯

【英文名称】 Methyl 3-oxo-3-phenylpropane-dithioate

【分子式】 $C_{10}H_{10}OS_2$

【分子量】 210.32

【CAS 登录号】 [20365-21-3]

【缩写和别名】 β-氧代双硫代酯，β-Oxo-dithioesters

【结构式】

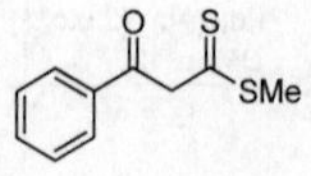

【物理性质】 黄色低熔点固体，具有难闻的气味。

【制备和商品】 在氢化钠的作用下，由苯乙酮(或活泼亚甲基化合物)与二烷基、烯丙基和苄基等三硫代酯反应制得 (式 1)[1]。

β-氧代双硫代酯是一类重要的含硫类似物，常被用于杂环的合成。其分子式中羰基和硫代羰基的碳原子均可作为亲电中心，而羰基的氧、硫和活泼亚甲基则作为亲核中心参与反应。

β-氧代双硫代酯与 α-卤代酮经过烷基化反应可得到噻吩衍生物。使用不同的碱和溶剂可得到不同取代位置的衍生物 (式 2)[2]。

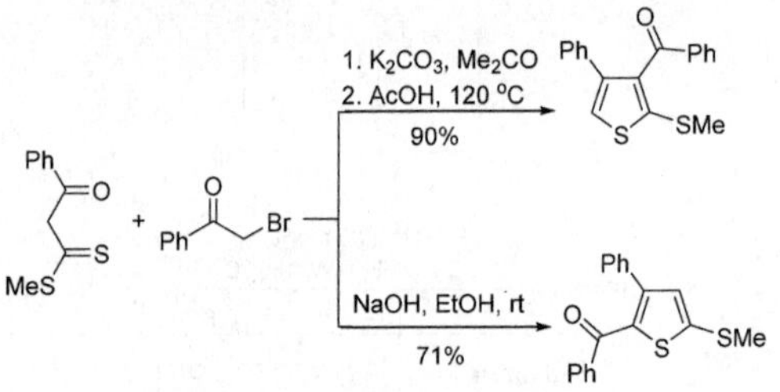

在 4-二甲氨基吡啶 (DMAP) 的催化作用下，β-氧代双硫代酯与乙炔二甲酸二乙酯反应，可得到 2,3,4-三取代噻吩衍生物 (式 3)[3]。该反应时间短，效率高。

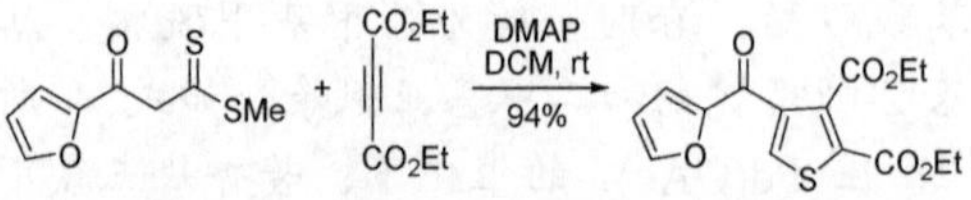

在 NaH 的存在下，β-氧代双硫代酯和 α-卤代酮在甲苯溶剂中回流可制备 2-亚甲基-1,3-氧代噻吩 (式 4)[4]。

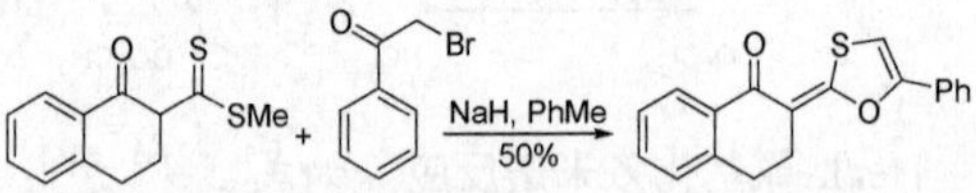

β-氧代双硫代酯可用于合成苯并吡喃或苯并吡喃-2-硫酮衍生物。在无溶剂、$SiO_2 \cdot H_2SO_4$ 催化的条件下，β-氧代双硫代酯与 2-羟基苯甲醛反应可高产率地生成相应的产物 (式 5)[5]。

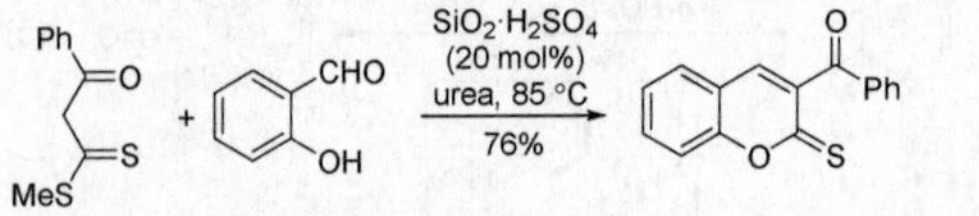

在 $InCl_3$ 的催化下，β-氧代双硫代酯与苯甲醛和 β-萘酚发生三组分反应可得到萘基并吡喃衍生物。同时，在反应中可明显观察到其酯交换的过程 (式 6)[6]。

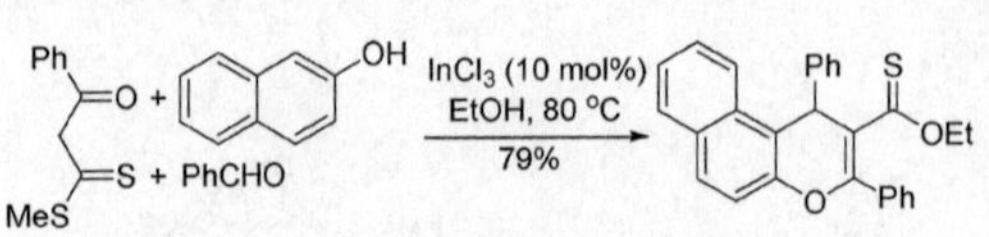

β-氧代双硫代酯与醛及含氰基的活泼亚甲基化合物或 1,3-环己二酮发生反应，可制备官能团化的噻喃和硫色烯衍生物 (式 7)[7]。

$$\text{(7)}$$

PMP = 4-MeOPh

β-氧代双硫代酯与环状 N,N-乙缩醛、醛的反应可用来制备咪唑并[1,2-a]吡啶衍生物。该反应具有很好的立体选择性 (式 8)[8]。

$$\text{(8)}$$

在无溶剂和金属配合物催化剂的条件下，β-氧代双硫代酯可以与丙二腈、苯甲醛反应生成咪唑并[1,2-a]苯并噻喃并[3,2-e]吡啶衍生物 (式 9)[9]。

$$\text{(9)}$$

在 SiO$_2$·H$_2$SO$_4$ 的催化下，β-氧代双硫代酯、芳香醛与脲 (或 6-氨基-1,3-二甲基尿嘧啶)反应，通过简单、高效的三组分"一锅法"可得到二氢嘧啶酮衍生物 (式 10)[5]。

$$\text{(10)}$$

R^1 = Ph, 4-MeOPh, 4-ClPh, 2-thienyl, 2-furyl
R^2 = 4-NO$_2$Ph, 4-BrPh, 4-MeOPh, Ph

在 1,8-二氮杂二环[5.4.0]十一碳-7-烯(DBU) / 四氯对苯醌 (p-Chloranic) 的催化下，吡啶取代的 β-氧代双硫代酯与 2-溴苯乙酮在氯仿中反应可高产率地得到吲哚嗪取代衍生物 (式 11)[10]。

$$\text{(11)}$$

参 考 文 献

[1] Samuel, R.; Asokan, C. V.; Suma, S.; et al. *Tetrahedron Lett.* **2007**, *48*, 8376.

[2] Samuel, R.; Chandran, P.; Retnamma, S.; et al. *Tetrahedron* **2008**, *64*, 5944.

[3] Nandi, G. C.; Samai, S.; Singh, M. S. *J. Org. Chem.* **2011**, *76*, 8009.

[4] Samuel, R.; Asokan, C. V.; Suma, S.; et al. *Tetrahedron Lett.* **2007**, *48*, 8376.

[5] Nandi, G. C.; Samai, S.; Singh, M. S. *J. Org. Chem.* **2010**, *75*, 7785.

[6] Samai, S.; Nandi, G. C.; Singh, M. S. *Tetrahedron* **2012**, *68*, 1247.

[7] (a) Chowdhury, S.; Nandi, G. C.; Samai, S.; Singh, M. S. *Org. Lett.* **2011**, *13*, 3762. (b) Verma, R. K.; Verma, G. K.; Shukla, G.; et al. *ACS Comb. Sci.* **2012**, *14*, 224.

[8] Wen, L. R.; Li, Z. R.; Li, M.; Cao, H. *Green Chem.* **2012**, *14*, 707.

[9] Li, M.; Cao, H.; Wang, Y.; et al. *Org. Lett.* **2012**, *14*, 3470.

[10] Kakehi, A.; Suga, H.; Okuno, H.; et al. *Chem. Pharm. Bull.* **2007**, *55*, 1458.

[高玉霞，巨勇*，清华大学化学系；JY]

一氯化金

【英文名称】 Gold(I) chloride

【分子式】 AuCl

【分子量】 232.42

【CAS 登录号】 [10294-28-8]

【缩写和别名】 氯化亚金

【结构式】

AuCl

【物理性质】 mp 289 °C, ρ 7.57 g/cm^3 (25 °C)。溶解性极差，不溶于大多数有机溶剂。

【制备和商品】 国内外化学试剂公司均有销售。该试剂一般不在实验室制备。

【注意事项】 该试剂对湿气敏感，一般在无水体系中使用。对光敏感，在光照射下会产生Au(Ⅲ)，需要避光保存。在通风橱中进行操作，在冰箱中储存。

三氟甲基硅烷与氟化铵形成的中间体与一氯化金在水中相互作用，发生亲核进攻，可形成配合物 [NMe$_4$][Au(CF$_3$)$_2$][1]。

$$2 \text{Me}_3\text{SiCF}_3 + 2 [\text{NMe}_4]\text{F} \xrightarrow[\text{63\%}]{\text{AuCl} \atop \text{H}_2\text{O, rt}} [\text{NMe}_4][\text{Au(CF}_3)_2] + 2 \text{Me}_3\text{SiF} + [\text{NMe}_4]_4\text{Cl} \quad (1)$$

AuCl 和 Ag[SbF$_6$] 在二氯甲烷溶液中相互作用，与乙烯可配位形成三分子烯烃与金的配合物[2]。

$$\text{AuCl} + \text{Ag[SbF}_6] \xrightarrow[\text{72\%}]{\text{C}_2\text{H}_4, \text{CH}_2\text{Cl}_2, \text{rt}} \left[\begin{array}{c} \text{H}_2\text{C} \\ \text{H}_2\text{C} \end{array} \text{Au} \begin{array}{c} \text{CH}_2 \\ \text{CH}_2 \end{array} \right]^{\oplus} \text{SbF}_6^{\ominus} \quad (2)$$

如式 3 所示[3]：一氯化金与 [NMe$_4$]SeCF$_3$ 按照 1:2 的比例混合可以得到配合物 [NMe$_4$][Au(SeCF$_3$)$_2$]。

$$\text{AuCl} + 2 [\text{NMe}_4]\text{SeCF}_3 \xrightarrow[\text{70\%}]{\text{EtCN, rt}} \begin{array}{c} [\text{NMe}_4][\text{Au(SeCF}_3)_2] \\ + \\ [\text{NMe}_4]\text{Cl} \end{array} \quad (3)$$

目前与金配位超过一个 π 键的配位键[4,5]的反应还很少见，而且热稳定性不好[6]。而一氯化金可以与环辛炔配位得到多炔基与金配位的配合物 [(coct)$_3$Au][SbF$_6$] 和 [Au(coct)$_2$Cl] (式 4 和 式 5)[7]。

$$(4)$$

$$\text{AuCl} + \text{AgSbF}_6 \longrightarrow \text{AuSbF}_6$$

$$(5)$$

一氯化金和 3-己炔 [8,9]在 −20 °C 下可以合成 Au(EtC≡CEt)Cl 的配合物 (式 6)[10]。

$$(6)$$

参 考 文 献

[1] Zopes, D.; Kremer, S.; Scherer, H.; et al. *Eur. J. Inorg. Chem.* **2011**, 273.

[2] Rasika Dias, H. V.; Fianchini, M.; Cundari, T. R.; Campana, C. F. *Angew. Chem. Int. Ed.* **2008**, *47*, 556.

[3] Naumann, D.; Tyrra, W.; Quadt, S.; et al. *Anorg. Allg. Chem.* **2005**, *631*, 2733.

[4] Schmidbaur, H.; Schier, A. *Organometallics,* **2010**, *29*, 2.

[5] Wittig, G.; Fischer, S. *Chem. Ber.* **1972**, *105*, 3542.

[6] Hüttel, R.; Forkl, H. *Chem. Ber.* **1972**, *105*, 2913.

[7] Animesh, D.; Dash, C.; Yousufuddin, M.; et al. *Angew.*

Chem. Int. Ed. **2012**, *51*, 3940.

[8] Wu, J.; Kroll, P.; Rasika Dias, H. V. *Inorg. Chem.* **2009**, *48*, 423.

[9] Mingos, D. M. P.; Yau, J.; Menzer, S.; Williams, D. J. *Angew. Chem. Int. Ed.* **1995**, *34*, 1894.

[10] Lang, H.; Koehler, K.; Zsolnai, L. *Chem. Commun.* **1996**, *204*, 2043.

[庞鑫龙，陈超*，清华大学化学系；CC]

一氧化碳

【英文名称】 Carbon monoxide

【分子式】 CO

【分子量】 28.01

【CAS 登录号】 [630-08-0]

【结构式】

C≡O

【物理性质】 在标准状况下，一氧化碳纯品为无色、无臭、无刺激性的气体。bp −190 °C，ρ 1.250 g/cm^3。易溶于氯仿、乙酸、乙酸乙酯、乙醇和氨水，极难溶于水，在空气混合爆炸极限为 12.5%~74%。

【制备和商品】 国内外试剂公司均有销售。

【注意事项】 该试剂是无色、无味的有毒气体，含该试剂的钢瓶需在良好的通风条件下使用和存放。

一氧化碳是许多过渡金属配合物的重要配体[1]，是制备酸、醛、酯、酮、酰胺等羰基化合物的重要羰基化试剂。例如：铑配合物催化的甲醇与一氧化碳的羰基化反应是制备乙酸的工业化方法[2]。末端烯烃与该试剂的氢甲酰化反应是工业制备醛类化合物的反应[3]。钯催化的 1-(4-异丁基苯基)乙醇的羰基化反应是消炎药物布洛芬 (ibuprofen) 的绿色合成方法[4]。

过渡金属催化的炔烃、烯烃和一氧化碳的 [2+2+1] 环羰基化反应被称为 Pauson-Khand 反应，是制备环戊烯酮衍生物的重要方法之一。钴、钌、铱、铑等配合物是此类反应的常用和有效的催化剂。在 [RhCl(CO)$_2$]$_2$ 的存在下，内部炔烃、1,3-二烯和一氧化碳能够高度选择性地进行环化反应生成官能团化的环戊烯酮衍生物 (式 1)[5]。在四氯乙烷溶剂中，使用同样的催化剂可以催化两分子的内部炔烃与低浓度一氧化碳的 [2+2+1+1] 环化羰基化反应生成四取代的 1,4-对苯二醌衍生物 (式 2)[6]。有趣的是，在尿素配体和水的存在下，[RhCl(CO)$_2$]$_2$ 催化内部炔烃与一氧化碳进行还原性环化羰基化反应，高产率地生成环戊烯酮衍生物，且脂肪炔烃与芳基炔烃表现出不同的立体选择性 (式 3)[7]。

$$(1)$$

$$(2)$$

$$(3)$$

但是，在水存在下，Ru$_3$(CO)$_{12}$ 催化炔烃与一氧化碳的还原性环化羰基化反应可以选择性地生成呋喃-2(5H)-酮衍生物。在该反应中，炔烃与一氧化碳的 [2+1+1] 环化反应没有形成环戊烯酮衍生物 (式 4)[8]。PdI$_2$ 也是催化生成呋喃-2(5H)-酮衍生物的有效催化剂[9]。

$$(4)$$

过渡金属配合物诱导或催化的分子内 Pauson-Khand 反应可以构建具有并环结构的环戊烯酮骨架。例如：在 Co$_4$(CO)$_{12}$ 催化下，1,6-烯炔与一氧化碳的环化反应可以高产率地生成二环衍生物 (式 5)[10]。在 Co$_3$(CO)$_9$(μ-CH) 催化下，1,6-二炔与一氧化碳的环化反应可以高产率地生成二环环戊二烯酮 (式 6)[11]。

$$(5)$$

$$(6)$$

联烯与炔和一氧化碳的环化反应主要被用于制备环戊烯酮衍生物。但是，分子内含共轭的联烯和烯基时，基于不同的金属催化剂可以得到不同的羰基化合物。例如：在 RhCl(PPh$_3$)$_3$ 催化下，1-烯-3-联烯的羰基化反应经铑杂五元环中间体生成亚甲基取代的环戊烯酮衍生物[12]。但是，在 Pd(PPh$_3$)$_4$ 催化剂下，则选择性地发生 [4+4+1] 环化反应生成九元环酮化合物 (式 7)[13]。

$$(7)$$

通常，过渡金属催化的末端炔烃、仲胺和一氧化碳的三组分反应生成 α,β 不饱和酰胺类化合物。例如：在离子液体中，Pd(OAc)$_2$/dppp 可以催化苯乙炔、二乙胺和一氧化碳的加成反应，高产率地生成炔烃的马氏加成酰胺化合物 (式 8)[14]。但是，在 RhCl(PPh$_3$)$_3$ 的催化下，末端炔烃与环状仲胺和一氧化碳发生炔烃的双酰胺化反应，高选择性地生成 1,4-二酰胺衍生物 (式 9)[15]。

$$(8)$$

$$(9)$$

参考文献

[1] (a) Blanchard, A. A. *Chem. Rev.* **1937**, *21*, 3. (b) Abel, E. W.; Stone, F. G. A. *Quart. Rev. Chem. Soc.* **1970**, *24*, 498.

[2] Haynes, A. *Top Organomet. Chem.* **2006**, *18*, 179.

[3] Pospech, J.; Fleischer, I.; Franke, R.; et al. *Angew. Chem. Int. Ed.* **2013**, *52*, 2852.

[4] Park, E. D.; Lee, K. H.; Lee, J. S. *Catal. Today* **2000**, *63*, 147.

[5] Wender, P. A.; Deschamps, N. M.; Williams, T. J. *Angew. Chem. Int. Ed.* **2004**, *43*, 3076.

[6] Huang, Q.; Hua, R. *Chem. Eur. J.* **2007**, *13*, 8333.

[7] Huang, Q.; Hua, R. *Chem. Eur. J.* **2009**, *15*, 3817.

[8] Huang, Q.; Hua, R. *Catal. Commun.* **2007**, *8*, 1031.

[9] Gabriele, B.; Salerno, G.; Costa, M.; Chiusoli, P. *Tetrahedron Lett.* **1999**, *40*, 989.

[10] Kim, J. W.; Chung, Y. K. *Synthesis* **1998**, 142.

[11] Sugihara, T.; Wakabayashi, A.; Takao, H.; et al. *Chem. Commun.* **2001**, 2456.

[12] Murakami, M.; Itami, K.; Ito, Y. *J. Am. Chem. Soc.* **1996**, *118*, 11672.

[13] Murakami, M.; Itami, K.; Ito, Y. *Angew. Chem. Int. Ed.* **1998**, 37, 3418.

[14] Li, Y.; Alper, H.; Yu, Z. *Org. Lett.* **2006**, *8*, 5199.

[15] Huang, Q.; Hua, R. *Adv. Synth. Catal.* **2007**, *349*, 849.

[华瑞茂，清华大学化学系；HRM]

乙腈

【英文名称】 Acetonitrile

【分子式】 C_2H_3N

【分子量】 41.05

【CAS 登录号】 [75-05-8]

【结构式】 $H_3C—C≡N$

【物理性质】 无色液体，有刺激性气味，bp 80~82 ℃，ρ 0.79 g/cm³。能与水混溶，溶于丙酮、二氯甲烷、乙醇等多数极性有机溶剂。

【制备和商品】 国内外化学试剂公司均有销售。

【注意事项】 该试剂易燃，其蒸气与空气可形成爆炸性混合物。遇明火、高热或与氧化剂接触，有引起燃烧爆炸的危险。有毒，对皮肤和眼睛有刺激作用。

乙腈在中性条件下是相对稳定的化合物，不易发生氧化和还原反应，常用作有机反应的溶剂。但是，在酸、碱或过渡金属催化剂存在下，其氰基碳-氮三键能够发生水解反应生成酰胺。由于氰基是强吸电子基团，该试剂的甲基在强碱作用下易形成碳负离子而进行亲核加成和亲核取代反应。氰基的三键也容易发生加成反应。由于氰基具有配位能力，所以该试剂在配合物合成和催化反应中是常用的配体。

在低温下，使用过量的叔丁基锂与该试剂反应可以生成双锂中间体。它与 Me_3SiCl 进行亲核取代反应生成 TMS 取代的乙烯亚胺，同时也生成 TMS 取代的炔胺 (式 1)[1]。

$$CH_3CN \xrightarrow[Et_2O,\ -78\ ℃]{t\text{-BuLi}} \left[\begin{array}{c} Li \\ CH-CN \\ Li \end{array}\right] \xrightarrow[85\%\ (4:1)]{TMSCl\ /\ THF\ (ca.\ 5\ equiv)} \begin{array}{c} TMS \\ \diagdown \\ TMS \end{array}C=C=N\text{-TMS} + TMS\text{-}\!\!\!\equiv\!\!\!\text{-}N(TMS)_2 \quad (1)$$

在 KOH 存在下，该试剂生成的碳负离子与苯甲醛发生亲核加成反应可以高产率地制得 α,β 不饱和腈化合物 (式 2)[2]。

$$CH_3CN + PhCHO \xrightarrow[82\%,\ E/Z=3:1]{KOH} PhCH=CHCN \quad (2)$$

该试剂与 *n*-BuLi 反应生成的碳负离子与 Ph_2PCl 反应可以合成双膦配体，此配体能与钯、铂和钌等形成配合物 (式 3)[3]。在 $NaN(SiMe_3)_2$ 的存在下，该试剂可以发生二聚反应形成 β-氨基丙烯腈衍生物[4]。

$$CH_3CN \xrightarrow[66\%]{\substack{1.\ n\text{-BuLi (0.95 equiv), }n\text{-}C_6H_{14}/THF,\ -78\ ℃\sim rt \\ 2.\ Ph_2PCl\ (0.95\ equiv),\ -78\ ℃\sim rt}} \begin{array}{c} Ph_2P \\ \diagup \\ Ph_2P \end{array}\!\!\!\equiv\!\!N \quad (3)$$

$$\text{dppmCN}$$

在盐酸催化下，该试剂的碳-氮三键与乙醇进行加成反应生成酰亚胺酯 (imidic esters) (式 4)[5]。

$$CH_3CN + C_2H_5OH \xrightarrow[85\%\sim95\%]{HCl\ (g),\ 0\ ℃,\ 2\ h} \begin{array}{c} NH\cdot HCl \\ \| \\ H_3C \diagdown OEt \end{array} \quad (4)$$

该试剂与格氏试剂反应的加成产物亚胺盐不再进一步反应，酸性水解后得到相应的酮，成为芳环上引入乙酰基的廉价试剂之一 (式 5)[6]。

$$CH_3CN \xrightarrow[34\ ℃,\ 6\ h]{PhMgBr,\ Et_2O} \begin{array}{c} H_3C \\ \diagdown \\ Ph \end{array}\!\!C=N\!\!-\!MgBr \xrightarrow[70\%]{H_3O^+} \begin{array}{c} H_3C \\ \diagdown \\ Ph \end{array}\!\!C=O \quad (5)$$

该试剂的氰基自身或与其它不饱和化合物进行的环化反应是合成含氮杂环的重要反应之一。例如：在氮化石墨 C_3N_4 的催化下，该试剂发生三聚反应生成对称的三甲基-1,3,5-三嗪 (式 6)[7]。

$$CH_3CN \xrightarrow[]{C_3N_4\ (0.1\ equiv),\ 180\ ℃,\ 80\ h} \begin{array}{c} CH_3 \\ N \diagup \diagdown N \\ H_3C \diagdown N \diagup CH_3 \end{array} \quad (6)$$

在 Cd(OAc)$_2$ 的催化下，该试剂与 1,2-氨醇能进行环化反应，是合成 2-甲基噁唑啉的简单方法[8]。在 La(OSO$_2$CF$_3$)$_3$ 的催化下，该试剂与 1,2-二氨基乙烷缩合反应生成 2-甲基咪唑 (式 7)[9]。

$$CH_3CN \xrightarrow[\substack{(0.02 \text{ equiv), reflux, 4 h} \\ 70\%}]{NH_2CH_2CH_2NH_2, \text{ La(OSO}_2\text{CF}_3)_3} \quad \text{2-甲基咪唑} \tag{7}$$

在铑配合物的催化下，该试剂与两分子乙炔进行 [2+2+2] 环化反应是制备高纯度 2-甲基吡啶的重要方法 (式 8)[10]。

$$CH_3CN + HC\equiv CH \xrightarrow[\substack{(0.01 \text{ equiv), CH}_2\text{Cl}_2, 20 \ ^\circ\text{C, 2 h} \\ 60\%}]{MeC(CH_2PPh_2)_3RhCl(C_4H_4)} \tag{8}$$

苯并[f]喹唑啉衍生物具有抑制胸腺嘧啶核苷酸合成酶、抑制 DNA 拓扑异构酶及抗疟疾等生物活性，同时也是制备有机发光材料的重要中间体。在三氟甲磺酸的存在下，过量的该试剂与 1,4-二芳基-1,3-丁二炔进行的多步串联 [4+2+2] 环加成反应可以中等产率合成这类化合物 (式 9)[11]。

$$CH_3CN + Ph\text{—}\equiv\text{—}Ph \xrightarrow[\substack{120 \ ^\circ\text{C, 4 h} \\ 45\%}]{TfOH \ (2.5 \text{ equiv})} \tag{9}$$

参 考 文 献

[1] Gornowicz, G. A.; West, R. *J. Am. Chem. Soc.* **1971**, *93*, 1714.

[2] DiBiase, S. A.; Lipisko, B. A.; Haag, A.; et al. *J. Org. Chem.* **1979**, *44*, 4640.

[3] Braun, L.; Liptau, P.; Kehr, G.; et al. *Dalton Trans.* **2007**, 1409.

[4] Krüger, C. *J. Organomet. Chem.* **1967**, *9*, 125.

[5] McElvain, S. M.; Nelson, J. W. *J. Am. Chem. Soc.* **1942**, *64*, 1825.

[6] Hauser, C. R.; Humphlett, W. J.; Weiss, M. J. *J. Am. Soc. Chem.* **1948**, *70*, 426.

[7] Goettmann, F.; Fischer, A.; Meng, Q.; et al. *New J. Chem.* **2007**, *31*, 1455.

[8] Witte, H.; Seeliger, W. *Angew. Chem. Int. Ed. Engl.* **1972**, *11*, 287.

[9] Ye, G.; Henry, W. P.; Chen, C.; et al. *Tetrahedron Lett.* **2009**, *50*, 2135.

[10] Bianchini, C.; Meli, A.; Peruzzini, M.; et al. *Organome-tallics* **1991**, *10*, 645.

[11] Yang, L.; Hua, R. *Chem. Lett.* **2013**, *42*, 769.

[华瑞茂，清华大学化学系；HRM]

乙醛

【英文名称】 Acetaldehyde

【分子式】 C$_2$H$_4$O

【分子量】 44.05

【CAS 登录号】 [75-07-0]

【缩写和别名】 醋醛

【结构式】

【物理性质】 常温下为无色液体，有刺激性气味。mp −123.5 ℃，bp 20.2 ℃，ρ 0.788 g/cm^3。溶于乙醇、乙醚、氯仿、丙酮和苯，与水以任意比例互溶。

【制备和商品】 试剂公司有售，商品试剂为 40% 的乙醛水溶液。可通过加入浓硫酸蒸馏的方法获得纯度较高的乙醛。

【注意事项】 该试剂易挥发、易燃，应在阴凉、通风处储存。

乙醛是醛类中最重要的化合物之一，同时具有氧化性和还原性。乙醛可自身聚合为多聚乙醛。该试剂具有亲电性，可发生羟醛缩合反应、Mannich 反应、Michael 加成等反应[1]，从而得到 β-氨基酸衍生物、α-羟基酮等化合物。

在 (S)-脯氨酸催化下，过量的乙醛可与 Boc 保护的亚胺化合物发生 Mannich 反应，高立体选择性地得到 β-氨基醛衍生物 (式 1)[2]。该方法可适用于多种 β-氨基酸的不对称合成。

$$\xrightarrow[\substack{\text{MeCN, 0 }^\circ\text{C, 2~3 h} \\ 54\%, \ ee > 98\%}]{(S)\text{-Pro (20 mol%)}} \tag{1}$$

5~10 equiv

而当 Boc 保护的亚胺化合物过量时，乙醛与生成的 β-氨基醛进一步发生不对称 Mannich 反应，从而得到结构对称的 β,β′-二氨基醛衍生物 (式 2)[3]。

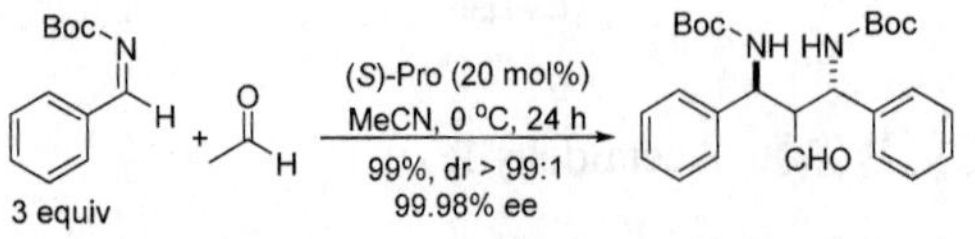

$$ \text{(2)} $$

在二芳基 (S)-脯氨醇硅醚 1 的催化下，乙醛可与芳香亚胺化合物反应，高立体选择性地生成 β-氨基醛。然后再被 LiAlH₄ 还原为相应的醇类化合物 (式 3)[4]。当体系中同时存在偶氮类化合物时，β-氨基醛会继续与其发生亲电胺化反应，生成顺式 2,3-二氨基醇类化合物，实现"一锅法"反应 (式 4)[5]。

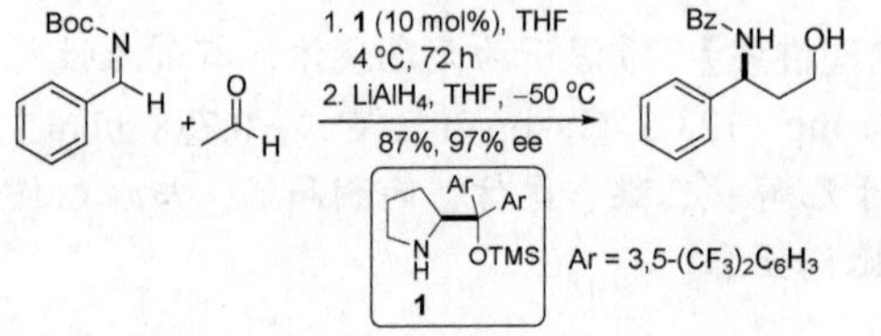

$$ \text{(3)} $$

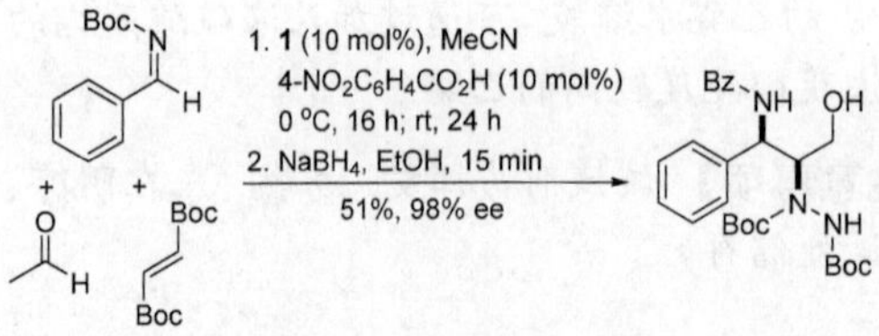

$$ \text{(4)} $$

在手性氨基磺酰胺催化剂 2 的作用下，过量的乙醛可与 Boc 保护的亚胺化合物发生不对称 Mannich 反应，高产率地得到立体结构单一的 β-氨基醛 (式 5)[6]。

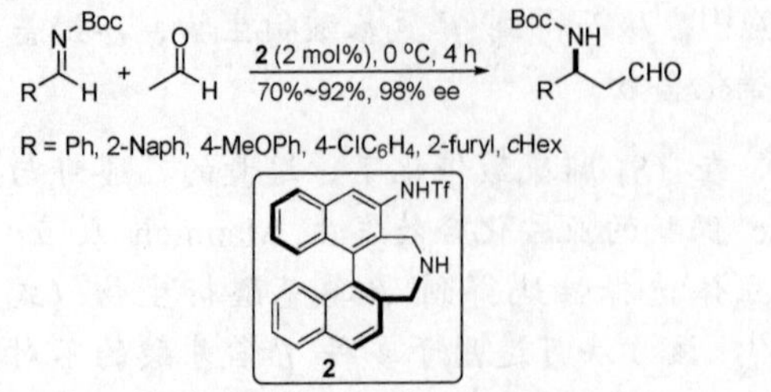

$$ \text{(5)} $$

R = Ph, 2-Naph, 4-MeOPh, 4-ClC₆H₄, 2-furyl, cHex

在 (S)-脯氨醇衍生物 3 的催化下，乙醛可与芳香醛发生不对称羟醛缩合反应。所得中间体被 NaBH₄ 还原后，生成手性 1,3-二羟基化合物 (式 6)[7]。

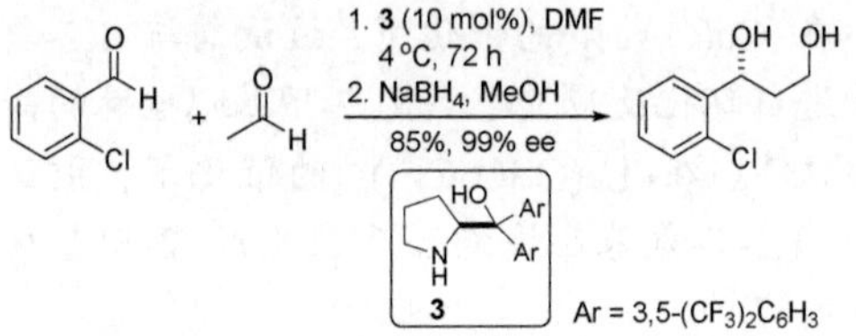

$$ \text{(6)} $$

Ar = 3,5-(CF₃)₂C₆H₃

在乙醛与芳香醛的交叉羟醛缩合反应中，使用不同的催化剂会产生不同的化学选择性。原因是催化剂的不同会导致反应中酰基阴离子来源不同，从而得到不同的主产物 (式 7)[8]。

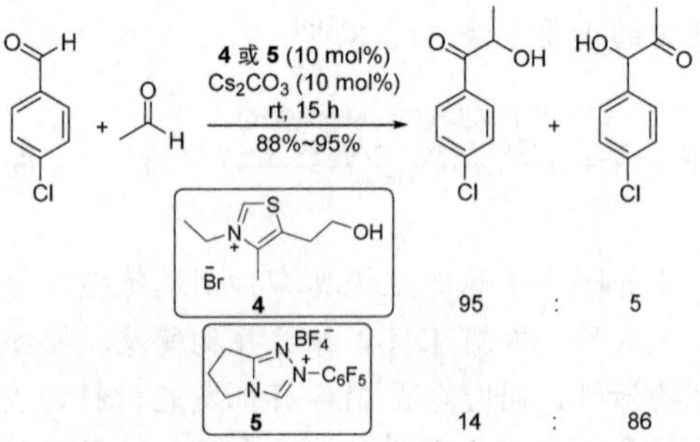

$$ \text{(7)} $$

| | 95 | : | 5 |
| | 14 | : | 86 |

在手性茚醇衍生物 6 的催化下，乙醛可以作为酰基负离子的来源，与反式查耳酮发生 Stetter 反应，生成 1,4-二羰基化合物 (式 8)[9]。该反应具有一定的立体选择性。

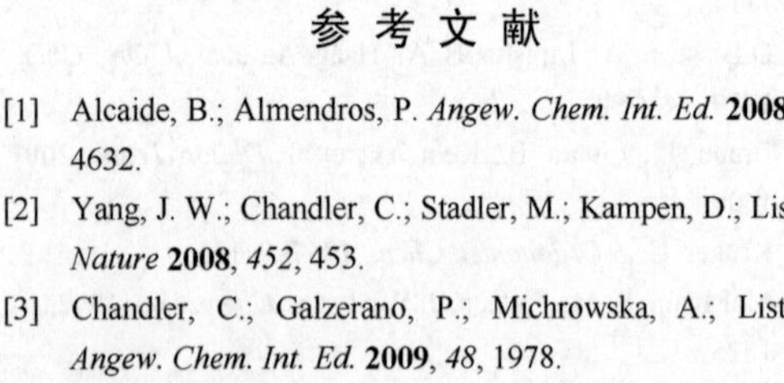

$$ \text{(8)} $$

R¹ = Ph, 2-Naph
R² = Ph, 4-ClC₆H₄,
4-CNC₆H₄,
3-OMeC₆H₄

参 考 文 献

[1] Alcaide, B.; Almendros, P. *Angew. Chem. Int. Ed.* 2008, 47, 4632.

[2] Yang, J. W.; Chandler, C.; Stadler, M.; Kampen, D.; List, B. *Nature* 2008, 452, 453.

[3] Chandler, C.; Galzerano, P.; Michrowska, A.; List, B. *Angew. Chem. Int. Ed.* 2009, 48, 1978.

[4] Hayashi, Y.; Okano, T.; Itoh, T.; et al. *Angew. Chem. Int. Ed.* 2008, 47, 9053.

[5] Coeffard, V.; Desmarchelier, A.; Morel, B.; et al. *Org. Lett.* 2011, 13, 5778.

[6] Kano, T.; Yamaguchi, Y.; Maruoka, K. *Angew. Chem. Int. Ed.* 2009, 48, 1838.

[7] Hayashi, Y.; Itoh, T.; Aratake, S.; Ishikawa, H. *Angew. Chem. Int. Ed.* 2008, 47, 2082.

[8] Jin, M. Y.; Kim, S. M.; Han, H.; et al. *Org. Lett.* 2011, 13, 880.

[9] Kim, S. M.; Jin, M. Y.; Kim, M. J.; et al. *Org. Biomol. Chem.* **2011**, *9*, 2069.

[武金丹，巨勇*，清华大学化学系；JY]

乙醛酸乙酯

【英文名称】 Ethyl glyoxylate

【分子式】 $C_4H_6O_3$

【分子量】 102.09

【CAS 登录号】 [924-44-7]

【缩写和别名】 Ethyl 2-oxoacetate，Glyoxylic acid ethyl ester，Ethyl oxoacetate

【结构式】

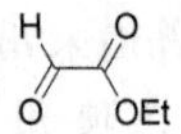

【物理性质】 bp 110 ℃，ρ 1.03 g/cm³，市售商品一般为 50% 的甲苯溶液。

【制备和商品】 国内外各大试剂公司均有销售。一般不在实验室中制备。

【注意事项】 该试剂对空气敏感，应密封在惰性气体环境下低温保存。长时间放置也可以聚合方式存在，加热可解聚。

乙醛酸乙酯分子中的醛羰基十分活泼，可以进行环加成反应、Prins 反应等。该试剂可用于制备一些杂环化合物，是一种多用途的合成试剂。

乙醛酸乙酯与共轭二烯可发生 [4+2] 环加成反应[1~3]。在手性催化剂的催化下，该试剂与 1,3-环己二烯在室温下可发生环加成反应。该反应具有很好的立体选择性 (式 1)[1]。乙醛酸乙酯与烯酮能够发生 [2+2] 环加成反应，得到 β-内酯化合物[4~6]。在手性催化剂的存在下，该反应也具有非常好的立体选择性 (式 2)[4]。

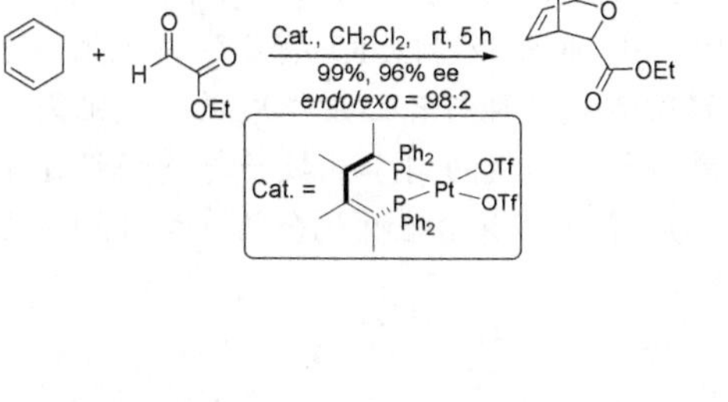

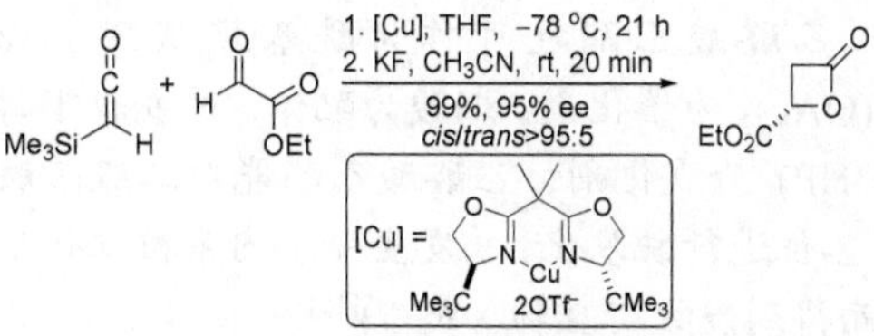

乙醛酸乙酯与烯烃可以发生 Prins 反应[7~9]。在镍催化剂和手性配体的作用下，α-甲基苯乙烯与乙醛酸乙酯反应可以很高的产率和对映选择性得到目标产物 (式 3)[7]。

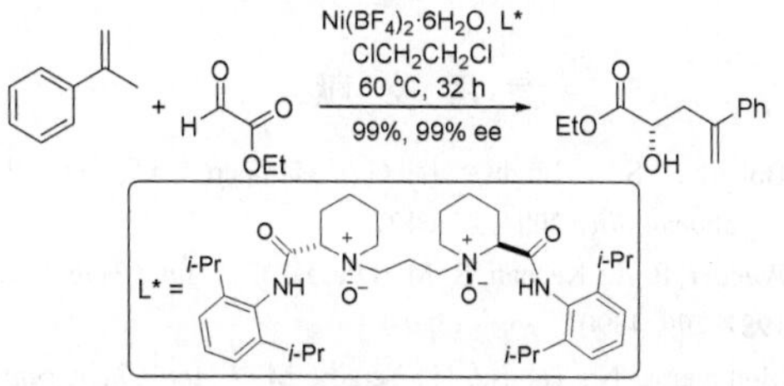

乙醛酸乙酯与一些芳环化合物 (如噻吩[10]、吲哚[11]、2-苯基吡啶[12]、N,N-二甲基苯胺[13]、对二甲氧基苯[14]) 也能发生 Prins 反应。在铑催化剂的作用下，2-苯基吡啶与乙醛酸乙酯的反应可以高产率得到 Prins 反应产物 (式 4)[12]。当加入手性配体时，该反应也能表现出很好的对映选择性 (式 5)[13]。

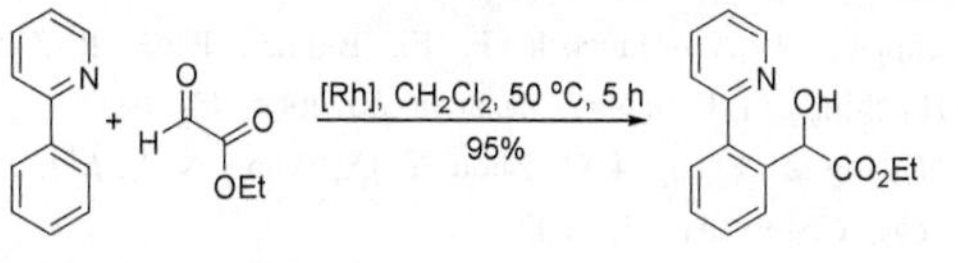

[Rh] = (CH₃CN)₃Cp*Rh(SbF₆)₂

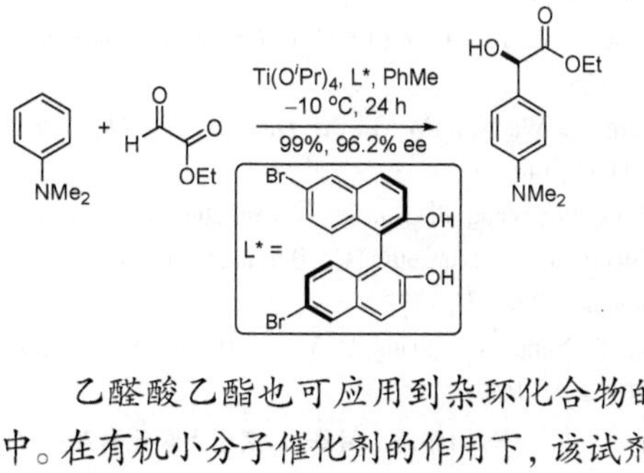

乙醛酸乙酯也可应用到杂环化合物的合成中。在有机小分子催化剂的作用下，该试剂与 α-羰基羧酸反应，可得到呋喃酮衍生物 (式 6)[15]。

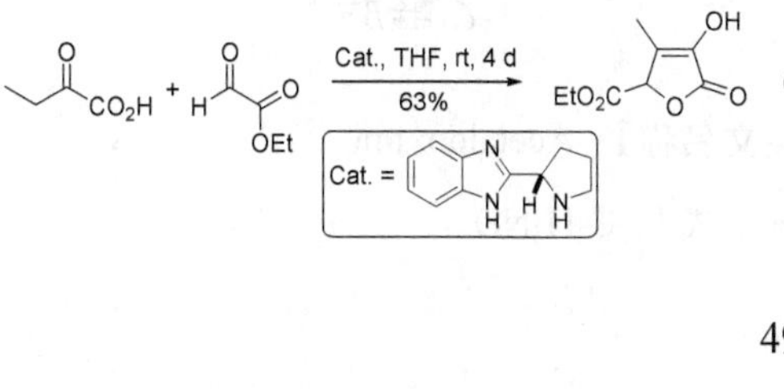

　　乙醛酸乙酯也可作为酰基化试剂。以 Cu(OAc)$_2$ 为催化剂，烟酸为配体，过氧叔丁醇 (TBHP) 为氧化剂，乙醛酸乙酯能对二级芳胺的 2-位进行酰基化，并发生分子内亲核取代反应而得到靛红衍生物 (式 7)[16]。

$$\text{(7)}$$

参 考 文 献

[1] Doherty, S.; Knight, J. G.; Hardacre, C.; et al. *Organometallics* **2004**, *23*, 6127.

[2] Wender, P. A.; Keenan, R. M.; Lee, H. Y. *J. Am. Chem. Soc.* **1987**, *109*, 4390.

[3] Momiyama, N.; Tabuse, H.; Terada, M. *J. Am. Chem. Soc.* **2009**, *131*, 12882.

[4] Evans, D. A.; Janey, J. M. *Org. Lett.* **2001**, *3*, 2125.

[5] Forslund, R. E.; Cain, J.; Colyer, J.; Doyle, M. P. *Adv. Synth. Catal.* **2005**, *347*, 87.

[6] Armstrong, A.; Geldart, S. P.; Jenner, C. R.; Scutt, J. N. *J. Org. Chem.* **2007**, *72*, 8091.

[7] Zheng, K.; Shi, J.; Liu, X. H.; Feng, X. M. *J. Am. Chem. Soc.* **2008**, *130*, 15770

[8] Morizur, J. F.; Mathias, L. J. *Tetrahedron Lett.* **2007**, *48*, 5555.

[9] Caplan, N. A.; Hancock, F. E.; Bulman Page, P. C.; Hutchings, G. J. *Angew. Chem. Int. Ed.* **2004**, *43*, 1685.

[10] Huang, Z.; Zhang, J. C.; Zhou, Y. Q.; Wang, N. X. *Eur. J. Org. Chem.* **2011**, *5*, 843.

[11] Dong, H. M.; Lu, H. H; Lu, L. Q.; et al. *Adv. Synth. Catal.* **2007**, *349*, 1597.

[12] Yang, L.; Correia, C. A.; Li, C. J. *Adv. Synth. Catal.* **2011**, *353*, 1269.

[13] Yuan, Y.; Wang, X. W.; Li, X.; Ding, K. L. *J. Org. Chem.* **2004**, *69*, 146.

[14] Zhang, W.; Wang, P. G. *J. Org. Chem.* **2000**, *65*, 4732.

[15] Vincent, J. M.; Margottin, C.; Berlande, M.; et al. *Chem. Commun.* **2007**, *45*, 4782.

[16] Liu, T.; Yang, H. J.; Jiang, Y. Y.; Fu, H. *Adv. Synth. Catal.* **2013**, *355*, 1169.

[张皓，付华*，清华大学化学系；FH]

乙醛肟

【英文名称】 Acetaldoxime

【分子式】 C$_2$H$_5$NO

【分子量】 59.07

【CAS 登录号】 [107-29-9]; (*E*)-: [5780-37-0]; (*Z*)-: [5775-72-4]

【缩写和别名】 AAO，AAX，Ethanal oxime，Acetaldehyde oxime

【结构式】

【物理性质】 固体，mp 44~46 ℃，bp 113~114 ℃ (*E*/*Z* 混合物)。能溶于水及大多数有机溶剂。

【制备和商品】 国内外试剂公司均有销售。由羟胺和乙醛水溶液在碱存在下缩合而得。在目前的工业生产中，普遍采用含量较高的晶体硫酸羟胺作原料，在使用时再将其配制成 20%~50% 的水溶液，然后与乙醛反应生成乙醛肟。

【注意事项】 使用该试剂建议在通风橱中进行。该试剂在通常条件下会缓慢分解，建议现制现用。

　　由于 C=N 双键以及不对称肟 (如乙醛肟) 会以 *E*-异构体和 *Z*-异构体的混合形式存在 (通常涉及顺式和反式异构体)，其构型可以通过 ^{1}H NMR 和 ^{13}C NMR 来确定，平衡也会随条件不同而发生改变。文献中报道的平衡点，在纯化合物中 *E*-构型占 40% 左右；在酸性水溶液中，*E*-构型占 46%。但其平衡点与温度和酸的浓度无关。*Z*-乙醛肟可以通过新蒸的 *Z*/*E* 混合物缓慢结晶来制得。

　　1,3-偶极环加成反应和环化反应 乙醛肟与丙烯酸甲酯或丙烯腈会进行很缓慢的环加成反应，最终得到 2:1 的区域和立体异构的混合物[1]。在钯催化下，乙醛肟可与 1,3-丁二烯反应，经过 1,3-偶极环加成形成硝酮中间体，生成异噁唑烷[2]。用 NCS 或 NaClO 将乙醛肟氯化，得到乙羟胺酰氯，再与三乙胺作用脱去氯化氢生成腈氧化物。形成的 1,3-偶极子与烯烃经过环加成反应得到 2-异噁唑啉化合物 (式 1)[3]。此类反应也适应于构建更复杂的分子。

$$（1）$$

乙醛肟经氯化后生成的氯代肟在碱性条件下可以与酮发生缩合反应，生成异噁唑化合物（式 2）[4]。乙醛肟与二乙酰单肟环缩合得到 N-氧化-羟基咪唑[5]。

$$（2）$$

乙醛肟的烷基化反应　乙醛肟在 −78 ℃下用 2 倍量的正丁基锂去质子化可得到一个负二价的阴离子，再与苄基溴或 1-碘丙烷作用，可以高产率得到 α-烷基化的 Z-型肟（式 3）[6]。通过相似的条件进一步烷基化可得到 α,α-二烷基化的产物。值得注意的是去质子化和烷基化过程必须在 −78 ℃ 下完成，否则将不能得到烷基化产物，而主要得到的副产物是腈类化合物。如果使用 t-BuOK 作为碱，在 DMSO 中反应，则会得到 O-烷基化的产物（式 4）[7]。再者，氧的烷基化可以通过乙醛肟的钠盐和 α-溴代酮来完成[8]，继而用四氢铝锂来氢解 N—O 键来合成相应的 1,2-二醇。

$$（3）$$

$$（4）$$

重排成乙酰胺或脱水成乙腈　使用 Pd(en)(NO₃)₂ 作为催化剂，在乙腈溶剂中，乙醛肟会脱水，以高产率得到乙腈。而用甲醇或水作溶剂时，则发生重排反应生成乙酰胺（式 5）[9]。使用 NiCl₂·6H₂O 为催化剂，在伯胺存在的条件下，乙醛肟可作为乙酰化试剂（式 6）[10]。

$$（5）$$

$$（6）$$

乙醛肟作为水合试剂　在金属催化的条件下，乙醛肟可以作为水的替代物，对腈类化合物进行水解得到酰胺（式 7）[11~13]。若使用铜作为催化剂，在卤代芳烃存在的条件下，可与生成的酰胺发生偶联反应（式 8）[14]。

$$（7）$$

$$（8）$$

参 考 文 献

[1] Grigg, R.; Jordan, M.; Tangthongkum, A.; et al. *J. Chem Soc., Perkin Trans. 1* **1984**, 47.

[2] Baker, R.; Nobbs, M. S. *Tetrahedron Lett.* **1977**, 3759.

[3] Chimichi, S.; Boccalini, M.; Cosimelli, B.; et al. *Tetrahedron* **2003**, *59*, 3759.

[4] Coffman, K. C.; Palazzo, T. A.; Hartley, T. P.; et al. *Org. Lett.* **2013**, *15*, 2062.

[5] Gawley, R. E.; Nagy, T. *Tetrahedron Lett.* **1984**, *25*, 263.

[6] Wright, J. B. *J. Org. Chem.* **1964**, *29*, 1620.

[7] Pallavicini, M.; Moroni, B.; Bolchi, C.; et al. *Bioorg. Med. Chem. Lett.* **2004**, *14*, 5827.

[8] Gravestock, M. B.; Morton, D. R.; Boots, S. G.; Johnson, W. S. *J. Am. Chem. Soc.* **1980**, *102*, 800.

[9] Tambara, K.; Pantos, G. D. *Org. Biomol. Chem.* **2013**, *11*, 2466.

[10] Allen, C. L.; Davulcu, S.; Williams, J. M. J. *Org. Lett.* **2010**, *12*, 5096.

[11] Lee, J.; Kim, M.; Chang, S.; Lee, H.-Y. *Org. Lett.* **2009**, 11, 5598.

[12] Kim, E. S.; Lee, H. S.; Kim, S. H.; Kim, J. N. *Tetrahedron Lett.* **2010**, *51*, 1589.

[13] Ma, X.-Y.; He, Y.; Hu, Y.-L.; Lu, M. *Tetrahedron Lett.* **2012**, *53*, 449.

[14] Zhang, D.-X.; Xiang, S.-K.; Hu, H.; et al. *Tetrahedron* **2013**, *69*, 10022.

[吴筱星，中国科学院广州生物医药与健康研究院；WXY]

乙酸酐

【英文名称】　Acetic anhydride

【分子式】　$C_4H_6O_3$

【分子量】 102.09

【CAS 登录号】 [108-24-7]

【缩写和别名】 Ac$_2$O, 醋酸酐, 氧化乙酰, 乙酐, 乙酰化氧

【结构式】

$$H_3C-C(=O)-O-C(=O)-CH_3$$

【物理性质】 无色易挥发液体, 具有强烈刺激性气味和腐蚀性。bp 138~140 °C, mp −73 °C, ρ 1.082 g/cm^3。溶于冷水, 在热水中分解成醋酸, 与乙醇生成乙酸乙酯。溶于氯仿、乙醚和苯。

【制备和商品】 试剂公司有售。工业上常用烯酮和乙酸的乙酰化来制备乙酸酐。实验室可通过乙酸钠和乙酰氯反应分馏得到乙酸酐。

【注意事项】 该试剂与水反应剧烈, 需在密封、干燥处保存。具有腐蚀性, 勿接触皮肤或眼睛, 以防引起损伤。具有催泪性。

乙酸酐的用途广泛, 在工业上可用于水分测定、醇和芳香族伯胺及仲胺的检测以及色谱分离用试剂等。在有机合成中, 乙酸酐主要用作乙酰化试剂, 用于制造纤维素乙酸酯、乙酸塑料、不燃性电影胶片等。在医药工业中用于制造合霉素、痢特灵、地巴唑、咖啡因和阿丝匹林、磺胺等药物。在香料工业中用于生产香豆素、乙酸龙脑酯、葵子麝香、乙酸柏木酯、乙酸松香酯、乙酸苯乙酯和乙酸香叶酯等香料。此外, 由乙酸酐生成的过氧化乙酰是聚合反应的引发剂和漂白剂。

醇与乙酸酐在 Ti(salophen)(OTf)$_2$ 的催化下, 可以高产率得到相应的乙酸酯 (式 1)[1]。

$$\begin{array}{c} \text{R-OH} \\ \text{或} \\ \text{Ar-OH} \end{array} + \text{Ac}_2\text{O} \xrightarrow[93\%\sim100\%]{\text{Ti(salophen)(OTf)}_2, \text{ DCM}} \begin{array}{c} \text{R-OAc} \\ \text{或} \\ \text{Ar-OAc} \end{array} \quad (1)$$
R = 烷基

在 Ti(O^{i}Pr)$_4$ 或者 Ti(OEt)$_4$ 的催化下, 羰基化合物可以与羟胺反应生成肟。接着在三乙胺的存在下, 与乙酸酐在室温下反应得到相应的酰胺化合物 (式 2)[2]。

$$R \xrightarrow[\substack{2. \text{ PhMe, Et}_3\text{N, Ac}_2\text{O, rt} \\ 85\%\sim96\% \\ R = \text{烷基, 芳基}}]{1. \text{ NH}_3/\text{MeOH, Ti(O}^i\text{Pr)}_4} \quad (2)$$

在 N-甲基吡咯烷-2-酮三溴化氢 (MPHT) 的催化下, 环氧化物与乙酸酐作用可以实现环氧化物的开环氧化。该反应条件温和且反应产率较高 (式 3)[3]。

$$\text{环氧化物} + \text{Ac}_2\text{O} \xrightarrow{\text{MPHT, rt}} \text{二乙酰氧基产物} \quad (3)$$
R = H, Me, Ac

硫醇衍生物与乙酸酐在室温下反应可以得到相应的羧酸和羧酸硫代酯。该反应高效且具有一定的化学选择性 (式 4)[4]。

$$\text{RSH} + \text{Ac}_2\text{O} \xrightarrow[91\%\sim96\%]{\substack{\text{K}_2\text{CO}_3 \\ \text{MeCN 或 EtOAc}}} \text{AcCOSR} + \text{AcCO}_2\text{H} \quad (4)$$
R = 烷基, 芳基, TMS

在三氟甲磺酸三甲基硅酯 (TMSOT) 和二甲基乙酰胺 (DMAC) 溶剂中, 乙酸酐可以与硫酮的衍生物进行 Pummerer 反应生成相应的酰化产物。反应中三氟甲磺酸三甲基硅酯的使用可以大大提高该反应的立体选择性 (式 5)[5]。

$$\text{Me-C}_6\text{H}_4\text{-S(=O)-CH}_2\text{-C(=O)OEt} + \text{Ac}_2\text{O} \xrightarrow[89\% \text{ ee}]{\substack{\text{TMSOTf} \\ \text{DMAC, rt}}} \text{Ph-S-CH(OAc)-C(=O)OEt} \quad (5)$$

在己烯雌酚 (DES) 的催化下, 芳基醛衍生物可以与乙酸酐反应, 得到相应的羧酸产物。该产物可以通过乙醇和水进行纯化, 且该反应的催化效率相对较高, 连续催化三次反应产率也不会明显降低 (式 6)[6]。

$$\text{R-CHO} + \text{Ac}_2\text{O} \xrightarrow{\text{DES, 28}\sim32\,°\text{C}} \text{R-CH=CH-C(=O)OH} \quad (6)$$
R = 芳基, 杂芳基

在酸或 Lewis 酸的催化下, 醌与乙酸酐反应可生成三乙酰氧基芳香族化合物。这是制备多取代芳构化衍生物的一种有效方法 (式 7)[7]。

$$\text{苯醌} + 2\,\text{Ac}_2\text{O} \xrightarrow{\text{H}_2\text{SO}_4} \text{三乙酰氧基苯} + \text{CH}_3\text{CO}_2\text{H} \quad (7)$$

Trogers 碱 (TBS) 与二甲基过氧化酮反应, 以较高的产率生成相应的 N-氧化物。该

化合物进一步与乙酸酐反应，经过 Polonovski 型反应以及氮-氮键的形成得到肼。在反应中，反应物的空间位阻会明显影响两个氧化步骤，并影响 N-氧化物的活化 (式 8)[8]。

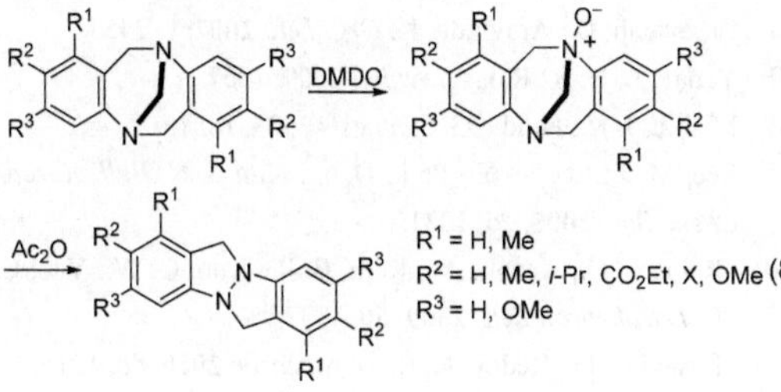

参 考 文 献

[1] Yadegari, M.; Moghadam, M.; Tangestaninejad, S.; et al. *Polyhedron* **2011**, *30*, 2237.

[2] Reeves, J. T.; Tan, Z. L.; Han, Z. X. S.; et al. *Angew. Chem.* **2012**, *124*, 1429.

[3] Singhal, S.; Jain, S. L.; Sain, B. *Chemical Sciences Division* **2011**, *29*, 1829.

[4] Temperini, A.; Annesi, D.; Testaferri, L.; Tiecco, M. *Tetrahedron lett.* **2010**, *51*, 5368.

[5] Patil, M.; Loerbroks, C.; Thiel, W. *Org. Lett.* **2013**, *15*, 1682.

[6] Pawar, P. M.; Jarag, K. J.; Shankarling, G. S. *Green Chemistry* **2011**, *13*, 2130.

[7] Hirama, M.; Ito, S. *Chem. Lett.* **1977**, 627.

[8] Gao, X. F.; Hampton, C. S.; Harmata, M. *Eur. J. Org. Chem.* **2012**, 7053.

[梁云，巨勇*，清华大学化学系；JY]

乙酸铁(Ⅱ)

【英文名称】 Ferrous acetic acid

【分子式】 Fe(CH₃CO₂)₂，C₄H₆FeO₄

【分子量】 173.93

【CAS 登录号】 [3094-87-9]

【缩写和别名】 醋酸亚铁，乙酸亚铁

【结构式】

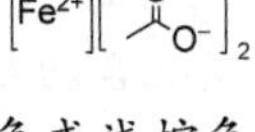

$$\left[Fe^{2+} \right] \left[\begin{array}{c} O \\ \text{—} C \text{—} O^- \end{array} \right]_2$$

【物理性质】 白色或浅棕色固体化合物，mp 190~200 ℃。在水中的溶解度很高，可以形成浅绿色的四水合物。

【制备和商品】 该试剂可以由铁粉与浓乙酸反应制备。

近年来，乙酸铁(Ⅱ) 被广泛应用于各种硝基化合物的还原以及随后发生的环化反应中，用来构筑多种具有生物活性的杂环结构化合物。

乙酸铁(Ⅱ) 还原多取代的二硝基苯乙烯，得到吲哚衍生物(式 1)[1,2]。

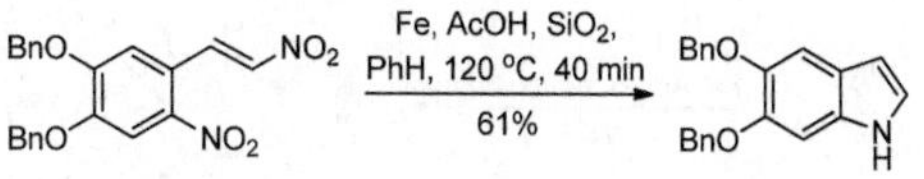

硝基烷烃与 Baylis-Hillman 乙酸酯发生 S_N2 反应，随后用乙酸铁(Ⅱ) 还原，可合成多取代的 γ-内酰胺化合物 (式 2)[3]。

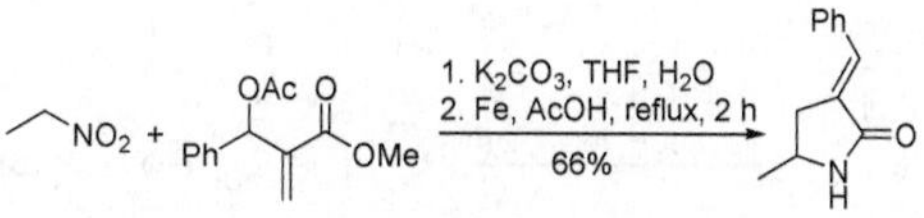

在乙酸铁(Ⅱ) 的作用下，使用 Baylis-Hillman 醇，可成功合成 3-苯甲酰喹啉衍生物 (式 3)[4]。

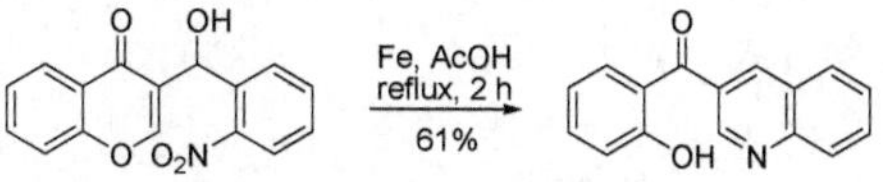

通过乙酸铁(Ⅱ) 作用的还原性环化反应，可成功地制备 2,2′-联吡啶酮衍生物 (式 4)[5]。

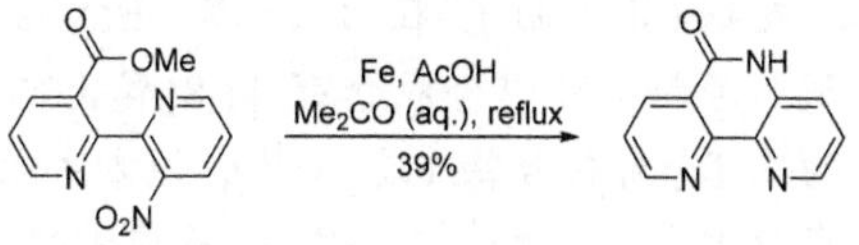

在乙酸铁(Ⅱ) 的作用下，Baylis-Hillman 乙酸酯与 1,3-环己二酮反应，可制备六氢苯并[b,g]氮杂环辛四烯衍生物 (式 5)[6]。

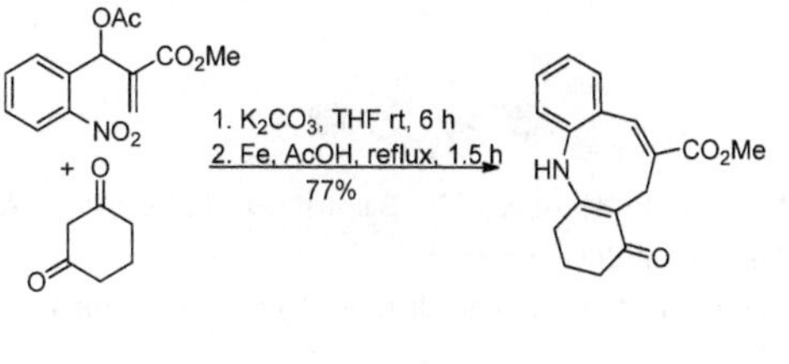

在乙酸铁(Ⅱ)的存在下，1,2-乙酰硫酚硝基烷烃发生还原性环化反应，得到环丙亚胺衍生物（式 6）[7]。

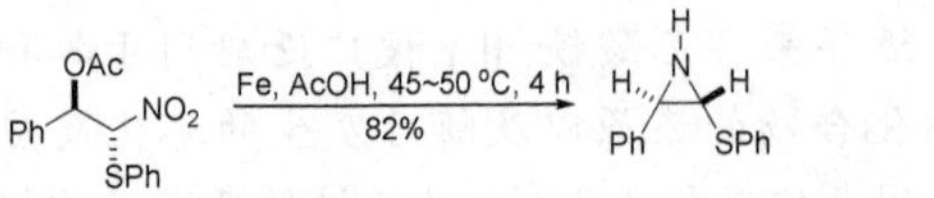

$$(6)$$

乙酸铁(Ⅱ)可用于合成一系列[1,4]苯二氮䓬衍生物。2-溴硝基苯首先与手性氨基酸发生偶联反应，随后在乙酸铁的作用下发生还原性环化（式 7）[8]。

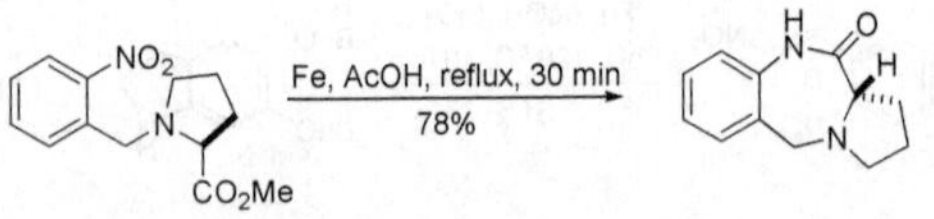

$$(7)$$

乙酸铁(Ⅱ)可用于环状硝酮和吡咯啉衍生物的制备。其中吡咯啉衍生物是主要产物（式 8）[9]。

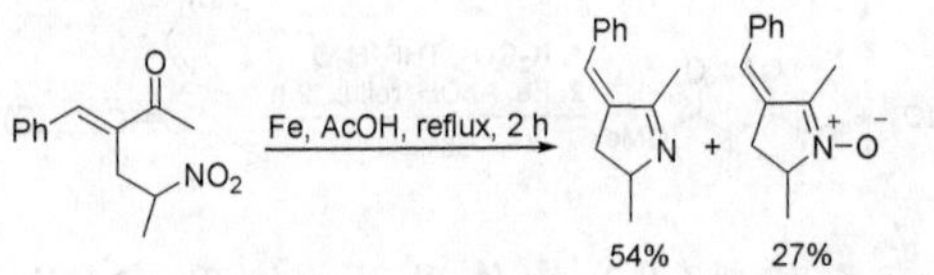

$$(8)$$

乙酸铁(Ⅱ)能够催化 (E)-3-[(1H-吲哚-3-基)甲基]-4-2-硝基苯基-3-丁烯-2-酮衍生物发生还原性环化反应，生成含有吲哚和喹啉结构的化合物（式 9）[10]。

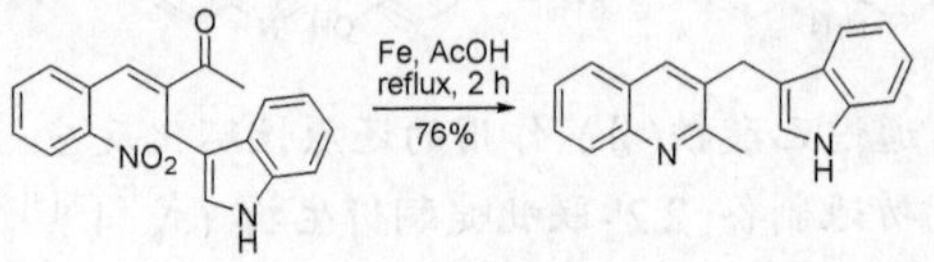

$$(9)$$

在乙酸铁(Ⅱ)的存在下，以 Baylis-Hillman 醇为原料，可以合成含有 [1,8]萘吡啶-2-酮结构的三环杂环化合物（式 10）[11]。该方法操作简便，条件温和，可通过"一锅法"反应进行。

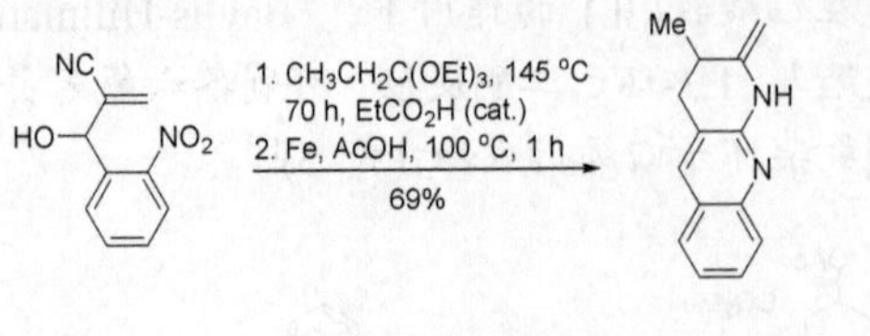

$$(10)$$

参 考 文 献

[1] Mee, S. P. H.; Lee, V.; Baldwin, J. E.; Cowley, A. Tetrahedron 2004, 60, 3695.

[2] Sinhahabu, A. K.; Borchardt R. T. J. Org. Chem. 1983, 48,

3347.

[3] Basavaiah, D.; Rao, J. S. Tetrahedron Lett. 2004, 45, 1621.

[4] Basavaiah, D.; Reddy, R. J.; Rao, J. S. Tetrahedron Lett. 2006, 47, 73.

[5] Jonsson, S.; Arribas, C. S.; Wendt, O. F.; Siegel, J. S.; Warnmark, K. Org. Biomol. Chem. 2005, 3, 996.

[6] Basavaiah, D.; Aravindu, K. Org. Lett. 2007, 9, 2453.

[7] Yadav, L. D. S.; Rai, A. Synlett 2009, 1067.

[8] Mishra, J. K.; Panda, G. Synthesis 2005, 1881.

[9] Lee, M. J.; Lee K. Y.; Park, D. Y.; Kim, J. N. Bull. Korean Chem. Soc. 2005, 26, 1281.

[10] Ramesh, C.; Kavala, V.; Raju, B. R.; Kuo, C. W.; Yao, C. F. Tetrahedron Lett. 2009, 50, 4037.

[11] Basaviah, D.; Reddy, K. R. Tetrahedron 2010, 66, 1215.

[张巽，巨勇*，清华大学化学系；JY]

乙酸异丙烯酯

【英文名称】 Isopropenyl acetate

【分子式】 $C_5H_8O_2$

【分子量】 100.12

【CAS 登录号】 [108-22-5]

【缩写和别名】 IPA，醋酸异丙烯酯

【结构式】

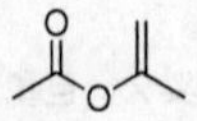

【物理性质】 无色透明液体，有水果香气。mp −93 ℃，bp 94 ℃，ρ 0.913 g/cm³。与醇、醚、酮等溶剂互溶，微溶于水。

【制备和商品】 试剂公司有售。可由乙烯酮与丙酮在硫酸催化下反应制得。

【注意事项】 该试剂易燃。闪点为 10 ℃，与空气混合可能发生爆炸。应在通风、低温、干燥处储存。

乙酸异丙烯酯是一种重要的有机合成中间体[1]。它可以在脂肪酶、碘单质或二乙基锌等的催化下，与醇类化合物发生酯交换反应[2]。该试剂常用于生物活性中间体和天然产物的合成[3]。

在脂肪酶的作用下，乙酸异丙烯酯可以生

成丙酮，在碱性条件下再与芳香醛发生羟醛缩合反应 (式 1)[4]。

$$Ar-CHO + \overset{O}{\underset{}{\|}} \xrightarrow[\text{TEA (20 mol\%), } i\text{-PrOH, rt}]{\text{Novozym 435 (0.6\%, 质量分数)}} \overset{OH \quad O}{\underset{Ar}{\|}} \quad (1)$$
$$55\%\sim76\%$$

在无溶剂的条件下，乙酸异丙烯酯还可用于糖类化合物的正交保护。在碘单质的催化下，单糖在低温下与其反应主要生成缩丙酮乙酸酯 (式 2)，而在高温时则以乙酰化的产物为主 (式 3)[5]。

$$\quad (2)$$
$$I_2, -20\ ^\circ C, 20\ min$$
$$86\%$$

$$\quad (3)$$
$$I_2, 80\ ^\circ C, 5\ min$$
$$78\%$$

在脂肪酶的催化下，乙酸异丙烯酯与不同对映体的醇类化合物反应速率不同。根据这一原理，可对醇类化合物的外消旋体进行动力学拆分 (式 4)[6]。此外，该方法还可用于鉴别伯醇、仲醇和叔醇，以及手性羧酸和二醇。

$$\quad (4)$$
$$\text{Lipase, PhMe}$$
$$85\%\sim99\% ee$$
R = 烷基，芳基

在铑(Ⅱ) 催化剂的作用下，二级醇可与乙酸异丙烯酯发生乙酰化反应，从而实现动力学拆分 (式 5)[7]。该反应普适性强，ee 值也较高。

$$\quad (5)$$
$$\eta^5\text{-Ph}_5\text{CpRu(CO)}_2X$$
$$t\text{-BuOK, PhMe, rt, 3 h}$$
$$95\%\sim99\%, >99\% ee$$
R = 烷基，芳基
X = Cl, Br

乙酸异丙烯酯可与芳基格氏试剂反应，生成具有对称结构的 1,3-二羟基芳香化合物 (式 6)[8]。该反应以生成反式 1,3-二醇为主，可应用于大环内酯类抗生素的合成。

$$PhMgBr + \quad \xrightarrow[\text{2. NH}_4\text{Cl (aq.)}]{\text{1. THF, rt}} \quad (6)$$
$$85\%$$
$$6 \quad : \quad 1$$

在钇(Ⅲ) 催化剂作用下，乙酸异丙烯酯可与伯醇或仲醇发生酯交换反应。在与氨基醇反应

时，乙酸异丙烯酯对羟基具有选择性 (式 7)[9]。

$$\quad \xrightarrow[\text{5 min, rt}]{\text{Y}_5(\text{O}i\text{-Pr})_{13}\text{O (0.5 mol\%)}} \quad (7)$$
$$>95\%$$

在铑催化剂的作用下，与乙酸异丙烯酯相似的乙酸乙烯酯也可以发生不对称加氢甲酰化反应，生成 (R)-(2-乙酰氧基)-丙醛 (式 8)[10]。该化合物可以进一步反应可生成手性异噁唑啉和咪唑类化合物。

$$\quad \xrightarrow[\text{93\%}\sim97\% ee]{\text{Rh/diazaphospholane, CO/H}_2} \overset{CHO}{\underset{OAc}{}} \quad (8)$$

参 考 文 献

[1] Hart, H.; Rappoport, Z.; Biali, S. E. *The Chemistry of Enols*. Wiley: Chichester, **1990**.

[2] (a) Ghanem, A.; Schurig, V. *Monatsh. Chem.* **2003**, *134*, 1151. (b) Ghanem, A.; Schurig, V. *Chirality* **2001**, *13*, 118.

[3] Crimmins, M. T.; Mans, M. C.; Rodríguez, A. D. *Org. Lett.* **2010**, *12*, 5028.

[4] Kumar, M.; Shah, B. A.; Taneja, S. C. *Adv. Synth. Catal.* **2011**, *353*, 1207.

[5] Mukherjee, D.; Shah, B. A.; Gupta, P.; Taneja, S. C. *J. Org. Chem.* **2007**, *72*, 8965.

[6] Ghanem, A.; Enein, H. Y. A. *Chirality* **2005**, *17*, 1.

[7] Matute, B. M.; Edin, M.; Bogar, K.; et al. *J. Am. Chem. Soc.* **2005**, *127*, 8817.

[8] Jiao, Y.; Cao, C.; Zhou, Z. *Org. Lett.* **2011**, *13*, 180.

[9] Lin, M. H.; Rajanbabu, T. V. *Org. Lett.* **2000**, *2*, 997.

[10] Thomas, P. J.; Axtell, A. T.; Klosin, J.; et al. *Org. Lett.* **2007**, *9*, 2665.

[武金丹，巨勇*，清华大学化学系；JY]

乙酸银

【英文名称】 Silver(Ⅰ) acetate

【分子式】 $C_2H_3AgO_2$

【分子量】 166.91

【CAS 登录号】 [563-63-3]

【缩写和别名】 醋酸银

【结构式】

$$\overset{O}{\underset{}{\|}}{\overset{}{\diagdown}}OAg$$

【物理性质】 微溶于水，溶于热水，溶于甲醇

和 DMF。受热分解。

【制备和商品】 国内外化学试剂公司均有销售。

乙酸银 (AgOAc) 是一种多功能的乙酸盐, 广泛地用作多种反应的催化剂、添加剂和氧化剂[1,2]。其中的 Ag^+ 可以充当路易斯酸, AcO^- 可以作为碱, $Ag(I)$ 可以作为氧化剂。乙酸银作为路易斯酸催化剂或氧化剂应用于许多成环反应, 与手性配体结合使用时可以有效地催化不对称反应。

在 AgOAc/**L1** 催化下, 末端炔能够与亚胺进行不对称加成反应生成手性炔丙胺衍生物 (式 1)[3]。在该反应中, 反应中间体是乙酸银与末端炔反应生成的炔基银。

$$(1)$$

AgOAc/**L2** 催化剂体系能催化不对称的曼尼希反应, 生成的产物可以用作合成生物碱 Sedamine 的中间体 (式 2)[4]。

$$(2)$$

AgOAc/**L2** 体系也能够催化 Danishefsky 二烯与亚胺反应构建环化产物 (式 3)[5]。使用 Wang 树脂负载的 **L2** 不仅可以提高反应高效率, 而且可以至少循环 5 次。乙酸银催化的环加成反应也能应用于合成 3,4-二氢-2*H*-吡咯[6]和 2,3-二氢-1*H*-吡咯环[7]化合物。

$$(3)$$

在 DBU 的存在下, 乙酸银能够催化炔醇与 CO_2 的环化反应生成内酯[8]。在双亚胺吡啶配体 **L3** 的存在下, 双炔基醇能够立体选择性地与 CO_2 发生环化反应 (式 4)[9]。在超临界 CO_2 中, 该试剂能够催化炔醇、CO_2 和胺的三组分环化反应[10]。

$$(4)$$

乙酸银能催化邻位炔醇与 Ts-保护的氨基的分子内环化反应 (式 5)[11]。该反应在室温下即可高效进行, 这可能是因为 Ag^+ 作为路易斯酸对炔烃起到了活化作用。

$$(5)$$

乙酸银还能够作为氧化剂促进环化反应。例如: 在 2 摩尔倍量的该试剂作用下, 芳胺与两分子醛缩合生成 1,3,4-三取代吡咯衍生物 (式 6)[12]。该方法已经用于天然产物 Purpurone 的全合成。

$$(6)$$

乙酸银也能够作为氧化剂实现二苯基氧化膦的 C–H/P–H 键与炔烃的氧化脱氢环化反应, 生成氧化磷杂吲哚 (式 7)[13]。此外, 该试剂也常作为其它金属配合物催化 C–H 键活化反应的氧化剂或添加剂[14,15]。

$$(7)$$

参 考 文 献

[1] Naodovic, M.; Yamamoto, H. *Chem. Rev.* **2008**, *108*, 3132.

[2] Chen, Q.-A.; Wang, D.-S.; Zhou, Y.-G. *Chem. Commun.* **2010**, *46*, 4043.

[3] Rueping, M.; Antonchick, A. P.; Brinkmann, C. *Angew.*

Chem. Int. Ed. **2007**, *46*, 6903.

[4] Josephsohn, N. S.; Snapper, M. L.; Hoveyda, A. H. *J. Am. Chem. Soc.* **2004**, *126*, 3734.

[5] Josephsohn, N. S.; Snapper, M. L.; Hoveyda, A. H. *J. Am. Chem. Soc.* **2003**, *125*, 4018.

[6] Peddibhotla, S.; Tepe, J. J. *J. Am. Chem. Soc.* **2004**, *126*, 12776.

[7] Song, J.; Guo, C.; Chen, P.-H.; et al. *Chem.-Eur. J.* **2011**, *17*, 7786.

[8] Yamada, W.; Sugawara, Y.; Cheng, H. M.; et al. *Eur. J. Org. Chem.* **2007**, 2604.

[9] Yoshida, S.; Fukui, K.; Kikuchi, S.; Yamada, T. *J. Am. Chem. Soc.* **2010**, *132*, 4072.

[10] Jiang, H.-F.; Zhao, J.-W. *Tetrahedron Lett.* **2009**, *50*, 60.

[11] Susanti, D.; Koh, F.; Kusuma, J. A.; et al. *J. Org. Chem.* **2012**, *77*, 7166.

[12] Li, Q.; Fan, A.; Lu, Z.; et al. *Org. Lett.* **2010**, *12*, 4066.

[13] Unoh, Y.; Hirano, K.; Satoh, T.; Miura, M. *Angew. Chem. Int. Ed.* **2013**, *52*, 12975.

[14] Dai, H.-X.; Li, G.; Zhang, X.-G.; et al. *J. Am. Chem. Soc.* **2013**, *135*, 7567.

[15] Neely, J. M.; Rovis, T. *J. Am. Chem. Soc.* **2014**, *136*, 2735.

[华瑞茂，清华大学化学系；HRM]

乙酰丙酮钯

【英文名称】 Palladium(Ⅱ) acetylacetonate

【分子式】 $C_{10}H_{14}O_4Pd$

【分子量】 304.64

【CAS 登录号】 [14024-61-4]

【缩写和别名】 二(乙酰丙酮)钯，双(乙酰内酮)钯，Bis(acetylacetonato)palladium(Ⅱ)，Palladium(Ⅱ) 2,4-pentanedionate

【结构式】

【物理性质】 mp 210 ℃。溶于甲醇、DMF、甲苯和氯仿等有机溶剂。

【制备和商品】 国内外化学试剂公司均有销售。

乙酰丙酮钯 [Pd(acac)₂] 是常用的二价钯催化剂和催化剂前体，它常与膦配体一起使用。该试剂是交叉偶联反应、炔烃和烯烃的选择性转化、羰基化反应和多种环化反应等的有效催化剂。

在膦配体的存在下，该试剂能够催化二溴代芳烃与取代的吡咯羧酸钾的脱羧交叉偶联反应，为有效构筑含吡咯基联芳烃提供了新的合成方法 (式 1)[1]。该反应对多种二溴芳烃有广泛的适用性，且产物中的酯基在水解之后能进一步发生脱羧交叉偶联反应生成大 Π-共轭分子[2]。

在 1,2-双(二苯基膦基)苯 (dppben) 的存在下，该试剂能够催化苯硼酸与萘醌的加成反应。生成的产物经 FeCl₃ 氧化后，生成形式上苯硼酸与萘醌氧化偶联的产物 (式 2)[3]。该类反应也适合具有 1,4-蒽醌的底物。

在 PPh₃ 的存在下，该试剂能够催化吲哚与 2-乙酰氧基取代的缺电子烯烃之间的偶联反应，实现对吲哚 3-位的烯丙基化 (式 3)[4]。使用氧气作为绿色氧化剂，该试剂也能够催化炔醇与烯烃的氧化脱氢偶联反应生成产率较低的烯炔产物[5]。

该试剂与 PEt₃ 一起使用能够催化 1,3-烯炔进行的氢硅烷化反应，并且具有高度的区域选择性和立体选择性 (式 4)[6]。在 Pd 催化下，生成的二烯基硅醇能够进一步发生交叉偶联，为制备多取代 1,3-二烯提供了一种有效的方法。

在室温下，该试剂与 TFA 一起使用能够催化苯乙烯类化合物的"头对尾 (head-to-tail)"选择性的二聚反应 (式 5)[7]。

$$ \text{(5)} $$

Pd(acac)$_2$ (5 mol%), TFA
(1 equiv), CH$_2$Cl$_2$, rt, 5 min
93%

在不同的膦配体存在下，该试剂能选择性地催化甲酸炔醇酯的脱羧氢化反应[8]。使用 1,2-双(二苯基膦)乙烷 (dppe) 作为膦配体时，底物能够高度选择性地转化成为联烯 (式 6)。但使用 1,6-双(二苯基膦)己烷 (dpph) 作为膦配体时，底物中的甲酸酯基被氢解而炔烃保持不变。

$$ \text{(6)} $$

Pd(acac)$_2$ (5 mol%), dppe
(5 mol%), PhMe, 50 °C, 4 h
97%

该试剂与 PPh$_3$ 一起使用能够催化双-(1,3-二烯)、末端炔烃和三烷基硼的三组分偶联反应。该反应已经成为选择性构筑复杂多烯的有效方法 (式 7)[9]。

$$ \text{(7)} $$

PhC≡CH, n-Bu$_3$B, Pd(acac)$_2$
(5 mol%), PPh$_3$ (10 mol%)
Et$_3$N/THF, rt, 30 h
78%

该试剂也是羰基化反应的常用催化剂。例如：以 4,5-双二苯基膦-9,9-二甲基氧杂蒽 (Xantphos) 作为配体，该试剂能够催化 α-氯酮羰基化酯化反应，并串联一步 Michael 加成 (式 8)[10]。在 CO/H$_2$ 气氛下，该试剂还能够催化炔烃的选择性还原羰基化反应生成 α,β 不饱和醛[11]。在该试剂催化下，碘苯也能够进行还原羰基化反应生成芳基醛[12]。

$$ \text{(8)} $$

Pd(acac)$_2$ (1 mol%), Xantphos (2 mol%)
CO (10 bar), Bu$_3$N, MeOH, 90 °C, 15 h
76%

该试剂也能够催化一些含氮和含氧杂环的合成反应。例如：在该试剂催化下，炔基硫化膦或炔基氧化膦与邻碘苯胺能够高度选择性地生成硫化膦或氧化膦取代吲哚 (式 9)[13]。在该试剂催化下，邻硝基苯甲酸与邻溴苯甲酸酯进行脱酸-偶联-环化的串联反应生成苯并色酮[14]。

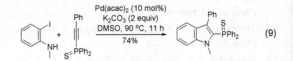

$$ \text{(9)} $$

Pd(acac)$_2$ (10 mol%)
K$_2$CO$_3$ (2 equiv)
DMSO, 90 °C, 11 h
74%

参 考 文 献

[1] Arroyave, F. A.; Reynolds, J. R. *Org. Lett.* **2010**, *12*, 1328.

[2] Arroyave, F. A.; Reynolds, J. R. *J. Org. Chem.* **2011**, *76*, 8621.

[3] Molina, M. T.; Navarro, C.; Moreno, A.; Csaky, A. G. *Org. Lett.* **2009**, *11*, 4938.

[4] Ma, S.; Yu, S.; Peng, Z.; Guo, H. *J. Org. Chem.* **2006**, *71*, 9865.

[5] Nishimura, T.; Araki, H.; Maeda, Y.; Uemura, S. *Org. Lett.* **2003**, *5*, 2997.

[6] Zhou, H.; Moberg, C. *Org. Lett.* **2013**, *15*, 1444.

[7] Ma, H.; Sun, Q.; Li, W.; et al. *Tetrahedron Lett.* **2011**, *52*, 1569.

[8] Ohmiya, H.; Yang, M.; Yamauchi, Y.; et al. *Org. Lett.* **2010**, *12*, 1796.

[9] Fukushima, M.; Takushima, D.; Satomura, H.; et al. *Chem.-Eur. J.* **2012**, *18*, 8019.

[10] Wahl, B.; Philipson, Y.; Bonin, H.; et al. *J. Org. Chem.* **2013**, *78*, 1547.

[11] Fang, X.; Zhang, M.; Jackstell, R.; Beller, M. *Angew. Chem. Int. Ed.* **2013**, *52*, 4645.

[12] Singh, A. S.; Bhanage, B. M.; Nagarkar, J. M. *Tetrahedron Lett.* **2011**, *52*, 2383.

[13] Kondoh, A.; Yorimitsu, H.; Oshima, K. *Org. Lett.* **2010**, *12*, 1476.

[14] Luo, J.; Lu, Y.; Liu, S.; et al. *Adv. Synth. Catal.* **2011**, *353*, 2604.

[华瑞茂，清华大学化学系；HRM]

3-乙氧基丙烯腈

【英文名称】 3-Ethoxyacrylonitrile

【分子式】 C$_5$H$_7$NO

【分子量】 97.12

【CAS 登录号】 [61310-53-0]

【缩写和别名】 3-Ethoxy-acrylonitril

【结构式】

【物理性质】 bp 90~91 °C (19 mmHg)，ρ 0.944 g/cm^3。溶于大多数有机溶剂，易溶于水。

【制备和商品】 以异噁唑与硫酸二乙酯为原料，可在碱性条件下"一锅法"合成 3-乙氧基丙烯腈 (式 1)[1]。

$$\text{isoxazole} \xrightarrow[85\%\sim90\%]{\text{NaOH, }(C_2H_5)_2SO_4,\ \text{aq. } C_2H_5OH,\ 30\ ^\circ C} C_2H_5O\text{—CH=CH—CN} \tag{1}$$

【注意事项】 该试剂对湿气敏感。一般在干燥的无水体系中使用，在通风橱中进行操作，在冰箱中储存。

3-乙氧基丙烯腈被用于合成胞嘧啶和维生素 B$_1$ 的前体[2]，其合成工艺是国内外有机药物合成研究的热点之一。

3-乙氧基丙烯腈与邻氟苯肼盐酸盐在乙醇钠条件下反应可以合成氨基吡唑类化合物 (式 2)[1]。

$$\xrightarrow[70\%]{\text{NaOEt, EtOH}\ 82\ ^\circ C,\ 20\ h} \tag{2}$$

如式 3 所示[3,4]：3-乙氧基丙烯腈与溴苯在 [Pd(C$_3$H$_5$)Cl]$_2$ 的催化下发生 Heck 反应，得到苯烯类化合物。

$$\xrightarrow[\text{NaHCO}_3,150\ ^\circ C,\ 20\ h]{[\text{Pd}(C_3H_5)Cl]_2,\ \text{DMF}}\ 80\% \tag{3}$$

3-乙氧基丙烯腈与氮甲基苯并咪唑盐在碳酸钾的作用下可以合成新型氮甲基苯并咪唑盐 (式 4)[5]。

$$\xrightarrow[\text{rt, 72 h}]{\text{K}_2\text{CO}_3,\ \text{CHCl}_3}\ 79\% \tag{4}$$

如式 5 所示[6]：3-乙氧基丙烯腈与尿素在丁醇钠的作用下可以合成胞嘧啶。

$$\text{EtO—CH=CH—CN} + NH_2CHONH_2 \xrightarrow[43\%]{\text{NaOC}_4H_9,\ C_2H_5OH,\ \text{reflux}} \tag{5}$$

3-乙氧基丙烯腈与腈氧化物在甲醇溶液中可发生 1,3-偶极环加成反应，只需 10 s 即可合成异噁唑类化合物 (式 6)[7]。

$$\text{EtO—CH=CH—CN} + \xrightarrow[\text{MeOH, rt, 10 s}]{} \tag{6}$$

参 考 文 献

[1] Iida, T.; Satoh, H.; Maeda, K.; et al. *J. Org. Chem.* **2005**, *70*, 9222.

[2] kakafumi, H.; Satoshi, O. *Method for Producing cytosine*; JP, 2001163863[P].

[3] Battace, A.; Feuerstein M.; Lemhadri, M.; et al. *Eur. J. Org. Chem.* **2007**, 3122.

[4] Kondolff, I.; Doucet, H.; Santelli M. *Tetrahedron. Lett.* **2003**, *44*, 8487.

[5] Matsuda, Y.; Yamashita, M.; Takahashi, K.; et al. *Heterocycles* **1992**, *33*, 295.

[6] Tarsio, P.J.; Nicholl, L. *J. Org. Chem.* **1957**, *22*, 192.

[7] Micetich, R. G. *Can. J. Chem.* **1970**, *48*, 3753.

[庞鑫龙，陈超*，清华大学化学系；CC]

乙氧基亚甲基丙二腈

【英文名称】 Ethoxymethylenemalononitrile

【分子式】 C$_6$H$_6$N$_2$O

【分子量】 122.12

【CAS 登录号】 [123-06-8]

【缩写和别名】 乙氧基二氰基乙烯

【结构式】

【物理性质】 淡黄色结晶粉末，mp 64~66 $^\circ$C，bp 296 $^\circ$C，ρ 1.07 g/cm^3。不溶于水，溶于乙醇、四氢呋喃和苯等有机溶剂中。

【制备和商品】 试剂公司有售。可在醋酸酐的催化下，由三乙氧基甲烷与丙二腈反应制得 (式 1)[1]。

$$CH(OEt)_3 + \xrightarrow[94\%]{(AcO)_2,\ \text{reflux, 4 h}} \tag{1}$$

乙氧基亚甲基丙二腈是一种重要的有机合成试剂，被广泛应用于吡唑[2]、嘧啶[3]、苯二氮䓬[4]等杂环化合物的合成。

邻苯二胺与乙氧基亚甲基丙二腈在室温下反应，可生成氨基单取代的中间体。随后在微波条件下消除丙二腈基团，可以定量地生成苯并咪唑 (式 2)[5]。

$$(2)$$

在碱性条件下，乙氧基亚甲基丙二腈可与环庚二烯酚酮结构中的碳-碳双键发生亲电加成反应，生成 Michael 型加成产物 (式 3)[6]。

$$(3)$$

乙氧基亚甲基丙二腈可以与 3-甲氧基丙腈和溴乙酰叔丁酯反应，生成 2-(2-甲氧基)-5-氰基-6-氨基烟酸叔丁酯 (式 4)[2]。

$$(4)$$

在低温下，乙氧基亚甲基丙二腈可以与酰肼类化合物发生亲核取代反应，生成烯胺酮衍生物 (式 5)[7]。而在高温时，二者可在 DBU 的催化下生成二氮䓬七元环化合物 (式 6)[7]。

$$(5)$$

$$(6)$$

乙氧基亚甲基丙二腈与肼类化合物反应生成吡唑衍生物。该化合物首先在碱性条件下水解，随后发生分子内缩合反应，生成具有抗

炎活性的吡唑并咪唑化合物 (式 7)[8]。

$$(7)$$

乙氧基亚甲基丙二腈可与 4-肼基-8-三氟甲基喹啉反应，生成含吡唑环的衍生物。该化合物再与甲酰胺反应，生成具有抗菌活性的吡唑并嘧啶类化合物 (式 8)[9]。

$$(8)$$

参 考 文 献

[1] Li, J. R.; Zhang, L. J.; Chen, J. N.; et al. *Chin. Chem. Lett.* **2007**, *18*, 636.

[2] Santos, M. S.; Oliveira, M. L.; Bernardino, A. M.; et al. *Bioorg. Med. Chem. Lett.* **2011**, *21*, 7451.

[3] Chen, Y.; Zhao, X.; Deng, J.; Li, Q. *Acta Cryst.* **2012**, E68, o1375.

[4] Živec, M.; Sova, M.; Brunskole, M.; et al. *J. Enzym. Inhib. Med. Chem.* **2007**, *22*, 29.

[5] Marinho, E. R.; Proença, F. P. *ARKIVOC* **2009**, *14*, 346.

[6] Arsenyeva, M. Y.; Arsenyev, V. G. *Chem. Heterocycl. Compd.* **2008**, *44*, 1328.

[7] Zaki, M. E. A.; Yousef, E. A. A.; Hassanien, A. Z. A. *Heteroatom Chem.* **2007**, *18*, 259.

[8] Bruno, O.; Brullo, C.; Bondavalli, F.; et al. *Bioorg. Med. Chem. Lett.* **2007**, *17*, 3696.

[9] Holla, B. S.; Mahalinga, M.; Karthikeyan, M. S.; et al. *Bioorg. Med. Chem.* **2006**, *14*, 2040.

[武金丹，巨勇*，清华大学化学系；JY]

2-异丙氧基-4,4,5,5-四甲基-1,3,2-二氧杂硼烷

【英文名称】 2-Isopropoxy-4,4,5,5-tetramethyl-1,3,2-dioxaborolane

【分子式】 $C_9H_{19}BO_3$

【分子量】 186.06

【CAS 登录号】 [61676-62-8]

【缩写和别名】 PINBOP，异丙醇频哪醇硼酸酯

【结构式】

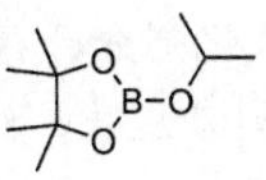

【物理性质】 无色液体，bp 180~185 °C，ρ 0.912 g/cm³ (25 °C)。溶于芳烃、醚、氯化烃类等有机溶剂。

【制备和商品】 本品可由异丙基硼酸盐与频哪醇反应制备[1]。

【注意事项】 本品能与水反应，需要在干燥、惰性气体的环境下保存，防止水解。对眼睛、呼吸系统和皮肤有刺激作用，需要在通风橱中操作使用。

异丙醇频哪醇硼酸酯 (PINBOP) 可用于合成芳基、炔基、乙烯基和烷基硼酸酯，所得到的硼酸酯可直接用于 Suzuki-Miyaura 交叉偶联反应中[2]。

在丁基锂的存在下，PINBOP 可与炔生成炔基硼酸酯。如式 1 所示[3]：在正丁基锂的作用下，PINBOP 与 3-甲基-1-丁炔的反应可高产率地得到相应的炔基硼酸酯。

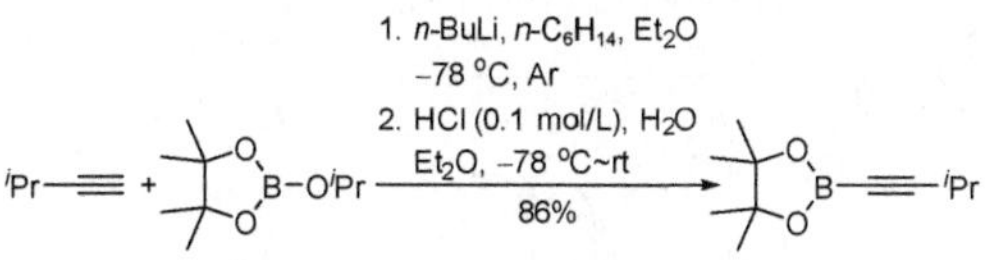

(1)

PINBOP 与六甲基二硅烷反应可制备三甲基硅基硼酸酯。该试剂可用于双金属化反应中。如式 2 所示[4]：在甲基锂的存在下，六甲基二硅烷与 PINBOP 的反应以几乎定量的产率得到了三甲基硅基硼酸酯。

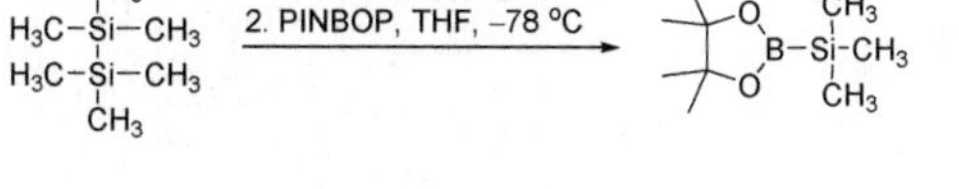

(2)

格氏试剂与 BINBOP 发生亲核反应，可制备新的硼酸酯。如式 3 所示[5]：烯丙基溴化镁与 BINBOP 的反应，以 98% 的产率得到烯丙基硼酸酯。

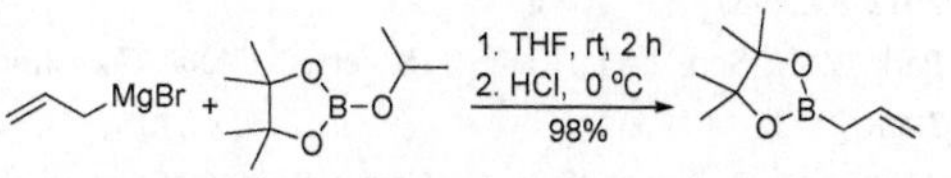

(3)

PINBOP 可与卤代芳烃反应生成芳基硼酸酯。如式 4 所示[6]：在正丁基锂的存在下，2-溴萘与 PINBOP 反应，以近乎定量的产率得到了 2-萘硼酸酯。

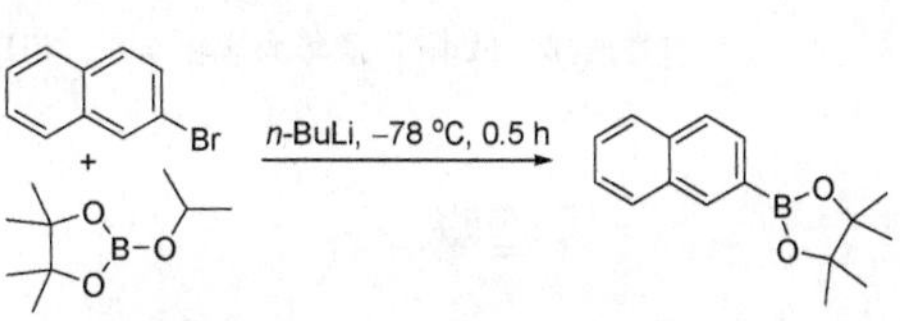

(4)

PINBOP 与烯基卤代物反应，可合成烯基硼酸酯。如式 5 所示[7]：在叔丁基锂的存在下，2-溴-2-丁烯与 PINBOP 反应，以中等产率得到了烯基硼酸酯。

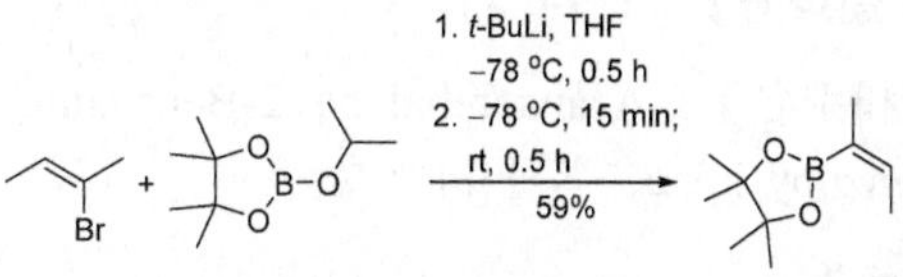

(5)

如式 6 所示[8]：以砜作为邻位锂化导向基团，利用 PINBOP 捕获锂试剂，可直接在苯环上实现芳基硼酯化反应。

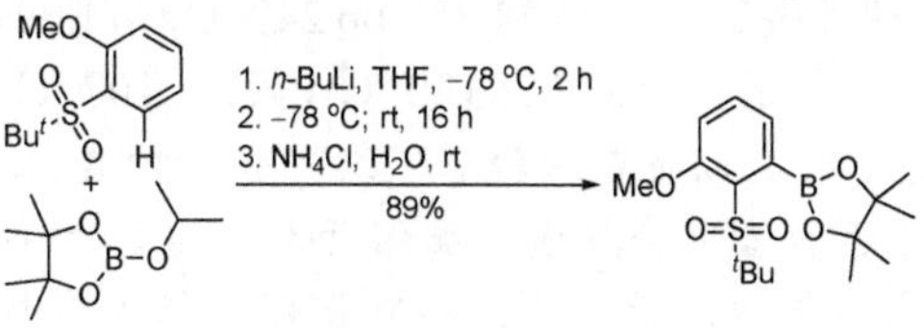

(6)

如式 7 所示[9]：PINBOP 也可用于 N-四氢吡咯的 C—H 键硼酸酯化反应，以高产率制备相应的 N-四氢吡咯硼酸酯。

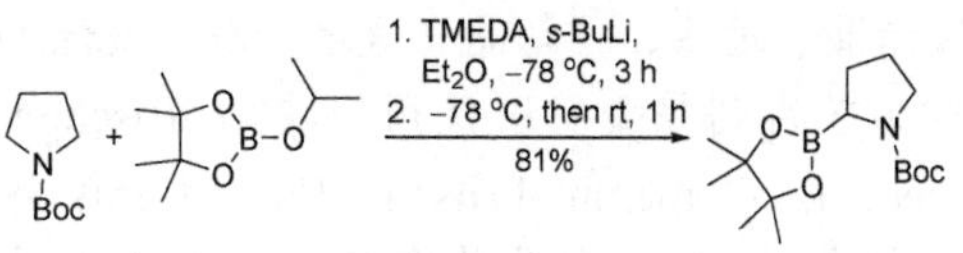

(7)

参 考 文 献

[1] Lin, Q.; Meloni, D.; Pan, Y.; et al. *Org. Lett.* **2009**, *11*, 1999.

[2] Miyaura, N.; Suzuki, A. *Chem. Rev.* **1995**, *95*, 2457.

[3] Nishihara, Y.; Okada, Y.; Jiao, J.; et al. *Angew. Chem. Int. Ed.* **2011**, *50*, 8660.

[4] Kurahashi, T.; Hata, T.; Masai, H.; et al. *Tetrahedron* **2002**, *58*, 6381.

[5] Myslinska, M.; Heise, G. L.; Walsh, D. J. *Tetrahedron Lett.* **2012**, *53*, 2937.

[6] Park, Y.-I.; Son, J.-H.; Kang, J.-S.; et al. *Chem. Commun.* **2008**, 2143.

[7] Armstrong, R. J.; Sandford, C.; García-Ruiz, C.; Aggarwal, V. K. *Chem. Commun.* **2017**, *53*, 4922.

[8] Flemming, J. P.; Berry, M. B.; Brown, J. M. *Org. Biomol. Chem.* **2008**, *6*, 1215.

[9] Varela, A.; Garve, L. K. B.; Leonori, D.; Aggarwal, V. K. *Angew. Chem. Int. Ed.* **2017**, *56*, 2127.

[娄振邦，付华*，清华大学化学系；FH]

异喹啉

【英文名称】 Isoquinoline

【分子式】 C_9H_7N

【分子量】 129.16

【CAS 登录号】 [119-65-3]

【缩写和别名】 2-Azanaphthalene，2-Benzazine，3,4-Benzopyridine，苯并[c]吡啶

【结构式】

【物理性质】 mp 26~28 ℃，bp 242 ℃，ρ 1.099 g/cm³，折射率 1.62078 (30 ℃)，闪点 107 ℃。无色，有类似茴香油和苯甲醚混合物的香味，长期存放颜色会发黄。微溶于水，易溶于稀酸，能与醇、醚、苯、四氯化碳、萜等有机溶剂混溶。

【制备和商品】 国内外化学试剂公司均有销售。工业上主要从煤焦油中提取，经过磺化、分级结晶、过滤、重结晶、氨水分解、洗涤和精馏工艺得到异喹啉。使用经典的 Bischler-Napieralsk、Pomeranz-Fritsch、Pictet-Gams 等合成方法，产物一般为异喹啉的 1-取代衍生物。通过其氮氧化物经铁粉还原也可制得异喹啉 (式 1)[1]。如式 2 所示[2]：也可以通过茚的氨臭氧化反应来实现异喹啉的合成。

（式 1）（式 2）

【注意事项】 该化合物能随水蒸气蒸发，具有吸水性，应储存于干燥、阴凉、通风处。远离火种和水源，与氧化剂分开存放。有杀菌活性，毒性比喹啉强，刺激皮肤，对肝脏有害，应避免皮肤接触和吞食。

异喹啉的 $pK_a = 5.4$，具有一定的碱性。其化学性质与吡啶和喹啉相似，可发生芳香烃亲电取代和亲核取代反应，主要发生在碳原子上；质子化、氧化和酰基化反应则主要发生在氮原子上。

取代反应 异喹啉的亲电取代反应活性高于吡啶，优先发生在 C-5 位和 C-8 位 (式 3)[3]。在硫酸等强酸的作用下，随后在 C-7 位也可发生亲电取代反应[4]。

（式 3）

异喹啉的亲核取代反应主要发生于吡啶环上，优先发生在 C-1 位 (式 4)[5]。

（式 4）

3-卤代异喹啉与卤代苯性质相似。1-卤代异喹啉与 α- 和 γ-卤代吡啶性质相似，易发生亲核取代反应。1,3-二氯异喹啉可选择性地被甲基取代，合成 1-甲基-3-氯异喹啉 (式 5)[6]。

（式 5）

酰化反应 该反应通常发生在杂环碳原子上。如在酸性溶液中，则可通过异喹啉的正离子与亲核性更强的自由基发生取代反应，在异喹啉的 C-1 位引入酰基或酰胺基 (式 6)[7]。

(6)

氧化还原反应 异喹啉被碱性高锰酸钾氧化，主要得到 3,4-二甲酸吡啶。使用过氧化物氧化则可得异喹啉 N-氧化物 (式 7)[8]。

(7)

异喹啉氮氧化物是常用的有机合成试剂。氮氧基团用作诱导基团，在不同反应条件下，可在杂环 C-1 位引入醚基[9]、烯基[10]，在 C-4 位引入磺酰基[11] (式 8)。

(8)

如式 9 所示[12,13]：使用不同的反应条件，可选择性地部分还原异喹啉的吡啶环或苯环。

(9)

最近有文献报道异喹啉与简单烷烃可发生氧化交叉偶联反应，生成新的 $C(sp^2)$–$C(sp^3)$ 键。该反应选择性地发生在杂环 C-1 位 (式 10)[14]。

(10)

环化反应 在三乙胺的存在下，异喹啉与溴乙酰苯、(E)-N-羟基亚胺芳基氯经过三组分多米诺反应，依次经过内鎓盐、环化、裂解、脱水系列步骤，生成稠环化合物 (式 11)[15]。

(11)

参 考 文 献

[1] Ma, R.; Liu, A. H.; Huang, C. B.; et al. *Green Chem.* **2013**, *15*, 1274.

[2] Fremery, M. I.; Fields, E. K. *J. Org. Chem.* **1964**, *29*, 2240.

[3] Walker, M. D.; Andrews, B. I.; Burton, A. J.; et al, *Org. Pro. Res. Dev.* **2010**, *14*, 108.

[4] Gorden, M.; Pearson, D. E. *J. Org. Chem.* **1964**, *29*, 329.

[5] Wunderlich, S. H.; Rohbogner, C. J.; Unsinn, A.; Knochel, P. *Org. Pro. Res. Dev.* **2010**, *14*, 339.

[6] Malhotra, S.; Seng, P. S.; Koenig, S. G.; Deese, A. J.; Ford, K. A. *Org. Lett.* **2013**, *15*, 3698.

[7] Matcha, K.; Antonchick, A. P. *Angew. Chem. Int. Ed.* **2013**, *52*, 2082.

[8] Prasad, M. R.; Kamalakar, G.; Madhavi, G.; et al. *Chem. Commun.* **2000**, *17*, 1577.

[9] Wu, Z. Y.; Pi, C.; Cui, X. L.; et al. *Adv. Synth. Catal.* **2013**, *335*, 1971.

[10] Wu, J. L.; Cui, X. L.; Chen, L. M.; et al. *J. Am. Chem. Soc.* **2009**, *131*, 13888.

[11] Wu, Z. Y.; Song, H. Y.; Cui, X. L.; et al. *Org. Lett.* **2013**, *15*, 1270.

[12] Ren, D.; He, L.; Yu, L.; et al. *J. Am. Chem. Soc.* **2012**, *134*, 17592.

[13] Koltunov, K. Y.; Parkash, G. K. S.; Rasul, G.; Olah, G. A. *J. Org. Chem.* **2007**, *72*, 7394.

[14] Antonchick, A. P.; Burgmann, L. *Angew. Chem., Int. Ed.* **2013**, *52*, 3267.

[15] Prasanna, P.; Kumar, S. V.; Gunasekaran, P.; Perumal, S. *Tetrahedron Lett.* **2013**, *54*, 3740.

[杨方方，崔秀灵*，郑州大学化学与分子工程学院；XCJ]

异氰酸异丙酯

【英文名称】 Isopropyl isocyanate

【分子式】 C_4H_7NO

【分子量】 85.10

【CAS 登录号】 [1795-48-8]

【缩写和别名】 异丙基异氰酸酯，Isocyanic acid isopropyl ester

【结构式】

【物理性质】 mp $-30\ ^{\circ}C$，bp $166\ ^{\circ}C$，$\rho\ 1.1\ g/cm^3$。溶于大多数有机溶剂，应避免受热或接触潮湿空气。

【制备和商品】 大型试剂公司均有销售。使用 N-异丙基氨基甲酰氯为原料，在惰性有机溶剂中加热到 $130\ ^{\circ}C$ 进行热分解。所得反应混合物经蒸馏得异氰酸异丙酯成品。

【注意事项】 异氰酸异丙酯是无色至浅黄色液体，有刺激性气味。该试剂的烟雾可以与空气形成一种具爆炸性的混合物。对湿气敏感，可与水、酒精、胺、氧化物反应。应储存在阴凉、干燥、通风良好的地方，应远离水源、氧化剂，并防静电。

异氰酸酯是一类很有用的有机反应中间体。它可以与碳负离子、醇、胺等进行亲核加成反应，也可以参与环加成反应生成杂环化合物。因此，异氰酸酯在药物、农用化学品和聚合物工业中有着广泛的应用[1]。其中，异氰酸异丙酯是一种位阻效应相对明显的异氰酸酯。

碳负离子对异氰酸异丙酯的亲核加成反应可以得到酰胺化合物 (式 1)[2]。此外，其它亲核试剂对异氰酸酯的加成反应也有报道 (式 2)[3~7]。

吡啶酮化合物具有很好的抗癌，抗病毒和抗细菌等生物活性。如式 3 所示[8]：二炔化合物与异氰酸异丙酯在卡宾配位的 Ru-[III] 的

催化下，可以进行环三聚反应，高效地构建 2-吡啶酮化合物。

在氯化铁的作用下，环丙烷化合物和 N-烷基取代的异氰酸酯可以发生 [3+2] 环加成反应，构建内酰胺骨架化合物[9]。其中，异氰酸异丙酯也能很好地参与反应，得到较好产率的吡咯烷酮化合物 (式 4)。

异氰酸异丙酯还可以与异硫氰酸酯反应，构建新型的乙酰胆碱酯酶抑制剂 N-异丙基取代的噻二唑烷-3,5-二酮衍生物 (式 5)[10]。

参 考 文 献

[1] Oh, L. M.; Spoors, P. G.; Goodman, R. M. *Tetrahedron Lett.* **2004**, *45*, 4769.

[2] Basheer, A.; Yamataka, H.; Ammal, S. C.; Rappoport, Z. *J. Org. Chem.* **2007**, *72*, 5297.

[3] Nedolya, N. A.; Schlyakhtina, N. I.; Zinov'eva, V. P.; et al. *Tetrahedron Lett.* **2002**, *43*, 1569.

[4] Bambi-Nyanguile, S.-M.; Hanson, J.; Ooms, A.; et al. *Eur. J. Med. Chem.* **2013**, *65*, 32.

[5] Katritzky, A. R.; Feng, D.; Qi, M. *J. Org. Chem.* **1997**, *62*, 6222.

[6] Schäfer, G.; Matthey, C.; Bode, J. W. *Angew. Chem. Int. Ed.* **2012**, *51*, 9173.

[7] Pace, V.; Castoldi, L.; Holzer, W. *Chem. Commun.* **2013**, *49*, 8383.

[8] Alvarez, S.; Medina, S.; Domínguez, G.; Pérez-Castells, J. *J. Org. Chem.* **2013**, *78*, 9995.

[9] Goldberg, A. F. G.; O'Connor, N. R.; Craig II, R. A.; Stoltz, B. M. *Org. Lett.* **2012**, *14*, 5314.

[10] Martinez, A.; Fernandez, E.; Castro, A.; et al. *Eur. J. Med. Chem.* **2000**, *35*, 913.

[蔡尚军，清华大学化学系；XCJ]

异氰乙酸甲酯

【英文名称】 Methyl 2-isocyanoacetate

【分子式】 $C_4H_5NO_2$

【分子量】 99.09

【CAS 登录号】 [39687-95-1]

【缩写和别名】 Methyl isocyanoformate

【结构式】

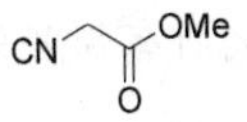

【物理性质】 bp 75~76 ℃/10 mmHg, ρ 1.09 g/cm^3, n_D^{20} 1.417。溶于大多数有机溶剂，通常在甲醇、二氯乙烷、甲苯、N,N-二甲基甲酰胺、1,4-二氧杂环己烷和 THF 中使用。

【制备和商品】 该试剂在国内外化学试剂公司均有销售，一般为 95% 的纯度。

【注意事项】 该试剂经吸入、皮肤接触可引起灼伤及吞食有害，使用过程中穿戴适当的防护服、手套和护目镜或面具。通常冷藏保存。

由于异氰乙酸甲酯分子中异氰基的特殊性以及异氰基的 α-位加成反应的多样性[1]，在不同的反应条件或不同溶剂中，该试剂既可与亲核试剂也可与亲电试剂反应，生成 N-甲酰胺化、多取代咪唑、噁唑、吡咯等多种类型产物。受酯基和异氰基两个吸电子基团的影响，分子中的亚甲基具有较强的酸性，很容易形成负碳离子，在亲核取代反应中表现出非常高的反应活性。异氰乙酸甲酯的重要性不仅体现在其是著名的 Ugi (乌吉) 反应中的重要反应底物，还体现在其能够与多种类型化合物 (如含有亚胺、醛、酮，碳-碳双键或三键等官能团的化合物) 发生反应。与 Van Leusen (范勒森) 试剂相比，异氰乙酸甲酯虽然同样含有异氰基，但相对于 Van Leusen 试剂而言，其在应用上仍然有些局限性。

异氰乙酸甲酯参与的反应之一是在路易斯碱催化下，与亚胺在常温条件下发生 [3+2]

环加成反应生成多取代咪唑化合物 (式 1)[2]。也可以在 RuH$_2$(PPh$_3$)$_4$ 催化下，高产率地生成多取代咪唑化合物 (式 2)[3]。该反应是构建咪唑环母核最有效的方法。

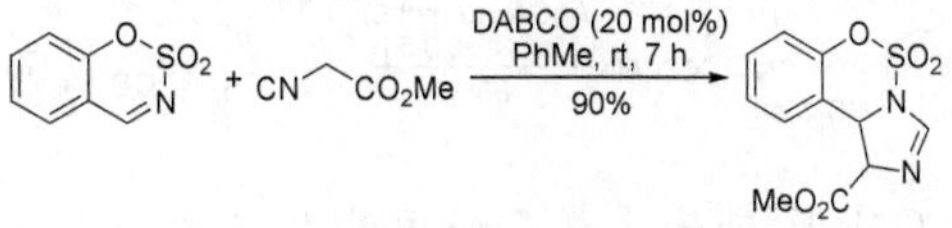

$$(1)$$

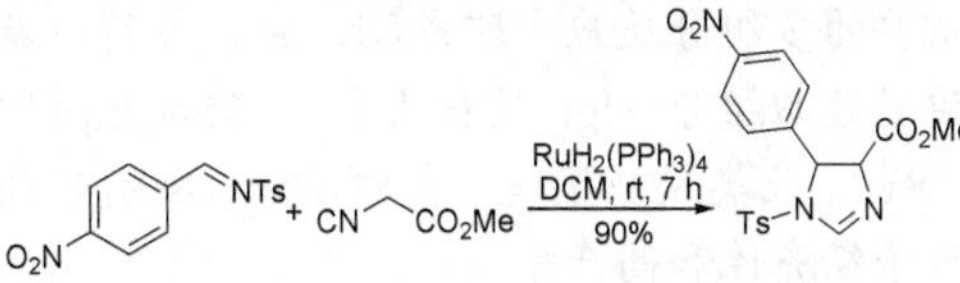

$$(2)$$

在金属催化剂的作用下，异氰乙酸甲酯与醛在常温下发生 [3+2] 环加成反应生成多取代二氢噁唑 (式 3)[4]。异氰乙酸甲酯参与的另一类反应是在氧化亚铜的催化下，与酮在常温条件下发生反应。其中异氰基转化为甲酰氨基，羰基与异氰基的 α-位活性亚甲基脱水生成碳-碳双键，得到 N-甲酰胺化产物 (式 4)[5]。该反应有别于异氰乙酸甲酯与醛的成环反应。

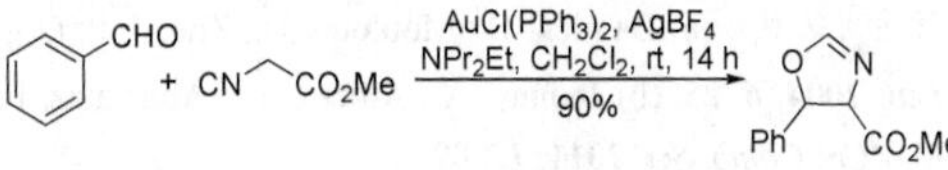

$$(3)$$

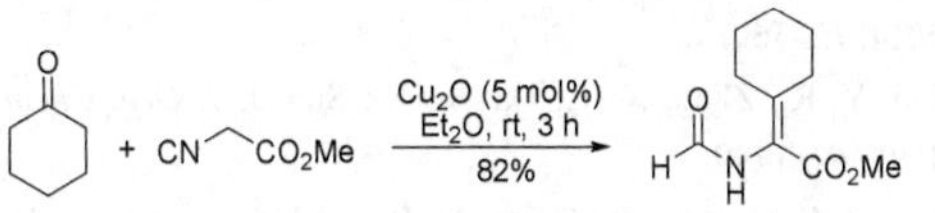

$$(4)$$

异氰乙酸甲酯也可以与含有碳-碳双键和三键官能团的试剂发生反应。此类反应在乙腈为溶剂，DBU 作碱，80 ℃ 条件下便可得到含有环外双键的桥环化合物 (式 5)[6]。此外在 CuCl 和 Cs$_2$CO$_3$ 的协同作用下，异氰乙酸甲酯还可以与含有异硫氰酸酯基或碳-碳三键的底物发生反应，得到稠杂环化合物 (式 6)[7]。对于只含有碳-碳双键的化合物，反应类型与异氰乙酸甲酯和亚胺的反应类型相同，发生 [3+2] 环加成反应 (式 7)[8]。

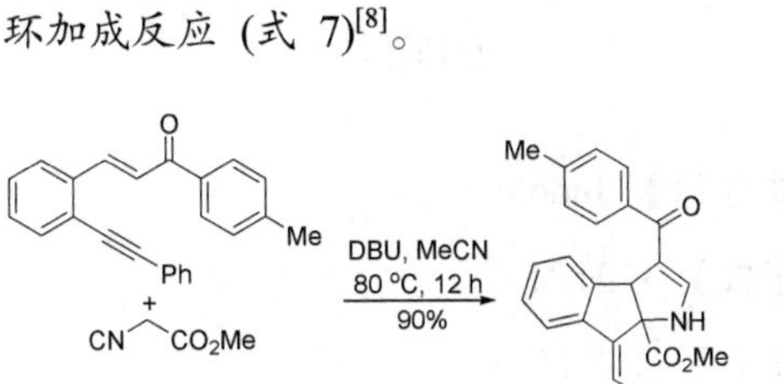

$$(5)$$

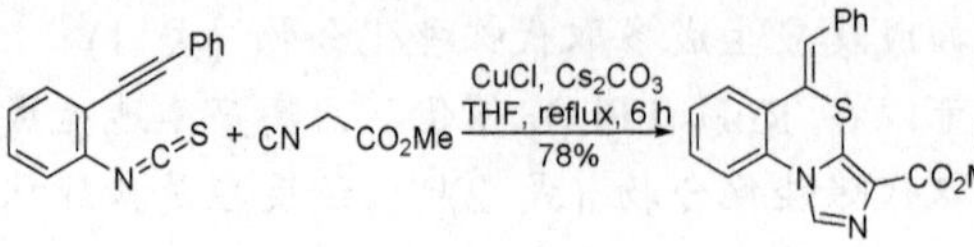

(6)

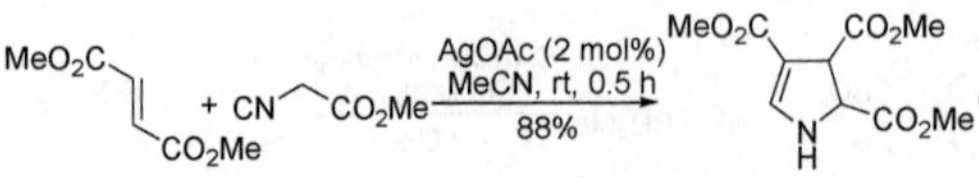

(7)

Ugi 反应是异氰乙酸甲酯参与的一个非常重要的多组分反应。醛或酮、胺、异腈以及羧酸通过四组分 Ugi 反应生成 α-酰氨基酰胺 (式 8)[9]。此类反应迅速、条件温和、具有较高的原子经济性和高产率。

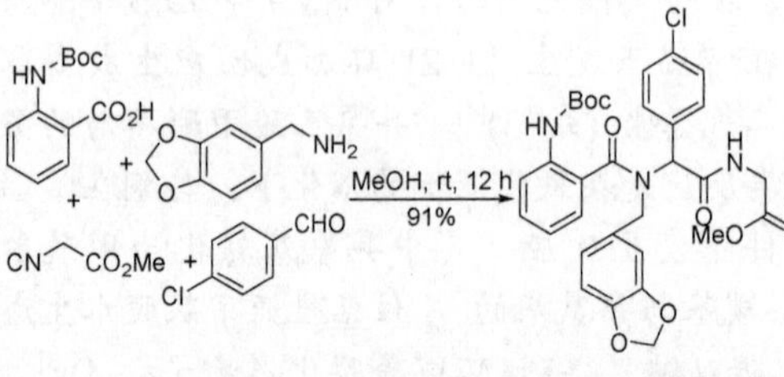

(8)

参考文献

[1] 综述文献见: (a) Damien, B.; Mouloud, D.; Zhu, J. P. *Org. Lett.* **2004**, *6*, 25. (b) Jhonny, A.; Alberto, C.; Abdelaziz, E. M. *ACS. Comb. Sci.* **2011**, *13*, 89.

[2] Gao, Z. Z.; Zhang, L.; Sun, Z. H.; et al. *Org. Biomol. Chem.* **2014**, *12*, 5691.

[3] Lin, Y. R.; Zhou, X. T.; Dai, L. X.; Sun, J. *J. Org. Chem.* **1997**, *62*, 1799.

[4] Daniel, C. G.; Ana, P.; Helge, M. B.; et al. *J. Am. Chem. Soc.* **2013**, *135*, 13193.

[5] Lavinia. P.; Alicia, M. A. *J. Org. Chem.* **2006**, *71*, 2026.

[6] Zheng, D. Q.; Li, S. Y.; Luo, Y.; Wu, J. *Org. Lett.* **2011**, *13*, 24.

[7] Hao, W. Y.; Zeng, J. B.; Cai, M. Z. *Chem. Commun.* **2014**, *50*, 11686.

[8] Ronald, G.; Mark, I. L.; Mark, T. P. *Tetrahedron* **1999**, *55*, 2025.

[9] Zhou, H. Y.; Zhang, W.; Yan, B. *J. Comb. Chem.* **2010**. *12*, 1.

[叶伟健，王存德*，扬州大学化学化工学院；HYF]

吲哚

【英文名称】 Indole

【分子式】 C_8H_7N

【分子量】 117.15

【CAS 登录号】 [120-72-9]

【缩写和别名】 2,3-Benzopyrrole，2,3-苯并吡咯

【结构式】

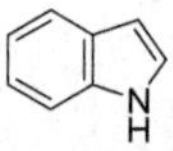

【物理性质】 白色固体，mp 52~54 ℃，ρ 1.22 g/cm³。溶于大多数有机溶剂，溶于热水。

【制备和商品】 国内外化学试剂公司均有销售。

【注意事项】 该试剂有强烈的粪臭味，在通风柜中使用。

吲哚的结构中含有一个苯环和一个吡咯环 (2,3-苯并吡咯)，是一个富电子的芳香含氮杂环化合物。吲哚的吡咯环易发生亲电取代、C–H 键的活化等反应，在含氮杂环合成中也得到了广泛的应用。

由于吲哚的吡咯环上更富电子，亲电取代反应先发生在吡咯环上，特别在吲哚的 3-位最容易发生亲电取代反应。例如：吲哚的 Vilsmeier-Haack 甲酰化反应 (式 1)[1]、磺化 (式 2)[2] 都优先发生在 3-位碳上。当 1-位氮和 2-、3-位碳都被取代后，苯环也能够进行亲电取代反应。

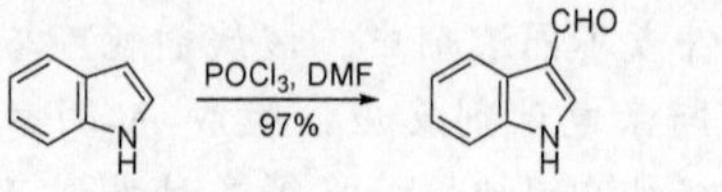

(1)

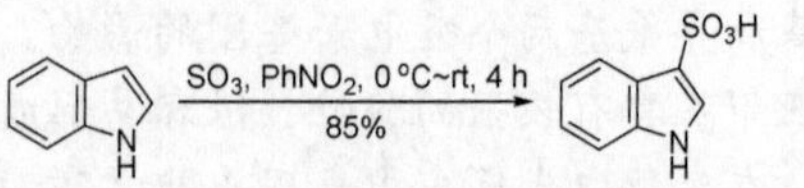

(2)

吲哚 C–H 键的催化氘代反应通常选择性地优先发生在 3-位上 (式 3)[3]。但是，使用选择性催化剂和提高反应温度可以实现吲哚环的全氘代反应 (式 4)[4]。

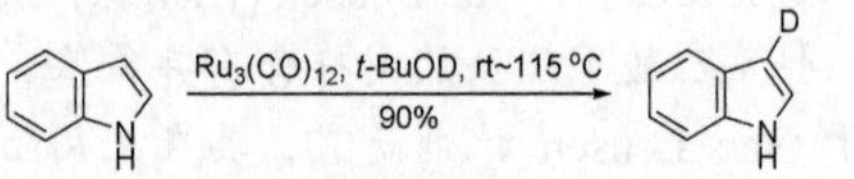

(3)

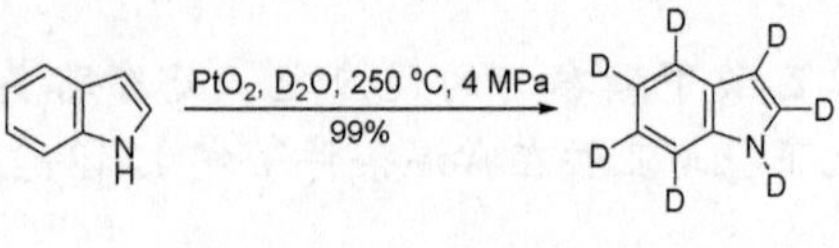

(4)

吲哚 2-位碳上氢的酸性仅次于 1-位氮上的氢。若在 2-位进行去质子化反应，通常需要预先对 1-位的 N–H 键进行保护。但是，有报道可以在反应过程中对 N–H 进行原位保护和脱保护。例如：在低温下，该试剂首先与丁基锂和二氧化碳反应后生成的吲哚基甲酸锂盐中间体，然后再与丁基锂和卤素化亲电试剂反应能有效地合成 2-卤代吲哚 (式 5)[5]。

$$
\begin{array}{c}
\text{吲哚} \xrightarrow[\text{2. THF, CO}_2, -70\ ^\circ\text{C}]{\text{1. }^n\text{BuLi (1 equiv)}} [\text{吲哚基甲酸锂}] \\
\xrightarrow[\text{2. 亲电试剂}]{\text{1. }^n\text{BuLi (1 equiv)}} \text{产物-E} \quad
\begin{array}{l}
\text{ICH}_2\text{CH}_2\text{I, E = I, 90\%} \\
\text{BrCl}_2\text{CCCl}_2\text{Br, E = Br, 87\%} \\
\text{C}_2\text{H}_6, \text{E = Cl, 90\%}
\end{array}
\end{array} \quad (5)
$$

吲哚吡咯环中的 C–H 键易被活化进行官能团化反应，在含吲哚环结构的复杂含氮杂环合成中得到广泛的应用。在钯催化剂和硝酸银存在下，吲哚可以在 3-位上发生选择性氧化脱氢偶联反应生成 3,3'-双吲哚 (式 6)[6]。在 Cu(OTf)$_2$ 和 2,6-二叔丁基吡啶 (dtbpy) 的存在下，吲哚与二苯基碘盐发生高选择性 3-位碳的直接芳基化反应 (式 7)[7]。在 DMF 中，无金属催化剂存在下的芳基化反应也能顺利地进行[8]。在水合氯化锡和氧化锰的存在下，两分子吲哚与 β 硝基苯乙烯发生环化反应生成苯并二吲哚衍生物 (式 8)[9]。使用 CuI 催化的吲哚的氧化二聚反应，为天然产物 Tryptanthrins 的合成提供了非常经济的步骤 (式 9)[10]。

$$
\text{吲哚} \xrightarrow[\substack{\text{MgSO}_4\text{ (3 equiv)} \\ \text{DMSO, 0 }^\circ\text{C} \\ 54\%}]{\substack{\text{Pd(OTFA)}_2\text{ (0.1 equiv), AgNO}_3 \\ \text{(1.2 equiv),}}} \text{3,3'-双吲哚} \quad (6)
$$

$$
\text{吲哚} \xrightarrow[\substack{\text{dtbpy, CH}_2\text{Cl}_2, \text{rt, 24 h} \\ 74\%}]{\substack{[\text{Ph}_2\text{I}]\text{OTf Cu(OTf)}_2\text{ (0.1 equiv)}}} \text{3-苯基吲哚} \quad (7)
$$

$$
\text{吲哚} + \text{硝基苯乙烯} \xrightarrow[\substack{\text{(1 equiv), CH}_2\text{Cl}_2, \text{rt, 48 h} \\ 53\%}]{\substack{\text{SnCl}_2\cdot2\text{H}_2\text{O (1 equiv), MnO}_2}} \text{产物} \quad (8)
$$

$$
\text{吲哚} \xrightarrow[\substack{81\%}]{\text{CuI, O}_2, \text{DMSO, 80 }^\circ\text{C, 24 h}} \text{Tryptanthrin} \quad (9)
$$

在 Pd(OAc)$_2$ 的催化下，使用不同的氧化剂和溶剂可以调控吲哚与丙烯酸酯之间的反应，高度选择性地生成 3-位或 2-位的烯基化产物 (式 10 和式 11)[11]。

$$
\text{吲哚} + \text{丙烯酸叔丁酯}
\begin{cases}
\xrightarrow[\substack{\text{(1.8 equiv), DMF,} \\ \text{DMSO, 70 }^\circ\text{C, 18 h} \\ 91\%}]{\text{Pd(OAc)}_2\text{ (0.1 equiv), Cu(OAc)}_2} \text{3-烯基化产物} \quad (10) \\
\xrightarrow[\substack{\text{(0.9 equiv), 1,4-dioxane,} \\ \text{AcOH, 70 }^\circ\text{C, 18 h} \\ 57\%}]{\text{Pd(OAc)}_2\text{ (0.2 equiv), }^t\text{BuOOBz}} \text{2-烯基化产物} \quad (11)
\end{cases}
$$

吲哚中的吡咯环虽然是富电子的，但在反向电子需求的 Diels-Alder 反应中可以作为亲双烯体与缺电子的 3,6-二甲酸甲酯-1,2,4,5-四嗪进行环化反应 (式 12)[12]。

$$
\text{吲哚} + \text{四嗪} \xrightarrow[\substack{68\%}]{\text{CH}_2\text{Cl}_2, \text{reflux, 8 h}} \text{产物} \quad (12)
$$

参考文献

[1] Klohr, S. E.; Cassady, J. M. *Synth. Commun.* **1988**, *18*, 671.

[2] Katritzky, A. R.; Kim, M. S.; Fedoseyenko, D.; et al. *Tetrahedron* **2009**, *65*, 1111.

[3] Gröll, B.; Schnürch, M.; Mihovilovic, M. D. *J. Org. Chem.* **2012**, *77*, 4432.

[4] Matsubara, S.; Asano, K.; Kajita, Y.; Yamamoto, M. *Synthesis* **2007**, 2055.

[5] Bergman, J.; Venemalm, L. *J. Org. Chem.* **1992**, *57*, 2495.

[6] Li, Y.; Wang, W.-H.; Yang, S.-D.; et al. *Chem. Commun.* **2010**, *46*, 4553.

[7] Phipps, R. J.; Grimster, N. P.; Gaunt, M. J. *J. Am. Chem. Soc.* **2008**, *130*, 8172.

[8] Ackermann, L.; Dell'Acqua, M.; Fenner, S.; et al. *Org. Lett.* **2011**, *13*, 2358.

[9] Dupeyre, G.; Lemoine, P.; Ainseba, N.; et al. *Org. Biomol. Chem.* **2011**, *9*, 7780.

[10] Wang, C.; Zhang, L.; Ren, A.; Lu, P.; Wang, Y. *Org. Lett.* **2013**, *15*, 2982.

[11] Grimster, N. P.; Gauntlett, C.; Godfrey, C. R. A.; Gaunt, M. J. *Angew. Chem. Int. Ed.* **2005**, *44*, 3125.

[12] Benson, S. C.; Palabrica, C. A.; Snyder, J. K. *J. Org. Chem.* **1987**, *52*, 4610.

[华瑞茂，清华大学化学系；HRM]

1-茚酮

【英文名称】 1*H*-Inden-1-one

【分子式】 C$_9$H$_6$O

【分子量】 130.14

【CAS 登录号】 [480-90-0]

【缩写和别名】 Inden-1-one

【结构式】

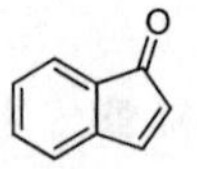

【物理性质】 bp 69~70 ℃，ρ 1.201 g/cm^3。

【制备和商品】 国内外化学试剂公司均有销售。

【注意事项】 该试剂刺激眼睛、呼吸系统和皮肤，吸入或皮肤接触可导致过敏。应用密封容器保存，在通风橱中使用。

　　1-茚酮分子中的碳-碳双键上可以发生亲电加成反应[1,2]。如式 1 所示[3]：1-茚酮可以与溴发生碳-碳双键上的加成反应。该试剂还可以与烯丙基溴发生加成反应 (式 2)[4]。

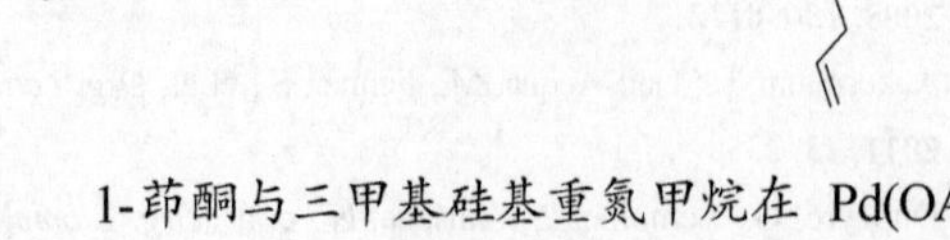

　　1-茚酮与三甲基硅基重氮甲烷在 Pd(OAc)$_2$ 的催化下反应，得到三甲基硅基环丙烷产物 (式 3)[5]。

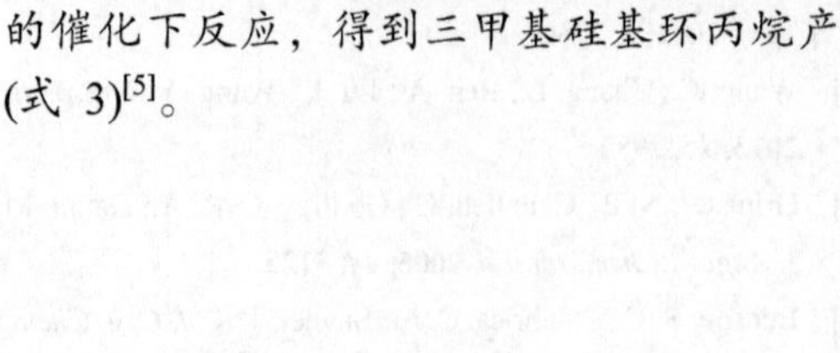

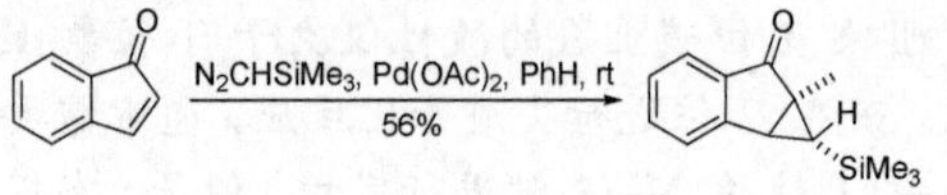

　　1-茚酮的碳-氧双键也可以发生加成反应[6]。如式 4 所示[7]：1-茚酮可以与 (叔丁基二甲基硅烷基)乙炔发生碳-氧双键的加成反应。

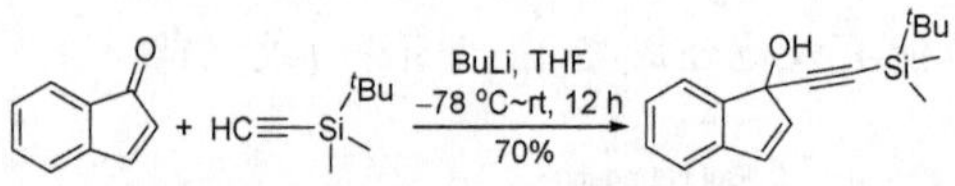

　　1-茚酮还可以与 β-萘酚发生加成反应，得到大位阻的产物 (式 5)[8]。

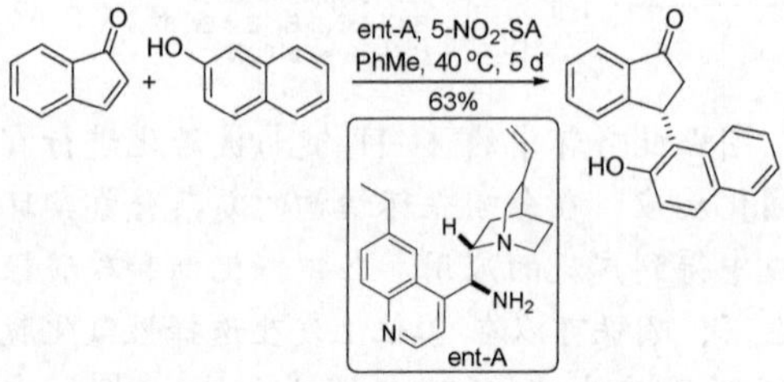

参 考 文 献

[1] Marvel; H. *J. Am. Chem. Soc.* **1954**, *76*, 5435.

[2] Bellamy, F. D.; Chazan, J. B.; Ou, K. *Tetrahedron* **1983**, *39*, 2803.

[3] Heasley, G. E.; Bower, T. R.; Dougharty, K. W.; et al. *J. Org. Chem.* **1980**, *45*, 5150.

[4] Padwa, A.; Goldstein, S.; Pulwer, M. *J. Org. Chem.* **1982**, *47*, 3893.

[5] Glass, A. C.; Liu, S.-Y.; Morris, B. B.; Zakharov, L. N. *Org. Lett.* **2008**, *10*, 4855.

[6] Allen, A. D.; Mohammed, N.; Tidwell, T. T.; et al. *J. Org. Chem.* **1997**, *62*, 246.

[7] Hayashi, T.; Katoh, T.; Nishimura, T.; et al. *J. Am. Chem. Soc.* **2007**, *129*, 14158.

[8] Paradisi, E.; Righi, P.; Mazzanti, A.; et al. *Chem. Commun.* **2012**, *48*, 11178.

[刘海兰，河北师范大学化学与材料科学学院；XCJ]

中文索引

英 文 索 引

分子式索引